Egon Leimböck, Andreas Iding

Bauwirtschaft

Egon Leimböck, Andreas Iding

Bauwirtschaft

Grundlagen und Methoden

2., erweiterte und aktualisierte Auflage 2005

B. G. Teubner Stuttgart · Leipzig · Wiesbaden

Bibliografische Information Der Deutschen Bibliothek
Die Deutsche Bibliothek verzeichnet diese Publikation in der Deutschen Nationalbibliografie;
detaillierte bibliografische Daten sind im Internet über <http://dnb.ddb.de> abrufbar.

Univ.-Prof. em. Dr. oec. publ. Bauing. Egon Leimböck
studierte Bauingenieurwesen und Betriebswirtschaftslehre. Der promovierte Diplomkaufmann war
zunächst als Assistent des Vorstandes und dann als Revisor im In- und Ausland für die Dyckerhoff &
Widmann AG tätig. Im Anschluss daran lehrte er als Ordinarius das Fachgebiet Bauwirtschaft an der
Universität Dortmund. Daneben zeichnet sich Professor Leimböck als Autor zahlreicher Fachbücher
und durch eine umfassende Gremien- und Verbandstätigkeit aus. Seit 2002 ist er Geschäftsführer
der WWW Weiterbildung Wissenschaft Wuppertal gGmbH.
Email: lsbw@bauwesen.uni-dortmund.de
Internet: www.bauwesen.uni-dortmund.de

Dr.-Ing. Andreas Iding
Nach Abschluss seines Studiums war der diplomierte Bauingenieur im Baumanagement der DYWIDAG
tätig. Parallel dazu nahm er ein weiteres Studium der Wirtschaftswissenschaften auf und assistierte
am Lehrstuhl für Bauwirtschaft der Universität Dortmund. Er promovierte zum Thema „Entscheidungsmodell der Bauprojektentwicklung". Seit 2004 ist er in leitender Funktion für die Bereiche Entwicklung, Finanzierung und Betrieb von in- und ausländischen Infrastrukturprojekten – insbesondere PPP
– bei der Walter Project Development and Financial Services mit verantwortlich. Er bleibt weiterhin
Lehrbeauftragter an der Universität Dortmund.
Email: info@bauprojektentwicklung.de
Internet: www.bauprojektentwicklung.de

1. Auflage 2000
2., erw. u. akt. Auflage Februar 2005

Alle Rechte vorbehalten
© B. G. Teubner Verlag / GWV Fachverlage GmbH, Wiesbaden 2005
Softcover reprint of the hardcover 2nd edition 2005

Lektorat: Dipl.-Ing. Ralf Harms, Sabine Koch

Der B. G. Teubner Verlag ist ein Unternehmen von Springer Science+Business Media.
www.teubner.de

Umschlaggestaltung: Ulrike Weigel, www.CorporateDesignGroup.de
Gedruckt auf säurefreiem und chlorfrei gebleichtem Papier.

ISBN-13: 978-3-322-80149-4   e-ISBN-13: 978-3-322-80148-7
DOI: 10.1007/978-3-322-80148-7

Geleitwort

Die deutsche Bauwirtschaft befindet sich nun bereits im neunten Jahr in einer konjunkturellen und strukturellen Krise. Viele Unternehmen befinden sich deshalb in einer schwierigen Situation und müssen höchste Anstrengungen auf sich nehmen, um weiterhin am Markt agieren zu können.

Vor dem Hintergrund der Erweiterung der Europäischen Union seit dem 01. Mai 2004, der sich nur schleppend erholenden Konjunktur in Deutschland und weiterer strukturell notwendiger Modernisierungen unserer sozialen Sicherungssysteme wird der Wettbewerbsdruck in der Bauwirtschaft weiterhin sehr hoch bleiben. Unternehmerisches Denken und Handeln ist für alle Beteiligten in der Bauwirtschaft ein unverzichtbarer Erfolgsfaktor geworden und mehr gefragt denn je. Die Kenntnis von bauwirtschaftlichen Belangen unterstützt diese Forderungen in hohem Maße. Das vorliegende Werk hat hierbei das Ziel, allen Baubeteiligten das wesentliche Grundlagenwissen in diesem Fachgebiet zu vermitteln.

Die beiden Autoren haben unterschiedliche Erfahrungen aus der praktischen und wissenschaftlichen Auseinandersetzung mit der Thematik in das Werk eingebracht. Die systematische Vorgehensweise und der bewusste Bezug auf die in der Praxis wesentlichen Schwerpunkte sind hierbei hervorzuheben. Der einfache Zugang zu den Inhalten empfiehlt die Veröffentlichung insbesondere auch für die Studierenden des Bauingenieurwesens und der Architektur. Aber auch Interessierte aus den Wirtschafts- und Rechtswissenschaften sowie der Raumplanung und Immobilienwirtschaft kann die Buchveröffentlichung nützliche Erkenntnisse bringen.

Die „Bauwirtschaft" liegt nunmehr in der 2. Auflage vor. Normen und Verordnungen wurden aktualisiert bzw. angepasst. Auch inhaltlich wurden Erweiterungen vorgenommen, so wurde im Kapital „Information und Kommunikation" u.a. auf moderne Technologien bei der Entwicklung, Planung, Ausführung und dem Betreiben von Bauvorhaben eingegangen. Dies ist in einer modernen Unternehmensumwelt ein unverzichtbares Wissen, um effizient Leistungen in der Bauwirtschaft erbringen zu können.

Den Autoren ist zu danken, dass sie sich der Aufgabe gestellt haben, das bewährte Konzept der Buchveröffentlichung fortzuschreiben und damit den Mitarbeitern in bauausführenden Unternehmen, in Planungsbüros und auch in Unternehmen der Projektentwicklung eine gemeinsame bauwirtschaftliche Sprache an die Hand zu geben.

Auch für die 2. Auflage wünsche ich den Autoren eine weite Verbreitung in Wissenschaft und Praxis. Den Lesern wünsche ich fruchtbare Erkenntnisse und die Möglichkeit der praktischen Umsetzung.

Berlin, im Mai 2004

Prof. Dr. h.c. Ignaz Walter
Präsident des Hauptverbandes der Deutschen Bauindustrie e.V.
Vizepräsident des Bundesverbandes der Deutschen Industrie e.V.

Geleitwort

Die Bauwirtschaft hat trotz der seit 1995 rückläufigen Beschäftigtenzahlen nach wie vor hohe wirtschaftspolitische Bedeutung für die Volkswirtschaft der Bundesrepublik Deutschland. Etwa jeder zwölfte Beschäftigte ist in der Bauwirtschaft tätig oder in den vor- und nachgelagerten Bereichen wie Projektentwicklung, Planung, Baustoffhandel, Möbelindustrie, Maklertätigkeit und Facility Management eng mit ihr verbunden.

Die Betriebswirtschaftslehre für die Bauwirtschaft, kurz Bauwirtschaftslehre, zählt zu den speziellen Betriebswirtschaftslehren einzelner Wirtschaftszweige wie z. B. auch die Industrie-, Handels- und Bankbetriebswirtschaftslehre. Auffällig ist, dass die Bauwirtschaftslehre sich bisher nicht an den Fakultäten für Betriebswirtschaftslehre der wissenschaftlichen Hochschulen etabliert hat (Ausnahme: TU Freiberg/Sachsen und TU Darmstadt), sondern die Lehr- und Forschungsgebiete für Bauwirtschaft und Baubetrieb in den Bauingenieurfakultäten der Technischen Universitäten/Technischen Hochschulen angesiedelt sind. Die Begründung für dieses Phänomen liegt offenbar darin, dass die Besonderheiten der Bauwirtschaft mit ihrer Einzelfertigung von Unikaten, ihren von Baustelle zu Baustelle wandernden Werkstätten, dem Absatz durch Ausschreibung und Zuschlagserteilung vor der eigentlichen Produktion mit der starken Verflechtung zwischen technischen, wirtschaftlichen und rechtlichen Einflussfaktoren für Betriebswirte außerordentlich komplex oder auch diffus erscheinen.

Dies war Motiv für die Veröffentlichung der „Bauwirtschaft", die von Egon Leimböck, einem Bauingenieur und Diplomkaufmann, bis zum Jahre 2002 Inhaber des Lehrstuhls für Bauwirtschaft an der Universität Dortmund, nunmehr bereits in zweiter Auflage vorgelegt wird, unterstützt durch Andreas Iding, promovierter Bauingenieur und tätig im Bereich Projektentwicklung und Finanzierung einer deutschen Bauaktiengesellschaft.

Leimböck/Iding gliedern ihr Werk in sieben Teile A bis G (Baubeteiligte und deren Aufgaben; Baumarkt, Preisfindung, Marketing; Organisation und Management; Investition und Finanzierung; Betriebsabrechnung und operatives Controlling; Rechnungslegung; Information und Kommunikation) nach dem Prinzip „vom Allgemeinen zum Speziellen" und damit auch der chronologischen Abwicklung von Bauaufträgen folgend.

Mit der Aufnahme des Kapitels G „Information und Kommunikation" tragen die Autoren der Tatsache Rechnung, dass der Produktionsfaktor Information und Kommunikation sich neben den übrigen Produktionsfaktoren der Bauwirtschaft Arbeit, Boden, Kapital, Betriebsmittel, Werkstoffe und dispositiver Faktor fest etabliert hat. Seine Vernachlässigung führt zu einem nicht optimalen Einsatz der anderen Produktionsfaktoren und damit zu Verlusten. Der Schwerpunkt dieses Kapitels ist die Beschreibung des Internet und seiner Anwendungsfelder in der Bauwirtschaft.

Zu wünschen ist, dass dieses Werk mit seiner zweiten und auch den folgenden Auflagen durch weite Verbreitung unter Bauingenieuren, Architekten und auch in der Bauwirtschaft tätigen Kaufleuten und Juristen maßgebend dazu beiträgt, die Bauwirtschaft im Rahmen der Gesamtwirtschaft zu stabilisieren und für Nachwuchsführungskräfte attraktiv zu machen.

Wuppertal, im Juni 2004

Univ.-Prof. Dr.-Ing. Claus Jürgen Diederichs

Lehr- und Forschungsgebiet Bauwirtschaft
Leiter des Instituts für Baumanagement (IQ-Bau)
Bergische Universität Wuppertal
1. Vorsitzender des Deutschen Verbandes der Projektmanager
in der Bau- und Immobilienwirtschaft e. v. Berlin/Wuppertal

Vorwort

Die erste Auflage der Buchveröffentlichung „Bauwirtschaft" ist bei den Lesern und in der Fachwelt positiv aufgenommen worden. Daher haben wir die Möglichkeit, eine 2. Auflage vorzulegen, gerne wahrgenommen. Die 2. Auflage wurde von einem Autorenteam verfasst, welches in Zukunft gemeinsam für die Inhalte dieser Buchveröffentlichung verantwortlich zeichnet.

Der Text der 1. Auflage wurde gründlich überarbeitet und aktualisiert. Außerdem sind zu der 1. Auflage einige sehr konstruktive Hinweise und Anmerkungen von Lesern eingegangen, die zu punktuellen Verbesserungen geführt haben. Darüber hinaus wurde die erste Auflage erweitert. Mit dem Teil G „Information und Kommunikation" wird ein Themengebiet abgedeckt, dessen Kenntnis für ein erfolgreiches Bestehen am Baumarkt unerlässlich geworden ist. Oftmals als vierter Produktionsfaktor in der Volks- und Betriebswirtschaftslehre bezeichnet, ist der aufgabenbezogene Umgang mit Informationen als ein eigenständiger Teil der betriebswirtschaftlichen Grundlagen in der Bauwirtschaft ein Erfolgsfaktor.

Besonderer Wert bei der Umsetzung lag auf der praxisorientierten Anwendbarkeit der Inhalte.

Das Arbeitsumfeld am Lehrstuhl für Bauwirtschaft der Universität Dortmund hat wesentlich zum Gelingen der 2. Auflage beigetragen. Namentlich bedanken wir uns bei der Sekretärin des Lehrstuhls, Frau Claudia Bößmann, sowie den studentischen Hilfskräften Andrea Möller, Olinda dos Santos, Thomas Schlüchter und Jens Peter Rohmann, die mit Umsicht und Sorgfalt bei der Erstellung des Manuskriptes mitgeholfen haben.

Ebenso gilt unser Dank den Herren Dipl.-Ing. Carsten Haddick und Dipl.-Ing. Robin Heidel, die beide Diplomarbeiten am Lehrstuhl für Bauwirtschaft erstellt haben, die sich mit Inhalten des Teils G „Information und Kommunikation" auseinandersetzten und in welcher Hinweise und Anregungen aus der Praxis anschaulich dargelegt wurden.

Dem Teubner Verlag danken wir für das uns entgegengebrachte Vertrauen. Dem Lektor des Verlages, Herrn Dipl.-Ing. Ralf Harms, sind wir für die angenehme und vertrauensvolle sowie hilfreiche Zusammenarbeit zu Dank verpflichtet.

Auch bei der 2. Auflage freuen wir uns über Anmerkungen und konstruktive Kritik, die man über die E-Mail-Adresse info@bauprojektentwicklung.de an uns richten kann.

Die Verfasser hoffen sehr, dass auch die 2. Auflage allen am Bau Beteiligten, den Studierenden des Bauwesens und den interessierten Fachleuten anderer Fachgebiete viele Anregungen geben kann, die von Vorteil sind.

Dortmund, im Mai 2004

Egon Leimböck
Andreas Iding

Inhalt

Abbildungsverzeichnis

Abkürzungsverzeichnis

a.a.O.	am angegebenen Ort
Abs.	Absatz
AHO	Ausschuss der Ingenieurverbände und Ingenieurkammern für die Honorarordnung e.V.
ADB	Ausschreibungsdatenbank
AG	Aktiengesellschaft
AG	Auftraggeber
AktG	Aktiengesetz
AN	Auftragnehmer
Ana	Angebotsassistent
AO	Abgabenordnung
AP	Arbeiter und Poliere
ARGE	Arbeitsgemeinschaft
ARGEn	Arbeitsgemeinschaften
ASP	Application Service Providing
AT	Arbeitstag
ATV	Allgemeine Technische Vertragsbedingungen für Bauleistungen
AVA	Ausschreibung-Vergabe-Abrechnung
BA	Bundesanstalt für Arbeit
BAB	Betriebsabrechnungsbogen
BAK	Bundesarchitektenkammer
BAS	Bauarbeitsschlüssel
Bau-BG	Bauberufsgenossenschaft
BauO NW	Bauordnung Nordrhein-Westfalen
BauNVO	Baunutzungsverordnung
BDA	Bundesvereinigung der Deutschen Arbeitgeberverbände
BDI	Bundesverband der Deutschen Industrie
Betr.VG	Betriebsverfassungsgesetz
BGB	Bürgerliches Gesetzbuch
BGB-Gesellschaft	Gesellschaft bürgerlichen Rechts
BGF	Bruttogeschoßfläche
BGH	Bundesgerichtshof
BGL	Baugeräteliste
BkR	Baukoordinationsrichtlinie
BMI	Bundesministerium des Inneren
BMWI	Bundesministerium für Wirtschaft und Technologie
BOT	Build-Operate-Transfer
BRD	Bundesrepublik Deutschland
BRI	Bruttorauminhalt
BRTV	Bundesrahmentarifvertrag
BSC	Balanced Scorecard
bspw.	beispielsweise
BVI	Bundesverband Investment und Asset Management
BZ	Bauzuschlag
bzw.	beziehungsweise
CGB	Christlicher Gewerkschaftsbund
CAD	Computer Added Design
CATM	Computer Aided Facility Management

CRM	Customer Relationship Management
d.h.	das heißt
DAG	Deutsche Angestelltengewerkschaft
DBB	Deutscher Beamtenbund
DCFA	Discounted Cash-flow-Methode
DGB	Deutscher Gewerkschaftsbund
DIHT	Dachverband des Deutschen Industrie- und Handelstages e.V.
DIHK	Dachverband des Deutschen Industrie- und Handelskammertages e.V.
DIN	Deutsche Industrie-Norm
DIW	Deutsches Institut für Wirstchaftsförderung
DVFA	Deutsche Vereinigung für Finanzanalyse und Anlageberatung
DVP	Deutscher Verband der Projektmanager e.V.
DIN	Deutsches Institut für Normung e.V.
EDV	Elektronische Datenverarbeitung
EG	Europäische Gemeinschaft
EGInsO	Einführungsgesetz zur Insolvenzordnung
EG-SigRL	Europäische Signaturrichtlinie
EkdTL	Einzelkosten der Teilleistungen
EP	Einzelpreis
EST	Einkommensteuer
EStDV	Einkommensteuer-Durchführungsverordnung
EStG	Einkommensteuergesetz
EStR	Einkommensteuerrichtlinien
etc.	et cetera
EU	Europäische Union
FAQ	Frenquently Asked Questions
FM	Facility Management
ff.	folgende
FTP	File Transfer Protocol
GbR	Gesellschaft bürgerlichen Rechts
GEFMA	German Facility Management Association
GewSt	Gewerbesteuer
ggf	gegebenenfalls
GmbH	Gesellschaft mit beschränkter Haftung
GmbHG	GmbH-Gesetz
GMK	Gemeinkosten
GMP	garantierter Maximalpreis
GTL	Gesamttarifstundenlohn
GU	Generalunternehmer
GÜ	Generalübernehmer
GWB	Gesetz gegen Wettbewerbsbeschränkungen
HGB	Handelsgesetzbuch
HGrG	Haushaltsgrundsätzegesetz
HOAI	Honorarordnung für Architekten und Ingenieure
Hrsg.	Herausgeber
HTTP	Hypertext Transport Protokoll
HwO	Handwerksordnung
IBPM	Internetbasiertes Projektmanagement
IETF	Internet Engineering Task Force
i.d.R.	in der Regel
i.O.	in Ordnung

IG	Industriegewerkschaft
IGBSE	Industriegewerkschaft Bau-Steine-Erden
IHK	Industrie- und Handelskammer
ISO	International Organisation for Standardisation
i.S.	im Sinne
InsO	Insolvenzordnung
IuKDG	Informations- und Kommunikationsdienstgesetz
KAGG	Kapitalanlagegesellschaften
KfW	Kreditanstalt für Wiederaufbau
KFZ-Steuer	Kraftfahrzeugsteuer
kg	Kilogramm
KG	Kommanditgesellschaft
KGaA	Kommanditgesellschaft auf Aktien
KLR Bau	Kosten- und Leistungsrechnung der Bauunternehmen
KMU	kleine und mittlere Unternehmen
KSt	Körperschaftssteuer
KStG	Körperschaftssteuergesetz
LEG	Landesentwicklungsgesellschaft
L-Ph	Leistungsphase
LV	Leistungsverzeichnis
MA	Mitarbeiter
MaBV	Makler- und Bauträgerverordnung
Mbo	Management by Objectives
Mio	Million
MitbestG	Mitbestimmungsgesetz
ML	Mittellohn
Mrd	Milliarde
NL	Niederlassung
N.N.	Nicht namentlich
NNTP	Network News Transfer Protocol
NRW	Nord-Rhein-Westfalen
NU	Nachunternehmer
OHG	Offene Handelsgesellschaft
p.a.	per anno
PartGG	Partnerschaftsgesellschaftgesetz
PFI	Private Finance Initiative
PGP	Pretty Good Privacy
PKI	Public-Key-Infrastruktur
PKMS	Projektkommunikations- und Managementsystem
PPP	Private Public Partnership
PublG	Publizitätsgesetz
QM	Qualitätsmanagement
QM-Handbuch	Qualitätsmanagement-Handbuch
QMS	Qualitätsmanagementsystem
RDM	Ring Deutscher Makler
SCM	Supply Chain Management
SF-Bau	Schlüsselfertiges Bauen
SiG	Signaturgesetz
sog.	so genannt
SprAuG	Sprecherausschussgesetz
SSL	Secure-Socket-Layer

Std.	Stunden
StGB	Strafgesetzbuch
STLB-Bau	Standardleistungsbuch-Bau
SYPRO	Systematik der Wirtschaftszweige, Fassung für die Statistik im Produzierenden Gewerbe
S/MIME	Secure/Multipurpose Internet Mail Extension
TED	Tenders Electronic Daily
TDM	tausend Deutsche Mark
T€	tausend Euro
TGA	Technische-Gebäude-Ausrüstung
TGB	Tiefbau-Berufsgenossenschaft
TK/P	Techniker/Kaufleute und Poliere
TL	Tarifstundenlohn
TLS	Transport-Layer-Security
TQM	Total Quality Management
TU	Totalunternehmer
TÜ	Totalübernehmer
TÜV	Technischer Überwachungsverein
TV	Tarifvertrag
u.a.	unter anderem
u.U.	unter Umständen
ULAK	Urlaubs- und Lohnausgleichskasse
URL	Uniform Ressource Locator
UstG	Umsatzsteuergesetz
UstDV	Umsatzsteuerdurchführungsverordnung
VDI	Verein Deutscher Ingenieure
vgl.	vergleiche
VgV	Vergabeverordnung
VKF	Verkehrsfläche
VOB	Verdingungsordnung für Bauleistungen
VOF	Verdingungsordnung für freiberufliche Leistungen
VOFI	Vollständige Finanzplanung
VOL	Verdingungsordnung für Leistungen
VUBIC	Verband unabhängig beratender Ingenieure und Consutans
W+G	Wagnis und Gewinn
WertV	Wertermittlungsverordnung
WWW	World Wide Web
z.B.	zum Beispiel
Ziff.	Ziffer
z.T.	zum Teil
ZN	Zweigniederlassung
ZVK	Zusatzversorgungskasse des Baugewerbes

Teil A Baubeteiligte und deren Aufgaben

In diesem Buch umfasst die Bauwirtschaft als Sektor der Volkswirtschaft
- den Neubau, Wiederaufbau, Um- und Erweiterungsbau von Bauprojekten,
- die laufende Nutzung, wie z.B. die Instandhaltung und Reparatur von Bauobjekten sowie
- die Veränderung der Nutzung von Bauobjekten, z.B. durch Modernisierung.

Die Immobilienwirtschaft, d.h. das Kaufen und Verkaufen von bebauten und unbebauten Grundstücken bzw. von Nutzungsrechten an Immobilien, wird nur insoweit in diesem Buch behandelt, als diese für die vorher genannten Aktivitäten erforderlich ist.

Im vorliegenden Buch wird überwiegend und bewusst von Bauprojekten bzw. -objekten gesprochen und nicht von Bauvorhaben, Bauwerken etc. Unter Projekt wird dabei der Prozess verstanden, der bestehend aus unterschiedlichen Aufgaben und Tätigkeiten die Entwicklung, Planung und Realisierung eines Objektes beinhaltet. Damit sind das Bauprojekt im Sinne eines Prozesses und das Bauobjekt im Sinne von Gegenstand dieses Prozesses zu verstehen.

Der Begriff „Bauprojekt" wird im weiteren Verlauf deshalb häufiger verwendet, da er vor dem Hintergrund der vorstehend genannten Definition von größerer Bedeutung in der Bauwirtschaft ist.

Die DIN 69901 definiert ein Projekt als ein Vorhaben, welches im Wesentlichen durch die Einmaligkeit der Bedingungen in ihrer Gesamtheit gekennzeichnet ist. Speziell formulierte Zielvorgaben, die Fixierung von Anfangs- und Endzeitpunkt, einmalige oftmals unregelmäßige Abläufe, eine projektspezifische Organisationsstruktur sowie genau zugeordnete finanzielle, personelle und sachlich-materielle Ressourcen sind Bestimmungsmerkmale von Projekten.[1]

Da es keine Legaldefinition von einem Bauprojekt gibt und auch der Versuch einer trennscharfen Abgrenzung aufgrund der Zielvorstellungen der handelnden Personen schwierig erscheint, wird hier ein Bauprojekt als gegeben angesehen, wenn es i.d.R. folgende Merkmale aufweist:[2]
- Einmaligkeitscharakter
- Hohe Komplexität
- Endliche Ausdehnung
- Zweck- und Zieldefinition
- Individuelle Projektorganisation
- Bedeutung im Rahmen der unternehmerischen Tätigkeit

Bauprojekte sind also größere und komplexe Vorhaben, an deren Entwicklung, Planung, Steuerung, Durchführung und Überwachung im Regelfall mehrere Bereiche eines Betriebes oder mehrere Unternehmen beteiligt sind.

---

[1] vgl. Tytko, D.: Grundlagen der Projektfinanzierung, Schaeffer-Poeschel Verlag: Stuttgart 1999, S. 7

[2] vgl. u.a. auch Rösel, W.: Baumanagement, Grundlagen, Technik, Praxis, 4. Auflage, Springer Verlag: Berlin 1999, S. 27

1 Aufgaben bei der Entstehung und Nutzung von Bauprojekten

1.1 Entscheidung zur Entstehung

Der Begriff der „Entstehung eines Bauprojektes" umfasst in diesem Buch den Neubau, den Wiederaufbau, den Um- und Ausbau sowie die Erweiterung und Instandsetzung von Bauprojekten.

Die nachfolgenden Ausführungen gelten im Grundsätzlichen für alle genannten Arten der Entstehung von Bauprojekten. Gleichwohl sind im Einzelfall bestimmte Aufgaben entweder nicht notwendig oder sie haben unterschiedliche Gewichtungen. So ist z.B. die Aufgabe der Grundstücksbeschaffung unter Umständen nur beim Neubau, Ausbau bzw. bei der Erweiterung von Bedeutung.

Das Problem der Finanzierung oder die Frage nach der Wirtschaftlichkeit ist demgegenüber unabhängig von den genannten Arten der Entstehung von Bauprojekten.

Die Entscheidung zur Entstehung, d.h. die Entwicklung eines Bauprojektes geht immer direkt oder indirekt vom sog. Bauherrn aus. Allerdings wird der Begriff „Bauherr" sowohl in der Praxis als auch in der Literatur unterschiedlich definiert.

So findet man z.B. unterschiedliche Definitionen:

- im Bauordnungsrecht
- in der Gewerbeordnung
- im Steuerrecht
- im Wohnungsbaurecht und
- in der Makler- und Bauträgerverordnung

In diesem Buch wird der Begriff „Bauherr" wie folgt festgelegt.

„Bauherr ist derjenige:
- der selbst oder durch Dritte
- im eigenen Namen und auf eigene Verantwortung
- auf eigene Rechnung
- ein Bauvorhaben

wirtschaftlich und technisch vorbereitet und durchführt bzw. vorbereiten und durchführen lässt."[3]

Mit dieser Definition werden vor allem die Bedeutung des Bauherrn bei der Entscheidung zur Erstellung von Bauprojekten und die grundsätzliche Verantwortung für die Bauausführung hervorgehoben.

Einen Überblick über diese Verantwortung gibt z.B. der § 53, Abs. 1, BauO NW. Hier heißt es: „Die Bauherrin oder der Bauherr hat zur Vorbereitung und Ausführung eines genehmigungsbedürftigen Bauvorhabens eine Entwurfsverfasserin oder einen Entwurfsverfasser, Unternehmerinnen oder Unternehmer und eine Bauleiterin oder einen Bauleiter zu beauftragen. Die Bauherrin oder der Bauherr hat gegenüber der Bauaufsichtsbehörde die nach den öffentlich-rechtlichen Vorschriften erforderlichen Anzeigen und Nachweise zu erbringen, soweit hierzu nicht die Bauleiterin oder der Bauleiter verpflichtet ist."

Baut ein Bauherr ohne Einhaltung dieser Vorschriften oder verstößt er gegen sie, bestehen für die zuständigen Bauaufsichtsbehörden die Möglichkeiten, Bußgelder zu verhängen, die Baustelle

---

[3] Pfarr, K.H. (1997): Bauherrenleistungen und ihre Delegation; in: Schriften zur bau- und immobilienwirtschaftlichen Forschung und Praxis, Heft 1/97, S. 4

stillzulegen oder in schweren Fällen den Abriss des erstellten Bauwerkes zu verlangen. In jedem Fall ist es daher dem Bauherrn anzuraten, sich vor Beginn einer Baumaßnahme umfassend über alle öffentlich-rechtlichen Vorschriften, Vorgaben und Auflagen zu informieren.

Bei jedem Bauvorhaben kommt dem Bauherrn die wirtschaftlich und rechtlich wichtigste Funktion zu, woraus sich die Notwendigkeit von Entscheidungen ableitet.

Diese Entscheidungen sind jedoch eng verflochten mit dem Bedarf an Bauprojekten und mit den Zielsetzungen des jeweiligen Bauherrn.

Mit **Pfarr** kann man den Bedarf an Bauprojekten in Zusammenhang mit den „Grunddaseinsfunktionen" wie folgt darstellen:[4]

Bedarf an Bauprojekten	**Grunddaseinsfunktionen**
Wohngebäude für Familien, Studenten usw.	"Wohnen"
Büros, Fabrikgebäude usw.	"Arbeiten"
Krankenhäuser, Heime usw.	"sich Versorgen"
Schulen, Akademien usw.	"sich Bilden"
Sportanlagen, Schwimmbäder usw.	"sich Erholen"
Straßen, Brücken usw.	"Verkehrsteilnahme"
Kirchen, Gerichtsgebäude usw.	Leben in der "Gemeinschaft"

Bild A-1   Zusammenhang zwischen Grunddaseinsfunktionen und Bedarf an Bauprojekten

Hat sich ein potentieller Bauherr zur Realisierung eins Bauprojektes entschieden, dann beginnen die bauunabhängigen und bauabhängigen Vorüberlegungen.

Die bauunabhängigen Vorüberlegungen hängen von den individuellen Zielsetzungen des Bauherrn ab. So steht beispielsweise beim Wohnungsbau in aller Regel die Kostenwirtschaftlichkeit des Wohnprojektes im Vordergrund. Beim Wirtschaftsbau ergibt sich die Notwendigkeit zur Erstellung eines Bauprojektes auf Grund von strategischen Unternehmensentscheidungen, die auf Feststellungen und Prognosen zu mittel- und langfristigen Markt- und Konjunkturentwicklungen beruhen. Handelt es sich um ein gewerblich genutztes Bürogebäude, ist die Rentabilität des Bauprojektes von Bedeutung. Bei öffentlichen Bauten wird die Notwendigkeit des Bauvorhabens vorwiegend nach anderen Kriterien beurteilt, z.B. nach kulturellen Ansprüchen (etwa beim Bau eines Opernhauses) oder den sozialen Notwendigkeiten beim Krankenhausbau. Der Nutzen spielt im Rahmen der Vorüberlegungen im letztgenannten Fall eine besondere Rolle.

„Ein Einkaufszentrum vor der Stadt, das wissen wir inzwischen, lässt sich rechnen. Die Stadt jedoch kann nicht nur rentierlich denken, sonst müsste sie alle Schlösser und Kirchen abreißen."[5]

Liegt das Nutzungskonzept vor, dann muss der Funktions- und Raumbedarf geklärt werden, damit über die Größenordnung des zu erstellenden Bauprojektes entschieden werden kann.

---

[4] vgl. Pfarr, K.H. (1997): a.a.O., S. 2
[5] Hahn, V.: Die Aufgabe des Bauherrn in der heutigen Gesellschaft; in: Der Bauherr in der Demokratie, Heft 2, Stiftung Bauwesen: Stuttgart 1997, S. 13

Die bauabhängigen Vorüberlegungen beginnen mit Untersuchungen zum Grundstück bzw. zum Standort. Hat der Bauherr ein geeignetes Grundstück, so lässt er sich von beispielsweise Projektentwicklern für dieses Grundstück wirtschaftliche Nutzungskonzepte anbieten und trifft dann die Entscheidung „Neubau eines Bauprojektes".

Hat der Bauherr für sein geplantes Bauprojekt kein geeignetes Grundstück, dann muss er sich zunächst für einen geeigneten Standort, also eine bestimmte Region oder Stadt, entscheiden.

Hierbei sind eine Reihe von Faktoren zu berücksichtigen, die sich z.B. wie folgt systematisieren lassen:[6]

Bild A-2   Standortfaktoren und ihre Beeinflussbarkeit durch Investoren[7]

Hat sich der Bauherr entschlossen, die Baumaßnahme an einem bestimmten Standort durchzuführen, muss er ein geeignetes Grundstück suchen.

Dabei ist vor allem auch die Frage zu klären, ob das Grundstück im Sinne des Bauherrn bebaut werden kann.

---

[6] vgl. hierzu auch Muncke, G. et al.: Standort- und Marktanalyse in der Immobilienwirtschaft; in: Schulte, K.-W./Bone-Winkel, St. (Hrsg.): Handbuch der Immobilienprojektentwicklung, 2. Auflage, Rudolf Müller Verlag: Köln 2002, S. 129 ff.

[7] in Anlehnung an: Gensior, E.: Projektentwicklung im Bau- und Immobilienwesen; in: Baumanagement im Lebenszyklus von Gebäuden, Vom Entwurf bis zum Abbruch, Schriften der Bauhaus Universität Weimar, Universitätsverlag : Weimar 1999, S.18

Zwar ist in Artikel 14 des Grundgesetzes grundsätzlich das Eigentum gewährleistet und damit prinzipiell auch das Recht auf freie Nutzung des Bodeneigentums einschließlich des Rechts zur Errichtung von Bauprojekten. Diese „Baufreiheit" ist aber durch das „öffentliche Baurecht" und auch durch private Rechte Dritter begrenzt.[8]

Im konkreten Fall müssen die bebauungsrechtlichen Fragen geklärt werden. Dazu kann man bei der Gemeindeverwaltung den Bebauungsplan einsehen und/oder eine planungsrechtliche Auskunft einholen. Die Gemeinde ist nach § 12 Baugesetzbuch verpflichtet, über den Bebauungsplan auf Verlangen Auskunft zu geben.

Hat der Bauherr ein geeignetes Grundstück gefunden, dann muss er die rechtlichen und wirtschaftlichen Vorgänge in die Wege leiten, die beim Erwerb und der Eigentumsübertragung des Grundstückes erforderlich sind.

Möglicherweise will der Grundstückseigentümer das Grundstück nicht verkaufen. Dann gibt es noch die Möglichkeit, dass zwischen dem Grundstückseigner und dem Bauherrn vertraglich ein Erbbaurecht vereinbart wird.

Dieses ist ein vererbliches und in der Regel auch veräußerliches Recht mit dem Inhalt, dass der Erbbauberechtigte (Bauherr) auf dem Grundstück eines anderen Eigentümers ein Bauwerk errichten kann. Erbbaurechte werden regelmäßig über einen längeren Zeitraum (maximal 99 Jahre) bestellt.

Parallel zur Entwicklung des Nutzungskonzeptes und zur Grundstückssuche muss die Finanzierung des Bauprojektes geklärt werden.

Grundlage hierzu ist der sogenannte Kostenüberschlag. Dieser dient nach der aktuellen DIN 276 „Kosten im Hochbau" von Juni 1993 der überschlägigen Ermittlung der voraussichtlich entstehenden Kosten und damit der grundsätzlichen Entscheidung über die Erstellung des Bauprojektes.

Für diesen Kostenüberschlag sind unter anderem folgende Angaben notwendig:

- Abbruch eventuell vorhandener Altbauten und/oder Entsorgung von Altlasten
- Bedarfsangaben, z.B. Nutzungseinheiten, qualitative Nutzungsanforderungen
- Flächenbedarf
- Bauvolumen in Bruttorauminhalt (BRI) bzw. Bruttogeschossfläche (BGF)

Die Errechnung der überschlägigen Kosten beruht weitestgehend auf Erfahrungswerten bzw. auf Quellen des einschlägigen Schrifttums, die in Abhängigkeit von der Nutzungsanforderung und des vorgesehenen Umfangs, d.h. von Angebot und Nachfrage stehen.

Solche Erfahrungswerte haben beispielsweise folgenden Bezugspunkt:

- Bei Industrieanlagen: geplante Produktionseinheiten
- Bei Schulen und Universitäten: geplante Schüler- bzw. Studierendenzahl
- Bei Krankenhäusern: geplante Zahl der Krankenbetten
- Bei Verwaltungsgebäuden: geplante Zahl der Mitarbeiter
- Bei Parkhäusern: geplante Zahl der Stellplätze
- Bei Shopping-Centern: geplante Verkaufsflächen

Das Ergebnis des Kostenüberschlages kann noch erheblich von den tatsächlich anfallenden Kosten abweichen. Er ergibt jedoch eine erste Richtgröße, die den voraussichtlichen Finanzierungsbedarf bestimmt.

---

[8] zum Überblick und zu Einzelheiten des öffentlichen Baurechts vgl. Leimböck, E./Heinlein, K. (1994): Recht und Wirtschaft bei der Planung und Durchführung von Bauvorhaben, Band I, Von der Grundstückssuche bis zur Baugenehmigung, Bauverlag: Wiesbaden und Berlin 1994, S. 27 ff.

Bei der Entstehung von Bauprojekten müssen also folgende bauunabhängigen und bauabhängigen Vorüberlegungen angestellt werden:

- Bedarf für Neubau, Wiederaufbau, Erweiterung, Um- und Ausbau und Instandsetzung
- Zielsetzung des Bauherrn
- Nutzungskonzept mit Funktions- und Raumbedarf
- Standortentscheidung bei Neubauten
- Grundstückserwerb bzw. Bestellung des Erbbaurechtes bei Neubauten
- Finanzierungsbedarf

Nach Abschluss dieser Vorüberlegungen im Rahmen der Entwicklung beginnt die eigentliche Planung des Bauobjektes.

1.2 Planung

Die Planung eines Bauobjektes kann in folgende Planungsphasen unterteilt werden:[9]
- Grundlagenermittlung
- Vorplanung (Projekt- und Planungsvorbereitung)
- Entwurfsplanung (System- und Integrationsplanung)
- Genehmigungsplanung
- Ausführungsplanung/Werkplanung

Die Grundlage für die Durchführung der Planung sind neben der Formulierung von ästhetischen und funktionalen Nutzungsaspekten Planungsvorgaben in Bezug auf:
- Qualitätsstandard
- Kostenziele (Herstellungs- , Baunutzungskosten)
- Terminangaben

Die verschiedenen Planungsleistungen sind ausführlich – und zwar getrennt nach den einzelnen Fachgebieten – in der Honorarordnung für Architekten und Ingenieure (HOAI) beschrieben. So erstrecken sich z.B. die Aufgaben des Architekten – eine seit dem 23. Februar 1970 durch das Architektengesetz geschützte Berufsbezeichnung – auf die künstlerische, technische und wirtschaftliche Planung von Bauprojekten und ihre städtebauliche Einbindung. „Zu den Berufsaufgaben des Architekten [...] gehören auch die koordinierende Lenkung und Überwachung der Planung und Ausführung, die Beratung, Betreuung und Vertretung des Auftraggebers in allen mit der Planung und Durchführung eines Vorhabens zusammenhängenden Fragen. Hierzu gehören ferner die Rationalisierung von Planung und Plandurchführung sowie die Erstattung von Fachgutachten."[10]

Da Planungsleistungen vorwiegend technische Aufgaben sind, wird auf diese nicht im Einzelnen eingegangen. Nur bauwirtschaftliche Aufgaben im Zusammenhang mit der Planung werden hier kurz skizziert.

Dabei handelt es sich um folgende Themenbereiche:
- Auswahl der Fachingenieure und Sonderfachleute sowie Festlegung der vertraglichen Beziehungen zwischen diesen Aufgabenträgern
- Koordination der Planungsleistungen und Abstimmung der Planungsergebnisse

---

[9] vgl. hierzu Honorarordnung für Architekten und Ingenieure (HOAI), § 15 Leistungsbild Objektplanung für Gebäude, Freianlagen und raumbildende Ausbauten oder HOAI § 64 Leistungsbild Tragwerksplanung oder HOAI § 73 Leistungsbild Technische Ausrüstung

[10] vgl. § 1 Abs. 5 des Baden-Württembergischen Architektengesetzes

- Kostenplanung
- Wirtschaftlichkeitsuntersuchungen und Rentabilitätsanalysen
- Finanzierungsüberlegungen
- endgültige Entscheidung zur Erstellung des Bauprojektes

Die genannten Aufgabenfelder hängen eng miteinander zusammen und bedingen sich häufig gegenseitig. Deshalb ist es auch nicht möglich, für die Praxis eine strikte Reihenfolge der Tätigkeiten anzugeben.

Im Folgenden wird nur eine grobe Übersicht über die Inhalte der genannten Tätigkeiten gegeben. Auf Probleme der gegenseitigen Abhängigkeiten wird nicht eingegangen.

Auswahl der Fachingenieure und Sonderfachleute sowie Festlegung der vertraglichen Beziehungen zwischen den Aufgabenträgern

Nachdem der Bauherr dem Entwurfsverfasser die Grundlagen für die Planung gegeben hat, wird dieser das Planungskonzept in Form von ersten skizzenhaften Darstellungen erarbeiten und eventuell alternative Lösungsmöglichkeiten anbieten.

Sofern bereits in diesem Stadium Fachingenieure und Sonderfachleute eingeschaltet werden, müssen diese ausgewählt und deren Aufgaben vertraglich festgelegt werden. Dies kann entweder durch den Bauherrn oder durch den Architekten erfolgen.

In Bezug auf die vertragliche Regelung beim Einsatz von Sonderfachleuten sehen viele Architektenverträge einen eigenen Paragraphen vor. Hierzu sei exemplarisch ein Passus gezeigt, der in einem Architektenvertrag diesen Sachverhalt regelt.

Im § N.N. „Einsatz von Sonderfachleuten" heißt es dann:

„Folgende Leistungen werden von den nachstehend genannten Sonderfachleuten erbracht und sind vom Architekten zeitlich und fachlich zu koordinieren, mit seinen Leistungen abzustimmen und in diese einzuarbeiten:

1. Bodengutachten (Gründungsberatung)
2. Tragwerksplanung (Statik) und Prüfingenieur
3. Schall- und Wärmeschutznachweis
4. Bauphysikalische Gutachten
5. Technische Ausrüstung
6. Sondergutachter bzw. sonstige Fachleute

Die Verträge mit den Sonderfachleuten werden mit dem Bauherrn abgeschlossen. Die Leistungen der Sonderfachleute werden vom Bauherrn unmittelbar vergütet."

In der Regel sind diese Verträge Werkverträge nach dem BGB, die eine Herbeiführung eines bestimmten Erfolges vorsehen.

In diesem Fall sind die vertraglichen Beziehungen unmittelbar zwischen dem Bauherrn und den Sonderfachleuten geregelt, so dass zwischen den Sonderfachleuten und dem Bauherrn z.B. auch eigene Gewährleistungsregeln gelten.

Eine Alternative hierzu wäre die Einschaltung von Sonderfachleuten als Nachunternehmer des Architekten. Handelt es sich hierbei wiederum um Planungsleistungen, die gemeinsam mit der Planung des Entwurfsverfassers, nahezu alle Planungsleistungen des Bauobjektes umfassen, tritt der koordinierende Architekt üblicherweise als Generalplaner auf. In diesem Fall kommt zwischen den Sonderfachleuten und dem Bauherrn kein Vertragsverhältnis zustande. Für den Architekten hat diese Alternative den Nachteil, dass er für die Fehler seiner Nachunternehmer gegenüber dem Bauherrn in vollem Umfang einstehen muss. Für den Bauherrn liegt der Vorteil in der erheblich geringeren Planungskoordination, die er zu leisten hat.

Koordination der Planungsleistungen und Abstimmung der Planungsergebnisse

Bei der Planung von Bauprojekten muss man strikt unterscheiden zwischen Planungsleistungen der einzelnen Aufgabenträger und der Durchführung der gesamten Planung.

Die Durchführung der gesamten Planung erfordert die Koordination, Steuerung und Überwachung der Geschehensabläufe in organisatorischer, technischer, rechtlicher und wirtschaftlicher Sicht.

In Architektenverträgen ist dieser Gesichtspunkt berücksichtigt, denn „neben dem Hinweis auf die gesonderten Rechtsbeziehungen zwischen dem Bauherrn und den Sonderfachleuten und der Auflistung der bereits bei Vertragsschluss bekannten Sonderfachleute enthält die Regelung noch den Hinweis auf die Koordinierungspflicht des Architekten im Zusammenhang mit den Leistungen der Sonderfachleute. Diese Verpflichtung ergibt sich bereits aus dem Leistungsbild des § 15 Abs. 2 HOAI, in dem stets das Integrieren der Leistungen anderer an der Planung fachlich Beteiligter und die Verwendung der Beiträge anderer an der Planung fachlich Beteiligter als Architektenleistung genannt wird."[11]

Kostenplanung

Mit zunehmender Planungsgenauigkeit können die voraussichtlichen Gesamtkosten eines Bauprojektes immer genauer bestimmt werden.

Der Genauigkeitsgrad der Kostenermittlungen nach DIN 276 „Kosten im Hochbau" hängt wie folgt vom Fortgang der Planung ab:

Fortgang der Planung	Kostenermittlungs-verfahren	Genauigkeitsgrad der ermittelten Kosten
Vorüberlegungen	Kostenüberschlag	überschlägig
Vorplanung	Kostenschätzung nach DIN 276	grob
Entwurfsplanung	Kostenberechnung nach DIN 276	ausführlich

Bild A-3   Zusammenhang zwischen Genauigkeitsgrad der Kostenermittlungen nach DIN 276 und dem Fortgang der Planung

Die Kostenermittlungsverfahren dienen vorwiegend der Verbesserung bzw. Erarbeitung eines Finanzierungsplanes und letztlich der Entscheidung, ob das Bauprojekt erstellt wird.

Der Vollständigkeit halber sei erwähnt, dass die DIN 276 auch den Kostenanschlag und die Kostenfeststellung kennt. Diese Verfahren finden allerdings erst Anwendung nach der Entwurfsplanung.

Dem Kostenermittlungsverfahren liegen bei Hochbauten nach DIN 276 folgende Kostenelemente zugrunde:

- Grundstücks- und Erschließungskosten und eventuell Kosten für die Freimachung
- Herstellkosten des Bauprojektes in der Unterteilung: Baukonstruktion, Allgemeiner Ausbau, Technische Anlagen, Außenanlagen, Ausstattung und Kunstwerke
- Baunebenkosten: z.B. Architekten- /Ingenieurhonorare, Gebühren, Finanzierungskosten etc.

Wirtschaftlichkeitsuntersuchungen und Rentabilitätsanalysen

Bei der Entwurfsplanung müssen neben den funktionalen, gestalterischen, technischen und

---

[11] vgl. Leimböck, E./Heinlein, K. (1994): a.a.O., S. 83

bauphysikalischen auch die wirtschaftlichen Gesichtspunkte berücksichtigt werden. Zu diesem Zweck werden Wirtschaftlichkeitsuntersuchungen und Rentabilitätsanalysen durchgeführt.

Zu den in der Praxis angewandten Rechenmethoden zu Wirtschaftlichkeitsuntersuchungen und Rentabilitätsanalysen vgl. Punkt D 1.2.2.

Bei der Beurteilung der Wirtschaftlichkeit eines gesamten Bauvorhabens sind außer den Herstellkosten auch die Baunutzungskosten und deren zeitlicher Anfall in die Wirtschaftlichkeitsberechnung einzubeziehen.

„Letztendlich ist das alleinige Minimieren der Herstellkosten ohne Rücksichtnahme auf die Höhe und den zeitlichen Anfall der Baunutzungskosten für die Gesamtwirtschaftlichkeit des Bauvorhabens fragwürdig. Ebenso sind durch das Einhalten von Kostenrichtwerten, die ausschließlich aus vergangenheitsbezogenen Daten und unter Nichtbeachtung der Nutzungskosten des Bauprojektes gebildet werden, keine Aussagen in Bezug auf die Wirtschaftlichkeit des Bauprojektes möglich. Eine Auflösung dieses Konfliktes ist nur denkbar, wenn man Bauvorhaben als Investitionsvorhaben betrachtet und die Betriebs- und Bauunterhaltungskosten neben den Herstellungskosten bei den Planungsentscheidungen berücksichtigt."[12]

Die DIN 18960 definiert die Nutzungskosten im Hochbau als „alle in baulichen Anlagen und deren Grundstücken entstehenden regelmäßig oder unregelmäßig wiederkehrenden Kosten von Beginn der Nutzbarkeit bis zur Beseitigung."

Die betriebsspezifischen und produktionsbedingten Personal- und Sachaufwendungen sind nicht nach dieser Norm zu erfassen, soweit sie sich von den Baunutzungskosten trennen lassen. Dies sind beispielsweise Dienstleistungen für die Verwaltung und Aufwendungen für den Betrieb von Maschinen und Fertigungseinrichtungen. Derartige Aufwendungen fallen nicht unter die Nutzungskosten.

Die aktuelle Fassung der DIN 18960 umfasst folgende Kostengruppen[13]

- Kapitalkosten
- Verwaltungskosten
- Betriebskosten
- Instandsetzungskosten

Der Zweck der Norm liegt darin, die Ermittlung der Nutzungskosten im Hochbau nach einheitlichen Gesichtpunkten vorzunehmen, um darauf aufbauend insbesondere betriebswirtschaftliche Vergleiche zwischen Bauobjekten gleicher Nutzung zu ermöglichen. Die DIN 18960 bedient sich zur Vorausberechnung der entstehenden Kosten bzw. zur Feststellung der tatsächlichen Kosten verschiedener Arten von Nutzungskostenermittlungen. Allen Arten ist gemeinsam, dass sie als Grundlage für die Kostenkontrolle, für Planungs-, Vergabe- und Ausführungsentscheidungen sowie zum Nachweis der entstandenen Nutzungskosten dienen.

Bei Bauprojekten sind Rentabilitätsgesichtspunkte in aller Regel ein wichtiges, wenn nicht sogar das ausschlaggebende Entscheidungskriterium. Dabei müssen die mit dem Bauobjekt erzielbaren Einnahmen und ihr zeitlicher Verlauf in die Rentabilitätsrechnung aufgenommen werden.

So können z.B. bei einem Bauprojekt folgende Einnahmen anfallen:
- Mieten, bestehend aus
  - der Grundmiete,
  - dem vereinbarten Nebenkostenanteil sowie
  - zusätzlichen Anteilen gemäß der individuellen Ausgestaltung des Mietvertrages.

---

[12] Leifert, W.: Die Kostenplanung als integrativer Bestandteil der Planungsprozesse von Bauvorhaben, Dissertation Universität Dortmund: Dortmund 1990, S. 68

[13] Die aktuelle Fassung der DIN 18960 hat den Stand August 1999 und ist Ersatz für die DIN 18960-1 aus dem Jahr 1976.

- Sonstige Periodenerlöse aus der gesonderten Vermietung von
  - Park- oder sonstigen Stellflächen,
  - Werbeflächen usw. sowie
  - Veräußerungserlöse am Ende der Nutzungsdauer. [14]

Finanzierungsüberlegungen

Bei der Finanzierung kommt es vor allem darauf an, ob das zu finanzierende Bauprojekt

- dem Wohnungsbau (Neubau, Modernisierung und Instandsetzung),
- dem Wirtschaftsbau (Land- und Forstwirtschaft, Energie- und Wasserversorgung, übriges produzierendes Gewerbe, Handel, Banken, Versicherungen etc.) oder
- dem öffentlichen Bau (Tiefbau, Straßenbau einschließlich Brücken- und Wasserbau, Sportstätten, Krankenhäuser, Schulen, Hochschulen, Verwaltungsbauten, Parkhäuser, Kindergärten, Wohnheime etc.)

zuzuordnen ist.

Die Ausgangssituation und Fragestellung der Finanzierungsüberlegungen sind beim Wohnungsbau anders als beim Wirtschaftsbau. Dies hängt u.a. damit zusammen, dass beim Wohnungsbau der Umfang der bereitszustellenden Finanzierungsmittel fast ausschließlich durch das originäre Bauprojekt selbst bestimmt ist (Grundstück, Bauwerk, Außenanlagen und Nebenkosten). Beim Wirtschaftsbau hingegen ist häufig die bauliche Hülle nur ein Teil der Gesamtinvestition, da Investitionen in Produktionsanlagen und in zusätzlichen Materialbeständen usw. hinzukommen. Wird das Bauprojekt als eigene wirtschaftliche Einheit verstanden, muss sich das Bauobjekt aus den zu erzielenden Einnahmen wirtschaftlich selbst tragen.

Auch hinsichtlich der Sicherung der Darlehen besteht ein großer Unterschied. Beim Wohnungsbau ist vor allem die Grundschuld bzw. die Hypothek als Sicherungsmittel anzutreffen. Dagegen spielt beim Wirtschaftsbau oftmals die Beurteilung des Investors einschließlich seines unternehmerischen Umfeldes durch die Bank eine entscheidende Rolle, da der Investor aus den Erträgen der geplanten Investition das Darlehen bedienen muss. Beurteilungskriterien sind dabei:

- Bewertung des Vorhabens hinsichtlich der Rentabilität. Diese hängt von der Markt- und Konjunkturlage, von den spezifischen Absatzmöglichkeiten des Produktes und von der Kostensituation des Unternehmens ab.
- Bewertung des Unternehmens/Unternehmers,
- Bewertung des Zahlenmaterials hinsichtlich Vermögen und Liquidität.

Noch anders gelagert ist die Finanzierung von öffentlichen Bauten, bei denen haushaltsrechtliche Vorschriften zum Tragen kommen.

Vertiefende Einzelheiten zur Finanzierung und insbesondere zu den Bausteinen der Finanzierung sind im Kapitel D 2 dargestellt.

Endgültige Entscheidung zur Erstellung des Bauprojektes

Ist aufgrund der Entwurfsplanung und der Finanzierungsmöglichkeiten – dargestellt in einem detaillierten Finanzierungsplan – die endgültige Entscheidung zur Erstellung des Bauprojektes gefallen, dann kann sowohl mit der Genehmigungs- als auch mit der Ausführungsplanung begonnen werden.

---

[14] vgl. Schulte, K.-W./Bone-Winkel, St./Pitschke, Ch.: Rentabilitätsanalyse für Immobilienprojekte; in: Schulte, K.-W./Bone-Winkel, St. (Hrsg.): Handbuch der Immobilienprojektentwicklung, 2. Auflage, Rudolf Müller Verlag: Köln 2002, S. 229

Bei der Genehmigungsplanung handelt es sich um die Erarbeitung aller Unterlagen, die nach öffentlich-rechtlichen Vorschriften zur Genehmigung der Erstellung des Bauprojektes notwendig sind.[15]

Die Ausführungsplanung hingegen ist ein stufenweises Durcharbeiten und Fortentwickeln der Ergebnisse der vorgehenden Planungsstufen bis zur ausführungsreifen Darstellung der Lösung der Bauaufgabe.

Auch bei diesen Planungsstufen ist die Einbeziehung aller an der Planung fachlich Beteiligter und deren Koordination in fachlicher und zeitlicher Hinsicht eine wichtige organisatorische Aufgabe.

Mit Abschluss der Ausführungsplanung – in der Praxis erfolgt dies teilweise parallel zur Genehmigungsplanung – beginnt die eigentliche Herstellung des Bauprojektes.

1.3 Herstellung

Bei der Herstellung von Bauprojekten müssen eine Vielzahl von Bauleistungen erbracht werden. Nach §1 VOB Teil A der Allgemeinen Bestimmung für die Vergabe von Bauleistungen sind Bauleistungen Arbeiten jeder Art, durch die eine bauliche Anlage hergestellt, instand gehalten, geändert oder beseitigt wird.

Aus dieser Definition folgt, dass alle für ein funktionsfähiges Bauwerk erforderlichen Leistungen zu den Bauleistungen zählen, also auch z.B. maschinelle und/oder elektronische Anlagen, die zur funktionalen Einheit einer baulichen Anlage gehören.

„Unerheblich für den Begriff der Bauleistung i.S. der VOB ist es, ob die erforderlichen Stoffe und Bauteile von demjenigen, der die Bauleistung erbringt, mitgeliefert werden oder nicht."[16]

Es sind die bauausführenden Unternehmen, die nach den genehmigten Bauplanungen und den anerkannten Regeln der Technik diese Bauleistungen erbringen.

Bei der Vergabe von Leistungen durch die öffentlichen Hände muss man noch unterscheiden zwischen den Bauleistungen und den Sonstigen Leistungen.

Sonstige Leistungen sind z.B. Anlagen, die „von der baulichen Anlage ohne Beeinträchtigung der Vollständigkeit oder Benutzbarkeit abgetrennt werden können und einem selbständigen Nutzungszweck dienen". Diese Definition findet sich in den Hinweisen, die den Allgemeinen Bestimmungen für die Vergabe von Bauleistungen in VOB/A vorangestellt sind. Der Einsatz der VOB/A durch private Bauherren wird dadurch nicht eingeschränkt.

Bei der Vergabe von Sonstigen Leistungen findet die Verdingungsordnung für Leistungen (VOL) Anwendung.

Dies geht hervor aus dem § 1 VOL, indem es heißt:

„1. Leistungen im Sinne der VOL sind alle Lieferungen und Leistungen, die nicht unter die Vergabe- und Vertragsordnung für Bauleistungen -VOB- fallen.

2. Keine Anwendung findet die VOL auf Leistungen, die im Rahmen einer freiberuflichen Tätigkeit erbracht oder im Wettbewerb mit freiberuflich Tätigen von Gewerbebetrieben angeboten werden."

Die Unterscheidung zwischen Bauleistungen und Sonstigen Leistungen hat nur bei der Vergabe von Bauleistungen bzw. Sonstigen Leistungen durch die öffentlichen Hände eine Bedeutung.

---

[15] zu Einzelheiten hierzu vgl. Leimböck E./Heinlein, K. (1994): a.a.O., S. 225 ff.
[16] Heiermann, W./Riedl, R./Rusam, M.: Handkommentar zur VOB Teil A und B, 8. völlig neubearbeitete und erweiterte Auflage, Bauverlag: Wiesbaden-Berlin 1997, S. 213

Formal unterschiedliche Vorgehensweisen sind dann zu berücksichtigen. Im Rahmen der allgemeinen Betrachtung genügt deshalb an dieser Stelle der Hinweis auf den Unterschied.

Bevor die bauausführenden Unternehmen tätig werden, müssen zunächst Aufgaben im Rahmen der Suche von Anbietern bewältigt werden.

Anbieter werden aufgrund des sog. Vergabeverfahrens gefunden (vgl. Punkt B 2.4.1).

Dabei hat der Bauherr bzw. der Architekt folgende, stichwortartig genannte Aufgaben:

- Festlegung der Vergabeart; d.h. ob öffentliche oder beschränkte Ausschreibung oder freihändige Vergabe
- Festlegung des Bauvertrages; d.h. ob Einheitspreis-, Pauschal-, Stundenlohn- bzw. Selbstkostenerstattungsvertrag
- Festlegung der Leistungsbeschreibung; d.h. Leistungsverzeichnis oder funktionale Leistungsbeschreibung mit Leistungsprogramm
- Bereitstellung der Vergabeunterlagen
- Wertung der Angebote
- Vergabeverhandlungen; d.h. Klärung der Angebotsinhalte und Festlegung der Vertragskonditionen
- Auftragserteilung

Nach Erteilung der Aufträge kann mit der Herstellung des Bauprojektes begonnen werden und zwar der Roh- und Ausbauleistungen, der technischen Gebäudeausrüstung und der baulichen Außenanlagen etc.

Hierbei sind mehrere Aufgabengebiete zu unterscheiden, nämlich:

- Bauvorbereitung, d.h. Verfahrenswahl, Ablauf-, Kapazitäts- und Terminplanung, sowie Baustelleneinrichtungs- und Kostenplanung (auch Arbeitsvorbereitung genannt)
- Abschluss von Verträgen mit Lieferanten und Nachunternehmern
- Bauausführung
- Überwachung der Produktion durch den Bauherrn bzw. den Architekten, im Hinblick auf Qualität, Termine und Kosten
- Überwachung der Produktion durch die bauausführenden Unternehmen und zwar im Hinblick auf die Übereinstimmung der Produktion mit der Baugenehmigung, den Ausführungsplänen, den Leistungsbeschreibungen, den anerkannten Regeln der Bautechnik, den einschlägigen Vorschriften und den Inhalten des Bauvertrages.

Wenn das Bauprojekt – oder ein abnahmefähiger, d.h. in sich geschlossener Teil der Leistung – fertig gestellt ist, dann wird das Bauprojekt an den Bauherrn übergeben bzw. der Bauherr muss das Bauprojekt abnehmen.[17]

In der Praxis werden die genannten Aufgaben nicht konsequent nacheinander erbracht, sondern mit deutlichen zeitlichen Überschneidungen.

Die Größe der zeitlichen Überschneidung hängt u.a. von der Art des Bauprojektes ab. Der immer größer werdende Termindruck bewirkt aber eher eine Zunahme der Überschneidungen. Dies bedingt wiederum eine erhöhte Anforderung hinsichtlich Koordination und Abstimmung der Planungsleistungen.

Folgende Skizze soll dies schematisch verdeutlichen:

---

[17] über die Arten der Abnahme, deren wirtschaftliche und rechtliche Konsequenzen und vor allem auch im Hinblick auf Gewährleistungsverpflichtungen und Vergütungsansprüche siehe z.B. Leimböck, E./Heinlein, K. (1996): Recht und Wirtschaft bei der Planung und Durchführung von Bauvorhaben, Band II, Von der Ausführungsplanung bis zur Objektbetreuung und Dokumentation, Bauverlag : Wiesbaden-Berlin 1996, S. 36 ff.

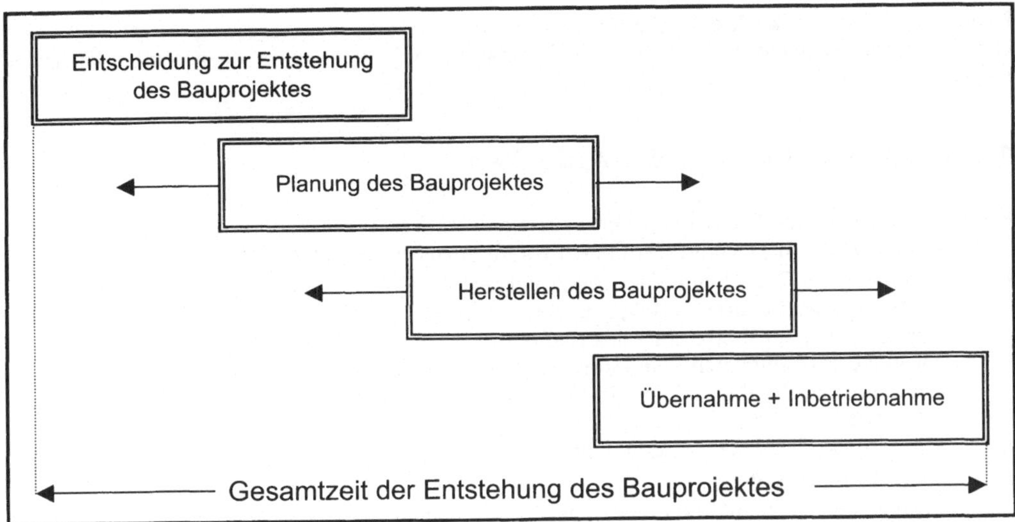

Bild A-4   Zeitliche Überschneidung der Projektphasen

1.4 Nutzung

Um die Aufgaben in der Nutzungsphase zu beschreiben, kann die DIN 18960 herangezogen werden. Aus den Kostengruppen lassen sich folgende Aufgaben ableiten:

- Fremd- und Eigenleistungen für Gebäude- und Grundstücksverwaltung
- Ver- und Entsorgung des Gebäudes, der Anlage, des Grundstücks etc.
- Gebäudereinigung (Innen-, Fenster- und Fassadenreinigung)
- Bedienen von haus- und betriebstechnischen Anlagen
- Wartung und Inspektion der haus- und betriebstechnischen Anlagen einschließlich der damit zusammenhängenden kleineren Reparaturen
- Kontroll- und Sicherheitsdienste
- Sonstige wie z.B. Abfallbeseitigung, Schornsteinreinigung

Neben diesen laufend anfallenden Aufgaben umfasst die Nutzung noch die Instandhaltung als Bewahren des Sollzustandes (Wartung) bzw. die Wiederherstellung des Sollzustandes (Instandsetzung).

Eine etwas andere Aufgabendifferenzierung und -benennung findet sich bei Diederichs[18] der von einer ganzheitlichen Betrachtungsweise bei Nutzern von Bauprojekten und Anlagen ausgeht. Aus dieser Perspektive wird unterschieden in:

- kaufmännisches Gebäudemanagement (Vermietung, Verwaltung, Controlling)
- technisches Gebäudemanagement (Sicherheit, Wartung, Instandsetzung)
- Zentrale Dienste (Poststelle, Fuhrpark, Hausmeister, Hausinspektor, Müllentsorgung)
- Flächenmanagement (Büroausstattung, Transporte, Umzüge)
- Kommunikation (Telefonanlage etc.)

---

[18] vgl. Diederichs, C.J. (1996-1): Grundlagen der Projektentwicklung; in: Schulte, K.W. (Hrsg.): Handbuch der Immobilienprojektenwicklung, Rudolf Müller Verlag: Köln 1996, S. 40

Unabhängig von der konkreten Zuordnung und Bezeichnung der Aufgaben, können diese als Dienstleistungen definiert werden, die dem Unterhalt von Gebäuden und Liegenschaften langfristig dienen.

1.5 Zusammenfassung der Aufgaben

Um eine übersichtliche Darstellung der Tätigkeiten in den einzelnen Projektphasen zu ermöglichen, werden die herausgestellten Aufgaben wie folgt zusammengefasst:

- Entscheidung zur Entstehung eines Bauprojektes
    - Feststellen des Bedarfs an Bauprojekten
    - Formulierung der Zielsetzung des Bauherrn
    - Suchen eines geeigneten Standortes und Grundstückes
    - Feststellen des Funktions- und Raumbedarfs einschließlich Kostenüberschlag
    - Feststellen des Finanzierungsbedarfs
    - Grundstückskauf oder Bestellung eines Erbbaurechtes

- Planung des Bauprojektes
    - Festlegung des Qualitätsstandards, der Kostenziele und der Terminangaben
    - Beauftragung eines Entwurfsverfassers
    - Hinzuziehung von Sonderfachleuten und Fachingenieuren
    - Festlegung der vertraglichen Beziehungen zwischen den Aufgabenträgern
    - Aufbau einer Organisation der Planungsbeteiligten
    - Koordination der Planungsleistungen und Abstimmung der Planungsleistungen
    - Kostenplanung in Abhängigkeit vom Fortgang der Planung
    - Wirtschaftlichkeitsberechnung und Rentabilitätsanalyse
    - Erstellung der Finanzierungspläne
    - Endgültige Entscheidung zur Erstellung des Bauprojektes
    - Erarbeiten der Genehmigungsunterlagen zur Erstellung des Bauprojektes

- Herstellung des Bauprojektes
    - Suchen von bauausführenden Unternehmen
    - Herstellen der Bauleistungen
    - Unternehmens- und bauherrenseitige Überwachung der Leistungserstellung
    - Abnahme der Bauleistungen

- Nutzung des Bauprojektes
    - Verwaltung
    - Betrieb und Wartung
    - Instandhaltung
    - Verbessern und Verändern

Exkurs: Ende der Nutzung der Bauprojekte bzw. Abbruch von Bauprojekten

Geht man von einem ganzheitlichen Betrachtungsansatz aus, ist der Rückbau bzw. Abriss eines Bauobjektes mit zu berücksichtigen. Auf Probleme des Abbruches von Bauprojekten, wie

- Umweltbelastung durch Problemstoffe im verwendeten Baumaterial,
- Notwendigkeit der Reinigung von kontaminiertem Erdreich und
- Ausbau und Wiederverwendung (Recycling) von verwertbaren Baustoffen

wird in diesem Buch nicht eingegangen. Einerseits sind dies vorwiegend technische Gesichtspunkte, die überwiegend von Bedeutung sind. Andererseits ist bei einer technischen Nutzungsdauer von bis zu 100 Jahren und einer angenommenen wirtschaftlichen Nutzungsdauer von ca. 25 bis 30 Jahren die Unsicherheit der Einflussgrößen, die am Ende des Betrachtungszeitraumes wirksam werden, sehr groß.

Den Verfassern ist jedoch bewusst, dass sich gerade auf diesen Gebieten in den letzten Jahren eine deutliche Bewusstseinsveränderung zeigt. Mit der Konsequenz, dass bereits bei der Planung entsprechende Überlegungen durchgeführt werden. Wie wichtig dieser Themenkreis auch als gesellschaftspolitische Aufgabe genommen wird, zeigt die Tatsache, dass sich die Enquete-Kommission „Schutz des Menschen und der Umwelt" des Deutschen Bundestages in einer Studie über Stoffströme und Kosten in den Bereichen Bauen und Wohnen eines Bereiches annimmt, in dem große Teile der gesellschaftlich erzeugten Stoffströme anfallen.

2 Baubeteiligte bei der Ausführung einzelner Aufgaben

An dieser Stelle wird nur ein allgemeiner Überblick über die Baubeteiligten bei der Ausführung einzelner Aufgaben gegeben. Die Unterordnung der Beteiligten zu den einzelnen Projektphasen bedeutet nicht, dass diese Gruppen innerhalb eine anderen Projektphase nicht vertreten sind. Es soll damit jedoch die besondere und in vielen Fällen unverzichtbare Rolle in diesem Zeitraum des Bauprojektes zum Ausdruck gebracht werden.

Im Punkt B 1.3 wird ausführlicher auf die einzelnen Gruppen der Aufgabenträger als die Anbieter von Leistungen am Baumarkt eingegangen.

2.1 Entscheidung zur Entstehung des Bauprojektes

2.1.1 Bauherren

Bauherren bzw. Investoren lassen sich in drei Grundkategorien differenzieren:
- Private Institution (z.B. privater Haushalt, Kirche, Verein, Stiftung)
- Gewerbliche Bauherren oder institutionelle Investoren (z.B. freies oder gemeinnütziges Wohnungsunternehmen, Immobilienfonds, Versicherungen, sonstige gewerbliche Unternehmen)
- Öffentlich-rechtliche Institution (Bund, Länder, Gemeinde, öffentliche Körperschaft sowie Sondervermögensträger)

Bei den öffentlich-rechtlichen Institutionen sind die öffentlichen Körperschaften die Bauherrn, wie z.B. Gebietskörperschaften. Dabei ist die Zahl der öffentlichen Bauherren beachtlich. Alleine über 5.500 Städte und Gemeinden sind im Deutschen Städtetag zusammengeschlossen und vertreten ca. 51 Millionen Einwohner. Jedoch sind die öffentlichen Bauinvestitionen über die drei Ebenen der Gebietskörperschaften nicht gleichmäßig verteilt. Der größte Anteil an Bauinvestitionen wird von den Gemeinden und Gemeindeverbänden getragen und zwar häufig unter Beteiligungsfinanzierung von Bund und Ländern.

Bei den privaten Institutionen sind beispielsweise die Bauträgergesellschaften als Bauherrn einzuordnen. Der Bauträger verpflichtet sich im eigenen Namen, auf eigene Rechnung oder Rechnung des Erwerbers, auf eigenem oder einem Dritten gehörenden Grundstück ein Haus (oder eine Eigentumswohnung) zum Zwecke der Veräußerung zu errichten. Die Veräußerung kann vor Baubeginn, während der Bauzeit und nach Fertigstellung erfolgen. Dabei kann der Käufer vor Erstellung des Bauprojektes bestimmte Wünsche hinsichtlich der Ausgestaltung äußern.

Demgegenüber wird vom Baubetreuer auf dem Grundstück des Betreuten – d.h. des Bauherrn – ein Bauprojekt errichtet. Der Betreuer schließt im Namen des Bauherrn und mit Vollmacht des Bauherrn die Verträge mit den am Bau Beteiligten ab. Das Bauprojekt wird auf Rechnung des Bauherrn durchgeführt. Die Baubetreuung ist eine Dienstleistung für den Bauherrn.

Bei allen drei Gruppierungen ist grundsätzlich die Möglichkeit der Eigennutzung bzw. der Verwertung und/oder der Vermietung gegeben.

2.1.2 Architekten, Fachingenieure und Sonderfachleute

Bereits bei der Entscheidung zur Entstehung eines Bauprojektes werden vom Bauherrn Architekten, Fachingenieure und u.U. auch Sonderfachleute eingeschaltet, die sich in aller Regel in einem bestimmten Bereich von Bauprojekttypen – z.B. Errichten von Kaufhäusern, Gewerbeobjekten oder Krankenhäusern – spezialisiert haben.

Die genannten Gruppen erbringen ihre Leistungen als „freiberufliche Tätigkeit".

Der Bundesverband Freier Berufe definiert eine freiberufliche Tätigkeit als eine geistig-ideelle Leistung, die aufgrund besonderer beruflicher Qualifikationen persönlich, eigenverantwortlich und fachlich unabhängig im Auftraggeber- oder Allgemeininteresse erbracht wird.[19]

Eine Legaldefinition der Freien Berufe gibt es nicht. Allerdings gibt es im § 18 Abs. 1 Nr. 1 Satz 2 Einkommenssteuergesetz einen Katalog von freien Berufen, in welchem u.a. auch bauwirtschaftlich relevante Berufe wie Ingenieure, Vermessungsingenieure, Architekten, Rechtsanwälte, Notare, Steuerberater und Wirtschaftsprüfer aufgeführt sind.

Darüber hinaus sind in der Verdingungsordnung für freiberufliche Leistungen (VOF)[20] in Anhang I.A unter Ziff. 12 folgende Leistungen genannt:

- Architektur: Technische Beratung und Planung; integrierte technische Leistungen.
- Stadt- und Landschaftsplanung: Zugehörige wissenschaftliche und technische Beratung; technische Versuche und Analysen.

An dieser Stelle soll besonders auf die freiberuflichen Leistungen der Projektmanager bzw. -steuerer hingewiesen werden. Diese haben in der Vergangenheit erheblich an Bedeutung gewonnen, lassen sich aber aufgrund ihrer umfangreichen Leistungspalette nur bedingt einer Berufsgruppe zuordnen. Da sie aber in vielerlei Hinsicht Beratungsfunktionen übernehmen und der Dienstleistungscharakter bei der Ausübung ihrer Tätigkeit im Vordergrund steht, werden sie an dieser Stelle aufgeführt.

Bei großen Industrieunternehmen oder auch im öffentlich-rechtlichen Sektor sind die vorstehend genannten Fachleute mitunter in eigenen Bauabteilungen bzw. Planungsämtern angesiedelt und haben hier den beruflichen Status entweder eines Angestellten oder eines freien Mitarbeiters.

In Zusammenhang mit der freiberuflichen Tätigkeit wird auf die Abgrenzungsproblematik zu den gewerblichen Dienstleistungen hingewiesen.

„Im Einzelfall kann die Abgrenzung zwischen freiberuflicher und gewerblicher Dienstleistung Schwierigkeiten bereiten. Nicht unter freiberufliche Dienstleistungen dürften jedenfalls die im Vordringen begriffenen Dienstleistungen wie etwa das Facility Management sein."[21]

---

[19] vgl. hierzu auch Franke, H.: Die Neuregelung des Rechts der Vergabe öffentlicher Dienstleistungsaufträge durch die Verdingungsordnung für freiberufliche Leistungen (VOF); in: Festschrift für Schlenke, E.H.: Verband der Bauindustrie für Niedersachsen (Hrsg.) 1997, S. 286

[20] Die VOF findet Anwendung bei der öffentlichen Vergabe von Leistungen, die im Rahmen einer freiberuflichen Tätigkeit erbracht oder im Wettbewerb mit freiberuflicher Tätigkeit angeboten werden.

[21] vgl. Franke, H.: a.a.O., S. 289

Der wesentliche Unterschied zwischen „freiberuflicher Tätigkeit" und „gewerblichen Dienstleistungen" liegt darin, dass für die Erbringung von gewerblichen Dienstleistungen ein Gewerbebetrieb vorhanden sein muss. Der Betrieb eines Gewerbes liegt vor, wenn folgende Kriterien erfüllt sind:

- Selbständigkeit: Der Gewerbetreibende muss im Wesentlichen seine Tätigkeit frei gestalten und sein Arbeitszeit frei bestimmen können.
- Planmäßigkeit und Dauer: Die Tätigkeit muss planmäßig erfolgen und auf Dauer angelegt sein.
- Mindestorganisation: Es bedarf des Vorhandenseins einer erkennbaren unternehmerischen Mindestorganisation.
- Beteiligung am allgemeinen wirtschaftlichen Verkehr: Der Gewerbetreibende muss durch seine Tätigkeit nach außen in Erscheinung treten, d.h. er muss seine Leistung auf einem allgemein zugänglichen Markt gegen Entgelt anbieten. Ob dabei der Kundenkreis groß oder eng begrenzt ist, ist ohne Bedeutung.

Bei gewerblichen Dienstleistungen, die bei der Entwicklung, Planung, Herstellung und Nutzung von Bauprojekten benötigt werden, handelt es sich im Wesentlichen um Dienstleistungen

- der Beratung in der Entscheidungsphase,
- bei der Bereitstellung von Finanzierungsmitteln,
- bei Grundstücksübertragungen und
- bei der technischen, kaufmännischen und infrastrukturellen Betreibung von Bauprojekten (Facility Management).

2.1.3 Finanzierungsträger

Beim Wohnungsbau sind vor allem die Geschäfts- und Hypothekenbanken sowie die Bausparkassen zu nennen. Diese stellen die Finanzierungsmittel als grundpfandrechtlich gesicherte Darlehen bereit und zwar dann, wenn beim Bauherrn genügend Eigenkapital vorhanden ist. In diesem Fall spricht man in aller Regel von einer klassischen Finanzierung

Im gewerblichen Sektor sind es die Unternehmen, die im Rahmen der Unternehmensfinanzierung die Finanzmittel zur Erstellung von Bauprojekten aufbringen. Die Unternehmensfinanzierung kann wiederum durch Fremdfinanzierung erfolgen.

Im öffentlichen Bau sind die Finanzierungsträger in aller Regel die öffentlichen Haushalte. Es wird aber bereits an dieser Stelle auf Modelle hingewiesen, bei welchen öffentliche Bauprojekte mithilfe privater Finanzierungen erstellt werden. (vgl. Punkt D 2.2.2.2)

Daneben ist die Finanzierung durch die Förderung der öffentlichen Hand und auch durch Arbeitgeberdarlehen zu nennen.

Neben den genannten Finanzierungsträgern im Bereich der klassischen Finanzierung sind die Träger alternativer Finanzierungsmodelle zu nennen.

Diese entstanden durch die wachsenden Größenordnungen heutiger Bauprojekte, bei welchen die bei der klassischen Finanzierung geforderten Eigenmittel - auch von großen Projektträgern - in aller Regel nicht aufgebracht werden können.

Dadurch muss in zunehmendem Maße das fehlende Eigenkapital durch Fremdkapital ersetzt werden. Das aber bedeutet, dass sich der Kreditgeber auch am unternehmerischen Risiko des Projektträgers beteiligt.

Träger dieser alternativen Finanzierungsmodelle sind u.a.:

- geschlossene und offene Immobilienfonds
- Leasinggesellschaften

- Versicherungen
- Private Equity-Fonds

In der Praxis haben sich aufgrund dieser anspruchsvollen und komplizierten Finanzierungsmodelle Spezialisten für die Finanzierung von Gewerbebauten und für die Finanzierung von öffentlichen Bauprojekten ergeben, die ihre Leistungen als Financial Engineering anbieten.

2.1.4 Grundstücksanbieter

Als Grundstücksanbieter kommen private, gewerbliche und öffentliche Anbieter in Frage. Ist das benötigte Grundstück nicht im Eigentum der Projektträger, kommt der Sicherung des Grundstücks eine besondere Bedeutung zu. In engem Zusammenhang hierzu steht die Schaffung des Baurechts für ein konkretes Bauprojekt.

Bei Grundstücksübertragungen sind neben den Grundstücksanbietern und den Käufern noch Notare, Grundbuchämter bzw. Amtsgerichte beteiligt. Bei Vorliegen bestimmter Genehmigungserfordernisse, wie z.B. Umwelt-, Denkmalschutz, gemeindliche Vorkaufsrechte, werden auch weitere Behörden eingeschaltet.

2.1.5 Dienstleister

Auf folgende gewerbliche Dienstleistungen, die bei der Entwicklung, Planung, Herstellung und Nutzung von Bauprojekten benötigt werden, wurde bereits bei der Darstellung der Aufgaben hingewiesen:

- Beratungsleistung in der Entscheidungsphase
- Dienstleistungen bei der Bereitstellung von Finanzierungsmitteln
- Dienstleistungen bei Grundstücksübertragungen
- Dienstleistungen im Rahmen des Facility Management

Diese Leistungen werden in aller Regel von Personen bzw. Institutionen angeboten und durchgeführt, die sich darauf spezialisiert haben. Neben Finanzdienstleistern und Juristen können dies in der ersten Phase eines Bauprojektes auch Marktforschungsinstitute, Konzeptentwickler, Makler etc. sein. Handelt es sich beispielsweise um die Entscheidung über die Realisierung eines stark frequentierten Bauobjektes in Form eines Shopping Centers oder Kinokomplexes, sind umfangreiche Markt- und Standortanalysen durchzuführen, die von grundlegender Bedeutung im Rahmen der Entscheidungsfindung sind.

Darüber hinaus ist es von zunehmender Relevanz, schon in der Entscheidungsphase Fachleute des Facility Managements hinzu zu ziehen. Die wesentlichen Informationen, die für ein wirtschaftliches Nutzen des Bauobjektes Voraussetzung sind, fließen daher ebenso in die Entscheidungsfindung mit ein.

Somit gibt es gerade in der Phase der Entscheidungsfindung in Abhängigkeit der Komplexität des Bauprojektes oftmals eine Vielzahl von Dienstleistern, die der Bauherr zur Entscheidungsfindung benötigt und in den Prozess einbinden muss. Auch hierzu kann er sich gegebenenfalls eines Fachmanns bedienen, der ihn bei dieser Aufgabe berät und unterstützt.

2.2 Planung des Bauprojektes

2.2.1 Architekten, Fachingenieure und Sonderfachleute

Zur Durchführung der Planung wird der Bauherr zunächst einen Architekten - die Landesbauordnungen sprechen vom Entwurfs- oder Planverfasser - beauftragen.

Hat der Bauherr bereits bei der Entscheidung zur Entstehung eines Bauprojektes einen Architekten eingeschaltet, der ihm bei der Standortsuche, bei der Feststellung des Funktions- und Raumbedarfs und bei der Errechnung eines Kostenüberschlags als Grundlage der Finanzierungsüberlegungen geholfen hat, dann ist es üblich, diesem Architekten auch die Objektplanung des Bauprojektes anzuvertrauen.

Grundlage der Zusammenarbeit zwischen dem Bauherrn und dem Architekten ist ein Architektenvertrag.[22] Im Architektenvertrag müssen vor allem der Leistungsumfang, den der Architekt zu erbringen hat, und das Honorar festgelegt werden. Die verschiedenen Leistungen bzw. das Leistungsbild, welches der Architekt je nach vertraglicher Verpflichtung erbringen muss, ist sehr detailliert in den einzelnen Leistungsphasen der Honorarordnung für Architekten und Ingenieure (HOAI) dargestellt. Dabei wird in den einzelnen Leistungsphasen zunächst zwischen Grundleistungen und besonderen Leistungen unterschieden. Die besonderen Leistungen müssen explizit vereinbart werden. Darüber hinaus können „zusätzliche Leistungen", die wiederum vertraglich gesondert festgelegt werden müssen, durch einen Architekten erbracht werden.

Die vollständige Beschreibung des Leistungsbildes nach § 15 Abs. 1 HOAI beinhaltet folgende Leistungsphasen:

1. Grundlagenermittlung
2. Vorplanung
3. Entwurfsplanung
4. Genehmigungsplanung
5. Ausführungsplanung
6. Vorbereitung der Vergabe
7. Mitwirkung bei der Vergabe
8. Objektüberwachung
9. Objektbetreuung und Dokumentation

Je nach Leistungsumfang ist das Honorar zu ermitteln. Die genaue Bestimmung des Honorars wird in Punkt B 2.2 erläutert.

Beschränkt sich die Tätigkeit auf die Erstellung des Entwurfs, dann muss der Architekt in der Planung das vorgesehene Bauprojekt so darstellen, dass die Behörden und andere Planungsbeteiligte über die Genehmigungfähigkeit verhandeln können.

Wird dem Architekten der Planungsauftrag erteilt, dann wird jeder Bauherr auch seine Vorstellungen hinsichtlich des Zeitpunktes der Fertigstellung des Bauprojektes kundtun. Ob diese Vorstellungen realisierbar sind, wird anhand eines Grobterminplanes überlegt, der eventuell auch Vertragsbestandteil des Architektenvertrages wird.

Wird die Betreuung des gesamten Baugeschehens in die Hand des Architekten gelegt, dann hat dieser die Verantwortung bis zur Übernahme bzw. Inbetriebnahme des Bauprojektes durch den Bauherrn.

---

[22] zu Einzelheiten der Verträge zwischen Bauherrn und Planungsbeteiligten vgl. die sehr ausführende Darstellung in Leimböck, E./Heinlein, K. (1994): a.a.O., S. 65-117

Aufgrund der Komplexität vieler Bauprojekte ist es notwendig, weitere Fachingenieure und Sonderfachleute hinzuzuziehen, die „Planungsleistungen in Form von Ideen, Standortuntersuchungen, Entwürfen, Ausführungszeichnungen, Finanzierungsplänen, Wirtschaftlichkeitsuntersuchungen, Bauzeitplänen usw." bereitstellen.[23]

Auch für diese Fachingenieure sind die verschiedenen Leistungen sehr detailliert in den einzelnen Leistungsphasen in der HOAI dargestellt.

Fachingenieure sind u.a. in den Bereichen Tragwerksplanung und -berechnung, Vermessung, Heizung, Lüftung, Schallschutz, Garten- und Landschaftsbau, Sanitär, Elektro- und Anlagentechnik, Bauphysik, Bodenmechanik, Baubetrieb, Bauorganisation und Bauwirtschaft tätig. Ein Fachingenieur hat nur einen Teil des Bauprojekts planerisch zu verantworten. Leistungen von verschiedenen Fachingenieuren sind auch Bestandteil der Bauvorlage im Baugenehmigungsverfahren. Der Architekt seinerseits hat die Aufgabe, diese Planungsleistungen in die Genehmigungsplanung einzubeziehen und entsprechend zu koordinieren.

Zu den Sonderfachleuten gehören u.a. Sachverständige und Gutachter. Alle technischen Anlagen, wie Heizungs-, Lüftungs-, Sprinkler- und Förderanlagen müssen von Sachverständigen abgenommen werden. Außerdem werden Gutachter und Sachverständige häufig bei Unstimmigkeiten zwischen den am Bauprojekt Beteiligten beauftragt, um strittige Sachverhalte zu klären. Von einem staatlich anerkannten und vereidigten Gutachter spricht man, wenn dieser bei Gericht als Gutachter zugelassen ist.

Die Vielzahl von Fachingenieuren und Sonderfachleuten ist vor allem darauf zurückzuführen, dass heute große Anforderungen an die Nutzungsmöglichkeiten, an die technische Gebäudeausrüstung und die verwendeten Baumaterialien gestellt werden.

Dabei wird die Kontrolle der Planung, die Abstimmung der Ergebnisse der Einzelplanungen, die zeitliche Koordination und die Übernahme der Einzelergebnisse in das gesamte Planungsergebnis immer schwieriger. Diese zunehmend komplexen Aufgaben sind weder vom Bauherrn noch vom planenden Architekten nicht oder zumindest kaum mehr zu bewältigen.

Deshalb hat sich in der Praxis das Berufsbild des Projektsteuerers herausgebildet, dessen Leistungsbild bereits 1976 in den § 31 HOAI aufgenommen wurde.

2.2.2 Projektsteuerer

In der HOAI von 1996 werden die Leistungen des Projektsteuerers im § 31 wie folgt beschrieben.

„Die Erwartung der Auftraggeber an Projektsteuerer besteht darin, dass sie durch deren Einschaltung bei der Erreichung ihrer Projektziele im Hinblick auf Funktionen, Qualitäten, Kosten und Termine effizient unterstützt werden. Projektsteuerer werden sowohl als Stabsstelle in beratender Funktion in die Aufbauorganisation des Auftraggebers einbezogen als auch zunehmend mit der Projektsteuerung in Linienfunktion beauftragt. Der Auftraggeber lässt sich dann bei der Verfolgung seiner Projektziele vollständig durch externe Projektmanagement-Fachleute vertreten und behält sich nur wenige Auftraggeberentscheidungen vor."[24]

In § 31 Abs. 1 HOAI wird besonders darauf hingewiesen, dass es sich bei den Leistungen des Projektsteuerers ausdrücklich um die Übernahme von Bauherrenfunktionen handelt. **Pfarr** spricht in diesem Zusammenhang von delegierbaren und nicht delegierbaren (originären) Bauherrenaufgaben.[25]

---

[23] vgl. Pfarr, K.H. (1984): Grundlagen der Bauwirtschaft, Gabler-Verlag: Wiesbaden 1984, S. 110

[24] AHO (Hrsg.):Vorwort in: Untersuchungen zum Leistungsbild des § 31 HOAI und zur Honorierung für die Projektsteuerung, 2. Auflage, Bundesanzeiger-Verlag: Köln 1998, S. 4

[25] vgl. Pfarr, K.H. (1997): a.a.O., S. 17

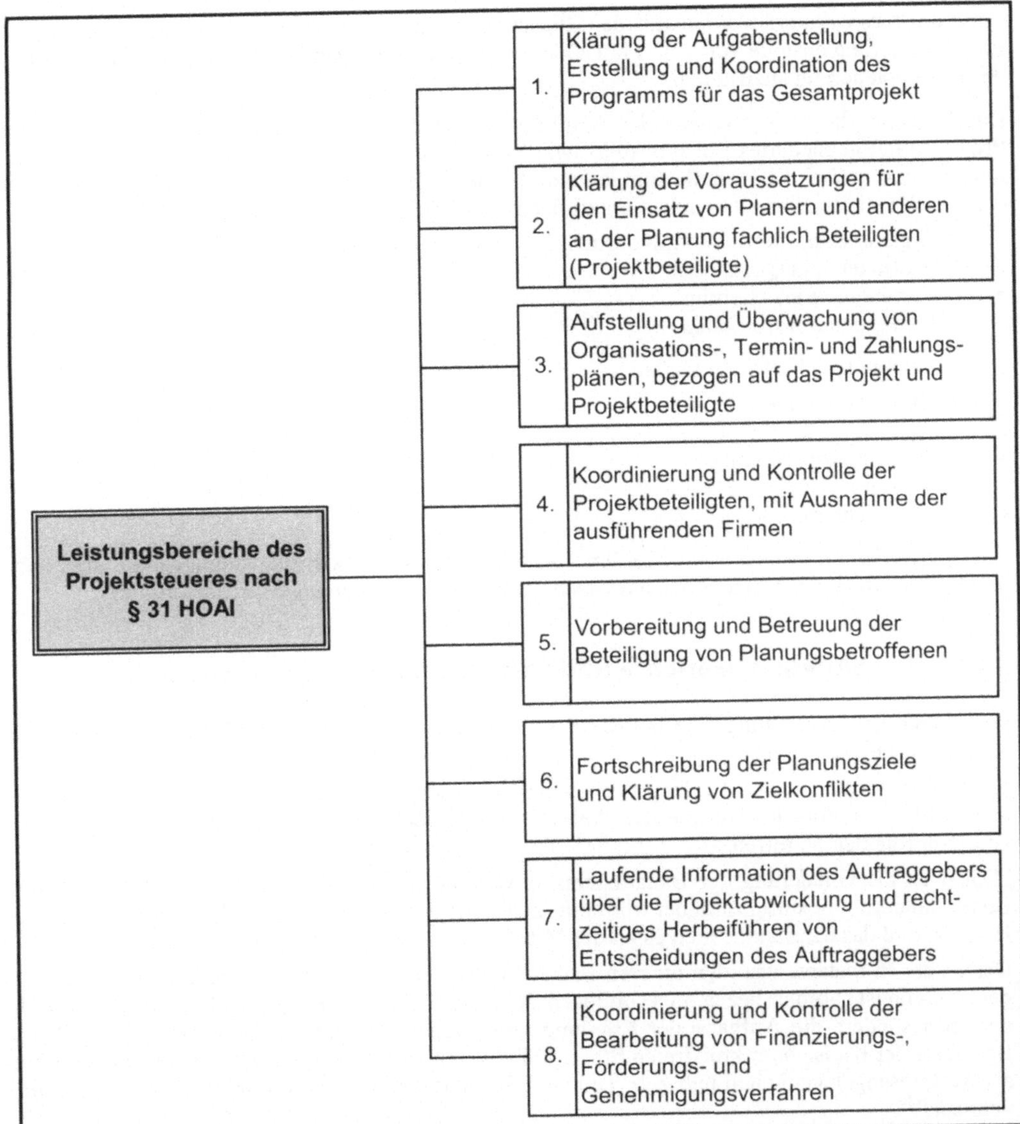

Bild A-5   Leistungsbeschreibung des Projektsteuerers nach § 31 HOAI

§ 31 HOAI hat das Leistungsbild des Projektsteuerers weder nach Projektphasen noch nach Handlungsbereichen gegliedert. Deshalb hatten sowohl Auftraggeber als auch Auftragnehmer bei der Anwendung des § 31 HOAI erhebliche Schwierigkeiten. Dies gilt auch für die Findung einer angemessenen Vergütung, denn in Abs. 2 sind für die Honorare nur freie Vereinbarungen vorgesehen.

Aufgrund dieses konkreten Handlungsbedarfs ist vom Ausschuss der Ingenieurverbände und Ingenieurkammern für die Honorarordnung e.V. (kurz AHO) eine Fachkommission „Projektsteuerung" konstituiert worden mit der Zielsetzung, einen Vorschlag für ein Leistungsbild zur Projektsteuerung anstelle von § 31 (1) HOAI zu erarbeiten und Untersuchungen zur Honorierung der Projektsteuerung anzustellen.

Das Ergebnis dieses Vorschlags der AHO-Fachkommission „Projektsteuerung" ist ein in fünf Projektstufen gegliedertes Leistungsbild, wie es die HOAI analog auch für alle übrigen Fachbereiche kennt, wobei die Grundleistungen und die Besonderen Leistungen innerhalb jeder Projektstufe nach vier Handlungsbereichen untergliedert sind, nämlich:

- A: Organisation, Information, Koordination und Dokumentation
- B: Qualitäten und Quantitäten
- C: Kosten und Finanzierung
- D: Termine und Kapazitäten

Die genannten fünf Projektstufen sind:

- Projektvorbereitung
- Planung
- Ausführungsvorbereitung
- Ausführung
- Projektabschluss

Leistungen der Projektsteuerung werden vorrangig von Architekten und Ingenieuren, aber auch von Wirtschaftsingenieuren, Betriebswirtschaftlern und zunehmend von Juristen erbracht.

2.2.3 Verwaltungen, Gerichte und Öffentlichkeit

Im Bereich der Verwaltung sind bei der Erstellung von Bauprojekten die Bauaufsichtsbehörden ein ganz wichtiger Faktor.

Sie sind zuständig für den Vollzug der jeweiligen Landesbauordnung sowie der anderen öffentlich-rechtlichen Vorschriften, die den Abbruch, die Errichtung, die Änderung oder die Nutzung von Bauprojekten betreffen.

„Dabei ist die Gliederung der Bauaufsichtsverwaltung in Bauaufsichtsbehörden in den meisten Bundesländern dreistufig. Länder mit nur zweistufigem Verwaltungsaufbau sind Schleswig-Holstein und das Saarland, denen es an der Mittelinstanz des Regierungspräsidenten fehlt.

Der untersten Instanz, also den unteren Bauaufsichtsbehörden, die man gemeinhin auch als Baugenehmigungsbehörden bezeichnet, obliegen die eigentlichen Vollzugsaufgaben der Bauaufsicht und insbesondere die Aufgabe der Erteilung von Baugenehmigungen. Dabei werden i.d.R. die Bauämter der Kreise oder kreisfreien Städte tätig, welche die Aufgaben der Bauaufsicht zum Teil als Auftragsangelegenheiten und zum Teil als Pflichtaufgaben zur Erfüllung nach Weisung wahrnehmen."[26]

Die obere Bauaufsichtsbehörde übt die Fachaufsicht aus und ist gegenüber der unteren Bauaufsichtsbehörde weisungsberechtigt. Die oberste Bauaufsichtsbehörde ist u.a. für den Erlass von Rechts- und Verwaltungsvorschriften zuständig.

Häufig handelt es sich dabei um kommunale Stellen, die die Aufgaben der Bauaufsicht zum Teil als Auftragsangelegenheiten, zum Teil als Pflichtaufgaben zur Erfüllung nach Weisung wahrnehmen.

Für das Bundesland Nordrhein-Westfalen ergeben sich aus §57 Abs.1 BauO NW folgende Behörden als Bauaufsichtsbehörden:

1. Oberste Bauaufsichtsbehörde: Der für die Bauaufsicht zuständige Minister.

---

[26] vgl. Leimböck, E./Heinlein, K. (1994): a.a.O., S. 41

2. Obere Bauaufsichtsbehörde: Die Regierungspräsidenten für die kreisfreien Städte und Kreise, im Übrigen die Oberkreisdirektoren als untere staatliche Verwaltungsbehörden.
3. Untere Bauaufsichtsbehörden: Die kreisfreien Städte, die großen kreisangehörigen Städte und die mittleren kreisangehörigen Städte, die Kreise für die übrigen kreisangehörigen Gemeinden als Ordnungsbehörden.

Baugenehmigungsbehörden im Bundesland Nordrhein-Westfalen sind somit die kreisfreien Städte, die großen und mittleren kreisangehörigen Städte und für die übrigen kreisangehörigen Gemeinden die Kreise als Ordnungsbehörden.

Neben den Bauaufsichtsbehörden sind noch folgende Institutionen an der Planung von Bauprojekten beteiligt:

- Gemeinden (Gemeinderat, Stadtrat, Bezirksvertretungen)
- Bauverwaltungsbehörden
- Träger öffentlicher Belange
- Straßenverkehrsämter
- Straßenbaulastträger
- Versorgungsträger (Gas, Wasser, Strom, Telefon)
- Vermessungsämter für Katasterauszüge
- Bezirksschornsteinfegermeisterei
- Verwaltungsgerichte für Anfechtungsklagen im Baugenehmigungs- oder Bauleitplanungsverfahren

Nicht zuletzt sind in diesem Zusammenhang noch der Bereich der Öffentlichkeit und hier vor allem die direkten Nachbarn zu nennen. Sie haben bei jedem Bauvorhaben Gelegenheit zum Einspruch. Wurden allerdings alle öffentlich-rechtlichen Vorschriften eingehalten, kann dieser Einspruch nicht durchgesetzt werden.

Setzt die Planung eines Bauprojektes eine Befreiung bzw. Änderung des Bebauungsplanes voraus, kommt es zu einer öffentlichen Bekanntmachung und Auslegung des geänderten Bebauungsplanes für die Dauer eines Monats. Bedenken und Anregungen können während der Auslegungsfrist vorgebracht werden.

Je nach Brisanz des Projektes kann es zu starken Widerständen einzelner Interessengruppen oder Bürgerinitiativen kommen.

2.3 Herstellung des Bauprojektes

2.3.1 Bauausführende Unternehmen

Bei der Erstellung von Bauprojekten sind eine Fülle von bauausführenden Unternehmen erforderlich. Dies wird anhand der folgenden Unterteilung des Baugewerbes gezeigt.

Grundlage der Unterteilung des Baugewerbes war in der Vergangenheit die „Systematik der Wirtschaftszweige, Fassung für die Statistik im Produzierenden Gewerbe (SYPRO)" des Statistischen Bundesamtes. Auf EU-Ebene ist im Zuge der Harmonisierung der statistischen Normen und Methoden die Wirtschaftsklassifikation „NACE Rev. 1 (Nomenklature générale des activités économiques dans les Communautés européenes)", eingeführt worden. In Deutschland findet sie unter der Bezeichnung „Klassifikation der Wirtschaftszweige-Ausgabe 1993-(WZ 93)" Anwendung.

Die folgende Abbildung zeigt aus dieser Klassifikation den Auszug für das Baugewerbe.

45	**Baugewerbe** Diese Abteilung umfasst: Neubau, Renovierung und Instandsetzung
45.1	**Vorbereitende Baustellenarbeit**
45.11	Abbruch-, Spreng- und Enttrümmerungsgewerbe, Erdbewegungsarbeiten
45.12	Test- und Suchbohrung
45.2	**Hoch- und Tiefbau**
45.21	Hochbau, Brücken- und Tunnelbau u.ä.
45.22	Dachdeckerei, Abdichtung und Zimmerei
45.23	Straßenbau und Eisenbahnoberbau
45.24	Wasserbau
45.25	Spezialbau und sonstiger Tiefbau
45.3	**Bauinstallation**
45.31	Elektroinstallation
45.32	Dämmung gegen Kälte, Wärme, Schall und Erschütterung
45.33	Klempnerei, Gas-, Wasser-, Heizungs- und Lüftungsinstallation
45.34	Sonstige Bauinstallation
45.4	**Sonstiges Baugewerbe**
45.41	Stukkateurgewerbe, Gipserei und Verputzerei
45.42	Bautischlerei
45.43	Fußboden-, Fliesen- und Plattenlegerei, Raumausstattung
45.44	Maler- und Glasergewerbe
45.45	Baugewerbe
45.5	**Vermietung von Baumaschinen und -geräten mit** **Bedienungspersonal**

Bild A-6   Unterteilung des Baugewerbes nach der Klassifikation der Wirtschaftszweige – Ausgabe
1993 – hier: Abschnitt F Baugewerbe

Die Anzahl von beteiligten bauausführenden Unternehmen bzw. Gewerken bei Bauprojekten lässt
sich auch anhand der Praxis verdeutlichen. Bei einem mittelgroßen, schlüsselfertigen Bauvorhaben sind ca. 30 bauausführende Unternehmen beteiligt. Bei Großbauvorhaben kann die Anzahl
durchaus 60 bis 80 betragen. Dies ist jedoch immer von dem technischen Schwierigkeitsgrad des
jeweiligen Bauprojektes abhängig.

2.3.2 Organe der Bauüberwachung

Bei der Überwachung eines Bauprojektes können grundsätzlich drei Arten von Organen unterschieden werden. Dies sind

- Überwachungsorgane des Auftraggebers,
- Überwachungsorgane des Auftragnehmers und
- staatliche Überwachungsorgane.

Die *Bauüberwachung durch den Auftraggeber* kann dieser selbst übernehmen, falls er die nötige
Sachkunde besitzt. Diese ist dann vorhanden, wenn regelmäßig Bauprojekte von einem Bauherrn
abgewickelt werden.

Darüber hinaus wird dies auch der Fall sein, wenn

- es sich um Bauvorhaben mit geringfügiger Komplexität handelt.

- es sich um Bauten der öffentlichen Hand handelt, die über eigene Fachleute in den Bauabteilungen verfügen.
- es sich um Bauvorhaben großer Industrieunternehmen handelt, die eigene Bauabteilungen vorhalten.

Kann der Bauherr jedoch nicht auf eigenes Know-how zurückgreifen, ist er in der Regel gut beraten, die Bauüberwachung einem Fachmann zu übertragen.

Dies kann auch der Architekt sein, denn beim Architekten gehört gem. § 15 HOAI die Objektüberwachung zu den wichtigsten und verantwortungsvollsten Leistungen. Dies drückt sich auch in der Vergütung aus, denn mit 31 Prozent der Gesamtvergütung macht die Objektüberwachung den größten Teil des Honorars aus.

Gem. § 15 HOAI sind bei der Bauüberwachung folgende Aufgaben zu leisten:
- Die Terminüberwachung („Aufstellen und Überwachen eines Zeitplanes"),
- die Kostenkontrolle und
- die Qualitätsüberwachung („Überwachung der Ausführung des Objektes auf Übereinstimmung mit den Leistungsbeschreibungen sowie mit den allgemein anerkannten Regeln der Technik und den einschlägigen Vorschriften").

Das Architektur- bzw. Ingenieurbüro bestimmt zur Erfüllung der genannten Aufgaben einen auftraggeberseitigen Bauleiter. Hat dieser Bauleiter nicht alleine die erforderliche Sachkunde, dann müssen zusätzliche Fachbauleiter (Hochbau, Stahlbau, Tiefbau, Ausbau etc.) herangezogen werden.

Bei komplexen Bauvorhaben mit entsprechend großem Koordinierungsaufwand wird die Bauüberwachung des Bauherrn oft an Spezialisten des Projektmanagements bzw. der Projektsteuerung übertragen. Wurde bereits zur Koordinierung der Planung ein Projektsteuerer eingeschaltet, kann es von Vorteil sein, wenn dieser auch die Bauüberwachung im Rahmen der Herstellung wahrnimmt.

Neben der Bauüberwachung gem. § 15 HOAI hat der Bauherr gem. § 3 der Verordnung über Sicherheit und Gesundheitsschutz auf Baustellen (Baustellenverordnung - BaustellV) vom 18. Juni 1998 folgende Verpflichtungen:

„(1)   Für Baustellen, auf denen Beschäftigte mehrerer Arbeitgeber tätig werden, sind ein oder mehrere geeignete Koordinatoren zu bestellen. Der Bauherr oder der von ihm nach § 4 beauftragte Dritte kann die Aufgaben des Koordinators selbst wahrnehmen."

Während der Planung der Ausführung hat der Koordinator u.a. den Sicherheits- und Gesundheitsplan auszuarbeiten. Gem. § 3 Abs. 3 der genannten Verordnung gilt weiterhin:

„(3)   Während der Ausführung des Bauvorhabens hat der Koordinator
1. die Anwendung der allgemeinen Grundsätze nach § 4 des Arbeitsschutzgesetzes zu koordinieren,
2. darauf zu achten, dass die Arbeitgeber und die Unternehmer ohne Beschäftigte ihre Pflichten nach dieser Verordnung erfüllen,
3. den Sicherheits- und Gesundheitsplan bei erheblichen Änderungen in der Ausführung des Bauvorhabens anzupassen oder anpassen zu lassen,
4. die Zusammenarbeit der Arbeitgeber zu organisieren und
5. die Überwachung der ordnungsgemäßen Anwendung der Arbeitsverfahren durch die Arbeitgeber zu koordinieren."

Auch für diese Tätigkeit haben sich Spezialisten etabliert, die als Sicherheits- und Gesundheitskoordinatoren im Auftrag des Bauherrn der Baustellenverordnung Rechung tragen.

Bei der *Überwachung durch den Auftragnehmer* ist zu unterscheiden zwischen öffentlichrechtlichen und vertragsrechtlichen Überwachungsaufgaben.

Im öffentlichen Recht bestimmt z.B. § 59 der BauO NW:

„(1) Jeder Unternehmer ist für die ordnungsgemäße, den allgemein anerkannten Regeln der Technik und den genehmigten Bauvorlagen entsprechende Ausführung der von ihm übernommenen Arbeiten und insoweit für die ordnungsgemäße Einrichtung und den sicheren bautechnischen Betrieb der Baustelle sowie für die Einhaltung der Arbeitsschutzbestimmungen verantwortlich [...].

(3) Besitzt ein Unternehmer für einzelne Arbeiten nicht die erforderliche Sachkunde und Erfahrung, so hat er dafür zu sorgen, dass Fachunternehmer oder Fachleute herangezogen werden. Diese sind für ihre Arbeiten verantwortlich. Für das ordnungsgemäße Ineinandergreifen seiner Arbeiten mit denen seiner Fachunternehmer oder Fachleute ist der Unternehmer verantwortlich."

Demzufolge haben die bauausführenden Unternehmen immer einen oder mehrere verantwortliche Fachbauleiter zu benennen. Dies gilt auch für Haupt- und Nachunternehmer im Rahmen einer schlüsselfertigen Bauabwicklung.

Die vertragsrechtliche Seite bestimmt z.B. in § 4 Nr. 2 VOB/B:

„(1) Der Auftragnehmer hat die Leistung unter eigener Verantwortung nach dem Vertrag auszuführen. Dabei hat er die anerkannten Regeln der Technik und die gesetzlichen und behördlichen Bestimmungen zu beachten. Es ist seine Sache, die Ausführung seiner vertraglichen Leistung zu leiten und für Ordnung auf seiner Arbeitsstelle zu sorgen."

Aus dem Text ergibt sich, dass der Auftragnehmer die Leistung unter eigener Verantwortung zu erbringen hat. Der Auftragnehmer muss also ohne Rücksicht auf das Überwachungs- und Anordnungsrecht des Auftraggebers seine Leistungen nach den anerkannten Regeln der Technik und unter Berücksichtigung der gesetzlichen und behördlichen Bestimmungen erbringen.

Da der Auftragnehmer die in den genannten Paragraphen geforderten Leistungen häufig nicht selbst persönlich übernehmen kann – dies gilt vor allem für Unternehmen mit mehreren Baustellen –, überträgt er diese Leistungen einem Bauleiter, also dem auftragnehmerseitigen Bauleiter. Dieser ist dann in aller Regel auch ständig auf der Baustelle anwesend, um diese ordnungsgemäß leiten zu können. Auch der vertragsrechtliche Ansatz bewirkt bei Vereinbarung der VOB/B die Konsequenzen für Haupt- und Nachunternehmer.

Die *staatliche Überwachungsorgane* lassen sich folgendermaßen gliedern:

- Bauaufsichtsbehörde
  Die Bauaufsichtbehörde ist nicht nur bei der Planung, sondern auch bei der Herstellung von Bauprojekten eingeschaltet. Ihre Aufgaben betreffen die Rohbau- und Schlussabnahme. Für die Rohbauabnahme ist eine Überwachung der konstruktiven Bauteile vorgesehen. Diese Überwachung erfolgt z.B. bei der Bewehrungsabnahme durch einen Prüfingenieur. Zusätzlich schreiben die DIN-Normen eine „Eigenüberwachung" vor.

- Bau-Berufsgenossenschaft
  In der Bundesrepublik Deutschland gibt es eine Tiefbau-Berufsgenossenschaft (TBG) und eine Reihe von regional zuständigen Bau-Berufsgenossenschaften (Bau-BG). Die Bau-BG führen die ihnen übertragenen Aufgaben als Körperschaften des öffentlichen Rechts unter staatlicher Aufsicht in eigener Verantwortung durch. Grundlage dafür ist eine paritätische Selbstverwaltung, die zur Hälfte von den Mitgliedern, d.h. den Arbeitgebern, und zur anderen Hälfte von den Versicherten, also den Arbeitnehmern besetzt wird.
  Die Bau-BG hat durch den Einsatz von Aufsichtsbeamten für die Einhaltung der Unfallverhütungsvorschriften zu sorgen.

- Gewerbeaufsicht
  Die Hauptaufgabe der Gewerbeaufsicht ist die Überwachung der Einhaltung der gewerberechtlichen Vorschriften bzw. sie muss zumindest dafür sorgen, dass diese von den bauausführenden Unternehmen eingehalten werden. Ferner hat sie Unfälle zu untersuchen, Messungen zur Ermittlung von Belastungsschwerpunkten durchzuführen, Beschwerden nachzugehen, Genehmigungsanträge zu bearbeiten, bei der Formulierung von Vorschriften ihr Fachwissen einzubringen sowie bei der Aus- und Weiterbildung im Arbeitsschutz mitzuwirken.

- Sonstige
  Eine Sonderrolle nehmen im Rahmen der Bauüberwachung die staatlich anerkannten Sachverständigen und die staatlich anerkannten Prüfingenieure ein.
  Diese bilden durch staatlich vorgeschriebene Qualifikationen einen eigenen Berufsstand. Letztlich sind als Überwachungsorgane noch die Bezirksschornsteinfegermeistereien und die Feuerwehr bzw. der Brandschutz zu nennen.

2.3.3 Sonstige Aufgabenträger

Grundsätzlich können auch im Rahmen der Herstellung von Bauprojekten Dienstleistungen in Anspruch genommen werden. Handelt es sich um Bauprojekte, die vermietet werden sollen, sind u.a. Makler als Spezialisten für die Akquisition von Mietern tätig. Oftmals handelt es sich dann aber um die Komplettierung der Mieter, da Ankermieter schon im Rahmen der Entscheidungsfindung bzw. Planung gefunden werden müssen, um eine positive Durchführungsentscheidung treffen zu können.

Im Folgenden wird noch kurz auf weitere Aufgabenträger hingewiesen, die vor allem bei der Herstellung von Bauprojekten eine größere Rolle spielen.

Versicherungsträger
Wie die große Anzahl außergerichtlicher und gerichtlicher Streitfälle zeigt, ist die Errichtung von Bauprojekten immer wieder mit Mängeln und Schäden verbunden. Gerade deshalb ist es für alle Baubeteiligten besonders wichtig, sich im Rahmen der von den Versicherungen angebotenen Möglichkeiten gegen finanzielle Folgen von Mängeln und Schäden abzusichern.
Planungsfehler und Fehler bei der Bauaufsicht, die durch Architekten oder Fachingenieure verursacht wurden, werden durch die Haftpflichtversicherungen abgedeckt. So sehen z.B. die Berufsordnungen der Architektenkammer in der Regel vor, dass Architekten eine Haftpflichtversicherung abschließen müssen. Auch Architektenverträge bestimmen in aller Regel, dass der Architekt zur Sicherung etwaiger Ersatzansprüche des Bauherrn eine Haftpflichtversicherung mit bestimmten Deckungssummen nachweisen muss.
Aber auch eine Bauherrenhaftpflichtversicherung schützt den Bauherrn vor Risiken, die sich aus Verkehrssicherungspflichten, Auswahlpflichten (geeigneter Architekten und Nachunternehmen) sowie Überwachungspflichten (Unfallgefahr auf der Baustelle) ergeben.
Die Risiken, die sich aus möglichen Schäden an der erbrachten Bauleistung ergeben, werden durch die Bauleistungsversicherung abgedeckt. Dabei wird unterschieden zwischen der Bauleistungsversicherung von Unternehmerleistungen und Bauleistungsversicherungen von Gebäudeneubauten durch Auftraggeber. Die Betriebs- und Berufshaftpflichtversicherung wiederum deckt Schäden ab, die Unternehmer oder ihre Erfüllungsgehilfen bei der Baudurchführung einem Dritten zugefügt haben.
Die Betriebshaftpflichtversicherung des bauausführenden Unternehmens entspricht der Haftpflichtversicherung des Architekten bzw. des Fachingenieurs.
Ein weiterer Versicherungsträger ist die Unfallversicherung der Berufsgenossenschaften. Diese deckt die Forderungen von Betriebsangehörigen gegenüber dem bauausführenden Unternehmen aus einem Arbeitsunfall ab.

Juristen und Gerichte

Die Durchführung von Bauvorhaben wirft im zunehmenden Maße komplexe rechtliche Probleme mit besonders großen Risiken auf. Deshalb hat sich in der Praxis das sog. Juristische Management von Bauprojekten[27] bzw. der Sonderfachmann für die Baubegleitende Rechtsberatung[28] etabliert.

Gerichte werden z.B. bei Feststellungsverfahren zur Beweissicherung, bei Zivilprozessverfahren in Bausachen wegen Haftungs- und Schadensersatzforderungen oder bei Strafprozessverfahren wegen strafbarer Handlungen bei Baumaßnahmen eingeschaltet.

2.4 Nutzung des Bauprojektes

Einige Baubeteiligten sind in mehreren der vorstehend genannten Phasen involviert. In der Regel erfolgt dies mit einer unterschiedlichen Bedeutung. Nach der Inbetriebnahme ist bei den Beteiligten ein Wechsel zu verzeichnen, da die Planungs- und Herstellungsbeteiligen aus dem Projekt ausscheiden. Die Beteiligten in der Nutzungsphase sind für eine Reihe von Aufgaben verantwortlich, die folgendermaßen stichwortartig benannt werden können:

- Reinigungsleistungen (Bau-, Fassaden-, Glas- und Gebäudeinnenreinigung)
- Wartung und Inspektion als vorbeugende Maßnahmen (z.B. Maschinen-, Elektro-, Aufzugsanlagen etc.)
- Fachgerechte Entsorgung von problematischen Stoffen
- Instandhaltung (vorbeugende Instandhaltung, Reparaturen)
- Instandsetzung (Austausch von Maschinen- und Verschleißteilen)
- Reparaturen
- Änderungen, Modernisierungen und Ergänzungen
- Überwachung der Bauprojekte (Sicherheitsdienste)
- Denkmalpflege

Unternehmen beim Wohnungs- und Wirtschaftsbau haben häufig ihre eigenen Hausverwaltungen, Wartungs- und Inspektionsbetriebe, welche diese Tätigkeiten wahrnehmen. Es ist aber ein Trend zu verzeichnen, dass sich Spezialunternehmen einschalten, welche entweder den gesamten Aufgabenkatalog oder nur einzelne Aufgaben übernehmen. In diesem Zusammenhang sind die Begriffe Facility Management, Gebäude- und Objektmanagement zu erwähnen. Personen bzw. Unternehmen sind bei der Übernahme dieser Managementleistungen als rechtlich und wirtschaftlich eigenständige Unternehmen für den Unterhalt von Gebäuden und Liegenschaften verantwortlich.

---

[27] vgl. Kapellmann, K.D. (Hrsg.): Juristisches Projektmanagement bei Entwicklung und Realisierung von Bauprojekten, Werner Verlag: Düsseldorf 1997

[28] vgl. Heiermann, W./Franke, H./Knipp, B. (Hrsg.): Baubegleitende Rechtsberatung, C.H. Beck Verlag: München 2002

3 Baubeteiligte bei der Zusammenfassung von Aufgaben

Bislang wurden folgende Aufgabenträger herausgearbeitet und zwar getrennt nach vier Aufgabenbereichen:

- Entscheidung zur Entstehung eines Bauprojektes
  - Bauherrn
  - Architekten, Fachingenieure und Sonderfachleute
  - Finanzierungsträger
  - Grundstücksanbieter
  - Dienstleister

- Planung des Bauprojektes
  - Architekten, Fachingenieure und Sonderfachleute
  - Projektsteuerer
  - Behörden (Aufsicht)
  - Verwaltung, Gemeinde, Öffentlichkeit

- Herstellung von Bauprojekten
  - Bauausführende Unternehmen
  - Bauüberwachungsorgane
  - Sonstige Aufgabenträger wie beispielsweise Versicherungen, Juristen und Gerichte

- Nutzung
  - Personal bei Großunternehmen
  - Hausverwaltungen
  - Wartungs- und Inspektionsbetriebe
  - Spezialunternehmen

Tritt der Bauherr mit den genannten Aufgabenträgern in einzelne und direkte Vertragsverhältnisse ein, dann spricht man von einer Organisationsform mit Einzelleistungsträgern. Diese Organisationsform bringt für den Bauherrn viele Vertragsbeziehungen und einen großen Koordinierungs- und Überwachungsaufwand mit sich. Andererseits besteht im Rahmen dieser Organisation für einen Bauherrn die Möglichkeit der direkten Einflussnahme auf die einzelnen Baubeteiligten und somit auf das Bauprojekt. In Abhängigkeit der Kompetenz des Bauherrn kann dies ein gewünschter Umstand sein.

Insbesondere bei großen Bauprojekten besteht jedoch die Problematik, dass bei den vielen Vertragsbeziehungen einzelne Verträge bzw. Vertragspunkte Schwachstellen aufweisen. Hier sind vor allem unklare respektive nicht eindeutig formulierte Verträge zu nennen. Dies führte u.a. in der Praxis dazu, dass sich neue Organisationsformen entwickelt haben, bei denen die Aufgaben ursprünglich verschiedener Aufgabenträger zusammengefasst werden und als Kumulativ-Leistungsträger bezeichnet werden. Diese Aufgabenträger werden im Folgenden als „Aufgabenträger mit zusammengefassten Aufgaben" bezeichnet. Dabei werden eine horizontale und eine vertikale Zusammenlegung (Integration) von Aufgaben unterschieden.

Bei der horizontalen Integration werden Aufgaben zusammengefasst und angeboten, die innerhalb der vier genannten Aufgabenbereiche anfallen. Bei der vertikalen Integration gehören die zusammengefassten Aufgaben unterschiedlichen Aufgabenbereichen an.

3.1 Organisationsformen der horizontalen Integration

3.1.1 Projektentwickler im engeren Sinne

Vom Projektentwickler im engeren Sinne[29] werden wesentliche Aufgaben bei der Entscheidung zur Entstehung von Bauprojekten erbracht und zwar von der Projektidee bis zum Planungsauftrag. Er bearbeitet diese Aufgaben entweder allein oder in Zusammenarbeit mit Architekten, Ingenieuren, Finanzdienstleistern, Maklern etc. Projektentwicklungen dieser Art werden teilweise in Kooperationen durchgeführt. Kooperationspartner können Banken, Versicherungen, Investmentgesellschaften, Banken und Kommunen etc. sein.

3.1.2 Planungsgemeinschaften und Generalplaner

Bei Planungsgemeinschaften schließen sich zwei oder mehrere Einzelplaner zur Bearbeitung einer Planungsaufgabe zusammen. Der Bauherr schließt Verträge mit diesen Planungsgemeinschaften ab.

Solch eine Organisation könnte sich z.B. wie folgt darstellen:

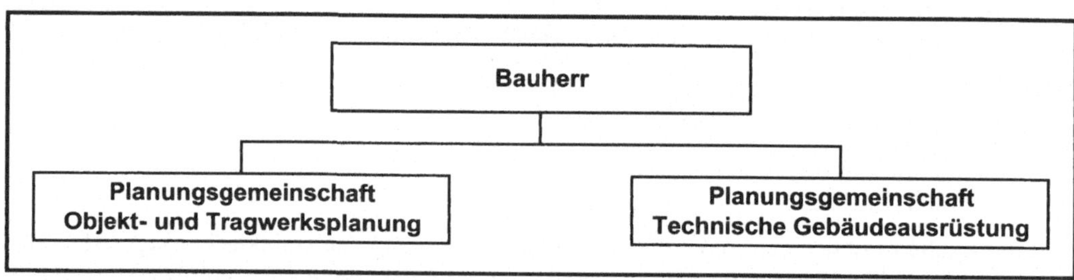

Bild A-7   Schema einer Organisation zwischen Bauherr und Planungsgemeinschaften

Bei der Generalplanung vergibt der Bauherr alle Planungsleistungen an einen Generalplaner, der wiederum die Leistungen, die er selbst nicht erbringen kann oder will, an andere Fachplaner vergibt. Der Generalplaner haftet für die gesamte Planungsleistung und ist dem Bauherrn gegenüber für alle Planungsleistungen gesamtschuldnerisch verantwortlich. Darüber hinaus wird von dem Generalplaner die Koordination zwischen den Einzelplanern übernommen. Diese Form der Planungsorganisation entlastet den Bauherrn und wird deswegen gerne von denen in Anspruch genommen, die nicht dauernd Bauprojekte durchführen und Bauherrenaufgaben z.T an Fachleute vergeben. Der Vertrag zwischen Bauherrn und Generalplaner wird nach den Bestimmungen des Werkvertragsrechts beurteilt. Darüber hinaus führt der Generalplaner Bauüberwachungsleistungen für alle Fachbereiche wie Architektur, Konstruktion, Heizung und Lüftung aus.

---

[29] vgl. Diederichs, C.J. (1996-1): a.a.O., S. 29 ff. und Schulte, K.-W./Bone-Winkel, St./Rottke, N.: Grundlagen der Projektentwicklung aus immobilienwirtschaftlicher Sicht; in; Schulte, K.-W./Bone-Winkel, St. (Hrsg.): Handbuch Immobilien-Projektentwicklung, 2. Auflage, Rudolf Müller Verlag: Köln 2002, S. 31 f.

Damit ergibt sich folgendes Organigramm:

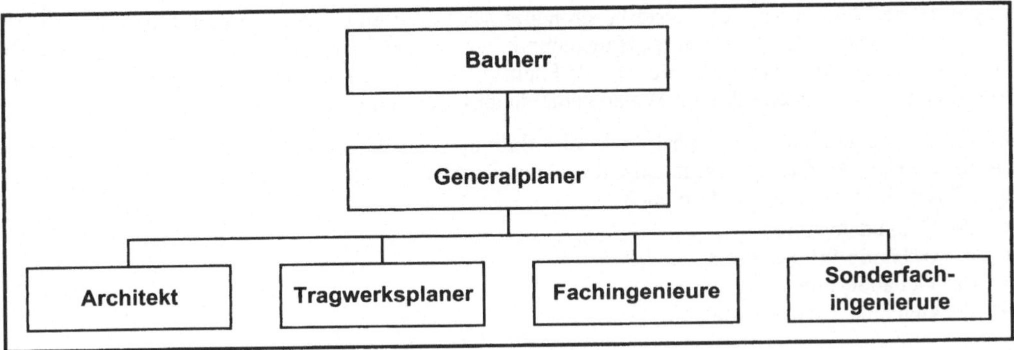

Bild A-8   Schema einer Organisation zwischen Bauherr, Generalplaner und
            Einzelleistungsträgern

Der Bauherr kann in einigen Fällen bei dieser Organisationsform den Vorteil genießen, dass mit dem Generalplaner schon eine bestehende Projektorganisation mit einem eingearbeiteten Planungsteam eingesetzt wird. Der sonst erforderliche Aufbau einer Projektorganisation entfällt und damit auch die häufig in diesem Zusammenhang auftretenden Anfangsschwierigkeiten.

3.1.3 Arbeitsgemeinschaften und Generalunternehmer

Auf der Ausführungsseite schließen sich bauausführende Unternehmen zu Arbeitsgemeinschaften (ARGEn) zusammen. Eine Organisation mit ARGEn könnte z.B. wie folgt aussehen:

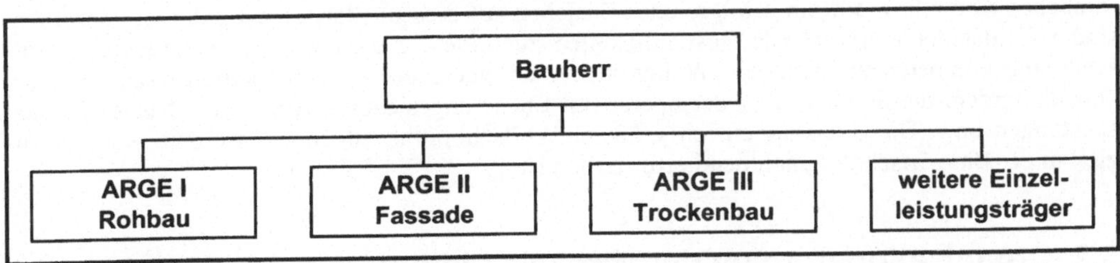

Bild A-9   Schema einer Organisation zwischen Bauherr und ARGEn bzw. weiteren
            Einzelunternehmen

Vergibt der Bauherr sämtliche Bauleistungen an einen Unternehmer, dann wird dieser Unternehmer als Generalunternehmer bezeichnet. Dieser wiederum führt bestimmte Leistungen (z.B. Maurer-, Stahlbeton- und Putzarbeiten) selber aus, andere Leistungen gibt er an Nachunternehmer ab. Der Generalunternehmer trägt gegenüber dem Bauherrn allein die Haftung und die Gewährleistung, denn Nachunternehmer stehen mit dem Bauherrn in keinem Vertragsverhältnis.

In der Praxis fällt in diesem Zusammenhang auch oft der Begriff Schlüsselfertiges Bauen (SF-Bau). In diesen Fällen ist davon auszugehen, dass der Generalunternehmer auch einzelne Planungsleistungen übernimmt, wie z.B. Ausführungs- bzw. Werkplanungen.

3.1.4 Facility-Management

In den letzten Jahren hat sich verstärkt ein neuer Markt mit erheblicher Dynamik herausgebildet. Es begann in den 80er Jahren mit „Haustechnik" und „Hausleittechnik"; später kam der Begriff „Gebäudeleittechnik" hinzu. Heute ist von Facility-Management die Rede, welches in der Praxis in vollkommen unterschiedlicher Weise gehandhabt und interpretiert wird.[30]

Im deutschsprachigen Raum wird dabei das Bauobjekt in den Mittelpunkt der Betrachtung gestellt. Die German Facility Management Association (GEFMA) versteht dabei nicht nur Gebäude und deren Grundstücke, sondern auch

- die Gebäudetechnik,
- die Gebäude-Infrastruktur,
- das Gebäude-Inventar und
- die Gebäude-Dienstleistungen.

Facility Management bedeutet demzufolge „die Betrachtung, Analyse und Optimierung aller kostenrelevanten Vorgänge rund um das Gebäude, ein anderes bauliches Objekt oder eine im Unternehmen erbrachte (Dienst-) Leistung, die nicht zum Kerngeschäft gehört."[31]

Mit anderen Worten: Facility Management ist die Unterhaltung der Bauobjekte von Bauherren und Investoren und umfasst alle Fragen der Instandhaltung, Umnutzung, Betriebskosten, Betriebsorganisation, Modernisierung, Erweiterung bis hin zum Abriss und der Wiederverwertung von Baumaterialien.

Mit diesem Aufgabengebiet erschließt sich ein sehr umfangreiches und neues Arbeitsgebiet sowohl für die Planungsbeteiligten als auch für Unternehmen, die sich auf diesem Gebiet in zunehmendem Maße spezialisieren.

Für die Unternehmen der Bauwirtschaft – und hier vor allem für bauausführende Unternehmen – stellt sich in besonderem Maße die Frage, ob sich mit dem Einstieg in den Bereich des Facility Managements geeignete Geschäftsfelder eröffnen können, um dem Rückgang in den herkömmlichen Geschäftsfeldern auszugleichen.

Hierbei ist allerdings zu bedenken, dass gerade in dem Geschäftsfeld Facility Management zusätzliches Know-how für ein erfolgreiches Bestehen auf diesem Markt notwendig ist. Vor allem sind schnittstellenübergreifende Zuständigkeiten zu bilden, die auch über entsprechende Entscheidungskompetenzen verfügen. Weiterhin müssen geeignete Kommunikationsstrukturen aufgebaut werden, die deutlich über der operativen Ebene angesiedelt sein müssen. Nur so können Leistungen bzw. Dienstleistungen mit größerer Wertschöpfung angeboten werden, was tendenziell in der Bauwirtschaft zunehmend erforderlich ist.

3.2 Organisationsformen der vertikalen Integration

3.2.1 Projektmanagement

Unter Projektmanagement wird in Anlehnung an die DIN 69 901 die „Gesamtheit von Führungsaufgaben, -organisation, -techniken, und -mittel für die Abwicklung eines Projektes" verstanden. Im Gegensatz zum allgemeinen Management, welches ohne Anfang und Ende oftmals als Konti-

---

[30] vgl. Schulte, K.-W./Pierschke, B.: Begriff und Inhalt des Facilities Management; in: Schulte, K.-W./Pierschke, B. (Hrsg.): Facilities Management, Rudolf Müller Verlag: Köln 2000, S. 34 ff.

[31] GEFMA 100, Facility Management – Begriff, Struktur, Inhalte (Entwurf): Nürnberg 1996, S. 5

nuum innerhalb eines Unternehmens vorzufinden ist, kann das Projektmanagement zeitlich abgegrenzt werden.

Orientiert man sich an dem phasenbezogenen Aufbau der HOAI, beginnt das Projektmanagement mit der Entscheidung über die Fortführung des Projektes am Ende der Leistungsphase 2 der HOAI. Löst man sich von der HOAI, dann ist das Projektmanagement grundsätzlich ein Instrument für alle Arten und Ausprägungen von Bauprojekten und damit zeitlich von Beginn bis zum Ende eines Projektes einzuordnen. Der Leistungsumfang des Projektmanagements wird dann nicht mehr vom zeitlichen Umfang bestimmt, sondern ist abhängig von z.B. der Projektgröße und der Komplexität des Bauvorhabens.

Der Projektmanager übernimmt insbesondere die Koordination, Steuerung und Überwachung der Geschehensabläufe in technischer, rechtlicher und wirtschaftlicher Hinsicht und zwar von Auftragsbeginn bis zur Abnahme bzw. Übergabe des Bauprojektes. Die Aufgaben des Projektmanagers sind somit umfangreicher als die Aufgaben des Projektsteuerers, der in der Regel nur die Kosten-, Termin- und Qualitätskontrolle übernimmt. Das Projektmanagement kann eine große Anzahl von Fachleuten erfordern, die in einem Projektteam zusammenwirken und das vom. Projektleiter geführt werden.

Damit umfasst – und dies gilt sowohl nach dem Verständnis der HOAI in der Fassung vom 14. Juli 1995 (5. Novelle) als auch des Deutschen Verbandes der Projektmanager in der Bau- und Immobilienwirtschaft (DVP) – das Projektmanagement sowohl Projektleitungsaufgaben in Linienfunktion als auch Projektsteuerungsaufgaben in Stabsfunktion.[32]

3.2.2 Totalunternehmer

Der Totalunternehmer übernimmt im Unterschied zum Generalunternehmer, der sämtliche Ausführungsleistungen zu erbringen hat und wesentliche Teile davon selbst ausführt, eigenverantwortlich neben den Bauleistungen grundsätzlich auch die vollständigen Planungsleistungen. Damit delegiert der Bauherr bei dem Einsatz eines Totalunternehmers alle Planungs- und Ausführungsleistungen und hat nur noch einen Vertragspartner. Er erhofft sich dadurch höchste Kosten- und Terminsicherheit. Der Auftragnehmer haftet alleine gegenüber dem Bauherrn und entlastet den Bauherrn dadurch in sehr großem Umfang.

Aufgrund des besonderen Leistungsumfangs, den ein Auftragnehmer als Totalunternehmer gegenüber einem Bauherrn zu erbringen hat, und des einhergehenden Risikos haben sich in der Praxis viele Anbieter spezialisiert. So werden Fertighäuser, Lagerhallen, Baumärkte und Discounter als Totalunternehmerleistungen angeboten. Bauherrn können dann oftmals langfristig gebunden werden, und sie gelten dann als regelmäßige Bauherrn. Das Auftragsrisiko des Totalunternehmers wird somit wieder „kalkulierbarer" und die einhergebauten Risiken können kompensiert werden.

Die folgende Abbildung soll den Begriff des Totalunternehmers näher verdeutlichen.

---

[32] vgl. Diederichs, C.J. (1999): a.a.O., S. 309

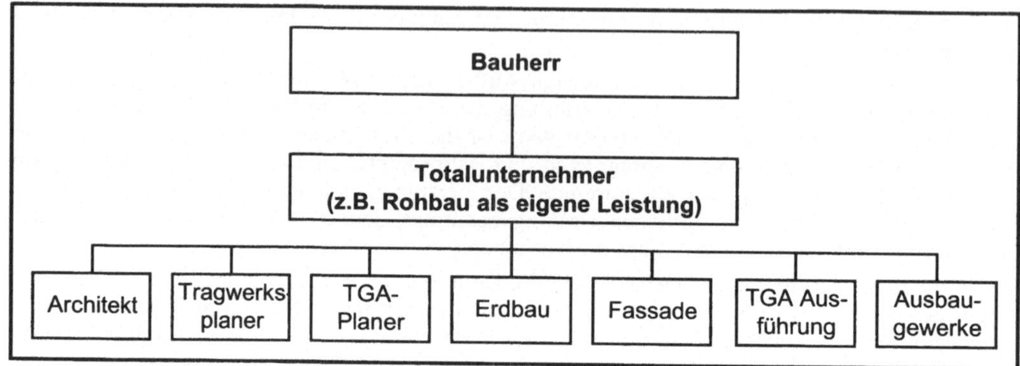

Bild A-10 Organisationsform mit einem Totalunternehmer

In diesem Zusammenhang wird noch auf den Unterschied zwischen Totalunternehmer und Totalübernehmer hingewiesen. Der Totalübernehmer erbringt im Gegensatz zum Totalunternehmer keine eigenen Planungs- und Bauleistungen. Dies entspricht in Analogie dem Generalübernehmer, der auch keine eigene Bauleistung ausführt. Der Totalunternehmer kann als Bauherr auf Zeit betrachtet werden, da er bis zur Abnahme bzw. Inbetriebnahme des fertigen Bauobjektes das volle wirtschaftliche Risiko übernimmt.

3.2.3 Projektentwickler im weiteren Sinne ohne und mit Betreiben der Bauprojekte

Bei einem Totalunternehmer bzw. Totalübernehmer liegt der Schwerpunkt der Aufgabenerfüllung in der Umsetzung eines in den Grundsätzen schon von einem Bauherrn definierten Projektes. Idealtypisch sind dann der Bauherr, der Investor und der Nutzer in einer Person vereinigt.

Werden zusätzlich zu den Aufgaben eines Totalunternehmers bzw. -übernehmers noch vorhergehende Aufgaben im konzeptionellen Bereich übernommen, dann spricht man vom „Projektentwickler im weiteren Sinne". Ausgehend von einem Standort, einer Projektidee oder vorhandenem Kapital werden die Voraussetzungen geschaffen, um Bauprojekte planen und realisieren zu können. Die wirtschaftliche Verantwortung wird in der Regel von dem Projektentwickler wahrgenommen und Nutzer und/oder Investor sind zunehmend Kunden eines „Produktes".[33] Diese Projektentwickler übernehmen unter Umständen nicht nur die Aufgaben von der Projektidee über die Planung bis hin zur Herstellung des Bauprojektes, sondern auch die Aufgaben, die bei der Nutzung von Bauobjekten anfallen. Die Projektentwicklung im weiteren Sinne umfasst daher den gesamten Lebenszyklus eines Bauprojektes, d.h. von der Ideenfindung und der Konzeptbearbeitung zum Planen und der Bauausführung sowie das Betreiben bis hin zur Umwidmung oder den Abriss.

Dieser umfassende Ansatz der Projektentwicklung umfasst damit alle Projektphasen, nämlich:
- Projektentwicklung im engeren Sinne
- Planung und Herstellung von Bauprojekten
- Facility Management

---

[33] vgl. Iding, A.: Entscheidungsmodell der Bauprojektentwicklung, DVP-Verlag: Wuppertal 2003, S. 49

Die Anbieter von Leistungen der Projektentwicklung sind durch eine stark unterschiedliche Entstehungsgeschichte bzw. vielfältige Aktivitäten charakterisiert, so dass eine einheitliche Marktstruktur selbst von Insidern nur schwer zu erkennen ist. Der Strukturwandel der Bau- und Immobilienwirtschaft, der Mitte der 80er Jahre einsetzte und bis heute anhält, führte auch zu einer boomartigen Zunahme der Anbieter von Projektentwicklungen. Zahlreiche neue Unternehmen haben den Markt betreten oder haben die Absicht, ihr Engagement zu verstetigen oder gar auszubauen. Dies können inländische oder ausländische Unternehmen, Kooperationsgesellschaften in unterschiedlichster Form, objektbezogene Gesellschaften, regional, national oder international tätige Unternehmen, Projektentwickler mit spezialisiertem oder breit angelegtem Angebot sein.[34]

Die Anbieter von Projektentwicklungsleistungen lassen sich demzufolge nach Leistungsumfang, Art der Projekte und Aktionsradius differenzieren. Die angebotene Leistung beschreibt den Umfang der Wertschöpfungsstufen, an denen der Projektentwickler partizipiert. Dies kann in Form einer beratenden Dienstleistung in der Phase der Entscheidungsfindung geschehen bzw. der Projektentwickler führt das Geschäft auf eigene Rechnung durch, um das Bauprojekt anschließend zu veräußern. Schließlich gibt es noch Projektentwickler, die für ihren eigenen Bestand entwickeln und somit als Investor auftreten. Die Art der Projekte lässt sich in Wohnimmobilien, Gewerbe- und Einzelhandelsimmobilien sowie Spezialimmobilien unterteilen. Für den Aktionsradius gibt es regionale, nationale und internationale Ausprägungen.

In der Praxis sind selbstverständlich neben den dargelegten horizontalen und vertikalen Zusammenführungen von Aufgabenträgern auch andere Zusammenfassungen von Aufgaben anzutreffen, wie z.B. Immobilien- bzw. Immobilienberatungsgesellschaften, die sich auf spezielle Leistungen konzentrieren. In diesen Unternehmen können Projektentwickler, Projektsteuerer, Architekten, Ingenieure, Juristen und Kaufleute tätig sein. In kleineren Gesellschaften werden Leistungen der Juristen, Kaufleute, Architekten und Ingenieure teilweise eingekauft, um die Stabskosten gering zu halten.

Auf folgende – um nur einige zu nennen – Aufgabenzusammenfassungen können sich Unternehmen spezialisiert haben:

- Grundstückskauf und -verkauf z.B. als Immobilienhändler.
- Grundstückskauf als Teilbereich der Projektentwicklung.
- Grundstückskauf, Baugenehmigung, Planung und Finanzierung. Hier betätigen sich z.B. auch Tochtergesellschaften von Banken.

Zusammenfassend soll das nachfolgende Schaubild die Aufgabenzuordnungen zu den herausgearbeiteten Organisationsformen zeigen. Dabei werden zunächst die Einzelleistungsträger der verschiedenen Aufgabenbereiche genannt. Darauf aufbauend werden Organisationsformen benannt, die einmal als horizontale Integration die Aufgaben im gleichen Aufgabenbereich und die zum anderen als vertikale Integration die Aufgaben aus verschiedenen Aufgabenbereichen zusammenführen.

---

[34] vgl. Conzen, G.: Development – Eine Strukturanalyse des bundesrepublikanischen Projektentwicklermarktes, unter besonderer Beachtung von Development-Gesellschaften, Dissertation Universität Dortmund: Dortmund 1993, S. 4

Einzelaufgabenträger der einzelnen Aufgabenbereiche	horizontale Integration als Zusammenführung von Aufgabe in gleichen Aufgabenbereich	vertikale Integration als Zusammenführung von Aufgaben in verschiedenen Aufgabenbereichen
Entscheidungen zur Entstehung eines Bauprojektes - Bauherr - Architekt und Fachingenieure - Finanzierungsinstitute - Grundstücksanbieter	Projektentwickler im engeren Sinne	Projektentwickler im weiteren Sinne ohne Betrieben der Bauprojekte / Projektentwickler im weiteren Sinne mit Betrieben der Bauprojekte
Planung - Architekten, Fachingenieure und Sonderfachleute - Projektsteuerer - Behörden (Aufsicht) - Verwaltung, Gemeinde und Öffentlichkeit	Planungsgemeinschaften und Generalplaner	Projektmanagement für Steuerung und Überwachung / Totalunternehmer für Planung und Ausführung
Herstellung - Bauausführende Unternehmen - Bauüberwachungsorgane - Projektsteuere - Sonstige (Versicherungen, Juristen, Banken etc.)	ARGEn, Generalunternehmer oder Generalübernehmer	
Nutzung bzw.. Betrieben von Bauobjekten Nutzung durch den Bauherrn (Eigentümer); Betrieben durch Dienstleister z.B. Facility-Management - Personal bei Großunternehmen - Hausverwaltung - Wartungs- und Inspektionsbetriebe - Spezialunternehmen	Facilitiy Management	

Bild A-11   Systematik der Möglichkeiten der organisatorischen Zusammenfassung der Aufgabenträger bei der Planung, Erstellung und Nutzung von Bauprojekten

4 Interessenverbände der Baubeteiligten

4.1 Allgemeines zu den Interessenverbänden in der BRD

Verbände sind Organisationen von Personen oder Gruppen, welche die materiellen oder ideellen Interessen ihrer Mitglieder in wirtschaftlicher, politischer und kultureller Zielrichtung sowohl gegenüber dem Staat als auch gegenüber anderen Interessengruppen vertreten. Generell kann man die Verbände oder Interessengruppen[35] nach folgenden gesellschaftlichen Handlungsfeldern unterscheiden.[36]

- Wirtschaft und Arbeit (Unternehmens-, Arbeitgeber-, Berufsverbände und Sonstige)
- Soziales Leben und Gesundheit (z.B. Wohlfahrts-, Familienverbände)
- Freizeit und Erholung (z.B. Sport-, Kleingärtnerverbände)
- Religion, Weltanschauung und gesellschaftliches Engagement (z.B. Kirchen, Umwelt- und Naturschutzverbände)
- Kultur, Bildung und Wissenschaft (z.B. Verbände für Bildung, Ausbildung und Weiterbildung)

Dic Wurzeln unserer heutigen Interessenverbände liegen in den Entstehungsbedingungen der bürgerlichen Gesellschaft im 18. und 19. Jahrhundert. Aber es hat auch schon in früheren Gesellschaften Vereinigungen und organisierte Gruppen gegeben. Nur wiesen diese noch nicht die Merkmale eines freien und vielgestaltigen Verbändewesens auf.[37] Wenn auch die Verbände in der Geschichte durchaus unterschiedlichen Bewertungen - besonders in ihrer Beziehung zu Staat und Gesellschaft - unterlagen, werden heute die Verbände oder Interessengruppen als unverzichtbarer Bereich der heutigen pluralistischen Demokratie verstanden.

Im Folgenden sollen – der Thematik des Buches entsprechend – nur die Interessenverbände im Bereich „Wirtschaft und Arbeit" dargestellt werden und zwar zunächst die allgemeine Struktur dieser Verbände in der Bundesrepublik Deutschland und dann bezogen auf die Bauwirtschaft.

---

[35] Die Worte „Interessengruppen" oder Verbände kommen im Grundgesetz nicht vor. Der entsprechende Artikel 9 spricht von „Vereinen", „Gesellschaften" und „Vereinigungen", wobei Vereinigung der rechtliche Oberbegriff ist.

[36] vgl. von Aleman, U.: Informationen zur politischen Bildung, Interessenverbände, Bundeszentrale für politische Bildung (Hrsg.): 4. Quartal 1996, S. 21

[37] vgl. von Aleman, U.: a.a.O., S. 9

4.1.1 Unternehmensverbände

Bei den Unternehmensverbänden unterscheidet man drei Säulen, nämlich

- die Wirtschaftsverbände,
- die Arbeitgeberverbände und
- die Kammern.

Wirtschaftsverbände

Wirtschaftsverbände vertreten in erster Linie die wirtschaftspolitischen Interessen der angeschlossenen Unternehmen. Die Wirtschaftsverbände sind nach Branchen gegliedert. Die Spitzenorganisation der Wirtschaftsverbände für den Bereich der Industrieunternehmen ist der Bundesverband der Deutschen Industrie (BDI). Daneben gibt es Spitzenverbände der Banken, der Versicherungswirtschaft, des Handels etc. Stellvertretend für diese Verbände soll an dieser Stelle näher auf den BDI eingegangen werden.

Der BDI bildet das Dach über ein kompliziert verschachteltes Gebilde vieler Einzelverbände. Ihm gehören unmittelbar 37 Branchenverbände an. Die Bauwirtschaft ist durch den Hauptverband der Deutschen Bauindustrie e.V. und den Bundesverband Baustoffe – Steine und Erden e.V. vertreten. Durch 15 Landesvertretungen ist er in den Bundesländern repräsentiert. Der BDI mit Sitz in Berlin ist nicht nur der „Cheflobbyist" für die Industrie in Berlin, sondern durch Ausschüsse und Initiativen international vertreten.

Die unterschiedlichen Aufgaben der wirtschaftspolitischen Verbände sollen anhand der Fachbereiche des BDI veranschaulicht werden.

- Allgemeine Wirtschaftspolitik
- Außenwirtschaftspolitik
- Energiepolitik / Telekommunikationspolitik
- Europapolitik
- Internationale Märkte
- Mittelstandspolitik
- Öffentliches Auftragswesen / Verteidigungswirtschaft
- Ost-Ausschuss der deutschen Wirtschaft
- Recht, Wettbewerb und Versicherung
- Steuern und Haushaltspolitik
- Technologie- und Innovationspolitik
- Umweltpolitik
- Verkehrspolitik

Im Zusammenhang mit diesen unterschiedlichen Fachbereichen bietet der BDI einerseits seinen Mitgliedsverbänden Beratung und Service an. Andererseits ist dadurch ein Wissenstransfer aus der Wirtschaft in die Verbände gewährleistet.

Arbeitgeberverbände

Die einzelnen Arbeitgeberverbände nehmen die gesellschafts- und sozialpolitischen Interessen der von ihnen vertretenen Unternehmen gegenüber Staat, Öffentlichkeit und Gewerkschaften wahr. Die Arbeitgeberverbände sind vor allem die Tarifpartner der Gewerkschaften. An der Spitze der Arbeitgeberverbände steht die Dachorganisation „Bundesvereinigung der Deutschen Arbeitgeberverbände (BDA)". Mitglieder dieser Dachorganisation sind die regional oder fachlich begrenzt tätigen Einzelverbände und nicht einzelne Unternehmer oder Freiberufler.

Der BDA mit Sitz in Berlin vertritt über die auf Bundesebene organisierten 54 Branchenverbände und 14 Landesvereinigungen mehr als 1.000 rechtlich und wirtschaftlich selbständige Arbeitgeberverbände. Damit werden etwa zwei Millionen Unternehmen betreut, die ca. 80% der Arbeitnehmer in Deutschland beschäftigen. Die politische Willensbildung geschieht in Präsidium, Vorstand, Geschäftsführung, Ausschüssen, Instituten, Stiftungen und Kuratorien. In diesen Gremien sind mehrere hundert leitende Persönlichkeiten der Wirtschaft vertreten.

Der BDA vertritt die gemeinsamen sozial- und gesellschaftspolitischen Interessen der organisierten Arbeitgeber gegenüber Parteien, Parlament und Regierung, gesellschaftlichen Gruppen wie Kirchen, Hochschulen, Bundeswehr sowie dem Deutschen Gewerkschaftsbund und anderen gewerkschaftlichen Dachverbänden. Gleichzeitig bildet die Bundesvereinigung die Koordinierungsstelle der regionalen und fachlichen Arbeitgeberverbände.

Kammern

Kammern sind Körperschaften des öffentlichen Rechts mit Zwangsmitgliedschaft für alle Groß- und Kleinunternehmen aller Branchen. Daneben gibt es auch Kammern für einige Berufszweige, wie z.B. Ärzte, Anwälte, Architekten und Ingenieure. Die Kammern vertreten wirtschafts- und sozialpolitische Interessen ihrer Mitglieder und bieten ihren Mitgliedern eine Vielzahl von Beratungsdiensten an.

Als öffentlich-rechtliche Körperschaften weist der Staat den Kammern bestimmte Aktivitäten zu. Sie können z.B. Form, Inhalt und Ziel der beruflichen Ausbildung organisieren. Auch beraten sie den Staat in wirtschaftlichen- und strukturpolitischen Fragen.

Bei der gewerblichen Wirtschaft gibt es im Kammersystem zwei Säulen, dies sind die Industrie- und Handelskammern (IHK) sowie die Handwerkskammern. Allerdings ist die Unterscheidung zwischen Industriebetrieben und Handwerksbetrieben oftmals nicht sehr einfach vorzunehmen, da die Eingruppierung häufig stark auf historische Entwicklungen zurückgeht.

„Handwerksbetrieb und Industriebetrieb bilden die Gegenpole auf einer Skala, auf der eine Vielzahl von Grenzfällen liegen. Neben den Kriterien des selbständigen Gewerbebetriebs und der Handwerksfähigkeit ist weitere Voraussetzung, dass das Unternehmen handwerksmäßig betrieben wird. Denn eine Meisterprüfung oder Ausnahmebewilligung ist nur dann erforderlich, wenn es sich um ein handwerksfähiges Gewerbe handelt, das handwerksmäßig betrieben wird. Handwerk im Sinne der Handwerksordnung (HwO) wird demnach durch die Handwerksfähigkeit und Handwerksmäßigkeit von Gewerben definiert."[38]

Die Handwerksmäßigkeit wird durch Vergleiche mit den Betriebsformen der Industrie- und Fabrikbetriebe bestimmt. Als wesentliche Abgrenzungsmerkmale werden in den Kommentaren zur HwO die Kriterien Betriebsgröße, persönliche Mitarbeit des Betriebsinhabers, fachliche Qualität der Mitarbeiter, Arbeitsteilung im Betrieb, Verwendung von Maschinen und betriebliches Arbeitsprogramm genannt.

Über die Problematik dieser Trennung in Handwerks- bzw. Industriebetriebe, besonders auch im Hinblick auf die Gründungsmöglichkeiten von handwerklichen Betrieben (Meisterprüfung, Eintragung in die Handwerksrolle), soll hier nicht eingegangen werden.

In Deutschland gibt es 81 Industrie- und Handelskammern, die vom Dachverband des Deutschen Industrie- und Handelskammertages e.V. (DIHK) vertreten werden. Der DIHK ist aber im Gegensatz zu den einzelnen Kammern keine öffentliche Körperschaft, sondern ein eingetragener Verein, bei dem die einzelnen Kammern Mitglieder sind.

---

[38] Pohl, W.: Regulierung des Handwerks, Deutscher Universitätsverlag: Wiesbaden 1995, S. 64 ff.

Der Bereich der Deutschen Industrie- und Handelskammern ergibt folgende Struktur:

Bild A-12 Struktur der Deutschen Industrie- und Handwerkskammern

Im Bereich des Handwerks gibt es neben den berufsständisch organisierten Kammern noch zusätzlich die Innungen.

So besagt § 52 Abs. 1 der HwO, dass selbständige Handwerker zur Förderung gemeinsamer gewerblicher Interessen der gleichen oder sich fachlich oder wirtschaftlich nahestehender Handwerker eines bestimmten Bezirks eine Handwerksinnung bilden können.

Allgemeine Aufgabe der Innung ist die Förderung gemeinsamer Interessen der selbständigen Handwerker. Als hoheitliche Aufgaben hat die Innung die Lehrlingsausbildung zu überwachen und zu regeln. Sofern die Handwerkskammer sie dazu ermächtigen, haben die Innungen Gesellenprüfungsausschüsse einzurichten und Prüfungen abzunehmen. Darüber hinaus haben sie den Behörden Auskünfte zu erteilen sowie Vorschriften und Anordnungen der zuständigen Handwerkskammer auszuführen (§ 54 HwO).

Im Bereich des Handwerks ergibt sich mit dieser Zweiteilung folgende Struktur.[39]

---

[39] diese Übersicht wurde entwickelt aufgrund der Ausführungen in Pohl, W.: a.a.O., S. 64 ff.

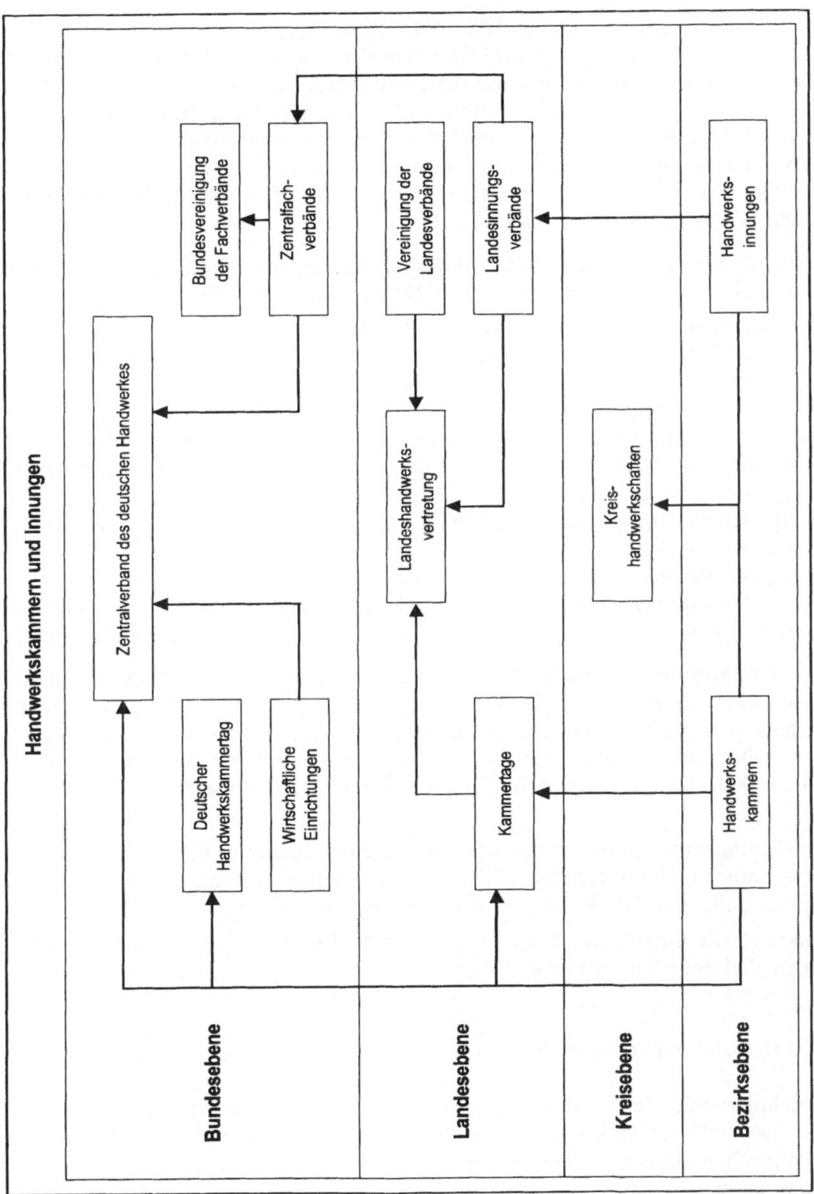

Bild A-13 Räumliche Struktur der Organisation der Handwerkskammern und Innungen

Da in der Bauwirtschaft die Architekten- und Ingenieurkammern eine wichtige Rolle spielen, wird im Folgenden kurz darauf eingegangen.

Diese Kammern sind auf Landesebene eingerichtete Körperschaften des öffentlichen Rechts mit der Bundesarchitekten- bzw. Bundesingenieurkammer als Dachorganisation. Beispielsweise vertritt die Bundesarchitektenkammer auf nationaler und internationaler Ebene die Interessen von fast 114.000 Architekten gegenüber Politik und Öffentlichkeit. Die Landeskammern sind verantwortlich für die beruflichen Belange und Pflichten der Mitglieder, für Förderung des Bauwesens und der Baukultur und für die Förderung der beruflichen Fortbildung. Die Architektenkammern sind somit die gesetzliche Berufsvertretung aller freischaffenden, angestellten und beamteten Architekten, Innenarchitekten, Landschaftsarchitekten und Stadtplaner eines Bundeslandes. Prinzipiell agieren die Architektenkammern mit ihren Organen und Gremien auf der Basis der Selbstverwaltung. Die Rechtsaufsicht hat beispielsweise in Nordrhein-Westfalen das Ministerium für Städtebau und Wohnen, Kultur und Sport.

Als Körperschaft des öffentlichen Rechts hat der Gesetzgeber durch das Baukammergesetz der Architektenkammer und der Ingenieurkammer-Bau konkrete Aufgaben übertragen:

- Wahrung der beruflichen Interessen der Mitglieder
- Förderung des Bauwesens und der Baukultur (Stiftung Deutscher Architekten)
- Einhaltung der Berufspflichten (Berufsordnung)
- Führung der Eintragungsliste der Architekten und Stadtplaner (Mitgliedsverzeichnis)
- Aus- und Weiterbildung unserer Mitglieder (Akademie-Fortbildung aktuell)
- Beilegung von Streitigkeiten, die sich aufgrund der Berufsausübung zwischen Mitgliedern oder Mitgliedern und Dritten ergeben (Schlichtung)
- Förderung der Wettbewerbe und Mitwirkung bei der Regelung des Wettbewerbswesens (Wettbewerbswesen)
- Bestellung und Vereidigung von Sachverständigen (Sachverständigenwesen)
- Angebote zur sozialen Sicherheit für die Mitglieder (Versorgungswerk - gesicherte Zukunft)
- Engagement für Interessen der Architektenschaft und Ingenieure in der Öffentlichkeit

Die bis jetzt dargestellten unterschiedlichen Unternehmensverbände vertreten – in Abhängigkeit der Interessen ihrer Mitglieder – z.T. unterschiedliche Interessen. So haben mittelständische Unternehmen andere wirtschaftliche, sozialpolitische und gesellschaftspolitische Interessen als beispielsweise große Unternehmen. Das gleiche gilt auch für export- oder importorientierte Unternehmen. Aber auch die verschiedenen Wirtschaftszweige unterscheiden sich in ihren Interessenlagen.

Zur Koordinierung der unterschiedlichen Unternehmensverbände bzw. deren Interessen wurde der Gemeinschaftsausschuss der Deutschen Gewerblichen Wirtschaft gegründet. Diesem gehören die wichtigsten Spitzenverbände der Unternehmen an.

Im Folgenden ist die Organisation der Gewerblichen Wirtschaft wie folgt dargestellt, wobei die besprochenen Verbände hervorgehoben sind.[40]

4.1.2 Arbeitnehmerverbände

Die Arbeitnehmerverbände bilden den interessenpolitischen Gegenpol zu den Unternehmensverbänden. Der Deutsche Gewerkschaftsbund (DGB) ist die Vertretung der Gewerkschaften gegenüber den politischen Entscheidungsträgern, Parteien und Verbänden in Bund, Ländern und Gemeinden und hat ca. 7,5 Mio. Mitglieder. Er koordiniert die gewerkschaftlichen Aktivitäten. Als Dachverband schließt er jedoch keine Tarifverträge ab.

Von weiterer Bedeutung sind der Deutsche Beamtenbund (DBB) und der christliche Gewerkschaftsbund (CGB). Die folgende Abbildung zeigt die Zusammensetzung und Mitgliederzahlen der einflussreichsten Gewerkschaften.

---

[40] vgl. von Aleman, U.: a.a.O., S.23

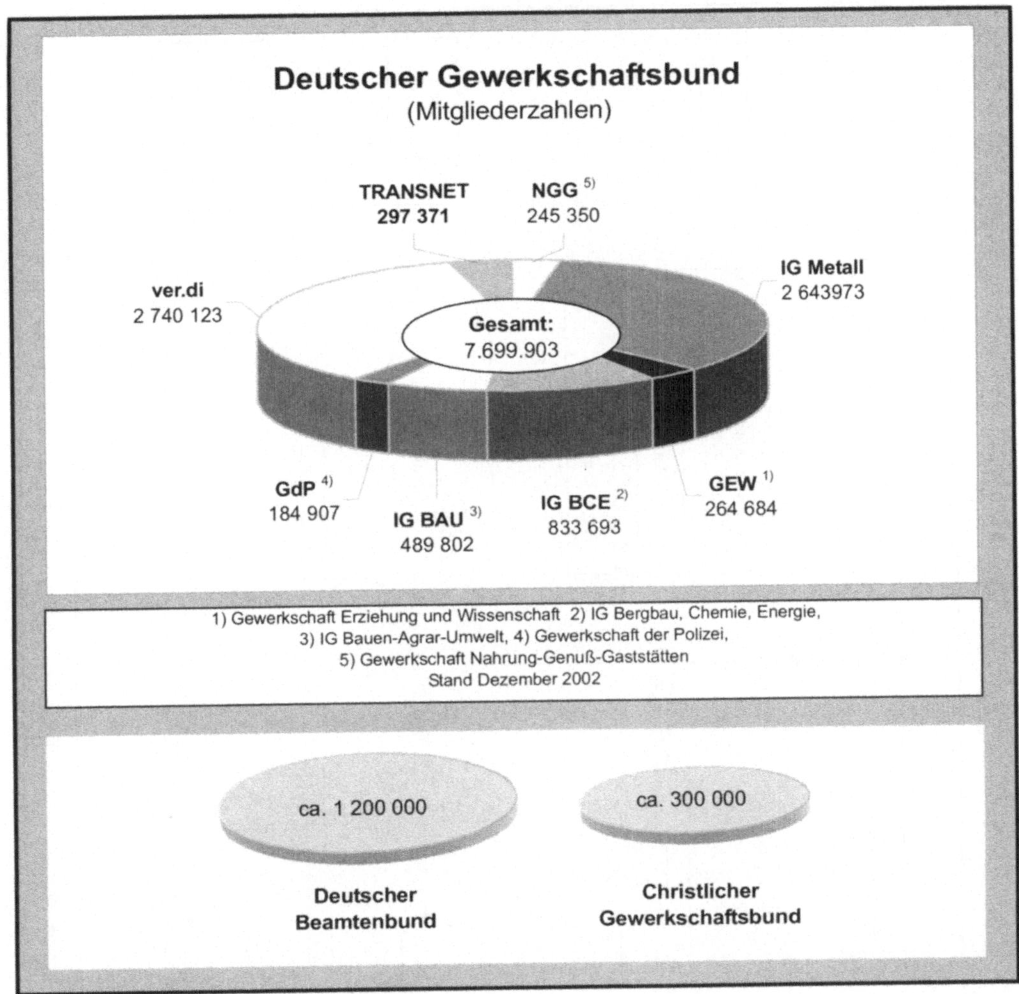

Bild A-14 Struktur der Arbeitnehmerverbände[41]

Nicht der DGB, sondern die Einzelgewerkschaften sind die wichtigsten Grundeinheiten, denn sie organisieren die Mitglieder und nur sie sind tariffähig, d.h. sie führen die Tarifauseinandersetzungen bis zum Arbeitskampf. Der Organisationsaufbau von Einzelgewerkschaften und dem DGB ist wie folgt gegliedert.[42]

---

[41] URL: <http://www. dgb.de, 31.03.04>
[42] vgl. von Aleman, U.: a.a.O., S. 34

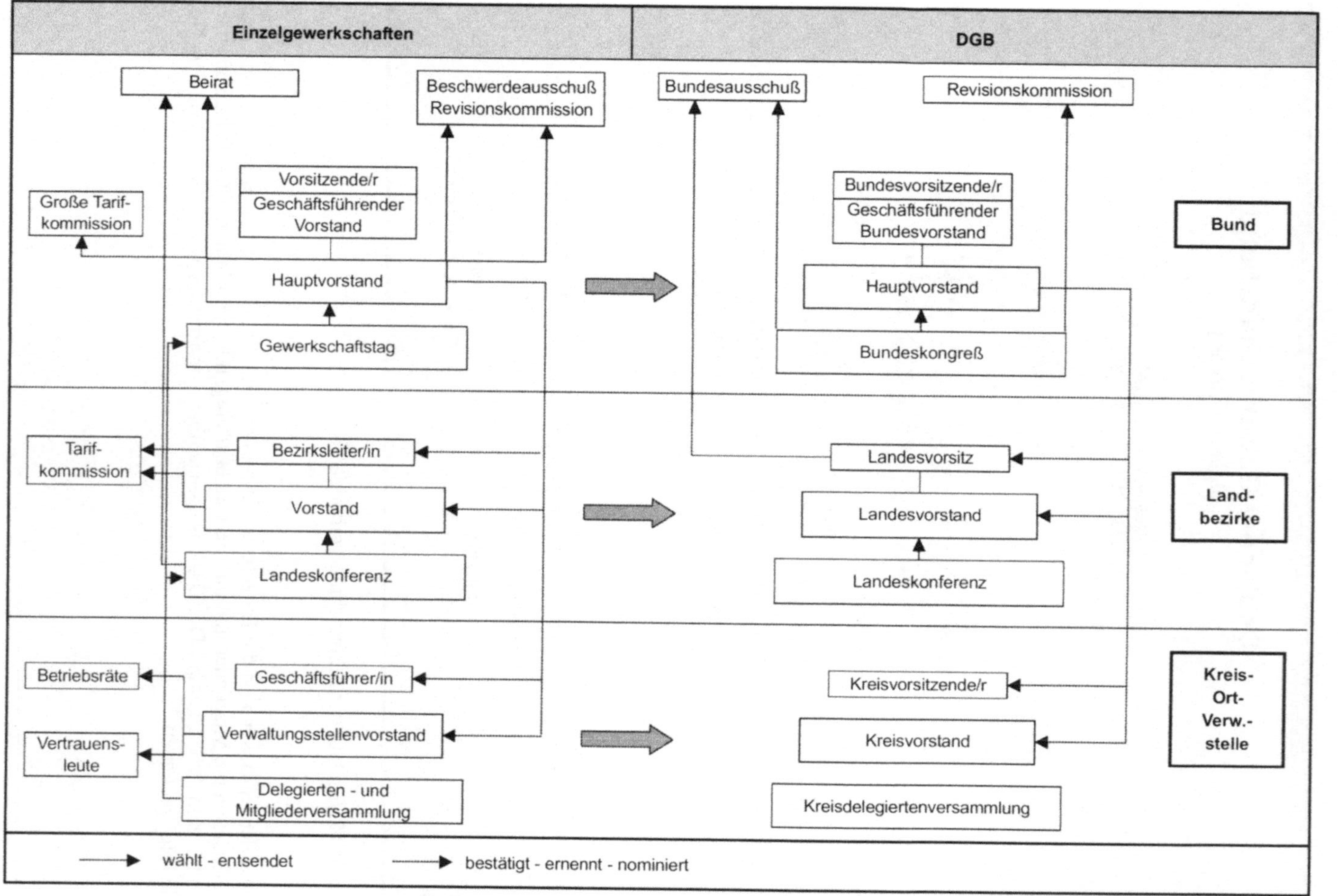

Bild A-15 Organisationsaufbau von Einzelgewerkschaften und DGB

Zusammenfassend kann für die Arbeitnehmerverbände und insbesondere den DGB auf das Folgende hingewiesen werden. Der DGB ist eine überparteiliche und überkonfessionelle Gewerkschaftsorganisation. Für alle Arbeitnehmer mit den unterschiedlichsten Überzeugungen proklamiert sie einen parteipolitischen und konfessionellen Neutralitätsanspruch. Darüber hinaus wurde das „Industrieverbandsprinzip" umgesetzt. Dies bedeutet, dass bei Zugehörigkeit eines Betriebes zu einer Branche alle Gewerkschaftsmitglieder der entsprechenden Branchengewerkschaft angehören.

Das wiederum bedeutet, dass jeweils in einem Wirtschaftszweig nur eine DGB-Gewerkschaft tätig ist. Dadurch sind nicht nur politische Rivalitäten, sondern auch zugleich eine Konkurrenz zwischen verschiedenen Organisationen in einzelnen Betrieben ausgeschlossen. Das hat zum Betriebsfrieden in der Bundesrepublik Deutschland wesentlich beigetragen.

4.1.3 Berufsverbände und sonstige Verbände im Bereich von Wirtschaft und Arbeit

Neben den Unternehmer- und Arbeitnehmerverbänden gibt es noch zahlreiche Berufsverbände. Eine verlässliche Quelle über die Entwicklung und den Stand von Verbänden ist die Lobbyliste des Deutschen Bundestages. In diese Liste müssen sich Vereine und Verbände registrieren lassen, wenn Sie zu dem Kreis derjenigen gehören wollen, die Interessen gegenüber dem Bundestag oder der Bundesregierung offiziell vertreten wollen. Die Anzahl der registrierten Verbände hat sich stetig erhöht und beträgt z. Zt. ca. 2000 Eintragungen. Dabei gibt es ca. zehn Architekten- und dreißig Ingenieurverbände. Der Verein Deutscher Ingenieure (VDI) ist für die Bauwirtschaft dahingehend von Interesse, da der VDI neben „Lobbytätigkeit" auch halböffentliche Aufgaben bei der Entwicklung von Normen und Richtlinien für die Technik wahrnimmt. Der VDI ist damit Kompetenzträger und ein Expertennetzwerk zugleich. In diesem Zusammenhang sei noch erwähnt, dass die Technischen Überwachungsvereine (TÜV) keine Behörden sind, sondern zu den Verbänden zählen.

Neben den genannten Verbänden gibt es noch Eigentümerverbände, ein Dutzend verschiedener Grundbesitzerverbände oder Aktienbesitzerverbände, die umfangreiche Beratungsdienste für ihre Mitglieder anbieten und deren Interessen gegenüber der Politik und Öffentlichkeit vertreten.

4.2 Interessenverbände der Bauwirtschaft

4.2.1 Unternehmensverbände

Im Bauhauptgewerbe existieren bei den bauausführenden Unternehmen zwei Gruppierungen von Verbandsorganisationen. Dies sind

- Verbände der Bauindustrie für industriell bauausführende Unternehmen sowie
- Verbände des Baugewerbes, in denen die Handwerksbetriebe organisiert sind.

Beide Verbandsorganisationen des Bauhauptgewerbes – die bauindustrielle und die handwerkliche – sind sowohl Wirtschafts- und Fachverbände als auch Arbeitgeberverbände. In anderen Bereichen, wie z.B. in der Metall- und Elektroindustrie gibt es dagegen organisatorisch und rechtlich selbständige Wirtschaftsverbände einerseits und Arbeitgeberverbände andererseits.[43] Die Verbandsorganisationen sind wie folgt strukturiert.

---

[43] vgl. Gastell, F. (1996): a.a.O., S. 161

	Die Deutsche Bauindustrie (Bauindustrielle Unternehmen)	Das Deutsche Baugewerbe (Handwerk oder handwerks- ähnliche Betriebe)
Bundesebene	Hauptverband der Deutschen Bauindustrie 16 Landesverbände als Mitgliedsverbände 4 außerordentliche Mitgliedsverbände	Zentralverband des Deutschen Baugewerbes 15 Landesverbände 2 überregionale Mitgliedsverbände
Landesebene	Landesverbände z.B. Bayrischer Bauindustrieverband oder Bauindustrie Hamburg e.V. Mitglieder sind Bezirksverbände und Einzelunternehmen	Landesverbände z.B. Norddeutscher Baugewerbeverband Mitglieder sind Innungen und Einzelbetriebe
Bezirksebene	Bezirksverbände z.B. 6 Bezirksorganisationen in Bayern Mitglieder sind Einzelunternehmen	Handwerksinnungen des Baugewerbes Mitglieder sind Einzelbetriebe (ca. 50 000 mittelständische Unternehmen)

Bild A-16: Struktur der Verbandsorganisationen der Deutschen Bauindustrie bzw. des Deutschen
Baugewerbes

Sowohl der Hauptverband der Deutschen Bauindustrie als auch der Zentralverband des Deutschen Baugewerbes sind Mitgliedsverbände der Bundesvereinigung der Deutschen Arbeitgeberverbände (BDA).

Verbände der Bauindustrie

Auf Bezirksebene sind die einzelnen bauindustriellen Unternehmen als Mitglieder der Bezirksverbände organisiert. Auf Landesebene sind die Bezirksverbände und auch einzelne Unternehmen Mitglieder der Landesverbände. Diese Landesverbände sind ihrerseits Mitglieder der Dachorganisation „Hauptverband der Deutschen Bauindustrie e.V." Die Landesverbände haben keine einheitlichen Namen und lauten beispielsweise Bauindustrieverband Hessen-Thüringen e.V., Landesverband der Bauindustrie für Sachsen-Anhalt e.V., Wirtschaftsvereinigung Bauindustrie e.V. Nordrhein-Westfalen, Bayrischer Bauindustrieverband e.V. oder Bauindustrie Hamburg e.V. etc.

Verbände des Baugewerbes

Im Rahmen der Organisation des Baugewerbes sind zunächst die Handwerksinnungen zu nennen, deren Mitglieder die einzelnen Handwerksbetriebe sind. Auf Landesebene gibt es die Landesverbände, deren Mitglieder wiederum die Handwerksinnungen aber auch Einzelbetriebe sein können. Auf Bundesebene gibt es den Zentralverband des Deutschen Baugewerbes, der als Dachverband für die Landesverbände und die überregionalen Mitgliedsverbände fungiert. Auch bei der baugewerblichen Verbandsorganisation gibt es die unterschiedlichsten Verbandsnamen, wie z.B. „Baugewerbeverband Niedersachsen", „Verband baugewerblicher Unternehmer Hessen" oder „Landesverband Bauhandwerk Brandenburg".

Aufgaben der Unternehmensverbände

Die Aufgaben der bauwirtschaftlichen Verbände sind außerordentlich vielfältig. Sie haben – wie die Arbeitgeberverbände der anderen Wirtschaftszweige – sowohl Arbeitgeberfunktionen, z.B. als Tarifpartner, als auch die Aufgabe, dass die zum Teil unterschiedlichsten Interessen der Einzelmitglieder zu einem einheitlichen Meinungsbild zusammengefasst werden, damit sie im politischen Raum zur Geltung kommen. Darüber hinaus sind die Verbände aber immer auch beratend für die Mitglieder tätig. In den einzelnen Fachabteilungen werden Informationen und Wissen gebündelt, um es den Mitgliedern zur Verfügung zu stellen. Dies gilt insbesondere bei der Aufbereitung der Gesetzgebung in pragmatische Handlungsempfehlungen.

4.2.2 Arbeitnehmerverbände

In der Bauwirtschaft war die Industriegewerkschaft Bau-Steine-Erden (IGBSE) viele Jahrzehnte der Arbeitnehmerverband der Bauwirtschaft. Nach dem Zusammenschluss der IGBSE mit der Gewerkschaft Gartenbau, Land- und Forstwirtschaft im Jahre 1996 zur Industriegewerkschaft Bauen-Agrar-Umwelt (IG Bauen-Agrar-Umwelt) vertritt dieser Verband die Interessen der Arbeitnehmer der Bauwirtschaft. Im Grundsätzlichen hat dieser Zusammenschluss die Struktur des Verbandes nicht geändert.

Von diesem Verband werden Arbeitnehmer aus folgenden Bereichen vertreten:
- Baugewerbe und Bauausbaugewerbe, Gebäude-, Industrie- und Stadtreinigung, Umweltschutz, Baustoffindustrie, Bauerhaltungsgewerbe;
- Wohnungswirtschaft, Entsorgung, Architektur- und Ingenieurbüros, Bauforschungsinstitute, Einrichtungen der Tarifvertragsparteien, Städtebau, Landschaftsbau, Berufsbildungseinrichtungen.

Die IG Bauen-Agrar-Umwelt ist analog den anderen Einzelgewerkschaften hierarchisch organisiert. Auf den jeweiligen Ebenen befinden sich
- Bezirksverbände und
- Landesverbände sowie
- auf Bundesebene die IG Bauen-Agrar-Umwelt.

Die Bezirks- und Landesverbände sind rechtlich unselbständige Untergliederungen der IG-Bauen-Agrar-Umwelt. Sie haben allerdings ein starkes Gewicht bei der dezentralisierten Meinungsbildung und sie haben eine große selbständige Handlungsfähigkeit auf regionaler Ebene.[44] Die Einzelgewerkschaft IG Bauen-Agrar-Umwelt gehört dem Gewerkschaftsbund DGB an.

Die Aufgaben der IG-Bauen-Agrar-Umwelt sind sehr umfangreich. Sie können in folgende Bereiche unterteilt werden: Tarifpolitik, Rechtsschutz, Arbeits- und Gesundheitsschutz, Berufshilfe, Arbeitskampf, Bildung, Frauenpolitik und Jugend.

In Bezug auf die Tarifpolitik steht für die gewerblichen Arbeitnehmer die IG Bauen-Agrar-Umwelt den Arbeitgeberverbänden der Bauindustrie und des Baugewerbes gegenüber.

---

[44] vgl. Gastell, F. (1996): a.a.O., S. 161

4.2.3 Berufsverbände und sonstige Verbände in der Bauwirtschaft

Hier wird auf die verschiedenen Architekten- und Ingenieurverbände wie z.B. Bund Deutscher Architekten, Bund Deutscher Baumeister, Vereinigung freischaffender Architekten, Deutscher Architekten- und Ingenieurverband, Verein Deutscher Ingenieure, Verein unabhängiger beratender Ingenieure und die Technischen Überwachungsvereine hingewiesen.

Teil B Baumarkt, Preisfindung, Marketing

1 Baumarkt

1.1 Der Baumarkt und sein volkswirtschaftlicher Stellenwert

1.1.1 Inländischer Baumarkt

Ein allgemeiner Überblick über den inländischen Baumarkt ergibt sich, wenn man das Bauvolumen in Deutschland nach Baubereichen unterteilt. Dabei stellt das Bauvolumen die Summe aller Leistungen dar, die auf die Herstellung oder Erhaltung von Gebäuden und Bauwerken gerichtet sind.

2002 wurde nach den Berechnungen des Deutschen statistischen Bundesamtes in Deutschland ein Bauvolumen in Höhe von 250 Mrd. € erarbeitet. Dieses Bauvolumen unterteilt sich in folgende Baubereiche, die auch Bausparten genannt werden.[1]

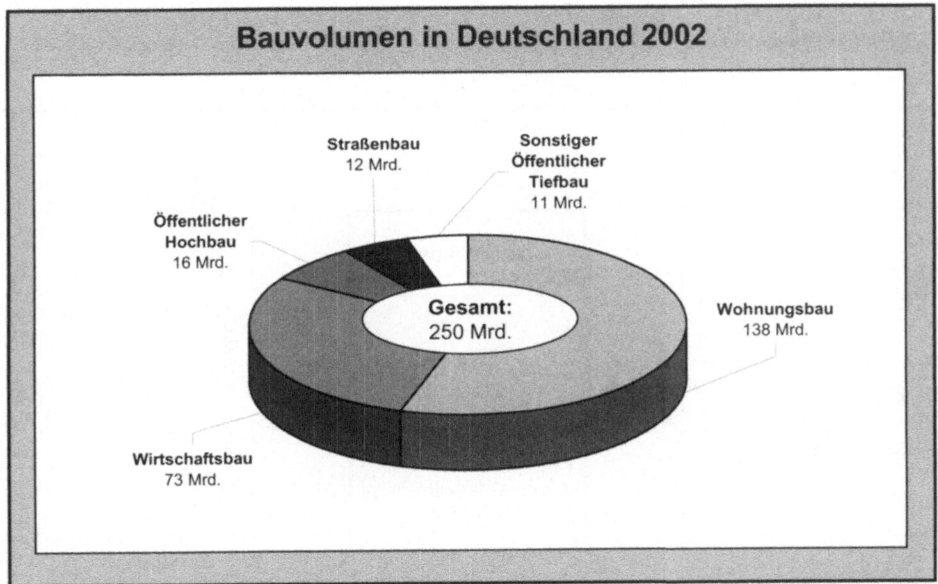

Bild B-1   Bauvolumen in Deutschland nach Bausparten in Euro

---

[1] vgl. Zentralverband des Deutschen Baugewerbes (Hrsg.) (2003): Baumarkt 2002, Köllen Druck + Verlag GmbH: Bonn 2003, Tabelle 26

Der hier angegebene Wert des Bauvolumens ist deutlich höher als der Wert der Bauinvestitionen, der vom Statistischen Bundesamt im Rahmen der Volkswirtschaftlichen Gesamtrechnung angegeben wird. Dies liegt daran, dass im Wert des Bauvolumens im Gegensatz zum Wert der Bauinvestitionen zusätzlich enthalten sind:

- nicht werterhöhende Reparaturen
- Militärbauten
- Eigenleistungen der Investoren
- Regiearbeiten der Öffentlichen Hand

Der Stellenwert des Baumarktes im Kontext der Volkswirtschaft lässt sich mit folgenden Daten verdeutlichen:[2]

- durchschnittlicher Anteil der Bruttowertschöpfung des Baugewerbes am Bruttoinlandsprodukt 2002: 4,7 %
- durchschnittlicher Anteil der Bauinvestitionen am Bruttoinlandsprodukt 2002 : 4,14 %
- durchschnittlicher Anteil der Erwerbstätigen im Baugewerbe an allen Erwerbstätigen 2002: 2,32 %

Darüber hinaus ist zu berücksichtigen, dass die Bauwirtschaft als Wirtschaftszweig größere Bedeutung als das reine Baugewebe aufweist. So sind zur Mitte des Jahres 2003 ca. 2,3 Millionen Menschen in diesem Sektor beschäftigt. Im Zusammenhang mit der Bedeutung der Baumwirtschaft für die deutsche Volkswirtschaft muss auch auf den so genannten Multiplikatoreffekt hingewiesen werden. Jede Erhöhung der Baunachfrage um 1 Euro bewirkt über die dadurch induzierte Wirtschaftstätigkeit in vor- und nachgelagerten Sektoren ein gesamtwirtschaftliches Produktionswachstum von 2,3 Euro. Die Bauwirtschaft hat somit einen Multiplikatoreffekt von 2,3.

Schematisch lässt sich der Multiplikatoreffekt wie folgt darstellen.

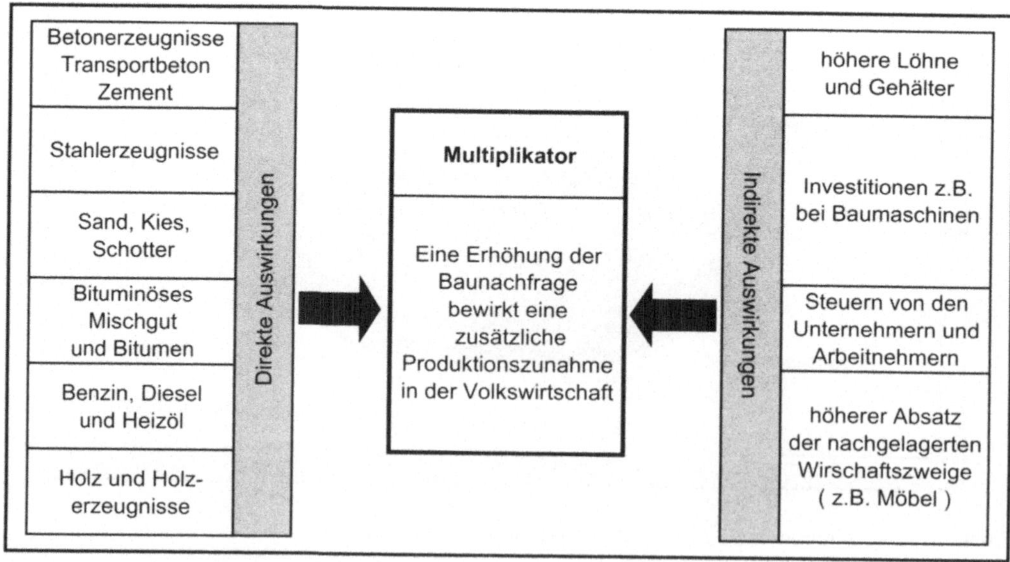

Bild B-2   Multiplikatoreffekt der Bauwirtschaft

---

[2] vgl. Zentralverband des Deutschen Baugewerbes (Hrsg.) (2003): a.a.O., Tabelle 1, 2, 12

1.1.2 Ausländischer Baumarkt

Der ausländische Baumarkt kann wie folgt unterteilt werden:

- traditioneller Auslandsbau
- Auslandsbau durch Tochtergesellschaften und Beteiligungen

Im traditionellen Auslandsbau erhält ein deutsches bauausführendes Unternehmen oder eine deutsche Arbeitsgemeinschaft im Ausland einen Auftrag und erbringt unmittelbar im Ausland an einem vom Auftraggeber bestimmten Ort und unter den dort herrschenden Bedingungen die Bauleistungen. Dabei können auch deutsche Arbeitnehmer – Projektmanager, Bauleiter, Poliere und gewerbliche Arbeitnehmer – auf den ausländischen Baustellen beschäftigt werden. Dabei ist von den Unternehmen zu prüfen, ob gleich qualifizierte Arbeitskräfte vor Ort rekrutiert werden können. Aufgrund der relativ hohen Lohnzusatz- und Lohnnebenkosten in Deutschland würde anderenfalls ein Angebotsnachteil entstehen. Der Wettbewerb für diese Aufträge findet vornehmlich zwischen bauausführenden Unternehmen aus den Industrieländern statt.

Beim Auslandsbau durch Tochtergesellschaften und Beteiligungen werden die Bauleistungen erbracht

- von ausländischen Tochtergesellschaften deutscher bauausführender Unternehmen.
- von ausländischen Unternehmen, bei denen deutsche Unternehmen beteiligt sind.

Die Gründung von Tochtergesellschaften ist auf jenen Baumärkten erforderlich, die dem traditionellen Auslandsbau verschlossen sind. Erst hierdurch wird der Einstieg in bestimmten lokalen Märkten möglich, wie beispielsweise in Australien, in den Vereinigten Staaten von Amerika und in Kanada. Darüber hinaus ist eine permanente Marktpräsenz eine Grundvoraussetzung für Absatzchancen auf diesen Märkten.

Beteiligungen sollten allerdings an jenen ausländischen Partnern erworben werden, die ihrerseits bereits erfolgreich auf ihren lokalen Märkten operieren. Ihre Kenntnisse der örtlichen Marktgegebenheiten, der entsprechenden Landesbauordnungen, kommunalen Bausatzungen etc. sind wichtige Voraussetzungen für einen Wettbewerbsvorteil. Durch die Strategie der Beteiligungen auf ausländischen Märkten entfällt die Notwendigkeit, dass Bauleiter, Ingenieure, Poliere und gewerbliches Personal entsandt werden müssen. Es sind nur noch wenige, sehr erfahrene Kräfte nötig, welche Aufgaben z.B. im Rahmen des Baustellencontrolling, der Akquisition und der Beobachtung der ausländischen Märkte übernehmen.

Für deutsche bauausführende Unternehmen hat der ausländische Baumarkt in beiden Erscheinungsformen bereits viele Jahrzehnte eine große Tradition. Schon vor Beginn des 20. Jahrhunderts waren deutsche Bauunternehmen im Ausland tätig. Zwischen den beiden Weltkriegen lagen die Tätigkeitsschwerpunkte im Mittleren Osten und in Südamerika. Nach dem Zweiten Weltkrieg – und vor allem in den 60er Jahren – waren deutsche Bauunternehmen hauptsächlich in den ölproduzierenden Ländern des Nahen und Mittleren Ostens sowie Afrikas tätig.

„Die deutschen Bauunternehmen wurden geschätzt aufgrund ihres Organisationsvermögens, technischer Effizienz, ihrer Zuverlässigkeit und pünktlicher Einhaltung der Fertigstellungstermine. Daraus resultierend entwickelte sich während dieser Zeit ein Vertrauensverhältnis und eine gefestigte Zusammenarbeit zwischen den Bauherren und deutschen Bauunternehmen."[3]

Mit dem Verfall des Ölpreises veränderte sich die Struktur des Auslandsbaus erneut. Die Bauaufträge aus diesen Ländern brachen drastisch ein. Verstärkt wurde diese Entwicklung durch die kriegerischen Auseinandersetzungen, die sich in der Region zunehmend einstellten. Somit ver-

---

[3] Hinrichs, K.: Wie behaupten sich die Deutsche Bauindustrie im internationalen Wettbewerb?; in: Die Deutsche Bauindustrie auf dem Weg in das Jahr 2000, Festschrift zum 60. Geburtstag von Ignaz Walter: Augsburg 1996, S. 125

schob sich der geographische Schwerpunkt der Auslandsaktivitäten und es ist seitdem festzustellen, dass sich dieser Schwerpunkt teilweise jährlich verändert.[4] Diese Beispiele zeigen sehr deutlich, wie abhängig die internationalen Baumärkte von politischen und wirtschaftlichen Entwicklungen und Veränderungen sind. Solche Entwicklungen früh zu erkennen und Konsequenzen daraus abzuleiten, ist eine wesentliche Voraussetzung für den Erfolg. Die Baumarktsituation in der Welt ist dauernd in Bewegung und laufend Veränderungen ausgesetzt. Neue Märkte tun sich auf, vorhandene Märkte versiegen oder sind durch militärische Auseinandersetzungen sehr plötzlich nicht mehr zugänglich.

In den letzten Jahren haben sich die Gewichte im Auslandsgeschäft der deutschen Bauindustrie erheblich verschoben. War früher der „traditionelle Auslandsbau" dominierend, so überwiegt heute eindeutig der „Auslandsbau durch Tochtergesellschaften und Beteiligungen". Der folgenden Abbildung ist zu entnehmen, dass sich in jüngster Vergangenheit – auch aufgrund der schwierigen inländischen Situation des Baumarktes – der Auftragseingang der Tochter- und Beteiligungsgesellschaften der Bauunternehmen boomartig erhöht hat.

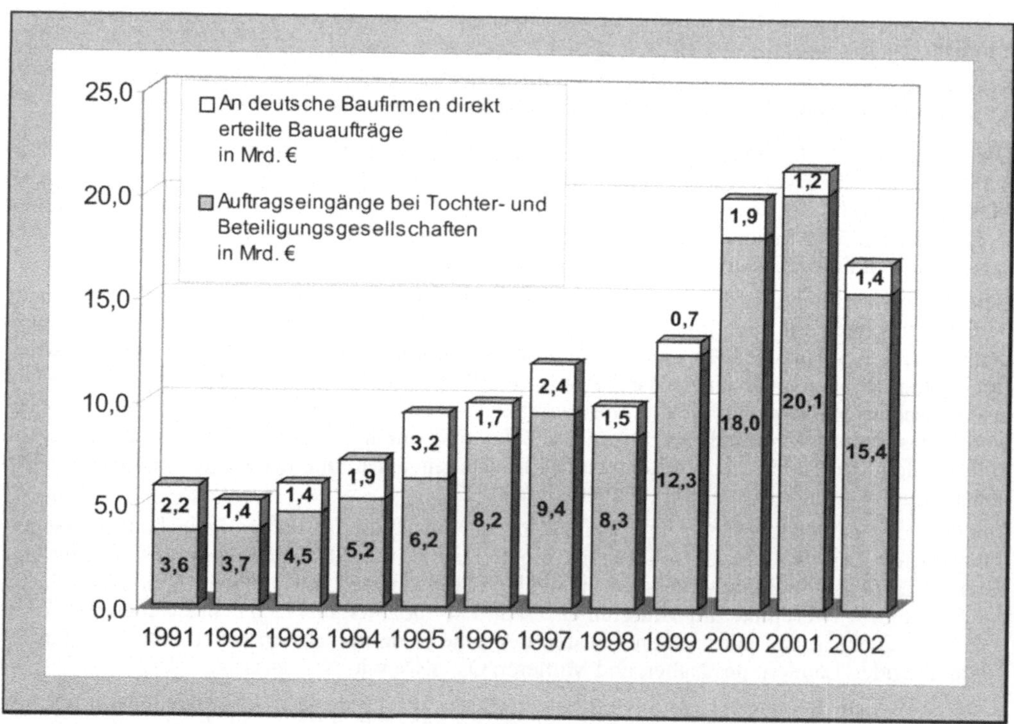

Bild B-3   Auftragseingang aus dem Ausland in Mrd. [5]

Der starke Anstieg in den Jahren 2000 und 2001 innerhalb der Abbildung B-3 beruht auf einem Sondereffekt aus zwei großen Tunnelbauprojekten in der Schweiz.

---

[4] vgl. Kulick, R.: Auslandsbau, Teubner Verlag: Wiesbaden 2003, S. 9
[5] Hauptverband der Deutschen Bauindustrie (Hrsg.) (2003): Wichtige Baudaten, Berlin 2003, S. 4

Ein weiterer Schwerpunkt der ausländischen Bautätigkeit ergibt sich durch den europäischen Binnenmarkt, der seit dem 1. Januar 1993 Realität geworden ist. Mit dem EU-Binnenmarkt soll der freie Verkehr von Waren, Personen, Dienstleistungen und Kapital im gesamten Bereich der Europäischen Gemeinschaft ermöglicht werden.

Um dieses Ziel zu erreichen, bedurfte es vor allem bei der Vergabe von öffentlichen Aufträgen einer Koordinierung des Vergabewesens. Es entstanden zunächst die sog. Vergaberichtlinien der EG, wie z.B. die Baukoordinierungsrichtlinie und Lieferkoordinierungsrichtlinie. Diese wurden aufgrund des EWG-Vertrags erarbeitet und verabschiedet. „Solche „Richtlinien des Rates" stellen nach dem EWG-Vertrag Gesetzgebungsakte der EG dar, die allerdings nicht unmittelbar Geltung in den Mitgliedstaaten gegenüber den Bürgern erlangen. Vielmehr sind sie erst noch von den Mitgliedstaaten in nationales Recht umzusetzen."[6] Inwieweit diese Richtlinien in deutsches Recht umgesetzt sind, wird an den entsprechenden Stellen in Punkt B 2 gezeigt.

Der Europäische Binnenmarkt hat bereits Auswirkungen auf den deutschen Baumarkt gezeigt. Innerhalb der EU werden relativ wenige Bauaufträge an Baufirmen aus anderen Mitgliedstaaten vergeben. Daran hat auch der Zwang zur europaweiten Ausschreibungen öffentlicher Bauinvestitionen mit einem Bauvolumen von mehr als. 5 Mio. EURO nicht viel geändert.

Allerdings gibt es einige Beteiligungen von europäischen Baukonzernen – beispielsweise aus Frankreich und den Niederlanden – an Bauunternehmen in Deutschland. So hat sich ein Beteiligungsnetz ergeben, das aufgrund der absoluten Größe des deutschen Baumarktes für Bauunternehmen aus anderen europäischen Ländern immer noch sehr attraktiv ist.

Neben den traditionell erbrachten Bauleistungen bzw. den Tochter- und Beteiligungsgesellschaften müssen im Rahmen von Auslandsaktivitäten noch die Planungsleistungen innerhalb der Bauwirtschaft hinzugerechnet werden.

Auch Architektur- und Ingenieurbüros können in Deutschland für das Ausland oder direkt vor Ort im Ausland aktiv sein. Dabei ist in den letzten Jahren festzustellen, dass die Auftragsanzahl leicht gesunken, aber das Gesamthonorar (ca. 1,0 Mrd. € im Jahr 2001) angestiegen ist.[7] Die Basis der vorstehen den Erhebung bildet dabei der Verband unabhängig beratender Ingenieure und Consultans (VUBIC), dem ca. 500 Mitgliedsunternehmen angeschlossen sind. Die geographischen Schwerpunkte bei dem Export von Objektplanung und Ingenieurdienstleistungen liegt in Europa, Afrika und Asien, wobei in den beiden letztgenannten teilweise Entwicklungshilfe stattfindet.

Es ist zu vermuten, dass im Zuge der Ost-Erweiterung der EU der Transfer von Ingenieurleistungen innerhalb Europas aufgrund der elektronischen Übertragungsmöglichkeiten von Informationen und Daten zunehmen wird. Das schließt die Ausdehnung des weltweiten Exports von Ingenieurleistungen nicht aus.

Der Auftragseingang von Bauleistungen für deutsche Bauunternehmen erfolgt schon weltweit, was die prozentualen Anteile – differenziert nach Kontinenten – in der folgenden Abbildung für das Jahr 2002 zeigen. Der Amerikaanteil wird dabei zu einem erheblichen Anteil von der Tochtergesellschaft Turner der HOCHTIEF AG erwirtschaftet.

---

[6] Peters, W.: Harmonisierungsrichtlinien der EU; in: Diederichs, C.J. (Hrsg.): Handbuch der strategischen und taktischen Bauunternehmensführung, Bauverlag: Wiesbaden-Berlin 1996, S. 546

[7] vgl. Kulick, R.: a.a.O., S. 9

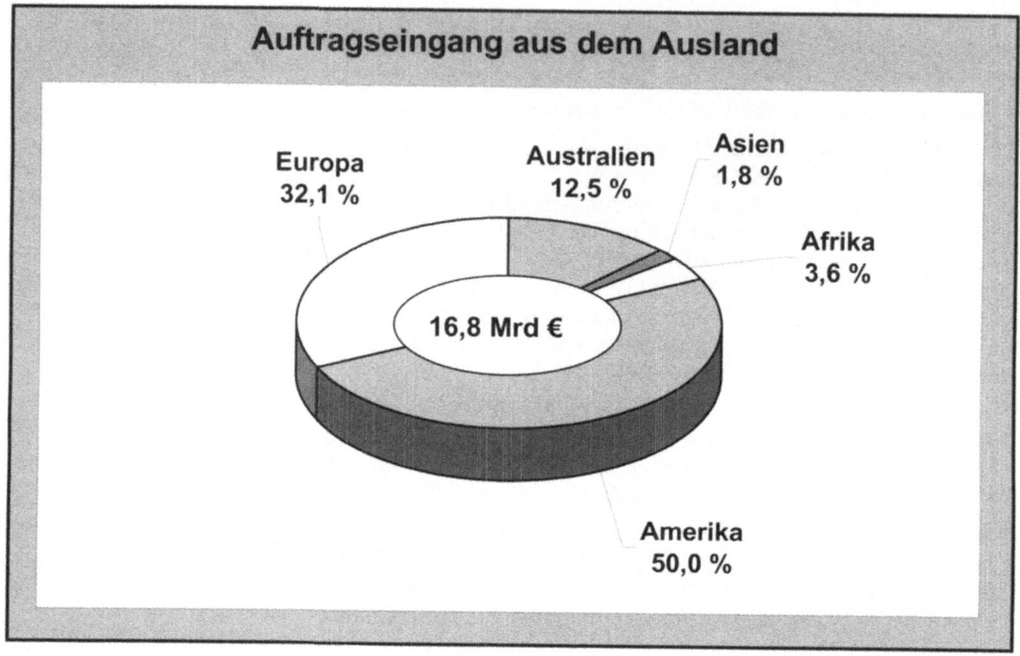

Bild B-4   Anteile am deutschen Auftragseingang aus dem Ausland 2002 in % [8]

Gemessen am inländischen Bauvolumen ist der Auftragseingang aus dem Ausland relativ gering. Die Bedeutung wird aber umso deutlicher, wenn man die Zahlen auf die tatsächlichen Erbringer der Bauleistungen bezieht. Der Auslandsanteil bei den großen deutschen Baukonzernen ist teilweise sehr hoch, was die folgende Abbildung belegt.

	Bauleistung Inland in Mio. DM	Bauleistung Ausland in Mio. DM	Bauleistung gesamt in Mio. DM	Auslands- anteil in %
Hochtief AG	2 045	10 737	12 782	84 %
Bilfinger Berger AG	2 532	2 380	4 912	48 %
Walter Bau AG	2 375	950	3 325	29 %
Strabag AG Deutschland	1 946	1 264	3 210	39 %
Ed Züblin (Walter)	1 189	230	1 419	16 %
Summe	**10 087**	**15 561**	**25 648**	**61 %**

Bild B-5   Bauleistung in Mrd. der fünf größten deutschen Bauaktiengesellschaften 2002[9]

---

[8] Kehlenbach, F.: Internationale Bauunternehmen behaupten sich in schwierigen Markumfeld in Baumarkt + Bauwirtschaft 12/2003

[9] entnommen aus Geschäftsberichten 2002 der in der Tabelle aufgeführten Firmen

1.2 Der Baumarkt als ein System von Teilmärkten

Entsprechend der Wirtschaftsgüter und Dienstleistungen, die zur Erstellung und Nutzung von Bauprojekten benötigt werden, kann der Baumarkt in folgende sachliche Teilmärkte unterteilt werden:

- unbebaute Grundstücke
- freiberufliche Leistungen
- gewerbliche Dienstleistungen
- Bauleistungen
- Projektentwicklungen

1.2.1 Unbebaute Grundstücke

Die amtlichen Statistiken unterteilen den Grundstücksmarkt für unbebaute Grundstücke nach folgenden Kriterien:

- Entwicklungszustand
- Art des Baugebietes
- Stadt- bzw. Gemeindegrößenklassen

Der *Entwicklungszustand* bezeichnet den planungsrechtlichen Zustand eines Grundstückes. Hier wird unterschieden in:

- Baureifes Land. Dies sind Flächen, die nach öffentlich-rechtlichen Vorschriften baulich nutzbar sind.
- Bauerwartungsland. Dies sind Flächen, die nach ihrer Eigenschaft, ihrer sonstigen Beschaffenheit und ihrer Lage eine bauliche Nutzung in absehbarer Zeit tatsächlich erwarten lassen. Diese Erwartung kann sich insbesondere auf eine entsprechende Darstellung dieser Flächen im Flächennutzungsplan, auf ein entsprechendes Verhalten der Gemeinde oder auf die allgemeine städtebauliche Entwicklung des Gemeindegebiets begründen.
- Rohbauland. Dies sind Flächen, die für eine bauliche Nutzung bestimmt sind, deren Erschließung aber noch nicht gesichert ist oder die nach Lage, Form oder Größe für eine bauliche Nutzung unzureichend gestaltet sind.
- Sonstiges Bauland. Hier handelt es sich Flächen in der Land- und Forstwirtschaft, Land für Verkehrszwecke bzw. Freiflächen.

Art des Baugebietes
Nach der Art der baulichen Nutzung werden gemäß der Baunutzungsverordnung (BauNVO) folgende Baugebiete unterschieden:

- Dorfgebiet
- Industriegebiet
- Wohngebiet mit offener Bauweise
- Wohngebiet mit geschlossener Bauweise
- Geschäftsgebiet mit Wohngebiet
- Geschäftsgebiet

Die Unterteilung nach der Art der baulichen Nutzung ist vor allem im Hinblick auf die Grundstückskaufwerte interessant. Dies soll durch folgende Abbildung verdeutlicht werden.

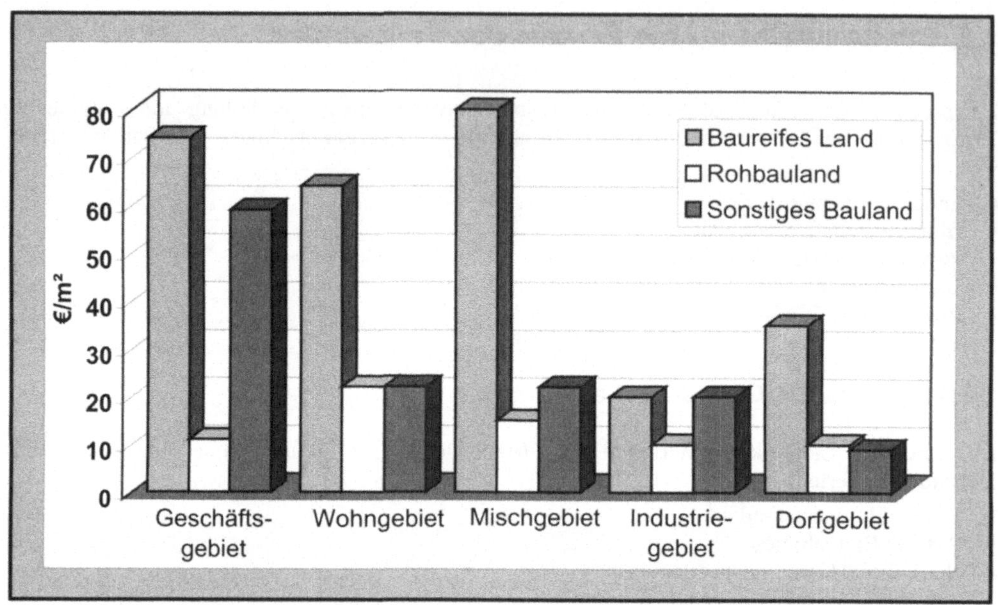

Bild B-6   Grundstückskaufwerte nach Baugebieten (Zahlen von 2002)[10]

Stadt- bzw. Gemeindegrößenklassen

Durch die Unterteilung nach Stadt- bzw. Gemeindegrößenklassen werden Unterschiede im Grundstücks- bzw. Baulandpreisniveau nachgewiesen.

Allerdings reicht zur Erklärung der unterschiedlichen Baulandpreise die Einwohnerzahl einer Stadt bzw. einer Gemeinde nicht aus. Zusätzlich müssen auch weitere ökonomische Sachverhalte des Makro- und Mikrostandortes, wie unterschiedliche Wirtschaftskraft, unterschiedliche Renditemöglichkeiten, verschiedene Zentralitätsgrade und großräumige Standortvorteile bzw. -nachteile beachtet werden.

1.2.2 Freiberufliche Leistungen

Der Markt für freiberufliche Leistungen ist unmittelbar abhängig von

- der Zunahme von komplexen Bauvorhaben,
- der Entwicklung neuer Baustoffe und deren Verarbeitungsmöglichkeiten (Veränderung der Bautechnologie) und
- dem Einsatz von EDV bei der Erstellung von Planunterlagen und Konstruktions- und Berechnungsleistungen.

Diese Entwicklungen können die Entstehung neuer Berufsfelder, z.B. in den Bereichen Bauphysik, Bauökologie und -ökonomie, Energieberatung und -planung, Kosten- und Projektmanagement etc., zur Folge haben.

Darüber hinaus ist der Einfluss der aktuellen nationalen und internationalen Wirtschaftsentwicklung zu nennen. Diese ist durch eine zunehmende branchenübergreifende Konzentration mit veränderten Wettbewerbsstrukturen gekennzeichnet.

---

[10] in: Statistisches Bundesamt (Hrsg.): Statistisches Jahrbuch für die Bundesrepublik Deutschland 2003

In der Bauwirtschaft versuchen vor allem die großen Unternehmen dem nationalen und internationalen Wettbewerbsdruck unter anderem durch eine Verbreiterung ihres Leistungsangebotes zu begegnen, z.B. durch Angebote als Totalunternehmer bis hin zu Angeboten von Projektentwicklungen.

Sowohl Totalunternehmer als auch Projektentwickler stehen somit mit den freiberuflich tätigen Architekten und Ingenieuren im Wettbewerb.

1.2.3 Bauleistungen

Wie bereits an anderer Stelle ausgeführt, sind Bauleistungen gem. § 1 VOB/A Arbeiten jeder Art, durch die eine bauliche Anlage hergestellt, instand gehalten, geändert oder beseitigt wird.

Als Einteilungskriterium des Baumarktes kann zunächst die bereits genannte Unterteilung in Wohnungsbau, Wirtschaftsbau, öffentlicher Hochbau, Straßenbau und sonstiger öffentlicher Tiefbau angeführt werden.

Eine weitere Unterteilung kann dadurch erfolgen, dass man den Baumarkt in einzelne Bausparten aufteilt und den einzelnen Bausparten entsprechende Produktarten zuordnet. Dies erfolgt beispielsweise bei Universalbauunternehmen, um eine bessere Marktbearbeitung zu ermöglichen. Die Matrix B-7 auf der folgende Seite mit Bausparten und Produktarten entspricht solchen Überlegungen, wobei sie stellvertretend für große Bauunternehmen gelten soll.

Ein weiteres Merkmal bei der Differenzierung des Baumarktes ist die Unterscheidung, ob es sich um die Errichtung neuer Gebäude oder um Baumaßnahmen an bestehenden Gebäuden handelt. Diese Unterteilung ist deshalb sinnvoll, weil sich diesbezüglich die Gewichtung in den letzten Jahren sehr stark verändert hat. Bauleistungen für Neubauten sind sehr stark zurückgegangen, und gleichzeitig ist die Nachfrage nach Bauleistungen an bestehenden Bauten stark gestiegen.

Für die Anbieter von Leistungen, die sich mit Bestandsobjekten auseinandersetzen, sind andere Anforderungen von Bedeutung. In den Fällen, bei denen Bestandsobjekte eine Rolle spielen, stellt sich der Sachverhalt um ein Vielfaches komplexer dar. Alleine die technischen Anforderungen haben dazu geführt, dass sich für Bestandsobjekte eine Nische im Baumarkt ergeben hat. Sind diese Objekte auch noch denkmalgeschützt, kommen weitere Aspekte hinzu. Denkmalgeschützte Bestandsobjekte stehen im öffentlichen Interesse, sind durch den Gesetzgeber geschützt und können daher nur mit Auflagen entwickelt und umgeplant werden. Trotzdem gibt es die Nachfrage an Bauleistungen, die sich u.a. mit dieser Art von Bestandsobjekten befassen.

In der Praxis ist unzweifelhaft eine Verlagerung des Investitionsbedarfs vom Neubau in Richtung der Substanzerhaltung zu verzeichnen. Es ist davon auszugehen, dass sich in einigen Segmenten sogar ein Gleichgewicht zwischen Neubau und Substanzerhaltung einstellen wird. Für Gewerbeimmobilien ist beispielsweise festzustellen, dass sich das Anspruchsdenken der Nutzer in den vergangenen Jahren erheblich gesteigert hat. Die Qualität des Arbeitsplatzes und die technischen Ausstattungen der Objekte sind von höherem Standard. Laufen die Mietverträge aus, wechseln diese Mieter in andere Gebäude, um ihrem Anspruch gerecht zu werden. Die dann leer stehenden Bestandsobjekte können nur durch Modernisierung wieder markgerecht bereit gestellt werden. Dies ist nicht nur für die Entwicklung du Planung ein sehr viel versprechendes Geschäftsfeld, sondern auch für den Markt von Bauleistungen.

Die Nachfrage nach Bauleistungen im Bereich des Wohnungsbaus wird durch folgende Gründe unterstützt:

- Hoher Bestand an maroden Plattenbauten in den neuen Bundesländern.
- Umstellung der Wohnungsbauförderung mit dem Schwerpunkt nach einer Förderung des Bestandes.
- Steuerliche Abschreibungsmöglichkeiten für Selbstnutzer und Kapitalanleger bei Denkmalschutzimmobilien.
- Förderprogramme für die Sanierung von Bestandsobjekten im Rahmen des Wohngesetzbuches.

Allgemeiner Hochbau	Geschäfts- und Verwaltungsgebäude	Hotels, Studentenheime, Kasinos	Kasernen Ausbildungshallen	Kaufhäuser	Krankenhäuser	Schulen, wissenschaftliche Forschungsinstitute	Sonstige öffentliche Verwaltungsbauten	Wohnungsbauten	
Industrie-, Ingenieur-, Hochbau	Bahnhöfe sonst. Verkehr Flughallen	Dampfkraft- u. Müllverbrennungsanlagen, Trafos, E-Werke, Heizwerke	Fabrikanlagen Werkhallen	Schwimmbäder, Hallenbäder, Sportanlagen	Lagerhallen, Tanklager, Parkhäuser	Markthallen, Schlacht- und Kühlhäuser	Silos, Türme, Schornsteine, Kühltürme	Theater, Kinos, Ausstellungssäle, Konzerthallen, Kirchen	
Brückenbau Kunstbauwerke	Durchlässe	Eisenbahnbrücken	Fußgängerbrücken	Großbrücken, Talübergänge	Hochstraßen	Kreuzungsbau-werke, Pfeiler	Straßenbrücken, Unterführungen, Eisenbahn-übergänge	Stützmauern	
Erdbauten	Autobahnen	Flugplätze	Wasserstraßen	Großsprengarbeiten	Naßbaggerungen	Staudämme	Steinbruchbetriebe	Steindämme	
Wasserbauten Ingenieurtiefbauten	Flußbauten Wehre Flußdücker	Kanäle, Schleusen, Hafenanlagen	Kraftwerke, Pumpspeicherwerke	Rammarbeiten	Seebau, Molen, Ufermauern	Seehäfen, Kaimauern, Dockanlagen	Tiefgaragen	Talsperren	
Straßenbauten	Autobahnen	Sonstige Betonstraßen	Sonstige Straßen	Start- und Landebahnen Flugplätze					
Kanalisation Wasserversorgung Leitungsbau	Betonrohrleitungen	Kanalisation, Siele	Kläranlagen	Rohrdurchlässe	Sielbauten	Wasserbehälter	Wasserversorgung und -aufbereitung		
Stollenbauten Untergrundbahnbauten	Stollenbauten	Tunnelbauten	U-Bahnen	Unterwassertunnel Straßentunnel					
Spezialbaumethoden	Beton-fertigteile	Brunnen	Chemische Bodenverfestigung	Druckluftgründungen	Durchpressungen	Gleitbauten	Grundwasserabsenkungen		

Bild B-7   Unterteilung des Baumarktes in einzelne Bausparten und Produktarten

Die nachstehende Abbildung B-8 zeigt die vom Statistischen Bundesamt geführte Baustatistik über die Genehmigungen im Wohn- und Nichtwohnbau vom Januar bis Dezember 2003. Rund 16 % der veranschlagten Kosten aller genehmigten Bauwerke sind den Bestandobjekten zuzuordnen. Bezieht man den Anteil auf die Anzahl der Gebäude bzw. Baumaßnahmen bereffen sogar ca. 30 % der Genehmigungen Maßnahmen an Bestandsobjekten.

Gebäudeart bzw. Bauherr	Gebäude/ Baumaß- nahmen	Nutzfläche	Wohnungen		sonstige Wohneinheiten		Wohnräume	veranschlagte Kosten des Bauwerkes
			insgesamt	Wohnfläche	insgesamt	Wohnfläche		
	Anzahl	1.000 m²	Anzahl	1.000 m²	Anzahl	1.000 m²	Anzahl	1.000 EUR
Insgesamt (Neubauten und Maßnahmen an bestehenden Bauten) in 2003								
Wohngebäude	254.852	7.637,9	291.951	35.587,7	4.250,0	120,0	1.565.730	44.731.360
davon:								
öffentliche Bauherren	798	25,9	1.546	142,5	497	12,6	7.145	221.458
Unternehmen	42.198	1.701,8	82.584	8.366,7	980	30,4	374.353	10.572.406
Private Haushalte	211.274	5.885,2	205.679	26.931,5	582	12,0	1.174.838	33.606.814
Organisationen ohne Erwerbszweck	582	23,8	2.142	147,0	2.191	64,9	9.394	330.682
Nichwohngebäude	43.927	31.706,4	4.903	466,8	660	14,9	18.870	26.016.175
davon:								
öffentliche Bauherren	4.172	2.541,3	-61,0	-9,9	-25,0	-0,2	-528	4.756.894
Unternehmen	30.222	26.460,9	3.331,0	315,4	322,0	7,6	12.642	18.185.542
Private Haushalte	6.882	1.484,8	1.266,0	143,1	83,0	1,5	5.725	1.223.110
Organisationen ohne Erwerbszweck	2.651	1.220,5	367,0	16,5	280,0	5,8	1.031	1.850.629
Insgesamt	298.779	39.344,3	296.854	36.054,5	4.910	134,9	1.584.600	70.747.535
Neubauten								
Wohngebäude	183.943	8.413,8	263.348,0	31.050,2	4.302	119,5	1.389.553	38.693.420
davon:								
öffentliche Bauherren	564	29,2	1.424	125,0	545	13,4	6.553	165.269
Unternehmen	36.831	1.916	79.804	7.872,5	1.115	31,9	361.149	9.493.651
Private Haushalte	146.225	6.417,8	180.506,0	22.940,7	599	14,9	1.014.136	28.778.501
Organisationen ohne Erwerbszweck	323	49,3	1.614,0	110,9	2.043	58,8	7.715	255.999
Nichwohngebäude	28.398	27.188,5	4.241	385,5	772	17,9	16.525	20.475.230
davon:								
öffentliche Bauherren	2.192	2.140,1	104	6,6	-	-	303	3.304.223
Unternehmen	20.830	22.761,4	3.120	283	373	9,1	11.823	15.075.284
Private Haushalte	4.070	1.282,6	696	74,1	112	2,2	3.182	854.745
Organisationen ohne Erwerbszweck	1.306	1.004,2	321	21,4	287	6,6	1.217	1.240.978
Insgesamt	212.341	35.602,3	267.589	31.435,7	5.074	137,4	1.406.078	59.168.650
Maßnahmen an bestehenden Bauten								
Wohngebäude	70.909	-775,9	28.603	4.537,5	-52,0	0,5	176.177	6.037.940
davon:								
öffentliche Bauherren	234	-3,3	122	17,5	-48	-0,8	592	56.189
Unternehmen	5.367	-214,2	2.780	494,2	-135	-1,5	13.204	1.078.755
Private Haushalte	65.049	-532,6	25.173	3.990,8	-17	-2,9	160.702	4.828.313
Organisationen ohne Erwerbszweck	259	-25,5	528	36,1	148	6,1	1.679	74.683
Nichwohngebäude	15.529	4.517,9	662	81,3	-112	-3,0	2.345	5.540.945
davon:								
öffentliche Bauherren	1.980	401,2	-165	-16,5	-25	-0,2	-831	1.452.671
Unternehmen	9.392	3.699,5	211	32,4	-51	-1,5	819	3.110.258
Private Haushalte	2.812	202,2	570	69,0	-29	-0,7	2.543	368.365
Organisationen ohne Erwerbszweck	1.345	216,3	46	-4,9	-7	-0,8	-186	609.651
Insgesamt	86.438	3.742,0	29.265	4.618,8	-164	-2,5	178.522	11.578.885

Bild B-8　　Baugenehmigungen im Wohn- und Nichtwohnbau, Quelle: Statistisches Bundesamt, April 2004

1.2.4 Projektentwicklungen

In Punkt A 3 wurden folgende Arten von Projektentwicklungen unterschieden:

- Projektentwickler im engeren Sinne
- Projektentwickler im weiteren Sinne ohne Betreiben der Bauprojekte
- Projektentwickler im weiteren Sinne mit Betreiben der Bauprojekte

Die Unterschiede in den einzelnen Arten von Projektentwicklern liegen im Wesentlichen in der unterschiedlichen Übernahme von Tätigkeiten, die bei der Entwicklung, der Planung, der Erstellung und der Nutzung von Bauprojekten anfallen.

Der Markt für Projektentwicklungen hat in den letzten Jahren trotz teilweiser Konsolidierung an Bedeutung gewonnen. Dies ist u.a. darauf zurückzuführen, dass sich die Wünsche der Bauherren geändert haben. Kunden fragen heute mehr und mehr statt reiner Bauleistungen ganzheitliche Lösungen rund um ein Bauvorhaben nach, also auch alle baunahen Dienstleistungen, die der eigentlichen Bauproduktion vor- bzw. nachgelagert sind.

Daneben ist zu beobachten, dass ebenso Unternehmen, die vormals den Bedarf an Mietflächen durch Eigenbau gedeckt haben, immer häufiger in Bürogebäude als Mieter einziehen. Neben der eigentlichen Nutzung der Büroflächen nehmen sie auch teilweise Leistungen der Gebäudebewirtschaftung in Anspruch. Damit gibt es zunehmend Mietnutzer und abnehmend Eigennutzer. Die Aufgabe, den Bedarf an Mietflächen unterschiedlichster Nutzung zu eruieren und bereit zu stellen, wird von Projektentwicklern übernommen. Die Funktion der Führungsrolle mit maßgeblicher Entscheidungskompetenz bei der Bereitstellung von Bauobjekten hat sich daher gewandelt und Projektentwicklungen treten in den Fordergrund.

Ein anderer Aspekt wird von Concen vertreten. Er schreibt: "Im Rahmen sich permanent wandelnder Marktbedingungen werden zur Zeit erste Anzeichen für eine inhaltliche Neuorientierung der Projektentwicklungsarbeit sichtbar. Diese Neuorientierung spiegelt vor allem den gesellschaftlichen Veränderungsprozess wider, in dessen Verlauf die kommunale Ebene mit neuen Herausforderungen konfrontiert wurde. Die regionale Konkurrenz zwingt viele Städte zu neuen Organisationsformen. Sie sind häufig durch die Übernahme kommunaler Aufgaben durch private Unternehmen oder durch neue Formen der Zusammenarbeit gekennzeichnet. Diese Entwicklung wird verstärkt durch eine oftmals zu beobachtende Ineffizienz kommunaler Verwaltungen.

Auf dieser Basis gewinnt neben der rein ökonomisch orientierten Projektentwicklung, wenn auch nur langsam, die mehr gesellschaftsorientierte und damit differenziertere Entwicklertätigkeit an Bedeutung. Insbesondere mit der wachsenden Zahl von Großprojekten wird deutlich, dass eine übergreifende Entwicklungsarbeit, d.h. die kooperative Zusammenarbeit zwischen privaten Entwicklern und öffentlichen Stellen, notwendig ist. Das Gelingen stadtentwicklungsrelevanter Großprojekte ist in Zukunft nur möglich, wenn die Interessen aller, d.h. vor allem der Städte und Investoren berücksichtigt werden. Hier sollten neue Formen der Zusammenarbeit gefunden werden, in denen u.a. die privaten Projektentwickler auch öffentliche Aufgaben übernehmen."[11]

Traditionell werden öffentliche Projekte in vollständiger, wirtschaftlicher Verantwortung der Gebietskörperschaften durchgeführt. Die Realisierung erfolgt durch die Planungs- und Bauämter, die Finanzierung aus den Fachhaushalten der Ressorts. Private Planungsbüros, Dienstleister und bauausführende Unternehmen werden mittels Wettbewerbs- und Ausschreibungsverfahren eingebunden und sind in der Regel nur als Auftragnehmer beteiligt.

Der Markt für Projektentwicklungen umfasst aber mittlerweile nicht nur den privaten Sektor, sondern immer öfter finden Projektentwicklungen im Bereich der öffentlichen Bauaufgaben statt.

---

[11] Concen, G. (1996): Funktion und Charakteristika der Projektentwicklung innerhalb der neuen kommunalen Strategien; in: Schulte, K.W. (Hrsg.): a.a.O., S.393

In zunehmendem Ausmaß werden heute Möglichkeiten gesucht und angewendet, um die Zusammenarbeit zwischen der öffentlichen Hand und den privaten Projektentwicklern wirkungsvoller zu gestalten, zumal auch weltweit die Tendenz zu erkennen ist, Infrastrukturprojekte nicht nur durch Private finanzieren zu lassen, sondern auch an deren Know-how und deren privatwirtschaftliches Engagement zu partizipieren. Das typische Betätigungsfeld privater Stadt-, Bauland-, Standort- oder Immobilienentwicklungen ist dort, wo ein Markt für das Produkt, eine Nachfrage zu auskömmlichen Bedingungen offen besteht oder mit hoher Wahrscheinlichkeit zu vermuten ist.[12] Unzweifelhaft kann dies für einige öffentliche Projekte – beispielsweise die Verkehrsinfrastruktur – angenommen werden. Aber auch die Entwicklung der Gewerbeparks in den Großstädten Anfang der 90er Jahre sind ein signifikantes Beispiel.

Für diese Bauvorhaben entstand nach dem angelsächsischen Vorbild das Berufsbild des Projektentwicklers, da vielen Planungsämtern der öffentlichen Hand das notwendige Spezialwissen fehlte, um solche Projektentwicklungen über den Standort erfolgreich betreiben zu können.

Aus der Vielzahl von Modellen der Zusammenarbeit zwischen öffentlicher Hand und privaten Projektentwicklern wird hier nur kurz auf zwei Modelle hingewiesen, nämlich das sog. BOT-Modell (Build-Operate-Transfer) und das PPP-Modell (Public Private Partnership).

Beim BOT- Modell vergibt der Staat eine Lizenz zum Bau und Betrieb, z.B. einer Mautstraße oder einer Kläranlage für einen bestimmten Zeitraum. Nach Ablauf der Konzessionszeit wird das Objekt wieder an den Staat zurückgegeben. Private Unternehmen bauen (Build), betreiben (Operate) und übertragen (Transfer) es danach wieder zurück an den Staat. Es lassen sich einige Vorteile für den Staat nennen, die sich im Wesentlichen folgendermaßen darstellen:

- Bereitstellung von privatem Kapital mit einhergehender Entlastung der angespannten öffentlichen Haushalte.
- Die Projekte werden erfahrungsgemäß schneller realisiert.
- Es kann eine optimale Risikoverteilung auf die Partner stattfinden.
- Privatwirtschaftliches Know-how kann genutzt werden.
- Das Wirtschaftlichkeitsprinzip hält wirkungsvoller Einzug und Leistungen können effizienter erstellt werden.
- Nach Ablauf der Konzession fällt das Objekt an den Staat zurück und hoheitliche Aufgaben werden nur bedingt verlagert.[13]

Das BOT-Modell als Möglichkeit der Zusammenarbeit zwischen öffentlicher Hand und Projektentwicklern wird mittlerweile häufig angewandt. Es wird aber ausdrücklich darauf hingewiesen, dass eine Kooperation zwischen Projektentwickler und privaten Investoren bzw. anderen privaten Institutionen in der Bauwirtschaft in Form eines BOT-Modells auch durchaus möglich ist.

Beim PPP-Modell handelt es sich um eine frei ausgehandelte und durch privatrechtliche Vereinbarung fixierte Zusammenarbeit zwischen Kommune und Akteuren aus dem privaten Sektor. Hierbei ist insbesondere eine Abgrenzung zur privaten Finanzierung öffentlicher Investitionen (PFI) vorzunehmen. PPP ist wesentlich mehr als ein Finanzierungssurrogat für leere öffentliche Kassen. Daher sind das gemeinsame Verfolgen komplementärer Ziele und der Wille, durch eine partnerschaftliche Zusammenarbeit Synergiepotenziale zu erschließen, wesentliche Merkmale von PPP.

Die vertragliche Konstellation kann dabei ganz unterschiedliche Formen annehmen. Eine individuelle Anpassung auf das jeweilige Bauvorhaben, auf die unterschiedlichen Bedürfnisse und die

---

[12] vgl. Schleiter, L.-W.: Historische, gesellschaftliche und ökonomische Grundlagen der Immobilien-Projektentwicklung, Rudolf Müller Verlag: Köln 2000, S. 118

[13] vgl. Wolff, H.-J./Mundorf, H.B.: Private Finanzierung von Infrastruktur – Chancen und Risiken; in: Die Deutsche Bauindustrie auf dem Weg in das Jahr 2000, Festschrift zum 60. Geburtstag von Ignaz Walter: Augsburg 1996, S. 100

Fähigkeiten der beteiligten Akteure ist dabei erforderlich. Die Vielzahl der variablen Parameter führt zu einer beachtlichen Anzahl von unterschiedlichen Vertragsmodellen. Dabei setzt sich die Matrix der möglichen Vertragsgestaltungen aus den Finanzierungsinstrumenten, den unterschiedlichen privatrechtlichen Organisationsformen sowie den vielfältigen Finanzierungsmodellen zusammen.

Um die Synergiepotenziale im Rahmen einer PPP erzielen zu können, sind bestimmte Erfolgsvoraussetzungen zu beachten:

- Outputspezifizierung
- Lebenszyklusansatz
- Partnerschaftliche Zusammenarbeit
- Leistungsorientierte Vergütung
- Wettbewerb

Eine trennscharfe Abgrenzung von PPP zu PFI oder anderer Zusammenarbeit zwischen öffentlichem und privatem Sektor ist schwierig zu führen. Letztendlich gilt der partnerschaftliche Kooperationsgedanke als entscheidendes Hauptmerkmal.

Das BOT- und das PPP-Modell sind deswegen an dieser Stelle kurz erläutert worden, da es sich im weiteren Sinne um Projektentwicklungen handelt. Es sind dabei umfangreiche Aufgaben im Vorfeld der Planung und Herstellung zu erbringen.

1.3 Angebot und Nachfrage auf den Teilmärkten

1.3.1 Unbebaute Grundstücke

Private Anbieter und Nachfrager

Von privaten Anbietern werden vor allem am Wohnungsmarkt unbebaute Grundstücke aus dem Privatbesitz veräußert.

Private Nachfrager nach unbebauten Grundstücken sind in aller Regel private Bauherren, die selbst ein Wohnhaus für den Eigenbedarf erstellen möchten.

Gewerbliche Anbieter und Nachfrager

Hier sind vor allem die Grundstücks- und Immobilienmakler zu nennen, die als Vermittler zwischen den Anbietern und Nachfragern nach Bauobjekten, also auch nach unbebauten Grundstücken fungieren.

Öffentliche Anbieter und Nachfrager

Bei den öffentlichen Anbietern bzw. Nachfragern handelt es sich beispielsweise um

- Städte, Gemeinden, Länder und Bund;
- Sondervermögen der öffentlichen Hand, wie Ministerien (Verteidigung, Verkehr) oder der Bundesversicherungsanstalt für Angestellte etc.;
- Grundstücke der Wirtschaftsunternehmen, die anteilig dem Staat gehören, wie Lufthansa AG, Deutsche Post World Net AG, Telekom AG, Deutsche Bahn AG, Gemeinnützige Deutsche Wohnungsbaugesellschaft, DSL-Bank, DG-Bank, Tank und Rast AG etc.;
- Grundstücke der TLG Immobilien, die als bundeseigenes Unternehmen auch den An- und Verkauf von Grundstücken durchführt;
- Sozialversicherungen und Organisationen ohne Erwerbszweck (z.B. Kirchen).

Die öffentliche Hand verfügt angesichts der Größenordnung des öffentlichen Eigentums über ein erhebliches Angebotspotenzial vor allem an Grundstücken. Dabei ist das öffentliche Angebotsverhalten in aller Regel nach politischen Zielkriterien bestimmt, wie z.B. Bereitstellen von

Wohnbauland für wirtschaftlich schwächere Haushalte oder kommunale Wirtschaftsförderungsmaßnahmen bis hin zur kommunalen Industrieansiedlungspolitik bzw. Gewerbeplanung.

Darüber hinaus besteht nach der Privatisierung der Bereiche Bahn, Post und Telekom teilweise ein großes Interesse von den nun privatwirtschaftlich geführten Unternehmen, Grundstücke zu veräußern, da sie sich auf das Kerngeschäft konzentrieren. Dies hat zur Folge, dass durch beispielsweise Arrondierung von Flächen im Bereich der Logistik nicht mehr benötigte Grundstücke zum Verkauf bzw. zur Entwicklung stehen.

Die öffentliche Nachfrage ist vor allem durch den Bereich der Infrastruktureinrichtungen bestimmt, also Straßen, Verwaltungsgebäude, Schulen, Krankenhäuser, Grünanlagen etc., aber auch Natur- und Landschaftsschutzgebiete, die von der öffentlichen Hand zu Zwecken des Umweltschutzes, zur Erhaltung von Flora und Fauna oder zur Sicherung des ökologischen Gleichgewichts erworben werden müssen.

Soweit Grundstücke für Wirtschaftsunternehmen der öffentlichen Hand nachgefragt werden, besteht prinzipiell kein Unterschied zum Nachfrageverhalten privater Marktteilnehmer.

1.3.2 Freiberufliche Leistungen

Nach vorläufigen Berechnungen der Bundesarchitektenkammer (BAK) sind z. Zt. ca. 114 000 Architekten berufstätig.[14] Außerdem sind nach Verbandsangaben in Deutschland etwa 166 000 Ingenieure beschäftigt.

Von diesen Berufsgruppen waren Anfang 2002 59 000 Architekten und 30 000 beratende Ingenieure freiberuflich entweder im eigenen Büro, in Partnerschaften oder in freier Mitarbeit für Kollegen oder anderen Auftraggeber tätig.[15]

Die Entwicklungen in der Bauwirtschaft – und hier vor allem die Verbreiterung der Leistungsangebote bis hin zum Totalunternehmer einschließlich Betreuung und Betreiben der Projekte – hat selbstverständlich auch Auswirkungen auf die Angebots- und Nachfragestruktur bei freiberuflichen Tätigkeiten zur Folge.

Nach dem Atkins Report[16] wurden folgende Konsequenzen erwartet, die sich in weiten Teilen auch bewahrheitet haben.

Ein großer Teil der Ingenieure und Architekten wird von den Unternehmen eingestellt. Ihre Rolle wird darin bestehen, Entwürfe zu erarbeiten und an Schnittstellen zwischen Kunden und bauausführenden Unternehmen beim Marketing, Verkauf, Vorbereiten von Projekten sowie beim Management und der Kontrolle der Erstellung der Bauprojekte tätig zu sein. Andere Angehörige der Bauberufe werden von disziplinübergreifenden Beraterfirmen angestellt oder sie werden als technische Berater für Versicherungsgesellschaften arbeiten. Die Anzahl derjenigen, die ihren Beruf als Freiberufler ausüben werden, wird dagegen abnehmen. Die Tendenz geht auch hier in Richtung anderer europäischer Länder (England, Frankreich, Spanien etc.), wo es nur eine relativ kleine Anzahl von Freiberuflern gibt.

---

[14] URL: <http://www.bundesarchitektenkammer.de, 02.02.2004>

[15] URL: <http://www.bundesingenieurkammer.de, 09.02.2004>

[16] Der Atkins Report ist das Ergebnis einer EG-Bauwirtschaftsstudie. Atkins leitete ein Konsortium europäischer Consultingfirmen, das von der EG Commission beauftragt wurde, eine strategische Studie über die Bausektoren durchzuführen. Das Konsortium bestand aus einem Hauptteam unter Führung von WS Atkins International, „the Centre for Strategic Studies" an der Universität von Reading (England), Dorsch Consults (Deutschland), Eurequip (Frankreich) und Prometeia Calcolo (Italien). Ebenfalls wurde es unterstützt durch Mitgliedsberaterfirmen aus allen weiteren EG-Ländern. Die Studie begann im Jahre 1992 und wurde bis zum Juli 1993 fortgeführt.

1.3.3 Gewerbliche Dienstleistungen

Im Folgenden wird auf das Angebot und die Nachfrage der nachstehenden Bereiche eingegangen:
- Bereitstellen von Finanzierungsmitteln
- Übertragungen von Immobilien bzw. Grundstücken
- Betreiben von Bauprojekten

Bereitstellen von Finanzierungsmitteln

Die Branchenstatistik der Kreditwirtschaft unterscheidet in folgende Anbieter von Finanzdienstleistungen:

- Kreditbanken
- Institute des Sparkassensektors
- Institute des Genossenschaftssektors
- Realkreditinstitute (Private Banken, öffentlich-rechtliche Kreditinstitute)
- öffentliche und private Bausparkassen
- Kapitalanlagegesellschaften (z.B. offene und geschlossene Immobilienfonds)
- Factoring-Gesellschaften
- Leasing-Gesellschaften

Die Finanzierungsdienstleistungen dieser Anbieter wiederum lassen sich wie folgt unterscheiden:[17]

- Aktives Kreditgeschäft.
- Immobiliengeschäft; neben der Finanzierung projektiert dieser Anbieter mit Verkaufsabsicht, er tritt als Makler auf oder/und er betreibt das Fondsgeschäft.
- Unternehmensberatung im Bereich Finanzierung.
- Projektfinanzierung; Strukturierte Finanzierung eines Objektes mit langfristiger Nutzung.
- Private Finanzierung öffentlicher Investitionen.

Angebot und Nachfrage nach Finanzierungsmitteln ist in der Bauwirtschaft zunächst zu unterschieden in

- Angebote und Nachfrage bei der Projektfinanzierung und
- Angebote und Nachfrage bei der Unternehmensfinanzierung.

Die Bauwirtschaft hat daher einen so differenzierten Finanzierungsbedarf, dass sie die gesamte Breite der Finanzierungsangebote und Dienstleistungen aus der Kreditwirtschaft nutzt. Dies geht hin bis zu modernen Instrumenten aus dem Immobilien-Investmentbanking.[18]

Übertragungen von Immobilien bzw. Grundstücken

Hier werden häufig die gewerblichen Immobilienmakler eingeschaltet. Diese stehen bei Immobiliengeschäften als Vermittler zwischen Anbietern und Nachfragern. Die Rolle der Immobilienmakler ist in der Makler- und Bauträgerverordnung (MaBV) geregelt. In Deutschland sind ca. 15.000 aktive Immobilienmakler bzw. -betriebe tätig. Dabei nimmt der Marktanteil der makelnden Banken, Versicherungen und Bausparkassen zu Lasten der freien Immobilienmakler von Jahr zu Jahr zu.

---

[17] vgl. Schönnenbeck, H.: Geschäftspartner Kreditwirtschaft, wirtschaftspolitische Steuerung und Wirtschaftsstruktur; in: Festschrift zum 60. Geburtstag von Egon Leimböck, Dortmunder Modell Bauwesen 1996, S. 173 f.

[18] vgl. hierzu: Schulte, K.-W./Achleitner, A.-K./Schäfers, W./Knobloch, B. (Hrsg.): Handbuch Immobilien-Banking, Rudolf Müller Verlag: Köln 2002

Der Anteil der Makler an der Gesamtzahl der Miet- und Kaufverträge ist bei Privatimmobilien und privater Vermietung erheblich geringer als bei dem Verkauf und der Vermietung von Gewerbeimmobilien, der zwischen 70 % bis 80 % von Maklern begleitet wird.

Betreiben von Bauprojekten

Hierbei handelt es sich im Wesentlichen um gewerbliche Dienstleistungen wie z.B. Hausverwaltungen, Wartungs- und Inspektionsbetriebe sowie Bewachungsbetriebe bis hin zum vollständigen technischen und kaufmännischen Management von Bauobjekten.

Unter Berücksichtigung der Schwierigkeit korrekte Daten zu gewinnen, kann das Volumen für Facility Management-Leistungen in Deutschland auf ca. 50 Mrd. Euro geschätzt werden.[19] Davon werden ca. 40 % intern, d.h. von den Eigentümern selbst erbracht. Die restlichen 60 % stellen den eigentlichen FM-Markt dar. Auf diesem Markt werden gewerbliche Dienstleistungen für das Betreiben von Bauobjekten angeboten.

Neben Bauunternehmen, Anlagebauern sowie speziellen Herstellern von technischer Gebäudeausrüstung handelt es sich bei den Anbietern von FM-Leistungen vielfach um traditionelle Dienstleister wie Reinigungsunternehmen und Immobilienverwalter etc. Daneben hat sich eine spezielle Gruppe von Dienstleistern etabliert, die für die Entwicklung von Software im Rahmen des Facility Management verantwortlich zeichnet. Dieser auch als „Computer Aided Facility Management (CAFM)" bezeichnete Lösungsansatz ist ein wesentlicher Erfolgsfaktor für das professionelle Betreiben von Bauobjekten.

Der FM-Markt ist äußerst heterogen und wenig transparent. Es finden sich sowohl Anbieter von Komplettleistungen als auch Unternehmen, die nur einzelne Facility Management-Teilleistungen – oftmals nur spezielle Gewerke – ausführen.

Auch für die Planungsbeteiligten ist das Facility Management ein attraktives Betätigungsfeld. So kann die Objektplanung unter besonderer Berücksichtigung der Baunutzungskosten als eigenständige Aufgabe der Architekten und Ingenieure im Rahmen des Facility Management verstanden werden.[20] In diesem Zusammenhang sei erwähnt, dass der VDI hierbei Wert auf den Status einer unabhängigen Beratungsleistung legt.

1.3.4 Bauleistungen

Bauleistungen werden von Industrie- und Handwerksbetrieben angeboten. Industrie- und Handwerksbetriebe sind sowohl im Bauhauptgewerbe als auch im Ausbaugewerbe tätig.[21] Bei der Angebotsseite für Bauleistungen handelt es sich um einen typisch klein- bis mittelständischen geprägten Wirtschaftssektor. Dies wird mit nachstehender Tabelle belegt, welche das Bauhauptgewerbe betrifft.

---

[19] URL: <http://www.gefma.de, 12.02.2004>
[20] vgl. Naber, S.: Planung unter Berücksichtigung der Baunutzungskosten als Aufgabe des Architekten im Feld des Facility Management, Peter Lang Verlag: Frankfurt a. M. 2002
[21] auf die Zuordnung eines Betriebes zur bauindustriellen Unternehmensgruppe oder zur Gruppe des Deutschen Baugewerbes (Handwerk oder handwerksähnliche Betriebe) wurde an anderer Stelle ausführlich eingegangen und zwar im Punkt A 4.1.1 bzw. A 4.2.1

Beschäftigten-größenklasse	Unternehmen	%	Beschäftigte (Tsd.)	%	Umsatz (Mio. €)	(%)
1-9	55 889	71,17	201	22,43	13 621	15,22
10-19	13 305	16,94	180	20,09	14 265	15,94
20-49	6 482	8,25	193	21,54	18 882	21,10
50-99	1 832	2,33	125	13,95	14 588	16,30
100-199	751	0,96	101	11,27	13 883	15,52
200-499	236	0,30	69	7,70	10 562	11,80
500 und mehr	31	0,04	27	3,01	3 672	4,10
Gesamt	**78 526**	**100,0**	**896**	**100,0**	**89 473**	**100,0**

Bild B-9   Marktstruktur, Beschäftigte und Umsatz im Bauhauptgewerbe 2002 [22]

Das Bild zeigt, dass rund 84 % des Gesamtumsatzes von Unternehmen mit weniger als 200 Beschäftigten erbracht wird. Die 31 Großbetriebe mit mehr als 500 Beschäftigten spielen bei keinem der genannten Kriterien eine beherrschende Rolle. Ihr Anteil am baugewerblichen Umsatz beträgt nur 4,10 %. Bei der Beschäftigtenzahl liegt der Anteil sogar noch darunter.

Eine weitere Abbildung stellt die vorstehenden Aussagen synoptisch dar. [23]

Unternehmensgröße Beschäftigte	Anteil der Unternehmen in %	Anteil der Beschäftigten in %	Anteil des Baugewerblichen Umsatzes in %
1 bis 19	88,11	42,52	31,16
20 bis 99	10,58	35,49	37,40
100 bis 499	1,26	18,97	27,32
500 und mehr	0,04	3,01	4,10

Bild B-10 Unternehmensstruktur im Bauhauptgewerbe 2002

Die genannten Relationen haben analoge Größenordnungen, wenn die Betriebe des Ausbaugewerbes mit hinzugezogen werden.

Bei diesen kleinen und mittleren Unternehmen (KMU) ist die Leistungskapazität der einzelnen Betriebe relativ gering. Dadurch ist der Auftragsbestand teilweise sehr niedrig, was ein hohes Risiko nach sich ziehen kann. Fehlen nämlich zum richtigen Zeitpunkt entsprechende Anschlussaufträge, dann ist die Existenzgrundlage dieser Unternehmen schnell gefährdet. Selbst bei nur kurzfristig unausgelasteten Kapazitäten können die Fixkostenbelastungen – die durch das Vorhalten von nicht genutzten Geräten und nicht beschäftigtem Stammpersonal bedingt sind – zu Pro-

---

[22] Zentralverband des Deutschen Baugewerbes (Hrsg.) (2003): a.a.O., Tabelle 13
[23] Zentralverband des Deutschen Baugewerbes (Hrsg.) (2003): a.a.O., Tabelle 13

blemen bei der Zahlungsfähigkeit führen. Dies besonders dann, wenn nur wenig Eigenmittel und beschränkte Kreditmöglichkeiten vorhanden sind.

Die Nachfrageseite nach Bauleistungen kann man entsprechend der im Punkt A 2.1.1 gewählten Unterteilung der Bauherrenarten in folgende Teilbereiche untergliedern:

- private Institutionen
- erwerbswirtschaftliche Unternehmen
- öffentlich-rechtliche Institution

Die nachfolgende Übersicht enthält eine weitergehende Untergliederung der genannten Teilbereiche.[24] Außerdem ordnet die Übersicht der jeweiligen Bauherrenart das vorherrschend nachgefragte Bauprojekt und den Zweck der Nachfrage zu.

Bauherrenart	vorherrschend nachgefragte Bauprojekte	Zweck
∘ **private Institutionen**		
private Haushalte	Ein-/Zweifamilienhaus, Eigentumswohnung	Eigennutzung und Vermögensanlage
Kirchen Vereine Stiftungen	Kirchen, Heime, Kindergärten, Krankenhäuser, Pfarrhäuser, etc.	religiöse Verkündigungen, soziale Hilfe, Bildungsarbeit
∘ **erwerbswirtschaftliche Betriebe**		
freie Wohnungsunternehmen	Mietwohnhäuser, Geschäftshäuser	Gewinnerzielung, Vermögensbildung
gemeinnützige Wohnungsunternehmen	Mietwohnhäuser	Wohnraumversorgung bestimmter Bevölkerungsgruppen
Immobilienfonds	Mietwohnhäuser, Geschäftshäuser gemischt genutzte Objekte	Ansammlung von Ersparnissen, Eigenkapitaleinsatz für Immobilienerwerb
Versicherungen	Nachfrage wie bei Immobilienfonds	Kapitalanlagen mit sicheren Erträgen
Industrieunternehmen	Industrieobjekte	"Gehäuse" für Produktion / Verwaltung
sonstige gewerbliche Unternehmen	Hotels, Banken, Tankstellen, etc.	"Gehäuse" für Produktion / Verwaltung
∘ **öffentlich-rechtliche Institutionen**		
Bund, Länder, Gemeinden	Straßen und Plätze, Krankenhäuser, Verwaltung, Sport, Kultur	Befriedigung von Gemeinschaftsbedürfnissen

Bild B-11   Unterteilung der Nachfrage nach Bauleistungen

1.3.5 Projektentwicklungen

Projektentwicklungen werden häufig von Investoren oder institutionellen Anlegern (offene und geschlossene Immobilienfonds) selbst betrieben und daher in diesen Fällen am Markt nicht ange-

---

[24] Marhold, K. (1992): Marketing-Management für mittelständische Bauunternehmen, Dissertation, DVP-Verlag: Wuppertal 1992, S. 111

boten. Besonders für Spezialimmobilien wie Kliniken, Flughäfen oder Tank- und Rastanlagen gibt es am Markt nur wenige Anbieter von Projektentwicklungen.

Ähnliches gilt auch für Gesellschaften mit hohem Immobilienbestand, wie z.B. ehemalige Zechengelände, Brauereien oder Textilfirmen, die aufgrund des Strukturwandels hervorragende innerstädtische Standorte nicht mehr nutzen und die in der Vermarktung und Verwertung der Grundstücke ein neues Geschäftsfeld sehen. In einigen Fällen sind diese Grundstückseigentümer selbst bestrebt, diesen Grundstücken eine neue Nutzung zu zuführen.

Nur teilweise fragen diese Akteure Projektentwicklungsleistungen am Markt ab. Wenn, dann sind dies meist nur Teilleistungen wie Nutzungskonzept, baurechtliche Beratung etc. Die anderen Leistungen der Projektentwicklung werden selbst erbracht.

Auch die in allen Bundesländern vorhandenen Landesentwicklungsgesellschaften (LEG) betreiben Projektentwicklung im weiteren Sinne, d.h. sie übernehmen neben der Standortentwicklung und dem Flächenrecycling auch die Planung und Ausführung von z.B. Wohnungs- und Verwaltungsbauten oder Gewerbeparks. Außerdem sind sie auch für die Vermietung, Verwaltung, Instandhaltung und Modernisierung verantwortlich.

Neben den genannten Institutionen, die nur bedingt Projektentwicklung am Markt anbieten, gibt es aber auch eine Reihe von gewerblichen Unternehmen, welche als klassische Anbieter von Projektentwicklungen am Markt tätig sind.

Hier sind zunächst die Makler, die Consultants und Projektmanager zu nennen. „Makler betreiben Projektentwicklung, um mit erhöhten Chancen Grundstücke oder Gebäude zu verkaufen. Durch eine fundierte Nutzungsidee oder durch eine Baugenehmigung soll die Immobilie aufgewertet werden. Hinsichtlich der Nutzungsmöglichkeiten der Immobilie soll die Attraktivität des Grundstücks für den späteren Käufer erhöht und das Bebauungsrisiko unter gleichzeitiger Betonung der Kompetenz des Maklers verringert werden. Für diesen ist die Projektentwicklung Mittel zur Verkaufsförderung. Sein Interesse an der Projektentwicklung erlischt allerdings häufig mit Erhalt der Courtage.

Consultants/Projektsteuerer [Projektmanager, Anm. d. Verf.] sehen in der Projektentwicklung ein neues Geschäftsfeld mit entsprechender Ausdehnung der Aufgaben der Projektsteuerung auf die Projektvorbereitung vor dem eigentlichen Planungsbeginn."[25]

Als weitere Anbieter von Projektentwicklungen sind auch bauausführende Unternehmen zu erwähnen. Dazu werden entweder eigene Abteilungen in den Niederlassungen eingerichtet oder es werden Projektentwicklungs-Tochtergesellschaften gegründet.

In der Bauwirtschaft hat sich mit der Übernahme von Projektentwicklungen durch die bauausführenden Unternehmen ein bedeutender Strukturwandel vollzogen mit der Folge, dass diese Unternehmen ihr konventionelles Leistungsangebot ganz erheblich durch zusätzliches Anbieten von Dienstleistungen erweitern.

Dabei ist es keineswegs nötig, dass die Unternehmen alle Dienstleistungen selbst erbringen. Sie können sich das benötigte Know-how auch von entsprechenden externen Planungsunternehmen beschaffen.

Wenn sich bauausführende Unternehmen zur Durchführung von Projektentwicklungen entscheiden, dann müssen sie zumindest das große Risikopotenzial kennen, das mit dieser Entscheidung verbunden ist. Dies hat auch zu einer Versachlichung der Diskussion geführt. Nachdem sich teilweise eine „Goldgräberstimmung" für dieses Geschäftsfeld einstellte, ist unzweifelhaft eine Konsolidierung eingetreten und einige Unternehmen haben sich auch schon wieder aus der Projektentwicklung zurückgezogen. Das nachfolgende Bild benennt die wichtigsten mit einer Projektentwicklung zusammenhängenden Risiken.

---

[25] Marhold, K. (1992): a.a.O., S. 368

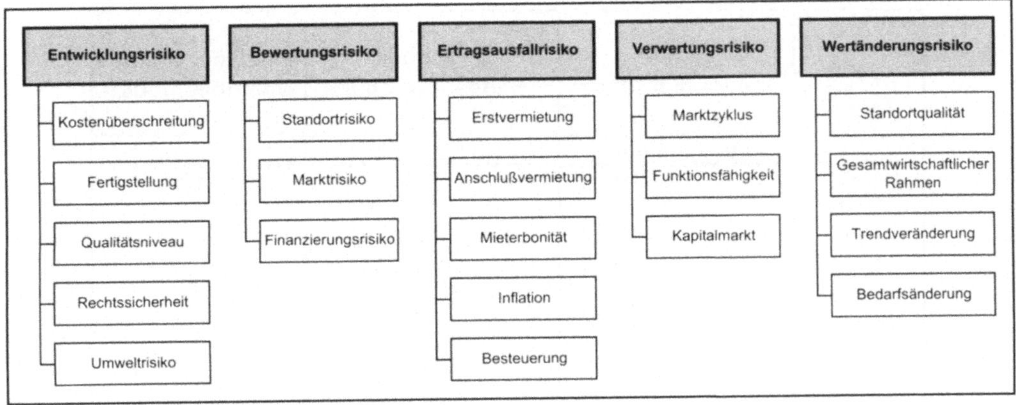

Bild B-12 Risiken einer Projektentwicklung[26]

Aufgrund der komplexen Handlungsfelder der Projektentwicklung ist im idealtypischen Fall eine gewisse Projektgröße notwendig, um Bauprojekte als Projektentwicklungen bezeichnen zu können. In diesem Zusammenhang ist zu erwähnen, dass beispielsweise Projekte mit einem Volumen von ca. 50 Mio. Euro in der Regel nur in Großstädten mit einer Einwohnerzahl größer 500 Tsd. vorkommen. Daher finden auch das Angebot und die Nachfrage von Projektentwicklungen dieser Größenordnung überwiegend in Ballungsgebieten statt.

Ein anderer Aspekt für die Nachfrage an Projektentwicklungen soll an dieser Stelle angeführt werden. Große Summen an Liquidität suchen in Deutschland und weltweit nach Anlagemöglichkeiten. In Abhängigkeit der Risikoeinstellung der Anleger kommen auch Immobilien dafür in Frage. Projektentwickler sind in der Lage, maßgeschneiderte „Kapitalanlageprodukte" für Anleger in Immobilien anzubieten. Diese Projektentwicklungen können dann beispielsweise von offenen Immobilienfonds erworben werden.

Es handelt sich hierbei um Grundstücks-Sondervermögen, welches ein Sammelbecken für viele Kapitalanleger ist. Eine Kapitalanlagegesellschaft verwaltet dieses Vermögen treuhänderisch. Diese Kapitalanlagegesellschaften sind dem Gesetz über Kapitalanlagegesellschaften (KAGG) unterworfen und unterliegen auch der Kontrolle der Bankenaufsicht. Dadurch und durch die Streuung des Kapitals auf eine Vielzahl von Bauobjekten sind offene Immobilienfonds eine sichere Anlage mit überschaubarem Risiko. Im Bundesverband Investment und Asset Management (BVI) sind einige Fondsgesellschaften zusammengeschlossen, so u.a. auch einige offene Immobilienfonds. In der jüngeren Vergangenheit ist zu beobachten, dass der Anteil des in offenen Immobilienfonds angelegten Vermögens im Verhältnis zum gesamten Vermögen von Publikumsfonds stark angestiegen ist.

In der folgenden Abbildung ist der prozentuale Anteil der offenen Immobilienfonds für das Jahr 2002 mit ca. 18 % angegeben.

---

[26] vgl. Bone-Winkel, S.: Wertschöpfung durch Projektentwicklung-Möglichkeiten für Immobilieninvestoren; in: Schulte, K.W. (Hrsg.): a.a.O., S. 440

Jahr	offene Immobilienfonds	gesamtes Fondsvermögen	Anteil der offenen Immobilenfonds
	in Mio. Euro	in Mio. Euro	in %
1989	8.216	71.641	11,5
1990	8.390	71.126	11,8
1991	9.807	86.978	11,3
1992	13.690	128.599	10,6
1993	21.840	160.125	13,6
1994	25.764	187.584	13,7
1995	29.694	200.379	14,8
1996	37.023	219.241	16,9
1997	40.493	251.725	16,1
1998	43.137	268.369	16,1
1999	50.403	392.022	12,9
2000	47.919	423.629	11,3
2001	55.868	417.476	13,4
2002	71.165	382.054	18,6

Bild B-13 Anteil offener Immobilienfonds am Fondsvermögen der BVI-Publikumsfonds[27]

Dies hat zur Folge, dass teilweise pro Jahr große Summen an Liquidität den offenen Immobilienfonds zugeführt werden. Alleine den Immobilien-Spezialfonds, die im BVI zusammengeschlossen sind, wurden in 2003 1,2 Mrd. Euro zugeführt (siehe Abbildung B-14).

Immobilien- Spezialfonds	Anzahl der Fonds	Fondsvermögen am 31.12.2003	Netto- Mittelaufkommen im Jahr 2003
		Mio. Euro	Tsd. Euro
AACHENER GRUND	2	787,2	18.023
AXA INVESTMENT	4	656,2	64.553
DEFO	1	169,9	0
DEKA IMMO	6	814,7	95.022
DIFA	1	319,4	5.369
GERLING INVESTMENT	1	103,3	80.491
HANSAINVEST	2	1.103,2	39.320
iii GMBH	6	2.234,9	192.955
LB Immo Invest	2	85,3	41.603
MEAG KAG	4	679,0	234.752
OIK	27	5.224,3	370.555
SEB IMMOINVEST	1	16,6	2.780
WARBURG- HENDERSON	3	50,8	34.899
WESTINVEST	1	73,6	28.770
Insgesamt	**61**	**12.318,4**	**1.209.092**

Bild B-14 Immobilien-Spezialfonds der BVI-Publikumsfonds[28]

---

[27] URL: <http://www.bvi.de, 02.04.2004>
[28] URL: <http://www.bvi.de, 02.04.2004>

2 Preisfindung

Die Preisbildung in der Bauwirtschaft ist häufig polypolistisch geprägt. D.h. viele Nachfrager treffen auf viele Anbieter wie dies beispielsweise im Wohnungsbau der Fall ist. In Bereichen der öffentlichen Infrastruktur oder bei sehr selten vorkommenden und technisch schwierigen Bauvorhaben ist der Markt auf dem Angebot und Nachfrage zusammentreffen anders geprägt (Monopol oder Oligopol). Im Folgenden wird die Preisbildung auf dem Baumarkt in der Form dargestellt, wie sie in den bauwirtschaftlichen Teilmärkten konkret praktiziert wird.

Analog der vorstehenden Ausführungen wird auch bei der Preisfindung von folgenden Teilmärkten ausgegangen:

- unbebauten Grundstücken
- freiberuflichen Tätigkeiten
- gewerblichen Dienstleistungen
- Bauleistungen
- Projektentwicklungen

2.1 Unbebaute Grundstücke

Preise für unbebaute Grundstücke kommen am freien Grundstücksmarkt durch Angebot und Nachfrage zustande (Preisbildung am Markt).

Daneben gibt es auch Preise, die aufgrund einer Rechtssituation ermittelt werden, und bei denen der Gesetzgeber die Vorgehensweise der Preisfindung vorgibt (Wertermittlungsverfahren).

Preisbildung am Markt

Bodenpreise sind ganz wesentlich von folgenden Kriterien abhängig:

Geländemerkmale: Größe, Zuschnitt, Topographie, Bodenbelastbarkeit, Grund- und Hochwasser

Erschließung: Straßenverkehrsanbindung, öffentliche Verkehrsmittel, Entwässerung, Elektrizität, Gas, Wasser

Nachbarschaft: Umfeld, Qualität der Versorgung mit Dienstleistungen, Nutzungsstruktur

Nutzungsanlagen/Baurecht: Baunutzungsquoten, Emissionsauflagen, besonderer Gestaltungsaufwand, sonstige Restriktionen

Kosten: Grundwert, Erschließung, Freimachung, Abbruch, Entsorgung

Die Preisbildung am Markt für unbebaute Grundstücke ist aber auch stark abhängig von politischen Einflussnahmen.

Hier handelt es sich im Wesentlichen um die folgenden Einflussgrößen:

- direkte Einflussnahme durch gezielte Nachfrage und Angebote von unbebauten Grundstücken durch die öffentliche Hand
- indirekte Einflussnahme durch Bauleitplanungen und Infrastrukturmaßnahmen
- indirekte Einflussnahme durch bodenmarktrelevante Steuergesetzgebung und Subventionen

Die Ziele dieser Einflussnahme sind vielfältig. So ist z.B. im Rahmen der Regionalpolitik zu entscheiden, welche staatlichen Investitionen und welche hoheitlichen Eigentums- und Nutzungsregelungen auf bestimmte Standorte gelenkt werden sollen. Oder es stehen im Rahmen der Raumordnung Strukturverbesserungen im Vordergrund. Es sollen z.B. durch planerische, bodenpolitische und bauliche Maßnahmen die Angebote an Freizeit- und Erholungsmöglichkeiten verbessert werden.

Alle diese Maßnahmen beeinflussen unmittelbar die Investitionskalküle der Marktteilnehmer und damit die Angebots- und Nachfrageverhältnisse.

Das zum Verkauf angebotene Grundstück ist durch die genannten Kriterien definiert. Besteht für dieses Grundstück eine Nachfrage, dann werden u.U. Kaufverhandlungen aufgenommen.

Der Grundwert eines Grundstückes ergibt sich letztlich durch den Marktpreis. Erst die Kenntnis vergleichbarer, orts- und branchenüblicher Preise ermöglicht dem Käufer die Bestimmung seines Verhandlungsspielraumes. Ein Richtwert für diesen Grundstückspreis kann aus einer sogenannten Bodenrichtwertkartei, die z.B. Grundstückspreise für unbebaute gewerbliche Grundstücke an einem Standort beinhaltet, entnommen werden. Der Preis hängt jedoch zusätzlich von der Präsenz bzw. dem Fehlen anderer namhafter Gewerbebetriebe ab. Letztlich kommt der Kaufpreis als Ergebnis der Kaufverhandlungen zustande.

Wird das Grundstück nicht gekauft, sondern soll ein Erbbaurecht bestellt werden, so muss der Erbbauzins sowohl in seiner Höhe als auch seiner Zeitdauer vertraglich festgelegt und in das Erbbaugrundbuch eingetragen werden. Dabei vereinbaren die Vertragsparteien in aller Regel die Anpassung des Erbbauzinses durch eine Wertsicherungsklausel.

Wertermittlungsverfahren

Wertermittlungsverfahren werden vor allem in folgenden Fällen angewendet:

- staatliche Enteignung, bei der die öffentliche Hand ein Grundstück oder bestimmte Rechte an einem Grundstück benötigt und der Eigentümer sich nicht zu einem Verkauf gegen ein angemessenen Preis bewegen lässt
- Zwangsversteigerung
- Beleihungswertbestimmungen, z.B. nach dem Hypothekenbankgesetz
- Erbengemeinschaften

Bei den Wertermittlungsverfahren handelt es sich um normierte Verfahren, die sich in Vergleichswert-, Ertragswert- und Sachwertverfahren unterteilen lassen.

So heißt es z.B. im § 7 der Wertermittlungsverordnung (WertV), dass zur Ermittlung des Verkehrswertes eines unbebauten oder bebauten Grundstückes das Vergleichswertverfahren, das Ertragswertverfahren, das Sachwertverfahren oder mehrere dieser Verfahren heranzuziehen sind. An dieser Stelle wird auf die Verordnung bzw. das einschlägige Schrifttum verwiesen.[29]

2.2 Freiberufliche Leistungen

Freiberufler zeichnen sich dadurch aus, dass sie ihre Tätigkeit überwiegend auf wissenschaftlicher oder künstlerischer Grundlage ausüben. Dabei bilden akademische Berufe einen Schwerpunkt der Freien Berufe. Ihre Sonderstellung beruht vielfach bereits auf berufsständischen Regelungen. Sie erbringen Leistungen, die vom Auftraggeber bei Auftragserteilung oftmals nicht eindeutig und erschöpfend beschrieben sind. Die zu erbringenden Leistungen werden häufig erst mit Hilfe der Freiberufler endgültig definiert. Deshalb können freiberufliche Leistungen nicht problemlos öffentlich oder beschränkt ausgeschrieben werden, denn die dabei eingehenden Angebotspreise sind nur bedingt vergleichbar. Daher – und auch aus anderen Gründen, auf die hier aber nicht eingegangen wird – sind Preise für freiberufliche Leistungen in Deutschland weitestgehend durch Preisverordnungen über Gebühren, Honorare und Tarife festgelegt, wie z.B. Gebühren für Notare, Rechtsanwälte, Steuerberater, Wirtschaftsprüfer. Die Vergabe von freiberuflichen Leistungen erfolgt nach der Verdingungsordnung für freiberufliche Leistungen (VOF).

---

[29] vgl. hierzu Kleiber, W./Simon, J./Weyers, G.: Verkehrswertermittlung von Grundstücken, 4. Auflage, Bundesanzeiger Verlag: Köln 2002

Für die freiberuflichen Leistungen der Architekten und Ingenieure hat der Gesetzgeber durch die Honorarordnung für Architekten und Ingenieure (HOAI) eine angemessene Vergütung festgelegt. Bei der HOAI handelt es sich um eine gesetzliche Gebührenordnung, bei der Mindest- und Höchstsätze für das Honorar von Architekten und Ingenieure festgelegt sind, wenn diese die vertraglich festgelegte Leistung erbringen. Eine Orientierung erfolgt durch die in der HOAI beschriebenen Leistungsbilder. Begründet wird der Vergütungsanspruch allerdings nicht durch die HOAI, sondern durch einen Vertrag zwischen Auftraggeber (Bauherr) und Architekt/Ingenieur.

Im Folgenden wird das System gezeigt, wie z.B. das Honorar von Architektenleistungen berechnet wird. Man kann hier auch von Preis sprechen, da die HOAI Preisrecht besitzt und damit die Honorare ihrem Wesen nach Preise sind.

Dabei werden die §§15 ff. HOAI „Leistungsbild Objektplanung für Gebäude, Freianlagen und raumbildenden Umbauten" zugrundegelegt.

Die Grundlage der Honorarberechnung sind

- die anrechenbaren Kosten,
- die Honorarzone,
- der gewählte Honorarsatz und
- der vertragliche Leistungsumfang.

Anrechenbare Kosten

Die anrechenbaren Kosten werden anhand der Kostenermittlungsmethoden nach DIN 276 in der Fassung vom April 1981 (DIN 276) ermittelt. Dabei sind die Arten der Kostenermittlung in Abhängigkeit der vereinbarten Leistungsphasen unterschiedlich.

Honorarzone

§ 11 HOAI sieht bei Gebäuden fünf Honorarzonen vor, die anhand von Bewertungsmerkmalen ermittelt wird. Dabei besteht ein Kontinuum zwischen geringen und sehr hohen Planungsanforderungen.

Honorarsatz

§ 16 HOAI enthält eine Honorartafel, von der ein Ausschnitt hier abgebildet wird.

Anrechenbare Kosten €	Zone I		Zone II		Zone III		Zone IV		Zone V	
	von €	bis	von €	bis	von €	bis	von €	bis	von €	bis
350 000	25 060	29 131	29 131	34 561	34 561	42 700	42 700	48 131	48 131	52 201
400 000	27 272	31 922	31 922	38 127	38 127	47 432	47 432	53 637	53 637	58 287

Bild B-15 Ausschnitt einer Honorartafel nach § 16 HOAI

Aus der Honorartafel ist in Abhängigkeit von den anrechenbaren Kosten und der vertraglich vereinbarten Honorarzone der Honorarsatz zu entnehmen. Dabei sind für jede Zone sog. Mindest- und Höchstsätze vorgesehen, also z.B. bei anrechenbaren Kosten von 400 000 € und der Zone I: Mindestsatz 27 272 €; Höchstsatz 31 922 €. Die Kriterien zur Bestimmung des Honorarsatzes sind nicht explizit geregelt. Die Bewertungsschemata zur Bestimmung der Honorarzone sind jedoch nicht heranzuziehen.[30] In der Praxis ist die Bestimmung des Honorarsatzes üblicherweise Ver-

---

[30] vgl. Lederer, M.-M. (Hrsg.): Honorarmanagement bei Architekten- und Ingenieurverträgen, Bauwerk Verlag: Berlin 2003, S. 149 f.

handlungssache und wird beispielsweise durch besondere Umstände wie hoher Denkmalschutz, kurze Planungszeit, abschnittsweise Inbetriebnahme etc. bestimmt. Wird kein Honorarsatz vereinbart, gilt der Mindestsatz.

Leistungsumfang

In der HOAI sind Leistungsbeschreibungen enthalten, die in sog. Leistungsphasen zusammengefasst sind. Für die Leistungen bei Gebäuden, Freianlagen und raumbildenden Umbauten unterscheidet § 15 Abs. 1 HOAI folgende 9 Leistungsphasen. Bei der Honorarberechnung sind diese Leistungsphasen gewichtet.

Leistungsphasen	**Gewichtung**
Grundlagenermittlung	3 %
Vorplanung	7 %
Entwurfsplanung	11 %
Genehmigungsplanung	6 %
Ausführungsplanung	25 %
Vorbereitung der Vergabe	10 %
Mitwirkung bei der Vergabe	4 %
Objektüberwachung	31 %
Objektbetreuung und Dokumentation	3 %
	100 %

Wird die Erbringung aller Leistungsphasen vereinbart, dann bekommt der Architekt 100 % des in der Honorartafel vorgesehenen Honorarsatzes.

Beispiel einer Honorarberechnung:

Folgende Vereinbarungen wurden vertraglich festgelegt:

- Honorarzone III, Mindestsatz, zu erbringender Leistungsumfang: Leistungsphase 1 bis 4, d.h. 27 % des Gesamthonorars.
- Die Kostenschätzung ergab anrechenbare Kosten in Höhe von 400 000 €.

Damit kann aus der vorstehenden Honorartafel das Honorar in Höhe von 38 127 € entnommen werden. Da nur 27 % der Gesamtleistung erbracht werden, errechnet sich das Honorar wie folgt:
$\Rightarrow$ Honorar ohne Umsatzsteuer = 27 % von 38 127 € = 10 294,30 €

Im Zusammenhang mit der Honorarberechnung wird auf ein BGH-Urteil vom 22. Mai 1997, Az.: VIIZR 290-95, hingewiesen, welches viel zur Klärung der Thematik der Honorarberechnung beigetragen hat. Die folgenden Passagen sind einem Aufsatz im Deutschen Ingenieurblatt entnommen:

„Der BGH hat mit dieser Entscheidung die Leistungsbezogenheit der HOAI bestätigt und damit festgelegt, dass die Mindest- und Höchstsätze der HOAI nicht auf diejenigen beschränkt sind, die nach berufsrechtlichen Grundsätzen die Berufsbezeichnung Ingenieur und Architekt tragen, sondern auf jedermann, also sowohl auf natürliche als auch auf juristische Personen.

Eine Ausnahme gibt es allerdings: Nur derjenige Anbieter, der neben oder zusammen mit Bauleistungen auch Architekten- und Ingenieurleistungen erbringt, braucht nicht nach der HOAI abzurechnen[...].

Das zwingende Preisrecht der HOAI findet deshalb – wie bisher – nur dann keine Anwendung, wenn die Planungs- oder Überwachungsleistung eine Vor- und Nebenleistung für die den Vertragsgegenstand bildende Werkleistung ist. Dies ist z.B. beim typischen Bauträger- und Generalunternehmer-Vertrag der Fall [...].

Wirklich neu an der Entscheidung des BGH ist allerdings die Ausdehnung der Fälle, in denen ausnahmsweise die HOAI ohne Konsequenzen unterschritten werden kann.

Während dies bisher nur dann geschehen konnte, wenn verwandtschaftliche Beziehungen zwischen den Parteien bestanden oder wenn ein Objekt größter Einfachheit realisiert wurde, soll dies nach dem BGH für die Zukunft nicht mehr so eng gelten.

Eine zulässige Unterschreitung der verordneten Mindestpreise soll auch dann zulässig sein, wenn auf Grund besonderer Umstände des Einzelfalles und unter Berücksichtigung des Zwecks der Mindestsatzregelung ein unter den Mindestsätzen liegendes Honorar angemessen ist [...].

In Bezug auf den Ausnahmefall weist der BGH daraufhin, dass enge Beziehungen rechtlicher, wirtschaftlicher, persönlicher oder sozialer Art dazu führen könnten, dass ein Ausnahmefall vorliege. Das aber bedeutet, dass in jedem einzelnen Fall exakt zu prüfen ist, ob es dem Willen des Verordnungsgebers entspricht, einen Preis zu vereinbaren, den dieser nur ausnahmsweise für zulässig erachtet hat.“[31]

Werden von öffentlichen Auftraggebern Aufträge an Architekten/Ingenieure vergeben, dann ist die Verdingungsordnung für Freiberufler (VOF) zu beachten. Mit der VOF/2002 sind in Deutschland die EG-Regelungen zur Vergabe von Dienstleistungsaufträgen durch öffentliche Auftraggeber in deutsches Recht umgesetzt worden. In der VOF sind in den Paragraphen 22 bis 26 Besondere Vorschriften zur Vergabe von Architekten- und Ingenieurleistungen enthalten.

Wichtig in diesem Zusammenhang sind folgende Regelungen:

- Die VOF stellt klar, dass bestehende Gebühren- oder Honorarordnungen zu beachten sind.
- Die VOF kennt als Vergabeverfahren nur das Verhandlungsverfahren (also die freihändige Vergabe). Diesem hat in der Regel die Veröffentlichung einer Vergabebekanntmachung im Amtsblatt der EG vorauszugehen.
- Auf eine Vergabebekanntmachung kann ausnahmsweise verzichtet werden, wenn einer der in der VOF genannten Gründe vorliegen.
- Die VOF ist anzuwenden, wenn freiberufliche Leistungen mit einem Auftragswert von 200 000 EURO ohne Umsatzsteuer oder mehr vorliegen.

2.3 Gewerbliche Dienstleistungen

Bei Preisen von gewerblichen Dienstleistungen ist zu unterscheiden zwischen gebührenähnlichen Preisen und Preisen, denen eine betriebswirtschaftliche Kalkulation zur Preisfindung zugrunde liegt.

Ein Beispiel zur ersten Kategorie sind Maklergebühren bzw. Maklerprovisionen. Makler werden beauftragt, nach vorgegebenen Angaben ein Grundstück oder eine Immobilie zu suchen, den Kaufvertrag vorzubereiten und möglicherweise auch weitere Formalitäten mit Voreigentümern dem Auftraggeber abzunehmen. Der Makler erhält für die von ihm erbrachte Leistung grundsätzlich eine Provision, die in der Regel dadurch gekennzeichnet ist, dass ein Prozentsatz von dem Preis des nachgewiesenen und vermittelten Hauptauftrages im Erfolgsfall zu zahlen ist. Diese kann generell frei vereinbart werden, doch der Standard liegt bei drei bis sechs Prozent plus (steuerlich absetzbarer) Mehrwertsteuer, bezogen auf den späteren Kaufpreis. Die Gebühren sind entweder im Kaufpreis des Grundstücks enthalten und werden somit vom Käufer bezahlt oder sie gehen direkt vom Verkäufer an den Makler. Meist zahlt der Käufer die Provision des Kaufpreises. Bei den Vertragsverhandlungen kann man jedoch versuchen, einen Teil der Vermittlungskosten auf den Verkäufer abzuwälzen. Angebot und Nachfrage bestimmen dabei die Verhandlungsposition. In diesem Zusammenhang ist anzumerken, dass vereinbarte Maklerprovisionen gegenüber den bestehenden üblichen Maklerprovisionen stets vorgehen.

Der Ring Deutscher Makler (RDM) eruiert regelmäßig ortsübliche Maklergebühren bzw. -provisionen und stellt diese der Öffentlichkeit zwecks Orientierung zur Verfügung. Hierbei sind nicht nur auf Länderebene erhebliche Unterschiede festzustellen, sondern auch regional gibt es signifikante Abweichungen. Dies lässt sich auf ein Gefälle zwischen Städten und ländlichen Ge-

---

[31] Sangenstedt, H.-R.: Der BGH bestätigt die Leistungsbezogenheit der Honorarordnung; in: Deutsches Ingenieurblatt, Juli/August 1997, S. 4 f.

bieten hinsichtlich der Kostenfaktoren Büromiete, Gehälter und sonstige Aufwendungen zurückführen. Maklergebühren sind demzufolge äußerst am Markt orientiert.

Gewerbliche Dienstleistungsbetriebe, die die Preise für ihre Leistungen aufgrund einer Angebotskalkulation errechnen, sind z.B. Betriebe der Sicherheitsdienste, Hausverwaltungen und Anbieter von Leistungen des Facility-Managements.

Bei den Angebotskalkulationen der gewerblichen Dienstleistungsbetriebe gibt es unterschiedliche Möglichkeiten und Verfahren, wie z.B. Divisionskalkulation, Zuschlagskalkulation oder Bezugsgrößenkalkulation. Diese Verfahren sind in der einschlägigen Literatur detailliert beschrieben. Welches Kalkulationsverfahren gewählt wird, hängt primär von der Art der Leistungserstellung ab.

2.4 Bauleistungen

In der Bauwirtschaft gehen die Bauinitiativen in aller Regel vom Auftraggeber, d.h. von einem Bauherrn aus. Daher ist es in der Bauwirtschaft kaum möglich, eine Produktion auf Lager durchzuführen.

Die nachgefragten Bauleistungen unterscheiden sich hinsichtlich der Art der anzuwendenden Bauverfahren, des technischen und des organisatorischen Schwierigkeitsgrades und auch hinsichtlich der Dauer der Produktion. Daher gibt es in der Bauwirtschaft keinen vollkommenen Angebotsmarkt für fertige Güter und keine Marktpreise im Sinne der stationären Industrie. Andererseits ist aber zu erwähnen, dass in einigen Bereichen – insbesondere bei Gewerbeimmobilien – die Bauleistung gemeinsam mit den baunahen Dienstleistungen zu einem „Produkt" verschmolzen wird. Komplettleistungen bzw. Sorglospakete haben dann gewünschte Eigenschaften, um sie beispielsweise an einem Anlagemarkt für Immobilien platzieren zu können.

In der Bauwirtschaft wird sich der Bauherr üblicherweise im Rahmen eines Ausschreibungsverfahrens den geeigneten Ausführungspartner für Bauleistungen suchen. Dabei versteht man unter Ausschreibung die Aufforderung des Bauherrn an Industrie- und Handwerksbetriebe, dass diese bis zu einem bestimmten Zeitpunkt ein verbindliches Preisangebot abgeben. Die Aufforderung erfolgt durch eine veröffentlichte Leistungsbeschreibung der gewünschten Bauleistung.

Auf der Grundlage der veröffentlichten Leistungsbeschreibung können die Schritte zur Festlegung der Angebotspreise erfolgen.

Dabei sind folgende Schritte zu unterscheiden:
- vertragsrechtliche Grundlagen der Preisbildung
- Angebotskalkulation
- Preisbildung unter Berücksichtigung der Marktverhältnisse
- Ausweitung des reinen Preiswettbewerbs auf den Leistungswettbewerb

2.4.1 Vertragsrechtliche Grundlagen der Preisfindung

Verträge zwischen Bauherren und bauausführenden Unternehmen sind Werkverträge. Hier finden grundsätzlich die Bestimmungen des Werkvertragsrechts des Bürgerlichen Gesetzbuches (§§ 631 bis 651 BGB) Anwendung.

Das Werkvertragsrecht des BGB wird den Eigentümlichkeiten der bauwirtschaftlichen Leistungserstellung nicht immer gerecht. Deshalb wurde die Vergabe und Vertragsordnung für Bauleistungen (VOB) geschaffen.

Die VOB – letzte Fassung 2002 – gliedert sich in drei Teile:

- Teil A: Allgemeine Bestimmungen für die Vergabe von Bauleistungen – DIN 1960
- Teil B: Allgemeine Vertragsbedingungen für die Ausführung von Bauleistungen – DIN 1961
- Teil C: Allgemeine Technische Vertragsbedingungen für Bauleistungen (ATV DIN 18299 bis ATV DIN 18451).

Teil A der VOB regelt das Verfahren für die Vergabe von Bauleistungen bis zum Abschluss des Bauvertrages.

Teil B der VOB hat die beiderseitigen Rechte und Pflichten der Vertragsparteien nach Vertragsabschluss zum Inhalt.

Der Teil C der VOB enthält Allgemeine Technische Vertragsbedingungen für Bauleistungen (ATV) für einzelne Leistungsbereiche, z.B. DIN 18300 Erdarbeiten, DIN 18330 Mauerarbeiten, DIN 18331 Beton- und Stahlbetonarbeiten. Diese ATV werden zugleich als DIN-Normen herausgegeben.

„Die VOB ist weder Gesetz noch Rechtsverordnung. Sie ist auch kein Gewohnheitsrecht und kein Handelsbrauch. Die VOB ist ein vorformuliertes Vertragswerk, das nur dadurch für den einzelnen Vertrag wirksam wird, wenn die Geltung der VOB im konkreten Einzelfall zwischen den Parteien des Bauvertrages vereinbart ist. Bei dem Vertragsabschluss muss also die VOB/B ausdrücklich einbezogen sein, wenn sie Vertragsgegenstand werden soll."[32]

Von privaten Bauherren wird die VOB/A oftmals nicht verwendet. Dennoch läuft auch dann das Vergabeverfahren in ähnlicher Weise ab, wie es die VOB vorsieht.

Die öffentliche Hand sowie die Sektoren Wasser, Energie, Verkehr und Telekommunikation müssen die VOB anwenden.

Ergänzt wird die VOB durch haushaltsrechtliche Richtlinien wie das Haushaltsgrundsätzegesetz (HGrG) und die Bundeshaushaltsordnung. Das die VOB einrahmende HGrG ist jedoch im Vergleich zur zentralen Stellung der VOB nur von untergeordneter Bedeutung.

Aufgrund der europaweiten Ausschreibung musste die VOB erweitert werden. Die öffentlichen Aufträge der Mitgliedstaaten der Europäischen Union (EU) haben einen erheblichen Anteil am jeweiligen Bruttoinlandsprodukt. Deshalb war die Öffnung des öffentlichen Auftragswesens eine der wichtigsten Voraussetzungen für die Schaffung eines gemeinsamen europäischen Marktes. Zur Umsetzung dieses Ziels hat der Rat der Europäischen Gemeinschaft in den vergangenen Jahren eine Reihe von Richtlinien zur Rechtsangleichung erlassen. Kernstück war 1971 die Baukoordinierungsrichtlinie (BKR), die öffentliche Auftraggeber zur gemeinschaftsweiten Ausschreibung von Bauaufträgen verpflichtet. Aber auch die Richtlinie über die Koordinierung der Verfahren zur Vergabe öffentlicher Lieferungsaufträge vom 21. Dez. 1976 ist hier zu nennen. Die Verpflichtung der Bundesrepublik, als Mitglied der Europäischen Union den Inhalt von EG-Richtlinien in nationales Recht umzusetzen, hatte 1992 die grundlegende Umstrukturierung der VOB/A zur Folge. Seitdem sind sowohl die Vorschriften der BKR als auch die Vorschriften der EG-Richtlinie zur Vergabe von Bauaufträgen in den Bereichen Wasser- und Energieversorgung sowie im Telekommunikationssektor vom 17.09.1990 voll in die VOB integriert.

Die Neuregelungen betreffen die Pflicht zur europaweiten öffentlichen Vergabe von Bauleistungen, die einen Schwellenwert von 5 Mio. EURO überschreiten.

Dabei sind folgende Institutionen betroffen:

- Gebietskörperschaften, d.h. Bund, Länder und Gemeinden, sowie deren Sondervermögen.
- Zusammenschlüsse von Mitgliedern, die der öffentlichen Hand zuzurechnen sind.

---

[32] Prange, H./ Leimböck, E./ Klaus, U.R.: Baukalkulation unter Berücksichtigung der KLR Bau und der VOB, 9. Auflage, Bauverlag: Wiesbaden-Berlin 1995, S. 6

- Juristische Personen des öffentlichen Rechts, die gegründet wurden, um im Allgemeininteresse liegende Aufgaben nichtgewerblicher Art zu erfüllen.

Privatwirtschaftliche Unternehmen aus den Sektoren Trinkwasser- und Energieversorgung bzw. Verkehrs- und Fernmeldewesen, wenn sie überwiegend von der öffentlichen Hand beherrscht werden oder ihre Tätigkeit auf der Grundlage besonderer behördlich eingeräumter Rechtspositionen ausüben.

In Bezug auf die öffentlichen Leistungsaufträge wurden die EU-Richtlinien durch die Novellierung der Verdingungsordnung für Leistungen – ausgenommen Bauleistungen – (VOL) – letzte Fassung 2002 – umgesetzt.

„VOB, VOL und VOF sind mit Wirkung vom 01.01.1999 einklagbare gesetzliche Vorschriften, die von öffentlichen Auftraggebern bei der Vertragsanbahnung mit Vertretern der anbietenden Wirtschaft zu beachten sind. In den Teilen A der Verdingungsordnungen enthalten sie Regeln über das bei der Vergabe einzuhaltende Verfahren, in den Teilen B Allgemeine Vertragsbedingungen, die beim Abschluss eines Vertrages Vertragsbestandteil werden."[33]

Vergabearten

Die Aufträge werden in der Bauwirtschaft gem. § 3 VOB/A aufgrund der folgenden Vergabearten vergeben.

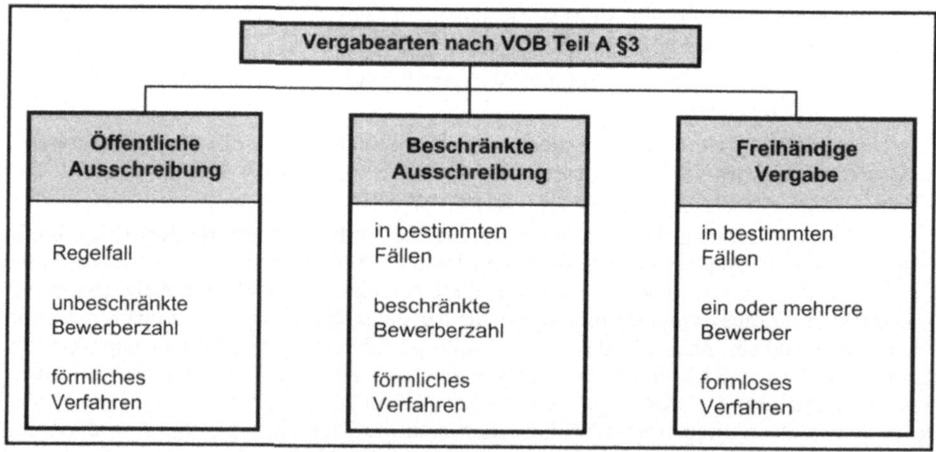

Bild B-16 Vergabearten nach VOB/Teil A[34]

Öffentliche Ausschreibung

Bei der Öffentlichen Ausschreibung wendet sich der Auftraggeber mit einer in Tageszeitungen, Fachzeitschriften oder amtlichen Veröffentlichungsblättern bekannt gemachten Aufforderung an eine theoretisch unbeschränkte Zahl von Unternehmen, um Angebote für die ausgeschriebene Bauleistung zu bekommen. Von der Bundeshaushaltsordnung sowie den entsprechenden landes- und kommunalrechtlichen Vorschriften ist die Öffentliche Ausschreibung der ausdrücklich gewollte Regelfall. Abweichungen sind nur dann zulässig, wenn sie durch die „Eigenart der Leistung" oder durch sog. „besondere Umstände" gerechtfertigt sind.

---

[33] Diederichs, C.J. (1999): a.a.O., S. 385
[34] vgl. Heiermann, W./Riedl, R./Rusam, M.: a.a.O., S. 298, RN 5

Beschränkte Ausschreibung

Bei der Beschränkten Ausschreibung[35] fordert der AG nur eine begrenzte Zahl von Unternehmen auf, Angebote für Bauleistungen einzureichen. Diese Aufforderung zur Angebotsabgabe soll nach § 3 Nr. 2 Abs. 2 VOB/A „im allgemeinen nur an 3 bis 8 fachkundige, leistungsfähige und zuverlässige Bewerber ergehen". Die Zahl der Bieter kann eingeschränkt werden, falls von den Bietern umfangreiche Vorarbeiten notwendig sind, die einen hohen finanziellen und personellen Aufwand erfordern. Eine Beschränkte Ausschreibung ist zulässig, wenn eine vorausgegangene Öffentliche Ausschreibung kein annehmbares Angebot ergeben hat oder wenn eine Öffentliche Ausschreibung aus anderen Gründen, wie z.B. der besonderen Dringlichkeit oder der Geheimhaltung, unzweckmäßig erscheint.

Freihändige Vergabe

Bei dieser Vergabeart werden Bauleistungen ohne ein förmliches Verfahren vergeben.

Gerechtfertigt ist die Freihändige Vergabe z.B. dann, wenn aus Gründen des Patentschutzes bzw. wegen der Erforderlichkeit technischer Spezialgeräte nur eine geringe Zahl von Unternehmen für die Bauausführung in Betracht kommt oder falls sich eine kleinere Zusatzleistung von einer schon vergebenen größeren Leistung nicht ohne Nachteil trennen lässt.

Leistungsbeschreibung

Ein weiterer wichtiger Bestandteil der VOB/A betrifft die Leistungsbeschreibung.

§ 9 VOB/A regelt die allgemeinen Grundsätze, denen eine Leistungsbeschreibung entsprechen muss. Hiernach ist die Leistung eindeutig und so erschöpfend zu beschreiben, dass alle Bewerber die Beschreibung im gleichen Sinne verstehen und ihre Preise sicher und ohne umfangreiche Vorarbeiten berechnen können. Ferner soll dem Auftragnehmer kein ungewöhnliches Wagnis aufgebürdet werden für Umstände oder Ereignisse, auf die er keinen Einfluss hat und deren Einwirkung auf die Preise und Fristen er nicht im Voraus schätzen kann (§ 9 Nr. 1 und 2 VOB/A).

Die VOB unterscheidet zwei Arten der Leistungsbeschreibung:

- Die Leistungsbeschreibung mit Leistungsverzeichnis (§ 9 Nr. 6 bis 9 VOB/A)

und

- die Leistungsbeschreibung mit Leistungsprogramm, die sog. funktionale Leistungsbeschreibung (§ 9 Nr. 10 bis 12 VOB/A).

Bei der Leistungsbeschreibung mit Leistungsverzeichnis (LV) wird die auszuführende Bauleistung in Teilleistungen gegliedert. Das LV wird in Form einer Tabelle aufgestellt, in deren einzelnen Spalten nacheinander stehen:

- die Ordnungsziffern (Position)
- die voraussichtlich auszuführende Menge der jeweiligen Teilleistung
- die genaue Beschreibung der auszuführenden Teilleistung
- der Einheitspreis der Position (vom Bieter auszufüllen)
- der Gesamtpreis der Position (vom Bieter auszufüllen)

Die Leistungsbeschreibung mit LV ist nach der VOB die Regel. Sie soll gemäß § 9 Nr. 6 VOB/A durch eine Baubeschreibung ergänzt werden.

Diese Art der Leistungsbeschreibung hat als unabdingbare Voraussetzung, dass sie auf einer Beschreibung der Bauaufgabe fußt, die nicht nur den Zweck der fertigen Bauleistung, sondern alle technischen, wirtschaftlichen und gestalterischen Aspekte umfasst. Sie wird nur dann gute Ergebnisse erbringen, wenn der Ausschreibende die Bauaufgabe so deutlich beschreibt, dass der Bieter alle für die Bearbeitung seines Angebotes wichtigen Angaben zur Verfügung hat.

---

[35] vgl. Heiermann, W./Riedl, R./Rusam, M.: a.a.O., S. 284 ff.

Mit der Ausschreibung anhand einer Leistungsbeschreibung mit Leistungsprogramm soll gemäß § 9 Nr. 10 VOB/A die technisch, wirtschaftlich, gestalterisch und funktionell beste Lösung der Bauaufgabe ermittelt werden.

Hierbei werden von den Bietern zusätzlich Planungsleistungen, Entwurf und/oder Ausführungsunterlagen und die Ausarbeitung wesentlicher Teile der Angebotsunterlagen gefordert. Außerdem muss er ein internes LV erstellen, das den gleichen Grundsätzen wie die Leistungsbeschreibung mit Leistungsverzeichnis unterliegt. Dies bedingt einen erheblichen Arbeitsaufwand und dadurch erheblich höhere Bearbeitungskosten.[36]

Vertragsarten

Als letzte vertragliche Grundlage der Preisbildung wird noch auf die Vertragsarten eingegangen.

In § 5 VOB/A sind folgende Vertragsarten vorgesehen:

- Einheitspreisvertrag
- Pauschalvertrag
- Stundenlohnvertrag
- Selbstkostenerstattungsvertrag

Dem Einheitspreisvertrag liegt eine Leistungsbeschreibung mit Leistungsverzeichnis zugrunde. Der Anbieter muss für die Teilleistungen sog. Einheitspreise ermitteln. Die Abrechnung erfolgt anhand der tatsächlich erbrachten Mengen, die mit dem jeweiligen Einheitspreis multipliziert werden. Oder mit anderen Worten: Im Einheitspreisvertrag werden technisch einheitliche Leistungen, wie z.B. Mauerwerk, Aushub einer bestimmten Bodenklasse, Putz, Dachziegel, Fenster einer bestimmten Ausführung usw. unter genauer Angabe der Menge, des Gewichtes oder der Stückzahl vom Auftraggeber im Leistungsverzeichnis beschrieben.

Beim Pauschalvertrag erfolgt die Vergabe von Bauleistungen zu einem Pauschalpreis. Dieser Vertrag soll die Ausnahmeregelung sein und soll gemäß § 5 Abs. 1 VOB nur dann angewandt werden, wenn bei Vertragsabschluss die zu erbringende Leistung in Art und Umfang genau bestimmt ist und mit einer Änderung bei der Ausführung nicht zu rechnen ist. Die Vereinbarung eines Pauschalpreises ist dabei unabhängig davon, ob die Leistungsbeschreibung anhand eines Leistungsverzeichnisses oder eines Leistungsprogramms erfolgte. In der Praxis tritt der Pauschalvertrag immer häufiger auf, wobei unterschiedliche Arten verwendet werden. In diesem Zusammenhang ist darauf hinzuweisen, dass Bauvorhaben, die „schlüsselfertig" erstellt werden, einem Pauschalvertrag zugrunde liegen. Letztendlich ist auch ein Vertrag, der unter dem Begriff Garantierter Maximalpreis (GMP) firmiert, ein Pauschalvertrag, denn eine Leistung wird pauschaliert und ein Preis fixiert. Auch wenn weitere Regelungen hinzutreten. Bei allen Pauschalvertragsarten wird daher immer die zu erbringende Leistung pauschaliert. Damit ist dann allerdings auch der Pauschalpreis festgelegt.

Der Stundenlohnvertrag kann dann angewendet werden, wenn Bauleistungen in geringem Umfang zu erbringen sind und bei denen hauptsächlich Lohnkosten anfallen. Der Bauherr vergütet bei dieser Vertragsform die für die Erbringung der Bauleistung angefallenen Lohnkosten und gegebenenfalls die angefallenen Material- und Gerätekosten. Hinzu kommt ein angemessener Zuschlag für Verwaltungskosten sowie für Wagnis und Gewinn.

Beim Selbstkostenerstattungsvertrag bemisst sich die Vergütung nach den tatsächlich angefallenen Kosten des Auftragnehmers zuzüglich eines festgelegten Prozentsatzes für Wagnis und Gewinn. Diese Vertragsart ist nur sinnvoll, wenn die Bauleistung vor der Vergabe nicht eindeutig und erschöpfend zu beschreiben ist. Bei der Vergabe ist festzulegen, in welcher Form Lohn-, Stoff-, Geräte- und sonstige Kosten nachzuweisen sind.

---

[36] vgl. Leimböck, E./Heinlein, K. (1996): a.a.O., S. 129

2.4.2 Angebotskalkulation als Grundlage der Preisfindung

Die im Folgenden dargestellte Systematik der Angebotskalkulation wird im prinzipiellen bei allen Unternehmen der Bauwirtschaft angewandt. Dabei ist darauf hinzuweisen, dass die Kalkulation vornehmlich die Kosten betrachtet, die bei der Erstellung einer Leistung entstehen, um daraus einen Preis abzuleiten. Dies ist von der Kenntnis der Marktpreise einzelner Bauleistungen abzugrenzen.

Geringfügige Abweichungen sind auf individuelle betriebliche Gepflogenheiten zurückzuführen oder ergeben sich in Abhängigkeit von der Größe des Bauunternehmens und von der Art und dem Umfang der anzubietenden Bauleistung.

Es wird ausschließlich die Systematik der Angebotskalkulation gezeigt.[37] Auf Inhalte der Kostenarten wird im Punkt E 1.1.1 eingegangen. Die Systematik der Angebotskalkulation soll zunächst an Hand der Kalkulation einer Modellbauwerkstattleistung gezeigt werden. Die Modellbauwerkstatt soll ein städtebauliches Modell im Maßstab 1:500 anfertigen und den Preis dieses Modells vorab dem Nachfrager benennen. Die Kalkulation der Werkstatt wird wie folgt durchgeführt:

	1.	benötigte Arbeitsstunden x Stundenlohnsatz
+	2.	benötigtes Material (Mengen x Materialpreis)
=		**Einzelkosten der Fertigung**
+		Zuschlagssatz in Prozenten der Einzelkosten der Fertigung (Dieser Zuschlagssatz deckt die allgemeinen Kosten ab, wie z.B. Aufsichts-, Verwaltungs-, Versicherungs-, Mietkosten etc.)
=	3.	**Selbstkosten**
+		Wagnis und Gewinn
=	4.	**Angebotsendsumme ohne Umsatzsteuer**
+		Umsatzsteuer
=	5.	**Angebotsendsumme mit Umsatzsteuer**

Bild B-17   Kalkulationsschema für die Preisbildung eines städtebaulichen Modells

In der Bauwirtschaft gibt es gegenüber dem vorstehenden Schema im Rahmen einer baubetrieblichen Kalkulation einige Unterschiede.

Einerseits werden andere Begriffe verwendet und andererseits müssen bei der Erbringung von größeren Bauleistungen die Kosten der Baustelleneinrichtung (Gemeinkosten der Baustelle) gesondert berechnet werden.

---

[37] zu Einzelheiten der Angebotskalkulation vgl. Prange, H./Leimböck, E./Klaus, U.R.: a.a.O., S. 33 ff.

Der baubetrieblichen Kalkulation liegt somit folgende Systematik zugrunde:

<table>
<tr><td colspan="2">1.</td><td>Einzelkosten der Teilleistungen (EkdTL)</td></tr>
<tr><td></td><td>1.1</td><td>Lohnkosten</td></tr>
<tr><td></td><td>1.2</td><td>Kosten der Baustoffe und des Fertigungsmaterials</td></tr>
<tr><td></td><td>1.3</td><td>Kosten des Rüst-, Schal- und Verbaumaterials</td></tr>
<tr><td></td><td>1.4</td><td>Gerätekosten</td></tr>
<tr><td></td><td>1.5</td><td>Kosten der Nachunternehmerleistung</td></tr>
<tr><td>+</td><td>2.</td><td>Gemeinkosten der Baustelle</td></tr>
<tr><td>=</td><td colspan="2">Herstellkosten</td></tr>
<tr><td>+</td><td colspan="2">Allgemeine Geschäftskosten</td></tr>
<tr><td>=</td><td>3.</td><td>Selbstkosten</td></tr>
<tr><td>+</td><td colspan="2">Wagnis und Gewinn</td></tr>
<tr><td>=</td><td>4.</td><td>Angebotsendsumme ohne Umsatzsteuer</td></tr>
<tr><td>+</td><td colspan="2">Umsatzsteuer</td></tr>
<tr><td>=</td><td>5.</td><td>Angebotsendsumme mit Umsatzsteuer</td></tr>
</table>

Bild B-18 Baubetriebliches Kalkulationsschema

Im Einzelnen gilt:

EkdTL sind solche Kosten, die den Teilleistungen (Pos. eines LV) direkt zugerechnet werden können, wie z.B. Lohn- und Materialkosten, Kosten für Nachunternehmerleistungen,[38] Teile der Gerätekosten und sonstige Kosten.

Gemeinkosten der Baustelle sind Kosten, die durch die einzelne Baustelle bedingt sind. Sie können aber den Teilleistungen dieser Baustelle nicht direkt, sondern nur mit Umlage- und Schlüsselverfahren zugerechnet werden. Hierzu zählen z.B. das anteilige Gehalt des Bauleiters oder der Baukaufleute, Kosten der Baustelleneinrichtung etc.

Allgemeine Geschäftskosten sind Kosten, die von den Verwaltungen der Unternehmen verursacht werden und den einzelnen Baustellen mit Hilfe von prozentualen Zuschlägen zugerechnet werden.

Mit dem Betrag für Wagnis und Gewinn werden das allgemeine Unternehmerwagnis und eine angemessene Vergütung für die Leistung des Unternehmens in wirtschaftlicher, technischer und organisatorischer Hinsicht abgedeckt.

---

[38] Bedient sich das Bauunternehmen zur Erfüllung des Auftrages z.T. anderer Unternehmen, so bezeichnet man diese Unternehmer als Nachunternehmer. Die Leistungen dieser Nachunternehmer werden auch Fremdleistungen genannt. Die vom Nachunternehmer zu erbringenden Leistungen werden im Allgemeinen aufgrund eines Leistungsvertrages zwischen Bauunternehmer und Nachunternehmer zu vereinbarten Preisen vergeben. Steht bei der Erstellung der Kalkulation bereits fest, welche Leistungen an Nachunternehmer vergeben werden sollen, so sind Angebotspreise von den Nachunternehmern einzuholen und deren Preise in die Kalkulation einzusetzen.

Die Addition der genannten Beträge ergibt die Angebotssumme ohne Umsatzsteuer.

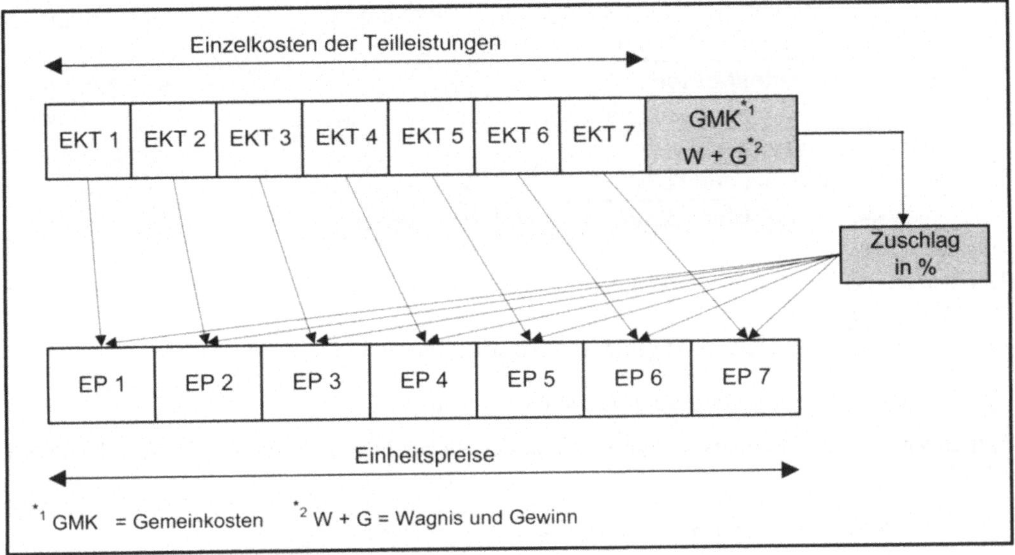

Bild B-19   Grundprinzip der Kalkulation[39]

In der Bauwirtschaft müssen für die Mengeneinheiten der einzelnen Positionen sog. Einheitspreise errechnet werden. Deshalb erfolgt nach der Ermittlung der Angebotssumme ohne Umsatzsteuer in einem zweiten Schritt die Ermittlung der Einheitspreise. Dabei werden die Gemeinkosten der Baustelle, die Verwaltungsgemeinkosten und der Betrag für Wagnis und Gewinn den EkdTL zugeschlagen.

Dieses Prinzip lässt sich wie folgt verdeutlichen.

Im folgenden kleinen Beispiel werden die genannten Zusammenhänge verdeutlicht.

Beispiel:
Die zu erbringende Bauleistung ist das Herstellen einer Baugrube. Diese Leistung ist in folgende Teilleistungen (Positionen) unterteilt.

- Baugrubenaushub
- Fundamentaushub
- Abfuhr
- Trägerbohlwand

In einem ersten Schritt müssen die EkdTL und die Gemeinkosten der Baustelle errechnet werden. Diese expliziten Berechnungen werden hier nicht gezeigt, da es sich um einen rein baubetrieblich-technischen Vorgang handelt.[40]

Als zweiter Schritt müssen die Geschäftskosten und ein Betrag für Wagnis und Gewinn eingearbeitet werden. Es wird ein betriebsindividueller Zuschlagssatz zur Abdeckung der Allgemeinen Geschäftskosten in Höhe von 13 % und für Wagnis und Gewinn in Höhe von 2 % auf die Herstellkosten angenommen.

---

[39] vgl. Drees, G./Bahner, A.: Kalkulation von Baupreisen, 3. Auflage, Bauverlag: Wiesbaden 1993, Seite 30 ff.

[40] zu Einzelheiten vgl.: Prange, H./Leimböck, E./Klaus, U.R.: a.a.O., S. 55 ff.

Die Zusammenstellung der EkdTL und der Gemeinkosten ergibt folgende Zahlen:

	1.	Summe der Einzelkosten der Teilleistungen		517 380,20
+	2.	Summe der Gemeinkosten der Baustelle	+	44 952,50
=		**Herstellkosten**		**562 332,70**
+		Allgemeine Geschäftskosten 13 % von Herstellkosten	+	73 103,25
=	3.	**Selbstkosten**		**635 435,95**
+		Wagnis und Gewinn 2 % von Herstellkosten	+	11 246,65
=	4.	**Angebotsendsumme ohne Umsatzsteuer**		**646 682,61**

Der Betrag, welcher auf die Teilleistungen umgelegt werden muss (Umlagebetrag), errechnet sich wie folgt:

Gemeinkosten der Baustelle + Allgemeine Geschäftskosten + Wagnis und Gewinn

$$\Rightarrow 44952,50 + 73103,25 + 11246,65 = 129302,15 \text{ €}$$

Der entsprechende Zuschlagssatz mit welchem der Umlagebetrag auf die EkdTL gerechnet wird, ergibt sich wie folgt: [41]

$$\frac{Betrag,\ welcher\ den\ EkdTL\ zugerechnet\ werden\ muss}{EkdTL} \times 100$$

$$= \frac{129302,15}{517380,20} \times 100 = 25\,\%$$

Mit diesem Zuschlagssatz werden die Gemeinkosten der Baustelle, die Allgemeinen Geschäftskosten und der Betrag für Wagnis und Gewinn den EkdTL zugerechnet.

Die zwei Abbildungen auf der nächsten Seite zeigen den Rechengang der Kalkulation zur Ermittlung der Einheitspreise der einzelnen Positionen und des Angebotspreises der genannten Bauleistung ohne Umsatzsteuer.

Wie der Zuschlagssatz auf die EkdTL und wie die Einheitspreise bzw. Angebotspreise je Position berechnet werden, zeigt folgendes Beispiel.

Beispiel:

Pos. 1.1 Baugrubenaushub
„Lohn":   1,38 € (Spalte 5 von Bild 20)
+ 25 % von   1,38 + 0,35 € (Spalte 8 von Bild 21)
                                       <u>1,73 €</u>

Die Addition der Beträge der Spalten 8 bis 11 (Bild 21) ergibt je Einzelleistung (LV-Position) den Einheitspreis (Spalte 12). Die Multiplikation der Spalte 3 (Bild 21) mit dem Einheitspreis ergibt den Angebotspreis jeder LV-Position (Spalte 13). Die Addition der Angebotspreise der LV-Positionen ergibt den Angebotspreis der gesamten Bauleistung ohne Umsatzsteuer.

Je nach Vergabeart werden die Angebote bei der ausschreibenden Stelle abgegeben (Submission) und in Anwesenheit der Bieter vom Verhandlungsleiter geöffnet und verlesen. Innerhalb der Zuschlagsfrist werden die Angebote vom Bauherrn gewertet.

---

[41] Im Beispiel wird mit *einem* Zuschlagssatz gerechnet. Es gibt auch Verfahren, bei welchen unterschiedliche Prozentsätze für die einzelnen Kostenarten der Teilleistungen berechnet werden. Zu den verschiedenen Möglichkeiten der Bildung von Zuschlagssätzen vgl. Prange, H./Leimböck, E./Klaus, U.R.: a.a.O., S. 33

LV-Pos.	Text	Menge u. Einheit	Ansätze je Einheit					Ansätze je Position						Summe
			Std.	Lohn Std.×ML* 27,5 €/h	Stoffe	Geräte	Fremd-leistung	Std.	Lohn Std.×ML* 27,5 €/h	Stoffe	allgemeine Kosten	Geräte	Fremd-leistung	
			h	€	€	€	€	h	€	€	€	€	€	€
1	2	3	4	5	6	7	8	9	10	11	12	13	14	15
Einzelkosten														
1.1	Baugrubenaushub	15 000 m³	0,05	1,38	0,21	1,15		750,00	20 625,00	3 150,00		17 250,00		41 025,00
1.2	Fundamentaushub	320 m³	0,15	4,13	0,99	2,62		48,00	1 320,00	316,80		838,40		2 475,20
1.3	Abfuhr	15 320 m³					9,00						137 880,00	137 880,00
1.4	Trägerbohlwand	1 680 m²					200,00						336 000,00	336 000,00
Summe Einzelkosten								798,00	21 945,00	3 466,80	-	18 088,40	473 880,00	517 380,20
Gemeinkosten								113,00	3 107,50	1 605,00	25 650,00	14 590,00	-	44 952,50
Herstellkosten								911,00	**25 052,50**	**5 071,80**	**25 650,00**	**32 678,40**	**473 880,00**	**562 332,70**

* = Mittellohn

Bild B-20   Ermittlung der Einzelkosten, Gemeinkosten und Herstellkosten - getrennt nach Kostenarten und als Summe

LV-Pos.	Text	Menge u. Einheit	Ansätze je Einheit				Einzelkosten + Zuschlag je Einheit				Angebotspreise	
			Lohn	Stoffe	Geräte	Fremd-leistung	Lohn + 25 %	Stoffe + 25 %	Geräte + 25 %	Fremd-leistung + 25 %	Einheits-preis	Gesamtpreis
			€	€	€	€	€	€	€	€	€	€
1	2	3	4	5	6	7	8	9	10	11	12	13
Einzelkosten												
1.1	Baugrubenaushub	15 000 m³	1,38	0,21	1,15		1,73	0,26	1,44		3,42	51 300,00
1.2	Fundamentaushub	320 m³	4,13	0,99	2,62		5,16	1,24	3,28		9,67	3 094,40
1.3	Abfuhr	15 320 m³				9,00				11,25	11,25	172 350,00
1.4	Trägerbohlwand	1680 m²				200,00				250,00	250,00	420 000,00

Angebotspreis der gesamten Bauleistung ohne Umsatzsteuer: **646 744,40**

Bild B-21   Ermittlung der Angebotspreise (Einheitspreise und Angebotspreis)

Als letzter Schritt wird das Preisangebot zusammengestellt:

| \multicolumn{5}{c}{**Angebot für Erdarbeiten**} |
Pos.	Menge	Text	Einheitspreis	Gesamtpreis
1.1	15 000 m³	Baugrubenaushub	3,42 EUR	51 300 EUR
1.2	320 m³	Fundamentaushub	9,67 EUR	3 094 EUR
1.3	15 320 m³	Abfuhr	11,25 EUR	172 350 EUR
1.4	1 680 m²	Trägerbohlwand	250,00 EUR	420 000 EUR
		Angebotssumme netto:		**646 744 EUR**
		+ 16 % MWSt.		103 479 EUR
		Angebotssumme brutto:		**750 224 EUR**
		Ort:		
		Datum:		
		Unterschrift mit Stempel		

Bild B-22 Beispiel eines Angebotes für Erdarbeiten

Die Wertung der Angebote erfolgt gem. § 25 VOB/A in vier Stufen:

- Ermittlung der Angebote, die wegen inhaltlicher oder formeller Mängel auszuschließen sind (Nr. 1),
- Prüfung der Eignung der Bieter in persönlicher und sachlicher Hinsicht (Nr. 2),
- Prüfung der Angebotspreise (Nr. 3 Abs. 1,2 und 3 Satz 1),
- Auswahl des annehmbarsten Angebots (Nr. 3 Abs. 3 Satz 2 und 3).

Bei der Auswahl des annehmbarsten Angebots ist das Angebot zu ermitteln, welches unter Berücksichtigung aller technischen und wirtschaftlichen, gegebenenfalls auch gestalterischen und funktionsbedingten Gesichtspunkte als das annehmbarste erscheint. In dieser vierten (und letzten) Wertungsstufe kommt es also darauf an, in einer vergleichenden Betrachtung und Abwägung hinsichtlich des Inhalts und der Preise das für den AG günstigste Angebot zu ermitteln. Hierbei ist alles zu berücksichtigen, was für die Beurteilung der Leistung von Bedeutung ist. Eine besonders eingehende Beurteilung ist vor allem dann erforderlich, wenn es sich um eine Leistung handelt, die nicht mittels eines Leistungsverzeichnisses, sondern mittels eines Leistungsprogramms beschrieben wurde, oder wenn von der geforderten Leistung erheblich abweichende Änderungsvorschläge oder Nebenangebote eingereicht wurden.

Trotz dieses Hinweises auf die technischen, wirtschaftlichen, gestalterischen und funktionsbedingten Gesichtspunkte bei der Wertung von Angeboten wird in der Praxis doch letztlich der Angebotspreis das dominierende Entscheidungskriterium sein.

Nach der Wertung bekommt ein Bieter vor Ablauf der Zuschlagsfrist den Zuschlag für die ausgeschriebene Leistung.

Damit ergibt sich bei der Preisfindung von Bauleistungen folgender Zusammenhang.

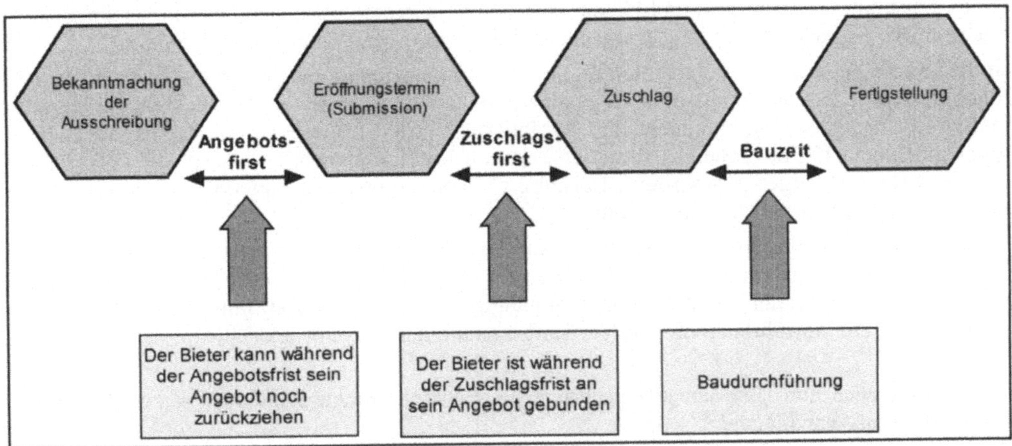

Bild B-23 Zusammenhang zwischen Angebots-, Zuschlagsfrist und Bauzeit

Die Errechnung des Angebotspreises unterliegt zwei großen Unsicherheitsfaktoren. Erstens beruht die Errechnung der Selbstkosten auf Erfahrungs- und Schätzwerten und auf Annahmen, z.B. bezüglich der eingesetzten Geräte oder des eingesetzten Personals. Die Errechnung der Selbstkosten beinhaltet somit ein großes Kalkulationsrisiko.

Der zweite Unsicherheitsfaktor ist die Festlegung des Betrages bzw. Prozentsatzes für Wagnis und Gewinn. Dieser Prozentsatz ist der eigentliche preispolitische Spielraum und er hängt naturgemäß von der Wettbewerbssituation und der allgemeinen Konjunkturlage ab.

Bei der endgültigen Festlegung des Angebotspreises durch den Anbieter muss dieser die konjunkturelle Situation und die Baunachfragestruktur und damit die momentane Wettbewerbslage berücksichtigen. Dabei sind auf dem Baumarkt starke Nachfrageschwankungen typisch, die sich zum Teil aus der ungleichmäßigen Nachfrage der öffentlichen Hand, zum Teil auch wegen der Zinsempfindlichkeit beim Wohnungsbau ergeben.

Die Festlegung des Angebotspreises ist eine Entscheidung unter großem Risiko, denn erst bei der Angebotseröffnung stellt sich der Preisspiegel des Marktes dar. Daher ist die Kalkulation ein Instrument, um die Preisfindung zu unterstützen. Die unternehmerische Entscheidung nimmt sie nicht ab.

2.4.3 Ausweitung des reinen Preiswettbewerbs auf den Leistungswettbewerb

Trotz der dominierenden Rolle des Angebotspreises sieht auch die VOB Möglichkeiten vor, den reinen Preiswettbewerb auf einen Leistungswettbewerb auszuweiten.

Ein solcher Leistungswettbewerb liegt vor, wenn

- Änderungsvorschläge und Nebenangebote zugelassen sind,
- eine Leistungsbeschreibung mit Leistungsprogramm, also eine sog. funktionale Leistungsbeschreibung, vorliegt.

Änderungsvorschläge und Nebenangebote

Im Normalfall wird in den Ausschreibungsunterlagen die geforderte Leistung mittels Baubeschreibung, Leistungsverzeichnissen und Plänen so genau beschrieben, dass der Bieter in der Regel keine eigenen Überlegungen bezüglich der gestalterisch-konstruktiven Planung anstellen muss.

In der Praxis ist es aber durchaus üblich, dass Bieter Vorschläge machen, die sich nicht strikt an die durch das Leistungsverzeichnis vorgegebene Bauausführung halten. Stattdessen werden alternative Lösungsvorschläge gemacht, die Veränderungen der ausgeschriebenen Leistung im Hinblick auf Bauausführung, Baugestaltung und Baukonstruktion beinhalten. Wird eine völlig andere als die vom Auftraggeber geforderte Leistung als Sondervorschlag angeboten, dann bezeichnet man diese Angebote als Nebenangebote.

„Von Nebenangeboten wird zumeist auch dann gesprochen, wenn die Leistung als solche unverändert angeboten wird, ihre Ausführung hingegen von anderen als in den Verdingungsunterlagen vorgesehenen vertraglichen Bedingungen abhängig gemacht wird, z.B. hinsichtlich der Ausführungsfristen, der Gewährleistung oder der Einbeziehung einer Lohn- oder Stoffpreisgleitklausel in den Vertrag."[42]

Werden dagegen nur Teile der ausgeschriebenen Leistung anders angeboten, dann spricht man von Änderungsvorschlägen.

Nach § 10 Nr. 5 Abs. 4 VOB/A muss die ausschreibende Stelle angeben, ob sie Änderungsvorschläge oder Nebenangebote wünscht oder nicht zulassen will.

Nach § 20 Nr. 3 VOB/A in Verbindung mit §§ 22 Nr. 8, 27 Nr. 3 VOB/A dürfen Nebenangebote und Änderungsvorschläge nur für die Prüfung und Wertung der Angebote verwendet werden. Eine darüber hinausgehende Verwendung bedarf der vorherigen schriftlichen Vereinbarung.

Die VOB/A ist allerdings nur für den öffentlichen Auftraggeber bindend. Bei Ausschreibungen privater Auftraggeber sind zwar Änderungs- und Nebenangebote durchaus üblich, hier ist jedoch der Ideenwettbewerb rechtlich nicht geschützt.[43]

Die Ausweitung des reinen Wettbewerbs durch Änderungsvorschläge und Nebenangebote spielen am Baugeschehen eine große Rolle. „Viele Bieter nutzen die Möglichkeit, ihre Auftragsschance dadurch zu verbessern, dass sie entweder eine technisch oder wirtschaftlich bessere als die vom Auftraggeber vorgesehene Lösung zum gleichen oder zu einem günstigeren Preis oder aber eine gleichwertige Lösung zu einem niedrigeren Preis anbieten. Hier können die Bieter ihre technischen Kenntnisse, Betriebseinrichtungen und unternehmerischen Erfahrungen optimal nutzen. Für den Auftraggeber führen Änderungsvorschläge und Nebenangebote oftmals zu erheblichen Einsparungen. Außerdem fördern sie die notwendige technische Weiterentwicklung, die Rationalisierungsbemühungen und die Konkurrenzfähigkeit, auch im internationalen Wettbewerb."[44]

Leistungsbeschreibungen mit Leistungsprogramm (Funktionalausschreibung)

Eine Intensivierung des Leistungswettbewerbs findet bei der Funktionalausschreibung statt. Die in der VOB als Ausnahmefall konzipierte Funktionalausschreibung, bei welcher der Auftraggeber statt einer fertigen konstruktiven Lösung nur die an ein Bauprojekt gestellten Anforderungen spezifiziert, ist dadurch gekennzeichnet, dass die Bieter ihre Angebote nicht anhand einer Leistungsbeschreibung mit Leistungsverzeichnis, sondern anhand einer Leistungsbeschreibung mit Leistungsprogramm ermitteln. Die planerischen Vorleistungen, die bei einer Ausschreibung mit Leistungsverzeichnis vollständig vom Bauherrn bzw. seinen Planern zu erbringen sind, werden

---

[42] vgl. Heiermann, W./Riedl, R./Rusam, M.: a.a.O., S. 689 f.

[43] In Diskussionen mit Kalkulatoren wurde immer wieder gesagt, dass man ohne Sondervorschläge keine Wettbewerbschance hat. Es wurde aber darauf hingewiesen, dass private Bauherren mitunter die „Ideen der Sonderangebote" verwenden, ohne daß der Anbieter dieser Ideen damit zwangsläufig den Zuschlag erhält.

[44] vgl. Heiermann, W./Riedl, R./Rusam, M.: a.a.O., S. 689

bei funktionaler Ausschreibung teilweise von den Bietern erbracht.

Durch den frühen Einstieg des Auftragnehmers in die Planung des Bauprojektes können unter Umständen durch alternative Bausysteme, Bauverfahren und Baustoffe Kostenersparnisse erzielt werden, die wiederum unmittelbare Konsequenzen auf die Höhe des Preises für das Bauprojekt haben.

„Allerdings kommen für diese Aufgaben häufig nur die großen bauausführenden Unternehmen als Bieter in Frage, denn nur diese haben auch eigene Planungsbüros für die erforderlichen Architekten- und Ingenieurleistungen."[45]

Funktionalausschreibungen werden daher in aller Regel im Rahmen einer „beschränkten Ausschreibung" durchgeführt. Da bei der Funktionalausschreibung die Anbieter unterschiedliche Lösungen erarbeiten, ist es kaum möglich, diese Angebote miteinander zu vergleichen. „Dies bedeutet aber, dass eine Vergleichbarkeit der Angebote fehlt und dadurch die gerade bei der Bauvergabe erforderliche Transparenz nicht gegeben ist."[46] Um diese Argumentation zu entschärfen, sind im Vergabehandbuch[47] Regelungen vorgesehen, welche bei der Vergabe auf der Basis einer Funktionalausschreibung zu beachten sind.

2.5 Projektentwicklungen

Projektentwicklungen werden von privaten oder öffentlichen Bauherren z. B. im Rahmen einer beschränkten Ausschreibung bzw. freihändigen Vergabe nachgefragt. Den Anbietern von Projektentwicklungsleistungen stellte sich hier auch wiederum im Vorfeld der Leistungserbringung die Frage nach einer angemessenen Vergütung.

Die Ermittlung dieser angemessenen Vergütung bzw. eines Honorars ist von großer Komplexität, da auch die Leistungen der Projektentwicklung nur unter Schwierigkeiten in ein geschlossenes Leistungsbild zu integrieren sind. Ein Ansatz ist von Fischer aufgezeigt worden, wie Leistungsbild und Honorarstruktur der Projektentwicklung unter Berücksichtigung von Leistung, Wertschöpfung und Risiko in Einklang gebracht werden können.[48]

Eine erste Voraussetzung ist dabei die eindeutige Benennung der Projektentwicklungsleistungen wie Machbarkeitsstudie, Nutzungskonzept, Projektfinanzierung etc. Entsprechend der beauftragten Leistungen wird das Honorar analog der Honorarberechnung bei der Objektplanung mittels Prozentsätzen bestimmt. Als Bemessungsgrundlage können der Kaufpreis eines Objektes, die Baukosten bzw. die Gesamtkosten einer Investition dienen. Dieses Vorgehen ist dann sinnvoll, wenn es sich um Projektentwicklungsleistungen im engeren Sinne handelt, d.h. die Leistungen werden an den Projektentwickler von einem Auftraggeber delegiert. Möglicherweise kann das Honorar in ein Basis- und ein Erfolgshonorar aufgeteilt werden. Ein Erfolg wäre bspw. die Sicherung eines Grundstückes oder die Erlangung der Baugenehmigung.

Handelt es sich um eine Projektentwicklung im weiteren Sinne mit und ohne Betreiben, dann kann der Projektentwickler sich an dem Investment beteiligen bzw. er muss sich beteiligen, um das Projekt realisieren zu können. Dies hat zur Folge, dass über das vereinbarte Honorar hinaus sich entsprechende Ergebnisbeteiligungen ergeben. Dies schließt eine Beteiligung an Verlusten ein.

---

[45] vgl. Heiermann, W./Riedl, R./Rusam, M.: a.a.O., S. 452

[46] vgl. Heiermann, W./Riedl, R./Rusam, M.: a.a.O., S. 453

[47] Das Vergabehandbuch (VHB) für die Durchführung von Bauaufgaben des Bundes im Zuständigkeitsbereich der Finanzverwaltungen wird vom Bundesminister für Raumordnung, Bauwesen und Städtebau herausgegeben.

[48] Fischer, C.: Projektentwicklung: Leistungsbild und Honorarstruktur, Rudolf Müller Verlag: Köln 2004

Ein weiterer Ansatz erfolgt über die Nachfrage am „Absatzmarkt" von Projektentwicklungen. Dabei muss sich der Projektentwickler an den Zielsetzungen der Nachfrager orientieren, die äußerst unterschiedlicher Natur sein können.

„Um Projekte in ihren Bestand aufzunehmen, fordern offene Immobilienfonds hohe Vergütungsgarantien. [...] Für geschlossene Immobilienfonds sind Möglichkeiten der Steuerstundung vorrangiges Anlagemotiv. [...] Für institutionelle Anleger wie Versicherungen und Versorgungskassen steht die Sicherheit der Investition im Vordergrund. Sie begnügen sich mit einer Mindestrendite von 4 % p.a., legen allerdings hohen Wert auf Vermietungsgarantien. [...] Für Immobilienleasing-Gesellschaften sind sowohl die Bonität des Leasingnehmers als auch die Drittverwendungsfähigkeit des Leasingobjektes vorranginge Entscheidungskriterien."[49]

Letztendlich ist der Vergütungsanspruch von einem Projektentwickler dann sehr einfach zu bestimmen. Er besteht aus dem Saldo aus Verkaufspreis bzw. Markwert einerseits und Summe der Kosten bei der Erstellung der Leistung andererseits. Ob dieser Anspruch am Markt durchgesetzt werden kann, ist eine Frage von Angebot und Nachfrage.

3 Marketing

Der Begriff Marketing umfasst alle Unternehmensaktivitäten, die den Absatz der Produkte von Unternehmen fördern. In der Bauwirtschaft sind dies klassische Bauleistungen, Planungsleistungen, Dienstleistungen bis hin zu Komplettleistungen rund um die Immobilie. In diesem Zusammenhang kann man auch von Produkten sprechen, wenn beispielsweise für Kapitalanleger ein Bauobjekt maßgeschneidert als ein Produkt bestehend aus Entwicklungs- und Planungsleistung sowie der Realisierung und möglicherweise dem Betreiben angeboten wird.

Zentrales Objekt des Marketings ist der Markt, d.h. der ökonomische Ort des Zusammentreffens von Angebot und Nachfrage. Entstanden ist der Begriff Marketing zu Beginn des 20. Jahrhunderts in den USA als Lehre von der physischen und dispositiven Weiterleitung von Gütern in Verkäufermärkten. Bei diesem klassischen Verständnis steht der Vertrieb, d.h. die betriebliche Absatzwirtschaft im Mittelpunkt des Interesses, weshalb in Deutschland der Begriff der „Absatzpolitik" eingeführt worden ist. Nachdem der Nachfrageüberhang sich reduzierte und von Käufermärkten auszugehen war, galt nicht mehr die Produktion, sondern der Absatz bzw. der Kunde als Engpassfaktor. Marketing wurde zum Schlüsselbegriff für eine verkaufsorientierte Grundhaltung in der Unternehmensführung.[50] Heute wird Marketing als Prozess verstanden, der im klassischen Sinne die Planung, Koordination und Kontrolle aller auf aktuelle und zukünftige Märkte ausgerichteten Unternehmensaktivitäten umfasst. Dabei besteht die Absicht, eine dauerhafte Befriedigung der Kundenbedürfnisse zu erreichen, um somit wiederum Wettbewerbsvorteile zu erzielen.[51]

Mit anderen Worten: Marketing ist eine unternehmerische Grundeinstellung mit der Zielsetzung, eine vorhandene Nachfrage zu erhalten oder eine neue Nachfrage zu schaffen. Dazu dienen alle

[49] Diederichs, C.J. (1996-1): a.a.O., S. 51 ff.

[50] vgl. Marhold, K. (1996): Baumarketing; in: Diederichs, C.J. (Hrsg.) (1996-2): Handbuch der strategischen und taktischen Bauunternehmensführung, Bauverlag: Wiesbaden-Berlin 1996, S. 311

[51] vgl. Meffert, H.: Marketing, 9. Auflage, überarbeitete und erweiterte Auflage, Gabler Verlag: Wiesbaden, 2000, S. 119

Maßnahmen, die geeignet sind, diese Zielsetzung zu erreichen. Die klassischen Marketing-Instrumente lassen sich in

- produktpolitische Maßnahmen,
- kontrahierungspolitische (preis- und konditionenpolitische) Maßnahmen,
- distributionspolitische Maßnahmen und
- kommunikationspolitische Maßnahmen

unterteilen.

Werden Marketing-Maßnahmen der unterschiedlichen Gruppen im Rahmen einer bestimmten Marketing-Strategie zusammengefasst, dann spricht man von einem Marketing-Mix. Dieser Marketing-Mix beinhaltet die zu einem bestimmten Zeitpunkt getroffene Auswahl von Marketinginstrumenten – diese werden dann auch als Submixe bezeichnet – in einer bestimmten Ausprägung. D.h. die Konfiguration kann bzw. muss sowohl auf der strategischen als auch der operativen Ebene erfolgen. Die Festlegung des Marketing-Mix wird durch viele Parameter bestimmt. Neben den objektiven Kriterien, wie Einbindung in die Unternehmenstätigkeit bzw. -ziele sowie Marketingstrategien etc., ist das Marketing-Mix auch sehr stark von der persönlichen Qualifikation der Entscheidungsträger abhängig.

Die Auswahl von Marketinginstrumenten und die Konfiguration im Marketing-Mix erfolgt innerhalb der Bereiche Konsumgüter-, Investitionsgüter-, Dienstleistungs-, Handels-, Banken- und auch Immobilienmarketing.[52] Aufgrund der besonderen Komplexität und Langlebigkeit der Bauobjekte ist neben den vorstehend genannten Marketinginstrumenten die Servicepolitik als ein weiterer Submix sinnvoll und notwendig.

Der Marketing-Mix in der Bauwirtschaft ist so vielfältig wie die Bauobjekte und die Leistungen der Baubeteiligten selbst. Zu unterscheiden ist zunächst das objektbezogenen Marketing, welches u.a. Marketingkonzepte für Wohnobjekte, öffentlich genutzte Bauobjekte, gewerbliche Bauobjekte, Dienstleistungsobjekte sowie Entertainmentobjekte umfasst. Hinzu kommt das leistungsbezogene Marketing der unterschiedlichen Beteiligten in der Bauwirtschaft. Diese Leistungen mit typischen Merkmalen gilt es ebenso zu vermarkten. Aufgrund der unterschiedliche Aufgaben und Ziele im Rahmen des objekt- und leistungsbezogenen Marketings ergeben sich daher jeweils spezifische Produkt-, Kontrahierungs-, Service-, Distributions- und Kommunikationspolitiken.

Im Folgenden soll exemplarisch zunächst ein Maßnahmenkatalog für das objektbezogene Marketing einer Büroimmobilie gezeigt werden. Die aufgeführten Instrumente gelten aber auch für einige andere Typen von Bauvorhaben bzw. müssen entsprechend modifiziert werden. Im Anschluss daran werden Marketingmaßnahmen dargestellt, die primär aus der Sicht eines Bauunternehmens sinnvoll sein können. Aber auch hier ist eine Transformation auf andere Beteiligte der Bauwirtschaft teilweise möglich.

3.1 Objektbezogene Marketing-Maßnahmen

3.1.1 Produktpolitik

Die Produktpolitik umfasst alle Maßnahmen, die in unmittelbarem Zusammenhang mit dem Produkt, d.h. dem eigentlichen Vermarktungsgegenstand, dem Bauobjekt stehen. Hierzu gehören Produktqualität, Produktname, Produktfunktion, Bau-, Planungs- und Dienstleistungen. Folgende Instrumente lassen sich konkretisieren:

---

[52] vgl. Kavalirek, F.: Immobilienmarketing; in: Brauer, K.-U.: Grundlagen der Immobilienwirtschaft, 3., vollständig überarbeitete Auflage, Gabler Verlag: Wiesbaden 2001, S. 308

- Objektgestaltung und Qualität, d.h. mögliche Umsetzung eines „Eyecatcher-Architekturentwurfes".
- Konsequente Markenbildung, d.h. „Branding" des Bauprojektes bzw. -objektes.
- Angebot marktgängiger Mietflächengrößen und flexible Grundrissgestaltung.
- Marktfähige Grundausstattung („Ikea-Lösung") als Basis für optionale Ausbauwünsche.
- Realisierung hochwertiger Sprach- und Dateninfrastrukturen in allgemein zugänglichen Bereichen (z.B. zentraler Serverraum, Glasfaserkabel).
- Zusätzliche Realisierung von sinnvollen Sonderausstattungen im Allgemeinbereich durch den Investor (z.B. Flatscreen, Parkterminal).
- Mieterindividuelle Sonderausstattungen (Sprach- und Dateninfrastruktur) und Serviceleistungen ermöglichen optional die Konzentration auf das Kerngeschäft.
- Pooling, um bestimmte Sonderausstattungen (z.B. Telefongebühren) und Serviceleistungen (z.B. Seminarzentrum) ermöglichen zu können.

3.1.2 Servicepolitik

Ein Bauprojekt erfordert im Rahmen der Vermarktung intensive Beratungs- und Servicedienstleistungen. Die Servicepolitik stellt dabei den koordinierten Einsatz immaterieller Leistungen dar, die das Bauobjekt als eigentliches Produkt abrunden. Dies geschieht u.a. bei

- einer objektbezogenen Beratung, z.B. der visionären Grundrissgestaltung und Büroeinrichtung sowie der Auswahl der Sprach- und Dateninfrastruktur,
- der Finanzierungsberatung, d.h. der Optimierung von Finanzierungsplänen oder Erarbeitung von Anlagestrategien,
- Analysen im Rahmen der Bauprojektentwicklung,
- der Beratung von Miet- und Kaufverträgen bzw. anderen anmietungsspezifischen Fragestellungen (z.B. Untervermietung etc.),
- der Inanspruchnahme unterschiedlichster Serviceleistungen des Gebäudemanagements.

Die Beratungs- und Servicedienstleistungen können entweder direkt durch den initiierenden Bauherrn erfolgen oder es sind im Bedarfsfall entsprechende Fachkompetenzen mit einzubeziehen. Beispielsweise sind bei Fragen hinsichtlich einer optimierten Gebäudenutzung Gebäudemanagementunternehmen hinzuzuziehen, die über entsprechendes Know-how verfügen. In jeden Fall muss der Bauherr aber die koordinierende und zentrale Funktion innehaben.

3.1.3 Kontrahierungspolitik

Die Kontrahierungspolitik umfasst alle Maßnahmen, die den Preis als Gegenleistung für angebotene Bau-, Planungs- und Dienstleistungen betreffen und darüber hinaus die ausgehandelten Zahlungskonditionen einbeziehen. In Abhängigkeit des Leistungsumfangs eines Bauprojektes bzw. -objektes stellt sich die Gegenleistung als Verkaufspreis, Miet- oder Pachtzins dar.

Der Preis ist das Instrument, welches auf einem Markt Angebot und Nachfrage regelt. Änderungen eines Preises üben auch einen großen Einfluss auf den Absatz eines Produktes aus. Für Konsumartikel lässt sich i.d.R. eine hohe Preiselastizität feststellen, d.h. bei einer Verringerung des Preises erhöht sich die Nachfrage und umgekehrt. Dies geschieht in einer relativ kurzen Zeitspanne. Der Markt für Bauobjekte ist dagegen durch eine geringe Preiselastizität des Angebotes gekennzeichnet. Dies bedeutet wiederum, dass eine Veränderung des Preises erst sehr langfristig Reaktionen von Angebot und Nachfrage auslöst.

Die Kontrahierungspolitik von Bauprojekten bzw. -objekten umfasst primär die konkrete Kaufpreis- und Mietzinsgestaltung, die Gewährung von Kaufpreisnachlässen in Abhängigkeit vom vereinbarten Zahlungsziel oder Mietzinsnachlässe in Abhängigkeit des geschlossenen Mietvertrages.[53]

Die Preisfindung von Bauobjekten – und damit verbundene Dienstleistungen – basiert vornehmlich auf den Herstellungskosten, der Preissituation auf dem Bau- und Immobilienmarkt und dem Wertsteigerungspotenzial des Produktes für die relevante Zielgruppe. Konkret lassen sich folgende Maßnahmen ergreifen:

- Übernahme der Projektträgerschaft für zwei Jahre nach Inbetriebnahme, um bei einer prosperierenden Immobilie einen maximalen Preis zu erzielen.
- Übernahme von Mietgarantien (risikobehaftet), um Bauprojekte schon frühzeitig (noch vor der Inbetriebnahme) verkaufen zu können.
- Durch hochwertige Objektqualität und Ausstattung Vorraussetzungen für eine Hochpreisstrategie schaffen.
- Gestaffelter Büromietzins mit Standardausstattung bei Büroimmobilien.
- Betrachtung der Gesamtmietwertigkeit der Mietverträge ermöglicht flexible Mietkonditionen.
- Mit Leistungsanbietern sollten weitestgehend leistungsbezogene Mietverträge abgeschlossen werden.
- Konventionelle Nebenkosten können durch Synergieeffekte optimiert werden, um Deckelungen von Nebenkosten (2. Miete) anbieten zu können.

3.1.4 Distributionspolitik

Die Distributionspolitik umfasst die möglichen Vertriebswege, auf denen der Nachfrager das Produkt und etwaige Dienstleistungen erhält. Dies können sein:

- Direkter Vertrieb, d.h. Veräußerung beispielsweise durch einen Projektentwickler bzw. durch eine unternehmenseigene Vertriebsorganisation.
- Vermietung und Verkauf einer Gewerbeimmobilie durch Makler oder Immobilienabteilungen von Banken und/oder Versicherungen.
- Eigenvermietung, da besseres Know-how über das Projekt vorhanden ist. Dadurch verbesserte Möglichkeit, auf individuelle Nutzerwünsche einzugehen.
- Vertriebssonderformen über Fondsgesellschaften, Immobilienbörsen etc.
- Einsatz von internetunterstützten Instrumenten, wie z.B. Immobilienportale etc.

3.1.5 Kommunikationspolitik

Aufgrund der langen Entwicklungs-, Planungs- und Herstellungszeiten von Bauobjekten und der entsprechenden Öffentlichkeitswirkung nimmt die Bedeutung einer kontinuierlich angelegten Kommunikation zu.[54] Hierbei sind zunächst die Kommunikationsziele zu formulieren und die Zielgruppen zu identifizieren. Anschließend ist unter Berücksichtigung eines Budgets die Kommunikationsstrategie festzulegen und der Einsatz der Kommunikationsinstrumente zu planen. Folgende Maßnahmen stehen u.a. bei der Durchführung zur Verfügung:

- Frühzeitige und professionelle Entwicklung von aussagefähigen konventionellen Vermarktungsunterlagen (Folder, Pressemappen).
- Ansprechendes Baustellenschild mit großer Illustration.
- Erstellung einer eigenen Homepage für Internetpräsentation.
- Präsentation der Projektentwicklung auf Bau- bzw. Immobilienmessen (Mipim, Expo Real, Cebit).

---

[53] vgl. Kavalirek, F.: a.a.O., S. 311
[54] vgl. Bobber, M./Brade, K.: Immobilienmarketing, in: Schulte, K.-W. (Hrsg.) (2000): Immobilienökonomie, Bd. 1, 2. überarbeitete Auflage, Oldenbourg Verlag: München 2000, S. 598

- Infobox und Musterbüros auf der Baustelle.
- Gezielte Nutzung von Events (Grundsteinlegung, Richtfest etc.) zu PR-Zwecken.
- Direktmarketing durch Call-Center.
- Kontaktpflege zur lokalen Tages- und überregionaler Fachpresse (Artikel).
- Geringer Einsatz von Zeitungsanzeigen.

Bei der Konfiguration des Marketing-Mix ist zu berücksichtigen, dass enge Beziehungsgeflechte zwischen den einzelnen Submixen bestehen. So wirken sich z.B. Maßnahmen aus dem Bereich der Produktpolitik unmittelbar auf die Kontrahierungspolitik aus. Im Rahmen der konkreten Planung der einzelnen Vermarktungsaktivitäten ist besonders deren zeitlicher Einsatz von großer Bedeutung.[55] Der Zeitpunkt der Entwicklungsphase eines Bauprojektes beeinflusst die Umsetzung konkreter Maßnahmen. Es lässt sich aber allgemein feststellen, dass entgegen der Darstellung, die Vermarktung eines Bauprojektes beginne erst zum Ende der Fertigstellung, heutzutage für ein wirtschaftlich erfolgreiches Bauprojekt bzw. -objekt die Vermarktung von Anfang bis Ende projektbegleitend stattfinden muss.

3.2 Marketing-Maßnahmen in Bauunternehmen

Die im vorherigen Kapitel gemachten exemplarischen Ausführungen haben überwiegend einen operativen Charakter, d.h. für ein konkretes Bauobjekt sind diese Marketing-Instrumente im Rahmen der Entwicklung, Planung und Herstellung ein zusetzten. Einige dieser konkreten Maßnahmen können auch im Zusammenhang einer marktorientierten Unternehmensführung eines Bauunternehmens relevant sein.

An dieser Stelle sollen jedoch einige überwiegend strategische Maßnahmen dargestellt werden. Es zielt damit auf die Leistungen bzw. die Produkte ab, die auf dem Baumarkt abgesetzt werden sollen. Auch an dieser Stelle ist die Anmerkung vorzunehmen, dass die folgenden Beispiele auch teilweise für andere Beteiligte in der Bauwirtschaft gelten können. Hierbei ist jedoch zu berücksichtigen, dass wettbewerbsrechtliche Belange gewisse Einschränkungen nach sich ziehen. So können beispielsweise freiberuflich Tätige nicht uneingeschränkt Werbemaßnahmen für ihr Unternehmen durchführen. Die rechtlichen Rahmenbedingungen sind demnach sorgfältig zu prüfen.

3.2.1 Produktpolitische Maßnahmen

Neue Produkte in Form von Dienstleistungen

Im Zusammenhang mit dem Strukturwandel in der deutschen Volkswirtschaft steht auch die Bauwirtschaft vor neuen Anforderungen. Hier fällt vor allem häufig das Stichwort der Industriellen Dienstleistungen.

Das sind Dienstleistungen, die von den Unternehmen produktbegleitend neben der originären Produktion erbracht werden. Für die bauausführenden Unternehmen stellt sich die Frage, wie sie solche Dienstleistungen neben der eigentlichen Bauproduktion anbieten können.

Zunächst ist die Tendenz zu erkennen, dass bauausführende Unternehmen immer früher in die Phasen der Bauwerksplanung eingebunden werden. Dies kann dadurch geschehen, dass

- Sondervorschläge erarbeitet werden,
- von Totalunternehmern die gesamte Planung des Bauprojektes übernommen bzw.
- die Entwicklung von komplexen Infrastrukturprojekten angeboten wird.

---

[55] vgl. Bobber, M./Brade, K.: a.a.O., S. 586

Durch das frühe Eintreten der bauausführenden Unternehmen in die Planungsphasen ergibt sich die Möglichkeit, das Geschehen für das Unternehmen positiv zu beeinflussen. Dies muss kein Nachteil für den Auftraggeber sein, denn die bauausführenden Unternehmen haben langjährige Erfahrungen hinsichtlich der Produktivität und der Wirtschaftlichkeit bei der Leistungserbringung. Dies kann sich auch kostengünstiger für den Bauherrn auswirken, da die Möglichkeit der Beeinflussung der Baukosten in der Planungsphase am größten ist.

Neue Produktionsleistungen in den Bereichen Energie-, Umwelttechnik und Sanierung

Die genannten Bereiche haben in den letzten Jahren überdurchschnittlich an Bedeutung gewonnen. Auch die bauausführenden Unternehmen sehen in folgenden Geschäftsbereichen große Entwicklungspotenziale:

- Energietechnik
- Abfalltechnik
- Wassertechnik
- Grundwasserreinigung
- Sanierung und Modernisierung

Der hohe Sanierungsbedarf – dies gilt in einigen Bereichen für die alten und neuen Bundesländern gleichermaßen – lässt auch für diesen Geschäftsbereich eine positive Entwicklung erwarten. Da hierzu in den meisten Fällen ein sehr spezielles Wissen nötig ist (z.B. Asbestsanierung), wird dieser Bereich überwiegend von kleinen und mittelständischen Spezialfirmen abgedeckt.

Die Bereiche Energie- und Umwelttechnik sowie Sanierung sind sehr eng mit Forschungs- und Entwicklungsarbeit verbunden. Hier zielen die Aktivitäten vor allem auf die Verbesserung vorhandener bzw. die Entwicklung neuer Baustoffe, Bauverfahren und Bausysteme sowie die Methoden zur Sanierung und Modernisierung von bestehenden Bauwerken ab. Auch durch Spezialisierung auf räumliche und/oder sachliche Marktlücken, z.B. Altbausanierung, können Wettbewerbsvorteile erzielt werden.

Produktpolitik durch Diversifikation

Die Strategie der Diversifikation liegt vor, wenn sowohl hinsichtlich der angebotenen Produkte als auch der bearbeiteten Märkte neue Wege eingeschlagen werden.

Eine exakte Abgrenzung der Möglichkeiten der Diversifikation ist nur schwer möglich, da oftmals auch Mischformen vorhanden sind. Am häufigsten verbreitet ist die Unterteilung in die horizontale, vertikale und laterale Diversifikation.

Die horizontale Diversifikation liegt vor, wenn Anteile an anderen Unternehmen erworben werden, um die eigene Leistungspalette, z.B. durch zusätzliche Bausparten, zu erweitern. Ein Beispiel hierfür wäre ein Unternehmen, das bislang vorwiegend im Wohnungsbau tätig war und künftig auch in der Bausparte Industriebau zusätzliche Absatzchancen sieht und daher eine entsprechende Beteiligung kauft.

Eine weitere Möglichkeit ist der Erwerb von Anteilen ausländischer bauausführender Unternehmen. Dadurch wird zwar kein neues Produkt angeboten, aber die Rahmenbedingungen bei der Bauausführung können so erhebliche Unterschiede aufweisen, dass es sich faktisch um eine andere Form der Leistungserstellung handelt.

Bei der vertikalen Diversifikation wird die Leistungspalette durch Produkte erweitert, die zu einer vor- oder nachgelagerten Produktionsstufe gehören. Ein Beispiel hierfür ist der Erwerb von Unternehmensanteilen von Zulieferbetrieben wie Kies-, Splitt- oder Zementwerken. Der Vorteil dieser Diversifikation liegt in der Unabhängigkeit von Zulieferbetrieben. Auch können u.U. durch günstig erworbene Rohstoffvorkommen erhebliche Ertragsreserven aufgebaut werden.

Auch im Bereich der Dienstleistungen kann eine Erweiterung durch Diversifikation erfolgen. In allen größeren bauausführenden Unternehmen gab es immer schon Serviceabteilungen, die im Zusammenhang mit der Bauausführung standen. Werden diese Abteilungen ausgegliedert, dann kann diese Ausgliederung – ebenso wie der Erwerb oder die Gründung von Unternehmen in den Bereichen der Projektentwicklung, des Facility-Management, der Bausoftware u.a. – als eine Form der vertikalen Diversifikation angesehen werden.

Die meisten Aktivitäten, die bauausführende Unternehmen tätigen, fallen in den Bereich der horizontalen und vertikalen Diversifikationen.[56]

Bei der lateralen Diversifikation erstreckt sich das neue Betätigungsfeld auf andere Branchen, die meist durch ein überdurchschnittliches Wachstum gekennzeichnet sind. Der Vorteil ergibt sich durch die Unabhängigkeit vom Baumarkt bei einem Einbruch der Baukonjunktur. Allerdings muss auf das Risiko hingewiesen werden, dass das bauausführende Unternehmen in aller Regel keine fachliche Kompetenz in dem neuen Geschäftsfeld hat. Dadurch ist es in Sachfragen und bei Entscheidungen sehr stark von den Meinungen der Entscheidungsträger dieser Beteiligungsgesellschaften abhängig. Eine solche Veränderung der Produktpalette verlangt neue firmeninterne Fähigkeiten und Strukturen, denen sich die deutsche und die internationale Bauwirtschaft schon seit Jahren gestellt haben und dies auch in Zukunft strategisch anstreben.[57]

3.2.2 Preis- und Konditionspolitische Maßnahmen

Durch die bauvertraglichen Festlegungen sind in der Bauwirtschaft Maßnahmen in diesem Bereich sehr eingeschränkt.

So ist z.B. der Spielraum bei preispolitischen Maßnahmen außerordentlich eng, da bei öffentlichen Ausschreibungen der Wettbewerbsdruck die angebotenen Preise bestimmt. Da der Preis weitestgehend über den Markt bestimmt wird, lassen sich allenfalls bei den Konditionen bzw. Zahlungsmodalitäten kontrahierungspolitische Maßnahmen formulieren. Nur in den Fällen, in den neben dem reinen Preiswettbewerb auch ein Leistungswettbewerb stattfindet, ergeben sich gewisse Spielräume.

Dann können nämlich bei Verhandlungen mit dem Auftraggeber Preis und Leistung im Zusammenhang betrachtet werden. Dies wird erleichtert, wenn Leistungen angeboten werden können, die von Standardangeboten abweichen, wie z.B. schlüsselfertige Gebäude im Wohn-, Gewerbe-, und Industriebereich, aber auch komplette industrielle Fertigungsanlagen oder komplette Bahnlinien von Punkt A nach Punkt B. Ein großer Spielraum, der sich vor allem auf die nachhaltige Reputation der bauwirtschaftlichen Unternehmen auswirkt, ist die vertragsgerechte Erbringung der Leistungen. Hier sind vor allem Anforderungen an Qualität, Termine und auch das vertrauensvolle Zusammenarbeiten mit den anderen Vertragspartnern des Bauherrn zu nennen.

3.2.3 Distributionspolitische Maßnahmen

Die Bauwirtschaft ist regional geprägt, da die Erstellung von Bauprojekten immer vor Ort geschehen muss. Daher können bauausführende Unternehmen nur durch den Aufbau oder die Neustrukturierung von Niederlassungen und/oder Geschäftsstellen absatzwirtschaftliche Distributionspolitik betreiben. Dies ist auch notwendig, weil die konjunkturelle Entwicklung in den ein-

---

[56] vgl. Jacob, M.: Strategische Unternehmensplanung in Bauunternehmen, Dissertation Universität Dortmund: Dortmund 1995, S.106 f

[57] vgl. Walter, Roy: Diversifikationsstrategien in Bauunternehmen-Möglichkeit zu größerer Unabhängigkeit von Konjunkturzyklen? in: Die Deutsche Bauindustrie auf dem Weg ins Jahr 2000, Festschrift zum 60. Geburtstag von Ignaz Walter: Augsburg 1996, S. 96

zeln Teilmärkten der Bundesrepublik in aller Regel durchaus unterschiedlich verläuft. So wurden z.B. die neuen Bundesländer nach der Wiedervereinigung von einem Bau-Boom erfasst, während bei den alten Bundesländern die Entwicklung nicht durch Sondereffekte beeinflusst wurde. Ein bauausführendes Unternehmen muss daher seine räumliche Niederlassungsstruktur so verändern, dass eine optimale Marktbearbeitung möglich ist. Dies hat zur Folge, dass in Wachstumsmärkten Niederlassungen aufgebaut und in Schrumpfungsmärkten unter Umständen Niederlassungen geschlossen werden müssen.

In diesem Zusammenhang ist auch eine langfristige Untersuchung zu nennen. Diese Untersuchung zeigte, dass die Einrichtung einer Zweigniederlassung eine erhebliche Steigerung der Angebotserfolgsquote nach sich zog.[58] Der Aufbau von Niederlassungen in Regionen, in denen man bisher kaum vertreten war, kann daher distributionspolitisch von großer Effizienz sein. Dies ist aber nur von Erfolg begleitet, wenn ein regionaler Teilmarkt mit auskömmlichen Preisen vorhanden ist.

Zusätzlich zur Optimierung der Niederlassungs- bzw. Geschäftsstellenstruktur erzwingt der Strukturwandel der Bauwirtschaft bei den bauausführenden Unternehmen eine Erweiterung der Geschäftsfelder. Dabei müssen die Bereiche Architektur, Technik, Recht, Finanzen etc. so zusammengeführt werden, dass anstehende Probleme kooperativ bearbeiten werden können.

Eine weitere Möglichkeit besteht darin, dass sich zwei oder mehrere Unternehmen zu Arbeitsgemeinschaften zusammenschließen und gemeinsam ein Angebot erarbeiten. Besonders bei umfangreichen und komplizierten Bauprojekten ergeben sich dadurch für den Auftraggeber eine Reihe von Vorteilen, wie z.B. Minderung des Ausführungsrisikos oder erhöhtes Potenzial von Know-how beim Vertragspartner.

3.2.4 Kommunikationspolitische Maßnahmen

Als Erstes ist hier die Öffentlichkeitsarbeit zu nennen. Im Gegensatz zur Werbung, die einzelne Produkte oder Dienstleistungen zum Gegenstand haben, bezieht sich die Öffentlichkeitsarbeit auf die Imagebildung eines Unternehmens und sie hat daher einen langfristigen Charakter. Dabei ist das Ziel, das Vertrauen in die Leistungsfähigkeit des Unternehmens zu stärken, indem man z.B.

- in der Öffentlichkeit positive Resonanz erzielt,
- Vertrauen gewinnt,
- die Glaubwürdigkeit eigener Aussagen gegenüber allen Beteiligten (Lieferanten, Bauherren, Mitarbeitern, Gläubigern etc.) stärkt,
- auf aktuelle politische Fragen wie z.B. Umweltschutzfragen eingeht.

Neben dieser allgemeinen Öffentlichkeitsarbeit ist die Akquisition eine weitere wichtige Marketing-Maßnahme. Sie erfordert i.d.R. persönliche Gespräche mit potentiellen Kunden. Mit diesen Gesprächen soll der Gesprächspartner auf fachkundige Beratung, qualitativ hervorragende Ausführung und sonstige gute Aspekte der Zusammenarbeit hingewiesen werden.

Das Ergebnis einer guten Akquisition kann z.B. darin bestehen, dass das Unternehmen bei beschränkten Ausschreibungen zu dem Kreis gehört, der zur Abgabe eines Angebots aufgefordert wird.

Neben der Öffentlichkeitsarbeit und der Akquisition gibt es noch weitere Werbemittel, die eingesetzt werden können.

---

[58] vgl. Meisert, G.: Der Einfluß der Organisationsform einer Unternehmung auf den Angebotserfolg; Dissertation, Universität Essen: 1988, S. 95 ff.

Hierzu zählen[59]:

- Bauschilder
- Informationsblätter über abgewickelte Bauvorhaben
- Anzeigen in regional/überregionalen Tageszeitungen und Fachzeitschriften
- Kinowerbung
- Sponsoring bei Sportvereinen durch Trikot-, und/oder Bandenwerbung

Ziel aller dieser Maßnahmen ist es letztlich, die Chancen bei der Auftragsvergabe zu erhöhen, denn beim Auftraggeber zählen neben vertraglichen Faktoren auch sog. weiche Faktoren wie z.B.:

- Bekanntheitsgrad, Image
- Referenzobjekte
- Architekten-, Beraterempfehlungen
- lokale Präferenzen

3.2.5 Bau-Marketing-Mix

Beim Bau-Marketing-Mix werden die vorgenannten überwiegend für Bauunternehmen relevanten Marketing-Maßnahmen in Abhängigkeit von den Möglichkeiten und den vorgesehenen Marketingstrategien zusammengestellt. Die Möglichkeiten der Marketing-Maßnahmen hängen vor allem von der Größe des Unternehmens, von der angeboten Leistungsbreite und Leistungstiefe und von der räumlichen Struktur der Angebotsmöglichkeiten ab. Werden alle möglichen Marketing-Maßnahmen zusammengesetzt, dann ergibt sich das folgende Baumarketing-Mix:

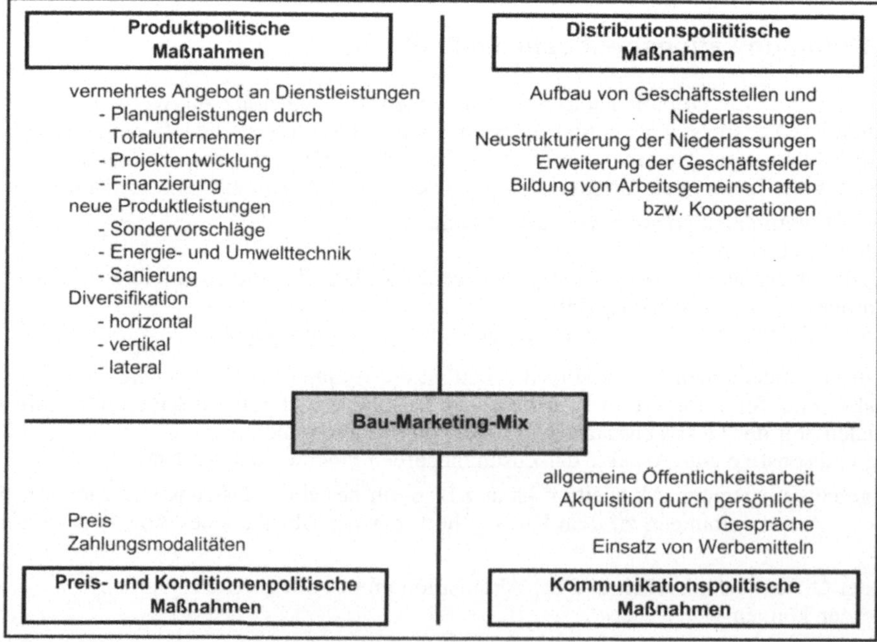

Bild B-24   Beispiel eines Bau-Marketing-Mix

---

[59] vgl. Zentralverband des Deutschen Baugewerbes (Hrsg.) (1995): Bauorganisation, Unternehmerhandbuch für Bauorganisation und Baubetriebsdurchführung: Bonn 1995, S. XIV/27

3.3 Der Einsatz von Marketing-Maßnahmen in Abhängigkeit von der Marketing-Strategie

Marketingstrategien sind nur ein Teilbereich der Strategien, die dazu dienen, den Unternehmenserfolg zu sichern und/oder zu steigern. Marketingstrategien werden in der Literatur nach unterschiedlichen Gesichtspunkten unterteilt.

Hier wird eine Unterteilung gewählt, die sich daraus ergibt, dass ein Unternehmen wachsen, sich stabilisieren oder schrumpfen kann. Demnach können folgende Strategien unterschieden werden:

- Wachstumsstrategien
- Stabilisierungsstrategien
- Desinvestitionsstrategien.

3.3.1 Wachstumsstrategien

Das Ziel der Wachstumsstrategien ist die Erhöhung der Marktanteile. Dazu sind in der Regel erhebliche Investitionen erforderlich. Zusätzlich müssen aber auch die technischen und personellen Kapazitäten vorhanden und für diese Aufgaben geeignet sein.[60]

Folgende Matrix zeigt die vier üblichen Wachstumsstrategien.

Produkte Märkte	bestehende	neue
bestehende	Marktdurchdringung	Produktentwicklung
neue	Marktentwicklung	Diversifikation

Bild B-25 Einteilung der Wachstumsstrategien[61]

Die Strategie der Marktdurchdringung besteht darin, dass bei bestehenden Märkten und bestehenden Produkten der Absatz dadurch verbessert wird, dass Produkte qualitativ und kostengünstiger angeboten werden. Diese Strategie erfordert besonders Verbesserungen im Produktionsbereich. In der Bauwirtschaft sind hier beispielsweise zu nennen:

- verbesserte Bauverfahren
- Optimierung des Planungs- und des Bauablaufs sowie der Baustellenorganisation
- Einsatz neuester technischer Hilfsmittel

Unterstützt wird diese Strategie durch Maßnahmen der Kommunikations- sowie Preis- und Konditionenpolitik.

Bei der Strategie der Produktentwicklung sind neue Produkte auf bestehende Märkte zu bringen. Um dies zu erreichen, sind die bereits beschriebenen produktpolitischen Maßnahmen einzusetzen. Von Marktentwicklung spricht man dann, wenn ein bestehendes Produkt auf neuen Märkten angeboten werden soll. Hier sind vor allem distributionspolitische Maßnahmen einzusetzen.

---

[60] vgl. Jacob, M.: a.a.O., S. 90
[61] vgl. Welge, M.K.: Unternehmensführung, Band 1, Planung, Poeschel Verlag: Stuttgart 1985, S. 235

Ein Beispiel für die Marktentwicklung war der Aufbau der Märkte in den neuen Bundesländern bei dem sich nahezu alle großen und viele mittelständische Bauunternehmen beteiligt haben. Um diesen Baumarkt zu erschließen, wurden vor allem folgende Maßnahmen ergriffen:

- die Beteiligung an bzw. die Übernahme von ostdeutschen Baufirmen
- die Übernahme von Zulieferbetrieben wie Kies-, Splitt- oder Zementwerken
- die Übernahme bzw. Errichtung von Fertigteilwerken[62]

Ein weiteres Beispiel für die Schaffung neuer Märkte ist der Auslandsbau. Nach einem Rückgang der Bautätigkeit - vor allem im Mittleren Osten - ist seit Anfang der 90er Jahre wieder eine Belebung in diesen Märkten zu verzeichnen. Zunehmend versuchen die Unternehmen durch Tochtergesellschaften oder Niederlassungen vor Ort Aufträge zu akquirieren. Dabei ist eine Verbindung zwischen strategischer Marktentwicklung und der Strategie der Diversifikation zu erkennen. Auf die verschiedenen Formen der Diversifikation wurde bereits eingegangen.

3.3.2 Stabilisierungsstrategien

„Stabilisierungsstrategien spielen als sog. ausgewogene Gruppe der Unternehmensstrategien für die strategische Investitionsplanung im Gegensatz zu den zuvor behandelten Wachstumsstrategien eine untergeordnete Rolle, sind aber im Rahmen der strategischen Unternehmensplanung dennoch von Bedeutung. Ihre Ziele liegen zum einen in der Beibehaltung des einmal Geschaffenen durch die sog. Haltestrategien. Zum anderen wird in Phasen nach starkem Wachstum mit Hilfe der Konsolidierungsstrategien versucht, Überkapazitäten abzubauen, d.h. das Unternehmen von „Überflüssigem" zu bereinigen. Dies kann z.B. in den Bereichen Produktpalette, Lagerhaltung, Organisationsstruktur etc. geschehen. Strategische Investitionen werden hierzu i.d.R. nicht in Anspruch genommen."[63]

Eine wohlanzuratende Stabilisierungsstrategie ist die Konzentration auf diejenigen Leistungen, in denen das Unternehmen innovative Stärken hat. Mit dieser Einschränkung auf die Kernkompetenzen ist ganz sicherlich auch die Weiterentwicklung des spezifischen Know-hows des Unternehmens verbunden. Dies hat die Konsequenz, dass dem Auftraggeber ein günstiges Kosten-/ Nutzenverhältnis angeboten werden kann und dass sich das Unternehmen dadurch von konkurrierenden Unternemen abheben kann.

Bei Stabilisierungsstrategien sind vor allem auch die kontrahierungs- und kommunikationspolitischen Maßnahmen als Unterstützung einzusetzen.

3.3.3 Desinvestitionsstrategien

Haben Stabilisierungsstrategien keine Aussicht mehr auf Erfolg, dann ist es sinnvoll, umgehend Schrumpfungsstrategien einzuleiten. Dies ist häufig die einzige Möglichkeit, sich rechtzeitig aus verlustbringenden Geschäften zurückzuziehen.

Die bisher in Verlustgeschäften gebundenen finanziellen Mittel können möglicherweise noch freigesetzt und anderweitig genutzt werden.

Es gibt die unterschiedlichsten Gründe, die Desinvestitionen erfordern, z.B.:
- dauerhafte Verluste einzelner Geschäftsbereiche oder Tochtergesellschaften
- interne organisatorische Gründe wie z.B.:
  - ungünstige Kostenstrukturen
  - konstante Überkapazitäten
  - mangelnde Rentabilität
  - kapitalintensive Ersatzinvestitionen.

---

[62] vgl. Jacob, M.: a.a.O., S. 97
[63] Jacob, M.: a.a.O., S. 112

	Wachstumsstrategien	Stabilisierungsstrategien	Deinvestitionsstrategien
Produktpolitik	- neue Produkte im Form von Dienstleistungen - neue Produktleistungen - horizontale und vertikale Diversifikation	- Schwerpunktbildung - Bereinigung von Produkten, Lagerhaltung, Organisation etc.	- Abbau von Leistungs- und Produktbereichen
Preis- und Konditionenpolitik	- Leistungswettbewerb	- gezielte Preispolitik unter Vermeidung von Risikoaufträgen	- selektiver Einsatz von Instrumenten des Leistungswettbewerbes
Distributionspolitik	- Gründung von Niederlassungen - Erweiterung der Geschäftsfelder - Bildung von ARGEN und sonstigen Kooperationen	- Konsolidierung von Niederlassungen und Organisationsstrukturen	- Abbau von Niederlassungen - Zusammenlegen von Abteilungen - Ausgliederung von Organisationsabteilungen (Outsourcing) - Bereinigung der Geschäftsfelder
Kommunikations-politik	- Produktwerbung - Firmenwerbung	- gezielte Produkt- und Firmenwerbung	- Unterstützung der Desinvestitionsstrategie durch gezielte Öffentlichkeitsarbeit

Bild B-26 Zusammenfassung einzelner Marketing-Maßnahmen und Marketing-Strategien

Auch in der Bauindustrie lassen sich Desinvestitionensstrategien feststellen. „Dies war nicht immer so, denn in Zeiten des vorherrschenden Wachstumsdenkens wurden Schrumpfungsstrategien wenig oder gar nicht beachtet. Erst durch die Perioden von nachlassendem Wachstum ist die Beachtung der Desinvestitionsstrategien im Rahmen der strategischen Unternehmensplanung gestiegen. Dieses liegt in erster Linie daran, dass sich Unternehmen mit Hilfe von Desinvestitionen aus verlustbringenden Geschäften zurückziehen, um Verluste zu minimieren bzw. zu vermeiden. [...] Auch kann die Bereinigung von sog. Randgeschäften des Unternehmens durch Desinvestitionen erst die Voraussetzungen für den Aufbau zukunftsträchtiger neuer Geschäfte bedeuten. Diese Voraussetzungen können z.B. sowohl im finanziellen als auch im organisatorischen Bereich liegen."[64]

Anlässe zu Deinvestitionen waren in der Vergangenheit schon häufig gegeben und werden auch in der Zukunft vorhanden sein.

„So ist beispielsweise der Abbau vieler Standorte von Fertigteilwerken als typische Desinvestition der Bauindustrie einzustufen. Auch der Abbau großer Tunnelbauabteilungen innerhalb der Niederlassungen nach dem Auslaufen der großen U-Bahnprojekte im Ruhrgebiet ist gewissermaßen als Desinvestition zu sehen. Für die Zukunft gehören sicherlich auch Desinvestitionen in Form von Verkauf von Beteiligungen bis hin zur Liquidition von Tochtergesellschaften zum strategischen Tagesgeschäft der Bauunternehmen."[65]

Zusammenfassend kann man in Anlehnung an **Diederichs**[66] den Zusammenhang zwischen einzelnen Marketing-Maßnahmen und den Marketing-Strategien wie im Bild B-26 auf der vorherigen Seite darstellen.

---

[64] Jacob, M.: a.a.O., S. 113
[65] Jacob, M.: a.a.O., S. 116 f
[66] Diederichs, C.J. (1999): a.a.O., S. 212

Teil C Organisation und Management

1 Organisation

1.1 Aufbau von Organisationen

1.1.1 Aufgabenanalyse

Ausgehend von der gestellten Gesamtaufgabe eines Unternehmens, z.B. die Erbringung von bestimmten Bauleistungen oder Planungsleistungen, ist eine Aufteilung in Einzelaufgaben vorzunehmen, die von bestimmten Personen bzw. Personengruppen erbracht werden können.

Dabei kann man unterscheiden zwischen

- auftragsbezogenen Aufgaben, die unmittelbar der Abwicklung eines einzelnen Auftrages (Planungsleistung, Bauleistung, Dienstleistung) dienen und
- unternehmensbezogenen Aufgaben, die zur Aufrechterhaltung und der Weiterentwicklung des Unternehmens notwendig sind.

Auftragsbezogene Aufgaben

In der Bauwirtschaft hat es sich als sinnvoll erwiesen, die auftragsbezogenen Aufgaben in technische und kaufmännische Aufgaben zu unterteilen. Dabei gibt es bei der Zuordnung gegenüber der stationären Wirtschaft Unterschiede, die in den Besonderheiten der Bauwirtschaft begründet sind. So wird z.B. die Auftragsbeschaffung und die Abrechnung von Aufträgen in der Bauwirtschaft von überwiegend technisch ausgebildetem Personal (z.B. Meister, Techniker, Ingenieuren) durchgeführt, da diese Aufgaben nur mit entsprechendem technischem Know-how erbracht werden können.

Die traditionellen auftragsbezogenen Aufgaben bei den bauausführenden Unternehmen kann man wie folgt aufzählen:

a) technische Aufgaben
- Auftragsbeschaffung: Akquisition, Angebotskalkulation, Angebotserstellung, Auftragsverhandlung, Vertragsabschluss
- Bereitstellung und Entwicklung: Sondervorschläge, technische Weiterentwicklungen und Forschung
- Fertigungsplanung: Arbeitsvorbereitung, Schalungs- und Bewehrungsplanung
- Erbringung der Bauleistungen und Überwachung der Fertigung
- Abrechnung

b) kaufmännische Arbeiten
- Rechnungs- und Zahlungsverkehr: Geräte-, Material-, Personalabrechnung; Rechnungsstellung an Auftraggeber
- kaufmännisches Rechnungswesen
- Einkauf
- Versicherungen, Bürgschaften etc.

Dieser Aufgabenkatalog stellt sich erheblich umfangreicher dar, wenn zusätzlich zur Herstellung von Bauleistungen andere Leistungen wie beispielsweise Planungsleistungen, Projektentwicklungen und das Betreiben von Bauobjekten mit angeboten werden. Die auftragsbezogenen Aufgaben bspw. bei der Erbringung von Planungsleistungen wurden bereits in Punkt A 1.2 genannt.

Unternehmensbezogene Aufgaben

Hierzu gehören die Planung, Koordination und Kontrolle der Bereiche:

- Personalwesen
- Investition und Finanzierung
- Controlling
- Forschung und Entwicklung
- Wissensmanagement

Es ist offensichtlich, dass die unternehmensbezogenen Aufgaben in Abhängigkeit von der Unternehmensgröße umfangreicher sein können bzw. bei kleineren Planungsbüros nicht so differenziert analysiert werden resp. gar nicht anfallen.

Allgemein kann eine unternehmerische Gesamtaufgabe anhand der Kriterien Verrichtung, Objekt, Rang, Sachmittel, Phase und Zweckbeziehung in Teilaufgaben zerlegt werden. Diese auf Kosiol zurückzuführende Aufgabenanalyse ist nicht immer für alle Unternehmen praktikabel. Sie ist statisch angelegt und schon bei der Analyse gilt es, die erst herzustellende Organisationsstruktur zu berücksichtigen.[1] Damit spiegelt die Aufgabe das Ergebnis einer organisatorischen Gestaltung schon wieder.

Neuere Ansätze in der Organisationslehre gehen daher nicht mehr von den klassischen Kriterien der Aufgabenanalyse aus, sondern greifen u.a. auf folgende Gliederungsmerkmale zurück:[2]

- Variabilität der einzelnen Aufgaben, d.h. die Unterschiedlichkeit der einzelnen Aufgabenbedingungen.
- Interdependenz der Aufgaben von vor- und nachgelagerten Stellen.
- Eindeutigkeit, d.h. inwieweit kann die Aufgabe analysiert und das Ausmaß der Aufgabenerfüllung ermittelt werden.
- Anzahl möglicher Lösungswege bzw. der richtigen Lösungen

Nichtsdestotrotz sind die Aufgaben im Kontext der Leistungserstellung zu erfassen und zu analysieren, um eine Organisationsstruktur aufbauen zu können. Dabei ist es sinnvoll, zunächst die übergeordneten Aufgaben anhand der klassischen Kriterien wie beispielsweise die Verrichtung bzw. die Objektorientierung zu analysieren und die Feinabstimmung anhand der neueren Ansätze wie Variabilität und Interdependenz etc. vorzunehmen. Somit kann man am pragmatischsten den modernen Anforderungen an eine Organisation gerecht werden.

1.1.2 Stellen- bzw. Abteilungsgliederung

Die im Rahmen der Aufgabenanalyse gebildeten Teilaufgaben müssen so zusammengefasst werden, dass arbeitsteilige Einheiten, sog. Stellen, entstehen. Diese Stellen sind das Grundelement der Organisationsstruktur.

Damit sind die Kernprobleme der Gestaltung von betrieblichen Organisationen:

- Differenzierung der Gesamtaufgabe in Teilaufgaben
- Zuordnung der Teilaufgaben zu Stellen
- Eingliederung der Stellen in die Organisationsstruktur

---

[1] Steinmann, H./Schreyögg, G.: Management- Grundlagen der Unternehmensführung, Gabler Verlag: Wiesbaden 2002, S. 407
[2] vgl. Staehle, W.H.: Management, 8. Auflage, Verlag Vahlen: München 1999, S. 645 ff.

Wie viel und welche Arten von Teilaufgaben zu einer Stelle zusammengefasst werden, hängt vom Schwierigkeitsgrad der Teilaufgaben, von der Unternehmensgröße und auch von branchenindividuellen Faktoren ab.

„Die Zuordnung der Teilaufgaben zu den Stellen wird in Stellenbeschreibungen niedergelegt, die verbindlich die Eingliederung der Stelle in die Organisationsstruktur, ihre Funktionen, Verantwortlichkeiten und Kompetenzen wiedergeben."[3]

Da viele Teilaufgaben nicht nur von einer Stelle erbracht werden können, müssen Stellen zu größeren Einheiten, den sog. Abteilungen, zusammengefasst werden.

Je nachdem, ob der Stelleninhaber über die Ausführung seiner Arbeit selbst entscheiden kann oder ob er die Arbeit nach den Anordnungen von anderen Personen durchführen muss, kann man zwischen reinen Ausführungsstellen und Stellen mit Leitungs-, Anordnungs- bzw. Weisungsbefugnissen unterscheiden.

Werden die Leitungsaufgaben zusammengefasst, so werden die entsprechenden Organisationseinheiten als Leitungseinheiten oder Instanzen bezeichnet.

Es stellt sich die Frage, wie groß die Zahl von Stellen in einer Abteilung sein kann, die einer Leitungsinstanz unterstellt werden können. In diesem Zusammenhang spricht man von der sog. Leitungsspanne. „Die maximale Leitungsspanne hängt einmal von Art und Inhalt der der Abteilung zugewiesenen Aufgaben ab, zum anderen von den Kommunikations- und Kontrollmöglichkeiten. Sobald die Instanz die Abteilung nicht mehr steuern und kontrollieren kann, ist es angebracht, eine Abtrennung bzw. eine Ausgliederung von Aufgaben vorzunehmen. Die Leitungsspanne wird aber nicht nur von der Art der in der Abteilung zu bewältigenden Arbeiten bestimmt. Sind diese Arbeiten im Wesentlichen vorgeregelt und treten wenig sachliche Probleme auf, so wird die Instanz in dieser Hinsicht entlastet und kann sich der Führung einer größeren Zahl von Menschen widmen, als wenn sie in sachlicher Hinsicht stark belastet ist."[4]

Die Organisation besteht je nach der Größe des Unternehmens aus mehreren Abteilungen. Deshalb müssen neben den Regelungen von Zuständigkeiten bzw. Verantwortlichkeiten innerhalb der Abteilungen auch die gegenseitigen Beziehungen zwischen den Abteilungen geregelt werden. Dies geschieht im Rahmen sog. Verfahrens- und Arbeitsanweisungen, mit denen Durchführungsverantwortung, Mitwirkungsrechte bzw. -pflichten und der Informationsfluss festgelegt werden.

1.1.3 Leitungssysteme

„Jedes Leitungssystem stellt ein hierarchisches Gefüge dar, in dem die einzelnen Stellen bzw. Abteilungen unter dem Gesichtspunkt der Weisungsbefugnis miteinander verbunden sind."[5] Diese Verbindung kann in einer Über- bzw. Unterordnung oder in einer Gleichordnung bestehen.

Bei der Einteilung in Leitungsstufen muss geklärt werden, welche Aufgaben von übergeordneten Leitungsebenen an untergeordnete Leitungsebenen weitergegeben werden und welche Kompetenzen und Weisungsbefugnisse delegiert werden sollen.

In der Praxis wird die Delegation sehr unterschiedlich gehandhabt. Die Delegation von Aufgaben und Verantwortung an Stellen bzw. Abteilungen betrifft vor allem die Fragen der Zentralisation bzw. Dezentralisation.

Werden Aufgaben auf mehrere Abteilungen übertragen, dann spricht man von Dezentralisation. Ein Unternehmen kann z.B. räumlich in mehrere Teilbereiche, also in Niederlassungen oder

[3] Wöhe, G.: Einführung in die Allgemeine Betriebswirtschaftslehre, 20. Auflage, Verlag Franz Vahlen: München 2000, S.178
[4] Wöhe, G.: a.a.O. S.185
[5] Wöhe, G.: a.a.O. S.187

Zweigniederlassungen aufgeteilt sein. Dann ergibt sich die Frage, ob einzelne Aufgaben, z.B. Rechnungswesen oder Einkauf, bei jedem Teilbereich aufgebaut – also als dezentrale Lösung – oder ob diese Aufgaben von einer zentralen Abteilung durchgeführt werden sollen.

Für die optimale Gestaltung von Zentralisation und Dezentralisation gibt es keine allgemein gültigen Rezepte, sondern es kommt stets auf die Gegebenheiten eines konkreten Betriebs und eines Wirtschaftszweiges an.

„In der Praxis werden beide Organisationsprinzipien zusammen angewendet. So kann für einzelne Bereiche die Zentralisation von Vorteil sein. Es bedeutet z.B. eine Verwaltungsvereinfachung, wenn in einem Großbetrieb eine eigene statistische Abteilung gebildet wird, statt dass an verschiedenen Stellen des Betriebes statistische Arbeiten nebeneinander geleistet werden. Durch Zentralisation des Einkaufs können günstige Marktsituationen schneller und besser ausgenutzt werden, eine Zentralisation des Lagerwesens kann zu Kostenersparnissen und Vereinfachungen führen."[6]

Auch für die Anzahl der Leitungsstufen der Kompetenzhierachie gibt es in der Praxis keine einheitlichen Rezepte. Die Zahl der übereinander geordneten hierarchischen Stufen hängt von der Größe, dem Aufbau und den individuellen betrieblichen Gegebenheiten ab.

In größeren bauausführenden Unternehmen haben sich folgende Leitungsstufen etabliert:

- Unternehmensleitung: Vorstand bei der Aktiengesellschaft, Geschäftsführung bei der GmbH
- Technische und kaufmännische Abteilungen der Hauptverwaltung
- Unternehmensleitungen der Niederlassungen
- Technische und kaufmännische Abteilungen der Niederlassungen
- Baustellen als eigene organisatorische Einheiten mit der entsprechenden Gliederung in:
  - Bauleitung
  - Poliere
  - bauausführende Mitarbeiter

Wie diese Leitungsebenen miteinander verbunden werden, unterliegt in der Praxis unterschiedlichen Regelungen. Deshalb werden im Folgenden zunächst die üblichen theoretischen Leitungssysteme kurz erläutert und in einem nächsten Hauptpunkt Beispiele von Organisationsformen in der Bauwirtschaft gezeigt.

1.1.3.1 Linienorganisationen

Einliniensystem

Bei diesem Leitungssystem sind alle Abteilungen in einen durchgehenden Instanzenweg eingegliedert. Von der Unternehmensleitung bis zur untersten Stelle gibt es eine eindeutige Linie der Weisungsbefugnis und damit der Verantwortungen.

Die Anweisungen gehen von der Unternehmensleitung an die unmittelbar unterstellten Abteilungen weiter, die ihrerseits Anweisungen weiterleiten, bis die entsprechenden Ausführungsstellen erreicht sind.

Dieser „Dienstweg" muss sowohl von oben nach unten als auch umgekehrt eingehalten werden.

Man bezeichnet dieses System als reines Einliniensystem, denn auch die gleichrangigen Abteilungsleiter erhalten Informationen von gemeinsamen Vorgesetzten über den Dienstweg, d.h über das Liniensystem. Jeder hat nur einen Vorgesetzten. Damit ist das System eindeutig festgelegt und hat z.B. folgende Struktur.

---

[6] Wöhe, G.: a.a.O., S. 186

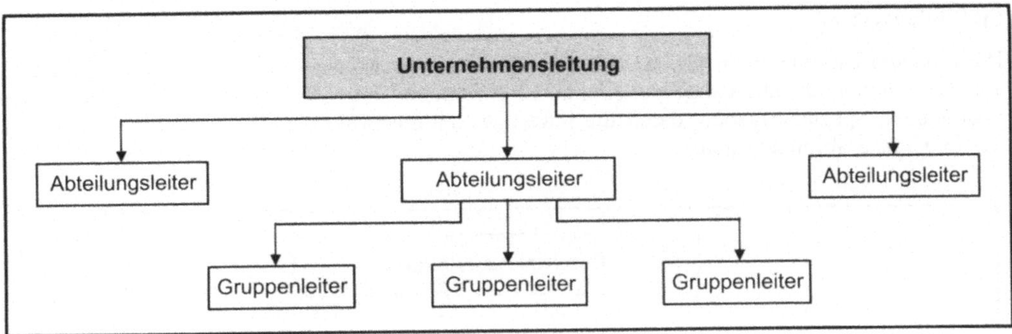

Bild C-1   Organigramm des Einliniensystems

Dieses Leitungssystem mag für kleinere Unternehmen zweckmäßig sein, bei denen wenig Hierarchiestufen vorhanden sind. Bei größeren Unternehmen ist die strikte Einhaltung eines Dienstweges sicherlich zu unflexibel und führt außerdem schnell zu Überlastungen der Unternehmensleitung. Darüber hinaus gilt es auch als störanfällig, denn jede Abwesenheit eines Vorgesetzten bedroht die Integration der Teilaufgaben bzw. die Entscheidung von Sachverhalten.

Mehrliniensystem

Bei diesem Leitungssystem kann eine Abteilung von mehreren Instanzen Aufträge bzw. Dienstanweisungen erhalten. Außerdem kann eine Abteilung für mehrere Unterabteilungen zuständig sein. Ein Beispiel für den ersten Fall liegt dann vor, wenn z.B. Poliere auf einer Baustelle von mehreren Stellen Anweisungen bekommen. Der zweite Fall liegt z.B. vor, wenn eine Einkaufsabteilung für alle Baustellen zuständig ist. Eine einfache Struktur eines Mehrliniensystems zeigt folgendes Bild.

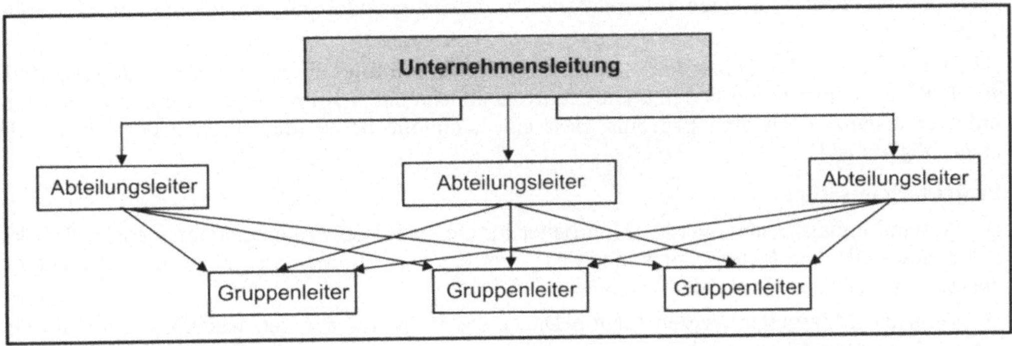

Bild C-2   Organigramm des funktionalen Mehrliniensystems

Dieses Leitungssystem hat besonders dann große Nachteile, wenn – wie im vorgestellten Schema – die Gruppenleiter von mehreren Abteilungsleitern Anweisungen bekommen. Dies führt in der Praxis in aller Regel zu leistungshemmenden Kompetenzüberschneidungen. Für generelle Regelungen wie beispielsweise bezüglich des Umgangs und der Wartung von Baumaschinen eignet sich wiederum das System.

Stabliniensystem

Bei größeren Unternehmen führt die fortschreitende Arbeitsteilung dazu, dass gewisse Aufgaben aus der Linienorganisation abgespaltet und sog. Stabstellen zugeordnet werden. Diese Stabstellen übernehmen Spezialaufgaben, damit die jeweilige Leitungsinstanz entlastet wird. Es ergibt sich das folgende Stabliniensystem.

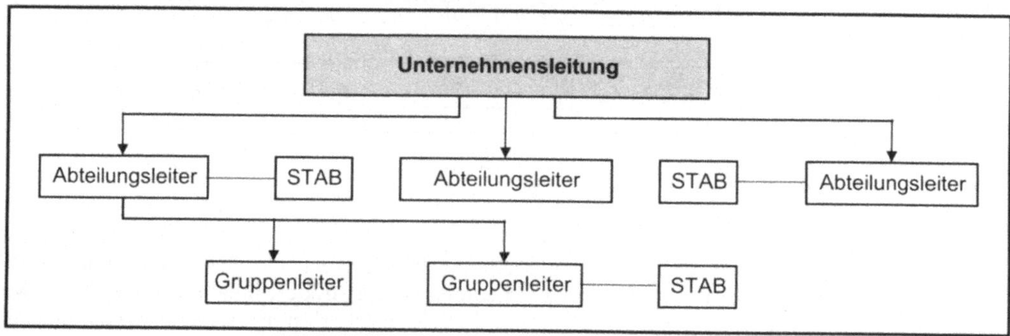

Bild C-3   Organigramm des Stabliniensystems

Die Stabstellen haben keinerlei Weisungsbefugnis. Sie erarbeiten Vorschläge für unternehmerische Entscheidungen. Die Informationen hierfür erhalten sie innerhalb des Unternehmens durch ein festgelegtes Auskunftsrecht. Für die Entscheidungen sind die Stäbe allerdings nicht verantwortlich. Die Entscheidungsverantwortung liegt bei den Abteilungsleitern der Linien.

Darin liegt eine gewisse Gefahr. So kann es sein, dass Stabstellen aus unterschiedlichsten – z.B. auch persönlichen – Gründen Informationen zurückhalten oder gar mit falscher Interpretation weitergeben.

„Weiterhin besteht die Gefahr, dass die Linie Stabstellen infolge ihres Auskunftsrechtes inoffiziell als Kontrolleinrichtung benutzt. Dies führt zu abnehmender Informationsbereitschaft untergeordneter Instanzen mit dem Ergebnis, dass eine sinnvolle beratende Tätigkeit der Stäbe nicht mehr möglich ist."[7]

Projektorganisation

Bei diesem Leitungssystem werden Mitarbeiter für die Dauer der Projekterstellung einem Projektleiter unterstellt. Die Mitarbeiter können aus dem eigenen Unternehmen abgestellt oder nur für dieses Projekt eingestellt werden.

„Die eigenen Mitarbeiter werden für die Dauer des Projektes aus den weiterhin innerhalb des Unternehmens bestehenden Abteilungen vollkommen herausgelöst und in einem Projektteam zusammengefasst, wobei die bisherige disziplinarische Unterstellung erhalten bleibt. Die bisherigen Rangunterschiede der Mitarbeiter sind während der Projektdauer aufgehoben. Nach dem Projektabschluss wird den Mitarbeitern im Unternehmen wiederum ein anderes Aufgabengebiet übertragen. Der Projektleiter besitzt außerordentliche Kompetenz und die alleinige und volle Verantwortung für das Projekt und dessen Durchführung. Alle am Projekt beteiligten Mitarbeiter

---

[7] Wöhe, G.: a.a.O. S.190

werden unter seiner Leitung zu einer Projektgruppe als Subsystem zusammengefasst. Der Erfolg der Projektgruppe ist in hohem Maße von der Person des Projektleiters abhängig."[8]

Dieses Leitungssystem wird in der Bauwirtschaft in der Regel bei großen Bauprojekten eingesetzt.

Schematisch ergibt sich dann z.B. folgende Struktur

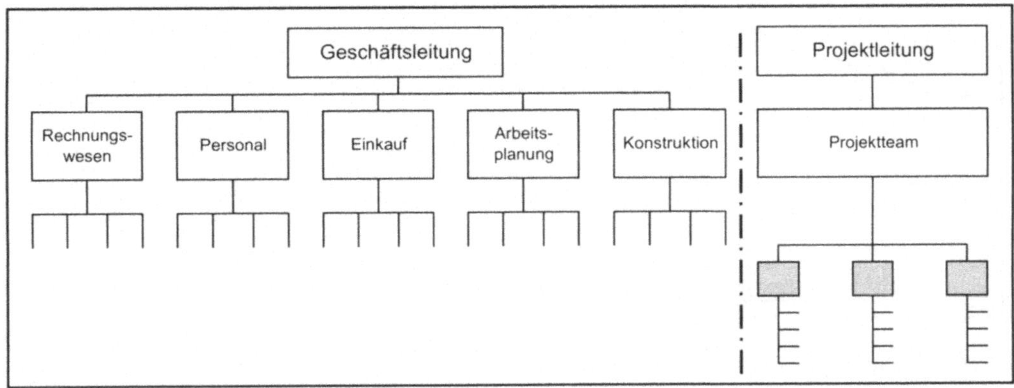

Bild C-4   Organigramm einer Projektorganisation

1.1.3.2 Divisionalisierung

Wird das Unternehmen nach Produkten, Produktgruppen und/oder nach Regionen gegliedert, dann spricht man von Divisionalisierung.[9] So ist die bereits genannte Unterteilung in eine zentrale Unternehmensleitung und Niederlassungen eine Divisionalisierung nach räumlichen Gesichtspunkten.

Wird das Unternehmen nach Produkten oder Produktgruppen organisiert, dann spricht man von einer Spartenorganisation. „Bei einer an den betrieblichen Produkten orientierten Gliederung entstehen homogene Geschäftsbereiche, die unter verantwortlicher Leitung die betrieblichen Funktionen zusammenfassen."[10] Die Vorteile dieser Spartenorganisation bestehen darin, dass durch die Spartenbildung die fachliche Kompetenz auf bestimmten Arbeitsgebieten vertieft werden kann und dass eine bessere Abgrenzung der Verantwortung der Spartenleiter bzw. eine stärkere Entwicklung des Verantwortungsgefühls bei den Spartenleitern erzielt werden kann.

Bei der Divisionalisierung können sowohl die zentrale Unternehmensleitung (z.B. die Hauptverwaltung) als auch Niederlassungen nach den bereits genannten Leitungssystemen organisiert sein.

Es muss allerdings geklärt werden, ob und inwieweit die Unternehmensleitung für die Niederlassungen bzw. Sparten zuständig ist. Auf zwei dieser Möglichkeiten wird im Folgenden eingegangen.

---

[8] Diederichs, C.J. (1996-3): Ziele und Philosophien für Bauunternehmen; in: Diederichs, C.J. (Hrsg.): Handbuch der strategischen und taktischen Bauunternehmensführung, Bauverlag: Wiesbaden-Berlin 1996, S. 114

[9] vgl. Heinen, E. (1985): Industriebetriebslehre, 8. Auflage, Gabler Verlag: Wiesbaden 1985, S. 94

[10] Wöhe, G.: a.a.O., S. 191

Matrixorganisation

Das folgende Schema zeigt die grundsätzliche Struktur einer Matrixorganisation.

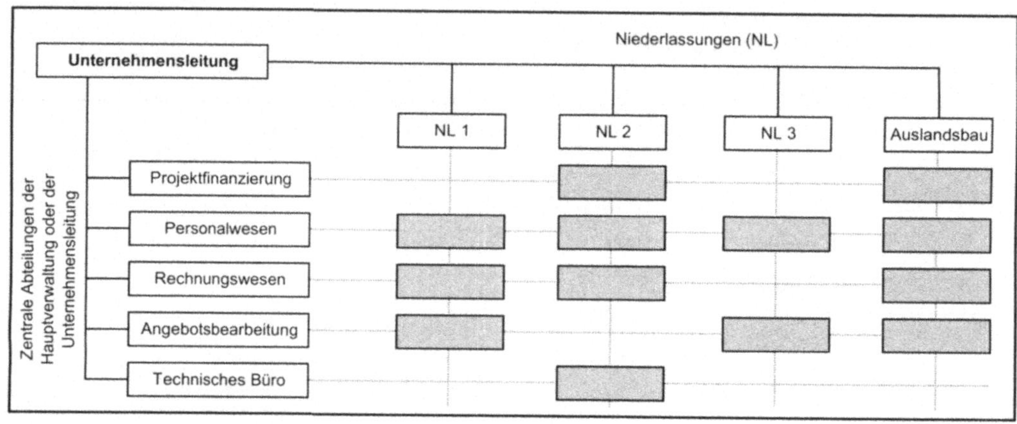

Bild C-5   Organigramm der Matrix-Organisation

Aus diesem Organigramm kann man erkennen:

- Die Unternehmensleitung hat Aufgaben an zentrale Abteilungen, z.B. an die Abteilung Personalwesen, delegiert. Bei Entscheidungen der zentralen Abteilungen wird die übergeordnete Unternehmensleitung nicht mehr eingeschaltet.
- Das Unternehmen ist regional in Niederlassungen divisionalisiert.
- Die Niederlassungen haben teilweise die gleichen Abteilungen wie die Hauptverwaltung. Im Organigramm sind diese Abteilungen durch umrandete Flächen gekennzeichnet. Diese Abteilungen unterstehen in der Matrixorganisation zwei übergeordneten Stellen, nämlich der entsprechenden Zentralen Abteilung und der Niederlassungsleitung.

Haben Abteilungen Entscheidungs- sowie Leitungsaufgaben und sind diese Abteilungen auf der oberen Führungsebene angesiedelt, dann werden sie „Zentralbereiche" genannt.[11] Das entscheidende Merkmal bei der Matrixorganisation ist die Teilung der Autorität zwischen den Niederlassungsleitern – dies gilt auch für andere Formen der Divisionalisierung – und den Zentralbereichen.

Hierin liegt auch die Problematik dieser Organisation. Durch die angestrebte gleichzeitige und annähernd gleichberechtigte Unterstellung der Abteilungen der Niederlassungen unter die zwei übergeordneten Stellen, nämlich den zentralen Abteilungen der Hauptverwaltung bzw. Unternehmensleitung und der Niederlassungsleitung, entstehen zum einen Probleme durch die Überlagerungen von Weisungssystemen. Zum anderen widerspricht diese „Doppelgleisigkeit" auch dem Profit-Center-Gedanken, nachdem jede Niederlassung für ihr eigenes Ergebnis ganz allein verantwortlich ist. Mit diesem kompetenzmäßig zwischen Niederlassung und Zentralbereich nicht endgültig geregeltem Aufeinandertreffen von unterschiedlichen Standpunkten wird der Konflikt zwischen der Aufgabenteilung einerseits und der Zusammenführung von Aufgaben andererseits offensichtlich. Das Vertrauen liegt hier auf der Argumentation und der Kooperationsbereitschaft der Beteiligten, worin auch letztendlich der Vorteil dieser Organisationsform liegt.

---

[11] vgl. z.B. Frese, E./von Werder A./Maly, W.: Zentralbereiche-Organisatorische Formen und Effizienzbeurteilung; in: Frese, E. u.a. (Hrsg.): Zentralbereiche, Schäffer Verlag: Stuttgart 1993, S. 1-50

Organisatorische Einbindung von Zentralbereichen

Im Folgenden werden drei Modelle der organisatorischen Einbindung von Zentralbereichen dargestellt. Dies sind das Modell *Kernbereich*, das Modell *Richtlinienbereich* und das Modell *Servicebereich*.

Beim Modell *Kernbereich* ist eine bestimmte Aufgabe – z.B. Marketing, Rechnungswesen – aus dem Verantwortungsbereich der Geschäftsbereiche gänzlich ausgelagert und einer separaten organisatorischen Einheit, dem sog. Kernbereich, zugeordnet. Der Kernbereich ist somit selbständig, eigenverantwortlich und unternehmensweit für die ihm übertragenen Aufgaben tätig.

Im Modell *Richtlinienbereich* ist die Verankerung der Aufgaben – im Gegensatz zum Kernbereichsmodell – in Orgnisationseinheiten vorgesehen, die teils zentral und teils dezentral angesiedelt werden. Der Richtlinienbereich ist also zuständig für Grundsatzentscheidungen und ist dabei in Bezug auf die verankerte Aufgabe allein entscheidungsbefugt sowie gegenüber den nachgelagerten Organisationseinheiten weisungsberechtigt.

Beim *Servicebereich* sind die Geschäftsbereiche für die Entscheidungen über die Art der Aufgabenerfüllung verantwortlich. Sie erteilen zur Unterstützung dieser Verantwortung bestimmte Aufträge an den oder die zentralen Servicebereiche. Diese entscheiden dann selbständig über die Art und Weise der Aufgabenerfüllung.

Folgende Abbildungen verdeutlichen die genannten Modelle. Das erste Bild zeigt ein einfaches Modell der organisatorischen Einbindung eines Kernbereichs.

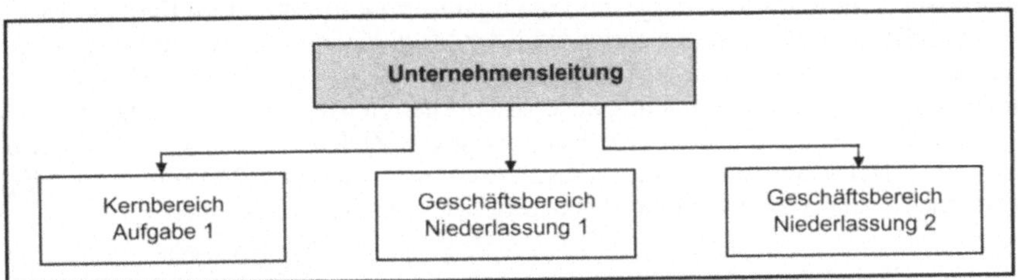

Bild C-6   Modell des Kernbereichs[12]

Dieses Bild zeigt die organisatorische Einbindung eines Richtlinienbereichs.

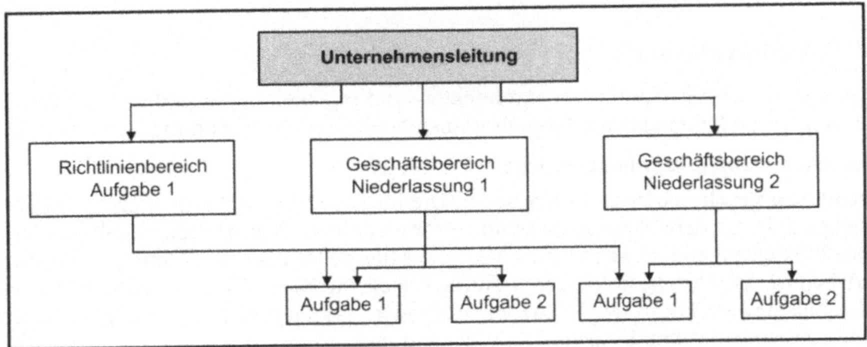

Bild C-7   Modell des Richtlinienbereichs[13]

---

[12] vgl. Frese, E./von Werder, A./Maly, W.: a.a.O., S. 36 f.
[13] vgl. Frese, E./von Werder, A./Maly, W.: a.a.O., S. 40

Das letzte Bild zeigt die organisatorische Einordnung von Servicebereichen.

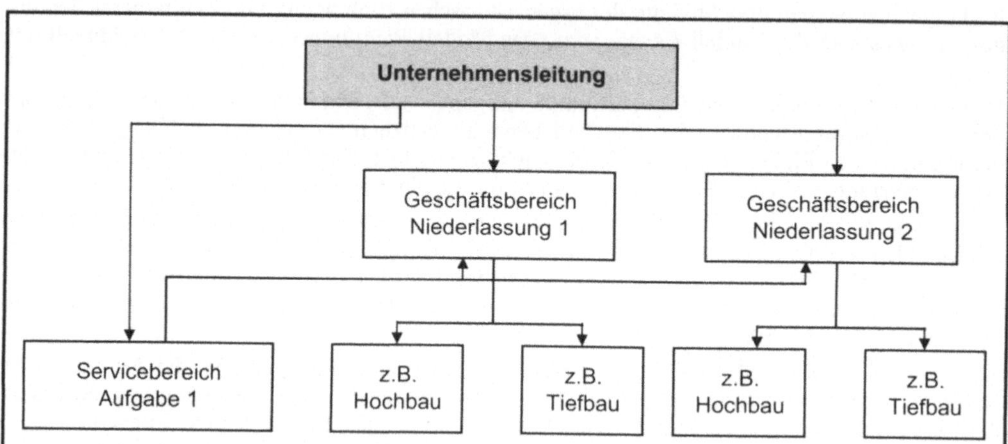

Bild C-8   Modell des Servicebereichs[14]

Zusammenfassend zu den beiden dargestellten Organisationsstrukturen im Bereich der Divisionalisierung – nämlich der Matrixorganisation und der Möglichkeiten der organisatorischen Einbindung von Zentralbereichen – muss auf folgendes hingewiesen werden. Der Ablauf der Entscheidungsprozesse und der optimale reibungslose Ablauf der Betriebsprozesse hängt im entscheidenden Maße davon ab, welche Methode der Festlegung von Zielen und welche Führungskonzeption angewandt wird. Der große Vorteil dieser Organisationsformen besteht auch in der Möglichkeit, das vorhandene Spezialwissen für Innovationsprozesse ausnützen zu können.[15]

1.2 Organisationsmodelle in der Bauwirtschaft

1.2.1 Einzelunternehmen

1.2.1.1 Planungsbeteiligte

Die organisatorischen Strukturen von Architektur- und Ingenieurbüros sind weitgehend identisch. Deshalb werden im Folgenden nur Organisationsmodelle von Architekturbüros dargestellt.

Beispiel eines kleinen Architekturbüros

Das Architekturbüro beschäftigt 3 Mitarbeiter. Die überwiegende Zahl der kleinen Architekturbüros besteht i.d.R. aus dem Büroinhaber und Bürohilfskräften. Nur im Bedarfsfall werden weitere Fachleute hinzugezogen und zwar häufig als freie Mitarbeiter oder im Rahmen von zeitlich befristeten Arbeitsverträgen. Diese kleineren Büros bieten im Normalfall für kleinere Bauvorhaben das volle Leistungsspektrum der HOAI an. Besondere organisatorische Festlegungen sind nicht nötig und werden in der Praxis auch nicht vorgenommen.

---

[14] vgl. Frese, E./von. Werder, A./Maly, W.: a.a.O., S. 42
[15] vgl. Wöhe, G.: a.a.O., S. 193

Beispiel eines mittleren Architekturbüros

Das Büro hat 8 fest angestellte Mitarbeiter. Dies sind fünf Mitarbeiter für die Objektplanung und jeweils ein Mitarbeiter für das Kostenmanagement bzw. das Projektmanagement/Projektsteuerung. Komplettiert werden die Büroangestellten durch eine Sekretärin, die auch die Buchführung übernimmt.

Das Büro hat vorwiegend Aufträge in den Bereichen:

- Ein- und Mehrfamilienhäuser
- Schulen und kleine Freizeitzentren
- Altenwohnheime

Es erbringt als klassisches Architektenbüro nur die Leistungsphasen 1 bis 4 der HOAI, womit es sich sehr stark spezialisiert hat. Notwendige Leistungen von Fachingenieuren werden von externen Büros erbracht und in die Planung integriert. Von diesem Architektenbüro wird die Vergabe der gesamten Bauleistung einschließlich der Leistungsphasen ab der Phase 5 der HOAI an einen Generalunternehmer vorbereitet. Die Angebote der Generalunternehmer werden bewertet und dem Bauherrn wird ein Vergabevorschlag vorgelegt. Mitunter werden wichtige Detaillösungen, Baubeschreibungen und die künstlerische Oberleitung als Sonderleistungen erbracht.

Aufgaben in Architekturbüros werden am besten in „herrschaftsfreien" Formen der interdisziplinären Zusammenarbeit gelöst. Dazu werden Teams gebildet, welche unter der Leitung eines „Primus inter Pares" arbeiten. Im nachfolgenden Strukturbild ist diese Teambildung wie folgt dargestellt: Objektplaner, Projektsteuerer und Kostenmanager sind während der HOAI-Phase 1 zu einem Team zusammengefasst. Die Funktion des „Primus inter Pares" ist zeichnerisch durch eine stärkere Umrandung hervorgehoben. Damit ergibt sich folgende Struktur:

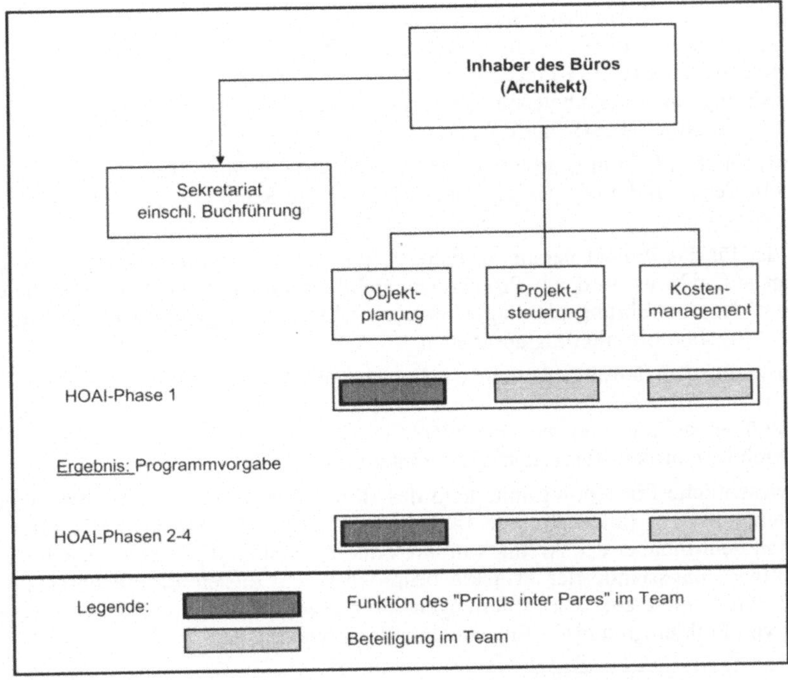

Bild C-9   Beispiel einer Organisationsstruktur eines mittleren Architekturbüros

Beispiel eines großen Architekturbüros

Das Büro hat etwa 90 fest angestellte Mitarbeiter. Es übernimmt Architekturaufgaben u.a. in den Bereichen Bürogebäude, Kaufhäuser, Gebäude für Industrie- und Gewerbeanlagen.

Es erbringt die gesamten Leistungen der Leistungsphasen 1 bis 9 der HOAI. Neben reinen Architektenleistungen werden auch Ingenieurleistungen der technischen Gebäudeausrüstung erbracht. Die anderen zur kompletten Planung erforderlichen Leistungen, nämlich Tragwerksplanung, Schallschutz, Raumakustik etc. werden von anderen Planungsbüros erstellt und in die Planungsarbeit integriert.[16]

Das Architekturbüro plant nicht nur Neubauten, sondern auch Umbauten, Modernisierungen und Erweiterungen. Deshalb wurde neben der technischen Gebäudeausrüstung noch eine kleine Abteilung „Facility Management" installiert.

Außerdem hat das Architekturbüro eine eigene Abteilung Projektsteuerung aufgebaut. Sie ist für die reibungslose Zusammenarbeit zwischen Architekten und Fachingenieuren verantwortlich. Die Abteilung Projektsteuerung übernimmt neben internen auch externe Projektsteuerungsaufgaben.

Für Kostenermittlungen, Kostenüberwachungen, Kostenfeststellungen und für die Prüfung der wirtschaftlichen und baubetrieblichen Realisierbarkeit der Projekte wurde eine Abteilung „Kostenmanagement" eingerichtet.

Bei Bedarf vergibt das Büro Arbeiten an andere Architekturbüros bzw. es beschäftigt zusätzlich freie Mitarbeiter. Auch in diesem Büro werden für die einzelnen Projekte Projektteams gebildet, deren „Primus inter Pares" im nachfolgenden Strukturbild – bezogen auf die jeweiligen Honorarphasen – wieder gesondert hervorgehoben ist.

Das Architekturbüro hat eine Trennung der Fachkompetenzen in 5 Ebenen vorgenommen, nämlich:

- Beratungsfunktion bis zur Programmvorgabe (HOAI-Phase 1)
- Entwurfsplanung bis zur Genehmigungsplanung (HOAI-Phase 2-4)
- Ausführungsplanung (HOAI-Phase 5)
- Ausschreibungs- und Vergabeleistungen (HOAI-Phase 6 und7)
- Bauleitungsfunktion (HOAI-Phase 8 und 9)

Bei der Aufgabenformulierung arbeiten alle Abteilungsleiter mit. Die Lösung dieser Aufgabe wird in einem Team erarbeitet, bei dem der Architekt die Rolle des „Primus inter Pares" übernimmt.

Dann wird der für das Projekt verantwortliche Projektsteuerer bestimmt. Dieser baut die Projektorganisation auf, d.h. es wird ein Projektteam gebildet, welches die Planungsarbeiten bis zur Fertigstellung der Ausführungsplanung übernimmt. Dies kann gegebenenfalls auch schon im Rahmen der Aufgabenformulierung geschehen.

Die fertig gestellte Ausführungsplanung wird an den Projektsteuerer weitergegeben, der in Zusammenarbeit mit Mitarbeitern der anderen Abteilungen die Auftragsvergabe vorbereitet und dann die Bauüberwachung und die Dokumentation übernimmt. Bei der Bauüberwachung wird häufig ein Architekt zur künstlerischen Oberleitung eingeschaltet.

Eine ganz wesentliche Einrichtung innerhalb des Büroalltags ist der sogenannte „Jour Fix". An einem feststehenden Tag (alternativ alle 14 Tage bzw. einmal im Monat) treffen sich die Abteilungsleiter mit dem Inhaber des Architekturbüros und es werden die jeweils anstehenden Probleme bzw. Entwicklungsstände der Projekte besprochen. Zu diesen Besprechungen werden bei Bedarf auch Mitarbeiter aus den Abteilungen hinzugezogen, wenn spezielles Fachwissen zur Erläuterung von Problemen und für Entscheidungen notwendig ist.

---

[16] Hier gibt es in der Praxis die unterschiedlichsten Handhabungen. Viele große Architekturbüros haben z.B. eigene Tragwerksplaner und/oder Statiker bzw. auch eigene Städte- und Landschaftsplaner.

Damit ergibt sich folgende Struktur:

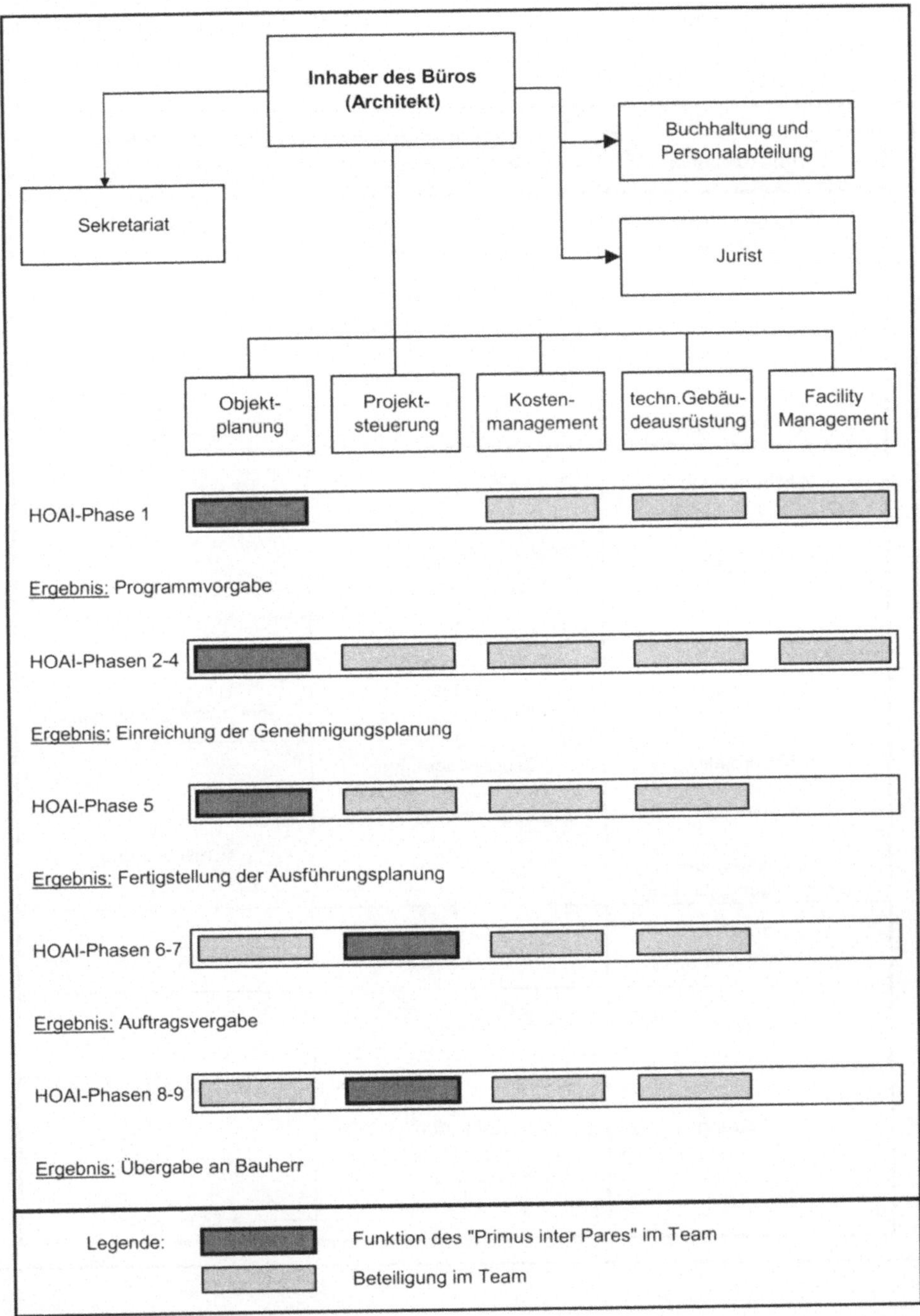

Bild C-10 Beispiel einer Organisationsstruktur eines großen Architekturbüros

Neben der im Bild C-10 gezeigten Organisationsstruktur soll folgendes Bild zusätzlich den organisatorischen Ablauf einer Projektabwicklung zeigen. Neben den Begriffen aus der HOAI sind weitere Angaben vorgenommen worden, um die Sachverhalte zu konkretisieren und zu veranschaulichen.

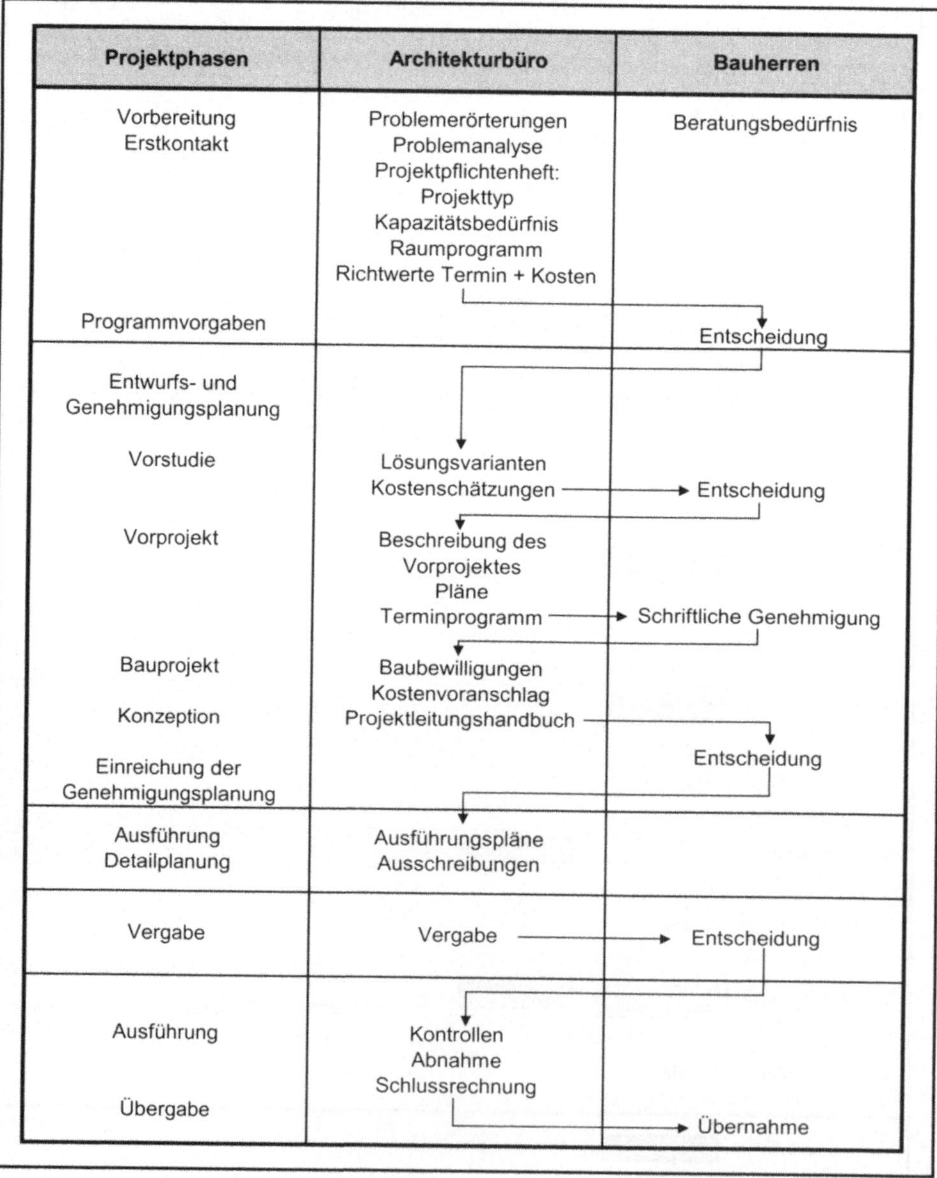

Bild C-11 Organisation einer Projektabwicklung

1.2.1.2 Bauausführende Unternehmen

Bei diesen Beispielunternehmen handelt es sich um Industrie- und Handwerksunternehmen des Bauhaupt- und des Ausbaugewerbes. Wie unter Punkt B 1.3.4 gezeigt, haben rund 90 % der Unternehmen in diesem Bereich weniger als 50 Mitarbeiter. Rund 10 % haben zwischen 50 und 499 Mitarbeiter und nur wenige Unternehmen haben mehr als 500 Mitarbeiter. In Bezug auf diese Unterteilung werden im Folgenden drei Beispiele von bauausführenden Unternehmen gezeigt, nämlich ein kleines, ein mittelgroßes und ein großes Unternehmen.

Beispiel eines kleinen bauausführenden Unternehmens

Bei dem vorliegenden Beispiel handelt es sich um ein Dachdeckerunternehmen mit 20 Mitarbeitern und einem Aktionsradius von ca. 50 km. Das Unternehmen wird von zwei Brüdern geführt. Der Ältere ist Dachdeckermeister und verrichtet die technischen Aufgaben der Auftragsbeschaffung, Kalkulation, Arbeitsvorbereitung, Bauleitung und Abrechnung. Der jüngere Bruder ist Kaufmann. Er ist zuständig für Einkauf, Buchhaltung, Personalabrechnung, Rechnungslegung, Bankverkehr etc.

Die Inhaber von kleinen Handwerksbetrieben kann man ohne weiteres als Universalmanager bezeichnen, da diese alle technischen und kaufmännischen Aufgaben der Unternehmensführung konzentriert auf sich vereinigen. Für dieses kleine Unternehmen ergibt sich folgende Struktur:

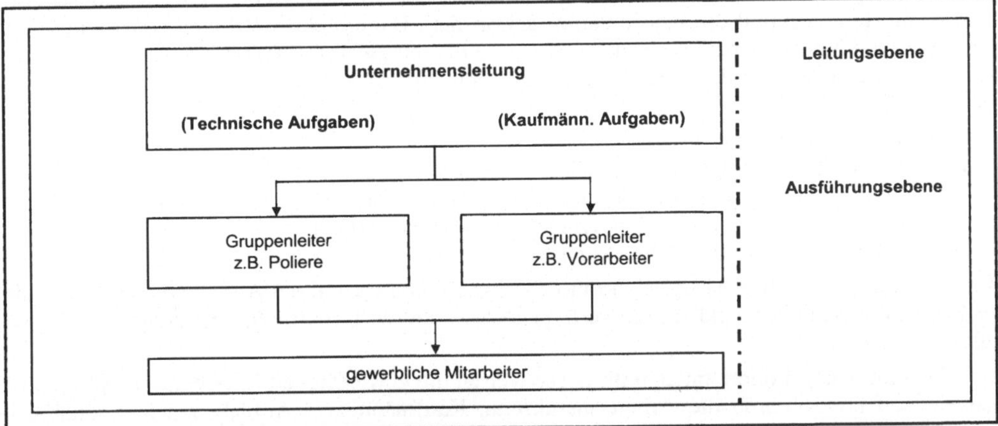

Bild C-12 Beispiel einer Organisationsstruktur eines kleinen bauausführenden Unternehmens

Auf einen Gesichtspunkt wird hier noch besonders hingewiesen. Durch die geringe Tiefe und Breite dieser Organisation können die Anordnungen der Unternehmensleitung schnell an die ausführenden Mitarbeiter weitergegeben werden und daher trotz der vorherrschenden Linienorganisation sehr flexibel.

Beispiel eines mittelgroßen bauausführenden Unternehmens

Bei diesem Unternehmen handelt es sich um ein Bauunternehmen, welches traditionelle Bauaufgaben ausführt, nämlich Rohbauarbeiten in den Bereichen Industrieanlagen, Ingenieur- und Hochbauten. Es beschäftigt durchschnittlich 350 Mitarbeiter. Das Unternehmen hat seinen Sitz in einer nordrhein-westfälischen Großstadt und ist in ganz Nordrhein-Westfalen tätig. Im Gegensatz zu den kleinen Unternehmen sind bei dieser Größenordnung zusätzliche organisatorische Maßnahmen notwendig, nämlich:

- Die verschiedenen technischen und kaufmännischen Tätigkeiten müssen auf mehrere Stellen bzw. Abteilungen verteilt werden.
- Es werden drei Leitungsebenen eingerichtet.

- Da große Bauprojekte erstellt werden, müssen die Baustellen als eigene Projektorganisationen aufgebaut werden. Diese werden wiederum in die Unternehmensorganisation integriert.
- Häufig haben Unternehmen solcher Größenordnungen bereits Hilfsbetriebe, wie z.B. einen Bauhof und/oder Werkstätten. Auch diese Hilfsbetriebe müssen organisatorisch in das Unternehmen integriert werden.
- Die Hilfsbetriebe sind in aller Regel der Oberbauleitung unterstellt.

Das Unternehmen ist wie folgt strukturiert:

Die Abteilungen der 1. Leitungsebene haben sowohl unternehmensbezogene als auch auftragsbezogene Aufgaben. Die Abteilungsleiter der 1. Leitungsebene sind in strikter Linienorganisation der Unternehmensleitung zugeordnet. Bei Bedarf arbeiten Abteilungen auch direkt miteinander zusammen, ohne dass die Unternehmensleitung eingeschaltet wird. Hier ist somit der Ansatz einer Mehrlinienorganisation gegeben. Die Ergebnisse der auftragsbezogenen Aufgaben, z.B. der Arbeitsvorbereitung oder des technischen Büros, werden über die Oberbauleiter an die Bauleiter übermittelt. Dadurch ist eine strikte Linienorganisation von der 2. in die 3. Leitungsebene festgelegt.

Die Unternehmensleitung hat eine Reihe von Abteilungen zu ihrer Entlastung. Sie kann sich nun auch intensiv mit Kundenbetreuung und mit strategischen Aufgaben befassen.

Die 2. Leitungsebene besteht aus den Oberbauleitern bzw. Projektleitern. Deren wichtigste Aufgabe ist die Führung und die Koordination der an dem Bauprojekt beteiligten Mitarbeiter. Von den unterschiedlichen Abteilungen der 1. Ebene erhalten sie Informationen und teilweise auch Vorgaben, was wiederum der Mehrlinienorganisation entspricht. Daneben sind sie auch zuständig für:

- Kontaktpflege zu Bauherrn
- Einhalten des Bauvertrages einschl. Claimmanagement
- Auswahl der Nachunternehmer einschl. Abschluss der Nachunternehmerverträge
- Überprüfung der Leistungsmeldungen und Rechnungslegungen
- Auswertung der Controlling-Unterlagen

Die 3. Leitungsebene beschäftigt sich mit den eigentlichen operativen Aufgaben. Die Leiter dieser Ebene, die Bauleiter, sind für die vertragsgemäße und wirtschaftliche Erstellung des Bauprojektes verantwortlich.

Den Bauleitern sind Poliere unterstellt. Diese weisen die gewerblichen Mitarbeiter in ihre Aufgaben ein und kontrollieren die Arbeitsausführung. Kaufmännische Aufgaben, wie Lohnabrechnung, Geräteabrechnung, Materialabrechnung, Erstellung der Baubilanzen werden in der Regel nicht auf den Baustellen erbracht. Diese Aufgaben werden von den Abteilungen der 1. Leitungsebene als Serviceleistungen zur Verfügung gestellt. Mit diesen Festlegungen ergibt sich die Organisationsstruktur gemäß Bild C-13 auf der folgende Seite.

Beispiel eines großen bauausführenden Unternehmens

Die Geschäftätigkeit des Unternehmens erstreckt sich auf sämtliche Gebiete des Bauwesens. Die Leistungen umfassen den Allgemeinen Bau mit der Erstellung von Wohnungs-, Wirtschafts-, Hoch- und Tiefbauten aller Art, den Verkehrswegebau und die Baustoffgewinnung.

Das Unternehmen ist im Roh- und Ausbau tätig und führt viele Bauvorhaben auch als Generalunternehmer schlüsselfertig aus.

Zwar ist der Allgemeine Bau das Kerngeschäft des Baukonzern, aber in den letzten Jahren hat der Baukonzern rechtzeitig auf veränderte Marktanforderungen reagiert und Spezialbereiche wie Energie- und Umwelttechnik, Sanierung von Bausubstanzen, Anlagenbau etc. aufgebaut. Auch der Bereich „Service rund um das Bauwerk und die Anlage", also Entwickeln, Planen, Bauen, Verwalten und Betreiben von Bauten und Anlagen – kurzum die Projektentwicklung im weitesten Sinne – wurde in das Aufgabenspektrum aufgenommen.

Außerdem hat das Unternehmen mehr als 50 Tochter- und Beteiligungsgesellschaften im In- und Ausland, die sich auf Spezialaufgaben, wie z.B. Projektentwicklungen, Umwelttechnik, Kanalisierung, Betonsanierung und Erhaltung, konzentrieren.

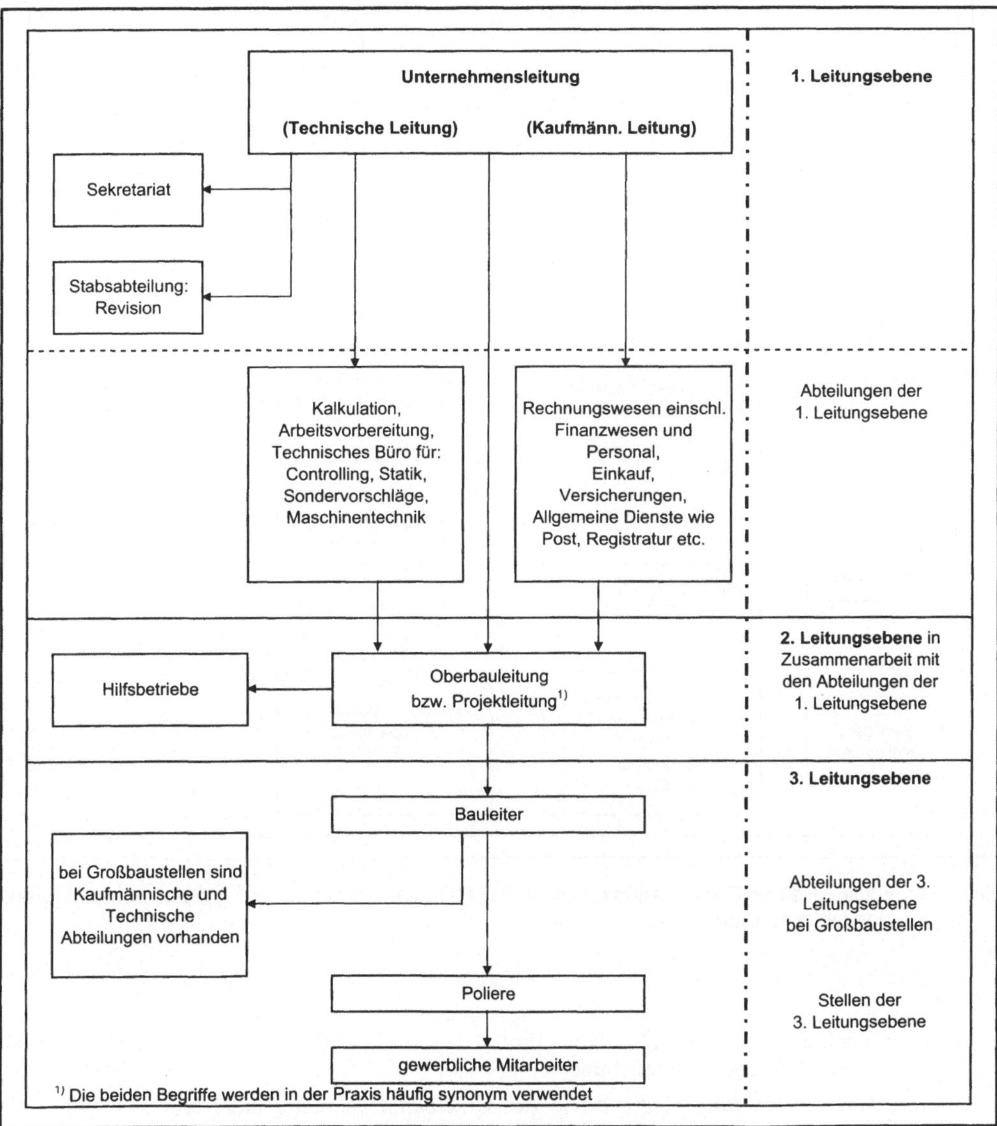

Bild C-13   Beispiel der Organisationsstruktur eines mittelgroßen bauausführenden Unternehmens

Das „große" bauausführende Unternehmen hat gegenüber dem dargestellten „mittelgroßen Unternehmen" zusätzliche organisatorische Eigenheiten. Hierbei wird zunächst auf der folgenden Seite auf die Hauptverwaltung eingegangen, die dann erläutert wird.

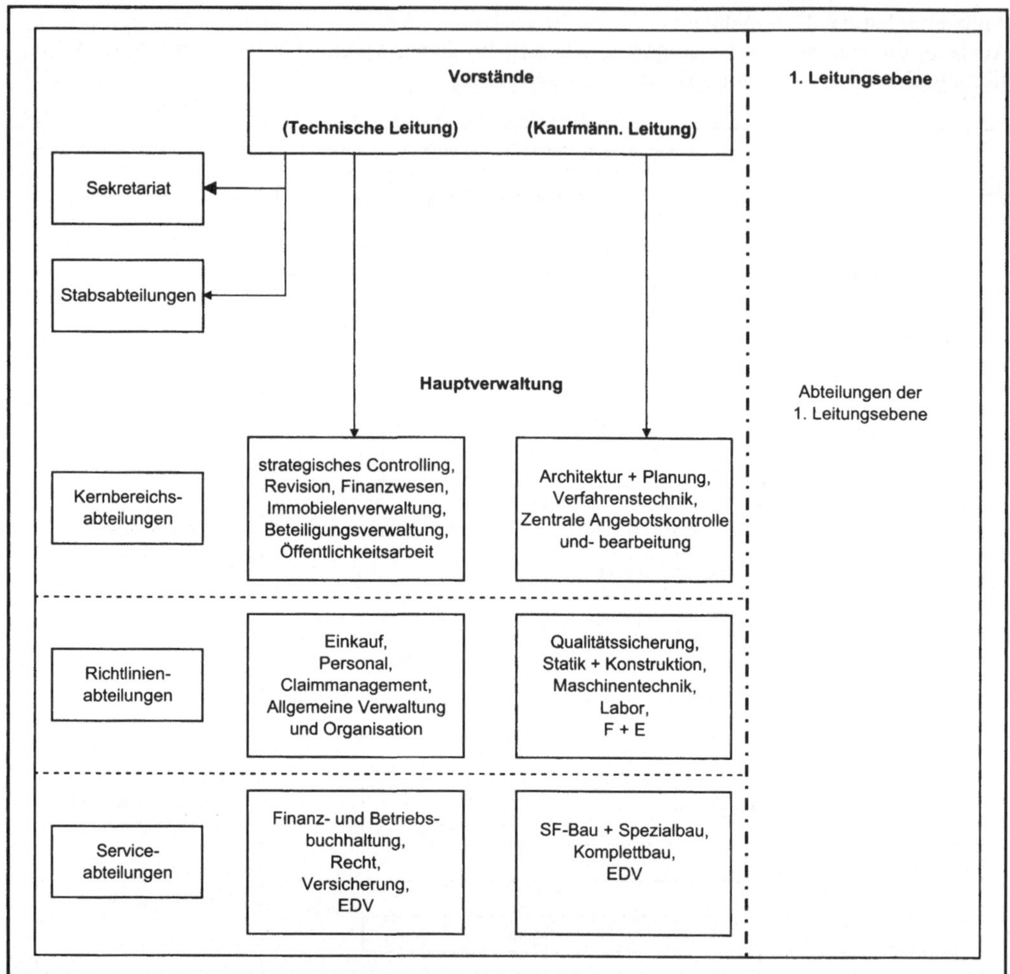

Bild C-14 Beispiel einer Organisationsstruktur der Hauptverwaltung eines großen bauausführenden Unternehmens

Erstens:

- Das Unternehmen hat in der Hauptverwaltung, dem Sitz der Unternehmensleitung, drei Zentralbereiche organisatorisch eingebunden und zwar:
  - *Kernbereichsabteilungen*, die direkt der Unternehmensleitung unterstellt sind, wie z.B. strategisches Controlling, Revision, Finanzwesen, Zentrale Angebotskontrolle, Beteiligungsverwaltung, Öffentlichkeitsarbeit.
  - *Richtlinienabteilungen*, wie z.B. Einkauf, Personal, Allgemeine Verwaltung, Statik und Konstruktion, Qualitätssicherung, Maschinentechnik, Forschung und Entwicklung.
  - *Serviceabteilungen*, um die Niederlassungen und Tochtergesellschaften zu entlasten. So werden z.B. die für das Rechnungswesen notwendigen Zahlen und Daten dezentral in den Niederlassungen erfasst. Die Monats-, Quartals- und Jahresabschlüsse werden jedoch zentral

durch die entsprechende Serviceabteilung erstellt. Serviceabteilungen sind bspw. Finanz- und Betriebsbuchhaltung, Recht und Versicherung, EDV, Bauhöfe und Werkstätten, Schlüsselfertiges Bauen und Spezialbauten.

- *Stabsabteilungen* sind mit Sonderaufgaben betraut, wie z.B. der Erarbeitung von strategischen Planungen oder Klärung von Rechtsfragen bei Bauverträgen und sonstige Rechtsangelegenheiten.

Zweitens:

Um ein effektives Marktmanagement zu erreichen und potenziellen Kunden möglichst nahe zu sein, hat das Unternehmen räumlich klar abgegrenzte Niederlassungen errichtet, die wiederum in Zweigniederlassungen unterteilt sind.

Die Niederlassungen sind ähnlich strukturiert wie die Hauptverwaltung. Die Niederlassungsleitungen unterstehen zwar unmittelbar der Unternehmensleitung, sie sind jedoch hinsichtlich der Aufgabenerfüllung, was im Wesentlichen die Auftragsakquisition und -abwicklung bedeutet, weitgehend selbständig. Die Aufgabenerfüllung wird durch eigenständige Abteilungen vorgenommen. Diese Abteilungen unterstehen ausschließlich der Niederlassungsleitung.

Ein Beispiel soll dies erläutern: In der Hauptverwaltung wurde ein strategisches Controlling eingerichtet. Gleichzeitig haben verschiedene Niederlassungen und Tochtergesellschaften eigene operative Controlling-Abteilungen aufgebaut. Diese operativen Controlling-Abteilungen liegen nicht im Einflussbereich der Unternehmensleitung, d.h. ob und in welchem Umfang das operative Controlling ausgeführt wird, liegt allein im Zuständigkeitsbereich der Niederlassungen bzw. der Tochtergesellschaften.

Weitere autarke Abteilungen sind üblicherweise bei jeder Niederlassung bzw. Tochtergesellschaft eingerichtet, nämlich:

- kaufmännische Abteilungen: Allgemeine Verwaltung und Organisation, Finanz-, Lohn- und Gehaltsbuchhaltung, Einkauf, ARGE-Verwaltung.
- technische Abteilungen, die unmittelbar auftragsbezogen arbeiten: Kalkulation, Arbeitsvorbereitung, Bauausführung, Abrechnung und Claimmanagement.

Daneben gibt es Abteilungen, die im Bedarfsfall bei der Auftragserfüllung eingeschaltet werden. Dies sind Statik und Konstruktion, Maschinentechnik, Bauhöfe und Werkstätten, Labore, technische und kaufmännische EDV und Qualitätssicherung.

Mitunter kann es sinnvoll sein, große Niederlassungen nach Sparten, z.B. Hochbau, Ingenieurbau bzw. Tiefbau zu unterteilen. Für Aufgaben, die nicht zu dem klassischen Geschäft eines Bauunternehmens und damit zu Aufgaben einer Niederlassung gehören, wie z.B. Projektentwicklung oder Umwelttechnik, wurden Tochtergesellschaften gegründet.

Drittens:

Die Zweigniederlassungen sind den Niederlassungsleitungen unterstellt. Die Zweigniederlassungen sind für das eigentliche operative Geschäft zuständig und deshalb sind hier nur technische Abteilungen eingerichtet. Diese erbringen die auftragsbezogenen Aufgaben, also Kalkulation, Arbeitsvorbereitung, operatives Controlling.

Eine kleine kaufmännische Abteilung erfasst die Daten und Zahlen für das Rechnungswesen und den Zahlungsverkehr und regelt die ARGE-Verwaltung.

Die Erstellung der Monats-, Quartals- und Jahresabschlüsse, sowie die Abwicklung des Zahlungsverkehrs, werden von den zentralen Serviceabteilungen der Hauptverwaltung durchgeführt.

Die Abwicklung der Bauaufträge geschieht in der klassischen hierarchischen Ordnung:
- Oberbauleiter, der mehrere Baustellen betreut,
- Bauleitern, die je nach Auftragsgröße eine oder mehrere Baustellen betreuen,
- Poliere und gewerbliche Mitarbeiter.

Die Baustellen wiederum werden bei Bedarf unterstützt durch technische und kaufmännische Abteilungen der Niederlassungen, z.B. bei der Bearbeitung technischer Probleme im Rahmen der Baustelleneinrichtung oder der Ablauforganisation bzw. die buchhalterische Abwicklung des Bauauftrages über die Lohnbuchhaltung bis hin zum Erstellen der baustellenbezogenen kurzfristigen Erfolgsrechnung.

Viertens:

Das Auslandsgeschäft wird von einer ausgelagerten Abteilung „Auslandsbau" mit Niederlassungscharakter betreut.

Damit hat das Unternehmen folgende Organisationsstruktur:

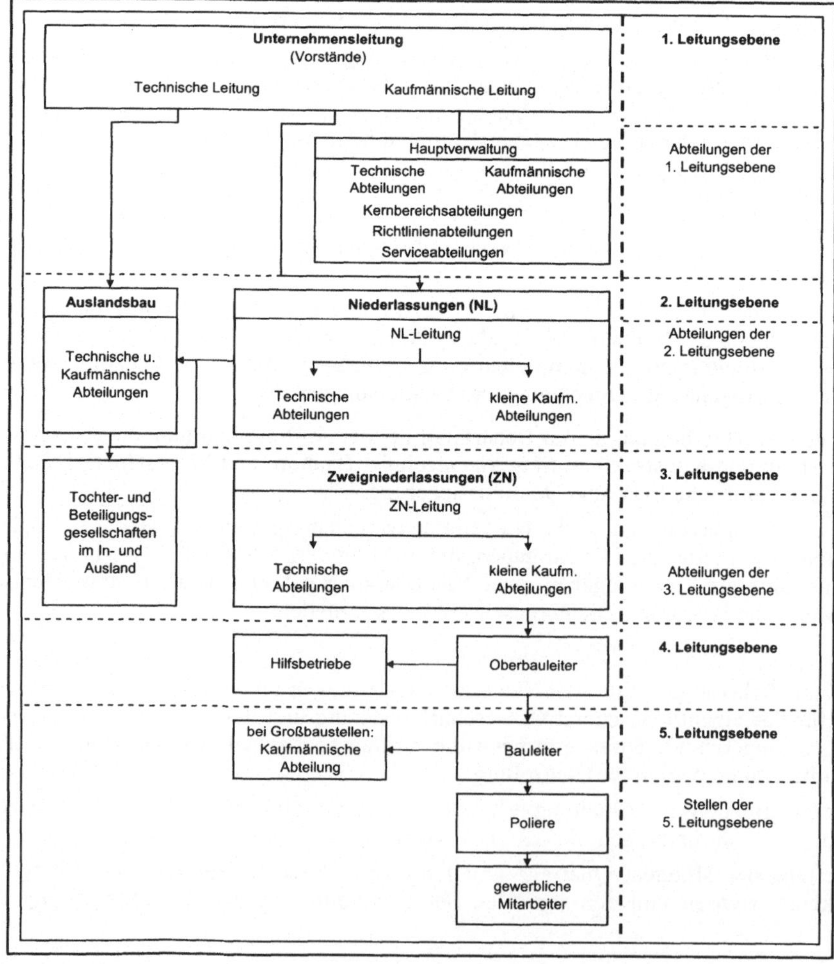

Bild C-15 Beispiel einer Organisationsstruktur eines großen bauausführenden Unternehmens

1.2.1.3 Projektentwickler

Im Teil A 3 wurden folgende Arten von Projektentwicklern herausgearbeitet.

- Projektentwickler im engeren Sinne
  Sie erarbeiten folgende Leistungen: Projektidee, Bedarfsanalyse, Standortanalyse, Planungs- und Nutzungskonzept, Grunderwerb und Finanzierung. Diese Leistungen werden entweder als Auftrag für einen Bauherrn bzw. Auftraggeber erbracht oder ohne Auftrag erstellt und am Markt angeboten.
- Projektentwickler im weiteren Sinne
  Diese übernehmen zusätzlich zu den vorgenannten Tätigkeiten die Planung und die Überwachung der Herstellung des Bauprojektes.
- Projektentwickler im weiteren Sinne mit Nutzung bzw. Betreiben der Bauprojekte.

Wie bereits dargelegt, werden Projektentwicklungen im engeren Sinne von freiberuflich tätigen Architekten, Ingenieuren oder Projektentwicklern angeboten. Auch Investoren und offene oder geschlossene Immobilienfonds betreiben Projektentwicklungen für Spezialimmobilien wie Kliniken, Altenheime, Gewerbeparks. Ebenso haben größere Industrieunternehmen Bauabteilungen eingegliedert, die selbständig Projektentwicklungen betreiben. Mittlerweile sind auch viele bauausführende Unternehmen im Geschäftsfeld „Projektentwicklung" tätig. Dabei sind in aller Regel die Verantwortungsbereiche von Projektentwicklung und Bauausführung getrennt.

In der Praxis haben sich in Bezug auf die organisatorische Eingliederung der Projektentwicklung in bauausführende Unternehmen folgende Varianten entwickelt.

- Die Unternehmen haben bereits Tochtergesellschaften, welche als Immobiliengesellschaften Betriebsgrundstücke, Werkswohnungen etc. verwaltet haben. Diese Tochtergesellschaften übernehmen zusätzlich Projektentwicklungen und bauen entsprechende Kapazitäten auf.
- Bei Niederlassungen sind aufgrund von Bauherrenaufträgen bereits eigene Abteilungen eingerichtet worden, die einzelne Leistungen der Projektentwicklung abdecken.
- Zur Übernahme von Projektentwicklungen werden eigene Beteiligungsgesellschaften gegründet, deren Geschäftsführungen dem Vorstand der Muttergesellschaft unterstehen. Diese Beteiligungsgesellschaften bauen ihrerseits Niederlassungen auf, um flächendeckend und kundennah das Geschäftsfeld „Projektentwicklungen" abzudecken. Die Beteiligunggesellschaften werden von Zentralen Serviceabteilungen der Muttergesellschaft unterstützt, wie z.B. Rechts- und Vertragswesen, Marketing und Öffentlichkeitsarbeit, Qualitätssicherung.
- Werden von bauausführenden Unternehmen Projektentwicklungen im weiteren Sinne angeboten, dann ist im Hinblick auf die hierfür notwendigen Projektleiter eine erhebliche gedankliche Umorientierung notwendig. Da der wirtschaftliche Blickwinkel bei diesem Geschäftsfeld von überragender Bedeutung ist, müssen umfangreiche kaufmännische bzw. immobilienökonomische Kenntnisse vorhanden sein. Die Praxis hat gezeigt, dass in vielen Fällen ein einfaches „Umschulen" von Bauingenieuren und Architekten nicht ausreichend ist.

Bei Projektentwicklungen werden im Vergleich zu bauausführenden Unternehmen eine Reihe zusätzlicher Aufgaben übernommen. Dies hat auch eine unmittelbare Auswirkung auf die Organisationsstrukturen der Projektentwicklungsunternehmen. Im Folgenden werden zwei mögliche Organisationsstrukturen von Projektentwicklungsunternehmen dargestellt.

Projektentwickler im engeren Sinne

Bei diesem Unternehmen sind in Abhängigkeit der Größe des Unternehmens mehrere Abteilungen aufgebaut. Die einzelnen Projekte werden im Sinne der Projektorganisation durch Teams bearbeitet. Diese Teams werden aus Mitarbeitern der verschiedenen Abteilungen zusammengestellt. Diese Zusammenstellung hängt vor allem von der Art und der Größe des zu bearbeitenden Projektes ab. Die Arbeiten der einzelnen Mitarbeiter werden von einem Projektleiter koordiniert. Oftmals handelt es sich um Einliniensysteme, da es sich aufgrund der häufig kleinen Unternehmensgröße immer noch als ausreichend flexibel erweist. Im Rahmen der Organisation sind hier teilweise Parallelen zu Planungsbüros aus der Objekt- und Tragwerksplanung zu erkennen.

Projektentwickler im weiteren Sinne

Nach der Entwicklung und Planung des Bauprojektes durch den Projektentwickler wird zur Herstellung des Bauprojektes häufig ein Generalunternehmer eingeschaltet. Dabei verbleibt die Aufgabe der Überwachung der Leistungserbringung beim Projektentwickler bzw. er bedient sich eines Projektsteuerers. Die Komplexität dieser Form der Projektentwicklung erfordert spezielles Know-how, welches in Abteilungen angesiedelt sein kann. Wird dies den einzelnen Projektleitern zur Verfügung gestellt, haben Mehrlinienorganisationen Auswirkung auf die Gestaltung der Unternehmensorganisation. Ist die Projektentwicklung im Auftrag eines Bauherrn erstellt worden, dann wird sie nach Fertigstellung an den Bauherrn übergeben. War der Projektentwickler selbst der Bauherr, dann wird er versuchen, das Projekt am Markt zu veräußern.

Projektentwickler im weiteren Sinne mit Nutzung der Bauprojekte

Dabei wird unterschieden, ob der Projektentwickler das Bauprojekt zunächst selbst betreibt und zu einem späteren Zeitpunkt das Bauprojekt an andere Nutzer übergibt oder ob der Projektentwickler das Bauprojekt über die gesamte Nutzungsdauer selbst betreibt. Auch das Betreiben durch den Projektentwickler im Auftrag des Bauherrn ist in der Praxis anzutreffen. In den genannten

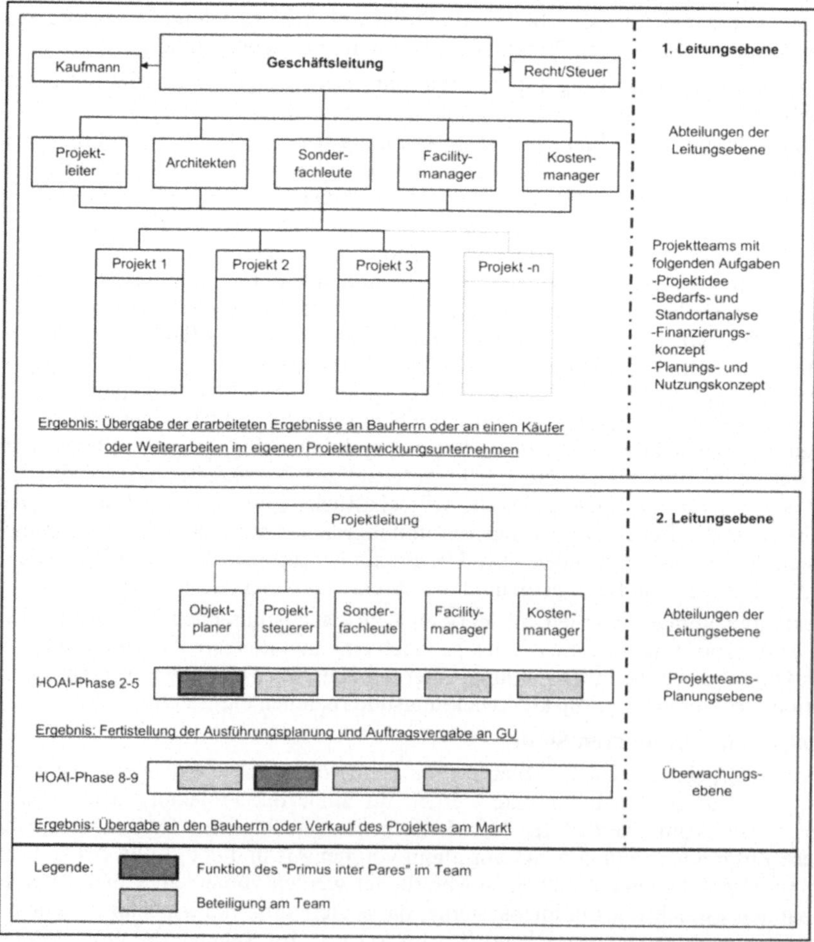

Bild C-16 Beispiel einer Organisationsstruktur eines Projektentwicklers im weiteren Sinne

Fällen erweitert sich das Aufgabenfeld des Projektentwicklers um weitere Aufgaben. Dies können Verhandlungen mit Investoren und Betreibern bzw. die Projektverwaltung und das Facility Management sein. Ein Beispiel einer Organisationsstruktur eines Projektentwicklers im weiteren Sinne ist auf der vorherigen Seite in Bild C-16 dargestellt.

1.2.2 Unternehmensverbindungen

Ein Unternehmen kann sich aus verschiedenen Gründen mit anderen Unternehmen verbinden. Solche Gründe können sein:

- gemeinsame Entwicklung von Marktstrategien
- Risikoteilung (z.B. bei Forschung und Entwicklung, bei Projektentwicklungen und Großaufträgen)
- Sicherung von günstigen vorgelagerten Produktionsstufen
- Steuerung von Konkurrenzverhalten
- gemeinsame Finanzierung von Projekten
- Nutzung von Wachstums- und Gewinnpotenzialen anderer Branchen
- Eintritt in ausländische Märkte

Es gibt verschiedene Formen von Unternehmensverbindungen, mit welchen die genannten Ziele erreicht werden können. Im Hinblick auf den Grad der rechtlichen und wirtschaftlichen Selbständigkeit der verbundenen Unternehmen kann man zwischen Kooperationen und Konzentrationen unterscheiden.

Die Kooperation findet auf der Basis einer freiwilligen Zusammenarbeit von Unternehmen statt, die rechtlich und auch wirtschaftlich in den Unternehmensbereichen selbständig bleiben, die nicht der vertraglichen Zusammenarbeit unterworfen sind. Eine Konzentration von Unternehmen liegt vor, wenn die Partner einer Unternehmensverbindung entweder ihre wirtschaftliche Selbständigkeit verlieren oder zusätzlich noch ihre rechtliche Selbständigkeit aufgeben.[17]

1.2.2.1 Kooperationen

Im Folgenden werden diese Möglichkeiten von Kooperationen dargestellt:

- partnerschaftliche Zusammenarbeit
- Arbeitsgemeinschaften
- strategische Allianzen
- Holding
- Kartelle

Partnerschaftliche Zusammenarbeit

Eine Möglichkeit der partnerschaftlichen Zusammenarbeit ist die Bildung von Kooperationen, z.B. in Form von Handwerkergemeinschaften für die Abwicklung von Modernisierungs- und Sanierungsmaßnahmen. Unter dem Stichwort „Moderniesierung aus einer Hand" bieten immer mehr handwerkliche Betriebe eine schlüsselfertige Totalsanierung oder -renovierung von Gebäuden oder Wohnungen an. Dabei steht die partnerschaftliche und gleichberechtigte Zusammenarbeit verschiedener Gewerke im Vordergrund. Diese ist gleichbedeutend wie die Zusammenarbeit zwischen Auftraggebern, Architekten und anderen Fachplanern.

Eine weitere Kooperationsmöglichkeit sind die Mittelstandskartelle gemäß § 4 des Gesetzes gegen Wettbewerbsbeschränkungen (GWB). Verfahrenstechnisch gehören Mittelstandskartelle zu den Widerspruchskartellen, die durch Anmeldung und Nichtwiderspruch innerhalb einer Frist

---

[17] vgl. Wöhe, G.: a.a.O., S. 406 f.

von drei Monaten der Kartellbehörde Wirksamkeit erlangen, falls folgende Freistellungsvoraussetzungen erfüllt sind:

- Rationalisierung wirtschaftlicher Vorgänge durch Vereinbarung und Beschlüsse.
- Keine wesentliche Beeinträchtigung des Wettbewerbs auf dem betrachteten Markt.
- Die Vereinbarung dient dazu, die Wettbewerbsfähigkeit kleiner oder mittlerer Unternehmen zu verbessern.

Wann genau ein mittelständisches Unternehmen im Sinne des § 4 GWB vorliegt, ist nach Größe und Struktur des relevanten Marktes und nach der Größe der Konkurrenzunternehmen zu beurteilen. Die in § 35 GWB für die Fusionskontrolle genannte Bagatellgrenze von 25 Mio. Euro Jahresumsatz kann auch hier ein Anhaltspunkt dafür sein, dass unterhalb dieser Grenze nur in Ausnahmefällen ein Großunternehmen vorliegen kann. Die praktische Bedeutung des § 4 GWB ist nicht zu unterschätzen. Insbesondere von mittelständischen Unternehmen des Baugewerbes werden die Kooperationsmöglichkeiten des § 4 GWB in Form von Einkaufsgesellschaften genutzt, zu deren Aufgaben die Bearbeitung folgender Tätigkeitsfelder gehört:

- Erwerb von Fahrzeugen, Maschinen, Werkzeugen, Leistungs- und Vorhaltegeräten
- Einkauf von Gerüsten, Schalungen und Baustoffen
- Organisation von Maschinenparks

Eine andere Möglichkeit der partnerschaftlichen Zusammenarbeit ist das Modell „Bauteam". „Unter der Bezeichnung Bauteam werden beispielsweise [Anm. der Verfass.] in den Niederlanden die jeweils an einem Bauprojekt Beteiligten und verantwortlichen Personen verstanden, die schon in der Planungs- und Angebotsphase zusammenarbeiten. Im Einzelnen sind dies:

- Bauherr
- Architekt
- Fachingenieure und Sonderfachleute, die entweder für eine bestimmte Zeit oder ständig dazugehören
- Bauausführende Unternehmen (i.d.R. Generalunternehmer bzw. ARGEn)

In einer frühzeitigen und intensiven Zusammenarbeit dieses Bauteams wird in gemeinsamer Arbeit nach gestalterisch guten und ökonomisch tragbaren Lösungen der Bauaufgabe gesucht. Alle Beteiligten können aus ihrer Sicht Einsparungsvorschläge machen und sie im Rahmen des „Bauteams" mit den Erfordernissen der anderen Baubeteiligten abgleichen. Das Hauptcharakteristikum des Bauteams ist die frühzeitige Beteiligung des bauausführenden Unternehmens an einer Planung und Entwicklung des Projekts. Üblicherweise wird dafür ein Generalunternehmer/Generalübernehmer oder eine ARGE beauftragt, die schon in der Planungsphase Know-how einbringen können."[18]

Aber auch in Deutschland wird dieser Gedanke umgesetzt. So sammelt die Fa. **Walter** Bau AG vereinigt mit DYWIDAG seit 1997 Erfahrungen mit dem „Bauteammodell". Durch den frühzeitigen Einstieg können dabei die richtigen technischen, baubetrieblichen und finanzwirtschaftlichen Sondervorschläge erarbeitet werden. Nach der Optimierungsphase, die sich in zwei Planungsphasen unterteilt, führt das Erreichen der Termin- und Kostenvorgaben in der Regel zu einem Bauvertrag über schlüsselfertige Bauausführung. Vorwiegend wird dieses Modell mit Kunden aus der Industrie angewendet. Aber auch Projektentwickler mit engen Budgetvorgaben und andere Stammkunden sind mögliche Partner in diesem Modell.

Daneben gibt es auch Unternehmen aus der Baustoffindustrie, die anhand von Bauteamkonzepten Investoren, Bauträger und Baugesellschaften frühzeitig zusammenführen will, um im Bereich des Wohnungsbaus energiesparendes und kostenoptimiertes Bauen zu ermöglichen.

---

[18] Gralla, M.: Neue Wettbewerbs- und Vertragsformen für die deutsche Bauwirtschaft, Dissertation Universität Dortmund: Dortmund 1999, S. 192

Die Arbeitsgemeinschaft (ARGE) in der Rechtsform der Gesellschaft bürgerlichen Rechts

Die Gesellschaft des bürgerlichen Rechts (GbR) ist in den §§ 705 bis 740 BGB gesetzlich geregelt. Für die GbR in der Bauwirtschaft, die sog. ARGE, gibt es einen Muster-ARGE-Vertrag, der vom Hauptverband der Deutschen Bauindustrie e.V. und dem Zentralverband des Deutschen Baugewerbes e.V. herausgegeben wird. Dieser Mustervertrag ist auf den Grundregelungen des Bürgerlichen Gesetzbuches (BGB) aufgebaut und berücksichtigt die Besonderheiten der Bauindustrie.

Neben dem „Normaltyp der ARGE" hat sich noch die sog. „Dach-ARGE" eingebürgert, für die es ebenfalls einen von den beiden genannten Spitzenverbänden herausgegebenen Mustervertrag gibt.

Der ARGE geht i.d.R. eine Bietergemeinschaft voraus. Im Falle der Zuschlagserteilung wird diese Bietergemeinschaft als ARGE fortgesetzt. Auch für Bietergemeinschaften gibt es einen vom Hauptverband der Deutschen Bauindustrie e.V. herausgegebenen Mustervertrag.

ARGEn werden in der Bauwirtschaft in aller Regel zum Zwecke der Erfüllung eines einzigen Werk- oder Werklieferungsvertrages gebildet.

Beim Normaltyp der ARGE besteht zwischen dem Auftraggeber und der ARGE ein Werkvertrag und die Partner der ARGE schließen einen Gesellschaftsvertrag ab. Bei der Dach-ARGE wird der Bauauftrag in einzelne Leistungsbereiche (Fachlose) aufgeteilt. Die einzelnen ARGE-Partner übernehmen als Nachunternehmer der Dach-ARGE die Ausführung der einzelnen Fachlose. Damit existieren bei der Dach-ARGE folgende Verträge:

- Ein Werkvertrag zwischen Auftraggeber und Dach-ARGE.
- Der Gesellschaftsvertrag der Partner der Dach-ARGE (Dach-ARGE-Vertrag).
- Werkverträge zwischen Dach-ARGE und den einzelnen Partnern.
- Mitunter schließen sich Partner der Dach-ARGE nochmals zu einer Los-ARGE zusammen. Dadurch ist ein weiterer Gesellschaftsvertrag (ARGE-Vertrag) zwischen diesen Partnern notwendig.

ARGEn haben keine eigene Rechtspersönlichkeit. Sie sind Gemeinschaften zur gesamten Hand. Die ARGE entsteht durch den Gesellschaftsvertrag, wobei mindestens zwei Gesellschafter vorhanden sein müssen. Gesellschafter können Einzelunternehmen, Personengesellschaften oder Kapitalgesellschaften sein. Die Geschäftsführung bzw. Vertretung der ARGE obliegt den Organen der ARGE, nämlich der Gesellschaftsversammlung (Aufsichtsstelle), der technischen und kaufmännischen Geschäftsführung und der Bauleitung. Unabdingbares Merkmal der ARGE ist die unbeschränkte, gesamtschuldnerische Haftung jedes Gesellschafters für alle Verbindlichkeiten der Gesellschaft.

Die Gewinn- bzw. Verlustbeteiligung wird im Gesellschaftsvertrag durch das Beteiligungsverhältnis der Gesellschafter untereinander festgelegt. Die kaufmännische Geschäftsführung ist verpflichtet, kurzfristige Ergebnisrechnungen, Vermögensübersichten und Schlussbilanzen zu erstellen. Diese dienen neben der Erfüllung der handels- und steuerrechtlichen Buchführungspflicht vor allem auch der Versorgung der Partnergesellschaften mit laufenden Informationen über die Ergebnisentwicklung und die wichtigsten kaufmännischen und technischen Vorgänge bei der Abwicklung der gemeinsamen Aufgabe.

In der Bauwirtschaft gibt es die ARGEn schon sehr lange. Die Gründe, warum ARGEn gebildet werden, sind vielfältiger Natur. Für das einzelne bauausführende Unternehmen kann z.B. eine Verbesserung der Auftragslage und eine kontinuierliche Personal- und Geräteauslastung erreicht werden.

Daneben kann der Beitritt zu einer ARGE dann sinnvoll sein, wenn ein bauausführendes Unternehmen nicht über die notwendigen Spezialkenntnisse oder Spezialgeräte verfügt, um einen Bauauftrag allein übernehmen zu können. Die ARGE kann also die Chance bieten, bei Aufträgen mitzuwirken, für die man selbst keine geeigneten Voraussetzungen hat. Zudem kann man durch eine Mitarbeit in einer ARGE sein kaufmännisches und technisches Know-how verbessern, sodass man langfristig seine Konkurrenzfähigkeit steigert. Wenn ein finanzstarker Partner beteiligt ist, können zudem für kleine und mittelgroße bauausführende Unternehmen Vorteile im Finanzierungsbereich entstehen.

Mitunter wird auch auftraggeberseitig die Beteiligung bestimmter Unternehmen an der Bauausführung verlangt und dadurch die Gründung einer ARGE von Auftraggeberseite erwünscht.

Strategische Allianzen

Strategische Allianzen sind spezielle Formen der Kooperation. Durch das beigefügte Attribut „strategisch" wird der Kooperation qualitativ eine neue Dimension beigemessen. Unter der Annahme dieses Grundgedankens kann dann von einer „strategischen Allianz" gesprochen werden, wenn eine Kooperation von Unternehmen langfristig darauf ausgerichtet ist, für die Beteiligten Wettbewerbsvorteile zu generieren und wenn diese Zusammenarbeit eine wesentliche Voraussetzung dafür ist, dass sich aufgrund dieser Wettbewerbsvorteile langfristige Erfolge für die Unternehmen einstellen.

Eine solche strategische Allianz liegt z.B. dann vor, wenn sich das Know-how zweier Unternehmen so ergänzen, dass sich durch die Kooperation auf einem speziellen Baugebiet langfristig Wettbewerbsvorteile ergeben.

Der Aufbau von strategischen Allianzen steht in der Bauwirtschaft noch am Anfang der Entwicklung. In NRW wurde aus der Erkenntnis, dass auch für Klein- und Mittelbetriebe neue Wege beschritten werden müssen, von verschiedenen Unternehmen eine „Initiative Bau" gegründet. Diese soll nach Möglichkeiten und Wegen suchen, die Produktivität der einzelnen Unternehmen durch Zusammenarbeit auf einzelnen Arbeitsfeldern der Mitgliedsfirmen zu erhöhen. Dabei wird an den Aufbau von Personal- und Gerätebörsen, an gemeinsamen Einsatz von EDV-Systemen und an gemeinsame Einkaufsgesellschaften gedacht, um durch die Bündelung von Materialeinkäufen Spezialrabatte für die Mitgliedsunternehmen erzielen zu können. Auch sind z.B. gemeinsame kaufmännische Abteilungen oder gemeinsame EDV-Pools denkbar.

Der Aufbau von strategischen Allianzen ist nicht auf die bauausführenden Unternehmen beschränkt, sondern diese Allianzen sind auch für Unternehmen der Planungsbeteiligten sinnvoll.

Holding

Charakteristisch für die Holding ist eine Spitzeneinheit als Zentrale und die rechtliche Selbständigkeit der einzelnen in der Holding zusammengefassten Unternehmen (Töchter).

Die Holding kann grundsätzlich in jeder Rechtsform gegründet werden. Bei der Holding in der Rechtsform der GmbH haben die GmbH-Gesellschafter vor allem die im Gesellschaftsvertrag festgelegten Entscheidungsrechte, wie z.B. Abschluss von Unternehmensverträgen, Kapitalerhöhungen etc.

Wird die Holding als AG geführt, dann ist eine klare Trennung von Eigentümern und Management gegeben. Eine starke Einflussnahme auf die Geschäftsführung von seiten der Kapitaleigner (Aktionäre) ist allerdings nicht auszuschließen.

Je nachdem, auf welchem Gebiet die Holding Einfluss nehmen möchte, unterscheidet man zwischen:

- Besitz-Holding: Hier erstreckt sich der Führungsanspruch der Holdinggesellschaft nur auf die Vermögensverwaltung.
- Finanz-Holding: Hier erstreckt sich der Führungsanspruch auf die Planung, Steuerung und Kontrolle der Finanzströme.

- strategische Management-Holding: Hier konzentriert sich die Konzernspitze auf die Konzern-strategie und zwar im Hinblick auf langfristige finanzielle und geschäftsbereichsbezogene Fragestellungen (Gestaltung des Beteiligungsportfolios, Produkt-Marktkombinationen, Finanzmittel- und Personalverteilung etc.)
- operative Management-Holding: Hier übernimmt die Holdinggesellschaft die Funktionsbereiche, die unmittelbar mit dem betrieblichen Geschehen zusammenhängen, wie z.B. Steuerung und Kontrolle von einzelnen Geschäftsfeldern.

Das Holding-Konzept spielt besonders bei Familiengesellschaften eine Rolle. So können diese z.B. ihre Anteile an anderen Unternehmen auf eine gegebenenfalls neu gegründete Holding übertragen und sie erhalten im Gegenzug Anteile der Holding. Dadurch wird beim Gesellschafterwechsel (z.B. durch Erbfall) in der Holdinggesellschaft das operative Geschäft nicht beeinflusst.

Kartelle

Kartelle sind vertragliche Vereinbarungen oder kapitalmäßige Verbindungen zwischen rechtlich selbständigen Unternehmen. Sie haben in aller Regel den Zweck, Einfluss auf die Wettbewerbssituation auf dem Absatz- oder dem Beschaffungsmarkt zu nehmen. Für Kartelle gilt grundsätzlich das Verbotsprinzip nach § 1 Gesetz gegen Wettbewerbsbeschränkungen (GWB). Dennoch gibt es eine Reihe von „erlaubten" Kartellen wie z.B. das Normen- und Typenkartell (§ 2 Abs. 1 GWB) oder einfache Rationalisierungskartelle (§5 Abs. 2 GWB). Preiskartelle sind grundsätzlich verboten.

Ein Unterfall der erlaubten Rationalisierungskartelle sind die bereits genannten Mittelstandskartelle gem. § 4 GWB.

1.2.2.2 Konzentrationen

Regelungen zu Konzentrationen (Unternehmensverbindungen) sind in vielen Gesetzen zu finden, z.B. im AktG, im HGB, im GmbHG, im Mitbestimmungsgesetz (MitbestG), im Publizitätsgesetz (PublG), im Körperschaftssteuergesetz (KStG).

Wie bereits vermerkt, liegen Konzentrationen von Unternehmen dann vor, wenn

- entweder die Partner einer Unternehmensverbindung ihre wirtschaftliche Selbständigkeit verlieren, z.B. durch die einheitliche Leitung einer Obergesellschaft,
- oder wenn die Partner zusätzlich ihre rechtliche Selbständigkeit verlieren, z.B. bei Verschmelzungen durch Aufnahme oder Neubildung.

Jedes Gesetz definiert „verbundenes Unternehmen" mehr oder weniger eigenständig und zwar nach Maßgabe seiner Zwecksetzung.

Aufgabe der wirtschaftlichen Selbständigkeit

Die Formen der Konzentration, bei denen ein Partner seine wirtschaftliche Selbständigkeit verliert, werden im Folgenden mit einem Stufenkonzept in Anlehnung an das HGB dargestellt.

Die einzelnen Stufen unterscheiden sich nach dem Grad der Intensität, mit welchem das eine Unternehmen Einfluss auf Entscheidungen des anderen Unternehmens nehmen kann.

„Bei der ersten Stufe ist kein Einfluss vorhanden. Dies ist z.B. dann der Fall, wenn ein Unternehmen von einem anderen Unternehmen Wertpapiere besitzt, die nicht langfristig im Unternehmen bleiben sollen und mit denen daher keine längerfristige Bindung an das andere Unternehmen beabsichtigt ist.

Die zweite Stufe umfasst solche Unternehmen, zwischen denen eine dauerhafte Verbindung in Form von Beteiligungen besteht.

Die dritte Stufe sind die assoziierten Unternehmen. Hier besteht eine Einflussnahme eines Konzernunternehmens auf die Geschäfts- und Finanzpolitik eines anderen Unternehmens, das nicht zum Konzern gehört (assoziiertes Unternehmen). Eine solche Einflussnahme kann begründet sein z.B. durch Vertretungen in Leitungsorganen des assoziierten Unternehmens, ohne dass diese Vertretung die Möglichkeit hat, diese Leitungsorgane zu kontrollieren. Weitere Kriterien der Einflussnahme wären z.B. erhebliche Liefer- und Leistungsverflechtungen oder erhebliche finanzielle Beziehungen. Ein solcher Einfluss wird auch dann widerlegbar vermutet, wenn die Beteiligungshöhe mindestens 20 % der Stimmrechte erreicht. Diese Formen der Einflussnahme werden allerdings als schwächer angesehen als die einheitliche Leitung gemäß § 290 Abs. 1 HGB.

Die vierte Stufe betrifft die sog. Gemeinschaftsunternehmen gemäß § 310 HGB.

Gemeinschaftsunternehmen unterliegen einer gemeinsamen Leitung, die von einem Konzernunternehmen und einem Nicht-Konzernunternehmen ausgeübt werden. Auch diese gemeinsame Leitung ist ein schwächerer Einfluss des Konzernunternehmens auf das Gemeinschaftsunternehmen, als die einheitliche Leitung einer Mutter- auf die Tochtergesellschaft nach § 290 HGB.

Die fünfte Stufe der Unternehmensverbindungen sind die Mutter-Tochter-Verbindungen.

Dabei zielt der § 290 HGB auf zwei Tatbestände ab, nämlich auf eine einheitliche Leitung und auf die Beteiligung gemäß § 271 Abs. 1 HGB. Einheitliche Leitung bedeutet, dass das Mutterunternehmen mit der Tochter die Geschäftspolitik und sonstige grundsätzliche Fragen der Geschäftsführung zumindest abstimmt. Dies muss nicht unbedingt mit einem Weisungsrecht verbunden sein, sondern es genügt, dass man diese Abstimmungen in gemeinsamen Beratungen vollzieht.

Während nach § 290 Abs. 1 HGB eine einheitliche Leitung bestehen muss, beschreibt der § 290 Abs. 2 HGB solche Beziehungen, durch die eine Beherrschungsmöglichkeit besteht. Dies ist dann der Fall, wenn ein Mutterunternehmen

- die Mehrheit der Stimmrechte der Gesellschafter bei den Tochterunternehmen hat,
- das Recht hat, die Mehrheit der Mitglieder des Verwaltungs-, Leitungs- oder Aufsichtsorgane des Tochterunternehmens zu bestellen oder abzuberufen,
- einen beherrschenden Einfluss auf das Tochterunternehmen aufgrund eines Beherrschungsvertrages oder aufgrund einer Satzungsbestimmung hat."[19]

Aufgabe der rechtlichen Selbständigkeit

Die Konzentration, bei der zumindest ein Partner seine rechtliche Selbständigkeit verliert, ist die Fusion, die auch Verschmelzung genannt wird.

Die Fusion ist der Zusammenschluss von mindestens zwei rechtlich selbständigen Unternehmen zu einer rechtlichen Einheit. Bei der Fusion verliert damit immer zumindest ein Unternehmen seine rechtliche Selbständigkeit.

Eine Fusion ist auf zweierlei Weise möglich:

- durch Aufnahme: Hier wird eine Gesellschaft als Ganzes auf eine bereits bestehende Gesellschaft (aufnehmende Gesellschaft) übertragen. Die aufnehmende Gesellschaft behält die rechtliche Selbständigkeit, während die übertragende Gesellschaft ihre Selbständigkeit verliert.
- durch Neubildung: Hier wird eine neue Gesellschaft gegründet. Alle Gesellschaften, die sich zusammenschließen, übertragen ihr Vermögen und ihre Schulden auf die neue Gesellschaft und werden auf die neue Gesellschaft umgewandelt.

---

[19] Leimböck, E. (1997): Bilanzen und Besteuerung der Bauunternehmen, Bauverlag: Wiesbaden-Berlin 1997, S. 61 f.

1.3 Entwicklungstendenzen

In der Bauwirtschaft sind in den letzten Jahren bedeutende Strukturveränderungen eingetreten, die neue Entwicklungstendenzen nach sich gezogen haben:

- nachhaltiger Rückgang der Inlandsnachfrage
- verstärkte Konkurrenz aus dem europäischen Ausland
- Übergang vom Verkäufermarkt zum Käufermarkt
- weniger Neubau, mehr Renovierung, Sanierung und Umbau etc.

Der nachhaltige Rückgang der Inlandsnachfrage und die verstärkte Konkurrenz aus dem ausländischen Markt haben schon vor einigen Jahren einen enormen Preisverfall am Baumarkt ausgelöst. Die Talsohle scheint immer noch nicht erreicht. Dies gilt für nahezu alle Leistungen, die in der Bauwirtschaft erbracht werden. Sowohl Bauunternehmen, Planungsbeteiligte als auch Anbieter von gewerblichen Dienstleistungen unterliegen teilweise einem ruinösem Preiswettbewerb bzw. sind existenziell bedroht. Die schlechte Eigenkapitalausstattung, neue Anforderungen bei der Finanzierung von Unternehmen und Projekten durch Basel II etc. tragen nicht zur Verbesserung der allgemeinen wirtschaftlichen Lage der Unternehmen in der Bauwirtschaft bei.

Um dennoch am Markt bestehen zu können, müssen marktorientierte Strategien, wie z.B. Sicherung von Marktanteilen in Nischen, Wettbewerbsvorteile auf regionalen Märkten, Beschränkung auf technisch anspruchsvolle Bauleistungen, neue Organisationsmodelle verstärkt angewendet werden. Die Strukturveränderung „Vom Verkäufer- zum Käufermarkt" hatte zur Folge, dass bauausführende Unternehmen zu den traditionellen Aufgaben eine Reihe zusätzlicher Aufgaben übernommen haben, wie z.B.:

- Produktberatung
- Auftreten als Generalunternehmer und Totalunternehmer
- Projektentwicklungen
- Übernahme von Finanzierungsleistungen
- Betreiben von Bauwerken (Betreiber-Modelle)
- Einstieg in neue Techniken (Deponiebau, Altlastsanierung)

Durch die genannten Strukturveränderungen mussten auch im organisatorischen Bereich neue Schwerpunkte gesetzt werden. Solche Schwerpunkte sind z.B.:

- Weitere Industrialisierung des Bauens und offene Bauweisen
- Anbieten von Teilsystemen
- Outsourcing
- Einsatz von Nachunternehmern
- Kundenorientierung
- Weiterentwicklung von Projektmanagement-Strategien

Weitere Industrialisierung und offene Bauweise

Der Wunsch nach „Factoy Made Houses" ist nicht neu. Gerade in den 70er Jahren wurde die Industrialisierung in Forschung und Lehre sowie in der realen Umsetzung ausgiebig praktiziert. Die vorhandenen Bauelemente und -systeme zeichnen sich durch einen sehr hohen Qualitätsstandard und hohen Industrialisierungsgrad verbunden mit kundenfreundlichen Qualitäts- und Gewährleistungsgarantien aus. Dabei ist aber zu berücksichtigen, dass es sich meist um geschlossene Systeme handelt, d.h. dass ihre Funktionalität und Qualität nur gewährleistet werden kann, wenn ausschließlich Komponenten eines Systems verwendet werden.[20] Das Prinzip des Open Building setzt an dieser Stelle an. Durch die organisatorische und technische Trennung eines Bauobjektes

---

[20] vgl. Ehtling, D.: Vorfertigung komplexer Ausbau-Bausysteme für offene Bauweisen, dissertation.de - Verlag: Berlin 2001, S. 408

in Wohngegend, Träger- und Ausbausystem kann jeder Teilbereich eigenständig und unabhängig voneinander optimiert werden. Anpassung werden des Lebenszyklus des Gebäudes an die Lebensumstände der Nutzer werden so besser möglich. Der Kundennutzen rückt in den Mittelpunkt der Analysen und gleichzeitig können beispielsweise die Recyling-Eigenschaften enorm erhöht werden, was wiederum der Umwelt dient. Diesem Trend nachzukommen ist weniger von der Größe des Unternehmens abhängig, als vielmehr vom Willen zur Flexibilität und dem technischen Know-how.

Dieses neue Vorfertigungssystem verlangt aber auch weitreichende organisatorische Veränderungen im Baumarkt, sodass alle Beteiligten in die Lage versetzt werden müssen, diese Systeme zu planen, vorzufertigen und zu verwenden.

Anbieten von Teilsystemen

Beim Anbieten von Teilsystemen[21] geht es darum, dass ein Unternehmen dem Kunden ganzheitliche Leistungen bzw. Leistungspakete anbietet. Wenn z.B. in einen Altbau ein Bad eingebaut wird, dann müssen üblicherweise folgende Handwerksbetriebe eingeschaltet werden: Maurer, Putzer, Elektriker, Gas- und Wasserinstallateure, Zentralheizungs- und Lüftungsbauer, Fliesenleger, Maler. Der Einsatz dieser vielen Handwerker schafft Schnittstellenprobleme und oftmals auch Rechtsstreitigkeiten, bei denen es häufig darum geht, ob ein Handwerker die Grenzen seines Gewerbes überschritten hat. Diese Probleme werden dann verringert, wenn das Teilsystem „Einbau eines Bades" von einem Unternehmen erstellt wird. Diese Unternehmen bestehen aus mehreren Handwerksabteilungen, die von Handwerksmeistern geleitet werden. Sie bilden bei Sanierungen oder Umbauten ganzheitliche Leistungen an, wie z.B. Nasszellen, Küchen, Garagen, Fassaden, Dachausbauten.

Der große Vorteil dieser Systemanbieter besteht darin, dass durch enge Zusammenarbeit der Handwerker in einem Unternehmen die Schnittstellenproblematik zwischen den einzelnen Gewerken entschärft wird und daher auch weniger Kosten anfallen.

Outsourcing

Outsourcing bedeutet, dass ganze Abteilungen eines Unternehmens ausgegliedert werden, indem man z.B. Abteilungen als selbständige Tochtergesellschaften gründet.

Besonders geeignet für die Ausgliederung sind folgende Bereiche, da sie gut abzugrenzen sind und teilweise nicht die eigentliche Kernkompetenz ausmachen. Darüber hinaus sind auch immer steuer- und arbeitsrechtliche Belange von Bedeutung.

- Bauhof
- Geräte-, Maschinen- und Fuhrpark
- Fertigbetonanlagen
- Planungsabteilungen für Architektur und Konstruktion
- Konstruktions- und Statikbüros
- Personalabteilung
- Lohnbüro
- Datenverarbeitung

Strategisch wichtige Teile der Unternehmensorganisation, wie Kundenbetreuung, Kalkulation, Aufsichts- und Führungspersonal werden jedoch auch in Zukunft die Stammorganisation eines bauausführenden Unternehmens bilden. Durch die Ausgliederung wird die eigene Organisation entlastet. Außerdem haben ausgegliederte Abteilungen in der Regel bessere Kapazitätsauslastungen, weil sie zusätzlich Leistungen am Markt anbieten können. Werden ausgelagerte Ab-

---

[21] vgl. Blecken, U.: Mit dem Systemwettbewerb Bauvorhaben optimieren; in: Industriebau, Heft 5/96, S. 281 – 285

teilungen zu Kooperationen oder Beteiligungsgesellschaften zusammengeschlossen, dann werden durch Synergieeffekte die Kosten- bzw. Wettbewerbssituationen der beteiligten Unternehmen verbessert.

Verstärkter Einsatz von Nachunternehmern

Werden Aufgaben an Nachunternehmer vergeben, dann ergibt sich der Vorteil, dass die Nachunternehmer aufgrund ihrer Spezialisierung oftmals kostengünstiger sind als das Hauptunternehmen. Bei den großen Bauunternehmen ist festzustellen, dass die Zunahme der Nachunternehmerleistungen auch aus Kostengründen erfolgt. Teilweise besteht die Tendenz, nur noch das Baumanagement selbst auszuführen und damit fast alle Nachunternehmerleistungen einzukaufen.

Der Einsatz von NU erfolgt übrigens nicht nur bei den bauausführenden Unternehmen. Auch bei Ingenieurleistungen werden zunehmend Nachunternehmer eingesetzt. Durch die modernen Datenübertragungsmöglichkeiten kann man aus anderen Ländern, nämlich EU-Mitgliedstaaten, Südostasien, Drittweltländern, von gut ausgebildeten Ingenieuren mit geringen Gehaltskosten Ingenieurleistungen zu geringen Kosten erhalten. Deshalb werden heute Bauzeichnungen, ingenieurtechnische Konstruktionsleistungen und ganze baugenehmigungsreife Planungsleistungen weltweit nachgefragt und angeboten.

Verstärkte Kundenorientierung

Ein weiterer Schwerpunkt ist die verstärkte Kundenorientierung. Unter der Bezeichnung „Key Account" bzw. „Business Development" werden z.B. bei großen Unternehmen Spezialteams eingerichtet, die für Großkunden als dauerhafte kompetente Gesprächspartner zur Verfügung stehen. Das hat die großen Vorteile, dass dadurch eine durch Vertrauen geprägte Beziehung aufgebaut wird, dass gesammelte Erfahrungen in neue Aufgaben mit einfließen können und dass viele Fehler unter Umständen nur einmal gemacht werden. Dadurch wird es sicherlich auch möglich, eine Kundenbeziehung aufzubauen, die über mehrere Jahre zu einer gewissen Verfestigung der Auftragslage beiträgt.

Weiterentwicklung von Projektmanagement-Strategien

Angesichts der gestiegenen Anforderungen an die Realisierung von Bauprojekten befassen sich Auftraggeber und Projektmanagement orientierte Beteiligte in der Bauwirtschaft mit neuen Organisationsformen. So rückten partnerschaftliche Modelle in den Mittelpunkt des Interesses, die einerseits die schlüsselfertige Ausführung von Bauvorhaben und andererseits die Vorteile einer Einzel- bzw. Gesamtpaketvergabe verbinden sollen.[22] Internationale Trends im Projektmanagement haben dadurch in einem großem Umfang Einzug erhalten und zwingen die Anbieter von Projektmanagementleistungen zu Anpassungen. Folgenden Trends lassen sich dabei verzeichnen:[23]

- Construction Management at agency
- Construction Management mit Management Contractor
- Construction Management at risk
- Value Management
- GMP
- PPP
- BOT

---

[22] vgl. hierzu Eschenbruch, K.: Constuction Management am Beispiel IMA Future Plant 2205, Unterlagen zum DVP-Seminar am 12. März 2004 in Berlin, S. 2

[23] vgl. Diederichs, C.J./Eschenbruch, K. (Hrsg.): Construction Project Management, DVP-Verlag: Wuppertal 2002, S. 18 f.

Unabhängig von der detaillierten Ausgestaltung der einzelnen Trends kommen sie doch alle aus dem angloamerikanischen Wirtschaftsraum und stellen den partnerschaftlichen Ansatz in den Mittelpunkt der Projektabwicklung. Darüber hinaus versprechen diese Organisationsformen teilweise erhebliche kostenwirtschaftliche Optimierungspotenziale. Beispielsweise werden im Rahmen von PPPs in Großbritannien durchschnittliche Effizienzgewinne von ca. 17 % erzielt. Auch wenn sicherlich diese Zahlen im Kontext möglicher Nachteile zu verifizieren sind, ist es vor dem Hintergrund der Kassenlage der öffentliche Hand unzweifelhaft eine Organisationsform, die auf ihre Anwendbarkeit in Deutschland überprüft werden muss. Teilweise ist dies schon geschehen (bspw. bei Projekten in NRW) und es ist zu vermuten, dass in absehbarer Zeit diese Form der partnerschaftlichen Zusammenarbeit zwischen Privatwirtschaft und öffentlicher Hand fester Bestandteil bei der Bereitstellung von Bauobjekten wird.

Um Organisationsformen bewerten zu können, ist es sinnvoll diese im Zusammenhang mit möglichen Vertragsformen zu sehen. So können die Anreizmechanismen, die sich aus den Vertragsformen ergeben, den Erfolg von Organisationsformen erklären. In der folgenden Abbildung B-17 wurden exemplarisch einige der oben genannten Organisationsformen den uns bekannten Vertragsformen zugeordnet. Dies gilt sowohl für den deutschsprachigen als auch den angloamerikanischen Bereich.

	Leistungsvertrag		Aufwandsvertrag		Merkmale von Leistungs- und Aufwandsvertrag
	EP-Vertrag bill of quantities contract	Pauschal-vertrag lump sum contract	Stundenlohn-vertrag schedule of rates contract	Selbstkosten-erstattungsvertrag cost plus fee contract	target contract (GMP)
Einzelvergabe	O	O	O ✖		
GU/GÜ main contractor		O ✖		✖	
TU/TÜ design and built contract		O ✖			✖
Built-Operate-Transfer		✖			✖
Construction Management "at agency"				o ✖	
Management Contracting "at risk"					o ✖

O = Deutschland   ✖ = USA/Großbritannien

Bild C-17 Kombinationsmöglichkeiten von Vertrags- und Organisationsformen

2 Management

2.1 Aufbau eines Zielsystems

Voraussetzung für eine rationale und effiziente Unternehmensführung ist eine klare und eindeutige Zielbestimmung. In der Literatur wird diese Aufgabe als „Aufbau des Zielsystems" eines Unternehmens bezeichnet. Um ein Zielsystem für ein Unternehmen festlegen zu können, müssen zunächst folgende Fragen eindeutig beantwortet sein.

- Was sind die generellen Ziele von Unternehmen in marktwirtschaftlichen Systemen?
- Mit welchen operativen Handlungszielen können diese generellen Ziele erreicht werden?
- Welcher Zusammenhang besteht zwischen Zielsystem und Organisationsstruktur?
- Welche Zielkonflikte gibt es und wie werden diese gelöst?

Entsprechend diesen Fragestellungen wird im Folgenden ein Zielsystem für bauwirtschaftliche Unternehmen erarbeitet.

2.1.1 Generelle Ziele

„Für ein Unternehmen im marktwirtschaftlichen System gilt der erwerbswirtschaftliche Grundsatz. Nach diesem Grundsatz ist es das Ziel des Unternehmens, Einkommen für jene Haushalte zu erwirtschaften, die das erforderliche Eigenkapital zur Verfügung stellen."[24] Die stärkste Ausprägung dieses Grundsatzes bedeutet: Erzielung eines möglichst hohen Gewinnes.

Unternehmen in marktwirtschaftlichen Systemen stehen einer Vielzahl von Risiken gegenüber, wie z.B. Konjunkturschwankungen, Nachfrageänderungen und veränderte Wettbewerbssituationen. Diese Risiken bedrohen nicht nur den Erfolg, sondern auch das Überleben der Unternehmen. Deshalb ist das Streben nach Sicherheit ein weiteres generelles Unternehmensziel.

Das Streben nach Sicherheit wird nur dann erfolgreich sein, wenn das Unternehmen jederzeit in der Lage ist, seinen finanziellen Verpflichtungen nachzukommen, d.h. es muss stets liquide sein.

Zum anderen muss die Kreditwürdigkeit gewährleistet sein, um im Bedarfsfall zusätzliche Finanzmittel bekommen zu können.

Dies kann u.a. dadurch erreicht werden, dass erzielte Gewinne von den Unternehmenseignern nicht entnommen werden.

Aber auch die nachhaltige Steigerung des Unternehmenswertes – auch als „Shareholder-Value-Konzept" bekannt – dient dem Sicherheitsstreben.

Die Steigerung des Unternehmenswertes hängt wiederum sehr stark mit der Erhöhung des Umsatzes zusammen.

„Das Umsatzstreben als bedeutsames Unternehmensziel stützt sich auf mehrere Sachverhalte. Einmal sind Ermittlung und Voraussage der Gewinne schwierig durchführbar. Der Umsatz gilt weiterhin auch als Anzeichen für den Erfolg eines Unternehmens. Schließlich dient das Umsatzstreben dem Ausbau bestehender Marktpositionen. Dafür spricht auch die Aufmerksamkeit, mit der die Entwicklung des Marktanteils von Interessenten innerhalb und außerhalb der Unternehmung verfolgt wird. Der Marktanteil ist ein bedeutsamer Anhaltspunkt für die Wettbewerbsfähigkeit einer Unternehmung."[25]

---

[24] vgl. Heinen, E. (1992): Einführung in die Betriebswirtschaftslehre, 9. Auflage, Gabler Verlag: Wiesbaden 1992, S. 106

[25] vgl. Heinen, E. (1992): a.a.O., S. 110

Beim Umsatzstreben sind aber folgende Gesichtspunkte zu beachten:

- „Nur solche Unternehmensbereiche sollen langfristig wachsen, die einen Unternehmenswert erzeugen, d.h. ihre Kapitalkosten verdienen.
- Investitionsmittel werden nur noch in solchen Bereichen zur Verfügung gestellt, die für das Unternehmen Wert erzeugen.
- Wertvernichtende Bereiche erhalten Mittel nur für Restrukturierungsmaßnahmen, oder sie werden desinvestiert.
- Investitionsentscheidungen werden nur nach wertorientierten Maßstäben gemessen."[26]

Das Ziel „Steigerung des Unternehmenswertes" kann langfristig nur dann erreicht werden, wenn die mit dem Unternehmen in Zusammenhang stehenden Gruppeninteressen beachtet werden. Ohne erstklassige Produkte und Kundenzufriedenheit, ohne motivierte und hochqualifizierte Mitarbeiter und ohne solide Gewinnverwendung wird keine nachhaltige Gewinnerzielung, keine Sicherheit und keine Steigerung des Unternehmenswertes erreicht.

Unternehmen in marktwirtschaftlichen Systemen sind auch Teil einer freiheitlich-demokratischen Gesellschaftsordnung. Um von der Öffentlichkeit auf die Dauer akzeptiert zu werden, muss von den Unternehmen auch gesellschaftliche Verantwortung, z.B. in den Bereichen Umweltschutz und Umweltverbesserung, übernommen werden. Nur dadurch werden sie auf Dauer öffentliche Akzeptanz erreichen, die wiederum nötig ist, damit sich auch die politischen und wirtschaftlichen Rahmenbedingungen so entwickeln, dass die Erzielung von nachhaltigem Gewinn und Sicherheitsstreben möglich bleibt.

Neben den bislang genannten Zielen gibt es Ziele, die auf persönliche Motive von einzelnen Unternehmern beruhen, wie z.B. Unabhängigkeit, Streben nach Ansehen (Prestige) sowie sittliche und ethische Bestrebungen, die aus den Grundsätzen der Gesellschaftsordnung erwachsen.

Aber auch das Streben nach Macht ist in diesem Zusammenhang zu nennen. Das Machtstreben wird verständlich, wenn man sich die Bedeutung der Macht in Verhandlungen vergegenwärtigt. Der Schluss liegt zunächst nahe, dass das Machtstreben Mittel zur Erreichung übergeordneter Ziele ist. Vielfach wird das Machtstreben jedoch zur eigentlichen Antriebskraft unternehmerischen Verhaltens. Dies gilt vor allem für die persönliche Macht des Unternehmers. „Viele Investitionsentscheidungen lassen sich nur dadurch erklären."[27]

Allgemein kann man festhalten, dass die Unternehmen festgestellt haben, dass sich die gesellschaftliche und politische Situation in den letzten Jahren erheblich verändert hat. Sie haben vor allem erkannt, dass die ausschließliche Gewinnorientierung von der heutigen Gesellschaft nicht mehr akzeptiert wird.

Deshalb hat sich die Art des Umgangs mit Mitarbeitern, Auftraggebern, Nachunternehmern, Mitbewerbern, Umwelt und Gesellschaft grundlegend geändert. Die ethische Basis, die den neuen gemeinsamen Werthaltungen – und hier vor allem der Führungskräfte – zugrundeliegt, wird häufig als „Unternehmensphilosophie" bezeichnet.[28]

Im Gegensatz hierzu wird die „Unternehmenskultur" als der Inbegriff der im Laufe der Jahre im Unternehmen gewachsenen Denk- und Verhaltensmuster der Mitarbeiter interpretiert.

„Jede Unternehmung entwickelt im Laufe der Jahre ihrer Existenz eine für sie spezifische Kultur, die charakteristische Eigenschaften und Besonderheiten widerspiegelt, welche durch die Geschichte eines Unternehmens geprägt worden sind und damit zur Einzigartigkeit einer Unterneh-

---

[26] vgl. Höfner, K/Pohl, A. (Hrsg.): Wertsteigerungsmanagement. Das Shareholder-Value-Konzept: Methoden und erfolgreiche Beispiele: Frankfurt/New York 1994, S. 8

[27] Heinen, E. (1992): a.a.O., S. 115

[28] vgl. Diederichs, C.J. (1996-2): Personal- und Organisationsentwicklung; in: Diederichs, C.J. (Hrsg.): Handbuch der strategischen und taktischen Bauunternehmensführung, Bauverlag: Wiesbaden-Berlin 1996, S. 18

mung beitragen. In der Entstehungsphase sind die grundlegenden Wertvorstellungen häufig von der (starken) Gründerpersönlichkeit initiiert, dazu prägt der herrschende Zeitgeist. Im Reifeprozess beginnen sich die unternehmenskulturellen Werte und Normen in Form von Riten, Ritualen etc. niederzuschlagen, die das Verhalten und die Handlungen der Organisationsmitglieder zur Erreichung der Unternehmensziele steuern wollen. Die Vergangenheitserfahrungen werden in Form von Symbolwerten in die Gegenwart hinein übermittelt, die Kultur wirkt zunehmend verhaltensregulierend."[29]

Die Unternehmenskultur ist also als Identifikation der Mitarbeiter mit dem Unternehmen und seinen Zielen zu interpretieren.

Damit dies gelingt, muss sie gepflegt, aber auch weiterentwickelt werden. Sie drückt sich aus in dem äußeren Erscheinungsbild eines Unternehmens und den gemeinsam erarbeiteten und gelebten Unternehmens- und Führungsgrundsätzen.

Diese Grundsätze als Ausdruck der Unternehmensphilosophie und Unternehmenskultur, die letztlich in praxi ineinander übergehen, müssen vom Unternehmen auch nach außen mitgeteilt werden, z.B. durch Aussagen über technische und ökonomische Leitgedanken, über das Selbstverständnis der Mitarbeiter und das Verhalten gegenüber Marktpartnern und der Gesellschaft.

Die erstrebten Werthaltungen der Mitarbeiter bzw. das daraus resultierende Verhalten kann z.B. über Leitbilder oder Corporate-Identity-Programme als Orientierungsrahmen entwickelt werden. Dieses Verhalten kann auch dazu beitragen, dass das Unternehmen einen verstärkten Vertrauensvorschuss in der Öffentlichkeit und bei allen an ihr interessierten Gruppen erhält.

Bislang wurden folgende generelle unternehmerische Ziele herausgearbeitet:

- Erzielen von Einkommen
- Streben nach Sicherheit
- Beachtung der Ziele externer und interner Gruppen
- Erreichen von gesellschaftlicher Akzeptanz
- Erfüllen von persönlichen Motiven des Unternehmens

Im Zusammenhang mit der Darstellung dieser generellen unternehmerischen Ziele wurden auch entsprechende Zielausprägungen erarbeitet. Das Ergebnis dieser Überlegungen wird durch folgendes Schema dargestellt.

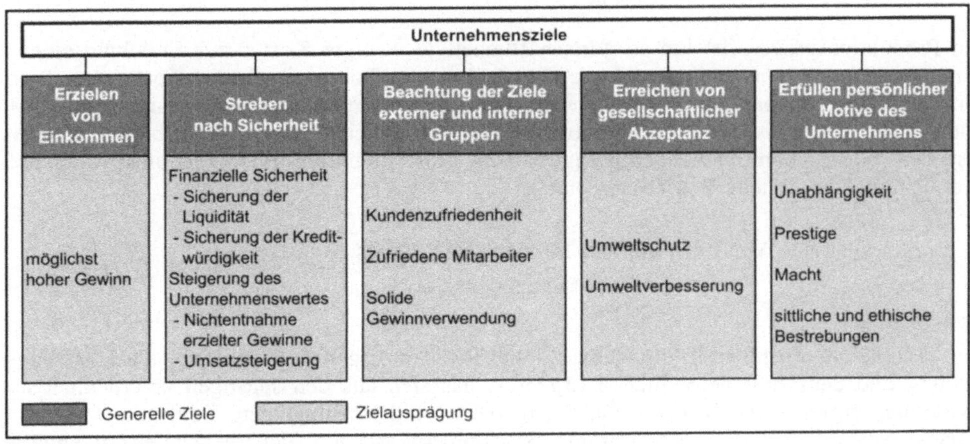

Bild C-18 Generelle Ziele und entsprechende Zielausprägungen

[29] Hopfenbeck, W.: Allgemeine Betriebswirtschafts- und Managementlehre, 13. völlig überarbeitete Auflage, Verlag moderne Industrie: Landsberg/Lech 2000, S. 777

2.1.2 Operative Ober- und Handlungsziele

Die Grundüberlegung zur Findung von operativen Oberzielen ist folgender Mittel-Zweck-Zusammenhang:

„Produktivität-Wirtschaftlichkeit-Rentabilität"

Der Mittel-Zweck-Zusammenhang besteht darin, dass eine Steigerung der Produktivität die Wirtschaftlichkeit erhöht, und dies wiederum eine Verbesserung der Rentabilität bewirkt.

Wie dieses im Einzelnen zusammenhängt, wird nachfolgend gezeigt.

Produktivität

$$Produktivität = \frac{Mengenmäßiger\ Ertrag\ der\ Produktionsfaktoren}{Mengenmäßiger\ Einsatz\ der\ Produktionsfaktoren} = \frac{Faktorertrag}{Faktoreinsatz}$$

Bei dieser Verhältniszahl handelt es sich um den Bezug zwischen Mengen, nämlich dem mengenmäßigem Ertrag (gemessen z.B. in Stück, kg) und dem mengenmäßigem Einsatz der Produktionsfaktoren (gemessen z.B. in Arbeitsstunden, Werkstoffeinheiten). Ein Produktionsprozess ist umso produktiver, je weniger Faktoreneinsatz zur Erzielung eines bestimmten Faktorertrages notwendig ist bzw. je höher der Faktorertrag bei einem bestimmten Faktoreinsatz ist.

$\Rightarrow$ erstes Oberziel: **Minimierung der Einsatzmengen der Produktionsfaktoren**

Wirtschaftlichkeit

Wird der Faktorertrag bzw. der Faktoreinsatz bewertet, dann spricht man von Leistung bzw. von Kosten. Das Verhältnis zwischen Leistung und Kosten wird als Wirtschaftlichkeit bezeichnet, also:

$$Wirtschaftlichkeit = \frac{Leistung}{Kosten}$$

Ein Produktionsprozess ist um so wirtschaftlicher, je weniger Kosten zur Erzielung einer bestimmten Leistung notwendig sind bzw. je mehr Leistung bei vorgegebenen Kosten erzielt wird. Zum analogen Ergebnis kommt man, wenn man die Differenz zwischen Leistung und Kosten bildet. Diese Differenz wird als Betriebsergebnis (betrieblicher Gewinn bzw. betrieblicher Verlust) bezeichnet. Damit kann auch gesagt werden: Ein Produktionsprozess ist umso wirtschaftlicher, je höher das erzielte Betriebsergebnis ist.

$\Rightarrow$ zweites Oberziel: **Maximierung des Betriebsergebnisses**

Rentabilität

Der gesamte Unternehmenserfolg ist die Summe aus dem Ergebnis der betrieblichen Leistungserstellung und dem außerbetrieblichen Ergebnis, das sich aus den sonstigen unternehmerischen Aktivitäten ergibt, wie z.B. Kauf von Wertpapieren und Beteiligungen, Kauf und Verkauf von Anlagevermögen (soweit dieses nur als Wertsteigerungs- und Sicherheitspotenzial eingesetzt wird), Verringerung der Zinsaufwendungen durch Abbau von Fremdkapital. In der Praxis hat sich in diesem Zusammenhang folgende Begriffseinteilung als sinnvoll erwiesen.

- Betriebsergebnis (betrieblicher Gewinn bzw. Verlust) = Leistung ./. Kosten
- Unternehmenserfolg (Gewinn bzw. Verlust) = Betriebsergebnis + außerbetriebliches Ergebnis.

Nach diesen Festlegungen kann der dritte Begriff der genannten Mittel-Zweck-Hierachie – nämlich die Rentabilität – näher bestimmt werden.

$$Rentabilität\ in\ \% = \frac{Unternehmenserfolg}{investiertes\ Kapital} \times 100$$

Beim erzielten Unternehmenserfolg kann es sich um den Totalerfolg des Unternehmens oder um Periodenerfolge handeln. Im ersten Fall bezieht sich der Erfolg auf die gesamte Lebensdauer des Unternehmens und im zweiten Fall wird in der Regel der Jahreserfolg errechnet.

Beim investierten Kapital kann es sich entweder um das Eigenkapital oder um das gesamte Kapital, d.h. Eigen- und Fremdkapital, handeln. Dementsprechend spricht man von Eigenkapital- oder Gesamtkapitalrentabilität. Der Eigenkapitalrentabilität kommt in der Praxis in der Regel größere Bedeutung zu. In einem marktwirtschaftlichen System ist diese Kennzahl die maßgebende Zielgröße für die Anteilseigner.

Für diese Gruppe ist es relevant,

- wie sich das eingebrachte Eigenkapital in der Wirtschaftsperiode verzinst hat bzw.
ob für den Eigenkapitalgeber die Geldanlage im Unternehmen rentabler ist als etwa auf dem langfristigen Kapitalmarkt.

$\Rightarrow$ drittes Oberziel: **Maximierung der Eigenkapitalrentabilität**

Aufgrund der vorstehenden Überlegungen kann man festhalten: Die generellen unternehmerischen Ziele in marktwirtschaftlichen Systemen werden dann erreicht, wenn die drei benannten operativen Oberziele angestrebt werden. Dies gilt für alle Unternehmen der Bauwirtschaft, also für die Unternehmen der Planungsbeteiligten und der gewerblichen Dienstleister, der bauausführenden Unternehmen und der Projektentwickler. Allerdings werden bei den genannten Unternehmensgruppen unterschiedliche Gewichte der einzelnen Zielkategorien vorliegen. So wird beispielsweise in Unternehmen der Planungsbeteiligten dem Oberziel „Minimierung der Einsatzmengen der Produktionsfaktoren" weniger Gewicht zugemessen werden als dem Oberziel „Maximierung der Eigenkapitalrentabilität". Die Gewichtung der einzelnen Ziele müssen demnach im praktischen Einzelfall vom Unternehmer selbst vorgenommen werden.

Als nächstes wird untersucht, wie die genannten Oberziele in der Praxis erreicht werden können, d.h. welche operativen Handlungsziele definiert werden müssen, um die dargestellten operativen Oberziele zu erreichen.

Handlungsziele zur Minimierung der Einsatzmengen der Produktionsfaktoren

In der Praxis und Literatur werden hierzu Handlungsziele genannt, welche

- erstens: die Produktivität der einzelnen Produktionsfaktoren, also Arbeit, Betriebsmittel und Werkstoffe,
- zweitens: den technischen Produktionsprozess, also die Kombination der Produktionsfaktoren,

betreffen.

Zum ersten Bereich zählen vor allem Handlungsziele, welche den Produktionsfaktor „Arbeit" verbessern. Dazu zählen Maßnahmen, welche eine Erhöhung der Leistungsbereitschaft und der Leistungsfähigkeit bewirken. Stichworte hierzu sind: Motivation, Anreizsysteme, Aus- und Weiterbildung, Gesundheitsvorsorge. Stichworte für die Produktionsfaktoren „Betriebsmittel und Werkstoffe" sind: Einsatz hochwertiger Betriebsmittel und Werkstoffe, Einsatz vorgefertigter Produktionselemente.

Stichworte in Bezug auf den Produktionsprozess sind: Rationalisierung und Automatisierung, Verbesserung der Arbeitsorganisation.

Handlungsziele zur Maximierung des Betriebsergebnisses

Wie dargestellt, ist das betriebliche Ergebnis definiert durch Kosten und Leistungen. Kosten sind der bewertete Faktoreinsatz und Leistungen der bewertete Faktorertrag. Das Betriebsergebnis ist also vom mengenmäßigen Einsatz der Produktionsfaktoren und zusätzlich von der Bewertung des Faktoreinsatzes und des Faktorertrages abhängig. Der mengenmäßige Faktoreinsatz kann mit den Preisen am Beschaffungsmarkt und der mengenmäßige Faktorertrag kann mit den Preisen am Absatzmarkt bewertet werden. Diesen Zusammenhang soll folgendes Schema verdeutlichen.

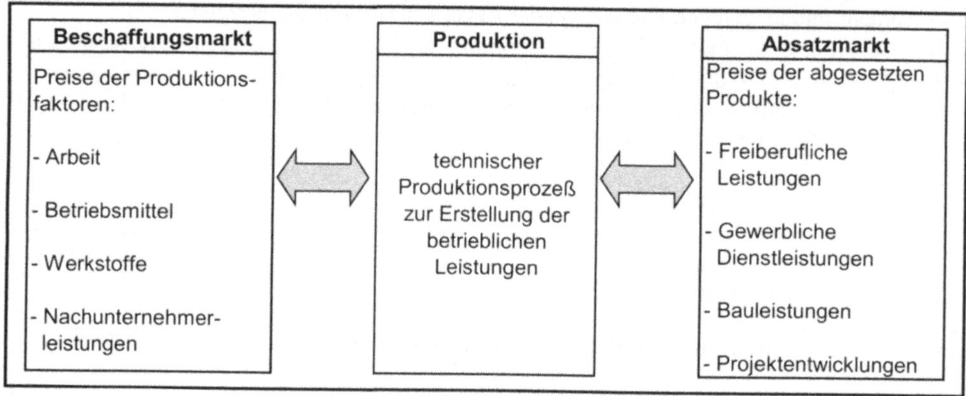

Bild C-19 Zusammenhang zwischen Beschaffungsmarkt, Produktion und Absatzmarkt

Zur Maximierung des Betriebsergebnisses müssen also neben der Minimierung der Einsatzmengen der Produktionsfaktoren Handlungsziele verfolgt werden, welche sich sowohl auf den Beschaffungs- als auch auf den Absatzmarkt beziehen.

- Handlungsziele am Beschaffungsmarkt:
  Dies sind zuverlässige Lieferanten/Nachunternehmer, Einhalten der Zahlungsziele und Liefertermine, Minimierung der Beschaffungspreise.

- Handlungsziele am Absatzmarkt:
  Die Handlungsziele am Absatzmarkt wurden bereits im Punkt B 3 Marketing detailliert dargestellt. Die nachfolgenden Stichworte sollen daher nur kurze Hinweise geben: Produkte hoher Qualität, Kundenzufriedenheit, Produkt- und Sortimentspolitik, Aufbau neuer Märkte, preispolitische Maßnahmen.

Handlungsziele zur Maximierung der Eigenkapital-Rentabilität

Die Eigenkapital-Rentabilität ist definiert durch den Unternehmenserfolg und das investierte Eigenkapital. Damit richten sich die Handlungsziele zur Maximierung der Eigenkapital-Rentabilität unmittelbar auf die Maximierung des Unternehmenserfolges und auf die Erhaltung des investierten Eigenkapitals.

Handlungsziele zur Maximierung des Unternehmenserfolges

Diese leiten sich unmittelbar aus der Definition des Unternehmenserfolges ab, nämlich:

Unternehmenserfolg = Betriebsergebnis + außerbetriebliches Ergebnis

Die Handlungsziele zur Maximierung des Betriebsergebnisses wurden bereits dargestellt. Bereiche zur Maximierung des außerbetrieblichen Ergebnisses sind:

- Gewinne aus Beteiligungen und Wertpapieren
- Gewinne aus dem Kauf und Verkauf von Anlagevermögen
- Verminderung der Zinsaufwendungen durch Abbau von Fremdkapital

Handlungsziele zur Erhaltung des investierten Eigenkapitals
Zur Erhaltung des investierten Eigenkapitals gibt es zwei Betrachtungsansätze. Zum einen gilt das
investierte Eigenkapital dann als erhalten, wenn das nominelle Geldkapital von Periode zu Periode gleichbleibt. Hier spricht man von „nomineller Kapitalerhaltung". Dies wird dann erreicht,
wenn die Gewinnentnahmen nicht höher sind als die erzielten Gewinne.

Operative Oberziele	Operative Handlungsziele

Maximierung der Eigenkapitalrentabilität	Maximierung des Unternehmenserfolges:
	
	a) Maximierung des Betriebsergebnisses: Handlungsziele siehe nächste Gruppe
	
	b) Maximierung des außerbetrieblichen Ergebnisses:
	- Gewinne aus Beteiligungen und Wertpapieren
	- Gewinne aus Kauf und Verkauf von Anlagevermögen
	- Verminderungen der Zinsaufwendungen durch Abbau von Fremdkapital
	
	c) Erhaltung des investierten Eigenkapitals
	- Sicherung des Unternehmenspotentials
	- Sicherung der Liquidität
	- nominelle Kapitalerhaltung
	   - Verlustvermeidung
	   - Minimierung der Gewinnentnahmen
	- reale Kapitalerhaltung
	   - Ersatzinvestitionen
	   - Des- bzw. Erweiterungsinvestitionen

Maximierung des Betriebsergebnisses	a) Minimierung der Einsatzmengen der Produktionsfaktoren: Handlungsziele siehe nächste Gruppe b) Handlungsziele am Beschaffungsmarkt - zuverlässige Lieferanten/Nachunternehmer - Einhaltung der Zahlungsziele - Minimierung der Beschaffungspreise c) Handlungsziele am Absatzmarkt - Produkte mit hoher Qualität - Kundenzufriedenheit - Produkt- und Sortimentspolitik - Aufbau neuer Märkte - Preispolitische Maßnahmen
Minimierung der Einsatzmengen der Produktionsfaktoren	a) Produtionsfaktor: Arbeit - Motivation - Anreizsysteme - Aus- und Weiterbildung - Gesundheitsvorsorge b) Produktionsfaktoren: Betriebsmittel, Werkstoffe, Nachunternehmer - Einsatz hochwertiger Betriebsmittel und Werkstoffe - Einsatz vorgefertigter Produktionselemente - zuverlässige Nachunternehmer c) Kombination der Produktionsfaktoren: - Rationalisierung und Automatisierung - Verbesserung der Arbeitsorganisation

Bild C-20 Zusammenhang zwischen operativen Oberzielen und operativen Handlungszielen

Die Erhaltung des investierten Eigenkapitals ist jedenfalls dann in Frage gestellt, wenn Gewinnausschüttungen erfolgen, die z.B. im Hinblick auf die erwartete Zukunftsentwicklung des Unternehmens und seiner Stellung im Markt ungerechtfertigt erscheinen. Der Gesetzgeber hat für Kapitalgesellschaften – bspw. GmbH und AG – durch das HGB Einschränkungen bei der Gewinnausschüttungen vorgenommen, die vornehmlich die Gläubiger schützen sollen.

Zum anderen müssen Kaufkraftveränderungen berücksichtigt werden. Man spricht in diesem Fall von der „realen Kapitalerhaltung", d.h. es muss das ursprünglich eingesetzte Kapital in Einheiten gleicher Kaufkraft erhalten bleiben.

Dieses Ziel wird auch als Erhaltung der Substanz des Unternehmens bezeichnet. Dabei sind die reproduktive, relative und qualifizierte Substanzerhaltung die wichtigsten Formen.

„Die reproduktive Substanzerhaltung ist auf die Erhaltung einer mengenmäßig und technisch gleichen Produktionskapazität gerichtet. Die im Produktionsprozess verzehrten Produktionsfaktoren sind in unveränderter Form wieder zu beschaffen. Bei der relativen Substanzerhaltung gilt die Substanz als gesichert, wenn die Unternehmung ihre Stellung im Vergleich zu anderen Unternehmungen behaupten kann. Die qualifizierte Substanzerhaltung schließt ausdrücklich Wachstumsvorgänge mit ein. Die Substanz gilt als gesichert, wenn die Leistungsfähigkeit der Unternehmung entsprechend der gesamtwirtschaftlichen Wachstumsrate erhalten ist."[30]

Das Leistungsvermögen eines Betriebes kann also dann erhalten werden, wenn rechtzeitig Ersatzinvestitionen und – bei Änderungen des Absatzmarktes – rechtzeitig Desinvestitionen bzw. Erweiterungsinvestitionen vorgenommen werden

Das Schaubild C-20 auf der vorherigen Seite zeigt den erarbeiteten Zusammenhang zwischen den operativen Ober- und den operativen Handlungszielen.

2.1.3 Zuordnung der Unternehmensziele zu Organisationsebenen

2.1.3.1 Kleine und mittlere Unternehmen

Die Anzahl der hierarchischen Ebenen eines Unternehmens hängt ab von der Größe, dem Aufbau und den individuellen betrieblichen Gegebenheiten. In kleinen Unternehmen sind in der Regel nur die Ebenen „Unternehmensleitung" und „Ausführungsebene" vorhanden. Kleine Unternehmen verfolgen neben generellen Zielsetzungen vor allem das Oberziel „Maximierung des Betriebsergebnisses". Bei Architektur- oder Ingenieurbüros ermittelt sich das Betriebsergebnis als Differenz zwischen Einnahmen (z.B. Honorareinnahmen) und Ausgaben (z.B. Personalkosten, Miete etc.), die auch als Einnahmenüberschussrechnung bezeichnet wird.

Mit diesen Aussagen stellt sich die Zuordnung der Ziele wie folgt dar.

Eigentümer und Unternehmensleitung	generelle Ziele
	Operatives Oberziel: Maximierung des Betriebsergebnisses
Ausführungsebene	Minimierung der Einsatzmengen der Produktionsfaktoren

Bild C-21 Beispiel der Zuordnung von Zielen zu Organisationsebenen bei kleinen Unternehmen

---

[30] Heinen, E. (1992): a.a.O., S. 113

Bei mittleren Unternehmen sind in der Regel vier Unternehmensebenen zu unterscheiden. Dies sind Eigentümer, Unternehmensleitung, Betriebsleitung, Ausführungsebene. Als zusätzliches Ziel wird in aller Regel auch die Rentabilität des investierten Eigenkapitals einbezogen. Damit ergibt sich folgende Zuordnung.

Eigentümer	Generelle Ziele
Unternehmensleitung	Maximierung der Eigenkapitalrentabilität
Betriebsleitung	Maximierung des Betriebsergebnisses
Ausführungsebene	Minimierung der Einsatzmengen der Produktionsfaktoren

Bild C-22 Beispiel der Zuordnung von Zielen zu Organisationsebenen bei mittleren Unternehmen

2.1.3.2 Große bauausführende Unternehmen

In Anlehnung an die Darstellung im Punkt C 1.2.1.2 haben große bauausführende Unternehmen – schematisch dargestellt – folgende Organisationsstruktur.

Bild C-23 Beispiel eines Schemas einer Organisationsstruktur eines großen bauausführenden Unternehmens.

Die dezentrale Struktur eines größeren Bauunternehmens mit Niederlassungen und Zweigniederlassungen erfordert ein System von eindeutig abgegrenzten Verantwortungsbereichen. Unter dem Gesichtspunkt des „Centeransatzes"[31] kann man hier folgende Grundmodelle benennen: Cost-, Profit-, Investmentcenter. Diese unterscheiden sich im Umfang der Zielvorgaben.

„Ein *Cost-Center* ist im Prinzip eine große Kostenstelle, deren Zielvorgabe in der Einhaltung oder Unterschreitung eines Kostenbudgets bei mengenmäßig fixiertem Umfang und definierten Qualitäts- und Servicestandards besteht."[32]

Wird den dezentralen Einheiten die Erzielung eines maximalen Betriebsergebnisses als eigenverantwortliche Zielvorgabe gegeben, dann werden diese selbständigen Subsysteme der Organisation als *Profit-Center* bezeichnet. An der Spitze eines jeden Profit-Center steht ein Manager oder ein Team von Managern, der bzw. das die Subsysteme weitgehend eigenverantwortlich leitet, weshalb häufig auch die Bezeichnung Responsibility Center verwendet wird. Wie die Bezeichnung Profit-Center erkennen lässt, wird als primäres Ziel der Managementtätigkeit eines Centers die Erzielung eines Gewinns oder Deckungsbeitrags angesehen.[33]

Die weitestgehende Zielvorgabe ist beim „*Investment-Center*" vorgesehen. „Bei einem Investment-Center wird die Verantwortung um Investitionsentscheidungen erweitert. Damit dient der Gewinn, die Kosten und der Investitionserfolg als ein Beurteilungsmaßstab für die jeweilige Organisationseinheit. Das bedeutet, dass die benötigten und somit nutzbaren Kapazitäten von dem Investment-Center selbst geplant werden. Das Investment-Center repräsentiert den höchsten Autonomiegrad der Verantwortungsbereiche und kann als ein wichtiger Schritt zur Bildung von „echten Unternehmen im Unternehmen" bezeichnet werden."[34]

Beim Profit- und Investment-Center muss den eigenverantwortlichen Managern ein ganz wesentlicher Einfluss auf die Preis- und Absatzpolitik eingeräumt werden. Gewinnverantwortung kann nur dann gegeben sein, wenn die Leitungen der Center die Gewinnkomponenten auch tatsächlich beeinflussen können. Dies schliesst nicht aus, dass z.B. bei der Hereinnahme von Aufträgen in bestimmten Größenordnungen auch die Zustimmung der obersten Unternehmensleitung erforderlich sein kann.

Zusätzlich zu der Unterteilung der Verantwortungsbereiche nach dem Ausmaß der Zielvorgaben übernimmt die Unternehmensleitung mit ihren Kernbereichs-, Richtlinien-, Service- und Stabsabteilungen eine Art Holding-Funktion. In diesem Modell sind die „Investment-Center" nur mehr finanziell und in strategischen Grundsatzfragen an die Unternehmensleitung gebunden.

Überträgt man diese Überlegungen auf die Organisation eines großen bauausführenden Unternehmens, dann ergibt sich Folgendes. Die Niederlassungen und der Auslandsbau mit seinen Tochter- und Beteiligungsgesellschaften sind „Investment-Center", d.h. für diese dezentralen Organisationseinheiten gilt die Zielvorgabe „Maximierung der Eigenkapitalrentabilität".

Die Zweigniederlassungen sind für das eigentliche operative Geschäft zuständig. Sie sind also – zusammen mit den Oberbauleitern – für die Maximierung des Betriebsergebnisses verantwortlich.

Auf den Baustellen, Hilfs- und Nebenbetrieben werden von Bauleitern, den Polieren und den gewerblichen Mitarbeitern die Bauleistungen erstellt.

Diese Ausführungsebene hat demnach die Zielvorgabe „Minimierung der Einsatzmengen der Produktionsfaktoren."

---

[31] vgl. z.B. Friedrich, R.: Der Centeransatz zur Führung und Steuerung dezentraler Einheiten; in: Bullinger, H.J./ Warnecke, H.J. (Hrsg.): Neue Organisationsformen im Unternehmen, Ein Handbuch für das moderne Management; Springer-Verlag: Berlin 1996, S. 984 bis 1013

[32] Heinen, E. (1985): a.a.O., S. 138

[33] vgl. Staehle, W.H. (1999): a.a.O., S. 742

[34] Friedrich, R.: a.a.O., S. 988

Dies bedeutet vor allem auch, dass der Ablauf eines Bauprojektes so koordiniert wird, dass Bauzeit und Kapazität der eingesetzten Produktionsmittel ein Optimum ergeben und dass die vorgegebenen Begrenzungen der Bauzeit auch tatsächlich eingehalten werden.

Damit ergibt sich folgendes Modell der Zuordnung von Zielen zu Organisationsebenen bei größeren bzw. großen bauausführenden Unternehmen.

Bild C-24   Zuordnung von Zielen zu Organisationsebenen bei großen bauausführenden Unternehmen

2.1.3.3 Projektentwickler

Projektentwickler im engeren Sinne

Das grundsätzliche Zielsystem lässt sich mit dem von klassischen Planungsbüros vergleichen. Neben generellen Zielsetzungen haben sie das Oberziel „Maximierung des Betriebsergebnisses je Projektentwicklung".

In Anlehnung an die Organisationsstruktur von Punkt C 1.2.1.3 ergibt sich.

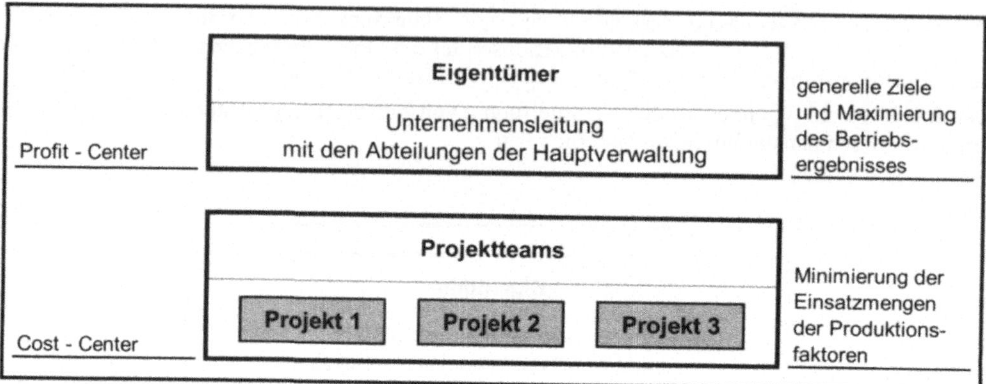

Bild C-25 Zuordnung von Zielen zu Organisationsebenen bei Projektentwicklern im engeren Sinne

Projektentwickler im weiteren Sinne

Der oder die Eigentümer eines Unternehmens für Projektentwicklungen werden neben generellen Zielen vor allem das Ziel der Maximierung der Rentabilität ihres eingesetzten Kapitals – also Maximierung der Eigenkapitalrentabilität – verfolgen.

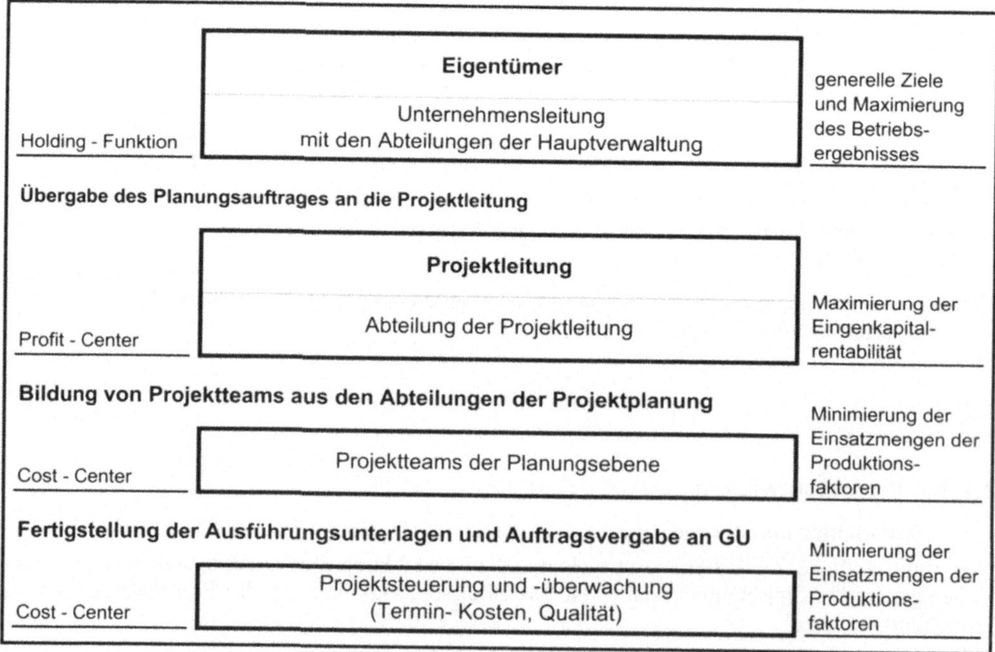

Bild C-26 Zuordnung von Zielen zu Organisationsebenen bei einem Projektentwickler im
          weiteren Sinne

Wird ein Planungsauftrag entweder von den Abteilungen der Leitungsebene im Sinne einer Projektentwicklung im engeren Sinne selbst entworfen oder von einem Bauherrn übernommen, dann werden aus den Abteilungen der Projektplanung Projektteams gebildet.

Mit jedem Projekt soll ein möglichst hohes Ergebnis erzielt werden. Die Projektleitungen verfolgen somit das Oberziel „Maximierung des Ergebnisses je Projekt." Dies kann dann erreicht werden, wenn die Projektteams möglichst kostengünstig arbeiten.

Der Eigentümer des Unternehmens „Projektentwickler im weiteren Sinne" wird neben dieser projektbezogenen Zielsetzung auch Ziele verfolgen, die das gesamte Unternehmen betreffen. Daher kann auch beim Projektentwickler im weiteren Sinne, und hier vor allem bei größeren und großen Unternehmen, ebenso wie bei bauausführenden Unternehmen der organisatorische „Centeransatz" angewendet werden. Dann ergeben sich auf der Grundlage des Bildes C-16 folgende Beispiele einer Zuordnung von Zielen zu Organisationsebenen.

Unter Berücksichtigung der Organisationsstruktur von Punkt C 1.2.1.3 ergibt sich das Bild C-26 auf vorheriger Seite.

2.2 Festlegung der Ziele

Bislang wurden für bauwirtschaftliche Unternehmen Beispiele von Zielsystemen und Beispiele der Zuordnung von Zielen zu Organisationsschemen entwickelt. Jetzt wird gezeigt, ob und wie Ziele auch zu „tatsächlich verfolgten" Zielen in Unternehmen werden. Hierzu wird zunächst dargelegt, dass an Unternehmen eine Reihe von Interessengruppen beteiligt sind und dass diese Interessengruppen durchaus auch konkurrierende Ziele verfolgen. Dennoch muss die Unternehmensleitung Ziele festlegen, an denen der betriebliche bzw. der unternehmerische Erfolg gemessen werden kann.

2.2.1 Organisationsteilnehmer und deren Zielkonflikte

In der Organisationsliteratur wird häufig zwischen internen, externen und regulatorischen Organisationsteilnehmern unterschieden.

Zu den internen Organisationsteilnehmern der Organisation „Unternehmen" gehören die Eigentümer, die Manager und die Arbeitnehmer. Externe Organisationsteilnehmer sind solche Individuen oder Gruppen, die ein legitimes Interesse an der Organisation haben und die Organisation auch in ihrem Sinne beeinflussen können. Bei der Organisation „Unternehmen" gehören hierzu Fremdkapitalgeber, Kunden, Lieferanten und Konkurrenten. Regulatorische Organisationsteilnehmer sind Behörden und andere staatliche, wirtschaftliche und gesellschaftliche Institutionen, aber auch die Öffentlichkeit. Im Folgenden werden die Interessen der genannten Gruppen stichwortartig aufgeführt, und anschließend einige Zielkonflikte gezeigt.

Interessen interner Gruppen

Eigentümer:	Maximierung der Eigenkapitalrentabilität und Sicherung des Unternehmens.
Manager:	Materielle und immaterielle Anreize wie Einkommen, Selbstverwirklichung, Sicherheit, Prestige.
Arbeitnehmer:	Wie vor, jedoch komplexe unterschiedliche Motivationsstrukturen, die ganz wesentlich von der hierarchischen Stellung und dem Anforderungsprofil des Arbeitsplatzes abhängen. D.h. Belange wie Freizeit und angemessene Vergütung nehmen einen anderen Stellenwert ein.

Interessen externer Gruppen

Fremdkapitalgeber: Sicherheit, Verzinsung des überlassenen Kapitals.

Kunden:	Nutzen der Produkte und Dienstleistungen.
Lieferanten:	Verkaufserlös der gelieferten Ware, Sicherheit der Abnahme und Bezahlung.
Konkurrenten:	Verbesserung bzw. zumindest Aufrechterhaltung der relativen Wettbewerbsfähigkeit gegenüber der Konkurrenzsituation.

Interessen regulatorischer Gruppen

Steuereinnahmen, Unterstützung der wirtschafts- und sozialpolitischen Randbedingungen, Erhöhung der Lebensqualität, Sicherung der Arbeitsplätze.

Stellvertretend für die vielen möglichen Zielkonflikte wird kurz auf folgende Konfliktsituationen eingegangen.

- Eigentümer - Management
- Management - Arbeitnehmer
- Unternehmen - externe Gruppen
- Unternehmen - regulatorische Gruppen

Zielkonflikte zwischen Eigentümer und Manager

Zwischen den Eigentümern bzw. den Anteilseignern, die dem Unternehmen zwar Kapital zur Verfügung stellen, aber die Geschäfte nicht selber führen, und den geschäftsführenden Managern gibt es häufig keine Interessenidentität. Es entsteht somit eine Principal-Agent-Beziehung. Der Eigenkapitalgeber (Principal) bleibt der eigentliche Geschäftsherr, der Manager (Agent) übernimmt die Geschäftsführung mit weitreichenden Vollmachten.

Häufig verfolgen Manager eigene Ziele, die den Zielen der Eigentümer abträglich sind oder diesen sogar entgegenstehen. Die Sicherung des eigenen Arbeitsplatzes, die Vergrößerung des Unternehmens, um dadurch z.B. die Anzahl der in der Hierarchie unter ihnen stehenden Mitarbeiter zu steigern, können solche Managerziele sein. Vor diesem Hintergrund ist es die Aufgabe des Principal, den Manager zur Verfolgung der Ziele der Eigenkapitalgeber zu veranlassen. Die Vertragsbeziehungen zwischen Principal und Agent müssen also ein Anreizsystem integrieren, welches mit der Maximierung der Eigenkapitalrentabilität kompatibel ist.

Zielkonflikte zwischen Management und Arbeitnehmern

Diese Zielkonflikte bestehen – vereinfacht ausgedrückt – darin, dass die Arbeitsentgelte einschließlich der gesetzlichen, tariflichen und betrieblichen Lohnzusatzkosten für das Unternehmen Kosten und für die Arbeitnehmer Einkommen sind. Eigentümer und Manager wollen die Kosten minimieren. Die Arbeitnehmer hingegen wollen ihr Einkommen und ihre Arbeitsverhältnisse verbessern.

Zielkonflikte zwischen Unternehmern und externen Gruppen

Diese Zielkonflikte beziehen sich im Wesentlichen auf die Aktivitäten am Markt, also auf Auseinandersetzungen mit den Kunden und Lieferanten im Hinblick auf Preise, Qualitäten, Liefertermine, Zahlungsziele und auf Auseinandersetzungen mit den Konkurrenten, die sich im äußersten Falle in extremen ruinösen Wettbewerben niederschlagen können. Dies ist vor allem dann der Fall, wenn am Baumarkt einer relativ geringen Nachfrage nach Bauleistungen eine Überkapazität auf der Angebotsseite gegenübersteht, wie dies seit geraumer Zeit in der Bundesrepublik Deutschland gegeben ist.

Eine besondere Beziehung besteht zwischen Unternehmen und Fremdkapitalgebern. Die Fremdkapitalgeber haben großes Interesse an der zukünftigen Geschäftspolitik von Unternehmen, denen sie einen Kredit gewähren sollen. Die Unternehmen können eine Geschäftspolitik verfolgen, die eine Aufnahme bzw. keine Aufnahme von Fremdkapital berücksichtigt. Unterschiedliche Geschäftspolitiken haben auch unterschiedliche Gewinn- und Verlustrisiken der Kapitalgeber. Diese

Geschäftspolitik müssen sie im Rahmen der Kreditvergabeverhandlungen dem Fremdkapitalgeber vermitteln.

Unternehmen bzw. deren Gesellschafter können aber gerade aufgrund der Aufnahme von Fremdkapital zu einer Änderung der Geschäftspolitik verleitet werden, die sie ohne Abschluss eines Fremdkapitalvertrages nicht geändert hätten. Dabei hätte der Fremdkapitalgeber bei Kenntnis der Änderungsabsicht, den Kredit nicht gewährt. Dieses Phänomen wird als „Moral Hazard" beschrieben. Das „moralische Risiko" hat dabei weniger mit der Moral der Unternehmer bzw. Gesellschafter zu tun, sondern mit den Anreizmechanismen, die Geschäftspolitik zu ändern.

Zielkonflikte zwischen Unternehmen und regulatorischen Gruppen

Die Interessen der regulatorischen Gruppen vermindern in aller Regel den Unternehmenserfolg, denn Steuerausgaben, Gebühren und sonstige tarifliche und gesetzliche Regulierungen vermindern ex definitione den Unternehmenserfolg.

2.2.2 Festlegung der Ziele als Verhandlungsprozess

„Da Ziele (Zielvorstellungen) nicht einfach a priori vorhanden (und akzeptiert) sind, haben sich in der Betriebswirtschaftslehre verschiedene modellhafte „Vorstellungen" über die Entstehung und Gewinnung von Zielen bei mehrstufigen, multipersonalen Entscheidungsprozessen gebildet. Durch die Mitwirkung zahlreicher Informanten, Interessenvertreter, Manager usw. wird der soziale Charakter dieses Prozesses deutlich. Innerhalb des Zielbildungsprozesses, der als ein interaktiver Prozess zwischen den Beteiligten zu verstehen ist, werden die Ziele damit selbst zu Variablen."[35]

Unter Berücksichtigung dieser Aspekte interpretiert z.B. die entscheidungsorientierte Betriebswirtschaftslehre die Zielfestlegung als Ergebnis eines umfassenden Verhandlungsprozesses zwischen den Organisationsteilnehmern.

Es „dominiert die Auffassung, dass die Ziele einer Organisation in Verhandlungs-Prozessen (Bargaining) zwischen den Organisationsteilnehmern bzw. -mitgliedern entwickelt werden. Dem Bargaining-Prozess folgt ein Control-Prozess zur Herausarbeitung der spezifischen Ziele und ein Lernprozess, im Zuge dessen Ziele aufgrund von Umweltveränderungen angepasst werden."[36]

Als Kernaussage dieser Auffassung kann man mit Heinen formulieren: „Viele Gruppen versuchen durch eine mittelbare oder unmittelbare Beteiligung an der Organisation ihre eigenen Ziele zu verwirklichen. Nur selten sind diese von vornherein miteinander verträglich. Der Zielbildungsprozess ist somit stets ein „Verhandlungsprozess". Die widerstrebenden Interessen der Beteiligten sind zu einem Ausgleich zu bringen. Das Zielsystem einer Betriebswirtschaft ist daher fast immer ein Kompromiss. Keiner der Beteiligten kann seine eigenen Ziele in vollem Umfang verwirklichen."[37] Ausgangspunkt der Zielfestlegung ist also die Tatsache, dass es in Unternehmen – ebenso wie in politischen Systemen – eine Anzahl von Gruppen gibt, die zur Willensbildung berechtigt sind.

„Die Macht zwischen den Gruppen ist nicht gleichmäßig verteilt. Sogenannte Kerngruppen besitzen eine anerkannte Befugnis zur Zielbildung. Die übrigen Gruppen stellen demgegenüber Satellitengruppen dar. Sie versuchen direkt oder indirekt auf die Zielentscheidungen der Kerngruppen Einfluss zu nehmen."[38]

---

[35] Hopfenbeck, W.: a.a.O., S. 526 und die dort angegebene Literatur
[36] Staehle, E. (1999): a.a.O., S. 111
[37] Heinen, E. (1992): a.a.O., S. 95
[38] Heinen, E. (1992): a.a.O., S. 95

Die Kerngruppen sind identisch mit den vorgestellten internen Gruppen. Größere Unternehmen haben zusätzliche Kerngruppen in Form von besonderen Aufsichts- und Kontrollorganen, die im Auftrag der Eigentümer oder anderer Interessengruppen tätig sind.

Bei den Satellitengruppen handelt es sich im Wesentlichen um die genannten externen Gruppen. Ihre Einwirkungsmöglichkeiten auf die Zielfestlegung sind in aller Regel eher beschränkt.

In Ausnahmefällen können allerdings auch externe Gruppen Funktionen von Kerngruppen übernehmen. So beeinflussen Banken und andere Kreditgeber, oder auch Großkunden, nicht selten die Zielfestlegung in Unternehmen.

Die unterschiedlichen Interessenlagen der am Unternehmen beteiligten internen und externen Gruppen müssen durch Verhandlungsprozesse so angeglichen werden, dass gemeinsame Ziele für das Unternehmen festgelegt werden können. Dadurch sind Organisationsziele häufig Kompromisse, die in unterschiedlicher Weise den verschiedenen Einzelinteressen gerecht werden. Mit welchen Strategien solche Kompromisse erzielt werden, hängt nicht zuletzt von der individuellen Situation des Unternehmens und vor allem auch von den Machtverhältnissen zwischen den Kern- und Satellitengruppen ab.

Im Folgenden werden zu den benannten vier Zielkonfliktsituationen einige Strategien dargestellt, mit denen sinnvolle Kompromisse erzielt werden können.

Bei der Konfliktsituation „*Eigentümer-Management*" ist das Aushandeln von sog. Ausgleichsleistungen in Form von monetären und nicht monetären Anreizen eine verbreitete Strategie. So gesehen kann das Herausfiltern von geeigneten Anreizsystemen als Schlichtungssystem zwischen Eigentümer und Management verstanden werden.

Werden z.B. Manager am Unternehmenserfolg beteiligt, so verlagert sich das unternehmerische Risiko zum Teil auch auf den oder die Manager.

Dieses Risiko, verbunden mit entsprechenden Einkommenschancen, motiviert das Management ungleich stärker als hohe Absicherungen in Form von erfolgsunabhängigen Einkommen. Mit dieser Strategie werden die Ziele „Maximierung der Eigenkapitalrentabilität" und „Maximierung des Betriebsergebnisses" verstärkt auch zu persönlichen Zielen der Manager.

Ähnliche Lösungen werden auch in der Konfliktsituation „*Management-Arbeitnehmer*" gesucht. Hier gibt es Lösungsansätze sowohl im kollektiven als auch im individuellen Arbeitsrecht.

Beim kollektiven Arbeitsrecht sind Kompromisse zwischen Management (Arbeitgeber) und Arbeitnehmer im Tarifvertrags-, Schlichtungs-, Arbeitskampf-, Betriebsverfassungs- und dem Personalvertretungsrecht verankert.

Beim individuellen Arbeitsrecht geht es um Anreize, welche das Leistungsverhalten und die Mitarbeitermotivation betreffen. Diese Anreize sind in individuellen Arbeitsverträgen geregelt.

Beim Konfliktfeld „*Unternehmen - externe Gruppen*" werden häufig Kooptationen, Verhandlungen und Koalitionsbildungen als Strategien zur Zielbeeinflussung genannt.

„Eine *Kooptation* ist dadurch gekennzeichnet, dass die Satellitengruppen Mitglieder in die Kerngruppe abordnen. Eine Kooptation zwischen der Geschäftsführung und den Eigentümern einer Unternehmung liegt z.B. dann vor, wenn einem Großaktionär das Recht der Teilnahme an den Vorstandssitzungen eingeräumt ist. In ähnlicher Weise entsteht durch die Banken- und Belegschaftsvertreter im Aufsichtsrat eine Kooptation."[39] Beim Verhandeln werden Vereinbarungen hinsichtlich des Austausches von Leistungen angestrebt, wie z.B. bei Auftragsverhandlungen zwischen Unternehmen und Auftraggebern bzw. Unternehmen und Lieferanten.

---

[39] Heinen, E. (1992): a.a.O., S. 97

Ziel der Bildung von *Koalitionen* ist die wirkungsvollere Erreichung von gemeinsamen Zielen der Koalitionspartner. „Eine Koalition ist beispielsweise dann gegeben, wenn sämtliche Mitglieder eines Aufsichtsrates an den Beratungen eines Vorstandes teilnehmen."[40]

Beim Konfliktfeld „*Unternehmen-regulatorische Gruppen*" werden Strategien wie Lobbyismus, Repräsentation und Sozialisation angewendet.

Beim *Lobbyismus* werden Kontakte mit Parlament und Regierung aufgenommen mit dem Ziel, die Gesetzgebung zu beeinflussen. Bei der Repräsentation werden Mitgliedschaften in anderen einflussreichen Organisationen angestrebt, um dort die Interessen des eigenen Unternehmens zu vertreten.

Die *Sozialisation* ist der Versuch der Vermittlung und Verbreitung von Meinungen, Wertungen und Normen (z.B. über Privateigentum, freie Marktwirtschaft, Kernenergie), die im Einklang mit den Interessen einer Organisation sind, damit diese in der Umwelt eine positive Aufnahme finden.[41]

Abschließend kann mit Heinen festgestellt werden: „Die Vielfalt der Gruppierungen, Interessen und Einflussbeziehungen im betriebswirtschaftlichen Zielbildungsprozess erlaubt nur wenig allgemeingültige Aussagen. Das Zielsystem einer Betriebswirtschaft als Ergebnis eines Verhandlungsprozesses führt zu einer gewissen Einheitlichkeit der Gruppenziele. Die Zielkonflikte innerhalb und zwischen den einzelnen Willensbildungszentren werden aber nicht aufgelöst. Das geplante (formale) Zielsystem stellt lediglich eine Problem verlagernde Lösung der Konflikte dar. Die Gruppen- und Individualziele bleiben als ungeplante (informale) Ziele weiterhin wirksam. Sie beeinflussen die Mittelentscheidungen der jeweiligen Entscheidungsträger. Auch die Tatsache, dass der Prozess der Zielbildung selten bewusst vor sich geht, stützt diese Aussage."[42]

Gerade deshalb ist es aber für jedes einzelne Unternehmen umso wichtiger, dem Aufbau und der Festlegung seines individuellen Zielsystems eine zentrale Bedeutung zu geben. Nur mit Hilfe von Zielsetzungen, die von allen Mitarbeitern verstanden bzw. anerkannt werden, kann ein Unternehmen erfolgreich geplant und geführt werden.

2.3 Erreichung der Ziele

2.3.1 Zielformulierung als Voraussetzung

Sich Ziele setzen, ist eine Sache. Die Ziele auch zu erreichen, ist eine andere Sache.

Dieser Satz gilt nicht nur für jeden Einzelnen in Bezug auf die Erreichung seiner kurz-, mittel- oder langfristigen Lebensziele, sondern dieser Satz gilt auch für Organisationen jeglicher Art und vor allem für zielorientierte Unternehmen.

Um Ziele erreichen zu können, müssen diese zunächst exakt formuliert sein. In Unternehmen sind in der Regel generelle Ziele und Oberziele formuliert. Diese Ziele können aber nur dann erreicht werden, wenn entsprechende Handlungsziele festgelegt sind. Erst mit den generellen Zielen, Oberzielen und Handlungszielen ergibt sich eine in sich abgestimmte vertikale Zielhierarchie (Subzielkette).

Dies wurde bereits ausführlich dargestellt. In der Praxis ist die Zielbestimmung mit einer Reihe von Schwierigkeiten verbunden. Diese werden mit folgender Checkliste angedeutet.

---

[40] Heinen, E. (1992): a.a.O., S. 97
[41] vgl. Staehle, W. (1999): a.a.O., S. 565
[42] Heinen, E. (1992): a.a.O., S. 97 f.

Checkliste zur Zielbestimmung:

- Handelt es sich bei dem Ziel um einen endgültig angestrebten Zustand, eine zu erreichende Schwelle, ein Endprodukt, ein bestimmtes Know-how?
- Welcher Art ist das Ziel, und wie wichtig ist dessen Realisierung?
  - „unabdingbar": Das Ziel muss unbedingt erreicht werden, weil es gesetzlich vorgeschrieben oder der Fortbestand der Unternehmung davon abhängig ist.
  - „bedingt erforderlich": Das Ziel muss unter der Bedingung erreicht werden, dass bestimmte Grenzen und Vorgaben eingehalten werden.
  - „wünschenswert": Das Ziel ist eine Wunschvorstellung, die man gerne verwirklichen würde, bringt auf jeden Fall konkreten Nutzen, ist jedoch für den Fortbestand des Unternehmens nicht unbedingt erforderlich.

- Wurden bei der Zielformulierung alle Aspekte berücksichtigt?
- Ist das Ziel mit der Unternehmenspolitik und der Corporate Identity vereinbar?
- Steht es im Widerspruch zu anderen Zielsetzungen?
- Gibt es ein Instrument zur Erfassung der Zielerreichung und des Zielerreichungsgrads?
- Ist das Ziel realisierbar?
- Wurde für die Zielerreichung eine bestimmte Frist festgesetzt?
- Fällt das Ziel in den Aufgabenbereich der betroffenen Stelle oder Abteilung?
- Wer ist davon betroffen?
- Wurden die zur Zielerreichung nötigen Mittel bewilligt?
- Wurden alle Betroffenen ausreichend informiert?
- Welches sind die Teilziele?[43]

2.3.2 Grundmodell der Zielerreichung

Sind die Ziele gesetzt, dann muss zur Zielerreichung das zukünftige Handeln sorgfältig geplant werden.

Dabei kann man zwischen generellen, strategischen und operativen Planungen unterscheiden.

Generelle Planungen legen das Unternehmenskonzept fest. Sie enthalten Aussagen über Unternehmenszweck, Aufbau und Pflege der Unternehmenskultur bzw. des Unternehmensleitbildes, Verhältnis des Unternehmens zu den Mitarbeitern und Anteilseignern sowie zur Umwelt und dem technischen Fortschritt etc.

„Die *strategischen Planung* befasst sich primär mit der langfristigen Planung von Strategien für bestimmte Produkt-Markt-Kombinationen (Geschäftsfelder) und damit verbunden auch mit Plänen, die sich mit der Schaffung und Erhaltung von Erfolgspotenzialen beschäftigen und die letztlich die langfristige Produktionsprogrammplanung bestimmen. Folglich hat die strategische Planung auch die Analyse der vorhandenen Erfolgspotenziale (Stärken und Schwächen) des Unternehmens zum Gegenstand und erstellt darauf aufbauend Prognosen über die Attraktivität bestimmter Teilmärkte"[44]

Daher umfassen strategische Planungen die Bereiche Marketing, Investition und Finanzierung, Aufbauorganisation, Beteiligungspolitik, Informationssysteme und Personalwesen.

Operative Planungen sind kurzfristige Planungen in den Bereichen Programm- und Angebotsplanung, Projektplanung bzw. detaillierte Produktionsplanung.

---

[43] vgl. Gomez P./Probst G.: Die Praxis des ganzheitlichen Denkens. Vernetzt denken – Unternehmerisch handeln – Persönlich überzeugen, Paul Haupt Verlag: Bern-Stuttgart-Wien 1995, S. 234

[44] Wöhe, G.: a.a.O., S. 135

Diese Planungen laufen in mehreren Stufen ab:

- Sammlung aller Informationen, die in irgendeiner Beziehung zum Objekt der Planung stehen.
- Erarbeitung von Alternativplänen, von denen jeder eine Möglichkeit darstellt, das Ziel zu erreichen.
- Entscheidung darüber, mit welchem Alternativplan das Ziel erreicht werden soll.

Planungen schließen in aller Regel mit der Entscheidung für einen alternativen Plan (Aktionsplan) und der Erarbeitung von Sollwerten ab.

Damit ergibt sich folgendes Grundmodell der Zielerreichung.

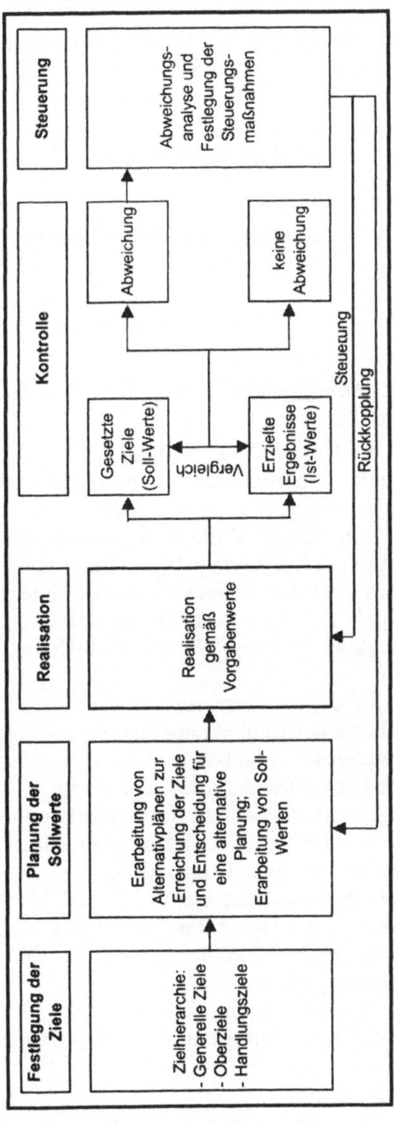

Bild C-27 Grundmodell der Zielerreichung

Planungen sind in die Zukunft gerichtet und basieren in aller Regel auf Erwartungen und Schätzungen. Deshalb ist es unbedingt nötig, dass in der Realisationsphase Kontrollen, z.B. als Soll-Ist-Vergleiche, eingerichtet werden. Nur dann ist sichergestellt, dass Planungsziele erreicht werden. Bei Abweichungen zwischen Soll- und Istwerten müssen Abweichungsanalysen vorgenommen werden. Wenn es möglich und nötig ist, dann werden die Abweichungen durch Steuerungsmaßnahmen korrigiert. Die Ergebnisse aus den Kontroll- und Steuerungsmaßnahmen müssen unbedingt mit einem Feed-back bei der Erstellung neuer Pläne einfließen.

Aus dem Modell ersieht man, dass der gesamte Prozess der Zielerreichung aus folgenden Teilprozessen besteht: Festlegung der Ziele, Planung der Sollwerte, Realisation, Kontrolle, Steuerung, Rückkoppelung.

Aufbau, Abstimmung und Verknüpfung dieser Teilprozesse ist die zentrale Aufgabe des Managements. Wie und mit welchen Mitteln das Management diese Aufgabe löst, dafür gibt es in der Literatur und in der Praxis eine große Anzahl von Empfehlungen.

Im Folgenden werden die am meisten genannten Empfehlungen kurz dargestellt. Grundlage der Darstellung dieser Empfehlungen soll folgendes Beispiel sein.

Beispiel: Abwicklung eines Bauauftrages.

Dem Beispiel liegt ein mittleres bauausführendes Unternehmen mit folgenden Unternehmensebenen zugrunde:
- Unternehmensleitung
- Niederlassungen
- Ausführungsebene

Wird das Grundmodell der Zielerreichung (Bild C-27) verwendet, dann stellt sich die Abwicklung des Bauauftrages wie folgt dar:
- Festlegung der Ziele durch die Unternehmensleitung
  Folgende Ziele werden von der Unternehmensleitung festgelegt.
  a) Bewerbung um den öffentlich ausgeschriebenen Bauauftrag. Damit soll die von der Unternehmensleitung festgelegte langfristige Marktstrategie verfolgt werden.
  b) Mit dem Bauauftrag soll ein Gewinn in einer bestimmten Höhe erwirtschaftet werden (Maximierung des Betriebsergebnisses). Bei bauausführenden Unternehmen wird dieser Gewinn in einem Prozentsatz der Angebotssumme ausgedrückt und er ist abhängig von der jeweiligen Konjunktur- und Marktsituation. Von der Unternehmensleitung wird dieser Prozentsatz vorgegeben.
- Planung der Sollwerte durch die Niederlassung
  Die Sollwerte für die Erstellung der Bauleistung werden wie folgt ermittelt:
  a) Kalkulation zur Errechnung der Angebotssumme. Dieser Kalkulation liegen die zu erwartenden Kosten zugrunde (Einzelheiten hierzu vgl. Punkt B 2.4.2)
  b) Nach Auftragserteilung werden von der Arbeitsvorbereitung die Soll-Vorgaben für die Realisation (Erstellung des Bauprojektes) erarbeitet. Dazu müssen Verfahrens-, Ablauf- und Terminpläne erarbeitet werden. Aufgrund dieser Pläne werden detaillierte Bereitstellungspläne für Material, Personal und Geräte aufgestellt. Bei der Planung der Sollwerte auf der Niederlassungsebene wird auch die Ausführungsebene mit einbezogen. So werden gemeinsam die Vorgaben festgelegt, an der sich die Ausführungsebene orientieren muss.
- Realisation durch die Ausführungsebene
  Mithilfe der gemeinsam abgestimmten Vorgaben der Arbeitsvorbereitung und unter Berücksichtigung der Zielsetzung „Minimierung der Einsatzmengen der Produktionsfaktoren" wird die Bauleistung erbracht.
- Kontrolle durch die Niederlassung
  Zusammen mit der Bauleitung werden in der Niederlassung von der Serviceabteilung „Controlling" Soll-Ist-Vergleiche erstellt.

- Steuerung durch die Niederlassung
  Bei Abweichungen zwischen Soll- und Istwerten werden von der Serviceabteilung „Controlling"
  Abweichungs-Ursachen ermittelt und gegebenenfalls Steuerungsmaßnahmen festgelegt.
  Ergeben sich nach Beendigung der Bauausführung Abweichungen zwischen Soll- und Istwerten, dann kann die Analyse dieser Abweichungen der Verbesserung der in der Kalkulation und Arbeitsvorbereitung benötigten Erfahrungswerte dienen (Feed-back).
  Mit der Übergabe der Bauleistung an den Auftraggeber ist das angestrebte Ziel „Abwicklung eines Bauauftrages" erreicht. Ob auch das Ziel „Erreichung eines Gewinns in einer bestimmten Höhe" erreicht worden ist, wird letztlich mit Hilfe der Betriebsabrechnung (vgl. Punkt E) festgestellt.

2.3.3 Führungskonzepte zur Zielerreichung

Damit das im Beispiel dargestellte Ziel „Abwicklung eines Bauauftrages" erreicht werden kann, muss eine Organisation mit entsprechenden Stellen, Abteilungen und Leitungssystemen vorhanden sein.

Im Beispiel sind dies:

- Leitungssystem: Unternehmensleitung, Niederlassung, Ausführungsebene
- Abteilungen: Kalkulation, Arbeitsvorbereitung, Controlling, Betriebsabrechnung
- Baustellenorganisation: Bauleiter, Poliere, gewerbliche Mitarbeiter

Darüber hinaus ist zu bedenken:

- Die bei der Abwicklung eines Bauauftrages anstehenden Aufgaben müssen an Abteilungen bzw. an Personen delegiert werden und es müssen entsprechende Zuständigkeiten festgelegt sein.
- Es muss gewährleistet sein, dass die Abteilungen bzw. Personen im Sinne der Zielsetzung des Unternehmens zusammenarbeiten.
- Es müssen Mitarbeiter vorhanden sein, die willens und auch fachlich in der Lage sind, die ihnen übertragenen Aufgaben im Sinne der Zielsetzungen des Unternehmens zu erfüllen.
- Es müssen Kontroll- und Steuerungsinstrumente geschaffen und sinnvoll eingesetzt werden.

Die Schaffung dieser organisatorischen Veränderungen ist eine echte Führungsaufgabe des Managements, und sie besteht darin, einerseits die generellen organisatorischen Ablaufprobleme und andererseits den Einsatz und die Führung der Mitarbeiter zu gestalten. Um diese Aufgabe lösen zu können, muss sich das Unternehmen darüber klar werden, welches Führungskonzept es anwenden will bzw. anwenden kann.

Diese Aufgabe ist schon allein deshalb nicht einfach zu lösen, da sowohl in der Theorie als auch in der Praxis eine Reihe Führungskonzepte entwickelt wurden und es auch ganz erheblich auf die Unternehmenssituation ankommt, um zu entscheiden, welches Konzept im aktuell vorliegenden Fall das Vorteilhafteste sein wird oder ist.

„Im Laufe der letzten Jahre ist eine Vielzahl von Führungskonzepten entwickelt worden, die meist unter der Bezeichnung „Management by..." zum Teil längst bekannte Prinzipien mit neuen Namen belegen, zum Teil aber auch neue Konzepte darstellen. Sie schließen sich in der Regel nicht aus, stellen also keine Alternativen dar, sondern können zueinander indifferent bzw. voneinander unabhängig sein, sie können sich gegenseitig bedingen bzw. ergänzen, sie können sich aber auch ausschließen bzw. trennen."[45]

Vereinfacht kann man die Führungskonzepte einteilen in solche, die sich schwerpunktartig mit generellen organisatorischen Ablaufproblemen beschäftigen (*Management-Techniken*) und solchen Führungskonzepten, die sich stärker auf den Einsatz bzw. der Führung von Mitarbeitern konzentrieren (*Führungsstil*).

---

[45] Wöhe, G.: a.a.O., S. 132

Nachfolgend werden folgende Führungskonzeptionen kurz erläutert.

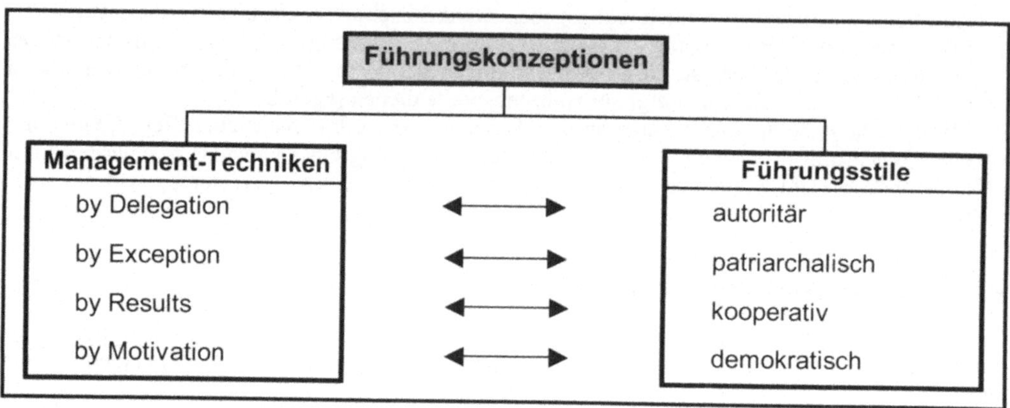

Bild C-28 Management – Techniken und Führungsstile

Auf die vielen anderen Management-Techniken, wie z.B. Management by Systems, -by Decision-Rules, -by Direction and Control, -by Breakthrough, -by Crisis, wird hier bewusst nicht eingegangen. Diese Techniken betonen nur spezielle Aspekte des Führungsprozesses.

Management by Delegation (Führung durch Aufgabendelegation)

Hier werden klar abgegrenzte Aufgabenbereiche mit entsprechender Kompetenz und Verantwortung auf nachgeordnete Mitarbeiter bzw. Abteilungen übertragen. Die Verantwortung des Vorgesetzten beschränkt sich auf die Führungsverantwortung, d.h. auf Dienstaufsicht und Erfolgskontrolle.

Mit dieser Technik werden die übergeordneten Führungsstellen entlastet. Die Mitarbeiter können bzw. müssen bei der Bewältigung ihrer Aufgaben mitentscheiden und mitverantworten. Dies fördert unter Umständen auch die Motivation.

„Dieses Führungsprinzip hat eine besondere Ausprägung in dem von R. Höhn und der Harzburger Akademie für Führungskräfte der Wirtschaft entwickelten und vertretenen „Harzburger Modell" gefunden, das unter der Bezeichnung *„Führung im Mitarbeiterverhältnis"* bekannt geworden ist."[46]

Die Verwirklichung des Harzburger Modells erfordert exakte Stellenbeschreibungen und schriftlich festgelegte „Allgemeine Führungsanweisungen", in welchen verbindlich festgelegt wird, wie sich Vorgesetzte gegenüber Mitarbeitern – und umgekehrt – zu verhalten haben.

Management by Exception (Führung nach dem Ausnahmeprinzip)

Diese Management-Technik erweitert das Management by Delegation. Es gibt zusätzlich für die Abteilungen und Mitarbeiter Ziele und Sollwerte vor. Über die Erreichung dieser Ziele und Sollwerte können die Mitarbeiter selbständig entscheiden. Die Vorgesetzten greifen in den übertragenen Aufgabenbereich nur dann ein, wenn vorher verbindlich festgelegte Abweichungstoleranzen erreicht sind oder wenn besondere Situationen vorliegen.

---

[46] Wöhe, G.: a.a.O., S. 136

Ein Nachteil dieser Konzeption ist, dass mitunter unangenehme Informationen zurückgehalten werden. Dies kann z.B. dann erfolgen, wenn aufgrund der Information die vorgegebene Toleranzgrenze überschritten wird. Mit der Zurückhaltung der Information kann in diesem Fall verhindert werden, dass übergeordnete Instanzen eingreifen.

Management by Results (Führung durch Ergebnisüberwachung)

Bei diesem Konzept wird die Durchführung der delegierten Aufgabe über das erzielte Ergebnis kontrolliert. Die Entscheidungen im Rahmen der Aufgabenerfüllung sind dem nachgeordneten Organisationsbereich freigestellt.

Dieses Konzept eignet sich besonders bei Profit-Center-Organisationen, bei welchen die Profit-Center entweder anhand der Eigenkapitalrentabilität oder des Betriebsergebnisses kontrolliert werden.

Zur Führung von Abteilungen und Mitarbeiter ist dieses Konzept nur dann geeignet, wenn klare Ergebnisvorgaben, z.B. Leistungs-Soll im Monat, formuliert werden können.

Management by Motivation

Bei dieser Management-Technik wird das Leistungsverhalten der Mitarbeiter nicht mehr durch Anordnungen und ständige Kontrollen gesteuert. Bei diesem Konzept soll der Mitarbeiter unter Beachtung seiner individuellen Bedürfnisse in das Unternehmen eingefügt werden. Dabei wird die Befriedigung dieser Bedürfnisse als Triebfeder des Arbeitsverhaltens angesehen.

„Es ist offensichtlich, dass ein uneingeschränktes Bemühen um Maximierung der Arbeitsproduktivität nicht im Interesse der Mitarbeiter sein kann. Sowohl eine ständige Erhöhung des Outputs, aufgrund der damit verbundenen physischen und psychischen Belastungen, als auch eine Verminderung des Inputs (z.B. Kürzung von Vorgabezeiten, Verminderung von Sozialleistungen mit dem Ziel der Kostenreduzierung) entsprechen nicht den Bedürfnissen der Mitarbeiter. Andererseits kann nicht unterstellt werden, dass die Interessen der Arbeitnehmer grundsätzlich einer Erhöhung der Arbeitsproduktivität zuwiderlaufen, da von ausreichender Arbeitsproduktivität die Sicherheit der Arbeitsplätze abhängt."[47]

Beim Management by Motivation geht es nunmehr darum, den Mitarbeiter so zu motivieren, dass er die von ihm erwartete Aufgabenerfüllung aufgrund seiner eigenen Motivation vornimmt.

Dies bedeutet, dass die personalen Bedürfnisse der Mitarbeiter erkannt werden müssen und dass die Mitarbeiter mit solchen Informationen zu versorgen sind, die deren Motivationsstruktur ansprechen und bei ihnen den Wunsch wecken, bestimmte Handlungen vorzunehmen.

Dem Konzept liegen unterschiedliche Motivationstheorien zugrunde, wie z.B. die Anreiz-Beitrags-Theorie von March und Simon oder die Erwartungs-Volanz-Theorien. Der wohl bekannteste Versuch einer Systematisierung der Motive menschlichen Verhaltens ist die von Maslow vorgeschlagene fünfstufige Bedürfnis-Hierarchie, die hier den weiteren Überlegungen zugrundegelegt wird.

---

[47] Heinen, E. (1985): a.a.O., S. 635

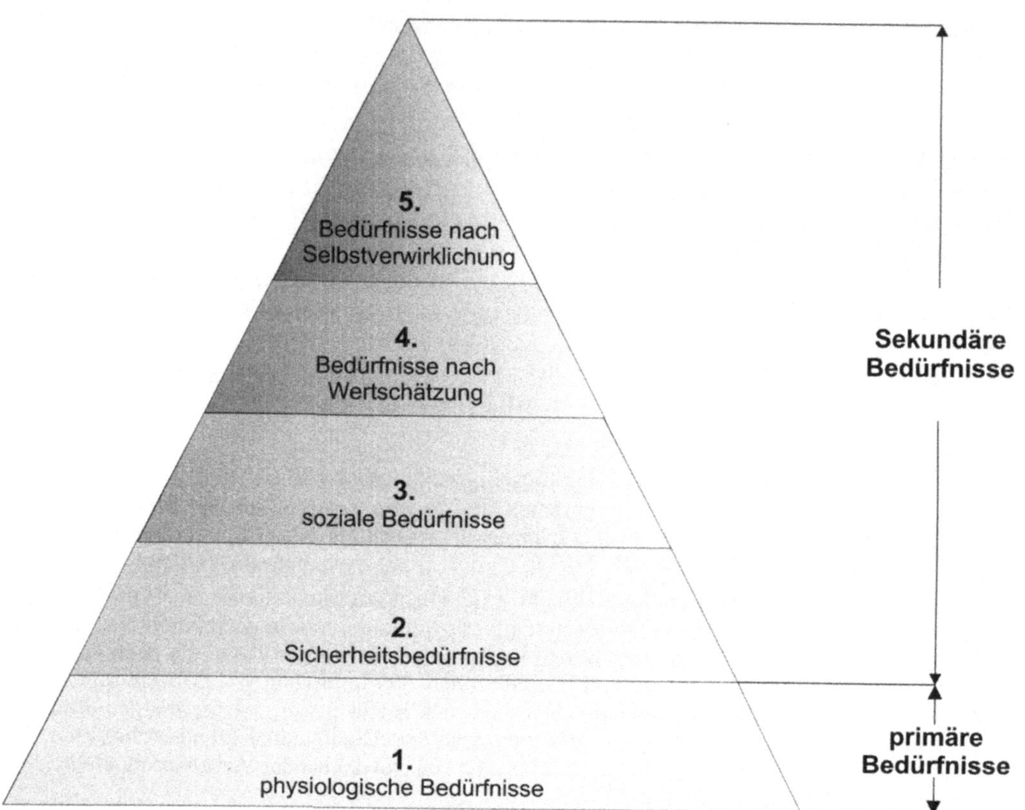

Bild C-29 Bedürfnishierachie nach Maslow[48]

Die Stufenhierachie ist nach der Dringlichkeit der Bedürfnisse geordnet. Höhere Bedürfnisse werden nur dann zum Verhaltensantrieb, wenn die Bedürfnisse der unteren Stufe ausreichend erfüllt sind. Darin liegt allerdings auch ein Problem. Ist nämlich ein Bedürfnis befriedigt, dann hört es auf als Motivation wirksam zu sein. Höhere Bedürfnisse müssen dann die motivierende Rolle übernehmen und auch diese verlieren mit zunehmender Erfüllung ihre Motivationskraft.

Kombiniert man diese Bedürfnisstruktur der Mitarbeiter mit den in Unternehmen einsetzbaren Instrumenten zur Leistungsmotivation, dann erhält man folgende Abbildung[49].

Im Zusammenhang mit der Mitarbeitermotivation wird in der Literatur auch zwischen extrinsischer und intrinsischer Motivation unterschieden.

Unter extrinsischer Motivation versteht man den Arbeitsanreiz, der in erster Linie auf Entlohnung in Form von Geld zurückgeht. „Das Hauptproblem bei der extrinsischen Motivation ist deren langfristige Aufrechterhaltung. Sobald der Motivator – z.B. die Lohnerhöhung – nicht mehr fortgesetzt wird, lässt die Motivation nach. Kein Betrieb kann es sich jedoch auf Dauer leisten, seinen Mitarbeitern ständig das Einkommen zu erhöhen, um so die Arbeitsmotivation aufrecht zu erhal-

---

[48] Heinen, E. (1985): a.a.O., S. 636
[49] vgl. Weber, K.: Führung in der Bauwirtschaft, Teil 2; in: Bauwirtschaft Heft 34, 1987, S. 1092

ten. Die materiellen Leistungsanreize richten sich daher vor allem auf die Befriedigung der Grund- und Sicherheitsbedürfnisse in den unteren Bedürfnisebenen.“[50]

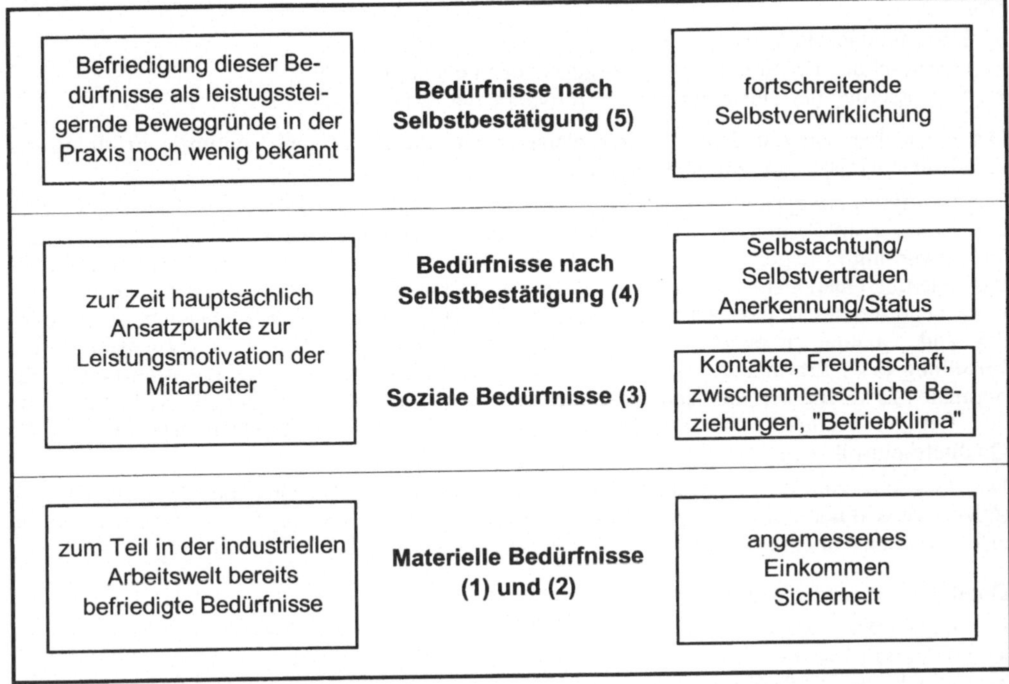

Bild C-30   Zusammenhang zwischen Bedürfnisstruktur der Mitarbeiter und in Unternehmen eingesetzten Instrumenten zur Leistungsmotivation

Unter intrinsischer Motivation versteht man die Anreize, die nicht unmittelbar in Geld auszudrükken sind. Diese Motivation gelingt dann, wenn sich der Mitarbeiter z.B. mit dem Arbeitsziel identifiziert und beim Erreichen dieses Ziels Glück, Stolz und Selbstwertgefühl empfindet. Die Arbeit wird aus Überzeugung getan; die Befriedigung liegt im Tun selbst.

„Der wesentliche Vorteil der intrinsischen Motivation liegt darin, dass Menschen, die aus Überzeugung hinter einer Sache stehen und ein Ziel erreichen wollen, oft konsequenter und letztlich erfolgreicher sind als Personen, die „nur“ gegen zusätzliche Vergütung leistungsbereit sind. Selbstverständlich kann die intrinische Motivation nur oberhalb der Befriedigung der Grund- und Sicherheitsbedürfnisse funktionieren. Solange es um die Erfüllung der Grundbedürfnisse geht, gibt es keine Alternativen zur geldlichen Entlohnung.“[51]

Die Ausführungen machen deutlich, dass Mitarbeitermotivation ein äußerst schwieriges und komplexes Thema ist. Eine allgemein gültige „Rezeptur“ kann schon deshalb nicht vorgegeben werden, weil die individuellen Bedürfnisse der Mitarbeiter sehr unterschiedlich sind und sich im Zeitverlauf auch ständig ändern.

---

[50] Labbert, H.: Die Reduzierung der Personalzusatzkosten der deutschen Bauwirtschaft, Dissertation Universität Dortmund: Dortmund 1998, S. 267
[51] Labbert, H.: a.a.O., S. 267

Exkurs: Qualitätsmanagement und Balanced Scorecard

Mit den vorstehend genannten Management-Techniken sollen Ziele erreicht werden, welche auf die interne Organisation und auf die Verbesserung der Produktionsverhältnisse gerichtet sind, wie z.B.:

- Entlastung der Führungstellen
- Überwachung der Erzielung von vorgegebenen Leistungswerten
- Verbesserung der Leistungen durch Motivation der Mitarbeiter

Demgegenüber soll mit dem „Qualitätsmanagement" die Zielsetzung „optimale Erfüllung der Kundenbedürfnisse" verwirklicht werden.

Das *Qualitätsmanagement* umfasst gemäß DIN EN ISO 9000 „alle Tätigkeiten des Gesamtmanagements, die im Rahmen des Qualitätsmanagementsystems die Qualitätspolitik, die Ziele und Verantwortung festlegen sowie diese durch Mittel wie Qualitätsplanung, Qualitätslenkung, Qualitätssicherung/Qualitätsmanagement-Darlegung und Qualitätsverbesserung verwirklichen." Vereinfachend beschreibt das Qualitätsmanagement (QM) die Summe aller Tätigkeiten, die notwendig sind, Qualität zu erzielen. Der grundlegende Gedanke von Qualitätsmanagement ist die Erstellung bzw. Erbringung von qualitativ hochwertigen Produkten bzw. Dienstleistungen zur optimalen Erfüllung der Kundenbedürfnisse. Dabei zielen das QM nicht nur auf die Endkontrolle des fertigen Produktes ab. Sie beziehen vor allem auch den Produktionsprozess in die Qualitätskontrolle ein.

Das Qualitätsmanagement wird in den Unternehmen durch das Qualitätsmanagementsystem (QMS) verwirklicht. Hier werden Organisationsstrukturen, Zuständigkeiten, Verfahren und die erforderlichen Mittel festgelegt.

Dokumentiert wird das QMS

- im Qualitätsmanagement-Handbuch,
- mit Verfahrensanweisungen und
- mit Arbeits- und Prüfungsanweisungen in Form von Checklisten, Formblättern etc.

„Verfahrensanweisungen sind das Bindeglied zwischen dem QM-Handbuch und den Arbeitsanweisungen. Sie regeln wesentliche auftragsunabhängige Abläufe im Unternehmen und verweisen für die Ausführung der eigentlichen Tätigkeiten auf entsprechende Arbeitsanweisungen. Die Formulierung von Verfahrensanweisungen kann sich einerseits an Abläufen orientieren, andererseits jedoch ebenso an Stoff- bzw. Materialströmen, die sich aus der unternehmerischen Betätigung ergeben (z.B. bei einem QM-System für ein Baustoff- oder Kieswerk)."[52]

Um positive Auswirkungen des QMS gegenüber dem Kunden zu erzielen und sich mit den Mitbewerbern vergleichbar zu machen, ist eine Überprüfung (Zertifizierung) in Form einer externen und anerkannten Prüfungsstelle sehr hilfreich. Diese Stellen sollen auf die Einhaltung eines einheitlichen und anerkannten QM-Levels achten. Inzwischen wird die DIN EN ISO 9000 ff. auch zunehmend bei den Unternehmen der Bauwirtschaft angewendet und das Zertifikat von den Prüfungsstellen erworben. Dies gilt nicht nur für bauausführende Unternehmen. Die Einbindung aller an der Erstellung eines Bauwerks Beteiligter in ein Qualitätsmanagementsystem, wie es die Normen der DIN EN ISO 9000-Reihe vorgeben, ist erforderlich, um eine verbessert Koordinierung untereinander zu erreichen. Nur so ist man in der Lage Fehler zu vermeiden, was gleichbedeutend mit einer Abweichung von den vorgegebenen Qualitätsanforderungen ist.

---

[52] Derks, K.: Qualitätsmanagement; in: Diederichs, C.J. (Hrsg.): Handbuch der strategischen und taktischen Bauunternehmensführung, Bauverlag: Wiesbaden-Berlin 1996, S. 208

Folgende Abbildung zeigt den hierarchischen Aufbau der QMS-Dokumente.

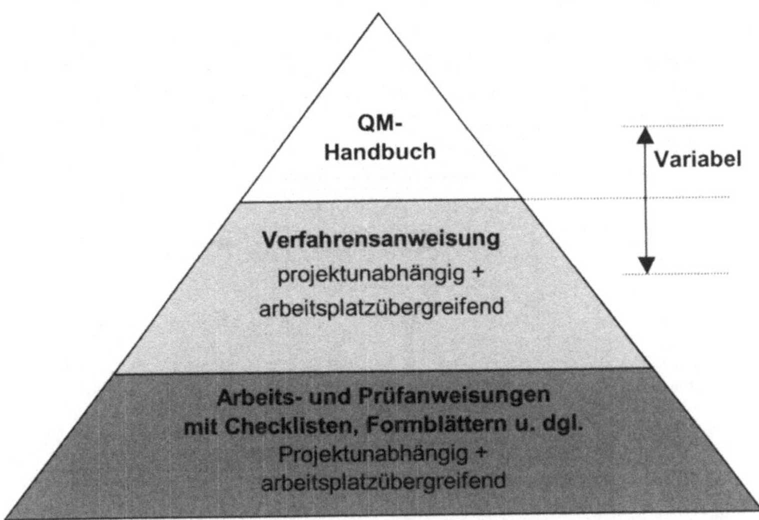

Variabel bedeutet:
Je nach Umfang und Zweckmäßigkeit können Verfahren auch im QM-Handbuch
beschrieben sein, wenn dadurch eine separateVerfahrensanweisung entfallen
kann oder soll

Bild C-31 Hierarchischer Aufbau der QMS-Dokumente

In diesem Zusammenhang ist auch das Total Quality Management (TQM) zu nennen, welches durch die DIN EN ISO 8402, die vollständig in die neue DIN EN ISO 9000 integriert wurde, erläutert werden kann. Demnach umfasst TQM ein auf die Mitwirkung aller ihrer Mitglieder gestütztes QMS einer Organisation, welches die Qualität in den Mittelpunkt des unternehmerischen Handelns stellt und durch Kundenzufriedenheit auf langfristige Geschäftserfolge sowie auf den Nutzen für die Mitglieder der Organisation und für die Gesellschaft abzielt.

TQM ist damit ein sehr umfassender Denk- und Handlungsansatz, der bei einer vollständigen und konsequenten Umsetzung in die Führungskonzepte eines Unternehmens eingreift. Es ergibt sich eine Anforderung, die für die Zielerreichung von großer Bedeutung ist. Dies ist eine mehrfache Zielsetzung, da die Ziele in einem Unternehmen nicht immer als konsistente Unterziele eines Gesamtziels begriffen werden können.

Diesen Tatbestand greift ein aktuell sehr populäres Instrument auf, das als Balanced Scorecard (BSC) bezeichnet wird.[53]

Die BSC wird eingesetzt, um strategische und operative Ziele zu erreichen, indem eine Übersetzung in praktikable Kennzahlen erfolgt. Diese werden in vier Perspektiven unterteilt:

- Finanzwirtschaftliche Perspektive
- Kundenperspektive
- Prozessperspektive
- Lern- und Entwicklungsperspektive

---

[53] Kaplan, R.S./Norton, D.: Balanced Scorecard, Schäffer-Poeschel: Stuttgart 1997

Durch den Einbezug möglichst vieler Mitarbeiter will man alle Ressourcen und Potenziale einer Organisation auf die Erreichung der verschiedenen Ziele ausrichten. Damit ist die BSC ein Instrument zur breiten Kommunikation der Unternehmensstrategie.[54]

In der Praxis der Bauwirtschaft und angrenzende Wirtschaftszweige wird die BSC bereits eingesetzt. Hier sind beispielsweise die Deutsche Bahn AG und die Walter Bau AG vereinigt mit DYWIDAG zu nennen. Das letztgenannte Unternehmen hat für die Walter Rendite Scorecard kleine Modifikationen vorgenommen und betrachtet auf der Niederlassungsebene die Perspektiven, die sich in der folgenden Abbildung darstellen.

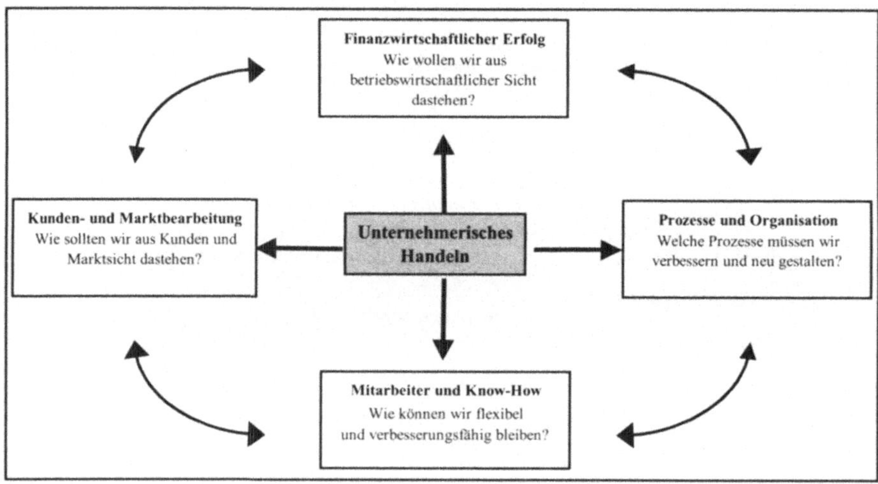

Bild C-32 Die Perspektiven der Walter Rendite Scorecard

Die Perspektiven bilden zunächst die Strategie eines Unternehmens ab. Der Erfolg einer operativen Umsetzung ist aber von der Formulierung von Erfolgsfaktoren und zugehörigen Messgrößen abhängig. Die folgende Abbildung zeigt exemplarisch eine Konkretisierung der Perspektive „Prozesse und Organisation", wie sie von der Fa. Walter Bau AG vorgenommen wird.

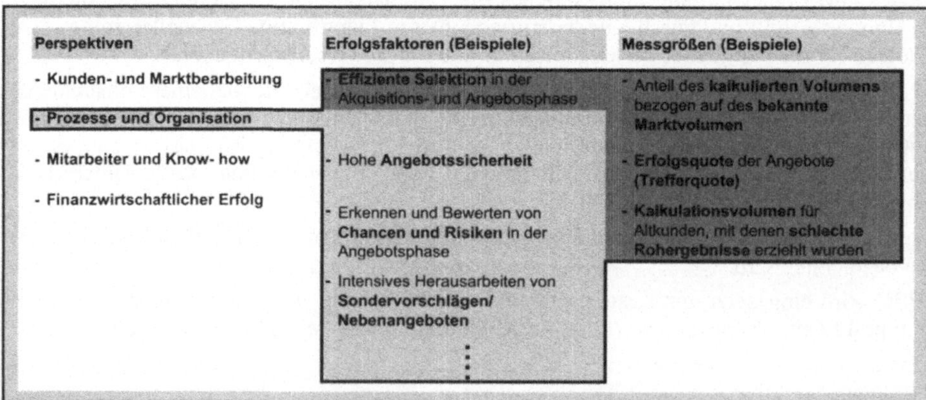

Bild C-33 Konkretisierung der Perspektive „Prozesse und Organsiation"

---

[54] vgl. Steinmann, H./Schreyögg, G.: a.a.O., S. 233

Die Scorecard dient als Frühindikator, um mögliche Abweichungen zu erkennen und leistet somit einen Beitrag zur Umsetzung der Unternehmensstrategie.

Allgemein kann festgehalten werden, dass bei Einführung von QMS und BSC das Bekenntnis der Geschäftsleitung, Qualität zu erzeugen und die Bereitschaft zum Aufbau und zur Erhaltung einer klaren Organisation sowie zur eindeutigen Regelung von Verantwortlichkeit, Information und Ausbildung die wichtigsten Elemente darstellen.

Ganz sicherlich ist ein konsequent aktuell gehaltenes QMS bzw. BS ein geeignetes Hilfsmittel für die zuverlässige Projektabwicklung und Steuerung und wird sich gerade bei komplexen Projekten und Unternehmen beweisen. Auf der anderen Seite darf aber nicht übersehen werden, dass diese Systeme auch gewisse Nachteile haben, worauf z.B. auch **Hopfenbeck** hinweist.

- Statisch (verhindert durch die Beibehaltung eines bestimmten Standards den dynamischen Prozess einer Qualitätsverbesserung).
- Erheblicher Kosten- und Zeitaufwand (insbesondere für mittelständische Betriebe).
- Schränkt Handlungsspielraum der Mitarbeiter möglicherweise ein, Bürokratie.[55]

Ende des Exkurses

Nachdem bislang die Management-Techniken dargestellt wurden, wird im Folgenden auf Konzepte der unmittelbaren Führung von Mitarbeitern, also auf Führungsstile, eingegangen.

Führungsstile

Bei der Zielerreichung kommt es darauf an, dass die Mitarbeiter so beeinflusst werden, dass sie die von ihnen erwartete Aufgabenerfüllung auch tatsächlich vollziehen. „Je nachdem, ob die Unternehmensführung mehr mit den Mitteln der Autorität, des Drucks und Zwangs oder mehr mit den Mitteln der Überzeugung, der Kooperation und Partizipation am Führungsprozess vorgeht, wendet sie einen unterschiedlichen Führungsstil an."[56]

In der betriebswirtschaftlichen Literatur finden sich sehr viele Systematisierungen der Führungsstile. Allen ist gemeinsam, dass sie von den gegensätzlichen Kategorien autoritär und kooperativ ausgehen. Eine sehr bekannte Unterteilung der Führungsstile wurde von **Tannenbaum / Schmid** geschaffen. Hier wird das Gegensatzpaar autoritär und kooperativ weiter untergliedert und zwar nach dem Ausmaß der Beteiligung der Mitarbeiter an Entscheidungen.

Auch bei den Führungsstilen muss festgestellt werden, dass es keinen Führungsstil gibt, der allen Situationen und allen Arten von Unternehmen gerecht wird.

Unterschiedliche Gruppen- und Führungssituationen erfordern unterschiedliche Führungsstile. Dies spiegelt sich in der Situationstheorie der Führung wieder. Hier ist besonders die Kontingenztheorie von **Fiedler**[57] zu nennen, die unter den Situationstheorien besondere Beachtung findet.

Nach Fiedler sind bei der Führung von Mitarbeitern drei wichtige Variablen zu beachten, nämlich den Führungsstil, die Führungssituation und die Effektivität der Gruppe.

Beim Führungsstil unterscheidet er zwischen dem aufgabenorientierten und dem personenorientierten Führungsstil. Der aufgabenorientierte Führungsstil ist leistungsorientiert, d.h. er strebt nach der Aufgabenlösung und dem Erreichen des Zieles. Der personenorientierte Führungsstil legt Wert auf gute menschliche Beziehungen zwischen Führer und Geführtem.

---

[55] vgl. Hopfenbeck, W.: a.a.O. S. 684

[56] Wöhe, G.: a.a.O., S. 127

[57] vgl. hierzu Staehle, W.H. (1980): a.a.O., S. 404 ff.

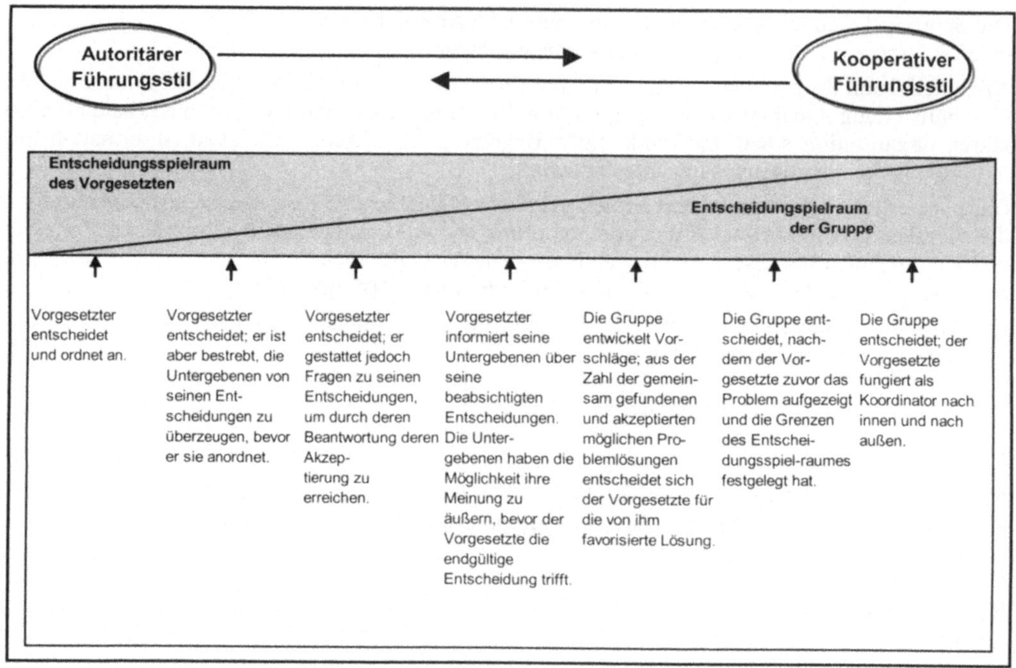

Bild C-34 Führungsstilkontinuum nach Tannenbaum/Schmidt[58]

Die Effektivität der Gruppe ist das Ergebnis der Effektivität des Führenden und seines Führungsstils. Diese Effektivität wird zum einen gemessen daran, wie die Gruppe die Aufgabenstellung bewältigt hat (Leistung) und zum anderen an der Zufriedenheit der einzelnen Gruppenmitglieder.

Abschießend wird hier die Frage aufgeworfen, in welchen Situationen der Führungsstil „Führung durch Kooperation" oder der gegensätzliche Führungsstil „Führung durch Autorität" sinnvoller anzuwenden ist.

- „Die Führung durch Kooperation ist um so sinnvoller,
  - je mehr die Entscheidung in den Handlungsbereich des Geführten fällt und dieser seinen Wunsch auf Mitwirkung und Einflussnahme geltend machen möchte,
  - je mehr der Ausgang der Entscheidung nicht klar definiert ist und die Kreativität des Geführten angesprochen wird, sodass seine aktive Mitarbeit durchaus von Nutzen ist.

- Die Führung durch Autorität, d.h. die autoritäre Durchsetzung einer Entscheidung ist dann sinnvoll,
  - wenn Untergebene Entscheidungen akzeptieren und ausführen, ohne dabei eigene Initiativen und Kreativität beweisen zu wollen,
  - wenn die Entscheidung in den Verantwortungsbereich des Vorgesetzten fällt,
  - wenn eine rasche Realisierung einer Entscheidung von ausgesprochener Bedeutung für den Fortlauf eines Arbeitszieles ist."[59]

---

[58] in Anlehnung entnommen aus Steinmann, H./Schreyögg, G.: a.a.O., S. 589
[59] vgl. Grunwald, W./Lilige, H.G.: Partizipative Führung, Verlag Paul Haupt: Bern-Stuttgart 1980, S. 151 f.

2.3.4 Zielerreichung am Beispiel des Management by Objectives (MbO)

Die bislang vorgestellten Management-Techniken werden in der Literatur auch als Partialmodelle bezeichnet, weil sie jeweils ganz bestimmte Teilausschnitte des Führungsprozesses besonders hervorheben.

Demgegenüber richten sich Gesamtmodelle, auch Totalmodelle genannt, auf die Unternehmensführung als Ganzes. Ein Gesamt-Führungsmodell enthält daher Aussagen über den Aufbau, die Funktionsweise, die Abstimmung und Verknüpfung der im Punkt C 2.3.2 „Grundmodell der Zielerreichung" erarbeiteten Teilsysteme.

Ein solches Gesamt-Führungsmodell ist u.a. das MbO.

„Neben dem im deutschsprachigen Raum entwickelten Harzburger Modell und dem St. Galler Management-Modell kann nur das Management-by-Objectives Modell den Anspruch erheben, ein umfassendes Gesamtmodell des Führungsverhaltens darzustellen, wobei es insbesondere Elemente des Management by Delegation (Führung durch Aufgabendelegation) und des Management by Exception (Führung durch Ausnahmeregelungen) mit einbezieht."[60]

„Das MbO stellt z. Zt. – vor allem bei größeren Unternehmen – das am weitesten verbreitete Gesamtmodell dar. Innerhalb der Jahrzehnte anhaltenden Erörterung des „richtigen" (modernen, passenden etc.) Führungsstils kristallisierte sich die Führung durch Zielvereinbarung als zielorientiertes, kooperatives Führungskonzept und als das zeitgemäße Konzept heraus, um

- die Sachziele der Organisation mit
- den Bedürfnissen selbständiger Mitarbeiter

in Einklang bringen zu können. Es ist damit ein integratives Führungsmodell und auch ein dynamisches Modell, da es auf Personalentwicklung, Potenziale, Selbstentfaltung und Wachstum ausgerichtet ist. Es ist deshalb sowohl von (Budget-) Vorgaben im Sinne quantitativer Daten als auch von qualitativen Aussagen geprägt. Der Begriff Management by Objectives wurde erstmals 1954 von Peter Drucker im Anschluss an seine Arbeit bei General Motors in seinem Buch „Die Praxis des Managements" geprägt und populär gemacht."[61]

Unseres Erachtens ist dieses Modell gerade auch für bauwirtschaftliche Unternehmen sehr geeignet. Deshalb wird dieses Modell detailliert dargestellt, seine organisatorische Durchführung beschrieben und dann die Anwendbarkeit des MbO auf die bauwirtschaftlichen Unternehmen untersucht.

2.3.4.1 Darstellung des MbO

Das „MbO ist ein Führungskonzept, bei dem Vorgesetzte und nachgeordnete Manager gemeinsam Ziele festlegen, ihren jeweiligen Verantwortungsbereich für bestimmte Ergebnisse abstecken und auf dieser Grundlage ihre Abteilung führen und die Leistungsbeiträge der einzelnen Mitarbeiter bewerten."[62]

Dem Mitarbeiter ist es weitgehend freigestellt, wie er die Zielvorgabe erreicht. Der Vorgesetzte kontrolliert lediglich die Erreichung der vereinbarten Ziele. Der Grad der Zielerfüllung dient als Grundlage der Leistungsbewertung der Mitarbeiter, der Festlegung des variablen Teils seines Einkommens und der Beurteilung seiner Aufstiegschancen.

---

[60] Hopfenbeck, W.: a.a.O. S. 530, und die dort zitierte Literatur
[61] Hopfenbeck, W.: a.a.O., S. 531
[62] Staehle, W. (1999): a.a.O., S. 853

„Der Aufgabenbereich jedes einzelnen Mitarbeiters und seine Verantwortung werden also nach dem Ergebnis festgelegt, das von ihm erwartet wird. Der Mitarbeiter kann im Rahmen des mit dem Vorgesetzten gemeinsam abgegrenzten Aufgabenbereichs selbst entscheiden, auf welchem Wege er die vorgegebenen Ziele erreichen will. Nicht diese Entscheidung, sondern das Ergebnis wird kontrolliert."[63]

„Der wesentliche Gedanke des MbO ist das Erreichen von Sachzielen der Organisation, indem die Leistung und das Verhalten der einzelnen Mitarbeiter in motivierender Weise auf die Erfüllung „gesteckter" Ziele gerichtet wird, d.h. das Streben nach Zielen der Organisation wird verbunden mit dem individuellen Leistungswillen bzw. Streben der Führungskräfte nach Selbstentfaltung und -bestätigung."[64]

Hier unterscheidet sich das MbO ganz wesentlich vom Harzburger Modell, in welchem die Entscheidungs- und Durchführungsprozesse mithilfe von exakten Stellenbeschreibungen und „Allgemeinen Führungsanweisungen" für alle verbindlich festgelegt werden.

Durch das gemeinsame Festlegen von Zielen beim MbO werden die Verantwortungsbereitschaft und die Eigeninitiative gefördert. Dadurch erhofft man sich wirksame Motivationsanreize, welche die Mitarbeiter zu mehr Flexibilität und Kreativität bewegen.

Im Mittelpunkt dieses Führungskonzeptes steht also die Auffassung, dass durch die Einbindung der Mitarbeiter in die Zielfindungs- und Entscheidungsprozesse auch deren arbeitsbezogene Bedürfnisse besser erfüllt werden.

Das MbO als Führungskonzept erfüllt:[65]

- Sicherheitsbedürfnisse, durch realistische Zielvereinbarungen und Ergebniskontrollen,
- Wertschätzungsbedürfnisse, durch individuell zurechenbare Leistungsergebnisse,
- Gerechtigkeitsbedürfnisse, durch die Überprüfbarkeit der Leistungsbeurteilung und
- Selbstverwirklichungsbedürfnisse, durch die Einbeziehung persönlicher Entwicklungsziele.

Damit diese Zielsetzungen des MbO erreicht werden können, müssen in Unternehmen folgende Aufgaben erfüllt und deren Ergebnisse integrativ verbunden werden.

- Erarbeitung eines Zielsystems des Unternehmens durch die Unternehmensleitung.
- Gemeinsames Erarbeiten von Unterzielen durch Vorgesetzte und den nachgeordneten Managern.
- Festlegung der Mittel zur Aufgabenerfüllung durch die Mitarbeiter.
- Ergebniskontrollen durch Soll-Ist-Vergleiche.
- Kooperative Erfolgsbeurteilung (Feed-back) und Zielplanung für die nächste Periode bzw. für die nächsten Perioden.
- Mitarbeiterbeurteilung und Konsequenzen für Entlohnungssysteme.

Damit erweitert sich bei Anwendung des MbO das im Punkt C 2.3.2 dargestellte Grundmodell wie folgt.

---

[63] Wöhe, G.: a.a.O., S. 132
[64] Hopfenbeck, W.: a.a.O., S. 533
[65] vgl. Staehle, W.H. (1994): Management, Eine verhaltenswissenschaftliche Einführung, Verlag Franz Vahlen: München 1994, zitiert aus Hopfenbeck, W.: a.a.O., S. 534

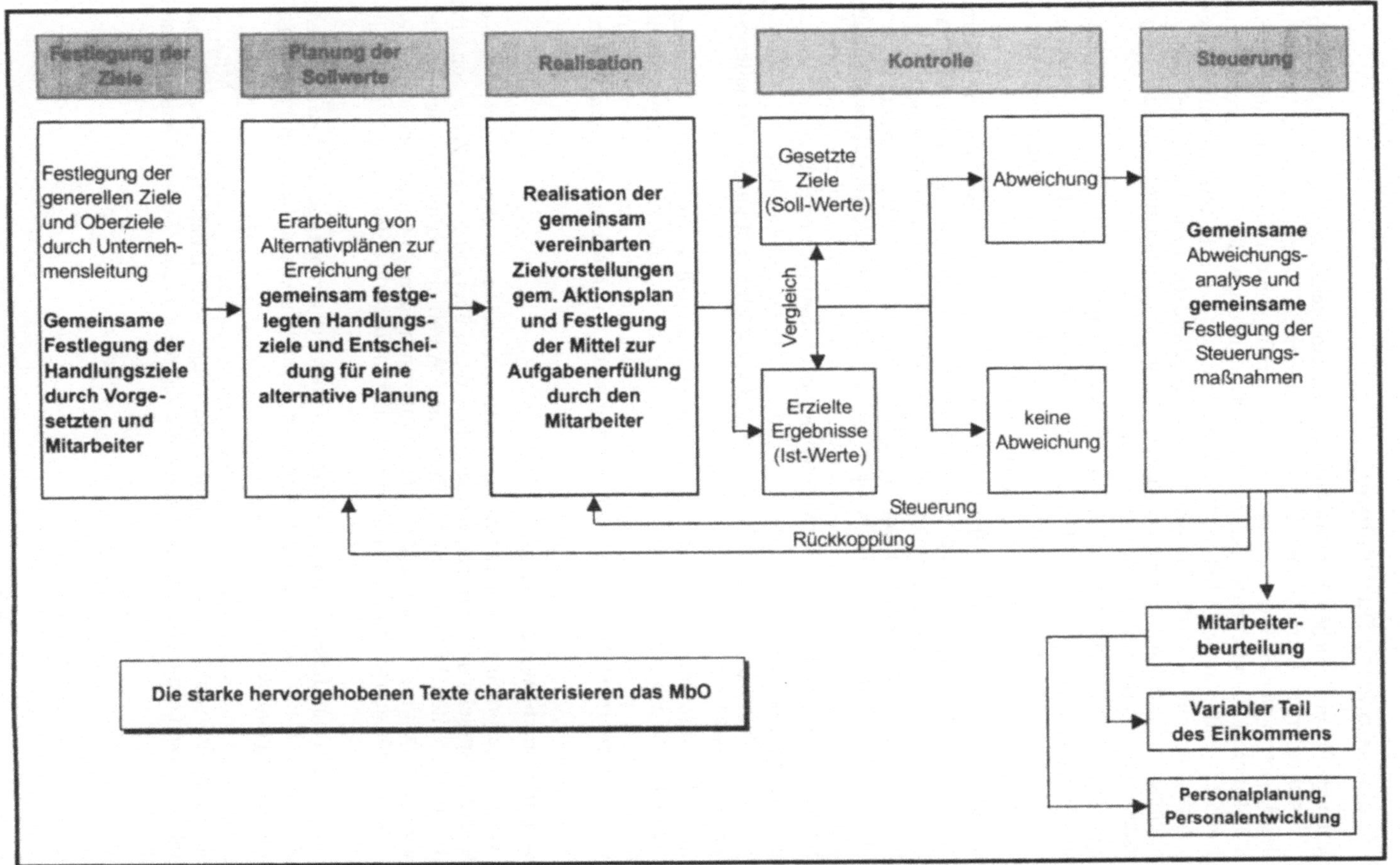

Bild C-35 Grundmodell des MbO (vgl. auch Hopfenbeck, W.: a.a.O., S. 534)

2.3.4.2 Organisatorische Durchführung

„Voraussetzung für ein solches Führungskonzept ist einerseits eine detaillierte *Planung aller Teilziele* bis zur untersten Management-Ebene und andererseits eine umfassende *Erfolgskontrolle*. Durch dieses System werden die jeweiligen Führungskräfte von der Spitze bis zur unteren Ebene entlastet, da sie nicht zu entscheiden haben, wie in den einzelnen Bereichen gearbeitet wird, sondern nur an der Festlegung beteiligt sind, was erreicht werden soll. Die Verantwortungsbereitschaft und die Eigeninitiative der Mitarbeiter werden gefördert, wenn die gemeinsam gesetzten Ziele erreichbar sind. Sind sie zu hoch gesteckt, so werden die Mitarbeiter entweder unter starken Leistungsdruck gesetzt oder durch Misserfolge unsicher."[66]

Dem MbO liegt ein Menschenbild zugrunde, das die Vielfalt der Bedürfnisse der Mitarbeiter anerkennt und fördert. Das Konzept MbO kann in Unternehmen allerdings nur dann eingeführt werden, wenn die Unternehmensleitung von diesem Menschenbild überzeugt ist und die Mitarbeiter im Sinne dieses Menschenbildes motivieren will.

Zur Realisierung des MbO muss von der Unternehmensleitung auch über den im Unternehmen anzuwendenden Führungsstil entschieden werden. Welcher Führungsstil gewählt wird, hängt von den Umständen des einzelnen Unternehmens ab. Das MbO-Modell wird in seiner theoretischen Konzeption hinsichtlich kooperativer oder autoritärer Führungsform als wertneutral betrachtet. Die meisten Autoren heben jedoch die Kooperation bei der Zielfestlegung als wesentliches und zentrales Gestaltungsmerkmal hervor. Durch eine verbesserte Kommunikation zwischen Vorgesetzten und Mitarbeitern wird eine höhere Motivation der Mitarbeiter erreicht.

Mit anderen Worten: beim MbO wird der kooperative Führungsstil favorisiert. Der im Einzelfall anzuwendende Führungsstil kann aber durchaus flexibel gestaltet sein und der aktuellen Situation entsprechend angepasst werden.

Die gemeinsame Erarbeitung von Zielen durch Vorgesetzte und nachgeordnete Manager sowie die kooperative Erfolgsbeurteilung und Zielplanung für die nächste Periode bzw. die nächsten Perioden erfordert spezifische organisatorische Maßnahmen, wie die Einrichtung von Gruppen- bzw. Mitarbeitergesprächen und den Aufbau einer mitarbeiterorientierten Informationskultur.

Gruppen- und Mitarbeitergespräche

Bei den Gruppengesprächen erörtert der Vorgesetzte zunächst die übergeordnete Zielsetzung. Mit Hilfe des Gesprächs soll erreicht werden, dass diese übergeordneten Ziele von allen ihm unmittelbar unterstellten Mitarbeitern als Ziele ihrer Abteilung wahrgenommen werden. Erst wenn die Ziele endgültig festgelegt sind und damit von beiden Seiten anerkannt werden, handelt die Organisationseinheit in der Maßnahmen- und Mittelwahl selbständig, d.h. situationsgerecht.

Darüber hinaus soll mit diesen Gruppengesprächen auch ein Gruppengefühl bzw. ein Teamgeist entwickelt werden. Damit dieses gelingt, sind eine Reihe von Grundregeln zu beachten. So hat z.B. Steinbuch folgende Grundregeln aufgelistet:

Im Gegensatz zum Gruppengespräch, das der Festlegung von Zielen dient, hat das Mitarbeitergespräch die Ergebnisauswertung bzw. Ergebnisbeurteilung zum Inhalt. In einem regelmäßigen Turnus müssen diese Gespräche stattfinden, um die Zielrealisierung (Soll-Ist-Gegenüberstellung) zu überprüfen.

---

[66] Wöhe, G.: a.a.O., S. 133

<table>
<tr><td colspan="1">Regeln der Gruppenarbeit</td></tr>
<tr><td>Alle Gruppenmitglieder sind gleichwertig und gleichberechtigt.</td></tr>
<tr><td>Jedem Gruppenmitglied stehen alle Informationen zur Verfügung.</td></tr>
<tr><td>Das Wissen und die Erfahrung jedes Mitgliedes der Gruppe wird uneingeschränkt in die Gruppenarbeit eingebracht.</td></tr>
<tr><td>Jede Arbeitsaufgabe wird von der Gruppe vergeben.</td></tr>
<tr><td>Meinungen und Einstellungen werden offen geäußert.</td></tr>
<tr><td>Innerhalb der Gruppe wird offen diskutiert.</td></tr>
<tr><td>Meinungsverschiedenheiten werden in der Gruppe bereinigt.</td></tr>
<tr><td>Arbeitsergebnisse werden schriftlich niedergelegt und stehen damit sofort allen Mitarbeitern offen.</td></tr>
<tr><td>Die Koordination der Gruppenarbeit wird durch Überzeugung und nicht durch die Ausübung von Macht oder Manipulation vorgenommen.</td></tr>
<tr><td>Entscheidungen werden nicht durch die Mehrheit, sondern durch Übereinstimmung erreicht.</td></tr>
<tr><td>Die Gruppe und damit jedes Mitglied trägt die Gesamtverantwortung für die Arbeitsergebnisse.</td></tr>
</table>

Bild C-36 Grundregeln der Teamarbeit[67]

„Dem Mitarbeitergespräch kommt innerhalb des MbO-Konzeptes eine zentrale Funktion zu. Grundlage des Mitarbeitergesprächs sind die vorhandenen Aufgabenstellungen und Zielvereinbarungen. In diesem Gespräch, für das kein standardisierter Gesprächsleitfaden vorgegeben sein sollte, werden Arbeitsergebnisse, künftige Aufgaben, Verantwortung, längerfristige Ziele, Zusammenarbeit zwischen Vorgesetztem und Mitarbeiter sowie Einsatz und Förderung des Mitarbeiters angesprochen."[68]

---

[67] vgl. Steinbuch, P.A.: Management-Instrumente, VDI-Verlag: Düsseldorf 1985, S. 80
[68] Hopfenbeck, W.: a.a.O., S. 538

Aufbau einer mitarbeiterorientierten Informationskultur

Ob Gruppen- und Mitarbeitergespräche sinnvolle Ergebnisse bringen, hängt entscheidend von der im Unternehmen realisierten Informationskultur ab, d.h. von der Art und Weise, wie Informationen gesammelt, verwaltet, weitergegeben und genutzt werden.

Mitarbeiter können sich mit den Zielsetzungen des Unternehmens nur dann wirklich identifizieren, wenn sie auch über die entsprechenden Informationen verfügen.

Vor allem darf sich die betriebliche Informationspolitik nicht auf die Weitergabe von Informationen beschränken, die aufgrund z.B. betriebsverfassungsrechtlicher Bestimmungen gegeben werden müssen.

Erläuterungen und Begründungen von Arbeitsvorgaben im Sinne von Unterweisungen sowie die offene Unterrichtung über Situation, Perspektiven und Denkweise des Unternehmens bewirken häufig erst die volle Entfaltung der Leistungsfähigkeit der Mitarbeiter.

Dies besagt jedoch nicht, dass alle Mitarbeiter auf allen Stufen der Unternehmenshierarchie die gleichen Informationen haben können bzw. sollten.

In Unternehmen gibt es zahlreiche Funktionen bzw. Bereiche, wie Personalwesen, Technische Abteilung, Baustelle etc. Jede dieser Funktionen/Bereiche hat eine eigene Sprache. Außerdem haben Unternehmen verschiedene Hierachieebenen, auf denen wiederum spezifische Informationsinhalte vorherrschen. Auf der untersten Ebene wird eine Sprache der Arbeitsdurchführung und der dinglichen Arbeitsergebnisse gesprochen. An der Spitze der Unternehmen wird von Geld, Unternehmenserfolg, mittel- und langfristige Unternehmenspolitik etc. gesprochen.

In den mittleren Führungsebenen muss die Sprache möglicherweise beide Kategorien – zumindest im Verständnis – erfassen.

Eine mitarbeiterorientierte Informationskultur kann also nur bedeuten, dass die für das Arbeitsgebiet zutreffenden Informationen in der entsprechenden Sprache präzise und rechtzeitig übermittelt werden.

„Die präzise und rechtzeitige Übermittlung zutreffender Informationen motiviert die Teams zur Durchführung notwendiger Maßnahmen, damit die kleinen Ziele im Rahmen der gesamtunternehmerischen Zielsetzung realisiert werden können.[...] Ausgerüstet mit betrieblichem und finanztechnischem Wissen, fühlen sich die einzelnen Mitarbeiter und Teams für ihr Vorgehen verantwortlich. Sie haben eine klare Vorstellung davon, in welcher Weise sich ihre Arbeit auf die Unternehmensresultate auswirkt und welche Kennzahlen ihre Leistungen und Beiträge zu erkennen geben."[69]

Auf diese unterschiedliche Sammlung, Weitergabe und Nutzung von Informationen weist z.B. auch **Marchand** hin. Er meint, dass man in den heutigen Unternehmen vier Arten von Informationskulturen finden kann.

„– Die *funktionale Informationskultur*: Sie ist darauf ausgerichtet, auf andere Einfluss zu nehmen. Sie ist besonders häufig in Unternehmen, in denen Befehle, Kontrolle und Hierarchie eine große Rolle spielen. Dort darf jeder nur das wissen, was er unbedingt wissen muss. Informationsverhalten im Sinne von Kontrolle muss allerdings nicht unbedingt negativ sein.[...] Globale Unternehmen mit vielen Einheiten und einer personell gering dotierten Konzernzentrale kommen gar nicht aus ohne genaue und vollständige Information über den Erfolg des Unternehmens. Würden die Manager diese Notwendigkeit nicht erkennen, wären diese Unternehmen schlicht nicht zu führen.

– Die *offene Informationskultur*: In dieser Kultur trauen Manager und Mitarbeiter einander zu, dass sie Informationen zum Besten des Unternehmens einsetzen, auch wenn es um solche über

---

[69] Schuster, J.P./ Carpenter, J./ Kane, M.P.: Open-Book Management, Die neue Dimension der Mitarbeiterführung, Verlag moderne Industrie: Landsberg/Lech 1997, S. 241

Misserfolge und Fehlleistungen geht. Dies ist eine notwendige Voraussetzung, um Probleme zu lösen und den Wandel zu bewältigen[...]

- Die *Recherchen-Kultur*: In dieser Kultur tun Manager und Mitarbeiter alles, um künftige Trends besser zu verstehen und festzulegen, wie sie den Herausforderungen der Zukunft begegnen können. Ansätze dieser Kultur gibt es in einzelnen Bereichen zahlloser Unternehmen, etwa in der Marktforschung, im Technologie-Assessment und in den Forschungs- und Entwicklungsabteilungen[...]

- Die *Entdecker-Kultur*: In dieser Kultur sind Manager und Mitarbeiter offen für neue Arten, über Krisen und den Wandel nachzudenken. Diese Unternehmen werfen ihre alten Grundsätze, wie Geschäfte zu machen sind, bewusst über Bord und suchen neue Perspektiven und Ideen für Produkte und Dienstleistungen. Sie hoffen, damit neue Wettbewerbsvorteile in ihrer Branche und ihren Märkten zu schaffen."[70]

Je nach Aufgabenstellung des Unternehmens und in Abhängigkeit von seiner Größe muss das Unternehmen die entsprechende Informationskultur entwickeln, um mit Hilfe des MbO auch komplexe und schwierige Situationen bewältigen zu können. Dies hängt allerdings nicht nur von den Qualitäten des Führungspersonals ab, sondern auch von den Fähigkeiten und Eigenschaften der Mitarbeiter im Unternehmen. Damit wird aber auch deutlich, wie wichtig betriebliche und außerbetriebliche Weiterbildungsmaßnahmen und gezielte personalpolitische Maßnahmen sind.

Der Nutzen einer gezielten Personalpolitik wird nachfolgend mit wenigen Hinweisen umrissen. Eine gezielte Personalpolitik dient:

- der Sicherung des Bestands und Bedarfs an Fach- und Führungskräften
- der Erhaltung und Angleichung der Mitarbeiterqualifikation
- der Vermittlung von Zusatzqualifikationen
- der Gewinnung von Nachwuchskräften aus dem Unternehmen
- dem Erkennen von Führungskräften und Spezialisten
- der Erhöhung der Bereitschaft, Änderungen zu verstehen und zu akzeptieren
- der Persönlichkeitsstärkung des Einzelnen

2.3.4.3 Anwendbarkeit des MbO in bauwirtschaftlichen Unternehmen

Kann das MbO auch in Unternehmen der Bauwirtschaft angewendet werden, obwohl die Bauwirtschaft eine Reihe von Besonderheiten aufweist?

Um diese Frage zu beantworten, wird zunächst auf die im Zusammenhang mit der Anwendung des MbO stehenden bauwirtschaftlichen Besonderheiten eingegangen.

Bauprojekte sind in den meisten Fällen höchst individuell. Die Bauherren legen in der Regel Nutzungs-, Gestaltungs- und technische Anforderungen an das Bauvorhaben fest. Dazu gehören auch die Lebensdauer des Bauprojektes und – besonders bedeutsam – der Kostenrahmen und die Bauzeit. Darüber hinaus müssen Einflüsse des öffentlichen Baurechts und zahlreiche Umweltschutzauflagen beachtet werden.

Wenn im Grundsätzlichen diese Vorgehensweise auch heute noch gilt, so hat sich doch in den letzten Jahren beim Baugeschehen einiges verändert.

Zum ersten erwarten die Investoren in zunehmendem Maße Gesamtlösungen, die auch Dienstleistungen umfassen, die der eigentlichen Bauproduktion vor- bzw. nachgelagert sind. Dadurch verliert die klassische Trennung der Aufgabenerfüllung, nämlich Bauherrenfunktion, Planung, Bauausführung und Betreibung des Bauprojektes immer mehr an Bedeutung. Dafür gibt es immer mehr General- und Totalunternehmer sowie Projektentwickler.

---

[70] Marchand, D. A.: Information ist Basis für die Zukunft; in: Handelsblatt 9./10. Januar 1998, S. K6

Zum zweiten werden die Bauprojekte immer komplexer, wenn man z.B. an Bauten des Umwelt-schutzes, der Verkehrsanlagen und an Technologiezentren denkt. Diese Entwicklungen erfordern von allen Baubeteiligten Teamfähigkeit und die Fähigkeit zum interdisziplinären Handeln und Denken. Nur bei engagiertem und zielgerichtetem Mitwirken aller Baubeteiligten können die bei umfangreichen und komplexen Bauprojekten vorliegenden Schnittstellen und Leistungsabgren-zungen bewältigt werden. Dies gilt nicht nur im Zusammenwirken von Bauherrn, Planungsbetei-ligten und bauausführenden Unternehmen, sondern auch im Zusammenwirken der Mitarbeiter innerhalb der Unternehmen.

Zum dritten muss bedacht werden, dass in bauwirtschaftlichen Unternehmen die Mitarbeiter von entscheidender Bedeutung sind. Dies gilt nicht nur für die Unternehmen der Planungsbeteiligten und der Projektentwickler, sondern dies gilt auch für die bauausführenden Unternehmen, bei denen die menschliche Arbeitskraft nach wie vor der entscheidende Produktionsfaktor ist.

Als viertes muss noch bedacht werden, dass in bauwirtschaftlichen Unternehmen die Zusammen-setzung der Mitarbeiter in aller Regel von Projekt zu Projekt verschieden ist. So werden zur Be-wältigung der Architektur- und Ingenieuraufgaben – in Abhängigkeit von der Größe und dem Schwierigkeitsgrad des Projektes – unterschiedliche Teams gebildet. Bei der Erbringung von Bauleistungen ist es charakteristisch, dass für jede neue Bauaufgabe neue Baustellenmannschaf-ten – bestehend aus gewerblichen Mitarbeitern und Führungspersonal – zusammengestellt wer-den müssen.

Die genannten bauwirtschaftlichen Besonderheiten verlangen von den Mitarbeitern in bauwirt-schaftlichen Unternehmen nicht nur unterschiedliche berufliche Qualifikationen, sondern im besonderen Maße auch Teamfähigkeit, Organisationstalent, Durchsetzungsvermögen, Menschen-führung, Leistungsbereitschaft und Verantwortungsbewusstsein, Kommunikations- und Motivati-onsfähigkeit etc.

Die aufgezeigten Besonderheiten verlangen ein geeignetes Führungskonzept. Das MbO ist für die Bauwirtschaft geeignet, denn aufgrund der nachstehend aufgezählten Charakteristika des MbO können auch die komplexen bauwirtschaftlichen Aufgaben bewältigt werden.

- Förderung der Verantwortungsbereitschaft und Eigeninitiative durch Anerkennung der Viel-falt der Bedürfnisse der Mitarbeiter (Menschenbild).
- Gemeinsame Planung der Ziele, auch von detaillierten Einzelzielen, z.B. bei der Durchfüh-rung der einzelnen Leistungsphasen bei den Planungsbeteiligten oder der einzelnen Arbeits-schritte bei der Erstellung der Bauleistungen oder durch Ergebnisvorgaben bei Profit-Centern oder von Budgetvorgaben bei Abteilungen.
- Gruppen- und Mitarbeitergespräche, z.B. im Rahmen der interdisziplinären Zusammenarbeit zur Bewältigung unterschiedlicher Schnittstellen und Leistungsabgrenzungen bei der Planung von komplexen Bauprojekten oder bei bauausführenden Unternehmen in Form von Abteilungs- und Abteilungsleiterbesprechungen oder Bauführer-, Polier- und Kolonnenbesprechungen.
- Mitarbeiterorientierte Informationskulturen, z.B. vorbehaltloser Austausch von projekt- oder unternehmensbezogenen Informationen, um optimale Entscheidungen treffen zu können.
- Anwendung eines der aktuellen Situation entsprechenden Führungsstils, z.B. kooperativer Führungsstil im Team, Entscheidung und Anordnung durch Führungspersonal bei der Bauaus-führung.
- Gemeinsame Abweichungsanalyse von Soll-Ist-Werten.
- Feed-back, z.B. zur Verbesserung von Kalkulationswerten, Sammlung von Erfahrungswerten, Erarbeitung von Projektdateien.
- Gezielte personalpolitische Maßnahmen – z.B. Weiterbildungsmaßnahmen – um fachliche Befähigungen zu erweitern oder zu vertiefen.
- Allerdings bedeutet die Anwendung des MbO in vielen praktischen Fällen,
- eine teilweise Abkehr vom Denken in Tätigkeiten, Stellenbeschreibungen, Aufwand, Aufga-ben u.a.

- hin zu Begriffen wie Ergebnis, Nutzen, Effektivität, Zielbeitrag.
- Das MbO beantwortet die Frage: Welchen Beitrag leiste ich durch meine Tätigkeit für den Erfolg meines Unternehmens?[71]

Dabei ist immer wieder darauf hinzuweisen, dass situationsabhängig eine Entscheidung hinsichtlich der Einführung und Umsetzung von MbO durch eine Geschäftsleitung getroffen werden muss. Demzufolge gibt es auch in der Praxis Beispiele, die keine idealtypische Ausprägung der hier gemachten Ausführung darstellen, sondern häufig nur Einzelelemente umgesetzt haben.

3 Gesetzliche Grundlagen

3.1 Rechtsformen

3.1.1 Merkmale von Rechtsformen

Bei der Wahl der Rechtsform sind unterschiedliche rechtliche Merkmale von Bedeutung, die sich in drei Gruppen unterteilen lassen:

- Einlagen- und Haftungsregeln.
- Gewinnverteilungs- und Ausschüttungsregeln.
- Sonstige Regelungen, die sich bspw. auf Gründungsmodalitäten, Geschäftsführung, die Mitwirkungs- und Kontrollrechte der Gesellschafter sowie Informationspflichten beziehen.

Einlagen- und Haftungsregeln

Einlagen, die von Einzelunternehmern, Freiberuflern oder Gesellschaftern in ein Unternehmen eingebracht werden, führen bei einer möglichen Insolvenz zu keinem Rückzahlungsanspruch wie dies bspw. bei einem Darlehen der Fall ist. Sie können als Bar- oder Sacheinlagen geleistet werden. Die Höhe der Einlagen ist bei Freiberuflern, Einzelunternehmern und Personengesellschaften frei vereinbar. Kapitalgesellschaften unterliegen dagegen gesetzlichen Vorschriften. So beträgt der gesetzlich zwingend vorgeschrieben Mindestnennwert bei Aktiengesellschaften (AG) gemäß § 8 Abs. 2 AktG 1 Euro pro Aktie und bei Gesellschaften mit beschränkter Haftung (GmbH) gemäß § 5 Abs. 1 GmbHG 100 Euro pro GmbH-Anteil. Darüber hinaus ist auch die Summe aller Gesellschaftsanteile gesetzlich vorgeschrieben. Gemäß § 7 AktG beträgt das Grundkapital einer AG mindestens 50 000 Euro und gemäß § 5 abs. 1 GmbHG das Stammkapital einer GmbH mindestens 25 000 Euro.

Bei der Bereitstellung der Einlagen lassen Aktien- und GmbH-Gesetz grundsätzlich zu, dass die Einlagen hinter der gezeichneten Einlage, d.h. der insgesamt von einem Gesellschafter geschuldete Betrag, zurückbleiben können.

Im Rahmen der Haftung wird festgelegt, auf welche Weise die Gläubiger die Befriedigung einer bestehenden Forderung erzielen können. Hierbei ist zunächst zwischen der Einzelvollstreckung und der Insolvenz zu unterscheiden. Bei der Einzelvollstreckung kann ein Unternehmen grundsätzlich seinen Verpflichtungen nachkommen, lehnt dies jedoch in einem konkreten Fall ab.

---

[71] vgl. Hopfenbeck, W.: a.a.O., S. 532

Ist die Forderung rechtlich anerkannt wird im Wege der Einzelzwangsvollstreckung gegen den Willen des Schuldners in das Vermögen eingegriffen, um Forderung zu erfüllen.

Ist ein Unternehmen grundsätzlich nicht mehr in der Lage seinen Verpflichtungen nachzukommen, führt dies in der Regel zur Insolvenz. Im Rahmen der Gesamtzwangsvollstreckung geht die Verfügungsgewalt über das gesamt Vermögen auf den für die Gesamtheit der Gläubiger handelnden Insolvenzverwalter über. Die Einzelgläubiger haben nun mehr nicht das Recht, bestehende Forderungen durch Einzelzwangsvollstreckungen zu befriedigen.

Nun ist es von essentieller Bedeutung auf welche Vermögensmasse im Rahmen der Einzel- und Gesamtzwangsvollstreckung zurückgegriffen werden kann. Grundsätzlich gilt hier, dass unabhängig von der Rechtsform und dem Verfahren das gesamt Unternehmens- bzw. Gesellschaftsvermögen dem Zugriff offen steht. In Abhängigkeit der Rechtsform kann dann noch möglicherweise auf weitere, über das Unternehmensvermögen hinaus gehende, Vermögenswerte (bspw. das Privatvermögen einzelner Gesellschafter) zurückgegriffen werden. In diesem Zusammenhang gibt es wiederum Regelungen, die das Zugriffsrecht bspw. auf die Höhe der ausstehenden Einlagen bei GmbH-Gesellschafter beschränken. Dieses wird im Rahmen der einzelnen Rechtsformen erläutert.

Gewinnverteilungs- und Ausschüttungsregeln

Der periodische Gewinn und Verlust steht in erster Linie den Eigentümern eins Unternehmens zu. Dies sind Einzelunternehmer, Freiberufler und Gesellschafter. Die Wahl einer Rechtsform wirkt sich dabei einerseits auf die buchhalterische Behandlung im Unternehmen und andererseits auf die Entnahme- und Ausschüttungsregelungen aus.

Bei Einzelunternehmern, Freiberuflern und Gesellschaftern von Personengesellschaften überlässt der Gesetzgeber es den Eigentümer, wie der Verteilungsschlüssel von Gewinn und Verlust festgelegt werden soll. Die Anteile können damit individuell zugeordnet werden. Nur für das Fehlen einer Regelung sind im HGB Regelungen vorgenommen. Im Einzelnen sind Ausführungen hierzu bei den einzelnen Rechtsformen gemacht worden. Bei Kapitalgesellschaften gibt es keine individuelle Zurechnung der Gewinne, sondern allgemeine Regelungen wie bspw. Gewinn- und Verlustvortrag, die Bildung und das Auflösen von Gewinnrücklagen. Es ergibt sich ein Bilanzgewinn der Gesellschaft, der grundsätzlich für eine Ausschüttung zur Disposition steht.

Bei der Ausschüttung von Gewinnen unterliegen Einzelunternehmer, Freiberufler und persönlich haftende Gesellschafter keinen gesetzlichen Beschränkungen. Durch die Einbeziehung des Privatvermögens ändert sich die allgemeine Haftungsmasse nicht, sodass kein Anlass zu weiteren Maßnahmen des Gläubigerschutzes besteht. Bei den Ausschüttungen an persönlich nicht haftenden Gesellschafter, wie bspw. Kommanditisten einer KG, GmbH-Gesellschafter oder Aktionäre sind Einschränkungen durch de Gesetzgeber vorgenommen. Dieser beschränkt grundsätzlich – vorab von einschränkenden Modifikationen – die Ausschüttungen auf den laufenden Gewinn.

Sonstige Regelungen

Hier sind beispielsweise Modalitäten bei der Gründung zu nennen. So muss der Gesellschaftsvertrag bei einer OHG, KG und GmbH und die Satzung einer AG notariell beurkundet werden. Bei Einzelunternehmer und Freiberuflern gibt es keinen Vertrag in dieser Form bzw. bei einer BGB-Gesellschaft bedarf es keiner notariellen Beurkundung. Darüber hinaus ist für das Wirksamwerden der rechtsformspezifischen Regelungen in einigen Fällen die Eintragung in das Handelsregister notwendig. Dies z.B. bei den Personenhandelsgesellschaften und bei den Kapitalgesellschaften. Abschließend sei an dieser Stelle auf Anzahl der Gründer eingegangen. So sind bei einer Personengesellschaft mindestens zwei Personen notwendig. Hingegen reicht bei einer GmbH und AG von Anfang an eine Person als Gesellschafter. Man spricht dann von der Einmann-GmbH und Einmann-AG.

3.1.2 Entscheidungskriterien bei der Wahl von Rechtsformen

Die vorstehend beschriebenen Merkmale der unterschiedlichen Rechtsformen sind zu beachten. Dies insbesondere deshalb, da sich nachhaltige Konsequenzen bei der Durchführung unternehmerischer Tätigkeiten daraus ergeben. Dabei sind im Allgemeinen vier wesentliche Gruppen zu nennen:

- Geschäftsführung und Vertretung
- Haftung und resultierende Finanzierungsmöglichkeiten
- Informationsrechte und -pflichten
- Besteuerung

Die Besteuerung ist unzweifelhaft eine ganz bedeutende Konsequenz der Rechtformwahl. Sie unterliegt aber einerseits in Deutschland einer äußerst komplexen Gesetzgebung und Steuerrechtsprechung und andererseits ist die Gesetzgebung von teilweiser geringen Kontinuität, sodass sich in kürzesten Abständen Änderungen ergeben können. Aus diesem Grund wird an dieser Stelle auf weitere Ausführungen verzichtet und auf das einschlägige Schrifttum verwiesen.

Geschäftsführung und Vertretung

Im Gesellschaftsvertrag wird festgelegt, wer das Recht und die Pflicht zur Geschäftsführung und wer die Vertretungsbefugnis hat. Bei der Geschäftsführung wird das Innenverhältnis der Gesellschafter untereinander geregelt. Bei der Vertretung wird bestimmt, welche Gesellschafter das Unternehmen gegenüber Dritten, also im Außenverhältnis, vertreten können.

Die Geschäftsführung kann an Mitarbeiter übertragen werden. Je nach Umfang der delegierten Rechte unterscheidet man zwischen Handlungsvollmacht und Prokura. Im Rahmen der Handlungsvollmacht dürfen alle Geschäfte und Rechtshandlungen wahrgenommen werden, die der Betrieb eines derartigen Handelsgewerbes gewöhnlich mit sich bringt. Im Rahmen der Prokura dürfen zusätzlich alle Arten von gerichtlichen und außergerichtlichen Geschäften, die der Betrieb „irgendeines" (also nicht nur des konkret ausgeübten) Handelsgewerbes mit sich bringt, getätigt werden. Die Rechte eines Prokuristen gehen also über die des Handlungsbevollmächtigten hinaus, da sie nicht auf ein bestimmtes, sondern allgemein auf das Handelsgewerbe abzielen.

Werden von Geschäftsführern oder von Vertretungen Geschäfts- und Rechtshandlungen wahrgenommen, dann müssen diese entweder im Gesellschaftsvertrag oder in entsprechenden Gesetzen festgelegt sein. Darüber hinaus müssen auch die Entscheidungs- und Kontrollmechanismen eindeutig geklärt sein. Beim Einzelunternehmen sind die genannten Festlegungen am einfachsten geregelt. Da der Einzelunternehmer alleiniger Eigentümer seines Unternehmens ist, hat er auch die alleinige Entscheidungsbefugnis, die sowohl die Geschäftsführung als auch die Vertretung betrifft.

Demgegenüber gibt es bei Kapitalgesellschaften relativ komplizierte Entscheidungs- und Kontrollmechanismen, die an dieser Stelle nur ganz kurz benannt werden. Kapitalgesellschaften sind juristische Personen. Die juristischen Personen haben eine eigene Rechtspersönlichkeit, d.h. sie sind selbständige Träger von Rechten und Pflichten. Den juristischen Personen fehlt gegenüber den natürlichen Personen jedoch die natürliche Handlungsfähigkeit. Deshalb musste die Rechtsordnung den juristischen Personen – also z.B. den Kapitalgesellschaften in Form der Aktiengesellschaft (AG) oder der Gesellschaft mit beschränkter Haftung (GmbH) – natürliche Personen zur Verfügung stellen, deren Handlungen als Handlungen der juristischen Personen gelten. Dies gilt allerdings nur dann, wenn diese Handlungen im Namen der juristischen Person und im Rahmen der gesetzlichen bzw. satzungsmäßigen Befugnisse erfolgen. Die Entscheidungs- und Kontollmechanismen sind bei der Aktiengesellschaft weitgehend durch das Aktiengesetz festgelegt, soweit es sich um die Regelungen hinsichtlich der Organe der Aktiengesellschaft – also um die Rechte und Pflichten der Hauptversammlung, des Vorstandes und des Aufsichtsrates – handelt.

Daneben sind auch die Entscheidungsbefugnisse der Arbeitnehmer zu nennen, die vor allem im Betriebsverfassungs- und in Mitbestimmungsgesetz geregelt sind. Hierauf wird im Punkt C 3.2 noch näher eingegangen.

Haftung und resultierende Finanzierungsmöglichkeiten

Wird die persönliche Haftung auf ausstehende Einlagen beschränkt, hat das für die Fremdfinanzierung von Unternehmen durchaus Konsequenzen. Zunächst wird dadurch die den Gläubigern zur Verfügung stehende Haftungsmasse eingeschränkt. Daneben gibt es den Effekt der Signalwirkung der persönlichen Haftung, der den Gläubigern letztendlich zeigt, dass die Eigentümer eines Unternehmens an den Erfolg des Unternehmens glauben. Dies kann als weicher Faktor bei der Vergabe von Darlehen in Einzelfällen relevant sein.

Ein organisatorischer Bezug der Haftung ist ebenso von Interesse, was der folgende Sachverhalt zeigt. „Der Unterschied zwischen Haftungs- bzw. Eigentumsunternehmen und den Führungs- bzw. Managerunternehmern liegt im Haftungs- und im Risikobereich [...]. Ein Haftungsunternehmer muss dem Unternehmen nicht nur die richtige Zielsetzung geben und dieser Zielsetzung mit methodischen Mitteln, strategischem Vorgehen und einer soliden Firmenpolitik möglichst nahe kommen, sondern er muss auch durch die Zurverfügungstellung seines Kapitals das volle unternehmerische Risiko übernehmen. Ein Manager ist dann ein qualifizierter Führungsunternehmer, wenn er sich in seinen geschäftlichen Entscheidungen wirklich so verhält, als ginge es um sein eigenes Firmenkapital, um seine Gesellschaftsanteile und um seine persönlichen Stimmrechte und wenn er ebenso kreativ wirkt und von ihm ebenso unternehmerische Impulse zum Wohle der Firma ausgehen, wie vom qualifizierten Haftungs- bzw. Eigentumsunternehmer [...].

Die Definition des Unternehmers kann sich also keinesfalls auf die verwaltungstechnische Funktion, sondern ausschließlich auf die ökonomische, unternehmerische Fähigkeit, auf seine Kreativität, auf seine Aktivität und auf sein Gespür, ein Unternehmen klug aufzubauen und zukunftsorientiert zu führen und auf sein unternehmerisches Risiko beziehen."[72]

Informationsrechte und -pflichten

Kapitalgesellschaften und Unternehmen gewisser Größenordnungen sind verpflichtet, ihre Jahresabschlüsse sowie den Anhang und den Lagebericht zu veröffentlichen. Diese Veröffentlichungen dienen dem Schutz der Gläubiger und der Anteilseigner. Vor allem bei Großbetrieben dienen sie auch der Unterrichtung der interessierten Öffentlichkeit.

Neben diesen Verpflichtungen zur öffentlichen Bereitstellung von Informationen muss auch auf interne Informationspflichten hingewiesen werden. Zum einen ist hier die Bereitstellung von Informationen zur Ausübung der Kontrollrechte und zum anderen im Rahmen des Betriebsverfassungsgesetzes zu nennen. In Bezug auf die Kontrollrechte haben z.B. die Kommanditisten einer Kommanditgesellschaft (KG) gem. § 166 Abs. 1 HGB nur das Recht, die „abschriftliche Mitteilung des Jahresabschlusses zu verlangen und dessen Richtigkeit unter Einsicht der Bücher und Papiere zu prüfen." Sie sind gem. HGB § 166 Abs. 2 von den weiteren Informations- bzw. Kontrollrechten ausgeschlossen, die nur den voll haftenden Gesellschaftern der KG zustehen.

Bei Aktiengesellschaften ist das Auskunftsrecht eine wesentliche Befugnis der Aktionäre.

Gemäß § 131 AktG kann jeder Aktionär in der Hauptversammlung vom Vorstand Auskunft über Angelegenheiten der Gesellschaft verlangen. Nur in bestimmten, im Gesetz genannten Fällen, darf der Vorstand die Auskunft verweigern. Das Auskunftsrecht dient hauptsächlich dazu, dem Aktionär die Beschaffung von Informationen zu ermöglichen, die er für eine sachgerechte Stimmrechtsausübung benötigt.

---

[72] Walter, I.: Auszug aus Vorträgen von Ignaz Walter, Pröll Druck und Verlag: Augsburg 1996 S. 236 f.

Interne Informationsrechte hat z.B. gem. § 106 Nr. 2 Betriebsverfassungsgesetz der Wirtschafts-ausschuss. Hier heißt es: „Der Unternehmer hat den Wirtschaftsausschuss rechtzeitig und umfas-send über die wirtschaftlichen Angelegenheiten des Unternehmens unter Vorlage der erforderli-chen Unterlagen zu unterrichten, soweit dadurch nicht die Betriebs- und Geschäftsgeheimnisse des Unternehmens gefährdet werden, sowie die sich daraus ergebenden Auswirkungen auf die Personalplanung darzustellen."

Daneben sind auch die Entscheidungsbefugnisse der Arbeitnehmer zu nennen, die vor allem im Betriebsverfassungs- und im Mitbestimmungsgesetz geregelt sind. Hierauf wird im Punkt C 3.2 näher eingegangen.

3.1.3 Übliche Rechtsformen in der Bauwirtschaft

3.1.3.1 Bauausführende Unternehmen und Projektentwickler

3.1.3.1.1 Einzelfirma

In der Bauwirtschaft ist die Einzelfirma die häufigste Rechtsform. Der Einzelunternehmer ist alleiniger Eigentümer des Unternehmens und hat deshalb auch die alleinige Entscheidungsbefug-nis. Er haftet unbeschränkt mit seinem gesamten Vermögen, das sich aus seinem Geschäfts- und Privatvermögen zusammensetzt. Über den erwirtschafteten Gewinn kann er alleine verfügen, er muss allerdings auch einen Verlust alleine tragen.

3.1.3.1.2 Personenhandelsgesellschaften

Hier sind die Offene Handelsgesellschaft (OHG), die Kommanditgesellschaft (KG) und die GmbH & Co KG zu nennen. Die OHG muss sowohl bei der Errichtung als auch später aus min-destens zwei Personen bestehen. Dabei können sowohl natürliche als auch juristische Personen Gesellschafter sein.

In der OHG ist grundsätzlich jeder Gesellschafter allein zur Geschäftsführung und zur Vertretung berechtigt und verpflichtet.

Im Gesellschaftsvertrag können abweichende Regelungen vorgesehen werden, z.B.:

- Gesamtgeschäftsführungsbefugnis. Hier „bedarf es für jedes Geschäft der Zustimmung aller geschäftsführenden Gesellschafter, es sei denn, dass Gefahr in Verzug ist" (§ 115 Abs. 2 HGB).
- Einzelne Gesellschafter können von der Geschäftsführung ausgeschlossen sein. Die Übrigen haben dann Einzel- oder Gesamtgeschäftsführungsbefugnis (§ 114 Abs. 2 HGB).
- Die Geschäftsführung kann in einzelne Sachgebiete aufgeteilt sein.

Bei der OHG ist die persönliche, unmittelbare, unbeschränkte und gesamtschuldnerische Haftung gegenüber den Gläubigern für die Verbindlichkeiten der Gesellschaft zwingend vorgeschrieben; eine entgegenstehende Vereinbarung ist Dritten gegenüber unwirksam (§ 128 Satz 2 HGB).

Die Entscheidungen in der OHG werden durch Gesellschafterbeschlüsse gefällt. § 119 HGB führt zu diesen Gesellschafterbeschlüssen aus.

„(1) Für die von den Gesellschaftern zu fassenden Beschlüsse bedarf es der Zustimmung aller zur Mitwirkung bei der Beschlussfassung berufenen Gesellschafter.

(2) Hat nach dem Gesellschaftsvertrag die Mehrheit der Stimmen zu entscheiden, so ist die Mehrheit im Zweifel nach der Zahl der Gesellschafter zu berechnen."

Auch die Gewinn- und Verlustbeteiligung ist im HGB geregelt (§ 121 HGB). Im Gesellschaftsver-trag können aber Vereinbarungen getroffen werden, die von der gesetzlichen Regelung abwei-chen.

Im Hinblick auf die Informationsrechte zur Ausübung der Kontrollfunktionen ist in § 118 HGB geregelt: „Ein Gesellschafter kann, auch wenn er von der Geschäftsführung ausgeschlossen ist, sich von den Angelegenheiten der Gesellschaft persönlich unterrichten, die Handelsbücher und die Papiere der Gesellschaft einsehen und sich aus ihnen eine Bilanz und einen Jahresabschluss anfertigen."

Für die KG gelten grundsätzlich die Ausführungen zur OHG. Die KG unterscheidet sich allerdings in folgenden Punkten von der OHG. Grundsätzlich sind die Kommanditisten nicht berechtigt, die Gesellschaft im Außenverhältnis zu vertreten (vgl. § 164 HGB). Die Kommanditisten können jedoch der Geschäftsführung widersprechen, sofern diese Handlungen vornimmt, die über den gewöhnlichen Betrieb des Handelsgewerbes der Gesellschaft hinausgehen (vgl. § 164 HGB). Bei der KG haftet mindestens ein Gesellschafter (Komplementär) mit seinem Privat- und Geschäftsvermögen unbeschränkt und mindestens ein weiterer Gesellschafter (Kommanditist) haftet nur bis zur Höhe seiner Einlage. Für die Beteiligung am Gewinn und Verlust ist auch bei der KG grundsätzlich der Gesellschaftsvertrag maßgeblich. Nur für den Fall, dass die Gewinnbeteiligung im Gesellschaftsvertrag nicht geregelt sein sollte, greift § 167 HGB i.V. mit § 121 HGB. Hier ist zunächst eine 4 %-ige Verzinsung der Kapitalanteile vorgesehen. Der Restgewinn bzw. Verlust wird im angemessenen Verhältnis verteilt. Dabei soll die persönliche Arbeitsleistung und das Risiko der unbeschränkten Haftung der Komplementäre entsprechend vergütet werden. Der Kommanditist kann am Verlust persönlich nur bis zur Höhe seiner ausstehenden Einlage beteiligt werden. In Bezug auf die Informationsrechte gilt, dass der Kommanditist zwar das Recht hat, jedes Jahr eine Abschrift des Jahresabschlusses zu verlangen und dessen Richtigkeit unter Einsicht in die Bücher und Aufzeichnungen zu prüfen (§ 166 Abs. 1 HGB). Er hat aber kein Recht, sich laufend von den Angelegenheiten der Gesellschaft persönlich zu unterrichten oder die Handelsbücher und die Papiere der Gesellschaft einzusehen. Diese im Gesetz formulierten Regelungen sind jedoch abdingbar, d.h. im Gesellschaftsvertrag können vom Gesetz abweichende Regelungen getroffen werden.

Die GmbH & Co KG ist eine Kommanditgesellschaft, bei der die Rolle des Komplementärs von einer GmbH übernommen wird, also von einer Kapitalgesellschaft, die nur mit ihrem Gesellschaftsvermögen haftet. Der oder die Kommanditisten wiederum haften persönlich nur mit ihrer ausstehenden Kommanditeinlage. Dadurch wird eine KG mit beschränkter Haftung erreicht. In Bezug auf die Geschäftsführung, die Vertretung und in Bezug auf die Informationsrechte gibt es gegenüber der KG keine grundsätzlichen Unterschiede. Auch die Gewinnverteilung bzw. Verlustbeteiligung regelt sich nach § 168 HGB (Gewinn- und Verlustverteilung bei der KG) oder nach dem Gesellschaftsvertrag.

3.1.3.1.3 Kapitalgesellschaften

Gesellschaft mit beschränkter Haftung (GmbH)

Die Gründung einer GmbH kann durch eine oder mehrere Personen (Gesellschafter) erfolgen, die sowohl natürliche als auch juristische Personen sein können. Für die Gründung ist ein Gesellschaftsvertrag erforderlich. Die GmbH handelt durch ihre Organe, also durch Geschäftsführer, die Gesellschaftsversammlung und gegebenenfalls durch einen Aufsichtsrat. In aller Regel übernehmen die Gesellschafter die Geschäftsführung. Allerdings können als Geschäftsführer auch Personen bestellt werden, die nicht Gesellschafter sind (§ 6 Abs. 3 GmbHG).

Grundlegende Entscheidungen werden von den Gesellschaftern in den Gesellschafterversammlungen getroffen. So entscheidet die Gesellschaftsversammlung als oberstes Organ u.a. über die Gewinnverwendung, die Bestellung oder die Abberufung der Geschäftsführer sowie deren Entlastung und stellt den Jahresabschluss fest. Weiterhin kann die Gesellschaftsversammlung über die Einforderung von Nachzahlungen oder über die Rückzahlung von Nachschüssen beschließen (vgl. § 46 GmbHG). Ein Aufsichtsrat muss von den Gesellschaftern dann eingesetzt werden, wenn mehr als 500 Arbeitnehmer in der GmbH beschäftigt sind. Der Aufsichtsrat überwacht die

Geschäftsführung und hat Prüfungsaufgaben im Rahmen der Rechnungslegung der GmbH. Mit der Prüfung werden Angehörige der wirtschaftsprüfenden Berufe beauftragt. Für die Verbindlichkeiten der GmbH haftet das Gesellschaftsvermögen. Darüber hinaus haften die einzelnen Gesellschafter nach Aufbringung ihres Kapitalanteils nicht mit ihrem sonstigen Privatvermögen.

Die Gewinnbeteiligung bzw. die Deckung von Verlusten richtet sich nach dem Verhältnis der Gesellschaftsanteile, es sei denn, dass im Gesellschaftsvertrag etwas anderes bestimmt ist.

In Bezug auf das Informationsrecht der Gesellschafter gilt § 51a GmbHG, in dem es heißt:

„(1) Die Geschäftsführer haben jedem Gesellschafter auf Verlangen unverzüglich Auskunft über die Angelegenheiten der Gesellschaft zu geben und die Einsicht der Bücher und Schriften zu gestatten.

(2) Die Geschäftsführer dürfen die Auskunft und die Einsicht verweigern, wenn zu besorgen ist, dass der Gesellschafter sie zu gesellschaftsfremden Zwecken verwenden und dadurch der Gesellschaft oder einem verbundenen Unternehmen einen nicht unerheblichen Nachteil zufügen wird. Die Verweigerung bedarf eines Beschlusses der Gesellschafter.

(3) Von diesen Vorschriften kann im Gesellschaftsvertrag nicht abgewichen werden."

Für die GmbH als Kapitalgesellschaft besteht die Verpflichtung, dass sie ihren Jahresabschluss, den Anhang und den Bericht über die wirtschaftliche Lage des Betriebes nach Prüfung durch einen Abschlussprüfer veröffentlicht.

Aktiengesellschaft (AG)

Ebenso wie die GmbH benötigt auch die AG als juristische Person bestimmte Organe, um handlungsfähig zu sein. Das AktG unterscheidet zwingend drei Organe, nämlich den Vorstand, den Aufsichtsrat und die Hauptversammlung.

In § 76 AktG heißt es, dass der Vorstand unter eigener Verantwortung die Gesellschaft zu leiten hat. In § 82 AktG Abs. 1 ist bestimmt, dass die Vertretungsbefugnis des Vorstandes nicht beschränkt werden kann. Im § 82 Abs. 2 AktG ist allerdings bestimmt: „Im Verhältnis der Vorstandsmitglieder zur Gesellschaft sind diese verpflichtet, die Beschränkungen einzuhalten, die im Rahmen der Vorschriften über die Aktiengesellschaft die Satzung, der Aufsichtsrat, die Hauptversammlung und die Geschäftsordnungen des Vorstands und des Aufsichtsrats für die Geschäftsführungsbefugnis getroffen haben."

Der Aufsichtsrat ist das eigentliche Kontrollorgan der AG. Er setzt sich aus Vertretern der Anteilseigner und der Arbeitnehmer zusammen. Seine Aufgaben und Rechte sind weitgehend in § 111 AktG geregelt. Eine wichtige Aufgabe des Aufsichtsrates ist die Berufung bzw. die Abberufung des Vorstandes (vgl. § 84 AktG).

Die Hauptversammlung ist als Versammlung der Aktionäre der AG das dritte Organ der AG. In § 119 AktG sind ihre Rechte geregelt. Demnach beschließt sie in den im Gesetz und in der Satzung ausdrücklich bestimmten Fällen; namentlich sind in dieser Vorschrift insgesamt acht Fälle genannt, z.B.:

- die Bestellung der Mitglieder des Aufsichtsrats, soweit sie nicht in den Aufsichtsrat zu entsenden oder als Aufsichtsratsmitglieder der Arbeitnehmer nach dem Mitbestimmungsgesetz, dem Mitbestimmungsergänzungsgesetz oder dem Betriebsverfassungsgesetz 1952 zu wählen sind
- die Verwendung des Bilanzgewinnes
- die Entlastung der Mitglieder des Vorstands und des Aufsichtsrats
- die Auflösung der Gesellschaft

Über die Fragen der Geschäftsführung kann die Hauptversammlung nur entscheiden, wenn der Vorstand es verlangt. Die Hauptversammlung beschließt also vor allem auch über Satzungsänderungen und über die Ausstattung mit Kapital sowie über eine mögliche Umwandlung in eine andere Rechtsform.

Für die Verbindlichkeiten der AG haftet das Gesellschaftsvermögen und nicht die Aktionäre persönlich. Dadurch ist für den Aktionär das Risiko überschaubar und erreicht maximal die Höhe des Betrages der von ihnen gehaltenen Aktien.

Wie der Jahresüberschuss zu verwenden ist, ergibt sich aus dem § 58 AktG. Gemäß § 58 Abs. 1 AktG kann, sofern in der Satzung bestimmt ist, dass die Hauptversammlung den Jahresabschluss feststellt, höchstens die Hälfte des Jahresüberschusses in andere Gewinnrücklagen eingestellt werden. In § 58 Abs. 2 AktG heißt es: „Die Satzung kann Vorstand und Aufsichtsrat zur Einstellung eines größeren und kleineren Teils, bei börsennotierten Gesellschaften nur eines größeren Teils des Jahresüberschusses ermächtigen." Durch diese Bestimmung besteht für den Vorstand und Aufsichtsrat von nicht börsennotierten Aktiengesellschaften bei der Gewinnverwendung mehr Entscheidungsspielraum.

In Bezug auf die Informationsrechte bzw. -pflichten gilt, dass die Aktiengesellschaften verpflichtet sind, den Jahresabschluss einschließlich Anhang und Lagebericht zu veröffentlichen.

Gem. § 175 Abs. 2 AktG müssen diese Unterlagen vor der Einberufung zur Hauptversammlung im Geschäftsraum der Gesellschaft zur Einsicht für die Aktionäre ausgelegt werden.

Kommanditgesellschaft auf Aktien (KGaA)

Diese Gesellschaftsform hat in der Bauwirtschaft weniger Bedeutung. Es gibt aber Fälle, weswegen sie hier kurz erläutert wird. „Die KGaA ist eine Mischform, da sie Elemente der Kommanditgesellschaft und der Aktiengesellschaft vereinigt. Die KGaA ist eine juristische Person und hat zwei Arten von Gesellschaftern. Mindestens ein Gesellschafter muss den Gesellschaftsgläubigern unbeschränkt haften, während die übrigen Gesellschafter an dem in Aktien zerlegten Grundkapital beteiligt sind, ohne persönlich für die Verbindlichkeiten der Gesellschaft zu haften („Kommanditaktionäre"). Der oder die persönlich haftenden Gesellschafter (Komplementäre) haben die gleiche Funktion wie der Vorstand bei der AG. Sie sind gleichsam „geborener" Vorstand der KGaA und werden nicht vom Aufsichtsrat bestellt. Sowohl die Hauptversammlung als auch der Aufsichtsrat setzt sich aus den Kommanditaktionären zusammen. Nur dann, wenn Komplementäre Kommanditaktien erwerben, können sie Mitglieder der Hauptversammlung werden.

Die Rechtsform der KGaA ist für große Familienunternehmen interessant. Geeignete Mitglieder einer Familie können als Komplementäre aktiv in der Geschäftsführung mitwirken. Zugleich können die Vorteile der Kapitalbeschaffung genutzt werden, weil Kommanditaktien der Gesellschaft an der Börse gehandelt werden können. Der Vorteil dieser Rechtsform steht und fällt mit der Frage, ob geeignete Unternehmerpersönlichkeiten vorhanden sind, die mit ihrem Vermögen die persönliche Haftung tragen wollen."[73]

3.1.3.1.4 Stille Gesellschaft

In einer stillen Gesellschaft beteiligt sich der „Stille" an dem Handelsgewerbe eines Kaufmanns mit einer Vermögenseinlage. Die Vermögenseinlage ist so zu leisten, dass sie in das Vermögen des Inhabers des Handelsgeschäftes übergeht (§ 230 Abs. 1 HGB). Als Einlage ist jeder Gegenstand geeignet, der einen Vermögenswert hat und der übertragbar ist, also z.B. Geld, Immobilien, Mobiliar, aber auch Rechte und Forderungen. Durch die Einlage des stillen Gesellschafters entsteht kein Gesellschaftsvermögen wie bei einer OHG oder KG, da – wie bereits gesagt – diese Einlage in das Vermögen des Geschäftsinhabers übergeht. Durch die Stille Gesellschaft hat z.B. ein bauausführendes Unternehmen die Möglichkeit, haftendes Kapital zu beschaffen. Die Stille Gesellschaft entsteht durch Gesellschaftsvertrag zwischen dem „Stillen" und dem „tätigen" Kaufmann. Eine stille Beteiligung ist möglich an einer Einzelfirma, an Personenhandelsgesellschaften und an Kapitalgesellschaften. Im Hinblick auf die Haftung unterscheidet man zwischen einer typischen und atypischen stillen Gesellschaft. Bei der typischen stillen Gesellschaft steht

---

[73] Leimböck, E. (1997): a.a.O., S. 15 f.

dem stillen Gesellschafter eine Gewinnbeteiligung zu, die auch vertraglich nicht ausgeschlossen werden kann. Bei der atypischen stillen Gesellschaft wird der „atypisch" Stille am Gewinn und Verlust sowie an den stillen Reserven beteiligt.

3.1.3.2 Planungsbeteiligte

Freiberufler (Einzelinhaberschaft)

Den größten Gestaltungsspielraum behält ein Architekt, wenn er ohne Kooperation als selbständiger Freiberufler tätig wird und ihm somit die Leitung eines Büros allein obliegt. In diesem Fall steht ihm der ganze Gewinn zu, doch muss er auf der anderen Seite das Risiko durch eine Haftung mit seinem gesamten Privat- und Geschäftsvermögen übernehmen. Aus Rationalisierungsgründen können sich mehrere Architekten oder Ingenieure in einer Bürogemeinschaft zusammenschließen und ihre Zweckgemeinschaft dabei lediglich auf die gemeinsame Nutzung der Büroeinrichtung und Räume beschränken. Bei dieser Konstellation bleibt jeder Beteiligte weitgehend selbständig, eine gesellschaftsrechtliche Bindung untereinander beschränkt sich auf den Gesellschaftszweck der gemeinsamen Nutzung von Einrichtung und Büroräumen.

Um eine etwaige gesamtschuldnerische Haftung gegenüber Dritten auszuschließen, muss die Beschränkung der Gemeinsamkeit auf eine gemeinsame Büronutzung nach außen deutlich klargestellt werden, z.B. durch einen Vermerk „Architekten in Bürogemeinschaft" auf dem Büroschild und Briefkopf. Geschieht dies nicht, können sich die gleichen Haftungsfolgen ergeben, wie bei der nachfolgend beschriebenen BGB-Gesellschaft.

Sozietät in Form der Gesellschaft bürgerlichen Rechts (BGB-Gesellschaft)

Die in den §§ 705 ff BGB normierte Gesellschaft bürgerlichen Rechts (BGB-Gesellschaft) ist eine auf einem Vertrag beruhende Personenvereinigung natürlicher oder juristischer Personen zur Förderung gemeinsamer Interessen, insbesondere eines von den Gesellschaftern gemeinsam verfolgten Zwecks. Die aktuelle Rechtssprechung attestiert ihr teilweise eine eigene Rechtspersönlichkeit und damit auch eigene Rechtsfähigkeit. Der Zusammenschluss kann einmal kurzfristig für einen vorübergehenden Zweck erfolgen. Ein typisches Beispiel hierfür ist die Arbeitsgemeinschaft in der Bauwirtschaft (ARGE). Andererseits kann der Zusammenschluss auch langfristig auf Dauer erfolgen.

In der rechtlichen und wirtschaftlichen Ausgestaltung der Unternehmung verbleibt den Gesellschaftern ein großer Spielraum. Einerseits muss der notwendige Gesellschaftsvertrag keine Regelungen über die Organisation der Gesellschaft enthalten (es gelten dann die §§ 709-715 BGB), andererseits sind die gesetzlichen Regelungen gößtenteils nicht zwingend. So sieht das Gesetz z.B. vor, dass Geschäftsführung und Vertretung der Gesellschaft durch alle Gesellschafter gemeinschaftlich erfolgt. (§709 BGB). Aus Praktikabilitätsgründen wird dies in der Praxis häufig dadurch geändert, dass man im Gesellschaftsvertrag die Geschäftsbefugnis auf einzelne Gesellschafter überträgt. Die Gesellschafter einer BGB-Gesellschaft haften mit ihrem Betriebs- und Privatvermögen gesamtschuldnerisch und zwar unabhängig davon, welcher Gesellschafter die Dienstleistungen erbracht hat. Ausnahmen sind hier nur möglich, wenn durch eine individuell getroffene ausdrückliche Abrede mit dem Gesellschaftsgläubiger eine haftungsbeschränkende Vereinbarung getroffen worden ist.

„Bei der Arbeitsgemeinschaft haftet jedes Mietglied in vollem Umfang für die mangelhaften Leistungen und Pflichtverletzungen aller anderen Mitglieder, auch wenn es selbst hierzu keinen Beitrag geleistet hat (gesamtschuldnerische Haftung). Die einzelnen Mitglieder, die die Haftungsursachen nicht gelegt haben, können erst nach Inanspruchnahme durch den Auftraggeber im Innenverhältnis Rückgriff gegenüber dem Mitglied nehmen, der Verursacher war. Die Rückgriffsansprüche richten sich nach den §§ 421 ff. BGB. Bis dahin kann der Verursacher schon illiquide geworden sein, weshalb in dieser Konstellation ein großes wirtschaftliches Risiko steckt!

Arbeitsgemeinschaften bestehen oft aus dem Architekten, dem Haustechnikplaner, dem Tragwerks- und dem Landschaftsplaner."[74]

Wollen Architekten bzw. Ingenieure für einzelne Projekte oder auch für längere Zeit zusammenarbeiten, so bietet sich die Gesellschaft bürgerlichen Rechts an, da hier die gesetzlichen Regelungen einen weiten Spielraum für individuelle Gestaltungen lassen und auch die Ansprüche an das Rechnungswesen nicht sehr umfangreich sind.

Partnerschaft nach dem Partnerschaftsgesellschaftsgesetz (PartGG)

Das PartGG vom 25. Juli 1994 stellt natürlichen Personen zur Ausübung bestimmter freier Berufe ohne Ausübung eines Handelsgewerbes die Partnerschaft als weitere Gesellschaftsform zur Verfügung. Ziel des Gesetzgebers war es, freien Berufen die Möglichkeit zu eröffnen, sich in einer ihren Bedürfnissen zugeschnittenen Rechtsform zu organisieren. Anders als bei der BGB-Gesellschaft können damit nur natürliche Personen Angehörige einer Partnerschaft sein. Damit ist z.B. die Einbindung einer Gesellschaft mit beschränkter Haftung in die Partnerschaft (GmbH & Co. Partnerschaft) zur Haftbegrenzung verhindert.

Im Regelfall wird die Partnerschaft nach außen durch jeden Partner in allen Angelegenheiten vertreten. Sie kann gegenüber Dritten nicht gegenständlich beschränkt werden. Einzelne Partner könnten damit nur von der Führung solcher Geschäfte ausgeschlossen werden, die sich nicht auf die Erbringung der freiberuflichen Leistung beziehen. Anders als bei der BGB-Gesellschaft ist auch die Haftung im PartGG geregelt:

a) Die Haftung kann vertraglich auf den Partner beschränkt werden, der die Dienstleistung selbst erbringt oder die verantwortliche Leitung und Überwachung übernimmt. Dabei muss die Identität des potenziell Haftenden vor dem Schadenseintritt bestimmbar sein.

b) Über die bisherige zulässige Praxis hinaus, wonach eine Haftungsbeschränkungsvereinbarung durch individuell getroffene ausdrückliche Abrede mit dem Gesellschaftsgläubiger zulässig war, kann eine solche Haftung beschränkende Vereinbarung nunmehr auch durch vorformulierte Vertragsbedingungen (AGB) erfolgen.

c) Sind die Voraussetzungen aus a) und b) erfüllt, so haften für eventuelle Schäden nicht mehr (wie bei der Gesellschaft bürgerlichen Rechts) alle Partner gesamtschuldnerisch auch mit ihrem Privatvermögen, sondern nur mehr der jeweils einzelne beruflich verantwortliche Partner mit seinem Privatvermögen. Das Privatvermögen der übrigen Partner ist folglich dem Zugriff der Gläubiger entzogen.

Das PartGG hat auch eine Beschränkung bezüglich der Höhe der Haftung zugelassen. Voraussetzung für eine solche Beschränkung der Haftung ist jedoch eine gesetzliche Regelung, die neben der Bestimmung eines Haftungshöchstbetrages die Pflicht zum Abschluss einer Berufshaftpflichtversicherung durch die Partner oder die Partnerschaft erhält. Einzelne Bundesländer haben inzwischen entsprechende Regelungen in ihre Architektengesetze aufgenommen.

GmbH

Will man die gesamtschuldnerische Haftung des Privat- und Betriebsvermögens, die im Falle der Partnerschaft (Sozietät) vorliegt, vermeiden, dann bietet sich die GmbH an. Wegen der notariellen Beurkundungspflicht des Gesellschaftsvertrages, der Eintragungspflicht ins Handelsregister und der höheren Erfordernisse an das Rechnungswesen ergeben sich im Rahmen der Rechtsform einer GmbH größere Kosten, als beispielsweise bei einer Gesellschaft bürgerlichen Rechts. Für ein Architektur- oder Ingenieurbüro ist die GmbH aber immer dann sinnvoll, wenn die Haftungsbegrenzung ein wichtiger Faktor ist. Ein Nachteil der GmbH gegenüber den vorgenannten Rechtsformen besteht darin, dass bei der Gründung einer GmbH eine Mindestkapitaleinlage in Höhe von 25.000 Euro erforderlich ist.

---

[74] von Minckwitz, U.: Die ersten 100 Geschäftstage eines Architekten, Verlag Bauwesen: Berlin 1999, S. 58

OHG, KG

Die Rechtsform der offenen Handelsgesellschaft und der Kommanditgesellschaft entfallen nach allgemeiner Ansicht für Architekten und Ingenieure. Es handelt sich hier um Gesellschaftsformen, die für den Betrieb „Handelsgewerbes" zugeschnitten sind. Danach ist unter dem Begriff „Handelsgewerbe" jeder Gewerbebetrieb zu verstehen, der nicht von vornherein nach Art und Umfang auf einen in kaufmännischer Weise eingerichteten Geschäftsbetrieb verzichten kann. Freie Berufe – hierzu gehören nach herkömmlicher Ansicht auch Architekten und Ingenieure – üben kein Gewerbe aus.

Stille Gesellschaft und Genossenschaft

Inwieweit eine stille Gesellschaft auch zwischen Architekten und Ingenieuren vorliegen kann, ist in der Literatur umstritten. Falls sie anerkannt wird, liegt eine reine Innengesellschaft vor, deren Vorteil in der Anonymität des beteiligten stillen Gesellschafters liegt. In der Praxis kommt bei Freiberuflern der stillen Gesellschaft keine große Bedeutung zu. Schließen sich Architekten bzw. Ingenieure zu einer eingetragenen Genossenschaft zusammen, so bleiben ihre Büros in der Regel selbständig. Die Abwicklung der Aufträge über die Genossenschaft findet nicht statt. Auch diese Rechtsform findet sich in der Praxis sehr selten.

3.2 Beschränkungen der unternehmerischen Entscheidungen

In marktwirtschaftlichen Wirtschaftssystemen trägt das vom Unternehmer zur Verfügung gestellte Kapital die Chancen und Risiken unternehmerischer Entscheidungen.

„Wird der Betrieb gut geführt, werden also richtige Entscheidungen getroffen, verspricht das dem Unternehmer Gewinn, der sich in einer Erhöhung seines Vermögens niederschlägt. Versagt dagegen die Betriebsführung, werden also falsche Entscheidungen getroffen, hat das für den Kapitalgeber in aller Regel eine Verringerung, womöglich den totalen Verlust seines Vermögens zur Folge. Die marktwirtschaftliche Ordnung beruht damit auf dem Prinzip, dass derjenige, der im ökonomischen Bereich Entscheidungen trifft, auch deren vermögensmäßige Konsequenzen, seien sie positiv oder negativ, zu tragen hat."[75] Allerdings gibt es Gründe, um die absolute Unternehmerautonomie auf dem wirtschaftlichen Sektor zugunsten der zweiten am Produktionsprozess beteiligten Personengruppe, nämlich den Arbeitnehmern, einzuschränken. Diese Gründe liegen einmal im allgemeinen Schutzbedürfnis des Arbeitnehmers hinsichtlich seiner Gesundheit und Sicherheit seines Arbeitsplatzes und zum anderen in den sozial- und gesellschaftspolitischen Verhältnissen zwischen Kapitaleignern und Arbeitnehmern.

Im Folgenden werden drei Bereiche dargestellt, in welchen entsprechende Regelungen geschaffen wurden und zwar getrennt nach:

* tarifliche und arbeitsrechtliche Regelungen
* Regelungen der betrieblichen Mitbestimmung
* Regelungen der unternehmerischen Mitbestimmung

3.2.1 Tarifliche und arbeitsrechtliche Regelungen

Hervorzuheben ist in diesem Zusammenhang zunächst die Tarifautonomie. Diese bedeutet, dass Arbeitnehmer und Arbeitgeber die Arbeitsbedingungen – innerhalb der gesetzlichen Rahmenbedingungen – selbständig und ohne staatliche Einflussnahme vereinbaren können. Verfassungs-

---

[75] Wöhe, G.: a.a.O., S. 102

rechtliche Grundlage der Tarifautonomie ist die Koalitionsfreiheit, die im Grundgesetz mit dem Artikel 9, wie folgt bestimmt ist. Danach ist für jedermann und alle Berufe das Recht gewährleistet, zur Wahrnehmung und Förderung der Arbeits- und Wirtschaftsbedingungen Vereinigungen zu bilden. Abreden, die dieses Recht einschränken oder zu behindern suchen, sind nichtig. Hierauf gerichtete Maßnahmen sind rechtswidrig. In der Bauwirtschaft stehen sich als Tarifvertragsparteien die Industriegewerkschaft Bauen-Agrar-Umwelt als Arbeitnehmervertreter und der Hauptverband der Deutschen Bauindustrie sowie der Zentralverband des Deutschen Baugewerbes als Arbeitgebervertreter gegenüber.

Das Ergebnis der Vereinbarungen ist ein Tarifvertrag mit entsprechenden Tarifbestimmungen. Die Arbeitsbedingungen, d.h. die Rechte und die Pflichten eines Arbeitnehmers gegenüber seinem Vertragspartner, dem Arbeitgeber, sind in Deutschland in weitestem Umfang durch Tarifverträge – „kollektive Arbeitsbedingungen" – geregelt. "Der Gesetzgeber beschränkt sich darauf, in Wahrnehmung seiner Schutzverpflichtung in verschiedenen Bereichen Mindestbedingungen zu regeln, welche insbesondere auch für solche Arbeitsverhältnisse gelten, die keinen Tarifverträgen unterliegen."[76]

Mit den Tarifverträgen regeln die Tarifvertragspartner einvernehmlich die Arbeits- und Wirtschaftsbedingungen ihrer Mitglieder. Darüber hinaus können Tarifverträge aufgrund eines Antrages einer Tarifpartei vom Bundesminister für Arbeit und Sozialordnung für „allgemeinverbindlich" erklärt werden. „Die Allgemeinverbindlichkeitserklärung eines Tarifvertrages bewirkt, dass seine Normen für alle Arbeitgeber und Arbeitnehmer in seinem räumlichen, betrieblichen und persönlichen Geltungsbereich gelten, unabhängig davon, ob die Arbeitgeber dem Arbeitgeberverband und die Arbeitnehmer der Gewerkschaft, die den Tarifvertrag abgeschlossen haben, angehören."[77]

Die wesentlichen Tarifverträge in der Bauwirtschaft sind:

1. Entgelttarifverträge und Rahmentarifverträge für gewerbliche Arbeitnehmer, Poliere, Angestellte, Auszubildende,
2. Materielle Sozialkassentarifverträge,
3. Verfahrenstarifverträge über Sozialkassenverfahren, Vorruhestandsverfahren und Aufteilung des Gesamtbetrages an die Sozialkassen und der
4. Vertrag über das Schlichtungsabkommen.

Darüber hinaus gibt es fachbezogene und regionale Tarifverträge, wie z.B. der Lohntarifvertrag für das Nassbaggergewerbe oder der Tarifvertrag über Leistungslohn im Baugewerbe München. Die Sozialkassen- und die Verfahrenstarifverträge einschließlich des Bundesrahmentarifvertrages und der Vermögensbildungstarifverträge sind allgemeinverbindlich, d.h. sie sind für alle Arbeitsverhältnisse innerhalb des tariflichen Geltungsbereichs bindend. Damit erfassen sie organisierte wie nicht organisierte Arbeitgeber und Arbeitnehmer gleichermaßen. Neben den Tarifbestimmungen sind solche gesetzlichen Mindestbedingungen zu nennen, durch welche der Gesetzgeber in verschiedenen Bereichen seine Schutzverpflichtung wahrnimmt. Diese Regelungen gelten vor allem auch für solche Arbeitsverhältnisse, die keinen Tarifverträgen unterliegen.[78]

Gesetzliche Bestimmungen zum Arbeitsvertragsrecht, die dazu dienen, den Arbeitsplatz zu sichern, sind z.B.:

- Gesetz über die Fortzahlung des Arbeitsentgelts im Krankheitsfall (Lohnfortzahlungsgesetz) vom 27.7.1969; zuletzt geändert durch Gesetz vom 23.12.2003. Seit dem 19.12.1998 sind die §§ 1-9 des Lohnfortzahlungsgesetzes durch das Entgeltfortzahlungsgesetz ersetzt; dieses wur-

---

[76] Gastell, F. (1996): a.a.O., S. 155
[77] Gastell, F. (1996): a.a.O., S. 159
[78] vgl. Gastell, F. (1996): a.a.O., S. 155

de am 23.12.2003 zuletzt geändert. Die §§ 10 – 20 des Lohnfortzahlungsgesetzes gelten auch weiterhin.

- Mindesturlaubsgesetz für Arbeitnehmer (Bundesurlaubsgesetz) vom 8.1.1963; zuletzt geändert durch Gesetz vom 07.05.2002
- Kündigungsschutzgesetz vom 25.8.1969; zuletzt geändert durch Gesetz vom 19.12.1998
- Gesetz über den Schutz des Arbeitsplatzes bei Einberufung zum Wehrdienst (Arbeitsplatzschutzgesetz) vom 14.4.1980; zuletzt geändert durch Gesetz vom 27.12.2003
- Gesetz zur Regelung der gewerbsmäßigen Arbeitnehmerüberlassung (Arbeitnehmerüberlassungsgesetz) vom 3.2.1995; zuletzt geändert durch Gesetz vom 27.12.2003

Bestimmungen, die dem Schutz des Lebens und der Gesundheit der Arbeitnehmer dienen, sind z.B.:

- Gewerbeordnung vom 1.1.1987; zuletzt geändert durch Gesetz vom 24.12.2003
- Arbeitsschutzgesetz vom 07.08.1996; zuletzt geändert durch das Gesetz vom 19.12.1998
- Verordnung über Sicherheit und Gesundheitsschutz auf Baustellen (Baustellenverordnung) vom 10.06.1998
- Arbeitszeitgesetz vom 6.6.1994; zuletzt geändert durch Gesetz vom 24.12.2003
- Gesetz zum Schutze der arbeitenden Jugend durch Gesetz vom 12.4.1976; zuletzt geändert durch Gesetz vom 21.12.2000
- Gesetz zum Schutz der erwerbstätigen Mutter (Mutterschutzgesetz) vom 18.4.1968; zuletzt geändert durch Gesetz vom 14.11.2003
- Gesetz zur Sicherung der Eingliederung Schwerbehinderter in Arbeit, Beruf und Gesellschaft (Schwerbehindertengesetz) vom 26.8.1986; zuletzt geändert durch Gesetz vom 19.12.1997

3.2.2 Regelungen der betrieblichen Mitbestimmung

Betriebsverfassungsgesetz (Betr.VG)

Das Betr.VG vom 11.10.1952 – zuletzt geändert durch Gesetz vom 10.12.2001 – betrifft alle Unternehmen der privaten Wirtschaft mit mehr als 5 Arbeitnehmern, d.h. Arbeiter und Angestellte (mit Ausnahme der leitenden Angestellten) einschließlich der Auszubildenden.

Das Hauptorgan der Arbeitnehmer ist der Betriebsrat, der von der Betriebsversammlung, die aus den Arbeitnehmern des Betriebes besteht, gewählt wird. Die Betriebsversammlung kann dem Betriebsrat keine Weisungen erteilen. Sie nimmt in vierteljährlichem Abstand den Tätigkeitsbericht des Betriebsrates entgegen. Sie hat also kein positives Mitbestimmungsrecht, sondern nur das Recht auf Information und Beratung. Sie kann dem Betriebsrat Anträge unterbreiten und zu seinen Beschlüssen Stellung nehmen (§ 45 Betr. VG).[79]

Trotz der Vorschriften im Betr.VG existiert nicht in allen betriebsratfähigen Unternehmen auch ein Betriebsrat. Der Grund hierfür liegt darin, dass eine Bereitschaft der Arbeitnehmer vorhanden sein muss, einen Betriebsrat zu wählen und sich auch in diesen wählen zu lassen. Dies ist jedoch nicht in allen Unternehmen vorhanden.[80] Dies gilt insbesondere auch für die Unternehmen der Planungsbeteiligten.

Aufgabe des Betriebsrates ist es, die Interessen der Arbeitnehmer zu vertreten, wobei das Betr.VG so angelegt ist, dass eine vertrauensvolle Zusammenarbeit zwischen Arbeitgeber und Arbeitnehmer in allen betrieblichen Fragen stattfinden soll.[81]

---

[79] vgl. Wöhe, G.: a.a.O., S. 115 ff.

[80] vgl. Brinkmann-Herz, D.: Betrieb, Tarifautonomie, Mitbestimmung, Ernst Klett Verlag: Stuttgart 1988, S. 120

[81] vgl. Gastell, F. (1996): a.a.O. S. 172

Betriebliche Interessengegensätze können in folgenden Bereichen vorhanden sein:

- Soziale Angelegenheiten
- Personelle Angelegenheiten
- Arbeitsbereich
- Wirtschaftlicher Bereich

Im Einzelnen hat der Betriebsrat eine Vielzahl von Einflussmöglichkeiten, die wie folgt unterteilt werden können:

- Überwachung
  Der Betriebsrat kontrolliert die Einhaltung geltender Arbeitnehmerrechte.

- Information und Beratung
  Der Betriebsrat wird bei personellen Angelegenheiten, wie z.B. zukünftiger Personalbedarf, Berufsbildung oder im Arbeitsbereich z.B. bei Änderungen von Arbeitsverfahren, Stillegungen von Betrieben oder Betriebsteilen informiert bzw. er berät den oder verhandelt mit dem Arbeitgeber. Die Information und Beratung für den wirtschaftlichen Bereich erfolgt im sog. Wirtschaftsausschuss. Dieser ist bei Betrieben mit mehr als 100 Arbeitnehmern zu bilden und er besteht aus mindestens drei und höchstens sieben Mitgliedern. Die unmittelbare Verbindung zum Betriebsrat ist dadurch gegeben, dass die Mitglieder des Wirtschaftsausschusses vom Betriebsrat bestimmt werden und dass mindestens ein Mitglied zugleich dem Betriebsrat angehören muss.

- Mitwirkungs- und Beschwerderechte
  Diese sind in den §§ 81 bis 86 Betr.VG vorgesehen. Sie gelten bei personellen Angelegenheiten. Hier hat der Arbeitgeber eine Unterrichtungs- und Erörterungspflicht. Dementsprechend stehen dem Arbeitnehmer Anhörungs- und Erörterungsrechte zu, sowie die Einsicht in Personalakten. Der Arbeitnehmer hat überdies ein Beschwerderecht. Hierzu heißt es im § 85 Abs. 1 Betr.VG:

  „(1) Der Betriebsrat hat Beschwerden von Arbeitnehmern entgegenzunehmen und, falls er sie für berechtigt erachtet, beim Arbeitgeber auf Abhilfe hinzuwirken.
  (2) Bestehen zwischen Betriebsrat und Arbeitgeber Meinungsverschiedenheiten über die Berechtigung der Beschwerde, so kann der Betriebsrat die Einigungsstelle[82] anrufen. Der Spruch der Einigungsstelle ersetzt die Einigung zwischen Arbeitgeber und Betriebsrat. Dies gilt nicht, soweit Gegenstand der Beschwerde ein Rechtsanspruch ist.
  (3) Der Arbeitgeber hat den Betriebsrat über die Behandlung der Beschwerde zu unterrichten."

- Mitbestimmungsrechte.
  Diese Mitbestimmungsrechte beziehen sich darauf, dass die Wirksamkeit einer betrieblichen Maßnahme von der Zustimmung des Betriebsrates abhängig ist. Verweigert der Betriebsrat diese Zustimmung, dann entscheidet eine Einigungsstelle verbindlich. Diese Einigungsstelle ist gem. § 76 Betr.VG bei Bedarf zu bilden und sie besteht aus einer gleichen Anzahl von Arbeitgeber- und Arbeitnehmervertretern und einem unparteiischen Vorsitzenden, auf dessen Person sich beide Seiten einigen müssen. Kommt keine Einigung zustande, dann wird der Vorsitzende vom Arbeitsgericht bestellt.

  Mitbestimmungsrechte sind in mehreren Paragraphen des Betr.VG benannt. Bei sozialen Angelegenheiten hat der Betriebsrat, soweit keine gesetzlichen oder tariflichen Regelungen bestehen, die im § 87 Betr.VG genannten Mitbestimmungsrechte. Stichwortartig handelt es sich hier um folgende Angelegenheiten: Betriebsordnung, Arbeitszeitregelung, Urlaubspläne, Arbeitsbewertungsmethoden, Verhütung von Arbeitsunfällen, betriebliches Vorschlagswesen, etc.

---

[82] Einigungsstelle gem. § 76 Betr.VG

In §§ 93, 94, 95, 98 Betr.VG sind die Mitbestimmungsrechte bei personellen Angelegenheiten genannt. Hier handelt es sich um Ausschreibung von Arbeitsplätzen, Personalfragebögen und Beurteilungsgrundsätze, Auswahlrichtlinien bei Einstellung, Umgruppierungen, Versetzungen, Maßnahmen der betrieblichen Berufsbildung.

Im Arbeitsbereich gilt gem. § 91 Betr.VG, dass bei besonderen Belastungen der Arbeitnehmer durch Änderung der Arbeitsplätze, des Arbeitsablaufs oder der Arbeitsumgebung der Betriebsrat angemessene Maßnahmen zur Abwendung, Milderung oder zum Ausgleich der Belastung verlangen kann.

Abschließend kann festgestellt werden, dass das Betr.VG dem Betriebsrat bei innerbetrieblichen Angelegenheiten eine Reihe von Mitbestimmungsrechten einräumt. Einen unmittelbaren Einfluss auf die Betriebsführung und ihre wirtschaftlichen Entscheidungen hat der Betriebsrat jedoch nicht.

Sprecherausschussgesetz (SprAuG)

Das Gesetz über Sprecherausschüsse der leitenden Angestellten vom 28.09.1989 installiert mit dem Sprecherausschuss ein weiteres Gremium der Arbeitnehmer. Die Sprecherausschüsse vertreten die Interessen der Gruppen der leitenden Angestellten. Diese werden nämlich nicht vom Betriebsrat vertreten. In § 5 Abs. 4 Betr.VG sind die Kriterien aufgeführt, nach denen ein Angestellter zur Gruppe der leitenden Angestellten gehört. Der Sprecherausschuss setzt sich - je nach der Anzahl der leitenden Angestellten im Betrieb - aus 1 bis 7 Mitgliedern zusammen. Gemäß § 2 SprAuG haben die Sprecherausschüsse mit den Arbeitgebern vertrauensvoll zusammenzuarbeiten. Dies gilt vor allem hinsichtlich der Personalangelegenheiten, da dem Sprecherausschuss beabsichtigte Einstellungen oder personale Veränderungen und Kündigungen rechtzeitig mitzuteilen sind. Der Sprecherausschuss ist ähnlich wie der Betriebsrat von wesentlichen Änderungen im Betrieb, durch die die Lage der von ihm vertretenden Arbeitnehmer verschlechtert werden könnte, zu unterrichten. Darüber hinaus muss zusätzlich halbjährlich im gleichen Umfang wie beim Wirtschaftsausschuss eine Unterrichtung über allgemeine wirtschaftliche Angelegenheiten erfolgen. Ähnlich wie beim Betriebsrat fehlen allerdings auch dem Sprecherausschuss die Möglichkeiten, einen unmittelbaren Einfluss auf die Betriebsführung und ihre wirtschaftlichen Entscheidungen auszuüben.

3.2.3 Regelungen der unternehmerischen Mitbestimmung

Wie dargelegt, hat weder der Betriebsrat noch der Sprecherausschuss einen unmittelbaren Einfluss auf unternehmerische Planungen und Entscheidungen, wie z.B. Festlegung der Absatz-, Produktions-, Investitions-, Finanzierungs- und Beteiligungspolitik.

Dieser Einfluss der Arbeiter und Angestellten auf unternehmerische Entscheidungen wurde zunächst in der Montanindustrie ermöglicht durch das „Gesetz über die Mitbestimmung der Arbeitnehmer in den Aufsichtsräten und den Vorständen der Unternehmen des Bergbaus und der Eisen und Stahl erzeugenden Industrie (sog. Montan-Mitbestimmungsgesetz)"vom 21.5.1951, zuletzt geändert am 09.06.1998. Für die übrigen Industriezweige wurde die unternehmerische Mitbestimmung mit dem „Gesetz über die Mitbestimmung der Arbeitnehmer" – (Mitbestimmungsgesetz- MitbestG) vom 4.5.1976 zuletzt geändert am 23.03.2002 eingeführt.

In § 1 MitbestG ist festgelegt, bei welchen Unternehmen die Arbeitnehmer ein Mitbestimmungsrecht haben. Der Gesetzestext lautet:

„Erfasste Unternehmen.

(1) In Unternehmen, die

    1. in der Rechtsform einer Aktiengesellschaft, einer Kommanditgesellschaft auf Aktien, einer Gesellschaft mit beschränkter Haftung, einer bergrechtlichen Gewerkschaft mit eigener Rechtspersönlichkeit oder einer Erwerbs- und Wirtschaftsgenossenschaft betrieben werden und

2. in der Regel mehr als 2000 Arbeitnehmer beschäftigen, haben die Arbeitnehmer ein Mitbestimmungsrecht nach Maßgabe dieses Gesetzes."

Die Arbeitnehmer werden dadurch an unternehmerische Entscheidungen beteiligt, dass man Arbeitnehmervertreter in die Organe der Willensbildung, nämlich Aufsichtsrat und Vorstand, eingebaut hat.

Wie bereits dargelegt, hat der Aufsichtsrat die größten Einflussmöglichkeiten auf unternehmerische Entscheidungen.

Er kann gemäß § 84 AktG den Vorstand berufen bzw. abberufen und mit der Auswahl der Vorstandsmitglieder die Richtung der Geschäftspolitik entscheidend beeinflussen. Die große Einflussmöglichkeit des Vorstandes auf unternehmerische Entscheidungen besteht darin, dass er gemäß § 76 Abs. 1 AktG die Gesellschaft unter eigener Verantwortung zu leiten hat.

Außerdem gilt gemäß § 111 Abs. 4 AktG, dass die Satzung oder der Aufsichtsrat bestimmen kann, dass bestimmte Arten von Geschäften nur mit seiner Zustimmung vorgenommen werden dürfen. Schließlich ist der Aufsichtsrat auch das eigentliche Kontrollorgan, denn gem. § 111 Abs. 1 AktG hat er die Geschäftsführung zu überwachen.

Die Einbindung der Vertreter der Arbeitnehmer in den Aufsichtsrat ist gem. § 7 Abs. 1 MitbestG wie folgt geregelt:

Zahl der Beschäftigten	Sitzverhältnisse im Aufsichtsrat (Anteilseigner : Arbeitnehmer)
bis zu 10 000	06:06
mehr als 10 000 bis zu 20 000	08:08
mehr als 20 000	10:10

Bild C-37 Zusammensetzung des Aufsichtsrates (Sitzverteilung zwischen Anteilseigner und Arbeitnehmer) gem. §7 Abs. 1 Mitbest. G

Aus § 7 Abs. 2 Mitbest G ergibt sich die Zusammensetzung der Arbeitnehmervertreter. Diese setzen sich aus Arbeitnehmern des Unternehmens und Repräsentanten der im Unternehmen vertretenen Gewerkschaften zusammen.

Das Gesetz sieht eine numerische Parität zwischen Anteilseignern und Arbeitnehmervertretern im Aufsichtsrat vor.

„Da eine numerische Parität gegeben ist, kann bei Abstimmungen ein Patt eintreten. Für diesen Fall steht nach Wiederholung der Stimmengleichheit dem Vorsitzenden eine zweite Stimme zu, die an seine Person gebunden ist (d.h. nicht übertragbar ist). Damit ist nur eine *Schein-Parität* gegeben. Die Zweitstimme des Aufsichtsratsvorsitzenden sichert bei Stimmengleichheit den Anteilseignern die Mehrheit. Die Macht der Anteilseigner wird zusätzlich dadurch gestärkt, dass unter den Arbeitnehmervertretern mindestens ein leitender Angestellter zu finden ist. Es wird angenommen, dass dieser eher die Interessen des Management statt die der Arbeitnehmer vertritt."[83]

Eine unmittelbare Einbindung der Interessen der Arbeitnehmer in die Entscheidungen der Geschäftsführung (bei AG ist dieses der Vorstand) erfolgte nach § 33 Mitbest G durch die Schaffung eines sog. Arbeitsdirektors, der für das Personal- und Sozialwesen zuständig ist.

---

[83] Hopfenbeck, W.: a.a.O., S. 470

Teil D Investition und Finanzierung

Die Baubeteiligten können ihre Aufgaben bei der Entwicklung, Planung, Erstellung und Nutzung von Bauprojekten nur dann erbringen, wenn

- eine Nachfrage nach ihren Leistungen besteht (Absatzmarkt),
- eine Organisation aufgebaut ist, welche diese Leistungen erbringen kann (Leistungserstellung), und wenn
- jene Produktionsfaktoren beschafft werden können, welche für die Leistungserstellung notwendig sind (Beschaffungsmarkt).

Das Zusammenwirken dieser drei Teilbereiche wird in der Literatur auch als betrieblicher Prozessablauf bezeichnet. Dieser Prozessablauf kann aber nur dann funktionieren, wenn einerseits finanzielle Mittel zur Beschaffung der Produktionsfaktoren zur Verfügung stehen und wenn andererseits durch den Absatz der Leistungen diese finanziellen Mittel wieder zurückfließen.[1] Die längerfristige Bindung von Finanzmitteln zum Zwecke des Aufbaus, der Erhaltung und der Erweiterung des betrieblichen Prozessablaufs wird als Investition bezeichnet. Die Beschaffung und Bereitstellung dieser Finanzmittel hingegen wird Finanzierung genannt.

Den folgenden Ausführungen werden diese Begriffe für Investition und Finanzierung zugrundegelegt, denn sie sind unabhängig von der Art der Leistungserstellung und von der Größe des Unternehmens. Dadurch finden sie gleichermaßen Anwendung bei der Erbringung von freiberuflichen Leistungen, von gewerblichen Dienstleistungen, von Bauleistungen und von Projektentwicklungen.

1 Investition

1.1 Investitionsarten

1.1.1 Sachinvestitionen

Bei Sachinvestitionen handelt es sich um Grundstücke, Bauten, technische Anlagen, Maschinen sowie Gegenstände der Betriebs- und Geschäftsausstattung. Diese werden von allen Aufgabenträgern, die an der Erstellung und Nutzung von Bauprojekten beteiligt sind, in unterschiedlichem Umfang benötigt.

Bei den Sachinvestitionen sind zunächst jene Investitionen zu nennen, die bei der Gründung eines Unternehmens anfallen. Diese Investitionen werden auch Anfangsinvestitionen genannt.

Nach den Anfangsinvestitionen müssen laufende Investitionen getätigt werden. Hebt man dabei auf die Kapazitätswirkung ab, dann unterscheidet man zwischen Ersatz- und Erweiterungsinvestitionen.

Investitionen, die nicht zu Kapazitätsveränderungen führen, werden als Ersatzinvestitionen bezeichnet. Typisches Beispiel hierfür ist der Ersatz einer alten Fertigungsmaschine wie dies bspw.

---

[1] vgl. Wöhe, G.: a.a.O., S. 749

im Straßenbau vorkommt. Aber auch Bagger und Krane können Gegenstand einer Ersatzinvestition sein. Im Planung- und Entwicklungsbereich kann dies eine CAD-Anlage oder Rechnernetzwerk sein. Für eine Ersatzinvestition ist charakteristisch, dass der zu ersetzende und der neue Gegenstand die gleichen qualitativen Merkmale aufweisen. Eine Erweiterungsinvestition liegt hingegen dann vor, wenn die Investition eine Kapazitätserhöhung zur Folge hat; also etwa beim Kauf einer zusätzlichen Fertigungsmaschine bzw. einer CAD-Anlage mit neuer Technologie.

Beide Formen der Investition können ineinander übergehen, so z.B. wenn beim Ersatz einer abgenutzten Anlage eine neue, technisch verbesserte Anlage beschafft wird (Modernisierungsinvestition), die auch zu einer Erweiterung der Kapazität des Betriebes führen kann. Die Ersatzinvestition kann zugleich eine Rationalisierungsinvestition sein, wenn dabei ohne Änderung der Kapazität abgenutzte Anlagen durch kostengünstiger produzierende Anlagen ersetzt werden.[2]

Auf ein Risiko bei den Sachinvestitionen soll noch hingewiesen werden. Häufig werden Investitionen, z.B. Anschaffung von speziellen Baugeräten, wegen eines bestimmten einzelnen Auftrages getätigt. Diese Geräte sind häufig bis zum Ende der Auftragsabwicklung nicht abgenutzt bzw. kalkulatorisch nicht abgeschrieben. Dadurch besteht die Gefahr, dass Überkapazitäten geschaffen werden. Dieses Investitionsrisiko ist bei bauausführenden Unternehmen besonders groß, da diese Unternehmen wegen ihrer Auftragsabhängigkeit – in weiten Teilen ist immer noch das Selbstverständnis als Bereitstellungsgewerbe anzutreffen – in aller Regel verhältnismäßig hohe Produktionskapazitäten vorhalten müssen.

Neben produktionsabhängigen Sachinvestitionen werden auch Sachinvestitionen getätigt, die als Sicherungsinvestitionen den Bestand des Unternehmens auch in schwierigen Zeiten gewährleisten sollen. Häufig werden hierzu unbebaute Grundstücke erworben. Diese Grundstückskäufe haben zusätzlich in aller Regel noch einen Wertsteigerungseffekt. Aber auch Projektinvestitionen sind hier zu nennen.

Hierbei handelt es sich um die im Punkt A 3.2.3 dargestellten Projektentwicklungen im weiteren Sinne. Diese Projektentwicklungen sind dann als Investitionen des Unternehmens einzuordnen, wenn das Unternehmen die Bauprojekte selbst erstellt und betreibt. Diese Investitionen, wie z.B. Wohnanlagen, Gewerbeparks und Freizeitzentren, dienen neben der Möglichkeit zur Verbesserung des Gewinns auch der langfristigen Sicherung des Unternehmens, da in diesen Bauprojekten häufig auch ein Wertsteigerungspotenzial enthalten ist.

Auf der anderen Seite beinhalten diese Investitionen das spezielle Risiko der Vermietbarkeit. Dieses wiederum hängt einerseits von projektspezifischen Parametern wie z.B. Lage, Art, Größe und Bauweise sowie andererseits von den volkswirtschaftlichen Rahmenbedingungen ab.

1.1.2 Immaterielle Investitionen

Neben körperlichen Gegenständen der Sachinvestitionen benötigen Aufgabenträger der Bauwirtschaft auch Vermögensgüter immaterieller Art. Hier sind zunächst erworbene Patente, Lizenzen, Konzessionen oder sonstige Rechte zu nennen.

Die weitaus größeren Ausgaben werden jedoch bei immateriellen Investitionen in folgenden Bereichen getätigt:

- Forschung und Entwicklung
- Sicherung vorhandener und Erschließung neuer Märkte
- Qualifizierung des Personals
- Aufbau neuer Organisationsstrukturen

---

[2]   vgl. Wöhe, G.: a.a.O., S. 623

Diese Investitionen dienen der Sicherung und Erschließung von Erfolgspotenzialen, die wiederum der langfristigen Ergebnisverbesserung und der Erhöhung des sog. „Geschäftswert des Unternehmens" dienen. Im Gegensatz zu erworbenen immateriellen Vermögensgegenständen dürfen die im Unternehmen selbstgeschaffenen immateriellen Vermögensgegenstände in den Unternehmensbilanzen nicht ausgewiesen werden.

1.1.3 Finanzinvestitionen

Hierunter fallen alle Investitionen, die nicht unmittelbar der Leistungserstellung dienen. Bei diesen Investitionen steht vielmehr die Absicht im Vordergrund, verfügbare Mittel vorübergehend anzulegen oder auch langfristige Reserven zu schaffen.[3] Oder mit anderen Worten: Finanzinvestitionen dienen verschiedenen Zwecken, aber sie haben keine unmittelbare Beziehung zur betrieblichen Leistungserstellung.

Finanzinvestitionen sind z.B.:

- Festverzinsliche Geldanlagen (z.B. öffentliche Anleihen, Kommunalanleihen, Kommunalobligationen, Pfandbriefe und Industrieobligationen).
- Beteiligungen an anderen Unternehmen und zwar in Form von Anteilen an Personen- oder Kapitalgesellschaften (Gesellschafteranteile oder Aktien).

Mit dem Kauf von festverzinslichen Geldanlagen soll zum einen eine angemessene Kapitalverzinsung erzielt werden. Zum anderen dienen Finanzinvestitionen dazu, langfristige Liquiditätsreserven zu schaffen, denn Wertpapiere kann man in aller Regel bei Bedarf sehr schnell veräußern.

Mit dem Erwerb von Beteiligungen werden häufig langfristige Marktziele verfolgt. Sollen z.B. neue Geschäftsfelder erschlossen werden, dann ist es unter Umständen sinnvoll, sich an einem Partner zu beteiligen, der bereits über das notwendige Know-how und die entsprechenden Marktverbindungen verfügt (horizontale Diversifikation). Der Kauf von Beteiligungen kann z.B. auch dazu dienen, dass die Leistungspalette durch Produkte erweitert wird, die zu einer vor- oder nachgelagerten Produktionsstufe gehören (vertikale Diversifikation). Aber auch aus Sicherheitsgründen kann man das unternehmerische Beteiligungsfeld auf andere Branchen ausdehnen, wenn diese z.B. durch ein überdurchschnittliches Wachstum gekennzeichnet sind oder wenn man eine gewisse Unabhängigkeit von den bauwirtschaftlichen Konjunkturrisiken sucht (laterale Diversifikation). Hierbei wird dann in gewisser Art und Weise eine Risikoallokation vorgenommen.

1.2 Investitionsentscheidungen

Investitionsentscheidungen gehören zweifelsfrei zu den wichtigsten Entscheidungen, die in Unternehmen getroffen werden müssen, denn sie binden in aller Regel langfristig in großem Umfang Finanzmittel. Außerdem können sie zumeist nur sehr schwer und mit hohen wirtschaftlichen Risiken rückgängig gemacht werden.

„Da Investitionen sich vielfach durch umfangreiche und langfristige Kapitalbindungen auszeichnen, die finanzwirtschaftlich erheblichen Liquiditätsrisiken und Erfolgsrisiken unterliegen, kann der Bestand des Unternehmens leicht gefährdet werden, wenn die Investitionen nicht sorgsam

---

[3] vgl. Franke, G./Hax, H.: Finanzwirtschaft des Unternehmens und Kapitalmarkt, 5. Auflage, Springer-Verlag: Berlin 2003, S. 13

bewirkt werden."[4] Dies gilt vor allem bei strategischen Investitionsentscheidungen. Strategische Investitionsentscheidungen beziehen sich auf Gründungs- und Erweiterungsinvestitionen, auf immaterielle Investitionen und langfristig angelegte Finanz- und Projektinvestitionen. Sie dienen der langfristigen Aufrechterhaltung und Verbesserung der Unternehmenssituation.

Demgegenüber sind operative Investitionsentscheidungen mittelfristig ausgerichtet. Sie beziehen sich auf die Aufrechterhaltung der laufenden Geschäfte. Hierunter fallen Ersatz-, Rationalisierungs- und Modernisierungsinvestitionen.

Investitionsentscheidungen können – wie übrigens jegliche Arten von Entscheidungen – nur sinnvoll getroffen werden, wenn der Entscheidungsträger genau weiß, was er will. Oder mit anderen Worten: Bei Investitionsentscheidungen müssen zunächst geeignete Entscheidungs- bzw. Bewertungskriterien vorliegen.

1.2.1 Entscheidungskriterien

Im Punkt C 2.1 wurde herausgearbeitet, dass die Aufgabenträger der Bauwirtschaft i.d.R. folgende Unternehmensziele verfolgen.

Generelle Ziele: Erzielen von Einkommen, Streben nach Sicherheit, Beachtung der Ziele externer und interner Gruppen, Erreichung von gesellschaftlicher Akzeptanz, Erfüllung von persönlichen Motiven des Unternehmens.

Operative Oberziele: Maximierung der Eigenkapitalrentabilität, Maximierung des Betriebsergebnisses und Minimierung der Einsatzmengen der Produktionsfaktoren.

Den generellen Zielen wurden entsprechende Zielausprägungen und den operativen Oberzielen entsprechende Handlungsziele zugeordnet.

Es wurde festgestellt, dass dieses Zielsystem unabhängig davon ist, ob es sich um Unternehmen der Planungsbeteiligten, der Bauausführenden oder der Projektentwickler handelt und dass es unabhängig von der Größe des Unternehmens ist.

Allerdings – so wurde herausgearbeitet – sind die Gewichtungen der Zielsetzungen unterschiedlich in Abhängigkeit der beiden genannten Faktoren.

Investitionen werden getätigt, um Unternehmensziele zu erreichen. Die Beurteilung einer Investitionsentscheidung hängt also unmittelbar damit zusammen, ob mit der Investitionsentscheidung das entsprechende Unternehmensziel erreicht werden kann.

Entscheidungskriterien bei strategischen Investitionen

Mit Hilfe der strategischen Investitionen müssen die generellen Zielsetzungen und die folgenden operativen Oberziele erreicht werden:

- Erreichung einer angemessenen Rentabilität
- Zusätzliche Gewinnerzielung
- Erhöhung der finanziellen Sicherheit
- Verbesserung der langfristigen Sicherung des Unternehmens

Entscheidungkriterien bei operativen Investitionen

Bei operativen Investitionen handelt es sich – wie bereits ausgeführt – um Ersatz-, Modernisierungs- und Rationalisierungsinvestitionen. Bei Ersatzinvestitionen werden z.B. alte Maschinen oder Anlagen durch neue technisch gleichartige Maschinen oder Anlagen ersetzt. In der Praxis wird man jedoch immer versuchen, mit dem gleichen Vorgang eine kostengünstigere oder technisch modernere Investition zu tätigen.

---

[4] Olfert, K.: Investition, 7. Auflage, Friedrich Kiehl Verlag: Ludwigshafen 1998, S. 43

Gründe für den Ersatz eines Investitionsobjektes können sein:

- Steigende Reparaturkosten
- Steigende Ausschussquote
- Fallende quantitative Kapazität
- Fallende qualitative Kapazität
- Fallende Produktqualität.[5]

Bei Ersatzinvestitionen geht es darum, den Zeitpunkt festzulegen, bei dem es vorteilhaft ist, ein noch genutztes und technisch durchaus weiter verwendbares Investitionsobjekt durch ein neues gleichartiges Investitionsobjekt zu ersetzen. Es handelt sich also um die Bestimmung der optimalen Nutzungsdauer eines Investitionsobjektes.

Bei der Nutzungsdauer wird unterschieden in: die technische, die wirtschaftliche und die rechtliche Nutzungsdauer.

„ - Die *technische Nutzungsdauer* umfasst den Zeitraum, in dem das Investitionsobjekt maximal genutzt werden kann. Sie ist schwer bestimmbar und hängt davon ab, inwieweit man bereit ist, Kosten für Reparaturen in Kauf zu nehmen.

- Die *wirtschaftliche Nutzungsdauer* umfasst den Zeitraum, in dem das Investitionsobjekt unter ökonomischen Gesichtspunkten genutzt werden kann. Sie liegt grundsätzlich unter der technischen Nutzungsdauer.

- Die *rechtliche Nutzungsdauer* umfasst den Zeitraum, in dem ein Investitionsobjekt durch rechtsverbindliche Vereinbarung für den Investor nutzbar ist, auch wenn das Investitionsobjekt technisch und/oder wirtschaftlich weiter genutzt werden könnte."[6]

In der Regel orientiert sich die optimale Nutzungsdauer an der wirtschaftlichen Nutzungsdauer. Es ist wenig sinnvoll, wenn mit einer technisch gut funktionierenden Anlage Produkte geschaffen werden, die beispielsweise am Markt nicht mehr abgesetzt werden können. „Allerdings sind in der Praxis die Entscheidungen bei Ersatzinvestitionen besonders schwierig, und es gibt auch in der Theorie keine völlig abgesicherten Überlegungen dazu, welcher Zeitpunkt des Ersatzes optimal ist."[7] In der Praxis gibt die Baugeräteliste (BGL) eine Orientierung hinsichtlich der Nutzungsdauer. In der BGL werden sämtliche Geräte und Maschinen, die für den Ablauf und die Herstellung eines Bauwerkes benötigt werden zusammengefasst, wobei auch Angaben über die Nutzungsdauer gemacht werden.

Mit Modernisierungsinvestitionen wird das Unternehmen mit solchen Betriebsmitteln ausgerüstet, die dem technischen Fortschritt entsprechen. Solche Modernisierungsinvestitionen können moderne EDV-Anlagen, neue Schalungssysteme oder Bauverfahren oder auch neue Informationssysteme sein. Modernisierungsinvestitionen dienen der Verbesserung der Arbeitsabläufe oder der größeren Sicherheit am Arbeitsplatz oder einer Verbesserung der Produktionsqualität.

Mit Rationalisierungsinvestitionen sollen – wie bereits ausgeführt – die Kosten eines Produktionsprozesses verringert werden. Aufgrund des enormen Kostendrucks in der Bauwirtschaft spielen diese Investitionen seit Jahren eine große Rolle. Bei den bauausführenden Unternehmen in Form der zunehmenden Mechanisierung der Leistungserstellung durch verstärkten Einsatz von Baumaschinen bzw. Baugeräten und bei den Planungsbeteiligten durch verstärkten Einsatz von EDV-Anlagen.

---

[5] Olfert, K.: a.a.O., S. 44
[6] Olfert, K.: a.a.O., S. 94
[7] Olfert, K.: a.a.O., S. 44

Die vorstehenden Ausführungen haben gezeigt, dass es eine Vielzahl von Entscheidungskriterien für strategische und operative Investitionen gibt. Dabei kann man zwischen quantitativen und qualitativen Kriterien unterscheiden.

Bei den quantitativen Entscheidungskriterien handelt es sich um Rentabilität, zusätzliche Gewinnerzielung, Kostenreduzierung und unter Umständen um die wirtschaftliche Nutzungsdauer bei Ersatzinvestitionen. Die genannten Kriterien sind vorwiegend bei operativen Investitionen von Bedeutung.

Bei qualitativen Entscheidungskriterien handelt es sich u.a. um die Erhöhung der Sicherheit des Unternehmens, die Beachtung der Ziele externer und interner Gruppen, das Erreichen von gesellschaftlicher Akzeptanz durch Umweltschutz und -verbesserung. Qualitative Entscheidungskriterien dienen vor allem der Beurteilung von strategischen Investitionen.

Investitionsentscheidungen betreffen sowohl Situation, die nur über die Durchführung oder das Unterlassen einer Investition befinden, als auch alternative Investitionssituationen. Einzelinvestitionen sind z.B. Anfangs-, Erweiterungs-, Projekt- und Beteiligungsinvestitionen.

Alternative Investitionssituationen liegen vor bei:
- Neubeschaffung alternativer Investitionsobjekte
- Kauf oder Leasing eines Investitionsobjektes
- Ersatz oder Großreparatur
- Fremdbezug oder Eigenleistung

Einzelinvestitionen werden nach dem jeweiligen Entscheidungskriterium bewertet. Bei nicht ausreichender Vorteilhaftigkeit wird das Investitionsobjekt gegebenenfalls nicht beschafft. Liegt eine alternative Investitionssituation vor, wird jede einzelne Alternative mit dem entsprechenden Entscheidungskriterium bewertet und abschließend die Auswahlentscheidung getroffen.

1.2.2 Rechenverfahren als Entscheidungshilfen

Investitionsrechenverfahren beziehen sich auf den gesamten Investitionsprozess. Dieser ist durch folgenden Verlauf gekennzeichnet. Hierbei wird ausdrücklich darauf hingewiesen, dass eine Investition durch eine Zahlungsreihe dargestellt werde kann, die Zahlungsreihe selbstredend keine Investition ist.

„Wie zu sehen ist, beginnt der Investitionsprozess mit der ersten Ausgabe, die für die Beschaffung des einzelnen Investitionsobjektes erforderlich ist. Es folgen laufende Ausgaben, beispielsweise für Personal und Materialien.

Das auf diese Weise gebundene Kapital wird nach und nach wieder freigesetzt, indem die mit Hilfe des Investitionsobjektes erstellten Leistungen abgesetzt werden, wodurch Einnahmen erfolgen. Die letzte Einnahme aus dem jeweiligen Investitionsobjekt kann der Liquidationserlös sein."[8]

---

[8] Olfert, K.: a.a.O., S. 24

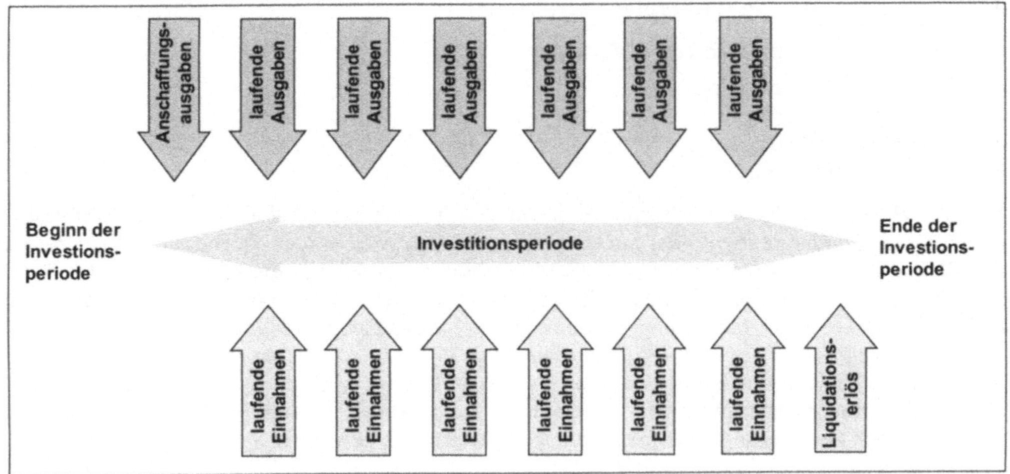

Bild D-1   Schema des Verlaufes eines Investitionsprozesses

Der dargestellte Investitionsprozess betrifft die gesamte Lebensdauer des Investitionsobjektes, und er ist durch eine Reihe von Ausgaben und Einnahmen festgelegt. Bei einem deterministischen Modell sind diese Zahlungsgrößen dem Investitionsobjekt exakt zurechenbar und sie fallen zu bestimmbaren Zeitpunkten an. Anderenfalls ist davon auszugehen, dass Höhe und Zeitpunkt der Größen unsicher sind. Wenn die erstgenannten Voraussetzungen gegeben sind, dann können Investitionsentscheidungen mit den nachstehenden Verfahren rechnerisch untermauert werden. Dabei haben Theorie und Praxis eine Anzahl von Verfahren der Investitionsrechnung entwickelt, nämlich:

- Hilfsverfahren (statische Verfahren).
- Finanzmathematische Verfahren (dynamische Verfahren).
- Nutzwertrechnungen.
- Die sog. MAPI-Methode.[9] Mit dieser wird festgestellt, ob der Ersatz eines Investitionsobjektes zum jetzigen Zeitpunkt oder erst in der nächsten Periode vorteilhafter ist.
- Spezielle Verfahren der Investitionsrechnung, wenn die zur Verfügung stehenden Daten geschätzt werden müssen. Solche speziellen Verfahren der Investitionsrechnung unter Unsicherheit sind z.B. Korrekturverfahren, Sensitivitätsanalyse, Bandbreitenanalyse, Risikoanalyse.[10]
- Modelle der simultanen Planung des gesamten Investitionsprogramms.[11]

In der bauwirtschaftlichen Praxis werden fast ausschließlich nur Investitionsrechnungen im Rahmen der drei erstgenannten Verfahrensgruppen erstellt. Deshalb wird in diesem Buch nur hierauf eingegangen.

---

[9] vgl. Terborgh, G.: Leitfaden der betrieblichen Investitionspolitik, aus dem Englischen übersetzt von Albach, H.: Wiesbaden 1967

[10] vgl. Schmidt, R.H.: Grundzüge der Investitions- und Finanztheorie, Gabler Verlag: Wiesbaden 1983, S. 121 ff. und Jacob, A.-F/Klein, S./Nick, A.: Basiswissen, Investition und Finanzierung, Gabler Verlag: Wiesbaden 1994, S. 105 ff. und Franke, G./Hax, H.: a.a.O., S. 245 ff.

[11] Wöhe, G.: a.a.O., S. 656 und die dort angegebene Literatur

1.2.2.1 Hilfsverfahren (statische Verfahren)

Hierbei handelt es sich um folgende Verfahren:

- Kostenvergleichsrechnung
- Gewinnvergleichsrechnung
- Rentabilitätsrechnung
- Amortisationsrechnung

Diese Verfahren werden deshalb statisch genannt, weil sie den zeitlichen Ablauf eines Investitionsprozesses überhaupt nicht oder nur unvollkommen berücksichtigen. Nicht der zeitlich genaue Anfall von Ein- und Auszahlungen, sondern periodische Durchschnittswerte werden der Rechnung zugrunde gelegt. Sie beziehen sich damit lediglich auf eine Periode und zwar in der Regel auf ein Jahr. Diesen Verfahren liegt somit eine kurzfristige Betrachtungsweise zugrunde, bei der zukünftige Veränderungen von Ausgaben und Einnahmen in ihrer Höhe und in ihrem zeitlichen Anfall unberücksichtigt bleiben. Statische Verfahren können aber dann geeignet sein, wenn es sich um klar abgrenzbare und direkt vergleichbare Investitionen handelt. Ebenso können bei einer überschlägigen Berechnung erste pragmatische Erkenntnisse gewonnen werden.

Kostenvergleichsrechnung

Die Kostenvergleichsrechnung ist das einfachste Verfahren der statischen Investitionsrechenverfahren. Sie dient dazu, Investitionsobjekte auf ihre Vorteilhaftigkeit hin miteinander zu vergleichen, indem sie die von ihnen verursachten Kosten einander gegenüberstellt. Dasjenige Investitionsobjekt ist das vorteilhaftere bzw. vorteilhafteste, das die geringeren bzw. geringsten Kosten verursacht. Positive Größen wie Gewinn, Ertrag oder Ergebnis, die durch die Investitionsobjekte ausgelöst werden, bleiben bei der Kostenvergleichsrechnung unberücksichtigt. Das bedeutet, dass gleich hohe Gewinne der zu vergleichenden Investitionsobjekte zu unterstellen sind, um eine Vergleichbarkeit herbeizuführen. Diese Voraussetzung kann bei Rationalisierungsinvestitionen erfüllt sein, bei anderen Investitionen ist sie aber häufig nicht gegeben.[12] Das quantitative Entscheidungskriterium bei der Kostenvergleichsrechnung ist also die Kostendifferenz zwischen zwei oder mehreren alternativen Investitionsobjekten.

Folgende Kostenarten können in die Kostenvergleichsrechnung mit einbezogen werden:

- Kapitalkosten, d.h. kalkulatorische Abschreibung und Verzinsung
- Betriebskosten, Lohn-, Lohnzusatz- und Lohnnebenkosten, Materialkosten
- Instandhaltungskosten für Instandsetzung, Inspektion, Wartung
- Raumkosten
- Energiekosten
- Werkzeugkosten
- Versicherungskosten

Beim Kostenvergleich können die Kosten unberücksichtigt bleiben, die bei den Alternativen in gleicher Höhe anfallen. Kostenvergleiche können auf unterschiedliche Weise erfolgen. Bei gleich hohen Leistungen der alternativen Investitionsobjekte kann der Kostenvergleich pro Periode erfolgen. Ist die mengenmäßige Leistung der alternativen Investitionsobjekte unterschiedlich, dann muss der Kostenvergleich pro Leistungseinheit als Entscheidungskriterium herangezogen werden. Ein Sonderfall der Kostenvergleichsrechnung liegt bei der sog. kritischen Auslastung vor. Analog kann der ermittelte Wert auch als Breakeven-Point bezeichnet werden.

---

[12] vgl. Olfert, K.: a.a.O., S. 137

Das folgende Schema soll verdeutlichen, was diese kritische Auslastung bedeutet:

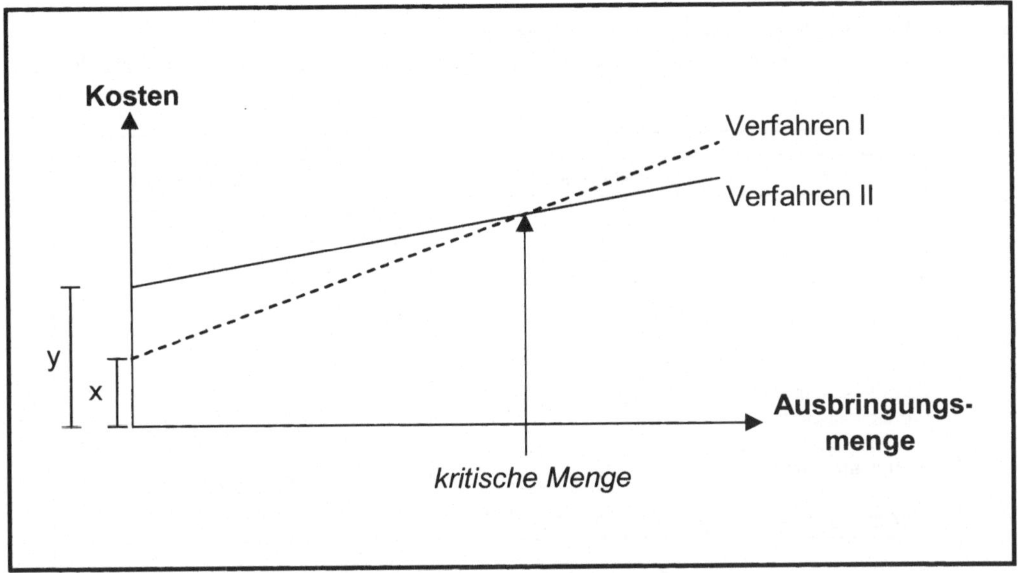

Bild D-2 Grafische Ermittlung der kritischen Auslastung

Die Investition mit dem Verfahren I hat fixe Kosten in Höhe von x und variable Kosten, die in Abhängigkeit zur Ausbringungsmenge durch die gestrichelte Linie dargestellt sind. Analog gilt für die Investition mit dem Verfahren II: die fixen Kosten sind in Höhe von y und die variablen Kosten in Form der durchgezogenen Linie dargestellt. Fixe Kosten sind Kosten, die anfallen, selbst wenn keine Leistung erbracht wird. Variable Kosten fallen in Abhängigkeit der Ausbringungsmenge an. Sie sind bei Verfahren I je Einheit der Ausbringungsmenge höher als bei Verfahren II. Dies drückt sich durch den unterschiedlichen Neigungswinkel der Verfahren I und Verfahren II aus. Die Entscheidung für ein bestimmtes Verfahren ist durch die „kritische Menge" bestimmt. Ist die Ausbringungsmenge kleiner als die kritische Menge, dann ist das Verfahren I günstiger. Ab der „kritischen Menge" ist das Verfahren II zu wählen, da hier die Kosten pro Einheit der Ausbringungsmenge günstiger sind.

In der Bauwirtschaft wird die Kostenvergleichsrechnung angewandt:
- bei Vergleichen alternativer Bauverfahren, z.B. Vergleich unterschiedlicher Schalungssysteme,
- bei unterschiedlichen Bauausführungen, z.B. unterschiedlich konstruktiver Aufbau von Außenwänden,
- bei der Alternative „Eigenherstellung oder Fremdbezug", z.B. bei der Frage „Ort- oder Transportbeton",
- bei der Alternative „Kauf oder Miete", z.B. von Geräten, EDV-Anlagen oder Gebäuden.
- bei einer überschlägigen Berechnung der Baukosten im Rahmen einer Projektentwicklung

Nachfolgend ein Beispiel eines Wirtschaftlichkeitsvergleichs zweier alternativer Konstruktionen einer Außenwand.[13] Hierbei gelten folgende Annahmen:

- Lebensdauer der Wände = 50 Jahre, d.h. eine jährliche Abschreibung der Herstellkosten von 2 %.
- jährliche Zinsbelastung der eingesetzten Kapitalkosten 3 %
- alle 6 Jahre fallen Bauunterhaltungskosten in Höhe von 10 €/m² an; also bezogen auf das Jahr: 1,67 €/m²

	Außenwand A	**Außenwand B**
Wandaufbau:	2,0 cm Außenputz, 30 cm Kalksandlochsteine, KSL 1,2, 1,5 cm Innenputz	2,0 cm Außenputz, 30 cm Kalksand-Lochsteine, KSL 1,4; 0,7 cm Ansatzkleber, 8,0 cm Polystyrol-Hartschaumplatte, 1,3 cm Gipskartonplatte
Baukosten	165,00 €/m²	200,00 €/m²
Energiekosten zum Bezugszeitpunkt	9,75 €/m² x a	2,60 €/m² x a
Bauunterhaltungs-kosten zum Bezugszeitpunkt	10,00 €/m² alle 6 Jahre erforderlich	10,00 €/m² alle 6 Jahre erforderlich

Kostenvergleich der Alternativen

Kostenart	**Berechnung**	**Kosten**
Abschreibung	165,00 €/m² : 50 a	3,30 €/m² x a
Kapitalkosten	0,5 x 165 €/m² x 0,03	2,48 €/m² x a
Energiekosten		9,75 €/m² x a
Bauunterhaltungs-kosten	10,00 €/m² : 6a	1,67 €/m² x a
Kosten der Außenwand A		**17,20 €/m² x a**

Kostenart	**Berechnung**	**Kosten**
Abschreibung	200,00 €/m² : 50 a	4,00 €/m² x a
Kapitalkosten	0,5 x 200,00 €/m² x 0,03	3,00 €/m² x a
Energiekosten		2,60 €/m² x a
Bauunterhaltungs-kosten	10,00 €/m² : 6a	1,67 €/m² x a
Kosten der Außenwand B		**11,27 €/m² x a**

Bild D-3   Kostenvergleichsrechnung bei zwei alternativen Außenwandkonstruktionen

---

[13] vgl. Möller, D.-A.: Planungs- und Bauökonomie, Band 1, Grundlagen der wirtschaftlichen Bauplanung, 3. Auflage, Oldenbourg Verlag: München-Wien 1996, S. 88 ff.

Die Kostenvergleichsrechnung ist in der Regel einfach zu handhaben und kann unbedenklich angewendet werden, wenn durch die Alternativen nicht gleichzeitig auch alternative Erträge und/oder Nutzen bewirkt werden.

Gewinnvergleichsrechnung

Dieses Verfahren ist eine Erweiterung der Kostenvergleichsrechnung, da zusätzlich zu den Kosten auch die Gewinne des Investitionsobjektes in die Investitionsrechnung einbezogen werden. Dieses Verfahren kann sowohl zur Beurteilung einer absoluten Vorteilhaftigkeit von Einzelinvestitionen als auch zur Beurteilung von alternativen Investitionssituationen angewendet werden. Im ersten Fall ist die absolute Höhe des Gewinnes, im zweiten Fall die Gewinndifferenz zwischen alternativen Investitionen das Entscheidungskriterium.

Gewinne können allerdings nur in seltenen Fällen für einzelne Investitionsobjekte berechnet werden. Die Zurechnung von Erträgen ist häufig nur bei bestimmten Arten von Projekt- und Finanzinvestitionen möglich. Aber auch dann gibt die Gewinnvergleichsrechnung keine Auskunft darüber, ob die Höhe des erzielten Gewinnbetrages in einem angemessenen Verhältnis zum eingesetzten Kapital steht. „Für eine Investitionsentscheidung ist aber weniger die Kenntnis der absoluten Gewinnhöhe, als vielmehr die Kenntnis der Rentabilität des Kapitaleinsatzes erforderlich."[14]

Rentabilitätsrechnung

Bei der Rentabilitätsrechnung wird der mit einer Investition erwirtschaftete Gewinn zu dem dafür eingesetzten Kapital in Beziehung gesetzt. Hierbei kann wiederum zwischen Eigen- und Gesamtkapital unterschieden werden. Dabei ist zu berücksichtigen, dass die Sollzinsen für das Fremdkapital bei der Gesamtkapitalrentabilität als Gewinngröße mit hinzugerechnet werden müssen. Ebenso wird nicht mit dem Gewinn gerechnet, welcher insgesamt durch die Investition erwirtschaftet wird, sondern nur mit dem durchschnittlich erzielbaren Jahresgewinn.

Damit ergibt sich:

$$\text{Rentabilität in \%} = \frac{\text{Jahresgewinn}}{\text{eingesetztes Kapital}} \times 100$$

Die Vorteilhaftigkeit einer Einzelinvestition ist dann gegeben, wenn die errechnete Rentabilität der vom Unternehmen gewünschten Mindestrentabilität entspricht oder größer ist. Bei alternativen Investitionen wird jenes Investitionsobjekt gewählt, das die höhere bzw. höchste Rentabilität aufweist.

Im Zusammenhang mit der Rentabilitätsrechnung wird auch häufig vom „Return on Investment (ROI)" gesprochen. Wörtlich übersetz könnte der Ausdruck „Ergebnis pro investierte Kapitaleinheit" lauten. Eine Legaldefinition der inhaltlichen Konkretisierung gibt es nicht. Am weitesten verbreitet ist die Relation aus ordentlichem Betriebsergebnis und betriebsbedingtem Vermögen.

Amortisationsrechnung

Diese Rechnung wird auch Pay-off-Methode genannt. Hier wird die Vorteilhaftigkeit einer Investition an der sog. Amortisationszeit gemessen. Das ist der Zeitraum, bei welchem die Anschaffungskosten einer Investition durch Gewinne wieder in das Unternehmen zurückgeflossen sind.

---

[14] Wöhe, G.: a.a.O., S. 774

Die Amortisationszeit (t) wird wie folgt berechnet:

t = Amortisationszeit in Jahren
A = Anschaffungskosten bzw. Kapitaleinsatz für die Investition
G = erwarteter Gewinn pro Jahr

$$t = \frac{A}{G}$$

Betragen die Anschaffungskosten z.B. 200 000 € und der erwartete Gewinn pro Jahr 50 000 € dann wird:

$$t = \frac{200\,000 \text{ Euro}}{50\,000 \text{ Euro/Jahr}} = 4 \text{ Jahre}$$

Die Amortisationsrechnung kann dann unproblematisch angewendet werden, wenn für das Investitionsobjekt eine Gewinnzurechnung möglich ist und wenn dieser Gewinn als durchschnittlicher Gewinn auch während der gesamten Amortisationsdauer erwirtschaftet werden kann. Bei diesem Verfahren wird eine Einzelinvestition dann als vorteilhaft angesehen, wenn die vom Unternehmer auf Grund seiner Risikoeinschätzung angesehene Soll-Amortisationszeit länger ist als die errechnete Amortisationszeit. Beim Vergleich mehrerer alternativer Investitionsobjekte ist die Alternative mit der kürzesten Amortisationszeit die vorteilhafteste Alternative.

Bei der Amortisationsdauer spielt trotz der Annahme von deterministischer Größen die Unsicherheit eine gewisse Rolle. In der Praxis wird daher aus Risikogründen die Soll-Amortisationszeit meist nicht länger als auf 3 bis 5 Jahre geschätzt, selbst wenn die effektive Nutzungsdauer 10 oder mehr Jahre beträgt. Dieses Verfahren orientiert sich bewusst nicht am Gewinn- oder Rentabilitätsziel, sondern am Sicherheitsstreben.

Die vorgestellten Verfahren eignen sich in erster Linie zur Beurteilung von kleineren Erweiterungs- oder Ersatzinvestitionen. Bei Anwendung eines bestimmten Verfahrens wird die Investition nach dem diesem Verfahren zugrundeliegenden Entscheidungskriterium beurteilt. Deshalb muss man sich darüber im Klaren sein, welches Kriterium den Überlegungen zugrunde gelegt wird, ob also Kostenersparnis und Gewinnerhöhung oder Rentabilitätsverbesserung bzw. eine möglichst kurze Amortisationszeit ausschlaggebend sein soll. Unter Umständen ist es sinnvoll, eine Investition im Hinblick auf zwei oder gar alle Entscheidungskriterien zu untersuchen. Mit dem Übersichtsblatt auf der folgenden Seite wird aber auf diese Problematik kurz eingegangen.

Es wurden drei Investitionsalternativen gewählt, die zwar gleich hohe Erlöse haben, sich aber in der Kostenstruktur unterscheiden. Entsprechend der dargestellten statischen Rechenverfahren werden die Alternativen nach den Entscheidungskriterien „Kosten, Gewinn, Rendite und Amortisationszeit" untersucht.

Investitionsalternativen	I	II	III
Anschaffungspreis (A)	250 000,-	800 000,-	350 000,-
Lebensdauer (Jahre t_n)	5	8	6
a) Erlöse			
- Erlöse/Jahr	400 000,-	400 000,-	400 000,-
b) jährliche Kosten der Alternativen			
- Abschreibung	50 000,-	100 000,-	58 333,-
- Zinsen (6% von $^1/_2$ des Anschaffungspreises)	7 500,-	24 000,-	10 500,-
- Versicherung (1%)	2 500,-	8 000,-	3 500,-
- Löhne	200 000,-	57 600,-	129 600,-
- Energie	20 000,-	16 800,-	24 000,-
- Werkzeug	25 000,-	25 000,-	20 400,-
- Instandhaltung	15 000,-	35 000,-	30 000,-
Gesamtkosten	320 000,-	266 400,-	276 333,-
c) Entscheidungskriterien			
- Kostenvergleich	320 000,-	**266 400,-**	276 333,-
- Gewinnvergleich	80 000,-	**133 600,-**	123 667,-
- Rentabilitätsvergleich (in %) = $\dfrac{Gewinn \times 100}{Anschaffungspreis}$	32,0%	16,7 %	**35,3 %**
- Amortisationszeit (Jahre t) = $\dfrac{Anschaffungspreis}{Gewinn}$	3,1	6,0	**2,8**

Bild D-4   Beispiele zu den statischen Investitionsrechenverfahren

Entscheidung nach dem jeweiligen Kriterium ergibt folgendes Ergebnis:

- Für Kostenvergleich: Alternative II
- Für Gewinnvergleich: Alternative II
- Für Rentabilität: Alternative III
- Für die Amortisationszeit: Alternative III

Mit dem Ergebnis soll gezeigt werden, dass es keine pauschale Aussage über den allgemein gülti-gen richtigen Einsatz von Investitionsrechenverfahren geben kann. Würde bspw. die Erlösseite in dem vorstehenden Beispiel auch noch variieren, dann könnte sich eine weitere Alternative im Rahmen eines Kosten- oder Gewinnvergleichs als optimal herausstellen. Letztendlich muss im-mer in Abhängigkeit der zur Verfügung stehenden Rechengrößen, des verfolgten Ziels und der vorhandenen Randbedingungen eine Entscheidung getroffen werden.

1.2.2.2 Finanzmathematische Verfahren (dynamische Rechenverfahren)

Im Gegensatz zu den statischen Verfahren, die sich auf eine durchschnittliche Zeitperiode beziehen, wird bei den dynamischen Rechenverfahren die gesamte Lebensdauer – oder zumindest der absehbare Planungshorizont – einer Investition berücksichtigt. Grundlage der Berechnung bilden der Zu- und Abfluss von Zahlungsmittelbeständen während dieses Zeitraums, d.h. eine Einzahlungs- und Auszahlungsreihe. Die Auszahlungen setzen sich zusammen aus den Anschaffungsauszahlungen für das Investitionsobjekt und die laufenden, durch das Vorhandensein und die Nutzung des Objekts verursachten fixen Auszahlungen für die Aufrechterhaltung der Betriebsbereitschaft und proportionalen Auszahlungen für den Einsatz von Material, Arbeitsleistungen, Energie u.a. Die Einzahlungen stammen in erster Linie aus dem Absatz der mit dem Investitionsobjekt produzierten Leistungen.[15]

Im Folgenden werden zunächst die finanzmathematischen Grundlagen dargestellt und dann wird auf die Rechenverfahren eingegangen.

1.2.2.2.1 Finanzmathematische Grundlagen

Den finanzmathematischen Verfahren liegt die sog. Zinseszinsberechnung zugrunde. Dabei wird unterstellt, dass ein bestimmtes Kapital z.B. bei einer Bank angelegt wird und der jährliche Zins vom Anleger nicht abgezogen, sondern dem angelegten Kapital zugeschlagen wird. Dadurch erwirtschaften diese Zinsbeträge ihrerseits wieder Zinsen.

Ableitung der Zinseszinsformel

p = Zinsfuß (z.B. 4 %)

Anfangskapital: K_0: 1 000,- €;

$$\text{Zins für das 1.Jahr} = \frac{K_o \times p}{100} = \frac{1\,000 \times 4}{100} = 40,00$$

Kapital am Ende des 1. Jahres: K_1 = 1 040,-

$$K_1 = K_o + \text{Zins} = K_o + \frac{K_o \times p}{100} = K_o \left(1 + \frac{p}{100}\right)$$

$$\text{Zins für das 2.Jahr} = \frac{K_1 \times p}{100} = \frac{1\,040 \times 4}{100} = 41,60$$

Kapital am Ende des 2. Jahres: K_2 = 1 040,- + 41,60 = 1 081,60

$$K_2 = K_1 + \frac{K_1 \times p}{100} = K_1 \left(1 + \frac{p}{100}\right):$$

$$\text{mit } K_1 = K_o \left(1 + \frac{p}{100}\right) \quad \text{wird}$$

$$K_2 = K_o \left(1 + \frac{p}{100}\right) \times \left(1 + \frac{p}{100}\right) = K_o \left(1 + \frac{p}{100}\right)^2$$

---

[15] Wöhe, G.: a.a.O., S. 643

Kapital am Ende des n-ten Jahres:

$$K_n = K_o \left(1 + \frac{p}{100}\right)^n \; ; \text{mit:} \left(1 + \frac{p}{100}\right) = q \; ; \; \text{wird} : K_n = K_0 \times q^n$$

D.h.: der Wert eines Kapitals K_0 ist bei einem festen Zinsfuß von p mit $q = 1 + \dfrac{p}{100}$

nach n Jahren angestiegen auf: $K_n = K_0 \times q^n$

Die Formel $K_n = K_0 \times q^n$ beantwortet also die Frage: Wie hoch ist mein Kapital K_0 angewachsen, wenn ich es n Jahre bei einem Zinsfuß von p anlege?

- Frage: Kapital nach „n Jahren" bei einem Zinsfuß von z.B. 5 %

$$\xrightarrow{\hspace{3cm}}$$
$$K_0 \qquad K_n$$

Der Faktor q^n wird Aufzinsungsfaktor genannt. Hierfür gibt es entsprechende finanzmathematische Tabellen, die diesen Aufzinsungsfaktor in Abhängigkeit von dem Zinsfuß und den Zinsjahren enthalten.

Eine andere Frage ist: Was würde ich heute erhalten für ein Kapital K_n, das in n Jahren fällig wird und das mit dem Zinsfuß p verzinst wird?

- Frage: Wie hoch ist heute der Kapitalwert (K_0) für ein Kapital (K_n), welches bei einem Zinsfuß von p nach n Jahren fällig wird?

$$\xleftarrow{\hspace{3cm}}$$
$$K_0 \qquad K_n$$

Mit der Umstellung der vorhergehenden Gleichung kann diese Frage beantwortet werden.

$$K_0 = \frac{K_n}{q^n}$$

Der Faktor $\dfrac{1}{q^n}$ wird Abzinsungsfaktor genannt und auch diese Faktoren können entsprechenden Tabellen entnommen werden.

Bislang wurde nur die Rechengröße des Kapitals – nämlich K_n oder K_0 – den Überlegungen zugrunde gelegt. Man kann aber auch mehrere Rechengrößen in einer Zeitreihe auftragen.

Diese Werte können z.B. folgende Inhalte haben:

$E =$ Einzahlungen zu einem bestimmten Zeitpunkt z.B. Honorareinnahmen, Mieteinnahmen, Verkaufserlöse etc.

Beispiel:

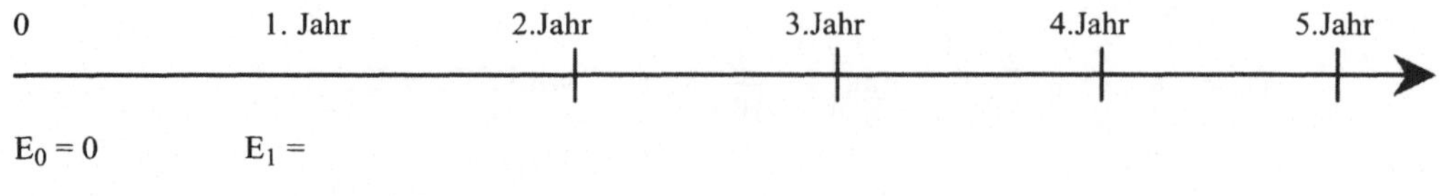

$E_0 = 0$ $E_1 =$

$1\,000,-$ $E_2 = 1\,500,-$ $E_3 = 1\,000,-$ $E_4 = 1\,000,-$ $E_5 = 1\,600,-$

Analog der Gleichung $K_0 = \dfrac{K_n}{q^n}$ und mit $q = 1 + \dfrac{p}{100}$ und p = 4 % $\Rightarrow q = 1,04$ wird:

$$E_1(0) = \frac{E_1}{q^1} = \frac{1\,000,-}{(1,04)^1} = \quad 961,54$$

$$E_2(0) = \frac{E_2}{q^2} = \frac{1\,500,-}{(1,04)^2} = \quad 1\,386,83$$

$$E_3(0) = \frac{E_3}{q^3} = \frac{1\,300,-}{(1,04)^3} = \quad 1\,155,70$$

$$E_4(0) = \frac{E_4}{q^4} = \frac{1\,000,-}{(1,04)^4} = \quad 854,80$$

$$E_5(0) = \frac{E_5}{q^5} = \frac{1\,600,-}{(1,04)^5} = \quad \underline{1\,315,08}$$

$E_1(0)$, $E_2(0)$...sind die Werte von E_1, E_2...bezogen auf den Entscheidungszeitpunkt 0. Diese Werte werden auch *Barwerte* von E_1, E_2 genannt.

$\underline{5\,673,95}$ = Barwert der Einzahlungen E_1 bis E_5

Die gesamten Einzahlungen betragen:

$$\begin{array}{ccccccccccc}
E_1 & + & E_2 & + & E_3 & + & E_4 & + & E_5 & = \\
1\,000,- & + & 1\,500,- & + & 1\,300,- & + & 1\,000,- & + & 1\,600,- & = 6\,400,-\ \text{€}
\end{array}$$

Der Barwert dieser Einzahlungsreihen hingegen beträgt: $5\,673,95$ €

Formal: E0= E1(0) + E2(0) + ...+ En(0), oder in anderer Schreibweise:

$$E_0 = \sum_{t=o}^{n} E_t \cdot \frac{t}{q^t}; \; t = 0, 1, 2, 3, 4, n \text{ Jahre}$$

Analog kann man auch den Barwert der Auszahlungen errechnen, z.B. für Auszahlungen zu bestimmten Zeitpunkten z.B. Gehaltskosten, Energiekosten, Materialkosten.

Für die Ausgabenreihe gilt analog:

$$A_0 = \sum_{t=o}^{n} A_t \cdot \frac{t}{q^t}; \; t = 0, 1, 2, 3, 4, n \text{ Jahre}$$

Der Barwert der Einnahmen- und Ausgabenreihe wird

$$(E - A)_0 = E_0 - A_0 = \sum_{t=o}^{n} E_t \cdot \frac{t}{q^t} - \sum_{t=0}^{n} A_t \cdot \frac{1}{q^t} \; ;$$

Fällt der Barwert der Einnahmen *und* Ausgaben *gleichzeitig* an, also:

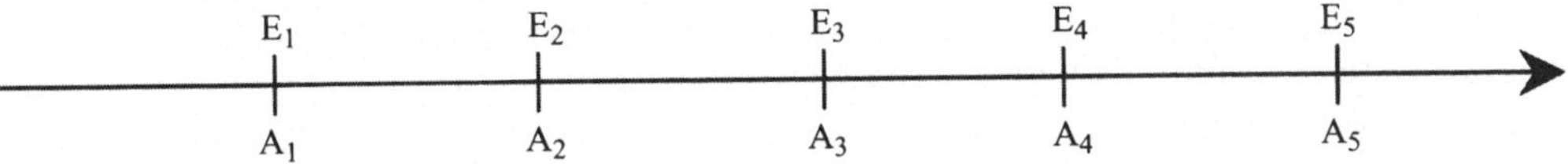

So vereinfacht sich die obige Formel:

$$(E - A)_0 = \sum_{t=0}^{n} \frac{(E - A)t}{q^t} ; \; \text{mit} \, (E - A)_0 = C_0 \; \text{und} \, E - A = d \; \text{wird:}$$

$$C_o = \sum_{t=0}^{n} \frac{d_t}{q^t}$$

Hierin sind enthalten:

n = Anzahl der Jahre; d = Einnahme ./. Ausgabe; $q = 1 + \dfrac{P}{100}$; P = Zinsfuß

1.2.2.2.2 Übliche dynamische Rechenverfahren in der Bauwirtschaft

Kapitalwertmethode

Der Kapitalwert ist eine der am weit verbreitetsten investitionstheoretischen Kennzahlen. Er gibt in komprimierter Art und Weise eine Aussage über eine Zahlungsreihe, die als Darstellung einer Investition bzw. von Investitionsalternativen gilt. Der Kapitalwert einer Zahlungsreihe (engl.: net present value) im Zeitpunkt t = 0 ist definiert als

- Barwert der Zahlungsüberschüsse oder anders ausgedrückt
- Barwert der Rückflüsse zuzüglich des Barwerts eines Liquidationserlöses und abzüglich des Barwerts der Anfangsauszahlung.

Er gibt damit die Vermögensänderung an, die ein Entscheidungsträger durch den Übergang von der Unterlassensalternative zu der betrachteten Investition erfährt. Ökonomisch betrachtet bringt „der Kapitalwert die zu erwartende Erhöhung oder Verminderung des Geldvermögens bei gegebenem Verzinsungsanspruch in Höhe des Kalkulationszinssatzes i und wertmäßig bezogen auf den Beginn des Planungszeitraumes zum Ausdruck."[16] Er ist damit der Barwert der durch die Investition bei gegebenem Kalkulationszinssatz bewirkten Geldvermögensänderung. Formal ergibt sich folgende Gleichung:

$$KW = \sum_{t=0}^{n} e_t \; x \; q^{-t}$$

---

[16] Blohm, H./Lüder, K.: Investition, 8., aktualisierte und ergänzte Auflage, Verlag Franz Vahlen: München 1995, S. 58

Die Zahlungen werden mit dem Kalkulationszins (= Abzinsungsfaktor) auf den Zeitpunkt $t = 0$ abgezinst. Bei der Beurteilung einer absoluten Vorteilhaftigkeit einer Einzelinvestition sind folgende Ausprägungen des Kapitalwertes zugrunde zu legen:

Ist der Kapitalwert positiv, verzinst sich das durch die Investition eingesetzte Kapital höher als der zugrunde liegende Kalkulationszinsfuß. Der Betrag gibt die Vermögenserhöhung an.

Ist der Kapitalwert gleich Null, verzinst sich das durch die Investition eingesetzte Kapital genau zum Kalkulationszinsfuß. Die Vermögensveränderung ist gleich der Unterlassensalternative.

Ist der Kapitalwert negativ, verzinst sich das durch die Investition eingesetzte Kapital geringer als der zugrunde liegende Kalkulationszinsfuß. Der Betrag gibt die Vermögensminderung an.

Aus ökonomischer Sicht ist eine Investition demzufolge absolut vorteilhaft, wenn der Kapitalwert KW größer gleich Null ist. Diese Zielpräferenz ist absolut kompatibel mit der Zielpräferenz einer Endvermögensmaximierung eines Entscheidungsträgers oder auch eines Investors.

Betrachten wir hierzu eine Beispielinvestition, die durch folgende Zahlungsreihe dargestellt werden kann.

Zeitpunkt	t_0	t_1	t_2	t_3	t_4	Summe
Einnahmen	-	6.000	4000	4000	3000	17000
Ausgaben	-8000	-3000	-2500	-1300	-	-14800
Überschüsse	-8000	+3 000	+1 500	+2 700	+3 000	+2 200

Bild D-5   Zahlungsreihe einer Investition

Bei einem angenommenen Zinsfuß von 8 % ist der Kapitalwert dieser Investition:

$$\text{Kapitalwert } C_0 \quad = -8\,000 + \frac{3\,000}{1{,}08^1} + \frac{1\,500}{1{,}08^2} + \frac{2\,700}{1{,}08^3} + \frac{2\,200}{1{,}08^4} =$$

$$= -8\,000 + 2\,777 + 1\,286 + 2\,143 + 1\,617 = -177$$

In unserem Beispiel ist der Kapitalwert negativ. Die effektive Verzinsung des Kapitaleinsatzes für das Investitionsobjekt ist demnach niedriger als 8 %. Will der Investor unbedingt eine Verzinsung von mindestens 8 % haben, dann wird er diese Investition nicht vornehmen.

Zur Beurteilung der relativen Vorteilhaftigkeit einer Investition ist die Realisation der Investition mit dem höchsten Kapitalwert der Realisation aller anderen Alternativen vorzuziehen.[17] Darüber hinaus muss bei einer rein vermögensorientierten Betrachtung der Kapitalwert der Zahlungsreihe größer als Null sein, da sonst die Unterlassensalternative der Besten der real existierenden Investitionsalternativen vorzuziehen wäre. Nun stellt sich die praktische Frage, ob denn ein Kapitalwert kleiner gleich Null ein K.-o.-Kriterium für eine Investition sein kann. Gesetzt den Fall, die Realisierung einer Investition bei einem Kapitalwert kleiner gleich Null wird aus strategischen oder auch repräsentativen Gründen befürwortet, muss dies nicht zwingend der Fall sein. Dies ist bspw. der Fall bei einem Bauobjekt zu primär repräsentativen Zwecken. Trotzdem ist die Kapitalwertmethode sinnvoll einzusetzen, da die Vermögensminderung zumindest aufgezeigt wird.

---

[17] vgl. Ropeter, S.-E.: Investitionsanalyse für Gewerbeimmobilien, Rudolf Müller Verlag: Köln 1998, S. 99

Zum unmittelbaren Vergleich zweier Investitionsalternativen, die projektindividuelle Laufzeiten haben, bedient man sich der Differenzzahlungsreihe. Als Differenzzahlungsreihe bezeichnet man eine Zahlungsreihe, die sich als Differenz zweier, alternativ durchführbarer Zahlungsreihen ergibt.[18]

Der Kapitalwert einer Differenzzahlungsreihe ist gleich der Differenz der Kapitalwerte der zugrunde liegenden Investitionen. Zur Beantwortung der Frage, welche von zwei einander ausschließenden Investitionsalternativen zu dem höheren Kapitalwert führt, ist es also ausreichend festzustellen, ob der Kapitalwert der Differenzzahlungsreihe positiv oder negativ ist. Dieses Instrument ist dann sinnvoll einzusetzen, wenn die grundsätzliche Entscheidung eine Investition durchzuführen, positiv ausgefallen ist. Durch die Beschränkung auf die Betrachtung von Zahlungsdifferenzen ist der Aufwand der Beschaffung von Inputdaten erheblich geringer als bei der herkömmlichen Form der Kapitalwertermittlung, welche die Kenntnis aller Zahlungsgrößen in ihrer absoluten Höhe voraussetzt.

Interne Zinsfußmethode

Die Kapitalwertmethode beantwortet die Frage, ob der Kapitaleinsatz zumindest mit dem in der Rechnung eingesetzten Zinsfuß verzinst wird. Ist der Kapitalwert größer als Null, dann verzinst sich der Kapitaleinsatz mit einem größeren Zinsfuß als in der Berechnung angesetzt wurde. Die genaue Höhe dieses Zinsfußes wird mit der internen Zinsfußmethode errechnet. Der interne Zinsfuß ist derjenige Zinsfuß, bei dessen Verwendung als Kalkulationszinsfuß der Kapitalwert einer Investition gleich Null ist.

Der interne Zinsfuß kann auf zweifacher Weise ermittelt werden.

Erstens:

Die Kapitalwertfunktion $\quad C_0 = \sum\limits_{t>0}^{n} \dfrac{\text{Einnahmen ./. Ausgaben}}{q^t}\quad$ wird gleich Null gesetzt, d.h.

$C_0 = 0$ und die Gleichung wird rechnerisch nach q aufgelöst.

Mit $q = \dfrac{P}{100}$ ergibt sich der „interne Zinsfuß" dieses Investitionsobjektes.

Die rechnerische Auflösung ist allerdings eine – zumindest für Nichtmathematiker – nicht ganz einfache Aufgabe. Die vorgenannte Gleichung wird sehr umfangreich, wenn man mit schwankenden jährlichen Einnahmen und Ausgaben rechnet. Bei konstanten jährlichen Einnahmen und Ausgaben vereinfacht sich das Rechenverfahren etwas gilt aber immer noch als anspruchsvoll. „Die Auflösung der Gleichungen nach dem internen Zinsfuß pi erfordert in beiden Fällen einen erheblichen Rechenaufwand (Lösung von Gleichungen n-ten Grades). Daher werden in der Praxis meist Näherungslösungen angewandt, bei denen man sich durch Einsetzen von Näherungswerten für den internen Zinssatz pi einem Kapitalwert von 0 nähert (Newtonsches Näherungsverfahren und lineare Interpolation (regula falsi))."[19] Um dennoch die interne Zinsfußmethode zumindest für einfachere Fälle anwenden zu können, kann man die nachfolgend dargestellte graphische Methode wählen.

Zweitens:

Die Ermittlung des internen Zinsfußes erfolgt mit einer graphischen Methode. Es werden für das Investitionsobjekt zwei unterschiedliche Zinsfüße (Versuchszinsfüße) gewählt. Mit diesen Zins-

---

[18] vgl. Blohm, H./Lüder, K.: a.a.O., S. 56
[19] Diederichs, C.J. (1999): a.a.O., S. 167

füßen werden zwei unterschiedliche Kapitalwerte für diese Investition ermittelt. Anschließend werden die errechneten Zinsfüße in eine entsprechende Graphik eingetragen und der interne Zinsfuß der Investition abgelesen.

Ein Beispiel zur graphischen Methode:

Die Errechnung der Alternativen hat ergeben.

Alternative 1:   bei einem angenommenem Zinsfuß in Höhe von 20 % wurde ein Kapitalwert in Höhe von $C_0 = -4\,000$ errechnet.

Alternative 2:   bei einem angenommenem Zinsfuß in Höhe von 10 % wurde ein Kapitalwert in Höhe von $C_0 = +8\,000$ errechnet.

Der effektive interne Zinsfuß liegt demnach zwischen + 20 % und + 10 %

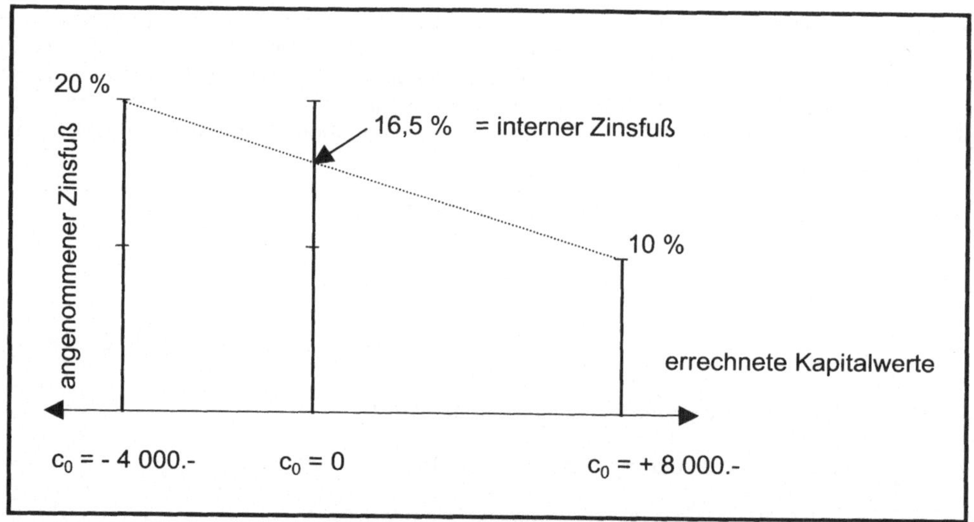

Bild D-6   Beispiel zur grafischen Methode der Ermittlung von dem internen Zinsfuß einer Investition

Bei der Beurteilung von Einzelinvestitionen ist die Vorteilhaftigkeit dann gegeben, wenn der interne Zinsfuß gleich oder über den vom Unternehmen festgelegten Zinsfuß liegt. Denn der interne Zinsfuß kann als maximal tolerierbare Finanzierungskosten einer Investition ausgedrückt werden. Bei einem Vergleich alternativer Investitionen kann es zu Ergebnissen kommen, die nicht kompatibel mit den Ergebnissen der Kapitalwertmethode sind. D.h. es könnte zur Auswahl einer Investitionsalternative kommen, die zu einem geringeren Vermögenszuwachs führt, als die nicht ausgewählte Investitionsalternative. Um diese Problematik zu vermeiden, kann man sich wiederum einer Differenzzahlungsreihe bedienen, die aus den beiden Investitionsalternativen gebildet wird. Liegt der interne Zinsfuß der Differenzzahlungsreihe über dem Mindestverzinsungsanspruch, dann ergibt sich bei Einhaltung der Subtrahierungsregel die kompatible Entscheidung für eine der verglichenen Investitionsalternativen wie bei der Kapitalwertmethode.

Der Haupteinwand gegen die interne Zinsfußmethode setzt bei der Prämisse der Methode an. Diese Prämisse besagt, dass die erzielten Überschüsse auch tatsächlich jedes Jahr wieder in Höhe des internen Zinsfußes angelegt werden können. Dagegen wird bei der Kapitalwertmethode ein Zinsfuß zugrundegelegt, bei dem man annimmt, dass dieser über die gesamte Investitionsdauer erzielt werden kann.

Einsatzmöglichkeiten der dynamischen Rechenverfahren in der Bauwirtschaft

Die Kapitalwertmethode kann bei der Durchführungsentscheidung von Bauvorhaben bzw. Projektentwicklungen eingesetzt werden. Die Minimierung der Gesamtkosten eines Projektes über die gesamte Lebensdauer kann nur dann gelingen, wenn man nicht nur die Herstellkosten, sondern auch die zeitlich ungleich anfallenden Baunutzungskosten in die Rechnung mit einbezieht. „Letztendlich ist das alleinige Minimieren der Herstellkosten ohne Rücksichtnahme auf die Höhe und den zeitlichen Anfall der Baunutzungskosten für die Gesamtwirtschaftlichkeit des Bauvorhabens fragwürdig. Ebenso sind durch das Einhalten von Kostenrichtwerten, die ausschließlich aus vergangenheitsbezogenen Daten und unter Nichtbeachtung der Nutzungskosten des Bauwerks gebildet werden, keine Aussagen in Bezug auf die Wirtschaftlichkeit des Bauobjektes möglich. Eine Auflösung dieses Konflikts ist nur denkbar, wenn man Bauvorhaben als Investitionsvorhaben betrachtet und die Betriebs- und Bauunterhaltungskosten neben den Herstellkosten bei den Planungsentscheidungen berücksichtigt."[20] Unter dem Aspekt der Minimierung der Gesamtkosten eines Bauprojektes ist die Lösung am vorteilhaftesten, welche unter Zugrundelegung der Herstell- und Baunutzungskosten den niedrigsten Barwert hat.

Aber auch der interne Zinsfuß wird bei der Durchführungsentscheidung von Projektentwicklungen regelmäßig eingesetzt. Berücksichtigt man die Schwächen der Annahmen ist er ein probates Mittel, um die Vorteilhaftigkeit zu befinden.

Ein zweites Anwendungsgebiet der dynamischen Rechenverfahren sind die Finanzinvestitionen. So müssen beim Unternehmenskauf, beim Kauf von Beteiligungen oder bei Verschmelzungen mit anderen Unternehmen zunächst Unternehmensbewertungen vorgenommen werden, deren Ergebnisse dann in die Investitionsentscheidungen einfließen.[21]

Bei der Unternehmensbewertung wurden zunächst in Theorie und Praxis nur der Substanzwert in die Berechnungen einbezogen. Dabei wurden die bilanzierungsfähigen Vermögensteile nach Abzug der Schulden berücksichtigt. Als nächster Schritt wurden bei der sog. Praktikermethode neben dem Substanzwert auch der Ertragswert bei der Rechnung berücksichtigt. Dabei werden als Maßstäbe für den Wert eines Unternehmens der Substanzwert und der Ertragswert genommen. Die beiden Werte werden addiert und durch zwei dividiert. Die entsprechende Formel lautet:

$$Unternehmenswert = \frac{1}{2} \times \left(\frac{G}{i} + S \right)$$

wobei: G = nachhaltig erzielbarer jährlicher Gewinn

         i = Kapitalisierungszinsfuß

        S = Substanzwert

Dem Ausdruck $\frac{G}{i}$ liegt das Rechenmodell der ewigen Rente zugrunde.

Heute ist sich die Fachwelt weitgehend darüber einig, dass man den Unternehmenswert ausschließlich mit Hilfe des Ertragswertes errechnen sollte. Diese Vorstellung liegt auch den Grund-

---

[20] Leifert, W.: a.a.O., S. 68 und die dort angegebene Literaturstellen
[21] Zu weiteren Einzelheiten vgl. die ausführlichen Darstellungen in Leimböck, E. (1997): a.a.O., S. 139 ff.; hier Teil C I „Die Unternehmensbewertung als Entscheidungsgrundlage bei besonderen Anlässen".

sätzen zur Unternehmensbewertung des Hauptfachausschusses des Institutes der Wirtschaftsprüfer in Deutschland e.V. (St/HFA/2/983)[22] zugrunde.

„Nach den Grundsätzen der UEC-Kommission ist – unter der Voraussetzung ausschließlich finanzieller Ziele – der Wert eines Unternehmens allein aus seiner Eigenschaft abzuleiten, nachhaltig entziehbare Geldüberschüsse zu produzieren. Diese werden mit dem Barwert angesetzt, wobei den Überschüssen aus dem Geschäftsbetrieb der Barwert aus der möglichen Veräußerung des nicht betriebsnotwendigen Vermögens (Zusatzvermögen) hinzuzufügen ist, um den gesamten Unternehmenswert zu erhalten."[23]

Der Reproduktionswert (Substanzwert) wird nur sekundär herangezogen, wenn man z.B. den künftigen Ertrag unter Berücksichtigung der Substanzerhaltung (Abschreibungen, Neuinvestitionen etc.) errechnet.

Im Einzelfall wird bei der Ermittlung des Ertragswertes von den Verhältnissen am Bewertungsstichtag ausgegangen, wobei eine mehr oder minder große Zahl von Vergangenheitsergebnissen analysiert wird. Ausgehend von diesem Wert ist der zukünftige Ertragswert abzuschätzen. Diese Schätzung kann als globale Schätzung durchgeführt werden, wenn z.B. keine branchenbedingten Einzelentwicklungen absehbar sind. Die Schätzung kann auch auf der Grundlage von Einzelplänen erfolgen, aber nur dann, wenn z.B. einzelne Marktentwicklungen auch wirklich gesondert analysiert werden können. Bei der Kapitalwertmethode kann man mit einer begrenzten Jahresanzahl rechnen. In diesem Fall ergibt sich der sog. Bar- bzw. Kapitalwert einer „endlichen Rente". Bei einer unbegrenzten Jahreszahl ergibt sich der Bar- bzw. Kapitalwert einer „ewigen Rente".

Bei der „ewigen Rente" vereinfacht sich die Errechnung des Kapitalwertes (Barwertes) wie folgt.

R = nachhaltige und gleichbleibende Einnahmeüberschüsse
i = vorgegebener Zinsfuß.

Kapitalwert einer „ewigen Rente" $E = \dfrac{R \times 100}{i}$

z.B.: $R = 1\,000$ und $i = 4$ %; Kapitalwert $E = \dfrac{1\,000 \times 100}{4} = 25\,000$

Wird der Unternehmenswert mit der Formel der „ewigen Rente" berechnet, dann ergibt sich:

$$\text{Unternehmenswert} = \frac{\text{durchschnittlicher jährlicher Ertrag des Unternehmens}}{\text{vom Investor gewünschte Rendite, ausgedrückt durch einen Zinssatz}}$$

In der neuen Bewertungspraxis wird mitunter auch die aus den USA kommende Methode des DCFA (Discounted-Cash-flow-Methode) angewendet. Dies vor allem dann, wenn Unternehmenskäufe auf dem internationalen Markt stattfinden. Bei dieser Methode wird der Wert des Unternehmens gefunden, indem man zur Ermittlung des Barwertes den Cash-flow und nicht die Einnahmeüberschüsse heranzieht.

Der herkömmliche Cash-flow errechnet sich aus den Aus- und Einzahlungen, die zwischen dem Unternehmen und Dritten stattfanden. Der Unternehmenswert nach der DCFA dagegen errechnet sich aufgrund von zukünftigen Cash-flows, die auf den Bewertungsstichtag abgezinst werden. Der Unternehmenswert ist bei dieser Methode also definiert als der „Zeitwert des Geldes".

---

[22] St/HFA/2/1983, Grundsätze zur Durchführung von Unternehmensbewertungen, Band II, S. 6; in: Institut der Witschaftsprüfer Deutschlands e.V. (Hrsg.): wirtschaftsprüfer-handbuch 1992, IDW-Verlag GmbH: Düsseldorf 1992

[23] Institut der Witschaftsprüfer Deutschlands e.V. (Hrsg.): a.a.O., S. 14

1.2.2.3 Nutzwertrechnungen

Bislang wurde davon ausgegangen, dass Investitionsentscheidungen anhand von quantitativen Rechengrößen gefällt werden. In der Praxis fließen neben den quantitativen Kriterien zusätzlich qualitative Bewertungskriterien zur Beurteilung von Einzelinvestitionen oder alternativen Investitionssituationen ein.

Diese werden häufig wie folgt unterteilt:

technische Kriterien: z.B. Störanfälligkeit, Genauigkeitsgrad, Universalität, Unfallsicherheit, Lärm- und Staubentwicklung, Abfallentsorgung.

rechtliche Kriterien: z.B. Vorschriften zur Unfallverhütung, Umweltschutz, Patent- und Lizenzrechte.

wirtschaftliche Kriterien: z.B. Kundendienst, Garantie, Lieferzeit, Pünktlichkeit, Zuverlässigkeit.

soziale Kriterien: z.B. Verbesserung der Arbeitsorganisation, Abbau von Arbeitsmonotonie, Aufbau von Arbeitsinteresse oder Arbeitszufriedenheit.

Im Einzelfall wird es notwendig sein, diese Bewertungskriterien sehr differenziert zu formulieren und dies vor allem in Abhängigkeit von der Art der Investition. Bei qualitativen Bewertungskriterien muss man noch beachten, ob es sich um sog. Begrenzungsfaktoren handelt. Das sind solche Faktoren, die unbedingt erfüllt sein müssen, damit die Investition überhaupt realisiert werden darf. Dies führt unter Umständen bereits bei den Vorüberlegungen zum Ausscheiden von Alternativen.

<table>
<tr><td>Investitionsalternativen: a_1 .... a_n</td></tr>
<tr><td align="center">minus</td></tr>
<tr><td align="center">Ausscheiden von Alternativen
nach technischen, wirtschaftlichen, rechtlichen und sozialen Kriterien</td></tr>
<tr><td align="center">verbleiben</td></tr>
<tr><td align="center">Investitionsalternativen, die in die weiteren Investitionsüberlegungen einbezogen werden können.</td></tr>
</table>

Bild D-7   Ausscheiden von Investitionsalternativen aufgrund von Begrenzungsfaktoren

Zur Anwendung von qualitativen Kriterien bei Investitionsentscheidungen sind in der Praxis sog. Nutzwertrechnungen entwickelt worden. Anhand eines stark vereinfachten Beispiels von **Diederichs**[24] wird die Anwendbarkeit der Nutzwertrechnung gezeigt.

---

[24] Diederichs, C.J. (1984): Kostensicherheit im Hochbau, DVP-Verlag: Wuppertal 1984, S. 113 f.

Beispiel: Grundrissbeurteilung einer Möbelproduktion:

Folgende Varianten: A: Langbau mit 1/3 Grundrissfläche als Lagerfläche
B: Kompaktbau, Lager mittig
C: Kompaktbau, Lager als Kopfbau

Spalte 1	Spalte 2	Spalte 3			Spalte 4			Spalte 5		
Beurteilungs-kriterien	Gewicht %	Ausprägung der Beurteilungskriterien			Nutzwerte (von 0 bis 10)			Gewichtung der Nutzung		
		A	B	C	A	B	C	A	B	C
- Erfüllung Flächenprogramm	30 %	90 %	84 %	91 %	5	2	6	150	60	180
- Zugänglichkeit zu Arbeits- und Lagerplätzen	10 %	gut	befriedigend	gut	9	5	9	90	50	90
- Flexibilität der Montageplatz-nutzung	20 %	bedingt gegeben	gegeben	gut gegeben	3	6	9	60	120	180
- Erweiterungs-möglichkeiten	25 %	0 %	50 %	50 %	0	8	8	0	200	200
- Einbindung in die Umgebung	15 %	schlecht	befriedigend	gut	0	5	8	0	75	120
Nutzwert	100 %							300	505	770

Bild D-8   Tabelle zur Grundrissbeurteilung einer Möbelproduktion

Der Ablauf des Verfahrens, kann unmittelbar aus der Tabelle ersehen werden.

1. Aufstellung der Beurteilungskriterien (Spalte 1),
2. Gewicht der Kriterien (Spalte 2) (im vorliegenden Fall in %),
3. Festlegung der Ausprägungen der Beurteilungskriterien (Spalte 3) (z.B. wird bei der Frage der Einbindung in die Umgebung beurteilt: Variante A: schlecht, Variante B: befriedigend, Variante C: gut),
4. Berechnung der Nutzwerte (Spalte 4) anhand eines gewählten Punktesystems (z.B. bei Einbindung in die Umgebung: Variante A = schlecht = 0 Punkte, Variante B = befriedigend = 5 Punkte, Variante C = gut = 8 Punkte),
5. Gewichtung der Nutzwerte: Je Alternative wird gerechnet: Spalte 2 × Spalte 4; z.B. Einbindung in die Umgebung Alternative A: 15 × 0 = 0; Alternative B: 15 × 5 = 75; Alternative C: 15 × 8 = 120,
6. Addition der Einzelnutzwerte der Alternativen (Spalte 5) zum Gesamtnutzwert je Alternative.

Im vorliegenden Beispiel wäre die Alternative C mit der höchsten Punktzahl, nämlich 770, zu wählen. Das Beispiel zeigt die Grundproblematik der Nutzwertrechnung. Diese besteht in der Wahl und der Gewichtung der Beurteilungskriterien (Spalte 1), in der Festlegung der Ausprägungen dieser Beurteilungskriterien (Spalte 2) und nicht zuletzt in der numerischen Gewichtung der Nutzwerte (Spalte 3). Als Ergebnis kann man jedenfalls festhalten, dass die Gewichtung der qualitativen Beurteilungskriterien starken subjektiven Bewertungen unterliegt. Dennoch sind die

Nutzwertrechnungen sehr zweckmäßig, denn anhand der Systematik kann man sehr wohl über anstehende Investitionsalternativen gezielt und sinnvoll diskutieren.

Die Nutzwertrechnungen gehören mit der Kosten-Nutzen-Analyse und der Kosten-Wirksamkeitsanalyse zu den Kosten-Nutzen-Untersuchungen. Bei der Entscheidungsfindung über große Infrastrukturprojekte finden diese multivariablen Bewertungsmethoden häufig Anwendung.

2 Finanzierung

2.1 Finanzierungsträger und die von ihnen bereitgestellten Finanzmittel

In Zusammenhang mit dem Begriff der Investition wurde gesagt, dass Planungs-, Dienst- und Baulcistungen und Leistungen der Projektentwicklungen nur dann erbracht werden können, wenn entsprechende finanzielle Mittel zum Aufbau, zur Erhaltung und zur Erweiterung der Unternehmensorganisationen bzw. zur Finanzierung von Projekten vorhanden sind bzw. beschafft werden können.

Damit ergibt sich folgende Grundfrage der Finanzierung. Von wem werden welche Finanzmittel aufgrund welcher Sicherheitsleistungen bereitgestellt. Oder anders ausgedrückt: Wer stellt welche Finanzmittel zu welchen Konditionen bereit?

Dieser Frage wird anhand folgender Unterpunkten nachgegangen:

- Finanzierungsträger
- bereitgestellte Finanzmittel
- Sicherheitsleistungen

2.1.1 Finanzierungsträger

Finanzierungsträger sind Kapitalgeber, die bereit sind, ihr Kapital kurz-, mittel- oder langfristig den Kapitalnehmern zur Verfügung zu stellen. Dieses kann zum einen über eine direkte Beziehung zwischen dem Kapitalgeber und dem Kapitalnehmer erfolgen. „Andererseits kann die Übertragung von Finanzmitteln unter Einbeziehung von besonderen, auf solche Zwecke spezialisierten Finanzinstituten von statten gehen [...]. Die Bedeutung dieser Finanzierungsträger ist in ihrem finanztechnischen und marktlichen Know-how, in den von ihnen ausgeübten Transformationsfunktionen sowie in dem ihnen verfügbaren technischen Apparat zu sehen. Durch deren Funktion wird die Kommunikation zwischen Sparern und Investoren erleichtert und beschleunigt, in vielen Fällen überhaupt erst ermöglicht."[25]

Im Punkt A 2.1.3 wurde bereits ein erster Überblick über Finanzierungsträger in der Bauwirtschaft gegeben. Im Folgenden wird näher auf verschiedene Gruppen eingegangen.

---

[25] Büschgen, H.E.: Grundlagen betrieblicher Finanzwirtschaft-Unternehmensfinanzierung, 3. Auflage, Knapp Verlag: Frankfurt 1991, S. 41

Als *erste Gruppe* sind Privatpersonen zu nennen. Sie stellen den Unternehmen und den öffentlichen Haushalten Kapital zur Verfügung. Die Unternehmen erhalten Kapital üblicherweise in Form von Eigenkapital. Die öffentlichen Haushalte erhalten dadurch Kapital, indem Staatsanleihen, d.h. Bundesanleihen, Anleihen der Länder, Kommunalanleihen und Anleihen der Bundesbank und der Post von Privatpersonen gekauft werden.

Die *zweite Gruppe* sind Unternehmen. Diese stellen anderen Unternehmen Eigenkapital zur Verfügung, wenn sie sich z.B. an diesen Unternehmen beteiligen. Die öffentlichen Haushalte bekommen von den Unternehmen dann Finanzmittel, wenn diese z.B. Staatsanleihen erwerben.

Die *dritte Gruppe* sind die Kredit- und Finanzinstitute.

„Dieser Bereich unterliegt – wie kein anderer deutscher Wirtschaftsbereich – den Bestimmungen spezieller, ihr gewidmeter Gesetze, sowie der Steuerung und Kontrolle durch spezielle, ihr gewidmeter öffentlicher Institutionen."[26]

Eine umfassende Darstellung der Gesetze ist nicht erforderlich und würde über den Rahmen des Buches bei weitem hinausgehen.

Exemplarisch sollen hier aber zwei Gesetze, welche die Aktivitäten von Kredit- und Finanzinstituten fundamental betreffen, genannt werden.

1. „Das Gesetz über die Deutsche Bundesbank" und die „Verträge zur Gründung der Europäischen Union und der Europäischen Gemeinschaft".

2. Das „Gesetz über das Kreditwesen", auch „Kreditwesengesetz" genannt. Praktisch wirksam wird dieses Gesetz durch das „Bundesaufsichtsamt für das Kreditwesen", dem alle Kreditinstitute unterliegen.

Das Bundesaufsichtsamt arbeitet nach Maßgabe dieses Gesetzes mit der Deutschen Bundesbank zusammen.

In § 1 „Begriffsbestimmungen" definiert das Kreditwesengesetz die beiden Anbietergruppen an den Finanzmärkten, nämlich die Kredit- und die Finanzinstitute.

Diese werden in der Branchenstatistik zu Gruppen zusammengefasst. Für die Bauwirtschaft sind folgende Gruppen von Bedeutung:

- Kreditbanken (ca. 300)
- Institute des Sparkassensektors (mehr als 600 Sparkassen, Landesbanken und Girozentralen)
- Genossenschaftsbanken (ca. 2 500)
- Realkreditinstitute (ca. 25 private Hypothekenbanken und öffentlich - rechtliche Grundkreditinstitute)
- Kreditinstitute mit Sonderaufgaben in öffentlich und privaten Rechtsformen (z.B. die Kreditanstalt für Wiederaufbau oder die Deutsche Bau- und Bodenbank)
- Kapitalanlagegesellschaften (offene und geschlossene Investmentfonds)
- Factoring- und Leasing-Gesellschaften

Diese Abgrenzung von Gruppierungen ist in der Realität nicht mehr so eindeutig anzutreffen. Seit einigen Jahren vollzieht sich in der Kreditwirtschaft eine Entwicklung, bei der die einzelnen rechtlich selbständigen Einheiten ihre wirtschaftliche Funktion an große Einheiten, nämlich an Konzerne, abgeben. Unabhängig davon, wie sich ein Bankinstitut bezeichnet, werden kundenorientiert Bank- und Finanzdienstleistungen zu einem einheitlichen Marktangebot konfiguriert, für das die traditionelle Zugehörigkeit der Konzernholding zu einer Banksparte kein Entscheidungsmerkmal mehr ist.

---

[26] Schönnenbeck, H.: a.a.O., S. 163

Dadurch ist die Zugehörigkeit eines Kredit- bzw. Finanzinstituts zu einem Zweig der Kreditwirtschaft nicht mehr das entscheidende Kennzeichen der vorstehenden Gruppierung.

Bei der *vierten Gruppe* der Finanzierungsträger handelt es sich einerseits um Kapitalanlagegesellschaften und andererseits um Kapitalsammel- bzw. Kapitalverwaltungsgesellschaften, wie z.B. Pensionskassen, Bausparkassen und Versicherungen und hier auch die Sozialversicherungsträger.

Kapitalanlagegesellschaften – und hier vor allem Kapitalbeteiligungsgesellschaften – stellen u.a. für wachstumsträchtige kleine und mittlere Unternehmen Beteiligungskapital zur Verfügung. Bei solchen Gesellschaften handelt es sich oftmals um Töchter von Banken oder um Fondsmanagementgesellschaften. Das von diesen Beteiligungsgesellschaften gehaltene Portfolio in Deutschland beträgt mehrere Mrd. Euro. Alleine im Jahr 2000 wurden von Beteiligungsgesellschaften in Deutschland ca. 4,8 Mrd. Euro investiert.[27] Es gibt eine dreistellige Anzahl an derartigen Finanzinvestoren.

Die Beteiligungen der Kapitalbeteiligungsgesellschaften sind meist auf fünf bis zehn Jahre beschränkt. Dieser Zeitraum sollte für das Unternehmen ausreichen, um die gewünschte Expansion oder Konsolidierung zu erreichen. Zusätzlich zum Beteiligungskapital stellen die genannten Gesellschaften bei Bedarf auch Managementunterstützung zur Verfügung. Die Kapitalsammel- bzw. Kapitalverwaltungsgesellschaften geben Industrie- und Handelsunternehmen langfristige Kredite z.B. in Form von Schuldscheindarlehen. „Bei den Versicherungen sind es vor allem die Lebensversicherungen, die im Rahmen ihrer Geschäftätigkeit auch Wohnungsbaufinanzierung betreiben und sie finanzieren vor allem Wohneigentum.“[28]

Als *letzte Gruppe* sind staatliche Finanzierungsträger zu nennen.

Sie stellen staatliche Finanzierungshilfen zur Förderung von bestimmten volkswirtschaftlich unterstützungswürdigen Wirtschaftsgruppen bzw. -bereichen bereit.

Finanzierungshilfen des Bundes, der Länder und der Gemeinden sind z.B.:

- Förderung von Existenzgründungen
- Förderung der Unternehmen des Mittelstandes
- 100 000-Dächer-Solarstromprogramm
- DtA-Umweltprogramm
- ERP[29] – Umwelt- und Energiesparprogramm
- ERP – Darlehen zur Förderung von Abfallbeseitigungsanlagen
- Kredite zur Finanzierung von Exportgeschäften durch die Ausfuhrkredit-Gesellschaft mbH
- Regionale Förderungsprogramme
- Finanzierungshilfen für den Wohnungsbau, wie z.B. zinslose bzw. zinsverbilligte Darlehen zur Deckung eines Teils der Herstellungskosten von Miet- und Eigentumswohnungen.

„Staatliche Finanzierungshilfen können unter Hinzuziehung spezieller, mit derartigen Aufgaben betrauter Banken zur Verfügung gestellt werden. Dies geschieht in den Fällen der gezielten Hingabe von Darlehen sowie der Übernahme von Garantien und Bürgschaften. Die Inanspruchnahme solcher Finanzierungshilfen ist an die Erfüllung exakt definierter Bedingungen bzw. an die Einhaltung bestimmter Verwendungszwecke gebunden, welche der Gesetzgeber in den entsprechenden Gesetzgebungswerken, Verordnungen, Richtlinien u.ä. festgelegt hat.“[30]

Oder mit anderen Worten: Die Bereitstellung der öffentlichen Finanzmittel geschieht in der Regel im sog. Hausbankverfahren. So werden z.B. Kredite der öffentlichen Hand über die Hausbank des kreditnehmenden Unternehmens ausbezahlt. Die Hausbanken übernehmen dabei die Verwal-

---

[27] URL: <http://www.kfw.de, 12.02.04>
[28] vgl. Jokl, S.: Wohnungsfinanzierung, Knapp Verlag: Frankfurt am Main 1998, S. 82 f.
[29] ERP= European Recovery Program
[30] Büschgen, H.E.: a.a.O., S. 43 f.

tung der Kredite. Sie tragen aber kein eigenes Kreditrisiko. Dieses verbleibt beim Staat oder bei einer vom Staat beauftragten Institution. Die Finanzierung aus öffentlichen Mitteln wird gewährt von verschiedenen Institutionen des Bundes, der Länder und der Gemeinden sowie von der Kreditanstalt für Wiederaufbau (KfW), der Lastenausgleichsbank und sonstiger vergleichbarer Einrichtungen.

Stellvertretend für die genannten staatlichen Finanzierungsträger wird hier etwas näher auf die KfW eingegangen.[31] Die KfW ist eine Körperschaft des öffentlichen Rechts, die mit 80 % dem Bund und mit 20 % den Ländern gehört. Ihr Inlandsgeschäft besteht in der langfristigen Finanzierung von Investitionen für Struktur- und Anpassungsmaßnahmen.

Die Bank nennt im Rahmen ihrer Förderinitiativen:

- Bereitstellungen von „Venture capital (Risikokapital) für innovative kleine und mittlere Unternehmen,
- Liquiditätshilfskredite für Unternehmen zur Überbrückung von Finanzengpässen,
- Kreditprogramme für kommunale Infrastrukturmaßnahmen,
- Kredite zur Energieeinsparung bei Wohngebäuden.

Im Rahmen ihrer Förderprogramme gibt sie Kredite zu günstigeren als den marktüblichen Konditionen. Am Geschäftsvolumen der KfW sind die Inlandkredite mit rd. 70 % beteiligt.

Im Auslandsgeschäft vergibt sie im Auftrag der Bundesregierung Kredite und Zuschüsse und gewährt Bürgschaften vornehmlich für Projekte der Entwicklungshilfe. Die erforderlichen Mittel erhält die Bank durch Ausgabe von Schuldverschreibungen, durch Übernahme von Darlehen vom Bund, vom ERP-Sondervermögen und von anderen Stellen. Die KfW ist – gemessen an der Bilanzsumme – eines der größten deutschen Bankinstitute.

Abschließend zum Punkt „Finanzierungsträger" wird noch kurz auf die Finanzmärkte eingegangen. Dies sind die ökonomischen Orte, an denen Finanzmittel angeboten bzw. nachgefragt werden. Man kann die Finanzmärkte nach verschiedenen Kriterien systematisieren.

Ein Kriterium ist die Art der Marktteilnehmer. Danach gibt es Finanzmärkte

- auf dem Privatpersonen bzw. Unternehmen Finanzmittel anbieten bzw. nachfragen,
- an dem zusätzlich Kredit- und Finanzinstitute beteiligt sind. Dieser Markt hat in der Praxis bei der Bereitstellung von Finanzmitteln die wesentlich größere Bedeutung.
- auf dem die monetären Austauschbeziehungen (Kreditgeschäfte) der Banken untereinander stattfinden. Zu diesem „Geldmarkt im engeren Sinne" haben Unternehmen keinen Zugang.

Ein anderes Kriterium zur Unterteilung der Finanzmärkte ist die Fristigkeit der Bereitstellung der Finanzmittel. Kurzfristige Finanzmittel werden am „Geldmarkt" und mittel- bzw. langfristige Finanzmittel am „Kapitalmarkt" angeboten bzw. nachgefragt.

„Der Kapitalmarkt wird in der Praxis als Markt für Wertpapiere bezeichnet, wobei zwischen dem Rentenmarkt und dem Aktienmarkt, d.h. dem Markt für Beteiligungstitel, unterschieden wird."[32] Am Rentenmarkt werden Rentenpapiere – z.B. Schuldscheindarlehen, Industrieobligationen, Anleihen der öffentlichen Hand – gehandelt. Mit diesen Papieren finanzieren sich Wirtschaftsunternehmen und die öffentliche Hand, aber auch ausländische bzw. internationale Körperschaften.

Am Rentenmarkt ist der Staat mit Abstand der größte Nachfrager.

Der Aktienmarkt vollzieht sich an Wertpapierbörsen und zwar in folgenden Formen:

- Amtlicher Handel: Bei diesem müssen die Aktien zum Handel zugelassen sein.
- Geregelter Markt: Bei diesem sind gegenüber dem amtlichen Handel erleichterte Zugangsvoraussetzungen   und   Publizitätsanforderungen   gegeben.

---

[31] zu diesen Ausführung vgl. Schönnenbeck, H.: a.a.O., S. 176
[32] Albach, H./Hunsdiek, D./Kokalj, L.: Finanzierung mit Risikokapital, Verlag Poeschel: Stuttgart 1986, S. 61

Dadurch können auch mittlere und kleinere Aktiengesellschaften an die Börse gehen.

- Geregelter Freiverkehr: Bei diesem müssen die Aktien an der Börse zugelassen sein. Das Handelsverfahren ist aber gegenüber dem amtlichen Handel etwas erleichtert.

Für Unternehmen – und dies gilt insbesondere für die Unternehmen der Bauwirtschaft – ist der direkte Weg zum Aktienmarkt die Ausnahme. Nur eine ganz geringe Anzahl der Unternehmen der Bauwirtschaft haben eine Rechtsform, die ihnen den Weg zur Börse ebnet. Daher wenden sich nahezu alle Unternehmen der Bauwirtschaft zur Deckung ihres langfristigen Kapitalbedarfs an die Kredit- und Finanzinstitute.

2.1.2 Bereitgestellte Finanzmittel

2.1.2.1 Beteiligungsfinanzierung

Unter Beteiligungsfinanzierung – auch Einlagenfinanzierung genannt – versteht man die Bereitstellung von Eigenkapital durch Einzelunternehmer, Mitunternehmer (Gesellschafter von Personengesellschaften) oder Anteilseignern (Gesellschafter von GmbH und Aktionäre).

Das Beteiligungskapital kann sowohl von Privatpersonen als auch von juristischen Personen bereitgestellt werden.

Beteiligungskapital wird stets bei der Gründung von Unternehmen benötigt. Es kann auch bei späteren Anlässen, z.B. bei Kapitalerhöhungen oder Sanierungsvorgängen, notwendig werden.

2.1.2.2 Handelskredite

Handelskredite gibt es als Lieferanten- und als Kundenkredite. Bei Handelskrediten ist die enge Verbindung zwischen dem Warengeschäft (Grundgeschäft) und dem dazugehörigen Finanzierungsvorgang charakteristisch.[33]

Dem Lieferantenkredit liegt ein Kaufvertrag zwischen einem Lieferanten und dem Abnehmer zugrunde. Der Kredit kommt dadurch zustande, dass der Abnehmer die Ware oder die Dienstleistung unter Stundung des Kaufpreises erhält, d.h. er muss den entsprechenden Rechnungsbetrag erst nach einer bestimmten Frist – z.B. 30 Tage – bezahlen. Häufig ist vertraglich geregelt, dass der Kunde den Zeitpunkt der Zahlung wählen kann. So lautet z.B. eine häufig verwendete Vertragsklausel:

„Zahlbar in 30 Tagen ohne Abzug oder innerhalb von 10 Tagen mit 3 % Skonto."

Wer irgendwie kann, d.h. wer keine Liquiditätsengpässe hat, wird von diesem Skonto Gebrauch machen, denn die effektiven Zinskosten sind verhältnismäßig hoch, wenn das Skonto nicht in Anspruch genommen wird. Dies wird im Folgenden kurz belegt.

Die effektiven Zinskosten berechnen sich nach folgender Formel:

$$ p = \frac{S}{z - s} \times 360 $$

dabei bedeutet: p = gesuchte effektive Zinskosten
z = Zahlungsziel
s = Skontofrist
S = Skontosatz in %

---

[33] vgl. Jacob, A.-F./Klein, S./Nick, A.: a.a.O., S. 162

Beispiel: „Zahlungsbedingung: 3 % Skonto bei Zahlung binnen 10 Tage, ohne Skonto binnen 30 Tagen."; $p = \dfrac{3\,\%}{30\,\text{Tage} - 10\,\text{Tage}} \times 360\,\text{Tage} = 54\,\%$

Kundenkredite sind Anzahlungen von Kunden vor Lieferung der Waren. In der Bauwirtschaft sind Kundenkredite unter der Bezeichnung „Vorauszahlungen" bekannt. Diese werden von Auftraggebern bzw. Bauherren, Mietern oder Käufern zu einem Zeitpunkt gegeben, bei dem die vertraglich geschuldeten Leistungen noch nicht oder noch nicht ganz erbracht sind.

2.1.2.3 Kurzfristige Kredite

Kurzfristige Kredite sind Kredite mit einer Laufzeit bis zu einem Jahr. Diese Kredite werden auch Bankkredite genannt, da sie in der Regel von Banken gewährt werden.

Es gibt mehrere Arten von kurzfristigen Krediten.

Beim Kontokorrentkredit räumt die Bank dem Kunden einen bestimmten Kreditrahmen ein. Bis zu dieser Höhe kann der Kunde sein Konto (Girokonto) überziehen. Moderate Überschreitungen der Kreditlinie werden von Banken meist geduldet, allerdings wird für die Überschreitungen ein höherer Zinssatz berechnet. Der Kontokorrentkredit ist der am häufigsten auftretende kurzfristige Kredit.

Der Lombardkredit ist ein kurzfristiger Kredit, welcher von den Banken gegen Verpfändung von Vermögensgegenständen gewährt wird. Je nach der Art des verpfändeten Vermögensgegenstandes spricht man von Effektenlombard (Wertpapiere), Wechsellombard, Warenlombard oder Forderungslombard.

Beim Diskontkredit kauft die Bank eine als Wechsel verbriefte Forderung vor dem Fälligkeitsdatum des Wechsels. Dabei wird der Wechselbetrag um die Zinsen gekürzt (diskontiert), die sich vom Tag des Wechselkaufes bis zum Fälligkeitstag des Wechsels errechnen. Der Verkäufer des Wechsels bleibt gegenüber der Bank Eventualschuldner, d.h. die Bank greift auf den Verkäufer des Wechsels zurück, wenn dieser den Wechsel am Fälligkeitstag nicht zahlen kann. Insoweit handelt es sich um ein Kreditgeschäft zwischen der Bank und dem Verkäufer des Wechsels.

Beim Akzeptkredit kann der Kunde einen Wechsel auf die Bank ziehen und diesen Wechsel zur Bezahlung seiner Verpflichtungen weiterreichen. Bei Fälligkeit des Wechsels muss der Kunde der Bank den Wechselbetrag zur Verfügung stellen. Für die Bank ist dieses Geschäft daher im Regelfall nicht liquiditätswirksam.

Der Avalkredit ist – wie der Akzeptkredit – eine Form der Kreditleihe. Die Bank übernimmt für einen Kunden gegenüber einem Dritten entweder eine Bürgschaft oder eine Garantie dergestalt, dass der Kunde die von ihm eingegangenen Lieferungs- oder Zahlungsverpflichtungen erfüllen wird.

Im Bereich der Außenhandelsfinanzierung gibt es noch eine Reihe von kurzfristigen Bankkrediten, wie z.B. das Dokumenten-Akkreditiv, den Rembourskredit oder die Akkreditivbevorschussung. Auf diese wird hier nicht eingegangen, zumal sie für die Bauwirtschaft kaum von Bedeutung sind.

2.1.2.4 Langfristige Kredite

Langfristige Kredite – auch langfristige Darlehen genannt – sind:
- langfristige Bankdarlehen
- Schuldscheindarlehen
- Anleihen

Langfristige Bankdarlehen sind für kleinere und mittlere Unternehmen die wichtigste Art der langfristigen Finanzierungsmöglichkeit. Darüber hinaus spielen diese Darlehen eine besondere Rolle bei der Wohnungsbaufinanzierung.

Die drei wichtigsten Arten der langfristigen Bankdarlehen sind:

- Zinsdarlehen
- Abzahlungsdarlehen
- Annuitätendarlehen.

Sie unterscheiden sich nach der Art der Tilgungsmodalitäten.

Beim Zinsdarlehen sind während der gesamten Laufzeit des Darlehens nur die Zinsen zu zahlen. Die Tilgung wird erst am Ende der Laufzeit in einer Summe vorgenommen.

Beim Abzahlungsdarlehen wird eine gleichbleibende jährliche Tilgung – z.B. 2,5 % des Darlehensbetrages – und ein Zinssatz auf die jeweilige Restschuld vereinbart. Dadurch verringert sich der jährliche Zinsaufwand und die jährliche Zahlungsverpflichtung des Schuldners.

„Bei Annuitätendarlehen wird für die Laufzeit des Darlehens ein jährlich gleichbleibender Betrag vereinbart, der sich aus der Zins- und Tilgungsverpflichtung zusammensetzt. Diese gleichbleibenden Beträge (Festannuitäten) kommen dadurch zustande, dass bei zunehmender Laufzeit des Darlehens ein größerer Betrag zur Tilgung und ein kleinerer Teil zur Verzinsung des Annuitätendarlehens verwendet wird."[34]

Schuldscheindarlehen sind meist langfristige Großdarlehen, die vorwiegend auf dem nicht organisierten Kapitalmarkt aufgenommen werden. „Im wörtlichen Sinne ist unter einem Schuldscheindarlehen die darlehensweise Überlassung von Geld in der Weise zu verstehen, dass der Darlehensnehmer den Empfang des Geldes mit einem Schuldschein bestätigt; der Schuldschein ist damit lediglich Beweismittel, nicht jedoch Wertpapier."[35]

Anleihen sind langfristige Darlehen in verbriefter Form. Hier wird unterschieden zwischen Staats- und Industrieanleihen. Die Staatsanleihen wurden bereits erwähnt.

Die Industrieanleihen – auch Industrieobligationen bzw. Industrieschuldverschreibungen genannt – sind Anleihen privater Unternehmer. Es handelt sich um langfristige Darlehen, die emissionsfähige, d.h. zur Börse zugelassene Unternehmen über die Börse aufnehmen. Industrieanleihen sind auf glatte Beträge in Einzelanleihen aufgeteilt. Die Beträge liegen in der Regel zwischen 50 € und 250 €. Die übliche Laufzeit der Industrieanleihen beträgt in Deutschland etwa 10 Jahre. Auch bei Industrieanleihen sind die Modalitäten der Tilgung unterschiedlich gestaltet. Am häufigsten kommt die Anleihe vor, die erst am Ende der Laufzeit mit dem vollen Betrag getilgt wird (endfällige Tilgung). Im Normalfall wird der Nennbetrag der Anleihe mit einem für die gesamte Laufzeit der Anleihe fest vereinbarten Zinssatz verzinst. Allerdings gibt es mittlerweile auch Anleihen mit anderen Ausgestaltungen der Zinsvereinbarungen. Darüber hinaus gibt es noch Sonderformen, wie z.B. Gewinnschuldverschreibungen, Wandelschuldverschreibungen oder Optionsanleihen. Auf diese Sonderformen wird nicht eingegangen.

Neben den dargestellten Krediten bieten die Kredit- und Finanzinstitute noch eine Reihe weiterer Dienstleistungen im Rahmen der Finanzierung an.[36] So nennt das Kreditwesengesetz im § 1 Abs. 1 für die Kreditinstitute Geschäfte, die hier auszugsweise und in Stichworten aufgeführt werden.

- Annahme fremder Gelder als verzinsliche oder unverzinsliche Einlagen
- Erwerb von Kapitalbeteiligungen an Unternehmen
- Abschluss von Leasing-Verträgen

---

[34] Bernecker, M./Seethaler, P.: Grundlagen der Finanzierung, Oldenbourg Verlag: München-Wien 1998, S. 46
[35] Büschgen, H.E.: a.a.O., S. 105
[36] vgl. zu diesen Ausführungen auch Schönnenbeck, H.: a.a.O., S. 170 f.

- Teilnahme an Wertpapieremissionen und Erbringen der damit verbundenen Dienstleistungen
- Unternehmensberatungen, z.B. bei Zusammenschlüssen oder Übernahmen von Unternehmen
- Investmentgeschäft
- Übernahmen von Bürgschaften und Garantien
- bargeldloser Zahlungs- und Verrechnungsverkehr

Für die Finanzinstitute sind im § 1 Abs. 3 des Kreditwesengesetzes die Haupttätigkeiten aufgezählt. Diese unterscheiden sich aber kaum von den Tätigkeiten der Kreditinstitute.

Allerdings bieten heute sowohl die Kredit- als auch die Finanzinstitute mehr Leistungen an, als in der Liste des Kreditwesengesetzes enthalten sind. Solche zusätzlichen Leistungen beziehen sich auf folgende Schwerpunkte:

- Immobiliengeschäfte
- Versicherungsgeschäfte
- Internationale Unternehmensberatungen
- Beteiligungsfinanzierungen in Form von „Venture Capital Financing", d.h. es werden Wagniskapitalfinanzierungen angeboten.
- Projektfinanzierungen
- private Finanzierungen öffentlicher Investitionen.

Besonders auf die beiden letztgenannten Leistungen wird im Punkt „Projektfinanzierung" näher eingegangen.

2.1.2.5 Finanzierungs-Surrogate

Hier sind zu nennen: Leasing, Factoring und Forfaitierung als besondere Art des Factoring. „Unter Leasing versteht man die Vermietung von Anlagegegenständen durch Finanzierungsinstitute und andere Unternehmen, die dieses Vermietungsgeschäft gewerbsmäßig betreiben."[37]

Leasing hat Finanzierungscharakter, weil Teile der betriebsnotwendigen Vermögensgegenstände eines Unternehmens ohne Leasing anders finanziert werden müssten. Deshalb handelt es sich beim Leasing um einen Finanzmittelersatz (Surrogat).

Mittlerweile gibt es Leasing nicht nur im Unternehmensbereich und im privaten Bereich (z.B. Autoleasing), sondern auch im Kommunalbereich. Seit Beginn der 90er Jahre hat sich die die Finanzierung in Form von Leasing auch im Kommunalbereich stärker durchgesetzt. Neben kleineren Projekten, wie z.B. Kindergärten, werden auch größere Immobilien und Großanlagen, z.B. Kraftwerke, mit Hilfe des Leasings finanziert. Die Erscheinungsformen des Leasings sind außerordentlich heterogen. Im Hinblick auf die Dauer des Leasingvertrages unterscheidet man zwischen Operating-Leasing und Financial-Leasing. Beim Operating-Leasing erwirbt der Mieter ein kurzfristiges, in der Regel jederzeit kündbares Nutzungsrecht an einem Mietobjekt. Die Risiken im Hinblick auf Reparatur, Wartung und zufälligen Untergang des Mietobjekts bleiben beim Eigentümer, also beim Leasinggeber.

Beim Financial-Leasing wird dem Leasingnehmer vom Leasinggeber eine langfristige Nutzung z.B. von Gebäuden im Rahmen eines Mietverhältnisses überlassen. Das Eigentum des Gebäudes verbleibt beim Leasinggeber, wobei im Leasingvertrag meist eine Option auf den Erwerb des Gebäudes durch den Leasingnehmer vereinbart ist. Im Gegensatz zum Operating-Leasing trägt der Leasingnehmer bei dieser Form des Leasings die genannten Risiken.

Auf die anderen vielfältigen Ausgestaltungen von Leasingverträgen, nämlich
- Sale- and -Leaseback-Verträge
- Leasing mit oder ohne Full-Service

---

[37] Bernecker, M./Seethaler, P.: a.a.O., S. 50

- Vollamortisationsverträge mit oder ohne Optionen, wie z.B. Kaufoption oder Mietverlängerungsoption
- Teilamortisationsverträge mit offenem Restwert oder mit Andienungsrecht

wird nicht eingegangen.

Bei allen Leasingformen ist ein wesentlicher Vertragsbestandteil die vom Leasingnehmer zu entrichtenden Leasingraten. Dabei kann die Summe der Leasingraten die Anschaffungskosten eines Leasingobjektes übersteigen. Dennoch kann Leasing trotz der höheren Kosten für den Leasingnehmer vorteilhaft sein. Die Finanzierungsintensität ist oftmals höher als bei einem klassischen Kredit. Darüber hinaus werden noch Managementleistungen angeboten, für das oftmals kein eigenes Know-how vorhanden ist. Auch wenn kein Eigen- und Fremdkapital aufgewendet werden muss, eignet sich das Leasing für eine Investition nur bedingt zur Schonung von Liquidität und Kreditsicherheiten. Die Interessenten wie bspw. Kreditinstitute lassen sich alle Leasingverträge zeigen und integrieren diese in eine Jahresabschlussanalyse, die u.a. Grundlage für eine Kreditentscheidung ist.

Beim Factoring verkauft das Unternehmen in der Regel seine gesamten Geldforderungen an ein Finanzinstitut, dem sog. Factor und beschafft sich auf diese Art und Weise Finanzmittel. Außerdem übernimmt der Factor mit dem Kauf der Forderungen

- das Forderungsausfallrisiko,
- die Überwachung der Zahlungseingänge,
- das Mahnsystem und
- das Einziehen der Forderungen.

Die verschiedenen Formen des Factoring sind: Standard-Factoring und Fälligkeitsfactoring, echtes und unechtes Factoring sowie offenes und stilles Factoring. Beim Fälligkeitsfactoring übernimmt der Factor im Gegensatz zum Standard-Factoring keine Forderungsausfallrisiken. Echtes Factoring liegt vor, wenn der Factor neben den Forderungen auch Serviceleistungen und das Kreditrisiko übernimmt. Ansonsten spricht man von unechtem Factoring. Beim offenen Factoring wird dem Schuldner mitgeteilt, dass die Forderungen an einen Factor abgetreten sind.

Bei Außenhandelsgeschäften gibt es noch die Forfaitierung. Dabei kauft ein Spezialkreditinstitut (Forfaiteur) Forderungen vom Exporteur (Forfaitisten) aus einem Exportgeschäft. „Rechtliche Grundlage eines Forfaitierungsgeschäfts ist ein zwischen dem Exporteur und dem Forfaitisten abgeschlossener Kaufvertrag, der durch Abtretung der betreffenden Forderung und Entrichtung des Kaufpreises erfüllt ist."[38] Der Verkäufer der Forderung (Forfaitist) befreit sich von jedem Risiko und vor allem von den Regressmöglichkeiten des Käufers der Forderung. Daher beschränkt sich die Forfaitierung auf den Ankauf von bestehenden, gut gesicherten und langfristigen Exportforderungen aus Warenlieferungen und Leistungen.

Vom Factoring unterscheidet sich die Forfaitierung dadurch, dass bei der Forfaitierung einzelne Forderungen veräußert werden und dass der Forfaiteur keine der beim Factoring genannten Serviceleistungen übernimmt.

2.1.3 Sicherheitsleistungen

2.1.3.1 Persönliche Kreditwürdigkeit

Diese hängt unmittelbar von der Persönlichkeit des Kreditnehmers ab. Sie spielt besonders bei Privatpersonen und bei Einzelunternehmen eine größere Rolle. Auf einzelne Komponenten dieser Art der Kreditsicherung wird nicht eingegangen, zumal diese sehr stark von den persönlichen Beziehungen und dem Vertrauensverhältnis zwischen Kreditnehmer und Kreditgeber abhängen.

---

[38] Büschgen, H.E.: a.a.O., S. 91

Eine andere Form der persönlichen Kreditsicherung ist der sog. Solawechsel, der wohl die älteste Form der Kreditsicherung ist. Der Solawechsel ist eine Urkunde, durch die sich der Aussteller verpflichtet, an einem bestimmten Tag an eine bestimmte Person oder Firma eine bestimmte Geldsumme zu zahlen. Er bietet dem Kreditgeber eine große Sicherheit. Wird nämlich der Wechsel am Verfalltag nicht eingelöst, dann kommt es zum Wechselprotest. Dies ist eine öffentliche Beurkundung. Darin ist vermerkt, dass der Wechsel vorgelegt wurde, aber keine Zahlung erfolgte. Dieser Vorgang wird sofort allgemein bekannt und daher vermindert sich im großen Umfang die Kreditwürdigkeit des Wechselausstellers. Deshalb wird dieser alles tun, damit er den Wechsel am Verfallstag einlösen kann.

2.1.3.2 Personalsicherheiten

Hier sind zu nennen: Der gezogene Wechsel, die Bürgschaft und der Schuldbeitritt. Gemeinsames Merkmal dieser Sicherheiten ist, dass neben dem Kreditnehmer noch zusätzlich eine oder mehrere natürliche oder juristische Personen für die Rückzahlung des Kredites haften. Durch die rechtliche Ausgestaltung der Haftung unterscheiden sich die drei genannten Arten.

Der gezogene Wechsel enthält die Anweisung des Käufers (Aussteller des Wechsels) an den Bezogenen, z.B. einen Geschäftsfreund, den Kaufpreis der Ware zu einem bestimmten Zeitpunkt an den Lieferanten zu zahlen. Akzeptiert der Bezogene diesen Wechsel durch seine Unterschrift, dann haftet neben dem Aussteller des Wechsels auch der Bezogene für die Bezahlung der Geldsumme.

Die Bürgschaft beruht auf einem schuldrechtlichen Vertrag. Durch diesen verpflichtet sich der Bürge für die Verbindlichkeit des Kreditnehmers einzustehen. Die Bürgschaft kann auch für künftige oder bedingte Verbindlichkeiten übernommen werden. Bei der Bürgschaft unterscheidet man zwischen Ausfallbürgschaft und selbstschuldnerischer Bürgschaft.

Bei der Ausfallbürgschaft muss der Bürge nur dann leisten, wenn der Schuldner die Verbindlichkeit nicht oder nicht voll bezahlt. Dabei hat der Bürge die sog. „Einrede der Vorausklage", die im § 771 BGB wie folgt geregelt ist: „Der Bürge kann die Befriedigung des Gläubigers verweigern, solange nicht der Gläubiger eine Zwangsvollstreckung gegen den Hauptschuldner ohne Erfolg versucht hat (Einrede der Vorausklage)."

Bei der selbstschuldnerischen Bürgschaft haftet der Bürge im gleichen Umfang wie der Hauptschuldner. Der Gläubiger hat das Recht, sich gegebenenfalls direkt an den Bürgen zu wenden. Das sieht § 349 HGB vor, indem es heißt:

„Dem Bürgen steht, wenn die Bürgschaft für ihn ein Handelsgeschäft ist, die Einrede der Vorausklage nicht zu. Das gleiche gilt unter der bezeichneten Voraussetzung für denjenigen, welcher aus einem Kreditauftrag als Bürge haftet." Heute überwiegt im praktischen Geschäftsverkehr die selbstschuldnerische Bürgschaft.

Neben der Ausfallbürgschaft und der selbstschuldnerischen Bürgschaft gibt es noch
- die Rückbürgschaft,
- die Mitbürgschaft,
- die Gewährleistungsbürgschaft,
- die Vertragserfüllungsbürgschaft.
- die Wechsel- und Scheckbürgschaft.

Beim Schuldbeitritt tritt in ein bereits bestehendes Schuldverhältnis zusätzlich ein neuer Schuldner hinzu. Dadurch haftet der neue Schuldner im gleichen Maße wie der ursprüngliche Schuldner für die bestehende Verbindlichkeit. Beim Schuldbeitritt unterscheidet man zwischen dem Schuldbeitritt durch Vertrag und den gesetzlichen Regelungen des Schuldbeitritts. Für die Kreditsicherung ist besonders der Schuldbeitritt durch Vertrag von Bedeutung. So kann z.B. eine Person mit dem Kreditgeber einen Vertrag abschließen, in dem er sich verpflichtet, neben dem Kreditnehmer für die Rückzahlung des Kredits zu haften. Dadurch entsteht eine gesamtschuldnerische Haftung gegenüber dem Kreditgeber.

Gesetzliche Regelungen des Schuldbeitritts finden sich z.B. in den Paragraphen § 25 HGB „Haftung des Erwerbers bei Firmenfortführung", § 28 HGB "Eintritt in das Geschäft eines Einzelkaufmanns" und Art. 28 Wechselgesetz (WG) „Wirkung der Annahme".

2.1.3.3 Grundstücke

Für größere Bankkredite und Kredite von Privatpersonen kommen als dingliche Sicherheiten Hypotheken, Grundschulden und Rentenschulden in Frage. Die Rentenschuld (BGB § 1199 ff.) hat bei der Finanzierung von Bauprojekten keine Bedeutung und deshalb wird darauf nicht eingegangen. Hypotheken und Grundschulden entstehen durch vertragliche Einigung zwischen Grundstückseigentümer und Gläubiger und durch Eintragung im Grundbuch. Sie geben dem Gläubiger das dingliche Recht, das Grundstück z.B. durch eine Zwangsversteigerung zu verwerten, wenn der Schuldner die ausstehende Forderung nicht bezahlt. Darüber hinaus haftet der Schuldner aus der persönlichen Forderung des Gläubigers mit seinem gesamten Vermögen.

Unterschiede zwischen Hypothek und Grundschuld gibt es vor allem beim Bestand von Geldforderungen. Die Hypothek wird zur Sicherung einer schuldrechtlich bedingten und genau festgelegten Geldforderung bestellt. Die Grundschuld dagegen ist nicht vom Bestand einer genau bestimmten Geldforderung abhängig (Fehlen der Akzessorietät). Allerdings muss vor bzw. mit der Bestellung der Grundschuld geklärt werden, welcher Kreis von Forderungen abgesichert und welche Bedingungen für die Geltendmachung vorausgesetzt werden. Diese Einzelheiten werden vertraglich in der sogenannten Sicherungsabrede bzw. dem Sicherungsvertrag festgelegt.

Durch Rückzahlung der Geldsumme wird die Hypothek zu einer Eigentümergrundschuld, die zur Sicherung von anderen Verbindlichkeiten verwendet werden kann. Die Grundschuld bleibt als Fremdgrundschuld auch dann bestehen, wenn die Forderung durch Rückzahlung der Geldsumme erlischt oder wenn eine Forderungsauswechselung vorgenommen wurde, denn die Grundschuld ist unabhängig von einer bestimmten Geldforderung. Allerdings hat der Sicherungsgeber (Grundstückseigentümer) einen Anspruch auf Löschung der Fremdgrundschuld, wenn der Sicherungszweck entfällt. Dies kann z.B. dann der Fall sein, wenn eine Geschäftsverbindung beendet wird.

Die Grundschuld hat im Wirtschaftsverkehr eine weit größere Bedeutung als die Hypothek. Sie kann als universelles Sicherungsmittel eingesetzt werden und sie ist insbesondere bei der Sicherung von Kontokorrentkrediten geeignet.

Für die Sicherung von Finanzmitteln ist nicht nur die Eintragung einer Hypothek bzw. Grundschuld in das Grundbuch von Bedeutung. Es kommt auch wesentlich darauf an, auf welchem Rang die Hypothek bzw. die Grundschuld steht. Dabei versteht man unter Rang das Verhältnis eines Rechtes an einer Sache (z.B. am Grundstück) zu anderen Rechten an derselben Sache.

Die Rangordnung legt die Reihenfolge fest, in der die im Grundbuch eingetragenen Rechte (Belastungen) befriedigt werden. Das Recht mit dem besseren Rang wird zunächst voll befriedigt.

Dies wird mit dem folgenden Beispiel einer Zwangsversteigerung näher verdeutlicht. E hat ein Grundstück, A und B haben jeweils eine Hypothek von 10 000 €, C hat eine nachrangige Forderung von 10 000 €. In der Zwangsversteigerung gilt folgender Grundsatz: Nur dann wird ein Gebot zugelassen, wenn durch das Gebot die Kosten des Verfahrens und die dem Anspruch des Gläubigers vorrangigen Rechte gedeckt werden. Betreibt im vorstehenden Beispiel C die Zwangsversteigerung, dann muss mindestens ein Gebot vorliegen, dass die Kosten der Zwangsversteigerung und 20 000 € für die Hypotheken von A und B erbringt.

2.1.3.4 Bewegliche Sachen und Rechte

Hier handelt es sich um folgende Sicherungsmöglichkeiten:

- Eigentumsvorbehalt
- Sicherungsübereignung
- Pfandrecht
- Übereignung von Rechten

Beim Eigentumsvorbehalt bleibt die verkaufte Ware bis zur vollständigen Bezahlung des Kaufpreises Eigentum des Lieferanten. Allerdings besteht dann keine Sicherheit, wenn die Ware vor Bezahlung verbraucht, abgenutzt oder vernichtet ist oder wenn der Käufer die Sache verarbeitet und an einen gutgläubigen neuen Käufer weiterveräußert. Deshalb wird in der Praxis der Eigentumsvorbehalt durch den sog. verlängerten Eigentumsvorbehalt ausgedehnt. Hierbei muss der Kunde die Forderung, die aus dem Weiterverkauf der Ware entsteht, an den Lieferanten abtreten (Forderungsabtretung).

Für die Fälle, bei denen das Kreditsicherungsmittel – z.B. Maschinen – vom kreditsuchenden Unternehmen unbedingt zur Leistungserstellung benötigt wird, hat die Praxis die Sicherungsübereignung entwickelt. Hier wird das Eigentum – z.B. an der Maschine – an den Kreditgeber übertragen. Die zur Eigentumsübertragung notwendige Übergabe der Maschine wird z.B. durch einen Miet-, Zeit- oder Pachtvertrag ersetzt. Dadurch wird der Kreditgeber treuhändischer Eigentümer und der Kreditnehmer bleibt Besitzer der beweglichen Sache.

Beim Pfandrecht an beweglichen Sachen kann der Kreditgeber zur Sicherung einer Forderung die bewegliche Sache dann verwerten, wenn die Forderung nicht bezahlt wird. „Voraussetzung ist, dass eine Übergabe des Pfandes an den Kreditgeber bzw. eine Abtretung des Herausgabeanspruchs erfolgt, sofern ein Dritter im Besitz des Pfandes ist. Die Verpfändung von Waren und Effekten, die in diesem Zusammenhang wie bewegliche Sachen behandelt werden, erfolgt i.d.R. in Verbindung mit einem Lombardkredit. Der jeweilige Beleihungswert richtet sich nach der Liquidisierbarkeit und der Wertsicherheit der Pfandobjekte."[39]

Neben dem Pfandrecht an Sachen gibt es auch die Verpfändung von Rechten. Verpfändet werden können Forderungen, Ausleihungen, Wertpapiere, Gesellschaftsrechte, Urheber- und Patentrechte, Bankguthaben etc. Das Recht kann allerdings nur dann verpfändet werden, wenn dieses Recht auch übertragbar ist.

Als weitere Sicherheitsleistung dient auch die Übereignung von Rechten. Meist sind es Forderungen, die übereignet werden (Abtretung von Forderungen). Gemäß §§ 398 ff. BGB kann eine Forderung von dem Gläubiger durch Vertrag mit einer anderen Person auf diese übertragen werden. Mit dem Abschluss des Vertrags tritt der neue Gläubiger an die Stelle des bisherigen Gläubigers. Die Abtretung (Zession) kann nicht nur bereits bestehende, sondern auch künftige Forderungen und Rechte betreffen. Beim Abtretungsvertrag wird die Abtretung nur zwischen Gläubigern bewirkt. Der Schuldner wirkt nicht mit, d.h. er muss die Abtretung dulden. Die Abtretung kann als offene oder als stille Zession erfolgen. Bei der offenen Zession erhalten die Schuldner ein Schreiben, in dem sie vom Kreditgeber aufgefordert werden, den geschuldeten Betrag nicht an ihn, sondern z.B. an die von ihm genannte Bank zu zahlen. Bei der stillen Zession unterbleibt diese Benachrichtigung, d.h. die Schuldner zahlen nach wie vor an den Kreditgeber. Dieser hat sich durch den Abtretungsvertrag – z.B. mit einer Bank – verpflichtet, die eingegangenen Geldbeträge sofort bei ihr einzuzahlen. Neben der Einzelabtretung einer Forderung gibt es noch die sog. Mantelabtretung. Bei dieser tritt der Gläubiger alle Forderungen an bestimmte Schuldner oder aus bestimmten Geschäften – sowohl gegenwärtige als auch zukünftige – an den Kreditgeber ab.

---

[39] Büschgen, H.E.: a.a.O., S. 69

Abtretungsverträge bedürfen üblicherweise keiner bestimmten Form. Sondervorschriften sind nur dann zu beachten, wenn Forderungen abgetreten werden, die hypothekarisch gesichert oder in Wertpapieren verbrieft sind.

2.2 Bauwirtschaftliche Finanzierungsbereiche

Bei der Erstellung und Nutzung von Bauprojekten können grundsätzlich zwei Arten von Finanzierungsbereichen unterschieden werden.

Unternehmensfinanzierung

Werden Planungs-, Dienst- und Bauleistungen von einem Auftraggeber an Auftragnehmer vergeben, dann kommen diese in aller Regel mit der Beschaffung der Finanzmittel zur Finanzierung des Bauprojektes nicht in Berührung. Sie sind überwiegend dafür verantwortlich, die vertraglich geforderten Leistungen mit den vom Auftraggeber bereitgestellten Finanzmitteln ordnungsgemäß zu erbringen. Die finanzwirtschaftlichen Anforderungen, die sich dabei für die Unternehmen ergeben, werden unter dem Begriff „Unternehmensfinanzierung" zusammengefasst.

Projektfinanzierung

Um Bauprojekte realisieren zu können, müssen von den Bauherren als Auftraggeber umfangreiche Finanzmittel zur Verfügung gestellt werden. Werden diese Bauprojekte als eigenständige wirtschaftliche Einheit verstanden, dann spricht man im weiteren Sinne von einer Projektfinanzierung. Im engeren Sinne zählt dazu auch die eigenständige rechtliche Einheit eines Bauprojektes. Im Folgenden wird aber unter dem Begriff „Projektfinanzierung" die Bereitstellung der Finanzmittel durch den Auftraggeber verstanden.

2.2.1 Unternehmensfinanzierung

Bei der Unternehmensfinanzierung können drei Schwerpunkte unterschieden werden:

- Finanzierung der strategischen und operativen Investitionen.
  Die Erbringung von Planungs-, Dienst- und Bauleistungen erfordert den Aufbau, die Erhaltung und unter Umständen die Erweiterung von Unternehmensorganisationen. Dazu sind Finanzmittel für strategische und operative Investitionen notwendig.

- Auftragsfinanzierung
  Damit Aufträge vertrags- und ordnungsgemäß abgewickelt werden, müssen vom Auftraggeber rechtzeitig Finanzmittel zur Verfügung gestellt werden.

- Sonderfinanzierungen
  Im Leben eines Unternehmens gibt es Vorgänge, die in keinem direkten Zusammenhang mit der Leistungserbringung stehen. Solche Sondervorgänge sind neben der Gründung die Kapitalerhöhung, die Umwandlung, die Sanierung, die Auflösung und die Insolvenz. Diese Vorgänge erfordern z.T. ganz erhebliche Finanzmittel.

2.2.1.1 Finanzierung durch Außen- und Innenfinanzierung

Außenfinanzierung

Bei der Außenfinanzierung werden dem Unternehmen Finanzmittel durch Finanzverträge von außen zugeführt. Dies kann bspw. über die Finanzmärkte erfolgen. Dabei wird zwischen Eigen- und Fremdfinanzierung unterschieden. Die Eigenfinanzierung wird auch Beteiligungs- oder Einlagenfinanzierung genannt. Ebenso zählen Finanzierungssurrogate zur Außenfinanzierung. „Eine Beteiligungs- oder Einlagenfinanzierung liegt vor, wenn dem Unternehmen durch die Eigentümer (Einzelunternehmen), Miteigentümer (Personalgesellschaften) oder Anteilseigner (Kapitalgesellschaften) Eigenkapital von außen zugeführt wird."[40] Die Möglichkeiten der Fremd- bzw. Kreditfinanzierung und die Finanzierungssurrogate wurden bereits ausführlich dargestellt. Bei der Außenfinanzierung gibt es Grenzbereiche, die zwar formalrechtlich als Fremdfinanzierung gelten, die aber nach funktionalen Gesichtspunkten dem Eigenkapital ähnlich sind.

Für die Bauwirtschaft sind hier zu nennen:

- Gesellschafterdarlehen, soweit dieses Eigenkapital ersetzt
- Einlagen von stillen Gesellschaftern

Gesellschafterdarlehen

Gesellschafterdarlehen sind unstrittig der Fremdfinanzierung zuzuordnen, solange diese als Alternative zu einer Kreditaufnahme von Dritten stehen. Anderes ergibt sich, wenn es sich um sog. „eigenkapitalersetzende Gesellschafterdarlehen" handelt.

Dies ist dann der Fall, wenn die Gesellschaft zu einem bestimmten Zeitpunkt keine Kredite zu marktüblichen Bedingungen bekommen kann, weil sie z.B. in momentanen wirtschaftlichen Schwierigkeiten ist. Eigenkapitalersatz sind diese Gesellschafterdarlehen deshalb, weil sie zu einem Zeitpunkt gewährt werden, in welchem normalerweise ein Kaufmann der Gesellschaft noch zusätzliches Eigenkapital zuführen würde.

Einlagen von stillen Gesellschaftern

Diese sind in aller Regel Fremdfinanzierungen, da sie im Falle der Auflösung der stillen Gesellschaft dem stillen Gesellschafter zurückgezahlt werden müssen (§ 235 Abs. 1 HGB). Ob die stillen Einlagen eines atypischen stillen Gesellschafters zur Kredit- oder Beteiligungsfinanzierung zählen, hängt davon ab, ob und inwieweit dem atypischen stillen Gesellschafter Kontroll- und Mitbestimmungsrechte sowie Beteiligungen an den stillen Reserven zustehen. Ist dies der Fall, dann ist diese stille Beteiligung eindeutig der Beteiligungsfinanzierung zuzuordnen.

Innenfinanzierung

Hier stammen die Finanzmittel nicht vom Finanz- sondern vom Absatzmarkt. Für erbrachte Planungs-, Dienst- und Bauleistungen erhalten die Unternehmen liquide Mittel in Form von Einzahlungen. Nach Abzug der Auszahlungen für Personal, Miete, Steuern, Material, Zinsen und Tilgungen stehen dem Unternehmen dann liquide Mittel zur Verfügung, wenn die Einzahlungen größer als die Auszahlungen sind. Diese liquiden Mittel können durch den Verkauf nicht mehr benötigter Vermögensgegenstände erhöht werden. Die Summe der liquiden Mittel steht dem Unternehmen für Finanzierungszwecke zur Verfügung, soweit diese nicht an die Unternehmenseigner ausgeschüttet werden. Das Unternehmen kann diese Mittel als Liquiditätsreserven (Rücklagen) oder zur Begleichung künftiger Verbindlichkeiten (Rückstellungen) verwenden. Die Rückstellungen stehen dem Unternehmen für Finanzierungszwecke solange zur Verfügung, bis die Verbindlichkeit fällig wird.

Bei Rückstellungen sind in der Bauwirtschaft vor allem zu nennen:

- Gewährleistungsrückstellungen
- Pensionsrückstellungen

Gegenüber der Außenfinanzierung hat die Innenfinanzierung drei entscheidende Vorteile:

- Sie ist für das Unternehmen frei von Zinsen.
- Sie erfordert keine Sicherheiten.
- Sie unterliegt keinen Vorgaben von Kreditgebern.

---

[40] Bernecker, M./Seethaler, P.: a.a.O., S. 21

2.2.1.2 Auftragsfinanzierung

In der Bauwirtschaft beauftragen die Bauherrn in aller Regel „andere Unternehmen" zur Erbringung von Planungs-, Dienst- und Bauleistungen. Dies gilt selbst dann, wenn sich der Bauherr als „Projektentwickler im weiteren Sinne" betätigt.

Die vertraglichen Beziehungen zwischen dem Bauherrn und den Unternehmen sind im Sinne des Werkvertrages (§§ 631 ff. BGB) und des Dienstvertrages (§ 611 ff. BGB) gestaltet. Das BGB enthält jedoch mit geringen Ausnahmen keine speziell auf die Eigenarten der Erbringung von Planungs-, Bau- und Dienstleistungen zugeschnittenen Regelungen. Deshalb wurde die Vergabe- und Vertragsordnung für Bauleistungen (VOB) und die Honorarordnung für Architekten und Ingenieure (HOAI) geschaffen.

Die neueste Fassung der VOB (2002) enthält auch Neuregelungen zur europaweiten Vergabe von Bauleistungen. Ebenso wurde in Bezug auf die öffentlichen Leistungsaufträge die „Verdingungsordnung für Leistungen – ausgenommen Bauleistung – die VOL" novelliert. In Bezug auf die Auftragsfinanzierung enthalten die genannten Regelungen gegenüber dem BGB erhebliche Abweichungen und zwar sowohl bei den Zahlungsmodalitäten als auch bei den Sicherheitsleistungen. Auch die HOAI wird ständig den Anforderungen der Praxis angepasst. Diese Aufgabe übernimmt der „Ausschuss der Ingenieurverbände und Ingenieurkammern für die Honorarordnung e.V." (AHO). In jüngster Zeit hat dieser Ausschuss u.a. kontinuierlich Untersuchungen zum Leistungsbild der Projektsteuerung durchgeführt und veröffentlicht.[41]

2.2.1.2.1 Zahlungsmodalitäten

Das BGB sieht bei der operativen Abwicklung von Bauprojekten nur bei der Teilabnahme und bei der Gesamtabnahme des Werkes Zahlungen vor. Nach der VOB gibt es dagegen vier Zahlungsmöglichkeiten, nämlich die Voraus-, Abschlags-, Schluss- und Teilschlusszahlungen. Ähnliche Regelungen gelten auch in der HOAI.

Vorauszahlungen sind Vergütungen für noch nicht erbrachte Vertragsleistungen. In der Regel werden Vorauszahlungen bereits bei Vertragsabschluss unter Wahrung der Sicherheitsinteressen des Auftraggebers und der Verzinsung der Vorauszahlung vereinbart. Werden Vorauszahlungen erst nach Vertragsabschluss vereinbart, so greift § 16 Nr. 2 Abs. 1 VOB/B, der besagt: „Vorauszahlungen können auch nach Vertragsabschluss vereinbart werden; hierfür ist auf Verlangen des Auftraggebers ausreichende Sicherheit zu leisten. Diese Vorauszahlungen sind, sofern nichts anderes vereinbart wird, mit 3 v.H. über dem Basiszinssatz des § 247 BGB zu verzinsen."

Abschlagszahlungen sind im § 16 Nr. 1 VOB/B geregelt. Danach sind Abschlagszahlungen für noch nicht abgenommene Teilleistungen „in möglichst kurzen Zeitabständen" zu leisten. Die Abschlagszahlungen sind auf Antrag in Höhe des Wertes der jeweils nachgewiesenen vertragsgemäßen Leistungen zu gewähren. Gegenforderungen können einbehalten werden.

Die Schlusszahlung setzt in der Regel die vorherige Erteilung einer Schlussrechnung voraus. Die Schlussrechnung muss nicht zwingend aus einer Rechnung bestehen, sondern es können auch mehrere Rechnungen gemeinsam die Schlussrechnung bilden. Neben der Schlusszahlung gibt es auch Teilschlusszahlungen. Diese betreffen solche Leistungen, für die eine gesonderte Abnahme vorgenommen werden kann. Das ist dann der Fall, wenn die Leistung die ihr zugedachte Funktion erfüllt.

Die genannten Zahlungsmodalitäten gelten auch bei Pauschalverträgen. Diese enthalten regelmäßig einen vertraglich vereinbarten Zahlungsplan, der dem Bauzeitenplan der Auftragsausführung angepasst ist.

---

[41] vgl. hierzu die Ausführungen in Teil A 2.2.2

Trotz dieser Zahlungsmodalitäten müssen die Auftragnehmer in der Bauwirtschaft zum Teil erhebliche Geldbeträge vorfinanzieren. Zum einen sind Vorauszahlungen sehr selten und zum anderen liegen zwischen dem Einreichen der Abschlagsrechnung und der Abschlagszahlung nicht selten mehr als 6 Wochen. Auch die Schlussrechnungen werden vielfach erst 2 Monate nach Rechnungsstellung bezahlt.

Dies gilt auch bei Unternehmen der Planungsbeteiligten. Hier ist den Vertragspartnern die vertragliche Vereinbarung eines Zahlungsplans zu empfehlen, bei dem zum Beispiel monatliche Abschlagszahlungen ohne Nachweis eines bestimmten Leistungsstandes vereinbart werden können. Die Möglichkeit zu derartigen Vereinbarungen ergibt sich aus § 8 Abs. 4 HOAI. Danach können die Parteien des Architektenvertrages schriftlich andere Zahlungsweisen vereinbaren als in den Absätzen 1-3 des § 8 HOAI enthalten sind.

2.2.1.2.2 Sicherheiten

In der Bauwirtschaft gibt es Sicherheitsleistungen

- für Vorauszahlungen,
- für die vertragsgemäße Erbringung der Leistung während der Bauausführung
- und Sicherheiten dafür, dass das abgenommene Werk während der Gewährleistungsfrist die vertraglich zugesicherten Eigenschaften hat und nicht mit Fehlern behaftet ist, die den Wert oder die Tauglichkeit zu dem gewöhnlichen oder nach dem Vertrag festgesetzten Gebrauch aufheben oder mindern.

Die Sicherheitsleistungen können auf unterschiedliche Weise erfolgen:

- Hinterlegung von Geld und in Einzelfällen Hinterlegung von Wertpapieren,
- Einbehalt von Zahlungen,
- Bürgschaft eines in den Europäischen Gemeinschaften zugelassenen Kreditinstituts oder Kreditversicherers, wenn im Vertrag nichts anderes vereinbart ist.

In der Bauwirtschaft sind die beiden letztgenannten Sicherheitsleistungen üblich. Deshalb wird auf diese näher eingegangen.

Einbehalt von Zahlungen

Hier kennt die Praxis Zahlungskürzungen bei Abschlags- und Schlusszahlungen. Bei Abschlagszahlungen sollen die Zahlungskürzungen gem. § 17 Nr. 6 VOB/B 10 % des Rechnungsbetrages nicht überschreiten, bis die vereinbarte Sicherheitssumme erreicht ist. Die Zahlungskürzung bei der Schlusszahlung beträgt regelmäßig 5 % der Schlussrechnung. Der Auftraggeber ist verpflichtet, die Sicherheitseinbehalte innerhalb von 18 Werktagen auf ein Sperrkonto bei einem Geldinstitut einzuzahlen. Dieses ist nur durch beide Vertragspartner gemeinsam zu nutzen bzw. aufzulösen. Entstehende Zinsen fallen dem Auftragnehmer zu. Bei Planungsleistungen gibt es ähnliche Regelungen. In den entsprechenden Verträgen wird individuell ein sog. Zurückbehaltungsrecht am Honorar ausgehandelt. Dieses Recht umfasst sowohl das eigentliche Zurückbehaltungsrecht aufgrund eines fälligen Gegenanspruchs als auch das Leistungsverweigerungsrecht wegen noch nicht erfüllter Gegenleistungen. Der Bauherr kann dann auf dieses Recht verzichten, wenn eine anderweitige Absicherung vorliegt. Diese besteht in aller Regel in Form des Nachweises der Deckungszusage der Haftpflichtversicherung des Planungsbeteiligten oder durch eine Sicherheitsleistung z.B. in Form einer Bankbürgschaft.

Bürgschaft

Bei der Bürgschaft verpflichtet sich der Bürge zur Rückzahlung der Vorauszahlung bzw. zur Zahlung eines bestimmten Betrages, wenn die Leistung nicht vertragsgemäß erbracht wird oder wenn der Auftragnehmer seinen Gewährleistungsverpflichtungen nicht nachkommt. Darüber hinaus kennt die Bauwirtschaft noch die Bietungsbürgschaft. Diese soll verhindern, dass unseriöse Angebote abgegeben werden. In diesem Fall zahlt der Bürge, wenn der Bieter entgegen seinem Angebot nicht zum Vertragsabschluss bereit ist. Bürgschaften bedeuten für das Unternehmen zusätzliche Ausgaben in Form von Avalprovisionen. Außerdem müssen für die Bürgschaft bankübliche Sicherheiten gegeben werden. Dadurch wird der ohnehin bei den meisten Unternehmen knapp bemessene Finanzrahmen weiter eingeschränkt.

Bislang wurden Sicherheitsleistungen dargestellt, welche die Auftraggeber beanspruchen. Wie hingegen ist der Vergütungsanspruch des Auftragnehmers abgesichert? Für den Auftragnehmer bestehen trotz der Regelungen der VOB bzw. der HOAI im Hinblick auf die Zahlungsfähigkeit des Auftraggebers erhebliche Risiken. Als Ausgleich dieser Risiken sieht das BGB zwei Sicherungsmöglichkeiten vor. Dies sind in § 648 Abs. 1 BGB die Sicherungshypothek und seit dem 1.5.1993 mit dem § 648a BGB das Bauhandwerkersicherungsgesetz.

Sicherungshypothek

§ 648 BGB besagt hierzu: „Der Unternehmer eines Bauwerkes oder eines einzelnen Teiles eines Bauwerkes kann für seine Forderungen aus dem Vertrage die Einräumung einer Sicherheitshypothek an dem Baugrundstücke des Bestellers verlangen. Ist das Werk noch nicht vollendet, so kann er die Einräumung der Sicherheitshypothek für der geleisteten Arbeit entsprechenden Teil der Vergütung und für die in der Vergütung nicht inbegriffenen Auslagen verlangen." Diese Regelung gilt einheitlich für den BGB-Bauvertrag und den VOB-Vertrag.

Auch Planungsbeteiligte können für ihre Honorarforderungen eine Sicherungshypothek verlangen, wenn folgende zwei Voraussetzungen gegeben sind. Es muss sich bei den Verträgen zwischen Bauherrn und Planungsbeteiligten um Werkverträge handeln und die Planungsbeteiligten müssen als „Unternehmer eines Bauwerkes" angesehen werden. Beides wird fast ausnahmslos von Rechtsprechung und Schrifttum bejaht.[42]

Bauhandwerkssicherungsgesetz

Nach § 648a Abs. 1 BGB gilt: „Der Unternehmer eines Bauwerks, einer Außenanlage oder eines Teils davon kann vom Besteller Sicherheit für die von ihm zu erbringenden Vorleistungen in der Weise verlangen, dass er dem Besteller zur Leistung der Sicherheit eine angemessene Frist mit der Erklärung bestimmt, dass er nach dem Ablauf der Frist seine Leistung verweigere. Sicherheit kann bis zur Höhe des voraussichtlichen Vergütungsanspruchs, wie er sich aus dem Vertrag oder einem nachträglichen Zusatzauftrag ergibt, sowie wegen Nebenforderungen verlangt werden; die Nebenforderungen sind mit 10 von Hundert des zu sichernden Vergütungsanspruchs anzusetzen. Sie ist auch dann als ausreichend anzusehen, wenn sich der Sicherungsgeber das Recht vorbehält, sein Versprechen im Falle einer wesentlichen Verschlechterung der Vermögensverhältnisse des Bestellers mit Wirkung für Vergütungsansprüche aus Bauleistungen zu widerrufen, die der Unternehmer bei Zugang der Widerrufserklärung noch nicht erbracht hat.

Gem. § 648a Abs. 3 BGB hat der Auftragnehmer auch die Kosten der Sicherheitsleistung bis zu einem Höchstsatz von 2 % zu übernehmen. Erlangt der Auftragnehmer für seinen Vergütungsanspruch Sicherheiten nach § 648a BGB, dann ist der Anspruch auf Einräumung einer Sicherungshypothek nach § 648 Abs. 1 BGB ausgeschlossen.

Obwohl die genannten Sicherheiten gesetzlich vorgesehen sind, werden sie in der Praxis nicht immer bzw. kaum vereinbart. Sie fallen oftmals dem Wettbewerb zwischen den Bietern zum Opfer.

---

[42] vgl. Pastor, W.: Der Bauprozeß, 8. Auflage, Werner Verlag: Düsseldorf 1996, S. 67 ff.

2.2.1.3 Sonderfinanzierungen

Hier werden nur Sonderfinanzierungen behandelt, die üblicherweise bauwirtschaftliche Unternehmen betreffen:

- Gründung
- Kapitalerhöhung
- Sanierung

Es wird bewusst nicht auf die finanzwirtschaftlichen Probleme bei Umwandlungen, Auflösung, Liquidation und Insolvenzen eingegangen, da es sich um Spezialthemen handelt und auf das einschlägige Schrifttum verwiesen wird.[43]

2.2.1.3.1 Gründung

Bei der Gründungsfinanzierung werden die Unternehmen mit Kapital in Form von Geld und/oder Sacheinlagen ausgestattet. Sacheinlagen können alle Vermögensgegenstände sein, die als Wirtschaftsgüter bewertungsfähig sind, also auch immaterielle Wirtschaftsgüter. Auch Sachgesamtheiten (Betrieb, Teilbetrieb) können als Sacheinlagen eingebracht werden.

Einzelunternehmen

Bei der Gründung ist kein Mindestkapital vorgeschrieben. Das gesamte Eigenkapital wird von einer einzigen Person, dem Einzelunternehmer, aufgebracht. Die Zuführung zum Eigenkapital des Einzelunternehmens erfolgt aus dem Privatvermögen des Einzelunternehmers. Wird bei der Gründung neben dem Eigenkapital auch Fremdkapital eingesetzt, dann muss der Einzelunternehmer als Sicherheit hierfür sein Privatvermögen belasten bzw. beleihen.

Personengesellschaften

Auch bei der Gründung von Personengesellschaften ist kein Mindestkapital vorgeschrieben. Im Gesellschaftsvertrag wird die Höhe der Kapitaleinlage festgelegt, die der einzelne Gesellschafter aus seinem Privatvermögen entweder in Form von Geld oder als Sacheinlage einbringt. Durch die Bereitstellung von Eigenkapital werden die Gesellschafter Miteigentümer des Betriebes und sie erhalten entsprechende Gesellschafterrechte. Auch bei Personengesellschaften ist beim Einsatz von Fremdkapital die Stellung von Sicherheiten aus dem Privatvermögen der Gesellschafter notwendig.

Kapitalgesellschaften

Kapitalgesellschaften erhalten ihr Eigenkapital von natürlichen oder juristischen Personen gegen Gewährung von Gesellschaftsrechten, d.h. die Eigenkapitalgeber übernehmen bestimmte Anteile an der Kapitalgesellschaft.

GmbH

Das Stammkapital der Gesellschaft muss mindestens 25 000 € und die Stammeinlage jedes Gesellschafters mindestens 250 € sein. Der Betrag der Stammeinlage kann für die einzelnen Gesellschafter unterschiedlich sein. Die Summe der Stammeinlagen muss aber das Mindest-Stammkapital ergeben. Werden Sacheinlagen (Maschinen, Grundstücke, Forderungen und unter Umständen ein ganzes Unternehmen) eingebracht, dann muss der Gegenstand der Sacheinlage und der Betrag der Stammeinlage, auf die sich die Sacheinlage bezieht, im Gesellschaftsvertrag festgesetzt werden. Insgesamt muss soviel eingezahlt sein, dass die Summe aus eingezahlten Geldeinlagen und Sacheinlagen 12 500 € erreicht. Beim Handelsregister darf die Anmeldung erst erfolgen, wenn auf jede Stammeinlage 25 % eingezahlt sind.

---

[43] vgl. hierzu die ausführlichen Darstellungen in: Leimböck, E. (1997): a.a.O., S. 175 bis S. 246

Eine Ein-Mann-Gründung ist nur als Bargründung möglich. Die Anmeldung beim Handelsregister darf in diesem Fall erst dann erfolgen, wenn vom Gesellschafter mindestens 12 500 € einbezahlt sind und der Gesellschafter auf den noch nicht eingezahlten Restbetrag eine Sicherheit bestellt hat (vgl. § 7 Abs. 2 GmbHG).

AG

Bei der AG muss das Grundkapital mindestens 50 000 € betragen. Das Grundkapital muss von einer oder mehreren Personen durch Übernahme der Aktien aufgebracht werden. Der Mindestnennbetrag einer Aktie beträgt gem. § 8 AktG 1 (einen) €. Zur Gründungsfinanzierung fordert der Vorstand das Aktienkapital an.

Ist in der Satzung bestimmt, dass Bareinlagen zu leisten sind, dann muss für jede Aktie 25 % des Nennbetrages eingefordert werden. Werden die Aktien für einen höheren Betrag als den Nennbetrag der Aktie ausgegeben, dann entsteht ein sog. Aufgeld (Agio). Dieses muss voll einbezahlt werden und es dient zunächst der Deckung der Gründungskosten. Der darüber hinausgehende Teil muss in die gesetzliche Rücklage (Kapitalrücklage) eingestellt werden. Wie bei der GmbH ist auch bei der AG eine Ein-Mann-Gründung nur als Bargründung möglich. Auch bei der AG muss die Gründungsperson für den nicht eingezahlten Rest auf das Grundkapital eine Sicherheit leisten.

2.2.1.3.2 Kapitalerhöhung

Kapitalerhöhungen können erfolgen:

- Nichtentnahme von erwirtschafteten Gewinnen (Gewinnthesaurierung). Dieses wurde bereits bei der Innenfinanzierung dargelegt.
- Zuführung von weiterem Eigenkapital in Form von Geld- oder Sachmitteln

Einzelunternehmer können jederzeit aus ihrem Privatvermögen Kapital in das Unternehmen einbringen. Auch die Gesellschafter von Personengesellschaften können ihre Anteile durch Zuführung weiterer Geld- oder Sachmittel erhöhen. Dabei ergibt sich allerdings ein Problem. Sind nämlich nicht alle Gesellschafter in der Lage, ihren Anteil am Gesamtkapital im gleichen Verhältnis aufzustocken, dann verschieben sich die prozentualen Anteile. Dies hat Konsequenzen bei der Gewinnverteilung, bei der Haftung, bei der Liquidation oder auch beim Ausscheiden eines Gesellschafters.

Bei Kapitalgesellschaften sind verschiedene Formen der Kapitalerhöhung zu unterscheiden. Sowohl für die GmbH als auch für die AG gibt es die sog. ordentliche Kapitalerhöhung. Diese erfolgt i.d.R. aufgrund eines bestimmten Finanzierungsanlasses. Die ordentliche Kapitalerhöhung bedarf bei der AG eines Beschlusses des anwesenden Aktienkapitals und bei der GmbH eines Gesellschafterbeschlusses (bei beiden eine ¾-Mehrheit). Bei der AG werden gegen die Einzahlungen neue Aktien ausgegeben. Bei der GmbH übernehmen die Gesellschafter gegen Einzahlung weitere Gesellschaftsanteile. Auch hier gibt es die bei der Personengesellschaft genannten Probleme, wenn nicht alle Gesellschafter in der Lage oder willens sind, ihre Anteile im gleichen Verhältnis aufzustocken.

Neben der ordentlichen Kapitalerhöhung gibt es bei Aktiengesellschaften noch weitere Formen der Kapitalerhöhung, nämlich die bedingte Kapitalerhöhung (§§ 192 bis 201 AktG) und das genehmigte Kapital (§§ 202 bis 206 AktG). Auf diese Formen wird nicht eingegangen.

Umwandlung von Kapital- bzw. Gewinnrücklagen in Nominalkapital

Bei dieser Form der Kapitalerhöhung erhalten die Aktionäre Gratisaktien – die Gesellschafter einer GmbH Zusatzanteile – im Verhältnis ihrer bisherigen Beteiligung.

2.2.1.3.3 Sanierung

Unter Sanierung fallen alle Maßnahmen, die geeignet sind, ein notleidendes Unternehmen vor der Insolvenz zu bewahren und auf Dauer wieder ertragsfähig zu machen. Bei der Sanierung kann man in Bezug auf die Sanierungsvorgänge unterscheiden:

- Sanierung durch Vermögensveräußerung
- Sanierung durch Zuführung neuer Finanzmittel
- Sanierungsmaßnahmen der Gläubiger

Sanierung durch Vermögensveräußerung

Bei notleidenden Unternehmen ist oftmals ein starkes Schrumpfen des Auftragsvolumens festzustellen. In diesem Fall bietet sich aus produktionstechnischen Gründen die Veräußerung von Sachanlagen und/oder sogar von Betriebsteilen an. Auch die Veräußerung von Finanzanlagen kommt in Betracht, soweit solche überhaupt noch vorhanden sind. Neben der produktionstechnischen Anpassung hat der Verkauf von Vermögensgegenständen den großen Vorteil, dass sich der Bestand an liquiden Mitteln erhöht. Eine weitere Möglichkeit der Liquidationsverbesserung besteht darin, dass das sanierungsbedürftige Unternehmen Gebäude und eventuell Maschinen an ein Leasing-Unternehmen veräußert und durch Leasing wieder in Gebrauch nimmt (Sale- and Leaseback-Verfahren).

Sanierung durch Zuführung neuer Finanzmittel

Die Zuführung von neuem Eigenkapital wurde bereits dargestellt. Unter Umständen kann dem sanierungsbedürftigen Unternehmen auch zusätzliches Fremdkapital zugeführt werden. Dies wird jedoch nur mit großen Schwierigkeiten und zu verschärften Kreditbedingungen möglich sein. Erhöhte Zinsen, ausreichende Sicherheiten und verschärfte Kontroll- und Mitspracherechte durch den Fremdkapitalgeber sind hier die Regel. Die Probleme dieser zusätzlichen Fremdfinanzierung sind offenkundig. Die erhöhten Zinsen belasten zusätzlich die Liquidität des notleidenden Unternehmens. In aller Regel wird auch kein Vermögen für Sicherungszwecke mehr vorhanden sein. Auch die Erlangung einer Bürgschaft dürfte sich für ein sanierungsbedürftiges Unternehmen als außerordentlich schwierig erweisen. Daher sind Unternehmen in Krisenzeiten häufig darauf angewiesen, dass die Anteilseigner als Fremdkapitalgeber auftreten und sog. Gesellschafterdarlehen vergeben.

Sanierungsmaßnahmen der Gläubiger

Gläubiger leisten dann dem notleidenden Unternehmen Hilfe, wenn sie von der Überlebensfähigkeit des Unternehmens und von dem Erfolg der Sanierungsmaßnahmen überzeugt sind.

Die wichtigsten Sanierungsmaßnahmen der Gläubiger sind:

- Zahlungsaufschub
- Reduktion oder Erlass von Zinsen oder Schulden
- Schuldumwandlung
- Umwandlungen von Forderungen in Beteiligungen

2.2.2 Projektfinanzierung

Unter Projektfinanzierung wird die Finanzierung einer abgrenzbaren Einheit – dem Projekt – verstanden. Die Finanzmittel werden vom Bauherrn bereitgestellt, damit das von ihm gewünschte Bauprojekt geplant, erstellt und unter Umständen auch betrieben werden kann. Dabei ist zu unterscheiden, ob es sich um die Finanzierung von privaten oder öffentlichen Bauprojekten handelt.

2.2.2.1 Finanzierung privater Bauprojekte

Bei privaten Bauprojekten hängt die Finanzierung oftmals davon ab, ob

- gewerbliche Unternehmen für ihren eigenen Bedarf Wirtschaftsbauten,
- gewerbliche Unternehmen Bauprojekte zum Zwecke der Verwertung,
- Privatpersonen private Wohnungsbauten

erstellen lassen.

Bei Wirtschaftsbauten für den eigenen Bedarf stellen Unternehmen üblicherweise im Rahmen der Unternehmensfinanzierung die Finanzmittel bereit. Bei Bauprojekten zum Zwecke der Vermietung bzw. des Verkaufs werden neben dem Eigenkapital der Investoren Finanzmittel der Finanzinstitute und staatliche Förderungen direkt für das Projekt eingesetzt. Beim privaten Wohnungsbau setzen sich die Finanzmittel aus dem Eigenkapital der Privatpersonen, den Finanzmitteln der Banken, Sparkassen, Bausparkassen und der staatlichen Förderung zusammen. Bedingt durch die zunehmenden Größenordnungen von Bauprojekten und die damit zusammenhängenden Risiken sind in neuerer Zeit zur herkömmlichen Art der Projektfinanzierung zusätzliche Formen entstanden. Deshalb ist es sinnvoll, zwischen klassischen und neueren Formen der Projektfinanzierung zu unterscheiden.

2.2.2.1.1 Klassische Projektfinanzierung

Merkmale der klassischen Finanzierung bei gewerblichen Bauprojekten und beim privaten Wohnungsbau sind:

- Langfristigkeit der Finanzierung
- grundpfandrechtliche Sicherheit
- Rangfolge der grundpfandrechtlichen Sicherheiten
- Begrenzung der Erstrangfinanzierung auf die nachhaltig aus den Objekten erzielbaren Erträgen
- Begrenzung des bonitätsabhängigen Nachrangdarlehens in Abhängigkeit vom Beleihungswert der Immobilie
- Schließung der verbleibenden Lücke durch Eigenkapital

Im Einzelnen bedeutet dies.

Bei Darlehen für Bauprojekte handelt es sich fast ausschließlich um langfristige Bankdarlehen. Die Darlehen sollen bei gewerblichen Bauprojekten aus den Erträgen des Projekts, z.B. durch Mieteinnahmen, zurückgezahlt werden. Die Darlehensgeber verlangen als Sicherheit die Eintragung einer Hypothek oder einer Grundschuld in das Grundbuch. Werden mehrere Darlehen vergeben, dann ist die Rangfolge der grundpfandrechtlichen Sicherheiten von Bedeutung. Der Umfang der einzelnen Darlehen hängt von der Rangfolge und dem Beleihungswert ab. In diesem Zusammenhang muss erläutert werden, dass die Finanzinstitute an verschiedene gesetzliche Bestimmungen gebunden sind, so z.B. die Hypothekenbanken an das Hypothekengesetz. Diese Bestimmungen beinhalten unter anderem das Berechnungsverfahren für den Beleihungswert. In der Regel beträgt der Beleihungswert ca. 75 - 80 % der angemessenen Gesamtkosten des Bauprojektes. Die Banken wiederum legen einen Prozentsatz fest, mit welchem der Beleihungswert multipliziert wird. Das rechnerische Ergebnis ergibt die sog. Beleihungsgrenze. So wird z.B. bei erststellig gesicherten Darlehen die Beleihungsgrenze mit 60 % des Beleihungswertes festgelegt. Ist der Beleihungswert 80 % der Gesamtkosten des Bauprojektes, dann ergibt sich der Umfang der Finanzierung mit erststellig gesicherten Darlehen zu: $80\% \times 60\% = 48\%$ der Gesamtkosten.

Bank I wird also dem Bauherrn ein Darlehen in Höhe von 48 % der Gesamtkosten des Bauprojektes geben.

Bank II gibt ein nachrangiges Darlehen. Sie setzt ihre Beleihungsgrenze mit 20 % des Beleihungswertes fest. Damit gibt diese Bank dem Bauherrn ein Darlehen in Höhe von 20 % von 80 %= 16 % der Gesamtkosten.

Bank III gibt ein weiteres nachrangig gesichertes Darlehen. Sie legt die Beleihungsgrenze mit 10 % des Beleihungswertes fest. Die Bank III gibt dem Bauherrn ein Darlehen in Höhe von 10 % von 80 % = 8 % der Gesamtkosten.

Mit diesen Annahmen sind von den Gesamtkosten des Bauprojektes finanziert:

Bank I:	48 %
Bank II:	16 %
Bank III	8 %
	72 %

Der Rest in Höhe von 28 % der Gesamtkosten muss mit nicht dinglich gesichertem Fremdmittel und durch Eigenmittel aufgebracht werden.

Bei privaten Wohnungsbauten gibt es bei der Finanzierung und bei der Sicherheitsstellung Besonderheiten, auf die kurz hingewiesen wird.[44] Neben den langfristigen Bankdarlehen gibt es zusätzliche bzw. andere Finanzierungsbausteine. Hier sind zu nennen:

- Eigenleistung
- Bausparmittel
- Arbeitgeberdarlehen
- öffentliche Fördermittel

Die öffentlichen Fördermittel umfassen wiederum folgende Finanzierungsbausteine:

- Eigenheimzulage bei selbstgenutzem Wohneigentum
- Darlehen und Zuschüsse zur Deckung von Herstellkosten oder laufenden Aufwendungen
- zinsverbilligte Darlehen, z.B. durch die Kreditanstalt für Wiederaufbau (KfW)
- steuerliche Sonderabschreibungen
- Besonderheiten bei der Sicherheitsleistung

Zusätzliche Sicherheiten bei der Wohnungsbaufinanzierung sind: Landesbürgschaften, Risikolebensversicherung und persönliche Bonität des Darlehensnehmers. Wenn die Voraussetzungen des staatlich geförderten sozialen Wohnungsbaus erfüllt sind, kann zur Absicherung von Darlehensanteilen eine Landesbürgschaft in Anspruch genommen werden. Die Bürgschaftsstellen der Länder verbürgen sich für einen Darlehensbetrag, der über den erststelligen Beleihungsraum hinausgeht.

Nachrangige Beleihungen im privaten Wohnungsbau stützen sich erheblich auf die Person des Darlehensnehmers. Deshalb wird häufig eine Risikolebensversicherung als Zusatzsicherheit verlangt. Bauspardarlehen beispielsweise werden in der Regel durch eine Risikolebensversicherung abgesichert. Damit ist z.B. beim Tod des Hauptverdieners die Darlehenstilgung gesichert und das Haus bleibt der Familie erhalten.

Im privaten Wohnungsbau ist die persönliche Bonität des Darlehensnehmers von größerer Bedeutung als bei Bauprojekten, die von gewerblichen Unternehmen erstellt werden.

Maßgebliche Faktoren der Beurteilung dieser Bonität sind

- bisher gezeigte Sparwilligkeit und Sparfähigkeit,
- Alter der Antragsteller,
- Dauer der Beschäftigung und Sicherheit des Arbeitsplatzes bzw. bei Selbständigen Geschäftsaussichten der Branche, in der der Selbständige arbeitet,

---

[44] Einzelheiten zu diesem umfangreichen Thema vgl. z.B. Jokl, S.: a.a.O.

- Größe der Familie und des verbleibenden Nettoeinkommens (die Belastung darf auf keinen Fall 50 % des Nettoeinkommens überschreiten, üblich sind etwa 30 – 40 %),
- sonstige aktuelle und mögliche Dauerbelastungen.

2.2.2.1.2 Neuere Formen der Projektfinanzierung

Die Größenordnungen heutiger Bauprojekte überschreiten häufig die bei der klassischen Projektfinanzierung notwendigen Eigenmittelressourcen und auch im Bereich der Sicherheiten sind der klassischen Projektfinanzierung deutliche Grenzen gesetzt. Dies gilt auch für große Projektträger.[45] Daher mussten Wege gefunden werden, dass Eigenkapital durch zusätzliches Fremdkapital ersetzt werden konnte und dass auch Fremdkapital ohne dingliche Sicherheiten bereitgestellt wird.

In Theorie und Praxis wurden eine Reihe von Modellen entwickelt, welche diese Anforderungen erfüllen.

Im Folgenden werden dargestellt:

- Leasing-Finanzierung
- Finanzierung über Immobilienfonds
- Finanzierung durch Projektgesellschaften
- Finanzierung durch Joint-Venture/Beteiligung eines Kreditinstitut

Leasing-Finanzierung

Die folgende Abbildung zeigt – stark vereinfacht – ein Organigramm einer Leasing-Finanzierung.

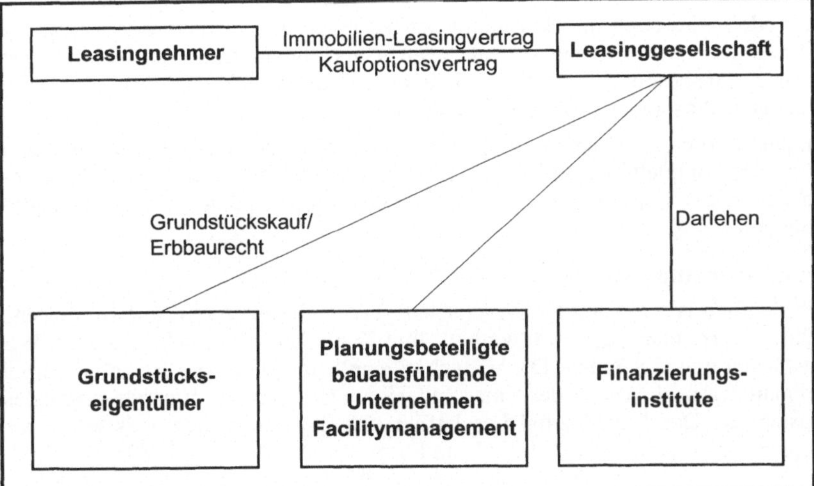

Bild D-9   Organisation einer Leasing-Finanzierung

Das Bauprojekt wird zu 100 % von der Leasinggesellschaft finanziert, in ihrem Auftrag geplant und erstellt oder erworben und im Rahmen eines Leasingvertrages an den Leasingnehmer vermietet. Der Leasingnehmer erhält das benötigte Bauobjekt, ohne dass er hierfür Eigen- bzw. Fremdkapital einsetzen muss. Die Leasinggesellschaft erhält die zur Realisierung des Bauprojektes notwendigen Kredite in einem wesentlich größeren Umfang als der Leasingnehmer diese be-

---

[45] vgl. Follak, P./Leopoldsberger, G.: Finanzierung von Immobilienprojekten; in: Schullte, K.W. (Hrsg.): Handbuch der Immobilienprojektentwicklung, Rudolf Müller Verlag: Köln 1996, S. 228

kommen würde, denn der Leasinggeber kann dem Finanzinstitut vertraglich festgeschriebene Mietzahlungen und das Bauprojekt als Sicherheit anbieten.

Aufgrund der 100 %igen Finanzierung durch die Leasinggesellschaft wird auch die Liquidität des Leasingnehmers zumindest kurzfristig geschont. Allerdings übersteigt die Summe der Leasingraten die Anschaffungs- und Herstellungskosten des Bauprojektes. Meist werden im Leasingvertrag Kaufoptionen vereinbart. Damit kann der Leasingnehmer nach Ablauf der Grundmietzeit das Projekt zum abgeschriebenen Buchwert käuflich erwerben und sich dadurch die langfristige Wertsteigerungschance sichern. Zur Absicherung wird das Kaufoptionsrecht mit einer Auflassungsvormerkung in das Grundbuch eingetragen.

Neben diesen direkten Einflüssen auf die Finanzierung des Bauprojektes gibt es bei der Leasing-Finanzierung auch unter Umständen indirekte Finanzierungseffekte. Da insbesondere große Leasinggesellschaften regelmäßig komplexe Bauprojekte planen und mit Hilfe entsprechender Auftragnehmer realisieren, verfügen sie in aller Regel über große Erfahrungen in der Bauabwicklung. So stellen die Leasinggesellschaften dem zukünftigen Leasingnehmer bereits vor Erstellung des Bauprojektes – und mitunter schon bereits vor Erwerb des Grundstücks – ihr Know-how zur Verfügung. Dies geschieht z.B. in Form von Leistungen des Projektmanagements bzw. der Projektsteuerung, welche bei der Leasinggesellschaft angesiedelt sind. Darüber hinaus verfügen Leasingunternehmen in der Regel über einen sehr guten Zugang zum Finanzmarkt. Mit ihrer oftmals vorhandenen risikofreudigeren Einstellung können sie durchaus besser in der Lage sein, günstige Finanzierungskonditionen zu erzielen. In Zusammenarbeit mit den entsprechenden Planungsbeteiligten und bauausführenden Unternehmen kann dann für den Leasingnehmer ein maßgeschneidertes und häufig finanzwirtschaftlich vorteilhafteres Bauprojekt entstehen.

Unter Umständen wird auch die Betreuung der betrieblichen Nutzung vom Leasinggeber übernommen. Dazu gehören neben der Gewährleistungsverfolgung und -kontrolle auch regelmäßige Inspektionen, die insbesondere der Werterhaltung des Bauprojektes dienen. Auch hier sind die Baufachleute erste Ansprechpartner des Leasingnehmers.

Darüber hinaus werden zunehmend komplette Facility-Management-Dienstleistungen angeboten. Dies umfasst das komplette kaufmännische, technische und infrastrukturelle Betreiben des Projektes von der ersten Betriebsstunde über Instandhaltungs- und Sanierungsmaßnahmen bis zu seiner Stilllegung.

Finanzierung über Immobilienfonds

Ein Immobilienfond ist eine Anlage-Gesellschaft, deren Geschäftszweck darin besteht, ein Bauprojekt selbst zu errichten oder zu erwerben. Ihre Kapitalanlage besteht daher im Wesentlichen aus Grundstücken und Gebäuden. Die wirtschaftliche Ertragskraft der Immobilie ergibt sich aus den Mieteinnahmen nach Abzug der Zins- und Tilgungsleistungen, Verwaltungskosten, Instandhaltungskosten etc. Das Eigenkapital beschaffen sich die Immobilienfonds durch Verkauf von Anteilscheinen. Das Fremdkapital wird z.B. in Form von Darlehen beschafft.

Bei Immobilienfonds unterscheidet man zwischen geschlossenen und offenen Immobilienfonds.

Offene Immobilienfonds sind nach dem sogenannten open-end-Prinzip tätig, d.h. es wird ständig das Anlagekapital durch laufenden Verkauf von Anteilsscheinen erhöht. Dem steht die jederzeitige Rücknahmeverpflichtung der Anteilscheine durch den Fond gegenüber. Die Rücknahmepreise werden täglich veröffentlicht. Nur in Ausnahmefällen kann die Rücknahme befristet verweigert werden.

Geschlossene Immobilienfonds werden im Gegensatz zu offenen Immobilienfonds zur Finanzierung eines genau festgelegten Bauprojektes gegründet. In Ausnahmefällen kann ein Fonds aufgrund der Risikostreuung auch mehrere Bauprojekte enthalten. Der geschlossene Immobilienfond legt nur eine genau bestimmte und begrenzte Anzahl von Anteilsscheinen auf. Nachdem alle Anteilscheine plaziert sind, werden keine weiteren Anteile mehr ausgegeben. Grundsätzlich werden die ausgegebenen Anteilscheine von der Anlagegesellschaft nicht mehr zurückgenommen. Gegebenenfalls muss der Anleger sich selbst um die Veräußerung seiner Anteile kümmern.

Durch die begrenzte Anzahl von Anteilsscheinen erwerben die Anleger beim geschlossenen Immobilienfonds Anteile an einer Besitzgesellschaft. Sie werden damit mittelbar Eigentümer der Immobilie.[46]

Dies hat zur Folge, dass die Anteilseigner bei geschlossenen Immobilienfonds steuerlich den Bauherren gleichgestellt sind. Dabei ist der Einfluss von steuerlichen Rahmenbedingungen zu beachten. Nach der Wiedervereinigung in Deutschland wurde der einsetzende Bauboom in den neuen Bundesländern in großem Maße durch die steuerlichen Sonderabschreibungsmöglichkeiten ausgelöst. So haben auch geschlossene Immobilienfonds an diesen „Steuergeschenken" erheblich partizipiert. Seit einigen Jahren ist jedoch eine Trendwende bei der Konzipierung von Projekten für geschlossene Immobilienfonds zu verzeichnen. Durch das Ende der Sonderabschreibungsmöglichkeiten konzentriert sich das Interesse nun auf den klassischen Ertragsfonds, der es erlaubt, dem Investoren ein attraktives Renditeniveau vorrangig aus der wirtschaftlichen Ertragskraft eines Bauobjektes und weniger aus den steuerlich bedingten Einkommensteuerersparnissen zu verschaffen. Die allgemeine Struktur der geschlossenen Immobilienfonds stellt sich wie folgt dar.[47]

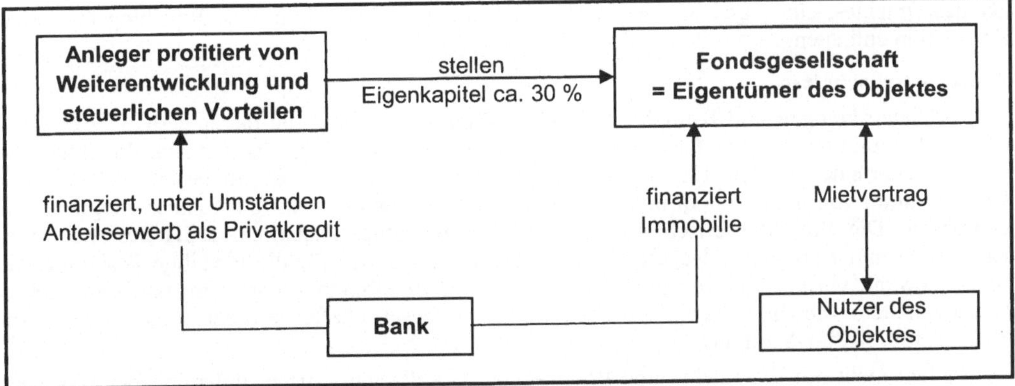

Bild D-10 Organisation eines geschlossenen Immobilienfonds

„In Bezug auf die Finanzierung liegt die besondere Funktion der Einschaltung eines Immobilienfonds darin, dass durch die Ausgabe von Anteilscheinen große Summen an Eigenkapital aufgebracht werden kann. Für große Projekte kommt daher in der Regel nur eine Finanzierung mittels geschlossener Immobilienfonds in Betracht."[48]

In den letzten 15 Jahren hat sich das Investitionsvolumen in geschlossene Immobilienfonds stark erhöht, wobei der Aktienboom aufgrund der New Economy einen kleinen Dämpfer auslöste. Nichtsdestotrotz sind bspw. in den Jahren 1990 bis 2000 durchschnittlich ca. 7 bis 8 Mrd. Euro in Deutschland in geschlossene Immobilienfonds investiert worden.

---

[46] vgl. Follack, P./Leopoldsberger, G.: a.a.O., S. 235
[47] vgl. Follack, P./Leopoldsberger, G.: a.a.O., S. 236
[48] Follack, P./Leopoldsberger, G.: a.a.O., S. 235

Bei den Immobilienarten sind reine Anlage- und Betreiberimmobilien zu unterscheiden.[49] Anlageimmobilien sind hoch fungibel und können von einer Vielzahl unterschiedlicher Mieter genutzt werden. Typische Bauobjekte als Anlagen sind

- Büro- und Geschäftsgebäude,
- Einkaufs- und Baumärkte
- Gewerbeparks,
- Lager- und Logistikstätten und
- Wohnimmobilien

Betreiberimmobilien sind dagegen sehr spezifisch ausgelegt und der wirtschaftliche Erfolg des Bauobjektes hängt im Wesentlichen von der Qualifikation des Betreibers ab. Fällt dieser aus, müssen möglicherweise einem neuen Betreiber große wirtschaftliche Zugeständnisse gemacht werden bzw. es sind umfangreiche Umbaumaßnahmen vorzunehmen. In diesem Fall sind typische Bauobjekte

- Kliniken,
- Hotelgebäude und -anlagen,
- Senioren- und Pflegeanlagen und
- Freizeitanlagen.

Eine Mischform bei der Projektfinanzierung ist die „kombinierte Fonds-Leasing-Finanzierung". Hier ist die Fondgesellschaft Leasinggeber und schließt mit dem Leasingnehmer, das ist der Nutzer des Objektes, einen Leasingvertrag ab. Auch dieser Vertrag kann eine Regelung über eine Kaufoption enthalten.

Projektgesellschaften

Die Größenordnungen und Komplexität vieler Bauprojekte – und die damit verbundenen wirtschaftlichen und technischen Risiken – hat in der Praxis dazu geführt, dass eigene Projektgesellschaften gegründet werden. Der originäre Zweck einer Projektgesellschaft besteht daher in der Konzentration von technischem und wirtschaftlichem Know-how, um die Risiken möglichst zu begrenzen. Die Projektgesellschaften können Kommanditgesellschaften, BGB-Gesellschaften, Konsortien und Kapitalgesellschaften sein. Welche Rechtsform für die jeweilige Projektgesellschaft gewählt wird, hängt von den Bedürfnissen der Beteiligten – vor allem von steuerlichen Gegebenheiten – ab. Ihre Zusammenarbeit regeln die Gesellschafter normalerweise in der Form eines Gesellschafter-Vertrages.

Dieser legt nicht nur die Rechte und Pflichten der Gesellschaftspartner untereinander fest, sondern übernimmt innerhalb des komplexen Vertragsnetzes der Projektorganisation die Rolle des Ausgangs- und Bezugspunktes für die übrigen Verträge. Als „master document" legt er für die Beteiligten den Gegenstand, die wichtigsten Merkmale des Projektes sowie die Schritte zu seiner Verwirklichung erstmals rechtsverbindlich fest. Die im Laufe der Projektdurchführung abzuschließenden Verträge werden nicht in allen Einzelheiten, die Rahmenbedingungen werden jedoch geregelt.

Im Einzelnen kann der Abschluss der folgenden Vertragstypen dadurch vorbereitet werden:

- Konzessions-, Lizenzverträge mit staatlichen Einrichtungen
- shareholders' agreement
- Projektmanagementverträge und technische Beratungsverträge
- Verträge und Unterverträge zur Errichtung des Projektes

---

[49] Opitz, G.: Finanzierung durch geschlossene Immobilienfonds; in: Schulte, K.-W./Achleitner, A.-K./Schäfers, W./Knobloch, B. (Hrsg.): Handbuch Immobilien-Banking, Rudolf Müller Verlag: Köln 2002, S. 91 f.

- Fertigstellungsgarantien der Anlagenlieferanten
- Versicherungsverträge
- Lieferverträge von Roh-, Hilfs- und Betriebsstoffen
- Abnahmeverträge
- Lizenzen für die verwendeten Technologien
- Transportverträge.[50]

Neben der Planung und Durchführung des Projektes ist die Projektgesellschaft vor allem für die Bereitstellung der Finanzmittel zur Realisierung des Projektes verantwortlich. Die Beteiligten dieser Projektgesellschaften sind in der Regel Unternehmen als Initiatoren, Kapitalgeber (auch Sponsoren genannt) sowie weitere Spezialisten wie z.B. Projektentwickler, Facility-Manager. „Darüber hinaus mögen Finanzinstitutionen, wie z.B. Versicherungen und Fonds, zu den Sponsoren stoßen, die in dem Projekt eine profitable Geldanlage sehen. Aber auch Banken sind zunehmend bereit, nicht nur Fremdkapital bereitzustellen, sondern als Gesellschafter in die Projektgesellschaft einzutreten, um auf diese Weise ihre Kunden zu unterstützen."[51]

Finanzierung durch Joint-Venture-Beteiligung eines Kreditinstituts

Bei dieser Form der Finanzierung besteht die Projektgesellschaft aus einem Projektentwickler im weiteren Sinne, der i.d.R. mehrheitlich an der Projektgesellschaft beteiligt ist, und einem Kreditinstitut. Die aktive Projektentwicklung erfolgt stets durch den Projektentwickler. Dieser kann bspw. ein langjähriger Kunde eines Kreditinstitutes sein. Die Bank ist damit nicht mehr nur in einer Gläubigerstellung, sondern partizipiert im Umfang ihrer Beteiligung an den Chancen und Risiken des Bauprojektes. Delegationsrisiken eines Gläubigers als Moral Hazard bestehen dann nicht mehr.

Fehlendes Eigenkapital auf Seiten der Projektentwickler hat zu dieser Form der Projektfinanzierung geführt. Die Banken verfolgen aber immer das Ziel, die zu errichtenden Bauobjekte nach Fertigstellung zu veräußern. Hieraus ergeben sich spezifische Anforderungen an geeignete Arten. Hohe Fungibilität und Drittverwendungsfähigkeit sind in der Regel Voraussetzung für derartige Joint-Venture-Beteiligungen. Als typische Beispiele können die Anlageobjekte im Rahmen eines geschlossenen Immobilienfonds gelten. Spezialimmobilien hingegen sind eine Ausnahme bei Joint-Venture-Beteiligungen.

2.2.2.2 Finanzierung öffentlicher Bauprojekte

2.2.2.2.1 Traditionelle Finanzierung

Normalerweise werden öffentliche Projekte in Bauherrenschaft der Gebietskörperschaften durchgeführt. Die Abwicklung erfolgt durch die technischen Bauämter, die Finanzierung aus den Fachhaushalten der Ressorts. Private Planungsbüros und die Bauwirtschaft wirken nur als beauftragte Ausführungsunternehmen mit.

Stellvertretend für die traditionelle Finanzierung öffentlicher Bauprojekte wird auf die Finanzierung kommunaler Bauprojekte eingegangen.

„Im Haushaltsrecht der Gemeinden ist vorgeschrieben, dass die Haushaltspläne in einen Verwaltungs- und einen Vermögenshaushalt aufgegliedert werden. Diese Zweiteilung dient der Hervorhebung der laufenden und der investiven Ausgaben. Vereinfachend kann gesagt werden, dass im Verwaltungshaushalt die laufenden Einnahmen und Ausgaben und im Vermögenshaushalt die

---

[50] Jürgens, H.W.: Projektfinanzierung, Neue Institutionenlehre und ökonomische Realität, Gabler-Verlag: Wiesbaden 1994, S. 8 f.
[51] Wolf, H.J./Mundorf. H.B.: a.a.O., S. 102

Investitionen und ihre Finanzierungen dargestellt werden. Kredite dürfen nur im Vermögenshaushalt und nur für Investitionen aufgenommen werden."[52]

Zwischen den beiden Haushalten besteht die Wechselbeziehung, dass der Verwaltungshaushalt im Regelfall einen Überschuss erwirtschaften soll, der dem Vermögenshaushalt zugeführt wird. Der Überschuss muss eine Mindesthöhe erreichen und muss die Kreditbeschaffungskosten und die Kredittilgungen decken.

Werden bei öffentlichen Bauprojekten Benutzungsgebühren erhoben, dann fließen diese in den Vermögenshaushalt ein und stehen zu weiteren investiven Zwecken zur Verfügung. Soweit keine Landes- oder Bundeszuschüsse für die Investitionen zu erwarten sind, bestimmen daher diese laufenden Einnahmen und die neuaufgenommenen Kredite die Investitionshöhe.

„Gleichzeitig legen die kommunalen Aufsichtsbehörden die Verschuldungsmöglichkeiten einer Gemeinde unter anderem nach den laufenden Einnahmen der letzten zwei bis drei Jahre fest."[53]

Kredite der Kommunen, sog. Kommunalkredite, können daher nur im Rahmen der Leistungsfähigkeit der Gemeinde aufgenommen werden.

Bedingt durch die schon länger anhaltende Konjunkturschwäche und die damit zusammenhängenden Einnahmenausfälle und bedingt durch die steigenden Ausgaben – besonders auch in den Sozialbereichen – hat sich in letzter Zeit die Schere zwischen Einnahmen und Ausgaben bei den Kommunen immer vergrößert. Dies gilt im Übrigen nicht nur für die Gemeinden, sondern ebenso für die Länder und den Bund.

Zudem kommt, dass sich die Gebietskörperschaften bis an die Grenzen verschuldet haben, welche die Einhaltung der Schuldenkriterien des Maastrichter Vertrags gefährden. Dies alles hat dazu geführt, dass Ausgaben für öffentliche Bauprojekte stark geschrumpft sind. Demgegenüber steht ein immenser Baubedarf und zwar sowohl im Hinblick auf neue Bauwerke, als auch im Hinblick auf die Verbesserung und den Ersatz des Bestandes.

„Aktuelle Problemfelder sind u.a.

- Beseitigung von Altlasten (Sanierung von Altstandorten bzw. Altablagerungen),
- Müllverbrennungsanlagen,
- Erneuerungsinvestitionen bei Kanalisationsnetzen,
- neue Klär- und Entwässerungsanlagen,
- Umrüstung vorhandener Kläranlagen (Verbesserung der Klärleistung),
- Bau von Regenwasser-Rückhaltebecken,
- Trennung von wiederverwertbarem Müll (Recycling, Kompostierung),
- Verbesserung des Wohnumfeldes,
- Rekultivierung von Industrie- und Gewerbebrachen,
- Ausbau und Erhaltung kommunaler Verkehrsinfrastruktur (öffentlicher Personennahverkehr, Bau von Straßen, Einrichtung von Parkflächen bzw. Parkhäusern, verkehrslenkende bzw. verkehrsberuhigende Maßnahmen)."[54]

Um das Problem „hoher Baubedarf und öffentliche Finanzknappheit" zu lösen, wurden mehrere Maßnahmen diskutiert und in der Praxis zum Teil umgesetzt, wie z.B.:

- Steuer und- Gebührenerhöhungen zur Verbesserung der Einnahmeseite,
- Übertragung von staatlichen Aufgaben an private Unternehmen,
- Privatisierung von Unternehmen, welche sich im Eigentum der öffentlichen Hand befinden.

---

[52] Kirchhoff, U./Müller-Godeffroy, H.: Finanzierungsmodelle für kommunale Investitionen, 6. erweiterte und überarbeitete Auflage, Deutscher Sparkassenverlag GmbH: Stuttgart 1996, S. 15
[53] Kirchhoff, U./Müller-Godeffroy, H.: a.a.O., S. 15
[54] Kirchhoff, U./Müller-Godeffroy, H.: a.a.O., S. 9 f.

Auf diese Maßnahmen wird nicht eingegangen, da sie vorwiegend wirtschafts- bzw. ordnungspolitische Gesichtspunkte berühren.

Neben diesen Maßnahmen werden auch Möglichkeiten gesucht und angewendet, um die Zusammenarbeit zwischen der öffentlichen Hand und den privatwirtschaftlichen Unternehmen wirkungsvoller zu gestalten. Grundlage dieser Zusammenarbeit ist eine frei ausgehandelte privatrechtliche Vereinbarung zwischen einer Kommune und z.B. einem Projektentwickler in Form einer Public Private Partnership. Es sind vorwiegend zwei Schwerpunkte, welche die genannten Vereinbarungen betreffen, nämlich:

„ • der Einsatz von Know-how in der Projektentwicklung und Projektsteuerung, also von qualifiziertem Fachpersonal.

• der Einsatz von Finanzmitteln und die (zumindest teilweise) Kostenübernahme für kommunale Bauten und Erschließung."[55]

Streng genommen ist die Zusammenarbeit zwischen öffentlicher Hand und Privaten nichts Neues, denn auf das Know-how vieler Planungs- und Ausführungsbeteiligten wurde schon immer zurückgegriffen. Die Neuerung besteht im ganzheitlichen Ansatz und der Bündelung der Einzelleistungen von Planung und Ausführung. Enges Zusammenwirken zwischen öffentlicher Hand und Unternehmen der freien Wirtschaft findet aber auch im zunehmenden Maße im Finanzierungsbereich statt.

Im Folgenden werden einige Modelle dieses Zusammenwirkens vorgestellt.

2.2.2.2.2 Neuere Formen der Projektfinanzierung

Leasing-Finanzierung

Bei kommunalen Leasing-Modellen werden Anlagen und Gebäude (z.B. kommunale Verwaltungsgebäude) von Privaten entwickelt, finanziert und gebaut und anschließend an kommunale oder sonstige Gebietskörperschaften geleast. An die Stelle der Bereitstellung von öffentlichen Bauobjekten durch einen Eigenfertigung tritt hier eine Leasingrate. Eigentlich sind diese Leasing-Geschäfte im kommunalen Bereich seit langem üblich. So mieten oder pachten Gemeinden technische Geräte, aber auch Gebäude, wenn diese nur eine kurze Zeit benutzt werden sollen. Lediglich die Bedeutung der Leasing-Geschäfte hat sich wesentlich erhöht.

„Heute werden im kommunalen Bereich bereits Immobilienobjekte wie Verwaltungsgebäude, Parkhäuser und Kraftwerke durch Leasing finanziert. Im Entsorgungsbereich bietet sich die Leasing-Finanzierung insbesondere in den neuen Bundesländern bei sogenannten Container-Anlagen, die für die Erschließung von neuen Gewerbegebieten bzw. zur Entsorgung in kleineren Kommunen benötigt werden."[56] Außerdem bieten die Leasinggesellschaften den Kommunen zusätzliche Nebenleistungen an wie z.B. Projektmanagement oder Facility-Management. Durch die Realisierung von Bauprojekten mit diesem privat-wirtschaftlichem Know-how können die Leasinggesellschaften Konditionen anbieten, die insgesamt günstiger als die Konditionen der Kommunalkredite sind. Darüber hinaus wird auch die Finanzierungsintensität erhöht, d.h. der Eigenkapitalanteil kann geringer oder ganz ausfallen.

Finanzierung über Immobilienfonds

Bei diesem Modell beteiligt sich die Gemeinde an dem Eigenkapital eines geschlossenen Immobilienfonds, um ein bestimmtes Bauprojekt zu finanzieren. "Nach geltendem Kommunalrecht dürfen sich Gemeinden nur an Gesellschaften beteiligen, deren Haftung beschränkt ist. Deshalb bietet sich

---

[55] vgl. Schriever, W.: Projektentwicklung als kommunale Handlungsstrategie; in: Schulte, K.W. (Hrsg.): Handbuch der Immobilienprojektentwicklung, Rudolf Müller Verlag: Köln 1996, S. 375
[56] Kirchhoff, U./Müller-Godeffroy, H.: a.a.O., S. 52

für den zu gründenden geschlossenen Immobilienfond die Rechtsform einer GmbH&CoKG an."[57] Die Gemeinde fungiert als Kommanditist und kann damit auch eine Kontrollfunktion wahrnehmen. Die private Finanzierung erfolgt durch den Anteilskauf privater Personen und durch die Bereitstellung von Fremdkapital durch ein oder mehrere private Kreditinstitute. Über einen Leasing-, Miet- oder Pachtvertrag erhält die Kommune die Nutzung des Bauprojektes.

Finanzierung durch Projektgesellschaften

Bei der Finanzierung von öffentlichen Bauprojekten beteiligen sich auch öffentlich-rechtliche Gebietskörperschaften an den zu gründenden privaten Projektgesellschaften. Ihre Beteiligung liegt allerdings in aller Regel unter 50 %.

Damit ergibt sich folgende Struktur:[58]

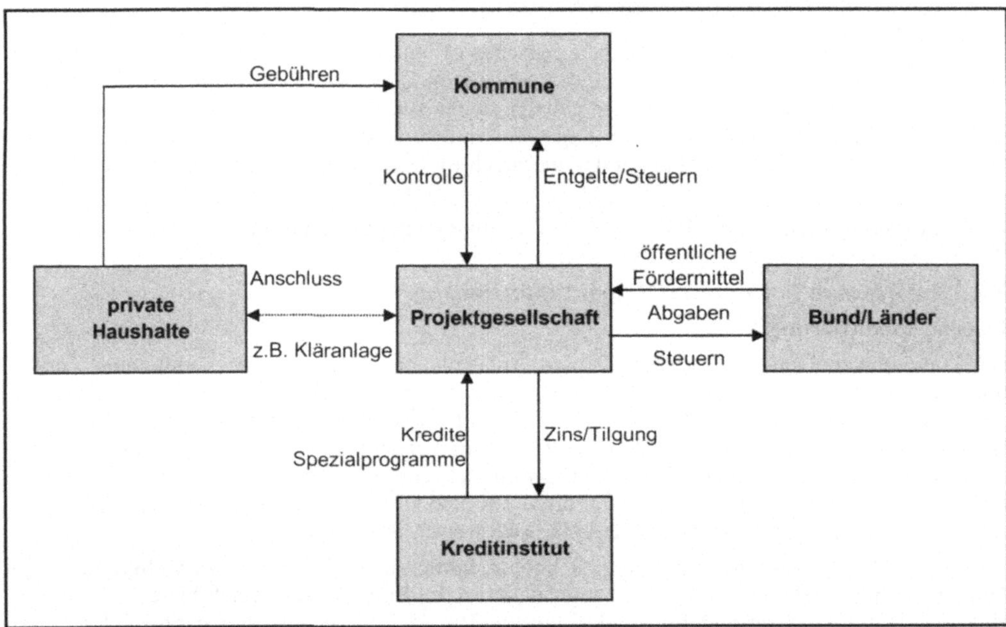

Bild D-11 Organisation einer Finanzierung von öffentlichen Bauprojekten

Die Projektgesellschaft wird in der Rechtsform eines privaten Unternehmens geführt wird. Dadurch stehen ihr bei der Durchführung des Bauprojektes alle Formen der klassischen Finanzierung, aber auch kommunalgesicherte Darlehen oder öffentliche Fördermittel zur Verfügung. Beteiligt sich eine Gemeinde mit mehr als 51 % an der privaten Projektgesellschaft, dann spricht man von einem Kooperationsmodell.[59]

Die restlichen Anteile werden von einem oder mehreren privaten Investoren gehalten. Durch die Mehrheit an der Kooperationsgesellschaft hat die Gemeinde neben der Nutzung von privatem Kapital und vom privaten Know-how jederzeit die Möglichkeit, in allen Projektphasen Einfluss zu nehmen.

---

[57] vgl. Kirchhoff, U./Müller-Godeffroy, H.: a.a.O., S. 61
[58] Kirchhoff, U./Müller-Godeffroy, H.: a.a.O., S. 49
[59] vgl. Kirchhoff, U./Müller-Godeffroy, H.: a.a.O., S. 104

In diesem Zusammenhang sei auch erwähnt, dass die Organisation einer Projektgesellschaft der öffentlichen Hand auch vergaberechtliche Spielräume gibt. So ist man an die Vergabevorschriften der VOB/A nicht mehr gebunden und kann einen größeren Verhandlungsspielraum nutzen.

Finanzierung durch Joint-Venture-Beteiligung eines Kreditinstitutes

Eine weitere Variante ist gegeben, wenn eine Kommune mit einem Finanzinstitut eine Projektgesellschaft gründet. Die private Finanzierung dieses öffentlichen Bauprojektes erfolgt durch das Kreditinstitut. Die Kommune kann der Projektgesellschaft bestimmte Hilfestellungen geben, z.B. bei der Grundstücksbeschaffung durch Abschluss eines Erbbaurechtsvertrages. Die Planungshoheit und die spätere Nutzung des Objekts verbleiben ausschließlich bei der Kommune. Die Nutzung wird durch einen Miet-/Pachtvertrag geregelt.

Finanzierung durch Betreiber-Modelle

Eine spezielle Variante der Projektfinanzierung – und diese ist für die Bauwirtschaft von besonderem Interesse – sind die sog. Betreiber-Modelle. Auf diese wurde in Punkt B 1.2.4 bereits kurz hingewiesen. Ein großer Unterschied zwischen den bislang dargestellten Formen der Projektfinanzierung und den Betreibermodellen besteht in der Bauherrenfunktion. Bei den bisherigen Modellen lag die Bauherrenfunktion bei der öffentlichen Hand und zwar indirekt auch dann, wenn sie an einer Projektgesellschaft beteiligt ist. Bei Betreibermodellen hingegen übernimmt ein privates Unternehmen die Bauherrenfunktion.[60] Betreibermodelle werden vor allem bei der Finanzierung von Infrastrukturprojekten angewendet, wie z.B. Fernstraßenbau.

Seit einigen Jahren bestehen in Deutschland die rechtlichen Voraussetzungen, um über echte Betreibermodelle mit Mauterhebung Projekte im Bundesfernstraßenbau weitgehend privat finanzieren zu können. Grundlage hierbei ist das Fernstraßenbau-Privatfinanzierungsgesetz. Dabei wird durch das Recht zur Erhebung von Mautgebühren die Möglichkeit eröffnet, privaten Initiatoren die Entwicklung, Planung, Herstellung, Erhaltung, Betrieb und Finanzierung von Bundesfernstraßenprojekten zu übertragen, wobei die Refinanzierung der Bau- und Finanzierungskosten ebenso unmittelbar vom Nutzer übernommen wird wie die Kosten für Betrieb, Erhalt und Unterhaltung. Dieses Gesetz beschränkt das Betreibermodell auf Brücken, Tunnel und Gebirgspässe im Zuge von Bundesautobahnen und Bundesstraßen sowie auf autobahnähnlich ausgebaute „zweibahnige" Bundesstraßen.

Aber auch andere Projekte werden mittlerweile in Form von Betreibermodellen finanziert. Stellvertretend für viele Beispiele wird hier das „Niedersächsische Betreibermodell für Kläranlagen" genannt.

„Anfang der achtziger Jahre entwickelte das Niedersächsische Ministerium für Wirtschaft, Technologie und Verkehr unter der Leitung der Treuhand-Präsidentin Birgit Breuel ein Betreibermodell für Kläranlagen. Es entlastet die Kommunen von einer komplexen und komplizierten Aufgabe, befreit sie von einer schweren Finanzierungslast, schafft damit Raum für andere Investitionen und ist für die Bürger nicht mit Mehrkosten verbunden. [...]

Ein privater Betreiber plant, finanziert, baut und betreibt die zur Reinigung des Abwassers notwendigen Anlagen. Aber die Landeswassergesetze ziehen auch eine klare Grenze: Die Kommune ist öffentlich-rechtlich weiterhin für die Abwasserbeseitigung zuständig. Ebenso unumstößlich ist die Vorgabe, dass die Verlagerung von der Kommune auf einen privaten Träger keine Nachteile für die abgabepflichtigen Kunden bringen darf. [...]

Zu den Vertragsbedingungen. Kommune und Betreiber legen vertraglich alle Leistungen und Pflichten fest: Vergütung für die Abwasserreinigung, Aufsichts- und Kontrollrechte, Haftung, Kündigung und Rückgabe der Kläranlage an die Kommune (sog. Heimfall). Zwischen beiden

---

[60] vgl. Gaiser, H.: Betreibermodelle aus dem Verkehrs- und Abwasserbereich; in: Private Finanzierung öffentlicher Bauvorhaben; Schriftenreihe des Bayrischen Bauindustrieverbandes, Nr. 16: München 1992, S. 37 f.

steht ein paritätisch besetzter und von einem Neutralen geleiteter Beirat, der berät und bei Bedarf Empfehlungen aussprechen kann.

Die Kommune erhält Kenntnis von dem zwischen dem Betreiber und der kreditgewährenden Bank abgeschlossenen Kreditvertrag. Sie wird darüber hinaus regelmäßig darüber informiert, ob der Betreiber den vereinbarten Zins- und Tilgungsplan einhält. Beim Heimfall der Kläranlage durch eine außerordentliche Kündigung des Betreibervertrages ist die Kommune berechtigt, anstelle des Betreibers in den Kreditvertrag mit der Bank einzutreten."[61] Durch den Vertrag erhält die Projektgesellschaft das Recht, das Projekt für eine bestimmte Zeit zu betreiben und dafür Gebühren zu verlangen.

Beim Betreibermodell muss noch auf die komplexe Zusammensetzung der Projektgesellschaft hingewiesen werden, die z.B. bei großen Verkehrsanlagen, wie Mautstraßen, notwendig ist. „Aufgrund der Komplexität eines BOT-Projektes ist klar, dass eine solche Paketlösung von einem einzelnen Bauunternehmen nicht erbracht werden kann. Vielmehr bedarf es der Bildung eines Konsortiums von Unternehmen aus verschiedenen Branchen, die jeweils Spezialisten auf ihrem Gebiet sind und auf eine entsprechende Reputation verweisen können. An solch einem Konsortium sind meist lokale Bauunternehmen und je nach Größe des Projektes, weitere internationale Baufirmen beteiligt sowie Unternehmen, die sich auf den Betrieb von Mautstraßen konzentrieren. Als weitere Partner kommen im Falle einer Mautstraße beispielsweise Raffinerien und Hotelketten in Frage, die ein Tankstellen- bzw. Hotelnetz entlang der Straße errichten wollen. Darüber hinaus mögen Finanzinstitutionen wie z.B. Versicherungen und Fonds zu den Sponsoren stoßen, die in dem Projekt eine profitable Geldanlage sehen. Aber auch Banken sind zunehmend bereit, nicht nur Fremdkapital bereitzustellen, sondern als Aktionäre in die Projektgesellschaft einzutreten, um auf diese Weise ihre Kunden zu unterstützen."[62]

Es haben sich zwischenzeitlich mehrere Sonderformen vom ursprünglichen Betreibermodell gebildet. Eine Auswahl wird an dieser Stelle kurz genannt.

Solche Modelle sind: [63]

- *BOT-Modell*: „Der Staat vergibt eine Lizenz zum Bau und Betrieb einer Mautstraße, Kläranlage etc. für eine bestimmte Periode, wobei nach Ablauf der Konzessionszeit das Projekt wieder an den Staat zurückgeht. Private bauen (Build) und betreiben (Operate) das Projekt und übertragen (Transfer) es danach zurück an den Staat."
- *BOOT-Modell*: Hier ist das Projekt für die Dauer der Konzession Eigentum des Konzessionsnehmers (Build-Own-Operate-Transfer)
- *BOO-Modell*: Hier fällt das Projekt nicht an den Staat zurück, die Infrastruktur wird endgültig privatisiert (Build-Own-Operate)"

Für den Staat ergibt sich bei Anwendung der Betreibermodelle der große Vorteil, dass das Projekt durch privates Kapital finanziert wird und damit die öffentlichen Vermögenshaushalte entlastet werden. Die öffentlichen Hände können zur Finanzierung der Bauprojekte beitragen und zwar durch Bereitstellen von Kommunalkrediten, durch Vermittlung von öffentlichen Finanzierungshilfen und durch Übernahme von Bürgschaften. Neben dem Finanzierungseffekt sind aber auch noch weitere Effizienzvorteile notwendig, um auch langfristig einen volkswirtschaftlichen Nutzen zu erzielen. Anderenfalls könnte der Eindruck entstehen, es handelt sich nur um eine Verlagerung der Finanzierungsverpflichtungen der öffentlichen Hände in die Zukunft.

Beteiligen sich bei den genannten Modellen bauausführende Unternehmen als Sponsoren, dann sind damit eine Reihe von Risiken und Chancen verbunden. Deshalb sind bei dieser Entscheidung folgende Fragen zu beantworten:

---

[61] Gaiser, H.: a.a.O., S. 37 f.
[62] Wolff, H.J./Mundorf, H.B.: a.a.O., S. 102
[63] vgl. hierzu Wolff, H.J./Mundorf, H.B.: a.a.O., S. 100 ff.

- Wie viel Kapital möchte das Bauunternehmen einbringen?
- Möchte es die Stimmrechtsmehrheit in der Projektgesellschaft?
- Sollen Finanzinvestoren Aktionäre einer Projektgesellschaft sein?
- Wie lange ist das Kapital in dem Projekt gebunden?
- Welche Rendite erwirtschaftet das Projekt?
- Kann das Eigenkapital gegen politische Risiken – wie z.B. Enteignung – versichert werden und stehen die Versicherungsprämien in einem vernünftigen Verhältnis zu dem Risiko?
- Besteht die Möglichkeit, die Projektgesellschaft an der Börse notieren zu lassen, um damit die Anteile gewinnbringend veräußern zu können?"[64]

3 Finanzwirtschaftliche Entscheidungen

3.1 Entscheidungskriterien

3.1.1 Entscheidungskriterien der Eigen- und Fremdkapitalgeber

Interessen der Eigenkapitalgeber

Zur Unternehmens- und Projektfinanzierung werden Eigenkapitalgeber nur dann Kapital bereitstellen, wenn sie überzeugt sind, dass sie damit eine bestimmte Mindestverzinsung ihres eingesetzten Kapitals erreichen. Mit diesem Entschluss gehen die Eigenkapitalgeber das Risiko ein, dass durch eintretende Verluste oder gar durch die Insolvenz das Eigenkapital aufgezehrt wird. Dabei ist zu berücksichtigen, dass sie eine grundsätzlich andere Stellung als Fremdkapitalgeber in Gläubigerstellung einnehmen. Dies bedeutet, dass Eigenkapitalgeber nur dann zur Investition ihres Kapitals bereit sind, wenn die erwartete Eigenkapitalrendite auch eine Prämie für dieses Risiko enthält.

Interessen der Fremdkapitalgeber

Fremdkapitalgeber stellen zur Unternehmens- bzw. Projektfinanzierung auf der Grundlage eines Kreditvertrages nur dann Geld zur Verfügung, wenn sie entsprechende Zinsen bekommen und wenn gewährleistet ist, dass die Zins- und Tilgungszahlen auch tatsächlich entsprechend der vertraglichen Vereinbarungen geleistet werden.

Diese Zahlungen hängen bei der Unternehmensfinanzierung vom wirtschaftlichen Erfolg des Unternehmens ab. Bei der Projektfinanzierung beteiligen sich Kreditgeber nur dann an der Finanzierung, wenn sie von der Rentabilität des Projektes überzeugt sind bzw. überzeugt werden können.

Sowohl bei der Unternehmens- als auch bei der Projektfinanzierung bestehen für die Fremdkapitalgeber z.T. erhebliche Risiken. Deshalb verlangen sie regelmäßig, dass ihre Kredite entsprechend gesichert sind. Bei der Unternehmensfinanzierung sind hierfür alle im Punkt D 2.1.3 beschriebenen Sicherheiten üblich. Vor allem sind die im Unternehmen vorhandenen

---

[64] vgl. Wolff, H.J./Mundorf, H.B.: a.a.O., S. 115

Vermögensgegenstände als dingliche Sicherheiten von großer Bedeutung. Bei der Projektfinanzierung hingegen sind gerade diese dinglichen Sicherheiten häufig nicht vorhanden.

„Das Problem ist hier, dass ein Heranziehen der Vermögensgüter eines Projektes beispielsweise einer Transportinfrastruktur, eines Kraftwerks oder einer Ölfördereinrichtung aufgrund ihres in der Regel niedrigen Wiederverwertungswertes keine für die Kreditbegebung einer Bank ausreichende Sicherheit bietet [...]. Der Wert des einer Projektfinanzierung zugrundeliegenden Vermögensgutes ist für eine dritte Partei minimal, wenn diese nicht selbst das Projekt übernehmen und durchführen will."[65]

Das hat Konsequenzen. Zum einen wird der Fremdkapitalgeber bei der Projektfinanzierung verstärkt auf das finanzielle Engagement der Eigenkapitalgeber der Projektgesellschaft achten, sodass 30 % oder gar 50 % Eigenkapitalquote keine Seltenheit sind. Der geforderte Eigenkapitalanteil wird umso größer sein, je höher die wirtschaftlichen und technischen Risiken des Bauprojektes beurteilt werden. Zum anderen werden mehrere Kreditsicherheiten durch Kreditverträge vereinbart.

„Die Kreditsicherheiten umfassen im Wesentlichen:

- nachrangige Darlehen der Sponsoren zur Abdeckung von Kostenüberschreitungen,
- die Verpfändung der Aktiva des Projektes,
- die Abtretung der Einnahmen und Verpfändung der Konten der Projektgesellschaft und
- die Übereignung der Rechte des Kreditnehmers aus den relevanten Projektverträgen wie Konzessionsvertrag, Bauvertrag, Betreibervertrag, Versicherungspolicen etc.,
- Verpfändung der Gesellschafteranteile der Sponsoren.

Die Aufzählung der obigen Sicherheiten mag den Eindruck erwecken, als könnten sich die Banken durch Abtretung aller nur erdenklichen Aktiva des Projektes wirkungsvoll absichern. Diese Mutmaßung ist falsch. Sollte beispielsweise eine Mautautobahn ihren Schuldendienst nicht mehr leisten können, nutzen die obengenannten Sicherheiten wenig, die ausstehenden Kredite zu tilgen. Bei der Straße handelt es sich um eine spezifische Investition und wenn das Verkehrsvolumen nicht ausreichend ist, sind die Banken im Prinzip in der gleichen Situation wie ein Investor. Aus diesem Grund tragen bei einer Projektfinanzierung beide – Fremdkapitalgeber wie Investoren – unternehmerisches Risiko."[66]

Als Ergebnis kann man feststellen: Sowohl bei der Unternehmens- als auch bei der Projektfinanzierung sind die maßgeblichen Entscheidungskriterien der Fremdkapitalgeber die Erzielung einer maximalen Rentabilität bei gleichzeitiger Minimierung des Kreditrisikos.

3.1.2 Entscheidungskriterien beim Aufbau der vertikalen Kapitalstruktur eines Unternehmens

In der Literatur wird zwischen einer vertikalen Kapitalstruktur und einer horizontalen Kapital-Vermögensstruktur unterschieden. Die vertikale Kapitalstruktur beinhaltet die optimale Zusammensetzung des Gesamtkapitals aus Eigen- und Fremdkapital. Sie hat keine unmittelbare Beziehung zum Vermögen, d.h. zur Verwendung der finanziellen Mittel (Kapital-Vermögensstruktur). Bei der optimalen Zusammensetzung des Gesamtkapitals müssen folgende Entscheidungskriterien beachtet werden:

- Maximierung der Eigenkapitalrentabilität
- Liquidität

---

[65] Jürgens, H.W.: a.a.O., S. 10
[66] Wolff, H.J./Mundorf, H.B.: a.a.O., S. 109

- Minimierung der Finanzierungsaufwendungen
- Unabhängigkeit
- finanzielle Dispositionsfreiheit

Im Folgenden wird auf die genannten Kriterien näher eingegangen.

Maximierung der Eigenkapitalrentabilität

Bei der Maximierung der Eigenkapitalrentabilität ist aber darauf zu achten, dass sich die Kapitalstruktur bzw. der Verschuldungsgrad des Gesamtkapitals eines Unternehmens bei ungünstiger Konstellation von Fremdkapitalzins und Gesamtrentabilität ebenso ungünstig auf die Eigenkapitalrentabilität auswirken kann. Dieses Phänomen drückt der Leverage-Effekt aus. Dieser besagt, dass jeder zusätzliche Einsatz von Fremdkapitalanteilen solange die Eigenkapitalrentabilität erhöht, wie der dafür zu zahlende Fremdkapitalzins geringer ist als die Gesamtkapitalrentabilität. D.h. der mit dem Gesamtkapital erwirtschaftete Ertrag ist größer als die Fremdkapitalkosten. Ist der gegensätzliche Fall gegeben, also der Fremdkapitalzins ist höher als die Gesamtrentabilität, wirkt sich das negativ auf die Eigenkapitalrentabilität aus.

Aus dieser Beziehung lässt sich ableiten, dass eine Gewinnmaximierung nicht zwangsläufig kompatibel mit der Maximierung der Gesamtkapitalrentabilität ist, um damit auch die Eigenkapitalrentabilität zu maximieren. Eine Maximierung der Gesamtrentabilität führt also nur dann zur Gewinnmaximierung, wenn die Kosten für das Fremdkapital niedriger als die Verzinsung des Gesamtkapitals sind.[67] Daher ist die Maximierung der Eigenkapitalrentabilität kompatibel mit der Prämisse der Gewinnmaximierung. Der zusätzliche Einsatz von Fremdkapital ist solange vorteilhaft, bis der feste Fremdkapitalzins gleich der Gesamtkapitalrentabilität ist.

Unter der Prämisse der Maximierung der Eigenkapitalrentabilität ist die zugrunde liegende Eigenkapitalquote ein bedeutender Werthebel. Das materielle Risiko wird aber bei einer umso höheren Eigenkapitalquote im gleichen Zug überproportional steigen. Eine Änderung muss mit den individuellen und materiellen Risikoeinstellungen der Entscheidungsträger im Einklang stehen. Dabei sind noch folgende konkrete Sachverhalte zu berücksichtigen:

- Bei den Unternehmen der Bauwirtschaft schwankt im besonderen Maße die jährliche wirtschaftliche Ertragskraft.
- Der Zinssatz für Fremdkapital ist nicht konstant, sondern marktabhängig.

Liquidität

Die Liquidität ist nur dann gesichert, wenn alle fälligen Zahlungsverpflichtungen – und hier vor allem auch die Belastungen aus der Fremdfinanzierung – durch den Zahlungsmittelbestand gedeckt sind. Dieses hat eine existenzentscheidende Bedeutung, denn die Zahlungsunfähigkeit eines Unternehmens ist ein Grund, dass auf Antrag des Gläubigers – und gegebenenfalls auch des Schuldners – ein Insolvenzverfahren eröffnet wird.

In der Literatur unterscheidet man zwischen einer statischen und dynamischen Liquidität. Die statische Liquidität ist dann gegeben, wenn die verfügbaren Zahlungsmittel ausreichen, um die sofort fälligen Verbindlichkeiten zu begleichen. Die dynamische Liquidität hingegen ist dann gesichert, wenn alle vorgesehenen Zahlungsverpflichtungen mit allen vorgesehenen verfügbaren Zahlungsmitteln beglichen werden können. Die vorgesehenen verfügbaren Zahlungsmittel können resultieren aus:

- Anzahlungen und Schlusszahlungen des Bauherrn
- Liquidierung einzelner Vermögensgegenstände, die zur Produktion nicht benötigt werden
- Bereitschaft von Kreditgebern, im Bedarfsfall noch Kredite zu gewähren

---

[67] vgl. Wöhe, G.: a.a.O., S. 49

In Bezug auf die optimale Liquidität muss auf den Zielkonflikt zwischen Rentabilität und Liquidität hingewiesen werden. Dieser Konflikt besteht darin, dass Liquidität und Rentabilität negativ korreliert sind, d.h. eine hohe Liquidität bedeutet geringe Rentabilität als möglich und umgekehrt.

„Jedes rational handelnde Unternehmen ist bemüht, die aus ihrer Tätigkeit resultierenden Einnahmen und Ausgaben (bzw. Ein- und Auszahlungen) so zu gestalten, dass ihre Liquidität bei möglichst niedriger Geldhaltung gesichert ist."[68]

Minimierung der Finanzierungsaufwendungen

Ein Auswahlkriterium bei der Beurteilung von Finanzierungsalternativen sind die Finanzierungsaufwendungen. Welche Finanzierungsaufwendungen anfallen können, wird am Beispiel des Kontokorrentkredits und am Beispiel eines Annuitätendarlehens gezeigt.

Beispiel eines Kontokorrentkredits

Die Zahlenangaben sind Mittelwerte und im Einzelfall variieren diese in Abhängigkeit vom Kreditinstitut, von der Marktlage und dem Kunden. An Aufwendungen fallen in der Regel an:

1. Kreditzinsen
   Sie hängen ab von dem jeweiligen Basiszins[69], von den Marktverhältnissen und der Unternehmenspolitik der Bank. Die Kreditzinsen liegen in der Regel 4 % über dem Basiszins.
2. Kreditprovision
   Die Kreditprovision wird im Prozentsatz des zugesagten Kreditrahmens berechnet. Sie beträgt ca. 3 % vom Kreditrahmen.
3. Umsatzprovision
   Sie ist das Entgelt für die Bankdienstleistung und sie wird von der jeweils größeren Umsatzseite des Kontos berechnet. Konten mit sehr hohen Umsätzen werden u.U. auch provisionsfrei geführt.
4. Überziehungsprovision
   Sie wird berechnet, wenn der Kreditnehmer den vereinbarten Kreditrahmen überschreitet. Sie beträgt ca. 3 % pro Jahr. Für Überziehungen werden häufig zusätzliche Sicherheiten vereinbart.
5. Nebenkosten
   Hier werden Porto, Kosten von Vordrucken, Kosten für Auskünfte, Grundbuchkontrolle usw. berechnet.

Beispiel eines Annuitätendarlehens

Bei langfristigen Krediten, z.B. bei Darlehen, geht es nicht nur um die (Nominal-) Zinsen, sondern es müssen auch der Ausgabe- und Rückzahlungskurs sowie Gebühren/Provisionen, die Art der Zinsberechnung und die Regelung der Kapitaltilgung in den Aufwandsvergleich einbezogen werden. Welchen Einfluss die Regelung der Kapitaltilgung auf die zu zahlenden Gesamtzinsen hat, soll durch folgende Alternativen verdeutlicht werden.[70]

---

[68] Büschgen, H.E.: a.a.O., S. 340
[69] Basiszins = Diskontsatz-Ersatz gemäß Diskont-Überleitungs-Gesetz
[70] Reich, V. E.: Investieren und finanzieren, 3. überarbeitete und ergänzte Auflage, Deutscher Sparkassenverlag GmbH: Stuttgart 1992, S. 76 ff.

Für die Finanzierung eines Gerätes liegen folgende Kreditangebote vor:

Alternative I : Tilgung in Annuitäten beim Annuitätendarlehen

Kreditbetrag	60 000 EUR
Zinssatz	8% p.a.
Tilgung	in 5 Annuitäten zu je 15 027,39 EUR
Zahlungsweise	jeweils am Jahresende

Jahr	Kreditbestand (am Jahresanfang)	Tilgung (Zahlung am Jahresende)	Zinsen	Kapitaldienst
1	60 000	10 227	4 800	15 027
2	49 773	11 046	3 982	15 027
3	38 727	11 929	3 098	15 027
4	26 798	12 884	2 144	15 027
5	13 914	13 914	1 113	15 027
Summe	189 221*	60 000	15 137	75 137

* Durchschnittlicher Kreditbestand: 37.842.-

Alternative II : Tilgung in gleichen Periodenraten beim Abzahlungsdarlehen

Kreditbetrag	60 000 EUR
Zinssatz	8 % p.a.
Tilgung	in 5 gleichen Jahresraten
Zahlungsweise	Tilgungs- und Zinszahlung jeweils am Jahresende

Mit diesen Konditionen sind die Kapitaldienstverpflichtungen betraglich und zeitlich wie folgt verteilt:

Jahr	Kreditbestand (am Jahresanfang)*	Tilgung (Zahlung am Jahresende)	Zinsen	Kapitaldienst
1	60 000	12 000	4 800	16 800
2	48 000	12 000	3 840	15 840
3	36 000	12 000	2 880	14 880
4	24 000	12 000	1 920	13 920
5	12 000	12 000	960	12 960
Summe	180 000	60 000	14 400	74 400

* Durchschnittlicher Kreditbestand: 36 000

Bild D-12 Gegenüberstellung der Konditionen bei Annuitäten- und Abzahlungsdarlehen

Bei Darlehensangeboten liegen die genannten Aufwandsarten in unterschiedlichen Ausprägungen vor. Deshalb wurde eine einheitliche Messgröße geschaffen, um Alternativen vergleichen zu können. Es handelt sich um den Effektivzins. Dieser wird in der Praxis mit einer relativ komplizierten mathematischen Formel auf der Basis der internen Zinsfußmethode errechnet und muss bei Kreditverhandlungen vom Kreditinstitut angegeben werden.

Als Schätzgröße mit ausreichend genauer Berechnung des Effektivzinssatzes kann folgende Faustformel verwendet werden.

$$p_{eff} = \frac{p \times 100}{C_o} + \frac{C_n - C_0}{n}$$

wobei:

p_{eff} = Effektivverzinsung
p = Nominalzinsfuß   z.B.:   10 %
n = Laufzeit   z.B.:   10 Jahre
C_o = Ausgabekurs   z.B.:   97 %
C_n = Rückzahlungskurs   z.B.: 100 %

$$p_{eff} = \frac{10 \times 100}{97} + \frac{100 - 97}{10} = 10,30 + 0,30 = 10,60 \%$$

Dieser Zinssatz beinhaltet die unmittelbaren Konditionen des Darlehens. Daneben fallen noch einmalige Begebungskosten von ca. 2 % und laufende Jahresnebenkosten von ca. 3 % der Darlehenssumme an. Unter Berücksichtigung dieser Kosten erweitert sich die Effektivverzinsung eines Darlehens wie folgt:

	Effektivverzinsung	10,60 % =	10,60 €
+	einmalige Begebungskosten (2 % : 10 Jahre)	0,20 % =	0,20 €
±	laufende Nebenkosten	0,30 % =	0,30 €
		11,10 %	11,10 €

Wird dieser Betrag auf den prozentualen Ausgabekurs, also auf den zur Verfügung stehenden Darlehensbetrag bezogen, dann ergibt sich die endgültige Effektivverzinsung von:

$$\frac{11,10}{97} \times 100 = \underline{\underline{11,45 \%}}$$

Unabhängigkeit

Ein weiteres Kriterium beim Aufbau der Kapitalstruktur ist das Streben der Unternehmensführung nach Unabhängigkeit von den Kapitalgebern. Dies kann soweit gehen, dass Unternehmensführungen von einer rentablen Kapitalbeschaffung Abstand nehmen, wenn an die Bereitstellung des Kapitals Bedingungen geknüpft sind, die ihre Unabhängigkeit beeinträchtigen. Es ist dabei nicht nur an die Unabhängigkeit von Kreditgebern gedacht. Auch Großaktionäre können beispielsweise einen für die Unternehmensführung unbequemen Einfluss ausüben. Das hieraus erwachsende Risiko ist jedoch kaum quantifizierbar, da die Einflussmöglichkeiten der Kapitalgeber von Fall zu Fall sehr verschieden sein können. Dies ist auch abhängig vom Verhältnis zwischen Eigen- und Fremdkapital und insbesondere auch von der Rechtsform des Unternehmens. In diesem Zusammenhang ist wiederum der Leverage-Effekt zu nennen. Zwar kann mit einem hohen Verschuldungsgrad die Eigenkapitalrentabilität erhöht werden. Die Unabhängigkeit wird dadurch aber in der Regel erheblich eingeschränkt. Die Fremdkapitalgeber lassen sich ihre hohe Beteiligung auch mit entsprechender Einflussnahme bezahlen.

Finanzielle Dispositionsfreiheit

Hierunter wird die Möglichkeit verstanden, dass ein Unternehmen kurzfristig die seinem Kapitalbedarf entsprechenden Finanzmittel aufnehmen oder abgeben kann.

Folgende Vorteile sind damit verbunden:

- Bei Veränderung der Zinsstruktur kann teures durch billigeres Kapital ersetzt werden.
- Ein kurzfristig auftretender Kapitalbedarf kann jederzeit abgedeckt werden.
- Durch Rückzahlung von freiem Kapital können Finanzierungsaufwendungen reduziert werden.

Die finanzielle Dispositionsfreiheit hängt unmittelbar vom Potenzial an Sicherheiten ab. Je größer dieses Potenzial ist, desto größer ist die Dispositionsfreiheit. Verfährt das Unternehmen bei der Gewährung von Sicherheiten zu großzügig, wird sie bei kurzfristig auftretendem zusätzlichem Kapitalbedarf große Schwierigkeiten haben.

Zusammenfassend kann festgestellt werden: Ein hoher Anteil von Eigenkapital am Gesamtkapital gibt auch in Krisenzeiten mehr Sicherheit, hebt die Kreditwürdigkeit und stärkt die Unabhängigkeit von Kapitalgebern. Allerdings kann bei guter und langanhaltender Ertragslage mit zusätzlichem Fremdkapital die Eigenkapitalrentabilität erhöht werden. Dabei muss jedoch bedacht werden, dass hiermit u.U. ein erhöhtes Liquiditätsrisiko in Kauf genommen werden muss.

3.2 Organisatorische Einbindung der Investitions- und Finanzentscheidungen

Investitions- und Finanzentscheidungen sind von grundsätzlicher Bedeutung für alle Unternehmen und besonders auch für bauwirtschaftliche Unternehmen. Dies ist ebenso unabhängig von der Größe des Unternehmens als auch unabhängig davon, ob es sich um Unternehmen der Planungsbeteiligten, der Bauausführenden oder der Projektentwickler handelt.

Die genannten Entscheidungen werden einerseits auf der Grundlage von Zukunftserwartungen getroffen und andererseits beeinflussen sie ganz entscheidend die Zukunft des Unternehmens. Daher dürfen solche Entscheidungen nicht aus Augenblicksituationen, gewissermaßen intuitiv, getroffen werden, sondern sie müssen auf der Grundlage von systematischen Überlegungen erfolgen.

Im Mittelpunkt dieser Überlegungen stehen neben der Zielsetzung die Informationen, die zur Verfügung stehen bzw. die erarbeitet werden können.

Je unvollkommener die Informationen sind, und hier handelt es sich häufig um Erwartungen und Prognosen, desto größer sind die Unsicherheiten und Risiken, die mit der Entscheidung zusammenhängen.

Damit trotz dieser Unwägbarkeiten möglichst optimale Entscheidungen getroffen werden, kann man zunächst den Entscheidungsprozess gedanklich in Phasen zerlegen und diese einzeln und die Beziehungen zwischen den Phasen untersuchen. Im Anschluss daran wird es sinnvoll sein, dass man die Tätigkeiten, die sich bei der Phaseneinteilung ergeben, den entsprechenden Organisationseinheiten zuordnet.

In der Literatur werden die Phasen der Entscheidungsprozesse häufig wie folgt unterteilt.[71]

---

[71] vgl. z.B.: Heinen, E. (1985): a.a.O., S. 47 f.; Olfert, K.: a.a.O., S. 64 f.; Wöhe, G.: a.a.O., S. 138 f.

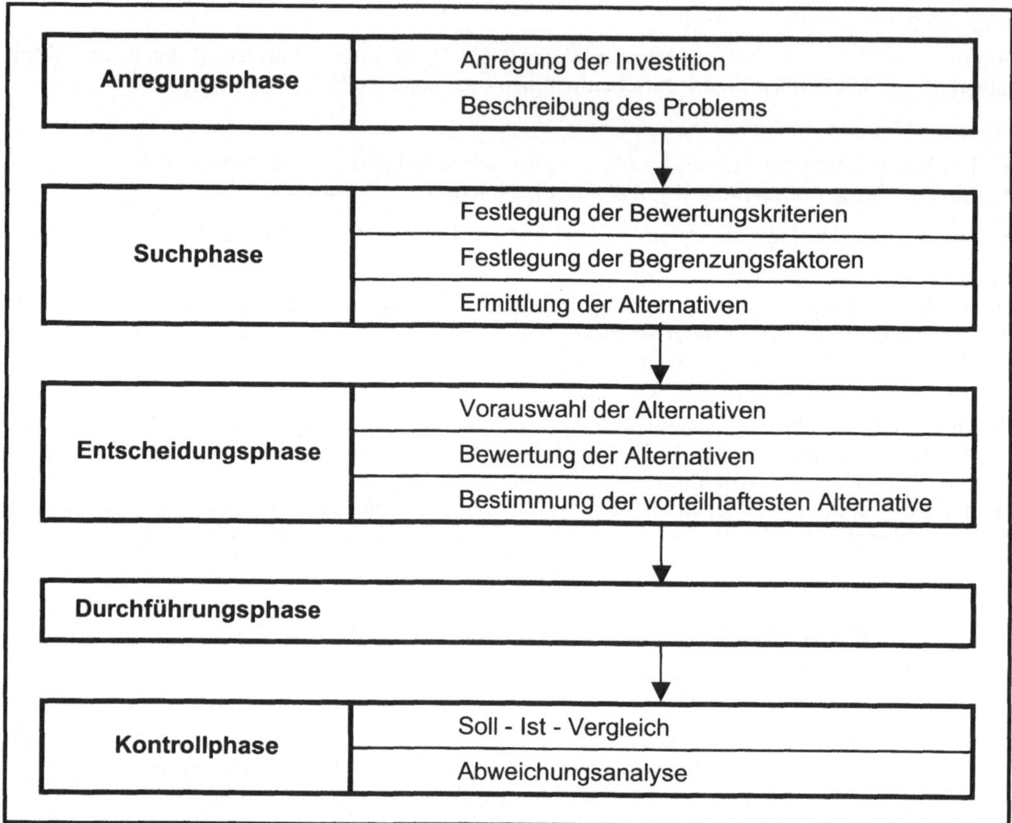

Bild D-13 Phasen des Entscheidungsprozesses

Anregungsphase

In dieser Phase stellt man fest, dass die Ist-Situation in bestimmten Unternehmensbereichen nicht dem gewünschten Sollzustand entspricht. Daher wird man in dieser Phase unter Beachtung des Zielsystems des Unternehmens eine gewissenhafte Ursachenanalyse betreiben, die zur Klärung und Präzisierung der festgestellten Abweichung und damit zur Festlegung der Entscheidungsaufgabe führt.

Suchphase

In dieser Phase werden alle Informationen gewonnen, die in irgendeiner Beziehung zur geplanten Entscheidung stehen. Das Zusammenstellen und Aufbereiten dieser Informationen kann je nach der Bedeutung der Entscheidung eine außerordentlich umfangreiche Arbeit sein. Man denke nur daran, dass z.B. bei Anfangs- oder Erweiterungsinvestitionen möglichst umfangreiche Informationen über den Absatz- und Beschaffungsmarkt, über Finanzierungsmöglichkeiten, über die zur Wahl anstehenden Verfahren der Fertigung, über Leistungsfähigkeit und Verhalten der Konkurrenz etc. vorliegen müssen. Erschwerend kommt hinzu, dass diese Informationen in aller Regel auf Prognosen und zum Teil auf subjektiven Erwartungen beruhen. Das Ergebnis dieser Phase ist die Beschreibung und Bewertung von Alternativen.

Entscheidungsphase

In dieser Phase wird die eigentliche Entscheidung getroffen. Nach Möglichkeit werden in dieser Entscheidungsphase die Investitionsrechenverfahren als Entscheidungshilfen eingesetzt. Letztendlich wird die Entscheidung aber ganz wesentlich auch von qualitativen Kriterien beeinflusst.

Durchführungs- und Kontrollphase

Die Realisierung der Entscheidung muss laufend überwacht und gegebenenfalls an veränderte Situationen angepasst werden. Infolgedessen besteht ein zirkularer Zusammenhang zwischen den hier aufgezeigten Phasen des Entscheidungsprozesses.

Zur abschließenden Beurteilung des Entscheidungsprozesses kann man feststellen. „Man kann davon ausgehen, dass in der betrieblichen Praxis Entscheidungen sehr häufig aus Augenblickssituationen – gewissermaßen intuitiv – getroffen werden. Ein großer Teil der in der betrieblichen Praxis getroffenen Entscheidungen ist von dieser Art."[72] Dies gilt vor allem bei Routineentscheidungen, die aufgrund von Erfahrungen getroffen werden. Allerdings sind vor allem strategische Entscheidungen für das Erreichen der generellen Unternehmensziele und der operativen Oberziele von solch grundlegender Bedeutung, dass diese Entscheidungen sehr wohl aufgrund sorgfältiger und systematischer Überlegungen getroffen werden sollten. Dies gilt sowohl für Investitions- als auch für Finanzierungsentscheidungen. Dies um so mehr, weil diese beiden Entscheidungsbereiche direkt voneinander abhängig sind.

3.2.1 Einbindung der Investitionsentscheidungen

Entsprechend des dargestellten Phasenschemas betrifft dies zunächst die Anregungsphase.

Grundsätzlich können alle Mitarbeiter eines Unternehmens einen Investitionsbedarf erkennen und konkrete Investitionsanregungen formulieren. Dies dürfte in der Praxis dann keine großen Probleme geben, wenn das Führungskonzept „Management by Objectives (MbO)" angewendet wird. Bei diesem Modell werden ja gerade durch das gemeinsame Festlegen von Zielen die Verantwortungsbereitschaft und die Eigeninitiative gefördert. Mitarbeiter werden, wenn sie genügend motiviert sind, sehr wohl Investitionsanregungen geben, die ihren Arbeitsbereich betreffen. Dabei kann es sich z.B. um den Einsatz neuer Produktionsmittel handeln, wie z.B. CAD-Systeme bei Planungsbüros oder Werkzeuge und Geräte bei bauausführenden Unternehmen. Vorschläge im Bereich der strategischen Investitionen werden in aller Regel vom oberen Management entwickelt. So werden Anregungen im Bereich der immateriellen Investitionen und der langfristigen Finanzinvestitionen in den meisten Fällen von der Unternehmensleitung und – bei größeren Unternehmen – in Zusammenarbeit mit den Geschäftsleitungen der Tochtergesellschaften und Zweigniederlassungen erarbeitet. Besonders Niederlassungsleiter und Projektleiter sind durch ihre ständigen Geschäftskontakte und der allgemeinen Marktbeobachtung bestens informiert, um Entwicklungen auf den Baumärkten, wie z.B. Veränderungen der nachgefragten Produkte bzw. Dienstleistungen, rechtzeitig zu erkennen und entsprechende Investitionen für Marketing, Forschung und Entwicklung anzuregen. Abgeschlossen wird die Anregungsphase mit der Formulierung eines Investitionsantrages. Dieser muss eine möglichst umfassende Beschreibung des Investitionsproblems und die Dringlichkeit und Vorteile der gewünschten Investition beinhalten.

Wird die Anregung von der entsprechenden hierarchischen Organisationsebene aufgenommen, dann beginnt die Suchphase.

Bei kleinen Unternehmen wird dies in aller Regel die Geschäftsführung übernehmen. Bei größeren Unternehmen kann die Einrichtung einer Stabstelle hilfreich sein. Bei strategischen Investitionen ist es auch möglich, einen ad-hoc Ausschuss aus Fachkräften zu bilden. Diese Fachkräfte

---

[72] vgl. Wöhe, G.: a.a.O., S. 138

können dem Unternehmen angehören oder es können externe Berater eingeschaltet werden. Bei der Einschaltung der genannten Gremien muss auf die richtige Verteilung der Kompetenzen geachtet werden, denn diese Gremien sind für die Informationsbeschaffung, Aufbereitung und Auswertung der Daten verantwortlich. Durch subjektive Interessen von den Beteiligten fließen naturgemäß viele subjektive Beurteilungen und Bewertungen ein. Dies kann u.U. dazu führen, dass Interessenkonflikte eine objektive Investitionsbeurteilung erschweren. Abgeschlossen wird die Suchphase mit einer detaillierten Darstellung der Vorteilhaftigkeit der Einzelinvestition bzw. der alternativen Investitionssituationen. Die Vorteilhaftigkeit ist nach Möglichkeit durch entsprechende Rechenverfahren zu untermauern.

Bezüglich der Entscheidungsphase gilt: Es muss in einem Unternehmen festgelegt sein, wer die jeweilige Investitionsentscheidung trifft. Strategische Investitionsentscheidungen sind echte Führungsentscheidungen. Sie binden langfristig große Kapitalbeträge und sie erfordern die Kenntnis der Zusammenhänge zwischen strategischen Investitionen und den betroffenen Abteilungen des Unternehmens. Führungsentscheidungen werden vom Eigentümer bzw. von Unternehmensleitungen getroffen. Bei großen Unternehmen sind diese Führungsentscheidungen auch bei Niederlassungen oder Beteiligungsgesellschaften angesiedelt. Operative Investitionsentscheidungen hingegen sind am besten dort angesiedelt, wo die Ziele „Maximierung des Betriebsergebnisses" und „Minimierung der Produktionsfaktoren" erreicht werden müssen. So kann z.B. bei bauausführenden Unternehmen die Entscheidung einer Geräteersatzinvestition durch den Projektleiter erfolgen. Bei Investitionen von Großgeräten sollte die Geräteabteilung hinzugezogen werden. Dies ist deshalb sinnvoll, da in dieser Abteilung die Daten über Anschaffungspreise, durchschnittliche Nutzungsdauern, Reparaturkosten etc. vorliegen und die Geräteabteilung in aller Regel den besten Überblick über das Angebot auf dem Gerätemarkt hat.

In der Durchführungsphase wird die Investitionsentscheidung realisiert. Hier ist zu bedenken, dass zwischen der Investitionsentscheidung und der Realisation mitunter größere Zeitspannen liegen. Dies erfordert unter Umständen eine nochmalige Überprüfung der Daten, die der Willensbildung zugrundegelegt waren.

Die Kontrollphase sollte nicht erst nach Beendigung der Durchführungsphase beginnen. Sie sollte den gesamten Investitionsentscheidungsprozess begleiten. Dies kann sehr hilfreich sein, um rechtzeitig Daten und Angaben zu berichtigen und bei Fehleinschätzungen noch rechtzeitig Gegenmaßnahmen einleiten zu können. Auch können Ergebnisse der Kontrollphase bei zukünftigen Investitionsentscheidungen von Vorteil sein. Insofern besteht der bereits genannte zirkulare Zusammenhang zwischen den Phasen der Investitionsentscheidung. Die Kontrolle der Planung und Realisierung von Investitionen wird bei kleineren und mittleren Unternehmen bei der Unternehmensleitung angesiedelt sein. Bei großen Unternehmen wird diese Kontrolle von der Kernbereichsabteilung „Revision" oder von der Kernbereichsabteilung „strategisches Controlling" durchgeführt.

3.2.2 Einbindung der Finanzierungsentscheidungen

Die Anregung zur Finanzierungsentscheidung entsteht durch die Formulierung der notwendigen bzw. erwünschten Investition.

Die Suche nach alternativen Finanzierungsmöglichkeiten wird bei kleineren Unternehmen vom Eigentümer oder von der Geschäftsführung übernommen. Bei größeren Finanzsummen werden häufig externe Beratungen hinzugezogen. Bei mittleren und großen Unternehmen vollzieht sich die Alternativsuche in einem institutionellen Rahmen, den man häufig Finanzmanagement nennt.

Die Abbildung gibt einen Überblick über die Aufgaben dieses Finanzmanagements.

Finanzprozeßmanagement	Finanzstrukturmanagement
• Optimale Gestaltung des Finanzflusses im Unternehmen, das heißt: - Lenkung - Organisation - Planung - Kontrolle des Finanzflusses mit Hilfe bestimmter Hilfskriterien • Vorbereitung und Durchführung der Kreditaufnahme • Vorbereitung und Durchführung der Eigenkapitalaufnahme	• Ermittlung des betriebsnotwendigen Finanzierungsvolumens • Aufzeigen alternativer Finanzierungs-möglichkeiten • Versuch eine Optimierung von - Kapitalstruktur und - Vermögensstruktur mit Hilfe bestimmter Zielkriterien
Eher im Bereich der **dispositiven** und **operativen** Entscheidungsebene	Eher im Bereich der **strategischen** Entscheidungsebene

Bild D-14 Überblick über Aufgaben des Finanzmanagements[73]

„Wegen der herausragenden Stellung der betrieblichen Finanzwirtschaft im Unternehmensgefüge und aufgrund der Tatsache, dass die betriebliche Finanzwirtschaft häufig Engpasssektor ist, sollte das Finanzmanagement im Bereich der zentralen Geschäftsleitung angesiedelt sein."[74]

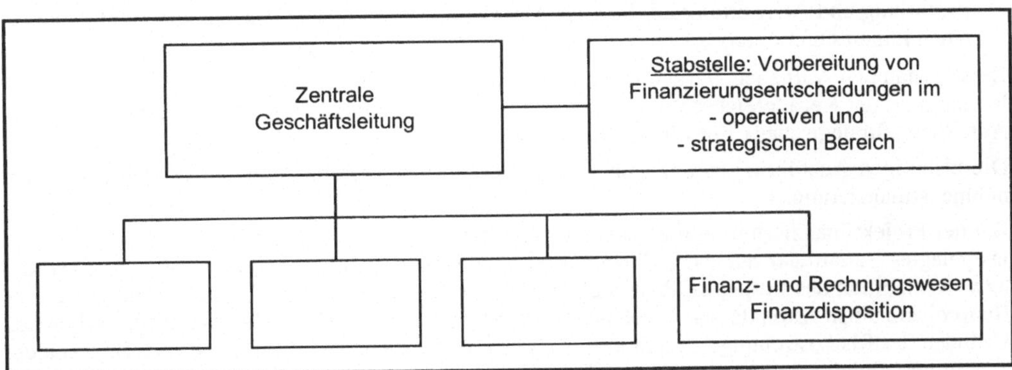

Bild D-15 Einbindung des Finanzmanagements in die Unternehmensorganisation

„In Großunternehmen kann, vor allem zur Koordination, Entscheidungsvorbereitung und Beratung, auch die Einrichtung von Komitees oder Ausschüssen zweckmäßig sein. Dies gilt vor allem hinsichtlich divisionalisierter Gesamtunternehmen, in denen zwischen dem finanzwirtschaftlichen Bereich und den einzelnen Sparten multilaterale Interdependenzen bestehen. Soweit sehr häufig Interaktionen auftreten, wird u.U. ein „ständiger Ausschuss" gebildet."[75]

---

[73] vgl. Busse, F.-J.: Grundlagen der betrieblichen Finanzwirtschaft, Oldenbourg Verlag: München-Wien 1989, S. 224
[74] Busse, F.-J.: a.a.O., S.224
[75] Büschgen, H.E.: a.a.O., S. 28

Bei Finanzierungsentscheidungen kommt es darauf an, ob es sich um die Finanzierung einer operativen oder strategischen Investition handelt. Bei operativen Investitionen liegt die Entscheidung in aller Regel bei den Instanzen, die unmittelbar mit der Erbringung von Planungs-, Dienst- und Bauleistungen befasst sind. Daher ist es sinnvoll, auch die Entscheidung zur Finanzierung der operativen Investitionen bei diesen Instanzen anzusetzen. In kleineren Unternehmen ist dies wiederum der Eigentümer und bei Personengesellschaften die Geschäftsführung. Bei größeren Unternehmen werden diese Entscheidungen bei den Niederlassungen oder Zweigniederlassungen liegen. Sie müssen nach bestimmten für das gesamte Unternehmen geltenden Verfahrensregeln aufeinander und mit der obersten Zielsetzung des Unternehmens abgestimmt sein.

Zur Finanzierung von strategischen Investitionen sind in aller Regel große Finanzierungssummen notwendig. Daher sind die damit zusammenhängenden Finanzierungsentscheidungen immer bei den Instanzen angesiedelt, die letztlich für das Bestehen und die Weiterentwicklung des Unternehmens verantwortlich sind, d.h. bei den obersten Entscheidungsorganen der Unternehmen. Ist die Finanzierungsentscheidung gefallen, dann müssen in der Durchführungsphase die entsprechenden Kreditverträge und Kreditsicherungsverträge vorbereitet und abgeschlossen werden. Bei einer Entscheidung, z.B. für eine Eigenkapitalerhöhung, müssen entsprechende Maßnahmen[76] eingeleitet werden. Diese Tätigkeiten können von entsprechenden Stabstellen vorgenommen werden. Während und nach der Durchführung der finanzwirtschaftlichen Maßnahme müssen in der Kontrollphase Aufgaben durchgeführt werden, die man auch als Realisationsverantwortung bezeichnet.

Hierzu gehören beispielsweise:

- Fristgerechte Informationen über die tägliche Liquiditationssituation.
- Entwicklung der Liquidität und Finanzsituation in den kommenden Monaten.
- Ermittlung und Auswertung der Soll-Ist-Abweichungen zwischen Finanzplänen und eingetretenen Finanzsituationen.

Diese genannten Aufgaben werden je nach Unternehmensgröße entweder von der Unternehmensleitung oder der Kernbereichsabteilung „Revision" oder eventuell – soweit eingerichtet – von der Abteilung „Strategisches Controlling" durchgeführt.

Die bisherigen Ausführungen bezogen sich primär auf den Entscheidungsprozess bei der Unternehmensfinanzierung.

Bei der Projektfinanzierung gibt es einen anderen Schwerpunkt. Bauherren werden für ein genau festgelegtes Bauprojekt nur dann Finanzmittel bereitstellen, wenn sie von der Wirtschaftlichkeit bzw. Rentabilität des Projektes überzeugt sind. Außerdem erfordern die Größenordnungen dieser Bauprojekte einen Kapitalbedarf, welcher in aller Regel von einzelnen Unternehmen – schon aus Gründen der Risikostreuung – nicht aufgebracht werden. Dies hat zur Folge, dass z.B. geschlossene Immobilienfonds oder Projektgesellschaften gegründet werden. Damit ergibt sich die Frage, welche Unternehmen sich an diesen Organisationen beteiligen und welche Kapitalanteile sie einbringen wollen. Dabei werden die Unternehmen versuchen, ihr einzubringendes Eigenkapital soweit wie möglich zu minimieren.

Dies hat folgende Gründe:[77]

- keine zu starke Belastung der eigenen Liquidität
- Minimierung des Risikos des Kapitalverlustes
- Handlungsfähigkeit hinsichtlich weiterer Projektbeteiligungen

Entscheidungen mit dieser Tragweite für das Bestehen des eigenen Unternehmens können ausschließlich von den Unternehmensleitungen selbst getroffen werden.

---

[76] vgl. Leimböck, E. (1997): a.a.O., S. 24 ff.
[77] Wolff, H.J/Mundorf, H.B.: a.a.O., S. 115

Ist die Entscheidung zur Beteiligung gefallen, dann wird im Gesellschaftsvertrag festgelegt, wann und in welcher Höhe die für die Erstellung des Bauprojektes erforderlichen Geldmittel zur Verfügung gestellt werden. Die Gestaltung des Finanzflusses zwischen der Projektgesellschaft und den Lieferanten, Nachunternehmern, Kreditinstituten etc. obliegt in aller Regel der kaufmännischen Geschäftsführung der Projektgesellschaft. Als Kontrollinstrument wird festgelegt, dass die kaufmännische Geschäftsführung monatliche Finanzberichte und Finanzpläne für die laufenden Zahlungsvorgänge und für die geplanten operativen Investitionen anfertigt und den Gesellschaftern zur Verfügung stellt.

3.3 Simultane Investitions- und Finanzplanung

Investitionen können nur dann getätigt werden, wenn entsprechende Finanzmittel vorhanden sind. Das bedeutet bei Investitionsentscheidungen muss gleichzeitig bedacht werden, ob die für die Investition erforderlichen Finanzmittel in Form von Eigen- und/oder Fremdkapital vorhanden oder beschaffbar sind. Dies erfolgt im Rahmen von simultanen Investitions- und Finanzplanungen.

3.3.1 Unternehmensbezogene Planungen

3.3.1.1 Planungen bei der Gründung von Unternehmen

Bei einer Unternehmensgründung hängt der Bedarf an Finanzmitteln von mehreren Bestimmungsfaktoren ab. „Bestimmungsfaktoren für den gründungsnotwendigen Kapitalbedarf sind im Wesentlichen die Höhe

- des Anlagevermögens (Betriebsausstattung, Büroausstattung, Lagereinrichtung, Transportmittel etc.)
- der Betriebsmittel- und Warenerstausstattung
- der gründungsspezifischen Aufwendungen (Steuerberater-, Notargebühren, Gebühren des Handelsregistereintrags etc.)
- der Werbekosten (Markteinführungsausgaben)
- der voraussichtlichen Anlaufverluste und der Liquiditätsreserve, die benötigt wird, um die Zeitverschiebung zwischen Ausgaben (Löhne, Mieten, Steuern etc.) und Zahlungseingängen zu überbrücken."[78]

Speziell der letztgenannte Faktor muss besonders hervorgehoben werden, da bei vielen Unternehmensgründungen dies nicht genügend beachtet wird. Viele Unternehmensgründungen scheitern dran, dass nicht genügend Liquiditätsreserven vorhanden sind. Die Höhe der voraussichtlichen Anlaufverluste hängt ab von dem Zeitraum, in welchem die Ausgaben größer sind als die Einnahmen. Diese Anlaufphase wird häufig auch als „Durststrecke" bezeichnet.

Die Höhe des Finanzmittelbedarfs für den Produktionsprozess ergibt sich aufgrund der Investitionsüberlegungen. Diese finden ihren Niederschlag in einem Investitionsplan. Ist der Finanzmittelbedarf für die Anlaufverluste und für den Produktionsprozess errechnet, dann ergibt sich die Frage, ob die dafür notwendigen Finanzmittel in Form von Eigen- und Fremdkapital zur Verfügung stehen. Besonders bei der Gründung von Unternehmen muss genügend Eigenkapital vorhanden sein, denn bei einer zu geringen Eigenkapitalquote gibt es Schwierigkeiten bei der Beschaffung von Fremdkapital.

---

[78] Albach, H./Hunsdiek, D./Kokalj, L.: a.a.O., S. 38

Die folgenden Beispiele sollen verdeutlichen, welche Überlegungen bei der Gründung von Unternehmen im Zusammenhang mit der Investitions- und Finanzplanung notwendig sind.

Beispiel: Gründung eines Architekturbüros

Dem Beispiel liegt folgende Ausgangsposition zugrunde. Der 40-jährige Dipl.-Ing. Arch. Huber war 12 Jahre in einem renommierten Architekturbüro tätig. Dabei hat er mit vielen Bauherren geschäftliche Kontakte gehabt. Er hat auch bereits zwei feste Zusagen für Planungsaufträge mit einer gesamten Honorarhöhe von 100 T€. Er ist sich sicher, dass er rechtzeitig die nötigen Anschlussaufträge erhält. Aufgrund seiner Berufserfahrung und seiner Kenntnisse des Baumarktes sieht er sich imstande, ein Architekturbüro zu gründen. Dazu muss er zunächst wissen, welche Betriebsmittel er haben muss und wie groß der daraus abgeleitete Finanzbedarf sein wird.

Um dieses zu klären, hat er folgenden Investitionsplan erstellt.

Investitionsplan (Anfangsinvestitionen)

- Anschaffungskosten Pkw   30 000,- €
- Büromiete (1. Monat Aufbauphase)   4 000,- €
- Büromöbel   20 000,- €
- Büromaschinen   16 000,- €
- sonstige Geschäftsausstattung   2 000,- €
- EDV-Anlagen, - Programme   6 000,- €
- Notariats-, Gerichtskosten   1 600,- €
- sonstige Gebühren   400,- €
- Kapitalbeschaffung   10 000,- €

Σ **90 000,- €**

Damit liegt der Finanzmittelbedarf für die Anfangsinvestitionen fest. Dieser wird wie folgt gedeckt. Herr Huber stellt 10 800 € Eigenkapital zur Verfügung. Er erhält 25 200 € aus dem Förderprogramm „Unternehmerkapital: ERP Kapital für Gründer". Außerdem erhält er 45 000 € als Unternehmerkredit der KfW Mittelstandsbank.[79] Als weiteres Fremdkapital erhält er einen Personalkredit von seiner Hausbank in Höhe von 9 000 €.

Damit ergibt sich für die Anfangsinvestitionen folgender Finanzplan:

Finanzplan (Anlagenkapitalbedarfdeckung)

- Eigenkapital   10 800,- € (12 %)
- ERP Kapital für Gründung   25 200,- € (28 %)
- Unternehmerkredit   45 000,- € (50 %)
- Bankkredit (langfristig)   9 000,- € (10 %)

Σ **90 000,- €**

Herr Huber kennt die Problematik der Anlaufphase (Durststrecke). Deshalb stellt er in einem Finanzplan für einen Zeitraum von 7 Monaten die erwarteten Ausgaben und Einnahmen gegenüber. Außerdem hält er zur Sicherheit eine monatliche Liquiditätsreserve in Höhe von 4 000 € bereit. Er erhält damit folgende Übersicht.

---

[79] Der Bund stellt besondere Förderprogramme zur Verfügung, die Existenzgründer und junge Unternehmer finanzielle unterstützen. Über die Kreditanstalt für Wiederaufbau (KfW) wird bspw. ein „Unternehmerkredit" angeboten, der auch von Existenzgründern mit ausreichender Qualifikation genutzt werden kann. Darüber hinaus vergibt die KfW „ERP-Kapital für Gründung," welches die Eigenkapitalbasis verbessern soll.

Finanzplan (laufende Zahlungen)	Juli	Aug.	Sept.	Okt.	Nov.	Dez.	Jan.
Verwaltungsausgaben (Miete etc.)	7 000	7 000	7 000	7 000	7 000	7 000	7 000
Büromaterial	1 000	1 000	1 000	1 000	1 000	1 000	1 000
Betriebsführungskosten	600	600	600	600	600	600	600
Steuer, Versicherung	1 000	1 000	1 000	1 000	1 000	1 000	1 000
Personalkosten	10 000	10 000	10 000	10 000	10 000	10 000	10 000
Liquiditätsreserve	4 000	4 000	4 000	4 000	4 000	4 000	4 000
Summe Auszahlungen	23 600	23 600	23 600	23 600	23 600	23 600	23 600
erwartete Auftragszahlungen				28 000	24 000	34 000	30 000
Finanzierungssaldo	**-23 600**	**-23 600**	**-23 600**	**+ 4 400**	**+ 400**	**+ 10 400**	**+ 6 400**

Bild D-16 Finanzplan

Er hat also eine „Durststrecke" von drei Monaten mit Anlaufverlusten in Höhe von 70 800 € zu überwinden. Zur Deckung dieser Anlaufverluste wird mit der Geschäftsbank eine Kreditlinie von 70 000 € vereinbart. Eine spätere Reduzierung der Kreditlinie ist bei überschaubarer Ertragslage jederzeit möglich. Als Sicherheit für diesen Kontokorrentkredit hat Hr. Huber sein unbebautes Grundstück mit einem Verkehrswert von 300 T€ mit einer Grundschuld zugunsten der Bank belastet.

Beispiel: Gründung eines Bauunternehmen

Dem Beispiel liegt folgende Ausgangsposition zugrunde. Der 38-jährige Dipl.-Ing. Baumann mit 12-jähriger Berufserfahrung aus Tätigkeiten in einem Kalkulations- und Konstruktionsbüro sowie in der Bauleitung und der 32-jährige Betriebswirt (FH) Kaufmann, der über 7 Jahre Berufserfahrung in Bauunternehmen verfügt, haben sich entschlossen, ein Bauunternehmen in der Rechtsform einer OHG zu gründen. Dieser Entschluss kam angesichts eines sehr guten persönlichen Netzwerkes und einer angestrebten Nischenpolitik zustande.

Die beiden Herren gehen davon aus, dass sie nach ungefähr 10 Jahren eine Jahresleistung von ca. 60 Mio. € erzielen werden. Diese Vorstellung ist gerechtfertigt, da Herr Baumann über gute Beziehungen zu öffentlichen und privaten Bauherrn sowie zu zahlreichen Architekten- und Ingenieurbüros verfügt. Bei der Gründung der OHG liegen bereits 2 Aufträge – der Bau einer Stützmauer und der Bau von zwei Wohnanlagen mit je 11 Wohneinheiten - vor. Die gesamte erwartete Bauleistung beträgt zum Zeitpunkt der Gründung der OHG ca. 1,1 Mio. €.

Ihre Investitionsüberlegungen haben ergeben, dass sie zunächst benötigen:

- Baugeräte im Gesamtwert von 150 T€
- Grundstück für einen Bauhof und für eine spätere Errichtung eines Verwaltungsgebäudes in Höhe von 200 T€
- Liquide Mittel in Höhe von 580 T€. Diese liquiden Mittel werden zur Abwicklung der zu erbringenden Bauleistungen benötigt und zwar für Materialeinkäufe, Personalaufwendungen und Nachunternehmerleistungen. Außerdem fallen Gründungsaufwendungen in Höhe von 10 T€ an.
- Abschlagszahlungen werden in ca. 2 Monaten erwartet.

Mit diesen Zahlen ergibt sich ein Bedarf an Finanzmitteln in Höhe von 930 T€.

Folgende Finanzmittel werden bereitgestellt: Herr Baumann bringt als Einlage 100 T€ Bargeld. Er hat außerdem aus einem Konkurs Baugeräte mit einem Gesamtwert von 150 T€ erworben, die er der Gesellschaft zur Verfügung stellt. Herr Kaufmann bringt 50 T€ Bargeld und ein unbelastetes Grundstück mit einem Verkehrswert in Höhe von 200 T€ ein. Aus diesen Gesellschafterbeiträgen der Gesellschafter ergibt sich das Eigenkapital der OHG wie folgt: Kapital Baumann: 250 T€, Kapital Kaufmann: 250 T€

Beide Herren haben gemeinsam eine Zusage für ein Darlehen der Allfinanzbank AG in Höhe von 180 T€. Die Bank verlangt als Sicherheit die Eintragung einer Grundschuld auf das Grundstück und die Sicherheitsübereignung der Baugeräte. Außerdem hat Herr Baumann eine Zusage der beiden Bauherren für Vorauszahlungen, nämlich 50 T€ für den Auftrag „Stützmauer" und 200 T€ für den Auftrag „Wohnungsbauanlage". Diese Vorauszahlungen werden am Tage der Gründung des Bauunternehmens an die Bank überwiesen. Damit ergibt sich folgender Investitions- und Finanzplan:

Investitionen		Finanzmittel		
Grundstück:	200 T€	Eigenkapital:	- Baumann:	250 T€
Baugeräte:	150 T€		- Kaufmann:	250 T€
Liquide Mittel:	580 T€	Fremdkapital:	- Darlehen:	180 T€
			-Anzahlung:	250 T€
	930 T€			930 T€

Bild D-17 Investitions- und Finanzplan zur Gründung eines Bauunternehmens

Aufgrund der üblichen Zahlungsmodalitäten bei der Abwicklung von Bauprojekten nehmen die Herren Baumann und Kaufmann an, dass in der Anfangsphase keine finanzielle Durststrecke (Verlustzone) entstehen wird.

3.3.1.2 Laufende Investitions- und Finanzplanung

Der Finanzmittelbedarf eines Unternehmens ergibt sich grundsätzlich aus folgenden Bereichen:

- Finanzmittelbedarf für laufende Aufwendungen, die bei der Erstellung von Planungs-, Dienst- oder Bauleistungen anfallen. Dies sind im Wesentlichen Personal- und Materialaufwendungen, Aufwendungen für Nachunternehmerleistungen, Betriebssteuern, Aufwendungen für die Inanspruchnahme von Rechten (Mieten, Lizenzen etc.) sowie sonstige Verwaltungsaufwendungen. Der Finanzmittelbedarf für die laufenden Aufwendungen muss durch die laufenden Erlöse für die erbrachten Leistungen gedeckt werden.
- Finanzmittelbedarf für Investitionen. Dieser wird durch die Instrumente der Außen- und Innenfinanzierung gedeckt.

Die Zahlen in dem nachfolgenden Schema können sein:

- Vergangenheitsorientiert im Sinne einer Rechnungslegung,
- Zukunftsorientiert im Sinne einer Finanzplanung.

Im Hinblick auf die Zukunftsorientierung schreibt z.B. Büschgen: „Die Bestimmung des Zeitraumes, für den die Ein- und Auszahlungen vorausschauend erfasst und gestaltet werden sollen (Finanzplanungsperiode), entzieht sich einer generellen Regelung. Sie ist branchen- oder unternehmensindividuell. Je länger die Planperiode, desto größer ist auch die Chance, dass der Plan zukünftige Schwankungen wirtschaftlicher Faktoren in die Überlegung einbeziehen kann, die bei einer kurzfristigen Betrachtung eventuell übersehen werden. Allgemeine Grenzen des Planungszeitraums sind genügende Überschaubarkeit und die Feststellung, welcher Grad an Ungenauigkeit bei der Prognose noch hingenommen werden kann."[80]

---

[80] Büschgen, H.E.: a.a.O., S. 347

Im Folgenden wird eine schematische Darstellung eines Finanzplanes gezeigt.

	Jan.	...	Dez.	Jahr
1. Finanzmittelbedarf für laufende Aufwendungen				
+ Erlös aus Schlussrechnungen				
+ Erlös aus Abschlagsanforderungen				
+ An- und Vorauszahlungen				
+ Eingänge aus Arbeitsgemeinschaften				
+ Andere Zahlungseingänge				
./. Lohn- und Gehaltszahlungen, einschl. Steuern, Sozialaufwendungen und Lohnnebenkosten				
./. Geldausgang auf Grund von Verbindlichkeiten aus Lieferungen und Leistungen (ohne Investitionen und Nachunternehmer)				
./. Zahlungen an Nachunternehmer				
./. Einschüsse in Arbeitsgemeinschaften				
./. Betriebssteuern				
./. Sonstige Auszahlungen				
Saldo I				
2. Finanzmittelbedarf für Investitionen				
+ Verkäufe von Anlagegegenständen				
+ Eingänge aus Finanzanlagen und sonst. Beteiligungen				
./. Anschaffungen (Investitionen)				
./. Ausgänge für Finanzanlagen und sonstigen Beteiligungen				
Saldo II				
3. Reine Finanzierungsvorgänge				
+ Einlagen				
+ Bankkredite				
./. Einnahmen				
./. Kredittilgungen einschl. Zinsen				
Saldo III = Gesamtnettozufluss (-Abfluss)				
Ergebnis:				
Saldo I				
+/- Saldo II				
+/- Saldo III				
= Gesamtnettozufluss (-Abfluss) von Finanzmitteln im betrachteten Zeitraum				

Bild D-18 Schematische Darstellung eines Finanzplanes[81]

---

[81] vgl. Refisch, B. (1980): Finanzplanung – Hilfsmittel der Unternehmensleitung; in Bauwirtschaft, Heft 35, 1980, S. 1529

Der Wunsch nach Ausdehnung der Planperiode wird auch durch die Forderung eingeschränkt, dass die Zahlungsgrößen einer möglichst kurzen Teilperiode zuzuordnen sind, was für längere Perioden zu ungenau wird. Insgesamt ist das Unsicherheitselement um so größer, je länger die Planperiode ist, und umgekehrt. Die Planungsperiode, also der Zeitraum, für den Einnahmen und Ausgaben geplant werden, wird daher unterschiedlich lang festgelegt. Finanzpläne über Planungsperioden von einem bis drei Monaten werden meist als kurzfristig, solche bis zu einem Jahr als mittelfristig und solche von mehreren Jahren als langfristig bezeichnet.

Allerdings werden sich bei einer solchen Einteilung Unterschiede nach dem jeweils planenden Unternehmen ergeben. Langfristige Pläne, die meist nur flexible umrissartige Planungen beinhalten können, unterliegen laufender Kontrolle, Korrektur und Ergänzung nach dem neuesten Stand der Erkenntnisse, z.B. aufgrund kurzfristiger Pläne. Kurzfristige Finanzpläne dienen der Feinplanung. Ihr Aufbau wird sich je nach Unternehmen entsprechend dessen Planungsbedürfnissen und -möglichkeiten unterschiedlich gestalten."[82]

Selbst wenn es sehr schwierig ist, mittel- und langfristige Investitions- und Finanzpläne zu entwickeln, so ist es doch notwendig, zumindest den groben Umriss für die zukünftige Entwicklung auf den genannten Sektoren zu erarbeiten. Erst mit Hilfe solcher Pläne können Investitionen und Finanzierungen rechtzeitig in die Wege geleitet werden. Außerdem muss mit Hilfe dieser Planungen der Bestand an liquiden Mitteln so gesteuert werden, dass die Sicherheit des Unternehmens aus Gründen der Illiquidität niemals gefährdet ist.

Die Planung des gewünschten Bestandes an liquiden Mitteln kann in Anlehnung an das folgende Grundschema erfolgen[83]

I	Finanzprognose:	+	voraussichtliche Einzahlungen
		./.	voraussichtliche Auszahlungen
		./.	Mindestbestand an liquiden Mitteln
		=	Finanzüberschuß bzw. Finanzlücke
II	Planungsausgleich	+	Finanzzuflüsse
	(Dispositionen)	./.	Liquiditätsreserve
III	Optimierung	=	gewünschter Endbestand an liquiden Mitteln

Bild D-19 Planung der Liquiditätsreserve

Je nach Organisationsstruktur und Unternehmensgröße wird es verschiedene Planungsstufen und entsprechende Verdichtungen geben. Für ein mittleres Bauunternehmen sind z.B. folgende Ebenen denkbar:

- Baustellen
- Niederlassungsbereich
- Gesamtunternehmen.

---

[82] Büschgen, H.E.: a.a.O., S. 348
[83] vgl. Refisch, B. (1980): a.a.O., S. 1531

3.3.2 Projektbezogene Planungen

3.3.2.1 Privates Wohnungsbauprojekt

Das Ehepaar Huber mit zwei Kindern hat ein Grundstück mit 350 m^2 gekauft und möchte darauf ein Einfamilienhaus mit 150 m^2 Wohnfläche bauen. Die Entwurfsplanung ist soweit fertiggestellt, dass entsprechende Kostenschätzungen durchgeführt werden konnten.

Diese Schätzungen haben folgendes ergeben:

I.	**Investitionsplan (Objektkosten)**	
1.	Grundstück einschließlich Erschließung:	122 500 €
2.	Herstellungskosten einschließlich Außenanlagen besondere Bauteile	330 000 €
3.	Baunebenkosten pauschal: 12 % der Herstellungskosten	39 600 €
4.	Grunderwerbssteuer 3,5 %	17 224 €
5.	Notar/Gerichtskosten (für Grundschuld)	5 600 €
6.	Objektüberprüfung	400 €
7.	Zinsen für Zwischenfinanzierung	14 000 €
	Summe der Objektkosten	**529 324 €**
II.	**Finanzplan**	
a)	**Eigenmittel und Einkommensverhältnisse**	
1.	Bankguthaben	90 000 €
2.	Eigenleistungen	15 000 €
	Summe Eigenmittel	**105 000 €**
	zu versteuerndes Einkommen p.a. 120 000 €	
	Netto-Monatseinkommen 6 500 €	
b)	**Bedarf an Fremdkapital**	
	Objektkosten	530 T€
	./. Eigenmittel ./.	105 T€
	benötigtes Fremdkapital (Netto-Summe)	**425 T€**

Bild D-20a Investitionsplan und Objektkosten

Das Ehepaar bekommt von der Bank zwei Alternativen für Wohnungsbaudarlehen angeboten.

Alternative I: Annuitätendarlehen mit folgenden Konditionen:
Auszahlungskurs: 97 %; Zinsen in Höhe von 5,9 %; 1,5 % Tilgung;
Laufzeit: 27 Jahre und 10 Monate
Darlehenshöhe: 425 T€ (Auszahlungsbetrag)
                 438 T€ (Darlehensbetrag)
Auszahlungsabschlag (Disagio): 438 T€ ./. 425 T€ = 13 T€
Belastung/Jahr: 7,4 % von 438 T€ = 32 412 €

Alternative II: wie vor, jedoch 2 % Tilgung; daher Laufzeit 24 Jahre und 10 Monate;
Belastung/Jahr: 7,9 % von 438 T€= 34 600 €

Die Bank verlangt bei beiden Alternativen als Sicherheit die Eintragung einer Hypothek und als Zusatzsicherheit den Abschluss einer Risikolebensversicherung. Damit kann eine monatliche Belastung für die ersten 5 Jahre berechnet werden. Dies ist eine sinnvoller Zeitraum, da häufig nach 5 Jahren eine Anpassung des Darlehenszinssatzes erfolgt.

	Alternative I	**Alternative II**
Finanzierungskosten (Jahresbelastung)	32 412 €	34 602 €
Monatliche Belastung	2 701 €	2 884 €
+ pauschale Bewirtschaftungskosten		
2,-/m^2 und Monat	300 €	300 €
+ Risikolebensversicherung	63 €	63 €
Monatliche Belastung	**3 064 €**	**3 247 €**

Bild D-20b monatliche Belastung

Die monatliche Belastung kann gegebenenfalls durch eine Eigenheimzulage oder auch andere Förderprogramme reduziert werden. Aufgrund der unsicheren Gesetzgebung wird auf eine explizite Darstellung an dieser Stelle verzichtet.

3.3.2.2 Gewerbliches Bauprojekt

Ausgangssituation

Bei dem nachfolgend dargestellten Beispiel handelt es sich um ein mehrfunktional-genutztes gewerbliches Bauprojekt, das auf einem 4 240 m^2 großen Grundstück im innerstädtischen Bereich einer Großstadt errichtet werden soll. Das Bauprojekt wird von einem „Projektentwickler im weiteren Sinne" geplant, erstellt und betrieben.

Aufgrund einer sorgfältigen Markt- und Standortanalyse wird ein Raumprogramm mit Nutzflächen erstellt. Die Bruttoflächen bzw. der umbaute Raum wird aus den Planungsunterlagen ermittelt und die entsprechenden Zahlen liegen der nachfolgenden Übersicht zugrunde.

I. Projektkalkulation

Der Projektentwickler verfügt über eine jahrelange Erfahrung auf dem Gebiet der Kostenschätzung. Für das vorgesehene Bauprojekt hat er folgende Werte ermittelt. Dabei ist er von einer Flächeneffizienz von 85 % für die zu vermietende Fläche ausgegangen.

1 Grundstück	4 000 m²	1 210 €	4 840 000 €
2 Erwerbsnebenkosten	pauschal	6%	290 400 €
Grunderwerbskosten gesamt			**5 130 400 €**
3 Baukosten			
Tiefgarage	320 Stck.	7 000 €	2 240 000 €
Büro	7 482 m²	1 250 €	9 352 500 €
Supermarkt/Läden	1 895 m²	900 €	1 705 500 €
Restaurant	1 505 m²	1 100 €	1 655 500 €
Außenanlagen	1.500 m²	50 €	75 000 €
Hausanschlüsse		pauschal	100 000 €
Baukosten gesamt			**15 128 500 €**
4 Baunebenkosten	pauschal	14%	2 117 990 €
5 Unvorhergesehenes	pauschal auf 3.-4.	3,00%	517 395 €
Summe Bau- und Baunebenkosten			**17 763 885 €**
6 Projektmanagement	pauschal auf 3-4	5%	1 618 750 €
7 Projekt- und Objektmarketing	pauschal auf 1-4	1,5%	108 726 €
8 Vermietung/Maklerprovision	251 340 €	3 MM	754 020 €
Summe Projektentwickleraufgaben			**2 481 495 €**
9 Zinsen Grunderwerb	24 Mon.	5,50%	564 344 €
10 Zinsen Rest (Faktor 0,5)	18 Mon.	5,50%	835 122 €
11 Zinsen Leerstand	6 Mon. auf 1.-10.	5,50%	736 319 €
Summe Finanzierungskosten			**2 135 785 €**
Gesamtprojektkosten			**27 511 565 €**

Bild D-21 Projektkalkulation eines gewerblichen Bauprojektes

II. Erlöskalkulation

Im nächsten Schritt werden die voraussichtlich zu erzielenden Mieteinnahmen errechnet. Grundlage ist wiederum die Markt- und Standortanalyse. Es wird mit Höchst- und Mindestmieteinnahmen (Varianten A und B) kalkuliert.

	A			**B**		
Tiefgarage: 320 Stellplätze	320 x 120	=	38 400	320 x 100	=	32 000
Supermarkt: 1 500 m²	1 500 x 20	=	30 000	1 500 x 18	=	27 000
kleine Läden: 410 m²	410 x 30	=	12 300	410 x 25	=	10 250
Büro: 6 360 m²	6 360 x 22	=	139 920	6 360 x 18	=	144 480
Restaurant: 1 280 m²	1 280 x 24	=	30 720	1 280 x 20	=	25 600
			251 340			**209 330**

Bild D-22 Erlöskalkulation eines gewerblichen Bauprojektes

III. Finanzplan

a) Errechnung des Darlehen

Bank I und Bank II sind bereit, ein erstrangig bzw. nachrangig gesichertes Annuitätendarlehen bereitzustellen.

Mit folgenden Ausgangswerten wird errechnet, in welcher Höhe diese Darlehen bereitgestellt werden.

- Beleihungswert: 80 % der Gesamtkosten von 27,5 Mio. = 22,0 Mio. €
- Beleihungsgrenze der Bank I für das erststellig gesicherte Darlehen:
- 60 % des Beleihungswertes = 60 % von 22 Mio. = 13,2 Mio. €

Dieser Betrag wird in Form eines Annuitätendarlehens zu folgenden Konditionen gewährt.
Auszahlung: 98 %; Zinssatz 6,5 %, Tilgung 2 %
Auszahlungsbetrag: 98 % = 13,2 Mio. €
Darlehensbetrag: 100 % = 13,46 Mio.= rd. 13,5 Mio. €
Annuität: 8,5 % von 13,5 Mio. = 1,14 Mio./Jahr
Laufzeit: 24 Jahre und 9 Monate

Beleihungsgrenze der Bank II für das nachrangig gesicherte Darlehen:

- 20 % des Beleihungswertes = 20 % von 22 Mio. = 4,4 Mio. €

Auch dieser Betrag wird in Form eines Annuitätendarlehens gewährt. Da das Darlehen nachrangig abgesichert ist, ergeben sich folgende Konditionen.

Auszahlung: 98 %; Zinssatz 7,5 %; Tilgung 3 %
Auszahlungsbetrag: 98 % = 4,4 Mio. €
Darlehensbetrag: 100 % = 4,49 Mio. = rd. 4,5 Mio. €

Annuität: 10,5 % von 4,5 Mio. = 472 T€/Jahr
Laufzeit: 17 Jahre und 4 Monate

- An Fremdkapital wird bereitgestellt:

Bank I: 13,2 Mio. €
Bank II: 4,4 Mio. €
                             17,6 Mio. €

Fremdkapitalanteil: $\dfrac{17,6 \text{ Mio.}}{27,5 \text{ Mio.}} \times 100 = 64\ \%$

b) erforderliches Eigenkapital: 36 % von 27,5 Mio. = 9,9 Mio. €

c) jährliche ausgabenwirksame Kosten:

- Fremdkapitalkosten (Zinsen und Tilgung)

Bank I: 1 147 T€
Bank II: 472 T€

- Verwaltungskosten (4 % der Jahresrohmiete) = 4 % von 12 Monate × 251 T€ = 4 % von 3,016 T€ = 120 T€
- Bauunterhaltungskosten; 0,8 % der Bauwerkskosten = 0,8 % von 19,6 Mio. = 156 T€
- die Gebäudebetriebskosten werden vertragsgemäß auf die Mieter umgelegt.

Die jährlichen ausgabenwirksamen Kosten errechnen sich mit:

$$1\ 147 \text{ T€} + 472 \text{ T€} + 120 \text{ T€} + 156 \text{ T€} = \underline{1\ 895 \text{ T€}}$$

Damit ergibt sich folgender Investitions- und Finanzplan:

Kosten gemäß Projektkalkulation			Finanzplan	
	T€	%		T€
1. Grunderwerbskosten	5 130	19%	Bank I:	
2. Bau- und Baunebenkosten	17 760	65%	Annuitätendarlehen	
3. Projektentwickleraufgaben	2 480	9%	Auszahlung:	13 200
4. Finanzierungskosten	2 130	8%	Bank II:	
			Annuitätendarlehen	
			Auszahlung:	4 400
			Eigenmittel:	9 903
	27 500	100,0		27 503

Bild D-23 Investitions- und Finanzplan eines Bauprojektes

In der nachfolgenden Ausgaben- und Einnahmenrechnung wird die Zahlungsebene während der Nutzungszeit betrachtet. Mit diesen Rechengrößen kann im weiteren Verlauf eine Rentabilitätsrechnung durchgeführt werden.

Ausgabenrechnung		Einnahmen Alternative 1	Einnahmen Alternative 2
(T€/Jahr)		(T€/Jahr)	(T€/Jahr)
Kapitaldienst		3 016	2 508
für Bank I:	1 147	(Mietausfallwagnis) ./. 151	(Mietausfallwagnis) ./. 251
für Bank II:	472		
Verwaltung	120		
Bauunterhaltung:	156		
Betriebskosten:			
(werden von den Mietern getragen)			
	1 895	2 865	2 257

Bild D-24 Ausgaben- und Einnahmenrechnung eines Bauprojektes

IV. Rentabilitätsrechnung

$$\text{Eigenkapitalrentabilität in \%} = \frac{\text{Gewinn}}{\text{eingesetztes Eigenkapital}} \times 100$$

Gewinn = Mieteinnahmen ./. laufende ausgabenwirksame Kosten.

Eigenkapitalrentabilität Alternative I:

- jährliche Einnahmen: 251 T€ × 12 Monate=   3 016 T€
- ./. 5 % Mietausfallwagnis: 5 % von 3 016 T€ =   ./.   151 T€
  geschätzte Mieteinnahmen Alternative I: <u>2 865 T€</u>
- jährlicher Gewinn: Einnahmen ./. Ausgaben= 2 865 ./. 1 895=   970 T€

$$\Rightarrow \text{Eigenkapitalrentabilität Alternative I} = \frac{970 \text{ T€}}{9903 \text{ T€}} \times 100 = 9{,}8 \%$$

Eigenkapitalrentabilität Alternative II:

Hier wird von einer pessimistischen Erwartung ausgegangen:

- jährliche Einnahmen: 209 T€ × 12 Monate =   2 508 T€
- ./. 10 % Mietausfallwagnis: 10 % von 2 508 T€ =   ./.   251 T€
  geschätzte Mieteinnahmen Alternative II: <u>2 257 T€</u>
- jährlicher Gewinn: Einnahmen ./. Ausgaben = 2 257 ./. 1 895=   362 T€

$$\Rightarrow \text{Eigenkapitalrentabilität Alternative II} = \frac{362 \text{ T€}}{9\,903 \text{ T€}} \times 100 = 3{,}65\,\%$$

Nach Rückzahlung der Darlehen (Darlehen I nach 17 Jahren, Darlehen II nach 24 Jahren) ergibt sich durch den Wegfall der Jahresbelastungen für Tilgung und Zinsen eine Steigerung der Eigenkapitalrentabilität. Die errechneten Rentabilitäten entsprechen den Zielvorstellungen des Projektentwicklers und deshalb wird das gewerbliche Bauprojekt realisiert.

Die vorstehende Berechnung der Eigenkapitalrentabilität bezog sich auf eine Rechnungsperiode und ist eine statische Anfangsrendite. Will man die Verzinsung des eingesetzten Kapitals über einen längeren Zeitraum betrachten, ist die Methode des internen Zinsfußes anzuwenden. Alternativ ist eine dynamische Betrachtung mit der in Punkt D 1.2.2.2 dargestellten Kapitalwertmethode möglich. Dann wird der Vermögenszuwachs, der sich beim Übergang von der Nichtdurchführung des Bauprojekts zur Realisierung des Bauprojektes einstellt, ermittelt.

Dazu sind umfangreichere Eingangsdaten für eine Berechung notwendig. Beispielsweise sind folgende Rechengrößen zu bestimmen.

- Die Mieteinnahmen und die Kosten für die gesamte Lebensdauer.
- Den Restverkaufserlös des Bauprojektes am Ende der Nutzung.

Die Bestimmung der Rechengrößen ist bei einem Projekt, das viele Jahre genutzt werden soll, mit einer gewissen Unsicherheit verbunden. Im Rahmen dieses Beispiels kam es im Wesentlichen auf eine Plausibilitätsüberprüfung an, die in den vorstehenden Berechnungen gezeigt wurde. Ist davon auszugehen, dass innerhalb eines absehbaren Zeitraums die Steigerungsraten der Mieten und der Kosten in etwa gleich sein werden, sind unter Umständen sogar längerfristige Aussagen auf der Basis einer Anfangsrendite möglich.

Ein anderes ergibt sich, wenn der Planungshorizont eines zu bewertenden Bauprojektes relativ kurz ist und wenn die Differenz zwischen Einnahmen und Ausgaben jedes Jahr in unterschiedlicher Höhe anfällt. Dann ist die Anwendung der Kapitalwertmethode sinnvoll bzw. notwendig. Dabei kann auch eine neuere Variante der Kapitalwertmethode angewendet werden, auf die hier noch ergänzend hingewiesen wird. Es handelt sich um das sog. VOFI-Verfahren, das auf „Vollständigen Finanzplanungen" (VOFI) beruht.

„Das Konzept Vollständiger Finanzpläne unterscheidet sich von den im vorangegangenen dargestellten Methoden hauptsächlich dadurch, dass alle mit der Investition verbundenen Zahlungen explizit abgebildet werden. Auf diese Weise wird eine vergleichsweise einfache und exakte Erfassung sämtlicher Zahlungsreihen und der sich ergebenden finanzwirtschaftlichen Konsequenzen ermöglicht.

Anders als bei den barwertorientierten Methoden werden darüber hinaus alle Zahlungen – statt auf den Investitionszeitpunkt – auf den Planungshorizont bezogen. Der Zeitpräferenz des Entscheiders wird dementsprechend über die Dauer der möglichen Wiederanlagen bzw. der notwendigen Zwischenfinanzierung explizit Rechnung getragen." [84]

---

[84] Schulte, K.W./Ropeter, S.-E.: a.a.O., S. 189 f.

In Anlehnung an die genannte Literaturstelle wird im Folgenden dieses Verfahren schematisch dargestellt.

Basiskonzept eines VOFI ohne Steuern (in T€)						
	t_0	t_1	t_2	t_3	t_4	t_5
A. Daten der Projektinvestition						
• Anschaffungskosten für die Projektinvestition	-1 000					
Finanzierung						
• Fremdkapital						
500 bei 10 % Zinsen und einmaliger Tilgung nach 5 Jahren						
• Eigenkapital: 500						
B. Finanzieller Ablauf der Projektinvestitionen						
Zahlungen						
• Einnahmenüberschüsse		+ 250	+ 250	+ 250	+ 250	+ 250
• Zinsen		-50	-50	-50	-50	-50
Stand am Ende des 1. Jahres		+ 200				
• Finanzanlage zu 5 % für 1 Jahr		-200				
• Zins (5 %) auf 200			+ 10			
• Rückzahlung der Anlage			+ 200			
Stand am Ende des 2. Jahres			+ 410			
• Finanzanlage zu 5 % für 1 Jahr			-410			
• Zins (5 %) auf 410				+ 21		
• Rückzahlung der Anlage				+ 410		
Stand am Ende des 3. Jahres				+ 631		
• Finanzanlage zu 5 % für 1 Jahr				-631		
• Zins (5 %) auf 631					+ 32	
• Rückzahlung der Anlage					+ 631	
Stand am Ende des 4. Jahres					+ 863	
• Finanzanlage zu 5 % für 1 Jahr					-863	
• Zins (5 %) auf 863						+ 43
• Rückzahlung der Anlage						+ 863
C. Zahlungen am Ende der Projektinvestition						
• Restverkaufserlös der Projektinvestition nach 5 Jahren (die jährlichen Abschreibungsraten sind hierbei mit den jährlichen Wertsteigerungsraten gleichgesetzt)						+ 1 000
• Tilgung der Kreditaufnahme nach 5 Jahren						-500
Stand am Ende des 5. Jahres = Endvermögen (*Kn*)						**+ 1 606**

Bild D-25 Basiskonzept eines VOFI ohne Steuern (in T€)

Die Tabelle wird aufgrund von detaillierten Finanzplänen erstellt. In der Tabelle sind alle mit der Investition verbundenen Zahlungen zusammengestellt, also Anschaffungskosten, Einnahmenüberschüsse der einzelnen Perioden, Zinsen und Tilgung auf Fremdkapital, Restverkaufserlöse am Ende der Nutzungsdauer.

Sind die Einnahmeüberschüsse höher als die Zahlungen für Zinsen und Tilgung, dann wird unterstellt, dass der Differenzbetrag jeweils für ein Jahr als kurzfristige Finanzanlage investiert werden kann und zwar in unserer Tabelle zu jeweils 5 %. Sowohl die Zinsbeträge als auch die kurzfristig angelegten Finanzinvestitionen werden der ursprünglichen Projektinvestition am jeweiligen Jahresende wieder zugerechnet. Insofern ist in diesem Beispiel auch die Voraussetzung der Zinseszinsrechnung erfüllt.

Natürlich können die Differenzbeträge kurzfristig auch zu anderen Zinsfüßen angelegt werden. Dadurch würden in der Tabelle jeweils andere Zinsbeträge auflaufen.

Der Unterschied zur Kapitalwertmethode besteht darin, dass die Zahlungen nicht auf den Investitionszeitpunkt, sondern auf den Zeitpunkt des Endpunktes der Nutzungsdauer bezogen werden. In unserem Beispiel ist – unter Berücksichtigung eines Restverkaufserlöses – das eingesetzte Eigenkapital in Höhe von 500 T€ auf ein Endvermögen in Höhe von 1 606 T€ angewachsen. Die absoluten €-Beträge sind auch hier in eine Relation zu setzen. Jeder Investor will wissen, wie hoch sich das eingesetzte Kapital im Laufe der Nutzungsdauer verzinst hat. Mit anderen Worten: Auch beim VOFI-Verfahren muss die Eigenkapitalrendite errechnet werden.

Dies führt zu der Fragestellung:

Wie hoch ist der Zinsfuß, wenn innerhalb von n – Jahren ein Kapital von K_0 auf K_n anwächst? Mit den Zahlen des vorliegenden Beispiels:

Berechnung der Eigenkapitalrentabilität:

$$K_0 = 500\,T€; \quad K_n = 1\,606\,T€; \quad n = 5$$

$$\text{Mit } K_n = K_0 \cdot q^n \quad \text{wird}$$

$$q^n = \frac{1\,606}{500}; \quad q = \sqrt[5]{\frac{1\,606}{500}} = 1{,}2629; \quad p = 26{,}29\,\%$$

Im Beispiel erzielt der Investor mit einem Eigenkapitaleinsatz von 500 T€ nach 5 Jahren eine Rendite von ca. 26,3 % p.a. Die Vorteilhaftigkeit einer Einzelinvestition ist dann gegeben, wenn die errechnete Rentabilität gleich oder größer ist als diejenige, die sich der Investor wünscht.

Zusammenfassend zur VOFI-Methode kann gesagt werden. „Durch die Transformation des Endvermögens in die VOFI-Rendite steht dem Anwender eine einfache Kennzahl zur Verfügung, die einen direkten Vergleich alternativer Investitionsmöglichkeiten erlaubt und damit den seitens der Praxis gestellten Anforderungen an den Informationsgehalt einer Investitionsrechnung gerecht wird, ohne dabei auf eine solide theoretische Fundierung zu verzichten."[85]

---

[85] Schulte, K.W./Ropeter, S.-E.: a.a.O., S. 193

Teil E Betriebsabrechnung und operatives Controlling

Wie in Teil A „Baubeteiligte und deren Aufgaben" bereits dargestellt, sind bei der Entstehung und Nutzung von Bauprojekten eine Reihe von Aufgaben zu erbringen, die wie folgt unterteilt wurden:

Aufgaben bei der

- Entscheidung zur Entstehung,
- Planung,
- Herstellung und
- Nutzung.

Diese Aufgaben werden von einer Vielzahl von Baubeteiligten erbracht, die in unterschiedlichsten Organisationsformen zusammenwirken und deren Leistungsangebote entsprechend den Entstehungs- und Nutzungsphasen außerordentlich verschieden sind. Trotz der unterschiedlichen Organisationsformen und der unterschiedlichen Leistungen braucsshen alle Aufgabenträger zur Erfüllung ihrer Aufgabe entsprechende sachliche und personale Einsatzmittel, die sog. Produktionsfaktoren.

Diese müssen bei der Leistungserstellung wiederum so eingesetzt werden, dass die operativen Unternehmensziele erreicht werden. Dies sind

- die Minimierung der Einsatzmengen der Produktionsfaktoren,
- die Maximierung des Betriebsergebnisses und
- die Maximierung der Eigenkapitalrentabilität.

Um festzustellen, ob dies gelingt, braucht jedes Unternehmen eine Betriebsabrechnung und ein operatives Controlling. Dabei ist es selbstverständlich, dass der Umfang und die Komplexität dieser Recheninstrumente entscheidend abhängen

- von der Größe und damit von der Aufbau- und Ablauforganisation eines Unternehmens,
- von der Art der zu erbringenden Leistung (Planungs-, Dienst-, Bau- und Projektentwicklungsleistungen),
- vom Leistungs- bzw. Produktionsprogramm.

In der Betriebsabrechnung wird das im Zusammenhang mit der betrieblichen Leistungserstellung anfallende Zahlenmaterial erfasst und aufbereitet.

Dabei sind zwei Vorgänge zu unterschieden. Zum einen müssen die vorliegenden Aufgaben gründlich analysiert und – darauf aufbauend – sorgfältige Planungen erstellt werden. Diese Planungen betreffen sowohl die rein technischen Planungsparameter als auch Leistungen, Kosten und Ergebnisse. Zum anderen müssen die Prozesse der Leistungserbringung bzw. Leistungserstellung, die bereits in der Realität abgelaufen sind, zahlenmäßig erfasst und ausgewertet werden. Dies geschieht in der Betriebsabrechnung.

Die Gegenüberstellung der Plan- und Ist-Daten während und nach der Leistungserstellung ergibt in aller Regel eine Reihe von Abweichungen. Diese müssen analysiert werden, um feststellen zu können, ob:

- die Annahmen der Planung richtig waren,
- ihre vorhergedachten Wirkungen eingetreten sind,
- die erforderlichen Einsatzmittel verfügbar waren,
- sich alle Beteiligten planmäßig verhalten haben.[1]

---

[1] vgl. Horváth, P.: Controlling, 9. Auflage, Verlag Franz Vahlen: München 2003, S. 175

Nur mit dem Wissen über die Ursachen der Abweichungen können während der Leistungserstellung Steuerungsmaßnahmen angewendet und nach der Leistungserstellung bessere Planungswerte für zukünftige Aufgaben erarbeitet werden. Diese Steuerung des betrieblichen Geschehens wird mit dem Begriff „operatives Controlling" erfasst. „Mit dem Ziel, den größtmöglichen Erfolg zu erreichen, umfasst das Controlling den gesamten Prozess der zielorientierten Planung, Kontrolle und Steuerung."[2]

Ganz allgemein kann festgestellt werden: Das betriebliche Rechnungswesen wurde von der Betriebsabrechnung durch Einbeziehung von Planungsrechnungen zum System des operativen Controlling weiterentwickelt.

Entsprechend dieses Sachverhaltes ist auch der Teil E gegliedert.
1   Die Betriebsabrechnung als traditionelle Form des betrieblichen Rechnungswesen
2   Mit Planzahlen von der Betriebsabrechnung zum operativen Controlling
3   Durchführung und organisatorische Einbindung des operativen Controlling

1 Die Betriebsabrechnung als traditionelle Form des betrieblichen Rechnungswesen

1.1 Zahlenmäßige Erfassung der Leistungserstellung

Zur Leistungserstellung sind Einsatzmittel erforderlich. „Einsatzmittel sind Personal und Sachmittel, die zur Durchführung von Vorgängen, Arbeitspaketen oder Projekten benötigt werden. Einsatzmittel können wiederholt oder nur einmal einsetzbar sein. Sie können in Wert- oder Mengeneinheiten beschrieben und für einen Zeitpunkt oder Zeitraum disponiert werden."[3]

In der Betriebswirtschaftslehre werden diese Einsatzmittel auch Produktionsfaktoren genannt und üblicherweise in Elementarfaktoren unterteilt, nämlich menschliche Arbeitsleistungen, Betriebsmittel und Werkstoffe.

„Menschliche Arbeitsleistungen, Betriebsmittel und Werkstoffe sind produktive Faktoren. Da sie die Elemente darstellen, aus denen der Prozess der betrieblichen Leistungserstellung besteht, sollen sie als betriebliche Elementarfaktoren bezeichnet werden. [...]

Die menschliche Arbeitsleistung wird wiederum unterteilt in objektbezogene und dispositive Arbeitsleistungen. Unter objektbezogenen Arbeitsleistungen werden alle diejenigen Tätigkeiten verstanden, die unmittelbar mit der Leistungserstellung, der Leistungsverwertung und mit finanziellen Aufgaben in Zusammenhang stehen, ohne dispositiv-anordnender Natur zu sein. [...]

Dispositive Arbeitsleistungen liegen dagegen vor, wenn es sich um Arbeiten handelt, die mit der Leitung und Lenkung der betrieblichen Vorgänge in Zusammenhang stehen. Dispositive Arbeitsleistungen können nur dann erbracht werden, wenn entsprechende sachliche und personale Einsatzmittel zur Verfügung stehen."[4]

---

[2]   Reinfelder, R./Dressel, K.M.: Hilfestellung zur erfolgreichen Restrukturierung; in: Bauwirtschaft, 5/1997
[3]   DIN 69902: Diese DIN beschäftigt sich mit Projektwirtschaft, Projektmanagement, Begriffe etc.
[4]   Gutenberg, E.: Grundlagen der Betriebswirtschaftslehre, 1. Band, 22. Auflage, Die Produktion, Springer Verlag: Berlin 1976, S. 3

Werden die Mengen der zur Leistungserstellung benötigten Einsatzmittel bewertet, dann erhält man die Kosten der Leistungserstellung. Kosten können durch die Multiplikation der jeweiligen Mengen der Einsatzmittel mit den Preisen am Beschaffungsmarkt bestimmt werden. Oder mit anderen Worten: „Kosten sind der bewertete, betriebsnotwendige Verbrauch von Gütern und Dienstleistungen sowie der hierfür erforderlichen Kapazitäten, die zur Erstellung und dem Absatz der betrieblichen Leistungen benötigt werden."[5]

Bei der Leistungserstellung werden die Mengen an sachlichen und personalen Einsatzmitteln so kombiniert, dass die vom Markt geforderten Mengen an Planungs-, Dienst- oder Bauleistungen entstehen. Werden diese Leistungsmengen bewertet, dann erhält man die Leistungen. Bei der Bestimmung der Leistung kann man analog wie bei den Kosten vorgehen. Dann stellen sie das Produkt aus den erstellten Leistungsmengen und den Preisen am Absatzmarkt dar. Die Leistung ist also das bewertete Resultat der betrieblichen Tätigkeit und sie steht somit den Kosten gegenüber.

Im Folgenden wird die zahlenmäßige Erfassung der Leistungserstellung – getrennt nach Kosten und Leistungen – dargestellt.

1.1.1 Kosten

1.1.1.1 Sachliche und personale Einsatzmittel

Es werden die Einsatzmittel dargestellt, die bei der Erbringung von Bauleistungen erforderlich sind. Es wird also bewusst auf die explizite Darstellung der Einsatzmittel bei der Erbringung von Planungsleistungen oder Projektentwicklungsleistungen verzichtet. Bei diesen Leistungen werden vornehmlich personale Einsatzmittel bzw. Bürosachmittel benötigt. Diese Faktoren werden aber ebenso bei der Leistungserstellung von Bauleistungen eingesetzt.

Sachliche Einsatzmittel

Die Kosten- und Leistungsrechnung der Bauunternehmen – kurz KLR Bau[6] genannt – unterscheidet im Rahmen der Kostenarten folgende sachliche Einsatzmittel:

- Baustoffe und Fertigungsstoffe
- Rüst-, Schal-, Verbaumaterialien einschl. Hilfsstoffe
- Geräte und Betriebsstoffe
- Geschäfts-, Betriebs- und Baustellenausstattung.

Diese Hauptgruppen sind in der KLR Bau detaillierter weiter unterteilt. Auf diese Differenzierung wird nicht weiter eingegangen.

Personale Einsatzmittel

Für die Bauwirtschaft gibt es Rahmentarifverträge, die außerhalb der Bauwirtschaft Manteltarifverträge genannt werden. In diesen Tarifverträgen wird unterschieden zwischen:

- gewerbliche Arbeitnehmer
- Angestellte du Poliere
- Auszubildende

Für gewerbliche Arbeitnehmer gilt der Bundesrahmentarifvertrag (BRTV) für das Baugewerbe. Für Angestellte und Poliere gilt der Rahmentarifvertrag (RTV Angestellte). Für Auszubildende gilt der Tarifvertrag über die Berufsbildung im Baugewerbe (BBTV). In diesen Rahmentarifver-

---

[5] Brüssel, W.: a.a.O., S. 218

[6] Hauptverband der Deutschen Bauindustrie/Zentralverband des Deutschen Baugewerbes (Hrsg.): KLR Bau, 7. aktualisierte Auflage, Werner-Verlag: 2001, S. 19 f.

trägen werden langfristige, allgemeine Arbeitsbedingungen festgelegt, wie z.B. allgemeine Bestimmungen über Berufsgruppeneinteilung, Arbeitszeiten, Zuschläge, Freistellungen, Urlaub, Kündigungsfristen, Ausschlussfristen etc. Die Rahmentarifverträge haben in der Regel eine längere Laufzeit als z.B. Lohntarifverträge.

Neben den Rahmentarifverträgen sind noch 3 weitere Gruppen von Tarifverträgen für das Baugewerbe zu nennen:

- Entgelttarifverträge, jeweils für gewerbliche Arbeitnehmer, Poliere und Angestellte,
- Sozialkassentarifverträge und
- Verfahrenstarifverträge, mit z.B. Regelungen der Sozialkassenbeiträge im Baugewerbe.

Die genannten Tarifverträge werden jährlich publiziert und stehen allen Unternehmen, die sich danach richten, zur Verfügung.[7]

„Eine authentische Tarifsammlung von hoher Aktualität ist ein unentbehrliches Hilfsmittel, auf das Arbeitgeber und Arbeitnehmer, Vergabebehörden, Architektur- und Ingenieurbüros gleichermaßen täglich angewiesen sind."[8]

Für die Zuordnung der genannten Personengruppen in die einzelnen Berufsgruppen gilt entsprechend den Rahmentarifverträgen:

Gewerbliche Arbeitnehmer

Für die Eingruppierung eines Arbeitnehmers in eine Berufsgruppe sind seine Ausbildung, seine Fertigkeiten und Kenntnisse sowie die von ihm auszuübende Tätigkeit maßgebend. Die Einteilung der gewerblichen Arbeitnehmer erfolgt gemäß § 5 BRTV nach folgenden Lohngruppen.

Lohngruppe 1	Werker, Maschinenwerker
Lohngruppe 2	Fachwerker, Maschinisten, Kraftfahrer
Lohngruppe 3	Facharbeiter, Baugeräteführer, Berufskraftfahrer
Lohngruppe 4	Spezialfacharbeiter, Baumaschinenführer
Lohngruppe 5	Vorarbeiter, Baumaschinen- Vorarbeiter
Lohngruppe 6	Werkpolier, Baumaschinen- Fachmeister

Bild E-1   Lohngruppen der gewerblichen Arbeitnehmer gemäß § 5 BRTV [9]

Angestellte

Bei den Angestellten wird nicht mehr wie in der Vergangenheit zwischen technischen und kaufmännischen Angestellten unterschieden, sondern es gibt nur noch Gehaltsgruppen von AI bis AX gemäß § 5 RTV für Angestellte und Poliere. Diese Unterteilung ist abhängig von ihrer beruflichen Ausbildung und ihrem Aufgabenbereich.

Um eine Vorstellung der Aufgaben und Anforderungen der Angestellten zu erlangen, wird hier exemplarisch die Berufsgruppe AVII RTV § 5 gezeigt.[10]

---

[7] vgl. Zander, O. (Hrsg.): Tarifsammlung für die Bauwirtschaft, Otto Elsner Verlagsgesellschaft: Dieburg 2003
[8] Küchler, W.: Vorwort; in: Gastell, F. (Hrsg.) (1999): Tarifsammlung für die Bauwirtschaft 1999/2000, Otto-Elsner-Verlagsgesellschaft: Dieberg 1999, S. 1
[9] Zander, O. (Hrsg.): a.a.O., S. 199
[10] Zander, O. (Hrsg.): a.a.O., S. 289

Gruppe A VII

Zu dieser Gruppe zählen Angestellte, die schwierige Tätigkeiten selbständig und weitgehend eigenverantwortlich ausführen, für die

- eine abgeschlossene Ausbildung an einer Technischen Hochschule oder Universität oder
- eine abgeschlossene Ausbildung an einer Fachhochschule oder an einer vergleichbaren Einrichtung (z.B. Berufsakademie, Verwaltungs- und Wirtschaftsakademie jeweils mit Diplomabschluss) und die entsprechende Berufserfahrung oder
- eine abgeschlossene Berufsausbildung und zusätzliche durch berufliche Fortbildung erworbenen Fachkenntnisse oder
- eine durch umfassende Berufserfahrung erworbene gleichwertige Qualifikation erforderlich ist und Poliere, welche eine anerkannte Prüfung vorweisen können bzw. ohne Prüfung angestellt sind.

Als Richtbeispiele für eine Eingruppierung können die folgenden Tätigkeiten gelten:
- Entwerfen, Konstruieren, Berechnen von Bauwerken mit mittlerem Schwierigkeitsgrad;
- Anfertigen von Entwurfs-, Genehmigungs- und Ausführungsplänen mit mittlerem Schwierigkeitsgrad;
- Anfertigen von statischen Berechnungen;
- Plancn und Ausführen von Ingenieurvermessungsarbeiten;
- selbständiges Ausführen und Auswerten von Untersuchungen und Messungen in Labors, Werkstätten und Baustoffprüfstellen;
- Erstellen von schwierigen Kalkulationen;
- Berechnen und Erstellen von Plänen für Schalungen und Baubehelfe in der Arbeitsvorbereitung;
- Koordinieren und Überwachen von Bauausführungen oder Abschnittsbauleitung;
- Koordinieren und Überwachen von Maßnahmen der Arbeitssicherheit und des Gesundheitsschutzes;
- Einsatzplanung und Führung des gewerblichen Baustellenpersonals und der gewerblichen Auszubildenden, ohne selbst überwiegend körperlich mitzuarbeiten;
- schwierige und umfangreiche Sachbearbeitung im Personalwesen, im Einkauf, in der Angebotsbearbeitung, in der Geräteverwaltung, im Finanz- und Rechnungswesen sowie in der kaufmännischen Verwaltung von Baustellen;
- Arbeiten im kaufmännischen Controlling oder im Baustellen-Controlling;
- Beraten bei EDV-Systemanwendungen, Betreuen von EDV-Netzwerken;
- Führen des Sekretariats der Geschäftsleitung.

Explizit sei an dieser Stelle darauf hingewiesen, dass Absolventen einer Technischen Hochschule oder Universität, die über keine Berufserfahrung verfügen, in diese Gehaltsgruppe eingestuft werden. Analog werden Absolventen einer Fachhochschule in die Gehaltgruppe A IV eingestuft.

Poliere

Poliere sind Angestellte, die unterstellte Arbeitnehmer beaufsichtigen, ohne selbst überwiegend körperlich mitzuarbeiten. Um als Polier anerkannt zu werden, kann die Prüfung gemäß der „Verordnung über die Prüfung zum anerkannten Abschluss Geprüfter Polier" abgelegt werden. Es ist aber durchaus möglich, auch ohne Prüfung als Polier eingestellt zu werden und gemäß § 5 RTV für die Angestellten und Poliere eingestuft zu werden. Die Einstufung erfolgt in die Gehaltsgruppen A VII oder A VIII.

Der Aufgabenbereich des Poliers umfasst z.B. folgende Tätigkeiten: Vorbereitung und Einrichtung von Baustellen, Anordnung aller Arbeiten an der Arbeitsstätte nach Zeichnung, Beschreibung oder sonstiger Anweisung, Überwachung und Verteilung der Arbeiten und Einteilung der Arbeitskräfte, Hilfeleistung bei Arbeitsvorbereitung und Arbeitsablauf; Beaufsichtigung der Berufsausbildung; Führen der Schichten- und Stundenbücher, Erstattung aller innerbetrieblichen

An- und Abmeldungen; Erstellen von Bauberichten, Anfertigen von Handzeichnungen zu Aufmessungs- und Abrechnungszwecken, Durchführen von Aufmaß und Abrechnung, Umgang mit Datenträgern; Anforderung und Übernahme der Baustoffe, Gerüste und Geräte sowie deren sachgemäße Verwendung und Aufbewahrung; Kontakt mit Architekten und Bauherren.

1.1.1.2 Die Bewertung der sachlichen und personalen Einsatzmittel

Sachliche Einsatzmittel

Die sachlichen Einsatzmittel können mit den Anschaffungspreisen bewertet werden. Dazu braucht man zunächst die Mengen je Einsatzmittel, die zu einem bestimmten Zeitpunkt oder für einen bestimmten Zeitraum benötigt werden. Die Mengen haben einen großen Einfluss hinsichtlich der Preisgestaltung. Bei der Abnahme von großen Mengen können i.d.R. Rabatte bzw. Preisnachlässe vereinbart werden. Insbesondere bei mittleren und großen Unternehmen werden daher zunehmend zentrale Einkaufsstellen eingerichtet. Diese sind dann zum Teil bundesweit für den Einkauf zuständig.

Die Multiplikation der Einsatzmengen mit den Anschaffungspreisen ergibt die Beschaffungskosten je Einsatzmittel, also:

- Kosten der Baustoffe und Fertigungsstoffe
- Kosten des Rüst-, Schal- und Verbaumaterials
- Kosten der Geräte und der Betriebsstoffe
- Kosten der Geschäfts-, Betriebs- und Baustellenausstattung.

Gem. § 448 BGB Abs. 1 trägt der Käufer die Kosten der Abnahme und der Versendung der Sache nach einem anderen Orte als dem Erfüllungsort. Deshalb kommen zu den Beschaffungskosten noch Transportkosten und unter Umständen Lagerhaltungskosten hinzu. Durch Vertragsvereinbarungen können andere Regelungen vorgesehen werden, wie z.B. frei Lager oder frei Baustelle. Im letzten Fall trägt der Verkäufer alle Kosten und Risiken, die bis zur Lieferung z.B. des Baustoffes zur Baustelle anfallen. Dementsprechend höher werden allerdings die Beschaffungskosten ausfallen.

Um die Lagerhaltungskosten zu minimieren, wird mittlerweile auch in der Bauwirtschaft das „Just – in – Time – Prinzip" angewendet. Dies bedeutet, dass die Bereitstellung der sachlichen Einsatzmengen so organisiert wird, dass z.B. die Baustoffe ohne Lagerhaltung auf der Baustelle unmittelbar eingebaut werden können. Ein typischer Anwendungsfall für dieses Prinzip ist die Verwendung von Transportbeton. Aber auch einfache Fertigteile aus Stahlbeton, Stahlkonstruktionen oder komplexere vorgefertigte Einbausysteme unterliegen diesem Prinzip.

Personale Einsatzmittel

Die Bewertung der personalen Einsatzmittel für gewerbliche Arbeitnehmer, Poliere und Angestellte erfolgt in den entsprechenden Entgelttarifverträgen.

„Die Entgelttarifverträge regeln insbesondere die Lohn- und Gehaltssätze für die verschiedenen Berufsgruppen – solche „Tarife" haben den Tarifverträgen überhaupt ihren Namen gegeben – aber auch sonstige Zahlungsansprüche der Arbeitnehmer wie die auf ein 13. Monatseinkommen oder auf vermögenswirksame Leistungen. [...] Die Lohn- und Gehaltstarifverträge gelten in der Regel für eine Mindestlaufzeit von nur einem Jahr (höchstens zwei Jahre) und werden von der Arbeitnehmerseite grundsätzlich zum frühestmöglichen Zeitpunkt gekündigt. Da der Anteil der Personalkosten am Bruttoproduktionswert in der Bauwirtschaft mit rd. 50 Prozent überdurchschnittlich hoch ist, gehören die Löhne und Gehälter zu den wichtigsten Kalkulationsfaktoren."[11]

---

[11] Zander, O. (Hrsg.): a.a.O., S. 26

Stellvertretend für die genannten Personengruppen wird die Lohnregelung für die gewerblichen Arbeitnehmer gezeigt. Hier heißt es in § 2 des Tarifvertrages zur Regelung der Löhne und Ausbildungsvergütungen im Baugewerbe im Gebiet der Bundesrepublik Deutschland mit Ausnahme der fünf neuen Bundesländer und des Landes Berlin vom 04. Juli 2002:

„§2 Lohnregelung:

(1) Mit Wirkung vom 1. April 2002 beträgt der Bundesecklohn (Tarifstundenlohn der Berufsgruppe III gemäß § 5 Nr. 1 BRTV) 13,21 €.

(2) Die am 31. August 2002 geltenden Tarifstundenlöhne werden mit Wirkung vom 1. September 2002 (Zeitpunkt des In-Kraft-Tretens der neuen Lohnstruktur nach § 5 Nr. 3 BRTV) um 3,2 v. H. und die am 31. März 2003 geltenden Tarifstundenlöhne mit Wirkung vom 1. April 2003 um 2,4 v. H. erhöht. Der Ecklohn (Tarifstundenlohn der Lohngruppe 4 gemäß § 5 Nr. 1 BRTV) beträgt ab 1. September 2002 13,63 € und ab 1. April 2003 13,96 €.

(3) Der Arbeitnehmer erhält einen zusätzlichen Betrag in Höhe von 5,9 v.H. seines sich nach Abs. 1 ergebenden Tarifstundenlohnes (Bauzuschlag). Der Bauzuschlag wird gewährt zum Ausgleich der besonderen Belastungen, denen der Arbeitnehmer insbesondere durch den ständigen Wechsel der Baustelle (2,5 v.H.) und die Abhängigkeit von der Witterung außerhalb der gesetzlichen Schlechtwetterzeit (2,9 v.H.) ausgesetzt ist; er dient ferner in Höhe von 0,5 v.H. dem Ausgleich von Lohneinbußen, die sich in der gesetzlichen Schlechtwetterzeit ergeben.

(4) Der Bauzuschlag wird für jede lohnzahlungspflichtige Stunde, nicht jedoch für Leistungslohn-Mehrstunden (Überschussstunden im Akkord) gewährt.

(5) Der Gesamttarifstundenlohn (GTL) setzt sich aus dem Tarifstundenlohn (TL) und dem Bauzuschlag (BZ) zusammen. [...]

(7) Mit Wirkung vom 1. September gelten, soweit sich aus den Bezirkslohntarifverträgen nicht etwas anderes ergibt, nachstehende Löhne.

	TL €	BZ €	GTL €
Lohngruppe 6	15,66	0,92	16,58
Lohngruppe 5	14,34	0,85	15,19
Lohngruppe 4	13,63	0,80	14,43
Lohngruppe 3	12,50	0,73	13,23
Lohngruppe 2a	12,16	0,71	12,87
Lohngruppe 2	11,78	0,69	12,47
Lohngruppe 1	9,56	0,56	10,12
Fliesen-,Platten- und Mosaikleger der Lohngruppe 4	14,08	0,83	14,91
Baumaschinenführer der Lohngruppe 4	13,88	0,82	14,70

Bild E-2 Lohnregelung für die gewerblichen Arbeitnehmer (TV Lohn/West) Stand: 1. September 2002

Der Gesamttariflohn ist allerdings nur ein Teil der Kosten je Arbeitsstunde des entsprechenden Arbeitnehmers. Auf den Tariflohn müssen gegebenenfalls noch Zuschläge für Überstunden, Nacht-, Sonn- und Feiertagsarbeitslöhne sowie Erschwerniszuschläge hinzugerechnet werden. Darüber hinaus muss bei Abschluss eines individuellen Tarifvertrages über die Gewährung vermögenswirksamer Leistungen für Arbeiter noch ein Arbeitgeberanteil von 0,13 €/Stunde hinzugerechnet werden.

Dadurch ergibt sich folgender Grundlohn:

- Tarifstundenlohn (TL) und Bauzuschlag (BZ)[12] (Gesamttarifstundenlohn-GTL)
- Leistungs- und Prämienlöhne
- übertarifliche Bezahlung
- vermögenswirksame Leistungen
- Überstunden-, Nacht-, Sonn- und Feiertagsarbeitslöhne
- Erschwerniszuschläge

Die genannten Positionen sind geregelt in Einzeltarifverträgen z.B. Tarifvertrag zur Regelung der Löhne und Ausbildungsvergütungen im Baugewerbe im Gebiet der Bundesrepublik Deutschland mit Ausnahme der fünf neuen Länder und des Landes Berlin vom 04. Juli 2002 (TV, Lohn/West), in Rahmentarifverträgen, z.B. Bundesrahmentarifvertrag für das Baugewerbe vom 4. Juli 2002 (BRTV).

Im BRTV sind beispielsweise im § 6 die Erschwerniszuschläge geregelt. Die vermögenswirksamen Leistungen wiederum sind geregelt in den Tarifverträgen über die Gewährung vermögenswirksamer Leistungen zugunsten der gewerblichen Arbeitnehmer sowie der Angestellten und Poliere des Baugewerbes, im Dritten, Vierten und Fünftem Gesetz zur Förderung der Vermögensbildung der Arbeitnehmer; im Zweiten Gesetz zur Förderung der Vermögensbildung der Arbeitnehmer durch Kapitalbeteiligungen (Zweites Vermögensbeteiligungsgesetz) und im § 19 a Einkommensteuergesetz.

Zu diesem Grundlohn müssen noch eine Vielzahl von Lohnzusatzkosten hinzugerechnet werden, damit die Gesamkosten für produktive Arbeitsstunden ermittelt werden können. Das Gebiet der Lohnzusatzkosten ist außerordentlich komplex und unterliegt zudem einem ständigen Wandel. Deshalb wird hier auf eine detaillierte Darstellung verzichtet, und es wird global die Struktur dieser Lohnzusatzkosten aufgezeigt.[13]

Die Lohnzusatzkosten gliedern sich in:

- Soziallöhne
- Sozialkosten
- lohnbezogene Kosten
- Lohnnebenkosten

Soziallöhne

- gesetzlich bedingte Soziallöhne
  - Gesetzliche Feiertage; soweit nicht Samstage, Sonntage oder Feiertage im Lohnausgleichszeitraum
  - Regionale Feiertage
  - gesetzliche Ausfalltage, wie Ausfalltage aufgrund des Betriebsverfassungsgesetzes, des Arbeitsförderungsgesetzes, des Arbeitnehmerweiterbildungsgesetzes, aufgrund der Unfallverhütungsvorschriften u.a. sowie Krankheitstage mit Lohnfortzahlungsanspruch
- tariflich bedingte Soziallöhne
  - Freistellung aus familiären Gründen (Eheschließung, Todesfälle etc.)
  - Freistellung aus besonderen Gründen (Arztbesuch, Behördenpflichten, Ehrenamt)
  - 13. Monatsgehalt

---

[12] Der Bauzuschlag wird pauschal an alle gewerblichen Mitarbeiter des Baugewerbes bezahlt, unabhängig davon ob die ursprünglichen Kriterien des Zuschlags, nämlich Einsatzwechseltätigkeit und Schlechtwetterarbeit, tatsächlich zutreffen. Das heißt 5,9 % des Tariflohns wird als pauschale Leistung an alle gewerblichen Arbeitnehmer der Baubranche bezahlt, ohne die ursprüngliche Voraussetzung dieser Tarifvereinbarung zu prüfen.

[13] vgl. zu diesem komplexen Thema z.B. Labbert, H.: a.a.O.

- betrieblich bedingte Soziallöhne
  - betrieblich verfügte Ausfallzeiten (Betriebsfeier, Betriebsausflug etc.)
  - betrieblich verursachte Ausfallzeiten (z.B. Betriebsstörungen)
  - Kurzarbeit

Sozialkosten

- gesetzlich bedingte Sozialkosten

Die gesetzlichen Sozialkosten sind vom Gesetzgeber vorgeschrieben. Man kann zwischen den primären Kosten der gesetzlichen Sozialversicherungen und weiteren gesetzlichen Sozialkosten unterscheiden.

Die primären gesetzlichen Sozialkosten sind die:
  - Rentenversicherung
  - Arbeitslosenversicherung
  - Krankenversicherung
  - Pflegeversicherung

Weitere gesetzliche Sozialleistungen werden über die Bau-Berufsgenossenschaft und die Bundesagentur für Arbeit (BA) abgewickelt. Die Bau-Berufsgenossenschaften wickeln die gesetzliche Unfallversicherung und das Rentenlast-Ausgleichsverfahren ab. Jedes Bauunternehmen ist kraft Gesetz Mitglied einer Bau-Berufsgenossenschaft. Ab dem 1. Mai 2005 gibt es bundesweit nur noch eine Berufsgenossenschaft der Bauwirtschaft. Die notwendigen Beschlüsse aller Berufsgenossenschaften liegen jetzt vor. Aus bisher sieben regionalen Bau-Berufsgenossenschaften und einer bundesweit agierenden Tiefbau-Berufsgenossenschaft wird eine einheitliche Berufsgenossenschaft für die gesamte Bauwirtschaft. Mit den Beiträgen der Unternehmen werden die im Unternehmen Beschäftigten gegen die Folgen von Arbeitsunfällen oder Berufskrankheiten versichert. Weitere Leistungen der Bau-Berufsgenossenschaften werden im Rahmen des „Arbeitsschutzes und der Arbeitssicherheit" und beim „Arbeitsmedizinischen Dienst" erbracht.

Über die Arbeitsämter als unterste Instanzen der BA werden Betriebe, die nach § 1 der Baubetriebe-Verordnung zur Förderung zugelassen sind, aufgrund des „Gesetzes zur Förderung der ganzjährigen Beschäftigung im Baugewerbe" durch die nachfolgend dargestellten Leistungen der BA gefördert. Diese Leistungen stehen in Zusammenhang mit der Schlechtwettergeldregelung im Baugewerbe, die am 1. Nov. 1999 in Kraft getreten ist, und wir in zwei Varianten gewährt.
  - Mehraufwands-Wintergeld
  - Zuschuss-Wintergeld

Finanziert werden die Mittel für die Förderung der ganzjährigen Beschäftigung im Baugewerbe durch das Wintergeld, das umlagefinanzierte Winterausfallgeld sowie die volle Erstattung der Sozialversicherungsbeiträge für die 31. bis 100. Ausfallstunde durch die vom Arbeitgeber zu bezahlende Winterbau-Umlage. Diese beträgt 1,0 % (seit 1. Juli 2000) der Bruttolohnsumme und wird an die Zusatzversorgungskasse des Baugewerbes (ZVK) abgeführt. Die ZVK wiederum verteilt das Geld an die BA.

- tariflich bedingte Sozialkosten

Die Sozialkassen der Bauwirtschaft, nämlich die Urlaubs- und Lohnausgleichskasse der Bauwirtschaft (ULAK), die Zusatzversorgungskasse des Baugewerbes (ZVK), die Gemeinnützige Urlaubskasse des Bayrischen Baugewerbes e.V. und die Sozialkasse des Berliner Baugewerbes, sind Einrichtungen der Tarifvertragsparteien. Sie wurden mit dem Ziel geschaffen, die Bedingungen der Beschäftigten des Baugewerbes den Bedingungen der stationären Industrie anzupassen. Die Sozialkassen müssen für die in den Sozialkassentarifverträgen festgelegten Leistungen aufkommen. Die Beiträge zu den Sozialkassen der Bauwirtschaft werden von den Arbeitgebern an die Sozialkassen bezahlt und betragen etwa 20 % der Bruttolohnsumme bzw. 32 % der Grundlohnsumme.

Im Einzelnen werden folgende tariflich geregelten Leistungen abgewickelt:
- Lohnausgleich
  Der Lohnausgleich ist im Tarifvertrag zur „Förderung der Aufrechterhaltung der Beschäftigungsverhältnisse im Baugewerbe während der Winterperiode" geregelt.
- Urlaub und zusätzliches Urlaubsgeld
- Die Zusatzversorgung
  Die Zusatzversorgungskasse (ZVK) wurde 1958 gegründet und soll eine überbetriebliche zusätzliche Altersversorgung gewährleisten.
- Die Förderung der Berufsausbildung
  Die Förderung der Berufsausbildung verfolgt unterschiedliche Interessen des Baugewerbes, wie z.B.: Imageverbesserung, breitere Grundausbildung, Verbesserung des Ausbildungsniveaus, überbetriebliche Ausbildung, Sicherung des Facharbeiternachwuchs.

- betriebliche Sozialkosten
  Betriebliche Sozialkosten sind u.a.:
  - Alters- und Zukunftssicherung einschließlich Insolvenzensicherung
  - Jubiläums- und Treuegeld
  - Beihilfen für Heirat, Geburt, Todesfall, Krankheit etc.
  - Zuschüsse für Aus- und Fortbildung
  - Zuschüsse zu Betriebsversammlungen und -festen
  - Zuschüsse zum Mittagessen.

- lohnbezogene Kosten

Die lohnbezogenen *Kosten* beziehen sich auf die abgabenpflichtigen Lohnkosten (Bruttolohnsumme).
  - Beitrag für die Industrie- und Handelskammern
  - Beiträge für die Haftpflichtversicherung

Die prozentuale Höhe der einzelnen Elemente der Lohnzusatzkosten stellt sich in Anlehnung an die Musterberechnung des Zuschlagssatzes für Lohnzusatzkosten, die jährlich von den Verbänden in der Bauwirtschaft herausgegeben wird, für Anfang 2004 wie folgt dar.

Grundlohn	100,00 %
+ Soziallöhne	31,23 %
+ Sozialkosten	
– gesetzliche	43,02 %
– tarifliche	4,64 %
– betriebliche	1,00 %
+ lohnbezogene Kosten	3,01 %
Grundlohn einschließlich Lohnzusatzkosten	**182,90 %**

Es ergibt sich damit folgender Sachverhalt. Wenn ein Arbeitnehmer der Lohngruppe III einen Gesamttariflohn ohne Zuschläge und vermögenswirksame Leistungen von 12,50 €/h hat, dann kostet diese Arbeitsstunde den Arbeitgeber 182,90 % × 12,50 €/h = 22,86 €/h. Dieser Wert ist allerdings ein Durchschnittswert. Je nach Größe und Leistungsspektrum des Unternehmens gibt es Abweichungen von diesem Mittelwert.

Bei den Angestellten ergibt sich bei analoger Rechnung in der Regel ein geringerer Wert als bei den gewerblichen Arbeitnehmern. Dieser Wert ist deshalb niedriger, weil zum einen die Winterbau-Umlage und der Lohnausgleich bei den Gehältern wegfallen. Auch gibt es Unterschiede bei den gesetzlichen Sozialkosten wie z.B. bei der Unfallversicherung. Hier ist bspw. der Wert bei den Lohnzusatzkosten 6,1 % gegenüber 0,7 % bei den Gehaltszusatzkosten.

Schließlich müssen bei der Bewertung der personalen Einsatzmittel noch die Lohn- bzw. Gehaltsnebenkosten genannt werden. Hierzu gehört z.B. die Fahrtkostenabgeltung, wenn die Bau- oder Arbeitsstelle mindestens 10 km von der Wohnung des Arbeitnehmers entfernt ist und eine tägliche Heimfahrt stattfindet. Die Höhe der Fahrtkostenabgeltung und des Verpflegungszuschusses sind im § 7 Nr. 3 BRTV geregelt.

Findet keine tägliche Heimfahrt statt, besteht ein Anspruch auf Auslösung (§ 7 Nr. 4 BRTV). Dieser beträgt für jeden Kalendertag 34,50 € (Stand: BRTV vom 4. Juli 2002).

1.1.2 Leistungen

1.1.2.1 Leistungsmengen

Um Leistungsmengen festlegen zu können, müssen zunächst inhaltliche Leistungsbeschreibungen vorliegen. Diese sind naturgemäß je nach Art der zu erbringenden Leistung sehr unterschiedlich. Die Beschreibung der Planungsleistungen ist in der HOAI geregelt und zwar getrennt nach:

- Leistungen bei Gebäuden, Freianlagen und raumbildenden Ausbauten
- Zusätzliche Leistungen
- Gutachten und Wertermittlungen
- städtebauliche Leistungen
- Landschaftsplanerische Leistungen
- Leistungen bei Ingenieurbauwerken und Verkehrsanlagen
- Verkehrsplanerische Leistungen
- Leistungen bei der Tragwerksplanung
- Leistungen der Technischen Ausrüstung
- Leistungen für Thermische Bauphysik
- Leistungen für Schallschutz und Raumakustik
- Leistungen für Bodenmechanik, Erd- und Grundbau
- Vermessungstechnische Leistungen

Als Beispiel einer Leistungsbeschreibung bei Planungsleistungen wird hier das Leistungsbild der Objektplanung für Gebäude, Freianlagen und raumbildenden Ausbauten nach § 15 HOAI vorgestellt.

Das Leistungsbild setzt sich aus neun Leistungsphasen zusammen.
1. Grundlagenermittlung
2. Vorplanung (Projekt- und Planungsvorbereitung)
3. Entwurfsplanung (System- und Integrationsplanung)
4. Genehmigungsplanung
5. Ausführungsplanung
6. Vorbereitung der Vergabe
7. Mitwirken bei der Vergabe
8. Objektüberwachung (Bauüberwachung)
9. Objektbetreuung und Dokumentation

Jede Leistungsphase ist eine Auflistung der Tätigkeiten, die zur Erbringung des jeweiligen Leistungsbildes notwendig sind. Gemäß § 2 HOAI gliedern sich Leistungen in Grundleistungen und Besondere Leistungen soweit die Leistungen in den Leistungsbildern erfasst sind.

Wie detailliert diese Leistungsbeschreibungen sind, wird anhand der Beschreibung der Grundleistungen und Besonderen Leistungen der Leistungsphase 5 „Ausführungsplanung" § 15 HOAI gezeigt.[14]

---

[14] entnommen aus: Lederer, M.-M. (Hrsg.): Honorarmanagement bei Architekten und Ingenieurverträgen, Bauwerk Verlag: Berlin 2003, S. 329 f.

Grundleistungen

„Durcharbeiten der Ergebnisse der Leistungsphasen 3 und 4 (stufenweise Erarbeitung und Darstellung der Lösung) unter Berücksichtigung städtebaulicher, gestalterischer, funktionaler, technischer, bauphysikalischer, wirtschaftlicher, energiewirtschaftlicher (z.B. hinsichtlich rationeller Energieverwendung und der Verwendung erneuerbarer Energien) und landschaftsökologischer Anforderungen unter Verwendung der Beiträge anderer an der Planung fachlich Beteiligter bis zur ausführungsreifen Lösung.

Zeichnerische Darstellung des Objekts mit allen für die Ausführung notwendigen Einzelangaben, z.B. endgültige, vollständige Ausführungs-, Detail- und Konstruktionszeichnungen im Maßstab 1:50 bis 1:1, bei Freianlagen je nach Art des Bauvorhabens im Maßstab 1:200 bis 1:50, insbesondere Bepflanzungspläne, mit den erforderlichen textlichen Ausführungen.

Bei raumbildenden Ausbauten: Detaillierte Darstellung der Räume und Raumfolgen im Maßstab 1:25 bis 1:1, mit den erforderlichen textlichen Ausführungen; Materialbestimmung.

Erarbeiten der Grundlagen für die anderen an der Planung fachlich Beteiligten und Integrierung ihrer Beiträge bis zur ausführungsreifen Lösung.

Fortschreiben der Ausführungsplanung während der Objektausführung.

Besondere Leistungen

Aufstellen einer detaillierten Objektbeschreibung als Baubuch zur Grundlage der Leistungsbeschreibung mit Leistungsprogramm.

Aufstellen einer detaillierten Objektbeschreibung als Raumbuch zur Grundlage der Leistungsbeschreibung mit Leistungsprogramm.

Prüfen der vom bauausführenden Unternehmen auf Grund der Leistungsbeschreibung mit Leistungsprogramm ausgearbeiteten Ausführungspläne auf Übereinstimmung mit der Entwurfsplanung.

Erarbeiten von Detailmodellen.

Prüfen und Anerkennen von Plänen Dritter nicht an der Planung fachlich Beteiligter auf Übereinstimmung mit den Ausführungsplänen (zum Beispiel Werkstattzeichnungen von Unternehmen, Aufstellungs- und Fundamentpläne von Maschinenlieferanten), soweit die Leistungen Anlagen betreffen, die in den anrechenbaren Kosten nicht erfasst sind."[15]

Ebenso unterschiedlich und leistungsspezifisch wie die Leistungsbeschreibungen sind die Mengenangaben in Bezug auf die zu erbringenden Leistungen. Bei Planungsleistungen wird im Einzelfall die Menge der zu erbringenden Grundleistung durch anteilige Prozentsätze an der Gesamtplanungsleistung definiert.[16] Der Leistungsumfang richtet sich nach dem im Architektenvertrag vereinbarten Leistungsphasen und dem zu den Leistungsphasen gehörenden Prozentsätzen. Übernimmt z.B. ein Architekt alle Leistungsphasen, so ist sein Umfang der Grundleistungen 100 %. Dementsprechend reduziert sich der Leistungsumfang, wenn er nicht alle Leistungsphasen übernimmt.

In diesem Zusammenhang ist jedoch nochmals auf den rechtlichen Charakter der HOAI hinzuweisen, der als Preisrecht bezeichnet werden kann. Dies bedeutet für die Beschreibung der Leistungsbilder, dass es nicht ausreichend ist, die Tätigkeiten der Leistungsbeschreibungen zu erbringen, um den vertraglich geschuldeten Erfolg herbeizuführen. Erfordert die gestellte Aufgabe mehr als in den Leistungsbildern der HOAI enthalten ist, um den vertraglichen Erfolg aus der Sicht des Objektplaners schulden zu können, ist dies auch zu erbringen. Daher sind die Leistungsbilder der HOAI eine anerkannte Richtschnur für den Umfang von Leistungen, aber kein Numerus Clausus.

---

[15] Kleiber, W.: HOAI, Honorarordnung für Architekten und Ingenieure, 2. Auflage, Verlagsgruppe Jehle-Rehm: München-Berlin 1995, S. 17

[16] vgl. Teil B, 2.2 Freiberufliche Leistungen

Bei den Besonderen Leistungen kann der Bemessungsmaßstab für den Leistungsumfang die erforderliche Zeit sein. So bestimmt z.B. § 6 HOAI, wie das Zeithonorar zu berechnen ist, falls eine Abrechnung nach Zeitbedarf in Betracht kommt. Handelt es sich um eine besondere Leistung, die nicht nach Stundenaufwand berechnet werden kann, ist es sinnvoll, für die Preisfindung eine Kalkulation durchzuführen. Beispielsweise wird dies für die Erstellung von Modellen gemacht.

Neben den Besonderen Leistungen gibt es noch weitere Fallgruppen, bei denen die Abrechnung nach Stundennachweisen erfolgen kann, wie z.B. im Rahmen von Beratertätigkeiten.[17]

Die Beschreibung der Bauleistungen ist in der VOB geregelt.

„Die VOB/A differenziert in ihrem § 9 zwischen 2 Arten der Leistungsbeschreibung. Zum einen wird die Leistungsbeschreibung nach Leistungsverzeichnis und zum anderen die Leistungsbeschreibung mit Leistungsprogramm genannt. Dabei ist die Leistungsbeschreibung mit Leistungsverzeichnis der Regelfall und nur in Ausnahmefällen soll die Leistungsbeschreibung mit Leistungsprogramm angewendet werden.

Bei der Leistungsbeschreibung mit Leistungsverzeichnis gem. § 9 Nr. 6 VOB/A soll die Leistung in der Regel durch eine allgemeine Darstellung der Bauaufgabe (Baubeschreibung) und ein in Teilleistungen gegliedertes Leistungsverzeichnis beschrieben werden. Die allgemeine Darstellung der Bauaufgabe (Baubeschreibung) dient dazu, den Bewerbern eine hinreichende Übersicht über die gewünschte Bauleistung zu geben. Dabei hat sich die Baubeschreibung auf technische Angaben zu beschränken und soll nur solche Punkte aufführen, die nicht von vornherein für den betreffenden Fachmann klar sind. Generell muss das Leistungsverzeichnis den Anforderungen von § 9 Nr. 1 VOB/A genügen und eine eindeutige und erschöpfende Beschreibung enthalten, sodass alle Bewerber insbesondere auch im Hinblick auf die Preisberechnung eine eindeutige und verständliche Kalkulationsgrundlage haben. Damit dies gewährleistet ist, sind im Leistungsverzeichnis die einzelnen Leistungsanforderungen unter Angabe von Art und Umfang der verlangten Arbeiten anzugeben. Das Leistungsverzeichnis ist also derart aufzugliedern, dass unter einer Ordnungszahl (Position) nur solche Leistungen aufgenommen werden, die nach ihrer technischen Beschaffenheit und für die Preisbildung als in sich gleichartig anzusehen und die mit einer eindeutigen Mengenangabe bestimmbar sind.

Bei Bauleistungen sind z.B. folgende Mengenangaben üblich:

- Erdarbeiten m^3 z.B.:   Baugrubenaushub
                                         Fundamentaushub
                                         Abfuhr
                                         Hinterfüllen

- Beton- und Stahlbetonarbeiten m^3 bzw. m^2 z.B.:   Sauberkeitsschicht m^2
                                         Beton für Fundamente m^3
                                         Beton für Wände, Decken m^3 etc.
                                         Schalungen m^2
                                         Betonstahl t

- Mauerwerk m^2 bzw. m^3
- Putzarbeiten m^2

etc.

Das folgende einfache Beispiel zeigt eine Leistungsbeschreibung von Bauleistungen mit Leistungsverzeichnis.

---

[17] zu Einzelheiten hierzu wird verwiesen auf: Pott, W./Dahlhoff, W./Kniffka, R.: HOAI, Honorarordnung für Architekten und Ingenieure, Kommentar, 7. Auflage, Rudolf Müller Verlag: Köln 2003

Titel I Erdarbeiten

Pos. 1.1

Erdaushub für die Baugrube, Bodenklasse 4, von Oberkante-Fundamente bis Oberkante-Gelände bis zu einer Maximaltiefe von ca. 8,00 m. Aushub lösen und laden.

15 000 m^3

Pos. 1.2

Aushub für Einzel- und Streifenfundamente, Tiefe bis zu ca. 1,00 m unter Baugrubensohle, sonst wie Pos. 1.1. Der Aushub ist hier besonders maßhaltig herzustellen, weil keine Fundamentschalung vergütet wird.

320 m^3

Pos. 1.3

Abfuhr des gesamten Bodenmaterials auf eine ca. 3 km entfernt liegende Kippe, einschließlich Auffüllgebühren.

15 320 m^3

Pos. 1.4

Trägerbohlenwand als Baugrubenverbau herstellen, einschließlich der erforderlichen Anker, $H = 6{,}0$ bis $8{,}0$ m.

1 680 m^2

Im § 9 Abs. 10 ff. VOB/A ist die Leistungsbeschreibung mit Leistungsprogramm geregelt. Es wird ausdrücklich betont, dass nur nach Abwägen aller Umstände, und um die technisch, wirtschaftlich und gestalterisch beste sowie eine funktionsgerechte Lösung der Bauaufgabe zu ermitteln, die Leistung durch ein Leistungsprogramm dargestellt werden kann. „Bei der Leistungsbeschreibung mit Leistungsprogramm hat der Auftraggeber die Bauaufgabe eindeutig städtebaulich-architektonisch zu formulieren, eine Vorentwurfsplanung vorzulegen und Angaben zu den örtlichen Bedingungen, den grundsätzlichen Entwurfskriterien, zum Bauprogramm und zu den Qualitäten des technischen sowie nicht-technischen Ausbaus, der technischen Systeme und der Anforderungen an Bauteile und Bauelemente hinsichtlich der Außenanlagen, des Verkehrs, des Raumbildes und der tragenden Bauteile sowie der Versorgung und Entsorgung zu machen."[18]

Bei der Leistungsbeschreibung mit Leistungsprogramm liegt zunächst kein detailliertes Leistungsverzeichnis vor. Um jedoch die Mengen der zu erbringenden Leistungen ermitteln zu können, müssen die Anbieter entsprechende interne Leistungsverzeichnisse aufstellen. „Insoweit ist praktisch hierdurch die Aufstellung der Leistungsbeschreibung mit Leistungsverzeichnis vom AG auf den Bieter verlagert. Es treffen deshalb den Bieter bei der Beschreibung der Planung und Ausführung der Leistung die gleichen Anforderungen, die an den AG zu stellen sind, wenn er eine Leistungsbeschreibung mit Leistungsverzeichnis im Zuge der Ausschreibung aufstellt."[19]

Es ist an dieser Stelle darauf hinzuweisen, dass es neben der Vorgehensweise gemäß der VOB auch andere Möglichkeiten der Leistungsbeschreibung gibt. Insbesondere bei einer Projektkonstellation, bei der nur private Personen oder Unternehmen beteiligt sind, findet man Leistungsbeschreibungen, die keiner Normung unterliegen.[20]

---

[18] Heiermann, W./Riedl, R./Rusam, M.: a.a.O., S. 455
[19] Heiermann, W./Riedl, R./Rusam, M.: a.a.O., S. 455 f.
[20] vgl. zu diesem Thema Kapellmann, K./Schiffers, K.-H.: Vergütung, Nachträge und Behinderungsfolgen beim Bauvertrag, Band 2, Pauschalvertrag einschließlich Schlüsselfertigbau, Werner Verlag: Düsseldorf 2000

1.1.2.2 Die Bewertung der Leistungsmengen

Die Bewertung der Leistungsmengen erfolgt mit den Preisen, welche am Absatzmarkt für die jeweiligen Leistungsmengen erzielt werden können. Im Teil B und hier im Punkt 2 wurde bereits ausführlich auf die Preisbildung eingegangen und zwar getrennt nach den Bereichen:

- Preisbildungen am Grundstücksmarkt
- Preisbildungen bei freiberuflichen Tätigkeiten
- Preisbildung bei Bauleistungen, Projektentwicklungen und gewerbliche Dienstleistungen.

Es wird hier aber nochmals daraufhingewiesen, dass es in der Bauwirtschaft keine einheitliche Form der Preisbildung gibt, da es sich z.B. bei den freiberuflichen Leistungen in aller Regel um Honorare, Gebühren oder Tarife handelt, die durch Preisvorschriften, wie z.B. die HOAI, weitgehend festgelegt sind.

Die Preise am Grundstücksmarkt hingegen bilden sich im klassischen Sinne aufgrund von Angebot und Nachfrage, wobei bei der Preisbildung eine Vielzahl von subjektiven Bewertungsfaktoren einfließt, welche wiederum besonders auch von allgemeinen Konjunkturdaten abhängen.

Daneben gibt es die 2. Verordnung über Grundsätze für die Ermittlung der Verkehrswerte von Grundstücken (WertV), die im Rahmen einer gesetzlichen bzw. behördlichen Wertermittlung Anwendung finden. Diese Verordnung enthält außer Begriffsinhalten und allgemeinen Bestimmungen über Anwendungsbereiche und Verfahrensgrundsätze nähere Regelungen über die drei wichtigsten Wertermittlungsverfahren, nämlich das Vergleichswert-, das Ertragswert- und das Sachwertverfahren.

Für Bauleistungen, Projektentwicklungen und gewerbliche Dienstleistungen ist die Preisbildung durch Angebot und Nachfrage auf den entsprechenden Teilmärkten charakterisiert. Die Preisbildung für diese Bereiche ist jedoch stark kostenorientiert, d.h. es werden zunächst die voraussichtlich anfallenden Kosten errechnet bzw. geschätzt. Darauf aufbauend wird der Angebotspreis unter Berücksichtigung der Konkurrenzsituation und der Konjunkturlage festgelegt.

1.2 Aufbau der Betriebsabrechnung

Betriebsabrechnungen sind für alle Unternehmen der Bauwirtschaft notwendig, denn mit der Betriebsabrechnung werden für die Entscheidungsträger aller Unternehmensbereiche und Unternehmensebenen die Zahlen bereitgestellt, damit folgende betriebsbezogene Aufgaben erfüllt werden können:

- Preisermittlung und Preisbeurteilung
- Ergebnisdarstellung und Ergebnisbeurteilung
- Steuerung der Leistungserstellung
- Wirtschaftlichkeitsvergleiche
- Ermittlung innerbetrieblicher Verrechnungssätze.

1.2.1 Rechnungskreise der Betriebsabrechnung

Die Betriebsabrechnung besteht aus folgenden Rechnungskreisen:

- Kostenrechnung
- Leistungsrechnung
- Ergebnisrechnung.

Diese Dreiteilung ergibt sich aus der Definition des betrieblichen Ergebnisses:

Betriebsergebnis = Leistung ./. Kosten

Die genannten Rechnungskreise werden zur gesamten Betriebsabrechnung zusammengeführt. Aus Gründen der Übersichtlichkeit werden die genannten Rechnungskreise nur in Bezug auf bauausführende Unternehmen und Unternehmen für Planungsleistungen dargestellt. Für Dienstleistungsunternehmen und Unternehmen der Projektentwickler sind die dargestellten Zusammenhänge direkt übertragbar.

1.2.1.1 Kostenrechnung

Kosten sind der bewertete Verzehr von Gütern und Diensten materieller und immaterieller Art zum Zwecke betrieblicher Leistungserstellung. Kosten können unter den verschiedensten Fragestellungen betrachtet werden. Wird gefragt, welche Kosten in einem Betrieb entstehen, dann muss eine Kostenartenrechnung aufgebaut werden. Sie gibt Auskunft über die Entwicklung einzelner Kostenarten und über die Kostenstruktur von Unternehmen. Dies führt zunächst zur Frage der „Untergliederung" der Kosten. Diese Untergliederung ist abhängig von Größe und Art der Unternehmen und auch davon, inwieweit das Unternehmen eine detaillierte Kostentransparenz braucht bzw. wünscht.

Kostenartengliederung bei bauausführenden Unternehmen

Die KLR Bau empfiehlt hier folgende Untergliederung: [21]

- Lohn- und Gehaltskosten für Arbeiter und Poliere (AP)
- Kosten der Baustoffe und der Fertigungsstoffe
- Kosten des Rüst-, Schal- und Verbaumaterials einschl. der Hilfsstoffe
- Kosten der Geräte einschl. Betriebsstoffe
- Kosten der Geschäfts-, Betriebs- und Baustellenausstattung
- Allgemeine Kosten
- Fremdarbeitskosten
- Kosten der Nachunternehmerleistungen

Wie tief die Differenzierung einzelner Kostengruppen vorgenommen werden kann, wird anhand der Kostengruppen „Kosten der Geräte einschließlich Betriebsstoffe" und „Allgemeine Kosten" dargestellt. [22]

Die Gruppe „Kosten der Geräte einschl. Betriebsstoffe" umfasst:

- Kalkulatorische Abschreibung und Verzinsung
- Reparaturkosten
- Fremdmieten für Geräte
- Betriebsstoffe.

Die Gruppe „Allgemeine Kosten" umfasst:

- Gehaltskosten (TK/P)[23]
- Gesetzliche und tarifliche Sozialkosten (TK/P)
- Sonstige Sozialkosten (TK/P)
- Gehaltsnebenkosten (TK/P)
- Fremdgehaltskosten (TK/P)
- Kosten der technischen Bearbeitung

---

[21] Hauptverband Deutsche Bauindustrie/Zentralverband Deutsches Baugewerbe (Hrsg.): a.a.O., S. 18 ff.
[22] vgl. Hauptverband Deutsche Bauindustrie/Zentralverband Deutsches Baugewerbe (Hrsg.): a.a.O., S. 20 ff.
[23] TK/P= Techniker, Kaufleute und Poliere

- Büro- und Verkehrskosten
- Rechts-, Beratungs-, Finanzierungs-, Versicherungs- und Werbekosten
- Sonstige allgemeine Kosten.

Auf die einzelnen Kostenarten wird hier nicht eingegangen. Diese sind in der KLR Bau detailliert beschrieben.

Kostenartengliederung von Unternehmen für Planungsleistungen
Hier wird z.B. folgende Unterteilung empfohlen.[24]

- Personalkosten
- Raumkosten
- Beiträge, sonstige Abgaben, Versicherungen
- Fahrzeugkosten
- Werbe- und Reisekosten
- Honorare für freie Mitarbeiter und fremde Büros
- Abschreibungen
- Verschiedene Kosten

Grundsätzlich müssen bei jeder Kostenartenrechnung sämtliche Kostenarten eindeutig definiert sein. Es darf insbesondere keine Überschneidungen der Kostenarten geben, sodass jeder Kostenbetrag nur einer bestimmten Kostenart zugeordnet werden kann.

Die Kostenstellenrechnung beantwortet die Frage, wo die Kosten in einem Unternehmen entstehen. Die Einteilung bzw. Abgrenzung der Kostenstellen kann unter folgenden Gesichtspunkten vorgenommen werden:

- nach speziellen abrechnungs- oder leistungstechnischen Gesichtspunkten
- nach Verantwortungsbereichen
- nach räumlichen Erwägungen

Analog zu den Kostenarten werden die Kostenstellen eines bauausführenden Unternehmens und eines Unternehmens für Planungsleistungen vorgestellt.

Kostenstellengliederung von bauausführenden Unternehmen
Hier bietet sich folgende Kostenstelleneinteilung an, die sich unmittelbar aus der baubetrieblichen Produktion ergibt:[25]

- Baustellen als eigentliche Produktionsstätten
  - eigene Baustellen
  - Baustellen in Arbeitsgemeinschaften
- Hilfsbetriebe, welche Leistungen für die Baustellen erbringen. Dies sind u.a. Magazin, Gerätepark, Werkstatt, Schalungsbetrieb, Fuhrpark, Biegebetrieb.
- die Verwaltung

Eine weitere Unterteilung der Verwaltung ist nur bei mittleren bzw. großen Unternehmen sinnvoll.

Kostenstellengliederung von Unternehmen für Planungsleistungen
Im Teil C Punkt 1.2.1.1 wurde die Organisation und Aufgabenstruktur eines größeren Architekturbüros beschrieben. Dabei wurden die 90 festangestellten Mitarbeiter in folgende Arbeitsbereiche unterteilt: Architekten bzw. Objektplanung, Projektsteuerung, Kostenmanagement, technische Gebäudeausrüstung, Facility Management und Verwaltung, nämlich Buchhaltung und Personalabteilung, Jurist, Sekretariat etc.

---

[24] vgl. Klocke, W.: Planungsbüros erfolgreich führen, Das wirtschaftliche Architektur- und Planungsbüro, 2. Auflage, Bundesanzeigerverlagsgesellschaft: Köln 1994, S. 32 f.
[25] vgl. Hauptverband Deutsche Bauindustrie/Zentralverband Deutsches Baugewerbe (Hrsg.): a.a.O., S. 23

Diese Arbeitsbereiche können in dem jetzigen Zusammenhang auch als Kostenstellen aufgefasst werden, zumal jedem Arbeitsbereich entsprechende Kostenarten der Personal- und Sachkosten zugeordnet werden können.

In der Kostenträgerrechnung werden die Kosten einzelnen Produkten bzw. Produktgruppen zugeordnet. Damit wird die Frage beantwortet, welche Leistungen tragen die Kosten bzw. sind für die entsprechenden Erlöse verantwortlich.

Kostenträgerrechnung von bauausführenden Unternehmen

Bei bauausführenden Unternehmen werden die Bauleistungen üblicherweise in Teilleistungen untergliedert. Diese werden im Leistungsverzeichnis nach einzelnen Positionen abgegrenzt und beschrieben. Diese Teilleistungen sind die eigentlichen Kostenträger. In der Praxis werden allerdings die unterschiedlichen Kostenarten, die bei der Erstellung dieser einzelnen Teilleistungen anfallen, in der Betriebsabrechnung nicht den einzelnen Teilleistungen zugerechnet. In der Betriebsabrechnung werden sinnvollerweise nur die für die einzelnen Bauleistungsaufträge entstehenden Kosten – unterteilt in Kostenarten – den Bauleistungen gegenübergestellt. Insofern gibt es bei bauausführenden Unternehmen im Ist-Kostenbereich keine Kostenträgerrechnung im klassischen Sinne.

Sollen jedoch die voraussichtlich anfallenden Kosten für einzelne Teilleistungen ermittelt werden, so muss eine Kostenträgerechnung durchgeführt werden. Diese wird in der bauwirtschaftlichen Literatur als Kalkulation bezeichnet. Hierauf wird zu an einer anderen Stelle eingegangen.

Kostenträgerrechnung von Unternehmen für Planungsleistungen.

Hier sind die einzelnen Planungsprojekte die Kostenträger. Unterteilt man das Planungsprojekt in einzelne Leistungsphasen, dann werden diese Leistungsphasen als Kostenträger bezeichnet. Je nach Differenzierung werden die entstehenden Kosten nur den Planungsprojekten insgesamt oder den einzelnen Leistungsphasen zugeordnet.

1.2.1.2 Leistungsrechnung

In der Leistungsrechnung werden die erbrachten Leistungen erfasst. Dabei muss man unterscheiden zwischen Leistungen, die direkt am Markt abgesetzt und solchen Leistungen, die zwischen den Organisationseinheiten eines Unternehmens ausgetauscht werden. An dieser Stelle wird die marktbezogene Leistungsrechnung gezeigt. Auf die innerbetriebliche Leistungsverrechnung wird bei der Darstellung des Betriebsabrechnungsbogen eingegangen. Außerdem muss man unterscheiden, ob die Leistungsermittlung als Grundlage der Anforderungen für Abschlagszahlungen bzw. für die Schlussrechnung dienen oder ob die Leistungsermittlung für das operative Controlling erstellt wird.

Im Folgenden wird zunächst auf den ersten Bereich eingegangen. Leistungsermittlungen im Rahmen des operativen Controlling werden im Punkt E 3 „Durchführung und organisatorische Einbindung des operativen Controlling" dargestellt.

Leistungsrechnung von bauausführenden Unternehmen

Die Leistungen bei bauausführenden Unternehmen muss man entsprechend den verschiedenen Bauvertragsarten der VOB wie folgt unterscheiden:

- Leistungen im Rahmen von Leistungsverträgen, nämlich Einheitspreis- und Pauschalverträge
- Leistungen im Rahmen von Aufwandsverträgen, nämlich Stundenlohn- und Selbstkostenerstattungsverträge.

Die folgenden Ausführungen sind an die KLR Bau[26] angelehnt.

---

[26] vgl. Hauptverband Deutsche Bauindustrie/Zentralverband Deutsches Baugewerbe (Hrsg.): a.a.O., S. 82

Beim Einheitspreisvertrag werden die geleisteten Mengen mit den vertraglich vereinbarten Einheitspreisen multipliziert. Demgemäss ist zur Ermittlung der Bauleistung erforderlich:

- eine Unterteilung der geleisteten Mengen in messbare Größen, z.B. m^2, m^3, t, Arbeitsstunden, Gerätestunden,
- die Erfassung der geleisteten Mengen, z.B. durch das Leistungsaufmass, durch Arbeitsstundenberichte, Gerätestundenberichte, Stoffverbrauchsberichte oder auch durch Schätzung des Fertigstellungsgrades
- die Ermittlung der Werte durch Multiplikation der geleisteten Mengen mit den vereinbarten Einheitspreisen.

Beim Pauschalvertrag wird die Vergütung für die Bauleistungen in einer einzigen Summe ausgedrückt. Für betriebliche Zwecke der Leistungsermittlung wird ein internes Leistungsverzeichnis benutzt, das in aller Regel von den Unternehmen im Rahmen der Preisfindung beim Pauschalvertrag erstellt wird. Dann ist die Leistungsermittlung analog zum Einheitspreisvertrag durchzuführen. Alternativ kann die Ermittlung bzw. Bewertung der Leistungen auch durch den Fertigstellungsgrad in Form von Prozentsätzen ausgedrückt werden.

Grundlage für die Ermittlung der im Stundenlohnvertrag erbrachten Leistungen sind die vom Auftraggeber anerkannten Stundenlohnberichte mit den Eintragungen für Lohn- und Gerätestunden, Stoffverbrauch, Fuhrleistungen, Nachunternehmerleistungen etc. Diese Mengenangaben werden mit den im Stundenlohnvertrag vereinbarten Preisen z.B. Stundenansätzen oder Stoffpreisen bewertet.

Beim Selbstkostenerstattungsvertrag werden zur Leistungsermittlung die geleisteten Mengen mit den von dem bauausführenden Unternehmen nachzuweisenden Selbstkosten bewertet und mit dem vereinbarten Zuschlag für Wagnis und Gewinn beaufschlagt. Wenn für einzelne Teilleistungen Preise vereinbart sind, wird hierfür das Aufmaß wie beim Einheitspreisvertrag bewertet.

Neben Leistungen für den Bauherren gibt es noch Leistungen, die für Dritte erbracht werden. Diese Leistungen können unterteilt werden in

- vertragliche Leistungen für Dritte (hierzu gehören z.B. auch Beihilfen für Nachunternehmer),
- Stundenlohnarbeiten und Lieferungen für Dritte und
- Verkaufserlöse von Dritten (z.B. aus Schrott- und Materialverkäufen).

Schließlich sind noch die zu aktivierenden Eigenleistungen zu nennen, wenn z.B. ein bauausführendes Unternehmen für den Eigengebrauch eine Werkstätte oder ein Verwaltungsgebäude erstellt. Für diese zu aktivierenden Eigenleistungen werden besondere Kostenstellen eingerichtet. Voraussetzung für die Übernahme dieser Leistungen in das Anlagevermögen der Unternehmensrechnung ist die Bereinigung der Kostenwerte entsprechend den handels- und steuerrechtlichen Bewertungsvorschriften.

Leistungsrechnung eines Planungsbüros

In Planungsbüros werden Leistungen der Objektplanung, städtebauliche Planungen, Projektsteuerung etc. als Planungsleistungen erbracht.

Wie bereits dargestellt, handelt es sich bei den Leistungen der Objektplanung um:

- Grundleistungen, die gem. § 15 Abs. 1 HOAI in neun Leistungsphasen zusammengefasst sind,
- Besondere Leistungen, die zu den Grundleistungen hinzutreten oder an deren Stelle geleistet werden. Dies ist z.B. der Fall, wenn besondere Anforderungen an die Ausführung eines konkreten Auftrages gestellt werden.

Bei den bauausführenden Unternehmen werden zu bestimmten Stichtagen die erbrachten Leistungen anhand von Leistungsmeldungen und auf der Grundlage der erbrachten Mengen und der Einheitspreise errechnet.

Diese Vorgehensweise ist bei Planungsbüros nur bedingt möglich. Demnach müssen in Planungsbüros andere Wege gefunden werden, damit den monatlich anfallenden Kosten die monatlichen Leistungen gegenübergestellt werden können. Außerdem muss auch der Honoraranspruch gegenüber den Bauherren begründet werden. Dieser ergibt sich dann, wenn die Planungsleistungen vertragsgemäß erbracht und eine prüffähige Honorarrechnung überreicht wird. Dasselbe gilt auch für Forderungen auf Abschlagszahlungen, die gem. § 8 Abs. 2 HOAI in angemessenen zeitlichen Abständen für nachgewiesene Leistungen gestellt werden können.

Die notwendige Leistungsrechnung in Planungsbüros wird in der Literatur mitunter mit den Begriffen „Leistungsbewertung und Projektfortschritt" behandelt.[27]

Grundlage der Leistungsermittlung in Planungsbüros ist eine detaillierte Berichterstattung über die Fortschritte der einzelnen Projekte. „Für eine fundierte Projekt-Fortschrittsberichterstattung sind u.a. mindestens folgende Fragen zu beantworten:

- Welche Ergebnisse (Sach- und Dienstleistungen) waren bis zum Stichtag geplant?
- Welcher Aufwand (Stunden und Kosten) war bis zum Stichtag geplant?
- Sind die bis zum Stichtag geplanten Ergebnisse realisiert? (Zu wie viel Prozent?)
- Welcher Aufwand ist bis zum Stichtag angefallen?
- Welcher Aufwand hätte bis zum Stichtag für die realisierten Ergebnisse anfallen dürfen?"[28]

Mit Hilfe der genannten Projektberichterstattung werden die Fertigstellungsgrade der einzelnen Projekte ermittelt und zwar unterteilt in die einzelnen Leistungsphasen.

Dies sind Spezial-Aufgaben, z.B. für Projektsteuerer, die hierfür ein technisch ausgerichtetes Wissen einsetzen müssen. Die Multiplikation: „Fertigstellungsgrad x Honorar für die Leistungsphase" ergibt den Leistungsansatz pro Leistungsphase des Planungsprojektes. Die Addition der Leistungsansätze ergibt den Leistungswert pro Planungsprojekt. Eine ähnliche Vorgehensweise ist auch bei den Besonderen Leistungen üblich.

Sind Planungsleistungen mit einem Pauschalpreis vereinbart, dann sind auch hier die beiden Möglichkeiten denkbar.

- Erbrachte Leistung in Prozent des Fertigstellungsgrades der gesamten Leistung.
- Interne Umwandlung der Pauschalsumme in Honorare für Leistungsphasen und Errechnung der erbrachten Leistung mit der oben benannten Formel.

Die Leistungsrechnung bei Besonderen Leistungen hängt davon ab, ob die Abrechnung hierfür auf der Basis vom Zeitaufwand des Planenden abhängt oder ob hierfür eine Pauschalsumme vereinbart wurde.

Im zweiten Fall ist wiederum der Fertigstellungsgrad der Besonderen Leistung zu ermitteln. Um die Leistungsansätze eines bestimmten Zeitraums ermitteln zu können, muss pro Projekt und Leistungsphase wie folgt gerechnet werden:

> erbrachte Leistung bis Stichtag
> ./. erbrachte Leistung z.B. bis Vormonat oder letztes Quartal oder bis letztes Abrechnungsjahr
> ____
> = erbrachte Leistung im Abrechnungszeitraum (Monat, Quartal, Jahr)

---

[27] vgl. z.B. Motzel, E.: Leistungsbewertung und Projektfortschritt; in: Projektmanagement Fachmann Band 2, Rationalisierungskuratorium der Deutschen Wirtschaft e.V., 4. Auflage, Druck Partner Rübelmann: Hemsbach 1998, S. 687-718

[28] Motzel, E.: a.a.O., S. 692

1.2.1.3 Ergebnisrechnung

Durch die Gegenüberstellung der Leistungen und Kosten wird das Ergebnis ermittelt. Werden nur die Leistungen und Kosten des gesamten Unternehmens gegenübergestellt, dann erhält man ausschließlich das gesamte Ergebnis des Unternehmens. Wird eine Kostenstellenrechnung bzw. Kostenträgerrechnung eingeführt, dann erhält man zusätzlich die Ergebnisse der einzelnen Kostenstellen bzw. Kostenträger. Die Ergebnisrechnungen werden für bestimmte Zeiträume, z.B. Monate, Quartale oder Geschäftsjahre erstellt. Bei bauausführenden Unternehmen wird diese Ergebnisrechnung auch kurzfristige Erfolgsrechnung genannt.

1.2.2 Probleme der Ergebnisrechnung

1.2.2.1 Bauausführende Unternehmen

Probleme bei der Leistungsermittlung

Um zu einem bestimmten Stichtag das Baustellenergebnis errechnen und eine Abschlagszahlungsanforderung an den Auftraggeber stellen zu können, müssen alle Leistungen, die bis zum Stichtag erbracht sind, in einer Leistungsmeldung erfasst werden. Dabei wird wie folgt vorgegangen:

Zunächst werden pro Position des Leistungsverzeichnisses mit Hilfe des Aufmaßes die zum Stichtag erbrachten Mengen ermittelt; diese Mengen werden mit dem im Einheitspreisvertrag festgelegten Einheitspreisen multipliziert.

Also: Erbrachte Mengen pro Position x Einheitspreis pro Position = erbrachte Leistung pro Position. Die Summe aller erbrachten Leistungen = erbrachte Leistung per Stichtag. Anschließend werden die Nachtragsarbeiten, die Stundenlohnarbeiten und eventuelle sonstige Leistungen, z.B. Verkauf von Zement an Dritte, in gleicher Weise ermittelt. Um ein richtiges Baustellenergebnis zu erhalten, müssen noch die Leistungsberichtigungen berücksichtigt werden. Leistungserhöhungen können z.B. aus Ansprüchen aus Gleitklauseln sein. Leistungsminderungen können sein: Minderungen wegen Preisnachlässen oder Rückstellungen für Restarbeiten und Mängelbeseitigungen.[29]

Probleme der Leistungsmeldung berühren vor allem die Bauingenieure, welche die Leistungsmeldung zu erstellen haben.[30]

Dabei sind vor allem folgende Probleme zu beachten.

- Werden Leistungen – wie z.B. technische Bearbeitung und /oder Baustelleneinrichtung und/oder Baustellengehaltskosten – in mehrere oder in alle Positionen eingerechnet, dann muss bei jeder Position bedacht werden, ob diese Leistungsanteile auch schon erbracht worden sind.
- Sind die Nachunternehmerleistungen zum Stichtag in der gemeldeten Leistungshöhe auch tatsächlich bereits erbracht worden.
- Sind einzelne Positionen in ihren Arbeitsgängen nur teilweise ausgeführt oder nur vorbereitende Arbeiten geleistet worden, dann sind die Mengen und Preise entsprechend dem Herstellungszustand anteilig anzusetzen. Gegebenenfalls müssen die Anteile aus der Kalkulation hergeleitet werden.
- Angelieferte, aber noch nicht eingebaute Bauteile – wie z.B. gebogener Betonstahl, Spannstahl mit aufgerollten Gewinden, Fertigteile – sind mit den um das Einbauen reduzierten Kosten in die Leistungsmeldung aufzunehmen.
- Es müssen vorbereitende Arbeiten, die evtl. auf dem eigenen Bauhof getätigt werden, wie z.B. Bau eines Lehrgerüstes, in der Leistungsmeldung der Baustelle berücksichtigt werden.

---

[29] Leimböck, E./Schönnenbeck, H.: a.a.O., S. 25

[30] zu diesen Bauingenieurleistungen vgl. Prange, H./Leimböck, E./Klaus, U.R.: a.a.O., S. 123 ff.

Die folgende Abbildung zeigt ein Formblatt, mit welchem Leistungen erfasst werden.

Leistungsmeldung in €

Baustelle...   Stichtag...

	Seit Baubeginn bis Stichtag	Seit Baubeginn bis Vorperiode	Berichts-zeitraum
1. Erbrachte Bauleistungen			
1.1 Bauleistungen lt. LV	....	....	....
1.2 Nachtragsarbeiten (nicht in LV enthalten)	....	....	....
1.3 Stundenlohnarbeiten	....	....	....
1.4 Leistungen von Nach- und Nebenunternehmen	....	....	....
1.5 Sonstige Leistungen (z.B. für Dritte)	....	....	....
	+		
2. Leistungsberichtigungen			
2.1 Erhöhungen			
2.1.1 Ansprüche aus Lohngleitklauseln	+	....	....
2.1.2 Ansprüche aus Materialpreisgleitklauseln	+	....	....
2.1.3 Ansprüche aus anderen Gleitklauseln	+	....	....
2.2 Minderungen			
2.2.1 Minderungen wegen Preisnachlässen	./.	....	....
2.2.2 Minderungen wegen Materialbeistellungen durch Auftraggeber (soweit unter 1. erfasst)	./.	....	....
2.2.3 Minderungen wegen Rückstellungen für Nacharbeiten	./.	....	....
2.2.4 Minderungen wegen zu erwartender Rechnungsabstriche	./.	....	....
	+ ./.		
Gesamtleistung zum Stichtag (1 ./. 2)			
3. Davon abgerechnet			
4. Davon nicht abgerechnet			
Anmerkung Rückstellung für Gewährleistungsarbeiten	....		

Bild E-3   Schema einer Leistungsmeldung eines bauausführenden Unternehmens[31]

Probleme bei der Kostenermittlung

Bei der Kostenermittlung zu einem bestimmten Zeitpunkt gilt generell: Zunächst müssen alle gebuchten Kosten dahingehend überprüft werden, ob sie der Abrechungsperiode zuzurechnen sind (Zuordnungsprüfung). Ebenso wichtig ist die Überprüfung, ob alle Kosten des Abrechnungszeitraumes erfasst sind (Vollständigkeitsprüfung).

Hierzu gilt insbesondere, dass alle Kosten in der Kostenrechnung enthalten sein müssen, deren Mengenkomponente in die per Stichtag erbrachten Leistungen eingegangen sind. Es kommt also nicht auf den Zeitpunkt der Rechnungsstellung an. Entscheidend für eine Berücksichtigung der Kosten ist, ob die Mengenfaktoren der Kosten (d.h. Stunden bei Lohnkosten, m^3 bei Baustoffen, Gerätestunden bei Gerätekosten etc.) zum Stichtag in die Leistung eingegangen sind.

---

[31] vgl. Hauptverband Deutsche Bauindustrie/Zentralverband Deutsches Baugewerbe (Hrsg.): a.a.O., S. 88

Für diesen Sachverhalt verwendet man die Begriffe „gebuchte Kosten" und „ungebuchte Kosten".

„Gebucht" bedeutet: Dieser Kostenbestandteil ist zum Stichtag bereits in der Kostenrechnung enthalten.

„Ungebucht" bedeutet: Dieser Kostenbestandteil muss zum Stichtag zusätzlich in der Kostenrechnung berücksichtigt werden.

Des Weiteren ist zu beachten, dass mitunter auf Baustellen Baustoffe vorhanden sind (z.B. Zement, Kies, ungebogener Stahl), für die der Lieferant bereits eine Rechnung gestellt hat und die auch bereits gebucht sind, die aber noch nicht zur Leistungserstellung benötigt wurden. Diese sog. Bestände müssen von den gebuchten Kosten abgezogen werden.

Schematisch ergibt sich damit folgende Aufstellung:

	gebucht	ungebucht	Bestände	Kosten zum Stichtag unterteilt nach Kostenarten
Lohn- und Gehaltskosten einschl. Sozialkosten	+	+	-	=
Baustoffkosten	+	+	./.	=
Kosten des Rüst-, Schal- und Verbaumaterials	+	+	./.	=
Kosten der Geräte	+	+	-	=
Kosten der Betriebs- und Baustelleneinrichtung	+	+	./.	=
Allgemeine Kosten	+	+	-	=
Kosten der Nachunternehmerleistung	+	+	-	=

Bild E-4   Schematische Darstellung der Kostenermittlung per Stichtag

1.2.2.2 Planungsbüros

Probleme der Leistungsermittlung

Diese liegen vor allem in der Ermittlung der Fertigstellungsgrade der einzelnen Teilleistungen. „Grundsätzlich gilt: Je präziser die Leistungsbeschreibungen sind, desto objektiver können Fortschrittsgrade festgestellt und erledigte Arbeitsergebnisse rückgemeldet werden bzw. umso einfacher lassen sich Projektstatus und Projektfortschritt ermitteln. Die Festlegung der optimalen Gliederungstiefe für die Planung eines Projektes und der damit verbundenen Detaillierung der Leistungsbeschreibung und der zwangsläufig daran gekoppelten Projektverfolgung hängen sehr von der Projektart, von den vertraglichen Randbedingungen und von vielen weiteren projektspezifischen Faktoren ab.

Beispielsweise sind folgende Fragen zu beantworten:

- Welche Gliederungstiefe verlangt die eigene Position innerhalb der Gesamtprojektorganisation? (Auftraggeber/Bauherr, Entwickler/Planer, bauausführendes Unternehmen)

- Können Rückmeldungen in der gleichen Detaillierung beschafft werden, wie die Leistung geplant wurde bzw. kann so detailliert geplant werden wie spätere Statusinformationen gefordert werden?
- Wie groß sind die zu erwartenden Datenmengen und sind diese vernünftig handhabbar?
- Ist ausreichend Projektmanagement-Assistenz eingeplant und steht sie auch zur Verfügung?"[32]

Im Rahmen eines bauwirtschaftlichen Buches reicht es aus, auf diese Problematik hinzuweisen. Selbstverständlich erfordert die Lösung der angesprochenen Probleme einen großen praktischen Erfahrungsschatz, der außerdem nicht ohne weiteres von einem Projekt und von einem Unternehmen auf andere – auch ähnlich gelagerte – Fälle übertragbar ist.

Probleme bei der Kostenermittlung

Hier ist auch darauf zu achten, dass auch die Kostenbestandteile berücksichtigt werden, welche zum Stichtag der Ergebnisermittlung noch nicht von der Buchhaltung „gebucht" worden sind.

1.3 Beispiele der Betriebsabrechnung

Bei der Gestaltung der Betriebsabrechnung sind die Unternehmen völlig frei, d.h. sie sind an keine rechtlichen Vorschriften gebunden. Rechtliche Vorschriften gibt es nur im Hinblick auf die Verpflichtung zur Aufstellung von Jahresabschlüssen und hier besonders die Verpflichtung zur ordnungsgemäßen Buchführung. Auf diese Themen wird im Punkt F „Rechnungslegung" eingegangen.

1.3.1 Betriebsabrechnung ohne Kostenstellen

1.3.1.1 Bauausführendes Unternehmen

Will ein Unternehmen für den gesamten Betrieb nur die Kostenarten- und Leistungsartenstruktur abbilden, um Abweichungen je Kostenart und Leistungsart im Zeitvergleich zu erkennen, dann genügt z.B. folgende Aufstellung eines Betriebsabrechnungsbogens (BAB).

---

[32] Motzel, E.: a.a.O., S. 693

	Von Jahresbeginn bis Vormonat €	Berichtsmonat €	Von Jahresbeginn bis Stichtag €	Anteil an Gesamtleistung bzw. Gesamtkosten %
Leistungsrechnung				
Bauleistungen lt. LV	663 600	212 000	875 500	93,0
Nachtragsarbeiten	19 250	15 350	34 600	3,7
Stundenlohnarbeiten	11 490	1 006	12 496	1,4
Sonstige Leistungen	12 306	5 150	17 456	1,9
Gesamtleistungen:	**706 646**	**233 506**	**940 052**	**100,0**
Kostenrechnung				
Lohn- und Gehaltskosten AP einschl. Sozialkosten	162 503	63 800	226 303	28,3
Kosten der Baustoffe und des Fertigungsmaterials	184 310	51 834	236 144	29,6
Kosten des Rüst-, Schal- und Verbaumaterials	22 475	4 500	26 975	3,4
Kosten der Geräte	35 650	6 350	42 000	5,3
Kosten der Betriebs- und Baustellenausstattung	21 984	4 300	26 284	3,2
Allgemeine Kosten	2 431	700	3 131	0,4
Kosten der Nachunternehmerleistungen	183 410	54 650	238 060	29,8
Gesamtkosten:	**612 763**	**186 134**	**798 897**	**100,0**

Ergebnisrechnung: Leistung ./. Kosten	**93 883**	**47 372**	**141 155**

Bild E-5   Beispiel eines BAB für ein kleines bauausführendes Unternehmen

1.3.1.2 Größeres Architekturbüro

Bei diesem Beispiel handelt es sich um das Architekturbüro, dessen Organisations- und Aufgabenstruktur im Teil C 1.2.1.1 beschrieben wurde.

Es werden für alle Arten von Bauprojekten sämtliche Leistungsphasen der HOAI erbracht. Bestimmte Planungsleistungen z.B. Tragwerksplanung, Schallschutz und Raumakustik etc. werden bei Bedarf von anderen Ingenieurbüros erstellt und in die Planungsarbeit integriert. Bei der folgenden Darstellung der Betriebsabrechnung handelt es sich selbstverständlich nur um eine Systematik.[33]

---

[33] zur Detaildarstellung vgl. z.B. Klocke, W.: a.a.O., S. 47 ff.

Das Büro hat folgenden Aufbau der Betriebsabrechnung gewählt: (Zahlen pro Jahr und in TSD €)

	TSD €	TSD €
Leistungsrechnung		
Honorare	14 100	
Besondere Leistungen	1 400	
Gutachten	450	
Erstattung von Nebenkosten gem. §7 HOAI	300	
Gesamtleistungen		**16 250**
Kostenrechnung		
Personalkosten		
kalkulatorischer Unternehmerlohn (2 Büroinhaber)	340	
Alterssicherung	100	
Grundgehälter angestelltes Personal	7 000	
Gehaltszusatzkosten	4 420	
Freie Mitarbeiter	600	
Σ Personalkosten		12 460
Raumkosten	430	
Beiträge und Versicherungen	80	
Werbekosten	150	
Reise- und Fahrzeugkosten	500	
Allgemeine Verwaltungskosten	600	
Σ Verwaltungskosten		1 760
Honorare für fremde Büros	1 000	
Σ Honorare für fremde Büros		1 000
Gesamtkosten		**15 220**
Ergebnisrechnung		
Gesamtkosten	16 250	
Gesamtleistungen	15 220	
Ergebnis		**1 030**

Bild E-6   Beispiel einer Betriebsabrechnung eines größeren Architekturbüros

Im Gegensatz zum BAB für ein kleines bauausführendes Unternehmen hat das Architekturbüro bewusst auf die Unterteilung der Zahlen nach folgender Gruppierung verzichtet:

- Leistungen und Kosten von Jahresbeginn bis Vormonat
- im Berichtsmonat
- von Jahresbeginn bis Stichtag

Dies ist deswegen sinnvoll, weil die Kosten im Architekturbüro- und hier vor allem die Personalkosten – von Monat zu Monat in etwa gleicher Höhe anfallen. Selbstverständlich kann man die oben angeführte Aufstellung auch für jedes Quartal oder gar für jeden Monat machen. Diese Gegenüberstellung hat jedoch nur eine sehr globale Aussagekraft. Sie sagt vor allem nichts darüber aus, welche Ergebnisse die einzelnen Abteilungen erwirtschaftet haben und ob die einzelnen Aufträge mit Gewinn oder Verlust abgewickelt wurden.

In der Kostenrechnung ist die Kostenart „kalkulatorischer Unternehmerlohn" aufgeführt. Dies hat folgenden Grund. Bei Gesellschaften mit beschränkter Haftung und bei Aktiengesellschaften wird für die Geschäftsführer bzw. Vorstände vertraglich ein bestimmtes Einkommen festgelegt. Dieses Gehalt zählt für das Unternehmen als aufwandsgleiche Kosten. Dadurch ist es automatisch bei der Ermittlung des Ergebnisses eines Unternehmens mit dieser Rechtsform berücksichtigt.

Viele Architekturbüros werden aber in Rechtsformen geführt, bei denen diese Regelungen nicht gelten. Um nicht eine fehlerhafte Ergebnisermittlung zu erhalten, ist deshalb für den oder die mitarbeitenden Büroinhaber ein entsprechender Kostenbetrag anzusetzen. Das wäre z.B. jener Betrag, den der Büroinhaber je nach Bürogröße, fachlichem Anforderungsprofil und Verantwortungsbereich einsetzen müsste, um einen entsprechenden Mitarbeiter zu bezahlen.

Als Anhaltspunkt könnte das Gehalt des höchstbezahlten Mitarbeiters unter Berücksichtigung eines Zuschlags für Mehrarbeit und Alterssicherung dienen. Bei größeren Büros findet man Vergleiche mit anderen Betrieben, die z.B. als GmbH geführt werden. Hier könnte man sich an das Geschäftsführergehalt anlehnen. Jedoch ist die Betriebsgröße sicher nicht das einzige Kriterium. Man denke hier z.B. an bestimmte Spezialisten, Sachverständige u.a., für die es manchmal keinen Vergleich gibt. Denkbar wäre auch ein Vergleich mit den Bezügen von Angestellten oder beamteten Architekten des öffentlichen Dienstes entsprechend ihrer Dienststellung und ihrem Verantwortungsbereich.

Die Frage nach der angemessenen Höhe des kalkulatorischen Unternehmerlohnes ist nicht nur für die Kostenrechnung wichtig, sondern sie ist auch Grundlage bei der Ermittlung der Zeithonorare auf der Grundlage der Stundensätze für Architekten und Ingenieure. Diesbezüglich ist in § 6 Abs. 2 HOAI geregelt:

„Werden Leistungen des Auftragnehmers oder seiner Mitarbeiter nach Zeitaufwand berechnet, so kann für jede Stunde folgender Betrag berechnet werden:

1. für den Auftragnehmer   38 bis 82 €,
2. für Mitarbeiter, die technische oder wirtschaftliche Aufgaben
   erfüllen, soweit sie nicht unter Nummer 3 fallen   36 bis 59 €,
3. für Technische Zeichner und sonstige Mitarbeiter mit
   vergleichbarer Qualifikation, die technische oder
   wirtschaftliche Aufgaben erfüllen   31 bis 43 €."

1.3.2 Betriebsabrechnung mit Kostenstellen

Will ein Unternehmen mehr Informationen über das betriebliche Geschehen haben – und dies gilt für kleine, mittlere und große Planungs-, Dienstleistungs-, Projektentwicklungs- und bauausführende Unternehmen gleichermaßen – dann muss das betriebliche Rechnungswesen entsprechend erweitert werden.

Auch hier werden wieder – stellvertretend für die vielen Möglichkeiten – nur zwei Beispiele entwickelt, nämlich ein Beispiel für ein mittleres bauausführendes Unternehmen und ein Beispiel für ein größeres Architekturbüro.

1.3.2.1 Bauausführendes Unternehmen

Das Unternehmen will folgende zusätzliche Informationen haben:[34]

- Kosten- und Leistungsartenstruktur aller Baustellen, der Verwaltung, der Hilfsbetriebe und des Gesamtbetriebes
- Anteile der Kosten der Verwaltung und der Hilfsbetriebe
- Ergebnisermittlung der Baustellen und des gesamten Betriebes

Aus Vereinfachungsgründen wird angenommen, dass das Unternehmen zum Zeitpunkt der Betriebsabrechnung nur drei Baustellen und zwei Hilfsbetriebe hat.

Die Informationen beziehen sich auf den Zeitraum „Jahresbeginn bis jeweiliger Stichtag".

Dann ergibt sich per Stichtag z.B. folgende Aufstellung (Zahlenangaben in TSD €)

Kosten- und Leistungsarten		Verwaltung	Hilfsbetriebe		Baustellen		
			Werkstatt	Bauhof	Baustelle A	Baustelle B	Baustelle C
Summe Bauleistungen	**1 621**				**876**	**586**	**159**
Löhne und Gehälter AP	440		10	6	204	164	56
Sozialkosten AP	392		9	5	181	146	51
Lohn- undGehaltsnebenkosten AP	18		2	1	8	5	2
Baustoffe	270				140	90	40
Rüst- und Schalmaterialkosten	50			30	10	7	3
Gerätekosten	59				30	20	9
Hilfs- und Betriebsstoffkosten	43	10	10		13	5	5
Kleingeräte/Werkzeug	18		1	1	8	6	2
Gehaltkosten TK	85	70			10	5	
Allgemeine Kosten	110	100			5	3	2
Fremdleistungen	30				20	10	
Summe Kosten	**1 515**	**180**	**32**	**43**	**629**	**461**	**170**
Ergebnis = Leistung ./. Kosten	**106**	**./. 180**	**./. 32**	**./. 43**	**247**	**125**	**./. 11**

Bild E-7   Beispiel einer Betriebsabrechnung eines mittleren bauausführenden Unternehmens mit Betriebsabrechnungsbogen

Mit dem Betriebsabrechnungsbogen wird sowohl das Gesamtergebnis des Unternehmens als auch die Ergebnisse der Baustellen und der sonstigen Einheiten ausgewiesen.

Das Betriebsergebnis (Nettobetriebsergebnis) wird periodenbezogen wie folgt ermittelt:

$$
\begin{array}{lr}
\text{Gesamtergebnis der eigenen Baustellen im Berichtszeitraum } (247 + 125 ./. 11) = & 361 \\
./.\ \text{Gesamtergebnis des Hifsbetriebsbereichs } (./. 32 ./. 43) & ./.\ 75 \\
\hline
=\ \text{Betriebliches Bruttoergebnis} & 286 \\
./.\ \text{Ergebnis der Verwaltung} & ./.\ 180 \\
\hline
=\ \text{Betriebliches Nettoergebnis} & 106 \\
\end{array}
$$

Ergebnis in % der Gesamtleistung:

$$\text{Gesamtleistung} = 1\,621;\ \text{Ergebnis} = 106;\ \text{Anteil in }\% = \frac{106}{1\,621} \times 100 = 6{,}5\,\%$$

---

[34] das Beispiel ist in Anlehnung an die KLR Bau entwickelt: a.a.O., S. 98 f.

Anteile der Verwaltungskosten an der Gesamtleistung

$$\text{Gesamtleistung} = 1\,621; \text{Verwaltungskosten} = 180; \text{Anteil in } \% = \frac{180}{1\,621} \times 100 = 11,1\,\%$$

Anteile der Hilfsbetriebe an der Gesamtleistung

$$\text{Gesamtleistung} = 1\,621; \text{Kosten Hilfsbetriebe} = 75; \text{Anteil in } \% = \frac{75}{1\,621} \times 100 = 4,6\,\%$$

Für die einzelnen Baustellen muss zusätzlich folgende Aufstellung erstellt werden, um die Ergebnisse der jeweiligen Baustelle von Baubeginn bis zum Stichtag errechnen zu können.

Um die Ergebnisse der einzelnen Baustellen zu errechnen, müssen die Zahlen aus dem vorstehendem BAB wie folgt zusammengestellt werden.

Baustelle A	Von Baubeginn bis Ende des Vorjahres (Werte entnommen aus dem BAB der letzten Jahre)	Jahreswerte entnommen dem BAB	Von Baubeginn bis Ende des Abrechnungsjahres
Leistung	573	876	1 449
Kosten	./. 526	./. 629	./. 1 155
Ergebnis	**47**	**247**	**294**

Bild E-8   Ergebnisberechnung einer Baustelle von Baubeginn bis Ende des Abrechnungsjahres

Diese Zusammenstellung kann bzw. wird pro Baustelle mit der im BAB vorgesehenen Leistungs- und Kostenarten untergliedert. Die Ergebnisse der einzelnen Baustellen werden nach verschiedenen Gesichtspunkten zusammengefasst.

„Die Besonderheit in der Bauwirtschaft gegenüber anderen Industriezweigen liegt darin, dass an mehreren Fertigungsstätten unterschiedliche Produkte unter zum Teil stark variierenden Bedingungen hergestellt werden. Demnach liegt es nahe, dass zunächst der Erfolg bzw. Misserfolg für jede Baustelle explizit festgestellt wird. Dann werden die Einzelergebnisse zu bestimmten Stichtagen für gewählte Gruppen zusammengefasst z.B.:

- einzelne Produkte, z.B. Baustellen
- Produktgruppen, z.B. alle Hochbaustellen
- von Teilen des Betriebes, z.B. Niederlassungen
- vom Gesamtbetrieb

Die Ergebnisrechnung zeigt also, welches Betriebsergebnis in welchen Teilen des Unternehmens bis hin zum Gesamtergebnis der Bauunternehmen erzielt worden ist. Dabei interessiert nicht nur das Ergebnis einer bestimmten Periode, z.B. das Monats-, Quartals- oder Jahresergebnis, sondern es interessiert vor allem im Hinblick auf die Baustellen das Ergebnis der Bauarbeiten von Baubeginn bis zum Stichtag."[35]

Neben der gezeigten Unterteilung werden in der Praxis noch weitere Zusammenfassungen erstellt, nämlich Ergebnisse nach Verantwortungsbereichen, z.B. je Oberbauleiter oder nach Bausparten, z.B. Ergebnisse der Hochbau- und Tiefbaustellen.

Im vorliegenden BAB sind nur 3 Baustellen angenommen. Wenn es sich um ein Unternehmen handelt, das mehrere Niederlassungen und viele Baustellen und auch Arbeitsgemeinschaften hat, ändert sich im Prinzip nur der Umfang des BAB. Dann wird zunächst für jede Niederlassung ein BAB erstellt, wobei die Zahlen der einzelnen Baustellen auch nach Produktgruppen z.B.: Hoch-

---

[35] vgl. Leimböck, E./Schönnenbeck, H.: a.a.O., S. 27

und Tiefbau, Straßenbau etc. zusammengefasst werden können. Letztlich werden dann die Ergebnisse der einzelnen Niederlassungen zum gesamten betrieblichen Ergebnis des Unternehmens zusammengeführt.

In dem dargestellten Betriebsabrechnungsbogen wurden die Gesamtkosten des Betriebes – getrennt nach Kostenarten – aufgeschrieben und den Kostenstellen verursachungsgerecht zugeordnet. In den meisten Fällen ist dies auch möglich. Gelegentlich ist es aus organisatorischen Gründen einfacher, bestimmte Kostenarten nicht jedes Mal der Kostenstelle zuzurechnen, sondern sie zunächst auf gesonderten Konten buchhalterisch zu sammeln und einmal im Quartal oder einmal jährlich auf die Kostenstellen zu verteilen. Kosten, die in dieser Weise auf die Kostenstellen verteilt werden, nennt man Umlagekosten.

Beispiel: Gesamte produktive Grundlohnkosten 2003:   800 000 €
Gesamte Lohnzusatzkosten 2003:   693 000 €

Umlagesatz: $\dfrac{693\,000}{800\,000} \times 100 = 86{,}63\,\%$

Mit diesem Umlagesatz werden die auf den verschiedenen Kostenstellen (Hilfsbetriebe, Baustellen) angefallenen produktive Grundlohnkosten beaufschlagt.

Folgende Kostenarten werden in der Praxis regelmäßig als Umlagekosten behandelt:

- Lohnzusatzkosten
- Kleingeräte und Werkzeuge
- Verwaltungsgemeinkosten.

Neben dieser Kostenumlage ist noch die innerbetriebliche Leistungsverrechnung zu nennen. Wird von einer Kostenstelle für eine andere Kostenstelle etwas geleistet, z.B. fertigt und liefert der Schalungsbetrieb eine Deckenschalung für eine Baustelle, dann handelt es sich um eine innerbetriebliche Leistung. Diese wird der Baustelle vom Schalungsbetrieb in Rechnung gestellt.

Bei der Verrechnung von innerbetrieblichen Leistungen gilt:

- für die empfangende Kostenstelle, z.B. eine Baustelle, ist die innerbetriebliche Leistung eine Kostenbelastung.
- für die abgebende Kostenstelle, z.B. dem Schalungsbetrieb, ist sie dagegen eine Leistung.

Wichtig ist, dass bei der innerbetrieblichen Leistungsrechnung geklärt wird, wie die innerbetrieblichen Verrechnungssätze gebildet werden. Folgendes Beispiel soll dies verdeutlichen. Der Bauhof des Unternehmens ist nach den Verantwortungsbereichen Werkstatt und Ladebetrieb getrennt. Der innerbetriebliche Verrechnungssatz für den Ladebetrieb ergibt sich wie folgt.[36]

Die Ladekosten der Geräte werden üblicherweise nach der Gewichtsangabe der BGL verrechnet. Möglich ist aber auch die Verrechnung nach Stundensätzen.

Verrechnung nach Tonnen

jährliche Gesamtkosten des Ladebetriebes: 180 000 €
Summe der verladenen Tonnagen: 20 000 t

dies ergibt: $\dfrac{180\,000\;€}{20\,000\;t} =$ $\underline{9{,}-\;€/t}$

Verrechnung mittels Stundensatz der Ladestunden

jährliche Gesamtkosten des Ladebetriebes: 180 000 €
Geleistete Verladestunden: 22 500 Std.

dies ergibt: $\dfrac{180\,000\;€}{22\,500\;Std.} =$ $\underline{8{,}-\;€/Std.}$

---

[36] das Beispiel ist entnommen aus: Hauptverband der Deutschen Bauindustrie/Zentralverband des Deutschen Baugewerbes (Hrsg.): a.a.O., S. 85

Kosten- und Leistungsarten	Gesamtkosten	Umlagekosten	Verwaltung	Hilfsbetriebe		Baustellen			Ergebnis-rechnung
Jahr:	Jahreszahlen in T€	Sozialkosten Kleingerät / Werkzeug		Werkstatt	Bauhof	Baustelle A	Baustelle B	Baustelle C	
Summe Bauleistungen	**1 621**					**876**	**586**	**159**	**1 621**
Löhne und Gehälter AP	440			10	6	204	164	56	
Sozialkosten AP	392	392							
Lohn- und Gehaltsnebenkosten AP	18			2	1	8	5	2	
Baustoffe	270					140	90	40	
Rüst- und Schalmaterialkosten	50				30	10	7	3	
Gerätekosten	59					30	20	9	
Hilfs- und Betriebsstoffkosten	43			10	10	13	5	5	
Kleingeräte/Werkzeug	18	18							
Gehaltskosten TK	85		70			10	5		
Allgemeine Kosten	110		100			5	3	2	
Fremdleistungen	30					20	10		
Summe Kosten	**1 515**	**410**	**180**	**22**	**37**	**440**	**309**	**117**	

1) Verrechnung der Umlagekosten

  a) Sozialkosten AP

$$\frac{\text{Sozialkosten AP}}{\text{Löhne} + \text{Gehälter AP}} \cdot 100 = \frac{392}{440} = 89\%$$

  b) Kleingeräte und Werkzeuge

$$\frac{\text{Kleingeräte} + \text{Werkzeug}}{\text{Löhne} + \text{Gehälter AP}} \cdot 100 = \frac{18}{440} = 4\%$$

2) Verrechnung innerbetriebliche Leistungen d. Hilfsbetriebe

  a) Werkstatt

  b) Bauhof

3) Verrechnung der Verwaltungskosten auf die Baustellen

$$\frac{\text{Verwaltung skosten}}{\text{Herstellkosten}} \cdot 100 = \frac{180}{1326} = 13,57\%$$

	Umlagekosten	Verwaltung	Werkstatt	Bauhof	Baustelle A	Baustelle B	Baustelle C	Ergebnis-rechnung
1a)	- 392		9	5	182	146	51	
1b)	- 18		1	1	8	6	2	
	0		32					
2a) Werkstatt			- 32	16	4	8	4	
				59				
2b) Bauhof				- 59	30	19	10	
			0	0				
Herstellkosten:					664	488	183	
+ Verwaltungskosten:		- 180			90	66	24	
= Selbstkosten:		0			754	554	207	./. 1515
Betriebsergebnis je Baustelle:					122	32	- 48	

Betriebsergebnis gesamt: Leistungen ./. Selbstkosten = 1621 ./. 1515 +106

Bild E-9   Beispiel eines Betriebsabrechnungsbogens (BAB) eines bauausführenden Unternehmens

Nachdem die Umlagekosten und die innerbetriebliche Verrechnung erläutert wurden, ist auf der vorherigen Seite ein Betriebsabrechnungsbogen dargestellt, bei dem sowohl die Umlagerechnung als auch die innerbetriebliche Verrechnung einbezogen ist. Das gezeigte Beispiel ist in Anlehnung an die KLR Bau entwickelt.[37]

Der BAB ist wie folgt aufgebaut. Die ersten beiden Spalten enthalten zunächst die Gesamtkosten (Jahreszahlen in T€) des Betriebes, unterteilt nach dem gewählten Kostenarten. Die nächste Spalte zeigt jene Kostenarten, welche als Umlagekosten auf die Kostenstellen verteilt werden. Die weiteren Spalten ergeben sich aus der Kostenstelleneinteilung des Betriebes. Im oberen Teil des BAB wird verursachungsgerecht die Verteilung der Kosten der Abrechnungsperiode – getrennt nach Kostenarten – auf die einzelnen im Betrieb eingerichteten Umlagekosten und Kostenstellen dargestellt.

Im unteren Teil wird die schrittweise Weiterverrechnung der Kosten auf die Hauptkostenstellen, das sind im Baubetrieb die Baustellen, gezeigt.

Im ersten Schritt werden die Umlagekosten (im Beispiel die Sozialkosten und die Kosten für Kleingerät und Werkzeug) weiterverrechnet. Dies geschieht im Beispiel durch Verrechnung der Istkosten mittels eines Umlagesatzes auf die Basiskosten „Löhne u. Gehälter AP" bei allen Kostenstellen, bei denen diese Kostenart vorkommt.

Der Umlagesatz für Sozialkosten wird ermittelt mit: $\dfrac{\text{Sozialkosten}}{\text{Löhne und Gehälter (AP)}} \times 100$;

Mit diesem Umlagesatz werden die Löhne und Gehälter AP pro Kostenstelle multipliziert und dies ergibt pro Kostenstelle den zu verrechnenden Betrag für die Sozialkosten AP. Analoges gilt für den Umlagesatz für Kleingeräte und Werkzeuge. Bei Verrechnungen der Istkosten können Unter- oder Überdeckungen nicht auftreten.

Bei der innerbetrieblichen Verrechnung der Kosten wurde im Beispiel mit vorbestimmten innerbetrieblichen Verrechnungssätzen gearbeitet. Es können Unter- bzw. Überdeckungen auf diesen Kostenstellen auftreten. Im gezeigten Beispiel sind alle Kosten der Hilfsbetriebe verrechnet.

Die Verrechnung der Umlagekosten und der innerbetrieblichen Leistungen auf die Baustellen ergibt die Herstellkosten pro Baustelle und in der Addition die Gesamtherstellkosten aller Baustellen. Die Verrechnung der Verwaltungskosten auf die Baustellen erfolgt mit dem entsprechenden Umlagesatz, der wie folgt ermittelt wird:

$\dfrac{\text{Verwaltungskosten}}{\text{Summe der Herstellkosten}} \times 100$;

Pro Baustelle wird gerechnet: Umlagesatz $\times$ Herstellkosten der Baustelle.

Im letzten Schritt werden die einzelnen Baustellenergebnisse zum Betriebsergebnis zusammengefasst.

1.3.2.2 Größeres Architekturbüro

Um die Aussagekraft der Betriebsabrechnung zu erhöhen und die Wirtschaftlichkeit des Planungsbüros besser steuern zu können, wurde zunächst die Betriebsabrechnung des Architekturbüros um Kostenstellen erweitert.

Der daraufhin entwickelte Betriebsabrechnungsbogen hat folgende Jahreszahlen ergeben.

---

[37] Hauptverband Deutsche Bauindustrie/Zentralverband Deutsches Baugewerbe (Hrsg.): a.a.O., S. 94

	Leistung/ Kosten	Verwaltung	Facility Management	Objekt-planung	Projekt-steuerung	Kostenmanagement	Techn. Gebäudeausrüstung
Leistungsrechnung							
Honorare	14 100	-	-	10 200	1 500	800[1]	1 600
Besondere Leistungen	1 400	-	-	900	-	200 2	300
Gutachten	450	-	200	-	-	-	250
Erlastung von Nebenkosten gem. §7 HOAI	300	-	-	150	100	-	50
Gesamtleistungen	**16 250**	**-**	**200**	**11 250**	**1 600**	**1 000**	**2 200**
Kostenrechnung							
Personalkosten							
kalkulatorischer Unternehmerlohn (2 Büroinhaber)	340	340	-	-	-	-	-
Alterssicherung	100	100	-	-	-	-	-
Grundgehälter <u>angestelltes Personal</u>	7 000	500	280	3 920	770	450	1 080
Gehaltszusatzkosten	4 420	350	196	2 493	450	245	686
Freie Mitarbeiter	600	-	-	600	-	-	-
Raumkosten	430	22	17	263	47	21	60
Beiträge und Versicherungen	80	80	-	-	-	-	-
Werbekosten	150	150	-	-	-	-	-
Reise- und Fahrzeugkosten	500	25	20	326	34	25	70
Allgemeine Verwaltungskosten	600	600	-	-	-	-	-
Honorare für fremde Büros	1 000	-	-	1 000	-	-	-
innerbetriebliche Verrechnung[3]	-	-	./. 213	113	-	-	100
Gesamtkosten	**15 220**	**2 167**	**300**	**8 715**	**1 301**	**741**	**1 996**
Ergebnisrechnung: Leistung ./. Kosten =	**+ 1 030**	**- 2 167**	**- 100**	**+ 1 575**	**+ 299**	**+ 259**	**+ 204**

[1] anteilige Honorare für Kostenschätzung, Kostenberechnung

[2] Honorare für Kostenplanung (Besondere Leistungen)

[3] Aus den vorliegenden BAB ist zu ersehen, daß die Gruppe "Facility Management" für die Gruppen "Objektplanung + Technische Gebäudeausrüstung" Leistungen erbringt, welche den genannten Abteilungen mit innerbetrieblicher Verrechnungspreisen belastet wird.

Bild E-10 Beispiel eines Betriebsabrechnungsbogens (BAB) eines großen Architekturbüros

1.3.3 Betriebsabrechnung mit Kostenträgern

1.3.3.1 Bauausführendes Unternehmen

Wie bereits unter Punkt E 1.2.1.1 im Rahmen der Kostenträgerrechnung erwähnt, gibt es bei bauausführenden Unternehmen nur im Bereich der Kalkulation eine Kostenträgerrechnung.

1.3.3.2 Größeres Architekturbüro

Da die einzelnen Mitarbeiter und auch die verschiedenen Abteilungen an verschiedenen Projekten arbeiten, ist die Aussagekraft der abteilungsbezogenen Ergebnisermittlung nicht ausreichend. Deshalb wird im nächsten Schritt eine projektbezogene Ergebnisermittlung, die sog. Kostenträgerrechnung, entwickelt.

Diese Erweiterung der Betriebsabrechnung erfolgt in folgenden Stufen.

1. Stufe: Es wird zunächst ein Zeiterfassungsbogen eingeführt, welcher pro Mitarbeiter (MA) folgende Daten enthält.[38]

Projektbogen: Zeiterfassung				Nicht projektgebundene Zeiten A - Akquisition, Kontaktpflege K - Krankheit, Kur O - Organisation, Archivierung P - Post, Schriftwechsel S - Seminare, Weiterbildung U - Urlaub V - Verbandstätigkeit W - Wettbewerbe		
Mitarbeiter: z.B. Huber						
Projekt:	Nr.	Bauherr				
	projektbezogene Stunden					
Datum der Zeiterfassung	Entwurfs-planung (L-Ph: 1-4)	Ausführungs-planung (L-Ph: 5-7)	Bauüber-wachung (L-Ph: 8)	Std	Art.	Bemerkungen
1.1 2.1 3.1	8 6 8			2	A	Bauherr XY
. . .	.			.	.	.
31.1	3			5	A	Bauherr XY
Σh	149			15		

Bild E-11 Beispiel eines Zeiterfassungsbogens bei Planungsleistungen

2. Stufe: Aufgrund der Ermittlung des Stundenverrechnungssatzes für projektbezogene Stunden können nunmehr die monatlichen Personalkosten für projektbezogene Arbeiten pro Mitarbeiter errechnet werden und zwar getrennt nach Projekt und Projektphasen.

---

[38] vgl. Klocke, W.: a.a.O., Anlagen 1-9

Projektbogen: monatliche Personalkosten für projektbezogene Arbeiten			
Mitarbeiter:		Verrechnungssatz: 65,- €/h	
Projekt:	Nr.	Bauherr	
	projektbezogene Stunden		
	Entwurfsplanung (L-Ph: 1-4)	Ausführungsplanung (L-Ph: 5-7)	Bauüberwachung (L-Ph: 8)
monatl. Stunden pro Leistungsphasen	149 h	-	-
Stunden x individueller Verrechnungssatz	9 685 €	-	-

Bild E-12 Beispiel eines Projektbogens zur Ermittlung der monatlichen Personalkosten für projektbezogene Arbeiten

In dem vorstehenden Projektbogen wird pro Mitarbeiter ein Verrechnungssatz: von 65,- €/h verwendet. Dieser Verrechnungssatz ist notwendig, um die projektbezogenen Stunden zu bewerten. Mit dem Verrechnungssatz und den eingesetzten produktiven Stunden erhält man die projektbezogenen Personalkosten. Ein kleines Rechenbeispiel soll dies verdeutlichen.

Angemessenes Grundgehalt eines technischen Mitarbeiters pro Jahr:	37 500 €
+ 70 % Gehaltszusatzkosten[39]	26 250 €
= Personalkosten des Mitarbeiters pro Jahr:	63 750 €
+ 25 % Gemeinkostenzuschlag	15 938 €
Verrechnungsgröße pro Jahr	**79 688 €**

Diese Verrechnungsgröße muss durch die Anzahl der durchschnittlichen projektbezogenen Arbeitsstunden pro Jahr dividiert werden.

Ermittlung der durchschnittlichen projektbezogenen Arbeitsstunden pro Jahr für den Mitarbeiter.

Kalendertage	365
./. Sonntage und Samstage	./. 104
./. gesetzliche + regionale Feiertage, soweit nicht Samstage und Sonntage	
./. Urlaubstage	./. 30
./. Krankheitstage	./. 12
./. nicht projektbezogene Zeiten, wie z.B. Organisation Seminare, Weiterbildung, Wettbewerbe	./. 12
projektbezogene Tage	**200**

projektbezogene Arbeitsstunden: 200 Tage × 8h/Tag (Ø)= __1 600 h__

Damit wird der individuelle Verrechnungssatz für den Mitarbeiter pro projektbezogene N.Z.

$$\text{Arbeitsstunde:} \frac{79\,688\,\text{€}}{1\,600\,\text{h}} = 49,81\ \text{€/h}$$

---

[39] bezüglich des Prozentsatzes vgl. Teil E Punkt 1.1.1.2

Im vorstehenden Beispiel ist in dem Stundensatz ein Gemeinkostenzuschlag in Höhe von 25 % eingerechnet. Dieser wird wie folgt errechnet.

Zunächst werden mit Hilfe der bereits vorgestellten Betriebsabrechnung aus den Gesamtkosten die Gemeinkosten herausgerechnet.

	Kosten in T€		davon Gemeinkosten
Kostenrechnung			
Personalkosten			
kalkulatorischer Unternehmerlohn		340*	340*
(2 Büroinhaber)			
Alterssicherung		100	100*
Grundgehälter angestelltes Personal		7 000	500**
Gehaltszusatzkosten		4 900	350**
Freie Mitarbeiter		600	
Σ Personalkosten	12 940		1 290
Raumkosten		430	430
Beiträge und Versicherungen		80	80
Werbekosten		150	150
Reise- und Fahrzeugkosten		500	500
Allgemeine Verwaltungskosten		600	600
Σ Verwaltungskosten	1 760		
Honorare für fremde Büros	1 000	1 000	
Σ **Gesamtkosten**	**15 700**		**3 050**

* Der kalkulatorische Unternehmerlohn in Höhe von 340 T€ und die Alterssicherung in Höhe von 100 T€ wurden insgesamt in die Gemeinkosten eingestellt. Dies hängt mit folgendem Tatbestand zusammen. Beim Büro mit 7 Beschäftigten wird unterstellt, dass der Inhaber mit der Hälfte seiner Zeit noch an Projekten tätig ist, beim Büro mit 19 Beschäftigten reduziert sich der Projektanteil auf 25 % und beim Büro mit 100 Beschäftigten kommen keine Projektstunden für den Inhaber zum Ansatz.[40]
**Allgemeine Verwaltungsarbeit

Bild E-13 Beispiel einer Berechnung der Gemeinkosten aus den Gesamtkosten bei einem Architekturbüro

Mit den Zahlen der vorstehenden Übersicht ergibt sich:

Summe Personalkosten:	12 940 T€
./. Personalkosten für allgemeine Verwaltung:	./. 1 290 T€
= jährliche projektbezogene Personalkosten:	11 650 T€
jährliche Gemeinkosten lt. Kostenrechnung:	3 050 T€
./. verrechenbare Gemeinkosten gem. § 7 HOAI:	./. 300 T€
= jährliche Gemeinkosten:	2 750 T€

---

[40] Pfarr, K.H./Koopmann, M./Rüster, D.: Was kosten Planungsleistungen? Kalkulieren – aber richtig, Springer-Verlag: Berlin 1989, S. 46

Errechnung des Zuschlagssatzes:

jährliche Gesamtkosten:	15 700 T€
./. verrechenbare Gemeinkosten:	./. 300 T€
./. Honorare für fremde Büros:	./. 1 000 T€
= Basis für die Errechnung des Gemeinkosten Zuschlagsatzes:	14 400 T€

$$\text{Anteil der Gemeinkosten} = \frac{2.750}{14\,400} \times 100 = 19{,}09\,\%$$

Da die Gemeinkosten prozentual auf die Personalkosten zugeschlagen werden, muss folgende Umrechnung[41] vorgenommen werden:

Umrechnung des prozentualen Anteils der Gemeinkosten auf die Basis der „projektbezogenen Personalkosten".

$$\frac{100 \times 19{,}09\,\%}{100 - 19{,}09\,\%} \times 100 = 23{,}59\,\%$$

Probe:	jährliche Gemeinkosten:	2 750 T€
	jährliche projektbezogene Personalkosten:	11 650 T€
	Zuschlag für Gemeinkosten: 23,59 % × 11 650 T€=	2 750 T€
	Gesamtkosten:	14 400 T€

Das Architektenbüro hat den Gemeinkostenzuschlagssatz für das laufende Geschäftsjahr auf 25 % festgelegt. Dieser Gemeinkostenzuschlagssatz wird beim Verrechnungssatz für die einzelnen Mitarbeiter verwendet.

Anstelle von individuellen Verrechnungssätzen für jeden einzelnen Mitarbeiter kann man auch Verrechnungssätze für Gruppen von Mitarbeitern machen, die in etwa das gleiche Gehalt beziehen. Dies ist z.B. auch in der HOAI vorgesehen und zwar im § 6 HOAI. Dort werden diese Verrechnungssätze je Zeithonorar genannt.

3. Stufe: Ermittlung der monatlich angefallenen Kosten pro Projekt bzw. Leistungsphasen des Projektes

Hierzu dient folgender Kostenerfassungsbogen, welcher aufgrund der einzelnen „Projektbögen für monatliche Personalkosten je Mitarbeiter" zusammengestellt wird.

---

[41] zur Ableitung dieser Formel vgl. Prange, H./Leimböck, E./ Klaus, U.R.: a.a.O., S. 32

	Projekt I		
	Leistungsphasen 1-4	Leistungsphasen 5-7	Leistungsphasen 8 und 9
Mitarbeiter 1 (Huber)	9 685	-	-
Mitarbeiter 2	6 200	2 905	-
Mitarbeiter n			
+ freie Mitarbeiter + Honorare für fremde Büros	10 400	1 200	
Σ Personalkosten[1]	26 285	4 105	
+ sonstige verrechenbare Kosten (z.B. Lichtpausen, Reisekosten etc.)	2 400	400	
angefallene Kosten pro Projekt bzw. Leistungsphasen	28 685	4 505	

[1] einschließlich der im Zuschlagssatz eingerechneten Gemeinkosten

Bild E-14 Beispiel eines monatlichen Kostenerfassungsbogen für Leistungsphasen und das Gesamtprojekt (Zahlenangaben in €)

Die kumulierten monatlichen Kosten pro Projekt bzw. Leistungsphasen von Beginn des Projektes bis Ende des Projektes ergeben die entsprechende Kostensumme. Werden die Honorarerlöse pro Projekt bzw. der einzelnen Leistungsphasen diesen Kosten gegenübergestellt, dann ergeben sich pro Projekt bzw. pro Leistungsphasen die entsprechenden Ergebnisse.

2 Mit Planungen von der Betriebsabrechnung zum operativen Controlling

Um die Aufgaben, die bei der Entstehung und Nutzung von Bauprojekten anfallen, im Hinblick auf die angestrebten Zielsetzungen optimal erfüllen zu können, sind Planzahlen für folgende Bereiche unerlässliche Voraussetzung.

Erstens: Die Planung für jede einzelne Aufgabe im Entstehungsprozess eines Bauprojektes (projektbezogene Planungen).
Zweitens: Die Planung der Organisationseinheiten, die langfristig aufgebaut werden müssen, um Bauprojekte planen und erstellen zu können (betriebsbezogene Planungen).

Zunächst muss man feststellen, dass die Planung als gedankliche Vorwegnahme zukünftigen Handelns auf einer Reihe von Schätzungen, Prognosen und Unsicherheiten beruht und dass die Planung am Ende der Schritte von der Improvisation bis zur Entscheidung steht.

Somit gilt der folgende Zusammenhang:

Improvisation $\rightarrow$ Analyse $\rightarrow$ Prognose $\rightarrow$ Bewertung $\rightarrow$ **Planung** $\rightarrow$ Entscheidung

„Planung impliziert Tun. Sie ist die gedankliche Vorwegnahme zukünftigen Handelns und damit notwendigerweise zielgerichtet. Andererseits ist Planung ein emotionaler Prozess, mit dem menschliche Widerstände (nicht planen wollen, nicht kontrollieren wollen) einhergehen und letztendlich die Frage nach der unbedingt einzuhaltenden Planehrlichkeit aufwerfen."[42]

Planung muss auch unmittelbar mit dem Controlling verbunden werden, denn Planung muss mit wachsendem Erkenntnisstand im Laufe der Aufgabenerfüllung angepasst werden, um Erfahrungen für zukünftige Planungen zu bekommen. „Planen ohne Controlling ist sinnlos, Controlling ohne Planung unmöglich"[43]

Bei bauwirtschaftlichen Planungen kann man zwischen vorwiegend technischen Plandaten, wie z.B. Bedarfsmengen an Einsatzmitteln, Zeitpunkte und Zeitdauern der Einsatzmittel, Verfahrenstechniken und vorwiegend wirtschaftlichen Plandaten wie z.B. Kosten, Leistungen und Ergebnisse unterscheiden. Für die Darstellung des vorstehenden Themas ist es wiederum sinnvoll, zwischen der „Planungen bei bauausführenden Unternehmen" und „Planungen bei den Planungsunternehmen" zu unterscheiden. Dabei wird jeweils unterschieden zwischen betriebs- und objektbezogenen Planungen.

2.1 Planungen bei bauausführenden Unternehmen

2.1.1 Bauprojektbezogene Planungen

Bauprojektbezogene Planungen werden in der Bauwirtschaft in aller Regel von Bauingenieuren und nicht vom kaufmännischen Personal erstellt. Angesichts der dazu benötigten technischen Fachkenntnisse wird sich daran auch in Zukunft kaum etwas ändern. Allerdings spricht dies nicht gegen eine geforderte Zusammenarbeit zwischen Ingenieuren und Kaufleuten, die im Übrigen in der Baupraxis schon regelmäßig anzutreffen ist. Ingenieure und Kaufleute arbeiten schließlich in der Praxis auf vielen Gebieten intensiv zusammen. Insbesondere beim Aufbau von Controllingsystemen ist diese Zusammenarbeit unerlässlich, da hierzu Daten bzw. Informationen benötigt werden, die zwar in der Regel entweder von Bauingenieuren oder von Kaufleuten erarbeitet, die aber häufig gemeinsam ausgewertet werden. Da bauprojektbezogene Planungen vorwiegend von Bauingenieuren vorgenommen werden, wird in diesem Buch nur stichwortartig auf diese Planungen eingegangen. Für entsprechende Detailfragen wird auf die baubetriebliche Fachliteratur verwiesen.[44]

2.1.1.1 Ermittlung der technischen Plandaten

Der erste Schritt der bauprojektbezogenen Planung ist die sorgfältige Überprüfung der Ausschreibungsunterlagen und eine ausführliche Analyse der Bauaufgabe.

---

[42] Motzel, E.: a.a.O., S.201

[43] Motzel, E.: a.a.O., S.201

[44] vgl. z.B., Bauer, H.: Baubetrieb 1: Einführung, Rahmenbedingungen, Bauverfahren, 2. Auflage, Springer-Verlag: Berlin 1994; Baubetrieb 2: Bauablauf, Kosten, Störungen, 2. Auflage, Springer-Verlag: Berlin 1994; Mantscheff, J.: Baubetriebslehre 2, 4. Auflage, Werner-Verlag: Düsseldorf 1994; Schub/Meyran (Hrsg.): Praxis-Kompendium, Baubetrieb 2, Bauverlag: Wiesbaden 1984; In den genannten Werken ist ebenfalls eine weiterführende, umfangreiche baubetriebliche Literatur angegeben.

Im Anschluss daran erfolgen Planungen, die in der Praxis als Arbeitsvorbereitung bezeichnet werden. Mit der Arbeitsvorbereitung soll sichergestellt werden, dass Personal, Geräte und Baustoffe in qualitativer und quantitativer Hinsicht zum richtigen Zeitpunkt am richtigen Ort sind.

„Arbeitsvorbereitung wird immer betrieben, schon in der Phase der Angebotsbearbeitung, erst recht bei der Vorbereitung der eigentlichen Baudurchführung und schließlich beim nachträglichen Durchdenken und Aufarbeiten eines abgeschlossenen Bauvorhabens. Mehr und mehr verlegt man die technische Gedankenarbeit für die Ausführung eines Bauvorhabens ins Büro, wo der eigentliche Bauprozess ingenieurmäßig bis in alle Einzelheiten durchexerziert wird, um das Improvisieren auf der Baustelle weitgehend zu reduzieren (dafür bleibt dann immer noch genügend Spielraum, weil vieles anders läuft, als es eigentlich geplant war!). Die Steuerung des Bauprozesses muss aus der Hektik des Baustellenbetriebes herausgenommen und in die „Denkfabrik" der Niederlassung verlegt werden. Schon gibt es Baustellen, bei denen die Arbeitsvorbereitung mehr Zeit in Anspruch nimmt als nachher die Ausführung – ein Beweis dafür, wie gründlich die Arbeit vorbereitet wird."[45] Im Einzelnen sind von der Arbeitsvorbereitung folgende Teilplanungen durchzuführen:

- Verfahrensplanung
- Personal- und Geräteeinsatzplanung
- Terminplanung
- Materialeinsatzplanung
- Baustelleneinrichtungsplanung.

Verfahrensplanung

„Im Rahmen der Bauverfahrensplanung erfolgt die Planung des technologischen Fertigungsverfahrens jedes Auftrages auf der Basis spezifischer Unterlagen (z.B. Leistungsbeschreibung, DIN-Vorschriften, Konstruktionszeichnungen). Charakteristisch für die Produktion in der Bauwirtschaft ist u.a., dass ein Bauwerk im Allgemeinen mit sehr verschiedenartigen Verfahren (z.B. Schalungsverfahren, Betonierverfahren) hergestellt werden kann. Aus der Vielzahl der existierenden manuellen, mechanisierten oder automatisierten Verfahren ist dasjenige Verfahren oder Verfahrensbündel auszuwählen, das technisch anwendbar und wirtschaftlich günstig ist. Hierzu ist im Prinzip für alle technisch möglichen Verfahren ein Wirtschaftlichkeitsvergleich durchzuführen. Dabei ist auch über die Frage zu entscheiden, welche Teilprozesse auf der Baustelle ablaufen sollen (Ortsfertigung) und welche Teilprozesse ggf. in bestimmten (sekundären) Werkstätten vollzogen werden sollen (Vorfertigung, z.B. von Schalungen, Bewehrungen, Fertigbauteilen)."[46]

Personal- und Geräteeinsatzplanung

Aus der Verfahrensplanung wird abgeleitet, welche Arbeitskräfte und Geräte für die Durchführung der Arbeit benötigt werden. „Die Personal- und Geräteeinsatzplanung gibt an, zu welchem Zeitraum man Maschinen und Arbeitskräfte auf der Baustelle benötigt. Der Gesamtarbeitskräftebedarf, aufgegliedert in einzelne Kolonnen und deren beruflichen Zusammensetzung, wird angegeben."[47] Der Personal- und Geräteeinsatzplan muss in enger Abstimmung mit der Kapazitätsplanung des Gesamtbetriebes bzw. einzelner Organisationseinheiten erfolgen.

Terminplanung

Aufbauend auf der Verfahrensplanung und der Kapazitätsplanung erfolgt die Festlegung der erforderlichen Aktionen bzw. Aktionsfolgen mit ihren spezifischen Zeiterfordernissen. Der ge-

---

[45] Kühn, G.: Handbuch Baubetrieb-Organisation-Betrieb-Maschinen, VDI-Verlag: Düsseldorf 1991, S. 49 f.
[46] vgl. Hahn, D./Laßmann, G. (Hrsg.): Produktionswirtschaft II. Controlling industrieller Produktion, Physica Verlag: Heidelberg 1989, S. 182
[47] Kühn, G.: a.a.O., S. 54

samte terminliche Rahmen ist in aller Regel durch die vom Auftraggeber vorgegebene Bauzeit mit fixierten End- und/oder Zwischenterminen festgelegt. Innerhalb dieses Terminrahmens müssen die einzelnen Arbeitsschritte so aufeinander abgestimmt werden, dass der genannte Terminrahmen eingehalten werden kann. Gegebenenfalls muss – bedingt durch die knappen Zeitvorgaben – eine Anpassung der Verfahrens-, sowie Personal- und Geräteeinsatzplanungen erfolgen.

„Für die Planung des Bauablaufs werden hauptsächlich die folgenden 3 Methoden verwendet:

- das Balkendiagramm
- das Liniendiagramm (Weg- Zeit-Diagramm)
- der Netzplan.

Die Auswahl der entsprechenden Methode richtet sich nach ihrem spezifischen Anwendungsbereich."[48]

Materialeinsatzplanung

„Die Aufgabe der Materialeinsatzplanung liegt in der Planung der art-, mengen-, zeit- und ortsgerechten Ermittlung und Bereitstellung von Baustoffen, Betriebsstoffen und ggf. Bauelementen. Grundlage der Materialplanung bilden zum einen das Leistungsverzeichnis, aus dem die benötigten Mengen direkt abzuleiten sind, zum anderen die Ergebnisse der integrierten Kapazitätsbelegungs- und Terminplanung, aus der deutlich wird, wann welche Materialien in welcher Menge benötigt werden.

Die Materialplanung hat i.d.R. zentral zu erfolgen, ebenso die in enger Koppelung stehende Beschaffungs-, Lagerungs- und Transportplanung. Die Lagerung selbst kann zentral und/oder dezentral erfolgen. Aus Kostengründen kann für jede Baustelle eine Baustellendirektbelieferung durch Baustoffhändler oder -hersteller vereinbart werden. Es erfolgt hier eine Materialversorgung nach dem Just-in-Time-Prinzip. Diese Vorgehensweise stellt erhöhte Anforderungen an die Prozessplanung und -steuerung. Aus Sicherheitsgründen kann die Lagerung einer bestimmten Menge je Baustoff dennoch erforderlich sein."[49] Der Begriff der Materialeinsatzplanung steht in engem Zusammenhang mit dem Begriff des Einkaufs, also im weitesten Sinne mit der Beschaffung aller Güter und Dienstleistungen zum Zwecke der Leistungserstellung. Je nach Unternehmensstruktur ist auch eine integrierte Materialeinsatzplanung und Einkaufsabwicklung denkbar bzw. wünschenswert. Große Baukonzerne restrukturieren das Einkaufs- und Beschaffungsmanagement vor dem Hintergrund ihrer dezentralen Struktur, da sie erhebliche Einsparpotenziale sehen (große Baukonzerne sehen dies in einer Größenordnung von einem mittleren zweistelligen Millionenbetrag). Der Einkauf erfolgt dann nach dem Modell des dezentralen Facheinkaufs unter zentraler Führung mit so genannten Lead Buyern. Die Lead buyer sind auf eine abgegrenzte Gruppe von Gewerken bzw. Leistungen spezialisiert und koordinieren unternehmensübergreifend die Beschaffung in diesem Bereich. Für bspw. den Bereich Fassade kennen sie die nationalen und internationalen Märkte und haben durch das Pooling eine sehr gute Verhandlungsposition.

Baustelleneinrichtungsplanung

„Eine systematische und detaillierte Vorausplanung der Baustelleneinrichtung ist wesentliche Voraussetzung für die erfolgreiche Abwicklung eines Bauvorhabens, da eine Änderung der Baustelleneinrichtung während des Bauablaufs sich in der Regel auf die gesamte übrige Planung auswirkt und deshalb meist zu erheblichen Mehrkosten führt.

---

[48] Kühn, G.: a.a.O., S. 52
[49] Hahn, D.: Planung und Kontrolle als Führungsaufgaben in Bauunternehmen; in Planung, Steuerung und Kontrolle im Bauunternehmen, Wibau-Verlag GmbH: Düsseldorf 1987, S. 40 f.

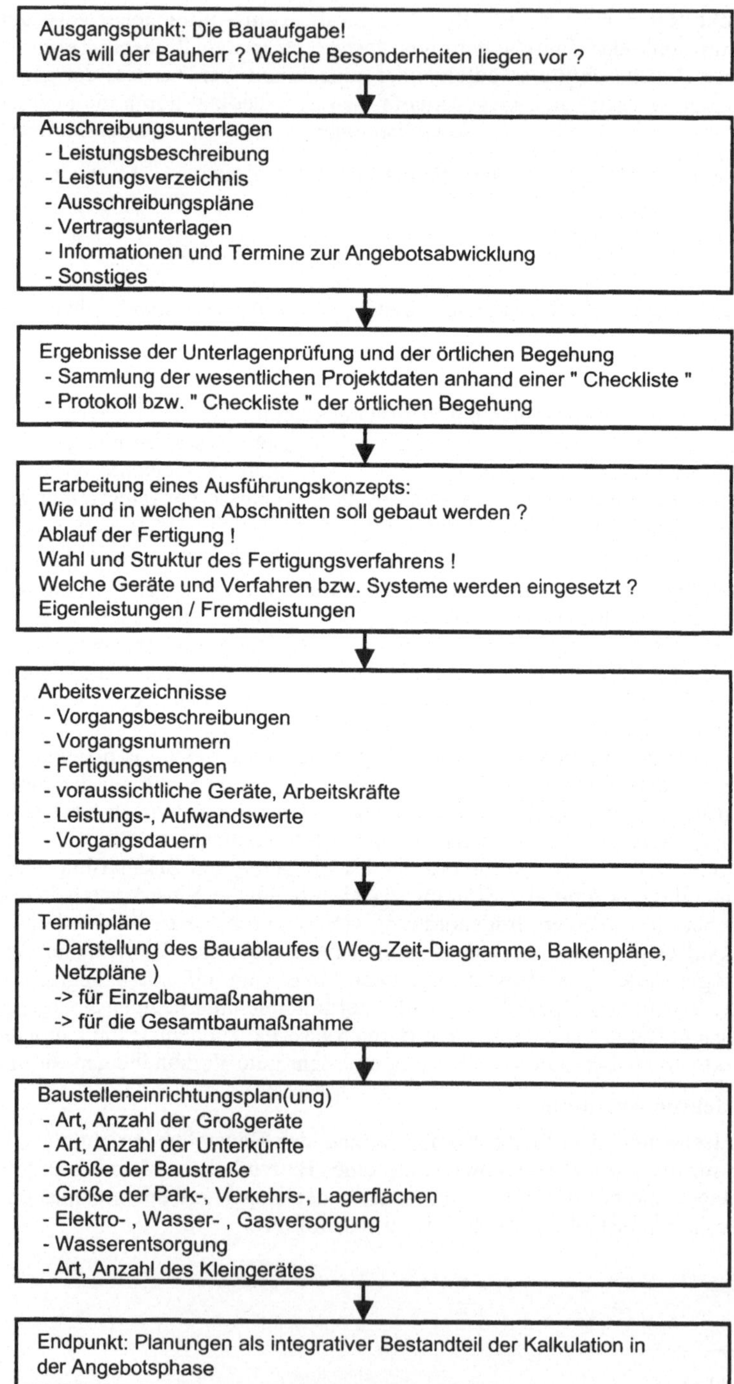

Bild E-15　Ablaufschema einer baubetrieblichen Arbeitsvorbereitung

Die Aufgabenstellung der Baustelleneinrichtungsplanung besteht im

- Bestimmen der Art der Einrichtungen
- Festlegen der räumlichen Zuordnung der Einrichtungsteile nach dem Gesichtspunkt der minimalen Massentransporte.

Die Einflussfaktoren, die den Charakter einer Baustelleneinrichtung bestimmen, sind:

- Art und Größe des Bauprojektes
- örtliche Gegebenheiten (Klima, Gelände, vorhandene Versorgungssysteme, Freiflächen usw.)
- angewandte Bauverfahren
- zeitlicher Ablauf des Bauvorhabens
- Umfang des Menschen- und Maschineneinsatzes."[50]

Der Baustelleneinrichtungsplan wird maßstäblich als Lageplan dargestellt und ist im Wesentlichen von der Verfahrens-, Personal- und Geräteeinsatzplanung abhängig. Bei der Planung und Einrichtung von Baustellen sind neben der Verordnung über Sicherheit und Gesundheitsschutz auf Baustellen (Baustellenverordnung – Baustell V) vom 10. Juni 1998 auch die Arbeitsstättenverordnung (ArbStätt V) und die ergänzenden Arbeitsstätten-Richtlinien (ASR) zu beachten.

Zusammenfassend soll das Ablaufschema auf der vorherigen Seite die einzelnen Schritte der Arbeitsvorbereitung zeigen.

Beispiel: Ermittlung technischer Plandaten

Im Teil B 2.4.2 „Angebotskalkulation als Grundlage der Preisfindung" wurde anhand eines einfachen Beispiels – Herstellen einer Baugrube – die Systematik der Kalkulation gezeigt. Dieses Beispiel ist Grundlage für die Ermittlung der technischen Plandaten. Anschließend wird die Verwendung dieser Plandaten zur Errechnung der projektbezogenen wirtschaftlichen Planzahlen dargestellt.

Im Beispiel sind folgende auszuführende Mengen angegeben:

Baugrubenaushub:	$15\,000 \text{ m}^3$
Fundamentaushub:	320 m^3
Abfuhr:	$15\,320 \text{ m}^3$
Trägerbohlwand:	$1\,680 \text{ m}^2$

Bei den technischen Plandaten wird ermittelt:

- Terminplanung
- Personaleinsatzplan
- Geräteeinsatzplan
- Stundenansätze für die Arbeitskräfte pro Leistungsmengen.

Terminplanung

- Baugrubenaushub: Leistungsansatz = 45 m³/h; d.h. pro Stunde werden von einem Hydraulikbagger einer bestimmter Größenordnung 45 m³ Boden ausgehoben. Arbeitszeit pro Arbeitstag (AT) = 8,0 h

Für den Baugrubenaushub ergibt dies:

$$\frac{15\,000 \text{ m}^3}{45 \text{ m}^3/\text{h} \times 8,0 \text{ h/AT}} = 42 \text{ benötigte AT}$$

---

[50] Kühn, G.: a.a.O, S. 56

- analog ergibt sich für den Fundamentaushub: Leistungsansatz = 13,5 m³/h
                                                  Arbeitszeit pro AT = 8,0 h

$$\frac{320 \text{ m}^3}{13,5 \text{ m}^3/\text{h} \times 8,0 \text{ h/AT}} = 3 \text{ benötigte AT}$$

- Abfuhr

Die Abfuhr erfolgt parallel zum Baugruben- und Fundamentaushub. Daraus ergibt sich eine Gesamtdauer für Baugruben- und Fundamentaushub von

$$42 \text{ AT} + 3 \text{ AT} = 45 \text{ AT}$$

- Trägerbohlwand:

Die Trägerbohlwand ist als Fremdleistung kalkuliert worden. Um diese Leistung in ihrer Dauer bestimmen zu können, muss auch für diese Position ein Leistungsansatz gewählt werden. Vereinfachend wird hier eine Leistungsmenge je m² fertig erstellte Trägerbohlwand angenommen.

Leistungsansatz: 6,0 m²/h
Arbeitszeit pro AT = 8,0 h

$$\frac{1\,680 \text{ m}^2}{6,0 \text{ m}^2/\text{h} \times 8,0 \text{ h/AT}} = 35 \text{ AT}$$

Anhand dieser Ausführungsdauern lässt sich unter Berücksichtigung der Abhängigkeiten der einzelnen Vorgänge folgender Terminplan erstellen.

	Titel	Menge	Dauer	2003		
				April	Mai	Juni
1	Baugrubenaushub	15 000 m³	42			
2	Fundamentaushub	320 m³	3			
3	Abfuhr	15 320 m³	45			
4	Trägerbohlwand	1 680 m²	35			

Bild E-16 Beispiel Terminplanung „Erdarbeiten"

Dieser Terminplan basiert ausschließlich auf den Leistungsansätzen der Geräte. Er ist aber immer mit den Terminvorstellungen des Auftraggebers in Einklang zu bringen. Gegebenenfalls sind dann Konsequenzen bei der Gerätewahl zu berücksichtigen.

Personaleinsatzplan

- Baugrubenaushub
  Der Hydraulikbagger ist 42 AT × 8 h/AT= 336 h im Einsatz.
  Pro Einsatzstunde wird 1 Baggerführer und eine weitere Arbeitskraft benötigt.

- Fundamentaushub
  Für den Fundamentaushub ist der Hydraulikbagger 3 AT × 8 h/AT = 24 h im Einsatz.
  Auch hier wird pro Arbeitsstunde 1 Baggerführer und ein weiterer Mitarbeiter benötigt.

- Abfuhr und Herstellen der Trägerbohlwand
  Da die Positionen „Abfuhr" und „Herstellen der Trägerbohlwand" als Nachunternehmerleistungen geplant sind, ist hierfür keine Kapazitätsplanung seitens des bauausführenden Unter-

nehmens erforderlich. Diese erfolgt – unter Vorgabe des Terminrahmens – bei den jeweiligen Nachunternehmern.

Geräteeinsatzplan

Im vorgestellten einfachen Beispiel ist der Geräteeinsatzplan mit dem Personaleinsatzplan identisch. Bei größeren bzw. komplexeren Bauprojekten ist dies nicht der Fall. Werden für einzelne Leistungspositionen mehrere Geräte eingesetzt, dann wird dies im Geräteeinsatzplan detailliert abgebildet. Als Ergebnis der obenstehenden Überlegungen ergibt sich für das einfache Beispiel folgender „Personal- und Geräteeinsatzplan.“

	Titel	Dauer	2003		
			April	**Mai**	**Juni**
1	Baggerführer	45			
2	Hilfskraft	45			
3	Hydraulikbagger	45			

Bild E-17　Einfaches Beispiel eines Personal- und Geräteeinsatzplanes

Stundenansätze für die Arbeitskräfte pro Leistungsmengen

- Stundenansatz des Hydraulikbaggers pro m³ Erdaushub
  Der Hydraulikbagger ist 42 AT × 8 h/AT = 336 h im Einsatz.
  Pro Einsatzstunde wird 1 Baggerführer und eine weitere Arbeitskraft benötigt.

Das ergibt beim Einsatz eines Hydraulikbaggers die insgesamt benötigten Arbeitsstunden von:

$$2 \times 336 \text{ h} = 672 \text{ Stunden.}$$

Dazu müssen noch für Transport und Montage 78 h hinzugerechnet werden, d.h. die benötigten Stunden für den Baugrubenaushub ergeben sich zu 750 h.

Es werden 15.000 m³ Erdaushub geleistet.

Das ergibt einen Stundenansatz pro m³ Erdaushub:

$$\frac{672 \text{ h} + 78 \text{ h}}{15\,000 \text{ m}^3} = \frac{750 \text{ h}}{15\,000 \text{ m}^3} = 0{,}05 \text{ h/m}^3$$

- Fundamentaushub
  Das ergibt 2 × 24 h = 48 h insgesamt benötigte Arbeitsstunden.
  Stundenansätze pro m³ Fundamentaushub:

$$\frac{48 \text{ h}}{320 \text{ m}^3} = 0{,}15 \text{ h/m}^3$$

2.1.1.2 Ermittlung der wirtschaftlichen Planzahlen mit Hilfe der Kalkulation

Aufgrund der im vorhergehenden Punkt dargestellten technischen Daten, werden mit entsprechenden Bewertungen die geschätzten Kosten der einzelnen Bauleistungen und des gesamten Bauprojektes gefunden. Darauf aufbauend werden die entsprechenden Preise der Bauleistungen ermittelt. Dies geschieht im Rahmen der so genannten Angebotskalkulation. Zur Erleichterung der Darstellung dieses Zusammenhanges werden deshalb nochmals die folgenden Aufstellungen aus dem Beispiel in Punkt B 2.4.2 herangezogen.

LV-Pos.	Text	Menge und Einheit	Ansätze je Einheit					Ansätze je Position						Summe
			Std.	Lohn Std. x ML* 27,50 €	Stoffe	Geräte	Fremd-leistung	Std.	Lohn Std. x ML* 27,50 €	Stoffe	allgemeine Kosten	Geräte	Fremd-leistung	
1	2	3	4	5	6	7	8	9	10	11	12	13	14	15
Einzelkosten														
1.1	Baugrubenaushub	15 000m³	0,05	1,38	0,21	1,15	-	750	20 625,00	3 150,00	-	17 250,00	-	41 025,00 €
1.2	Fundamentenaushub	320m³	0,15	4,13	0,99	2,62	-	48	1 320,00	316,80	-	838,40	-	2 475,20 €
1.3	Abfuhr	15 320m³		-	-	-	9,00	-	-	-	-	-	137 880,00	137 880,00 €
1.4	Trägerbohlwand	1 680m³		-	-	-	200,00	-	-	-	-	-	336 000,00	336 000,00 €
Summe Einzelkosten								798	21 945,00	3 466,80	-	18 088,40	473 880,00	517 380,20 €
Gemeinkosten	-							113	3 107,50	1 605,00	25 650,00	14 590,00	-	44 952,50 €
Herstellkosten								911	**25 052,50**	**5 071,80**	**25 650,00**	**32 678,40**	**473 880,00**	**562 332,70 €**

* ML = Mittellohn = 27,50 €/h

LV-Pos.	Text	Menge und Einheit	Ansätze je Einheit				Einzelkosten+Zuschlag je Einheit				Angebotspreise	
			Lohn	Stoffe	Geräte	Fremd-leistung	Lohn + 25 %	Stoffe + 25 %	Geräte + 25 %	Fremdleistung + 25 %	Einheits-preis	Gesamt-preis
1	2	3	4	5	6	7	8	9	10	11	12	13
1.1	Baugrubenaushub	15 000m³	1,38	0,21	1,15	-	1,72	0,26	1,44	-	3,42	51 300,00 €
1.2	Fundamentenaushub	320m³	4,13	0,99	2,62	-	5,16	1,24	3,28	-	9,67	3 094,40 €
1.3	Abfuhr	15 320m³	-	-	9,00	-	-	-	11,25	11,25	172 350,00 €
1.4	Trägerbohlwand	1 680m³	-	-	200,00	-	-	-	250,00	250,00	420 000,00 €

Angebotspreis der gesamten Bauleistung ohne Umsatzsteuer: **646 744,40 €**

Bild E-18   Kalkulation einer Baugrubenerstellung

Wie aus der vorstehenden Tabelle hervorgeht, sind die verschiedenen Kostenansätze Grundlage für die wirtschaftlichen Plandaten. Die Ermittlung dieser Ansätze je Einheit ist eine anspruchsvolle Ingenieurleistung und erfordert viel berufliche Erfahrung. Bei komplexen Bauprojekten liegt die Schwierigkeit in der gedanklichen Zerlegung eines Gesamtprojektes in einzelne Teilleistungen. Für die Stundenansätze 0,05 h je m^3 Baugrubenaushub bzw. 0,15 h je m^3 Fundamentaushub in Zeile 1.1 bzw. 1.2 und Spalte 5 wurde exemplarisch gezeigt, wie diese Werte gefunden werden.

Die Gemeinkosten wiederum enthalten Kostenarten, die zwar der Baustelle aber nicht den einzelnen LV-Positionen zugeordnet werden können. Dies sind im vorliegenden Fall anteilige Bauleitergehälter, Kosten der Baucontainer und Kosten für Kleingeräte und Werkzeuge etc.

Mit Hilfe dieser Ansätze je Einheit wurden im genannten Beispiel folgende wirtschaftliche Plandaten ermittelt:

Die voraussichtlichen Kosten des Bauprojektes

Lohnkosten:	25 052,50 €
Stoffkosten:	5 071,80 €
allgemeine Kosten:	25 650,00 €
Gerätekosten:	32 678,40 €
Kosten der Fremdleistungen:	473 880,00 €
Herstellkosten:	562 332,70 €

Die zu erbringenden Leistungen

Pos.	Menge	Bezeichnung	Einheitspreis	Gesamtpreis
1.1	15 000 m^3	Baugrubenaushub	3,42 €	51 300 €
1.2	320 m^3	Fundamentaushub	9,67 €	3 094 €
1.3	15 320 m^3	Abfuhr	11,25 €	172 350 €
1.4	1 680 m^2	Trägerbohlwand	250 €	420 000 €
		Angebotssumme netto:		646 744 €

Ergebnisse

Leistung:	646 744 €
./. Herstellkosten:	562 332 €
Baustellenergebnis:	84 411 €

Mit diesem Ergebnis werden die Allgemeinen Geschäftskosten in Höhe von 73 103 € abgedeckt und ein Betrag in Höhe von 11 246 € für Wagnis und Gewinn ausgewiesen (vgl. zu diesen Zahlenangaben die vorgenannte Kalkulation in Teil B 2.4.2). Dieser Betrag in Höhe von 84 411 € wird in der Sprache der Deckungsbeitragsrechnung als Deckungsbeitrag bezeichnet. Er sagt aus, wie viel der Bauauftrag zur Abdeckung der Allgemeinen Geschäftskosten und zur Erreichung eines Gewinnes beiträgt. Aus betriebswirtschaftlicher Sicht ist die Deckungsbeitragsrechnung eine Teilkostenrechnung. Dies im Gegensatz zur klassischen Kalkulation, die als Vollkostenrechnung zu bezeichnen ist. Sie birgt für die Kostenrechnung der Bauwirtschaft gewisse Risiken in sich, auf die hier nicht eingegangen wird.[51] Der Vollständigkeit halber wird sie aber an dieser Stelle erwähnt.

---

[51] vgl. hierzu z.B. Prange, H./Leimböck, E./Klaus, U.R.: a.a.O., S. 35 f.

Der prozentuale Deckungsbeitrag errechnet sich zu:

$$\text{Deckungsbeitrag} = \frac{\text{Auftragssumme} ./. \text{Herstellkosten}}{\text{Auftragssumme}} \times 100;$$

Mit den vorgenannten Zahlen:

$$\text{Deckungsbeitrag} = \frac{646\,744\,€ ./. 562\,332}{646\,744} \times 100 = \frac{84\,411}{646\,744} \times 100 = 13\,\%$$

Dieser Wert ist natürlich identisch mit dem in der Kalkulation in Teil B gewählten Zuschlagssatz für Allgemeine Geschäftskosten plus Wagnis und Gewinn, welcher auf die Auftragssumme bezogen ist.

2.1.2 Betriebsbezogene Planungen

Bei den betriebsbezogenen Planungen handelt es sich um:

- Umsatzplanung
    - Höhe der zukünftigen Bauleistungen, unterteilt nach Regionen
    - Produktionsprogramm, z.B. unterteilt in Hoch-, Tief- und Spezialtiefbau
- Kapazitätsplanung
    - technische Einsatzmittel
    - personale Einsatzmittel
- Kosten- und Ergebnisplanung
    - der einzelnen Kosten- bzw. Leistungsstellen
    - der Organisationseinheiten des Betriebes, z.B. Niederlassungen, Gesamtbetrieb.

Um diese Planungen durchführen zu können, ist es sinnvoll, die Betriebsabrechnungsbögen (BAB) der vergangenen Jahre zugrundezulegen und zwar nach dem Motto: „Ohne Kenntnis der Werte der Vergangenheit ist die Planung künftiger Werte des betrieblichen Geschehens wenig sinnvoll". Selbst eine langfristige strategische Unternehmensplanung muss im Zeitpunkt der Planung den Ist-Zustand einbeziehen, um sinnvolle Planungsschritte erarbeiten zu können.

Im BAB sind ausgewiesen:

- Summe der Bauleistungen und die Bauleistungen der einzelnen Baustellen
- Die Struktur und Höhe der Kosten des gesamten Betriebes
- Die Struktur und Höhe der Verwaltungskosten
- Die Kosten- und Leistungsstruktur der Hilfsbetriebe
- Das Ergebnis je Baustelle
- Das Betriebsergebnis aus der Summe aller Baustellen

Anhand dieser Zahlen können die genannten betriebsbezogenen Planungen aufgebaut werden.

Umsatzplanung einschließlich Planung des Produktionsprogramms

Die Summe der Bauleistungen ergibt den Umsatz. Hier stellt sich für das Unternehmen die Frage, ob durch geeignete Marketing-Maßnahmen[52] eine Umsatzänderung angestrebt und/oder andere Betätigungsfelder erschlossen werden sollen.

---

[52] vgl. hierzu die Ausführungen in Teil B/Punkt 3 „Marketing"

Diese Überlegungen finden ihren Niederschlag im Bauleistungsplan. Dieser Plan beinhaltet die zeitliche Verteilung der in der Planperiode (zum Beispiel ein Jahr) voraussichtlich zu erbringenden Bauleistung und ggf. differenziert nach Bausparten und Niederlassungen. Für bereits erteilte Aufträge sind die Fertigstellungszeitpunkte bekannt. Für diese Aufträge kann die monatliche Bauleistung genügend genau ermittelt werden. Schwierig ist es, wenn zum Planungszeitpunkt nur ein Auftragsbestand für die Beschäftigung von nur wenigen Monaten vorliegt. Dann muss abgeschätzt werden, inwieweit Folgeaufträge erwartet werden können. Hier können Erfahrungswerte in Bezug auf die Wettbewerbssituation und die Bauspartenentwicklung dienlich sein.

Kapazitätsplanung

Im engen Zusammenhang mit der Bauleistungsplanung steht die Kapazitätsplanung, d.h. es muss nachgedacht werden, ob mit den im Betrieb vorhandenen Einsatzfaktoren die geplanten Bauleistungen erbracht werden können. Dies gilt zum einen für die technischen Einsatzmittel, also Geräte, Maschinen und Gegenstände der Betriebs- und Geschäftsausstattung. Die entsprechenden Überlegungen müssen im Rahmen der Investitionsplanung durchgeführt werden. Zum anderen gilt dies auch für die personalen Einsatzmittel. Gerade hier ist eine mittelfristige Personalplanung außerordentlich wichtig, da der Personalkostenanteil – in Abhängigkeit der Bausparte – bis zu 50 % der Gesamtkosten des Bauprojektes betragen kann. Dieser hohe Personalkostenanteil verpflichtet die Unternehmen, insbesondere die Personalkapazitäten quantitativ und qualitativ richtig anzupassen. Die Möglichkeiten hierzu sind allerdings durch gesetzliche Rahmenbedingungen sehr stark eingeschränkt.

Hierzu zählen u.a.:

- Betriebsverfassungsgesetz
- Kündigungsschutzgesetz
- Arbeitszeitordnung
- Arbeitnehmerüberlassungsgesetz.

Bei der Investitions- und Personalplanung handelt es sich um mittel- und langfristige Entscheidungen, die unter Umständen hohe Fixkosten zur Folge haben. Um diese Fixkosten abdecken zu können, sind Anschlussaufträge von großer Bedeutung. Da die Auftragsvergabe in der Regel über den Mindestpreis geschieht, kann es dabei zu ruinösen Wettbewerben kommen. Dies kann u.a. zur Folge haben, dass sich gravierende Verschiebungen im Verhältnis von Eigenleistungen zu Fremdleistungen ergeben können und dies besonders dann, wenn am Markt kostengünstigere Fremdleistungen von ausländischen Anbietern vorhanden sind. Dieses muss beobachtet und bei der Kapazitätsplanung berücksichtigt werden.

Kosten- und Ergebnisplanung

Ausgehend von der Umsatzplanung und der Planung des Produktionsprogramms kann die betriebsbezogene Kostenplanung erstellt werden. Dabei ist von den künftig zu erwartenden Bauleistungen auszugehen, die nach Möglichkeit in entsprechende Bausparten eingeteilt werden. Dies ist deshalb sinnvoll, weil die unterschiedlichen Bausparten auch unterschiedliche Kostenartenstrukturen haben. Liegt die geplante Bauleistung der einzelnen Sparten und die prozentuale Kostenartenstruktur je Sparte vor, dann können im Betriebsbogen mit Planzahlen die Plankosten – unterteilt nach Personal-, Material-, Geräte- und Nachunternehmerkosten – eingetragen werden. Die Planung der Kosten der Verwaltung und der Hilfsbetriebe kann unmittelbar auf Vergangenheitswerte aufbauen. Die zukünftige Entwicklung von einzelnen Kostenarten ist aber in die Betrachtung mit einzubeziehen. Insbesondere bei Baustoffen kann es zu erheblichen Veränderungen kommen, die es bei der Kosten- und Ergebnisplanung zu berücksichtigen gilt. Sonstige Änderungen betreffen hier in aller Regel die Personalkosten, die aufgrund der Personalplanungen in den folgenden Betriebsbogen übernommen werden können.

	Gesamt-Leistungs-und Kostenstruktur	davon Verwaltung	davon Hilfsbetriebe	davon Bausparten	
				Hochbau	Tiefbau
geschätzte Bauleistung:	2 200			1 900	300
Personalkosten (AP)	1 105	-	43	923	139
Personalkosten (TK)	110	90		20	
Materialkosten	495	13	52	410	20
Gerätekosten	77			65	12
Fremdleistungen	40			40	
Allgemeine Kosten	143	130		8	5
Summe Kosten	**1 970**	**233**	**95**	**1 466**	**176**

Gesamtleistung des Betriebes	2 200	Leistungen der Bausparten		1 900	300
./. Gesamtkosten des Betriebes	./. 1 970	./. Kosten der Bausparten		./. 1 466	./. 176
= geplantes Betriebsergebnis	**230**	= Bausparten-Bruttoergebnisse		434	124
		./. Anteilige Verwaltungskosten		./. 202	./. 31
		./. anteilige Hilfsbetriebskosten		./. 82	./. 13
		= Bausparten-Nettoergebnisse		**150**	**80**

Bild E-19 Beispiel eines Betriebsbogens mit Plandaten für das folgende Geschäftsjahr

Inwieweit eine betriebsbezogene Ergebnisplanung sinnvoll – da realistisch – ist, kommt auf den Einzelfall und hier vor allem auf die Wettbewerbs- und die Konjunktursituation an. Die Leistung wird über den Markt durch Angebot und Nachfrage bestimmt. Ein Unternehmen hat daher primär die Kostenseite als Beeinflussungsgröße. Dies trifft ganz besonders auf die bauausführenden Unternehmen zu. Daher kann das Ergebnis nur bedingt direkt geplant werden. Selbstverständlich ist es auch möglich, die Plandaten für die einzelnen Quartale nach dem vorstehenden Muster zu entwickeln. Insbesondere wird bei größeren und großen bauausführenden Unternehmen in der Praxis eine vierteljährige Prognose durchgeführt.

2.2 Planungen bei Planungsunternehmen

2.2.1 Projektbezogene Planungen

„Ein Bauherr bestimmt mit der Beauftragung von Planungsleistungen und dem damit verbundenen Honorar die wirtschaftlichen Rahmenbedingungen unter denen geplant wird. [...]

Ein Realbauherr aus der tagtäglichen Praxis gibt eindeutige Vorgaben für die Nutzung, Planungs- und Kostendaten (Kennwerte BRI/BGF/VKF, gedeckelte Bausumme usw.), fixe Fertigstellungstermine sowie eine knappe Zeitspanne zwischen Entwurf und geplantem Realisierungsbeginn vor. In der Phase der Entwurfsplanung besteht noch eine relativ hohe Beeinflussbarkeit der Planung im Hinblick auf die Nutzung und die damit verbundenen Kosten bzw. Renditeerwartungen.

Änderungen durch den Bauherrn sind in der Phase der Entwurfsplanung oft eine Reaktion auf z.B. veränderte Marktbedingungen oder Wechsel der Nutzer."[53]

---

[53] Nentwig, B.: Planung der Planung im Baumanagement; in: Baumanagement im Lebenszyklus von Gebäuden, Vom Bauentwurf bis zum Abbruch, Schriften der Bauhaus Universität Weimar; a.a.O., S. 95

Ebenso wie bei bauausführenden Unternehmen ist auch bei den Planungsunternehmen eine fundierte Planung der Organisation und der Arbeitsschritte der Projektplanung die Grundlage einer wirtschaftlichen Leistungserstellung, die vor allem auch den Vorstellungen des Bauherrn entspricht.

Diese Planungen werden in der Praxis unterschiedlich gehandhabt. Das hängt auch damit zusammen, dass neben den Planungen der Architekten auch die Vorstellungen und Planungen der anderen Beteiligten, nämlich Bauherrn, Projektentwickler, Tragwerksplaner, sonstige Fachplaner bis hin zur Planern des Gebäudemanagements zu berücksichtigen sind. Dies erfordert ein hohes Maß an Koordination und Integration der unterschiedlichsten Planungsleistungen bzw. Planungsbeteiligten.

Das nachfolgende Ablaufschema zeigt am Beispiel eines Planlaufes der Ausführungsplanung eines Planungsabschnittes „Erdgeschoss" die notwendige Koordination der unterschiedlichen Planungsleistungen bzw. Planungsbeteiligten.

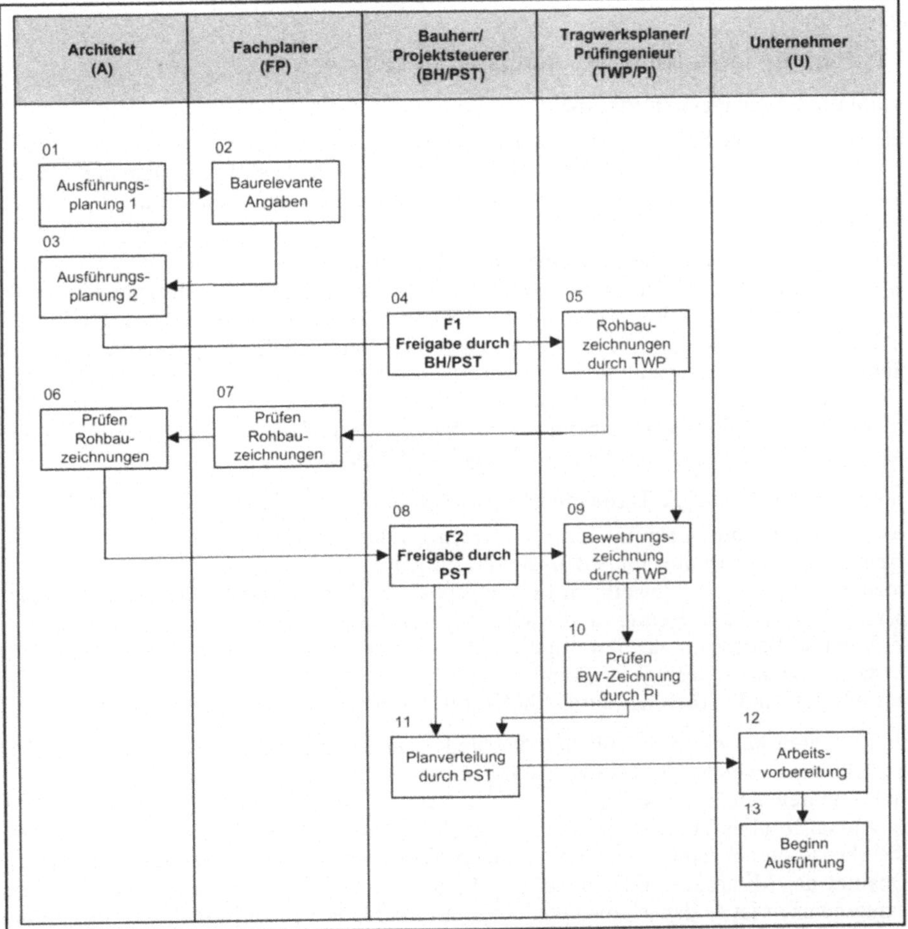

Bild E-20   Planlauf einer Ausführungsplanung für einen Planungsabschnitt „Erdgeschoss"[54]

---

[54] in Anlehnung an Busch, A.: Baumanagement im Lebenszyklus von Gebäuden; in: Baumanagement im Lebenszyklus von Gebäuden, Vom Bauentwurf bis zum Abbruch, Schriften der Bauhaus Universität Weimar; a.a.O., S. 102

Der Planlauf der Ausführungsplanung sieht zwei Freigaben vor, die gewährleisten sollen, dass nur auf der Grundlage von freigegebenen Zeichnungen weiter geplant wird. **F1** = Freigabe für die Werkplanung, **F2**= Freigabe für die Ausführung.

Die Koordination zwischen den Planungsbeteiligten wird bei komplexeren Projekten häufig von Projektsteueren übernommen. Dies entbindet jedoch das einzelne Planungsunternehmen nicht davon, auch für ihre Planungsbeiträge die technischen und wirtschaftlichen Plandaten zu erstellen.

Dies sind:

- Terminplanung der eigenen Planung
- Einsatzplanung der beteiligten Mitarbeiter
- Kosten- und Ergebnisplanung.

2.2.1.1 Planung technischer Planungsparameter

Terminplanung der eigenen Planung

„Terminvorgaben von Bauherrenseite werden in der Regel „rückwärts" gerechnet. Vom Fertigstellungstermin über Bauablauf, Vergaben, Genehmigung zur Ausführungsplanung. Oft wird zu diesem Zeitpunkt festgestellt, dass bereits ein Verzug existiert und Beschleunigungsmaßnahmen durchzuführen sind.

Aus der Sicht der Planer sollte jetzt eine „Vorwärtsrechnung" der Planungsabläufe in einer präsentablen Form als Diskussionsgrundlage für eine mit allen Seiten abgestimmte Terminplanung vorliegen. Beispiele aus solchen planungsbetrieblichen Berechnungen sind Netzwerke, Balkenpläne, Kapazitätsberechnungen oder Ecktermine für bestimmte Planungsunterlagen."[55] Für die Terminplanung in Planungsunternehmen ist auch Voraussetzung, dass einzelne Arbeitspakete festgelegt werden und dass diese in sachlicher und zeitlicher Aufeinanderfolge sinnvoll abgestimmt werden. Für die Objektplanung von Gebäuden, Freianlagen und raumbildenden Ausbauten bieten sich hier die Leistungsphasen 1-9 des § 15 HOAI an.

Eine auf die HOAI bezogene Terminplanung erfolgt im Prinzip wie folgt:
- Festlegung der Honorarsumme für die zu erbringende Planungsleistung.
- Errechnung des prozentualen Anteils der jeweiligen Leistungsphase.
- Prozentualer Anteil der jeweiligen Leistungsphase × Honorarsumme der gesamten Planungsleistung = verfügbarer Betrag für die jeweilige Leistungsphase.
- Verfügbarer Betrag für die jeweilige Leistungsphase dividiert durch den mittleren internen Verrechnungssatz = verfügbare Stunden.
- Verfügbare Stunden dividiert durch 8h/AT ergeben die verfügbaren Arbeitstage.

Dieses Verfahren hat einen erheblichen Nachteil. „Die Honorartabellen der HOAI beruhen auf Datenerhebungen, welche die heutige Komplexität der Bauwerke und planungsbetriebliche Abläufe nur unzureichend widerspiegeln."[56] Deshalb müssen im Einzelfall zur Gewinnung von fundierten Aussagen über Termine bei Planungsabläufen die jeweilige spezielle Situation der Bauaufgabe ebenso berücksichtigt werden wie auch die verwendeten Einsatzmittel, nämlich Anzahl und Qualität der Mitarbeiter oder möglicher Einsatz von EDV-Anlagen. Für das einzelne Planungsunternehmen ist es daher umso wichtiger, im Laufe der Zeit entsprechende Erfahrungen zu dokumentieren und gegebenenfalls die benötigten Zeitdauern für einzelne Arbeitspakete im Sinne des operativen Controllings zu korrigieren.

---

[55] Nentwig, B.: a.a.O., S. 84
[56] Nentwig, B.: a.a.O., S. 84

Das Ergebnis einer fundierten Terminplanung könnte dann z.B. folgender Balkenplan sein, der den Planungsablauf der bereits gezeigten Ausführungsplanung des Planungsabschnittes „Erdgeschoss" zeigt.

Code	Bezeichnung	Bearbeiter	Ebene	Dauer Wochen	1. Monat				2. Monat				3. Monat				4. Monat				5. Monat			
					1	2	3	4	1	2	3	4	1	2	3	4	1	2	3	4	1	2	3	4
01	Ausführungsplanung 1	A	EG	4																				
02	Baurelevante Angaben	FP	EG	2																				
03	Ausführungsplanung 2	A	EG	1																				
04	F1-Freigabe	BH/PST	EG	-																				
05	Rohbauzeichnungen	TWP	EG	3																				
06	Prüfen Rohbauzeichn.	A	EG	1																				
07	Prüfen Rohbauzeichn.	FP	EG	1																				
08	F2-Freigabe	PST	EG	-																				
09	Bewehrungszeichn.	TWP	EG	3																				
10	Prüfen Bewehrungszeichn.	PI	EG	2																				
11	Planverteilung	PST	EG	1																				
12	Arbeitsvorbereitung	U	EG	4																				
13	Beginn Ausführung	U	EG	-																				

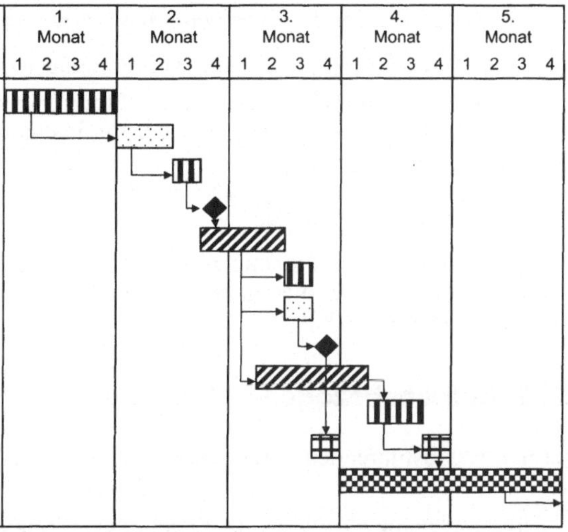

Bild E-21 Beispiel eines Terminplanes für die Ausführungsplanung eines Planungsabschnittes „Erdgeschoss"[57]

Einsatzplanung der beteiligten Mitarbeiter

Die in der Terminplanung festgelegten Arbeitstage müssen nunmehr auf die Mitarbeiter der verschiedensten Qualifikationen verteilt werden. Dabei ist es notwendig, den bzw. die Mitarbeiter umfassend über das Planungsprojekt und über die Zeitvorgaben zu informieren.

Dabei ist auch zu bedenken: „Der stärkere Einsatz von CAD-Systemen im Planungsbüro verändert die Arbeitssituation der produzierenden und leitenden Mitarbeiter. Früher reichte ein Blick auf den Zeichentisch zur Einschätzung des Planungsfortschritts. Heute findet der Arbeitsfortschritt im Rechner statt und wird nur über technische Schnittstellen sichtbar. Der in der stationären Industrie bereits etablierte rechnergestützte Einsatz von Planungs- und Fertigungswerkzeugen bis hin zur Qualitätskontrolle ist auch in der Bauwirtschaft absehbar."[58]

Dies hat zur Folge, dass nicht nur der einzelne Mitarbeiter die zunehmenden Arbeitstechniken mit Hilfe der EDV beherrschen muss, sondern dass auch die leitenden Mitarbeiter in der Lage sein müssen, zumindest Plausibilitätsprüfungen innerhalb der EDV durchzuführen.

2.2.1.2 Planung der wirtschaftlichen Plandaten

Hierbei geht es um die Ermittlung des voraussichtlichen Ergebnisses pro Planungsprojekt. Dieses Ergebnis ergibt sich als Differenz zwischen dem voraussichtlichen Erlös für die erbrachte Leistung und den voraussichtlichen Kosten, die für die Erbringung der Planungsleistung anfallen. Der voraussichtliche Erlös für die Leistung liegt in aller Regel durch vertragliche Honorarvereinbarungen fest. Die voraussichtlich entstehenden Kosten – und hier vor allem die Personalkosten –

---

[57] Busch, A.: a.a.O., S. 103
[58] Nentwig, B.: a.a.O., S. 89

werden mit Hilfe der aus der Terminplanung gewonnen Arbeitstage bzw. Arbeitsstunden ermittelt. Durch die Multiplikation der Arbeitsstunden mit dem durchschnittlichen Verrechnungssatz erhält man die voraussichtlich anfallenden Kosten für das Planungsprojekt.

Selbst bei der Abrechnung nach HOAI ist eine eigene projektbezogene Kalkulation, die auf realistischen Zeitdauern für die einzelnen Leistungen beruht, notwendig.

„Im Einzelnen erfordert die Planung von Planungsleistungen folgende Schritte:

- Aufbau logischer Abhängigkeiten zur Produktion von Planungsunterlagen.
- Zeitliche Bewertung und evtl. Umsetzung in einen Netzplan.
- Zeitliche Berechnung.
- Kostenmäßige Bewertung einzelner Planungsschritte.
- Kostenmäßige Berechnung.

Die Umsetzung dieser Planungen erfolgt in der Regel rechnergestützt. Mit modernen, relativ leicht zu bedienenden Projektmanagementsystemen sind solche Verfahren auch ohne Spezialisten für kleinere Büros leistbar."[59]

2.2.2 Betriebsbezogene Planungen

Bei den bauausführenden Unternehmen wurde bei den betriebsbezogenen Planungen unterschieden in:

- Umsatzplanung einschließlich Planung des Produktionsprogramms
- Kapazitätsplanung
- Kosten- und Ergebnisplanung

Grundsätzlich gilt diese Unterteilung auch bei Planungsunternehmen. Auch diese müssen sich darüber im Klaren sein, ob sie die bisherige Auftragsstruktur beibehalten können bzw. wollen und ob auch die Höhe der Honorare für die Planungsleistungen bzw. andere Einnahmen, d.h. die Gesamterlöse im nächsten bzw. in den nächsten Jahren erreicht werden kann. Gegebenenfalls bietet sich auf dem Markt eine Nische an, die eine Änderung der betriebsbezogenen Planungen nach sich zieht.

Aufbauend auf dieser Planung kann dann in Anlehnung an die Betriebsabrechnung der letzten Jahre und mit Berücksichtigung der vorhandenen Personalkapazitäten eine entsprechende Kosten- und Ergebnisplanung vorgenommen werden. Bei der Kapazitätsplanung ist allerdings zu bedenken, dass diese sich fast ausschließlich auf die Personalplanung bezieht.

Und gerade in Bezug auf diese Personalplanung spielt der zur Zeit stattfindende Strukturwandel im Bereich der planenden Unternehmen eine bedeutende Rolle.

„ • Es existiert ein Überangebot von ausgebildeten Architekten und Ingenieuren bei generell nachlassender Bautätigkeit.
- Es herrscht stärkerer Konkurrenzdruck zwischen freien Architektur- und Ingenieurbetrieben und Generalübernehmern.
- Auch Planungsdienstleistungen unterliegen einer Europäisierung und Internationalisierung.[...]
- Die Honorare für Architekten werden flexibel; es entsteht eine ausgeprägte Wettbewerbssituation ohne Honorarermittlung durch die HOAI mit baukostenneutralen Bemessungsgrundlagen.[...]
- Komplexe, multidisziplinäre Planungsdienstleistungen werden in einem immer stärker werdenden Maß nachgefragt und verlangen von mittleren und kleinen Planungsbetrieben eine hohe Kooperationsbereitschaft mit entsprechenden Schnittstellen."[60]

---

[59] Nentwig, B.: a.a.O., S. 84
[60] Nentwig, B.: a.a.O., S. 81

Zur Bewältigung dieser Problemstellungen müssen planende Unternehmen vor allem mittel- und langfristige Personalplanungen erstellen, denn das Vorhandensein von qualifiziertem und anpassungsfähigem Personal ist Voraussetzung für eine erfolgreiche Arbeit der nächsten Jahre. Zusätzlich zur Personalplanung muss auch rechtzeitig bedacht werden, ob auch die entsprechenden sachlichen Einsatzmittel bereitgestellt werden können. Damit muss die betriebsbezogene Planung u.a. folgende Fragen beantworten.

„ • Welche Qualifikationen müssen die Person oder Personengruppe, die das Planungsergebnis erreichen sollen, haben? Müssen die Personen einer Gruppe unterschiedliche Qualifikationen haben?

• Falls unterschiedliche Qualifikationen erforderlich sind, dann ist zu klären, ob es bereits eine Gruppe – z.B. als festes Team oder Abteilung – gibt oder ob Gruppen für die Planungsprojekte zusammengestellt werden müssen?

• Welche Sachmittel – z.B. computergestütztes Entwerfen – sind für die Durchführung der Planung erforderlich?

• Gibt es einzelne Sachmittel, die für das Erreichen des Arbeitsergebnisses nicht verfügbar und nicht beschaffbar oder ausdrücklich ausgeschlossen sind, wenn ja, welche?"[61]

Im Punkt E 1.3.3.2 wurde eine Betriebsabrechnung mit einer detaillierten Kostenarten /Kostenstellenrechnung aufgebaut. Ähnlich wie bei bauausführenden Unternehmen kann auf der Grundlage dieser Betriebsabrechnung und unter Berücksichtigung der geplanten Veränderungen eine betriebsbezogene Planung erstellt werden. In dieser Planung werden pro Kostenstelle die geplanten Leistungen und die Kosten – getrennt nach Kostenarten – eingesetzt. Das Ergebnis ist ein Betriebsbogen mit Plandaten.

3 Durchführung und organisatorische Einbindung des operativen Controlling

Controlling wird mittlerweile auch in der Bauwirtschaft als signifikanter Faktor der Wettbewerbs- und der Existenzsicherung erkannt. Die schon länger anhaltende prekäre Lage vieler Unternehmen in der Bauwirtschaft – und die gilt nicht ausschließlich für die bauausführenden Unternehmen – zwingt die Bauwirtschaft gerade dazu, in ihren Unternehmen geeignete Controllingverfahren einzurichten.

Wie existenzgefährdet die Unternehmen der Bauwirtschaft sind, wird kurz anhand zwei Faktoren für die bauausführenden Unternehmen gezeigt. Zunächst wird hierbei die durchschnittliche Eigenkapitalquote betrachtet. Sie ist in den vergangenen Jahren kontinuierlich gesunken und befand sich im Jahre 2002 bei unter 2%. Im Vergleich hierzu liegt die Eigenkapitalquote beim verarbeitenden Gewerbe bei ca. 23 %. Ebenso ist die Anzahl der Insolvenzen im Baugewerbe ein ernst zu nehmendes Signal. Im Jahr 2002 waren 9 026 Insolvenzen zu verzeichnen. Das 1. Halbjahr 2003 zeigt mit 4 660 Insolvenzen keine Besserung.

---

[61] vgl. Müller-Ettrich, R.: Einsatzmittelmanagement; in: Projektmanagement Fachmann Band 2, Rationalisierungskuratorium der Deutschen Wirtschaft e.V.; 4. Auflage, Druck Partner Rübelmann: Hemsbach 1998, S. 577

Was bedeutet nunmehr Controlling?

In der Literatur findet sich eine Vielzahl von Versuchen, den Begriff „Controlling" theoretisch exakt zu definieren. Jeder hat seine eigenen Vorstellungen darüber, was Controlling bedeutet oder bedeuten soll, nur jeder meint etwas anderes.[62] Für die bauwirtschaftliche Unternehmen ist jedenfalls folgende Definition hilfreich. „Controlling ist ein funktionsübergreifendes Steuerungsinstrument, das den unternehmerischen Entscheidungs- und Steuerungsprozess durch zielgerichtete Informationener- und -verarbeitung unterstützt. Der Controller sorgt dafür, dass ein wirtschaftliches Instrumentarium zur Verfügung steht, das vor allem durch systematische Planung und der damit notwendigen Kontrolle hilft, die aufgestellten Unternehmensziele zu erreichen."[63]

Damit umfasst das Controlling den gesamten Prozess der zielorientieren Planung, Kontrolle und Steuerung und beinhaltet im Einzelnen:

- Erarbeiten von Plan- und Istwerten.
- Feststellung von Abweichungen zwischen geplanten und eingetretenen Situationen.
- Eine sorgfältige Abweichungsanalyse.
- Soweit erforderlich müssen neue Planwerte erarbeitet werden.
- Festlegung von Maßnahmen zur Erreichung der neuen Planwerte.

Je nachdem ob das Controlling zur Erreichung der Unternehmensziele oder der operativen Oberziele eingesetzt wird, kann man zwischen strategischem und operativem Controlling unterscheiden.

Ganz wesentlich ist, dass beim strategischen Controlling der Periodenzeitraum größer ist als beim operativen Controlling. Die Unternehmensstrategie sollte zumindest einmal im Jahr kritisch überprüft werden. Das operative Controlling hat hingegen andere Perioden-Zeiträume, z.B. monatliche oder quartalsweise Ermittlungen. Das Verständnis kann durch eine Gegenüberstellung der Begriffe und ihren Ausprägung in Abhängigkeit von Unterscheidungsmerkmalen verbessert werden. Das geschieht auf der folgenden Seite.

Trotz dieser Gegenüberstellung muss stets beachtet werden, dass strategisches und operatives Denken trotz allem eine Einheit bilden müssen. In der Praxis sind die beiden Fragen „Tun wir die richtigen Dinge?" (strategisch) und „Tun wir die Dinge richtig?" (operativ) nicht voneinander zu lösen.

So gesehen ist das Controlling als ein gegenwarts- und zukunftsorientiertes Steuerungsinstrument zu sehen, das sich deutlich an den Zielsetzungen des Unternehmens orientieren muss. Voraussetzung für ein gut funktionierendes Controlling ist der Aufbau entsprechender Informationssysteme.[64]

In diesem Teil des Buches wird das operative Controlling dargestellt und zwar für die Organisationseinheiten, für welche bereits die Systematik der Ist- und der Planungsdaten erarbeitet wurde.

---

[62] Horvath, P.: a.a.O., S. 26 f.

[63] Preißler, P.R.: Controlling-Lehrbuch und Intensivkurs, 3. Auflage, Oldenbourg Verlag: München-Wien 1991, S. 12

[64] vgl. zu diesem Thema Hölkermann, O.: Modell eines prozessorientierten Informationssystems zur Steuerung von Bauunternehmen, Weißensee Verlag: Berlin 2002

Unterscheidungsmerkmal	Operatives Controlling	Strategisches Controlling
Betrachtungszeitraum	**Gegenwartsorientierung** Orientiert sich vor allem an gegenwarts- oder vergangenheitsorientierten Zahlen und Ergebnissen Der Zukunftsaspekt ist durch Definition des Planungshorizontes auf kurz- und mittelfristige Zahlen und Wertungen begrenzt. Arbeitet vor allem mit den Begriffen Kosten und Leistung	**Zukunftsorientierung** Orientiert sich an zukunftsorientierten Zahlen und Ergebnissen bzw. Interpretation der Ist-Werte für zukünftige Perioden Ist in zeitlicher Hinsicht nicht stark eingeengt, versucht auch langfristige Ergebnisse zu ermitteln und zu planen. Ersetzt die Begriffe Kosten und Leistungen durch Chancen und Risiken, d.h. zieht Fakten sowohl aus der Umwelt des Unternehmens heran, lange bevor sie sich in Kosten und Leistungen niederschlagen. Strategisches Controlling heißt systematisch zukünftige Chancen und Risiken zu erkennen und zu beachten.
Orientierung	**Interne Orientierung** Operatives Controlling baut weitgehend auf interne Informationsquellen, vor allem dem Rechnungswesen und hier besonders der Kosten- und Leistungsrechnung auf.	**Externe Orientierung** Strategisches Controlling berücksichtigt bewusst externe Entwicklungs- und Einflussfaktoren (gesellschaftspolitisches Umfeld)
Zielsetzung	**Sicherung der Zielsetzung** Die Realisation der aufgestellten und abgesteckten kurz- und mittelfristigen Ziele des Unternehmens.	**Sicherung der Existenz** Langfristige und nachhaltige Existenzsicherung durch strategische Zielsetzung

Bild E-22 Inhaltliche Gegenüberstellung von operativem und strategischem Controlling[65]

---

[65] Preißler, P.R.: a.a.O., S.15

3.1 Operatives Controlling bei bauausführenden Unternehmen

3.1.1 Bauprojektbezogenes Controlling

Grundlage des bauprojektbezogenen Controllings ist die Gegenüberstellung von technischen und wirtschaftlichen Plan- und Ist-Zahlen während der Bauausführung.

Die genannten Planzahlen werden zunächst im Rahmen der Angebotskalkulation ermittelt. Vor der Auftragserteilung können Verhandlungen zwischen dem Auftraggeber und den potenziellen Auftragnehmern stattfinden. Verhandlungsgegenstände können u.a. sein:

- zusätzliche oder wegfallende Teilleistungen
- Erarbeitung von Sondervorschlägen
- Fragen der Preisgleitklauseln
- Festlegung von Wahlpositionen
- Preisnachlässe

Die Ergebnisse der Vertragsverhandlungen werden in die Angebotskalkulation eingearbeitet und als Ergebnis entsteht die sog. Auftrags- bzw. Vertragskalkulation. Wird ein Controlling für ein Bauprojekt in Erwägung gezogen, dann muss auf der Grundlage der Auftrags- bzw. Vertragskalkulation eine Arbeitskalkulation erarbeitet werden.

„Die Arbeitskalkulation ist eine in Abstimmung zwischen der Arbeitsvorbereitung, der Bauleitung und der Oberbauleitung vorgenommene innerbetriebliche Weiterführung der Angebots- bzw. Auftragskalkulation und berücksichtigt:

- Veränderte Ausführungsmethoden und damit veränderte Kosten.
- Änderung der Nachunternehmerkosten, z.B. durch Vergabe von Leistungen an Nachunternehmer, die als Eigenleistungen kalkuliert sind und umgekehrt.
- Änderung der Baustoffkosten.
- Unterschiede in den vom Auftraggeber ausgeschriebenen und den in der eigenen Arbeitsvorbereitung ermittelten Mengenansätzen im Leistungsverzeichnis.
- Veränderungen in den ausgeschriebenen Positionen, z.B. Austausch von Hauptpositionen des LV durch Alternativpositionen.
- Ausführung von Eventualpositionen.
- Wegfall von Positionen.
- Zusätzliche und geänderte Positionen.
- Bereinigung von Einflüssen der „Preispolitik" bei Erstellung der Angebotskalkulation."[66]

In der Arbeitskalkulation werden also die Stunden- und Kostensätze verwendet, die sich unter dem Gesichtspunkt maximaler Wirtschaftlichkeit unter den vorhandenen Bedingungen ergeben, wobei alle neuen Erkenntnisse zur Erzielung einer optimalen Bauausführung zu berücksichtigen sind. Aus diesem Grunde könnte die Arbeitskalkulation auch als Plankostenrechnung nach Auftragsvergabe bezeichnet werden. Die Arbeitskalkulation ergibt zunächst die endgültigen Planzahlen vor Beginn der Bauausführung.

Unterstellt man aus Vereinfachungsgründen, dass in Bezug auf das gewählte einfache Beispiel keine Veränderungen durch Auftragsverhandlungen und keine Veränderungen durch die innerbetriebliche Weiterführung der Angebotskalkulation erfolgt sind, dann sind die im vorhergehenden Punkt E 2.1 „bauprojektbezogene Planungen" erarbeiteten Planunterlagen unmittelbar für das Controlling zu verwenden.

---

[66] Prange, H./Leimböck, E./Klaus, U.R.: a.a.O., S. 79

In diesem Zusammenhang wird noch auf ein spezielles Problem hingewiesen, nämlich auf das „Controlling beim Einsatz von Generalunternehmern bzw. beim Schlüsselfertigbau." Wie bereits dargestellt (vgl. Punkt A 3.1.3) übernimmt der Generalunternehmer vom Bauherr vertraglich sämtliche Bauleistungen (Schlüsselfertigbau/SF-Bau) und führt nur Teile der Bauleistungen z.B. Rohbauleistungen selber aus. Die anderen Bauleistungen (Gewerke) werden an Nachunternehmer vergeben.

Für die Preisfindung beim Schlüsselfertigbau gibt es mehrere Kalkulationsverfahren, die hier nur kurz erwähnt werden:

- Kalkulation mit Leitpositionen
- Bauelementekalkulation
- Kalkulation über Nutzungseinheiten
- Kalkulation über Gewerke

Soll bei einem Projekt „Schlüsselfertigbau" ein bauprojektbezogenes Controlling durchgeführt werden, dann ist es allerdings ratsam, die Kalkulation über Gewerke anzuwenden. „Die Kalkulation über Gewerke, d.h. gemäß einer Gewerkegliederung, ist die am meisten gebräuchliche Methode im SF-Bau.

Sie hat den großen Vorteil, dass sie der gewohnten Vergabe- und Ausführungsstruktur entspricht. So kann ein direkter Bezug zwischen Kalkulation, Ausschreibung der NU-Leistung, Kostenkontrolle (Budgetierung) und Rückkoppelung zwecks Datengewinnung hergestellt werden.

Es ist ratsam, eine einheitliche, detaillierte Gewerkegliederung zugrunde zu legen. Sie dient zur Übersicht und Auswahl der zu kalkulierenden Einzelgewerke für die Kostenzusammenstellung, die spätere Vergabe und Kostenkontrolle und zur Abwicklungsanalyse während und nach Abwicklung des Bauvorhabens.

Die Kalkulation wird im Einzelnen über zwei Wege beschritten:

- Kalkulation der einzelnen Gewerke über Gewerkekenngrößen,
- Kalkulation der einzelnen Gewerke über Einzelausschreibungen."[67]

3.1.1.1 Stichtagsbezogene Gegenüberstellung der Plan- und Ist-Daten als Ausgangspunkt des Controlling

Während der Baudurchführung sind für bestimmte Zeitabschnitte – z.B. Monate oder Quartale – Vergleiche zwischen den Plandaten und den Ist-Daten durchzuführen. Um die Möglichkeit von Korrekturmaßnahmen nicht von vornherein stark zu beschränken, ist eine monatliche Gegenüberstellung sehr zu empfehlen. Diese Vergleiche betreffen zum einen die technischen Daten und zum anderen die wirtschaftlichen Daten. Die Gegenüberstellung der Plan- und Ist-Daten ist Ausgangspunkt des bauprojektbezogenen Controllings.

Wesentliche Grundlage des Controllings ist das Berichtswesen, mit welchem diese Ist-Daten gewonnen werden. Zum Berichtswesen der Baustelle gehören:

- Tages- und Wochenstundenberichte
- Maschinentagesberichte
- Materialberichte
- Versandscheine
- Bautagebücher
- Lieferscheine
- Fahrberichte
- Bedarfs-/Freimeldungen
- Rechnung von Nachunternehmern.

---

[67] Heine, S.: Controlling bei Generalunternehmereinsatz; in: Diederichs, C.J. (Hrsg.) (1996-3): a.a.O., S. 293

Im Folgenden werden anhand des einfachen Beispiels die Gegenüberstellung der wichtigsten Plan- und Ist-Daten erläutert.

LV-Position	Leistungs-beschreibung	Status	Gesamtleistung [E]	Leistungsmenge im Monat Mai	Leistungsmenge bis Vormonat	noch zu erbringende Leistungsmenge
1.1	Baugrubenaushub	Plan	15 000 m^3	3 750 m^3	7 875 m^3	3 375 m^3
		Ist		3 800 m^3		
1.2	Fundamentaushub	Plan	320 m^3			320 m^3
		Ist				
1.3	Abfuhr	Plan	15 320 m^3	3 563 m^3	7 482 m^3	4 275 m^3
		Ist		3 800 m^3		
1.4	Trägerbohlwand	Plan	1 680 m^2	336 m^2	1 344 m^2	
		Ist		330 m^2		

Bild E-23　Beispiel Gegenüberstellung von Plan- zu Ist-Leistungen per Stichtag

Termin: Plan/Ist-Vergleich

Mit Ausnahme der Trägerbohlwand wurden zum Stichtag bereits mehr Leistungsmengen erbracht als im Terminplan vorgesehen waren. Das lässt darauf schließen, dass die geplanten Termine eingehalten werden.

Stunden: Plan/Ist-Vergleich

Die Plandaten werden mit Hilfe der Arbeitskalkulation ermittelt. Dabei ist besonders darauf hinzuweisen, dass diese Arbeitskalkulation während der Bauzeit immer wieder aktualisiert werden muss. Das hängt damit zusammen, dass während der Bauzeit unter Umständen eine Reihe von Änderungen in Bezug auf die Leistungserstellung vorgenommen wird. Diese Änderungen können einmal auf Dispositionen des Auftraggebers und zum anderen auf Dispositionen des Auftragnehmers beruhen.

Einige Möglichkeiten solcher Änderungen werden in Stichworten genannt.[68]

Dispositionen des Auftraggebers während der Bauzeit:

- Übernahme von Vertragsleistungen des Auftragnehmers durch den Auftraggeber (§ 2 Nr. 4 VOB/B).
- Änderungen des Bauentwurfs oder der Bauumstände durch Anordnungen des Auftraggebers (§ 2 Nr. 5 VOB/B).
- Nicht vorgesehene Leistungen (§ 2 Nr. 6 VOB/B).
- Kündigung bzw. Teilkündigung durch AG (§ 8 VOB/B).

Dispositionen des Auftragnehmers während der Bauzeit:

- Vergabe von Leistungen an Nachunternehmer, die als Eigenleistungen kalkuliert sind und umgekehrt.
- Verändertes Bauverfahren.
- Kündigung bzw. Teilkündigung nach § 9 VOB/B durch AN.

Die genannten Änderungen bewirken, dass sich die Plandaten der Herstellkosten, der Leistungsmengen und damit auch das Planergebnis der Baustelle ändern. Aus Vereinfachungsgründen wird davon ausgegangen, dass bei dem vorliegenden einfachen Beispiel während der Bauzeit keine Änderungen vorgenommen werden, sodass die vorliegende Arbeitskalkulation nicht verändert werden muss.

---

[68] Einzelheiten vgl. z.B. Prange, H./Leimböck, E/Klaus, U.R.: a.a.O., S. 92 ff.

			Ansätze je Einheit					Ansätze je Position						
LV-Pos.	Text	Menge u. Einheit	Std.	Lohn Std. × ML 27,50 €/h	Stoffe	Geräte	Fremd-leistung	Std.	Lohn Std. × ML 27,50 €/h	Stoffe	allgemeine Kosten	Geräte	Fremd-leistung	Summe
1	2	3	4	5	6	7	8	9	10	11	12	13	14	15
Einzelkosten														
1.1	Baugrubenaushub	3 800m³	0,05	1,38	0,21	1,15	-	190,00	5.225,00	798,00	-	4.370,00	-	10.393,00
1.2	Fundamentaushub		0,15	4,13	0,99	2,62	-	-	-	-	-	-	-	-
1.3	Abfuhr	3 800m³		-	-	-	9,00	-	-	-	-	-	34.200,00	34.200,00
1.4	Trägerbohlwand	330m³		-	-	-	200,00	-	-	-	-	-	66.000,00	66.000,00
Summe Plan-Einzelkosten der Teilleistungen									5.225,00	798,00	-	4.370,00	100.200,00	110.593,00
Plan-Gemeinkosten zum Stichtag								40,00	1.100,00	605,00	8.150,00	5.090,00	-	14.945,00
Plan-Herstellkosten									**6.325,00**	**1.403,00**	**8.150,00**	**9.460,00**	**100.200,00**	**125.538,00**

Bild E-24 Plan-Stunden und Plan-Kosten für die Baugrubenerstellung mit Hilfe der Ist-Leistungsmengen und auf der Grundlage der Arbeits-kalkulation per Stichtag

Die Plankosten per Stichtag werden wie folgt ermittelt. Die Ist-Leistungsmengen werden in die Arbeitskalkulation eingetragen und durch die Bewertung mit den Plan-Ansätzen ergeben sich die entsprechenden Einzelkosten der Teilleistungen Die Gemeinkosten müssen anhand von besonderen Baustellenberichten ermittelt und in das Kalkulationsblatt eingetragen werden. Mit der vorstehenden Arbeitskalkulation werden die Planstunden und die Plankosten per Stichtag ermittelt.

Es ergeben sich folgende Vergleiche:

Stunden: Plan/Ist-Vergleich

Aus der vorstehenden Arbeitskalkulation wurden folgende Plan-Stunden errechnet:

- Baugrubenaushub: 190 h
- Gemeinkostenstunden: 40 h

Wählt man als Bezugseinheit des Vergleiches zwischen Plan- und Ist-Stunden die einzelnen Arbeitsvorgänge, dann ist zu bedenken, dass die Positionen des Leistungsverzeichnisses in aller Regel nicht genau den Arbeitsabläufen entsprechen. Aus diesem Grunde ist es notwendig, dass die Positionen des Leistungsverzeichnisses in ein Arbeitsverzeichnis mit einem entsprechenden Bauarbeitschlüssel (BAS) umgegliedert werden. In der Praxis existieren sehr detaillierte BAS-Listen. Die Ist-Stunden werden den täglichen Lohnberichten entnommen, die zur Berechnung der Löhne für die gewerblichen Arbeitskräfte erstellt werden. In diese Lohnberichte wird eingetragen, welche Arbeitskraft wie viele Stunden gearbeitet hat. Kombiniert man diese Lohnberichte mit der BAS-Liste, dann kann man jederzeit aus der Lohnberichtserstattung ersehen, wie viele Stunden insgesamt für eine bestimmte Tätigkeit angefallen sind.

Man kann durch diese Arbeitsweise zwar eine detaillierte Ist-Stunden-Aufteilung durch entsprechende Stundenaufschreibungen erarbeiten, viel schwieriger dürfte es jedoch sein, eine gleich detaillierte Soll-Stunden-Aufteilung zu ermitteln, damit eine sinnvolle Gegenüberstellung gewährleistet ist.

„Und selbst wenn dies möglich wäre, bleibt die Frage, ob diese detaillierte Gegenüberstellung von Soll-Stunden zu Ist-Stunden den Zweck der Baustellensteuerung erfüllt, nämlich anhand von Abweichungsinformationen gegebenenfalls Steuerungsmaßnahmen ergreifen zu können."[69]

Besonders auch im Bereich der Stunden-Soll-Ist-Vergleiche ist es deshalb sinnvoll, die Baustellensteuerung mit Hilfe globaler Vergleichswerte durchzuführen. Dies kann am ehesten durch eine Beschränkung von Gegenüberstellungen von Soll- und Ist-Zahlen auf die wichtigsten Tätigkeiten geschehen. Dies hat vor allen Dingen seinen Grund in den großen Schwierigkeiten, die sich bei der Zuordnung der angefallenen Ist-Stunden zu den Tätigkeiten ergeben. Für die Ermittlung von Erfahrungswerten für die Kalkulation sollten gegebenenfalls gesonderte und gezielte Zeitmessungen vorgenommen werden.

Für unser Beispiel ist ein einfacher Stundenbericht notwendig, welcher die Stunden für den Baugrubenaushub, den Fundamentaushub und für die Gemeinkostenstunden ausweist.

Die Stundenberichte für unsere Baustelle haben ergeben:

- Ist-Stunden für Baugrubenaushub: 210 h
- Ist-Stunden im Gemeinkostenbereich: 70 h

---

[69] Prange, H./Leimböck, E./Klaus, U.R.: a.a.O., S. 152 f.

Damit ergibt sich folgende Gegenüberstellung:

	Planstunden	Iststunden	Differenz
Baugrubenaushub	190	210	20
Gemeinkosten - Stunden	40	70	30

Bild E-25   Beispiel einer Gegenüberstellung von Plan- und Ist-Stunden

Die Gegenüberstellung zeigt, dass bis zum Stichtag mehr Stunden benötigt wurden, als in der Arbeitskalkulation vorgesehen waren.

Kostenarten: Plan/Ist-Vergleich

Die Planzahlen werden aus der vorstehenden Arbeitskalkulation entnommen. Die entsprechenden Ist-Kosten werden aus der Betriebsabrechnung entnommen und gegebenenfalls entsprechend den Aussagen in Punkt E 1.2.2 „Probleme der Ergebnisrechnung" ergänzt. Damit ergibt sich für das Beispiel folgende Gegenüberstellung der Plan- und Ist-Kosten.

	Ist	Plan	Differenz
Lohnkosten	7.700,00 €	6.325,00 €	-1.375,00 €
Stoffe	1.445,00 €	1.403,00 €	-42,00 €
Allgemeine Kosten	8.300,00 €	8.150,00 €	-150,00 €
Geräte	9.355,00 €	9.460,00 €	105,00 €
Fremdleistungen	100.200,00 €	100.200,00 €	0,00 €
Summe	**127.000,00 €**	**125.538,00 €**	**-1.462,00 €**

Bild E-26   Beispiel einer Gegenüberstellung von Plan- und Ist-Stunden

Die Plan/Ist-Abweichung bei den Lohnkosten ist mit ca. 10 % relativ hoch. Diese Abweichung kann entweder nur auf der gezeigten Stunden-Plan/Ist-Abweichung beruhen oder es kann auch eine zusätzliche Abweichung des Mittellohnes vorliegen. Ob eine Mittellohn-Plan/Ist-Abweichung vorliegt, wird wie folgt errechnet.

Der Plan-Mittellohn ist 27,50 €/h. Der Ist-Mittellohn ergibt sich wie folgt:

$$\frac{\text{Ist} - \text{Lohnkosten}}{\text{Ist} - \text{Lohnstunden}} = \frac{7\,700\,\text{DM}}{280\,\text{h}} = 27,50 \text{ €/h}$$

d.h. beim Mittellohn liegt keine Abweichung vor und die Lohnkostenabweichung ist daher durch die Stundenabweichung verursacht.

Bei den anderen Kostenarten sind nur geringfügige Plan/Ist-Abweichungen festzustellen. Wären diese Abweichungen allerdings oberhalb der festgesetzten Toleranzgrenze, dann müssten für die jeweilige Kostenarten-Abweichung auf der Baustelle zusätzliche Ermittlungen durchgeführt werden. So könnte man beispielsweise bei der Kostenart „Stoffe" feststellen, dass die Beschaffungspreise höher liegen als sie in der Arbeitskalkulation angenommen wurden.

Ergebnis der Baustelle: Plan/Ist-Vergleich

Ist-Ergebnis der Baustelle = Ist-Leistung ./. Ist-Kosten der Baustelle

Die Ist-Leistung errechnet sich aufgrund der Leistungsmeldung wie folgt:

Pos.	Bezeichnung	Menge	Einheitspreis	Gesamtpreis
1.1	Baugrubenaushub	3 800 m³	3.42 €	12 996 €
1.2	Fundamentaushub	-	-	-
1.3	Abfuhr	3 800 m³	11.25 €	42 750 €
1.4	Trägerbohlwand	330 m²	250.00 €	82 500 €
	Leistung per Stichtag netto:			**138 246 €**

Bild E-27 Beispiel einer Leistungsermittlung per Stichtag

Diese Ist-Leistung ist gleichzeitig auch die Plan-Leistung, da keine Änderungen der Einheitspreise vorliegen.

Planergebnis	= Planleistung	./. Plankosten	
	= 138 246 €	./. 125 538 €	= 12 709 €
Ist-Ergebnis	= Ist-Leistung	./. Ist-Kosten	
	= 138 246 €	./. 127 000 €	= 11 246 €
Differenz:	= Planergebnis	./. Ist-Ergebnis	= 1 462 €

Abschließend zu diesen Thema wird auf der folgende Seite ein Bild gezeigt, welches die einzelnen Arbeitsschritte und Zuständigkeit bei der Ermittlung der Abweichungen zwischen Plan- und Ist-Kosten aufzeigt.

Darüber hinaus wird auch an dieser wird nochmals auf das spezielle Problem der Gegenüberstellung von Plan- und Ist-Daten beim Einsatz von Generalunternehmern bzw. beim Schlüsselfertigbau eingegangen. In Bezug auf das Controlling muss bedacht werden, dass im Gegensatz zum klassischen bauausführenden Unternehmen beim Generalunternehmer die Erbringung der Bauleistung nur noch zu einem geringeren Teil als Eigenleistung des Generalunternehmers besteht.

Dementsprechend ist es sinnvoll, folgende Controllingschritte durchzuführen.

„ • Kosten-Leistungs-Vergleich zur Ermittlung des periodischen Baustellenergebnisses
- Fremdleistungskosten-Soll-Ist-Vergleich nach Gewerken ab Vergabe von Fremdleistungen
- Kosten-Soll-Ist-Vergleich der eigenen relevanten Kostenarten (Lohn und Gehalt, Material, Geräte etc.) ab Baubeginn."[70]

---

[70] Heine, S.: a.a.O., S. 302

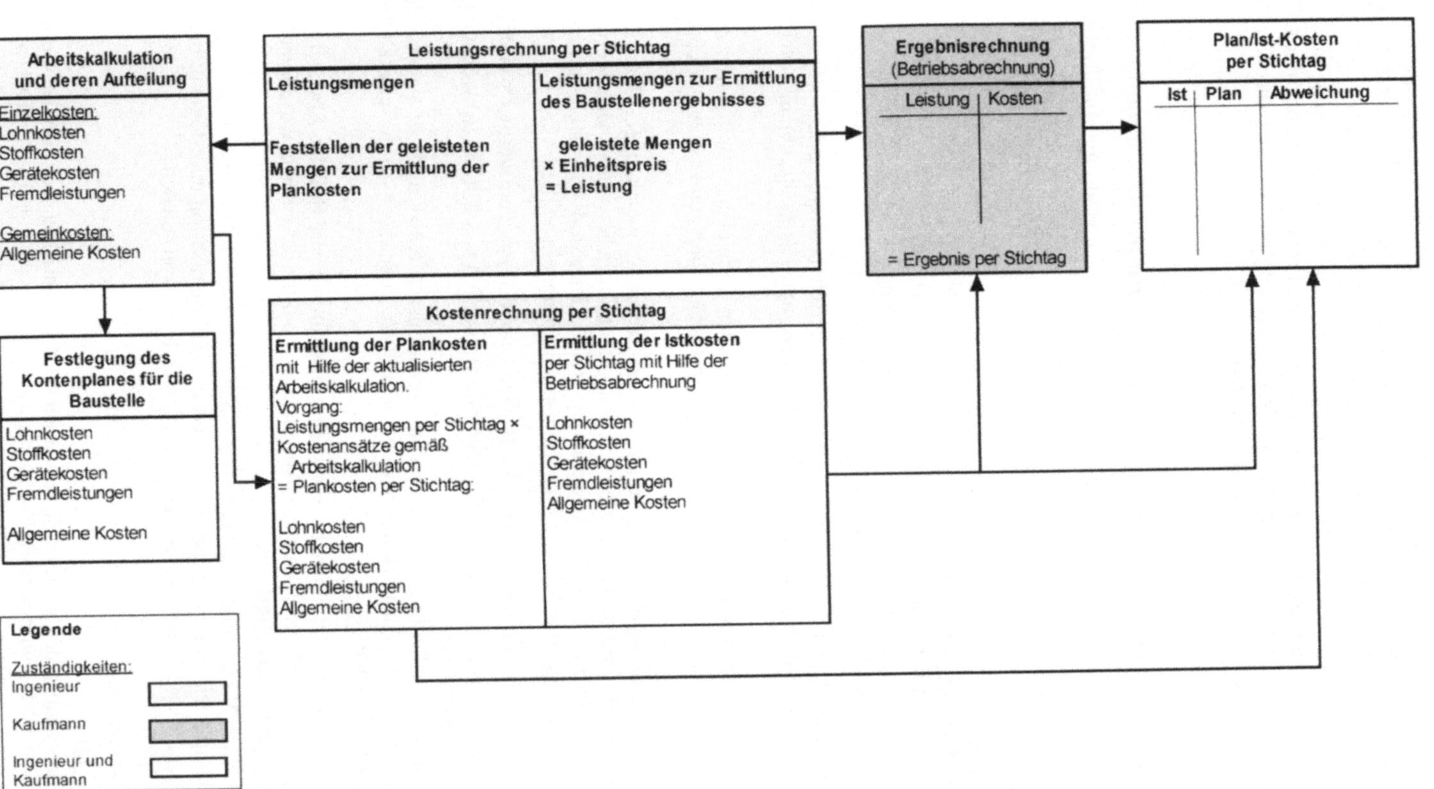

Bild E-28 Systematik einer Abwicklung bauprojektbezogenen Controlling (wirtschaftliche Zahlen)

Der grundlegende Unterschied besteht also in der Kontrolle von Eigen- und Fremdleistung. Dabei ist zu bedenken, dass bei den Eigenleistungen alle Risiken beim Generalunternehmer sind, während bei den Fremdleistungen die Risiken von den Nachunternehmern zu tragen sind.

„Eine Kostenkontrolle der Fremdleistungen als Voraussetzung zur Kostensteuerung muss mit Erstellung der Leistungsverzeichnisse bzw. mit Vergabe der ersten Fremdgewerke beginnen. Sind alle Fremdgewerke vergeben, entfällt bei sorgfältiger Ausschreibung und Vergabe das Kostenrisiko. [...] Kostenkontrolle ist hier im wesentlichen Vergabekontrolle."[71]

3.1.1.2 Abweichungsanalyse und Festlegung von Steuerungsmaßnahmen

Im vorstehenden Abschnitt wurde dargestellt, dass während der Bauausführung eine Reihe von Plan-Ist-Abweichungen eintreten können. Solche Abweichungen können auch durch Faktoren beeinflusst sein, die entweder gar nicht oder nur sehr schwer durch Gegenmaßnahmen korrigiert werden können, wie z.B.:

- Witterungseinflüsse
- Unvorhersehbare Schwierigkeiten bei der Bauausführung
- Qualität des eingesetzten Personals einschließlich der Führungskräfte
- Insolvenzen von Nachunternehmern während der Bauausführung
- Arbeitsverzögerungen durch höhere Gewalt, wie z.B. Streik

Andere Abweichungen sind in aller Regel vorwiegend technisch bedingt, sodass die Abweichungsanalyse vorwiegend von Ingenieuren durchgeführt wird und Kaufleute nur in beschränktem Umfang helfen können.

Im Folgenden wird nur stichwortartig festgehalten, in welchen Bereichen – außer den bereits genannten – aufgrund welcher Ursachen Abweichungen zwischen Plan- und Istwerten eintreten können.

Ergeben sich bei der Gegenüberstellung von Plan- und Ist-Zahlen Abweichungen, dann ist zunächst festzustellen, ob sich diese innerhalb der von den verantwortlichen Aufgabenträgern festgelegten Toleranzgrenzen befinden. Ist die Abweichung größer, dann sind Abweichungsanalysen durchzuführen und – wenn irgend möglich – Steuerungsmaßnahmen einzuleiten.

„Bei den Steuerungsmaßnahmen im Bereich der Baustellen kann differenziert werden zwischen:

- kurzfristigen Steuerungsmaßnahmen, die für laufende Baustellen aus Soll-Ist-Abweichungen abgeleitet werden können und
- langfristigen Steuerungsmaßnahmen in Form von Erkenntnissen für zukünftige Bauaufträge, die aus der Analyse über die Auswirkungen von Änderungen gegenüber der Arbeitskalkulation gewonnen werden können.

Die kurzfristigen Steuerungsmaßnahmen beziehen sich also immer auf Soll-Ist-Abweichungen auf einer Baustelle, d.h. es sind die nach einer Abweichungsanalyse offenbar gewordenen Ursachen möglichst umgehend abzustellen.

Die dazu erforderlichen Maßnahmen können von einer verbesserten Arbeitsvorbereitung mit detaillierten Bauablaufplänen und einer verbesserten Baustellenorganisation und -logistik bis zum Austausch der Bauleitung und Baustellenbelegschaft oder Teilen davon reichen."[72]

---

[71] Heine, S.: a.a.O., S. 301

[72] Walter, Ralf: Die Entwicklung der baubetrieblichen Kosten- und Leistungsrechnung von der Aufschreibungsfunktion im Mittelalter zum modernen Controllinginstrument, Dissertation Universität Dortmund: Dortmund 1992, S. 212 f.

Die Möglichkeiten von Soll-Ist-Abweichungen sind sehr vielfältig. Eine Strukturierte Auflistung kann hilfreich bei der korrekten Erfassung dieser Abweichungen sein. Vor diesen Hintergrund ist eine Alternative in der folgenden Abbildung dargestellt.

<table>
<tr><td>

Arbeitsabläufe

- Gruppenstärke
- Geräte- und Fahrzeugeinsatz
- Abstimmung von Arbeitsketten
- Schalungssystem
- Verbausystem
- Einsatz von Fertigteilen
- Zwischentransporte
- Kleinere Nebenarbeiten mitziehen
- Geräte- und lohnintensive Arbeiten

Vertragsunterlagen

- Vertragslücken
- Mengenänderung
- Leistungen entfallen
- Zusatzleistungen
- Erschwernisse
- Unvorhergesehene Ereignisse
- Wegfall der Vertragsgrundlage
- Einwirkung durch Dritte/Anlieger
- Einwirkung durch Vorunternehmer

Nachunternehmer

- Zwischentermine
- Baustellenbelegung
- endfertige Leistungen
- Qualität

</td><td>

Lieferanten, Mietgeräte, Miet-LkW

- Termine
- Leistung
- Qualität

Technologien

- Sicherheitsvorschriften
- Qualität
- Maßgenauigkeit

Material

- Qualität
- Eignung
- Preis

Mitarbeiterbereich

- Qualifikation
- Betriebsklima
- Informationsfluss
- Zusammenarbeit
- Identifikation
- Einsatzbereitschaft

Aufbau-/Ablauforganisation

- Aufgaben
- Zuständigkeiten
- Organigramm
- Stellenbeschreibungen
- Infofluss gewährleistet?
- Planung und Disposition i.O.?
- Versorgungsbereich i.O.?

</td></tr>
</table>

Bild E- 29 Auflistung der Möglichkeiten von Soll-Ist-Abweichungen[73]

---

[73] aus: Zentralverband des Deutschen Baugewerbes (Hrsg.) (1995): a.a.O., Abschnitt XI/S. 14

Oftmals können auch externe Gründe die Ursache für Abweichungen bezüglich der Plan- und Istzahlen sein auf die an dieser Stelle explizit hingewiesen wird. Dies gilt z.B. für Änderungen der Leistungen oder der Bauumstände durch den Bauherrn. In diesem Fall müssen unter Umständen bauvertragsrechtliche Schritte eingeleitet werden. Zu diesem komplexen Bereich wird auf die entsprechende Fachliteratur verwiesen.[74]

„Langfristige Steuerungsmaßnahmen können z.B. sein, dass der Kalkulator über Kostenauswirkungen von Kalkulationsfehlern informiert wird, oder dass die Arbeitsvorbereitung über den Erfolg geänderter Ausführungsmethoden in Kenntnis gesetzt wird. Auf diese Weise wird auch gleichzeitig ein Beitrag für den Informationsrückfluss im Gesamtbetrieb geleistet, sodass in Zukunft eventuell Fehler vermieden werden können."[75]

3.1.1.3 Prognose

„Aufbauend auf der zuvor beschriebenen Plan-Rechnung sowie der monatlichen Ergebnisrechnung einschließlich des Plan/Ist- Vergleiches zum Stichtag, verlangt das Controlling vom Baustellenmanagement insbesondere eine permanente Sicht auf das Projektende in Form von Prognose-Werten. Ziel dieser Betrachtung muss es sein, alle sich abzeichnenden Informationen, die sich (künftig) auf die Herstellkosten, das Ergebnis und die Leistung zum Bauende auswirken, möglichst frühzeitig transparent zu machen und offenzulegen. Beispiele hierfür sind eingetretene und erwartete Kostenänderungen für Nachunternehmerleistungen, Materialeinkäufe, Geräteeinsätze, Löhne, Leistungs- und Aufwandswerte sowie gestellte und erwartete Nachträge von Nachunternehmern. Gleichzeitig sind selbstverständlich auch positiv ergebniswirksame Umstände, wie z.B. offene, aber zu realisierende Nachträge gegenüber dem Auftraggeber (Erlösänderungen) einzurechnen. Somit ist die Prognosekalkulation dynamisch fortzuschreiben, wobei alle realisierten, aber auch zukünftig erwarteten Werte eingearbeitet werden müssen. Mithin hat die Prognosesicht die Aufgabe, die Situation der Baustelle, bezogen auf das Projektende, zahlenmäßig möglichst frühzeitig abzubilden, um so auftretende Fehlentwicklungen möglichst frühzeitig entgegenzuwirken."[76]

Werden die Prognosewerte berücksichtigt, dann errechnet sich das zum Bauende erwartete prozentuale Baustellenendergebnis wie folgt:

$$\text{voraussichtliches Baustellenendergebnis} =$$

$$= \frac{\text{voraussichtliche Endauftragssumme ./. voraussichtliche Endherstellkosten}}{\text{voraussichtliche Endauftragssumme}} \times 100$$

Wird dieser Prozentsatz mit dem kalkulierten Zuschlagssatz für Allgemeine Geschäftskosten plus Wagnis und Gewinn – bezogen auf die Auftragssumme – verglichen, dann erhält man die voraussichtliche Abweichung zwischen dem geplanten und dem erzielten prozentualen Ergebnis. Weicht das Prognoseergebnis zunehmend vom Planergebnis ab, dann sind wiederum auf der Grundlage von Abweichungsanalysen die erforderlichen Gegenmaßnahmen einzuleiten.

---

[74] z.B. Kapellmann, K.D./Schiffers, K.-H.: Vergütung, Nachträge und Behinderungsfolgen beim Bauvertrag, Band 1: Einheitspreisvertrag, 3. Auflage, Werner Verlag: Düsseldorf 1996; Band 2: Pauschalvertrag einschließlich Schlüsselfertigbau, Werner Verlag: Düsseldorf 1994; Vygen, K./Schubert, E./Lang, A.: Bauverzögerung und Leistungsänderung, Rechtliche und baubetriebliche Probleme und ihre Lösungen, 3. Auflage, Bauverlag: Wiesbaden-Berlin 1998

[75] Walter, Ralf: a.a.O., S. 213

[76] Danielzik, J./Meyer, I./Oepen, R./Rudert, D.: Die Arbeitskalkulation im Projekt-Controlling; in: Bauwirtschaft, 6/98, S. 49

3.1.1.4 Ende der Bauzeit

Die Gegenüberstellung der Planzahlen und Ist-Zahlen zum Ende der Bauausführung ergibt die notwendigen Informationen für zukünftige Kalkulationen. „Als weitere wichtige Aufgabe des Baustellen-Controlling gilt die Lieferung von Ist-Werten für Vorgabezeiten und Kosten zum Zweck der ständigen Anpassung für zukünftige Kalkulationen. Mit dieser Servicefunktion soll erreicht werden, dass zukünftige Kalkulationen genauer und somit realitätsnäher werden, was wiederum zu besseren Prognosen und einer größeren Sicherheit bei der Preisbeurteilung führt. Die Verbesserung der Kalkulationswerte kann nur schrittweise erfolgen. Mit jedem ausgewerteten Auftrag werden neue Werte geliefert, die sich mit zunehmender Anzahl der Aufträge den „richtigen" Werten annähern. Dieser statistische Effekt gleicht einem Herantasten an die tatsächlichen Vorgabezeiten und Kosten."[77]

Eine weitere wichtige Voraussetzung für diese Funktion des Baustellencontrollings ist die Abstimmung der Berichterstattung mit der Angebots- bzw. Ausführungskalkulation. Als Beispiel wird hier das Einschalen von Decke und Unterzug genannt, das im Berichtswesen oft zusammengefasst und in der Vorkalkulation getrennt ausgewiesen wird. Erst eine exakte Abstimmung zwischen Berichterstattung und Ausführungskalkulation gewährleistet eine sinnvolle Sammlung von Erfahrungswerten.

3.1.2 Betriebsbezogenes Controlling

3.1.2.1 Stichtagsbezogene Gegenüberstellung der betriebsbezogenen Plan- und Ist-Daten

Im Punkt E .2.1.2 „betriebsbezogene Planungen" wurde ein Beispiel eines Betriebsbogen mit Plandaten erarbeitet. Dieser Betriebsbogen wurde aus dem BAB entwickelt. Im Betriebsbogen sind die Plandaten allerdings nach etwas anderen Gesichtspunkten als die Istdaten im BAB zusammengestellt. Der BAB enthält mehr Informationen, welche z.B. die einzelnen Hilfsbetriebe und die einzelnen Baustellen betreffen.

Für die stichtagsbezogene Gegenüberstellung (z.B. pro Quartal) der Plan- und Ist-Daten müssen die Ist-Zahlen des BAB entsprechend den Planzahlen des Betriebsbogens zusammengefasst werden. Dadurch wird die erforderliche Gegenüberstellung der Plan- und Istdaten ermöglicht. Durch den Aufbau des Betriebsbogens werden also die Bereiche festgelegt, bei denen aufgrund von Abweichungsanalysen eventuelle Korrekturmaßnahmen durchgeführt werden können bzw. durchgeführt werden müssen.

3.1.2.2 Abweichungsanalyse und Festlegung von Steuerungsmaßnahmen

Zunächst muss festgehalten werden, dass die betriebsbezogenen Planungen im Wesentlichen von den erwarteten bzw. geschätzten Bauleistungen für das nächste Jahr bzw. für die nächsten Quartale ausgehen. Außerdem beruhen die genannten Planungen auf Vergangenheitswerten, die im Sinne der Zukunftsplanung angepasst werden. Dies gilt sowohl für die Kostenartenstruktur des Gesamtbetriebes, als auch für die Kostenartenstruktur der Hilfsbetriebe, der Verwaltung und der einzelnen Bausparten.

Eine Planung ist nur dann sinnvoll, wenn die in ihr festgelegten Ziele auch kontrolliert werden. Damit ist klar, dass die Abweichungsanalyse vor allem folgende Fragen beantworten muss:

---

[77] Talaj, R.: Operatives Controlling für bauausführende Unternehmen, Bauverlag: Wiesbaden-Berlin 1993, S. 173 f.

- Wurde zum Stichtag (z.B. Quartalsende oder Jahresende) die geplante Bauleistung – eventuell getrennt nach Sparten – erbracht?
- Haben die vorgesehenen Maßnahmen in den Bereichen der Verwaltung und der Hilfsbetriebe die gewünschten Kostenanpassungen bewirkt?
- Wurden die geplanten Ergebnisse, also Gesamtbetriebs- und Bauspartenergebnisse erzielt?

Durch die Abweichungsanalyse kann z.B. festgestellt werden, dass die Abweichungen auf folgenden Ursachen beruhen können:

- Falsche Markteinschätzung, d.h. es ist z.B. eine geringere Baunachfrage und ein niedrigeres Preisniveau eingetreten als zunächst angenommen wurde.
- Schlechte Geschäftspolitik, z.B. bei der Auswahl der angebotenen Bauvorhaben.
- Hilfsbetriebe sind nicht in dem Maße ausgelastet, wie geplant, da z.B. die Baustellen Fremdleistungen anstelle der Leistungen der Hilfsbetriebe in Anspruch genommen haben.
- Die Änderungen der Verwaltungsstrukturen, z.B. Einsatz neuer EDV-Anlagen und/oder neuer Organisationsstrukturen, sind nicht im geplanten Umfang und zur geplanten Zeit realisiert worden.

Inwieweit hier kurz- oder mittelfristig Steuerungsmaßnahmen wirkungsvoll eingesetzt werden können, oder ob die Zielvorgaben korrigiert werden müssen, hängt ganz vom Einzelfall ab und ist sicherlich eine der schwierigen Aufgaben der Unternehmensleitung. Die folgende Abbildung stellt den Regelkreis bei der Planung und Steuerung eines bauausführenden Unternehmens dar.

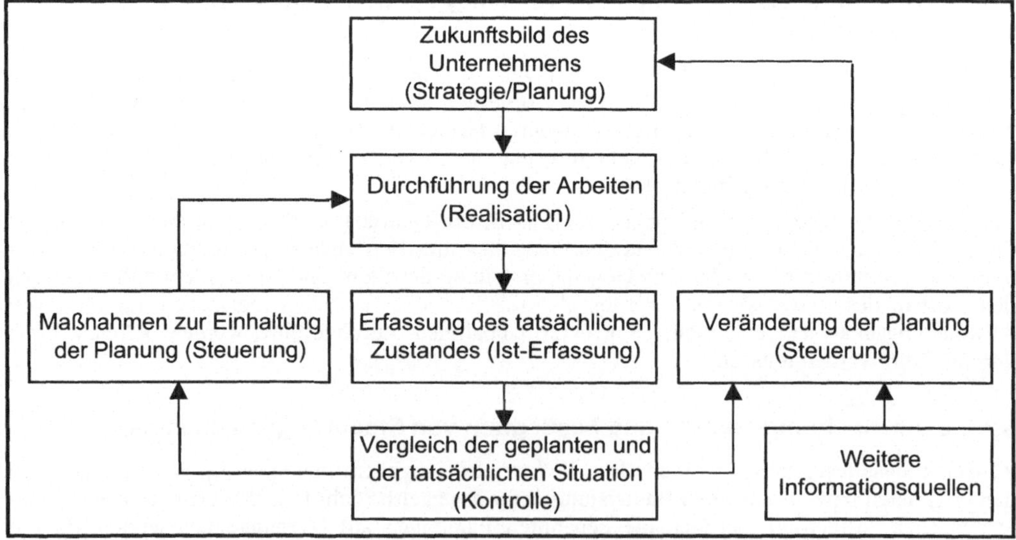

Bild E- 30 Schematische Darstellung des Planungs- und Kontrollregelkreises[78]

---

[78] aus: Bauorganisation, Unternehmer-Handbuch für Bauorganisation und Betriebsführung, Abschnitt: Planung und Steuerung im Baubetrieb, S. X/3, a.a.O.

3.1.3 Organisatorische Einbindung des operativen Controlling

3.1.3.1 Aufbau- und Ablauforganisation

Die organisatorische Einbindung des operativen Controllings hängt in hohem Maße von der Größe des Unternehmens ab. In einem kleinen Unternehmen wird es in aller Regel so sein, dass mehrere Funktionen von einer Person oder Stelle abgedeckt werden. So wird man vermutlich in einem kleinen Unternehmen vergeblich den Controller suchen. Hier wird seine Funktion praktisch mit allen sog. kaufmännischen Funktionen zusammengefasst sein.

In größeren oder großen Unternehmen wird die Controller-Funktion auf mehrere Köpfe oder Stellen aufgeteilt sein. Die Abbildung[79] auf der folgenden Seite stellt eine Möglichkeit der Einbindung eines Controllingsystems in einem großen Bauunternehmen dar.

Aus der Darstellung ist unmittelbar ersichtlich, dass die jeweilige Struktur eines Controllingsystems abhängig ist von der Aufbaustruktur des Unternehmens und deren Controllingziele. Umso größer das Unternehmen, desto wichtiger wird die Frage, an welchem organisatorischem Platz und in welcher Form die Controlling-Funktion angesiedelt wird. „Häufig findet man eine Organisation vor, in der z.B. das interne Rechnungswesen, die Unternehmensplanung, die Organisation und Datenverarbeitung getrennte Bereiche sind. Hier ergibt sich zur Sicherstellung der Controller-Funktion die Notwendigkeit der Koordination und der Zwang zur Teamarbeit.“[80] Noch einige Stichworte zu den Aufgaben der zentralen Controllingabteilung bzw. zum Niederlassungscontroller.

Die Aufgaben der zentralen Controllingabteilung sind folgende:

- Durchführung von Soll-Ist-Vergleichen der Verwaltungskostenstellen der Hauptverwaltung.
- Durchführung von Plan-Ist-Vergleichen der Niederlassungen, Tochter- und Beteiligungsgesellschaften unter enger Zusammenarbeit mit den Niederlassungscontrollern.
- Interpretation der Auswertungsergebnisse bei der Geschäftsführung.

Die Aufgaben des Niederlassungscontrollers sind:

- Durchführung von Soll-Ist-Vergleichen der Hilfsbetriebe und Verwaltungskostenstellen der Niederlassung und Zweigniederlassung(en).
- Durchführung von Plan-Ist-Vergleichen der einzelnen Sparten und der Zweigniederlassung(en).
- Übermittlung der Abweichungsanalysen – insbesondere bei Baustellen – an die übergeordneten Verantwortungsbereiche und an die zentrale Controllingabteilung.

---

[79] Walter, Ralf.: a.a.O., S. 217
[80] Allgeier, G.: Controlling als Führungsinstrument in Bauindustrie-Unternehmen; in: Planung, Steuerung und Kontrolle in Bauunternehmen, Wibau-Verlag GmbH: Düsseldorf 1987, S. 77

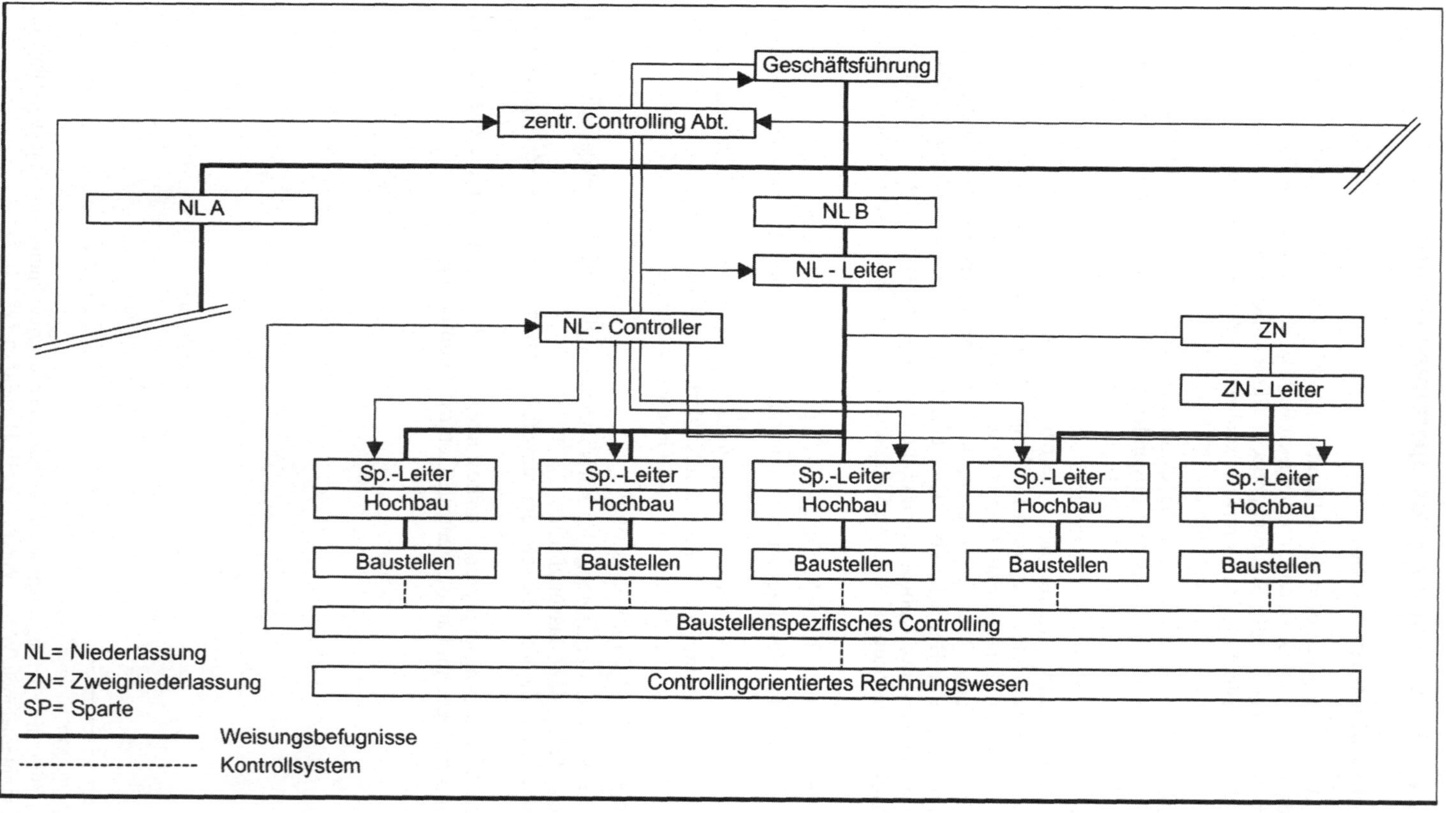

Bild E-31 Beispiel einer Einbindung eines Controllingsystems in einem großen Bauunternehmen

3.1.3.2 Abstimmung mit der Führungskonzeption

Damit ein Controlling-Instrument erfolgreich angewendet werden kann, ist es unbedingt erforderlich, dass

„
- im Unternehmen zunächst einmal die Voreingenommenheiten gegenüber dem Controlling überwunden werden und der Controller mehr als „Helfer", denn als „Überwacher" gesehen wird und
- bei den einzelnen Mitarbeitern eine selbstkritische Einstellung und die Bereitschaft „aus Fehlern zu lernen" vorhanden ist."[81]

Sind diese Voraussetzungen gegeben, dann kann das Controlling auch als Führungsinstrument eingesetzt werden. Die Versorgung der Unternehmensführung mit entsprechenden Informationen wird in dieser Hinsicht die Hauptaufgabe des Controllers. In diesem Sinne wird der Controller der Ratgeber des Managements. „Seine Aufgabe ist die fachliche Interpretation der Zahlen und der betriebswirtschaftlichen Zusammenhänge, um hieraus durch Überzeugung und Motivation die erforderlichen Konsequenzen abzuleiten. Er leistet hiermit gleichzeitig einen ganz wesentlichen Beitrag zur Realisierung der Führung durch Zielsetzung (Management by Objectives)."[82] Auch in bauwirtschaftlichen Unternehmen haben die Controllingaufgaben in quantitativer und qualitativer Hinsicht zugenommen und werden weiter zunehmen. Ihre Hauptfunktion ist nicht mehr nur das traditionelle Rechnungswesen. Die Beteiligung des Controllings an der Planung und Kontrolle wird heute als ebenso wichtiger Bestandteil aufgefasst. „Die Unterstützung der strategischen Planung und Kontrolle und nicht mehr das Tagesgeschäft stehen im Vordergrund. Generell wird eine immer stärkere Entscheidungsbeteiligung des Controllers beobachtet. [...] Der Controller der Zukunft ist in erster Linie der „Management Information Executive".[83]

3.1.3.3 Anforderungsprofil an den Controller

„Die Aufgaben, denen der Controller in der heutigen Zeit gegenübersteht, können wie folgt in eine Reihenfolge gebracht werden:

- Kostenmanager
- Buchhaltungsexperte
- Wartung und Entwicklung des Planungs- und Kostenrechnungssystems
- Sicherstellung der Einheitlichkeit der Kalkulationsmethoden
- Initiator für quantitative und qualitative Analysen
- Berater bei betriebswirtschaftlichen Fragestellungen."[84]

Sieht man den Controller verstärkt als Partner des Managements, als Ratgeber bei betriebswirtschaftlichen Fragestellungen und als Experte für die Integration von Teilaspekten, dann ergibt sich aufgrund dieser Sichtweise auch ein neues Anforderungsprofil an den Controller der Zukunft. „Neben den traditionellen Fähigkeiten des Controllers wie analytischem Denkvermögen und der Fähigkeit, komplexe Probleme darzustellen, treten in der Zukunft folgende Anforderungen verstärkt in den Vordergrund:

- Moderations- und Kommunikationsfähigkeit
- Teamfähigkeit
- Trainerfähigkeit
- Veränderungsbereitschaft
- Überzeugungsfähigkeit

---

[81] Walter, Ralf: a.a.O., S. 217
[82] Allgeier, G.: a.a.O., S. 76
[83] Horvarth, P.: a.a.O., S. 73
[84] Geberich, W.C.: Wohin führt der Weg des Controllers?; in FAZ Nr. 123 v. 31.05.1999, S. 31

- Konflikt- und Konsensfähigkeit
- Kenntnisse über individuelles und organisatorisches Verhalten.

Allein wenn diese Anforderungen erfüllt werden, ist die Basis gegeben, dass der Controller erfolgreich Veränderungsprozesse moderiert und Partner des Managements wird."[85] Somit ist die Schaffung einer entsprechenden Controlling-Kultur ein wesentlicher Erfolgsfaktor, um die strategischen und operativen Ziele eines Unternehmens erreichen zu können.

3.2 Operatives Controlling bei Planungsunternehmen

Auch bei Planungsunternehmen umfasst das Controlling den gesamten Prozess der zielorientierten Planung, Kontrolle und Steuerung. Dieses Controlling kann sich zum einen auf die Erbringung der einzelnen Planungsleistungen und zum anderen auf den gesamten Planungsbetrieb beziehen.

3.2.1 Operatives Controlling bei der Erbringung von Planungsleistungen

„Projektarbeit ist eine anspruchsvolle und reizvolle Aufgabe. Zusätzlich muss sich jedes Projekt lohnen, damit das Büro langfristig existieren kann. Das bedeutet, dass Gewinn erwirtschaftet werden muss. Dazu müssen Projektziele geplant, die Projektarbeit gesteuert und die Ergebnisse kontrolliert werden. Ein Projektcontrolling-System ist das hierfür notwendige Handwerkszeug. Wie kann man nun ein Projekt-Controlling-System im Büroalltag umsetzen?"[86]

3.2.1.1 Stichtagsbezogene Gegenüberstellung von Plan- und Ist-Daten

Für ein operatives Controlling bei der Erbringung von Planungsleistungen sind folgende Informationen zum Planungsfortschritt nötig.

	PLAN-Werte	IST-Werte
Zeit (Termine/Dauer/Zeitpunkt)	x	x
Stunden	x	x
Kosten	x	x
Ergebnis	x	x

Bild E-32   Übersicht über die erforderlichen Plan- und Ist-Werte beim projektorientierten Controlling

---

[85] Geberich, W.C.: a.a.O., S. 31
[86] Scholle, R./Braak, J./Eisenschmidt, K.: Controlling im Planungsbüro; in Deutsches Architekten Blatt 10/98, S. 1271

Mit der Terminplanung werden die Termine, die Dauer und die Zeitpunkte für den Ablauf einer Projektplanung festgelegt. Gleichzeitig werden mit der Einsatzplanung die beteiligten Mitarbeiter, die Arbeitspakete und die Projektteams zur Bewältigung der Arbeitspakete festgelegt. Diese Plandaten müssen den entsprechenden Ist-Daten gegenübergestellt werden. Darüber hinaus kann es auch notwendig sein, eine Geräteeinsatzplanung durchzuführen. Dies ist aber nur bei speziellen Aufgaben der Fall, da üblicherweise die Personaleinsatzplanung maßgeblich ist und auch den größten Kostenblock in einem Planungsbüro darstellt.

Termine/Dauer/Zeitpunkt

Grundlage für die Ermittlung der Ist-Daten in Bezug auf Termine, Dauer und Zeitpunkte sind die sog. Arbeitsfortschrittsberichte. Diese sollten wöchentlich von den Teammitgliedern erstellt werden. „Wenn mehrere Mitglieder des Projektes an einem Arbeitspaket arbeiten, ist ein Teammitglied Arbeitspaket-Verantwortlicher. Der Arbeitsfortschrittsbericht pro Arbeitspaket kann in einer einzigen Aussage bestehen, dem Fertigstellungsgrad des Arbeitspaketes. Eine andere Form des Arbeitsfortschrittsberichtes sind nicht-periodische Meldungen. Der Arbeitsfortschrittsbericht besteht in einer Beginnmeldung für ein Arbeitspaket und einer Fertigmeldung für ein Arbeitspaket."[87] Aus den Arbeitsfortschrittsberichten kann ersehen werden, ob die geplanten Termine auch eingehalten werden können. Deshalb ist die Ermittlung der Ist-Termine durch eine Aussage des unmittelbar Verantwortlichen zur voraussichtlichen Einhaltung des Endtermins zu ergänzen.

Stunden

Grundlage hierfür sind die Tätigkeitsberichte der Mitarbeiter. Diese enthalten ihre erbrachten Stunden in Bezug auf die einzelnen Arbeitspakete. Dies bedeutet, dass täglich projektbezogen die aufgewendeten Stunden erfasst werden. Auf die Tätigkeitsberichte wurde bereits im Punkt E 1.3.3.2 eingegangen. Hier wird jedoch noch auf zwei spezielle Probleme bei der Stundenaufschreibung hingewiesen. „Da die aufgeschriebenen Stunden die Basis für jeden Soll-Ist-Vergleich sind, könnte der Eindruck entstehen, dass dieser Vergleich von den Vorgesetzten u.U. auch zur Mitarbeiterbeurteilung herangezogen wird. Wo Sanktionen wegen einer Planabweichung drohen, besteht zwangsläufig die Gefahr, dass „geschönte" Daten geliefert werden, die eine effektive Projektsteuerung konterkarieren. Ein weiteres Problem in Hinblick auf eine zielorientierte Projektkontrolle und -steuerung ist das Kontieren nach dem „Tragfähigkeits-Prinzip", dem durch sinnvolle Projektdurchführungsrichtlinien, z.B. Freigabe von Projektphasen und Arbeitspaketen erst bei Erfüllung von Teilleistungen, entgegengewirkt werden kann."[88] Die Gegenüberstellung der Plan-Stunden zu den Ist-Stunden gibt die entsprechenden Stundenabweichungen.

Kosten

Werden die projektbezogenen Ist-Stunden mit den Verrechnungssätzen pro Mitarbeiter an bestimmten Arbeitspaketen – z.B. den Leistungsphasen 1 bis 9 HOAI – multipliziert, dann erhält man die Ist-Kosten pro Arbeitspaket. Unabhängig an welche Leistungsbeschreibung sich die Arbeitspakete orientieren, ist es von großer Bedeutung, dass sie Projekten zugeordnet werden. Den Ist-Kosten können nunmehr die Plankosten je Arbeitspaket gegenübergestellt werden, wobei diese Plankosten ermittelt wurden mit:

Plan-Stunden × Verrechnungssatz pro Mitarbeiter

---

[87] Blume, J.: Kostenmanagement; in: Projektmanagement Fachmann Band 2, Rationalisierungskuratorium der Deutschen Wirtschaft e.V., 4. Auflage, Druck Partner Rübelmann: Hemsbach 1998, S. 635

[88] Felske, P.: Integrierte Projektsteuerung; in: Projektmanagement Fachmann Band 2, Rationalisierungskuratorium der Deutschen Wirtschaft e.V., 4. Auflage, Druck Partner Rübelmann: Hemsbach 1998, S. 739

Ergebnis

Bei der Ergebnisplanung werden die Honorarerwartungen für die einzelnen Leistungen ermittelt und den Plankosten (geschätzte Arbeitsstunden x Verrechnungssatz) je Leistungseinheit gegenübergestellt. Das Ist-Ergebnis pro Leistungseinheit ermittelt sich aus den Ist-Honorarerlösen und den Ist-Kosten pro Leistungseinheit. Dies kann sich wiederum an der HOAI orientieren. Dann sind die einzelnen Leistungsphasen mit den Honorarerwartungen und den Plankosten zu bewerten. Folgende Aufstellung[89] soll dies verdeutlichen.

Zeitraum: gesamt

Projekt: E3-007:   **Praxis und Wohnhaus Neurath**

Kosten: mit Gemeinkosten

Leistungen: nur Auftrag

Tätigkeit	Honorar	Plankosten	Kosten / Honorar		Projektstand	Projektstand ./. Kosten
Kurz	€	€	%	%	€	€
L-Ph 1	4 889	3 202	65.49	100.00	4 889	1 687
L-Ph 2	7 606	7 344	96.56	100.00	7 606	261
L-Ph 3	11 952	14 703	123.02	100.00	11 952	-2 751
L-Ph 4	6 519	6 687	102.57	100.00	6 519	- 167
L-Ph 5	27 164	24 276	89.37	100.00	27 164	2 887
L-Ph 6	10 865	10 211	93.98	100.00	10 865	654
L-Ph 7	4 346	4 445	102.27	100.00	4 346	- 99
L-Ph 8	34 770	31 206	89.75	90.00	31 293	87
L-Ph 9	0	0	0.00	0.00	0	0
Gesamtsummen:	108 112	102 075			104 635	2 559

Bild E-33 Wichtige Kennzahlen im Projektcontrolling

Neben den Leistungsphasen gibt es noch weitere Leistungseinheiten, die als Grundlage dienen können. Dies können bspw. gutachterliche Tätigkeiten sein. Wenn eine Beauftragung nicht gemäß der HOAI erfolgt, sind entsprechende projektbezogene Leistungseinheiten zu bilden.

3.2.1.2 Abweichungsanalyse und Festlegung von Steuerungsmaßnahmen

Besonders auch bei Planungsunternehmen ist die Abweichungsanalyse und das Festlegen von Steuerungsmaßnahmen eine äußerst komplizierte Tätigkeit und verlangt von den hierfür Verantwortlichen – z.B. dem internen Projektsteuerer oder vom Kostenmanagement – eine große berufliche Erfahrung. Daher kann auch hier wiederum nur in Stichworten auf die Probleme hingewiesen werden.

Eine gute Übersicht über Abweichungsursachen zeigt folgendes Strukturbild, das in Anlehnung an Nentwig[90] entwickelt wurde.

---

[89] Scholle, R./Braak, J./Eisenschmidt, K.: a.a.O., S. 1271
[90] vgl. Nentwig, B.: a.a.O., S. 83

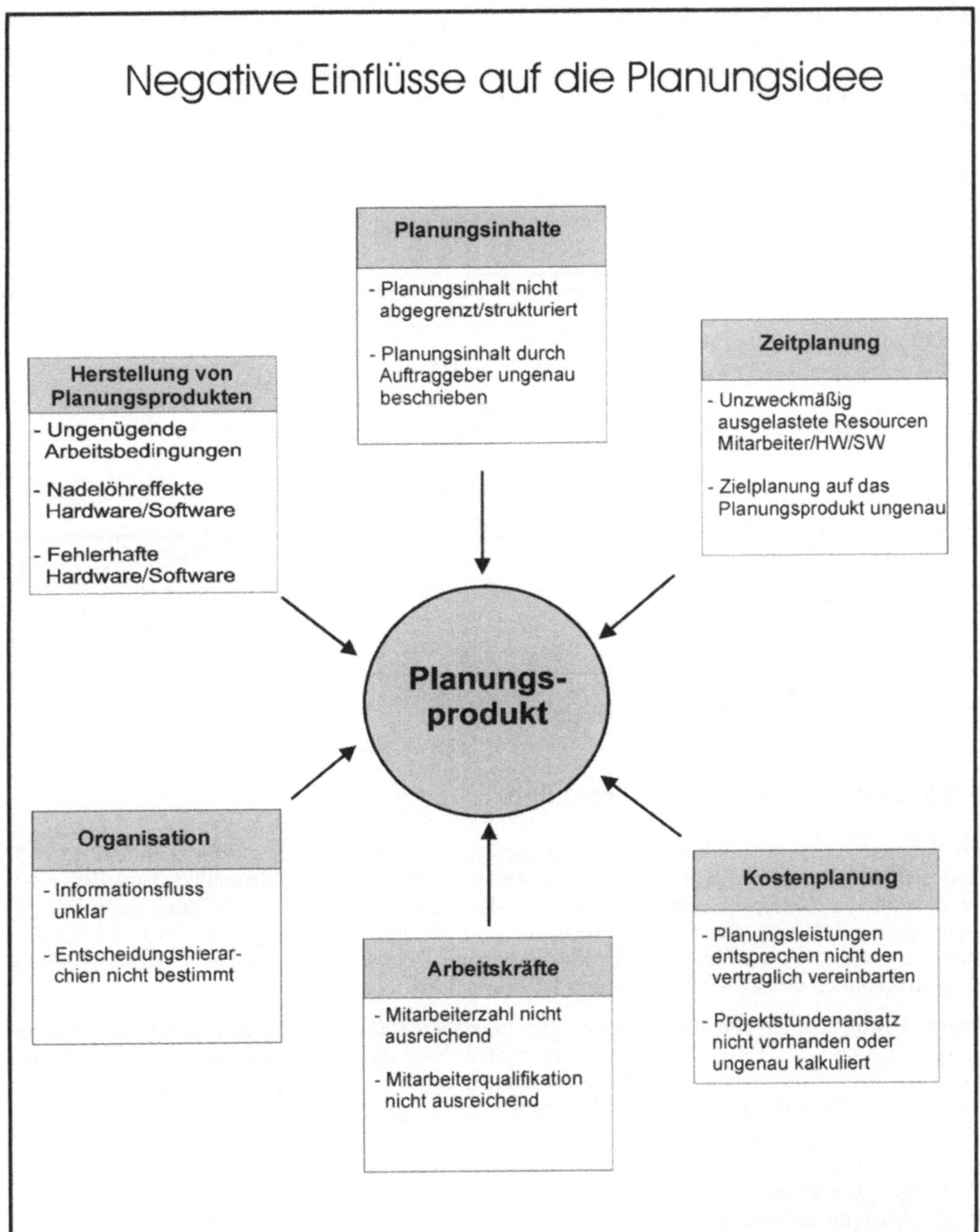

Bild E-34 Einflüsse auf die Planungsidee

Zusammenfassend lässt sich festhalten. Die Steuerungsmaßnahmen sind nicht isoliert zu betrachten, denn sie sind eingebettet in alle Themenbereiche des Projektmanagements. „Die Integrierte Projektsteuerung versteht sich als Regelkreis der mit der Freigabe des ersten Arbeitspaketes beginnt und mit der Abnahme des letzten Arbeitspaketes endet. Der Projektüberwachungszyklus beinhaltet die Erfassung der Ist-Daten, den Vergleich der Ist-Daten mit den Vorgaben, die Analyse von Abweichungen und ihrer Ursachen, das Gegensteuern durch Festlegen und Einleiten von Maßnahmen, sowie die Plananpassung."[91]

Folgendes Bild zeigt den Zusammenhang zwischen den Elementen des Projektcontrollings und dem Steuerungsprozess.

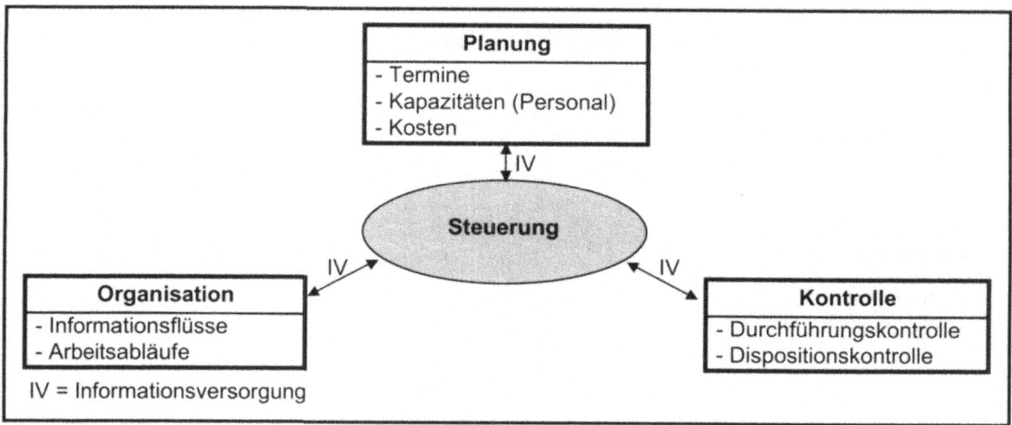

Bild E-35   Elemente des Projektcontrollings

3.2.2 Betriebsbezogenes Controlling

Im Punkt E 2.2.2 „betriebsbezogene Planungen" wurde für ein Planungsunternehmen gezeigt, dass sich das Ergebnis dieser Planungen in einem Betriebsbogen zahlenmäßig darstellen lässt. Werden bei der Betriebsabrechnung diesen Plandaten die entsprechenden Ist-Daten gegenübergestellt, dann erhält man für den Gesamtbetrieb und für die einzelnen Kostenstellen die Abweichungen zwischen Plan- und Ist-Leistungen, zwischen Plan- und Ist-Kosten und zwar getrennt nach Kostenarten und zwischen Plan- und Ist-Ergebnissen.

Diese Abweichungen können wiederum die unterschiedlichsten Ursachen haben und müssen dementsprechend auch sorgfältig analysiert werden. Sind die Ursachen erkennbar, dann können bzw. müssen entsprechende Steuerungsmaßnahmen eingeleitet werden. Diese betriebsbezogenen Steuerungsmaßnahmen kann man in folgende Kategorien gliedern:

- Kapazitätsvergrößerung
- Aufwandsreduzierung
- Leistungsänderung
- Produktivitätserhöhung

Felske[92] empfiehlt in diesem Zusammenhang folgende Checklisten mit grundsätzlichen Steuerungsmaßnahmen.

---

[91] Felske, P.: a.a.O., S. 767
[92] Felske, P.: a.a.O., S. 764 ff.

Kapazitätsvergrößerung	
Steuerungsmaßnahmen	**Hindernisse/Nebenwirkungen**
Einstellung zusätzlicher Mitarbeiter	• Personalbudget ist festgelegt • Einarbeitung erforderlich • erhöhter Kommunikationsaufwand
Umverteilung der Kapazität im Projekt	• verschiebt den Engpass
Einsatz zusätzlicher hausinterner Stellen	• Informationsaufwand • Know-how-Transfer
Zukauf von externer Kapazität	• geeignetes Know-how oft schwer zu finden
Lieferantenwechsel	• Verfügbarkeit von Alternativen
Fremdvergabe von Arbeitspaketen	• Steuerungsaufwand • Aufwand für Suche nach geeigneten Bearbeitern
Überstundenvereinbarung	• Mitbestimmungspflichtig • nur kurzfristig einsetzbar
Mehrschichtarbeit einführen	• organisatorisch schwierig
Abbau anderer Belastungen bei den Projektmitarbeitern	• Abbau von nicht notwendigen Verwaltungs-Overhead
zusätzliche Einsatzmittel Hilfsmittel bereitstellen	• Investition notwendig
Aufwandsreduzierung	
Steuerungsmaßnahmen	**Hindernisse/Nebenwirkungen**
Suche nach technischen Alternativen	• kurzfristiger Mehraufwand mit unsicherem Ergebnis
Lizenzen und Know-how kaufen	• Abhängigkeit • Übertragbarkeit unsicher
Zukauf von Teilprodukten	• geeigneter Lieferant • Aufwand für Definition und Abnahme
alternative Lieferanten	• Aufwand, Zeit für Auswahl • Lieferrisiko
Anpassung der Prozesse	• Umstellungsaufwand mit unsicherem Ergebnis
nicht zwingend notwendige Arbeitspakete streichen	• erhöhtes Risiko • Qualitätsreduzierung
Leistungsänderung	
Steuerungsmaßnahmen	**Hindernisse/Nebenwirkungen**
Leistungsreduzierung	• Kompromißlosigkeit des Auftraggebers • Konkurrenzdruck
Versionenbildung mit versteckter Leistungs- reduzierung	• versteckte Terminverschiebung
Einschränkung der geforderten Qualität	• Erhöhung des Gesamtaufwandes über die Produktlebenszeit • versteckte Terminverschiebung
Prioritätsänderung der Leistungsmerkmale	• versteckte Terminverschiebung • Einsatznotwendigkeit
Ablehnung von Änderungswünschen	• geringere Akzeptanz der Projektergebnisse
Provokation von Änderungswünschen mit versteckter Budgeterweiterung	• Risiko der Entdeckung

Produktivitätserhöhung	
Steuerungsmaßnahmen	**Hindernisse/Nebenwirkungen**
Ausbildung der Mitarbeiter	• wirkt erst mittelfristig • Aufwand • Verfügbarkeit Schulungsangebot
Austausch einzelner Mitarbeiter	• keine Alternativen • Einarbeitung
Einstellung besonders qualifizierter Mitarbeiter	• Spezialisten schwer zu finden • Einarbeitung
Erhöhung Information + Kommunikation	• Zeitaufwand
Erhöhung Motivation durch: • persönliche Anerkennung • Teamgeist • persönliche Verantwortung • Prämien • Tranzparenz für die Mitarbeiter • Abbau persönlicher Spannungen • Darstellung der Aufgabenbedeutung • Verbesserung des Arbeitsumfeldes	• Mitwirken der Beteiligten • Aufnahmebereitschft der Beteiligten
Einsatz des richtigen Know-hows an der richtigen Stelle	• Feststellen der Zuordnung
Umorganisation	• Macht bestehender Organisation
Aufgabenverschiebung	• keine Alternativen
Abschirmen der Mitarbeiter	• Stärke der Fremdeinflüsse
Infrastruktur des Projektes verbessern	• Aufwand Ist-/Sollanalyse
Team räumlich zusammenlegen	• Raum-/Equipmentproblem

Bild E-36 Checkliste für grundsätzliche Steuerungsmaßnahmen bei Planungsunternehmen

3.2.3 Organisatorische Einbindung

In dem Planungsunternehmen, dessen Organisation im Punkt C 1.2.1.1 dargestellt wurde, sind 5 Planungsteams eingerichtet, welche bei anstehenden Planungsaufgaben die HOAI- Leistungsphasen 1-9 sowie andere beauftragte Planungsleistungen erbringen können. Ganz wesentlich ist, dass je nach Aufgabenstellung auch für relativ kurze Zeiten spezielle Planungsgruppen als Projektorganisationen zusammengestellt werden können bzw. müssen. Damit wird das Controlling vor allem eine Frage der Mitarbeiterführung und hier vor allem die Handhabung der Kooperationsschnittstellen.

Damit ist zunächst festzulegen, dass die Kooperation der Projektbeteiligten nach den Spielregeln der Partnerschaft z.B. in Form des Management by Objectives erfolgen soll, bei dem gerade die gemeinsame Festlegung der Handlungsziele, die gemeinsame Abweichungsanalyse und die gemeinsame Festlegung von Steuerungsmaßnahmen die eigentliche Wesensmerkmale dieser Führungskonzeption sind.

Ein wichtiges Instrument der organisatorischen Einbindung des Projektcontrollings sind die wöchentlichen Projektbesprechungen.

„Projektbesprechungen sind nur sinnvoll, wenn sie

a) gut vorbereitet,
b) zügig und straff durchgeführt und
c) die Ergebnisse schnell und konkret umgesetzt werden können.

Die Besprechungen müssen rechtzeitig mit Terminen und Anlass – möglichst unter Bereitstellung der Tagesordnung – bekanntgegeben werden und personell richtig besetzt sein. Die Teilnehmerzahl sollte begrenzt und das Ende der Besprechung vorab festgelegt werden. Eine Besprechung sollte pünktlich beginnen und drei Stunden nicht überschreiten. Die Anzahl der Besprechungen sollte so gewählt werden, dass auf der einen Seite ein Projekt nicht „tot" besprochen wird und dass auf der anderen Seite alle Problematiken und Informationen ausdiskutiert werden können. Folgende Besprechungsstruktur hat sich bewährt:

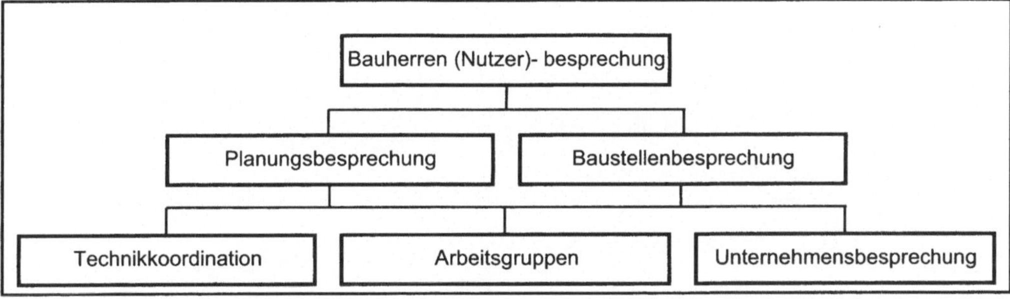

Bild E-37   Beispiel einer Besprechungsstruktur

Ein effektives Protokoll als Handlungsanweisung und Besprechungsdokumentation ist unerlässlich. Das Protokoll sollte vom Verantwortlichen für die entsprechende Projektphase verfasst werden, z.B. vom Architekten für die Technikkoordination oder vom Bauleiter für die Baustellenbesprechung."[93]

Abschließend zum Thema des operativen Controllings bei Planungsunternehmen kann ausgeführt werden: „In einem enger werdenden Markt ist ein Controlling-System ein wichtiges Hilfsmittel, um die Existenz und die Weiterentwicklung Ihres Büros zu sichern. Neben dem Projektcontrolling ist das Unternehmenscontrolling der zweite zentrale Baustein. Nur hierdurch können Sie Ihre „Wir müssten-eigentlich-mal..."-Aktivitäten in den Bereichen Marketing, Arbeitsoptimierung und Innovation in den Griff bekommen. Ein schlankes Controlling-System, das an Ihr Büro angepasst ist, bedeutet im Alltagsgeschäft einen geringen Aufwand, der sich auf jeden Fall lohnt. Er gibt Ihnen Sicherheit und Ruhe, wenn Sie über die Frage grübeln: „Wie geht's eigentlich mit meinem Büro weiter – in einem, in fünf und in zehn Jahren?"[94]

---

[93] Busch, A.: a.a.O.; S.97 f.
[94] Scholle, R./Braak, J./Eisenschmidt, K.: a.a.O., S. 1273

Teil F Rechnungslegung

In diesem Buch wird bewusst davon abgesehen, den Begriff der „Unternehmensrechnung" zu verwenden. In der betriebwirtschaftlichen Literatur wird häufig unter diesem Begriff sowohl die Rechnungslegung für externe Adressaten als auch das betriebliche bzw. interne Rechnungswesen verstanden.

Da das betriebliche Rechnungswesen im vorhergehenden Kapitel bereits ausführlich dargestellt wurde, wird in dem Bereich des Rechnungswesens, der einerseits aus handels- und steuerrechtlichen Verpflichtungen erstellt werden muss und der andererseits der Unternehmensleitung und externen Adressaten als Grundlage für Entscheidungen dient, der Begriff „Rechnungslegung" verwendet.

Dementsprechend wird für die Darstellung der Rechnungslegung folgende Unterteilung gewählt:

- Verpflichtung zur Rechnungslegung
- Rechnungslegung (Jahresabschluss) als Führungsinstrument
- Der Jahresabschluss als Informationsquelle für externe Gruppen

1 Verpflichtung zur Rechnungslegung

Rechnungslegung im weitesten Sinne ist das geordnete Zusammenstellen von Einnahmen und Ausgaben unter Beifügen von Belegen, soweit diese üblicherweise erteilt werden. Dies geht hervor aus dem § 259 Abs. 1 BGB, in welchem es heißt:

„Wer verpflichtet ist, über eine mit Einnahmen oder Ausgaben verbundene Verwaltung Rechenschaft abzulegen, hat dem Berechtigten eine die geordnete Zusammenstellung der Einnahmen oder der Ausgaben enthaltende Rechnung mitzuteilen und, soweit Belege erteilt zu werden pflegen, Belege vorzulegen."

Im Zusammenhang mit der wirtschaftlichen Tätigkeit von natürlichen und juristischen Personen bestehen aufgrund von mehreren Gesetzen Verpflichtungen zur Rechnungslegung und zwar im Rahmen

- der förmlichen Steuergesetze und die diese ergänzenden Durchführungsverordnungen und hier insbesondere das Einkommensteuergesetz (EStG),
- des Handelsgesetzbuches (HGB),
- des Publizitätsgesetzes (PublG) und
- des Aktiengesetzes (AktG).

Die Inhalte dieser Gesetze unterliegen häufig Veränderungen.

„So wurden z.B. durch das Bilanzrichtlinien-Gesetz vom 19. Dezember 1985 (BGBl. I S. 2355) wesentliche Vorschriften der Rechnungslegung aus dem Aktiengesetz herausgenommen. Die jetzige Regelung befindet sich in dem dritten Buch des HGB (§§ 238 bis 339 HGB). Neben den für alle Kaufleute geltenden §§ 238 bis 263 HGB, die sich auf die grundlegenden Buchführungspflichten beziehen, enthalten die §§ 264 bis 335 HGB ergänzende Vorschriften für Kapitalgesellschaften (AG, KGaA, GmbH). Erleichterungen sind für kleine und mittelgroße Kapitalgesellschaften (§ 267 HGB) vorgesehen."[1]

---

[1] Hefernehl, W.: Einführung in das AktG; in: Aktiengesetz-GmbH-Gesetz, 30. Auflage, Deutscher Taschenbuch Verlag: München 1998 S. XX

Im Folgenden werden die für die bauwirtschaftlich maßgeblichen Verpflichtungen zur Rechnungslegung dargestellt.

1.1 Überschussrechnung nach § 4 Abs. 3 EStG

§ 4 Abs. 3 EStG besagt: „Steuerpflichtige, die nicht auf Grund gesetzlicher Vorschriften verpflichtet sind, Bücher zu führen und regelmäßig Abschlüsse zu machen, und die auch keine Bücher führen und keine Abschlüsse machen, können als Gewinn den Überschuss der Betriebseinnahmen über die Betriebsausgaben ansetzen. Hierbei scheiden Betriebseinnahmen und Betriebsausgaben aus, die im Namen und für Rechnung eines anderen vereinnahmt und verausgabt werden (durchlaufende Posten). Die Vorschriften über die Absetzung für Abnutzung oder Substanzverringerung sind zu befolgen. Die Anschaffungs- oder Herstellungskosten für nicht abnutzbare Wirtschaftsgüter des Anlagevermögens sind erst im Zeitpunkt der Veräußerung oder Entnahme dieser Wirtschaftsgüter als Betriebsausgaben zu berücksichtigen. Die nicht abnutzbaren Wirtschaftsgüter des Anlagevermögens sind unter Angabe des Tages der Anschaffung oder Herstellung und der Anschaffungs- oder Herstellungskosten oder des an deren Stelle getretenen Werts in besondere, laufend zu führende Verzeichnisse aufzunehmen."

Diese Vorschrift betrifft vor allem Freiberufler, die ihre Berufsausübung aufgrund eigener Fachkenntnisse leitend und eigenverantwortlich verrichten, wie z.B. Architekten und Fachingenieure.

Aus dem Gesetzestext geht eindeutig hervor, dass nur Einnahmen und Ausgaben im Sinne von Zahlungen gegenübergestellt werden können. Erbrachte Leistungen, für die noch keine Zahlung erfolgte, können ebensowenig berücksichtigt werden, wie fällige Zahlungen, die noch nicht eingegangen sind.

Dies hat zur Folge, dass der Saldo keine Aussage über die Wirtschaftlichkeit der Berufsausübung gibt.

Besonders ist darauf hinzuweisen, dass für abnutzbares Anlagevermögen die Vorschriften über die Absetzung für Abnutzung oder Substanzverringerung zu befolgen sind. Das bedeutet, dass bei Erwerb und Zahlung von Wirtschaftsgütern des abnutzbaren Anlagevermögens nur der jeweilige Abschreibungsbetrag, der in Steuertabellen festgelegt ist, als Betriebsausgabe eingesetzt werden darf, es sei denn, es handelt sich um ein geringwertiges Wirtschaftsgut, dessen Anschaffungswert € 410,- nicht überschreitet.

Anschaffungs- und Herstellungskosten für nicht abnutzbare Wirtschaftsgüter des Anlagevermögens hingegen sind erst im Zeitpunkt der Veräußerung oder Entnahme dieser Wirtschaftsgüter als Betriebsausgaben zu berücksichtigen.

§ 4 (3) des Einkommensteuergesetzes ist bspw. für Freiberufler so zu interpretieren, dass auf eine detaillierte Buchführung verzichtet werden kann. Stattdessen müssen nur die Einnahmen und die Ausgaben des jeweiligen Wirtschaftsjahres in einem Journal festgehalten werden. Dabei darf kein Geschäftsvorfall im Journal ohne Beleg (Quittung, Abrechnung usw.) aufgeführt werden.

Schematisch hat dieses Journal eine Struktur, die exemplarisch in der Abbildung F-1 auf der folgende Seite dargestellt wird.

Beleg Nr.	Datum	Geschäftsvorfälle	Ausgaben €	Einnahmen €
1.	13.1.19..:	Reisekostenabrechnung 1/19..	401	
2.	31.1.19..:	Miete für Geschäftsräume	1 800	
3.	31.1.19..:	Gehaltszahlung Mitarbeiter	4 200	
4.	31.1.19..:	Abführung Sozialabgaben	800	
5.	18.2.19..:	Honorarzahlung von Bauherrn XY		8 600
6.	31.3.19..:	Leasingrate für PKW	680	
7.	31.3.19..:	Abschreibung für ein CAD-Gerät	800	
		etc.		

Bild F-1   Schematische Struktur von einem Ausgaben-Einnahmen-Journal

Es ist sinnvoll, dass neben dem Journal noch folgende Bücher geführt werden.[2]

- Ein Kassenbuch, in dem alle Bargeldvorgänge aufgezeichnet werden.
- Ein Kontokorrentbuch, in dem alle unbaren Geschäftsvorfälle, unterteilt nach Kunden und Gläubigern, aufgeführt werden. Es soll den Unternehmer über den aktuellen Stand seiner Forderungen und Verbindlichkeiten informieren.
- Das Rechnungsausgangsbuch.
- Die Lohnbuchhaltung, in der die Personalkosten so aufgeschlüsselt werden, dass Daten, die später für statistische und organisatorische Zwecke gebraucht werden, leicht zugänglich sind.

Für ein Planungsunternehmen, das seine Einkünfte nicht hauptsächlich aus selbständiger Arbeit nach § 18 EStG bezieht oder das in der Rechtsform einer Kapitalgesellschaft geführt wird, besteht Buchführungspflicht und es muss den Gewinn gem. § 5 Abs. 1 in Verbindung mit § 4 Abs. 1 EstG ermitteln. Aber auch solche Unternehmen, die nicht gesetzlich zur Buchführung verpflichtet sind, können diese selbstverständlich anwenden.

„Von der Buchführungspflicht als Pflicht zur Erfassung aller Geschäftsvorfälle zu unterscheiden sind die Aufzeichnungspflichten, die sich nur auf einzelne Geschäftsvorfälle beziehen. Für den Architekten bestehen Aufzeichnungspflichten nach § 22 Umsatzsteuergesetz (UStG) in Verbindung mit §§ 63-68 Umsatzsteuerdurchführungsverordnung (UStDV). Im Einkommensteuerrecht enthält § 4 Einkommensteuergesetz (EStG) Aufzeichnungspflichten. Nach dem geltenden Einkommensteuerrecht trifft die Architekten als Freiberufler keine gesetzliche Pflicht zur Bilanzierung. Bei der Bilanzierung wird der Gewinn ermittelt als Unterschiedsbetrag zwischen dem Betriebsvermögen am Schluss des Wirtschaftsjahres und dem Betriebsvermögen am Schluss des vorangegangenen Wirtschaftsjahres, vermehrt um den Wert der Entnahmen und vermindert um den Wert der Einlagen (Vermögensvergleich nach § 4 Abs. 1 EStG).

Dem Freiberufler gestattet das Einkommensteuergesetz die einfachere Überschussrechnung, bei der der Gewinn oder Verlust ermittelt wird durch die Differenz der Betriebseinnahmen über die Betriebsausgaben. Die Überschussrechnung orientiert sich also am Zufluss und Abfluss von Geld

---

[2] vgl. hierzu z.B. Leschke, H.: Rechnungswesen im Planungsunternehmen, ein Leitfaden für beratende Ingenieure und Architekten, Deutscher Consulting Verlag: Essen 1981

innerhalb des Wirtschaftsjahrs; Forderungen und Verbindlichkeiten bleiben bei der Überschuss-rechnung unberücksichtigt. Dies ist ein entscheidender Unterschied gegenüber der Bilanzierung.

Auch wenn der Freiberufler zur Bilanzierung nicht verpflichtet ist, so ist er doch berechtigt, die Gewinnermittlung durch Bilanzierung vorzunehmen. Dem größeren Arbeits- und Kostenaufwand der Bilanzierung steht der Vorteil gegenüber, dass damit eine größere Kontinuität im einkom-menssteuerrechtlichen Bereich geschaffen wird und dass die Bilanzierung die gesamte wirtschaft-liche Situation zu den jeweiligen Bilanzstichtagen erfassen und darstellen kann."[3]

Besonders für mittlere und große Planungsunternehmen empfiehlt es sich auf jeden Fall, dass sie ihre Rechnungslegungspflicht mit Hilfe der Buchführung und mit entsprechenden Bilanzen bzw. Gewinn- und Verlustrechnungen erfüllen.

1.2 Rechnungslegung nach Handelsrecht

Die Vorschriften zur Rechnungslegung nach Handelsrecht bestehen aus

- allgemeinen, d.h. für alle Kaufleute geltenden Vorschriften der §§ 238 bis 261 HGB,
- ergänzenden Vorschriften für Kapitalgesellschaften (§§ 264 bis 289 HGB),
- zusätzlichen Vorschriften bei verbundenen Unternehmen (Konzernrechnungslegung §§ 290 bis 315 HGB).

1.2.1 Verpflichtung zur ordnungsmäßigen Buchführung

In § 238 HGB verpflichtet der Gesetzgeber jeden Kaufmann, Bücher zu führen und in diesen seine Handelsgeschäfte und die Lage seines Vermögens nach den Grundsätzen ordnungsmäßiger Buchführung ersichtlich zu machen. Im Gesetzestext wird noch die traditionelle Bezeichnung „Buchführung" verwendet, die in der Praxis von dem Begriff „Rechnungswesen" abgelöst wurde.

Was sind nach dem Handelsgesetzbuch Kaufleute?

Wer als Kaufmann gilt, ist in den §§ 1-7 HGB festgelegt. Dabei bestimmt das HGB die Kauf-mannseigenschaft nach unterschiedlichen Merkmalen. § 1 HGB bestimmt den sog. Istkaufmann. Nach § 1 Abs. 1 HGB ist „Kaufmann im Sinne dieses Gesetzbuchs, wer ein Handelsgewerbe betreibt." Nach § 1 Abs. 2 HGB ist ein „Handelsgewerbe jeder Gewerbebetrieb, es sei denn, dass das Unternehmen nach Art oder Umfang einen in kaufmännischer Weise eingerichteten Ge-schäftsbetrieb nicht erfordert." § 2 HGB Satz 1 bestimmt den sog. Kannkaufmann.

„Ein gewerbliches Unternehmen, dessen Gewerbebetrieb nicht schon nach § 1 Abs. 2 Handels-gewerbe ist, gilt als Handelsgewerbe im Sinne dieses Gesetzbuchs, wenn die Firma des Unter-nehmens in das Handelsregister eingetragen ist."

§ 5 HGB bestimmt den Kaufmann kraft Eintragung. Er besagt: „Ist eine Firma im Handelsregister eingetragen, so kann gegenüber demjenigen, welcher sich auf die Eintragung beruft, nicht geltend gemacht werden, dass das unter der Firma betriebene Gewerbe kein Handelsgewerbe sei."

§ 6 Abs. 1 HGB bestimmt den sog. Formkaufmann. Die in Bezug auf die Kaufleute gegebenen Vorschriften finden auch auf die Handelsgesellschaften Anwendung. Sie sind damit Kaufleute im Sinne des Formkaufmanns.

Handelsgesellschaften sind die OHG, die KG, die GmbH, die AG und die KGaA. Die Gesell-schaft bürgerlichen Rechts nach §§ 705 ff. BGB hingegen ist kein Kaufmann im Sinne des HGB.

---

[3] Barth, S.: Der Architekt als Unternehmer, Verlag W. Kohlhammer: Stuttgart-Berlin-Köln 1997, S. 53

Ebenso zählen Freiberufler, wie z.B. selbständige Architekten und Bauingenieure, und auch Partnerschaftsgesellschaften gemäß Part GG nicht zu den Kaufleuten im Sinne des HGB.

Voraussetzung für eine Handelsgesellschaft ist der Status des Gewerbebetriebes (vgl. § 1 HGB). Es muss daher geprüft werden, ob bauausführende Unternehmen ein Gewerbe betreiben, und damit die Kaufmannseigenschaft besitzen. Ein Gewerbebetrieb liegt immer dann vor, wenn es sich um eine auf Gewinnerzielung und planmäßige Wiederholung gerichtete selbständige Tätigkeit handelt, die über einen längeren Zeitraum ausgeübt wird. Diese Merkmale erfüllt jedes bauausführende Unternehmen, denn es strebt danach, durch planmäßige und wiederholte Erbringung von Bauleistungen Gewinne zu erzielen. Sehr häufig sind bauausführende Unternehmen „Kaufleute im Sinne des Formkaufmanns," da sie wahlweise in den Rechtsformen OHG, KG, GmbH, AG geführt werden. Als Ergebnis ist festzuhalten, dass bauausführende Unternehmen Kaufleute und daher buchführungspflichtig sind.

Dies gilt prinzipiell auch für Projektentwicklungs- bzw. Dienstleistungsgesellschaften. „Aber auch Planungsunternehmen sind buchführungspflichtig, wenn sie Kaufleute kraft ihrer Rechtsform sind. Die inzwischen als zulässig anerkannte Ausübung eines freien Berufes in der Rechtsform der GmbH führt dazu, dass die GmbH kraft Gesellschaftsform buchführungspflichtig ist."[4]

Was beinhaltet die Buchführungspflicht?

Nach § 238 HGB ist jeder Kaufmann verpflichtet, Bücher zu führen und in diesen seine Handelsgeschäfte und die Lage seines Vermögens nach den Grundsätzen ordnungsmäßiger Buchführung ersichtlich zu machen. Diese Grundsätze sind weiter als ihr Name dies angibt, denn sie beziehen sich nicht nur auf die Buchführung, sondern sie gelten auch für die sog. Inventur und auch für den Jahresabschluss.

Ein Teil der Grundsätze hat Eingang in das kodifizierte Recht gefunden, zu einem weiteren Teil wurden sie durch kodifiziertes Recht geändert. In geschlossener Form sind sie nie Bestandteil handelsrechtlicher oder steuerrechtlicher Gesetze geworden.

Ordnungsvorschriften für die Buchhaltung sind in den §§ 238 u. 239 HGB, in der Abgabenordnung (§ 146) und in den Einkommensteuerrichtlinien der Finanzverwaltung (Abschn. 29) enthalten. Nach Handels- und Steuerrecht steht die Buchführungsform den Unternehmen frei. Sie können – der traditionellen „Buchhaltung" entsprechend – ihre Aufzeichnungen in gebundenen Büchern, aber auch auf losen Blättern führen. Die „Lose-Blatt-Buchführung" kann manuell oder maschinell, mit eigenen Buchungsmaschinen oder elektronischen Datenverarbeitungsanlagen erfolgen. Die Handelsbücher und die sonst erforderlichen Aufzeichnungen können auch auf Datenträgern geführt werden. Das Handels- und das Steuerrecht stießen mit dieser gleichlautenden Erlaubnis (§ 239 Abs. 4 HGB und § 146 Abs. 5 AO.) das Tor zu allen Methoden und Geräten der elektronischen Datenverarbeitung auf. Neu sind jedoch die Grundsätze zum Datenzugriff und Prüfbarkeit digitaler Unterlagen. Hierzu heißt es in § 147 (6) AO: „Sind die Unterlagen nach Absatz 1 mit Hilfe eines Datenverarbeitungssystems erstellt worden, hat die Finanzbehörde im Rahmen einer Außenprüfung das Recht, Einsicht in die gespeicherten Daten zu nehmen und das Datenverarbeitungssystem zur Prüfung dieser Unterlagen zu nutzen."

„Dem Unternehmen ist auch nicht vorgeschrieben, welche Bücher es im Einzelnen zu führen hat. Obligatorisch sind lediglich einige Nebenbücher, wie das Kassenbuch oder das Wechselkopierbuch. Zur Buchführungspflicht gehören auch die Aufbewahrung der Unterlagen und das Verbot, Aufzeichnungen so zu verändern, dass der ursprüngliche Inhalt nicht mehr zu erkennen ist.

Im Rahmen der formellen Ordnungsmäßigkeit wird Klarheit und Übersichtlichkeit verlangt. Es darf keine Buchung ohne Beleg erfolgen. Die Buchführung muss zudem auf der Grundlage eines Kontenrahmens für das gesamte Rechnungswesen geordnet sein.

---

[4] Barth, S.: a.a.O., S. 53

Dem Grundsatz ordnungsmäßiger Buchführung ist nach § 238 HGB entsprochen, wenn sie

- einem sachverständigen Dritten,
- innerhalb angemessener Zeit,
- einen Überblick über Geschäftsvorfälle und die Lage des Unternehmens

vermittelt.

Die Geschäftsvorfälle müssen sich in ihrer Entstehung und Abwicklung verfolgen lassen. Weiterhin müssen die Eintragungen und Aufzeichnungen vollständig, richtig und zeitgerecht sein.

Meistens wendet man die doppelte Buchführung an, bei der sämtliche Geschäftsvorfälle auf jeweils zwei Konten gleichzeitig festgehalten werden. Ordnungsmäßige Buchführung bedeutet jedoch nicht notwendig doppelte Buchführung. Für keine Unternehmensform, auch nicht für die Aktiengesellschaft, ist ein bestimmtes Buchführungssystem vorgeschrieben. Auch einfache Buchführungssysteme sind zulässig, wenn sie den Grundsätzen ordnungsmäßiger Buchführung gerecht werden (EStR Abschn. 29). Die strenge, in sich geschlossene Systematik gibt der doppelten Buchführung allerdings eine wesentliche höhere Beweiskraft, als andere Buchführungssysteme."[5]

Zu den Grundsätzen ordnungsmäßiger Buchführung gehört auch die Inventur, mit welcher die Verbuchungen kontrolliert bzw. korrigiert werden müssen. Die Inventur ist eine körperliche Bestandsaufnahme. Dabei kann man die Bestandsaufnahme nach folgenden Gruppen unterscheiden:

- bewegliche Sachanlagen
- Vorratsvermögen
- Forderungen und Verbindlichkeiten
- Guthaben und Verbindlichkeiten bei Kreditinstituten
- Besitzwechsel und Schecks, Schuldwechsel
- Bargeld

Bei jeder Gruppe gibt es verschiedene Verfahren bzw. Anforderungen. So hat z.B. der Bundesfinanzhof die allgemeinen Anforderungen an eine Inventur des Vorratsvermögens wie folgt gekennzeichnet. „Das Bestandsverzeichnis, das Inventar, müsse „eine angemessene Kontrolle darüber ermöglichen, ob die Warenbestände vollständig erfasst und bewertet sind. (...) Im Übrigen sind an ein Inventar je nach Branche und Betriebsgröße unterschiedliche Anforderungen zu stellen."[6]

Auf die einzelnen Anforderungen und Verfahren wird hier nicht eingegangen und auf das einschlägige Schrifttum verweisen.[7]

1.2.2 Verpflichtung zur Aufstellung von Jahresabschlüssen

Die Verpflichtung zur Aufstellung des Jahresabschlusses ist in § 242 HGB geregelt. Hier heißt es:

„(1) Der Kaufmann hat zu Beginn seines Handelsgewerbes und für den Schluss eines jeden Geschäftsjahrs einen das Verhältnis seines Vermögens und seiner Schulden darstellenden Abschluss (Eröffnungsbilanz, Bilanz) aufzustellen. Auf die Eröffnungsbilanz sind die für den Jahresabschluss geltenden Vorschriften entsprechend anzuwenden, soweit sie sich auf die Bilanz beziehen.

(2) Er hat für den Schluss eines jeden Geschäftsjahrs eine Gegenüberstellung der Aufwendungen und Erträge des Geschäftsjahrs (Gewinn- und Verlustrechnung) aufzustellen.

(3) Die Bilanz und die Gewinn- und Verlustrechnung bilden den Jahresabschluss."

---

[5]   Leimböck, E. (1997): a.a.O., S. 21

[6]   BFH-VI 31385 v. 26.3.1966, BSt Bl. 1966 III S. 437

[7]   vgl. hierzu Leimböck, E./Schönnenbeck, H.: KLR-Bau und Baubilanz, Grundlagen-Zusammenhänge-Auswertungen, Bauverlag: Wiesbaden 1992, S. 41 ff.

1.2.2.1 Inhalt und Gliederung von Bilanz und Gewinn- und Verlustrechnung

Die Bilanz zeigt zu bestimmten Stichtagen – in der Regel am Schluss eines Geschäftsjahres – ein den tatsächlichen Verhältnissen entsprechendes Bild der Vermögens-, Finanz- und Ertragslage des Unternehmens auf. Die Bilanz ist also eine Zeitpunktdarstellung. Ergänzt wird diese Zeitpunktdarstellung durch eine Zeitraumdarstellung, nämlich der Gewinn- und Verlustrechnung.

Für beide Rechnungskreise enthält das HGB eine Reihe von Vorschriften.

Für alle Kaufleute gilt gem. § 247 Abs. 1 HGB: „In der Bilanz sind das Anlage- und das Umlaufvermögen, das Eigenkapital, die Schulden sowie die Rechnungsabgrenzungsposten gesondert auszuweisen und hinreichend aufzugliedern." Es ist bemerkenswert, dass diese Vorschrift doch sehr allgemein gehalten ist. „Allerdings hat bei einer Einzelfirma und bei Personengesellschaften der Jahresabschluss als Informationsinstrument für die Gläubiger und die übrige Öffentlichkeit keine so wichtige Bedeutung wie bei den Kapitalgesellschaften. Das liegt daran, dass bei Einzelfirmen und Personengesellschaften neben dem Firmenvermögen auch das Privatvermögen der Einzelunternehmer bzw. Gesellschafter haftet.

Die Bilanz einer Einzelfirma oder einer Personengesellschaft, soweit es sich nicht um ein dem Publizitätsgesetz unterliegendes Großunternehmen handelt, kann sich daher mit einer relativ geringen Unterteilung begnügen. Da diese Unternehmen keine Offenlegungspflicht für ihren Jahresabschluss kennen, wird die Gliederung praktisch vom Unternehmen selbst festgelegt. Das gilt auch für die Gewinn- und Verlustrechnung, über deren Gliederung das Gesetz erstaunlicherweise kein Wort verliert."[8]

Bei Kapitalgesellschaften haftet nur das Firmenvermögen. Deshalb muss der Jahresabschluss das gesamte Haftungspotenzial und die Ertragslage der Gesellschaft deutlicher offenlegen. Darin sah der Gesetzgeber Veranlassung, den Kapitalgesellschaften zusätzliche Verpflichtungen für ihre Rechnungslegung aufzuerlegen. Der Gesetzgeber hat seine Anforderungen an die Rechnungslegung nach drei unternehmensbezogenen Größenklassen abgestuft. Damit trägt er der Tatsache Rechnung, dass mit der Unternehmensgröße regelmäßig der Kreis der Personen und Unternehmen wächst, die als Bauherren, als Lieferanten, als ARGE-Partner und – von besonderer Bedeutung – als Arbeitnehmer mit dem Unternehmen wirtschaftlich verbunden sind.

Die Kriterien für die Einteilung in kleine, mittelgroße und große Kapitalgesellschaften sind im § 267 HGB aufgeführt.

Hiernach gelten als Einteilungskriterien für mittelgroße Kapitalgesellschaften:

- 13 750 000 Euro Bilanzsumme nach Abzug eines auf der Aktivseite ausgewiesenen Fehlbetrages (§ 268 Abs. 3).
- 27 500 000 Euro Umsatzerlöse in den zwölf Monaten vor dem Abschlussstichtag.
- Im Jahresdurchschnitt zweihundertfünfzig Arbeitnehmer.

Nach den Einteilungskriterien liegen z.B. große Kapitalgesellschaften dann vor, wenn sie mindestens zwei der vorstehenden Kriterien überschreiten.

Aus den gleichen Gründen sind an Großunternehmen in der Form der Einzelfirma oder der Personengesellschaft gleichfalls zusätzliche Anforderungen an ihre Rechnungslegung gestellt. In § 1 Publ G sind für diese Unternehmen entsprechende Gliederungen der Bilanz und der Gewinn- und Verlustrechnung vorgeschrieben, wenn folgende Kriterien vorliegen:

- Die Bilanzsumme einer auf den Abschlussstichtag aufgestellten Jahresbilanz übersteigt 65 Millionen Euro.
- Die Umsatzerlöse des Unternehmens in den zwölf Monaten vor dem Abschlussstichtag übersteigen 130 Millionen Euro.

---

[8] Leimböck, E./Schönnenbeck, H.: a.a.O., S. 43

- Das Unternehmen hat in den zwölf Monaten vor dem Abschlussstichtag durchschnittlich mehr als fünftausend Arbeitnehmer beschäftigt.

Von den vorstehenden Kriterien müssen mindestens zwei erfüllt sein.

Aber nicht nur für die Bilanz, sondern auch für die Gewinn- und Verlustrechnung gibt es bei Kapitalgesellschaften und publizitätspflichtigen Personengesellschaften und Einzelfirmen festgelegte Gliederungsvorschriften.

Das Gliederungsschema für große Kapitalgesellschaften steht in § 275 Abs.2 bzw. Abs.3 HGB. Für mittelgroße und kleine Kapitalgesellschaften sind in § 276 HGB Erleichterungsbestimmungen enthalten. Durch den § 275 HGB sind Kapitalgesellschaften vor die Wahl gestellt, für ihre Gewinn- und Verlustrechnung das Umsatzkostenverfahren gemäß § 275 (19) HGB oder das Gesamtkostenverfahren gemäß § 275 (2) zu wählen. Beide Verfahren weisen ein gleich hohes Jahresergebnis aus. Sie unterscheiden sich vor allem in der Ableitung des betrieblichen Ergebnisses oder Nettoergebnisses vom Umsatz. In der Bauwirtschaft wird üblicherweise das Gesamtkostenverfahren angewandt, bei dem u.a. alle Aufwendungen einer Periode gegliedert nach Aufwendungsarten ausgewiesen werden.

Die Unternehmen sind allerdings nicht strikt an die im HGB vorgesehenen Gliederungen gebunden. Sie können die Bilanz und die Gewinn- und Verlustrechnung weiter aufgliedern, als es den Mindestanforderungen des Gesetzes entspricht. Sie haben aber auch die Möglichkeit, im Anhang Detailgliederungen vorzunehmen.

1.2.2.2 Beispiele für Bilanz und Gewinn- und Verlustrechnung

Im Folgenden werden zwei Beispiele von zwei großen Kapitalgesellschaften gezeigt.

Es handelt sich dabei um:

- ein mittleres bauausführendes Unternehmen „Hoch- und Tiefbau GmbH"
- eine Projektentwicklungsgesellschaft „Modernes Bauen mbH"

Diese Beispiele werden deshalb gewählt, weil aufgrund der detaillierten Gliederung eine Vielzahl von Positionen genannt werden, deren Inhalte im nächsten Unterpunkt erläutert werden. Bei kleinen Unternehmen werden diese Positionen in aller Regel nicht angesprochen. Dennoch ist es für das Verständnis äußerst sinnvoll, möglichst die Inhalte von vielen Positionen zu erläutern.

Beispiel 1: Bilanz und Gewinn- und Verlustrechnung der Hoch- und Tiefbau GmbH

Hoch- und Tiefbau GmbH		
Aktiva (in T€)	Handelsbilanz	Handelsbilanz
	Berichtsjahr	Vorjahr
Anlagevermögen		
Immaterielle Vermögensgegenstände	1 029	1 200
Sachanlagen		
Grundstücke und Bauten	2 842	2 264
einschließlich der Bauten auf fremden Grundstücken		
Technische Anlagen und Maschinen	3 434	2 104
Andere Anlagen, Betriebs- und Geschäftsausstattung	2 841	1 725
Geleistete Anzahlungen und Anlagen im Bau	41	16
Finanzanlagen	389	207
Anlagevermögen gesamt	**10 576**	**7 516**
Umlaufvermögen		
Vorräte		
Roh-, Hilfs- und Betriebsstoffe	543	664
Zum Verkauf bestimmte Grundstücke	996	996
Geleistete Anzahlungen	106	52
Nicht abgerechnete Bauten	46 943	23 230
./. Erhaltene Abschlagszahlungen	- 38 855	- 18 884
Vorratsvermögen gesamt	9 733	6 058
Forderungen und sonstige Vermögensbestände		
Forderungen aus Lieferungen und Leistungen	12 723	12 307
Forderungen gegen Arbeitsgemeinschaften	5 383	5 365
Forderungen gegen verbundene Unternehmen und		
Unternehmen, mit denen ein Beteiligungsverhältnis		
besteht	355	169
Sonstige Vermögensgegenstände	2 713	2 413
Flüssige Mittel	16 778	13 161
Umlaufvermögen gesamt	**47 691**	**39 473**
Rechnungsabgrenzungsposten	**34**	**23**
Aktiva gesamt	**58 301**	**47 012**

Bild F-2   Beispiel der Aktiv-Seite der Bilanz von einem bauausführenden Unternehmen

Hoch- und Tiefbau GmbH		
Passiva	Handelsbilanz	Handelsbilanz
	Berichtsjahr	Vorjahr
Eigenkapital		
Gezeichnetes Kapital	1 500	1 000
Kapitalrücklage	1 263	950
Gewinnrücklage	750	750
Gewinn	410	290
Gewinnvortrag	159	
Eigenkapital gesamt	**4 082**	**2 990**
Sonderposten mit Rücklageanteil		
Der Sonderposten wurde gebildet gemäß § 6b EStG	311	73
Sonderposten mit Rücklageanteil	**311**	**73**
Rückstellungen		
Pensionsrückstellungen	1 744	890
Steuerrückstellungen	364	190
Sonstige Rückstellungen	9 806	6 397
Rückstellungen gesamt	**11 914**	**7 477**
Verbindlichkeiten		
Verbindlichkeiten gegenüber Kreditinstituten	6 572	6 156
Erhaltene Anzahlungen	3 017	2 766
Verbindlichkeiten aus Lieferungen und Leistungen	12 409	9 780
Verbindlichkeiten gegenüber Arbeitsgemeinschaften	13 465	12 940
Verbindlichkeiten gegenüber verbundenen Unternehmen		
und Unternehmen, mit denen ein Beteiligungsverhältnis besteht	1 287	863
Sonstige Verbindlichkeiten	5 241	3 965

- davon im Rahmen der sozialen Sicherheit
     im Berichtsjahr: 944
     im Vorjahr: 450		

Verbindlichkeiten gesamt	**41 991**	**36 470**
Rechnungsabgrenzungsposten	**3**	**2**
Passiva gesamt	**58 301**	**47 012**
Haftungsverhältnisse		
Verbindlichkeiten aus der Begebung und Übertragung von		
Wechseln	32	8
Verbindlichkeiten aus Bürgschaften	3 202	2 337
Verbindlichkeiten aus Gewährleistungen	6 258	6 018
Haftungsverhältnisse gesamt	**9 492**	**8 363**

Bild F-3   Beispiel der Passiv-Seite der Bilanz von einem bauausführenden
Unternehmen

Hoch- und Tiefbau GmbH	
Gewinn und Verlustrechnung	
	Berichtsjahr (in T€)
Umsatzerlöse abgerechneter Bauten	67 656
Umsatzerlöse mit Argen	4 221
anteiliges Arge-Ergebnis	3 336
Erlöse von Dritten	370
Umsatzerlöse	75 583
Erhöhung (Vorjahr Minderung) des Bestandes an nicht abgerechneten Bauten	23 713
Andere aktivierte Eigenleistungen	170
Gesamtleistung	**99 466**
Sonstige betriebliche Erträge	
Erträge aus dem Abgang von Gegenständen des Anlagevermögens	2 291
Erträge aus Auflösung von Rückstellungen	646
Übrige Erträge	356
	3 293
Betriebliche Erträge gesamt	**102 759**
Materialaufwand	
Aufwendungen für Roh-, Hilfs- und Betriebsstoffe und für bezogene Waren	29 355
Aufwendungen für bezogene Leistungen	18 372
	47 727
Personalaufwand	
Löhne und Gehälter	34 924
Soziale Abgaben und Aufwendungen für Altersversorgung und Unterstützung	9 063
(davon Altersversorgung: 513)	
	43 987
Abschreibungen auf immaterielle Anlagen und Sachanlagen	4 974
(davon AfA auf Geräte: 2 891)	
Sonstige betriebliche Aufwendungen	3 461
(davon Aufwendungen des Bürobetriebs: 1 541	
Rückstellungen aus Gewährleistungen: 1 138	
Sonstige: 782)	
Betriebliche Aufwendungen gesamt	**100 149**
Betriebliches Ergebnis	**2 610**

Ergebnis Finanzanlagen	62
Zinsergebnis (Erträge ./. Aufwendungen)	113
Ergebnis der gewöhnlichen Geschäftstätigkeit	**2 785**
positives außerordentliches Ergebnis (Erträge ./. Aufwendungen)	69
Steuern vom Einkommen und vom Ertrag (KST und Gewerbeertragssteuer)	2 064
Sonstige Steuern	221
Jahresüberschuss	**569**
Einstellungen in Gewinnrücklagen	159
Gewinn	**410**

Bild F-4   Beispiel einer Gewinn- und Verlustrechnung von einem bauausführenden Unternehmen

Beispiel 2: Bilanz der Projektentwicklungsgesellschaft „Modernes Bauen mbH"

Beispiel 2: Bilanz der Projektentwicklungsgesellschaft "Modernes Bauen mbH"		
Projektentwicklungsgesellschaft "Modernes Bauen mbH"		
Aktivseite	**31.12.20..** **T€**	**Vorjahr** **T€**
A. Anlagevermögen		
I. Immaterielle Vermögensgegenstände	4	4
II. Sachanlagen		
1. Grundstück und grundstücksgleiche Rechte mit Gewerbebauten	1 291 870	1 245 223
2. Grundstück und grundstücksgleiche Rechte mit Geschäfts- und anderen Bauten	1 726	1 755
3. Grundstücke und grundstücksgleiche Rechte ohne Bauten	3 313	960
4. Andere Anlagen, Betriebs- und Geschäftsausstattung	680	553
5. Anlagen im Bau	44 384	27 153
6. Bauvorbereitungskosten	877	3 135
III. Finanzanlagen		
1. Anteile an verbundenen Unternehmen	13 898	13 270
2. Ausleihungen an verbundenen Unternehmen	2 504	1 699
3. Beteiligungen	1 219	1 219
Anlagevermögen gesamt	**1 360 475**	**1 294 971**
B. Umlaufvermögen		
I. Zum Verkauf bestimmte Grundstücke		1 232
1. Grundstücke und grundstücksgleiche Rechte ohne Bauten	400	78
2. Bauvorbereitungskosten	251	890
3. Grundstück und grundstücksgleiche Rechte mit unfertigen Bauten	1 196	58 743
4. Unfertige Leistungen	59 808	
II. Forderungen und sonstige Vermögensgegenstände		
1. Forderungen aus Vermietung	4 174	4 385
2. Forderungen aus anderen Lieferungen und Leistungen	19	18
3. Sonstige Vermögensgegenstände	2 818	2 639
III. Flüssige Mittel		
Schecks, Kassenbestand und Guthaben bei Kreditinstituten	6 488	11 635
Umlaufvermögen gesamt	**75 154**	**79 620**
C. Rechnungsabgrenzungsposten	**1 356**	**1 623**
Aktiva gesamt	**1 436 985**	**1 376 214**

Bild F-5   Beispiel der Aktiv-Seite der Bilanz von einer Projektentwicklungsgesellschaft

<table>
<tr><td colspan="3">Projektentwicklungsgesellschaft "Modernes Bauen mbH"</td></tr>
<tr><td>Passivseite</td><td>31.12.20..
T€</td><td>Vorjahr
T€</td></tr>
<tr><td>A. Eigenkapital</td><td></td><td></td></tr>
<tr><td>I. Gezeichnetes Kapital</td><td>22 000</td><td>22 000</td></tr>
<tr><td>II. Kapitalrücklage</td><td>2 120</td><td>1 680</td></tr>
<tr><td>III. Gewinnrücklage</td><td></td><td>3 336</td></tr>
<tr><td>1. Satzungsmäßige Rücklage</td><td>11 000</td><td>11 000</td></tr>
<tr><td>2. Bauerneuerungsrücklage</td><td>33 300</td><td>27 120</td></tr>
<tr><td>3. Andere Gewinnrücklagen</td><td><u>74 000</u></td><td><u>74 000</u></td></tr>
<tr><td></td><td>118 300</td><td>112 120</td></tr>
<tr><td>IV. Bilanzgewinn</td><td></td><td></td></tr>
<tr><td>1. Gewinnvortrag</td><td>704</td><td>413</td></tr>
<tr><td>2. Jahresüberschuss</td><td>8 407</td><td>1 623</td></tr>
<tr><td>3. Einstellungen in Gewinnrücklagen (Bauerneuerungsrücklage)</td><td><u>./. 6 180</u></td><td><u>./. 1 955</u></td></tr>
<tr><td></td><td>2 931</td><td>81</td></tr>
<tr><td>Eigenkapital gesamt</td><td>145 351</td><td>135 881</td></tr>
<tr><td>B. Sonderposten mit Rücklageanteil</td><td>138</td><td>138</td></tr>
<tr><td>C. Rückstellungen</td><td></td><td></td></tr>
<tr><td>1. Rückstellungen für Pensionen und ähnliche Verpflichtungen</td><td>5 175</td><td>8 169</td></tr>
<tr><td>2. Steuerrückstellungen</td><td>722</td><td>215</td></tr>
<tr><td>3. Sonstige Rückstellungen</td><td><u>1 385</u></td><td><u>3 923</u></td></tr>
<tr><td>Rückstellungen gesamt</td><td>7 282</td><td>12 307</td></tr>
<tr><td>D. Verbindlichkeiten</td><td></td><td></td></tr>
<tr><td>1. Verbindlichkeiten gegenüber Kreditinstituten</td><td>1 083 226</td><td>1 038 464</td></tr>
<tr><td>2. Verbindlichkeiten gegenüber anderen Kreditgebern</td><td>117 966</td><td>105 297</td></tr>
<tr><td>3. Erhaltene Anzahlungen</td><td>60 714</td><td>59 908</td></tr>
<tr><td>4. Verbindlichkeiten aus Lieferungen und Leistungen</td><td>14 867</td><td>23 130</td></tr>
<tr><td>5. Verbindlichkeiten gegenüber verbundenen Unternehmen</td><td>6 760</td><td>446</td></tr>
<tr><td>6. Sonstige Verbindlichkeiten</td><td><u>314</u></td><td><u>314</u></td></tr>
<tr><td>davon aus Steuern: 82 T€</td><td></td><td></td></tr>
<tr><td>Verbindlichkeiten gesamt</td><td>1 283 847</td><td>1 227 559</td></tr>
<tr><td>E. Rechnungsabgrenzungsposten</td><td>367</td><td>329</td></tr>
<tr><td>Passiva gesamt</td><td>1 436 985</td><td>1 376 214</td></tr>
<tr><td>Haftungsverhältnisse</td><td></td><td></td></tr>
<tr><td>Verbindlichkeiten aus der Begebung und Übertragung von Wechseln</td><td>32</td><td>8</td></tr>
<tr><td>Verbindlichkeiten aus Bürgschaften</td><td>3 202</td><td>2 337</td></tr>
<tr><td>Verbindlichkeiten aus Gewährleistungen</td><td>6 258</td><td>6 018</td></tr>
<tr><td>Haftungsverhältnisse gesamt</td><td>9 492</td><td>8 363</td></tr>
</table>

Bild F-6   Beispiel der Passiv-Seite der Bilanz von einer Projektentwicklungsgesellschaft

Projektentwicklungsgesellschaft "Modernes Bauen mbH"		
Gewinn- und Verlustrechnung	20.. T€	Vorjahr T€
Umsatzerlöse aus der Immobilienwirtschaft	185 961	175 916
Erhöhung oder Verminderung des Bestandes zum Verkauf bestimmter Grundstücke mit fertigen und unfertigen Bauten sowie unfertigen Leistungen	2 434	2 836
Andere aktivierte Eigenleistungen	302	427
Gesamtleistung	**188 697**	**179 179**
Sonstige betriebliche Erträge	15 489	6 975
Betriebliche Erträge gesamt	**204 186**	**186 154**
Aufwendungen für Immobilienbewirtschaftung	80 901	82 013
Aufwendungen für Verkaufsgrundstücke	1 379	82
Aufwendungen für andere Lieferungen und Leistungen	15 738	1 809
Personalaufwand		
Löhne und Gehälter	8 665	9 311
soziale Abgaben und Aufwendungen für Altersversorgung und für Unterstützung; davon für Altersversorgung: T€ 346	375	2 819
Abschreibungen auf immaterielle Vermögensgegenstände des Anlagevermögens und Sachanlagen	29 366	27 543
Sonstige betriebliche Aufwendungen	3 405	5 994
Betriebliche Aufwendungen gesamt	**139 829**	**129 571**
Betriebliches Ergebnis	**64 357**	**56 583**
Erträge aus Beteiligungen	230	227
Erträge aus Gewinnabführungsverträgen	100	350
Sonstige Zinsen und ähnliche Erträge	446	510
Zinsen und ähnliche Aufwendungen	55 873	50 620
Aufwendungen aus Verlustübernahme	--	5 210
Ergebnis der gewöhnlichen Geschäftstätigkeit	**9 260**	**1 840**
Steuern vom Einkommen und vom Ertrag	828	203
Sonstige Steuern	25	14
Jahresüberschuss	**8 407**	**1 623**
Gewinnvortrag	704	413
Einstellungen in Gewinnrücklagen (Bauerneuerungsrücklage)	./. 6 180	./. 1 955
Bilanzgewinn	**2 931**	**81**

Bild F-7   Beispiel der Gewinn- und Verlustrechnung von einer
Projektentwicklungsgesellschaft

1.2.2.3 Erläuterungen zu den wichtigsten Positionen der Bilanz und der Gewinn- und Verlustrechnung

Aktivseite der Bilanz

Auf der Aktivseite der Bilanz wird das Anlage- und Umlaufvermögen eines Unternehmens ausgewiesen. Entscheidend für die Bilanzierung im Anlage- oder Umlaufvermögen ist nicht die Art des Vermögensgegenstandes, sondern seine Zweckbestimmung. So ist das Anlagevermögen dazu bestimmt, dem Betrieb des Unternehmens dauerhaft zu dienen. Das Umlaufvermögen dagegen dient unmittelbar dem Umsatz bzw. entsteht aus dem Umsatz, z.B. aus der Erbringung von Bauleistungen oder als Forderungen aus Vermietung.

Dies soll am folgenden Beispiel näher erläutert werden. Ein Unternehmen betreibt die Entwicklung von Wohnimmobilien und erwirbt im Rahmen seines Geschäftes Grundstücke und errichtet darauf Gebäude. Diese sind entweder zur Vermietung oder zum Verkauf bestimmt. Bei der Vermietung wird ein langfristiger Nutzen erzielt. Beim Verkauf ist ein kurzfristiger Umsatz beabsichtigt. Im ersten Fall erfolgt die Bilanzierung im Anlagevermögen und im zweiten Fall im Umlaufvermögen. Allerdings kann das Unternehmen im Laufe der Zeit seine Absicht ändern und die zur langfristigen Nutzung bestimmten Objekte kurzfristig veräußern. Dementsprechend muss auch die Bilanz geändert werden.

Anlagevermögen

Dieses setzt sich aus folgenden Positionen zusammen:

- Immaterielle Anlagen, z.B. erworbene Patente, Lizenzen
  Dieses Anlagevermögen hat bei den meisten Unternehmen der Bauwirtschaft nur eine geringere Bedeutung.
- Sachanlagevermögen
  Sachanlagen in Form von Grundstücken, grundstücksgleichen Rechten und Anlagen im Bau sind z.B. bei Projektentwicklungsgesellschaften im weiteren Sinne mit Vermieten und Betreiben von Bauprojekten regelmäßig der Schwerpunkt des Anlagevermögens.
- Finanzanlagen
  Finanzanlagen sind langfristige Investitionen, die allerdings nur bei größeren Kapitalgesellschaften eine Rolle spielen.

Beispielsweise unterteilt man gemäß § 266 Abs. 2 HGB die Finanzanlagen des Anlagevermögens wie folgt:

1. Anteile an verbundenen Unternehmen
2. Ausleihungen an verbundene Unternehmen
3. Beteiligungen
4. Ausleihungen an Unternehmen, mit denen ein Beteiligungsverhältnis besteht
5. Wertpapiere des Anlagevermögens
6. sonstige Ausleihungen

Hierzu gilt im Einzelnen:

Bei Anteilen an verbundenen Unternehmen ist im Hinblick auf den Begriff "verbundenes Unternehmen" von der Definition des § 271 Abs. 2 HGB auszugehen und nicht vom Begriff des § 15 AktG, da für die Rechnungslegung von Kapitalgesellschaften die Vorschriften des HGB heranzuziehen sind.

Bei der Einordnung der Ausleihungen entweder in das Anlage- oder in das Umlaufvermögen kommt es auf die vereinbarte Laufzeit an. Bei Laufzeiten von mindestens vier Jahren sind die Ausleihungen im Anlagevermögen auszuweisen.

Der Ausweis der Ausleihungen erfolgt getrennt, nämlich:

- Ausleihungen an verbundene Unternehmen
- Ausleihungen an Unternehmen, mit denen ein Beteiligungsverhältnis besteht
- sonstige Ausleihungen

Auch dieser getrennte Ausweis dient dazu, Unternehmensbeziehungen offenzulegen.

Beteiligungen sind gemäß § 271 Abs. 1 Satz 1 und 2, HGB „Anteile an anderen Unternehmen, die bestimmt sind, dem eigenen Geschäftsbetrieb durch Herstellung einer dauernden Verbindung zu jenen Unternehmen zu dienen. Dabei ist es unerheblich, ob die Anteile in Wertpapieren verbrieft sind oder nicht." Beteiligungen sind also Anteile an anderen Unternehmen und zwar unabhängig davon, in welcher Rechtsform dieses andere Unternehmen geführt wird. Es können also Beteiligungen an Personen- und Kapitalgesellschaften sein.

Bei den Wertpapieren im Anlagevermögen handelt es sich um Papiere, die der längerfristigen Kapitalanlage dienen. Hierbei handelt es sich um sog. Kapitalmarktpapiere wie z.B. Bundesanleihen, Schatzanweisungen, Pfandbriefe, Obligationen von Kommunen, Banken oder Industrieunternehmen etc. Auch Aktien können Wertpapiere des Anlagevermögens sein, wenn sie auf Dauer gehalten werden. Besonders bei börsennotierten Aktien kann sich das Problem ergeben, ob sie unter „Anteile" oder unter „Wertpapiere" zu erfassen sind. Werden solche Aktien z.B. ausschließlich im Hinblick auf langfristig erwartete Börsenkurssteigerungen gehalten, so sind sie keine Anteile im Sinne des Beteiligungsbegriffes, sondern Wertpapiere. Ob Aktien im Anlagevermögen oder im Umlaufvermögen zu bilanzieren sind, hängt daher grundsätzlich von der Absicht des Bilanzierenden ab. In den Fällen, bei denen die Aktie – bzw. auch andere Wertpapiere – kurzfristig wieder veräußert werden sollen, sind die Wertpapiere im Umlaufvermögen zu bilanzieren.

Umlaufvermögen

Das Umlaufvermögen besteht aus zwei Hauptgruppen:

- Vorratsvermögen
- monetäres Umlaufvermögen

Das Vorratsvermögen ist das zum Umsatz bestimmte Sachvermögen. Es besteht aus Produktionsmitteln (Roh-, Hilfs-, Betriebsstoffe und Ersatzteile) und aus Produkten (Unfertige und fertige Erzeugnisse, z.B. Betonfertigteile, zum Verkauf bestimmte Immobilien).

In bauwirtschaftlichen Unternehmen bilden die am Bilanzstichtag noch in Ausführung befindlichen, unabgerechneten Bauleistungen den Kern des Vorratsvermögens.

Soweit Bauaufträge auf fremdem Grund und Boden – dies ist regelmäßig der Grund und Boden des Bauherrn – ausgeführt werden, sind sie rechtlich für ein Bauunternehmen keine Sachgegenstände sondern Forderungen, die aber als erbrachte Bauleistungen – ebenso wie Fertigerzeugnisse oder zum Verkauf bestimmte Immobilien – wirtschaftlich zum Vorratsvermögen zählen. Im Gegensatz dazu gehören die Forderungen aus abgerechneten Aufträgen zum monetären Umlaufvermögen. „Bauaufträge bilden bis zur Abnahme des erstellten Bauwerks schwebende Geschäfte, was bedeutet, dass aus ihnen noch keine Gewinne realisiert, also bilanziert werden dürfen. Unabgerechnete Bauaufträge, soweit sie Fremdaufträge sind, werden als Forderungen, mit ihren Herstellungskosten oder ihren „niedrigeren beizulegenden Werten" (näheres hierzu im Rahmen der Bilanzbewertung) bilanziert. Erhaltene Abschlagszahlungen werden in Vorspalte von den bilanzierten Werten abgesetzt; erhaltene Vorauszahlungen sind dagegen als Verbindlichkeiten auf der Passivseite auszuweisen."[9]

---

[9]   Leimböck, E./Schönnenbeck, H.: a.a.O., S. 44

Das monetäre Umlaufvermögen führt die Gruppen

- Forderungen,
- sonstige Vermögensgegenstände und
- flüssige Mittel.

Forderungen wiederum unterscheidet man in:

- Forderungen aus Lieferungen und Leistungen
- Forderungen gegenüber Arbeitsgemeinschaften
- Forderungen gegen verbundene Unternehmen

Die Forderungen aus Lieferungen und Leistungen sind bei bauausführenden Unternehmen im Wesentlichen ausstehende Schlusszahlungen für abgerechnete Aufträge. (Bei Projektentwicklungsgesellschaften können diese Forderungen aus Vermietung entstehen.) Forderungen gegenüber Arbeitsgemeinschaften entstehen aus Bareinlagen (z.B. für Anfangsfinanzierung der ARGE), aus Gerätevermietung an die ARGE und anderen Lieferungen und Leistungen sowie aus dem Anspruch auf anteilige Ergebnisse nach Abschluss der Arbeitsgemeinschaften.

Sonstige Vermögensgegenstände erfassen als Sammelposten alle Gegenstände, die nicht unter anderen konkret bezeichneten Titeln auszuweisen sind. Hier sind also beispielsweise zu nennen:

- kurzfristige Darlehen
- Reisekosten- und andere Vorschüsse
- Steuererstattungsansprüche
- Ansprüche auf Investitionszulagen oder -zuschüsse

Zu den flüssigen Mitteln gehören Bank- und Postbankguthaben, Barmittel, Schecks und schließlich kurzfristig liquidierbare Wertpapiere.

Passiv-Seite der Bilanz

Eigenkapital

Eigenkapital steht dem Unternehmen in aller Regel zeitlich unbegrenzt zur Verfügung. Im Gegensatz zum Fremdkapital hat Eigenkapital keinen Anspruch auf Verzinsung und Rückzahlung bestimmter Beträge zu bestimmten Terminen. Eigenkapital ist gewinn- und erlösberechtigt. Letzteres bedeutet: Verbleibt bei Auflösung eines Unternehmens nach Erfüllung der Verpflichtungen aus Fremdfinanzierung ein Erlös, so steht dieser Betrag als Rückvergütung für das Eigenkapital zur Verfügung.

Während des Bestehens des Unternehmens können Teile des Eigenkapitals an den oder die Inhaber zurückgezahlt werden. Ist das Unternehmen allerdings eine Kapitalgesellschaft, dann muss die Rückzahlung des gezeichneten Kapitals so rechtzeitig angekündigt werden, dass sich die Gläubiger noch rechtzeitig absichern können.

Eigenkapital gibt das Recht zur alleinigen oder anteiligen Geschäftsführung oder zur Mitwirkung bei der Geschäftsführung. Dieses Recht ist nicht nur nach dem anteiligen Umfang des Eigenkapitals unterschiedlich, sondern auch nach der Rechtsform des Unternehmens.

Der Ausweis des Eigenkapitals in der Bilanz ist von der Rechtsform des Unternehmens abhängig. Bei Einzelunternehmen steht der Gewinn dem Einzelunternehmer allein zu und entsprechend treffen ihn auch etwaige Verluste allein. Daher ist bei dieser Rechtsform nur eine Bilanzposition erforderlich. Diese Position nimmt Veränderungen durch den erzielten Gewinn oder Verlust sowie durch Privatentnahmen und Privateinlagen auf. Ist bei einem Einzelunternehmen ein stiller Gesellschafter beteiligt, dann kann die Einlage des stillen Gesellschafters als Bestandteil der Eigenkapitalposition in der Bilanz ausgewiesen werden.

Bei Personengesellschaften sind in der Bilanz die entsprechenden Kapitalanteile getrennt auszuweisen, d.h. es muss für jeden Gesellschafter eine Eigenkapitalposition ausgewiesen werden. Bei der OHG verändert sich die Eigenkapitalposition der Gesellschafter i.d.R. durch die gleichen Vorgänge wie beim Einzelunternehmen. Bei der KG hingegen bleibt die Kapitalposition des Kommanditisten gem. § 167 HGB grundsätzlich konstant und wird in der Höhe ausgewiesen, wie sie im Handelsregister eingetragen ist. Der Kommanditist kann während des Geschäftsjahres keine Privatentnahmen vornehmen.

Anders als bei Einzelunternehmen und Personengesellschaften stehen sich bei Kapitalgesellschaften die Gesellschaft als juristische und die Gesellschafter als natürliche oder juristische Personen gegenüber. Das Risiko der Gesellschafter beschränkt sich auf ihre Kapitaleinlage, die entweder als Aktie oder als Gesellschafteranteil verbrieft ist. Das Vermögen der Kapitalgesellschaft ist Eigentum der Gesellschaft, also der juristischen Person. Die Gesellschaft haftet allein mit diesem Vermögen für ihre Verbindlichkeiten. Das Eigenkapital einer Kapitalgesellschaft unterscheidet sich daher grundsätzlich von dem Eigenkapital eines Einzelunternehmens bzw. von Personengesellschaften. Es erscheint in der Bilanz nicht unterteilt nach z.B. Gesellschaftern, sondern in Abhängigkeit von seinem Bindungsgrad an die Kapitalgesellschaft.

Gem. § 266 Abs. 3 HGB setzt sich das Eigenkapital einer Kapitalgesellschaft aus folgenden Posten zusammen:

I.   Gezeichnetes Kapital
II.   Kapitalrücklage
III. Gewinnrücklagen
   * gesetzliche Rücklage
   * Rücklage für eigene Anteile
   * satzungsmäßige Rücklagen
   * andere Gewinnrücklagen
IV.   Gewinnvortrag/Verlustvortrag
V.   Jahresüberschuss/Jahresfehlbetrag

„Gezeichnetes Kapital ist nach § 272 HGB das Kapital, auf das die Haftung der Gesellschafter der Kapitalgesellschaft gegenüber den Gläubigern beschränkt ist. Bei der GmbH ist es das satzungsmäßige Stammkapital. Kapitalrücklagen entstehen aus Zuführungen von Eigenkapital durch den oder die Inhaber des Unternehmens. Zuführungen beginnen bei der Gründung eines Unternehmens. Außerdem können sie danach jederzeit durch Gesellschafterbeschluss im Zuge einer Kapitalerhöhung erfolgen. Gewinnrücklagen werden dagegen aus erzielten und bilanzierten, aber nicht ausgeschütteten Gewinnen des Unternehmens gebildet. Von der Ausschüttung ausgeschlossene, einbehaltene Gewinne können vorgetragen, d.h. sie können einer Gewinnrücklage zugeführt werden. Dies lässt erkennen, dass die Mittel nicht zu einer baldigen Ausschüttung vorgesehen sind. Die Aktiengesellschaft muss gem. § 150 AktG aus erzielten Gewinnen eine „gesetzliche Rücklage" bilden, die zusammen mit der Kapitalrücklage mindestens 10 % des Grundkapitals (gezeichneten Kapitals) ausmachen muss."[10]

Sonderposten mit Rücklageanteil

Sonderposten mit Rücklageanteil sind die einzigen Bilanzposten, die Fremd- und Eigenkapital enthalten. Die Posten werden aus erzielten Gewinnen gebildet.

Die bilanzielle Gewinnrealisierung führt generell zur Gewinnbesteuerung. Der ausgewiesene Gewinn ist ein „Gewinn nach Steuern". Der Gesetzgeber hat jedoch Gewinne aus bestimmten Geschäften durch Hinausschieben der Gewinnbesteuerung begünstigt. Diese „Gewinne vor Steuer" sind als Sonderposten mit Rücklageanteil zu passivieren. Das Gesetz spricht im § 247 Abs. 3 HGB ein Ansatzwahlrecht aus für Passivposten, die für Zwecke der Steuern vom Einkommen und vom Ertrag zulässig sind. Sie sind als Sonderposten mit Rücklageanteil auszuweisen und nach

---

[10] Leimböck, E./Schönnenbeck, H.: a.a.O., S. 45 f.

Maßgabe des Steuerrechts aufzulösen. Solche Posten sind, da steueraufschiebend, für die Innenfinanzierung interessant. Die folgenden Erträge sind „sonderpostenfähig":

- Gewinne aus der Veräußerung bestimmter Anlagegüter (§ 6b EstG).
- Zuschüsse zur Anschaffung oder Herstellung von Anlagegütern (§ 34 EstR).
- Rücklage für Ersatzbeschaffung für Anlagen, die „infolge höherer Gewalt oder zur Vermeidung eines behördlichen Eingriffs" aus dem Betriebsvermögen ausscheiden (Abschn. 35 EstR).

Rückstellungen

§ 249 HGB äußert sich ausführlich zu den Rückstellungen. Sie sind zu bilden für solche Verpflichtungen bzw. Verbindlichkeiten, die zwar dem Grunde nach bekannt sind, bei denen jedoch noch ungewiss ist, wann und in welcher Höhe sie eintreten werden. Solche Rückstellungen müssen z.B. für Gewährleistungsverpflichtungen oder für drohende Verluste aus schwebenden Geschäften gebildet werden, soweit die aktivische Absetzung bei den Herstellkosten nicht möglich ist. Das ist dann der Fall, wenn bis zum Bilanzstichtag mit der Ausführung eines Auftrages noch nicht begonnen wurde, bei dem aber bereits bei Auftragsannahme ein Verlust erwartet wird. Dieser erwartete Verlust ist durch eine Rückstellung in der Bilanz und gleichzeitig in der Gewinn- und Verlustrechnung bei den sonstigen Aufwendungen zu berücksichtigen. Soweit Rückstellungen zu hoch geschätzt waren, müssen diese im nächsten Geschäftsjahr oder in einem darauffolgenden Geschäftsjahr aufgelöst werden. Sie verbessern dadurch das Ergebnis des entsprechenden Geschäftsjahres als „Ertrag aus der Auflösung von Rückstellungen". Rückstellungen müssen z.B. auch für im Geschäftsjahr unterlassene Gerätereparaturen gebildet werden, die im ersten Quartal des Folgejahres durchgeführt werden. Ferner sind Rückstellungen für die sogenannte „Kulanzgewährleistung" zu bilden. Außerdem sind Instandhaltungsrückstellungen erlaubt für Arbeiten, die erst im Folgejahr nachgeholt werden, z.B. Generalreparaturen, die in mehrjährigen Abständen anfallen. Dies ist allerdings nur von begrenztem Wert, denn diese Rückstellung hat bis heute keine steuerliche Anerkennung gefunden.

Verbindlichkeiten

Verbindlichkeiten sind Verpflichtungen des Unternehmens, die in ihrer Höhe feststehen und die in der Regel Zahlungsverpflichtungen sind. Nur bei erhaltenen Anzahlungen (Vorauszahlungen) liegen Verpflichtungen des Unternehmens zu Lieferungen oder Leistungen zugrunde und sie stehen mit dem Auszahlungsbetrag in der Bilanz. Soweit Zahlungsverpflichtungen unverzinslich sind, zeigt die Bilanz nur die geschuldete Summe. Bei verzinslichen Zahlungsverpflichtungen ist die Summe aus Zinszahlungen und Kreditrückzahlungsbeträgen auszuweisen. Verbindlichkeiten gegenüber der ARGE entstehen beispielsweise dann, wenn die ARGE den ARGE-Partnern Geldmittel zur Verfügung stellt, die in der ARGE zeitweilig nicht benötigt werden. Auch bei Weihnachts- bzw. Urlaubsgeldern, die die ARGE zunächst bezahlt hat und die von den Gesellschaftern zurückerstattet werden, entstehen Verbindlichkeiten gegenüber der ARGE. Schließt eine ARGE mit Verlust ab, ergibt sich für alle ARGE-Partner die Verpflichtung zur anteiligen Verlustdeckung.

Rechnungsabgrenzungsposten

Im Interesse einer periodenrichtigen Erfolgsabgrenzung müssen die Aufwendungen und Erträge korrigiert werden, die nicht das laufende, sondern ein späteres Geschäftsjahr betreffen, wie z.B. im Voraus bezahlte Mieten oder Versicherungsprämien. Außerdem müssen solche Aufwendungen verbucht werden, deren Zahlung erst im nächsten Geschäftsjahr fällig werden, welche aber das laufende Geschäftsjahr betreffen.

Diese periodenrichtige Zuordnung von Aufwendungen und Erträgen erfolgt über die Rechnungsabgrenzungsposten auf der Aktiv- bzw. Passivseite der Bilanz.

Haftungsverhältnisse

Unter Haftungsverhältnissen im bilanzrechtlichen Sinne versteht man finanzielle Verpflichtungen, die der Kaufmann eingegangen ist. Er muss damit rechnen, aus ihnen in Anspruch genommen zu werden. Droht eine solche Inanspruchnahme konkret bei der Bilanzaufstellung, dann ist die betreffende Verpflichtung nicht zu vermerken, sondern als Rückstellung zu bilanzieren. Solange eine Verpflichtung zwar rechtlich besteht, eine Inanspruchnahme aber nicht unmittelbar droht, ist sie im Sinne der Bilanz eine „Eventualverbindlichkeit". Solche Eventualverbindlichkeiten sind unter der Bilanz zu vermerken. Übernimmt z.B. ein Kaufmann eine Bürgschaft, dann verpflichtet er sich gegenüber dem Gläubiger eines Schuldners vertraglich, für die Erfüllung der Verbindlichkeit des Schuldners einzustehen.

§ 251 HGB unterscheidet folgende Eventualverbindlichkeiten:

- Verbindlichkeiten aus der Begebung und Übertragung von Wechseln.
- Verbindlichkeiten aus Bürgschaften, Wechsel- und Scheckbürgschaften.
- Verbindlichkeiten aus Gewährleistungsverträgen.
- Haftungsverhältnisse aus der Bestellung von Sicherheiten für fremde Verbindlichkeiten.

Bei den Verbindlichkeiten aus der Begebung und Übertragung von Wechseln sind alle jene Wechsel aufzunehmen, die als Sicherheit für fremde Verbindlichkeiten am Bilanzstichtag weitergegeben, aber noch nicht fällig bzw. eingelöst waren.

Die Wechselschuldnerschaft für eigene Verbindlichkeiten wird dagegen in der Bilanz als Wechselschuld ausgewiesen.

Bei Verbindlichkeiten aus Gewährleistungsverträgen wird durch einen gesonderten Vertrag eine Gewähr für eigene oder auch für fremde Leistungen übernommen. Beispiele hierfür sind Patronatserklärungen, wie sie Unternehmen vielfach für ihre Beteiligungsgesellschaften geben, um deren Kreditwürdigkeit gegenüber Lieferanten und Kreditinstituten zu stärken.

Betriebliche Erträge

Die ausgewiesenen Umsatzerlöse sind nicht die Leistungen des Berichtsjahres, sondern in diesen Umsatzerlösen sind nur die Leistungen enthalten, die im Geschäftsjahr abgerechnet wurden. Die Umsatzerlöse enthalten die vollen Auftragswerte, auch soweit die Auftragswerte aus Leistungen von Vorjahren stammen. Nur soweit Aufträge in einem Jahr begonnen und beendet wurden, sind beide Rechnungsgrößen identisch. Weitere Ertragsarten im Folgenden:

- Die Beteiligung des Unternehmens an ARGEn schlägt sich gleichfalls in den Umsatzerlösen und den Bauaufwendungen nieder. In Bezug auf die ARGEn sind in den Umsatzerlösen enthalten:
  - Leistungen des Bauunternehmens für ARGEn
  - anteilige ARGE-Ergebnisse
- Die Position „Erhöhung (oder Minderung) des Bestandes an nicht abgerechneten Bauten" gibt die jeweilige Größe in Bezug auf das Vorjahr an und erhält die Erhöhungen und Minderungen der betreffenden Bilanzpositionen gegenüber dem Vorjahr. Umsatzerlöse und Bestandsveränderungen werden nicht gleich bewertet. Bei den Umsatzerlösen werden die Leistungen zu ihren vertraglichen Werten angesetzt. Die Bestandsveränderungen dagegen werden mit den entsprechenden Herstellungskosten oder mit dem „niedrigeren beizulegenden Wert" bewertet (vgl. hierzu die Ausführungen im Punkt F 2.1.2).
- Bei der Position „andere aktivierte Eigenleistungen" handelt es sich vor allem um selbsterstellte Anlagegegenstände.
- Erträge aus Beteiligungen
- Erträge aus Gewinnabführungsverträgen

- Sonstige Zinsen und ähnliche Erträge
- Sonstige betriebliche Erträge. Hier sind zu nennen:
- Erträge aus dem Abgang von Gegenständen des Anlagevermögens
- Erträge aus der Auflösung von Rückstellungen

Betriebliche Aufwendungen

Dazu gehören:

- Materialaufwendungen. Das sind Aufwendungen für Roh-, Hilfs- und Betriebsstoffe und für bezogene Waren und Aufwendungen für bezogene Leistungen.
- Bei der Projektentwicklungsgesellschaft sind hier noch Aufwendungen für Immobilienbewirtschaftung und Aufwendungen für Verkaufsgrundstücke zusätzlich zu nennen.
- Personalaufwendungen. Das sind Löhne und Gehälter und soziale Abgaben und Aufwendungen für Altersversorgung und für Unterstützung.
- Abschreibungen auf immaterielle Anlagen und Sachanlagen
- Verluste aus Beteiligungen
- Sonstige betriebliche Aufwendungen. Das sind u.a. Verluste aus dem Abgang von Gegenständen des Anlagevermögens und Verluste aus dem Abgang von Gegenständen des Umlaufvermögens.
- Übrige sonstige betriebliche Aufwendungen, z.B. Zuführung in Rückstellungen (z.B. Gewährleistung), und zwar dann, wenn der zu erwartende Aufwand nicht eindeutig einer Aufwandsart zugeordnet werden kann. Auch Abschreibungen auf Forderungen sind hier eingestellt. Ebenso Aufwendungen des Bürobetriebes (Post, Telefon, Beiträge, Reisekosten, Kosten Aufsichtsrat und Beirat sowie Hauptversammlung und Gesellschafterversammlung, Gästebewirtung, Rechts- und Beratungskosten etc.).

Ergebnis der gewöhnlichen Geschäftstätigkeiten

Das neue Bilanzrecht hat im § 277 Abs. 4 HGB in Zusammenhang mit den Posten „außerordentliche Erträge" und „außerordentliche Aufwendungen" den Begriff der „gewöhnlichen Geschäftstätigkeit einer Kapitalgesellschaft" geschaffen.

Außerordentliche Erträge und Aufwendungen

Diese haben, da sie nur außerhalb des breiten Bereichs der gewöhnlichen Geschäftstätigkeit entstehen können, den Charakter seltener Ausnahmeposten bekommen. Das belegen inzwischen auch die bisher nach neuem Recht aufgestellten Gewinn- und Verlustrechnungen. In Anlehnung an angelsächsische Abgrenzungen werden ihnen die Kriterien „ungewöhnlich" und „selten anfallend" gegeben.

Außerordentliche Aufwendungen entstehen z.B. im Zusammenhang mit Strukturmaßnahmen, z.B. von Betonfertigteilwerken. Hierbei entstehen Aufwendungen für Sozialpläne, Demontage und Beräumung sowie Kosten für die Abwertung von Beständen.

Steuern vom Einkommen und vom Ertrag

Dies sind die Einkommens- und Ertragssteuern (Körperschaftssteuer bei Kapitalgesellschaften und Gewerbeertragssteuer), die das Unternehmen als Steuerschuldner zu entrichten hat. Dabei kann es sich um Vorauszahlungen für das laufende Jahr, um Zuführung zu den Steuerrückstellungen oder um Steuern für zurückliegende Jahre handeln. Letzteres ist dann der Fall, wenn keine ausreichenden Rückstellungen gebildet worden sind. Sonstige Steuern sind u.a. Grundsteuer, KFZ-Steuer.

1.2.3 Ergänzungen des Jahresabschlusses bei Kapitalgesellschaften

1.2.3.1 Anlagespiegel

Kapitalgesellschaften müssen gem. § 268 Abs. 2 HGB in der Bilanz oder im Anhang die Entwicklung der im Anlagevermögen gesondert auszuweisenden Positionen sowie der Position „Aufwendungen für die Ingangsetzung und Erweiterung des Geschäftsbetriebes" im so genannten Anlagespiegel darstellen. Dies dient der Transparenz einer Bilanz.

Ausgehend von den gesamten Anschaffungs- bzw. Herstellungskosten sind die Zugänge, Abgänge, Umbuchungen und Zuschreibungen, die in einem Geschäftsjahr vorgenommen werden, sowie die Abschreibungen in ihrer gesamten Höhe gesondert auszuweisen.[11] Unter Einbeziehung des Endbestandes, des Geschäftsjahres bzw. des Vorjahres und der ebenfalls gesondert anzugebenden Abschreibung des Geschäftsjahres ergibt sich eine Darstellungsform des Anlagenspiegels, die als direkte Bruttomethode bezeichnet wird.

Dazu folgendes Beispiel:

Anlagevermögen	Anschaffungs- und Herstellungskosten				
	Anfangs-bestand 01.01.2003	Zugänge 2003	Abgänge 2003	Abschrei-bungen kummuliert 31.12.2003	Endbestand Buchwert 31.12.2003
	T€	T€	T€	T€	T€
Immaterielle Vermögensgegenstände		1 850		821	1 029
Sachanlagen					
Grundstücke und Bauten	2 264	2 350	1 040	732	2 842
Technische Anlagen und Maschinen	2 104	4 221		2 891	3 434
Andere Anlagen, Betriebs- und Geschäftsausstattungen	1 725	1 646		530	2 841
Geleistete Anzahlungen und Anlagen im Bau	16	25			41
Σ Sachanlagen	6 109	8 242	1 040	4 153	9 158
Finanzanlagen	207	182			389
Anlagevermögen gesamt:	**6 316**	**10 274**	**1 040**	**4 974**	**10 576**

- Investitionen (in T€) im Jahr 2003:　　　　　10 274　davon Sachanlagen:　　8 242

- kumulierte Abschreibungen (in T€) im Jahr 2003:　　4 974　davon Sachanlagen:　　4 153

Bild F-8　　Auszug aus einem Anlagespiegel

---

[11] vgl. Coenenberg, A.G.: Jahresabschluss und Jahresabschlussanalyse, 19. Auflage, Schäffer-Poeschel Verlag: Stuttgart 2003, S. 183

Diese Darstellung ermöglicht es, auf der Aktivseite der Bilanz den Buchwert der Anlagegegenstände auszuweisen (im Beispiel: 10576 T€). Da der Anlagespiegel eine Brutto-Darstellung ist und die gesamten (kumulierten) Abschreibungen zeigt, sind die Abschreibungen des Geschäftsjahres aus dem Anlagespiegel nicht ersichtlich. Der Gesetzgeber verlangt deshalb, dass die Abschreibungen des Geschäftsjahres entweder in der Bilanz direkt bei den betreffenden Positionen oder zusätzlich im Anhang beim Anlagevermögen vermerkt sind.

1.2.3.2 Anhang und Lagebericht

Anhang

Der Anhang besteht aus zwei Teilen:

- Erläuterung der Bilanz und der Gewinn- und Verlustrechnung (§ 284 HGB)
- Sonstige Pflichtangaben (285 HGB)

Bei den Erläuterungen hat der Gesetzgeber den Unternehmen freigestellt, die Bilanz sowie die Gewinn- und Verlustrechnung mit relativ wenigen zu Gruppen zusammengefassten Positionen „offenzulegen". Bei der Ausübung dieses Wahlrechts müssen dann gem. § 284 Abs. 1 HGB die zusammengefassten Positionen im Anhang entsprechend den Gliederungsvorschriften zur Bilanz aufgeschlüsselt werden. Daneben gibt es Pflichtangaben, welche die vom Unternehmen angewandten Bilanzierungs- und Bewertungsmethoden betreffen. Hierzu gehören auch die Grundlagen der Umrechnung von Beträgen in eine Fremdwährung.

Sonstige Pflichtangaben bilden nach § 285 HGB einen umfangreichen Bericht. Die wichtigsten Angaben sind (Die Nummerierung entspricht dem Gesetzestext):

1. Angaben zu den bilanzierten Verbindlichkeiten
   a Wie viele haben eine Laufzeit von mehr als 5 Jahren?
   b Welche dinglichen Belastungen bestehen?
3. „Sonstige finanzielle Verpflichtungen", die weder zu bilanzieren noch in der Bilanz zu vermerken sind, z.B. Verpflichtungen aus langjährigen Mietverträgen.
4. Aufgliederung der Umsatzerlöse nach Tätigkeitsbereichen sowie nach geographisch bestimmten Märkten. Da die Umsatzerlöse nicht die Bautätigkeit, sondern die Bauabrechnung des Jahres zeigen, hat sich die Bauwirtschaft entschieden, hier die Bauleistung des Jahres aufzugliedern.
7. Die durchschnittliche Zahl der Arbeitnehmer der Gesellschaft, getrennt nach Gruppen.
11. Name und Sitz der Unternehmen, an denen die Gesellschaft mindestens 20 % der Anteile besitzt. Zu nennen sind der Anteilsbesitz in Prozent, das Eigenkapital und das letzte Jahresergebnis des Beteiligungsunternehmens.

Lagebericht

Durch § 289 Abs. 1 HGB werden Kapitalgesellschaften verpflichtet, einen Lagebericht zu erstellen, in dem zumindest der Geschäftsverlauf und die Lage der Gesellschaft so darzustellen sind, dass ein den tatsächlichen Verhältnissen entsprechendes Bild ermittelt wird. Dabei ist auch auf die Risiken der künftigen Entwicklung einzugehen. Hierzu gehören:

- Absatzlage (Auftragseingang, Umsatzentwicklung, Wettbewerbspositionen etc.)
- Produktionsverhältnisse (Rationalisierungsmaßnahmen, Schließung oder Erweiterung von Anlagen, Produktionsstätten)
- Rentabilitätsverhältnisse (Einkaufs- und Verkaufspreise, Kosten, Erlöse)
- Mitarbeiter (Zahl, Ausbildung, Krankenstand)
- Investitionen, Liquidität und Finanzierung (Kapitalflussrechnung, Kennziffern etc.)
- Vorgänge von besonderer Bedeutung nach Schluss des Geschäftsjahres
- die voraussichtliche Entwicklung der Kapitalgesellschaft
- der Bereich Forschung und Entwicklung

1.2.4 Verpflichtung zur zusätzlichen Konzernrechnungslegung

Die Konzernrechnungslegung ist eine zusätzliche Rechnungslegung. Das Gesetz verpflichtet Unternehmen, neben der Rechnungslegung für ihren eigenen Firmenbereich auch zur Rechnungslegung für den von ihnen geführten Konzern, wenn folgende Voraussetzungen gegeben sind:

Einheitliche Leitung

In dem Konzern müssen die einzelnen Unternehmen unter der einheitlichen Leitung eines Unternehmens mit Sitz im Inland stehen. Die einheitliche Leitung wird vom Gesetz angenommen, wenn dem leitenden Unternehmen die Mehrheit der Stimmrechte an einem oder mehreren Unternehmen zusteht. Regelmäßig – aber nicht notwendig – ist die Stimmenmehrheit durch eine Mehrheitsbeteiligung am gezeichneten Kapital gegeben (§ 290 Abs.4 HGB, § 11 Publizitätsgesetz).

„Größenabhängige" Bedingungen

Die Verpflichtung zur Konzernrechnungslegung gilt für Unternehmen, für deren Konzernverbund gemäß § 11 Publ G zwei der folgenden drei Mindestgrößen gegeben sind:

- Die Bilanzsumme einer auf den Konzernabschlussstichtag aufgestellten Konzernbilanz ist größer als 65 Millionen Euro.
- Die Umsatzerlöse einer auf den Konzernabschlussstichtag aufgestellten Konzern-Gewinn- und Verlustrechnung in den zwölf Monaten vor dem Abschlussstichtag sind größer als 130 Millionen Euro.
- Die Konzernunternehmen mit Sitz im Inland haben in den zwölf Monaten vor dem Konzernabschlussstichtag insgesamt durchschnittlich mehr als fünftausend Arbeitnehmer beschäftigt.

„Der Konzernabschluss fasst das leitende und die von ihm geleiteten Unternehmen vollständig zusammen. Zeigt der Firmenabschluss die rechtliche Einheit des Unternehmens, so zeigt der Konzernabschluss das Unternehmen als Wirtschaftseinheit."[12]

1.3 Rechnungslegung nach Steuerrecht

Bund, Länder, Gemeinden und bestimmte Religionsgemeinschaften mit öffentlich-rechtlichem Status dürfen Steuern erheben. In § 3 Abgabeordnung (AO) findet man eine Definition des Begriffs „Steuer". „Steuern sind Geldleistungen, die nicht eine Gegenleistung für eine besondere Leistung darstellen und von einem öffentlich-rechtlichen Gemeinwesen zur Erzielung von Einkünften allen auferlegt werden, bei denen der Tatbestand zutrifft, an den das Gesetz die Leistungspflicht knüpft."

In diesem Zusammenhang müssen noch die Begriffe Steuerpflichtiger und Steuergegenstand benannt werden.

Steuerpflichtiger ist derjenige, der gem. § 33 AO eine durch die Steuergesetzgebung auferlegte Verpflichtung zu erfüllen hat. Diese Verpflichtung erstreckt sich nicht nur auf die Steuerzahlung, sondern beinhaltet auch eine Reihe von Mitwirkungspflichten bei der Durchführung der Besteuerung.

Vom Begriff des Steuerpflichtigen ist der Begriff des Steuerzahlers zu unterscheiden. Der Steuerzahler ist derjenige, der nach dem jeweiligen Steuergesetz auch tatsächlich die Steuer zu zahlen hat. So ist beispielsweise bei der Lohnsteuer der Lohnempfänger der Steuerpflichtige, das Unternehmen der Steuerzahler, da es die Steuer vom Lohnentgelt einbehält und an das Finanzamt ab-

---

[12] zum Konzernabschluss siehe auch die detaillierten Ausführungen und Beispiele in: Leimböck, E. (1997): a.a.O., S. 55 bis S. 80

führt. Analoges gilt z.B auch bei der Kapitalertragsteuer und bei der Besteuerung von Zinsen auf Spareinlagen. Hier spricht man vom Quellenabzugsverfahren, da die Steuer an der Quelle einbehalten und an das Finanzamt abgeführt wird.

Steuergegenstand ist das, was besteuert wird. Durch die Bemessungsgrundlage wird festgelegt, in welchem Umfang der Steuergegenstand besteuert wird.

Bei der Einkommensteuer z.B. ist der Steuerpflichtige der Einkommensempfänger. Der Steuergegenstand ist das Einkommen. Die Bemessungsgrundlage zur Berechnung der Einkommensteuer ist das zu versteuernde Einkommen, das aufgrund der Regelungen des Einkommensteuergesetzes ermittelt wird. Die Einkommensteuer errechnet sich dann wie folgt:

$$
\begin{aligned}
\text{Einkommensteuer} \quad &= \text{Steuertarif} \ \times \ \text{zu versteuerndes Einkommen} \\
&= \text{z.B. } 26\,\% \ \times \ 6\,000,\text{-} \ \text{€} \\
&= 1\,560,\text{-} \ \text{€}
\end{aligned}
$$

Die Besteuerung erfolgt in einem gesetzlich geordneten Verfahren, das im Wesentlichen in der AO geregelt ist. Nach § 90 AO hat der Steuerpflichtige- und beispielsweise auch sein Steuerberater – bei der Ermittlung des Steuersachverhaltes mitzuwirken. So haben alle Steuerpflichtigen Steuererklärungen abzugeben, z.B. in Form der Einkommensssteuererklärung.

Im Folgenden wird dargestellt, zu welcher steuerlich bedingten Rechnungslegung die bauwirtschaftlichen Unternehmen verpflichtet sind. Dabei wird bewusst auf die Darstellung von Einzelheiten verzichtet,[13] wie z.B. Ermittlung von Bemessungsgrundlagen oder Steuerbelastungen der einzelnen Rechtsformen oder die Darstellung der Steuerbelastung der Aktionäre/Anteilseigner unter Berücksichtigung des Anrechnungsverfahrens zur Vermeidung der Doppelbesteuerung etc.

Stattdessen wird kurz auf die Ertragssteuern und auf die steuerrechtliche Buchführungspflicht eingegangen, welche von den Unternehmen zum Zwecke der Ermittlung der Ertragssteuern zu erfüllen ist.

1.3.1 Ertragssteuern bei bauwirtschaftlichen Unternehmen

Ertragssteuern sind unterteilt in die Einkommenssteuer (ESt), die Körperschaftsteuer (KSt) und die Gewerbesteuer vom Ertrag (GewSt).

Gemeinsames Merkmal ist die Besteuerungsbasis, nämlich das wirtschaftliche Ergebnis der unternehmerischen Tätigkeit, also für die ESt das Einkommen oder für die GewSt der Ertrag.

Während die ESt (bei natürlichen Personen) und die KSt (bei juristischen Personen) Personensteuern sind, ist die GewSt vom Ertrag den sog. Objektsteuern zuzurechnen. Die einzelnen Personen- und Objektsteuern werden grundsätzlich voneinander unabhängig festgelegt. Dies hat zur Folge, dass unter Umständen mehrere Ertragsteuern gleichzeitig anfallen können. Scheffler unterscheidet in diesem Zusammenhang drei Fälle:

„• Unterhält eine natürliche Person keinen Gewerbebetrieb, wird der wirtschaftliche Erfolg nur der Einkommensteuer unterworfen.

• Übt eine natürliche Person eine gewerbliche Tätigkeit aus (Einzelunternehmer, Gesellschafter einer gewerbetreibenden Personengesellschaft), werden die Gewinne sowohl mit Einkommensteuer als auch mit Gewerbesteuer besteuert.

• Kapitalgesellschaften gelten aufgrund ihrer Rechtsform als Gewerbebetrieb. Dies führt bei ihnen zu einem Nebeneinander von Körperschaftsteuer und Gewerbesteuer vom Ertrag."[14]

---

[13] zu diesen und anderen Einzelheiten einschließlich der Beispiele vgl. z.B. Leimböck, E. (1997): a.a.O., S. 81 bis 139

[14] Scheffler, W.: Besteuerung von Unternehmen, Band 1 Ertrag-, Substanz- und Verkehrssteuern, Decker & Müller: Heidelberg 1992, S. 24

Einkommenssteuer (ESt)

Nach § 2 EStG unterliegen der Einkommensteuer folgende Einkunftsarten:

„1. Einkünfte aus Land- und Forstwirtschaft
2. Einkünfte aus Gewerbebetrieb
3. Einkünfte aus selbstständiger Arbeit
4. Einkünfte aus nicht selbstständiger Arbeit
5. Einkünfte aus Kapitalvermögen
6. Einkünfte aus Vermietung und Verpachtung
7. sonstige Einkünfte im Sinne des § 22,...“

Bei der Ermittlung der Einkünfte werden unterschieden:

- Die Gewinneinkünfte; das sind die Einkunftsarten 1 bis 3.
- Die Überschusseinkünfte; das sind die Einkunftsarten 4 bis 7.

Während juristische Personen (z.B. Kapitalgesellschaften) nur Einkünfte aus Gewerbebetrieb haben, kann eine natürliche Person gleichzeitig Einkünfte aus verschiedenen Einkunftsarten haben.

In Bezug auf die Einkünfte aus Gewerbebetrieb gilt: Beim Einzelunternehmen müssen sämtliche Einkünfte vom Inhaber des Unternehmens als Einkünfte aus Gewerbebetrieb versteuert werden.

Die OHG und KG als solche sind nicht einkommensteuerpflichtig, da sie keine eigenständigen juristischen Personen sind. Steuerrechtlich wird der Gesellschafter einer Personengesellschaft als Mitunternehmer bezeichnet (vgl. § 15 Abs. 1 Nr. 2 EStG) und einkommenssteuerlich dem Einzelunternehmer gleichgestellt. Der bei der Personengesellschaft erzielte Gewinn wird daher bei den Gesellschaftern als Einkünfte aus Gewerbebetrieb steuerpflichtig.

Zu diesen Einkünften gehören neben den Gewinnanteilen auch Sondervergütungen, wie z.B. Tätigkeitsvergütungen aus Arbeits-, und Beratungsverträgen, Darlehenszinsen und Einnahmen aus der Überlassung von Wirtschaftsgütern (Miet-, Pachtvertrag). Unter Einkünfte aus Gewerbebetrieb fällt auch die Veräußerung des Gewerbebetriebes oder Veräußerungen von wesentlichen Beteiligungen an Kapitalgesellschaften, wobei eine wesentliche Beteiligung dann besteht, wenn die Anteile an der Kapitalgesellschaft größer sind als 1 % (§ 17 EStG (1)). Die Beteiligungsgrenze betrug zunächst 25 %, wurde zum 01.01.1999 auf 10 % gesenkt und beträgt seit 2001 die heutigen 1 %.

Eine Kapitalgesellschaft hat grundsätzlich nur Einkünfte aus Gewerbebetrieb. Dies gilt auch dann, wenn die Kapitalgesellschaft nur eine Vermögensverwaltung betreibt. Veräußert eine Kapitalgesellschaft Grundstücke, Wertpapiere oder anderes Kapitalvermögen, so sind auch die daraus entstehenden Gewinne/Verluste Einkünfte aus Gewerbebetrieb. Die Einkünfte aus selbständiger Tätigkeit, z.B. Honorare eines Architekten, sind Gewinneinkünfte, deren Ermittlung sich nach den §§ 4 und 5 EStG richten. Bei Einkünften aus Vermietung und Verpachtung handelt es sich vor allem um die entgeltliche Überlassung von unbeweglichem Vermögen (Grundstücke, Gebäude, Gebäudeteile), von Rechten wie z.B. Erbbaurecht und von Sachinbegriffen (insbesondere bewegliches Betriebsvermögen; § 21 EStG).

Körperschaftsteuer

Auch die KSt ist eine Personensteuer. Sie betrifft juristische Personen, d.h. in der Bauindustrie die Kapitalgesellschaften. Das KSt-Gesetz unterscheidet zwischen einer unbeschränkten und einer beschränkten KSt-Pflicht. Abgrenzungsmerkmal ist, ob die juristische Person ihre Geschäftsleitung oder ihren Sitz im Inland hat (§ 1 Abs. 1 KStG). Die unbeschränkte Steuerpflicht bezieht sich auf sämtliche Einkünfte (§ 1 Abs. 2 KStG), die beschränkte Steuerpflicht nur auf die inländischen Einkünfte (§ 2 KStG) einer juristischen Person. Das zu versteuernde Einkommen ist gemäß den Vorschriften des EStG und des KStG zu ermitteln.

Gewerbesteuer vom Ertrag

Bei der Gewerbesteuer vom Ertrag soll die Ertragskraft eines stehenden Betriebes besteuert werden. Steuerschuldner ist bei Einzelunternehmen der Einzelunternehmer, bei Personengesellschaften die Gesellschafter. Für die Berechnung der Gewerbesteuer vom Ertrag ist allerdings die Summe der Einkünfte der Gesellschafter (Mitunternehmer) maßgeblich.

1.3.2 Steuerrechtliche Buchführungspflicht

Zunächst ist festzuhalten, dass es neben handelsrechtlichen auch aus steuerrechtlichen Gründen eine Buchführungspflicht gibt. „Die steuerrechtliche Buchführungspflicht ergibt sich aus mehreren Vorschriften, von denen genannt werden:

- Unternehmen, denen handelsrechtliche Verpflichtungen auf dem Gebiet der Buchführung obliegen, haben diese Verpflichtungen „auch für die Besteuerung zu erfüllen." (§ 140 AO)
- Der Kreis der steuerlich Bilanzpflichtigen geht über die vom Handelsrecht gezogenen Grenzen hinaus. Ein Jahresumsatz über 260000,- Euro, oder ein Gewinn über 25000,- Euro jährlich verpflichten nach § 141 Abs. 1 AO jeden Gewerbebetrieb, also auch jedes bauausführende Unternehmen, „Bücher zu führen und aufgrund jährlicher Bestandsaufnahmen Abschlüsse zu machen."
  Diese Bestimmung begründet auch die Buchführungs- und Bilanzierungspflicht der Arbeitsgemeinschaft, die Aufträge nicht in der Rechtsform einer Handelsgesellschaft, sondern als Gesellschaft bürgerlichen Rechts nach §§ 705 ff. BGB ausführt. Die Bilanzierungspflicht hat für die Mehrzahl der Arbeitsgemeinschaften allerdings keine steuerliche Bedeutung, da für sie aufgrund § 180 Abs. 4 AO keine einheitliche Gewinnfeststellung stattfindet.
- Das Steuerrecht sieht bei der Buchführung und Bilanz ein Wahlrecht vor, und zwar wurden im § 4 EStG zwei Formen für die Errechnung des steuerpflichtigen Gewinns entwickelt. Unternehmen, die weder nach Handelsrecht noch nach § 141 AO bilanzpflichtig sind und auch keine Bilanz erstellen, können – wie bereits dargestellt – den steuerpflichtigen Gewinn als „Überschuss der Betriebseinnahmen über die Betriebsausgaben" nach § 4 Abs. 3 EStG ermitteln. Sie haben aufgrund des § 5 EStG auch das Recht, ihrer Steuererklärung einen den handelsrechtlichen Grundlagen und Vorschriften entsprechenden Jahresabschluss zugrunde zu legen."[15]

Gibt es aber auch neben der Handelsbilanz eine eigenständige Steuerbilanz? Wer in den steuerrechtlichen Gesetzestexten die Definition des Begriffs „Steuerbilanz" sucht, stellt fest, dass es diese Definition nicht gibt. Lediglich in § 60 Abs. 2 EStDV wird eine Vermögensübersicht, die den steuerlichen Vorschriften entspricht, als Steuerbilanz bezeichnet.

Das Steuerrecht geht also von keiner eigenständigen Steuerbilanz aus. Die Steuerbilanz wird aus der Handelsbilanz abgeleitet. Aus diesem Grund ist es nicht verwunderlich, dass Einzelunternehmen und auch Personengesellschaften in aller Regel von der Erstellung einer gesonderten Handelsbilanz absehen und nur eine Bilanz nach steuerrechtlichen Gesichtspunkten erstellen. Steuerbilanzen sind allerdings neben den Handelsbilanzen bei den Unternehmen üblich, die ihre Jahresabschlüsse der Öffentlichkeit bekannt machen müssen oder die ohne Verpflichtung ihre Rechnungslegung offenlegen. Dass diese Unternehmen beide Bilanzen erstellen, hängt mit der unterschiedlichen Zwecksetzung der Bilanzen zusammen.

Die Handelsbilanz informiert die Gesellschafter und die Öffentlichkeit, die Steuerbilanz wird dagegen dem Finanzamt als Besteuerungsgrundlage für die ESt bzw. KSt und die Gewerbeertragsteuer vorgelegt.

Sowohl die Handels- als auch die Steuerbilanz sind nach den Grundsätzen ordnungsmäßiger Buchführung zu erstellen.

---

[15] vgl. Leimböck, E./Schönnenbeck, H.: a.a.O., S. 39 f.

1.3.3 Das Maßgeblichkeitsprinzip der Handelsbilanz für die Steuerbilanz

Der Grundsatz der Maßgeblichkeit der Handelsbilanz für die Steuerbilanz ist in § 5 Abs. 1 EStG verankert. Hier heißt es:

„Bei Gewerbetreibenden, die auf Grund gesetzlicher Vorschriften verpflichtet sind, Bücher zu führen und regelmäßig Abschlüsse zu machen, oder die ohne eine solche Verpflichtung Bücher führen und regelmäßig Abschlüsse machen, ist für den Schluss des Wirtschaftsjahrs das Betriebsvermögen anzusetzen (§ 4 Abs. 1 Satz 1), das nach den handelsrechtlichen Grundsätzen ordnungsmäßiger Buchführung auszuweisen ist. Steuerrechtliche Wahlrechte bei der Gewinnermittlung sind in Übereinstimmung mit der handelsrechtlichen Jahresbilanz auszuüben". Hier ist also verankert, dass das Betriebsvermögen zum Zwecke der steuerlichen Gewinnermittlung „nach den handelsrechtlichen Grundsätzen ordnungsmäßiger Buchführung" auszuweisen ist.

Dieser Grundsatz wird als Grundsatz der Maßgeblichkeit der Handelsbilanz für die Steuerbilanz bezeichnet. Obwohl das Maßgeblichkeitsprinzip der Handelsbilanz für die Steuerbilanz gilt, weicht die Steuerbilanz häufig von der Handelsbilanz ab. In diesen Fällen liegt eine Durchbrechung des Maßgeblichkeitsprinzips vor, d.h. eine zwingende steuerrechtliche Vorschrift verlangt eine Anpassung des handelsrechtlichen Bilanzansatzes.

Besonders deutlich ist dies bei dem Bilanzposten „Sonderposten mit Rücklageanteil". Hier heißt es in § 273 HGB: „Der Sonderposten mit Rücklageanteil (§ 247 Abs. 3) darf nur insoweit gebildet werden, als das Steuerrecht die Anerkennung des Wertansatzes bei der steuerrechtlichen Gewinnermittlung davon abhängig macht, dass der Sonderposten in der Bilanz gebildet wird. Er ist auf der Passivseite vor den Rückstellungen auszuweisen; die Vorschriften, nach denen er gebildet worden ist, sind in der Bilanz oder im Anhang anzugeben."

Ein weiteres Beispiel ist die Bildung von Rückstellungen für drohende Verluste. Mit Wirkung für Bilanzstichtage nach dem 31.12.1996 können in Steuerbilanzen diese Rückstellungen nicht mehr gebildet werden. In der Handelsbilanz sind wie bisher so auch künftig Drohverlustrückstellungen zwingend zu bilden. Dies gilt vor allem für die Fälle, bei denen drohende Verluste nicht bei den Herstellungskosten der entsprechenden unfertigen Bauten abgesetzt werden können (Bewertung unfertiger Bauten zum „beizulegenden Wert"). Rechtsgrundlage ist § 249 Abs. 1 Satz 1 HGB. In der Vergangenheit gebildete Drohverlustrückstellungen dürfen nur aufgelöst werden, soweit der Grund hierfür entfallen ist (§ 249 Abs. 3 Satz 2 HGB).

Weiterhin muss in diesem Zusammenhang noch darauf hingewiesen werden, dass es auch bei den Bewertungsgrundsätzen Abweichungen zwischen Handels- und Steuerrecht gibt.

Beide Bilanzen müssen die Vermögensgegenstände und die Verbindlichkeiten nach dem Vorsichtsprinzip bewerten. Die Bilanzen unterscheiden sich aber bei der Anwendung des Vorsichtsprinzips. Aber auch im Bewertungsspielraum gibt es Unterschiede.

Dies gilt vor allem auch im Rahmen der Aktivierung von selbsterstellten Wirtschaftsgütern im Anlage- und Umlaufvermögen. Hier unterscheidet nämlich auch das Steuerrecht zwischen aktivierungspflichtigen und aktivierungsfähigen Kosten und somit ist auch steuerrechtlich ein anderer Bewertungsspielraum gegeben als im Handelsrecht.

Abschließend kann man zum Thema „Rechnungslegung nach Steuerrecht" festhalten:

„Das Steuerrecht zieht im Interesse eines periodengerechten Steueraufkommens der vorsichtigen Bilanzierung engere Grenzen als das Handelsrecht.

Das führt in der wirtschaftlichen Praxis dazu, dass die Unternehmen in ihren „offengelegten" Handelsbilanzen regelmäßig ein geringeres Ergebnis ausweisen, als in dem Abschluss, den sie als Steuerbilanz dem Finanzamt vorlegen.

Dass in der Handelsbilanz der größere „Vorsichtsraum" genutzt wird, erklärt sich daraus, dass der handelsrechtliche Jahresabschluss die Grundlage der Gewinnausschüttung ist, d.h. die Gesellschafter der GmbH und die Aktionäre der AG sind bei ihrem Gewinnverwendungsbeschluss an den festgestellten Jahresabschluss und den darin ausgewiesenen Gewinn gebunden. Die Gewinnausschüttung ist Vermögensentzug und mindert die sachliche Unternehmenskapazität. Deshalb ist aus Sicht des Unternehmens eine geringe Gewinnausschüttung vorteilhaft."[16]

2 Rechnungslegung (Jahresabschluss) als Führungsinstrument

Das betriebliche Rechnungswesen stellt vorwiegend Informationen für verschiedene Aufgabenträger innerhalb der Unternehmen bereit und dient vor allem auch als Instrument zur Überwachung des Erreichens der operativen Unternehmensziele. Nur ausnahmsweise finden diese Zahlen auch Verwendung für externe Zwecke, wie z.B. Nachweise für statistische Ämter, Verbände oder Institute, welche aus den vorgelegten Zahlen branchenbezogene und gesamtwirtschaftliche Auswertungen erstellen.

Im Gegensatz zum betrieblichen Rechnungswesen dient die Rechnungslegung – und hier vor allem der Jahresabschluss – als Führungsinstrument zur Erreichung der generellen Ziele des Unternehmens und als Informationsquelle für externe Gruppen.

In Teil C 2.1.1 wurden als generelle Unternehmensziele genannt:

- Erreichen von Einkommen, d.h. möglichst hoher Gewinn.
- Streben nach Sicherheit mit den Ausprägungen:
  - Finanzielle Sicherheit, d.h. Sicherung der Liquidität und Steigerung der Kreditwürdigkeit.
  - Steigerung des Unternehmenswertes, z.B. durch Nichtentnahme erzielter Gewinne und durch Umsatzsteigerung.
- Beachtung der Ziele externer und interner Gruppen, z.B. durch Kundenzufriedenheit, zufriedene Mitarbeiter und solide Gewinnverwendung.
- Erreichen von gesellschaftlicher Akzeptanz.
- Erfüllen von persönlichen Beweggründen, wie z.B. Prestige, Macht, Unabhängigkeit.

Der Jahresabschluss kann dann als Führungsinstrument zur Erreichung von generellen Zielen betrachtet werden, wenn man folgendes bedenkt.

Das Streben nach möglichst hohem Gewinn wird erfüllt durch Maximierung des betrieblichen Ergebnisses und durch planvolle unternehmerische Aktivitäten im Bereich z.B. von Beteiligungskäufen (Erträge aus Beteiligungen) und z.B. bei Kapitalanlagen (Zinsen und ähnliche Erträge). Bilanzgewinne werden dann erzielt, wenn am Markt Überschüsse aus Umsatzerlösen und andere Erträge erreicht werden. Der Gewinnausweis zeigt einerseits den Gläubigern, dass ihre Ansprüche auf Kapitalrückzahlung und gegebenenfalls Kapitalverzinsung nicht gefährdet sind.

Auf der anderen Seite wird der im Jahr erzielte Zuwachs an Geldkapital regelmäßig ganz oder teilweise ausgeschüttet. Aus Sicht des Unternehmens wird der ausgeschüttete Gewinn dem Unternehmensvermögen entzogen und er steht somit nicht mehr zur Verfügung für:

- Investitionen
- Sicherheiten bei Kreditverhandlungen
- Sicherung der Liquidität

---

[16] Leimböck, E. (1997): a.a.O., S. 114

Als letztes muss noch darauf hingewiesen werden, dass ein ertragstarkes und finanziell gesichertes Unternehmen auch den Unternehmenswert stark beeinflusst. Dies hat in der Regel auch eine positive Wirkung auf die Ziele der externen und internen Gruppen sowie im Hinblick auf die Erfüllung persönlicher Beweggründe des Unternehmers.

Daher liegt es in aller Regel im Interesse des Unternehmens, einen möglichst geringen handelsrechtlichen Bilanzgewinn auszuweisen, der dennoch hoch genug ist, um die berechtigten Forderungen der Kapitalgeber nach angemessener Verzinsung ihrer Kapitaleinlagen zu erfüllen.

Ob und inwieweit mit der Gestaltung des Jahresabschluss die genannten Ziele erreicht werden können, wird anhand folgender Punkte dargestellt:

- Ausweis des Handelsrechtlichen Bilanzergebnisses
- Unternehmensfinanzierung
- Sicherung der Liquidität

2.1 Ausweis des handelsrechtlichen Bilanzergebnisses

„Der Jahresabschluss entstand als Rechnungslegung, als Rechenschaftslegung der Unternehmen. Mit ihm hatte das Unternehmen seine Kapitalaufnahme und seine Kapitalverwendung nachzuweisen, um den Interessen der Gruppen gerecht werden, die dem Unternehmen Kapital zur Verfügung stellen, nämlich den Einzelunternehmern, den Gesellschaftern und den Gläubigern.

Damit wurde der Jahresabschluss zu einem Instrument, das den Gesellschaftern darlegt, mit welchem Erfolg ihr Kapital eingesetzt wird. Der Ausweis eines Gewinnes zeigt den Gläubigern, dass ihre Ansprüche auf Kapitalrückzahlung und gegebenenfalls Kapitalverzinsung nicht gefährdet sind."[17]

Die Rechnungslegung ist – wie bereits dargestellt – weitgehend durch handelsrechtliche Vorschriften festgelegt. Aber das Handelsrecht gibt eine Reihe von Spielräumen, die den Ausweis des handelsrechtlichen Bilanzergebnisses betreffen.

Diese Spielräume konkretisieren sich in zwei Gruppen von Vorschriften:

- Ansatzvorschriften (§§ 246 –251 HGB) und
- Bewertungsvorschriften (§§ 252 –256 HGB)

2.1.1 Ansatz- und Bewertungsvorschriften

In ihrer Wirkung auf das Bilanzergebnis bilden die Ansatz- mit den Bewertungsvorschriften eine Einheit. Beispielsweise ist die Aktivierung der Herstellungskosten eines im eigenen Unternehmen entwickelten Patents untersagt. Diese Kosten werden daher sofort zu Aufwendungen des Jahres. Die gleiche Wirkung hat die Sofortabschreibung geringwertiger Anlagegegenstände; diese werden zwar zunächst mit ihren Anschaffungskosten aktiviert, aber dann sofort wieder in den Aufwand des Jahres hereingenommen. Dass das Bilanzergebnis durch solche Festlegungen beeinflusst werden kann und soll, hängt mit den traditionellen Zielvorstellungen der handelsrechtlichen Rechnungslegung zusammen.

Ansatzvorschriften

In Bezug auf die Wirkung auf das Bilanzergebnis sind bei den Ansatzvorschriften die Bilanzierungsverbote und -gebote bzw. die Bilanzierungswahlrechte von grundlegender Bedeutung.

---

[17] Leimböck, E./Schönnenbeck, H.: a.a.O., S. 50

Im § 248 HGB sind drei Bilanzierungsverbote geregelt. Hier heißt es:

„(1) Aufwendungen für die Gründung des Unternehmens und für die Beschaffung des Eigenkapitals dürfen in die Bilanz nicht als Aktivposten aufgenommen werden.

(2) Für immaterielle Vermögensgegenstände des Anlagevermögens, die nicht entgeltlich erworben wurden, darf ein Aktivposten nicht angesetzt werden.

(3) Aufwendungen für den Abschluss von Versicherungsverträgen dürfen nicht aktiviert werden."

Bei den Bilanzierungsgeboten handelt es sich um die Aktivierungspflicht z.B. von entgeltlich erworbenen immateriellen Vermögensgegenstände des Anlagevermögens und um die Passivierungspflicht von z.B.:

- Pensionsrückstellungen, wenn die Erteilung der Pensionszusage nach dem 31.12.1986 erfolgte,
- Kulanzrückstellungen, denn gem. § 249 Abs. 1 Satz 2 HGB sind auch für Gewährleistungen, die ohne rechtliche Verpflichtung erbracht werden (sog. Kulanzleistungen), Rückstellungen zu bilden,
- Rückstellungen für unterlassene Instandhaltungen (bis 3 Monate) und Abraumbeseitigung (bis 1 Jahr) und zwar gem. § 249 Abs. 1 Satz 1 HGB.

Bei den Bilanzierungswahlrechten ist zu unterscheiden zwischen Aktivierungs- und Passivierungswahlrechten.

Ein Aktivierungswahlrecht gibt es z.B. hinsichtlich des sog. derivativen Firmenwertes, der gem. § 255 Abs. 4 HGB in der Bilanz angesetzt werden darf. Ein weiteres Aktivierungswahlrecht besteht nach § 269 HGB bei den Aufwendungen für die Ingangsetzung und Erweiterung des Geschäftsbetriebs.

Als letztes Beispiel soll noch § 250 Abs. 3 HGB genannt werden. Hier heißt es: „Ist der Rückzahlungsbetrag einer Verbindlichkeit höher als der Ausgabebetrag, so darf der Unterschiedsbetrag in den Rechnungsabgrenzungsposten auf der Aktivseite aufgenommen werden. Der Unterschiedsbetrag ist durch planmäßige jährliche Abschreibungen zu tilgen, die auf die gesamte Laufzeit der Verbindlichkeit verteilt werden können."

Ein Passivierungswahlrecht besteht gem. § 249 Abs. 1 Satz 3 HGB. Hier heißt es: „Rückstellungen dürfen für unterlassene Aufwendungen für Instandhaltung auch gebildet werden, wenn die Instandhaltung nach Ablauf der Frist nach Satz 2 Nr. 1 innerhalb des Geschäftsjahres nachgeholt wird."

Als Beispiele für solche Aufwandsrückstellungen sind zu nennen

- Gebäuderenovierungen
- Großreperaturen und Generalüberholungen
- Abbruchlasten für Gebäude

Diese Aufwandsrückstellungen, für die ein Bilanzierungswahlrecht besteht, sind nicht zu verwechseln mit den Rückstellungen gem. § 249 Abs. 1 HGB, bei denen es sich um Verpflichtungen handelt, die zwar dem Grunde, aber nicht der Höhe nach bekannt sind. Für diese Rückstellungen besteht Passivierungspflicht.

Bewertungsvorschriften

Die Höhe des ausgewiesenen handelsrechtlichen Bilanzergebnisses hängt in besonderem Ausmaß von den Bewertungsvorschriften ab. Diese Bewertungsvorschriften sind ganz wesentlich vom sog. Vorsichtsprinzip geprägt.

Dieses Prinzip ist konkretisiert durch das Anschaffungswert-, das Niederstwert-, das Höchstwert- und das Imparitätsprinzip.

Nach dem Anschaffungswertprinzip muss der Anschaffungswert selbst dann in der Bilanz beibehalten werden, wenn der Marktwert eines Vermögensgegenstandes über seinem Anschaffungswert liegt.

Beim Niederstwertprinzip unterscheidet man zwischen dem strengen und dem gemilderten Niederstwertprinzip. Bei der Bewertung des Anlagevermögens ist das sog. gemilderte Niederstwertprinzip zu beachten. Es besagt, dass ein Wertverlust nur dann in Form einer Abschreibung bilanziert werden muss, wenn er als nachhaltig zu bezeichnen ist. Wurden Abschreibungen vorgenommen, dann müssen nur bei Kapitalgesellschaften diese Abschreibungen wieder zurückgenommen werden (Zuschreibung), wenn die Gründe für die Abschreibungen nicht mehr bestehen. Bei der Bewertung des Umlaufvermögens gilt das sog. strenge Niederstwertprinzip, das besagt, dass für jeden Wertverlust bei den Wirtschaftsgütern im Umlaufvermögen eine Abschreibung vorgenommen werden muss. Diese muss jedoch bei einer erneuten Wertsteigerung beim Umlaufvermögen nicht zurückgenommen werden.

Dem Niederstwertprinzip, das für das Anlage- und Umlaufvermögen gilt, entspricht das Höchstwertprinzip für Verbindlichkeiten und Rückstellungen. Dieses Höchstwertprinzip gilt gem. § 252 Abs. 1 S.2 HGB in folgender Form. „Verbindlichkeiten sind zu ihrem Rückzahlungsbetrag, Rentenverpflichtungen, für die eine Gegenleistung nicht mehr zu erwarten ist, zu ihrem Barwert und Rückstellungen nur in Höhe des Betrags anzusetzen, der nach vernünftiger kaufmännischer Beurteilung notwendig ist; Rückstellungen dürfen nur abgezinst werden, soweit die ihnen zugrundeliegenden Verbindlichkeiten einen Zinsanteil enthalten."

Nach dem Imparitätsprinzip dürfen Gewinne erst dann in der Bilanz ausgewiesen werden, wenn sie tatsächlich durch Umsatzerlöse realisiert sind; Verluste hingegen müssen bereits in der Bilanz berücksichtigt werden, wenn sie dem Grunde und der Höhe nach erkennbar sind. Es müssen also neben den bereits eingetretenen auch solche Verluste im Geschäftsjahr berücksichtigt werden, die folgende Geschäftsjahre betreffen. Diese imparitätische Bewertung der Gewinne und Verluste ist die Maxime der gesamten Bilanzbewertung. Für das Handelsrecht ist dabei bestimmend, dass das Imparitätsprinzip der Sicherung des Unternehmens zum Schutz seiner Gläubiger dient. Diese Ausrichtung öffnet der vorsichtigen, den ausgewiesenen Gewinn mindernden bzw. hinausschiebenden Bewertung einen weiten Raum. Sie wird für Kapitalgesellschaften begrenzt durch gesetzliche Einzelbestimmungen. Außerdem wird sie begrenzt durch die Generalklausel des § 264 Abs. 2 HGB, die besagt, dass der Jahresabschluss „unter Beachtung der Grundsätze ordnungsmäßiger Buchführung ein den tatsächlichen Verhältnissen entsprechendes Bild der Vermögens-, Finanz- und Ertragslage der Kapitalgesellschaft zu vermitteln" habe.

Von den genannten allgemeinen Bewertungsgrundsätzen darf nach § 252 Abs. 2 HGB „nur in begründeten Ausnahmefällen abgewichen werden". Was „begründete Ausnahmefälle" sind, sagt das Gesetz nicht.

Solche begründeten Ausnahmen können aber z.B. sein:

- Einleitung von Sanierungsmaßnahmen.
- Veränderungen in der Struktur des Unternehmens in gesellschaftlicher oder wirtschaftlicher Hinsicht, wenn z.B. ein Wechsel in der Konzernzugehörigkeit erfolgt oder wenn eine erhebliche Veränderung der Geschäftstätigkeit stattfindet.
- Änderungen der allgemeinen Praxis der Bilanzierung, z.B. aufgrund der Rechtssprechung zu bestimmten Methoden.

Jeder Fall einer Änderung der Bewertungsgrundsätze führt bei Kapitalgesellschaften nach § 284 Abs. 2 Nr. 3 HGB zu einer Angabepflicht im Anhang.

Neben den aus dem Vorsichtsprinzip abgeleiteten Bewertungsvorschriften sind noch zu nennen:

- Grundsatz der Einzelbewertung
- Prinzip der Aufwands- und Ertragsperiodisierung
- Stetigkeitsprinzip

Grundsatz der Einzelbewertung

Nach § 252 Abs. 1 Nr. 3 HGB müssen alle Vermögensgegenstände und Schulden einzeln bewertet werden. Durch diese Vorschrift wird verhindert, dass Wertminderungen und -erhöhungen gegeneinander aufgerechnet werden und der Aussagegehalt abnimmt. Vom Grundsatz der Einzelbewertung existieren einige genau geregelte Ausnahmen.

Prinzip der Aufwands- und Ertragsperiodisierung

Nach § 252 Abs. 1 Nr. 5 HGB sind Aufwendungen und Erträge des Geschäftsjahres unabhängig von den Zeitpunkten der entsprechenden Zahlungen im Jahresabschluss zu berücksichtigen.

Stetigkeitsprinzip

Das § 252 Abs. 1 Nr.6 HGB niedergelegt Bewertungsprinzip fordert die Beibehaltung der Bewertungsmethode in den aufeinander folgenden Geschäftsjahren, um sie vergleichbar zu machen. Man spricht in diesem Zusammenhang von materieller Bilanzkontinuität.

Eine Durchbrechung diese Prinzips liegt vor, wenn in die Herstellungskosten andere Bestandteile als zuvor einbezogen werden oder eine andere Abschreibungsmethode gewählt wird. Eine Abweichung von der Stetigkeit, die wegen § 252 Abs. 2 HGB nur in begründeten Ausnahmefällen gestattet ist, muss bei Kapitalgesellschaften im Anhang erläutert werden.

2.1.2 Bewertungswahlrechte

Bewertungsswahlrechte gibt es

- bei selbsterstellten Vermögensgegenständen,
- bei unabgerechneten Leistungen,
- bei der Bemessung der planmäßigen und außerplanmäßigen Abschreibungen und
- bei der Bemessung von Rückstellungen.

Selbsterstellte Vermögensgegenstände

Selbsterstellte Vermögensgegenstände sind z.B. Produktionsanlagen, die vom Unternehmen zur Herstellung von Produkten genutzt werden und demnach im Anlagevermögen zu bilanzieren sind. Der Bewertungsspielraum für selbsterstellte Vermögensgegenstände ist in der Handelsbilanz durch die Unterscheidung von aktivierungsfähigen und aktivierungspflichtigen Kosten abgesteckt.

Aktivierungsfähig sind „angemessene" Gemeinkosten der Herstellung und der Verwaltung. Nicht aktivierungsfähig sind allgemeine Vertriebskosten sowie Zinsen für Kredite, die nicht ausdrücklich für die Herstellung des Vermögensgegenstandes gezahlt wurden.

Den Bewertungsspielraum der Handelsbilanz zeigt folgende Tabelle.[18]

---

[18] in Anlehnung an: Hauptverband der Deutschen Bauindustrie/Zentralverband des Deutschen Baugewerbes (Hrsg.) (1987): Die Baubilanz nach neuem Recht, Otto Elsner Verlagsgesellschaft: Darmstadt 1987, S. 49

Kostenarten	Handelsrecht
Materialeinzelkosten	**Pflicht**
Fertigungseinzelkosten	**Pflicht**
Sonderkosten der Fertigung	**Pflicht**
Wertuntergrenze Handelsrecht	
angemessene Teile notwendiger: Materialgemeinkosten	**Wahlrecht**
Fertigungsgemeinkosten - grundsätzlich	**Wahlrecht**
- jedoch gilt bei Abschreibungen soweit sie auf die Fertigung entfallen, folgendes:	**Wahlrecht, weitreichende Gestaltungs- möglichkeiten**
Gewerbeertragssteuer	**Verbot**
Aufwendungen für betriebliche Alterversorgung	**Wahlrecht**
Aufwendungen für soziale Einrichtungen	**Wahlrecht**
freiwillige soziale Leistungen	**Wahlrecht**
Kosten der allgemeinen Verwaltung	**Wahlrecht**
Fremdkapitalzinsen	**Wahlrecht nur soweit §255 Abs. 3 Satz 2 HGB zutrifft**
Wertobergrenze Handelsrecht	
Vertriebskosten	**Verbot**

Bild F-9   Bewertungsspielraum in der Handelsbilanz

Unabgerechnete Leistungen

Der in der Tabelle dargelegte Bewertungsspielraum kennzeichnet auch den Spielraum der Bilanzbewertung von unabgerechneten Leistungen und hier vor allem von Bauleistungen bei bauausführenden Unternehmen. Der Spielraum erscheint zunächst nicht sehr bedeutend; wenn jedoch bei-

spielsweise eine halbe Jahresleistung unabgerechnet bilanziert wird, ist hier eine durchaus interessante Bewertungsreserve erreichbar. Nach Abnahme wird der Auftragsgewinn dadurch bilanziert, dass an Stelle des mit seinen Herstellungskosten aktivierten Auftrags die Forderung an den Bauherrn tritt. Sind Forderungen durch Anzeichen wie ungünstige Auskünfte, erfolglose Mahnungen, Einstellung von Zahlungen, Einleitung des Vergleichs- oder Insolvenzverfahrens erkennbar zweifelhaft, so ist eine Abwertung obligatorisch. Ihr Ausmaß unterliegt oft der Schätzung, wobei dem Vorsichtsprinzip Rechnung zu tragen ist.

In Bezug auf die Bauaufträge bedeutet dies: Bis zur Abnahme wird der Bauauftrag in der Bilanz als unabgerechneter Bau und in der Gewinn- und Verlustrechnung bei der Position „Erhöhung (oder Minderung) des Bestandes an nicht abgerechneten Bauten" verbucht und zwar bei Gewinnaufträgen zu Herstellungskosten und bei Verlustaufträgen zu dem niedrigeren beizulegenden Wert.

Wie dieser „beizulegende Wert" errechnet wird, kann aus dem nächsten Bild entnommen werden und zwar unter dem Stichwort „Verlustauftrag."

Erst wenn ein Bauauftrag vom Auftraggeber abgenommen wurde, darf der Auftragswert als Umsatzerlös in die Gewinn- und Verlustrechnung übernommen werden. Gleichzeitig wird die obengenannte Buchung rückgängig gemacht.

Die Bewertung von unabgerechneten Bauten ist in der Praxis eine verhältnismäßig umfangreiche Arbeit. Zum einen sind mehrere Fälle zu unterscheiden:

- unabgerechnete Gewinnaufträge (im Bilanzjahr begonnen, aber nicht beendet)
- abgerechnete Gewinnaufträge (im Bilanzjahr begonnen, beendet und abgerechnet)
- abgerechnete Gewinnaufträge (in einem Vorjahr begonnen und im Bilanzjahr beendet)
- unabgerechneter Verlustauftrag (im Bilanzjahr begonnen, aber nicht beendet)
- abgerechneter Verlustauftrag (in einem Vorjahr begonnen und im Bilanzjahr beendet)
- Verlustauftrag (am Bilanzstichtag noch nicht begonnen)
- unabgerechneter Verlustauftrag im Vorjahr wird unabgerechneter Gewinnauftrag im Bilanzjahr
- unabgerechneter Gewinnauftrag im Vorjahr wird Verlustauftrag im Bilanzjahr.

Zum anderen ist die Bewertung der Leistungen das wichtigste Bindeglied zwischen dem betrieblichen Rechnungswesen und dem Jahresabschluss, denn die Zahlen des betrieblichen Rechnungswesens- und hier vor allem die Zahlen bei unabgerechneten Leistungen – sind Grundlage der Bewertung der unabgerechneten Leistungen für den Jahresabschluss. Das folgende Schaubild zeigt systematisch die Zusammenhänge.[19]

Bemessung von planmäßigen und außerplanmäßigen Abschreibungen

Nach § 253 Abs. 2 HGB gilt: „(2) Bei Vermögensgegenständen des Anlagevermögens, deren Nutzung zeitlich begrenzt ist, sind die Anschaffungs- oder Herstellkosten um planmäßige Abschreibungen zu vermindern. Der Plan muss die Anschaffungs- oder Herstellkosten auf die Geschäftsjahre verteilen, in denen der Vermögensgegenstand voraussichtlich genutzt werden kann. Ohne Rücksicht darauf, ob ihre Nutzung zeitlich begrenzt ist, können bei Vermögensgegenständen des Anlagevermögens außerplanmäßige Abschreibungen vorgenommen werden, um die Vermögensgegenstände mit dem niedrigeren Wert anzusetzen, der ihnen am Abschlussstichtag beizulegen ist; sie sind vorzunehmen bei einer voraussichtlich dauernden Wertminderung."

---

[19] Leimböck, E./Schönnenbeck, H.: a.a.O., S. 101; Im genannten Werk sind auch detaillierte Beispiele zum Thema: „Zusammenhang zwischen betrieblichen Rechnungswesen (KLR) und dem Jahresabschluss" aufgeführt und zwar von S. 59 bis einschließlich S. 100

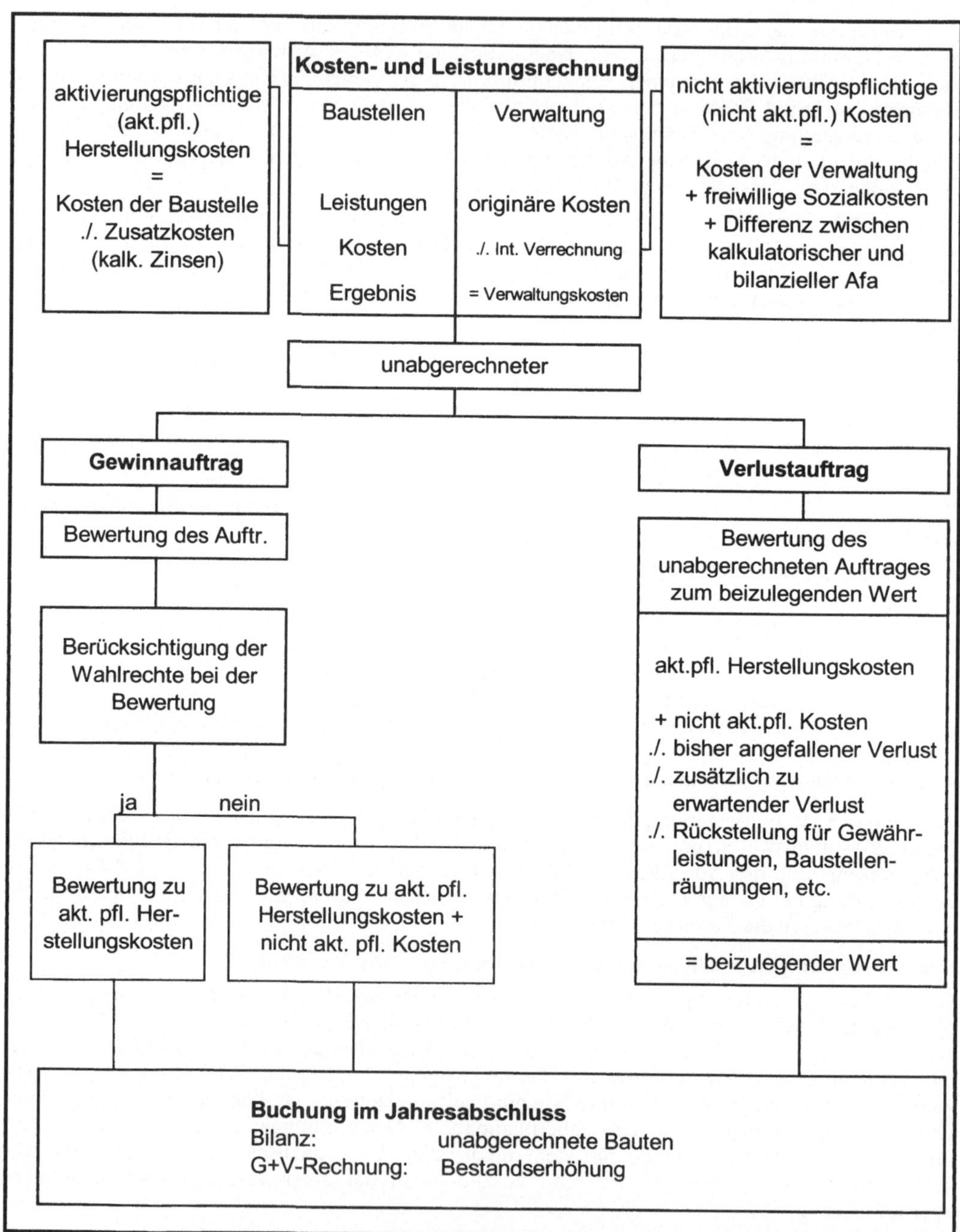

Bild F-10   Zusammenhang zwischen Kosten- und Leistungsrechnung und Jahresabschluss bei der Verbuchung von unabgerechneten Bauleistungen

In diesem Zusammenhang ist ebenfalls der § 254 HGB zu nennen. Hier heißt es: „Abschreibungen können auch vorgenommen werden, um Vermögensgegenstände des Anlage- oder Umlaufvermögens mit dem niedrigeren Wert anzusetzen, der auf einer nur steuerrechtlich zulässigen Abschreibung beruht. § 253 Abs. 5 ist entsprechend anzuwenden."

Bei den planmäßigen Abschreibungen werden heute folgende Verfahren angewendet:

- lineare Abschreibung
- geometrisch-degressive Abschreibung
- arithmetisch-degressive Abschreibung
- Abschreibung nach Leistung

Auf die einzelnen Verfahren wird an dieser Stelle nicht explizit eingegangen.[20] Durch die Möglichkeit der Wahl des Verfahrens sind bestimmte Bewertungsspielräume gegeben. Ebenso durch den Grundsatz, dass Abschreibungen im Rahmen vernünftiger kaufmännischer Beurteilung möglich sind (vgl. § 253 Abs. 4 HGB). Die letzteren Spielräume gelten allerdings nicht für Kapitalgesellschaften, sondern nur für Einzelkaufleute und Personengesellschaften und dabei darf auch nicht willkürlich vorgegangen werden.

Bemessung von Rückstellungen

Nach § 253 Abs. 1 HGB sind Rückstellungen nur in Höhe des Betrages anzusetzen, der nach vernünftiger kaufmännischer Beurteilung notwendig ist. Rückstellungen müssen mit geschätzten Ansätzen bilanziert werden. Die Schätzung ist an die im Gesetz genannten Grundsätze, vor allem an den Grundsatz der Vorsicht, gebunden. So heißt es z.B. in § 253 Abs. 1 Satz 2 HGB zur Bewertung der Pensionsrückstellungen:

„[…] Rentenverpflichtungen, für die eine Gegenleistung nicht mehr zu erwarten ist, [sind] zu ihrem Barwert und Rückstellungen nur in Höhe des Betrags anzusetzen, der nach vernünftiger kaufmännischer Beurteilung notwendig ist."

Handelsrechtlich ist weder das anzuwendende Verfahren (Barwert oder Gegenwartswert der Anwartschaften) noch sind die Rechnungsgrundlagen (Sterbetafeln, Rechnungszinsfuss) vorgegeben. Es eröffnet sich ein Bewertungsspielraum, der nur durch die Forderung nach „vernünftiger kaufmännischer Beurteilung" begrenzt ist.

2.1.3 Die stillen Reserven als Konsequenz der Rechnungslegungsvorschriften

Wie jede Handelsbilanz zeigt, besitzt das Unternehmen Vermögensgegenstände des Anlage- und des Umlaufvermögens sowie Eigen- und Fremdkapital. Alle Vermögenswerte – Kassenbestände in € ausgenommen – können mit ihren aktuellen Werten über den bilanzierten ursprünglichen Anschaffungs- oder Herstellungskosten liegen; alle Rückstellungen und viele Verbindlichkeiten können höher bilanziert sein, als sie dann wirklich anfallen werden. Der Grund hierfür liegt darin, dass bei der Bewertung das allgemeine Vorsichtprinzip, und insbesondere die davon abgeleiteten Anschaffungswert-, Niederstwert-, Höchstwert- und Imparitätsprinzipien angewendet werden.

Durch diese Bewertungs- als auch durch die Ansatzvorschriften entstehen Rechengrößen, die als stille Reserve bezeichnet werden.

Das Gesetz gibt den Einzelkaufleuten und den Personengesellschaften einen besonders weiten Raum zur Bildung von stillen Reserven. Es lässt ausdrücklich zu, dass gemäß § 253 Abs. 4 HGB Einzelkaufleute und Personengesellschaften im Rahmen vernünftiger kaufmännischer Beurteilung stille Reserven bilden. Für Kapitalgesellschaften gelten strengere Maßstäbe. Dies

---

[20] vgl. hierzu z.B. Leimböck, E. (1997): a.a.O., S. 34 f.

folgt zum einen aus dem generellen Grundsatz des § 264 Abs. 2 HGB, nach dem der Jahresabschluss der Kapitalgesellschaft ein den tatsächlichen Verhältnissen entsprechendes Bild der Vermögens-, Finanz- und Ertragslage gewähren muss. Zum anderen dient eine Reihe von ergänzenden Bestimmungen – bis hin zu Angabe-, Erläuterungs- und Begründungspflichten im Anhang – dazu, dass die ausgewiesenen Vermögensverhältnisse auch den tatsächlichen Verhältnissen entsprechen.

Grundsätzlich kann man bei den stillen Reserven unterscheiden zwischen:

- Zwangsreserven
- Schätzungsreserven
- Ermessungsreserven

Zwangsreserven entstehen aufgrund des Anschaffungswertprinzips. Wurde z.B. vor 30 Jahren ein Grundstück zu € 50,- je m^2 erworben und der heutige Verkehrswert beträgt z.B. € 500,- je m^2, so entstand in der Bilanz des Unternehmens eine stille Zwangsreserve in Höhe von 450,- €/m^2, weil das Grundstück auch heute noch mit dem Anschaffungswert bilanziert werden muss.

Entsprechendes gilt auf der Passivseite der Bilanz z.B. für Dollar-Verbindlichkeiten. Wurde diese Verbindlichkeit zu einem Zeitpunkt mit einem €-Betrag bilanziert, bei welchem der Kurs höher war als heute (bspw. kann der Kurs von 1,20 $/€ auf 1,10 $/€ gefallen sein), dann ist die Verbindlichkeit aus aktueller Sicht mit einem zu hohen €-Betrag bilanziert. In diesem Fall hat das Unternehmen weniger Schulden als in der Bilanz ausgewiesen.

Auch durch den Zwang zur Anwendung des Niederstwertprinzip entstehen stille Reserven. Dies gilt vor allem im Umlaufvermögen, wenn die Wertminderungen nur vorübergehend waren.

Zwangsreserven entstehen zudem durch das Imparitätsprinzip, d.h. durch das Verbot des Ausweises von nicht realisierten Gewinnen. Dies spielt in den Baubilanzen vor allem in der Position „unabgerechnete Bauten" eine sehr große Rolle, und zwar bei Gewinnaufträgen, die nicht im Jahr des Baubeginns fertiggestellt wurden und daher als unabgerechnet zu bilanzieren sind. Bei mehrjähriger Bauzeit und Gewinnhaltigkeit sammelt sich hier eine Zwangsreserve in unter Umständen erheblicher Höhe an. Erst in der der Bauabnahme folgenden Bilanz löst sich diese Gewinnreserve auf, d.h. erst dann wird der Gewinn in der Bilanz ausgewiesen.

Schätzungsreserven entstehen, wenn das Unternehmen bestimmte Bilanzierungsvorgänge aufgrund von mehr oder weniger exakten Schätzungen vornehmen muss.

Solche Schätzungen sind erforderlich

- bei der Festlegung von zukünftigen Verlusten, die bereits im Geschäftsjahr berücksichtigt werden müssen,
- bei der Festlegung von Rückstellungen,
- bei Einzel- und der Pauschalwertberichtigung zu Forderungen und
- bei planmäßigen und außerordentlichen Abschreibungen und zwar im Hinblick auf die Nutzungsdauer (z.B. von Geräten) und im Hinblick auf den Verlauf von Wertminderungen (linear oder degressive Abschreibung).

Die Schätzungen müssen nach dem Vorsichtsprinzip vorgenommen werden. Sie dürfen allerdings nicht willkürlich erfolgen, sondern sie müssen im Sinne der Grundsätze ordnungsmäßiger Buchführung durchgeführt werden. Die Grenzen des Schätzungsspielraumes sind dadurch gezogen, wenn ein sachkundiger Dritter diese Schätzung nicht als willkürlich betrachtet.

Ermessensreserven entstehen bei der Anwendung der gesetzlichen Bewertungs- bzw. Aktivierungs- und Passivierungswahlrechte.

2.2 Unternehmensfinanzierung

Unternehmensfinanzierung kann allgemein als Aufbringung und Vorhaltung von Finanzierungsmitteln für den Aufbau und das Betreiben eines Unternehmens verstanden werden. Finanzmittel sind notwendig, um die Kapazität aufzubauen bzw. zu erhalten oder zu vergrößern. Dazu werden z.B. Grundstücke, Gebäude, Büroeinrichtungen, Maschinen, maschinelle Anlagen oder Geräte benötigt. Auch die laufenden Aufwendungen für Löhne und Gehälter, Büromaterial, Stoffe und Nachunternehmerleistungen müssen finanziert werden.

Finanzierungsmittel können dem Unternehmen von außen zugeführt oder selbst erwirtschaftet werden. Im ersten Fall spricht man von Außen-, im zweiten von Innenfinanzierung. Neben diesen zwei klassischen Finanzierungsbereichen gibt es die Finanzierungsinstrumente, wie z.B. Darlehen, Anleihen oder die Ausgabe von Aktien etc., bzw. Finanzierungssurrogate wie bspw. Leasing respektive Factoring. Bezüglich dieser Finanzierungsinstrumente wird auf Punkt D 2.1.2.5 verwiesen.

2.2.1 Der Jahresabschluss als Beurteilungsinstrument für die Außenfinanzierung

Die Außenfinanzierung kann in Form einer Eigen- bzw. Beteiligungsfinanzierung und/oder einer Fremdfinanzierung erfolgen. Bei der Eigen- bzw. Beteiligungsfinanzierung erwirbt der Kapitalgeber mit der Überlassung von Kapital Eigentumsrechte.

Die Möglichkeiten der Beschaffung von Eigenkapital bzw. von Beteiligungskapital hängen in starkem Maße von der Rechtsform des Unternehmens ab. So wird bei Einzelunternehmen und bei offenen Handelsgesellschaften (OHG) auch das Privatvermögen des Unternehmers bzw. der Gesellschafter bei der Bonitätsprüfung der Kreditgeber dem Eigenkapital zugerechnet. Bei Kapitalgesellschaften zählt nur die tatsächliche Einlage (Beteiligung in Form eines GmbH-Anteils oder eines Aktienbestandes) zur Eigen- bzw. Beteiligungsfinanzierung.

Bei der Fremdfinanzierung werden dem Unternehmen Finanzmittel als Kredite für eine vereinbarte Zeit zur Verfügung gestellt. Im Gegensatz zur Eigenfinanzierung entstehen für das Unternehmen bei der Fremdfinanzierung Aufwendungen, vor allem in Form von Zinsen, die unabhängig vom Erfolg des Unternehmens anfallen. Außerdem hat die Fremdfinanzierung noch den entscheidenden Nachteil, dass sie Sicherheiten (z.B. in Form von Grundschulden) erfordert. Fremdfinanzierungsmittel sind z.B. Bankkredite, Lieferantenkredite, Kundenanzahlungen, Schuldscheindarlehen oder Schuldverschreibungen. Zu weiteren Einzelheiten der Unternehmensfinanzierung wird auf den Punkt D 2.2.1 verwiesen. An dieser Stelle wird der Zusammenhang zwischen Jahresabschluss und Außenfinanzierung dargestellt.

Der Jahresabschluss wird dann als Beurteilungsinstrument für die Außenfinanzierung verwendet, wenn zusätzliche Finanzmittel benötigt werden.

„Die Analyse des Jahresabschlusses steht in der Praxis in aller Regel im Mittelpunkt der Kreditwürdigkeitsprüfung, obwohl sich die Kreditpraxis durchaus der Unzulänglichkeiten bewusst ist, mit denen der Jahresabschluss behaftet ist.“[21] Bei der Kreditwürdigkeitsbeurteilung werden neben dem Jahresabschluss noch eine Reihe von anderen Informationen herangezogen, wie z.B.:

- branchenbezogene Einflussfaktoren (Baumarkt, Strukturkrise etc.)
- unternehmensbezogene Einflussfaktoren (Standort, Geschäftsfelder etc.)
- allgemeinwirtschaftliche Einflussfaktoren (Konjunktur, Politik etc.)

---

[21] vgl. van Gisteren, R.: Branchenorientierte Bonitätsanalyse mit Früherkennungseigenschaften, Dissertation Universität Dortmund: Dortmund 1986, S. 142

Vor allem muss noch unterschieden werden, ob es sich bei der Außenfinanzierung um die Bereitstellung von Finanzmitteln im Rahmen der laufenden Geschäftstätigkeit handelt oder ob die Finanzmittel anlässlich besonderer Anlässe, wie z.B. Gründung, Umwandlung, Sanierung, Verschmelzung benötigt werden. Auf den Jahresabschluss als Beurteilungsinstrument der Außenfinanzierung, wird u.a. im Punkt F 3 eingegangen.

2.2.2 Die Gestaltung der Bilanz für die Zwecke der Innenfinanzierung

Der Jahresabschluss ist die Grundlage der Feststellung und des Ausweises des Bilanzgewinns. Dieser Gewinn unterliegt erstens der Besteuerung und zweitens der Ausschüttung an die Unternehmenseigner. Außerdem sind bei Kapitalgesellschaften auch in der Regel die Bezüge von Aufsichtsräten, Vorständen und leitenden Angestellten vertraglich an den ausgewiesenen oder den ausgeschütteten Gewinn gebunden.

All diesen Zahlungsverpflichtungen ist aus der Sicht des Unternehmens gemeinsam, dass sie dem Unternehmen Vermögen in Form von Finanzmitteln entziehen, die ansonsten anderweitig, z.B. für Investitionen oder Entschuldungen, verwendet werden könnten.

Es entspricht dem freien Unternehmertum in einer Marktwirtschaft, wenn das einzelne Unternehmen bemüht ist, aus der Bilanz ein Instrument zu machen, das zwar den gesetzlich vorgeschriebenen Anforderungen entspricht, das aber alle Gestaltungsrechte ausnützt, um einen möglichst niedrigen Gewinn auszuweisen, um die gewinnabhängigen Auszahlungen zu verringern.

Dieses kann aber nur dann gelingen – und hier setzt die Kunst der Bilanzpolitik ein – wenn der Jahresabschluss als Instrument der Innenfinanzierung eingesetzt wird. Drei Möglichkeiten sind hierbei hervorzuheben:

Erstens: Die Gewinnsteuerzahlungen werden im Rahmen der rechtlichen Vorschriften minimiert.
Zweitens: Die Gewinnsteuerzahlungen werden um ein Jahr oder mehrere Jahre hinausgeschoben.
Drittens: Der bilanzierte Gewinn wird nicht ausgeschüttet, sondern im Unternehmen zurückbehalten (Thesaurierungsfinanzierung).

Auf die ersten beiden Möglichkeiten, nämlich der Minimierung der Gewinnsteuern und/oder Verschiebung der Gewinnsteuerzahlungen in spätere Zeiträume, wird hier nicht weiter eingegangen.

Zur dritten Möglichkeit kann man festhalten, dass die Zurückhaltung von ausgewiesenen Gewinnen auf freiwilliger Basis erfolgen kann. Dabei kommt je nach Rechtsform des Unternehmens eine Erhöhung des Kapitalkontos oder die Bildung einer freien Rücklage in Frage. Bei Aktiengesellschaften erfolgt die Thesaurierung allerdings auch zwangsweise, da § 150 AktG vorsieht, dass aus dem Jahresüberschuss eine gesetzliche Rücklage zu bilden ist.

Die Innenfinanzierung beruht also auf zwei Gestaltungsmöglichkeiten:

1. Das Unternehmen trifft Entscheidungen, denen die Bilanz lediglich Rechnung zu tragen hat:
   - Das Unternehmen entscheidet, einen erzielten und bilanzierten Gewinn nicht auszuschütten, sondern im Unternehmen zu behalten (Thesaurierungsfinanzierung).
   - Das Unternehmen gibt seinen Mitarbeitern Versorgungszusagen und/oder Zusagen für Jubiläumsgelder. Hieraus entstehen Verpflichtungen künftiger Zahlungen, für die das Unternehmen aus dem Cash-flow jährlich Rückstellungen bildet, die bis zur Auszahlung dem Unternehmen als kurz- und langfristiges Fremdkapital zur Verfügung stehen.
   - Durch Desinvestitionen von Vermögensgegenständen wird Kapital freigesetzt.[22]

---

[22] vgl. Schulte, K.-W./Väth, A.: Finanzierung und Liquiditätssicherung; in: Diederichs, C.J. (Hrsg.): Handbuch der strategischen und taktischen Bauunternehmensführung, a.a.O., S. 493

2. Das Unternehmen trifft Entscheidungen zu Bilanzierungsmaßnahmen und Bewertungsansätze, die der Innenfinanzierung dienen:

   - Obligatorische Innenfinanzierung
     Das Unternehmen bilanziert gemäß den ausführlich dargestellten Grundsätzen und Gesetzesvorschriften. Dabei bewirkt die Beachtung des Imparitätsprinzips zumindest eine vorübergehende Vermögensbildung im Unternehmen.
   - Freiwillige Innenfinanzierung

Das Unternehmen macht von den Wahlrechten Gebrauch. Hierbei entstehen u.a. indirekte Finanzierungspotenziale aus Abschreibungswahlrechten.

2.3 Die Steuerung der Liquidität

2.3.1 Die Bedrohung des Unternehmens durch Zahlungsunfähigkeit

Die Liquidität bezeichnet die Fähigkeit und Bereitschaft eines Unternehmens, seinen bestehenden Zahlungsverpflichtungen termingerecht und betragsgenau nachzukommen. Kommt das Unternehmen dieser Verpflichtung nicht nach, dann spricht man von Illiquidität bzw. Zahlungsunfähigkeit. Dies ist ein allgemeiner Grund zur Eröffnung eines Insolvenzverfahrens. Zahlungsunfähigkeit liegt auch dann vor, wenn das Unternehmen sich die Zahlungsmittel auch nicht mehr beschaffen kann. Zahlreiche Insolvenzen – und das vor allem auch von bauwirtschaftlichen Unternehmen – sind auf Zahlungsunfähigkeiten zurückzuführen.

Bei Kapitalgesellschaften und Personengesellschaften, bei denen es keinen persönlich haftenden Gesellschafter gibt, ist auch die Überschuldung ein Grund zur Eröffnung des Insolvenzverfahrens. Nach § 19 Abs. 2 InsO liegt eine Überschuldung dann vor, wenn das Vermögen des Schuldners die bestehenden Verbindlichkeiten nicht mehr deckt. Nach § 92 Abs. 2 AktG, welcher nach dem „Einführungsgesetz zur Insolvenzordnung" (EGInsO) angepasst wurde, muss der Vorstand der AG ohne schuldhaftes Zögern – spätestens aber drei Wochen nach Eintritt der Zahlungsunfähigkeit – die Eröffnung des Insolvenzverfahrens beantragen. Dies gilt sinngemäß, wenn eine Überschuldung der Gesellschaft vorliegt.

Analoges gilt für die GmbH gemäß § 64 Abs. 1 des durch EGInsO angepassten GmbHG und für die OHG nach § 130a des durch EGInsO angepassten HGB dann, wenn keiner der Gesellschafter eine natürliche Person ist, und bei einer KG nach § 177a HGB dann, wenn der oder die Komplementäre keine natürliche Person ist bzw. sind. Neben den genannten Eröffnungsgründen der Zahlungsunfähigkeit und der Überschuldung ist als neuer Eröffnungsgrund die drohende Zahlungsunfähigkeit einer natürlichen oder juristischen Person eingefügt. Diese Neuregelung soll dazu dienen, ein Insolvenzverfahren so rechtzeitig zu eröffnen, dass noch Sanierungschancen bestehen.

Das Liquiditätsrisiko zählt neben dem Auftragsrisiko und dem langfristigen Investitionsrisiko zu den klassischen Risiken der bauwirtschaftlichen Unternehmen. Neben der Sicherung der Ertragskraft (Rentabilität) ist daher die Sicherung der Finanzkraft (Liquidität) langfristig ein gleichrangiges Ziel. Besonders in Krisenzeiten wird deutlich, dass kurzfristig die Sicherung der Liquidität sogar Vorrang vor der Sicherung der Ertragskraft hat.

Aus diesem Grunde ist es überaus wichtig, dass die Unternehmen die mögliche Bedrohung der Unternehmensexistenz durch Zahlungsschwierigkeiten rechtzeitig erkennen. Hierzu dienen einmal die Liquiditätsinformationen aus dem Jahresabschluss und zum anderen aus dem Finanzplan.

2.3.2 Liquiditätsinformationen aus dem Jahresabschluss

Liquiditätsinformationen aus der Bilanz

Obwohl das erzielte Ergebnis der entscheidende Ausdruck der Unternehmenslage ist, darf bei der Beurteilung eines Unternehmens die Liquiditätslage in keinster Weise vernachlässigt werden. Die Zahlungsfähigkeit muss ständig gewährleistet sein. Ein Instrument zur Kontrolle der Zahlungsfähigkeit ist die Deckungsrechnung. Sie prüft, wie weit das älteste, aber unverändert gültige Gebot der Unternehmensfinanzierung beachtet wurde, nämlich das Gebot der Fristenkongruenz von Kapitalaufbringung und Kapitalverwendung.

Zusammenbrüche bedeutender Unternehmen waren häufig dadurch bedingt, dass bei guter Beschäftigungs- und Ertragslage Zahlungsunfähigkeit und damit Produktionsunfähigkeit eintraten. Hieraus wurde die Folgerung gezogen, dass die finanzielle Sicherung der Produktionsfähigkeit des Unternehmens dann gewährleistet ist, wenn das unmittelbar für die Produktion eingesetzte Sachvermögen durch langfristiges Kapital gedeckt ist.

Diese Forderung ist auch unter dem Begriff „Goldene Bilanzregel" bekannt und diese verlangt mit anderen Worten, dass das Anlagevermögen durch Eigenkapital bzw. langfristiges Fremdkapital bilanzmäßig gedeckt ist. Die Forderung wird mit Hilfe der Deckungsrechnung untersucht, die durch eine Umstellung der Bilanz gewonnen wird.[23] Nach der Umstellung erhält man eine Strukturbilanz, die einerseits eine materielle Bereinigung (Eliminierung von Über- und Unterbewertung) und andererseits eine formale, d.h. nach der Fristigkeit geordnete Zuordnung vornimmt.

Mit dieser Deckungsrechnung wird geprüft, ob das wichtige Gebot der Unternehmensfinanzierung beachtet wurde, nämlich das Gebot der Fristenkongruenz von Kapitalaufbringung und Kapitalverwendung. Die nachfolgende Deckungsrechnung wird aus dem im Punkt F 1.2.2.2 dargestellten Beispiel 1: „Bilanz der Hoch- und Tiefbau GmbH" entwickelt.

Für dieses Beispiel können aus der Deckungsrechnung auf der folgende Seite die unten stehenden Zahlen entnommen werden:

1. Vom Sonderposten mit Rücklageanteil von 311 T€ werden mit 40 % = 124 T€ dem Eigen-, mit 60 % = 187 T€ dem langfristigen Fremdkapital zugerechnet. Dieser Sonderposten gibt dem Unternehmen die Möglichkeit, bilanzierte Gewinne steueraufschiebend zu thesaurieren. Wird dieser Posten später aufgelöst, so fallen Körperschafts- und Gewerbesteuern an. Man kann für diese Steuern mit einem vorsichtig geschätzten Wert von 60 % des Zuführungsbetrages rechnen.

2. Die Pensionsrückstellungen von 1 744 T€ gelten voll als langfristiges Fremdkapital.

3. Die sonstigen Rückstellungen in Höhe von 9 806 T€ sind bei bauausführenden Unternehmen in der Regel mit einem Anteil von 20 % (20 % von 9 806 T€ = 1 961 T€) als langfristiges Fremdkapital anzusehen. Dieser Prozentsatz kann zunächst als Erfahrungswert in der Bauwirtschaft betrachtet werde und ist im Einzelfall unternehmensspezifisch zu ermitteln. Er ergibt sich hauptsächlich aus den Zuführungen für Gewährleistungsverpflichtungen, wenn diese die in der VOB vorgesehene Dauer von 4 Jahren überschreiten. Ferner sind auch Rückstellungen für Risiken aus schwebenden Prozessen meist langfristiger Natur und zählen demnach anteilig zu dem langfristigen Fremdkapital.

4. Zur Finanzierung des Unternehmensvermögens gehören neben den erhaltenen Abschlagzahlungen von 38 855 T€ (auf der Aktivseite der Bilanz bei der Position „nicht abgerechnete Bauten" abgesetzt) auch die erhaltenen Anzahlungen von T€ 3 017 (Passivseite der Bilanz).

---

[23] vgl. hierzu Leimböck, E./Schönnenbeck, H.: a.a.O., S. 121 ff.

Aktiva		Passiva	
Anlagevermögen	T€	Eigenkapital	T€
1. Immaterielle Vermögensgegenstände	1 029	1. Gezeichnetes Kapital	1 500
2. Sachanlagen	9 158	2. Rücklagen	2 172
3. Finanzanlagen	389	3. 40% des Sonderpostens mit	
		Rücklagenanteil 40% von 311 T€	124
		gesamt	3 796
		Langfristiges Fremdkapital	
		1. Pensionsrückstellungen	1 744
		2. 20% von den sonstigen Rück-	
		stellungen = 20% von 9 806 =	1 961
		3. 60% des Sonderpostens mit Rück-	
		lageanteil 60% von 311 =	187
		4. Langfristige Verbindlichkeiten	2 780
		gesamt	6 672
Anlagevermögen gesamt	10 576	Langfristiges Kapital gesamt	10 486
Umlaufvermögen			
1. Roh-, Hilfs-, Betriebsstoffe:	543		
2. Zum Verkauf bestimmte Grundstücke	996		
3. Geleistete Anzahlungen	106		
4. Nicht abgerechnete Bauten: 46 943			
./. erhaltene Abschlags-			
zahlungen: ./. 38 855 =	8008	Erhaltene Anzahlungen	3 017
Umlaufvermögen gesamt	9 733	Finanzierung des Umlaufvermögens	3 017
Anlage + Umlaufvermögen	20 309	Langfristiges Kapital + Anzahlungen	13 485

Bild F-11 Beispiel einer Deckungsrechnung im Rahmen der Analyse einer
Unternehmensfinanzierung

An dieser Stelle soll nur das Instrument der Deckungsrechnung dargestellt werden. Die Schlussfolgerungen werden im Punkt F 3 im Zusammenhang mit der Bilanzanalyse gezogen.

Neben dieser Deckungsrechnung wurden auch eine Reihe von anderen Kennzahlen zur kurzfristigen Liquiditätsanalyse entwickelt. Dabei unterscheidet man z.B. in Abhängigkeit vom Ansatz
der Vermögensgegenstände drei Liquiditätsgrade:

$$\text{Liquidität 1. Grades:} \frac{\text{Zahlungsmittel}}{\text{Kurzfristige Verbindlichkeiten}} \times 100$$

Liquidität 2. Grades: $\dfrac{\text{Zahlungsmittel} + \text{Kurzfristige Forderungen}}{\text{Kurzfristige Verbindlichkeiten}} \times 100$

Liquidität 3. Grades: $\dfrac{\text{Zahlungsmittel} + \text{Kurzfristige Forderungen} + \text{Vorräte}}{\text{Kurzfristige Verbindlichkeiten}} \times 100$

Neben dieser Differenzierung der Liquidität gibt es in der Praxis noch eine Vielzahl von weiteren Deckungsgraden. Für bauausführende Unternehmen wird z.B. folgende Liquiditätskennzahl vorgeschlagen.[24]

Netto-Bankverschuldung zu Sachanlagevermögen

$$= \frac{\text{Bankverbindlichkeiten ./. liquide Mittel}}{\text{Sachanlagevermögen} + \text{Grundbesitz des Umlaufvermögens}}$$

Diese Kennzahl spiegelt die Relation von aufgenommenen Bankkrediten zu den vorhandenen Sicherheiten in den Vermögenswerten wider und besitzt deswegen einen Aussagewert, weil Banken bei größeren Kreditvolumina über kurz oder lang eine zusätzliche dingliche Sicherheitsleistung verlangen.

Bauausführende Unternehmen sind u.a. dadurch gekennzeichnet, dass die Bauleistung häufig vorfinanziert werden muss. Auch dies kann durch eine Kennzahl quantifiziert werden.

> Vorfinanzierung (lt. Bilanz)
>
> Nicht abgerechnete Bauleistungen

./. Erhaltene Abschlagszahlungen

./. Erhaltene Vorauszahlungen

= Vorfinanzierung

Diese Kennzahl vermittelt einen Eindruck davon, wie viel Liquidität im Unternehmen vorgehalten wird. Erweitert man die Kennzahl dahingehend, dass der durchschnittliche Bestand der Barmittel und die vorhandenen Kreditlinien (einschließlich Avale und Wechseldiskonte) mitberücksichtigt werden, ergibt sich ein Anhaltspunkt dafür, inwieweit eingetretene Verluste existenzgefährdend sind.

Liquiditätsinformationen aus der Gewinn- und Verlustrechnung

Die Gewinn- und Verlustrechnung als Zeitraumrechnung enthält die Monats- oder Quartalszahlen der laufenden Operationen. Mit diesen Zahlen wird wie folgt die Grundlage der kurzfristigen Finanzdispositionen erarbeitet.

Die kurzfristige Finanzdisposition dient der laufenden Steuerung der Liquidität. Hier werden Entscheidungen ausgelöst, die sich innerhalb des gegebenen Rahmens kurzfristiger Verwendung freier Mittel und der stärkeren Nutzung bestehender Kreditspielräume bewegen. Sind Liquiditätsengpässe zu überbrücken, so muss zunächst einmal gewährleistet werden, dass Abrechnungen und Zahlungsanforderungen so früh wie eben möglich erfolgen und die Rechtzeitigkeit der Zahlungseingänge überwacht (angemahnt) werden; andererseits kann man versuchen, ob die Verlängerung von Kreditfristen erreicht wird.

---

[24] Mielicki, U.: Liquiditätsinformationen aus dem Jahresabschluss von Bauunternehmen; in: Bauwirtschaftliche Informationen, Herausgegeben vom betriebswirtschaftlichen Institut der Bauindustrie: Düsseldorf, 1996, S. 11

	Januar	...	Dezember	Jahr
Laufende Operationen				
+ Erlöse aus Schlußrechnungen				
+ Erlöse aus Abschlagsforderungen				
+ An- und Vorauszahlungen				
+ Zahlungseingänge von ARGEn				
+ Andere Zahlungseingänge				
./. Lohn- und Gehaltszahlungen, einschl. Steuern, Sozialaufwendungen und Lohnnebenkosten				
./. Geldausgänge auf Grund von Verbindlichkeiten aus Lieferungen und Leistungen				
./. Zahlungen an Nachunternehmer				
./. Einschüsse in ARGEn				
./. Betriebsteuern				
./. Sonstige Auszahlungen				
= kurzfristige Finanzlücke bzw. Finanzüberschuss				

Bild F-12   Schema einer Finanzübersicht für „laufende Operationen"

2.3.3 Liquiditätsinformationen aus dem Finanzplan

Mittel- und langfristige Finanzpläne

„Finanzkrisen bemerkt man meist zu spät. Vorbeugendes Hilfsmittel, mit dem die Zahlungsfähigkeit kurzfristig zu steuern und langfristig zu sichern ist, ist die Finanzplanung. Nur eine planmäßige Finanzvorschau vermag das Gleichgewicht optimaler Liquidität zu bestimmen und zu erhalten, indem die Finanzdifferenz (Finanzlücke oder Finanzüberschuss) für einen bestimmten Zeitraum bzw. für bestimmte Zeiträume ermittelt und durch geeignete Maßnahmen ausgeglichen wird."[25]

In der Bauwirtschaft werden neben der kurzfristigen Finanzdisposition schon seit geraumer Zeit auch mittel- und langfristige Finanzpläne erstellt. Mit diesen Plänen kann rechtzeitig eine Bedrohung der Unternehmensexistenz durch Zahlungsschwierigkeiten erkannt werden.

Die Finanzpläne sind integrativer Bestandteil der gesamten Unternehmensplanung. In den Finanzplänen finden nämlich die zu erwartenden zahlungsrelevanten Vorgänge aus laufender Betriebstätigkeit, aus Investitionsvorhaben und aus dem Finanzbereich ihren Niederschlag.

Folgendes Grundschema einer Finanzplanung soll die genannten Zusammenhänge verdeutlichen.

---

[25] Refisch, B. (1980): a.a.O., S. 1528

Finanzplan für ein Geschäftsjahr	in T€
Bestand an liquiden Mitteln am Anfang des Geschäftsjahres + Voraussichtliche Einzahlungen aus laufenden Operationen + Erträge aus Finanzanlagen und sonstigen Beteiligungen ./. Voraussichtliche Auszahlungen aus laufenden Operationen ./. Kredittilgung einschließlich Zinsen ./. Anschaffung (Investitionen) ./. Gewinnentnahmen	
= voraussichtlicher Bestand an liquiden Mitteln (cash-flow) zum Jahresende	
+ Verkäufe von Anlagegegenständen + Bankkredite und sonstiges Fremdkapital + Erhöhung des Eigenkapitals ./. Ausgaben für Finanzanlagen und sonstige Beteiligungen	
voraussichtlicher Gesamtbestand (mittel- bzw. langfristige Finanzlücke bzw. Finanzüberschuss)	

Bild F-13 Schema eines Finanzplanes[26]

3 Der Jahresabschluss als Informationsquelle für externe Gruppen

Wie an anderer Stelle ausgeführt – vgl. Punkt C 2.2.1 – haben eine Reihe von externen Gruppen unmittelbare Interessen am wirtschaftlichen Geschehen eines Unternehmens:

Fremdkapitalgeber:	Sicherheit, Verzinsung des überlassenen Kapitals.
Kunden:	Nutzen der Produkte und Dienstleistungen.
Lieferanten:	Verkaufserlös der gelieferten Ware, Sicherheit der Abnahme und Bezahlung.
Konkurrenten:	Verbesserung bzw. zumindest Aufrechterhaltung der relativen Wettbewerbsfähigkeit gegenüber der Konkurrenzsituation, Benchmarking.
Mögliche Partnerunternehmen:	Arbeitsgemeinschaften, Kooperationen und kapitalmäßige Verflechtungen sind mit Risiko verbunden. Dies muss durch eine objektive Beurteilung des vorgesehenen Partners begrenzt werden.
Interessen regulatorischer Gruppen:	Steuereinnahmen, Unterstützung der wirtschafts- und sozialpolitischen Randbedingungen, Erhöhung der Lebensqualität, Sicherung der Arbeitsplätze.

---

[26] Refisch, B. (1980): a.a.O., S. 1530

Im Folgenden wird dargestellt, inwieweit der veröffentlichte Jahresabschluss als Informationsquelle für externe Gruppen dienen kann.

„Die Problematik des Jahresabschlusses als Lieferant von Orientierungsdaten liegt darin, dass er keine Ansichtskarte des Unternehmens darstellt. Vielen Unternehmen wird dies erstmals bei Kreditverhandlungen deutlich. Ein Unternehmen sieht Möglichkeiten der Geschäftsausweitung, will Geräte anschaffen, den Baurahmen erweitern, dafür Kredit aufnehmen oder den Kreditrahmen erweitern. Langfristige Zusammenarbeit mit anderen Unternehmen steht zur Debatte – Anteilserwerb, Gründung gemeinsamer Gesellschaften, z.B. für schlüsselfertiges Bauen. Dann treten plötzlich Begriffe auf, die – scheinbar – aus dem Jahresabschluss gar nicht hervorgehen: Der Cash-flow sei zwar gut, aber teilweise periodenfremd, der Einfluss des Fremdkapitals auf die Ertragslage könnte stark werden. Die Deckungsverhältnisse der Bilanz seien anzustreben, zudem sei der Kapitalumschlag zu langsam.

Zwar hat der Jahresabschluss nach dem Wortlaut des Bilanzrechts unter Beachtung der Grundsätze ordnungsmäßiger Buchführung ein den tatsächlichen Verhältnissen entsprechendes Bild der Vermögens-, Finanz- und Ertragslage zu vermitteln. Auch im Lagebericht sind zumindest der Geschäftsverlauf und die Lage der Kapitalgesellschaft so darzustellen, dass ein den tatsächlichen Verhältnissen entsprechendes Bild vermittelt wird."[27]

Allerdings reicht der veröffentlichte Jahresabschluss in aller Regel nicht aus, um alle für die jeweiligen Interessenten wichtigen Fragen klären zu können.

Hierzu ist der Jahresabschluss intensiv zu analysieren.

3.1 Externe Bilanzanalyse

Die Nutzung der Rechnungslegung als Informationsinstrument trägt die traditionelle Bezeichnung „Bilanzanalyse". Dies ist allerdings von der Sache her eine zu enge Bezeichnung. Entgegen ihrer Bezeichnung umfasst die Bilanzanalyse die gesamte unternehmerische Rechnungslegung - bzw. den Jahresabschluss - von der die Bilanz nur ein bedeutender Teil ist.

Die gesetzliche Rechnungslegung wird heute durch weitere Informationen ergänzt: Die veröffentlichte Rechnungslegung – Jahresabschluss, Lagebericht – wird der Öffentlichkeit in ausführlichen Bilanzpressekonferenzen erläutert und von ihr kommentiert. In der Hauptversammlung der Aktionäre wird die Lage der Gesellschaft in Diskussion erfragt und erklärt. Weite Verbreitung haben vorläufige Berichte, die im Laufe eines Jahres – meist im Quartalsabstand – veröffentlicht werden.

3.1.1 Aufbereitung der Zahlen aus dem Jahresabschluss

Die Bilanzanalyse wird anhand des im Punkt F 1.2.2.2 Beispiel 1 „Bilanz sowie Gewinn- und Verlustrechnung der Hoch- und Tiefbau GmbH" erläutert.

Auch bei Planungs- bzw. Projektentwicklungsunternehmen der Bauwirtschaft kann die Bilanzanalyse analog dem gezeigten Beispiel durchgeführt werden, da sowohl die Systematik als auch die Inhalte der Jahresabschlüsse dieser Unternehmen weitgehend identisch sind mit den Jahresabschlüssen der bauausführenden Unternehmen.

---

[27] Leimböck, E./Schönnenbeck, H.: a.a.O., S. 112

Zur Bilanzanalyse wird aus dem Jahresabschluss entnommen:

a) Deckungsrechnung
b) Bauleistung und Auftragssituation (Anhang)
c) Vorfinanzierung der unabgerechneten Aufträge
d) Außenstände aus abgerechneten Bauten
e) Cash-flow
d) Auszug aus dem Anlagespiegel (Anhang)

Deckungsrechnung

Die Deckungsrechnung ist vornehmlich ein internes Steuerungsinstrument. Die Aufbereitung der Zahlen erfolgte daher im Punkt F 2.3.2 Die Deutung der Zahlen erfolgt im folgenden Punkt F 3.1.2.

Bauleistung	in T€
Bauleistung gesamt	124 300 (+43 % gegenüber Vorjahr)
davon eigene Leistung	92 766
ARGE-Leistung	31 534
ARGE-Anteil in %: 25 % (Vorjahr 20 %)	
davon Hochbau	104 066
Tiefbau	20 234
davon Inland	124 300
Ausland	-

Auftragssituation		
Auftragszugänge	**T€**	**+ ./. gg. Vorjahr**
gesamt	138 000	+ 26,0 %
davon Hochbau	104 500	+ 31,5 %
Tiefbau	33 500	+ 10,9 %
davon Inland	126 000	+ 30,0 %
Ausland	12 000	+ 100,0 %
Auftragsbestand	**T€**	**+ ./. gg. Vorjahr**
gesamt	110 500	+ 20,5 %
davon Hochbau	68 500	+ 25,0 %
Tiefbau	42 500	+ 15,5 %
davon Inland	98 500	+ 30,5 %
Ausland	12 000	+ 100,0 %

Bild F-14 Beispiel einer Bekanntgabe von Bauleistungen und der Auftragssituation im Anhang eines bauausführenden Unternehmens

Bauleistungen und Auftragssituation

Es zählt zu den Eigenarten der Bauwirtschaft, dass die Bauleistung des Geschäftsjahres nicht aus der Gewinn- und Verlustrechnung, sondern aus dem Anhang abzulesen ist. Das Bilanzrecht schreibt in § 285 Nr.4 HGB auch die Aufgliederung der Umsätze nach „Tätigkeitsbereichen sowie nach geographisch bestimmten Märkten" vor.

Die Mehrzahl der publizitätspflichtigen Baugesellschaften gibt nicht nur die erbrachte – und damit auch die in Vorjahren erstellte – sondern auch die erwartete Bauleistung bekannt, und zwar durch Angabe der Auftragseingänge des Bilanzjahres und des Auftragsbestandes am Ende des Jahres. Auf der vorherigen Seite ist dies in der Abbildung exemplarisch dargestellt.

Vorfinanzierung der unabgerechneten Aufträge

Aus der Bilanz können hierzu folgende Zahlen entnommen werden.

Aktivierte Werte T€	**Bilanzjahr**	**Vorjahr**
Unabgerechnete Bauten	46 943	23 230
- Abschlagszahlungen	- 38 855	- 18 884
- erhaltene Anzahlungen	- 3 017	- 2 766
= Finanzierungsmittel, die im Durchschnitt zur Erbringung der Bauleistung vorgehalten werden müss	5 071	1 580
Bauleistung	**92 766**	**62 230**

Bei einer Bauleistung von 92 766 T€ in 12 Monaten muss ein Betrag von 5 071 T€ vorfinanziert werden.

Die durchschnittliche eigene Monatsleistung beträgt:

$$\frac{\text{eigene Bauleistung}}{12 \text{ Monate}} = \frac{92\,766 \text{ T€}}{12 \text{ Monate}} = 7\,730 \text{ T€ eigene Bauleistung pro Monat}$$

Im Folgenden wird berechnet, wie viel Monate die Finanzierungsmittel zur Erbringung von Bauleistungen durchschnittlich vorgehalten werden muss.

Also rechnerisch: 92 766 T€ in 12 Monaten

5 071 T€ in x Monaten

$$\Rightarrow x = \frac{5\,071 \text{ T€} \times 12 \text{ Monate}}{92\,766 \text{ TDM}} = 0,65 \text{ Monate}$$

Die Vorfinanzierung von 5 071 T€ für rund 20 Tage bei einer Bauleistung in Höhe von 92 766 T€ ist für die Bauindustrie ein sehr guter Mittelwert. Dieses lässt auf ein sehr gutes Finanzmanagement schließen.

Außenstände aus abgerechneten Bauten

Forderungen aus Lieferungen und Leistungen sind den Umsatzerlösen der Gewinn- und Verlustrechnung gegenüberzustellen. Die Umsatzerlöse werden ohne Umsatzsteuer verbucht. Da vom Auftraggeber Abschlagszahlungen geleistet wurden, ist der Betrag „Forderungen aus Lieferungen und Leistungen" der Betrag, den das Bauunternehmen noch als Außenstände aus abgerechneten Bauten zu bekommen hat.

Da die Forderungen die vollen bestehenden – und als sicher anzusehenden – Anspruchsbeträge umfassen, enthalten sie auch die Umsatzsteuer. Dies gilt allerdings nur für Inlandsaufträge.

Will man also die Umsatzerlöse den Forderungen gegenüberstellen, dann sind die Umsatzerlöse um die Umsatzsteuer zu erhöhen. Das ergibt folgende Rechnung:

	Bilanzjahr	Vorjahr
Umsatzerlöse abgerechneter Bauten	67 656 T€	63 001 T€
+ 16% Mehrwertsteuer	10 824 T€	10 080 T€
Umsatzerlöse einschl. Mehrwertsteuer (Bruttoerlös)	73 081 T€	78 480 T€
Forderungen aus Lieferungen und Leistungen	12 723 T€	12 307 T€
= % der Brutto-Erlöse	16,21 %	16,8 %

Bild F-15 Umsatzerlöse aus abgerechneten Bauten

Nun wird errechnet, wie lange man durchschnittlich warten muss, bis die Forderungen bezahlt werden (Laufzeit in Monaten):

Umsatzerlöse in 12 Monaten: 78 481 T€

Forderungen aus Lieferungen und Leistungen: 12 723 T€; Laufzeit in Monaten = $\times$

Also: 12 723 T€ in $\times$ Monaten $x = \dfrac{12\,723 \times 12}{78\,481} = 1,94$ Monate

analog für das Vorjahr: $x = \dfrac{12\,307 \times 12}{73\,081} = 2,02$ Monate

Die finanzielle Vorhaltung der Forderungen aus abgerechneten Aufträgen ist mit rund zwei Monaten relativ günstig.

Cash-flow

Mit dem Cash-flow wird der in einer Periode erfolgswirksam erwirtschaftete Zahlungsmittelüberschuss angegeben. Dazu werden zu dem Jahresüberschuss die nicht ausgabenwirksamen Aufwendungen addiert und die nicht zahlungswirksamen Erträge subtrahiert. Der so ermittelte Cash-flow ist ein Indikator für das Innenfinanzierungsvolumen eines Unternehmens.

Die Bedeutung des Cash-flow für die Unternehmensanalyse besteht also darin, dass er Aussagen zur Ertrags- und Finanzlage liefert. Er ist auch Indiz für den Handlungsspielraum, den ein Unternehmen hat, um schnellstmöglich auf operative und strategische Erfordernisse reagieren zu können. Der Cash-flow ist besonders dann als ausreichend anzusehen, wenn daraus Investitionen zur Kapazitätserhaltung bzw. -erweiterung finanziert werden können.

„Es ist ein Zeichen des Markterfolges des Unternehmens, wenn es mit seinen Umsatzerlösen einen hohen Cash-flow erzielt, der dann als Finanzierungsmittel für Investitionen und damit für die Erhaltung und Vergrößerung der Unternehmenskapazität zur Verfügung steht."[28]

---

[28] Leimböck, E./Schönnenbeck, H.: a.a.O., S. 130

Zur Ermittlung des Cash-flow existieren in Lehre und Praxis unterschiedliche Ansätze. Nachfolgend wird das Arbeitsschema der Deutschen Vereinigung für Finanzanalyse und Anlageberatung (DVFA) und der Schmalenbach – Gesellschaft – Deutschen Gesellschaft für Betriebswirtschaft (e.V.) – beispielhaft aufgeführt, da dieses in der Praxis häufig zur Anwendung kommt.

Jahresüberschuss/-fehlbetrag

  + Abschreibungen auf Gegenstände des Anlagevermögens

  ./. Zuschreibungen zu Gegenständen des Anlagevermögens

  +/- Veränderungen der Rückstellungen für Pensionen bzw. anderer langfristiger Rückstellungen

  +/- Veränderungen der Sonderposten mit Rücklageanteil

  +/- andere nicht zahlungswirksame Aufwendungen und Erträge von besonderer Bedeutung

= Jahres Cash-flow

  +/- Bereinigung ungewöhnlicher zahlungswirksamer Aufwendungen/Erträge von wesentlicher Bedeutung

= Cash-flow nach DVFA/SG

Bild F-16   Arbeitsschema zur Ermittlung des Cash-flow nach DVFA/SG[29]

Mit den Zahlen der Bilanz ergibt sich folgende Rechnung:

		T€
Jahresüberschuß		**569**
+ Abschreibungen auf Anlagen		4 974
+ Zuführungen zu langfristigen Rückstellungen		
1. Pensionsrückstellungen	(1 744 - 890 = 854 T€)	854
2. Sonstige Rückstellungen	= 20% von (9 806 T€ - 6 397 T€)	
	= 20% von 3 409 T€ = 682 T€	682
3. Sonderposten mit Rücklageanteil	60% von (311-73) = 60% von 238 =	143
		7 222
+ Zuwachs an langfristigen Eigenkapital aus den Jahreserträgen		
1. Einstellung in Gewinnvortrag		159
2. 40% des Sonderpostens mit Rücklageanteil (40% von (311-73) = 40% von 238		95
= Cash-flow vor Gewinnausschüttung		7 476
- Gewinnausschüttung		-410
Cash-flow		**7 066**

Bild F-17   Beispiel einer Berechnung des Cash-flow

---

[29] Kommission für Methodik der Finanzanalyse der Deutschen Vereinigung für Finanzanalyse und Anlageberatung (DVFA); Arbeitskreis „Externe Unternehmensrechnung" der Schmalenbach-Gesellschaft – Deutsche Gesellschaft für Betriebswirtschaft (e.V.); in: Die Wirtschaftsprüfung (1993) S. 599

3.1.2 Schwerpunktaussagen der Bilanzanalyse

Bauleistung und Auftragssituation

Aus der Bekanntgabe von Bauleistungen und der Auftragssumme im Anhang (vgl. Bild F-14) sind folgende Schlussfolgerungen zu ziehen.

- Die Bauleistung ist gegenüber dem Vorjahr bedeutend gestiegen, und zwar um 43 %. Die Auftragszugänge wiederum sind höher als die erbrachte Bauleistung, nämlich:
  - Auftragszugänge   138 000 T€
  - Auftragsbestand am Jahresende 110 500 T€
  - Bauleistung   125 500 T€

- Die Reichweite des Auftragsbestandes zeigt folgendes Ergebnis:
  Wie lange reicht ein Auftragspolster in Höhe von 110 500 T€, wenn man in 12 Monaten eine Bauleistung in Höhe von 125 500 T€ erbringt?

  Rechnerisch ergibt sich:
  - 125 000 T€ Leistung in 12 Monaten
  - 110 500 T€ Leistung in x Monaten

$$\text{d.h.:}\quad \frac{12\,\text{Monate}}{125\,500\,\text{T€}} = \frac{x}{110\,500\,\text{T€}} \Rightarrow x = 10,5\ \text{Monate}$$

Die Auftragsweite stimmt in etwa mit der von anderen Unternehmen vergleichbarer Größe überein.

Sicherheitsgrad der Finanzierung

Aus der Deckungsrechnung ist ersichtlich, dass die Gesellschaft zwar ihr Anlage-, nicht aber auch ihr volles Umlaufvermögen langfristig finanziert hat. Das ist in der Bauwirtschaft eher der Regelfall. Die entscheidende Ursache hierfür ist die knappe Eigenkapitalbasis. Gewinne sollten aber zukünftig zur weiteren Verstärkung des Eigenkapitals genutzt werden.

Aus dem Anhang geht hervor, dass die Bankkredite in Höhe von 6 572 T€ praktisch nur kurzfristige Betriebsmittelkredite sind. Diesen Krediten steht immerhin ein Sachanlagevermögen in Höhe von ca. 9 Mio. gegenüber. Für eventuell notwendig werdende langfristige Kredite stehen Grundstücke und Bauten im Wert von 2 842 T€ als Sicherheiten zur Verfügung. Das bedeutet, dass im Hinblick auf den Sicherheitsgrad die Finanzierung nicht gefährdet ist.

Liquidität

Wie die Bilanz zeigt, ist das Unternehmen mit 16 778 T€ flüssigen Mitteln bei einer Bilanzsumme in Höhe von 58 301 T€ recht liquide. Allerdings ist die Bilanzliquidität stichtagsbedingt und zeigt keinen Jahresdurchschnitt. Die Liquiditätsangabe aus der Bilanz kann man dann besser beurteilen, wenn man aus dem Anhang zusätzliche Informationen entnimmt.

Um zuverlässigere Informationen über die Liquidität eines Unternehmens zu erhalten, ist es empfehlenswert, auch die Erläuterungen im Anhang in die Analyse einzubeziehen. Dafür sprechen z.B. folgende Aspekte, die die Liquidität beeinflussen können.

„Der Anhang enthält Pflichtangaben über die angewandten Bilanzierungs- und Bewertungsmethoden. Hieraus kann man den Umfang der aktivierten Herstellungskosten bei unfertigen Bauten entnehmen und daran erkennen, welche stille Reserven zum Zeitpunkt der Abnahme der Bauleistung realisiert werden.

Die Angaben zu den bilanzierten Verbindlichkeiten erlauben Rückschlüsse auf die zukünftige Liquidität z.B.:

- Haben die kurzfristigen Verbindlichkeiten außergewöhnlich zugenommen, um eventuell momentan einen höheren Liquiditätsspielraum zu erhalten?

- Ist eine Umstrukturierung der Verbindlichkeiten zugunsten langfristiger Verbindlichkeiten zu erkennen?
- Bestehen Zahlungsverpflichtungen aus sonstigen finanziellen Verpflichtungen, z.B. aus längerfristigen Leasingverträgen?
- Wie sehen die Haftungsverhältnisse gemäß § 251 HGB aus, z.B. hinsichtlich der Begebung und Übertragung von Wechseln."[30]

Finanzlage

Aussagen zur Finanzlage liefert der Cash-flow. Die Höhe des Cash-flows gibt u.a. Auskunft darüber, in welchem Umfang Investitionen aus dem Cash-flow bestritten werden könnten. Dies wird wie folgt errechnet. Der Investitionsbetrag wird aus vorstehendem „Auszug aus dem Anlagespiegel" (siehe Bild F-8) entnommen:

Zugänge an Investitionen im Geschäftsjahr: 10274 T€
Cash-flow im Geschäftsjahr: 7066 T€

Umfang der bezahlten Investitionen aus dem Cash-flow: $\dfrac{7\,066}{10\,274} \times 100 = 68,8\,\%$

Finanzbedarf und Zinswirkungen

Um die zur Substanzerhaltung notwendigen Investitionen abschätzen zu können, bedarf es einer intensiven Untersuchung des im Unternehmen vorhandenen Anlagevermögens.

Der Umfang der Substanzerhöhung hängt ganz wesentlich von dem Altersaufbau des Anlagevermögens ab, d.h. von dem Zustand der Sachanlagen. Diese sind also dahingehend zu überprüfen, ob in absehbarer Zeit außergewöhnliche Ersatz- und Erhaltungsinvestitionen zu tätigen sind. Zur Beantwortung dieser Frage dient der Anlagespiegel mit dem Posten der Sachanlagen.

Der Anlagespiegel zeigt, dass das Bauunternehmen bisher in seiner Lebenszeit 6109 T€ in Sachanlagevermögen investiert hat. Im Berichtsjahr hingegen wurden 8242 T€ investiert, also mehr als bisher in der gesamten Lebenszeit des Unternehmens. Der große Unterschied zwischen den Sachanlageabschreibungen in Höhe von 4153 T€ – die den Verbrauch an Anlagekapazität widerspiegeln – und den Zugängen an Sachinvestitionen in Höhe von 8242 T€ zeigt aber, dass die Gesellschaft nicht nur Ersatz-, sondern auch erhebliche Erweiterungsinvestitionen vorgenommen hat.

Daraus ist zu schließen, dass die Produktionskapazität auf einem sehr hohen technischen Niveau steht, sodass in naher Zukunft die zur Substanzerhaltung notwendigen Investitionen aus den Abschreibungsbeträgen finanziert werden können. Daraus lässt sich folgern, dass in den nächsten Jahren aus Gründen der Substanzerhaltung sicherlich kein Fremdkapital benötigt wird. Das Ergebnis der letzten Jahre wird sich demnach im Hinblick auf eventuell notwendig werdende zusätzliche Zinsen für Fremdkapital nicht verschlechtern.

Ertragslage

Der im Jahresabschluss ausgewiesene Bilanzgewinn ist nur in Ausnahmefällen das wirklich erzielte Jahresergebnis. In allen Ländern (wenn auch mit erheblichen Unterschieden) sind die Unternehmen in der Lage, den Bilanzgewinn zu beeinflussen. Das heißt für erfolgreiche Unternehmen, dass sie in der Regel einen geringeren als den erzielten Gewinn ausweisen.

Will man als Außenstehender eines Unternehmens das vom Unternehmen tatsächlich erzielte Ergebnis ermitteln, so steht in aller Regel nur die veröffentlichte Rechnungslegung mit dem Jahresabschluss als Kernstück zur Verfügung. Dieser Jahresabschluss aber enthält:

- einen Gewinn aus den abgerechneten Bauleistungen, nicht den Gewinn aus den erbrachten Bauleistungen,

---

[30] Mielicki, U.: a.a.O., S. 12

- einen Gewinn, der von außerbetrieblichen und außerperiodischen Posten beeinflusst ist,
- einen Gewinn, der auch Zukunftsgrößen enthält, wie z.B. drohende Verluste, die durch Bilanzgrundsätze bedingt sind und
- einen Gewinn, der auch durch die Bilanzpolitik geformt ist.

Um dennoch aus dem veröffentlichten Jahresabschluss das vom Unternehmen tatsächlich erzielte Jahresergebnis schätzen zu können, wurden verschiedene Formeln entwickelt. Die bekannteste Formel wurde von der Deutschen Vereinigung für Finanzanalyse und Anlageberatung (DVFA) und der Schmalenbach-Gesellschaft-Deutschen Gesellschaft für Betriebswirtschaft e.V. erarbeitet und ist unter der Bezeichnung „Ergebnis nach DVFA" bekannt.

Ausgangszahlen für die genannte Formel sind die Erträge und Aufwendungen der Gewinn- und Verlustrechnung. Diese müssen unter Beachtung von branchenbedingten Besonderheiten korrigiert werden.

Das Jahresergebnis nach DVFA wird gerechnet:

> Zahlen aus der Gewinn- und Verlustrechnung
> ± Korrekturen, die branchenbedingt bzw. handelsrechtlich bedingt sind
> = Ergebnis nach DVFA

Für unser Beispiel ergibt sich folgendes Ergebnis nach DVFA. Auf die einzelnen Korrekturen wird nicht näher eingegangen.[31]

Erträge

1. Zahlen aus der Gewinn- und Verlustrechnung

Gesamtleistung	99 466 T€
Erträge aus dem Abgang von Gegenständen des Anlagevermögen	2 291 T€
Ertäge aus der Auflösung von Rückstellung	646 T€
Übrige Erträge	356 T€
Ergebnis Finanzanlagen	62 T€
Zinserträge	113 T€
Außerordentliches Ergebnis	69 T€
	103 003 T€

2. Korrekturen, die branchenbedingt und notwendig sind, um auf das nach DVFA zu kommen

+ steueraufschiebende Gewinnzuweisung	238 T€
- die Hälfte aus den Erträgen aus dem Abgang von den Gegenständen des Anlagevermögens	- 1 145 T€
- die Hälfte aus den Erträgen aus der Auflösung von Rückstellungen	- 323 T€
+ außerordentliches Ergebnis	69 T€
+ versteuerte Gewinnreserven	0 T€
+ Gewinnreserven in dem Zuwachs an unabgrechneten Bauten	2 134 T€

3. Ergebnis nach DVFA: 103 976 T€

---

[31] zu den branchenbedingten Korrekturen siehe die sehr ausführlichen Erklärungen; in: Leimböck, E. (1997): a.a.O., S. 155 bis 159

Aufwendungen

1. Zahlen aus der G+V-Rechnung
   Betriebliche Aufwendungen .... 100 149 T€
2. Korrekturposten, die branchenbedingt sind: .... 0 T€
3. Aufwendungen nach DVFA: .... 100 149 T€

Ergebnis nach DVFA:

Erträge nach DVFA		103 976 T€
- Aufwendungen nach DVFA	./.	100 149 T€
Ergebnis nach DVFA		3 827 T€

Das ausgewiesene Ergebnis der G+V-Rechnung hingegen lautet:

Betriebliches Ergebnis	2 610 T€
+ außerordentliches Ergebnis	69 T€
	2 679 T€

Bild F-18   Jahresergebnis nach DVFA

Zusammenfassende Beurteilung aus der externen Bilanzanalyse

Aus der Analyse der vorliegenden Zahlen kann man erkennen:

Das ausgewiesene betriebliche Ergebnis in Höhe von 2 610 T€ wird auf die betriebliche Gesamtleistung bezogen und stellt sich prozentual wie folgt dar:

$$\frac{2\,610\ T€}{99\,466\ T€} \times 100 = 2,62\ \%$$

Dieses Ergebnis ist im Verhältnis zur stationären Industrie nicht als besonders gut zu bezeichnen. Wird die Prozentzahl mit dem DVFA-Ergebnis gerechnet, dann ergibt sich:

$$\frac{3\,827\ T€}{99\,466\ T€} \times 100 = 3,85\ \%$$

Diese Zahl ist für die Bauwirtschaft eher als gut zu bezeichnen.

Durch hohe Investitionen (im Berichtsjahr: 10 274 T€) hat sich das Unternehmen ganz offensichtlich auf die hohe Umsatzleistung des Berichtsjahres eingestellt und offensichtlich auch seine Produktionskapazität auf den neuesten technischen Stand gebracht.

Die Deckungsrechnung hat ergeben, dass das Bauunternehmen zwar sein Anlagevermögen, nicht aber sein volles Umlaufvermögen langfristig finanziert. Die Ursache hierfür ist die knappe Eigenkapitalbasis, die allerdings in der Bauwirtschaft nicht unüblich ist.

Die knappe Eigenkapitalbasis hat das Unternehmen im Berichtsjahr dadurch verbessert, dass eine Kapitalerhöhung (Erhöhung des gezeichneten Kapitals) in Höhe von 500 T€ und eine Erhöhung der Kapitalrücklage um 313 T€ durchgeführt wurde (vgl. hierzu Bild F-3).

Die Untersuchung der Vorfinanzierung und der Außenstände aus unabgerechneten Bauten zeigt, dass das Bauunternehmen sehr auf ein effizient arbeitendes Finanzmanagement achtet. Dies mag auch der Grund sein, dass das Unternehmen recht liquide ist, denn es weist an flüssigen Mitteln im Berichtsjahr 16 778 T€ und im Vorjahr 13 161 T€ aus. Allerdings ist diese gute Liquidität stichtagbedingt und hängt auch vom Saisoncharakter der Baufertigung ab.

In Bezug auf den zukünftigen Finanzbedarf und den damit zusammenhängenden zusätzlichen Zinsaufwendungen hat die Bilanzanalyse gezeigt, dass aus Gründen der Substanzerhaltung in den nächsten Jahren sicherlich kein zusätzliches Fremdkapital benötigt wird.

Die Analyse der wichtigsten Erfolgsparameter zeigt, dass das Bauunternehmen sich sehr gut entwickelt hat und dass es sowohl aufgrund des hohen Cash-flow als auch aufgrund der guten Liquidität und auch im Hinblick auf den modernen Stand der Produktionskapazität imstande sein wird, sich aus betriebswirtschaftlicher Sicht auch in Zukunft sehr gut am Markt zu behaupten.

3.2 Grenzen der externen Bilanzanalyse

Abschließend sei die Frage gestattet, ob der veröffentlichte Jahresabschluss tatsächlich eine ausreichende Informationsquelle für externe Gruppen sein kann und vor allem dann, wenn es sich um wichtige Entscheidungen, wie z.B. einen eventuellen Beteiligungskauf handelt.

Die Antwort auf diese Frage soll anhand der Analyse der Grenzen einer externen Beurteilung des Jahresabschlusses eines bauausführenden Unternehmens gegeben werden.

Zunächst: Die Liquiditätsinformationen aus der Bilanz geben mögliche Zahlungsschwierigkeiten nur sehr unvollständig wieder.

Das liegt einmal an der Stichtagsbezogenheit der Bilanz und zum anderen an branchenspezifischen Charakteristika der Bauwirtschaft, nämlich z.B.

- der Abhängigkeit der Bautätigkeit von konjunkturellen Entwicklungen,
- der auftragnehmerseitigen Vorfinanzierung der Bauleistung,
- der Langfristigkeit der Auftragsausführung mit laufenden Auszahlungen, aber nur sporadischen Zahlungseingängen,
- dem Saisoncharakter der Baufertigung,
- dem Bauen in Arbeitsgemeinschaften,
- dem i.d.R. hohen Bedarf an auftraggeberseitig verlangten Sicherheiten,
- den in Bauunternehmen häufig geringen Eigenmitteln,
- der Abhängigkeit von der Zahlungsmoral der Auftraggeber.

„Dies hat besonders auf die Stichtagsbezogenheit bilanzieller Liquiditätskennzahlen folgende Einflüsse:

- In Bauunternehmen verlaufen die Auftragslage sowie der Erfolgs- und Finanzausweis entgegengesetzt. Bei einem hohen Bestand an liquiden Mitteln kann möglicherweise die weitere Beschäftigung fraglich sein. Niedrige Bankbestände können dagegen ein Zeichen anlaufender Baustellen sein.
- Bauaufträge werden aufgrund der Saisonabhängigkeit des Bauens zum Ende des Jahres hin verstärkt abgerechnet. Einem Liquiditätsüberschuss am Ende des Jahres steht eventuell ein Kapitalmangel im Frühjahr gegenüber, wenn neu anlaufende Baustellen zunächst vorfinanziert werden müssen.
- Auch die für die Baubranche typische Kooperation in der Abwicklung einzelner Bauaufträge, mit der ein Bauunternehmen durch die gesamtschuldnerische Haftung der Arbeitsgemeinschafts-Partner sein Liquiditätsrisiko vermindern kann, hat Auswirkungen auf die Aussagekraft der Kennzahl, da die Bilanzen weder das volle Umlaufvermögen noch das volle kurzfristige Fremdkapital ausweisen.

Auch erfolgen zum Ende des Jahres hin verstärkt Liquiditätsausschüttungen an die ARGE-Gesellschafter, da die Partner keine festen Einlagen leisten, sondern der ARGE nur kurzfristige Mittel zur Vorfinanzierung der Bauausführung zur Verfügung stellen.

- Bei öffentlichen Auftraggebern werden häufig erst zum Ende des Jahres noch Beträge für Vorauszahlungen freigegeben, sodass liquide Mittel ausgewiesen werden, ohne dass dafür schon Bauleistungen ausgeführt wurden.
- Der Bewertungsspielraum bezüglich des Umfangs der Kostenaktivierung bei den unfertigen Bauten schränkt die Vergleichbarkeit der Liquiditätskennzahlen ein. Eine Differenzierung hinsichtlich der Frage, ob bei der Bewertung Teilkosten oder Vollkosten angesetzt werden, ist aber mit der Wahrung des Vorsichtsprinzips begründbar, einem der tragenden Bilanzierungsprinzipien des Handelsgesetzbuches.
- Die Annahme, dass die liquiden Mittel 2. Grades (=Zahlungsmittel + kurzfristige Forderungen dividiert durch kurzfristige Verbindlichkeiten) kurzfristig verfügbar sind, ist nicht zwingend. Häufig werden Zahlungsziele durch die Auftraggeber überschritten, sodass die Forderungen einen mittel- bis langfristigen Charakter erhalten. In Bauunternehmen gewinnt dieser Aspekt noch eine besondere Bedeutung dadurch, dass hier häufig einzelne Schuldner von der Höhe der Forderung her gesehen ein besonderes Gewicht haben. Öffentliche Auftraggeber haben darüber hinaus noch spezifische Etatbindungen und Zahlungsgewohnheiten. Kommen einzelne Auftraggeber ihren Zahlungsgewohnheiten nicht rechtzeitig nach, kann das für die Bauunternehmen u.U. rasch zur finanziellen Krise führen."[32]

Genauso schwierig wie die Liquiditätsbeurteilung ist auch die Beurteilung der im Unternehmen gebildeten stillen Reserven, die – zumindest kurz- und mittelfristig – ganz wesentlich das Eigenkapital erhöhen und sehr stark zur Sicherheit und zur Erhöhung des Unternehmenswertes beitragen.

Ein weiteres Problem ist die Beurteilung des ausgewiesenen Ergebnisses aus der veröffentlichten Handelsbilanz. Diese Beurteilung wird zwar durch die Berechnung des „Ergebnisses nach DVFA" etwas zutreffender. Dennoch ist das errechnete Ergebnis nur eine „Schätzung" des erzielten Jahresergebnisses.

Als letztes wird noch auf die Verständnisschwierigkeit für externe Bilanzanalytiker in Bezug auf den Einfluss der ARGE auf den Jahresabschluss hingewiesen:

„Kaum eine andere Erscheinung hat solchen Einfluss auf Umfang und Zusammensetzung der Bilanz und der Gewinn- und Verlustrechnung der beteiligten Bauunternehmen wie die ARGE, kaum eine andere Erscheinung macht den Jahresabschluss der Bauunternehmen so schwer verständlich."[33]

Dies hat u.a. folgende Gründe:

Das von der Baubilanz ausgewiesene Gesamtvermögen ist zwar rechtlich, nicht aber wirtschaftlich das Gesamtvermögen des Unternehmens. Der vollen Bauleistung entspricht die Summe aus Gesamtvermögen und anteiligem ARGE-Vermögen. Diese Zahl geht aus der Bilanz nicht hervor. Auf der anderen Seite kann man nicht nur die eigene Bauleistung zum Unternehmensvermögen in Beziehung setzen, denn ein Teil des Unternehmensvermögens ist nicht für eigene, sondern für ARGE-Aufträge eingesetzt. Das gilt vor allem für das Anlagevermögen.

Die Beteiligung an Arbeitsgemeinschaften hat auch auf die Gewinn- und Verlustrechnung Einfluss. In den Gewinn- und Verlustrechnungen der ARGE-Partner wird bei der Position „Umsatzerlöse" nur das anteilige ARGE-Ergebnis eingebucht und zwar erst bei Abnahme der ARGE-Bauleitung durch den Bauherrn. Da auch das Bilanzergebnis der ARGE nach dem Imparitätsprin-

---

[32] Mielicki, U.: a.a.O., S. 10
[33] Leimböck, E./Schönnenbeck, H.: a.a.O., S. 112

zip ermittelt wird, können die anteiligen ARGE-Gewinne erst nach der Abnahme oder einer Teilabnahme durch den Bauherrn von den Partnern als Umsatzerlöse übernommen werden.

Außerdem erzielt der ARGE-Partner Erlöse aus seinen Umsätzen mit der ARGE, vor allem aus technischer und kaufmännischer Federführung, aus technischer Auftragsbearbeitung durch sein Konstruktionsbüro oder seine Arbeitsvorbereitung, aus Gerätevermietung, aus Bearbeitung der Lohn- und Gehaltsabrechnung und unter Umständen auch aus Nachunternehmertätigkeit, wenn die ARGE ihn als Nachunternehmer für Teilleistungen einsetzt.

In Bezug auf die aufgezählten Schwierigkeiten muss man aber bedenken, dass dem internen Beurteiler (interne Bilanzanalyse) zwar eine Reihe von zusätzlichen Informationen zur Verfügung stehen, wie z.B. das betriebliche Rechnungswesen, die Zusammenstellung der Berichtszahlen der ARGEn und die Steuerbilanz. Dennoch sind auch in diesen Informationsquellen – ebenso wie im Jahresabschluss – eine Reihe von Schätzungen enthalten, nämlich:

- Schätzungen im betrieblichen Rechnungswesen bei
    - der Planung der Leistung,
    - der Angebotskalkulation,
    - den Leistungsmeldungen,
    - den Verlustannahmen per Bauende bei der Bewertung der unabgerechneten Verlustaufträgen etc.

- Schätzungen in den Bereichen des Jahresabschlusses bei
    - der Festlegung der voraussichtlichen Nutzungsdauer bei Anlageabschreibungen,
    - der Festlegung der Höhe der Rückstellungen,
    - der Bewertung von voraussichtlich mit Verlust abschließenden unabgerechneten Aufträgen,
    - der Bewertung zweifelhafter Forderungen.

Obwohl also im betrieblichen Rechnungswesen und im Jahresabschluss Schätzungen enthalten sind, müssen dennoch mit Hilfe diese Recheninstrumente die Unternehmen gesteuert werden.

Dies ist auch möglich, wenn auf der Grundlage der Vergangenheitswerte sorgfältige Analysen erstellt werden und bei Unternehmensentscheidungen vor allem auch sorgfältig die Zukunftserwartungen Berücksichtigung finden.

Dieses ist für jedes Unternehmen unerlässlich, um sich auch langfristig auf einem Markt behaupten zu können, der durch eine Vielzahl von Risiken in den Bereichen Auftragsannahme, Fertigung und Auftragsfinanzierung charakterisiert ist.

Teil G Information und Kommunikation

Produktionsfaktoren sind unerlässlich, um durch deren Kombination Güter und Dienstleistungen in einem Wirtschaftszweig, wie es die Bauwirtschaft ist, zu erstellen. Die Betriebswirtschaftslehre unterscheidet hierbei einerseits die Elementarfaktoren Arbeit, Boden und Kapital und andererseits die dispositiven Faktoren. Die Planung, Lenkung und Steuerung der Leistungserstellung erfolgt durch die dispositiven Faktoren wie bspw. Geschäfts- oder Unternehmensleitung. Information und Kommunikation sind die Voraussetzung für die Ausübung dieses Faktors. Demnach können sie als eigenständiger Produktionsfaktor interpretiert werden. Sie zählen damit aber nicht nur zu den bauwirtschaftliche Produktionsfaktoren, sondern sie sind in einer Informationsgesellschaft auch ein wichtiger Erfolgsfaktor.

Information und Kommunikation sind eng verknüpft und bedingen sich gegenseitig; ohne Kommunikation ist keine Information möglich und umgekehrt. Damit steht die besondere Bedeutung des Umgangs mit Informationen und der Kommunikation außer Frage. Zunehmend wichtige Themen wie bspw. das Wissensmanagement und das durch Internet unterstütze Bauprojektmanagement basieren auf Kenntnissen in diesem Bereich. Aufgrund dessen werden im Folgenden die grundlegenden Begriffe und Anwendungsbereiche, die in diesem Zusammenhang für die Bauwirtschaft von Interesse sind, dargestellt.

1 Grundlagen

1.1 Daten – Information – Wissen

Während die Bedeutung von Information unstrittig ist, existiert weder in der Betriebswirtschaftslehre, der Bauwirtschaft noch in anderen Wissenschafts- oder Wirtschaftsbereichen eine allgemein anerkannte Definition für Information. Information wird als ein Begriff gesehen, der mit Daten und Wissen verwandt ist und daher durch diese auch erklärt werden kann.

Will man den Wissensbegriff umschreiben, kann man zu folgenden Ergebnissen kommen:[1]

- Wissen heißt Erfahrung und Einsichten haben, die subjektiv und objektiv gewiss sind und aus denen Urteile und Schlüsse gebildet werden, die ebenfalls sicher genug erscheinen, um ebenso als Wissen gelten zu können,
- Wissen ist an die menschliche Existenz gebunden und das Ergebnis geistiger Aktivität und
- das Bewusstsein des Nichtwissens ist Wissen (scio nescio).

Die Informationswissenschaft stellt einen eigenständigen Ansatz für ihren zentralen Begriff – Information – unter Zugrundelegung des Wissensbegriffs zur Verfügung. Danach ist Information die Teilmenge von Wissen, die zur Lösung von Problemen erforderlich ist. Wissen bezieht sich

---

[1] vgl. Fleischhauer, P./Rouette, L.: Wissen, Information, Daten. Versuch einer begrifflichen Klarstellung und Abgrenzung, in: Computer Magazin Wissen, 101/1989, S. 8

dabei eher auf den internen Zustand eines Subjektes, während Information eher als außerhalb befindlich gesehen wird. Auch der Informationsbegriff kann beschrieben werden: [2]

- Information ist die Kenntnis (also das Wissen) über Sachverhalte und Vorgänge, die in einem festliegenden Kontext hervorgehobene Bedeutung haben.
- Information ist zweckorientiertes Wissen, das zur Erreichung eines Zieles eingesetzt wird.
- Information ist handlungsbestimmendes Wissen über historische, gegenwärtige und zukünftige Zustände der Wirklichkeit und Vorgänge in der Wirklichkeit.

Verschiedene Autoren wählen nicht den Wissensbegriff als Grundlage, sondern definieren Informationen aus dem Datenbegriff. In der Regel werden unter Daten maschinell verarbeitbare Abbildungen der Realität verstanden bzw. wird Information aus Daten durch Anwendung einer Interpretationsvorschrift abgeleitet.[3]

Beispielhaft soll dies der Satz „Die Talsohle ist erreicht" verdeutlichen. Er kann sowohl geographische als auch ökonomische Informationen enthalten, obwohl es sich um dieselben Daten handelt. Daran wird erkennbar, dass Informationen eine subjektive, qualitative Dimension, Daten aber eine objektive, quantitative Dimension darstellen.[4]

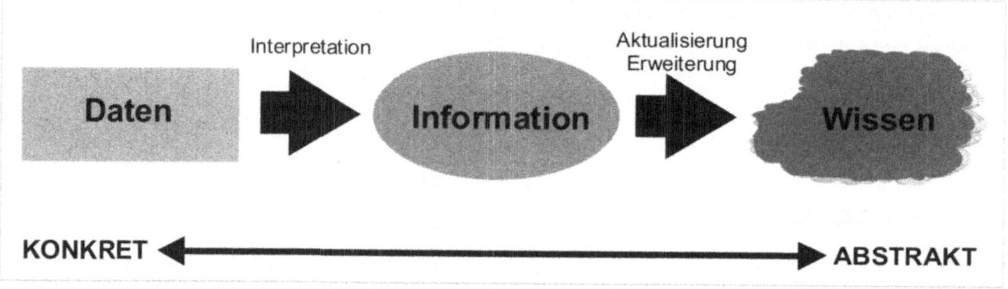

Bild G-1   Information im Kontext von Wissen und Daten[5]

Die vorstehende Abbildung soll den Zusammenhang von Daten, Information und Wissen veranschaulichen, der für die folgenden Ausführungen zugrundegelegt wird. Dabei werden Daten interpretiert, um Information zu erhalten. Anhand von Informationen kann das Wissen aktualisiert bzw. erweitert werden. Dieses Wissen lässt das Bilden von Urteilen bzw. das Treffen von Entscheidungen zu, welches gegebenenfalls zeitversetzt ausgelöst wird.

Um die Informationen gemäß ihren Anforderungen und Zielen zu nutzen, ist es erforderlich, sie zu ordnen und zu differenzieren. Der Informationsbedarf ist definiert als die Summe derjenigen Informationen, z.B. zur erfolgreichen Bauprojektabwicklung, die zur Erfüllung eines informationellen Interesses erforderlich sind.[6]

---

[2] vgl. Fleischhauer, P./Rouette, L.: a.a.O., S. 8; Wittmann, W.: Unternehmung und unvollkommene Information: Unternehmerische Voraussicht – Ungewissheit und Planung, Westdeutscher Verlag: Köln 1959, S. 14 und Heinrich, L.J.: Informationsmanagement. Planung, Überwachung und Steuerung der Informationsinfrastruktur, 4. Auflage, Oldenbourg Verlag: München 1992, S. 7

[3] vgl. Bauer, F.; Goos, G.: Informatik 1, 4. Auflage, Springer Verlag: Berlin 1991, S. 4

[4] vgl. Hildebrand, F.: Informationsmanagement: wettbewerbsorientierte Informationsverarbeitung, Oldenbourg Verlag: München 1995, S. 5

[5] in Anlehnung an Hildebrand, K.: a.a.O., S. 5

[6] vgl. Berthel, J.: Stichwort Informationsbedarf in Frese, E. (Hrsg.): Handwörterbuch der Organisation, 3. Auflage, Poeschel Verlag: Stuttgart 1992, Sp. 873

Generell wird zwischen dem objektiven Informationsbedarf, der sich lediglich aus der Aufgabenerfüllung ergibt und gleichzeitig unabhängig von dem Aufgabenträger selbst ist, sowie dem subjektiven Informationsbedarf unterschieden, der durch die Person des Aufgabenträgers bestimmt ist, geprägt durch seine individuellen Bedürfnisse. Für den subjektiven Informationsbedarf wird häufig auch der Begriff Informationsnachfrage verwendet.[7] Die Informationen, die zu einem bestimmten Zeitpunkt verfügbar sind, werden als Informationsangebot bezeichnet.[8]

Streng genommen muss auch zwischen den tatsächlich angebotenen und den potentiell anbietbaren Informationen unterschieden werden. Es ist durchaus möglich, dass Organisationsmitglieder nicht alle verfügbaren Informationen oder zumindest in der möglichen Qualität bereitstellen, z.B. aufgrund von macht- oder interessenbedingten Motiven. Im Weiteren sollen unter dem Informationsangebot alle Informationen verstanden werden, die sich aus der Projektaufgabe, unabhängig von den jeweiligen Personen ergeben. Damit lassen sich Informationen als Ganzes wie folgt strukturieren:

- Informationsangebot
- Informationsnachfrage
- Informationsbedarf

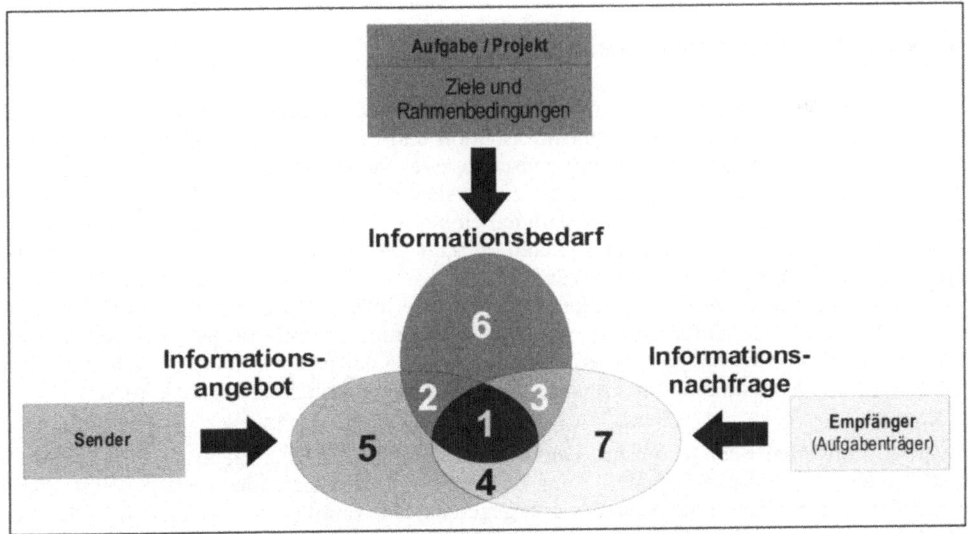

Bild G-2   Zusammenhang zwischen Informationsbedarf, -angebot und -nachfrage[9]

Durch Superposition der drei Bereiche ergeben sich sieben mögliche Fälle:

1. Fall: Bedarf, Angebot und Nachfrage sind deckungsgleich. Zielgröße der Informationsversorgung ist dieser Bereich, der angestrebt werden sollte.
2. Fall: Diese Informationen sind zwingend erforderlich, werden jedoch nicht nachgefragt. Ursachen für die nichtvorhandene Nachfrage müssen analysiert und entsprechend behoben werden.

---

[7] vgl. z.B. Piepmeier, K.: Verbesserte Projektsteuerung durch systematisches Informationsmanagement, Dissertation Universität Dortmund: Dortmund 1994, S. 60
[8] vgl. Koreimann, D.S.: Methoden der Informationsbedarfsanalyse, De Gruyter Verlag: Berlin 1976, S. 67
[9] in Anlehnung an Piepmeier, K.: a.a.O., S. 60 und Berthel, J.: a.a.O., Sp. 875

3. Fall: Nachfrage und Bedarf sind vorhanden, jedoch werden keine Informationen bereitgestellt. Auch hier muss man abhelfen.
4. Fall: Dieser Fall ist Ressourcenverschwendung, denn es ist kein Informationsbedarf vorhanden. In diesem Bereich sind Einsparungspotenziale realisierbar.
5. Fall: Informationen, die wie in Fall 4 herausgefiltert werden können und müssen.
6. Fall: Ein sensibler Bereich der Versorgung, es gibt weder Angebot noch Nachfrage, allerdings sind die Informationen an dieser Stelle dringend erforderlich. Dieser Problembereich muss stets erkannt werden und ist zu minimieren.
7. Fall: Informationen werden nutzlos nachgefragt. Sie sind für die Problemlösung nicht erforderlich.

Der Fall 1 ist die Idealsituation in der Informationsversorgung: objektiver Informationsbedarf, subjektives Informationsbedürfnis und das entsprechende Angebot stimmen überein. Oftmals entstehen jedoch Lücken durch eine schlechte Informationsversorgung oder aus einer unvollständigen Informationsnachfrage. Für die effiziente Gestaltung eines Informationssystems sollte auch eine Überversorgung vermieden werden. Es besteht die Gefahr, dass relevante Informationen nicht erkannt werden und parallel dazu unbrauchbare Informationen in die Prozesse der Projektabwicklung einfließen, die dann im Nachhinein wieder herausgefiltert werden müssen.

1.2 Kommunikationsprozess

Der Ausdruck Kommunikation bedeutet ganz allgemein die „Verständigung untereinander". Einerseits ist damit die Übermittlung von Information und die Mitteilung von Sachverhalten und andererseits die Informationsverbindung zwischen zwei Stellen sowie die Bildung sozialer Einheiten durch die Verwendung von Sprache zu verstehen.[10] Bauprojekte gehen häufig mit einer komplexen Vernetzung von allen Baubeteiligten einher und sind nur durch die passende Kommunikation erfolgreich zu gestalten. Im weiteren Verlauf der Ausführungen geht es daher im Wesentlichen um die technische Unterstützung bei der Kommunikation im Rahmen der Projektabwicklung. „Heute gilt es als sichere Erkenntnis, dass die Integration einzelner Anwendungen des Bauwesens in Netze der Informations- und Kommunikationstechnik die Schnelligkeit, Qualität, Steuer- und Dokumentierbarkeit von Kommunikations-, Kooperations- und Koordinationsaktivitäten verbessern kann und in dieser Hinsicht den zugehörigen Projekten zugute kommt."[11]

Das grundlegende Schema der Kommunikation ist unabhängig von ihrer Art der Übertragung, sei sie verbal, nonverbal oder technisch. Durch die Wandlung in Übertragung – also akustische, optische oder elektronische Signale – kann die Botschaft dann gesendet werden. Diese Signale werden durch den Übertragungskanal weitergegeben. Der Empfänger verändert die Signale in einen für ihn aufnehmbaren Empfang. Die tatsächlich wahrgenommene Botschaft entsteht durch die Interpretation der gewandelten Zeichen durch den Empfänger. Die Kommunikationsübertragung kann in fünf Betrachtungsebenen zerlegt werden:[12]

- Statistik,
- Syntax,
- Semantik,
- Pragmatik und
- Apobetik.

---

[10] vgl. Greiner, P./Meyer, P./Stark, K.: Organisation und betriebliche Informationssysteme: Elemente einer Konstruktionstheorie, Gabler Verlag: Wiesbaden 1996, S. 263 f.
[11] Stolzenberg, B.: Methoden und Werkzeuge der Kommunikation und Kooperation im Bauwesen in Institut für Bauwirtschaft IBW (Hrsg.): Perspektiven am Beginn des neuen Millenniums, Tagungsband zum wissenschaftlichen Symposium Bauwirtschaft 2000, Universität Gesamthochschule Kassel 2000, S. 165
[12] vgl. Hildebrand, K.: a.a.O., S. 6

Auf der untersten Ebene, der Statistik, erfolgt lediglich die quantitative Beschreibung einer Nachricht. Diese Betrachtungsweise erfasst nur die statistische Dimension der Information – die Auftrittswahrscheinlichkeit von Zeichen im weitesten Sinne. Sie erlaubt natürlich keine Aussagen über den Sinn oder die grammatikalische Korrektheit von übertragenen Signalen oder Zeichen.

Die syntaktische Ebene verknüpft und stellt die Zeichen, Wörter und Sätze innerhalb eines definierten Zeichenvorrates dar. Beispiele hierzu sind die Buchstaben des Alphabets, Morsezeichen oder Noten bis zu den Codes der elektronischen Datenverarbeitung. Die Syntax einer Sprache enthält alle Regeln wie z.B. Schreibweise von Wörtern, Satzbau und Grammatik, nach denen die einzelnen Sprachelemente kombiniert werden können und müssen. Sie ist zwingende Vorraussetzung, um Mitteilungen durch Sprache zu übertragen.

Die Semantik gibt Aufschluss über den Sinn bzw. die enthaltene Botschaft einer Zeichenkette. Erst sie lässt Signale zur Information werden. Hier ist die Grenze einer elektronischen Datenübertragung erreicht, denn die Bedeutung einer Mitteilung kann nicht durch mechanistische Betrachtungsweise erkannt werden. Kreative Gedankengänge und echte Lernprozesse – im Umfeld zu assoziieren, zu abstrahieren und zu verstehen – können auch mit Expertensystemen nicht vollzogen werden.[13]

Der Aspekt des Handelns zur Zielerreichung wird durch die Pragmatik zum Ausdruck gebracht. Durch die Art der Formulierung – beispielsweise als Bitte, Frage oder Befehl – versucht der Sender einer Information den Empfänger zu einer bestimmten Handlung zu bewegen. Damit geht die Pragmatik über die reine Bedeutung einer Mitteilung hinaus, wodurch der pragmatische Aspekt nach der Handlungsausführung bedeutungslos wird. „Information verliert nach ihrem Gebrauch die aktuelle pragmatische Konstellation. Die semantische Referenz bleibt aber erhalten und kann in einem anderen Kontext durchaus wieder zu einer Information erweckt werden. Auch dies bestätigt den erwähnten flüchtigen Charakter von Informationen."[14]

Die höchste Ebene in der Übertragung einer Information ist die Apobetik, sie beinhaltet den Zielaspekt. Sie ist die wichtigste Ebene, da sie nach der Zielvorstellung des Senders fragt, die dem Ergebnis auf der Empfängerseite zugrunde liegt. Alle unter der Apobetik liegenden Ebenen sind im Grunde als Mittel zum Zweck erforderlich, das Ziel zu erreichen.[15] Auf dieser Ebene spielt die Frage: „Warum sendet der Sender überhaupt diese Information?" die entscheidende Rolle.

Es können unterschiedliche Formen von Störungen im Kommunikationsprozess auftreten:

- Botschaft zu Sender; durch Manipulation – bewusst oder auch unbewusst – wird die Botschaft verfälscht.
- Sender zu Übertragung; die beabsichtigte Botschaft wird unvollständig oder falsch ausgedrückt.
- im Übertragungskanal; Störungen, die während der Übertragung auftreten und ggf. aus technischen Gründen auftreten, z.B. „Rauschen" o.ä.
- Wandlung zu Empfänger; die ursprüngliche Botschaft wird unvollständig oder mit Fehlern behaftet empfangen. Es besteht keine Übereinstimmung der vorhandenen mit den ursprünglichen Zeichen.
- Empfänger zu Botschaft; der technische Inhalt weicht von der wahrgenommenen Botschaft des Empfängers ab. Dies kann in unterschiedlichen Erfahrungshintergründen oder Emotionen begründet sein.

---

[13] vgl. Hildebrand, K.: a.a.O., S. 7

[14] Kuhlen, R.: zum Stand pragmatischer Forschung in der Informationswissenschaft, in Herget, J./Kuhlen, R. (Hrsg.): Pragmatische Aspekte beim Entwurf und Betrieb von Informationssystemen, Proceedings des 1. Internationalen Symposiums für Informationswissenschaft, Universität Konstanz, 17.-19. Oktober 1990, S. 13-18

[15] vgl. Hildebrand, K.: a.a.O., S. 8

Der Kommunikationsprozess findet in der Praxis nicht nur in einer Richtung statt und ist aus noch weiteren Gründen wesentlich komplexer. Die verbale Kommunikation wird immer durch nonverbale ergänzt, dies kann durch unterschiedliche Sprachfärbung, Handbewegungen oder andere Gesten geschehen. Hinzu kommt, dass nicht nur zwei, sondern auch mehrere Richtungen in der Kommunikation vorhanden sind, dazu treten noch häufige und schnelle Wechsel auf. Ebenso sind kulturelle Divergenzen nicht zu vernachlässigen. So gilt in einigen Kulturen das Kopfschütteln als Form von Zustimmung und im asiatischen Sprachraum soll ein Lächeln peinliche Situationen überbrücken.

Nachfolgend werden einige Grundmodelle der Kommunikation vorgestellt. Dabei sei jedoch angemerkt, dass diese sich lediglich als Basis für die Organisation der Kommunikationsbeziehungen eignen. Je nach Bauprojekt muss daraus ein entsprechendes Modell entwickelt werden, das auf einem oder mehreren dieser Typen aufbauen können.

Kettenmodell

Als simpelstes Modell ist zuerst das Kettenmodell zu nennen. Es handelt sich hierbei um ein stark abgestuftes Modell und findet eher Anwendung, wenn einfache Beziehungen zwischen den Beteiligten vorliegen und die Kommunikation vornehmlich in eine Richtung verläuft. Für ein komplexes Projektmanagement ist dieser Typ sicherlich nur bedingt geeignet.

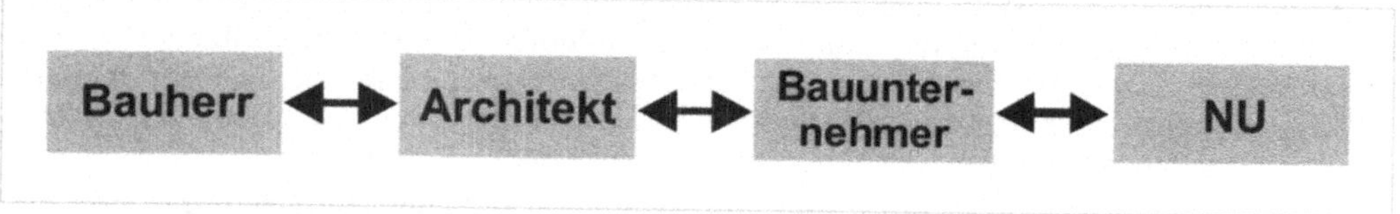

Bild G-3   Kettenmodell

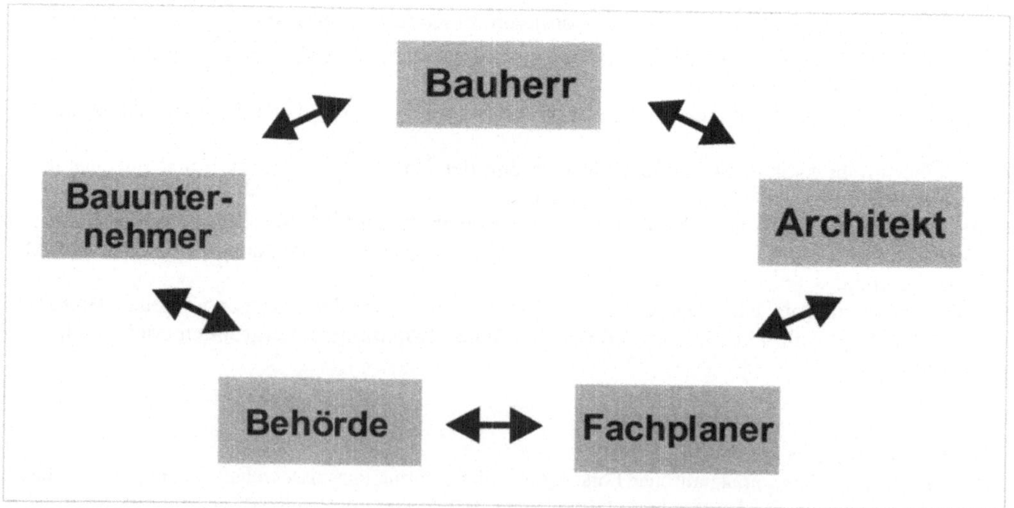

Bild G-4   Zirkelmodell

Zirkelmodell

Das Kommunikationsmodell Zirkel fand in der Vergangenheit Anwendung bei traditionellen Organisationsformen der Projektabwicklung. Dies betraf vornehmlich die Abstimmung zwischen dem Architekten und den Fachplanern für den Planumlauf. Moderne Modelle gehen davon ab, denn durch den nacheinander folgenden Ablauf der Bearbeitung und Kommunikation kommt es zu erheblichen Zeitverlusten. Die damit einhergehenden Kosten müssen stets minimiert werden. Das Ziel einer Termin- und Kostenkontrolle ist hier kaum zu erreichen.

Sternmodell

Das Kommunikationsmodell „Stern" ermöglicht eine zentrale Verwaltung und Steuerung aller Kommunikationsflüsse. Der Gedanke des Projektmanagements bzw. der Projektsteuerung wird hier in großem Maße stark unterstützt. Die Informationen werden gebündelt und eine Steuerung der Informationsverteilung ist in diesem Modell gegeben. Nachteil dieses Modells ist sicherlich, dass der „kleine Dienstweg" unterbunden wird und direkte Absprachen zwischen einzelnen Beteiligten verhindert werden. Dadurch entsteht zusätzlicher Aufwand, der unter Umständen zu unerwünschten Verzögerungen führen kann.

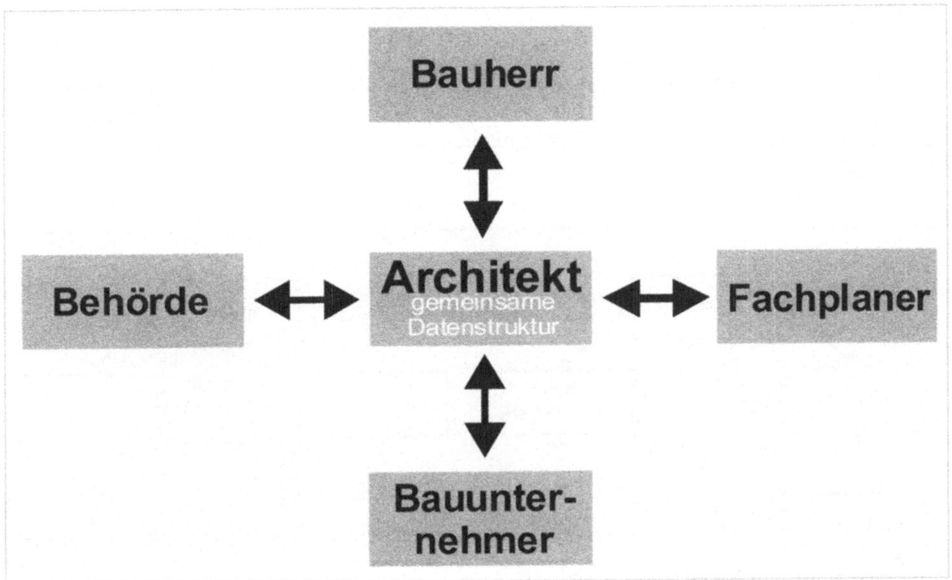

Bild G-5   Sternmodell

Netzmodell

Mit Hilfe des Netzmodells lässt sich theoretisch der gleiche objektive Informationsstand aller Projektbeteiligten über ein Netz als Kommunikationsmodell realisieren. Diese netzförmige Anbindung aller Personen ist grundsätzlich wünschenswert. Problematisch sind hierbei die Informationsflut und die fehlende Hierarchie in der Kommunikation. Mit den erforderlichen Mengen an Einzelkommunikationen wird das Netz sehr schnell überfordert. Hinzu kommt, dass nicht erkennbar ist, wer die Kommunikationswege lenkt. Aus Sicht des Projektmanagements ist dies ungünstig, da der Steuerungsansatz nicht ermöglicht wird.

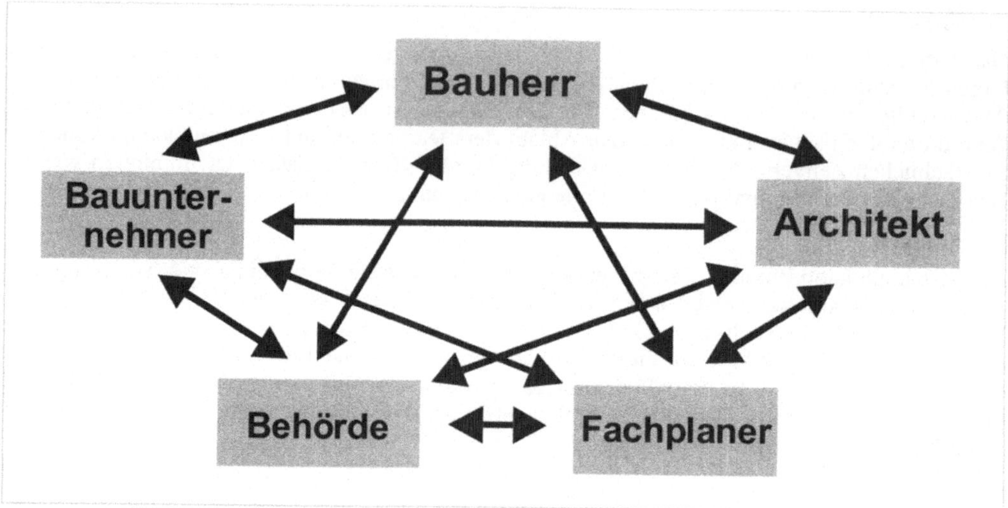

Bild G-6   Netzmodell

Heutige Kommunikationsmodelle sind in der Regel eine Mischung aus Stern und Netz. Je nach Form der Projektorganisation wird vorab definiert, welche Informationen vernetzt werden – beispielsweise informelle Abstimmungen, Besprechungen- und welche Informationen zentral verwaltet und gesteuert werden.

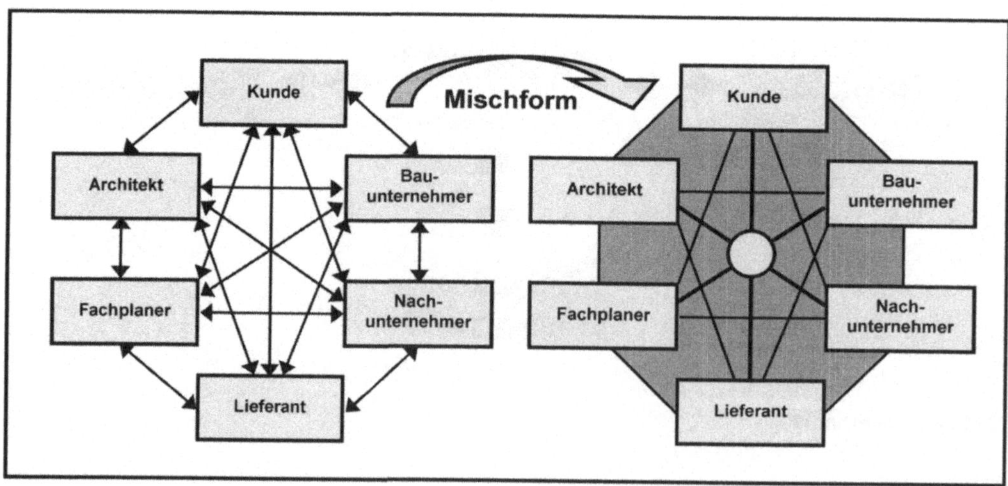

Bild G-7   Mischform aus netz- und sternförmigen Kommunikationsmodellen

In Bezug auf die elektronische Unterstützung geht die Entwicklung bei dem Management von Projekten zu einer sternförmigen Kommunikation. Die wesentlichen Projektinformationen werden zentral gesammelt und für diesen entstehenden Informationspool können dann ausgewählte Austausch- und Zugriffsmöglichkeiten erteilt werden. Bei sehr großen Projekten kann so ein

Sternkonzept durch „Satelliten-Sterne" ergänzt werden, d.h. es werden zusätzliche ausgelagerte Informationspools eingerichtet.[16]

1.3 Informations- und Kommunikationssysteme

Es wurden einige Begriffe herausgearbeitet, die zum Aufbau eines Informations- und Kommunikationssystems (IuK-System) notwendig sind. Welche Funktion ein IuK-System hat, ist in Wissenschaft und Praxis nicht eindeutig und allgemeingültig geklärt. Sinnvoll erscheint ein Ansatz aus dem Bereich Wirtschaftsinformatik, da der Begriff IuK-System in der Bauwirtschaft eng mit EDV und internetuntertüzter Managementsoftware verbunden ist. Dabei umschließt der Terminus „Anwendungssysteme"[17] sämtliche Systeme der computergestützten Informations- bzw. Datenverarbeitung, sowohl auf Hardware- als auch auf Softwareseite. Anwendungssysteme sollen den entsprechenden Anwendern in einem Unternehmen oder während eines Projektes bei der Bewältigung ihrer Aufgaben helfen.

Informationssysteme sind eine Spezialisierung der Anwendungssysteme, bei denen die Speicher- und Verarbeitungsfunktion kombiniert werden. Für den Verwender steht dabei meist die Speicherfunktion im Vordergrund.[18] Beispielhaft kann das Gebiet der KLR, insbesondere der Kostenträger-, -stellen- und -artenrechnung angeführt werden. Da die Kostenvergleiche auch über mehrere Perioden, die auf der Speicherung der Kostendaten beruhen, wesentliche Aufgabe in der KLR sind, spricht man hier von einem Informationssystem.

Übertragungssysteme übermitteln Daten von einem Sender an einen Empfänger. Die zu übertragenden Daten müssen einer system-spezifischen Standardisierung entsprechen, dem so genannten Protokoll. Im Empfängersystem werden die übertragenen Daten wieder protokollkonform zusammengestellt. Sollte auf Sender- oder Empfängerseite das angewandte Datenformat nicht bereitgestellt werden, muss ein so genannter Konverter zwischen das Anwendungs- und Übertragungssystem geschaltet werden. Dieser ermöglicht, dass die ursprünglichen Daten aus dem Anwendungssystem in das normierte Datenformat des Übertragungssystems konvertiert werden und umgekehrt.[19]

Kommunikationssysteme verknüpfen Übertragungs- und Anwendungssysteme. Ihr Aufgabenschwerpunkt liegt auf der Übertragungsfunktion, wobei das Anwendungssystem unterstützende Wirkung hat. Es stellt zusätzliche Hilfsfunktionen vor oder nach dem Übertragungssystem bereit. Solche Hilfsfunktionen können dann sowohl Speicherfunktionen umfassen, wie das Aufzeichnen einer Nachricht, als auch Verarbeitungsfunktionen wie bei der synchronen Kommunikation per Telefon.

Analog kann der Begriff des IuK-Systems gedeutet werden. Er verbindet das Informations- mit dem Kommunikationssystem. Während die erläuterten Begriffe einen eindeutigen Aufgabenschwerpunkt hatten, stehen bei den IuK-Systemen die Übertragung sowie die Speicherung und Verarbeitung von Informationen gleichgewichtig nebeneinander.

---

[16] vgl. Greiner, P./Meyer, P./Stark, K.: a.a.O., S. 267

[17] vgl. dazu Wöhe, G.: a.a.O., S. 215 f.

[18] vgl. Hildebrand: a.a.O., S. 183 ff.

[19] vgl. Rey, M.: Informations- und Kommunikationssysteme in Kooperation, Josef Eul Verlag: Lohmar; Köln 1999, S. 52

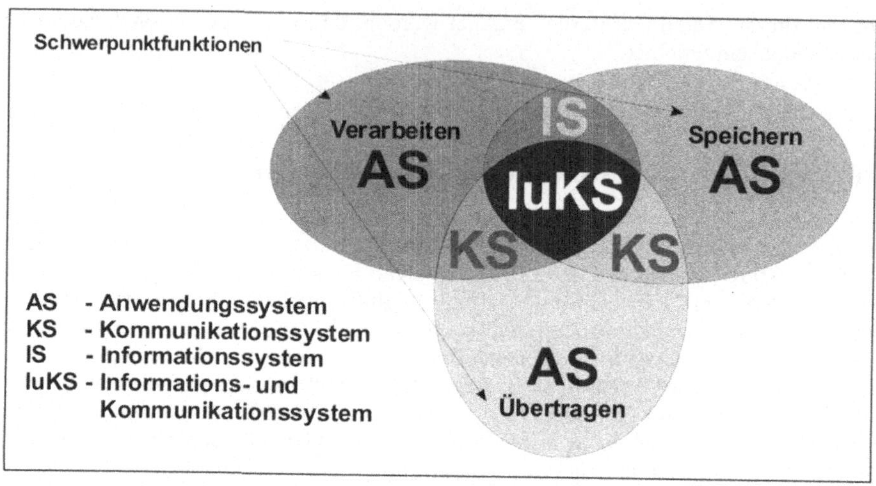

Bild G-8   Übersicht verschiedener Systemaufgaben[20]

1.3.1 Verwaltung von Informationen

Die Verwaltung von Informationen ist ein wesentliches Element eines Informations- und Kommunikationssystems. Sie kann in drei Teilbereiche differenziert werden:

- Erfassung, Verarbeitung und Aufbereitung
- Speicherung
- Übertragung

Unter Erfassung versteht man die Aufnahme von Daten als Vorbereitung zur Verarbeitung. Dabei können sowohl interne als auch externe Quellen in Betracht kommen. Die Anwendung von Rechenvorschriften oder eine Veränderung der eingegebenen Daten wird unter dem Begriff Verarbeitung zusammengefasst. Die Aufbereitung beschreibt beispielsweise eine veränderte Darstellung der Daten mit dem Ziel daraus Informationen zu gewinnen. Zahlenreihen können optisch aufbereitet und in Form von Diagrammen ausgegeben werden. Alle drei Funktionen des ersten Spiegelpunktes werden im Weiteren unter dem Begriff Verarbeitung zusammengefasst, da sowohl für die Erfassung als auch zur Aufbereitung die Daten verarbeitet werden müssen.

Um eine sinnvolle Verarbeitung zu ermöglichen, sollte zu Beginn eine Daten- bzw. Informationsanalyse betrieben werden. Analyse bedeutet in diesem Zusammenhang, die Eigenschaften der Information zu bestimmen. Die Qualität kann u.a. an folgenden Faktoren ausgemacht werden und stellt im weiteren Sinne den Aussagegehalt dar:[21]

- Wahrscheinlichkeit und Prüfbarkeit, d.h. der Grad der Sicherheit für zukünftige Tatbestände und die Verifizierung des sachlich-inhaltlichen Gehalts.
- Genauigkeit und Vollständigkeit, also die Detailliertheit und Präzision, mit der das Informationsobjekt beschrieben wird und das Vorhandensein aller zu erwartenden Aspekte.

---

[20] vgl. Rey, M.: a.a.O., S. 54
[21] vgl. Wall, F.: Organisation und betriebliche Informationssysteme: Elemente einer Konstruktionstheorie, Gabler Verlag: Wiesbaden 1996, S. 23 f.

- Aktualität und Objektivität, das beinhaltet die Größe der Zeitspanne zwischen Auftreten des Sachverhalts und dem Erfassen im System bzw. Ankunft beim Empfänger. Es ist wesentlich, inwieweit persönliche Einflüsse des Senders die Information prägen. Außerdem muss die Erzeugung und Entstehung derselbigen nachvollziehbar sein.

Mit Hilfe einer solchen Analyse können die Daten bzw. Informationen gefiltert werden. Darüber hinaus ist auch eine Bewertung möglich. Das wesentliche Kriterium ist dann der Nutzen einer Information oder der Daten. Hier erschließt sich allerdings ein sehr weitreichendes Problemfeld, denn Kosten, Nutzen und letztendlich der Erfolg durch Informationen ist i.d.R. schwierig zu quantifizieren, gerade im Hinblick auf die besonderen spezifischen Eigenschaften von Bauprojekten.

Daten und Informationen werden durch die Speicherung langfristig konserviert und für die Anwender oder Projektbeteiligten in Zugriff gestellt. Dabei spielt es erst mal keine Rolle, ob es sich um Zeichnungen, Pläne, Notizen, Mitteilungen oder ganze Besprechungsprotokolle handelt. Damit werden Informationen in ihrem originären Sinne von menschlichen Handlungs- oder Entscheidungsträgern gelöst. Dies setzt aber stets einen materiellen Träger voraus, dies kann z.B. Papier oder ein elektronischer Speicher sein. Möglicherweise ist zu dem Zeitpunkt der Speicherung noch gar nicht abzusehen, dass das Gespeicherte später für eine bestimmte Aufgabe noch verwendet wird. Genau genommen werden dann erst mal nur Daten aufbewahrt im Sinne von potenziellen Informationen. Die Notwendigkeit der Speicherung ergibt sich daraus, dass die gesamten Prozesse, also Erfassung, Verarbeitung, Aufbereitung und Übertragung nicht kontinuierlich ablaufen können. Der bereits angesprochene Informationsbedarf kann weder zeitlich noch qualitativ und quantitativ so bestimmt werden, dass es zu einer direkten Informationsübermittlung bezogen auf die entsprechenden Bedürfnisse kommen kann. Als weiterer Aspekt sei noch darauf hingewiesen, dass eine Information auch vergessen werden kann und deshalb gespeichert werden sollte.

Die Übertragung versteht sich als Datenübertragung von einem Sender an einen Empfänger. Die Übertragung ist synonym mit der Kommunikation zu bezeichnen, wie sie bereits in den vorstehenden Ausführungen dargestellt wurde.

1.3.2 Sicherung des Kommunikationsflusses

Theoretisch ist die optimale Kommunikation oder auch Informationsaustausch und -fluss gegeben, wenn alle Projektbeteiligten zeitgleich über denselben Informationsstand verfügen. Praktisch lässt sich dies schon aufgrund des Umfangs der vorhandenen Daten etc. im Rahmen eines Bauprojektes nicht realisieren. Wichtig ist zuerst die Störungen und Einflüsse auf den Kommunikationsprozess weitestgehend zu vermeiden, damit stets das übermittelt wird, was der Sender auch beabsichtigt. Hinzu kommt dabei, dass die vorangegangenen Kriterien für die Daten- und Informationsgüte immer berücksichtigt werden müssen. Daraus folgt, dass das Sender-/Empfängerprinzip bewusst gemacht werden muss, und für die technischen Sachverhalte strukturelle, technologische und andere Randbedingungen so zu gestalten sind, dass Störungen ausgeschlossen werden.[22] Im Rahmen der persönlichen Kommunikation können Störungen nicht zwangsläufig ausgeschlossen werden. Die Projektorganisation besteht letzten Endes aus Einzelpersonen, die sich durch individuelle Persönlichkeitsprofile unterscheiden. Zielorientierung und entsprechende Teamarbeit haben aber höchste Priorität und müssen genau wie der mögliche Einsatz neuerer Technologien gefördert werden.

---

[22] vgl. Greiner, P./Meyer, P./Stark, K.: a.a.O., S. 268

1.3.3 Informations- und Kommunikationssysteme in Organisationen

Der Zusammenhang zwischen der Organisation einer Unternehmung oder eines Projektes einerseits und bspw. der computergestützten Informationstechnologien andererseits hat im wissenschaftlichen Schrifttum Beachtung gefunden. Hierbei stellt der Entwicklungsstand der Informationstechnologie einen ganz entscheidenden Einflussfaktor dar. In den „Anfangsstunden" dieser Nutzungen boten die Systeme relativ wenig oder sogar keinen Gestaltungsspielraum, d.h. die Organisationsstruktur und das Verhalten der Organisationsmitglieder werden maßgeblich durch die Informationstechnologie bestimmt.[23] Auf der anderen Seite wird ihr eine besondere Stellung zuerkannt, indem sie bestimmte Organisationsformen oder Strategien erst ermöglicht. Aber gerade im Bereich der EDV findet eine rasante Entwicklung der Technik innerhalb kurzer Zeiträume statt, so dass man heutzutage nicht mehr davon ausgehen muss, dass die Informationstechnologie nur bestimmte Strukturen zulässt, sondern als Mittel zum eigentlichen Zweck, der Unterstützung der vorhandenen oder geplanten Organisationsform, angesehen werden darf.

Die zentrale Schwierigkeit liegt darin, die Stimmigkeit, Kompatibilität oder Anpassung zwischen Organisationsstruktur und Informationstechnologie zu konkretisieren. Maßgeblich sind dabei zwei Gesichtspunkte, die einander ergänzen und nur gedanklich getrennt werden können:[24]

1. Aus der Organisationsstruktur resultieren funktionale Anforderungen an das Informations- und Kommunikationssystem. Durch die Organisationsstruktur wird festgelegt, von welcher organisatorischen Einheit welche Aufgaben zu erfüllen sind. Die Information und Kommunikation bilden dabei eine Ressource, die zur Aufgabenerfüllung benötigt wird und das Ergebnis einer Aufgabe darstellen können. Damit ist sowohl die Struktur der Informationsbeziehungen bestimmt als auch welche Transformationen (inhaltliche Unformungen) an Informationen vorzunehmen sind. Die Funktion des IuK-Systems ist es, hierfür Unterstützung zu bieten, d.h. die Aufgabenträger mit den in qualitativer und quantitativer Hinsicht entsprechenden Informationen zeit- und ortsgerecht zu versorgen.

2. In der Organisationsstruktur kommen bestimmte gestalterische Absichten zum Ausdruck. Die Organisationsstruktur ist in aller Regel das Ergebnis eines zielgerichteten Gestaltungsprozesses, wobei sich die Ziele der organisatorischen Gestaltung aus den Zielen des Unternehmens oder des konkreten Projektes ergeben.[25] So kann eine Organisationsstruktur, in der die Entscheidungskompetenzen stark dezentralisiert sind, als Ausdruck der Absicht verstanden werden, eine höhere Unabhängigkeit untergeordneter Einheiten herbeizuführen, z.B. um die höheren Führungsebenen zu entlasten und eine verbesserte Flexibilität zu erreichen.[26]

Um die angesprochene Kompatibilität etc. zwischen Organisationsstruktur und Informationssystem herbeizuführen, muss diese Zielrichtung gleichermaßen im Informationssystem wirken. Dazu müssen die funktionalen Anforderungen und gestalterischen Absichten nachgebildet werden.

---

[23] vgl. Wall, F.: a.a.O., S. 50

[24] vgl. Wall, F.: a.a.O., S. 61 f.

[25] vgl. Kieser, A./Kubicek, H.: Organisation, 3. Auflage, De Gruyter Verlag: Berlin 1992, S. 5

[26] Empirische Untersuchungen, die den Einfluss von Informationstechnologie auf die Organisationsstruktur betrachten, liefern in Bezug auf Entscheidungskompetenzen Bestätigung sowohl für die Zentralisierungs- als auch für die Dezentralisierungsannahme.

2 Wissensmanagement

Das Wissensmanagement ist ein eigenständiger Bereich innerhalb der Information und Kommunikation. Um Unternehmen und Projektorganisationen in Informations- bzw. Wissensgesellschaften zu managen, ist es erforderlich, ein umfassendes Wissensmanagement zu installieren. Denn beim Wissensmanagement stehen die Vernetzung von vorhandenem Wissen, die Gewinnung von neuem Wissen und die Übertragung von Wissen aus der Umwelt in die Organisation im Mittelpunkt des Interesses.

Darüber hinaus besteht für das Wissensmanagement die Herausforderung, Strategien zu entwikkeln, wie und an welchen Stellen das Wissen einer Organisation gezielt erweitert werden kann. Der Umgang mit Wissen ist neben anderen Erfolgsfaktoren auch ein Indikator für die unternehmerische Wettbewerbsposition.

2.1 Grundlagen

Werden Informationen mit der im Gedächtnis gespeicherten Erfahrung kombiniert, liegt Wissen vor. Wissen ist ein komplexes Gefüge, das mit subjektiven Erfahrungen, Zusammenhängen und unausgesprochenen Bewertungen des Individuums verknüpft ist.[27] Des Weiteren wird zwischen explizitem und implizitem Wissen unterschieden. Explizites Wissen ist leicht kommunizierbar und auch leicht erlernbar und wird oft in Datenbanken und Projekthandbüchern festgehalten. Der größte Teil des menschlichen Wissens besteht allerdings aus dem impliziten Wissen. Implizites Wissen ist in den Köpfen einzelner Personen gespeichert und ist schwer übertragbar- und teilbar. Es beruht meist auf Erfahrungen und drückt sich in Überzeugungen, Fertigkeiten und Einstellungen aus. Daher gilt es als Hauptaufgabe von Wissensmanagement, das implizite Wissen für eine Organisation nutzbar zu machen.

Neben dem individuellen (impliziten und expliziten) Wissen existiert das kollektive Wissen. Das kollektive bzw. organisationale Wissen bildet das Wissen einer Gruppe, einer Organisation. Es stellt mehr als die Summe des individuellen Wissens dar, da sich aus dem Netzwerk der Beziehungen innerhalb einer Organisation Synergieeffekte erzielen lassen. Das kollektive Wissen äußert sich nicht nur in den Kenntnissen einer Gruppe, sondern auch in Verhaltensregeln, Organisationsprinzipien, Standards und Unternehmenskultur. Daher ist das Einfügen von individuellem Wissen in das kollektive Wissen eine weitere wichtige Aufgabe des Wissensmanagement.

Ebenso kann eine Unterscheidung zwischen internen und externen Wissen getroffen werden. Das interne Wissen entsteht innerhalb der Organisation z.B. durch eine eigene Forschungs- und Entwicklungsabteilung. Das externe Wissen hingegen wird von außen durch

- Einstellungen von Mitarbeitern mit dem entsprechenden Wissen,
- Erwerb von Lizenzen und Patenten,
- Lernen von der Konkurrenz,
- Externe Beratungsleistungen oder
- Kauf ganzer Unternehmen gewonnen.

---

[27] vgl. Rehäuser, J./Krcmar, H.: Wissensmanagement in Unternehmen; in: Schreyögg, G./Conrad, P.: Wissensmanagement, Berlin 1996, S. 56

2.1.1 Ziele und Nutzen des Wissensmanagements

„Wenn ein Unternehmen wüsste, was es weiss!" Mit dieser Aussage, die auf jede Organisation übertragbar ist, wird verdeutlicht, was man vermuten kann. Es wäre mehr Wissen vorhanden, wenn es besser genutzt und mehr darauf zugegriffen würde.

Nach Picot und Scheuble ist „Wissensmanagement darauf ausgerichtet, mit Hilfe von Wissensressourcen bestimmte Ziele zu erreichen. Das Management von Wissen muss deshalb darauf abzielen, die in einem Unternehmen vorhandenen Wissensressourcen zielgerecht einzusetzen, bzw. die zur Erreichung der Unternehmensziele erforderlichen Wissenspotenziale aufzubauen oder zu erwerben."[28]

Es gibt eine ganze Reihe von Zielen und Nutzen, die durch ein ganzheitlich durchgesetztes Wissensmanagement erreicht werden können. So muss das vorhandene, mitarbeiterimmanente Wissen laufend erfasst und standardisiert werden, um eine ständige Wissensgenerierung zu gewährleisten. Dazu müssen die Wissensbedürfnisse des Unternehmens identifiziert und die Wissensmanagementziele definiert werden. Dabei wird wichtiges von irrelevantem Wissen getrennt, um eine Informationsflut zu vermeiden. Durch diese Wissensarchivierung geht auch weniger Wissen beim Ausscheiden eines Mitarbeiters verloren, und es wird ein schneller Zugriff auf die Erfahrungen anderer Wissensträger ermöglicht. Das Rad braucht nicht zweimal erfunden zu werden, Fehler werden nicht so häufig wiederholt, und neue Mitarbeiter können sich schneller einarbeiten. Die Mitarbeiter können sich gezielt das Wissen suchen, welches sie gerade benötigen. Durch diesen Wissenstransfer wird eine Transparenz bezüglich des unternehmensweit vorhandenen Wissens erreicht. Die Methoden des Wissensmanagement in Netzwerken können vor allem dabei helfen, eine Verbindung aller Betroffenen zu schaffen, um damit ein gegenseitiges Verständnis aufzubauen. Auch der Kunde kann, z.B. durch Kundendatenbanken, schneller und effektiver erreicht werden, und es kann auf seine besonderen Kundenwünsche gezielter eingegangen werden.

Wissensmanagement kann dazu beitragen, Trends in Entwicklung und Vermarktung schneller zu erkennen, wodurch die Unternehmensführung das Know-how des Unternehmens besser einsetzen und schneller und innovativer agieren kann.

Des Weiteren können Potenziale bei der Leistungsfähigkeit ausgenutzt werden, um eine verbesserte Effizienz und Effektivität hinsichtlich Qualität, Service und Zeit zu erzielen, wodurch sich wiederum die Kundenzufriedenheit verbessert. Auch eine Erhöhung der Attraktivität des Unternehmens durch effektivere und professionellere Arbeitsweise ist denkbar.

2.1.2 Wissen als Produktionsfaktor

Schon seit einigen Jahren wird auf die Bedeutung des organisatorischen Wissens hingewiesen, dass im globalen Wettbewerb der Unternehmen und Nationen als fünfter Faktor neben den klassischen betriebswirtschaftlichen Produktionsfaktoren sowie dem relativ neuen dispositiven Faktor Information hinzu getreten ist. Denn „der Kombinationsprozess der Produktionsfaktoren erfordert den Einsatz von Wissen, da die über das gesamte betriebswirtschaftliche Geschehen vorliegenden Informationen zweckorientiert vernetzt werden müssen."[29] Die exponentielle Verbreitung des verfügbaren Wissens, bedingt durch moderne IuK-Systeme, und die gleichzeitig rapide abnehmbare Halbwertszeit des Wissens sind Auslöser für die steigende Bedeutung des Erfolgsfaktor Wissens. Somit rückt das Wissen als wichtigste Ressource in den Mittelpunkt des Interesses und wird damit, zur richtigen Zeit am richtigen Ort nutzbar gemacht, zum bedeutenden Erfolgsfaktor der nächsten Jahre. Im Wandel zur Wissensgesellschaft ist 42 %

---

[28] vgl. Picot, A./Scheuble, S.: Die Rolle des Wissensmanagement, 2000, S. 29
[29] vgl. Rehäuser, J./Krcmar, H.: a.a.O., S. 4

des Wissens eines Unternehmens ausschließlich in den Köpfen der Mitarbeiter vorhanden.[30] Das neue, ganzheitliche Konzept zur Erschließung und Nutzung von Wissen wird daher als Wissensmanagement bezeichnet.

2.2 Projektbezogenes Wissensmanagement

Der gesamte Ablauf eines Bauprojektes wird von den Projektbeteiligten durch unzählige kleine und größere Entscheidungen beeinflusst, die zum Teil intuitiv oder unter Unsicherheiten gefällt werden. Die Auswirkungen dieser oft mangelnd fundierten Entscheidungen sind unnötige und sich wiederholende Fehler, größerer Zeitaufwand, unnötige Kostenüberschreitungen und unzufriedene Kunden. Der wirtschaftliche Erfolg eines Bauprojektes kann somit gefährdet werden. Eine Verbesserung der zur Verfügung stehenden Entscheidungsgrundlagen auf operativer Ebene kann durch ein projektbezogenes Wissensmanagement verbessert werden. Darunter wird die Übertragung des Wissensmanagement auf Bauprojektebene verstanden.

2.2.1 Aufgaben des projektbezogenen Wissensmanagement

Durch ein umfassendes projektbezogenes Wissensmanagement können bei optimalen Rahmenbedingungen folgende Aufgaben im Projekt erfüllt werden:[31]

- Reibungslose Kommunikation zwischen allen Projektbeteiligten
- Verbesserung von Kundenzufriedenheit oder Kundenbindung durch z.B. eine Kundendatenbank
- gegenseitige Kenntnis von parallelen Projekten zu ähnlichen Problemstellungen
- Minimierung der Informationsüberlastung und verbesserte Qualität der Informationen
- Qualitätskontrolle der Planung
- Einsicht von CAD-Plänen ohne CAD-Software
- Protokollierung von Aktivitäten
- Verkürzung der Reaktionszeiten
- Steigerung der Innovationsfähigkeit
- Minimierung von Fehlern oder Wiederholungen
- Führung von Terminüberwachungslisten
- Aufbau einer Projektdokumentation z.B. durch eine Projektdatenbank
- Austausch von Projekterfahrungen z.B. durch interne Bekanntmachung entwickelter Verfahren (best-practise)
- Schaffung von Grundlagen für das Facility Management
- Managementinformationen für die Entscheidungsebene
- verbesserten Austausch von wettbewerbsentscheidenen Wissen (über Kunden, Markt, Konkurrenz, Verfahren etc.) zwischen den Abteilungen und den Kooperationspartnern verbesserter Überblick über extern verfügbares Wissen (Lieferanten, Nachunternehmer, Planer etc.)

Das in den Projekten erlangte Wissen wird von den Teams der Wissensnetzwerke bewertet, strukturiert, sortiert und in das interne Wissensmanagementsystem überführt. Letztendlich ermöglicht so die interne Publikation ein effektives und effizientes Lernen aus den fertig gestellten Projekten. Dadurch wird externes Wissen in internes Wissen umgewandelt.

---

[30] vgl. o. V.: Computernotizen; in: Handelsblatt, Nr. 138, 21.7.1999, S. 43
[31] vgl. Girmscheid, G./Borner, R.: Einsatz und Potenziale von Wissensmanagement in Unternehmen der Bauwirtschaft, in: Bauingenieur, Band 76, Mai 2001

2.2.2 Wissensmanagement auf strategischer und operativer Ebene

Mit der Abdeckung einer breiten Wertschöpfungskette wird von Unternehmen der Bauwirtschaft in erster Linie beabsichtigt, über eine weitgehende Synergiegewinnung zwischen Entwicklung, Planung, Ausführung und Nutzung von Bauwerken gegenüber anderen Wettbewerbern sowohl hinsichtlich des Nutzwertes als auch der Kosteneffizienz der angebotenen Baulösungen einen höheren Kundennutzen zu erreichen und dadurch Wettbewerbsvorteile zu erreichen.[32] Der Einsatz eines Wissensmanagements im Rahmen dieses Ansatzes verfolgt hierbei auf der strategischen Ebene andere Zielsetzungen als auf der operativen Ebene.

Damit eine Gesamtoptimierung der einzelnen Teilleistungen erreichen werden kann, muss ein Unternehmen über die entsprechende Problemlösungsmethodik auf der strategischen Ebene verfügen. Darüber hinaus ist aber eine Gesamtoptimierung bei den miteinander verbundenen Entscheidungen aber nur möglich, wenn das spezifische Wissen über die gegenseitigen Abhängigkeiten der gesamten Entscheidungsfelder ebenfalls vorhanden ist. Dieses Wissen, das für eine solche Entscheidungsfindung notwendig ist, wird als Schlüsselwissen bezeichnet.[33] Verfügt ein Unternehmen mit seinen Kernkompetenzen noch nicht über ein ausreichendes Schlüsselwissen, muss es im Rahmen des Unternehmensnetzwerks den geeigneten Kooperationspartner mit dem komplementären Schlüsselwissen ausfindig machen. Um die angebotene Systemleistung kontinuierlich weiterzuentwickeln, müssen die aus dem Entscheidungsprozess gewonnenen Erfahrungen systematisch analysiert und entsprechende Änderungen in neuen Entscheidungsprozessen herbeigeführt werden.

Damit nun auf Projektebene eine operative Gesamtoptimierung der anzubietenden Bauprojektlösung überhaupt erreicht werden kann, muss das für einen bestimmten Entscheidungsprozess erforderliche Wissen über die Schnittstellen hinweg vernetzt werden. Das bedeutet, dass anhand der Abhängigkeiten von den zu treffenden Entscheidungen die betroffenen Projekt-Beteiligten lokalisiert sowie entsprechende Wissensträger aus den jeweiligen Bereichen in den Entscheidungsprozess mit einbezogen werden. Das Ziel dieser Entscheidungsfindung ist es, eine Lösung zu finden, die eine möglichst große Handlungsfreiheit für die weiteren abhängigen Entscheidungen ermöglicht. Dies kann nur mit einer entsprechenden Problemlösungsmethodik erreicht werden.[34]

Das Erbringen von umfassenden Bauprojektlösungen wird ebenfalls nicht vor Planungsänderungen oder Unsicherheiten bewahrt sein. Bei kurzfristigen Planungsänderungen müssen deshalb die davon betroffenen und bereits gefällten sowie die zukünftig zu treffenden Entscheidungen überprüft werden. Die Fehler in der Planung sollten durch ein Erkennen der betroffenen Abhängigkeiten minimiert werden. Mehrmaliges Durchlaufen von Planungen wegen Änderungen durch die beteiligten Planer sollte ebenfalls durch Berücksichtigung der gegenseitigen Abhängigkeiten minimiert werden, da die Fehleranfälligkeit bei jedem Plandurchlauf zunimmt sowie mit entsprechenden Zeit- und Kostenaufwendungen verbunden ist.

2.3 Wissensmanagement in Organisationen

Die Vernetzung von Organisationseinheiten und ihrer Wissensbasen ergänzen deren Kernkompetenzen durch die Bildung neuer Formen der partnerschaftlichen Zusammenarbeit. Aufgrund dieser Entwicklung gilt es, Wissen über die gesamte Wertschöpfungskette im Kontext des Kunden-

---

[32] vgl. Girmscheid, G.: Neue unternehmerische Strategien in der Bauwirtschaft, Institut für Bauplanung und Baubetrieb, ETH Zürich Dez. 1997, S. 17

[33] vgl. Girmscheid, G.: Wettbewerbsvorteil durch kundenorientierte Lösungen; in: Bauingenieur, Band 75, 2000, S. 1

[34] vgl. Girmscheid, G./Borner, R.: a.a.O., S. 259

nutzens zu managen. Daraus ergibt sich die Notwendigkeit, die Ressource Wissen im Spannungsfeld einer Organisationsstruktur zu managen, denn Organisationen, die sich erfolgreich im Wettbewerb durchsetzen wollen, müssen über ein Management ihres organisatorischen Wissens verfügen. Unternehmensnetzwerke sind die organisatorische Antwort auf die Herausforderung des Marktes, umfangreiche und kundenindividuelle Produkt- und Serviceleistungen erbringen zu müssen, ohne die Konzentration auf die Kernkompetenz der Organisation zu vernachlässigen.[35] Ziel in Organisationen muss daher ein ganzheitliches dynamisches Konzept für ein Wissensmanagement sein, das strategische Lösungsansätze und Gestaltungsoptionen aufzeigt.

Das Wissen einer Organisation ist an vielen Orten „gespeichert": In den Köpfen der tätigen Mitarbeiter, in bautechnischen Lösungen, in ausgefeilten Wertschöpfungsprozessen und in Datenbanken, Handbüchern und Berichten. Über den Erfolg von Organisationen im Wettbewerb entscheidet, wie dieses Wissen genutzt und vermehrt wird. Es handelt sich überwiegend nicht nur um einen Austausch von Daten, sondern um einen Austausch und einer Verarbeitung von Ideen in einem „lebenden System", bei dem sich jeder Akteur – je nach dem wie gut zusammengearbeitet wird – selber qualitativ verändert und weiterentwickelt. Oft arbeiten unterschiedliche Gruppen einer Organisation an der gleichen Frage- bzw. Problemstellung. Dies ist besonders häufig bei weitgehend unabhängigen Partnerunternehmen der Fall, die aufgrund von Akquisitionen in eine Unternehmensorganisation integriert worden sind. Eine einheitliche Wissensbasis in einer Organisation ermöglicht es, einheitliche Standards einzuführen und die Option, dem Kunden an jedem Ort der Erde die gleiche Leistung anzubieten. Des Weiteren ermöglicht das Wissen in den Partnerunternehmen, über Lernprozesse die Wettbewerbssituation zu beeinflussen und so dauerhafte Wettbewerbsvorteile zu schaffen. Es muss ein Erfahrungsaustausch über die Grenzen von Teams und Organisationseinheiten hinaus stattfinden.

Es kann gesagt werden, dass ein ganzheitlich konzipiertes und umgesetztes Wissensmanagement die Prozess-, Technologie-, Produkt- und Dienstleistungsqualität in Organisationen erhöht. Gerade für die Bauunternehmen, die sich zum Baumanagementunternehmen entwickeln und immer mehr Dienstleistungen global anbieten, wird das Wissen rund ums Bauen immer wichtiger und dieses Wissen muss auch entsprechend gemanagt werden. Deshalb ist funktionierendes Wissensmanagement unabdingbare Voraussetzung für ein internationales Bauunternehmen der Zukunft. Dafür muss eine Kultur des bereitwilligen Wissensaustausches im weltweiten Unternehmensnetzwerk geschaffen werden und durch geeignete organisatorische Konzepte wie Kompetenz-Zentren unterstützt werden.

2.4 Wissen als kritischer Erfolgsfaktor

Wissen, das nicht täglich zunimmt, nimmt täglich ab. Trotz der Fülle technischer Möglichkeiten, die heute zur Verfügung stehen, ist der Faktor „Mensch" gebührend und zugleich kritisch zu berücksichtigen. Die Mitarbeiter stehen grundsätzlich jeder Art von Veränderungen immer zurückhaltend und kritisch gegenüber. Diese Angst vor Neuem, insbesondere wenn es sich um technische Neuerungen handelt, bildet ein großes Hemmnis bei der Umstellung auf moderne Kommunikationssysteme. Die Informations- und Kommunikationssysteme erleichtern dabei die unternehmensübergreifende Zusammenarbeit, ersetzen aber nicht die für diese Zusammenarbeit wichtigen sozialen Beziehungen. Ganz im Gegenteil stellen diese IuK-Systeme neue Anforderungen an die Gestaltung eben dieser Beziehungen. Der Aufbau eines IuK-Systems kann fehlschlagen, wenn der sozialen Komponente nicht ausreichend Aufmerksamkeit geschenkt wird. Bevorzugt treten Mitarbeiter miteinander in Kontakt, die in der Vergangenheit schon mal zusammenge-

---

[35] vgl. Wildemann, H.: Entwicklungs-, Produktions- und Vertriebsnetzwerke in der Zulieferindustrie, Ergebnisse einer Delphi-Studie zur Frage der Kernkompetenz, München 1998, S. 44

arbeitet haben. Daher wird ein funktionierendes Netzwerk von Mitarbeiter getragen, die durch Job-Rotation, Austauschprogramme, Reisen und gemeinsame Projektarbeit persönliche Kontakte und das Verständnis für die lokalen differierenden Kulturen aufgebaut haben. [36]

Eine Grundsatzproblematik elektronischer Medien liegt darin, dass die soziale Präsenz fehlt und somit keine Gefühle und Intuition übermittelt werden können. Moderne Videokonferenzen haben zwar hohe wirtschaftliche Vorteile, sollten aber nicht dauerhaft den persönlichen Kontakt zwischen Mitarbeitern ersetzen, besonders wenn noch kein hoher Grad an persönlichem Vertrauen aufgebaut worden ist, denn Mitarbeiter geben ihr Wissen nur in einem gewissen Vertrauensumfeld preis. Darüber hinaus soll zusätzlich ein Motivationsanreiz geschaffen sein, das erlangte Wissen auch weiterzugeben, sozusagen eine wissensbezogene finanzielle oder persönliche Entlohnung.

Ein weiteres Problem beim Wissensmanagement in partnerschaftlicher Zusammenarbeit liegt in der Wissensabwanderung, die die Entwicklung von Organisationsnetzwerken erschwert. Hier ist Vertrauen und ein ganzheitliches Konzept des Wissensmanagement nötig, um das Risiko des einseitigen Know-how-Abflusses in der Organisation zu senken und das Potenzial der Ressource Mensch besser zu fördern.

Weitere Risiken durch Wissensmanagement, die die Entwicklung in Unternehmensnetzwerken hemmt, können die Verwendung und Verteilung von unrichtigem/fehlerhaftem Wissen sein und/oder eine zu starke wirtschaftliche Abhängigkeit von einem Netzwerkpartner sein. Mitarbeiter dürfen ihr Wissen nicht als Machtinstrument verwenden, um ihren Arbeitsplatz zu sichern. Eine „Gartenzaunmentalität" zwischen den Mitarbeitern als auch zwischen den Unternehmensbereichen darf erst gar nicht aufkommen. Auch hier ist viel Überzeugungsarbeit seitens der Unternehmensführung verlangt.

Das Wissensmanagement erfolgreich in Unternehmen umzusetzen ist eine schwierige und komplexe Aufgabe, da es eine ganze Reihe von Risiken und Problemen in sich birgt. Deshalb sind Fehlschläge keine Seltenheiten und folgende Fehlerquellen sollten daher Berücksichtigung finden: [37]

- Bei der Aufstellung eines Wissensmanagementkonzepts werden die Mitarbeiter nicht ausreichend beteiligt. Oft herrscht sogar Unkenntnis über Wissensbedürfnisse. Seitens der Unternehmensführung ist eine offene, ehrliche und transparente Vorgehensweise für eine erfolgreiche Umsetzung von enormem Vorteil.
- Mitarbeiter werden nach der Einführung des Wissensmanagement nicht genügend mit Veranstaltungen und Broschüren vom Nutzen überzeugt (fehlendes Bewusstsein). Anreizsysteme für die Mitarbeiter können das Nutzen fördern.
- Mitarbeiter werden nicht ausreichend im Umgang mit den Werkzeugen geschult.
- Die Unternehmensführung steht nicht hinter dem Konzept des Wissensmanagement.
- Einseitig auf Technik fixiertes Wissensmanagement. Es werden nicht die anderen wichtigen Bereiche des Bauprozesses (Software, Recht, Projektmanagement etc.) im Wissensmanagement berücksichtigt.
- Es wird angefangen zu programmieren, bevor man genau weiß, was man will.
- Es gibt kein ausreichendes Zeit- und Geldbudget. Das System soll im Tagesgeschäft, ohne extra Verrechnung auf eine Kostenstelle, aufgebaut werden. Der zeitliche und finanzielle Aufwand sind von Anfang an zu berücksichtigen.
- Für Informationen muss bezahlt werden. Ab dem Moment, in dem die Mitarbeiter in ihrem Projekt für Leistungen des Wissensmanagement bezahlen müssen, wird es nicht mehr angenommen.

---

[36] vgl. Weber, J.: Modulare Organisationsstruktur internationaler Unternehmensnetzwerke, a.a.O., S. 223; in: Sloan Management Review, 1991, Vol.32, Nr. 3

[37] vgl. Hörger, M.: Wissensmanagement für Bauunternehmen, Diplomarbeit, Fachhochschule Biberach 2002, S. 107

- Das Projekt Wissensmanagement wird abgeschlossen und nicht weiterentwickelt. As dem Moment, in dem man es abschließt, ist auch das gesamte Wissensmanagement beendet.
- Es wird nur an Datenbanken gearbeitet. Es wird vergessen, dass der Hauptzweck der Datenbanken darin liegt, Mitarbeiter zum Wissensaustausch zusammenzubringen.
- Wissen kann schnell veralten, daher ist eine kontinuierliche Pflege notwendig

3 Internet als Medium für Informations- und Kommunikationssysteme

Das Internet ist aufgrund ganz unterschiedlicher Zwecke in fast allen Wirtschaftsbereichen nicht mehr wegzudenken. Es ist zu beobachten, dass viele verschiedene Unternehmen und auch Behörden im Internet vertreten und zu erreichen sind. Dies nicht nur in eine passiven Rolle, sondern Aktivitäten und Aufgaben werden aktiv durch das Internet unterstützt bzw. bei einigen Unternehmen ist das Kerngeschäft ohne das Internet nicht zu führen.

Gerade in der Bauwirtschaft ist es zwingend notwendig, neue Wege zu gehen und dabei gilt nach wie vor: Innovative Technologien können und müssen eingesetzt werden, klassische Ziele zu erreichen. Und diese Ziele heißen Optimierung des Kundenzugangs und Steigerung der Effizienz, also letztendlich Erhöhung der Profitabilität. Der fortlaufende rapide Fortschritt bei den technischen Innovationen und zugleich sinkenden Preisen wird auch weiterhin als Treiber hinter gesamt- und einzelwirtschaftlichen Entwicklungsprozessen stehen.[38]

Daher werden in diesem Abschnitt zunächst die begrifflichen Grundlagen gelegt, um darauf aufbauend einige relevante Anwendungsfelder in der Bauwirtschaft darstellen zu können.

3.1 Dienste im Internet

Während der Blickwinkel in den vorangegangenen Punkten vornehmlich auf Rechner-Rechner-Kommunikation ausgerichtet ist, soll nun die eigentliche Mensch-Rechner-Kommunikation betrachtet werden. Die realen Aufgaben sind letztlich an Personen gebunden und der PC ist Hilfsmittel bei der Bewältigung und Lösung von Problemen und Herausforderungen. Die grundlegenden Dienste bzw. Funktionen, die das Internet seit kurzer und auch längerer Zeit anbietet, werden im Folgenden erläutert.

3.1.1 World Wide Web – WWW

Wenn vom Internet die Rede ist, wird oft nur von einem Teil des Netzes gesprochen, gemeint ist das World Wide Web, kurz WWW, Web oder W3. Da man verschiedene Dienste (z.B. E-Mail, Telnet, FTP) über das WWW ausführen kann, sind die begrifflichen Ungenauigkeiten nicht verwunderlich. Entwickelt wurde das WWW 1991 im internationalen Kernforschungszentrum

---

[38] vgl. Berger, R./Reiter, D.: Der Goldrausch ist vorbei – E-Business wird aber weiter an Bedeutung gewinnen; in E-Conomy, Verlagsbeilage zur FAZ, Nr. 125, 3. Juni 2002, S. B1

Cern.[39] Im Wesentlichen dient dieser bekannteste und sehr verbreitete Dienst zur Informationsbeschaffung und -darstellung. Mithilfe eines kostenlosen Browsers, z.B. Netscape oder Internet Explorer, können die Daten bzw. Informationen auf fast jedem konventionellen Arbeitsplatzrechner angezeigt werden, sofern alle heute üblichen multimedialen Darstellungsformen unterstützt werden. Ordnet man die Browser einer Software-Kategorie zu, gehören sie zu den Client/Server-Anwendungen. Der Browser (Client) stellt Anfragen an einen Server und die Antwort erfolgt durch die Übertragung des gewünschten Dokuments. Der Browser interpretiert die Anweisungen zur Darstellung des Dokuments mit allen dazugehörigen Elementen.

WWW benutzt ein eigenes Protokoll zur Übertragung von Daten, das Hypertext Transport Protokoll (HTTP). Es basiert auf der Strukturierung von Informationen mittels Hypertext, was eine Ansammlung von Text-Objekten ist. Das bedeutet, ein Text ist so gegliedert, dass man von einem Wort aus unmittelbar an eine andere Stelle im Text springen kann, um weitere Erläuterungen o.ä. zu bekommen. So können unterschiedliche Texte durch sog. Hyperlinks miteinander verknüpft werden, auch wenn sie nicht auf einem Rechner abgelegt sind.[40] Im WWW kann man sich also sehr frei zwischen den einzelnen Dokumenten hin- und herbewegen, man lässt sich sozusagen durch die Hyperlinks treiben, was bildlich der Ausspruch „im Internet surfen" gut veranschaulicht.

In diesem Zusammenhang ist auch eine eigene Adressform entstanden, der sog. Uniform Ressource Locator (URL). Alle Informationen im W3 können durch Hyperlinks miteinander verknüpft werden. Der PC, auf dem man arbeitet, muss also nur wissen, wo die nächste anzuzeigende Information zu finden ist. Daher muss dem Hyperlink ein URL zugeordnet werden, der auf die Stelle verweist, wo die Information zu finden ist.

Sie stellen letztlich Verweise in das Dateisystem des mit der Adresse angesprochenen Rechners dar und helfen dabei, in großen Servern schneller auf Informationen zuzugreifen. Formal werden die Erweiterungen durch einen nach rechts abgekippten Strich abgetrennt.

Das WWW bietet als Informations- und Kommunikationsmedium eine Vielzahl bauspezifischer Informationen. Dies gilt für Planungsbüros, Dienstleister und ausführende Unternehmen, wobei einige Unternehmen mit einer eigenen Webseite im Internet vertreten sind. Auf diesen Webseiten befinden sich i.d.R. Angaben zum Unternehmen, Informationen über Ansprechpartner bzw. Referenzprojekte etc. In einer Studie geben die befragten Unternehmen folgende Gründe für die aktuelle Anwendung des Internets an:[41]

- Konkurrenzdruck, 70,6 %
- Imagegründe, 61,3 %
- Kundenbindung, 46 %
- Zeitersparnis, 43 %
- Kostenvorteile, 33 %

Die ersten Schritte zur Internetnutzung in der Bauwirtschaft sind damit vollzogen. Deutlich wird aber schon an dieser Stelle, dass die Potenziale zur Effizienzsteigerung in den Unternehmen, also Kosten- und Zeitvorteile, noch eine eher nachrangige Bedeutung einnehmen.

3.1.2 Electronic-Mail (E-Mail)

Während das W3 ein sehr junger Dienst im Internet ist, gehört die E-Mail zu den ersten Funktionalitäten seit Beginn des Internets. Sie ermöglicht den Austausch von elektronischen Nachrichten.

---

[39] vgl. Kauffels, F.-J.: Moderne Datenkommunikation – Eine strukturierte Einführung, 2. Auflage, Thomson Publishing: Bonn 1997, S. 730 und Peyton, C.: Internet – Das Buch, Sybex Verlag: Düsseldorf 2001, S. 8
[40] vgl. Kauffels, F.-J.: a.a.O., S. 730-732
[41] vgl. Koch, M.; Baier, D.: E-Commerce in der Bauwirtschaft; in: Baumarkt, 1/2002, S. 43

Mittlerweile beschränkt sich E-Mail nicht mehr auf die Versendung von Texten, sondern kann auch zusammengesetzte Multimedia-Dokumente oder Programmdateien übertragen.

Für die normale elektronische Post benötigt man nur einen einfachen Editor zum Schreiben der Nachricht und ein kleines Mail-Programm. Dazu muss man selbst eine E-Mail-Adresse haben und die Adresse desjenigen kennen, mit dem man kommunizieren möchte. Durch die elektronische Form gehen die Möglichkeiten weit über die der klassischen Papierform von Briefen hinaus. Es ist möglich, den Text irgendwo zwischenzuspeichern und später anzuzeigen. Dazu besteht heute schon die Möglichkeit eine E-Mail als SMS auf ein Mobiltelefon weiterleiten zu lassen. Schließlich kann man über die Adressierung nicht nur einen einzelnen Partner sondern auch automatisch über sog. Mailing-Listen viele andere Personen ansprechen.

E-Mail ist ein entscheidender Faktor bei der Professionalisierung des Internets und steht für die Möglichkeiten der Effizienzsteigerung bei der Auftragsabwicklung von Bauprojekten. Zum einen sind erhebliche Einsparungspotenziale in Bezug auf Kosten und Zeit bei der Übermittlung von Nachrichten und Informationen realisierbar, denn selbst große räumliche Distanzen sind in kurzer Zeit – wenige Minuten oder ggf. Stunden – möglich. Zum anderen gibt es heute schon Verfahren, die einen elektronischen Brief mit einer entsprechenden elektronischer Signatur als rechtskräftiges Dokument einstufen.

3.1.3 Telnet und File Transfer Protocol (FTP)

Genau wie E-Mail, gehören Telnet und FTP zu den älteren Werkzeugen bei der Arbeit im Internet. Letztlich setzen fast alle weiteren Werkzeuge und Dienste im Internet – neben WWW – auf diesen dreien auf oder können durch sie benutzt werden.[42]

Telnet ist ein Dienst, der es dem Internet-Benutzer ermöglicht, sich auf einem anderen Rechner anzumelden und dort Befehle auszuführen. Dabei stellt Telnet eine textbasierte Bildschirmschnittstelle zur Verfügung. Dadurch wird der eigene Rechner zum Terminal am entfernten Host. Dieser muss natürlich Telnet im Rahmen eines Multiuserfähigen Betriebssystems unterstützen. Dafür benötigt man in jedem Fall eine Benutzeridentifikation und ein Passwort und kann nach erfolgreicher Anmeldung beliebige Kommandozeilen eingeben, so zeigt z.B. der Befehl ‚date' das aktuelle Datum der Verbindung an.

FTP ist ein Übertragungsprotokoll, mit dem Daten zwischen Rechnern übertragen und kopieren kann. Aus technischer Sicht ist auch hier zwischen Client und Server zu unterscheiden. Der Rechner, der Server ist, braucht ein FTP-Server-Programm, und der Client benötigt ein FTP-Programm, mit dem er sich am Server anmelden kann. Normalerweise braucht man auch hier einen Namen und Passwort, um auf die Dateien des fremden Rechners zugreifen zu können. Es gibt aber noch das anonyme FTP, bei dem man ‚anonymous' als Benutzeridentifikation eingibt.

Der Inhalt der Datei spielt bei FTP keine Rolle, daher wird es u.a. benutzt,[43]

- um einfache Textdokumente zu übertragen,
- um Multimediaprogramme, Video- oder Audiodateien zu übertragen und
- um Software zu übermitteln.

FTP kommt insbesondere bei großen Dateien zum Einsatz. Viele Softwareprogramme werden bereits über diesen Weg vertrieben; sog. Upgrades und Patches für fehlerhafte oder nachgebesserte Software sind über die FTP-Server der entsprechenden Softwareanbieter erhältlich.

---

[42] vgl. Kauffels, F.-J.: a.a.O., S. 729
[43] vgl. Reim, F.: Internetdienste, in Bullinger, H.-J./Berres, A. (Hrsg.): in: Bullinger, H.-J./Berres, A.(Hrsg.): E-Business in der Praxis, SmartBooks Publishing AG: Kilchberg 2002, S. 1106

3.1.4 Suchmaschinen

Den Millionen Internet-Nutzern stehen die unzähligen Informationsanbieter gegenüber. Ein vollständiger Katalog aller Inhalte existiert nicht und seine Erstellung wäre aufgrund der dezentralen Struktur auch kaum realisierbar.

Suchmaschinen sind ein Hilfsmittel, um Informationen zu einem bestimmten Thema im Internet zu lokalisieren. Sie speichern Informationen über Web-Dokumente in Datenbanken; welche genau, ist von Suchmaschine zu Suchmaschine unterschiedlich. Einige speichern Dokumententitel, andere auch Überschriften und Schlagwörter etc.

Bei einer konkreten Suchanfrage wird dann der Inhalt der Datenbank durchforstet und man bekommt als Ergebnis eine Liste von Adressen der Internet-Dokumente, auf die entsprechende Suchkriterien zutreffen. Die Adressen haben die Form einer URL. Diese sind – wie beschrieben – weltweit eindeutig, so dass auf die Dokumente direkt zugegriffen werden kann. Bekannte Beispiele für Suchmaschinen im WWW sind:

- Altavista; http://www.altavista.com
- Lycos; http://www.lycos.com
- Yahoo; http://www.yahoo.com
- Google; http://www.google.com

In diesem Zusammenhang und der Vollständigkeit halber sei noch der ältere Internet-Dienst Gopher erwähnt. Gopher findet durch eine Hierarchie von Menüs blitzschnell Informationen im gesamten Internet. Der Gopher-Dienst arbeitet mit der Client/Server-Technologie. Der Zugang erfolgt z.B. mit Telnet oder einem Browser, jeweils über einen Gopher-Server, der Informationen in einer übersichtlich strukturierten, hierarchisch aufgebauten Liste präsentiert.

Die Darstellungsform orientiert sich dabei am Inhaltsverzeichnis eines Buchs, was den Zugriff auf komplexe Inhalte vereinfacht. Jeder Gopher befasst sich mit einem anderen Thema, beispielsweise mit bestimmten Ländern, Bibliotheken, Zitaten usw. So bilden alle Gopher zusammen den Informationsraum Gopherspace.[44] Bis zur Einführung von WWW war Gopher eine der beliebtesten Dienste im Internet.

3.1.5 News

Mit ‚News' wird in der Regel eine Internet Newsgroup angesprochen. Eine solche Newsgroup ist ein themenspezifisches Diskussionsforum, vergleichbar mit einem sog. „Schwarzen Brett". Alle Beiträge werden hierarchisch strukturiert, so dass stets erkennbar ist, auf welchen vorausgegangenen Beitrag sich ein neue Anmerkung bezieht.

Jede Newsgroup hat einen Namen, der aus einer Reihe von Worten besteht, die durch Punkte getrennt sind. Zumeist werden sie als symbolische Internetadresse benutzt, wobei die Wörter eine abgestufte Verfeinerung eines Themenbereichs abbilden – vom Allgemeinen zum Speziellen.

News baut – wie (fast) alle Funktionen im Internet auf einem eigenen Protokoll, dem Network News Transfer Protocol (NNTP) auf. Der Benutzer benötigt als erstes einen sog. News-Reader.[45] Dieser stellt dann die Verbindung zum News-Server her. Alle auf diesem Server zur Verfügung stehenden Newsgroups werden angezeigt. Je nach News-Reader muss die gewünschte Gruppe abonniert werden, um Beiträge lesen oder Kommentare abgeben zu können. Für Anfänger gibt es

---

[44] vgl. Kauffels, F.-J.: a.a.O., S. 727

[45] In den Windows-Betriebssystemen gehört ein Newsreader zu den Standard-Anwendungen, dazu ist in allen gängigen Browsersoftware-Paketen wie Netscape oder Internet Explorer ein News-Reader integriert.

spezielle Gruppen, z.B. de.newusers.info, in denen die häufig gestellten Fragen – Frequently Asked Questions (FAQ) – aufgeführt und beantwortet werden.

So ist ‚USENET' trotz seines Namens kein eigenes Netz, sondern ein riesiges Forum für Diskussionen, Wissensaustausch und auch endlose Unterhaltungen zu aktuellen Themen. Ursprünglich wurde USENET von Studenten gegründet und ist mittlerweile das größte Diskussionsforum der Welt, welches auch als Internet-News bezeichnet wird.[46] Neben den zahllosen Newsgruppen mit relativ unkontrollierter Informationsverbreitung, findet man zunehmend auch moderierte Gruppen, bei denen die Qualität der Beiträge deutlich höher ist.

Abschließend fasst die Abbildung G-9 die relevanten Dienste im Internet zusammen.

Bild G-9   Relevante Dienste und Werkzeuge im Internet

3.2 Datenschutz und Sicherheit

Das Internet schafft neue Verbindungen in Bezug auf Informations- und Datenaustausch, d.h. damit entstehen auch neue Zugänge. Diese Zugänge können durch den grundlegenden Aufbau des Internets als offenes System unabhängig von kriminellen Absichten benutzt werden, denn keines der Protokolle aus der TCP/IP-Familie wurde konzipiert um sichere Kommunikationspfade zu garantieren.

Ohne Schutzmechanismen können im Internet gesendete Daten durch einen auf der Route liegenden unterwanderten Rechner verändert werden. Sie können gestohlen und zu einem anderen Ziel umgeleitet werden, so dass sie nie am Bestimmungsort ankommen. Empfangene Daten können komplett gefälscht sein.[47]

---

[46] vgl. Kauffels, F.-J.: a.a.O., S. 729
[47] vgl. Smith, R. E.: Internet-Kryptographie, Addison Wesley Verlag: Bonn 1998, S. 36

Die potenziellen Risiken für ein Unternehmensnetzwerk durch einen Internetanschluss stellen sich in folgenden Szenarien dar:[48]

- Eindringen nicht autorisierter Personen von außen in das Informationsnetzwerk
- Verlust von Daten (Einfügung, Löschung oder Verfälschung)
- Verlust vertraulicher Informationen (Öffentlichkeit, Wettbewerb etc.)
- Störung der Netzverfügbarkeit (Viren, Sabotage)
- Imageschaden in der Öffentlichkeit
- Einschleusen von Viren oder Trojanischen Pferden durch Datenübertragung aus dem Internet
- Vortäuschung falscher Identität, also missbräuchliche Verwendung der eigenen Internet-Adresse durch Dritte oder Täuschung durch von Dritten simulierte Identifikation etc.

Gerade in der Bauwirtschaft stoßen Internettechnologien immer wieder auf Vorbehalte, da es sich bei den Bauprojekten und deren Abwicklung um sehr sensible Daten handelt, die vor einem Zugang durch Unbefugte geschützt werden müssen. Dazu wirft der Vertragsabschluss im Internet neue rechtliche Fragen auf, z.B. wie verbindlich ein Angebot ist, welches ein Unternehmer dem Auftraggeber per E-Mail unterbreitet bzw. wie viel Beweiskraft diese E-Mail in einem Gerichtsverfahren hätte.

Das Bundesministerium für Wirtschaft und Technologie (BMWI), das Bundesministerium des Innern (BMI) und das Bundesamt für Sicherheit in der Informationstechnik haben daher Sicherheitsanforderungen formuliert, die sich aus der Unsicherheit der Übertragungskanäle in offenen Netzen ergeben:[49]

Integrität

In offenen Netzen sind die Übertragungskanäle prinzipiell jedem zugänglich. Dadurch hat jeder die grundsätzliche Möglichkeit, Daten aus dem Kanal abzufangen, zu manipulieren und dann weiterzuleiten. Verändert ein Dritter eine Nachricht, muss das vom Empfänger zumindest erkannt werden können.

Authentizität

Der Verfasser einer Nachricht muss eindeutig zu identifizieren sein; d. h., dass eine Nachricht, die von einem bestimmten Urheber zu sein scheint, nachweisbar auch von diesem Urheber stammt. Ein Absender einer Nachricht soll nicht vorgeben können, ein anderer zu sein.

Verbindlichkeit

Der Urheber einer Nachricht muss für diese auch verantwortlich gemacht werden können. Im täglichen Leben ist dafür das Unterschreiben von Dokumenten ein natürliches, verlässliches und allgemein akzeptiertes Verfahren. Sobald eine Unterschrift unter einen Vertrag gesetzt worden ist, kann der Unterzeichner nicht mehr abstreiten, die Unterschrift geleistet zu haben. Ein geeigneter Mechanismus zur Sicherstellung von Integrität, Authentizität und Verbindlichkeit ist das digitale Signieren der zu übertragenden Information.

Vertraulichkeit

In offenen Netzen übertragene Informationen sind grundsätzlich für jeden zugänglich. Eine Nachricht soll aber oft nur von demjenigen gelesen werden können, für den sie auch bestimmt ist. Ein geeigneter Schutzmechanismus gegen unbefugtes Lesen/Mitschneiden von Nachrichten ist die

---

[48] vgl. Kyas, O.: Internet professionell – Technologische Grundlagen und praktische Nutzung, International Thomson Publishing: Bonn 1996., S. 412

[49] vgl. Sehr, D.: Kryptographie und Public Key-Infrastrukturen, Online im Internet, URL: <http: //www. sicherheit-im-internet.de/themes/themes.phtml?ttid=39&tsid=206&tdid=823&page=0>; Abruf: 09.09.2002; 11:47

Verschlüsselung der Daten. Allerdings ist Vertraulichkeit ohne Sicherstellung der Authentizität normalerweise nicht möglich.

3.2.1 Sicherheitskonzepte

Es gibt verschiedne Lösungen und Ansätze, die zuvor beschriebenen Sicherheitsanforderungen zu erfüllen und zu gewährleisten. Im Folgenden werden einige Mechanismen/Techniken vorgestellt, die in dieser Hinsicht eingesetzt werden können. Dabei muss aber berücksichtigt werden, dass ein umfassender Schutz nur im Rahmen eines Konzeptes mit verschiedenen Mechanismen realisiert werden kann.

Kryptographie

Die genannten Anforderungen können unter Zuhilfenahme kryptographischer[50] Verfahren in einer ausgewogenen Mischung aus Kommunikationsmöglichkeit und Sicherheit realisiert werden. Die Verschlüsselungsmechanismen kennzeichnen, transformieren und formatieren die Nachrichten so, dass diese vor Öffnung und oder Änderung geschützt sind. Man unterscheidet grundsätzlich zwei Methoden der Kryptographie:[51]

- Symmetrische Verschlüsselung, wenn sich die Schlüssel zur Chiffrierung und Dechiffrierung voneinander ableiten lassen, d.h. Absender und Empfänger praktisch denselben Schlüssel verwenden und
- asymmetrische Verschlüsslung, wenn sich der Dechiffrierschlüssel nicht aus dem Chiffrierschlüssel ableiten lässt, also Absender und Empfänger verschiedene Schlüssel benutzen.

Digitale Signatur

Damit sich nun Kommunikationspartner eindeutig identifizieren, hat man die digitale Unterschrift bzw. Signatur geschaffen. Die digitale Signatur, so wie sie auch im Signaturgesetz beschrieben ist, funktioniert in folgender Weise:

- Der Sender schickt seine Nachricht durch einen Hash-Algorithmus.[52]
- Das Ergebnis wird mit seinem privaten Schlüssel chiffriert, daraus entsteht die eigentliche Signatur.
- Die Nachricht wird mit der angehängten Signatur an den Empfänger geschickt.
- Der Empfänger dechiffriert die Signatur mit dem öffentlichen Schlüssel und wendet den vom Sender verwendeten Hash-Algorithmus auf das Dokument an.
- Stimmen die Resultate überein, ist die Signatur authentisch.

Deutlich wird, dass so keine Vertrautheit geschaffen wird, denn die Nachricht kann immer noch „abgehört" werden; das ist aber auch nicht Bestandteil der digitalen Signatur. Sollte aber die Integrität verletzt sein und das Dokument wurde verändert, wird dies erkannt. Um nun noch den Absender sicher zu identifizieren, ist es von zentraler Bedeutung, Gewissheit über die Authentizität des öffentlichen Schlüssels zu besitzen.

---

[50] Unter Kryptographie versteht man die Wissenschaft zur Absicherung bzw. Verschlüsselung einer Nachricht. Das Pendant ist die Kryptoanalyse, die Kunst, verschlüsselte Daten ohne Kenntnis des Schlüssels zu lesen. Zusammen bilden sie die Kryptologie, ein Zweig der Mathematik.

[51] vgl. auch Stahlknecht, P.: Einführung in die Wirtschaftsinformatik, 10. Auflage, Springer-Verlag: Berlin 2002, S. 492

[52] Ein Hash-Algorithmus bildet aus einem beliebig langen Text eine feststehende Prüfsumme, d.h. aus einem Eingabewert variabler Länge wird ein Ausgabewert fester Länge. Einfachstes Beispiel ist die Bildung einer Quersumme, die dann den Hashwert darstellt. Die Prüfsumme oder der Hashwert einer solchen Funktion wird auch als „Fingerabdruck" bezeichnet.

Hierzu ist es erforderlich eine Public-Key-Infrastruktur (PKI) aufzubauen bzw. einzusetzen. Sie gewährleistet, dass Schlüssel authentisch und verbindlich sind sowie ggf. gesperrt, gelöscht oder zurückgegeben werden können.[53] In Bezug auf das deutsche Signaturgesetz muss die PKI hierarchisch sein. Diese beinhaltet eine unabhängige oberste Instanz, die es sog. Zertifizierungseinrichtungen ermöglicht, digitale Zertifikate auszustellen, diese, wie eben gefordert, zu organisieren und zu verwalten.

Wichtig an dieser Stelle ist, dass sich auf dem Zertifikat wiederum eine digitale Signatur der Zertifizierungsstelle befindet, um prüfen zu können, dass niemand das Zertifikat manipuliert hat. Die Zertifizierungsstelle garantiert, dass ein Signaturschlüssel-Zertifikat authentisch und integer ist.

Anwendungen für die Internetsicherheit

Es gibt einige Protokolle und Anwendungen, die zur Sicherheit im Internet eingesetzt werden können. Im Folgenden werden zunächst zwei Verfahren erläutert, die exemplarisch für Anwendungen dieser Art stehen und die bereits Standard sind oder als solcher angesehen werden können.

- OpenPGP bzw. Pretty Good Privacy (PGP) und
- Secure/Multipurpose Internet Mail Extension (S/MIME).

PGP bietet einen Vertraulichkeits- und Authentifizierungsdienst, der für elektronische Mails und Anwendungen zur Dateispeicherung verwendet werden kann. Das Besondere daran ist, dass es weitgehend das Produkt einer einzelnen Person und dazu kostenlos ist. Des Weiteren basiert es auf Verschlüsselungsalgorithmen, die als äußerst sicher gelten und sogar konform zu den Anforderungen im Signaturgesetz sind. Es bietet weite Anwendungsmöglichkeiten und kann sowohl in Unternehmen als auch von Privatpersonen zur Sicherung ihrer E-Mail-Kommunikation verwendet werden. OpenPGP ist der auf PGP basierende offizielle Standard der Internet Engineering Task Force (IETF).

Auch wenn OpenPGP und S/MIME anerkannte IETF-Standards darstellen, ist zu erwarten, dass bei PGP die private Nutzung überwiegt und S/MIME zum Industriestandard für Handel und Behörden wird.[54]

S/MIME ist ähnlich aufgebaut wie PGP und sichert eine MIME-Einheit mit digitaler Unterschrift, Verschlüsselung oder beides. Zusätzlich beinhaltet S/MIME noch Funktionalitäten wie signierte Empfangsbestätigung, also vergleichbar mit „Einschreiben und Rückschein" im postalischen Schriftverkehr.

Neben E-Mail ist WWW der bedeutendste Dienst im Internet. Das W3 besteht im Wesentlichen aus Client/Server-Anwendungen, daher muss auch hier für Sicherheit gesorgt werden. Als Draft-Standard im Internet wurde hier Secure-Socket-Layer (SSL) in der Version 3 veröffentlicht. Ursprünglich stammt SSL von der Firma Netscape. In der Folge wurde innerhalb der IETF eine Arbeitsgruppe gebildet, die nun den auf SSL aufbauenden Standard Transport-Layer-Security (TLS) entwickeln soll. Der Vorteil ist hier, dass Anwendungen oder Browser im Grunde nichts von SSL bemerken und daher nicht verändert oder angepasst werden müssen. SSL unterstützt entsprechend die Protokolle wie HTTP, SMTP, FTP etc. Aufgrund der einfachen Umsetzung und Implementierbarkeit in vorhandene Strukturen hat sich SSL weit verbreitet und unterstützt von den Sicherheitsanforderungen Vertrautheit, Authentizität und Integrität.[55]

---

[53] vgl. dazu Schmeh, K.: Kryptographie und Public-Key-Infrastrukturen im Internet, 2. Auflage, dpunkt-Verlag: Heidelberg 2001, S. 279 ff.
[54] vgl. Stallings, W.: a.a.O., S. 180
[55] vgl. auch Schmeh, K.: a.a.O., S. 401-405

Firewalls

Häufig assoziiert man Firewalls mit einem Tor, das den Internetzugang einer Organisation gegen Angriffe von Hackern absichern soll. Firewalls sind jedoch einerseits generelle Mechanismen am Übergang zum Internet und andererseits nur ein Teil eines Sicherheitskonzeptes. Für eine sinnvolle und wirkungsvolle Umsetzung sind weitere Maßnahmen wie Authentifizierung, Virenschutz etc. unerlässlich.

Die Ein- und Ausgangskontrolle übernimmt eine Software, die mit entsprechenden Schutzmechanismen ausgestattet ist und auf einem eigenständigen Rechner oder sogar kleinerem vorgeschalteten Netzwerk installiert ist. Im Rahmen von Firewalls können drei unterschiedliche Zugriffskontrollsysteme unterschieden werden, die alleine oder in Kombination eingesetzt werden können:[56]

- Paketfilter,
- Circuit-Relays und
- Application-Gateways

Paketfilter sind in der Lage, Datenpaket nach bestimmten Kriterien wie Sende-, Empfangsadresse oder Protokoll zu filtern. Dieser Netzwerkschutz basiert auf Filtertabellen, die bei entsprechender Konfiguration z.B. bestimmte Datenpakete einfach ablehnen bzw. nicht durch die Firewall hindurch lassen. Da solche Paketfilter allerdings einen sicheren Betrieb von Diensten wie FTP nicht gestatten, fungieren sie oft als Vorfilter zu nachgelagerten Kontrollsystemen. Die Wirkungsweise beschränkt sich im Wesentlichen auf die Filterung des Datenstroms.

Eine bessere Netzwerksicherheit erzielt man durch den Einsatz von Circuit-Relays. Sie ermöglichen den Betrieb von Applikationen wie WWW, Gopher, Telnet etc. ohne eine durchgehende Kommunikationsverbindung zu erlauben. Das Circuit Relay fungiert quasi als Vermittlungsstelle, alle Verbindungen enden hier und werden am gegenüberliegenden Ausgang neu aufgebaut. Nachteil ist die notwendige Anpassung der Client-Applikationen, die mit dem Circuit-Relay zusammenarbeiten.

Die Application-Relays arbeiten zu den Circuit-Relays, haben aber den Vorteil, dass sie keinerlei Modifikation der Clientsysteme wie Browser etc. benötigen.

Zu einer verbesserten Sicherung des Netzwerkes ist der Einsatz von mehrstufigen Firewalls erforderlich. Man stellt also hinter der ersten Maschine eine oder mehrere weitere Rechner auf, die ebenso Paketfilter etc. enthalten. So ist gewährleistet, dass bei Ausfall einer Stufe noch weiterer Schutz vorhanden ist oder bei Wartungsarbeiten, dass gesamte System nicht angreifbar wird.[57]

3.2.2 Rechtliche Rahmenbedingungen

Außer den technischen Aspekten spielen die rechtlichen Rahmenbedingungen bei der Nutzung des Internets eine wesentliche Rolle, gerade weil es aufgrund seiner Struktur in gewissem Maße „rechtsfreie" Räume schafft; d.h. Bereiche, die sich im Grunde nicht regeln bzw. kontrollieren lassen.

Bei dem sog. Internetrecht – auch als Online-Recht oder Cyberlaw bezeichnet – handelt es sich um kein neues Rechtsgebiet. Viele Fragen lassen sich mit dem Bürgerlichen Gesetzbuch (BGB) oder Strafgesetzbuch (StGB) beantworten. Problematisch ist da schon eher der ständige Wandel, dem das heutige Informationszeitalter oder auch das Internet ausgesetzt ist bzw. mit sich bringt, daher müssen die rechtlichen Rahmenbedingungen, die auf nationaler sowie internationaler Ebene geschaffen wurden und werden stets im Blickfeld bleiben.

---

[56] vgl. dazu Kyas, O.: a.a.O., S. 434
[57] vgl. dazu Strobel, S.: Firewalls für das Netz der Netze: Sicherheit im Internet: Einführung und Praxis, dpunkt-Verlag: Heidelberg 1997, S. 63-66

So übernahm am 1. August 1997 Deutschland international eine Vorreiterrolle und verabschiedete im Rahmen des Informations- und Kommunikationsdienstegesetz(IuKDG) ein erstes Signaturgesetz (SigG 1997). Darin wurde als oberste Genehmigungsinstanz für die Zulassung eines signaturgesetzkonformen Zertifizierungsdienstes die Regulierungsbehörde für Telekommunikation und Post als zuständig erklärt.

Die Entwicklung führte – forciert durch das deutsche SigG – zu einer EU-weiten Regelung. Am 13. Dezember 1999 – zwei Jahre nach dem deutschen SigG – trat die europäische Signaturrichtlinie (EG-SigRL) in Kraft. Ziel der Richtlinie war, die „Rahmenbedingungen für elektronische Signaturen und für bestimmte Zertifizierungsdienste" festzulegen, damit „das reibungslose Funktionieren des Binnenmarktes gewährleistet ist".

Da Art. 5 EG-SigRL an die qualifizierten elektronischen Signaturen bestimmte Rechtswirkungen knüpft, die wiederum ein gewisses Sicherheitsniveau voraussetzen, bleibt das Signaturgesetz vom 16. Mai 2001 relativ unpräzise und beschränkt sich im Grunde auf die Regelung der technischorganisatorischen Anforderungen an die Sicherheitsinfrastruktur für die qualifizierten elektronischen Signaturen.[58] In Anlehnung an die EG-SigRL definiert § 2 SigG vier Signaturtypen mit ansteigenden Sicherheitsanforderungen:

- „elektronische Signaturen",
- „fortgeschrittene elektronische Signaturen",
- „qualifizierte elektronische Signaturen" und
- „qualifizierte elektronische Signaturen mit Anbieter-Akkreditierung".

Im Sinne des Gesetzes nach §2 Nr. 1 SigG sind elektronische Signaturen „Daten in elektronischer Form, die anderen elektronischen Daten beigefügt oder logisch mit ihnen verknüpft sind und die zur Authentifizierung dienen". Die Gesetzbegründung nennt als Beispiel die eingescannte Unterschrift. Damit ist allerdings nur Authentifizierung ohne weitere Sicherheitsanforderungen möglich. Sie haben rechtlich keine Beweiskraft und sind damit ohne Bedeutung.[59] Laut Gesetz handelt es sich um fortgeschrittene elektronische Signaturen, die

- „ausschließlich dem Signatur-Inhaber zugeordnet sind,
- die Identifizierung des Signaturschlüssel-Inhabers ermöglichen,
- mit Mitteln erzeugt werden, die der Signatur-Inhaber unter seiner alleinigen Kontrolle halten kann, und
- mit den Daten, auf die sie sich beziehen, so verknüpft sind, dass eine nachträgliche Veränderung erkannt werden kann."[60]

Elektronische Signaturen erfüllen als Sicherungsinstrument für Authentizität und Integrität eine wichtige Funktion, gerade im Hinblick auf die Möglichkeiten der Abwicklung und Abbildung von Geschäftsprozessen im Internet. Um rechtliche Sicherheit zu haben bzw. eine Beweiseignung für elektronische Dokumente zu gewährleisten, ist allerdings nach dem SigG der Einsatz der qualifizierten elektronischen Signatur – besser noch mit Anbieter-Akkreditierung – nötig. Einschränkend ist jedoch anzumerken, dass die Ausstellung eines qualifizierten Zertifikates nur auf natürliche Personen zulässig ist. Hier sollte das SigG hinsichtlich einer Erweiterung auf juristische Personen geprüft werden.

Die europäische Signaturrichtlinie und das deutsche Signatur-Gesetz sind die richtigen Ansätze, lassen aber noch Fragen offen. Insbesondere das Verhältnis der „fortgeschrittenen digitalen Si-

---

[58] vgl. Kröger, D./Gimmy, M. A.: Handbuch zum Internetrecht: electronic commerce – Informations-, Kommunikations- und Mediendienste, 2. Auflage, Springer-Verlag: Heidelberg 2002, S. 55

[59] Sie sind sogar nicht der Schriftform gleichgestellt (§ 126 Abs. 3 BGB). Auch kommt ihnen kein erhöhter Beweiswert im Sinne von § 292a ZPO zu. Es fehlt ihnen schließlich auch die Sicherheitsvermutung nach § 15 Abs. 1 SigG; vgl. dazu Hoeren, T.: Internetrecht, Stand: Juli 2002, Online im Internet, S. 244

[60] §2 Nr. 2 SigG vom 16. Mai 2001

gnatur" zu den Sicherheitsanforderungen einzelner nationaler Signaturregelungen ist unklar. Es sollte sehr schnell Planungssicherheit dahingehend hergestellt werden, welche Sicherheitsinfrastruktur welchen Beweiswert für ein digital signiertes Dokument mit sich bringt. Die Planungssicherheit lässt sich aber nur dadurch herstellen, dass einzelne Akteure anfangen, die Signatur einzusetzen. Gefordert ist hier bspw. der Staat, mit gutem Vorbild voranzugehen.[61]

Eine weitere Folge aus der E-Commerce-Richtlinie ist die Verpflichtung der Mitgliedsstaaten, ihre Rechtsvorschriften dahingehend zu ändern, elektronische Verträge nicht zu behindern. Im öffentlichen Vergabewesen müssen folglich digitale Angebote gleichberechtigt zugelassen werden.

Dieser Möglichkeit ist man in Deutschland frühzeitig nachgekommen, indem man die Vergabeverordnung (VgV) wirksam zum 1. Februar 2001 geändert hat. So erlaubt§ 15 VgV die Abgabe von Angeboten in anderer Form als schriftlich per Post oder direkt.[62] Die Einzelheiten sind in den einzelnen Verdingungsordnungen VOB, VOL und VOF geregelt, die entsprechend modifiziert zusammen mit der neuen VgV in Kraft getreten sind. So schreibt § 21 Nr. 1 Abs. 1 der VOB/A: „Die Angebote müssen schriftlich eingereicht werden und unterzeichnet sein. Daneben kann der Auftraggeber mit digitaler Signatur im Sinne des Signaturgesetzes versehene digitale Angebote zulassen, die verschlüsselt eingereicht werden müssen."

Das Bundesministerium für Wirtschaft und Technologie hat im Jahr 2001 ein Pilotprojekt „E-Vergabe" zur elektronischen Auftragsvergabe gestartet.[63] Als Auftraggeber wurde u.a. auch das Bundesamt für Bauwesen und Raumordnung ausgewählt. Als Ziele des Projekts sind angestrebt:[64]

- Öffentliche Auftragsvergabe ab 2002 vollständig im Internet
- Schaffung eines Referenzmodells
- Mehr Wettbewerb und Qualität bei der Beschaffung
- Ausschöpfung der Einsparpotenziale
- Beschleunigte Nutzung von Multimedia für eine effizientere Verwaltung
- Digitaler Gleichschritt mit E-Business

Die Vergabe mit der E-Vergabe Plattform verläuft nach folgendem Schema:

1. Bekanntmachung
   - Veröffentlichung der Vorinformation auf der E-Vergabe Plattform sowie automatische Weiterleitung an weitere Veröffentlichungsorgane
2. Anforderung Verdingungsunterlagen/Teilnahmeanträge
   - Beantragen der Unterlagen bzw. Teilnahme durch ,Mausklick', Authentifizierung erfolgt bei der Anmeldung mit einer Signaturkarte
3. Versenden der Verdingungsunterlagen
4. Angebotsabgabe/-bearbeitung
5. Zuschlag/Auftragserteilung
   - Angebotsöffnung erfolgt nach dem 4-Augen-Prinzip durch Authentifizierung zweier Mitarbeiter der Beschaffungsbehörde

Für die Teilnahme an der E-Vergabe Plattform sind relativ einfache technische Anforderungen an die Unternehmen gestellt. Die Zugangsvoraussetzungen werden durch einen Standard-PC mit

---

[61] vgl. Hoeren, T.: a.a.O., S. 243

[62] vgl. Strömer, T.: Online-Recht: Rechtsfragen im Internet, 3. Auflage, dpunkt-Verlag: Heidelberg 2002, S. 137

[63] ausführliche Informationen dazu online im Internet, URL: <http://www.e-vergabe.info>

[64] vgl. Renner, T.: E-Vergabe des Bundes – Motor für die breite Anwendung elektronischer Signaturen, Vortragsfolien, Signatur-Tage vom 12. Bis 14. Juni 2002 in Berlin, Online im Internet, URL: <http://www.regtp.de/signatur-tage/renner.pdf>; Abruf: 17.09.2002, 15:24

Internetzugang erreicht. Dazu wird eine Chipkarte für die qualifizierte elektronische Signatur und ein entsprechendes Kartenlesegerät benötigt. Die benötigte Software – ein Angebotsassistent (Ana) – ist von der Vergabestelle erhältlich. Sie stellt die Schnittstelle für die elektronische Unterschrift und die Verschlüsselungssoftware zur Verfügung. Die Wirtschaft kann im Internet Angebote für ausgewählte Ausschreibungen abgeben. Bund, Länder und Gemeinden vergeben pro Jahr insgesamt Aufträge in Höhe von ca. 250 Mrd. Euro, dies entspricht etwa 13 % des Bruttoinlandsproduktes. Damit ist die öffentliche Beschaffung von erheblicher volkswirtschaftlicher Bedeutung. Das Einsparpotenzial, das mit E-Vergabe erzielt werden könnte, liegt nach Schätzungen bei 10 %.[65]

Der Abschluss von Verträgen über das Internet ist heutzutage gängige Praxis. Hier gelten die üblichen Prinzipien von Angebot und Annahme, es handelt sich um empfangsbedürftige Willenserklärungen, die im Internet lediglich auf elektronischem Wege übermittelt werden. Nach überwiegender Auffassung sind Vertragsabschlüsse im Internet Willenserklärungen unter Abwesenden;[66] es kommt zu einer gewissen Zeitverzögerung zwischen Absenden und Eintreffen einer E-Mail bzw. des „Mausklicks." Entscheidend ist der Zugang bzw. die Kenntnisnahme der Erklärung. Im Geschäftsbereich geht man davon aus, dass E-Mails während der üblichen Geschäftszeiten mehrfach abgerufen werden. Mitteilungen, die den „elektronischen Briefkasten" erst nach den Geschäftszeiten erreichen, gehen erst am folgenden Arbeitstag zu. Hingegen braucht eine Privatperson nur einmal täglich sein E-Mail-Postfach leeren.

Von besonderer Bedeutung für den Vertragsabschluss im Internet ist die Umsetzung der E-Commerce Richtlinie[67] in deutsches Recht mit dem Gesetz über rechtliche Rahmenbedingungen des elektronischen Geschäftsverkehrs vom 01. Januar 2002.

In Artikel 9 der Richtlinie findet sich eine ausführliche Regelung zur Frage der Schriftform. Insbesondere soll die Tatsache, dass ein Vertrag auf elektronischem Wege abgeschlossen wurde, nicht zur Ungültigkeit oder Wirkungslosigkeit des Vertrages führen dürfen. Danach erfüllt jeder elektronische Text die Schriftform, unabhängig davon, wie er zustande gekommen ist.[68]

Aufgrund der großen Gefahren und zu vielen offenen rechtlichen Detailfragen, ist von reinen „Online-Verträgen" zumindest bei größeren Vorhaben wie bei Bauprojekten eher abzuraten. Für wichtige Absprachen und Vereinbarungen ist die schriftliche Form weiterhin zu empfehlen. Sollte jedoch nur ein elektronisches Dokument vorliegen, ist für eine zuverlässige Beweiseignung die Signierung durch qualifizierte elektronische Signaturen mit Akkreditierung unerlässlich.

3.3 E-Business und elektronische Marktplätze

3.3.1 Grundlagen des Electronic Business

An der Schwelle zum 21. Jahrhundert stehen Wirtschaft und Gesellschaft vor grundlegenden Veränderungen, deren Motor die Informations- und Kommunikationstechnologie ist. Allen voran hat das Internet als „neues Medium" weitreichende Anwendungs- und Einsatzpotenziale erlangt. Innerhalb der Informationsgesellschaft werden gesellschaftspolitische, volkswirtschaftliche und

---

[65] vgl. Startschuss für elektronische Beschaffung des Bundes über das Internet, o.V., Online im Internet, URL:<http://www.e-vergabe.info/866.htm>; Abruf: 29.09.2002, 18:45

[66] vgl. Hamann, C./Weidert, S.: E-Commerce und Recht: ein Leitfaden für Unternehmen, Erich-Schmidt-Verlag: Berlin 2002, S. 177 und die dort angegebene Literatur.

[67] Richtlinie 2000/31/EG des Europäischen Parlamentes über bestimmte rechtliche Aspekte der Dienste der Informationsgesellschaft, insbesondere des elektronischen Geschäftsverkehrs.

[68] vgl. Hoeren, T.: a.a.O., S. 230 f.

betriebswirtschaftliche Bereiche beeinflusst. Die wirtschaftlichen Aspekte manifestieren sich zunehmend in einer neuen Ökonomie, der Internetökonomie.

Haertsch definiert die Internetökonomie als „eine globale Wirtschaft, die auf Basis von Informations- und Kommunikationstechnologien entsteht, zu einer Verlagerung von materiellen zu immateriellen Vermögenswerten führt und neuartige Produkte, Dienstleistungen sowie Organisationsformen ermöglicht". Von besonderer Bedeutung ist die betriebswirtschaftliche Ebene der Bau- und Immobilienwirtschaft, denn dort gewinnt die Internetökonomie in zunehmendem Maße einen erheblichen Einfluss auf alle Wertschöpfungsstufen von Unternehmen.

Dabei ist jedoch zu beachten, dass die Strategiemuster aus der Vergangenheit oftmals nicht für ein erfolgreiches Überleben in digitalen Märkten geeignet sind und deshalb eine Anpassung der Unternehmensstrategien unter Berücksichtigung der spezifischen Anforderungen vorgenommen werden muss.

Die im Zusammenhang mit der Internetökonomie verwendeten Begriffe und Definitionen sind vielfältig. Sie finden in der Regel noch keine einheitliche Verwendung und die bereits vorgenommenen Definitionen sind oftmals von Überschneidungen gekennzeichnet.[69] Jedoch sehen nahezu alle Definitionsansätze eine zentrale Bedeutung in dem Einsatz von Informations- und Kommunikationstechnologie zur Unterstützung der Abwicklung geschäftlicher Transaktionen.

Der Begriff E-Business dient in diesem Zusammenhang als übergeordnete Bezeichnung für alle betrieblichen Funktionen in Unternehmen.[70] Darunter wird die Anbahnung sowie die teilweise respektive vollständige Unterstützung, Abwicklung und Aufrechterhaltung von Leistungsaustauschprozessen verstanden, innerhalb derer materielle und immaterielle Güter sowie Dienstleistungen gegen andere Leistungen getauscht werden. An diesem Prozess soll als weiteres Merkmal mindestens ein Teilnehmer partizipieren, der ein wirtschaftlich und rechtlich organisiertes Gebilde darstellt.[71]

Aus der Definition des E-Business ist ersichtlich, dass es sich hierbei nicht um ein Produkt, sondern vielmehr um eine Strategie handelt. Das E-Business als völlig isoliert zu betrachten, hat sich in der Vergangenheit als Kardinalfehler erwiesen, deshalb sollte das E-Business-Konzept solide in die Strategie eines Gesamtunternehmens eingebunden werden.[72] Dabei ersetzen E-Business-Lösungen in der Regel nicht die bestehenden EDV-Systeme, sie integrieren die vorhandenen IT-Lösungen. Während im Produktionsbereich in verschiedenen Branchen der Automatisierungsgrad bereits sehr hoch ist, gibt es in den Unternehmensbereichen, die in direktem Kontakt mit Kunden, Lieferanten, Nachunternehmern und ggf. potenziellen neuen Mitarbeitern stehen, noch deutliche Automatisierungsmöglichkeiten. Die wesentlichen Begriffe im E-Business werden im Weiteren näher vorgestellt.

E-Commerce

Ein wesentlicher Bestandteil ist der E-Commerce, der als Ursprung des E-Business bezeichnet werden kann. Es ist die Unterstützung aller Phasen der Handelsaktivitäten von der Angebotserstellung bis hin zum Mahnwesen. Hierbei werden sowohl Produkte als auch Dienstleistungen vertrieben. Vorteile sind beispielsweise die Möglichkeiten einer aktuellen kundenspezifischen Preisinformation, aktuelle Verfügbarkeiten und Transparenz von Lieferzeiten.[73] Der Begriff hat

---

[69] vgl. Bullinger, H.-J.(Hrsg.): a.a.O., S. 26

[70] vgl. auch Hopfenbeck, W./Müller, M./Peisl, T.: Wissensbasiertes Management: Ansätze und Strategien zur Unternehmensführung in der Internet-Ökonomie, Moderne Industrie Verlag: Landsberg/Lech 2001, S. 88

[71] vgl. Wirtz, W.: Electronic Business, Gabler-Verlag: Wiesbaden 2000, S. 29

[72] vgl. Scholtissek, S.: Erfahrungen der E-Pioniere nutzen; in: Baumarkt + Bauwirtschaft, Heft 5/2002, S. 44

[73] vgl. Kaminski, B./Henßler, T./Kolaschnik, H. F./Papathoma-Baetge, A.: Rechtshandbuch des E-Business. rechtliche Rahmenbedingungen für den Handel im Internet, Luchterhand-Verlag: Neuwied 2002, S. 3

in Wissenschaft und Praxis keine allgemein akzeptierte Definition. Weitgehend unstrittig ist aber, dass der Vertrieb von Waren und Dienstleistungen über das Internet Gegenstand des E-Commerce ist.[74]

E-Procurement

Unter Procurement wird das Beschaffungswesen verstanden. Damit ist es im Grunde ein Teilbereich des E-Commerce. Beispielsweise fällt eine „E-Vergabe" unter den Begriff E-Procurement. Synonym wird in diesem Zusammenhang auch der Begriff E-Sourcing verwendet.

E-Collaboration

Dieses Handlungsfeld dient zur Erhöhung der Prozesseffizienz und umfasst die verschiedenen Werkzeuge für die übergreifende Zusammenarbeit in geschäftlichen Kooperationen wie beispielsweise Dokumenten- oder Planmanagement sowie die Einrichtung virtueller Projekträume im Internet.[75] Konkretere Ausführungen zu diesem Aspekt werden in einem späteren Kapitel behandelt.

E-Content (E-Information)

Darunter ist die reine Informationsbereitstellung zu verstehen. Das kann das Einsehen in DIN-Normen oder verschiedene Statistiken bedeuten, zusätzlich auch das Veröffentlichen des Geschäftsberichts eines Unternehmens auf der eigenen Homepage.

Supply Chain Management

Eine wesentliche Ausprägung des E-Commerce ist die Verknüpfung der Prozessketten logistisch hintereinander liegender Unternehmen. Dieses als Supply Chain Management (SCM) bezeichnete Organisationskonzept bleibt nicht auf die Beziehung zwischen zwei im Lieferverbund stehende Unternehmen beschränkt; es umfasst mehrere in einem vertikalen Güteraustausch verknüpfte Unternehmen. Die logistische Versorgungskette im Sinne des SCM gewinnt im Rahmen vieler E-Commerce-Strategien eine ganz neue, zentrale Bedeutung für Unternehmen.[76] Die Vorteile liegen in der Schaffung von Transparenz über die gesamte Wertschöpfungskette, die hieraus resultierende Vermeidung von Informationsasymmetrien und der Verbesserung der Kosten- und Leistungsstruktur.[77]

Customer Relationship Management

CRM – Customer Relationship Management ist eine kundenorientierte Unternehmensausrichtung, die mit Hilfe moderner Informations- und Kommunikationstechnologien versucht, auf lange Sicht profitable Kundenbeziehungen durch ganzheitliche und differenzierte Marketing-, Vertriebs- und Servicekonzepte aufzubauen und zu festigen. Der Kunde befindet sich im Fokus sämtlicher Geschäftsprozesse und Verantwortlichkeiten. Damit geht CRM weit über ein Informationssystem hinaus und bekommt einen strategischen Charakter bis hin zu einer ganzheitlichen Unternehmensstrategie.[78]

---

[74] vgl. Luxem, R.: Digital Commerce: Electronic Commerce mit digitalen Produkten, Josef Eul Verlag: Lohmar 2000, S. 5

[75] vgl. Mayrzedt, H./Fissenwert, H.: Handbuch Bau-Betriebswirtschaft, Werner Verlag: Düsseldorf 2001, S. 103

[76] vgl. Thome, R./Schinzer, H. (Hrsg.): Electronic Commerce: Anwendungsbereiche und Potentiale der digitalen Geschäftsabwicklung, 2. Auflage, Vahlen-Verlag: München 2000, S. 27

[77] vgl. Wildemann, H.: Supply Chain Management mit E-Technologien; in: Zeitschrift für Betriebswirtschaft: E-Business Management mit E-Technologien, Heft 3/2001, Gabler Verlag: Wiesbaden 2001, S. 2

[78] vgl. Baaken, T. (Hrsg.): Business-to-Business-Kommunikation: neue Entwicklungen im B2B-Marketing, Erich Schmidt Verlag: Berlin 2002, S. 13

E-Education (E-Learning)

Der Vollständigkeit halber ist dieser Teilbereich zu nennen. Er beinhaltet die Transferierung von Aus- und Weiterbildungsleistungen an Dritte mittels elektronischer Netze.

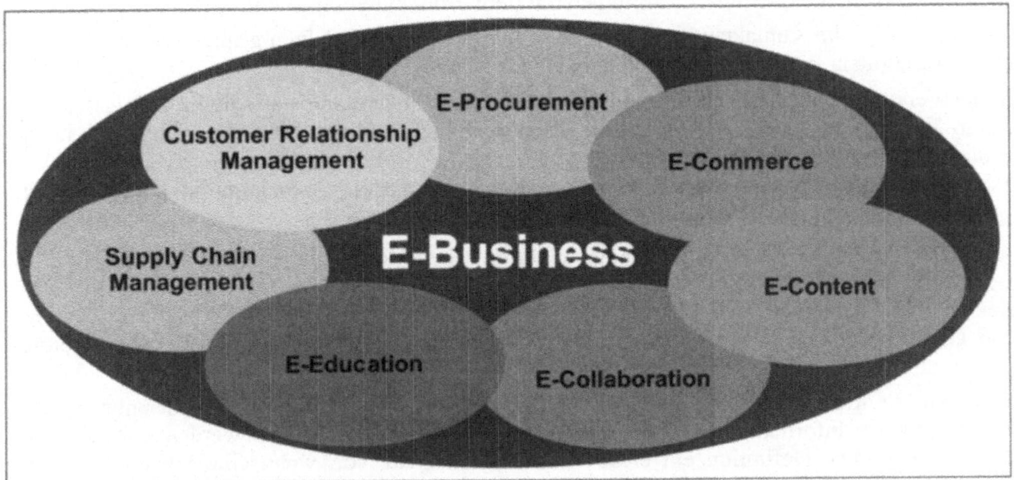

Bild G-10 Begriffe im Rahmen des E-Business

3.3.2 Elektronische Marktplätze

Mittelpunkt der Transaktionen im E-Business ist der sogenannte elektronische Marktplatz oder auch virtueller Marktplatz genannt. Im Unterschied zu den klassischen Marktplätzen basieren die elektronischen Marktplätze auf den Möglichkeiten der Informationstechnologie. Sie unterliegen keinen örtlichen oder zeitlichen Restriktionen. Anbieter und Nachfragende treten nicht mehr in persönlichen Kontakt, sondern kommunizieren auf Basis digitaler Netze.

Das maßgebliche Ziel aller Unternehmen, die auf einem Marktplatz aktiv sind, ist es, mit einem anderen Unternehmen Handel zu vollziehen und eine geschäftliche Transaktion durchzuführen. Der Prozess der Transaktion lässt sich in seinem logischen Ablauf in vier klar voneinander getrennten und aufeinander aufbauenden Phasen erfassen:[79]

- Informationsphase,
- Kontaktaufnahme- und Absichtsphase,
- Vereinbarungsphase und
- Abwicklungsphase oder Transaktionsphase.

Die erste Phase, die Informationsphase, ist Grundlage jeder Transaktion. Vorteil des elektronischen Marktplatzes ist die geschaffene Markttransparenz, um ein geeignetes Produkt und dessen Anbieter zu finden. Konkret bietet der Marktplatz dem Nachfragenden zur Unterstützung gezielte Suchdienste oder Produktkataloge. Diese Elektronischen Verzeichnisse weisen gegenüber konventionellen Katalogen wesentliche Vorteile auf. Die Informationen werden häufiger durch den

---

[79] vgl. Scheer, A.-W./Erbach, F./Schneider, K.: Elektronische Marktplätze in Deutschland: Staus quo und Perspektiven; in: WISU, Ausgabe 7/2002, S. 946

Anbieter aktualisiert und die Produkte lassen sich bspw. durch 3D–Animationen plastischer darstellen. Meist sind Links zu weiterführenden oder verwandten Themen vorhanden. So kann sich der Kunde noch aus neutraler Hand weitergehend über das entsprechende Produkt informieren. Ein weiterer Vorteil ist die Möglichkeit zur Interaktion, sowohl mit dem Anbieter, als auch mit anderen Kunden, die über ihre Erfahrungen mit dem Produkt berichten können.

Daraufhin folgt die Kontaktaufnahme, in der konkrete Tauschabsichten geäußert werden. Ergebnis sind Gebote in Form von Angeboten und Nachfragen.

In der Vereinbarungsphase findet dann die eigentliche Verhandlung statt, die im Erfolgsfalle mit einem Kaufvertrag endet. Ist ein Vertrag zustande gekommen, muss dieser noch erfüllt und die vereinbarte Leistung erbracht werden.

An dieser Stelle wirken die waren- oder finanzlogistischen Transaktionen mit ihren unterschiedlichen Prozessen und Dienstleistern.[80]

Auf dieser Grundlage ist es möglich, einen elektronischen Marktplatz wie folgt zu definieren: Als elektronischen Marktplatz im engeren Sinne werden alle Marktplätze bezeichnet, die mit Hilfe elektronischer Unterstützung realisiert werden, d.h. Mechanismen des marktmäßigen Tausches von Gütern oder Dienstleistungen, die alle Phasen der Transaktion (Informations-, Vereinbarungs- und Durchführungsphase) unterstützen.

Elektronische Märkte im weiteren Sinne liegen demnach vor, wenn nicht alle oder nur einzelne Phasen mit den Informations- und Kommunikationstechnologien genutzt werden. So liegt nach der weit gefassten Definition ein elektronischer Marktplatz vor, wenn eine Suchmaschine im Internet zur Findung der Marktpartner eingesetzt wird (Informationsphase) oder wenn eine elektronische Bestellung aufgegeben wird (Vereinbarungsphase). Damit aber überhaupt von einem elektronischen Marktplatz im weiteren Sinne gesprochen werden kann, muss zumindest die Absichtsphase elektronisch implementiert sein.[81]

Elektronische Märkte zeichnen sich nach dem hier vertretenen Verständnis durch eine Unterstützung der Preisbildung im Rahmen der elektronischen Informations- und Vereinbarungsphase aus.

Die Angebote der elektronischen Marktplätze umfassen neben der eigentlichen Handelsfunktion zum einen sog. Content- und Community-Funktionalitäten, d.h. neben der Dienstleistung des Handels erwartet der Besucher Informationen zu seiner Branche, wie auch Zusatzdienste, die in der weiteren Entwicklung des E-Business und speziell der elektronischen Marktplätze immer mehr an Bedeutung gewinnen.[82]

Zur Unterstützung der Einkaufs- und Vertriebsprozesse bieten elektronische Marktplätze je nach Bedarf und Typ der angebotenen Produkte und Dienstleistungen folgende Funktionalitäten:

- Kataloge,
- Schwarze Bretter und Virtuelle Branchenbücher,
- Börsen,
- Auktionen sowie
- Ausschreibungen.

In den katalogbasierten Märkten werden in einer Datenbank die Produktinformationen der Anbieter gesammelt und dem Käufer zum Vergleich in verschiedenen Kategorien zur Verfügung gestellt. Es besteht hier Ähnlichkeit zu sogenannten E-Shops, bei denen jedoch nur ein Anbieter

---

[80] vgl. Schmid, B. F.: Elektronische Marktplätze; in: Weiber, R.(Hrsg.): Handbuch Electronic Business, Gabler-Verlag: Wiesbaden 2000, S. 184 f.

[81] vgl. Haertsch, P.: Wettbewerbsstrategien für Electronic Commerce: Eine kritische Überprüfung klassischer Strategiekonzepte, 2. Auflage, Eul-Verlag: Lohmar 2000, S. 21

[82] vgl. Rüther, M./Szegunis, J.: Erfolgsfaktoren elektronischer Marktplätze, Fraunhofer Anwendungszentrum Logistikorientierte Betriebswirtschaft 2000, S. 8

auftritt, der ausschließlich seine eigenen Produkte vertreiben will. Bei einigen Marktplätzen gibt es die Möglichkeit die Nachfrage von mehreren Kunden zu bündeln und so Preisvorteile aus Mengenrabatten zu erhalten. Besonders für kleine und mittelständige Unternehmen spielt dies eine große Rolle, da sie so mit Einkaufspreisen kalkulieren können, die denen der Großunternehmen schon sehr nahe kommen.

Schwarze Bretter stellen eine der einfachsten Formen der Anbahnung von Transaktionen dar. Sie funktionieren ähnlich wie Kleinanzeigen in einer Tages- oder Fachzeitung. Die Käufer oder auch Verkäufer können dann in den nach Produktgruppen sortierten Anzeigen nach geeigneten Angeboten bzw. Ausschreibungen suchen.

In einem Virtuellen Branchenbuch dagegen, werden keine direkten Angebote veröffentlicht. Hier präsentieren sich Anbieter mit einer Firmen- und Produktübersicht und geben dem Interessenten die Möglichkeit sich über einen Link direkt auf der Homepage des Anbieters weiterzuinformieren. Als Beispiel sei hier der Baukatalog von BauNetz[83] genannt, dort werden Hersteller und Anbieter von Bauprodukten alphabetisch oder nach angebotenen Produkten katalogisiert und werden nach entsprechender Suche mit Adresse, Link zur Homepage und angebotenen Produkten dargestellt.

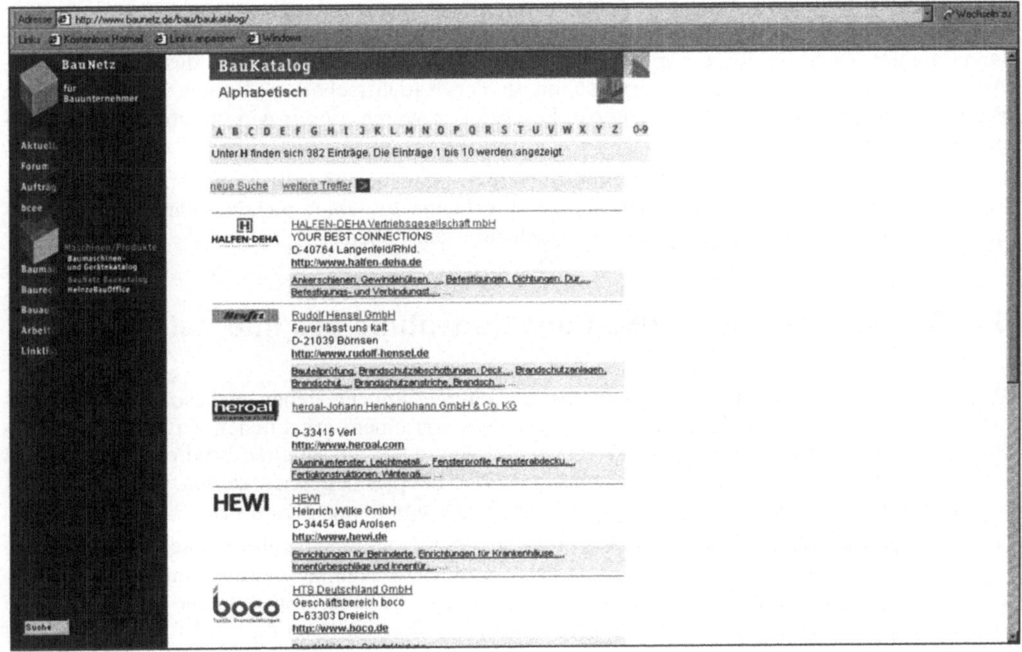

Bild G-11 Bildschirmfoto vom Baukatalog Baunetz

---

[83] Online im Internet, URL: <http://www.baunetz.de>

Beide Modelle beschränken sich jedoch nur auf die Anbahnung eines Handels, der eigentliche Transaktionsprozess findet außerhalb des Marktplatzes direkt zwischen den beiden Parteien statt. In vielen Fällen werden diese Transaktionen dann auch offline auf konventionelle Art und Weise vollzogen.

Börsen sind eine Erweiterung der Schwarzen Bretter. Durch den Zwischenhandel über den elektronischen Marktplatz wird eine Anonymisierung des Transaktionsprozesses erreicht. Käufer und Anbieter sind sich oft völlig unbekannt. Diese Form der elektronischen Marktplätze findet vor allem beim Verkauf von Massenwaren, Restposten und Überproduktionen Anwendung. Die Preisfindung ähnelt den dynamischen Prozessen auf den Finanzmärkten.[84]

In Auktionen werden Produkte und Dienstleistungen angeboten bzw. verkauft. Der Vorteil einer Auktion liegt in der dynamischen Preisbildung. Der Anbieter kann hier individuell einen Marktpreis für sein Produkt ermitteln lassen und der Käufer nimmt aktiv am Preisfindungsprozess teil. Auch in dieser Form des elektronischen Marktplatzes können die Transaktionen völlig anonym erfolgen, indem der Marktplatzbetreiber als Zwischenhändler auftritt. Ziel von Auktionen ist stets, die Zahlungsbereitschaft der Nachfrager nach Möglichkeit offen zulegen und den Preis in dieser Höhe festzulegen. Auktionen streben damit eine Preisdifferenzierung ersten Grades an. Die Tauglichkeit einer Auktion richtet sich daher immer danach, inwieweit sie in der Lage ist, die Zahlungsbereitschaften tatsächlich aufzudecken.[85]

Als Alternative zu den klassischen Auktionen, sind noch die sog. „Reverse Auctions" zu nennen. Hier stehen sich mehrere Anbieter und ein Nachfrager gegenüber und der Preis sinkt solange bis der Nachfrager dem Anbieter mit dem niedrigsten Angebotspreis den Zuschlag gibt. Anwendung hat diese Auktionsform schon in der Bauwirtschaft gefunden, indem kleinere Bauvorhaben, die in ihrer Leistung genau beschrieben waren, durch Auktionen dieser Art vergeben werden.

In den ausschreibungsbasierten Marktplätzen werden Gesuche abgegeben, die Anbieterseite dann nach möglichen Kunden durchsuchen und entsprechende Angebote abgeben kann. Hierbei handelt es sich in der Regel um „umgedrehte" Höchstpreisauktionen.

3.4 Gegenwärtige und zukünftige Bedeutung des Internet

Was die Bedeutung des gesamten Bereichs des Internet angeht, gehen insbesondere Marktforschungsgesellschaften und Unternehmensberatungen von einem erheblichen Zuwachs vor allem im Bereich des E-Business aus. Dabei haben sich einige der angestellten Studien als zutreffend erwiesen, jedoch sollte ihnen auch mit einer gewissen Skepsis begegnet werden, denn Daten von unabhängigen Institutionen wie dem statistischen Bundesamt liegen kaum vor.

Verlässt man den geographischen Bereich und schaut auf die branchenbezogenen Prognosen, so verläuft die Verbreitung des E-Business in den einzelnen Wirtschaftszweigen analog zur vorhergehenden Betrachtung äußerst unterschiedlich. In der Abbildung G-12 auf der folgenden Seite sind in ausgewählten Branchen die zu erwartenden Umsätze im Electronic Business in Deutschland wiedergegeben.

---

[84] vgl. Rüther, M./Szegunis, J.: a.a.O., S. 9
[85] vgl. Wirtz, B. W.: a.a.O., S. 202

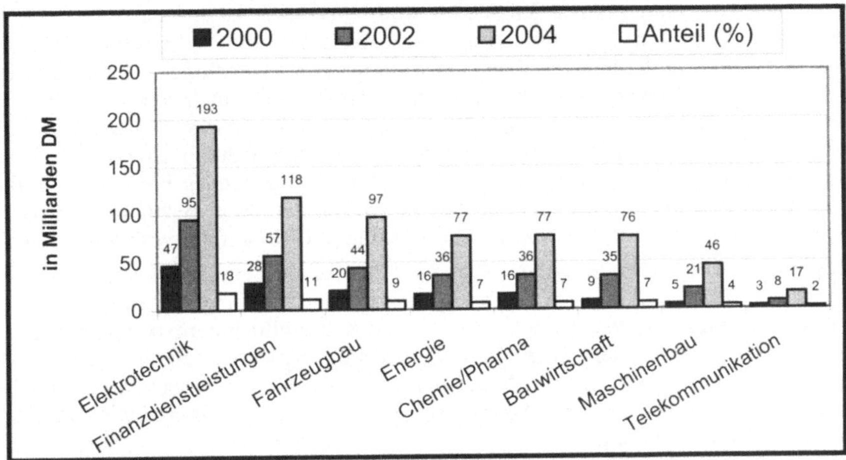

Bild G-12 Branchenumsätze im E-Business in Deutschland[86]

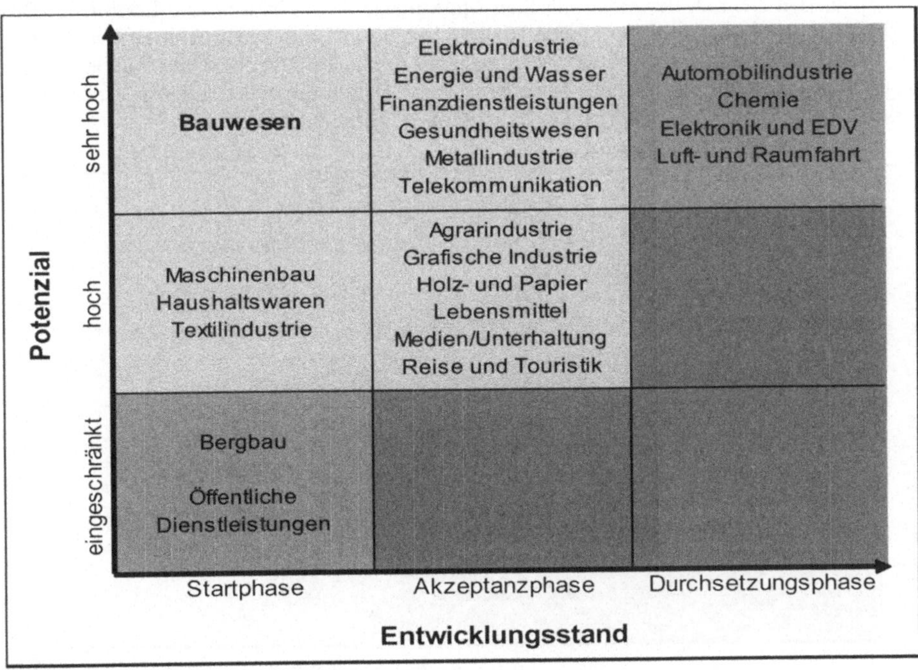

Bild G-13 Branchenbezogene Entwicklungsmatrix elektronischer Marktplätze[87]

---

[86] in Anlehnung an Wirtz, B. W.: a.a.O., S. 59-60; Die Daten stammen aus einer Studie des Marktforschungsunternehmens FORRIT.

[87] in Anlehnung an Schneider, D./Schnetkamp, G.: E-Markets: B2B-Strategien im Electronic Commerce, Gabler-Verlag: Wiesbaden 1999, S. 62

Es ist ersichtlich, dass einige Industrien stärker zum Umsatzwachstum innerhalb des E-Business beitragen werden als andere. Die Abbildung G-12 zeigt, dass die Elektroindustrie, der Finanzdienstleistungssektor und der Fahrzeugbau eine wichtige Rolle einnehmen. Nach dieser Erhebung erreichen die Energie-, Chemie- und Pharmaindustrie sowie die Bauwirtschaft ein ähnlich starkes Niveau und haben damit eine ebenso eine gewichtige Position in der Gesamtentwicklung. Die größten Vorteile versprechen sich die Unternehmen vor allem durch eine Vereinfachung des Beschaffungsprozesses und eine deutliche Senkung der entsprechenden Preise aufgrund der Forcierung des Wettbewerbs. Welche Stellung das Bauwesen gerade in Bezug auf den Bereich der elektronischen Marktplätze hat, verdeutlicht die Abbildung G-13 auf der vorherigen Seite.

Schneider und **Schnetkamp** zeigen in ihrer Arbeit, dass sich einige Branchen – u.a. auch die Bau- und Immobilienwirtschaft – in der Startphase der Entwicklung der elektronischen Marktplätze befinden, jedoch ist deren Bedeutung bei vielen Marktteilnehmern akzeptiert. Im Vergleich des Entwicklungsstandes zu dem Potenzial der Branche prognostizieren sie, dass es zu erheblichen Initiativen auf den elektronischen Marktplätzen kommen wird, wobei natürlich festzuhalten bleibt, dass sich auf längere Sicht die Anzahl der Marktplätze konsolidieren wird und nur wenige sich wirklich behaupten werden.

Aber gerade auch die Bauwirtschaft zählt zu den langfristig vielversprechendsten Branchen, wenn es zugleich auch anzumerken gilt, dass sie aufgrund der vielfältigen direkten und indirekten Beziehungen der Beteiligten zu den anspruchsvollsten gehört. Unterstützt wird diese Einschätzung – nicht nur für den speziellen Bereich der elektronischen Marktplätze – von **Müser** und **Löffler**. „E-Business bietet die Chance, ohne eine tiefgreifende Neugestaltung der Branchenstruktur Effizienzschwächen in den wertschöpfenden Prozessen zu beseitigen und durch Innovationen und Kundenorientierung das angeschlagene Image der Branche zu verbessern.“[88] Bauunternehmen, die bspw. das Internet für sich erschließen, folgen vier Entwicklungswellen, die Abbildung G-14 darstellt.

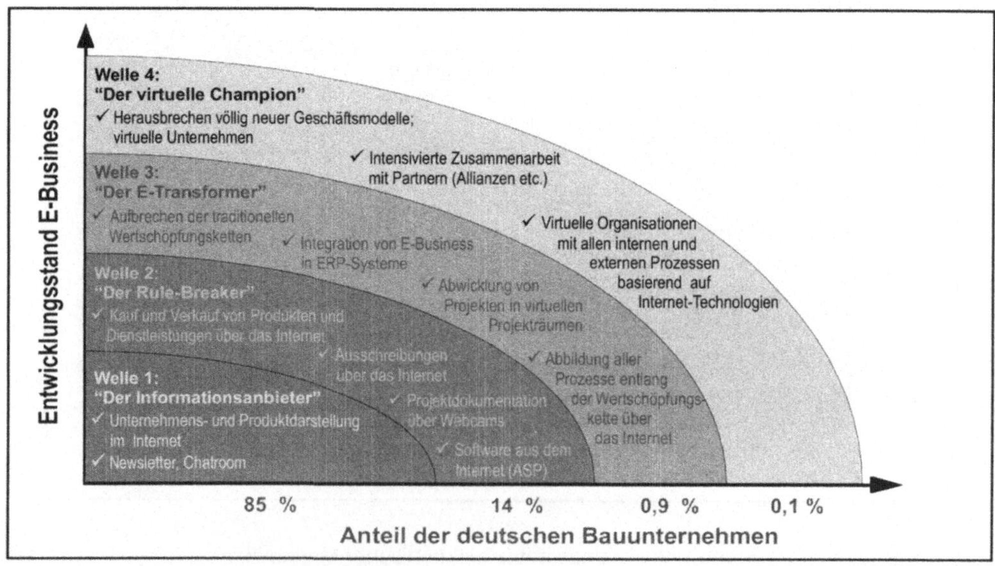

Bild G-14 Stand der E-Business-Aktivitäten in der deutschen Bauindustrie[89]

---

[88] Müser, D./Löffler, M.: E-Business in der Bauindustrie – Luftschloss oder tragfähiges Fundament? in: Rohmert, W./Böhm, J. (Hrsg.): E-Business in der Immobilienwirtschaft, Gabler Verlag: Wiesbaden 2001, S. 59
[89] Müser, D./Löffler, M.: a.a.O., S. 60

Insgesamt lässt sich feststellen, dass die überwiegende Mehrheit der Unternehmen das Internet lediglich als Informationsmedium verwendet, ohne die wertschöpfenden Möglichkeiten einzusetzen, nur von einem kleinen Teil werden sie überhaupt genutzt. E-Business setzt sich in der Bauindustrie nur zögerlich durch. Einer der Hauptgründe für diese langsame Entwicklung liegt im Fehlen eines strategischen Gesamtkonzeptes. In vielen Unternehmen wird E-Business immer noch mit der Vorstellung einer schön gestalteten Homepage gleichgesetzt. Die wirklichen Chancen, Abläufe effizienter zu gestalten und dadurch Kosten zu senken sowie zeitliche Gewinne zu erzielen, werden noch nicht hinreichend erkannt.

4 Anwendungsfelder des Internet in der Bauwirtschaft

4.1 Internetauftritt von Unternehmen

Obwohl aus dem reinen Internetauftritt eines Unternehmens noch keine Rückschlüsse auf eine positive Wirkung hinsichtlich der Geschäftstätigkeit geschlossen werden kann, ist die Homepage i.d.R. der erste Schritt sich dem Medium Internet zu nähern.

Der überwiegende Teil der Unternehmen in der Bauwirtschaft hat eine Homepage zur Selbstdarstellung. Da dieser Ansatz durchaus seine Berechtigung hat, wird im Folgenden ein Blick auf die Gestaltung und Zielsetzung der Webauftritte gelegt, denn im Grunde ist es heute schon selbstverständlich, dass ein Unternehmen auch im Internet präsent ist.

4.1.1 Marketingaspekte

Das Marketing im Baubereich ist geprägt von dem so genannten „Permission Marketing". Bei dieser Form des Marketings werden die Zielpersonen erst angesprochen, nachdem sie um Erlaubnis gebeten worden sind. Auch Internetpräsentationen gehören zu dieser Form des Marketings. Hier tritt der Kunde freiwillig ein – Besuch auf den Internetseiten des Unternehmens- und erteilt damit die Erlaubnis zum „Ansprechen" durch die Webseiten.[90]

Das Internet stellt eine neue Art von Marketingmedium dar. Deshalb stellen Internetauftritte andere Anforderungen und haben andere Regeln als die traditionellen Medien des Marketings. Marketing im Internet darf nicht mit den bisherigen Prospektaktionen verwechselt werden. Es reicht nicht aus, nur die Prospektunterlagen ins Netz zu stellen. Druckmedien, wie Prospekte, Magazine und Broschüren, die von Unternehmen aus Gründen von Marketing, Produktpräsentationen und Öffentlichkeitsarbeit erstellt werden, haben den generellen Nachteil, dass sie nicht so leicht aktualisiert werden können wie Informationen im Internet.

Im Internet hingegen können die Informationen für jede Zielgruppe detaillierter zusammengestellt und präsentiert werden. So können Kosten eingespart werden, wenn die gewünschten Informationen schon im Netz bereitgestellt werden und daraufhin auf die herstellungstechnisch teureren Druckmedien verzichtet werden kann. Auf diese Weise kann sich jeder informieren und fordert nicht sofort Unterlagen an, sondern nur bei wirklich weitergehendem Informationsbedarf, z.B.

---

[90] vgl. Marhold, K.(2001): New Marketing – Neue Trends oder alte Hüte? in: Baumarkt + Bauwirtschaft, 10/2001, S. 38

wenn der angebotene Fertighaustyp nicht in Frage kommt. Der Nutzen einer Unternehmenspräsentation liegt derzeit vorrangig in der Imagesteigerung durch die Nutzung eines innovativen Mediums und für die Kunden und Interessenten in einem schnellen und direkten Zugriff auf aktuelle Informationen. Dadurch kann eine größere Kundennähe erreicht werden und eine überregionale Bekanntheit.

Zu den Vorteilen einer Internetpräsenz zählen:[91]

- Verbesserte Kundenakquisition durch einfacheres Erreichen neuer Kunden und Märkte.
- Erleichterung der Kommunikation mit Kunden und Geschäftspartnern.
- Schnelle Aktualisierung möglich, somit sind stetig neue Informationen vorhanden.
- Imagegewinn bei den Kunden durch die Technikkompetenz.
- Das Angebot bleibt nicht auf die Region begrenzt.
- Erreichen neuer Zielgruppen.
- Wiederholungsbesuche auf den Seiten prägen den Namen ein.

Die Internetstrategie vieler Unternehmen besteht darin, den Kunden bzw. potentiellen Bauherrn zu informieren. Das geschieht hauptsächlich durch Beschreibung der Leistung. Diese kann sich nach Tätigkeitsgebieten, Produkten oder speziellen Sparten wie bspw. Sanierung, Schlüsselfertiges Bauen, Industriebau etc. unterteilen. Zu den Zielen der Produktpräsentation und der Öffentlichkeitsarbeit zählt auch die Darstellung von Referenzen. Dort findet der Interessent ausführliche Informationen über die geplanten oder erstellten Bauprojekte eines Unternehmens. Dabei sollte es sich aber um herausragende Bauprojekte handeln und nicht nur um eine bloße Auflistung von Projektnamen und Baujahr.

Zur Strategie einzelner Unternehmen gehören auch Serviceangebote wie Datenbanken, in denen gezielt nach Inhalten gesucht werden kann. Auf diese Weise der Bereitstellung von zusätzlichen Informationen als Dienstleistung, wird der Besucher angeregt, die Seite öfter aufzusuchen.

Ebenfalls sinnvoll ist eine Rubrik Stellenausschreibung bzw. die Möglichkeit, sich über aktuelle Projekte zu informieren, die vermarktet werden wie bspw. Büroflächen von Gewerbeimmobilien. Imagefördernd und im Bereich der Öffentlichkeitsarbeit besonders ansprechend sind „Baustellen Online"-Links. Dahinter verbergen sich Webcams, die ein im Minutentakt aktualisiertes Bild von der Baustelle übertragen. So können der Kunde und andere Interessenten ortsunabhängig einen Blick auf die Baustelle werfen und den Fortschritt mitverfolgen.

Ein besonders wichtiges Ziel der Unternehmen mit ihrem Internetauftritt ist der Gewinn neuer und die Bindung von vorhandenen Kunden. Der Betrachter der Seiten wird erst im Laufe der Zeit zu einem Interessenten und Kunden. Daher muss versucht werden, eine Beziehung aufzubauen, d.h. der Besucher muss zum Wiederkommen verleitet werden. Für bereits bestehende Kunden kann das Internet die Kommunikation mit dem Unternehmen verbessern. Um das zu erreichen, wird häufig die Möglichkeit der Informationsanforderung angeboten. Oft kann auch in Listen angegeben werden, welche Art von zusätzlichen Informationen gewünscht ist, und in Freizellen kann eine Anfrage formuliert werden. Auf diese Art der Informationsanfrage sollte und wird auch meist sehr schnell reagiert. Eine gute Ergänzung stellen sog. Mailinglisten, mit denen der Besucher auch zukünftig Informationen erhalten kann.

4.1.2 Struktur eines Webauftritts

Um eine interessante und hilfreiche Internetpräsentation zu gestalten sind Schlagworte wie „Wir (Unternehmen)", „Wir (Zahlen), „Wir (Mitarbeiter), „Wir (Spitzenleistungen)" einfach zu we-

---

[91] vgl. dazu: Moritz, A.: Internet – So kommen Sie rein: in: Baugewerbe, 15-16/2002, S: 52 und Koukoudis, P.: Internet – Sind Sie schon „drin"? in: Baugewerbe, 9/2001, S. 47

nig.[92] Wenn sich die Darstellung lediglich auf das Firmenlogo, Telefon- und Faxnummer beschränkt, ist ein Eintrag in die Gelben Seiten sicher günstiger. Entscheidend ist, ein konsequent kundenbezogenes und benutzerfreundliches Angebotskonzept zu entwickeln. Dabei ist folgender Grundsatz zu beachten: „form follows function follows user demands".

Eine Website kann im Vergleich zu Katalogwerbung oder Hochglanzprospekten nur sehr wenig zeigen. Es würde zu viel Zeit benötigen um eine qualitativ gute Seite aus einem bestehenden Firmenmagazin in voller Farbe im Netz zu übertragen. Auch Musik und bewegte Bilder können im WWW noch nicht wie im Radio oder Fernsehen genutzt werden. Im Gegensatz zu dem traditionellen Marketingansatz (dem Kunden werden Informationen auch dann übermittelt, wenn er sie gar nicht haben will) zeigt der Kunde im Internet die Bereitschaft Informationen aufzunehmen und agiert interaktiv. Onlineangebote sind nicht lineare Medien, d.h. im Unterschied zu Hörfunk und Fernsehen sind die Abfolgen nicht vorgegeben. Der Nutzer entscheidet frei, wie er das Informationsangebot nutzen will.

Die Qualität einer Homepage lässt sich daher nicht in erster Linie danach bewerten, wie ästhetisch ansprechend, technisch sauber programmiert oder informativ ein Internetauftritt ist, sondern wie benutzerfreundlich das Angebot ist, also in welchem Maße die Website den Bedürfnissen und Anforderungen der User entspricht. Benutzerfreundlichkeit einer Website ist das Ausmaß, in welchem diese von einem Nutzer verwendet werden kann, um bestimmte Informationen effektiv, effizient und zufriedenstellend aufzufinden. Die Gestaltung einer Website sollte sich an den Bedürfnissen und Anforderungen der Nutzer orientieren und daraufhin sollten die Funktionen definiert und in eine entsprechende Form gebracht werden.

Die Art einer Homepage hängt natürlich von den individuellen Anforderungen des Unternehmens ab, jedoch gibt es einige Grundsätze die zu erfüllen sind und welche Hyperlinks im Rahmen eines Internetauftritts zur Verfügung stehen sollten:[93]

- Home: Startseite mit Inhaltsverzeichnis
- Über uns: Allgemeine Firmeninformationen
- Produkte/Dienstleistungen: Informationen über angebotene Produkte bzw. Baubereiche (Hoch- und Tiefbau, Brückenbau, Industriebau etc.)
- Kontakt: Angabe der allgemeinen Kontaktdaten bzw. Anschriften der einzelnen Niederlassungen und Ansprechpartner (Untersuchungen bestätigen: je mehr Kontaktmöglichkeiten, desto größer die Kontaktchance)

Folgende Seiten können einen Internetauftritt wesentlich aufwerten:

- Kontaktformular ohne Pflichtfelder: Die Kunden können Anfragen oder Prospektanforderung per Formular an die E-Mail Adresse schicken (Faustregel: je mehr Pflichtfelder ein Formular hat, desto weniger Besucher füllen es aus)
- Mitarbeiter: Vorstellung einzelner für wichtige Bereiche verantwortlicher Mitarbeiter als Ansprechpartner mit Direktwahltelefonnummer o.ä.
- Links: Zu Baustoffhändlern, Nachunternehmern, Verbänden, Ausbildungsstätten
- Referenzen: Darstellung von realisierten Projekten
- Aktuell: Interessante Neuigkeiten, Pressemitteilungen, Geschäftsberichte
- Sitemap: Strukturiertes Inhaltsverzeichnis für umfangreichere Websites
- Suchmaschine: Ermöglicht bei umfangreichen Websites das Finden gezielter Inhalte
- Gästebuch: Hier können die Besucher Nachrichten an alle folgenden Besucher hinterlassen
- Fotoalbum: Virtueller Rundgang durch den Betrieb

---

[92] vgl. Maass, D.: Bauunternehmen online – Was nützt es dem Bauherrn? in: Bauwirtschaft, 1/1998, S. 13-16, S. 20

[93] vgl. Moritz, A.: a.a.O., S. 52-53 und Marhold, K.(2002): Marketing: Konkurrenzanalyse via Internet; in: Baumarkt + Bauwirtschaft, 11/2002, S. 38

- Webcam aktueller Baustellen
- Anbieten eines Mail-Newsletter, dadurch erinnert man stetig an das Unternehmen

Zusammengefasst bedeutet dies: Eine Website sollte grafisch schön anzusehen, technisch eine kurze Ladezeit haben, übersichtlich in Bezug auf Struktur sowie Navigation, inhaltlich informativ und letztlich auch unterhaltsam sein. Die Möglichkeit geschäftlicher Transaktionen – Stichwort: E-Business – wird dabei immer mehr an Bedeutung hinzugewinnen.

4.1.3 Entwicklung und Ausblick von Webauftritten

Die Umsetzung der benannten Potenziale einer Internetpräsenz hat organisatorische, personelle sowie kostenwirksame Auswirkungen. Daher ist es sinnvoll, stufenweise vorzugehen und hierbei auf eine Synergiebildung der einzelnen Schritte zu achten.[94]

Die Internetpräsenzen der größeren Unternehmen zeigen, dass sie die Potenziale einer Homepage bereits erkannt haben. Aber gerade für KMUs ist die Einrichtung einer Internetpräsenz nötig, zumal sie entgegen landläufiger Meinung preiswert sein kann. Eine Homepage ist rund um die Uhr für potenzielle Kunden erreichbar, kostet aber nicht mehr als die Schaltung einer einmaligen Anzeige. Zudem bietet sich mit E-Mail ein Kommunikationsweg an, der wie Fax den Vorteil einer phasenversetzten Kundenbetreuung bietet. Anstelle eines ständigen Telefondienstes können E-Mails zeitsparend blockweise gesammelt und abgearbeitet werden. Anfragen und Aufträge müssen dadurch nicht in Echtzeit, sondern können zu gegebener Möglichkeit bearbeitet werden. Außerdem bietet es Kunden an, sich außerhalb der Geschäftszeit mit den Unternehmen zu kommunizieren. So verdrängt das Internet langsam, aber sicher herkömmliche Medien wie die Telefonauskunft oder gelbe Seiten, wenn es darum geht, schnell und einfach Dienstleister zu finden. Unternehmen mit einem entsprechenden Webauftritt verschaffen sich also einen echten Wettbewerbsvorteil.

4.2 Portale in der Bauwirtschaft

Mit Portal bezeichnet man den monumental gestalteten Eingang eines Gebäudes. Die Idee, die hinter den Portalen im Internet steht, ist einfach. Alles was für eine bestimmte Benutzergruppe bzw. Community an Informationen und Diensten im WWW vorhanden ist, soll über einen zentralen Einstieg – die Portalseite – verfügbar gemacht werden.[95] Aufgrund der Informationsflut und Unübersichtlichkeit des WWW ist dieser Ansatz von großem Vorteil für die Internetnutzer. Eine einheitliche Definition für ein Portal ist nicht vorhanden und es gibt unzählige Webauftritte, die als solches verstanden werden.

4.2.1 Klassifizierung

Als die zentralen Bestandteile heutiger Bauportale lassen sich vier Bereiche klar abgrenzen, die auch als Handlungsfelder des E-Business bezeichnet werden können:[96]

- Ausschreibungen (E-Procurement),
- Projektmanagement (E-Collaboration),

---

[94] vgl. Steiner, F.: Mit E-Commerce zum Markterfolg, Addison-Wesley Verlag: München 2000, S. 218
[95] vgl. Bachmeier, T.: Bauportale im Praxiseinsatz: Fakten über Anwendung, Nutzen und Grenzen, Informationsunterlagen der Fa. Baulogis GmbH, München, 2002
[96] vgl. Danielzik, J./Weiss, T./Oepen, R.: Wie verändern Bauportale die Wertschöpfungskette des Bauens? – Strukturen und Angebote; in: Bauwirtschaft, 9/2001, S. 40

- Handel (E-Commerce) und
- Fachinformationen (E-Content).

Die internetgestützte Ausschreibung mithilfe von Datenbanken kann als Vorreiter der Bauportale betrachtet werden. Viele der einst eigenständigen Internetanbieter sind durch den Trend zur stärkeren Integration mit ihren Ausschreibungsdatenbanken entweder in Bauportale integriert worden oder haben ihrerseits Portalstrukturen um ihren einstigen Kern aufgebaut, der dem Nutzer einen größeren Mehrwert verspricht. Ausschreibungsdatenbanken finden ihren primären Nutzen von der Planungsphase bis zum Ende der Ausführungsphase mit dem ziel, Transaktionskosten einzusparen. Auf dieses Handlungsfeld wird im folgenden Kapitel ausführlicher eingegangen.

Auch im Bereich des virtuellen Projektmanagement verspricht man sich für die Bau- und Immobilienwirtschaft, weitere Potenziale zur Effizienzsteigerung zu erschließen. Im Idealfall unterstützt Projektmanagement im Internet den gesamten Lebenszyklus eines Bauprojektes. Aufgrund der Komplexität vieler Projekte in Bezug auf die Menge an Dokumenten bzw. Informationen und den Beteiligten scheint das Internet Möglichkeiten zu bieten, vor allem Einsparungen hinsichtlich zeitlicher Aspekte zu ermöglichen. Auch dieser Teilbereich wird in einem eigenständigen Kapitel behandelt.

Handelsplattformen im Internet verbreiten sich auch in der Bau- und Immobilienwirtschaft. Zum einen gibt es hier die elektronischen Marktplätze, wie sie bereits ansatzweise vorgestellt wurden und zum anderen sog. Online-Shops einzelner Hersteller, die auf ihren Webseiten, die Produktpalette eines Unternehmens anbieten. Der virtuelle Handel kann zwar bereits in der Planungsphase die Preisrecherchen unterstützen, Haupteinsatzbereich ist allerdings die Ausführungsphase. Hier besteht ein großer Bedarf, die Transaktionskosten zu reduzieren. Anzumerken ist hier, dass die Immobilienbörsen aufgrund der Zuordnung zum E-Commerce den Handelsportale zugeordnet werden.

Der letzte elementare Bereich sind spezifische Portale für Fachinformationen. Solche Content-Portale bieten einen umfassenden Service an branchenbezogenen Informationen. Die Nutzung dieser Angebote ist vor allem in der Entwicklungs-, Planungs- und Ausführungsphase zu empfehlen, da hier u.a. das Finden von anerkannten Fachregeln und Normen notwendig ist.

Die Anwendungsmöglichkeiten eines Portals sind sehr unterschiedlich. Manche haben sich auf einen der genannten Bereiche spezialisiert und sind Informationsforum oder Ausschreibungsdatenbank etc. Andere verstehen sich wiederum als integriertes Portal und unterstützen sämtliche Prozesse eines Projektzyklus. Sie vereinen mehrere oder alle der vorstehenden Bereiche und bieten darüber hinaus noch zusätzlichen Service.

4.2.2 Handelsportale

Einige Unternehmen in der Bauwirtschaft haben die Initiative ergriffen, mit Handelsportalen E-Commerce in der Bauwirtschaft zu realisieren. Exemplarisch seien an dieser Stelle die folgenden vier Plattformen genannt:

- www.isover24.de,
- www.bausolution.de,
- www.bab24.de sowie
- www.immobilienscout24.de.

Alle Anbieter dieser Plattformen beabsichtigen, Handel zu betreiben. Vor diesem Hintergrund liegt es auf der Hand, dass für diese Art von Portalen nahezu ausschließlich Handelsunternehmen in Frage kommen. Unternehmen, die Planungs- und Bauleistungen anbieten, haben nur bedingt die Möglichkeit, Handelsportale für Ihre Geschäftsziele einzusetzen.

Beispielweise ist bausolution in erster Linie eine Plattform für den Handel von Baustoffen im Internet. Mit einem virtuellen Marktplatz eröffnet bausolution der gesamten Baubranche weitgehende Möglichkeiten. Die gesamte Wertschöpfungskette im Baustoffgeschäft wird standardisiert und vereinfacht. Sämtliche Geschäftsvorgänge lassen sich über die einfach zu bedienende Plattform abwickeln, von der unfangreichen Produktinformation über die Bestellung bis zur Nutzung branchenbezogener Mehrwertdienste.

Bausolution zeichnet sich nicht nur durch seine käuferseitige Ausrichtung aus, sondern bietet auch allen potenziellen Verkäufern, die Handelsplattform zu nutzen. Analog zu dem Vorgehen beim Kauf von Baustoffen, muss sich ein Verkäufer auf der Plattform registrieren lassen und sich im Anschluss dort anmelden.

Die Abbildung G-15 zeigt eine exemplarische Ansicht bei der Auftragsabwicklung eines Bestellvorgangs.

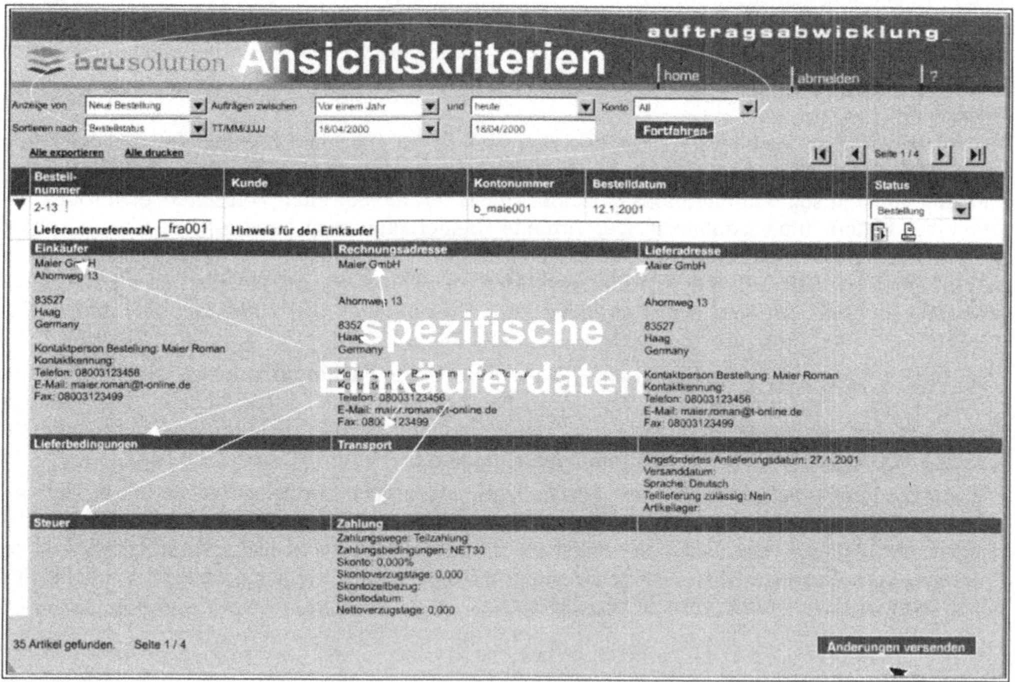

Bild G-15 Übersicht der Auftragsabwicklung bei bausolution

Die Handelsplattform bab 24 stellt sich den Anforderungen der betrieblichen Praxis mit Zielgruppenschwerpunkt im Mittelstand, insbesondere den bauausführenden und zuliefernden Unternehmen. Der Handelsbereich bzw. die Online-Beschaffung wird durch eine klare und übersichtliche Menüführung bei der Produktauswahl und Bestellung bis hin zur Vergütung geprägt. Weitere Such- und Selektionsfunktionen innerhalb der gelisteten Baustoff- und Bauproduktangeboten haben das Ziel, interessierten Nutzern anhand von DIN-standardisierter Produktdaten den schnellen Quervergleich zwischen mehreren Anbietern zu ermöglichen. Des Weiteren können Kooperationsfirmen auf dem Marktplatz durch gemeinsames Bieten oder koordinierte Beschaffung weitere Synergieeffekte erzielen. Vertrauensbildend wirkt auch der Service, auf Wunsch, Online-Bonitätsprüfungen bei infrage kommenden Handels- oder Auftragspartnern durchzuführen.

Zu den Handelsportalen gehören auch Immobilienportale, die unter dem Begriff der „Immobilienbörse" eine Verbreitung gefunden haben. Der Markt für diese Online-Plattformen ist in den letzten Jahren deutlich in Bewegung geraten. Es existieren ca. 20 oder mehr regional, national oder sogar international ausgerichtete Börsen, die größtenteils sowohl Wohn- als auch Gewerbeimmobilien präsentieren. Für den privaten oder institutionellen Immobilienanbieter sowie für Makler offerieren sie mehr oder weniger einfache und umfangreiche Möglichkeiten, um ihre Daten in die jeweiligen Systeme einzustellen. Für die Interessenten und potenziellen Käufer sind gewöhnlich zahlreiche Suchfunktionen verfügbar, wobei in der Regel Ort, Größe und Preis die gängigsten Kriterien sind.

Darüber hinaus bieten die Immobilienbörsen zusätzliche Funktionen an, beispielsweise Informationen über das Wohnumfeld, ausführliches Fotomaterial zum Objekt oder eine automatische Benachrichtigung per E-Mail, sobald ein den Anforderungen des Interessenten entsprechendes Objekt in die Datenbank eingestellt wird. Zum Teil gibt es als zusätzlichen Service noch Hyperlinks zu Umzugsfirmen oder für Kaufinteressenten Finanzierungsberatung und -angebote. Hinsichtlich der Anzahl der verfügbaren Objekte, der hinterlegten Informationen und der Benutzerführung bestehen allerdings deutliche Unterschiede.

4.2.3 Informationsportale

Die am häufigsten anzutreffenden Portale, gleichzeitig aber auch die einfachste Form jener sind die Informationsanbieter, die sich sehr oft auf redaktionelle Inhalte konzentrieren.[97] Hier stehen Brancheninformationen, generelle Wirtschaftsnachrichten, Statistiken und ähnliche Reports im Vordergrund. Nicht selten basieren Informationsportale auf einem bereits bestehenden Fundus. Beispielsweise bietet der Hauptverband der Deutschen Bauindustrie seine baustatistische Datenbank ELVIRA[98] seit Anfang 2002 auch online an. Den Unternehmen steht so ein bereits bekanntes Instrument für eine regelmäßige Marktanalyse zur Verfügung. Der Datenbestand wird zeitnah aktualisiert und ermöglicht die Datenbeschaffung für die Konjunktur- und Strukturanalyse sowie die Positionierung des eigenen Unternehmens. Reine Informationsportale unterstützen keine Handelstransaktionen und auch keine zwischenbetrieblichen Prozesse.

Diese Content-spezifizierten Portale bieten einen umfassenden Service an branchenbezogenen Fachinformationen wie z.B. die aktuelle VOB, Normen oder das STLB-Bau an. Initiatoren derartiger Plattformen sind vor allem Fachverlage, die durch umfangreiche Kooperationen bereits ein entsprechend breites Angebot bereitstellen können.[99] Dabei wird das Informationsangebot zunächst als Grundinformation vermittelt, die jedem Besucher zugänglich ist, oder zusätzlich in Form eines „Premium Content". Diese besonderen Inhalte sind kostenpflichtig und müssen durch monatliche Nutzungsentgelte bzw. entsprechende Abrufgebühren bezahlt werden. Als sog. „Premium Content" werden in erster Linie Normen, anerkannte Regeln und Fachpublikationen bezeichnet, die oftmals auch in gedruckter Form zu erwerben sind. Hauptakteur in diesem Segment ist u.a. das DIN-Bauportal.

Portale in der Bau- und Immobilienwirtschaft sind relativ neu auf dem Markt, befinden sich teilweise noch im Aufbau und müssen ihre Akzeptanz erst finden. Als aktuelle Informationsbörse haben sich die Portale zweifellos etablieren können. Sie bieten der Bau- und Immobilienwirtschaft eine attraktive und große Chance die eigenen Wettbewerbsvorteile zu verbessern.

---

[97] vgl. Merz, M.: E-Commerce und E-Business: Marktmodelle, Anwendungen und Technologien, 2. Auflage, dpunkt-Verlag: Heidelberg 2002, S. 747

[98] Online im Internet, URL: <http://www.bauindustrie.de>; im Bereich Zahlen & Fakten / Datenbank ELVIRA

[99] vgl. Danielzik, J./Weiss, T./Oepen, R.: a.a.O., S. 41

4.3 Ausschreibungsdatenbanken

Im Rahmen einer herkömmlichen Ausschreibung spricht der Unternehmer, der eine Ausschreibung zur Kenntnis genommen hat und sich für die Teilnahme interessiert, den Auftraggeber an und bittet ihn um Zusendung der Vergabeunterlagen. Daraufhin wird ein Satz Unterlagen zusammengestellt und dem Bieter per Post zugesandt. Dieser kalkuliert einen Angebotspreis und gibt ihn bei dem Anbieter ab. Meist finden im Anschluss noch Klärungsgespräche statt und dann bekommt der Bieter ggf. den Zuschlag für die ausgeschriebene Bauleistung.

Eine Datenbank ist eine Software, die große Mengen an Daten verwaltet. Sie kümmert sich um die Speicherung und Sicherung der Daten, überprüft die Zugriffsberechtigung von Personen und ermöglicht effiziente Suche nach Stichworten und einen schnellen Zugriff auf die Daten. Die Ausschreibungsdatenbank – abgekürzt ADB – ist eine Software, die nach diesen Kriterien speziell für die Anforderungen der Bauausschreibungen entwickelt wurde.

Die heutige Vorgehensweise, Leistungen auszuschreiben, um detaillierte Kosten- und Leistungsvergleiche zu erhalten, ist weit verbreiteter Standard. Dieser Prozess ist sehr kostenintensiv, da ein erheblicher personeller Aufwand notwendig ist und große Papiermengen zwischen den einzelnen Parteien verschickt werden. Ausschreibungen sind daher teuer und zeitintensiv.

Die herkömmliche Form der Informationsbeschaffung über Bauvorhaben wird zunehmend durch die Möglichkeit ergänzt, Bauvorhaben im Internet bekannt zu machen und Ausschreibungsunterlagen online zur Verfügung zu stellen. Beispielsweise werden amtliche Bekanntmachungen und Ausschreibungen von Planungsaufträgen der Europäischen Union nur in elektronischer Form in der Datenbank TED[100] veröffentlicht.

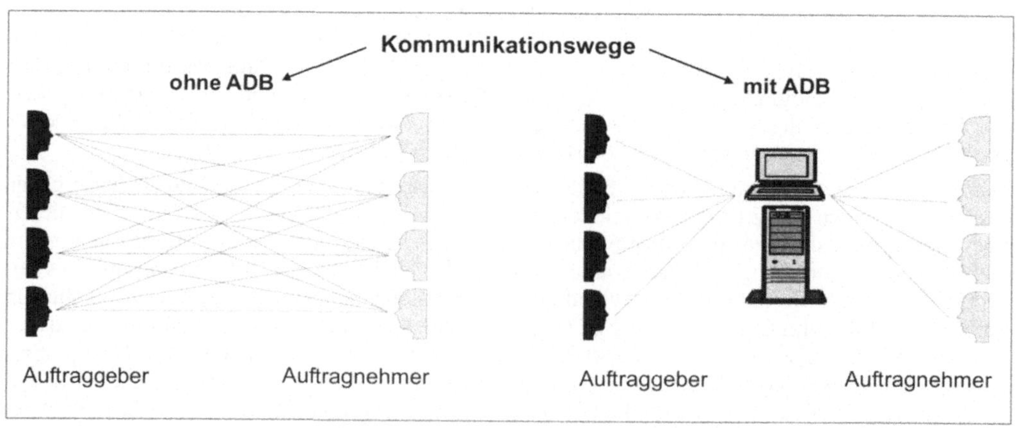

Bild G-16 Kommunikationswege bei der Ausschreibung

Mit der Entwicklung der Ausschreibungsdatenbanken soll bei allen Prozessbeteiligten der Arbeitsaufwand für die Bearbeitung der Ausschreibung reduziert, Kosten- und Zeitvorteile auf diese Weise generiert werden. Zentrale Ausschreibungen auf einer offenen Plattform vereinfachen hierbei das Verteilen der Unterlagen enorm und lassen unliebsame Kosten für Kopieren, Verpa-

---

[100] TED (Tenders Electronic Daily) ist die Online-Datenbank der Europäischen Kommission, die über alle veröffentlichungspflichtigen Ausschreibungen aus dem EWR informiert. Online im Internet, URL: <http://ted.eur-op.eu.int>

cken und Versand entfallen. Zudem wird der Rücklauf durch die automatische Ansprache von Bietern maximiert und optimiert. Der gesamte Prozess der Ausschreibungsverteilung bis zur Auftragsvergabe kann so übersichtlich und rationell über die Ausschreibungsdatenbanken abgewickelt werden. Das Internet kann bei der Auftragsvergabe als Informationsplattform zu schnelleren Vergabeverfahren und Kostensenkungen führen.

4.3.1 Klassifizierung

Aus der Vielzahl der Angebote lassen sich die verschiedenen Arten von Ausschreibungsdatenbanken in verschiedene Typen einteilen. Der Arbeitskreis Datenverarbeitung des Hauptverbandes der Deutschen Bauindustrie e.V. hat sich mit diesem Thema befasst und eine Gruppierung vorgenommen. Dabei wurden fünf Typen herausgearbeitet und hierarchisch in Bezug auf Nutzwert und Funktionen bzw. Anwendungsmerkmalen eingeordnet.[101] Die im Weiteren vorgenommene Beschreibung erfolgt in Anlehnung an diese Kategorisierung.

Der erste Typ zeichnet sich durch folgende Merkmale aus: Datenbanken dieser Klasse bieten für die Beteiligten den größten Nutzen. Es wird eine vollständige digitale Vergabe öffentlicher, privater und gewerblicher Aufträge angeboten. Mit Hilfe dieser Datenbanken kann von der Bekanntmachung der Ausschreibung, über den Download der Unterlagen bis hin zum Eröffnungstermin und dem Angebotszuschlag die komplette Ausschreibung elektronisch abgewickelt werden. Die Anzahl der Anbieter eines solchen „Komplett-Services" beschränken sich jedoch auf einige wenige Dienstleister, da diese vor eine Vielzahl an Anforderungen sowohl technischer als auch rechtlicher Art gestellt werden.

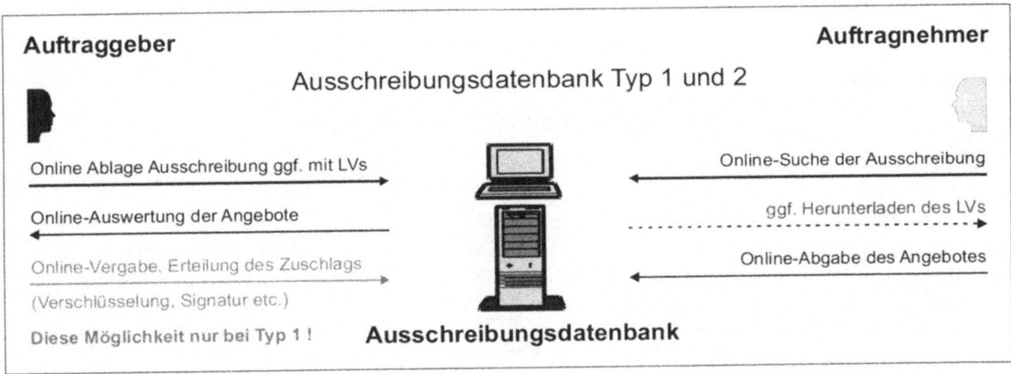

Bild G-17 Ausschreibungsdatenbank der ersten und zweiten Kategorie[102]

Beim zweiten Typ legt der Ausschreibende wiederum seine Ausschreibungsunterlagen in der Datenbank online ab. Der Suchende hat auch hier die Möglichkeit nach Ausschreibungsdaten zu recherchieren und die Dokumente inklusive eines Anhanges auf seine EDV zu übertragen. Er kann dann mittels GAEB-Schnittstelle die Ausschreibung mit seiner betriebsindividuellen AVA-Software bearbeiten. Die vom Bieter erstellten digitalen Angebote können online in der Datenbank abgelegt werden, wo sie dann vom Ausschreibenden eingesehen und beurteilt werden können.

---

[101] vgl. Heuser, F.: Bau-Ausschreibungen im Internet; in: Bauwirtschaft, 6/1999, S. 27
[102] in Anlehnung an Heuser, F.: a.a.O., S. 29

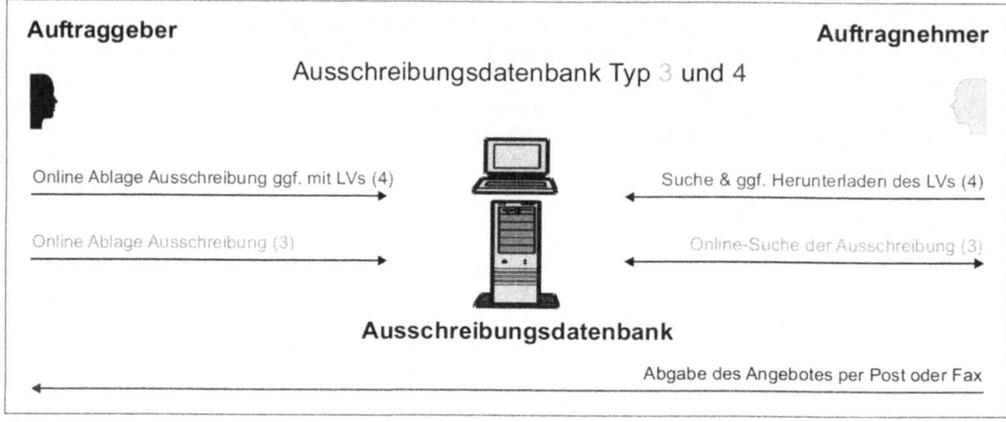

Bild G-18 Ausschreibungsdatenbank der dritten und vierten Kategorie[103]

Der dritte und vierte Typ ist folgendermaßen gekennzeichnet: Der Ausschreibende legt die Ausschreibungsbekanntmachung online in der Datenbank ab. Anhänge wie zum Beispiel das Leistungsverzeichnis können aber nicht online übergeben werden, da sie nicht in der Datenbank gespeichert sind. Diese Ausschreibungsbekanntmachungen können von suchenden Unternehmen eingesehen werden. Eine Möglichkeit, Angebote online zu übertragen, besteht nicht. Diese Datenbanken sammeln lediglich diverse Ausschreibungen und halten Suchoptionen parat, stellen jedoch keine revolutionäre Neuerung in Sachen Kommunikation und Vergabe dar.

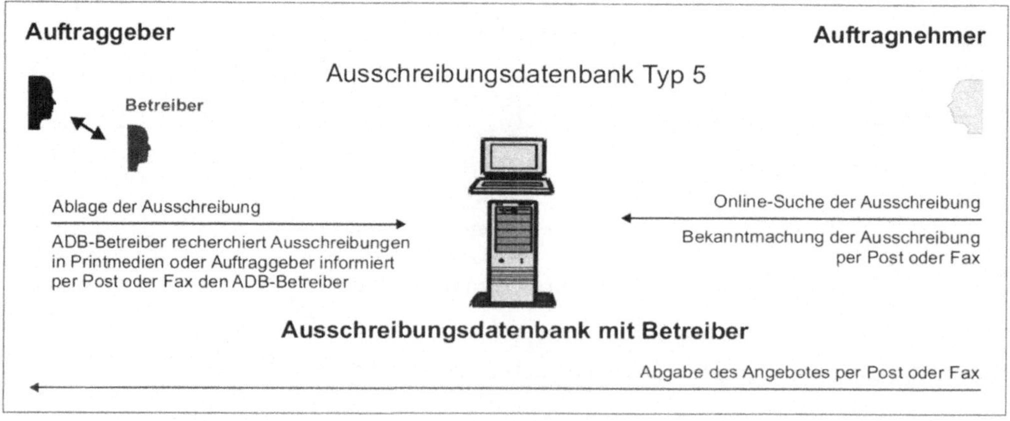

Bild G-19 Ausschreibungsdatenbank der fünften Kategorie[104]

Im Unterschied zum dritten Typus hat bei Datenbanken der vierten Kategorie der Ausschreibende die Möglichkeit, seine Ausschreibungen meist kostenlos als Download einzuspielen. Der Planer trägt die Projektdaten ähnlich eines Submissionsanzeigers in ein Onlineformular ein und gibt die GAEB- oder Bieterdateien an. Ein Unternehmer kann nun die Datenbank durchsuchen lassen und

---

[103] in Anlehnung an Heuser, F.: a.a.O., S. 29
[104] in Anlehnung an Heuser, F.: a.a.O., S. 29

bekommt anschließend die Projektdaten angezeigt. Möchte ein Unternehmer Ausschreibungen direkt auf seinen Rechner downloaden, so ist dies mit Gebühren belegt. Da jedoch auch hier keine Möglichkeit besteht, erstellte Angebote online abzugeben, müssen sie über den konventionellen Postweg verschickt werden.

Die Inhalte der Datenbank der fünften Gruppe werden vom Datenbankbetreiber selbst, also nicht vom Ausschreibenden, in das System eingestellt. Er kann diese Informationen zum Beispiel nach Recherchen in den Printmedien wie dem Bundesausschreibungsblatt oder durch postalische Mitteilung der Ausschreibenden erhalten. Es besteht keine Möglichkeit, Dateien (z.B. Leistungsverzeichnisse, Planunterlagen etc.) anzuhängen. Einschränkend kommt hinzu, dass der Suchende, die gewünschten Informationen nicht online auf seine EDV übertragen kann. Er muss die Unterlagen konventionell per Post anfordern. Angebote sind ebenfalls über den Postweg abzugeben.

Aus dieser Klassifizierung wird deutlich, dass lediglich die Datenbanken der ersten Kategorie die Möglichkeit bieten, den Datenfluss des Ausschreibungsverfahrens online und weitestgehend ohne Medienbrüche abzuwickeln. Um die angestrebten Einsparungspotenziale die durch Internetnutzung erreichbar sind, auch wirklich zu erzielen, muss die Entwicklung der Ausschreibungsdatenbanken in diese Richtung gelenkt werden. Letztlich kann aber nur dieses Modell zum gewünschten Erfolg führen.

4.3.2 Funktionalität

Aus der Sicht des Ausschreibenden beginnt die Abwicklung von Ausschreibungen über die Ausschreibungsdatenbank mit dem Anlegen eines Projektes. Hierbei werden alle wichtigen Informationen, die das komplette Bauvorhaben betreffen, eingegeben. Nachdem das Projekt angelegt wurde, können nun die einzelnen Ausschreibungen den vorhandenen Gewerken zugeordnet werden. Im nächsten Schritt muss der Ausschreibende das Vergabeverfahren festlegen.

Nach der Eingabe der allgemeinen Daten zu dem Gewerk, sowie der Festlegung der Ausschreibungsart, können beliebig viele Dateien zur Ausschreibung (LVs, Vorbemerkungen, Formulare, Planunterlage etc.) eingestellt werden. Die entsprechenden Bieter werden automatisch per E-Mail, Fax oder SMS benachrichtigt, nachdem die Ausschreibung freigegeben wurde. Ab diesem Zeitpunkt haben Bieter die Möglichkeit, die Ausschreibungsdaten einzusehen, sowie die dazugehörigen Dateien von der Datenbank herunter zuladen. Der Bieter kann nun die Ausschreibung bearbeiten und sein digitales Angebot online über die Datenbank abgeben. Während dieses Vorganges stellt die Datenbank für den Ausschreibenden eine Oberfläche zur Verfügung, die den aktuellen Bearbeitungsstatus der einzelnen Bieter anzeigt. Dieser Status gibt Auskunft darüber, ob der Bieter lediglich Interesse geäußert, aber keine weitere Aktion getätigt hat oder ob er die Ausschreibungsdaten bereits abgerufen hat. Im Falle der Abgabe eines Angebotes wird eine Übersicht aller eingegangenen Angebote erstellt, die sich unmittelbar über den automatisch generierten Preisspiegel auswerten lassen. Der Zuschlag selbst kann ebenfalls online erfolgen, unterliegt dann jedoch sicherheitstechnischen und rechtlichen Auflagen.

Aus der Sicht des Bietenden besteht zunächst die Aufgabe, herauszufinden, wer wann welche Projekte ausschreibt und wie die Ausschreibungsunterlagen zu erhalten sind.

Um auf die Informationen der einzelnen Ausschreibungsportale zugreifen zu können, muss sich der Bieter zuerst registrieren lassen. Es wird ein detailliertes Firmenprofil erstellt, so dass sich der Ausschreibende ein Bild des bietenden Unternehmens machen kann. Neben den allgemeinen Firmenangaben, wie Anzahl der Mitarbeiter, Jahresumsatz oder maximaler Auftragsgröße, werden ausführliche Angaben zu den Leistungsbereichen gemacht. Eine so erstellte individuelle Auswahl von Gewerken ist Grundlage für die zukünftig eingehenden Ausschreibungsinformationen. Aus dieser Auswahl kann der Bieter dann weiter selektieren, z.B. nach Postleitzahlen oder individuellen Suchbegriffe und bei Interesse die entsprechende Ausschreibungsunterlagen herunterladen. Die digitale Angebotserstellung kann mittels GAEB-Schnittstelle durch die betriebsindividuelle AVA-Software erfolgen und im Anschluss online abgegeben werden.[105] Diverse Ausschreibungsdatenbanken informieren ebenfalls über bereits vergebene Aufträge und eignen sich als wichtiges Mittel zur Marktanalyse. Es werden nicht nur Auskünfte darüber gegeben, in welchen Märkten der Unternehmer auf welche Konkurrenz stößt, sondern vor allem auch über das jeweils regionale Preis-Leistungsniveau.

4.3.3 Effizienzvorteile

Die erste psychologische Hürde für die Teilnahme an der digitalen Ausschreibung liegt für viele Unternehmen in den Investitionskosten für notwendige technische Ausrüstung. Bei einer genaueren Untersuchung kommt man jedoch zu dem Ergebnis, dass dieser Kostenfaktor eher unerheblich ist und somit keinen Hinderungsgrund für die Teilnahme an der digitalen Ausschreibung darstellt. Vorraussetzung sind lediglich ein Rechner mit Zugang zum Internet. In vielen kleinen und mittelständischen Unternehmen gehört die Verwendung eines Rechners mit Bürosoftware für Korrespondenz, Rechnungserstellung und Datenverwaltung ohnehin zum Alltag. Ebenfalls durchgesetzt haben sich Kalkulationsprogramme zur Angebotserstellung und E-Mails als unkompliziertes und schnelles Kommunikationsmittel. Bei der öffentlichen Vergabe muss zusätzlich die geforderte Datensicherheit gewährleistet sein.

Die Anbieter von Ausschreibungsdatenbanken sind in der Regel gewöhnliche Dienstleister. Das bedeutet wiederum, dass die Nutzung dieser Leistungen kostenpflichtig ist. Bei den anfallenden Gebühren herrscht jedoch ein Ungleichgewicht. Das Hochladen der Ausschreibungsunterlagen für den Ausschreibenden ist überwiegend kostenlos. Für den Bieter hingegen sind solche Dienste fast immer mit Gebühren belegt, was im Falle des Bundesausschreibungsblattes durch ein Jahresabonnement geschieht. Andere Dienste berechnen Gebühren für jede übermittelte Ausschreibung.

Ein weiterer Aspekt ist, dass eine elektronische Ausschreibung am Bildschirm nicht eingehend bearbeitet werden kann. Um eine genaue Prüfung der Unterlagen und ein professionelles Bieten gewährleisten zu können, muss die Ausschreibung in Papierform vorliegen. Leistungsverzeichnis, Pläne und sonstige Anlagen müssen somit vom Bieter ausgedruckt werden. Ausdrucke komplexer CAD-Zeichnungen in entsprechenden Formaten erfordern spezielle Soft- und Hardware. Teure Ausgabemedien wie Plotter oder CAD-Programme zur Verarbeitung der heruntergeladenen Daten gehören jedoch bei kleinen und mittelständischen Unternehmen nicht zwangsläufig zur Grundausstattung.

Dieser Sachverhalt wurde von den Datenbank-Anbietern frühzeitig erkannt. Repro-Zentren gehören daher als externer Dienstleister zum Service der meisten Portale. Die Anschaffung der kostspieligen Elektronik kann demnach entfallen. Die Kosten für den Ausdruck der Ausschreibungsunterlagen muss der Bieter dennoch tragen. Die Tatsache, dass bei der Einführung der digitalen Ausschreibung die Kosten der Ausschreibungsunterlagen alleine vom Bieter zu tragen sind, stellt ein wesentliches Hindernis auf dem Weg zur papierlosen Ausschreibung dar.

Bei der konventionellen Ausschreibung entsteht ein Großteil der Kosten durch die Vervielfältigung der Unterlagen und den Postversand. Ausschreibungen werden am PC erstellt und anschließend ausgedruckt. Daraufhin erfolgt der Versand der Unterlagen. Der Bieter erstellt seinerseits ein Angebot, das wiederum ausgedruckt und verschickt werden muss. Je nach LV-Umfang oder Anzahl der Bieter können hier beidseitig immense Kopier- und Frankierkosten entstehen.

Die konventionelle Ausschreibung weist an dieser Stelle ein enormes Einsparpotenzial auf. Exemplarisch wurde anhand einer Ausschreibung mit einem Umfang von 20 Gewerken die Verteilung der anfallenden Kosten ermittelt. Demgegenüber konnten die Einsparungen durch die An-

---

[105] vgl. Vögeler, A.: RIB – In der Praxis umgesetzt; in: Baugewerbe, 9/2001, S. 34

wendung einer Ausschreibungsdatenbank gegenübergestellt werden. In diesem Beispiel wurde ein Einsparpotenzial von insgesamt 52 % erreicht, was deutlich zeigt, dass hier eine erhebliche Möglichkeit zur Kostenreduzierung besteht.[106]

Abbildung G-20 stellt heraus, wie hoch die prozentualen Anteile bei einer konventionellen Ausschreibung sind, die bei der Anwendung einer Ausschreibungsdatenbank wiederum eingespart werden können. Es wird darauf hingewiesen, dass es sich hier um ein Potenzial handelt, welches nicht in jedem Unternehmen zu realisieren ist.

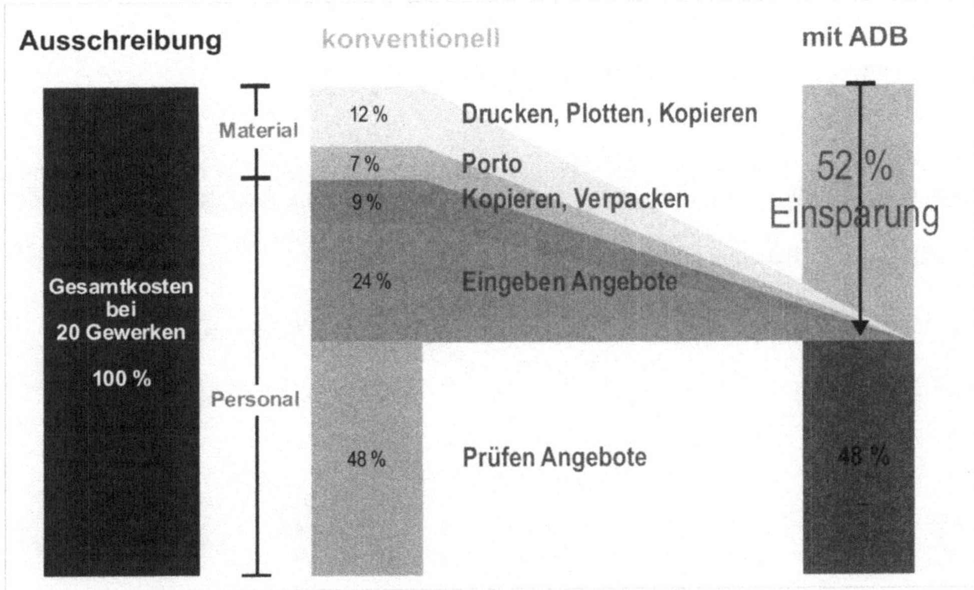

Bild G-20 Kosteneinsparung durch Anwendung einer Ausschreibungsdatenbank

Neben den bereits messbaren Kosteneinsparungen, wird durch die Rationalisierung des Arbeitsprozesses zusätzliche Zeit gewonnen. Das Potenzial lässt sich verdeutlichen, indem die im Rahmen einer konventionellen Ausschreibung zu erbringenden Schritte betrachtet werden:

- Erstellung der Ausschreibung mit Hilfe einer AVA-Software
- Ausgabe über einen Drucker
- Zusammenstellen aller Unterlagen
- Eintüten und Frankieren

Danach erfolgt der Postversand an das anbietende Unternehmen, wo wiederum weitere Abläufe anfallen:

- Eingabe der Ausschreibungsunterlagen in das Kalkulationsprogramm
- Kalkulation
- Ausgabe über einen Drucker sowie Zusammenstellen der Unterlagen
- Eintüten und Frankieren

---

[106] vgl. Internet – Nutzen für die Bauwirtschaft?: a.a.O.

Im Anschluss folgt der Postversand an den Auftraggeber.

Bild G-21 Arbeitsschritte bei einer konventionellen Ausschreibung[107]

Der Einsatz von Datenbanken lässt unliebsame Prozesse, wie Drucken, Kopieren und Versand, komplett entfallen, andere Vorgänge werden optimiert. Unter Nutzung des Internets lässt sich der gesamte Arbeitsprozess auf folgende Schritte auftraggeberseitig reduzieren:

- Erstellung der Kalkulation mittels der AVA-Software
- Versand der Unterlagen per E-Mail in das ADB-System

Der Auftragnehmer kann seinen Ablauf ebenso auf diese Tätigkeiten minimieren:

- Herunterladen der Unterlagen direkt auf seinen PC
- Kalkulation
- Angebotsabgabe Online

Bild G-22 Arbeitsschritte bei einer Ausschreibung mittels Datenbank[108]

Das Verschicken der Ausschreibungsunterlagen kann beispielsweise von einem mehrtägigen Postweg auf eine unmittelbare Datenübertragung per Mausklick reduziert werden. Leistungsverzeichnisse müssen nicht mehr per Hand in die betriebsindividuelle AVA-Software eingegeben werden, da die Schnittstellen wie beispielsweise GAEB einen direkten Datenaustausch ermöglichen.

Der gesamte Prozess der Ausschreibungsverteilung bis zur Ausschreibungsvergabe kann übersichtlich und rationell über die Ausschreibungsdatenbank erfolgen. Hinzu kommt, dass der Aus-

---

[107] in Anlehnung an: Überblick, o.V., Online im Internet, URL: <http://www.baulogis.com/datenbank/content.asp>; Abruf: 15.05.2002, 10:45
[108] in Anlehnung an: Überblick: a.a.O.

schreibende über das Internet eine Vielzahl potenzieller Auftragnehmer erreicht und die medienbruchfreie Übertragung der Daten mögliche Fehler bei einer manuellen Eingabe verhindert.[109]

Die gesamte Organisation der Ausschreibungsabwicklung eines Bauvorhabens erfolgt online und somit zeit- und kostensparend. Durch die neuen Kommunikationsmöglichkeiten werden diverse Arbeitsprozesse optimiert, das eigentliche Ausschreibungsverfahren bleibt jedoch unverändert. Unabhängig von Unternehmensart und -größe müssen im Vorfeld die Ziele für die Anwendung klar definiert sein. Nur so kann die passende Datenbank mit dem entsprechenden Service ausgewählt werden.

Der Übergang von der traditionellen zur digitalen Ausschreibung sollte kontinuierlich erfolgen. Beide Verfahren müssen eine gewisse Zeit nebeneinander existieren, bis sich das neue System endgültig durchgesetzt hat. In der Zukunft wird die digitale Ausschreibung vom Markt nicht mehr wegzudenken sein. Die Vorteile der Rationalisierung von Arbeitsprozessen sowie der Globalisierung aller Märkte dominieren gegenüber den technischen und rechtlichen Hürden.

4.4 Internetbasiertes Projektmanagement

Die traditionelle Kommunikation zwischen den am Bau beteiligten Projektpartnern verläuft über eine Vielzahl von Medien, via Pläne und Dokumente in Papierform, Telefon, Fax und E-Mail. Durch den Einsatz mehrerer Kommunikationsmedien ist allerdings eine lückenlose Dokumentation und ein einheitlicher Informationstand nicht zu gewährleisten. Mit Hilfe eines internetbasierten Projektmanagements lässt sich im günstigsten Fall die Entstehung eines Bauwerkes von der Projektentwicklung über den Entwurf und die Ausführung bis zur Inbetriebnahme begleiten und zentralisieren. Alle gesammelten Daten und die aktuellen Planstände können anschließend auf CD-Rom oder DVD archiviert und an das Facility Management übergeben werden.

Internetbasiertes Projektmanagement (IBPM) oder auch virtuelles Projektmanagement basiert auf einem IuK-System, das eine rechtzeitige Versorgung der Handlungsträger in einem Projekt mit allen notwendigen und relevanten Informationen zur Entscheidungsfindung und -durchsetzung gewährleisten soll. Die im Bauwesen verfügbaren Systeme werden unter dem Begriff Projektkommunikations- und Managementsystem, kurz PKMS, gefasst.[110]

Als Grundlage für das IBPM dient ein virtueller Projektraum oder Plattform, der für das jeweilige Projekt eingerichtet wird. Das bedeutet im Wesentlichen, dass alle Daten dieses Projektes auf einem zentralen Rechner abgelegt sind. Dies kann ein Server bei einem externen Dienstleister sein, oder die Daten werden auf eigenen Rechnern abgelegt. Die Projektbeteiligten haben entsprechend ihrem Nutzerprofil Zugriff auf die für sie relevanten Daten. IBPM versteht sich im weiteren Sinne als internetbasiertes Dokumentenmanagementsystem, das Zeichnungen, Pläne, Protokolle, Leistungsverzeichnisse, Terminpläne etc. vorhält, die von den Baubeteiligten auf diesem Wege ausgetauscht werden. Darüber hinaus soll eine strukturierte Informationsverwaltung gewährleisten, dass Versionskonflikte in den Dokumenten, insbesondere den Plänen, vermieden und Änderungen direkt nachvollziehbar sind. Direkt aus dem Projektraum können einzelne oder auch ganze Planpakete an einen Reproduktionsservice geleitet werden, der die geplotteten Pläne zur Baustelle bringt, sofern auf der Baustelle nicht selbst ausgedruckt werden kann.

---

[109] vgl. Kolisch, R./Loos, Ch.: E-Business in Bauunternehmen; in: Schriften zur Quantitativen Betriebswirtschaftslehre (2/2001), Fachgebiet Baubetriebswirtschaftslehre, Technische Universität Darmstadt 2001, S. 4-5

[110] vgl. Kochendörfer, B./Liebchen, J.: Bau-Projekt-Management Grundlagen und Vorgehensweisen, Teubner Verlag: Wiesbaden 2001, S. 223

Weitere Funktionen sind Verteiler und automatische Benachrichtigungen, Aufgabenlisten, Terminkalender und Filter, die eine vorgegebene Datenqualität eingehender Dateien überprüfen. Dazu besteht die Möglichkeit zur Einrichtung einer eigenen Faxnummer für den Projektraum, damit Faxe unmittelbar an die Plattform gesendet werden können. Das Anlegen eigener oder spezieller E-Mail-Adressen ist ebenso ohne weiteren Aufwand machbar. Für den Zugriff wird im günstigsten Fall nur ein aktueller Browser benötigt, da die entsprechende Software auf dem Server installiert ist und dort die eigentlichen Funktionalitäten ablaufen. Systemabhängig kann es aber durchaus sein, dass zusätzlich ein Softwarepaket auf dem einzelnen Arbeitsplatzrechner installiert werden muss, um mit dem Projektraum zu arbeiten.

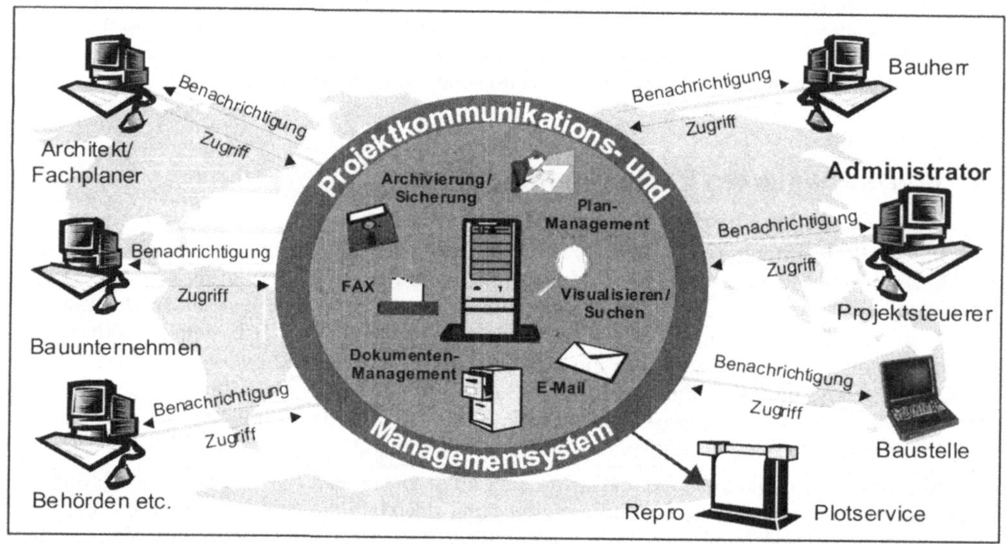

Bild G-23 Schema eines Projektkommunikations- und Managementsystems

Die Dynamik in diesem Sektor ist sehr groß, was dazu führt, dass die verschiedenen Anbieter ihre Angebotspalette ständig weiterentwickeln, vergrößern und verkleinern bis hin, dass sie wieder vom Markt genommen werden.

4.3.1 Funktionen

Neben dem möglichen Einsparungspotenzial in Bezug auf Kosten und Zeit, die allerdings nur schwer zu quantifizieren sind, liegt ein weiterer wichtiger Aspekt beim Einsatz des IBPM auf Seiten der Projektrisiken, die minimiert werden können.[111] Damit diese Ziele erreicht werden, lassen sich verschiedene Funktionen ableiten, die von den Projekträumen zu erfüllen sind:

- Darstellung der Projektorganisation in Bezug auf die Aufbau- und Ablauforganisation; daraus folgt eine entsprechende Verwaltung des Projektraumes und seine Administration in Bezug auf seine Nutzer.
- Kommunikation und Schriftverkehr bzw. Dokumentenverwaltung; der Austausch und die Verteilung von Dokumenten, Zeichnungen, Terminplänen und sonstigen Schriftstücken.

---

[111] vgl. Meier, O.: Neue Wege im Bauprojektmanagement; in: Baumarkt + Bauwirtschaft, 11/2002, S. 35

- Visualisierung der Dokumente und Pläne.
- Unterstützung des Berichtswesens in Bezug auf Termine und Kosten.
- Archivierung und Dokumentation.

Eine noch stärkere Unterstützung bieten prozessorientierte Projektmanagementsysteme in Form von sog. Workflows oder Arbeitsabläufen. Dabei ist natürlich zu berücksichtigen, dass die Prozessabläufe beim Planen und Bauen relativ vielschichtig und selbstverständlich projektspezifisch in Abhängigkeit der Beteiligten etc. sind. Daraus ergibt sich der Wunsch, Prozesse zu definieren, die dann durch das System automatisch umgesetzt werden.

Für die Verwaltung des Projektraums wird unabhängig von den angebotenen Funktionen im Vorfeld ein Projektadministrator festgelegt, der einerseits die Teilnehmer im System anlegt und andererseits die spezifische Projektstruktur bzw. Organisation in Bezug auf Bauteilgliederung, Bauphasen, Dokumententypen und Informationsobjekte mit Ablage- sowie Archivstrukturen definiert. Dazu ermöglicht das Hinterlegen automatischer Arbeitsprozesse (Workflows), entsprechende Folgeabläufe sofort in Bewegung zu setzen, damit diese nicht mehr durch den Beteiligten ausgelöst werden müssen.

Im Vordergrund der Projektraumverwaltung steht die Administration der Beteiligten. Folgende Rechte können bei der Administration differenziert werden:

- Lesen,
- Schreiben und
- Modifizieren.

Jeder Benutzer erhält nur Zugriff auf die für ihn relevanten Projektinformationen, wobei der Administrator eingeschlossen ist, d.h. auch er kann nicht automatisch alle Informationen des Projektes einsehen. So kann festgelegt werden, dass ein Beteiligter die Struktur des Projektes einsehen kann, aber nur der Administrator hat das Recht, sie zu modifizieren. Bei den Lese- und Schreibrechten kann den Planern gestattet werden, alle Planunterlagen einzusehen, jedoch dürfen sie nur Pläne ihres Fachbereiches in das System einstellen. Die Schreibrechte können dabei so ausgestaltet werden, dass Beschränkungen festgelegt werden, wo die entsprechende Datei abgelegt wird. So kann von vornherein ausgeschlossen werden, dass Dokumente in falschen Ordnern abgelegt und Verwirrung bzw. Fehlinformationen verursachen. Ein automatisierter Workflow kann an dieser Stelle ein eingestelltes Dokument auf evtl. Beschädigungen überprüfen und dem Einstellenden eine Nachricht übermitteln, falls die Datei nicht in Ordnung ist.

Eine der wesentlichen Funktionen eines PKMS stellt das Dokumentenmanagement dar. Der Begriff Dokument kann als Obergriff für alle Informationen, die bei einem konventionellen Projekt, also ohne elektronische Unterstützung anfallen, gefasst werden. Pläne spielen im Rahmen eines Bauvorhabens eine gesonderte Rolle, da sie in erheblichem Umfang während der Projektdauer entwickelt und verwendet werden.

Im Rahmen des IBPM nutzt man die Möglichkeiten der Digitalisierung und zentralisiert die Ablage aller projektrelevanten Dokumente, sodass die Projektteilnehmer entsprechend ihren Rechten stets Einblick in sie nehmen können. Dabei spielen zwei organisatorische Aspekte eine zentrale Rolle. Zum einen muss eine Ablage- oder Ordnerstruktur im Projektraum erstellt werden und zum anderen müssen die Dateien eine genaue Bezeichnungsstruktur haben.

In der Regel beinhalten alle Plattformen ein umfangreiches Suchsystem, das ein schnelles Auffinden von Dateien bzw. Dokumenten ermöglicht. Dabei können die Dokumente selbst nach vorgegebenen Stichworten durchsucht und die entsprechenden Ergebnisse angezeigt werden.

Eine integrierte Zugriffskontrolle im Projektraum verhindert, dass mehr als ein Partner das Dokument verändern kann. Konkurrierende Schreibzugriffe werden durch das System verhindert. Ein gleichzeitig lesender Zugriff auf die Projektdaten ist aber jederzeit möglich. Die reine Verwaltung der Dateien bringt neben der schnellen Verfügbarkeit aller Informationen noch nicht die wesentlichen Effizienzsteigerungen mit sich. Erst das Anlegen von Workflows rationalisiert die Arbeitsabläufe.

Damit die Projektteilnehmer nicht nur die Dateinamen sehen können, sondern auch deren einzelne Inhalte, bedient man sich sog. Viewer. Diese Programme erlauben das Betrachten von Dokumenten ohne das jeweilige Programm selbst zu benötigen.[112] Sie sind die ideale Ergänzung eines Projektraumes, denn allen Beteiligten stehen ohne großen Aufwand und zusätzlicher Mittel Informationen gleichzeitig zur Verfügung.

Dabei unterstützen die verschiedenen Viewer eine Vielzahl an Dokumenten, von Vektor-Grafiken (CAD) wie DWG, DXF und HPGL/2 über diverse Grafik-Formate bis hin zu Dateien wie Microsoft Word oder Excel.[113]

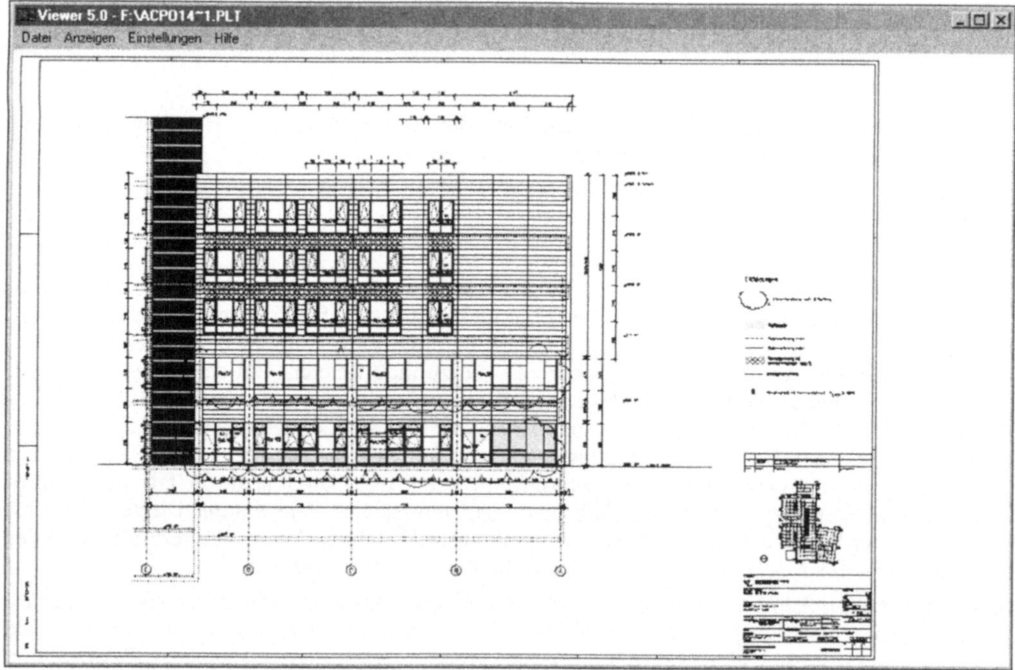

Bild G-24 Planansicht mit einem Viewer[114]

Dazu bieten Viewer noch weitere Funktionen an:

- Zoomen, Skalieren und Drehen,
- Redlining und
- Anhängen weiterer Informationen.

---

[112] Dieses Betrachten wird auch als „Native File Viewing" bezeichnet und bedeutet, dass Dateien direkt geöffnet und angezeigt werden ohne in ein anderes Dateiformat konvertiert zu werden

[113] DWG, DXF und HPGL/2 sind die Abkürzungen für Grafik-Formate, die im Planungsbereich weit verbreitet sind und bereits weit verbreitete, wenn nicht sogar standardisierte Austauschformate darstellen.

[114] Bildschirmfoto eines Planes der Größe DIN A0 im Maßstab 1:50.

In Bezug auf die Dokumentation eines Projektes, bietet das IBPM große Vorzüge. Jeder System-vorgang wird automatisch protokolliert und festgehalten. Damit kann jederzeit nachvollzogen werden, wer was zu welchem Zeitpunkt in das System eingestellt oder abgeholt hat. Bei einer konsequenten Anwendung entsteht so eine lückenlose Dokumentation der Projektabwicklung und -planung. Sofern die entsprechenden Vorraussetzungen eingehalten werden, können die Daten am Projektende direkt vom Facility Management übernommen werden ohne weiter aufbereitet wer-den zu müssen.

Der Sicherheitsaspekt wirft beim IBPM zusätzliche Fragen auf. Die Systeme sind nach den heuti-gen technischen Möglichkeiten vor Angriffen und Ausfällen ausreichend geschützt. Zum Stan-dard gehört dabei ebenso eine SSL-Verschlüsselung bei der Datenübertragung, die eine Manipu-lation der Daten nur mit unverhältnismäßig hohem Aufwand zulässt.

In der Regel sind mehrere Server im Einsatz, die durch stetiges Replizieren ihrer Daten eine rei-bungslose Systemanwendung gewährleisten. Sollte also ein Rechner ausfallen, steht jederzeit ein anderer PC einsatzbereit zur Verwendung. Alle möglichen Eventualitäten sind hier abgedeckt.

Da alle Daten archiviert bzw. aufbewahrt werden müssen, erspart die digitale Form auch räumli-che Anforderungen. Braucht man für einen gewissen Informationsumfang bereits mehrere Schränke für die entsprechenden Ordner, in denen alle Daten enthalten sind, können die digitalen Daten auf CD-Rom oder andere Speichermedien abgelegt werden. Über die komfortablen Such-funktionen eines PCs können die Dokumente gut nach den benötigten Informationen durchsucht werden.

4.3.2 Anbieter

Bestehende deutsche Internetfirmen und zahlreiche neu gegründete Unternehmen entwickelten eigene Systeme von IBPM oder übernahmen vorhandene von anderen Anbietern. So entstand in den vergangenen Jahren ein Markt mit vielen verschiedenen Anbietern. Diese lassen sich zu-nächst anhand verschiedener Aspekte kategorisieren, wobei nicht pauschal gesagt werden kann, welcher letztlich der Entscheidende ist. An dieser Stelle wird ohne Wertung eine allgemeine Ein-ordnung vorgenommen:

- Angebotsdimension,
- Systemarchitektur und
- Kostenmodell.

Betrachtet man die Angebotsdimension der Projektraumanbieter, so kann mit jedem System ein Dokumentenmanagement realisiert werden. Hinzu kommen diverse Zusatzangebote. So gibt es zum einen die Speziallisten, wo der Schwerpunkt ganz klar auf das Planmanagement gelegt ist und zum anderen die „All-Inclusive-Anbieter" für die Baubranche, die neben dem Projektraum noch weitere zumeist kostenpflichtige Produkte, wie Ausschreibungsdatenbank oder Plattformen zur Materialbeschaffung anbieten. Welche Anforderungen und Funktionalitäten von dem System erbracht werden sollen, muss im Einzelfall entschieden werden, wodurch sich die mögliche An-bieterzahl ggf. direkt reduziert.

Im Hinblick auf die Systemarchitektur basieren die Projekträume auf etablierten Datenbanksy-stemen oder sind wie bereits erwähnt selbst entwickelte Programme. Der interessantere Aspekt ist die Internetbasis. So funktionieren die meisten Systeme auch über das Application Service Provi-ding (ASP), d.h. man benötigt zur Nutzung lediglich einen PC mit Internetzugang und einen Browser.

Manche Anbieterlösungen erfordern aber doch die Installation einer Basissoftware ohne die eine Nutzung ihres Angebotes nicht möglich ist. Dies entspricht nicht ganz der eigentlichen Idee des IBPM, denn man kann das System nur von den Clienten aus nutzen, auf denen die entsprechende

Software installiert ist. Die andere Lösunggewährleistet weitestgehend eine Unabhängigkeit, theoretisch kann von jedem Internet-Cafe auf das System zugegriffen werden.

Die Kostenmodelle sind auch von Projektraum zu Projektraum verschieden. Beim ASP handelt es sich um ein Mietsoftware-Modell. Da die Nutzung i.d.R. projektbezogen stattfindet, wird die Anwendung meist mit einer monatlichen Zahlung an den Betreiber abgeglichen, der sich nach Bauvolumen, Projektlaufzeit, Speicheraufwand und Serviceaufwand des Dienstleisters richtet. Manche Anbieter vergeben eine Lizenz für ihr System. Daran ist oftmals auch ein Wartungsvertrag gekoppelt. Hier wird nur die eigentliche Software zur Verfügung gestellt und keine Infrastruktur. Je nach vorhandener Hardware-Ausstattung im Unternehmen kann eine Lizenz vielleicht sinnvoller als ASP sein. Der Server hat dann beispielsweise einen Standort im eigenen Unternehmen.

4.3.3 Bewertung

Es ist deutlich geworden, dass durch internetbasiertes Projektmanagement wesentliche Effizienzsteigerungen im Rahmen der Auftragsabwicklung realisiert werden können. In Anbetracht der Tatsache, dass heutzutage Bauvorhaben innerhalb immer kürzerer Zeitspannen abgewickelt werden müssen und dabei ständig Abstimmungen unter den Projektbeteiligten und Entscheidungen der Verantwortlichen zu treffen sind, kann auf die Vorteile einer Projektplattform nicht verzichtet werden. Sie kommt diesen Anforderungen in jeglicher Hinsicht entgegen.

Die technischen Möglichkeiten der Projekträume sind bereits so ausgereift, dass die beschriebenen Funktionen vollständig zur Anwendung kommen können. In erster Linie sind Widerstände und Hemmungen der Beteiligten ein Grund, warum sich IBPM nur langsam verbreitet.

Dabei spielen geringes Vertrauen in die Sicherheit und das Überlassen vertraulicher Informationen an Dritte eine Rolle. Selbstverständlich kann keine Garantie abgegeben werden, dass Informationen vor allen Angriffen geschützt sind, jedoch sind die technischen Lösungen soweit, dass sie als absolut zuverlässig angesehen werden können. Die Informationsübertragung und Vorhaltung in konventioneller Weise ist letztlich auch nicht sicher vor fremden Einblicken. Weitere Hemmungen resultieren aus alten Gewohnheiten, die nur schwerlich abzulegen sind. Hier gilt es aus Sicht der Anwender sich den neuen Möglichkeiten gegenüber zu öffnen und nicht zu verschließen, denn nur durch eine regelmäßige Nutzung kann IBPM zu einer Selbstverständlichkeit führen, die für einen effektiven und reibungslosen Einsatz nötig ist. Wirtschaftlich wird der Einsatz von elektronischen Systemen natürlich erst dann, wenn die zeitlichen Optimierungen in Produktivität umgewandelt wird, d.h. die gewonnene Zeit auch in andere, produktive Tätigkeiten investiert wird.

Forgber und Neuwirth verweisen diesbezüglich auf eine empirisch ermittelte Erfahrungskurve, aus der für den Einsatz eines Projektraumes hervorgeht, dass die Kosten um ca. 20 bis 30 % sinken bei jeder Verdoppelung der kumulierten Erfahrung.

Der praktische Einsatz zeigt, dass die Einbindung eines Projektraumes noch mit verschiedenen Schwierigkeiten behaftet ist. So ist der Zugriff durch das Internet zwar prinzipiell ortsunabhängig, setzt aber voraus, dass am entsprechenden Arbeitsplatz ein Anschluss an das WWW vorhanden ist. Das Übertragen von Datenpaketen kann dann zu einer Geduldsprobe werden, wenn die Verbindungen nur geringe Geschwindigkeiten zulassen. Die technische Entwicklung macht aber hier ständig Fortschritte.

Eine weitere Anforderung für den Projektraumeinsatz ergibt sich aus der Nutzung. Diese darf von jeglichen Beteiligten in keinem Fall umgangen werden. Eine stringente Anwendung ist erforderlich, so dass eine Effizienzsteigerung auch realisiert werden kann. Wenn die Entscheidung getroffen worden ist, dass ein Projektraum zur Anwendung kommt, müssen die entsprechenden Dokumente auch dort abgelegt und zur Verfügung stehen. Dabei sind die Anforderungen, die sich aus dem IBPM ergeben, entsprechend zu berücksichtigen. Wobei aber gerade der Zwang zu einer klaren Vorstrukturierung der Dokumentation und Ablage sowie in Bezug auf die Informationsübergabe und -weiterleitung zu erhöhter Transparenz und unter Umständen entscheidend bei der raschen Vorbereitung zeitkritischer Entscheidungen hilft.

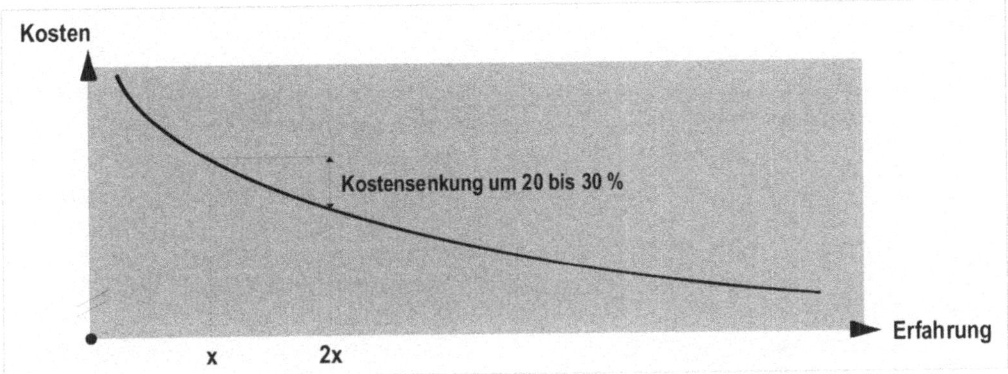

Bild G-25 Relation von Erfahrung und Kostensenkung beim Projektraumeinsatz[115]

Grundsätzlich sollte immer für Rechtssicherheit gesorgt werden, weshalb ein Plattformvertrag sowohl zwischen den Baubeteiligten und mit dem Betreiber des Projektraumes geschlossen werden muss. Jeder Teilnehmer hat eigene Rechte gegen den Plattformanbieter wie z.B. Datenherausgabe, Schadenersatzansprüche oder Manipulationssicherheit. Unter den Projektbeteiligten sollte klar geregelt sein, wie die Plattform zu nutzen ist und wer welche Kosten zu tragen hat.

---

[115] Forgber, U./Neuwirth, G.: Veränderungen im Prozessmanagement auf der Basis internetbasierter Projektmanagementplattformen; in: Deutscher Verband der Projektsteuerer (Hrsg.): a.a.O.

Literaturverzeichnis

Buch- und Zeitschriftenveröffentlichungen

AHO (Hrsg.): Vorwort; in: Untersuchungen zum Leistungsbild des § 31 HOAI und zur Honorierung für die Projektsteuerung, 2. Auflage, Bundesanzeiger-Verlag: Köln 1998

Albach, H./Hunsdiek, D./Kokalj, L.: Finanzierung mit Risikokapital, Verlag Poeschel: Stuttgart 1986

Allgeier, G.: Controlling als Führungsinstrument in Bauindustrie-Unternehmen; in: Planung, Steuerung und Kontrolle in Bauunternehmen, Wibau-Verlag GmbH: Düsseldorf 1987

Baaken, T. (Hrsg.): Business-to-Business-Kommunikation: neue Entwicklungen im B2B-Marketing, Erich Schmidt Verlag: Berlin 2002

Bachmeier, T.: Bauportale im Praxiseinsatz: Fakten über Anwendung, Nutzen und Grenzen, Informationsunterlagen der Fa. Baulogis GmbH, München, 2002

Barth, St.: Der Architekt als Unternehmer, Verlag W. Kohlhammer: Stuttgart-Berlin-Köln 1997

Bauer, H.: Baubetrieb 1: Einführung, Rahmenbedingungen, Bauverfahren, 2. Auflage, Springer-Verlag: Berlin 1994; Baubetrieb 2: Bauablauf, Kosten, Störungen, 2. Auflage, Springer-Verlag: Berlin 1994

Bauer, F.; Goos, G.: Informatik 1, 4. Auflage, Springer Verlag: Berlin 1991

Bernecker, M./Seethaler, P.: Grundlagen der Finanzierung, Oldenbourg Verlag: München Wien 1998

Berthel, J.: Stichwort Informationsbedarf; in: Frese, E. (Hrsg.): Handwörterbuch der Organisation, 3. Auflage, Poeschel Verlag: Stuttgart 1992

Berger, R; Reiter, D.: Der Goldrausch ist vorbei – E-Business wird aber weiter an Bedeutung gewinnen; in E-Conomy, Verlagsbeilage FAZ, Nr. 125, 3. Juni 2002

Blecken, U.: Mit dem Systemwettbewerb Bauvorhaben optimieren; in: Industriebau, Heft 5/96

Blohm, H./Lüder, K.: Investition, 8., aktualisierte und ergänzte Auflage, Verlag Franz Vahlen: München 1995

Blume, J.: Kostenmanagement; in: Projektmanagement Fachmann Band 2, Rationalisierungskuratorium der Deutschen Wirtschaft e.V., 4. Auflage, Druck Partner Rübelmann: Hemsbach 1998

Bobber, M./Brade, K.: Immobilienmarketing; in: Schulte, K.-W. (Hrsg.) (2000): Immobilienökonomie, Bd. 1, 2. überarbeitete Auflage, Oldenbourg Verlag: München 2000

Brauer, K.-U.: Grundlagen der Immobilienwirtschaft, 3., vollständig überarbeitete Auflage, Gabler Verlag: Wiesbaden 2001

Brinkmann-Herz, D.: Betrieb, Tarifautonomie, Mitbestimmung, Ernst Klett Verlag: Stuttgart 1988

Bullinger, H.J./Warnecke, H.J. (Hrsg.): Neue Organisationsformen im Unternehmen, Ein Handbuch für das moderne Management, Springer-Verlag: Berlin 1996

Busse, F.-J.: Grundlagen der betrieblichen Finanzwirtschaft, Oldenbourg Verlag: München-Wien 1989

Büschgen, H.E.: Grundlagen betrieblicher Finanzwirtschaft - Unternehmensfinanzierung, 3. Auflage, Knapp Verlag: Frankfurt 1991

Concen, G. (1993): Development – Eine Strukturanalyse des bundesrepublikanischen Projektentwicklermarktes, unter besonderer Beachtung von Development-Gesellschaften, Dissertation Universität Dortmund: Dortmund 1993

Concen, G. (1996): Funktion und Charakteristika der Projektentwicklung innerhalb der neuen kommunalen Strategien; in: Schulte, K.W. (Hrsg.): Handbuch der Immobilienprojektentwicklung, Rudolf Müller Verlag: Köln 1996

Coenenberg, A.G.: Jahresabschluss und Jahresabschlussanalyse, 19. Auflage, Schäffer-Poeschel Verlag: Stuttgart 2003

Danielzik, J./Meyer, I./Oepen, R./Rudert, D.: Die Arbeitskalkulation im Projekt-Controlling; in: Bauwirtschaft, 6/98

Danielzik, J./Weiss, T./Oepen, R.: Wie verändern Bauportale die Wertschöpfungskette des Bauens? – Strukturen und Angebote; in Bauwirtschaft, 9/2001

Derks, K.: Qualitätsmanagement; in: Diederichs, C.J. (Hrsg.): Handbuch der strategischen und taktischen Bauunternehmensführung, Bauverlag: Wiesbaden-Berlin 1996

Diederichs, C.J. (1984): Kostensicherheit im Hochbau, DVP-Verlag: Wuppertal 1984

Diederichs, C.J. (1996-1): Grundlagen der Projektentwicklung; in: Schulte, K.W. (Hrsg.): Handbuch der Immobilienprojektentwicklung, Rudolf Müller Verlag: Köln 1996

Diederichs, C.J. (1996-2): Personal- und Organisationsentwicklung; in: Diederichs, C.J. (Hrsg.): Handbuch der strategischen und taktischen Bauunternehmensführung, Bauverlag: Wiesbaden-Berlin 1996

Diederichs, C.J. (1996-3): Ziele und Philosophien für Bauunternehmen; in: Diederichs, C.J. (Hrsg.): Handbuch der strategischen und taktischen Bauunternehmensführung, Bauverlag: Wiesbaden-Berlin 1996

Diederichs, C.J. (Hrsg.): Handbuch der strategischen und taktischen Bauunternehmensführung, Bauverlag: Wiesbaden-Berlin 1996

Diederichs, C.J. (1999): Führungswissen für Bau- und Immobilienfachleute, Springer Verlag: Berlin-Heidelberg 1999

Diederichs, C.J./Eschenbruch, K. (Hrsg.): Construction Project Management, DVP-Verlag: Wuppertal 2002

Drees, G./Bahner, A.: Kalkulation von Baupreisen, 3. Auflage, Bauverlag: Wiesbaden 1993

Ehlting, D.: Vorfertigung komplexer Ausbau-Bausysteme für offene Bauweisen, Dissertation.de-Verlag: Berlin 2001

Eschenbruch, K.: Construction Management am Beispiel IMA Future Plant 2205, Unterlagen zum DVP-Seminar am 12. März 2004 in Berlin

Felske, P.: Integrierte Projektsteuerung; in: Projektmanagement Fachmann, Band 2, Rationalisierungskuratorium der Deutschen Wirtschaft e.V., 4 Auflage, Druck Partner Rübelmann: Hemsbach 1998

Fischer, C.: Projektentwicklung: Leistungsbild und Honorarstruktur, Rudolf Müller Verlag: Köln 2004

Fleischhauer, P./Rouette, L.: Wissen, Information, Daten. Versuch einer begrifflichen Klarstellung und Abgrenzung; in: Computer Magazin Wissen, 101/1989, S. 8

Follak, P./Leopoldsberger, G.: Finanzierung von Immobilienprojekten; in: Schulte, K.W. (Hrsg.): Handbuch der Immobilienprojektentwicklung, Rudolf Müller Verlag: Köln 1996

Forgber, U./Neuwirth, G.: Veränderungen im Prozessmanagement auf der Basis internetbasierter Projektmanagementplattformen; in: Deutscher Verband der Projektsteuerer (Hrsg.): a.a.O.

Franke, H.: Die Neuregelung des Rechts der Vergabe öffentlicher Dienstleistungsaufträge durch die Verdingungsordnung für freiberufliche Leistungen (VOF); in: Festschrift für Schlenke, E.H.: Verband der Bauindustrie für Niedersachsen (Hrsg.) 1997

Franke, G./Hax, H.: Finanzwirtschaft des Unternehmens und Kapitalmarkt, 5. Auflage, Springer-Verlag: Berlin 2003

Frese, E. (Hrsg.): Handwörterbuch der Organisation, 3. Auflage, Poeschel Verlag: Stuttgart 1992

Frese, E./Werder von, A./Maly, W.: Zentralbereiche-Organisatorische Formen und Effiziensbeurteilung; in: Frese, E. u.a. (Hrsg.): Zentralbereiche, Schäffer Verlag: Stuttgart 1993

Frese, E. u.a. (Hrsg.): Zentralbereiche, Schäffer Verlag: Stuttgart 1993

Friedrich, R.: Der Centeransatz zur Führung und Steuerung dezentraler Einheiten; in: Bullinger, H.J./Warnecke, H.J. (Hrsg.): Neue Organisationsformen im Unternehmen, Ein Handbuch für das moderne Management, Springer-Verlag: Berlin 1996

Gaiser, H.: Betreibermodelle aus dem Verkehrs- und Abwasserbereich; in: Private Finanzierung öffentlicher Bauvorhaben, Schriftenreihe des Bayrischen Bauindustrieverbandes, Nr. 16: München 1992

Gastell, F. (1996): Tarif- und Sozialpolitik; in: Diederichs, C.J. (Hrsg.): Handbuch der strategischen und taktischen Bauunternehmensführung, Bauverlag: Wiesbaden-Berlin 1996

Gastell, F. (Hrsg.) (1999): Tarifsammlung für die Bauwirtschaft 1999/2000, Otto-Elsner-Verlagsgesellschaft: Dieberg 1999

Geberich, W.C.: Wohin führt der Weg des Controllers? in: FAZ Nr. 123 v. 31.05.1999

GEFMA 100, Facility Management – Begriff, Struktur, Inhalte (Entwurf): Nürnberg 1996

Gensior, E.: Projektentwicklung im Bau- und Immobilienwesen; in: Nentwig, B. (Hrsg.): Baumanagement im Lebenszyklus von Gebäuden, Vom Entwurf bis zum Abbruch, Schriften der Bauhaus Universität Weimar, Universitätsverlag: Weimar 1999

Girmscheid, G./Borner, R.: Einsatz und Potenziale von Wissensmanagement in Unternehmen der Bauwirtschaft; in: Bauingenieur, Band 76, Mai 2001

Girmscheid, G. (1997): Neue unternehmerische Strategien in der Bauwirtschaft, Institut für Bauplanung und Baubetrieb, ETH Zürich Dezember 1997

Girmscheid, G. (2000): Wettbewerbsvorteil durch kundenorientierte Lösungen; in: Bauingenieur, Band 75, 2000

Gomez P./Probst G.: Die Praxis des ganzheitlichen Denkens. Vernetzt denken - Unternehmerisch handeln - Persönlich überzeugen, Paul Haupt Verlag: Bern-Stuttgart-Wien 1995

Gralla, M.: Neue Wettbewerbs- und Vertragsformen für die deutsche Bauwirtschaft, Dissertation Universität Dortmund: Dortmund 1999,

Grunwald, W./Lilige, H.G.: Partizipative Führung, Verlag Paul Haupt: Bern-Stuttgart 1980

Greiner, P./Meyer, P./Stark, K.: Organisation und betriebliche Informationssysteme: Elemente einer Konstruktionstheorie, Gabler Verlag: Wiesbaden 1996

Gutenberg, E.: Grundlagen der Betriebswirtschaftslehre, 1. Band, 22. Auflage, Die Produktion, Springer-Verlag: Berlin 1976

Haertsch, P.: Wettbewerbsstrategien für Electronic Commerce: Eine kritische Überprüfung klassischer Strategiekonzepte, 2. Auflage, Eul-Verlag: Lohmar 2000

Hauptverband der Deutschen Bauindustrie (Hrsg.): Wichtige Baudaten, Berlin 2003

Hauptverband der Deutschen Bauindustrie/Zentralverband des Deutschen Baugewerbes (Hrsg.) (1987): Die Baubilanz nach neuem Recht, Otto Elsner Verlagsgesellschaft: Darmstadt 1987

Hauptverband der Deutschen Bauindustrie/Zentralverband des Deutschen Baugewerbes (Hrsg.) (2001): KLR Bau, 7. aktualisierte Auflage, Werner-Verlag: 2001

Hahn, V.: Die Aufgabe des Bauherrn in der heutigen Gesellschaft; in: Der Bauherr in der Demokratie, Heft 2, Stiftung Bauwesen: Stuttgart 1997

Hahn, D./Laßmann, G. (Hrsg.): Produktionswirtschaft II. Controlling industrieller Produktion, Physica Verlag: Heidelberg 1989

Hahn, D.: Planung und Kontrolle als Führungsaufgaben in Bauunternehmen; in: Planung, Steuerung und Kontrolle im Bauunternehmen, Wibau-Verlag GmbH: Düsseldorf 1987

Hamann, C.; Weidert, S.: E-Commerce und Recht: ein Leitfaden für Unternehmen, Erich-Schmidt-Verlag: Berlin 2002

Hefernehl, W.: Einführung in das AktG; in: Aktiengesetz-GmbH-Gesetz, 30. Auflage, Deutscher Taschenbuch Verlag: München 1998, S. XX

Heiermann, W./Riedl, R./Rusam, M.: Handkommentar zur VOB Teil A und B, 8. Völlig neubearbeitete und erweiterte Auflage, Bauverlag: Wiesbaden-Berlin 1997

Heiermann, W./Franke, H./Knipp, B. (Hrsg.): Baubegleitende Rechtsberatung, C.H. Beck Verlag: München 2002

Heine, S.: Controlling bei Generalunternehmereinsatz; in: Diederichs, C.J. (Hrsg.): Handbuch der strategischen und taktischen Bauunternehmensführung, Bauverlag GmbH: Wiesbaden und Berlin 1996

Heinen, E. (1985): Industriebetriebslehre, 8. Auflage, Gabler Verlag: Wiesbaden 1985

Heinen, E. (1992): Einführung in die Betriebswirtschaftslehre, 9. Auflage, Gabler Verlag: Wiesbaden 1992

Heinrich, L.J.: Informationsmanagement. Planung, Überwachung und Steuerung der Informationsinfrastruktur, 4. Auflage, Oldenbourg Verlag: München 1992

Heuser, F.: Bau-Ausschreibungen im Internet; in: Bauwirtschaft, 6/1999

Hildebrand, K.: Informationsmanagement: wettbewerbsorientierte Informationsverarbeitung, Oldenbourg Verlag: München 1995

Hinrichs, K.: Wie behaupten sich die Deutsche Bauindustrie im internationalen Wettbewerb?; in: Die Deutsche Bauindustrie auf dem Weg ins Jahr 2000, Festschrift zum 60. Geburtstag von Ignaz Walter: Augsburg 1996

Höfner, K/Pohl, A. (Hrsg.): Wertsteigerungsmanagement. Das Shareholder-Value-Konzept: Methoden und erfolgreiche Beispiele: Frankfurt-New York 1994

Hölkermann, O.: Modell eines prozessorientierten Informationssystems zur Steuerung von Bauunternehmen, Weißensee Verlag: Berlin 2002

Hörger, M.: Wissensmanagement für Bauunternehmen, Diplomarbeit, Fachhochschule Biberach, 2002

Horvárth, P.: Controlling, 9. Auflage, Verlag Franz Vahlen: München 2003

Hopfenbeck, W.: Allgemeine Betriebswirtschafts- und Managementlehre, 13. vollständig überarbeitete Auflage, Verlag moderne Industrie: Landsberg/Lech 2000

Hopfenbeck, W./Müller, M./Peisl, T.: Wissensbasiertes Management: Ansätze und Strategien zur Unternehmensführung in der Internet-Ökonomie, Moderne Industrie Verlag: Landsberg/Lech 2001

Iding, A.: Entscheidungsmodell der Bauprojektentwicklung, DVP-Verlag: Wuppertal 2003

Institut der Wirtschaftsprüfer in Deutschland e.V. (Hrsg.): Wirtschaftsprüfer-Handbuch 1992, IDW-Verlag GmbH: Düsseldorf 1992

Jacob, M.: Strategische Unternehmensplanung in Bauunternehmen, Dissertation Universität Dortmund: Dortmund 1995

Jacob, A.-F/Klein, S./Nick, A.: Basiswissen, Investition und Finanzierung, Gabler Verlag: Wiesbaden 1994

Jokl, S.: Wohnungsfinanzierung, Knapp Verlag: Frankfurt am Main 1998

Jürgens, H.W.: Projektfinanzierung, Neue Institutionenlehre und ökonomische Realität, Gabler-Verlag: Wiesbaden 1994

Kaminski, B/Henßler, T./Kolaschnik, H.F./Papathoma-Baetge, A.: Rechtshandbuch des E-Business. Rechtliche Rahmenbedingungen für den Handel im Internet, Luchterhand-Verlag: Neuwied 2002

Kaplan, R.S./Norton, D.: Balanced Scorecard, Schäffer-Poeschel: Stuttgart 1997

Kapellmann, K.D.(Hrsg.): Juristisches Projektmanagement bei Entwicklung und Realisierung von Bauprojekten, Werner Verlag Düsseldorf 1997

Kapellmann, K.D./Schiffers, K.-H. (2000): Vergütung, Nachträge und Behinderungsfolgen beim Bauvertrag, Band 2: Pauschalvertrag einschließlich Schlüsselfertigbau, Werner Verlag: Düsseldorf 2000

Kapellmann, K.D./Schiffers, K.-H. (1996): Vergütung, Nachträge und Behinderungsfolgen beim Bauvertrag, Band 1: Einheitspreisvertrag, 3. Auflage, Werner Verlag: Düsseldorf 1996

Kauffels, F.-J.: Moderne Datenkommunikation – Eine strukturierte Einführung, 2. Auflage, Thomson Publishing: Bonn 1997

Kavalirek, F.: Immobilienmarketing; in: Brauer, K.-U.: Grundlagen der Immobilienwirtschaft, 3., vollständig überarbeitete Auflage, Gabler Verlag: Wiesbaden 2001

Kehlenbach, F.: Internationale Bauunternehmen behaupten sich in schwierigen Marktumfeld; in: Baumarkt + Bauwirtschaft 12/2003

Kieser, A/ Kubicek, H.: Organisation, 3. Auflage, De Gryter Verlag: Berlin 1992

Kirchhoff, U./Müller-Godeffroy, H.: Finanzierungsmodelle für kommunale Investitionen, 6. erweiterte und überarbeitete Auflage, Deutscher Sparkassenverlag GmbH: Stuttgart 1996

Kleiber, W.: HOAI, Honorarordnung für Architekten und Ingenieure, 2. Auflage, Jehle-Rehm-Verlagsgruppe: München-Berlin 1995

Kleiber, W./Simon, J./Weyers, G.: Verkehrswertermittlung von Grundstücken, 4. Auflage, Bundesanzeiger Verlag: Köln 2002

Klocke, W.: Planungsbüros erfolgreich führen, Das wirtschaftliche Architektur- und Planungsbüro, 2. Auflage, Bundesanzeigerverlagsgesellschaft: Köln 1994

Koch, M./Baier, D.: E-Commerce in der Bauwirtschaft; in: Baumarkt, 1/2002

Kochendörfer, B./Liebchen, J.: Bau-Projekt-Management Grundlagen und Vorgehensweisen, Teubner Verlag: Wiesbaden 2001

Koreimann, D.S.: Methoden der Informationsbedarfsanalyse, De Gryter Verlag: Berlin 1976

Koukoudis, P.: Internet – Sind Sie schon „drin"? in: Baugewerbe, 9/2001

Kolisch, R./Loos, Ch.: E-Business in Bauunternehmen; in: Schriften zur Quantitativen Betriebswirtschaftslehre (2/2001), Fachgebiet Baubetriebswirtschaftslehre, Technische Universität Darmstadt 2001

Kröger, D./Gimmy, M. A.: Handbuch zum Internetrecht: electronic commerce – Informations-, Kommunikations- und Mediendienste, 2. Auflage, Springer-Verlag: Heidelberg 2002

Kuhlen, R. (Hrsg.): Pragmatische Aspekte beim Entwurf und Betrieb von Informationssystemen, Proceeding des 1. Internationalen Symposiums für Informationswissenschaft, Universität Konstanz, 17.-19. Oktober 1990

Küchler, W.: Vorwort; in: Gastell, F. (Hrsg.) (1999): Tarifsammlung für die Bauwirtschaft 1999/2000, Otto-Elsner-Verlagsgesellschaft: Dieberg 1999

Kühn, G.: Handbuch Baubetrieb-Organisation-Betrieb-Maschinen, VDI-Verlag: Düsseldorf 1991

Kulick, R.: Auslandsbau, Teubner Verlag: Wiesbaden 2003

Kyas, O.: Internet professionell – Technologische Grundlagen und praktische Nutzung, International Thomson Publishing: Bonn 1996

Labbert, H.: Die Reduzierung der Personalzusatzkosten der deutschen Bauwirtschaft, Dissertation Universität Dortmund: Dortmund 1998

Lederer, M.-M. (Hrsg.): Honorarmanagement bei Architekten- und Ingenieurverträgen, Bauwerk Verlag: Berlin 2003

Leifert, W.: Die Kostenplanung als integrativer Bestandteil der Planungsprozesse von Bauvorhaben, Dissertation Universität Dortmund: Dortmund 1990

Leimböck, E./Heinlein, K. (1994): Recht und Wirtschaft bei der Planung und Durchführung von Bauvorhaben, Band I, Von der Grundstückssuche bis zur Baugenehmigung, Bauverlag: Wiesbaden und Berlin 1994

Leimböck, E./Heinlein, K. (1996): Recht und Wirtschaft bei der Planung und Durchführung von Bauvorhaben, Band II, Von der Ausführungsplanung bis zur Objektbetreuung und Dokumentation, Bauverlag: Wiesbaden-Berlin 1996

Leimböck, E. (1997): Bilanzen und Besteuerung der Bauunternehmen, Bauverlag: Wiesbaden-Berlin 1997

Leimböck, E./Schönnenbeck, H.: KLR-Bau und Baubilanz, Grundlagen-Zusammenhänge-Auswertungen, Bauverlag: Wiesbaden 1992

Leschke, H.: Rechnungswesen im Planungsunternehmen, ein Leitfaden für beratende Ingenieure und Architekten, Deutscher Consulting Verlag: Essen 1981

Luxem, R.: Digital Commerce: Electronic Commerce mit digitalen Produkten, Josef Eul Verlag: Lohmar 2000

Maas, D. (1998): Bauunternehmen online – Was nützt es dem Bauherrn? in: Bauwirtschaft, 1/1998, S. 13-16

Mantscheff, J.: Baubetriebslehre 2, 4. Auflage, Werner-Verlag: Düsseldorf 1994

Marchand, D.A.: Information ist Basis für die Zukunft; in: Handelsblatt, 9./10. Januar 1998

Marhold, K. (1992): Marketing-Management für mittelständische Bauunternehmen, Dissertation, DVP-Verlag: Wuppertal 1992

Marhold, K. (1996): Baumarketing; in: Diederichs, C.J. (Hrsg.): Handbuch der strategischen und taktischen Bauunternehmensführung, Bauverlag GmbH: Wiesbaden-Berlin 1996

Marhold, K. (2001): New Marketing – Neue Trends oder alte Hüte? in: Baumarkt + Bauwirtschaft, 10/2001

Marhold, K. (2002): Marketing: Konkurrenzanalyse via Internet; in: Baumarkt + Bauwirtschaft, 11/2002,

Mayrzedt, H./Fissenwert, H.: Handbuch Bau-Betriebswirtschaft, Werner Verlag: Düsseldorf 2001

Merz, M.: E-Commerce und E-Business: Marktmodelle, Anwendungen und Technologien, 2. Auflage, dpunkt-Verlag: Heidelberg 2002

Meier, O.: Neue Wege im Bauprojektmanagement; in: Baumarkt + Bauwirtschaft, 11/2002

Meffert, H.: Marketing; Grundlagen der Absatzwirtschaft, 9. Auflage, überarbeitete und erweiterte Auflage, Gabler Verlag: Wiesbaden 2000

Meisert, G.: Der Einfluß der Organisationsform einer Unternehmung auf den Angebotserfolg, Dissertation Universität Essen: Essen 1988

Mielicki, U.: Liquiditätsinformationen aus dem Jahresabschluss von Bauunternehmen; in: Bauwirtschaftliche Informationen, Herausgegeben vom betriebswirtschaftlichen Institut der Bauindustrie: Düsseldorf 1996

Motzel, E.: Leistungsbewertung und Projektfortschritt; in: Projektmanagement Fachmann Band 2, Rationalisierungskuratorium der Deutschen Wirtschaft e.V., 4 Auflage, Druck Partner Rübelmann: Hemsbach 1998

Möller, D.-A.: Planungs- und Bauökonomie, Band 1 Grundlagen der wirtschaftlichen Bauplanung, 3. Auflage, Oldenbourg Verlag: München-Wien 1996

Moritz, A.: Internet – So kommen Sie rein; in: Baugewerbe, 15-16/2002

Muncke, G. et al.: Standort- und Marktanalyse in der Immobilienwirtschaft; in: Schulte, K.W./Bone-Winkel, St. (Hrsg.): Handbuch der Immobilienprojektentwicklung, 2. Auflage, Rudolf Müller Verlag: Köln 2002

Müller-Ettrich, R.: Einsatzmittelmanagement; in: Projektmanagement Fachmann Band 2, Rationalisierungskuratorium der Deutschen Wirtschaft e.V.; 4 Auflage, Druck Partner Rübelmann: Hemsbach 1998

Müser, D./Löffler, M.: E-Business in der Bauindustrie – Luftschloss oder tragfähiges Fundament? in: Rohmert, W./Böhm, J. (Hrsg.): E-Business in der Immobilienwirtschaft, Gabler Verlag: Wiesbaden 2001

Naber, S.: Planung unter Berücksichtigung der Baunutzungekosten als Aufgabe des Architekten im Feld des Facility Management, Peter Lang Verlag: Frankfurt a.M. 2002

Nentwig, B.: Baumanagement im Lebenszyklus von Gebäuden, Vom Entwurf bis zum Abbruch, Schriften der Bauhaus Universität Weimar, Universitätsverlag: Weimar 1999

Olfert, K.: Investition, 7. Auflage, Friedrich Kiehl Verlag: Ludwigshafen 1998

Opitz, G.: Finanzierung durch geschlossene Immobilienfonds; in: Schulte, K.-W./Achleitner, A.-K./Schäfers, W./Knobloch, B. (Hrsg.): Handbuch Immobilien-Banking, Rudolf Müller Verlag: Köln 2002

Pastor, W.: Der Bauprozeß, 8. Auflage, Werner Verlag: Düsseldorf 1996

Peters, W.: Harmonisierungsrichtlinien der EU; in: Diederichs, C.J. (Hrsg.): Handbuch der strategischen und taktischen Bauunternehmensführung, Bauverlag: Wiesbaden-Berlin 1996

Peyton, C.: Internet – Das Buch, Sybex Verlag: Düsseldorf 2001

Pfarr, K.H./Koopmann, M./Rüster, D.: Was kosten Planungsleistungen? Kalkulieren – aber richtig, Springer-Verlag: Berlin 1989

Pfarr, K.H. (1997): Bauherrenleistungen und ihre Delegation; in: Schriften zur bau- und immobilienwirtschaftlichen Forschung und Praxis, Heft 1/97

Pfarr, K.H. (1984): Grundlagen der Bauwirtschaft, Gabler-Verlag: Wiesbaden 1984

Picot, A./Scheuble, S.: Die Rolle des Wissensmanagement, 2000

Piepmeier, K.: Verbesserte Projektsteuerung durch systematisches Informationsmanagement, Dissertation Universität Dortmund: Dortmund 1994

Pohl, W.: Regulierung des Handwerks, Deutscher Universitätsverlag: Wiesbaden 1995

Pott, W./Dahlhoff, W./Kniffka, R.: HOAI, Honorarordnung für Architekten und Ingenieure, Kommentar, 7. Auflage, Rudolf Müller Verlag: Köln 2003

Prange, H./Leimböck, E./Klaus, U.R.: Baukalkulation unter Berücksichtigung der KLR Bau und der VOB, 9. Auflage, Bauverlag: Wiesbaden-Berlin 1995

Preißler, P.R.: Controlling-Lehrbuch und Intensivkurs, 3. Auflage, Oldenbourg Verlag: München-Wien 1991

Refisch, B. (1980): Finanzplanung - Hilfsmittel der Unternehmensleitung; in: Bauwirtschaft, Heft 35, 1980

Rehäuser, J./ Krcmar, H.: Wissensmanagement in Unternehmen; in: Schreyögg, G./ Conrad, P. (Hrsg.): Wissensmanagement, de Gryter Verlag: Berlin 1996

Reinfelder, R./Dressel, K.M.: Hilfestellung zur erfolgreichen Restrukturierung; in: Bauwirtschaft, 5/1997

Reim, F.: Internetdienste; in: Bullinger, H.-J.; Berres, A. (Hrsg.): E-Business in der Praxis, SmartBooks Publishing AG: Kilchberg 2002

Reich, V.E.: Investieren und finanzieren, 3. überarbeitete und ergänzte Auflage, Deutscher Sparkassenverlag GmbH: Stuttgart 1992

Rey, M.: Informations- und Kommunikationssysteme; in: Kooperation, Josef Eul Verlag: Lohmar: Köln 1999

Rösel, W.: Baumanagement, Grundlagen, Technik, Praxis, 4. Auflage, Springer Verlag: Berlin 1999

Ropeter, S.E.: Investitionsanalyse für Gewerbeimmobilien, Rudolf Müller Verlag: Köln 1998

Rohmert, W./Böhm, J. (Hrsg.): E-Business in der Immobilienwirtschaft, Gabler Verlag: Wiesbaden 2001

Rüther, M./Szegunis, J.: Erfolgsfaktoren elektronischer Marktplätze, Fraunhofer Anwendungszentrum, Logistikorientierte Betriebswirtschaft 2000

Sangenstedt, H.-R.: Der BGH bestätigt die Leistungsbezogenheit der Honorarordnung; in: Deutsches Ingenieurblatt, Juli/August 1997

Scheer, A.-W./Erbach, F./Schneider, K.: Elektronische Marktplätze; in Deutschland: Staus quo und Perspektiven; in: WISU, Ausgabe 7/2002

Scheffler, W.: Besteuerung von Unternehmen, Band 1 Ertrag-, Substanz- und Verkehrssteuern, Decker & Müller Verlag: Heidelberg 1992

Schleiter, L.-W.: Historische, gesellschaftliche und ökonomische Grundlagen der Immobilien-Projektentwicklung, Rudolf Müller Verlag: Köln 2000

Schneider, D./Schnetkamp, G.: E-Markets: B2B-Strategien im Electronic Commerce, Gabler-Verlag: Wiesbaden 1999

Schmeh, K.: Kryptographie und Public-Key-Infrastrukturen im Internet, 2. Auflage, dpunkt-Verlag: Heidelberg 2001

Schmidt, R.H.: Grundzüge der Investitions- und Finanztheorie, Gabler Verlag: Wiesbaden 1983

Schmid, B. F.: Elektronische Marktplätze; in: Weiber, R.(Hrsg.): Handbuch Electronic Business, Gabler-Verlag: Wiesbaden 2000

Scholle, R./Braak, J./Eisenschmidt, K.: Controlling im Planungsbüro; in: Deutsches Architekten Blatt 10/98

Schönnenbeck, H.: Geschäftspartner Kreditwirtschaft, wirtschaftspolitische Steuerung und Wirtschaftsstruktur; in: Festschrift zum 60. Geburtstag von Egon Leimböck, Dortmunder Modell Bauwesen 1996

Scholtissek, S.: Erfahrungen der E-Pioniere nutzen; in: Baumarkt + Bauwirtschaft, Heft 5/2002

Schub/Meyran (Hrsg.): Praxis-Kompendium, Baubetrieb 2, Bauverlag: Wiesbaden Berlin 1984

Schulte, K.-W./Pierschke, B.: Begriff und Inhalt des Facilities Management; in: Schulte, K.-W./Pierschke, B. (Hrsg.): Facilities Management, Rudolf Müller Verlag: Köln 2000

Schulte, K.-W. (Hrsg.) (2000): Immobilienökonomie, Bd. 1, 2. überarbeitete Auflage, Oldenbourg Verlag: München 2000

Schulte, K.-W./Pierschke, B.: Facilities Management, Rudolf Müller Verlag: Köln 2000

Schulte, K.-W./Bone-Winkel, St./Pitschke, Ch.: Rentabilitätsanalyse für Immobilienprojekte; in: Schulte K.W./Bone-Winkel, St. (Hrsg.): Handbuch der Immobilienprojektentwicklung, 2. Auflage, Rudolf Müller Verlag: Köln 2002

Schulte K.W./Bone-Winkel, St.: Handbuch der Immobilienprojektentwicklung, 2. Auflage, Rudolf Müller Verlag: Köln 2002

Schulte, K.-W./Bone-Winkel, St./Rottke, N.: Grundlagen der Projektentwicklung aus immobilienwirtschaftlicher Sicht; in: Schulte K.W./Bone-Winkel, St. (Hrsg.): Handbuch der Immobilienprojektentwicklung, 2. Auflage, Rudolf Müller Verlag: Köln 2002

*Schulte, K.-W./Achleitner, A.-K./Schäfers, W./Knobloch, B.(H*rsg.): Handbuch Immobilien-Banking, Rudolf Müller Verlag: Köln 2002

Schulte, K.W./Väth, A.: Finanzierung und Liquiditätssicherung; in: Diederichs, C.J. (Hrsg.): Handbuch der strategischen und taktischen Bauunternehmensführung, Bauverlag: Wiesbaden-Berlin 1996

Schuster, J.P./Carpenter, J./ Kane, M.P.: Open-Book Management, Die neue Dimension der Mitarbeiterführung, Verlag moderne Industrie: Landsberg/Lech 1997

Schreyögg, G./Conrad, P.: Wissensmanagement, de Gryter Verlag: Berlin 1996

Schriever, W.: Projektentwicklung als kommunale Handlungsstrategie; in: Schulte, K.W. (Hrsg.): Handbuch der Immobilienprojektentwicklung, Rudolf Müller Verlag: Köln 1996

Smith, R. E.: Internet-Kryptographie, Addison Wesley Verlag: Bonn 1998

Statistisches Bundesamt (Hrsg.): Statistisches Jahrbuch für die Bundesrepublik Deutschland 2003

Staehle, W.H. (1994): Management, Eine verhaltenswissenschaftliche Einführung, Verlag Franz Vahlen: München 1994

Staehle, W.H (1999).: Management, 8. Auflage, Verlag Vahlen: München 1999

Stahlknecht, P.: Einführung in die Wirtschaftsinformatik, 10. Auflage, Springer-Verlag: Berlin 2002

Stallings, W.:

Steiner, F.: Mit E-Commerce zum Markterfolg, Addison-Wesley Verlag: München 2000

Steinbuch, P.A.: Management-Instrumente, VDI-Verlag: Düsseldorf 1985

Steinmann, H./Schreyögg, G.: Management-Grundlagen der Unternehmensführung, Gabler Verlag: Wiesbaden 2002

Stolzenberg, B.: Methoden und Werkzeuge der Kommunikation und Kooperation im Bauwesen; in: Institut für Bauwirtschaft IBW (Hrsg.): Perspektiven am Beginn des neuen Millenniums, Tagungsband zum wissenschaftlichen Symposium Bauwirtschaft 2000, Universität Gesamthochschule Kassel 2000

Strobel, S.: Firewalls für das Netz der Netze: Sicherheit im Internet: Einführung und Praxis, dpunkt-Verlag: Heidelberg 1997

Strömer, T.H.: Online-Recht: Rechtsfragen im Internet, 3. Auflage, dpunkt-Verlag: Heidelberg 2002

Talaj, R.: Operatives Controlling für bauausführende Unternehmen, Bauverlag: Wiesbaden-Berlin 1993

Terborgh, G.: Leitfaden der betrieblichen Investitionspolitik, aus dem Englischen übersetzt von Albach, H.: Wiesbaden 1967

Thome, R.; Schinzer, H. (Hrsg.): Electronic Commerce: Anwendungsbereiche und Potentiale der digitalen Geschäftsabwicklung, 2. Auflage, Vahlen-Verlag: München 2000

Tytko, D.: Grundlagen der Projektfinanzierung, Schaeffer-Poschel Verlag: Stuttgart 1999

van Gisteren, R.: Branchenorientierte Bonoitätsanalyse mit Früherkennungseigenschaften, Dissertation Universität Dortmund: Dortmund 1986

von Aleman, U.: Informationen zur politischen Bildung, Interessenverbände, Bundeszentrale für politische Bildung (Hrsg.): 4. Quartal 1996

von Minckwitz, U.: Die ersten 100 Geschäftstage eines Architekten, Verlag Bauwesen: Berlin 1999

Vögeler, A.: RIB – In der Praxis umgesetzt; in: Baugewerbe, 9/2001

Vygen, K./Schubert, E./Lang, A.: Bauverzögerung und Leistungsänderung, Rechtliche und baubetriebliche Probleme und ihre Lösungen, 3. Auflage, Bauverlag: Wiesbaden-Berlin 1998

Walter, Ralf: Die Entwicklung der baubetrieblichen Kosten- und Leistungsrechnung von der Aufschreibungsfunktion im Mittelalter zum modernen Controllinginstrument, Dissertation Universität Dortmund: Dortmund 1992

Walter, I.: Auszug aus Vorträgen von Ignaz Walter, Pröll Druck und Verlag: Augsburg 1996

Walter, Roy: Diversifikationsstrategien in Bauunternehmen-Möglichkeit zu größerer Unabhängigkeit von Konjunkturzyklen? in: Die Deutsche Bauindustrie auf dem Weg ins Jahr 2000, Festschrift zum 60. Geburtstag von Ignaz Walter: Augsburg 1996

Wall, F.: Organisation und betriebliche Informationssysteme: Elemente einer Konstruktionstheorie, Gabler Verlag: Wiesbaden 1996

Weber, K.: Führung in der Bauwirtschaft, Teil 2; in: Bauwirtschaft Heft 34, 1987

Weber, J.: Modulare Organisationsstruktur internationaler Unternehmensnetzwerke a.a.O., S. 223; in: Sloan Management Review, 1991, Vol.32, Nr. 3

Welge, M.K.: Unternehmensführung, Band 1, Planung, Poeschel Verlag: Stuttgart 1985

Weiber, R.(Hrsg.): Handbuch Electronic Business, Gabler-Verlag: Wiesbaden 2000

Wildemann, H.: Entwicklungs-, Produktions- und Vertriebsnetzwerke in der Zulieferindustrie, Ergebnisse einer Delphi-Studie zur Frage der Kernkompetenz, München 1998

Wildemann, H.: Supply Chain Management mit E-Technologien; in Zeitschrift für Betriebswirtschaft: E-Business Management mit E-Technologien, Heft 3/2001, Gabler Verlag: Wiesbaden 2001

Wittmann, W.: Unternehmung und unvollkommene Informations: Unternehmerische Voraussicht – Ungewissheit und Planung, Westdeutscher Verlag: Köln 1959

Wirtz, W.: Electronic Business, Gabler-Verlag: Wiesbaden 2000

Wolff, H.-J./Mundorf, H.B: Private Finanzierung von Infrastruktur-Chancen und Risiken; in: Die Deutsche Bauindustrie auf dem Weg ins Jahr 2000, Festschrift zum 60. Geburtstag von Ignaz Walter: Augsburg 1996

Wöhe, G.: Einführung in die Allgemeine Betriebswirtschaftslehre, 20. Auflage, Verlag Franz Vahlen: München 2000

Zander, O. (Hrsg.): Tarifsammlung für die Bauwirtschaft, Otto Elsner Verlagsgesellschaft: Dieburg 2003

Zentralverband des Deutschen Baugewerbes (Hrsg.) (2003): Köllen Druck + Verlag GmbH: Bonn 2003

Zentralverband des Deutschen Baugewerbes (Hrsg.) (1995): Bauorganisation, Unternehmerhandbuch für Bauorganisation und Baubetriebsdurchführung, Bonn 1995

Internet

Hoeren, T.: Internetrecht, Stand: Juli 2002, Online im Internet, URL: http://www.uni-muenster.de/Jura.itm/hoeren/material/Skript_Juli_2002.pdf

Sehr, D.: Kryptographie und Public Key-Infrastrukturen, Online im Internet, URL: <http://www.sicherheit-im-internet.de/themes/themes.phtml?ttid=39&tsid=206&tdid=823&page=0>; Abruf: 09.09.2002; 11:47

URL: <http://www. dgb.de, 31.03.04>

URL: <http://www.bundesarchitektenkammer.de, 02.02.2004>

URL: <http://www.bundesingenieurkammer.de, 09.02.2004>

URL: <http://www.gefma.de, 12.02.2004>

URL: <http://www.bvi.de, 02.04.2004>

URL: <http://www.kfw.de, 12.02.04>

URL: <http://www.e-vergabe.info>

URL: <http://www.regtp.de/signatur-tage/renner.pdf>; Abruf: 17.09.2002, 15:24

URL:<http://www.e-vergabe.info/866.htm>; Abruf: 29.09.2002, 18:45

URL: <http://www.baunetz.de>

URL:< http://www.bauindustrie.de>

URL:<http://ted.eur-op.eu.int>

URL: <http://www.baulogis.com/datenbank/content.asp>; Abruf: 15.05.2002, 10:45

Sachwortverzeichnis

2. Auflage 2004

Full-Service-Betreuung für Planung,
Realisierung, Nutzung und Vermarktung

Wir finanzieren und investieren in
- Gewerbe-, Industrie- und Laborgebäude
- Bürogebäude
- Handels- und Logistikimmobilien
- Spezialimmobilien
- multifunktional genutzte Immobilien

Der frühzeitige Einsatz der
IKB Immobilien Management
- minimiert Risiken, erhöht Chancen und
  schafft Mehrwert
- spart Investitionskosten
- entlastet Bauherrn und Nutzer
- sichert optimale Verwertungsstrategien
  für Altgrundstücke und -immobilien

IKB Immobilien Management GmbH, Uerdinger Str. 90, 40474 Düsseldorf